FRANZ NEUMANNS GESAMMELTE WERKE.

HERAUSGEGEBEN VON SEINEN SCHÜLERN.

Verlag von B.G.Teubner   Hel. Giesecke u. Devrient

F. Neumann

Bild aus dem 86. Lebensjahr,
Namenszug aus dem 97. Lebensjahr.

FRANZ NEUMANNS GESAMMELTE WERKE.

ZWEITER BAND.

BEI DER HERAUSGABE DIESES BANDES SIND TÄTIG GEWESEN
DIE HERREN:

E. DORN (HALLE), O. E. MEYER (BRESLAU), C. NEUMANN (LEIPZIG), C. PAPE (FRÜHER IN KÖNIGSBERG), L. SAALSCHÜTZ (KÖNIGSBERG), W. VOIGT (GÖTTINGEN), P. VOLKMANN (KÖNIGSBERG), K. VONDERMÜHLL (BASEL), A. WANGERIN (HALLE), H. WEBER (STRASSBURG).

MIT EINEM BILDNIS FRANZ NEUMANNS AUS DEM 86. LEBENSJAHRE
IN HELIOGRAVÜRE.

LEIPZIG,
DRUCK UND VERLAG VON B. G. TEUBNER.
1906.

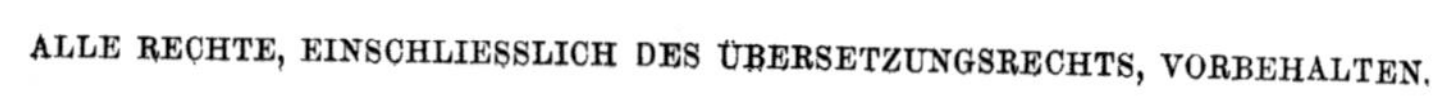

VORWORT ZUM ZWEITEN BANDE*).

Man hört hin und wieder kurzweg von der „*Neumann'schen Richtung*" sprechen; aber es dürfte doch wohl recht schwer sein, von dem eigentlichen Sinn dieser Worte sich Rechenschaft zu geben. Denn *Neumann*'s Arbeitsfeld ist ein ausserordentlich umfangreiches gewesen; und innerhalb dieses weiten Feldes ist er, je nach Umständen, in sehr verschiedener Art und Weise vorgegangen; so dass seine einzelnen Abhandlungen wenig Aehnlichkeit unter einander besitzen, und häufig von ganz verschiedener Richtung sind.

Durchblättern wir z. B. die einzelnen Abhandlungen des vorliegenden Bandes, so bemerken wir, dass *einige* derselben wesentlich *experimenteller* Natur sind; das Experiment steht bei ihnen im Vordergrunde, und die mathematische Theorie dient nur als Mittel zum Zweck, zur besseren Einrichtung und zur besseren Beurtheilung des Experimentes. Hingegen sind *andere* Abhandlungen des vorliegenden Bandes wesentlich *theoretischer* Natur; die Entwicklung der mathematischen Theorie ist bei ihnen die eigentliche Hauptsache, und die experimentellen Daten dienen nur als Mittel zum Zweck, zur Darbietung geeigneter Stützpunkte und zur Controlle der Resultate.

---

*) Die Herausgabe der *Neumann*'schen Werke ist im Ganzen auf drei Bände berechnet. Der hier vorliegende II. Band enthält vorzugsweise: *Wärme und Licht.* In nicht allzu langer Zeit werden hoffentlich die beiden andern Bände ebenfalls erscheinen. Und zwar soll der I. Band Neumann's *geometrische* und *krystallographische* Arbeiten umfassen. Endlich wird der III. Band eine *grosse optische Abhandlung* (aus den Schriften der Berliner Ak. d. Wiss. von 1841), ferner *elektrische* und *magnetische* Untersuchungen, sowie auch eine Untersuchung über die *Laplace'schen Ypsilons* und deren Anwendung zu Interpolationszwecken, enthalten. — Wahrscheinlich wird zuvörderst der III. Band, und zuletzt erst der I. Band erscheinen.

Im vorliegenden II. Bande sind die Abhandlungen im Allgemeinen *der Zeit nach* geordnet. Hier aber, im Vorworte, wird für die Besprechung der einzelnen Abhandlungen absichtlich eine *andere* Reihenfolge gewählt werden, nämlich folgende: (1, 2, 3. 4. 5, 6, 7.), (8, 14.), (12, 15, 16.), (9.), (11.), (10.), (13.); dabei sind unter 1, 2, 3, . . . die Nummern der einzelnen Abhandlungen zu verstehen.

(Abh. 1, 2, 3, 4, 5, 6, 7.) Zu den experimentellen Abhandlungen des vorliegenden Bandes sind im angegebenen Sinne alle diejenigen zu zählen, in denen von der *Wärme* die Rede ist, also namentlich die ersten sieben Abhandlungen. Characteristisch für mehrere dieser Abhandlungen sind *Neumann*'s eigene Worte in einem seiner hinterlassenen Manuscripte (Seite 114 dieses Bandes).

„Zwei grosse Vortheile“ — sagt dort Neumann — *„kann man bei ex„perimentellen Untersuchungen über die Wärme aus der mathematischen Theorie „ziehen. Einerseits nämlich kann man, auf Grund der Theorie, die zweck„mässigste Einrichtung des Experimentes im Voraus bestimmen; und anderer„seits kann man von gewissen Beobachtungsfehlern, die von Einflüssen herrühren, „welche sich beim Experiment der directen Beobachtung entziehen, auf Grund der „Theorie die möglichen Grenzen angeben.“*

Welche Sorgfalt und welche ausserordentliche Mühe und Arbeit von *Neumann* aufgewendet ist, um in diesen beiden Beziehungen die Theorie dem Experiment dienstbar zu machen, das wird allen deutlich werden, die seine *Commentatio de emendanda formula etc.* (Seite 79—120) einem genaueren Studium zu unterwerfen suchen.

Bei diesen Wärmeuntersuchungen handelt es sich vorzugsweise um die Bestimmung der *specifischen Wärme*, und zwar theils nach der Mischungsmethode (Seite 1—64 und Seite 79—136), theils nach der Methode der Abkühlung (Seite 65—78). Zugleich aber handelt es sich bei diesen Untersuchungen hin und wieder auch um die Bestimmung der *Wärmeleitungsfähigkeit* (Seite 11—16 und Seite 65—78). — Neumann legte auf die genaue experimentelle Bestimmung dieser Constanten — wie auch auf die aller andern physikalischen Constanten — das allergrösste Gewicht. Auch gelang es ihm schliesslich, auf Grund seiner zahlreichen und mühsamen Untersuchungen, zu einem *wichtigen neuen Gesetz* (Seite 28 und Seite 31) zu gelangen, welches für chemisch zusammengesetzte Körper von ähnlicher Bedeutung ist, wie das *Dulong'sche Gesetz* für chemisch einfache Körper.

Wir sehen aus dem hier vorliegenden Bande, dass diese Wärmeuntersuchungen begonnen sind in den Jahren 1831—1834, dass in denselben sodann aber eine etwa 25jährige Unterbrechung eingetreten ist, bis Neumann seine Bemühungen zur Bestimmung der *Wärmeleitungsfähigkeit*, etwa im Jahre 1859, von ganz anderer Seite her und nach ganz anderer Methode, von Neuem aufgenommen hat. Diese *neue Methode* dürfte als ausserordentlich schön und als ungemein praktisch zu bezeichnen sein. Sie beruht (vgl. Seite 137—146) im Wesentlichen — abweichend von allen früheren Methoden — auf den Eigenschaften des *nichtstationären* Temperaturzustandes, dessen Verlauf von Augenblick zu Augenblick (etwa von 8 zu 8 Secunden) mittelst passend angebrachter Thermoketten beobachtet wird. Diese Methode ist namentlich auch dadurch ausgezeichnet, dass sie gleichzeitig *beide* Wärmeleitungsfähigkeiten, die innere wie die äussere, ergiebt.

(Abh. 8 und 14.) Unter den theoretischen Arbeiten des vorliegenden Bandes sind besonders hervorragend zwei sehr umfangreiche optische Abhandlungen von 1832 und 1835 (Seite 159—198 und Seite 359—574). Aber auch bei diesen beiden Abhandlungen zeigt sich, wie wenig man bei *Neumann* von einer bestimmten Richtung sprechen darf. Sind doch diese beiden Abhandlungen, obwohl beide dasselbe wissenschaftliche Gebiet betreffen und obwohl beide theoretischer Natur sind, einander im höchsten Grade unähnlich, und zum Theil sogar zu einander in vollem Gegensatz. Es sei gestattet, auf diese Dinge hier näher einzugehen.

In der Abhandlung von 1832 (*Theorie der doppelten Strahlenbrechung, abgeleitet aus den Gleichungen der Mechanik*) sucht Neumann zurückzugreifen auf die *allerersten Ursachen* der Erscheinungen, indem er ausgeht von den Kräften, mit denen die einzelnen Aethertheilchen gegenseitig auf einander einwirken. Auf Grund dieser Kräfte und mittelst der allgemeinen Gleichungen der Mechanik gelangt er zu dem Resultat, dass jede in einem krystallinischen Medium gegebene Erschütterungsebene *drei mit dieser Ebene parallele Wellenebenen* erzeugt, deren Vibrationsrichtungen gegen einander senkrecht stehen. Zwei dieser Wellen sind nahezu *transversal*, und entsprechen den optischen Erscheinungen, sobald man nur die Polarisationsebene einer Welle als diejenige definirt, welche durch die Normale der Welle und durch ihre Vibrationsrichtung hindurchgeht. Räthselhaft aber bleibt die dritte Welle, deren Vibrationen nahezu longitudinal, d. i. nahezu senkrecht zur Wellenebene sind.

Es ist wohl als ein grosses Glück oder als ein Zeichen besonders feinen Tactes anzusehen, dass Neumann an dieser Theorie von 1832 nicht allzu hartnäckig festhielt. In der That hat er in seiner grossen Abhandlung von 1835 (in den Schriften der Berl. Ak. d. Wiss.: *Ueber den Einfluss der Krystallflächen auf die Reflexion des Lichtes u. s. w.*)*) von jener Theorie von 1832 nur bis zu einem *gewissen* Grade sich leiten lassen, dasjenige festhaltend,

*) Diese grosse *Neumann*'sche Abhandlung von 1835 ist im Jahre 1842 in französischer Uebersetzung erschienen im VII. Bande des *Liouville*'schen Journals (daselbst Seite 369—510), unter dem Titel: *Recherche théorique des lois, d'après lesquelles la lumière est réfléchie et réfractée à la limite commune de deux milieux complétement transparents.*

was ihm gut und richtig erschien, und dasjenige fortlassend, was ihm bedenklich vorkam.

Um die Hauptsache hervorzuheben: Neumann hat in seiner grossen Abhandlung von 1835 *festgehalten* an jener Definition der Polarisationsebene, zu der er im Jahre 1832 gelangt war. Hingegen wird jene dritte longitudinale Welle, welche seine Theorie von 1832 ergeben hatte, in seiner grossen Abhandlung von 1835 von ihm völlig ignorirt, schlechtweg als *nicht vorhanden* angesehen; denn dort ist überhaupt nur allein von *transversalen* Wellen die Rede; — die einfallende Welle ist transversal, und die durch Reflexion und Brechung entstehenden Wellen sind ebenfalls transversal; — und das Princip der lebendigen Kraft wird dort von Neumann in der Weise formulirt, dass die lebendige Kraft der einfallenden Welle gleich gross sein müsse mit der Summe der lebendigen Kräfte der durch Reflexion und Brechung entstehenden Wellen.

Man sieht dabei aus seinen eigenen Worten, wie schwer es ihm geworden ist, die longitudinalen Wellen fortzulassen. Denn nachdem er in der genannten Abhandlung dem Princip der lebendigen Kraft die soeben angedeutete Formulirung gegeben hat, fügt er hinzu (Seite 371), er müsse gestehen, dass das so formulirte Princip, im Vergleich mit den übrigen von ihm in Anwendung gebrachten Principien, dasjenige sei, welches, in Bezug auf seine Zulässigkeit, am meisten Zweifel erregen müsse; denn, vom mechanischen Standpunkte aus, könne man durchaus nicht begreifen, wie nicht ein *Theil* der lebendigen Kraft der einfallenden transversalen Welle, bei ihrer Reflexion und Brechung, in longitudinale Vibrationen sich verwandeln müsse, die von ihm dem Princip der lebendigen Kraft gegebene Formulirung könne also nur acceptirt werden auf Grund der Erfahrung, dass es wirklich Körper giebt, bei denen die Intensität des einfallenden Lichtes genau ebenso gross ist wie die Summe der Intensitäten des reflectirten und des gebrochenen Lichtes.

Kurz, man sieht, dass jene beiden Theorien von 1832 und 1835 von ganz verschiedenem Naturell sind. Die ältere hat die jüngere gewissermassen erzogen und herangebildet; und die jüngere hat den besten Willen gehabt, der älteren zu gehorchen und sich von ihr leiten zu lassen, — bis sie dann plötzlich von der älteren sich loszumachen sucht, und im entscheidenden Augenblick, trotz der Mahnungen und Drohungen der älteren Schwester, ihren *eignen* Weg zu gehen sich entschliesst.

Auch in der ganzen Anlage und Einrichtung kann wohl kaum ein grösserer Contrast gedacht werden, als der zwischen diesen beiden Abhandlungen von 1832 und 1835. Die eine sucht (wie schon bemerkt wurde) ihren Ausgang zu nehmen von den *allerersten Ursachen* der Erscheinungen. Die andere hingegen nimmt ihren Ausgang von einem gewissen *Kreise von Vorstellungen*, die durch besondere Einfachheit ausgezeichnet sind, und deren Richtigkeit, wenn auch durch die Erfahrung nicht wirklich verbürgt, so doch durch die Erfahrungen höchst wahrscheinlich gemacht ist. Dieser Kreis von Vorstellungen besteht im Ganzen aus *sechs* Vorstellungen, die gleich zu Anfang der Abhandlung (auf Seite 367—371, in 1., 2., 3., 4., 5A., 5B. und 6.) in übersichtlicher Weise zusammengestellt sind, und deren letzte dargestellt ist durch die schon angegebene Formulirung des Princips der lebendigen Kraft.

Von diesen Vorstellungen sind einige (nämlich die in 1., 4. und 5B. angegebenen) schon deswegen besonders beachtenswerth, weil sie den Unterschied der *Neumann*'schen Anschauungen gegenüber den *Fresnel*'schen deutlich zu Tage treten lassen.

Die Theorie von Fresnel geht, was *unkrystallinische* Medien anbelangt, von der Vorstellung aus, dass die *Elasticität* des Aethers in all' solchen Medien ein und dieselbe sei, und dass ihr verschiedenes Brechungsvermögen nur allein herrühre von der Verschiedenheit der *Dichtigkeit* des Aethers. Eine Uebertragung dieser Vorstellung auf *krystallinische* Medien war offenbar ein Ding der Unmöglichkeit; denn sonst hätte man annehmen müssen, dass die Verschiedenheit, welche das Brechungsvermögen eines Krystalls in verschiedenen Richtungen zeigt, davon herrühre, dass der Krystall in verschiedenen Richtungen verschiedene Dichtigkeiten besitze; was absurd gewesen sein würde. — Demgemäss geht *Neumann* von einer Vorstellung aus, die der *Fresnel*'schen geradezu entgegengesetzt ist, nämlich von der Vorstellung, dass die einzelnen *unkrystallinischen* Medien sich von einander unterscheiden durch *verschiedene Elasticität* des Aethers, dass hingegen die *Dichtigkeit* des Aethers in all' diesen Medien *ein und dieselbe* sei. Dieser selbe Werth der Aetherdichtigkeit ist nun, nach Neumann's Vorstellung, auch vorhanden in *krystallinischen* Medien, während, nach seiner Vorstellung, die Elasticität des Aethers in einem solchen krystallinischen Medium in verschiedenen Richtungen verschiedene Werthe besitzt. (Vgl. 1. Seite 367.)

Ferner geht *Neumann* (wie schon vorhin bemerkt wurde), im Gegensatz zu *Fresnel*, von der Vorstellung aus, dass die Polarisationsebene einer Lichtwelle diejenige sei, welche durch die Normale der Welle und durch ihre Vibrationsrichtung hindurchgeht. (Vgl. 4. Seite 368.)

Endlich geht Neumann, was die Reflexion und Refraction an der Grenze zweier völlig durchsichtiger Medien anbelangt, von der Vorstellung aus, dass zwischen den Vibrationen im einen und im andern Medium an der Grenze völlige Continuität stattfindet; während bekanntlich nach Fresnel eine solche Continuität nur vorhanden sein soll für die der Grenze parallelen Componenten jener Vibrationen. (Vgl. 5B. Seite 370.)

Die hier in Rede stehende grosse Neumann'sche Abhandlung von 1835 dürfte übrigens nicht nur ausgezeichnet sein durch die Sicherheit ihrer Grundlagen, sondern ebenso auch durch die glückliche Ueberwindung äusserst mühsamer Rechnungen und durch die Reichhaltigkeit ihrer Resultate. Auch ist manches in ihr angedeutet, was zu weiteren Forschungen anregen muss. So z. B. sagt Neumann von gewissen Theoremen über den Polarisationswinkel, die von ihm für einaxige Krystalle mit voller Strenge, für zweiaxige Krystalle aber nur approximativ bewiesen sind: *er „vermuthe", dass dieselben für zweiaxige Krystalle ebenfalls, nicht nur approximativ, sondern strenge richtig seien.* [Vgl. die ersten sechs Zeilen auf Seite 520.] — Ob die hier vorhandene Lücke heut' zu Tage, also nach Ablauf von mehr als siebzig Jahren, bereits ihre Ausfüllung gefunden hat, scheint sehr zweifelhaft. Und doch handelt es sich hier um eine wichtige Frage, die früher oder später beantwortet werden muss, entweder mit Ja, oder mit Nein.

Was ferner die vielen höchst mühsamen Rechnungen in der Abhandlung von 1835 anbelangt, so warten dieselben wohl sehnlichst darauf, durch einfachere und mehr übersichtliche Operationen ersetzt zu werden. Es scheint dies aber durchaus keine leichte Aufgabe zu sein. Und die Redaction hat sich beim Wiederabdruck der Abhandlung darauf beschränken müssen, das Verständniss der mühsamen Rechnungen dem Leser durch geeignete Noten ein wenig zu erleichtern, und hin und wieder kleine Unrichtigkeiten zu corrigiren. — Uebrigens hat *Neumann* selber seine Theorie von 1835 immer nur als eine *Vorarbeit* angesehen, und fortdauernd den Gedanken festgehalten, dass die eigentlich zu erstrebende, wahre Theorie dieser Erscheinungen *mechanischer Natur* sein müsse, dass es sich also schliesslich immer noch um die Aufgabe handeln werde, die betreffenden dynamischen Differentialgleichungen, nebst den zugehörigen Grenzbedingungen, zu finden. Versuche solcher Art sind mehrfach unternommen worden, sowohl von *Neumann* selber (in seinen Vorlesungen an der Königsberger Universität), wie auch von seinen Schülern und anderen Autoren. Aber all' diese Versuche waren mit mehr oder weniger bedenklichen (zum Theil ganz willkürlichen) Annahmen behaftet, und daher

Neumann's idealen Anforderungen nur sehr unvollkommen entsprechend, wie solches von *Neumann* selber in seinen Vorlesungen mit besonderm Nachdruck hervorgehoben wurde.

Günstiger könnte man vielleicht zu urtheilen geneigt sein über die in neuerer Zeit von *Maxwell, Hertz* u. A. unternommenen Versuche. Nur ist zu bedenken, dass das diesen neueren Versuchen zu Grunde liegende (nach Maxwell benannte) System von Differentialgleichungen so ziemlich in der Luft schwebt, nämlich ohne irgend welche Verbindung ist mit dem althergebrachten System der Mechanik, der Art, dass man weder das eine System aus dem andern abzuleiten vermag, noch auch beide Systeme als gleichzeitige Ausflüsse aus irgend welchen höher stehenden einfachen Principien aufzufassen im Stande ist.

Beiläufig bemerkt: Es dürfte sich, so wie heut' zu Tage die Dinge liegen, doch wohl empfehlen, die in Rede stehende *Maxwell-Hertz'sche Theorie*, nach der Seite der Krystalloptik hin, genauer zu verfolgen, und sie, nach dieser Richtung hin, womöglich in demselben Umfange und in derselben Schärfe zu entwickeln, wie solches bei der *Neumann'schen Theorie von 1835* der Fall ist, damit man die schliesslichen Resultate jener Maxwell-Hertz'schen Theorie mit den (experimentell bestätigten) Resultaten der Neumann'schen Theorie von 1835 wirklich zu vergleichen vermag.

(Abh. 12, 15 und 16.) — Mit der soeben besprochenen grossen Abhandlung von 1835 hängen drei andere Abhandlungen des gegenwärtigen Bandes ziemlich enge zusammen. Es sind das die ihr vorangehende *zwölfte* Abhandlung, und die beiden auf sie folgenden Abhandlungen, die *fünfzehnte* und *sechzehnte*.

Was insbesondere die *fünfzehnte* Abhandlung betrifft, so enthält dieselbe ein *neues photometrisches Verfahren*, welches, der Hauptsache nach, darin besteht, dass man die beiden miteinander zu vergleichenden Strahlen gegenseitig (d. i. durch Interferenz) auf einander einwirken lässt. Ein zweiter Theil der Abhandlung beschäftigt sich mit der Theorie der *totalen Reflexion*.

(Abh. 9.) — Von theoretischem Interesse ist nun ferner im vorliegenden Bande eine Abhandlung über *Metallreflexion* aus dem Jahre 1832 (Seite 199—250). Sie nimmt, ebenso wie jene grosse Abhandlung von 1835, ihren Ausgang nicht von den allerersten Ursachen der Erscheinungen, sondern von ganz bestimmten Vorstellungen, die ihrerseits aus der Erfahrung entlehnt, nämlich aus den Brewster'schen Beobachtungen abstrahirt sind. Diese Vorstellungen — es sind im Ganzen nur *zwei* — sind gleich zu Anfang der Abhandlung in eingehender Weise dargelegt. [Vgl. Seite 202, 1) und 2).]

Diese Abhandlung über Metallreflexion ist von eigenthümlicher Einfachheit und Schönheit, leider aber, in Folge vieler Druckfehler und in Folge einiger nachträglicher Correctionen Neumann's, recht schwer verständlich. Die Redaction hat sich daher bemüht, dem Leser von dem eigentlichen Verlauf der Abhandlung in einem Anhange (nämlich in den Zusätzen auf Seite 231—250) ein anschauliches Bild zu geben.

Wie weit die Abhandlung in ihren schliesslichen Resultaten den Erfahrungen noch heut' zu Tage entspricht, soll hier nicht weiter erörtert werden. Neumann selber hat übrigens diese Theorie von 1832, und die in ihr aufgestellten allgemeinen Gesetze (A.) und (B.), in späterer Zeit nur als einen mehr oder weniger *provisorischen* Entwurf angesehen. In der That hat er in seinen Vorlesungen an der Königsberger Universität, im Jahre 1861, von ganz anderen Grundlagen aus, den Gegenstand von Neuem untersucht; wobei, an Stelle jener Gesetze (A.) und (B.), wesentlich andere (übrigens viel complicirtere) Gesetze sich ergaben. [Vgl. die Bemerkung auf Seite 249.]

(Abh. 11.) — Von theoretischem Interesse ist ferner eine Abhandlung über *die Elasticität krystallinischer Substanzen* von 1834 (Seite 299—316). Dieselbe ist wohl ohne Zweifel anzusehen als ein weiterer Ausbau der *Poisson'schen Elasticitätstheorie.* Die Abhandlung ist sehr kurz gehalten, und die in ihr enthaltenen Formeln sind zum grossen Theil von Neumann nur schlechtweg hingestellt, *ohne* Mittheilung des Beweises. Die Redaction hat aber sämtliche Formeln nachgerechnet, und die geringfügigen Verbesserungen, welche sich dabei hin und wieder als nothwendig herausstellten, im Texte selber unmittelbar zur Ausführung gebracht, ohne solches jedesmal besonders anzumerken.

Uebrigens ist die dieser Abhandlung zu Grunde liegende Poisson'sche Elasticitätstheorie von *Neumann* im Laufe der Jahre fallen gelassen, und in seinen Vorlesungen an der Königsberger Universität durch eine sehr viel allgemeinere Theorie ersetzt worden. [Vgl. hierüber insbesondere die Bemerkungen auf Seite 315, 316, in $\mathfrak{A}$., $\mathfrak{B}$., $\mathfrak{C}$.]

(Abh. 10.) — In schwierige Probleme künftiger Zeiten ragt hinein eine Abhandlung über *die thermischen, optischen und krystallographischen Axen des Gypses* aus den Jahren 1832, 1833 (Seite 251—298). Nach einigen einleitenden Worten (Seite 253—261), die für die Geschichte dieses Gegenstandes von Werth sein dürften, werden die krystallographischen Messungen von Neumann (Seite 264) und die thermischen Messungen von Mitscherlich (Seite 273) benutzt zur Bestimmung der thermischen Axen des Gypses. Neumann gelangt dabei zu dem Resultat, dass diese *thermischen* Axen, innerhalb der Grenzen der Beobachtungsfehler, mit den *optischen* Axen zusammenfallen (Seite 280). Ferner zeigt er (Seite 281—283), dass man diese Axen wohl zugleich auch als die *krystallographischen* Axen ansehen dürfe, insofern als die analytischen Ausdrücke der einzelnen Krystallflächen, bei Zugrundelegung dieser Axen, von sehr einfacher Gestalt sind.

Uebrigens hat Neumann später, in seinen Vorlesungen an der Königsberger Universität, darauf aufmerksam gemacht, dass beim Gyps von einem *genauen* Zusammenfallen der thermischen und optischen Axen schlechterdings nicht die Rede sein könne. [Vgl. die Bemerkung der Redaction auf Seite 296, 297.]

(Abh. 13.) — **An die soeben besprochene Abhandlung schliesst sich einigermaassen an** eine Abhandlung über *die optischen Eigenschaften der zwei- und eingliedrigen Krystalle* vom Jahre 1835. Dieselbe ist wesentlich experimenteller Natur. Sie enthält Neumann's höchst merkwürdige Entdeckung, dass die beiden optischen Axen des *Gypses* bei einer Erwärmung dieses Krystalls, mit *sehr ungleichen* Geschwindigkeiten sich bewegen (vgl. Seite 352); woraus folgt, dass die den Winkel der beiden optischen Axen halbirende Linie, d. i. die eine der Fresnel'schen Elasticitätsaxen, durch eine solche Erwärmung ebenfalls in Bewegung geräth.

Die Abhandlungen des vorliegenden Bandes beziehen sich, wie man sieht, fast alle auf Licht und Wärme. — Im Anschluss an diese Abhandlungen dürfte hier noch zu erinnern sein an eine der allerwichtigsten Neumann'schen Arbeiten, über welche leider von Neumann selber im Druck nichts veröffentlicht worden ist. Es ist dies:

Neumann's mechanische Theorie der Wärme. In der That ist nämlich jene Theorie, welche man heut' zu Tage die „mechanische Wärmetheorie“ oder kürzer die „Thermodynamik“ zu nennen pflegt, ihrem eigentlichen Kern nach und in ihren Hauptumrissen, als eine Schöpfung *Neumann*'s zu bezeichnen. Hat doch *Neumann* selber zu der Zeit, als der Druck seiner Königsberger Vorlesungen (im Verlage von Teubner in Leipzig) begonnen wurde, also ungefähr im Jahre 1881, darauf aufmerksam gemacht, dass jene Theorie — und zwar schon *vor* dem Erscheinen der betreffenden *Clausius*'schen Abhandlungen — von ihm selber entwickelt worden sei in seinen Vorlesungen an der Königsberger Universität. Auch hat Neumann, indem er damals in solcher Weise sich äusserte, hinzugefügt, dass er auf seine Priorität in dieser Beziehung einiges Gewicht lege, und dass es ihm daher, zur äusserlichen Documentirung dieser Priorität, lieb sein würde, wenn speciell der Herausgabe seiner Königsberger Vorlesung über die *mechanische Wärmetheorie* ein Vorlesungsheft aus jener Zeit, in der er diese Theorie, noch *vor* dem Erscheinen der betreffenden Clausius'schen Abhandlungen, entwickelt habe, zu Grunde gelegt werden könnte. Leider hat sich ein solches Vorlesungsheft bis jetzt nicht gefunden; und hierin liegt, wenigstens zum Theil, der Grund, dass die in Rede stehende Vorlesung im Druck noch nicht erschienen ist.

Vielleicht wird Näheres über diesen Gegenstand zu veröffentlichen sein, sobald jene Vorlesung zum Druck gelangt.

Im März 1906.

Die Redaction.

VERZEICHNISS
DER IM ZWEITEN BANDE ENTHALTENEN ABHANDLUNGEN.

UNTERSUCHUNG ÜBER DIE SPECIFISCHE WÄRME DER MINERALIEN.

Aus Poggendorff's Annalen.

UNTERSUCHUNG ÜBER DIE SPECIFISCHE WÄRME DER MINERALIEN 1831.*)

Ein Sendschreiben an Herrn Prof. *Weiss* in Berlin.

Indem ich Ihnen die Mineralien zurücksende, die Sie mir aus dem Königlichen Mineralogischen Museum zu Untersuchungen über die specifische Wärme geliehen haben, erlaube ich mir, Ihnen die Resultate, die ich in dieser Beziehung erhalten habe, vorzulegen. Bei den vielen Hindernissen, die fast jede Untersuchung über die Wärme hat, wodurch so leicht *constante* Fehler in das Endresultat kommen, dürfte Ihr Urtheil über die erhaltenen Werthe für die specifische Wärme unsicher sein, wenn ich Ihnen nicht die Verfahrungsarten, deren ich mich bediente, entwickelte. Auch dürften die deshalb zu entwickelnden theoretischen Untersuchungen ein Interesse für sich haben.

Von den drei Methoden, deren man sich bis jetzt bedient hat: *der Methode des Calorimeters*, *der Mischung* und *der Abkühlung*, ist die letztere so indirect, und steht von der inneren Leitungsfähigkeit in einer solchen Abhängigkeit, dass ihre Zulässigkeit für jeden besondern Apparat, durch welchen sie ausgeführt wird, mittelst einer der beiden ersten Methoden erst nachgewiesen werden muss. Beide sind direct, und die Methode des Calorimeters scheint, wenn man grosse Quantitäten der zu untersuchenden Substanzen anwenden kann, den Vorzug zu verdienen; jedoch beruht dieses Urtheil auf keiner Erfahrung meinerseits. Ich habe mich der Methode der *Mischung* bedient; und nachdem an den durch sie erhaltenen Resultaten die Zulässigkeit der Methode der *Abkühlung* geprüft war, mich zu dieser Methode gewandt.

---

*) Poggendorff's Ann. d. Ph. u. Ch. Bd. 23, Seite 1—39; 1831. Einige Formeln dieser Abhandlung [vgl. im hier vorliegenden Druck Seite 4—7 und Seite 12—15] sind von *Neumann* nur kurzweg mitgeteilt worden, ohne irgend welche Angabe über ihre Entstehungsweise. Nähere Aufklärung über diese Formeln wird man erhalten durch die dritte und vierte Abhandlung des vorliegenden Bandes, die beide entnommen sind aus *Neumann's hinterlassenen Manuscripten.*

Dabei sei bemerkt, daß die ersten *sechs* Abhandlungen des vorliegenden Bandes in enger Beziehung zu einander stehen. Und um diese sechs Abhandlungen *äusserlich* in bessere Uebereinstimmung zu bringen, und in solcher Weise dem Leser die Durchsicht derselben zu erleichtern, hat die Redaction es für angemessen gehalten, in den angewendeten Bezeichnungen (Buchstaben) hin und wieder kleine Abänderungen eintreten zu lassen. Man vergleiche übrigens auch die Noten auf Seite 6 und 12, 13. — *C. N.*

Ueber die Methode der Mischung und über die bei derselben anzubringenden Correctionen.

Die Methode der Mischung wurde so angewendet, dass die zu untersuchende Substanz erwärmt wurde und in Wasser getaucht, dessen Temperatur nahe die der Umgebung war. Das Verhältniss der Differenz der Thermometergrade der erwärmten Substanz beim Eintauchen und des Wassers nach der Mischung, zur Differenz der Thermometergrade des Wassers nach der Mischung und vor der Mischung, ist das Verhältniss der specifischen Wärmemengen der Substanz und des Wassers*).

Wenn durch V, V_1 die Temperaturen der erwärmten Substanz und des kälteren Wassers im Augenblick der Mischung, und durch M die Temperatur der Mischung bezeichnet werden, und Σ und Σ_1 die specifischen Wärmemengen der Substanz und des Wassers bedeuten, so lautet die soeben ausgesprochene Relation folgendermassen:

(I.) $$M = \frac{V\Sigma + V_1\Sigma_1}{\Sigma + \Sigma_1}.$$

Bei der Anwendung dieser Relation wird also *vorausgesetzt:*

1) dass die Temperatur der erwärmten Substanz für den Augenblick des Eintauchens bekannt ist,
2) dass beide, die Substanz und das Wasser, nach der Mischung zu *derselben* Temperatur gekommen sind,
3) dass während der Mischung kein Wärmeverlust stattgefunden hat.

Keine dieser Voraussetzungen ist in dem Experiment wahr, oder kann genau erfüllt werden. Es kommt also darauf an, die deshalb entstehenden Correctionen in obiger Relation (I.) zu ermitteln.

Ich beschäftige mich zuerst mit der *zweiten* und *dritten Voraussetzung.* — Es muss zu diesem Ende der Gang der Wärme untersucht werden, aus der erwärmten Substanz in's *kältere Wasser*, und aus diesem durch die Wände

*) Von diesen beiden Verhältnissen wird [falls man der in den nächstfolgenden Zeilen des Textes angegebenen Buchstaben sich bedient] das eine $= V - M : M - V_1$, und das andere $= \Sigma_1 : \Sigma$ sein; sodass man also, auf Grund des obigen Textes, die Relation erhält:

$$V - M : M - V_1 = \Sigma_1 : \Sigma, \quad \text{d. i.} \quad (M - V_1)\Sigma_1 = (V - M)\Sigma;$$

woraus durch Auflösung nach M sich ergiebt:

$$M = \frac{V\Sigma + V_1\Sigma_1}{\Sigma + \Sigma_1};$$

und dies ist die oben [in (I.)] angegebene Formel. — *C. N.*

des Abkühlungsgefässes und die Oberfläche des Wassers in die *umgebende Luft*. Die einfachste Voraussetzung, worauf diese Untersuchung kann basirt werden, giebt die Anwendung des *Newton'schen Gesetzes*, sowohl auf die Abkühlung durch die Luft, als auf die Abkühlung durch das Wasser. Demnach ist die Wärme, welche aus der erwärmten Substanz in das Wasser geht, proportional dem Temperaturunterschiede des Wassers und der Substanz; und von dieser Wärme verliert das Wasser wiederum einen Theil, der proportional ist dem Ueberschuss seiner Temperatur über die der Umgebung. Diese zu Grunde zu legenden Annahmen können nur annäherungsweise wahr sein, da sie (unter Anderm) das innere Leitungsvermögen der Substanz sowohl als das des Wassers unendlich gross voraussetzen; — die aus ihnen zu ziehenden Resultate sollen jedoch nur dienen, kleine Correctionsgrössen zu bestimmen.

Der analytische Ausdruck dieser Anwendung des Newton'schen Gesetzes sind folgende zwei lineare Differentialgleichungen*):

$$\text{(II.)} \qquad \frac{dv}{dt} = -\frac{O(v - v_1)}{\Sigma}, \qquad \frac{dv_1}{dt} = +\frac{O(v - v_1)}{\Sigma_1} - \frac{O_1 v_1}{\Sigma_1},$$

wo O die Wärme bezeichnet, die während der Einheit der Zeit bei einer constanten Temperaturerhöhung von 1^0 gegen umgebendes Wasser durch die Oberfläche der erwärmten Substanz in das Wasser geht, und O_1 dasselbe für die Oberfläche des Wassers und des Abkühlungsgefässes in Beziehung auf die umgebende Luft bedeutet. Σ bedeutet die specifische Wärmemenge**) der Substanz, und Σ_1 diejenige des Wassers und seines Gefässes. Ferner ist v der Temperaturüberschuss der Substanz, und v_1 der des Wassers über die Temperatur der Umgebung. Aus jenen Gleichungen (II.) folgt:

$$\text{(III.)} \qquad v = pe^{-\lambda t} + Pe^{-\Lambda t}, \qquad v_1 = p_1 e^{-\lambda t} + P_1 e^{-\Lambda t},$$

wo p und P zwei Constanten sind, die durch die ursprünglichen Temperaturen V und V_1 bestimmt werden, und wo ferner

$$\text{(IIIa.)} \qquad p_1 = p\left(1 - \frac{\lambda\Sigma}{O}\right) \quad \text{und} \quad P_1 = P\left(1 - \frac{\Lambda\Sigma}{O}\right)$$

*) Vgl. die ersten Seiten der *dritten Abhandlung* des vorliegenden Bandes, namentlich die dortigen Gleichungen (3.). — *C. N.*

**) Unter der specifischen Wärmemenge Σ der Substanz verstehe ich hier die Quantität, die erforderlich ist, um 1^0 Temperaturunterschied in der Substanz hervorzubringen. — *Note des Originals.*

ist.*) Ferner bezeichnen λ und $\varLambda$ die beiden Wurzeln der Gleichung**):

(IV.) $$\lambda^2 - \left[O\left(\frac{1}{\Sigma} + \frac{1}{\Sigma_1}\right) + \frac{O_1}{\Sigma_1}\right]\lambda + \frac{OO_1}{\Sigma\Sigma_1} = 0,$$

und e die Basis des nat. Log.-Systems, und t die Zeit, vom Augenblick der anfangenden Mischung an gerechnet.

Wenn die anfängliche Temperatur des Wassers so gewählt ist, dass das Wasser im Laufe der Mischung mit der erwärmten Substanz eine Temperatur hat oder erlangt, welche die der umgebenden Luft übertrifft, d. h. wenn v_1 positiv ist oder wird, so giebt es für diese Grösse ein Maximum. — *Dieses Maximum ist es, welches in der Methode der Mischung zur Beobachtung sich vorzüglich eignet.*

Für dieses Maximum von v_1, das mit v_{1m} bezeichnet werden soll, findet die Relation statt***):

(V.) $$v_{1m} e^{\lambda T}\left[1 + \left(\frac{\Sigma}{\Sigma_1} + \frac{V_1}{v_{1m}}\right)\frac{\lambda}{\varLambda}\right] = \frac{V\Sigma + V_1\Sigma_1}{\Sigma + \Sigma_1},$$

in welcher V und V_1 [ebenso wie in (I.)] die anfänglichen Temperaturen der Substanz und des Wassers bezeichnen.

In dieser Relation (V.) enthält die mit v_{1m} multiplicirte Grösse die Correctionen, die herrühren 1) von dem Wärmeverlust der Mischung durch die Umgebung: $e^{\lambda T}$, und 2) von der Differenz der Temperatur der Substanz und des Wassers im Augenblick des Maximums.

Diese Relation (V.) *ist es also, welche, statt der obigen* (I.), *zur Bestimmung von* $\frac{\Sigma}{\Sigma_1}$ *angewendet werden muss.*†) Dies setzt aber voraus, dass die Grössen λ

---

*) Vgl. die *dritte Abhandlung* dieses Bandes, daselbst die Formeln (6.), (7.). — *C. N.*

**) a. a. O., daselbst die Formel (5.). — *C. N.*

***) a. a. O., daselbst Gleichung (27.). Uebrigens ist, was die vorstehende Formel (V.) anbelangt, noch hinzuzufügen, dass das dortige T die Zeit des Maximums, nämlich diejenige Zeit vorstellt, welche verstreicht vom Anfangsaugenblick der Mischung bis zum Eintritt jenes Maximums.

Im Original sind die beiden Wurzeln der quadratischen Gleichung (IV.) mit h, H bezeichnet. Absichtlich hat die Redaction diese Buchstaben h, H durch λ, $\varLambda$ ersetzt, einmal weil der Buchstabe h in der vorliegenden Abhandlung (Seite 13) in ganz anderer Bedeutung, nämlich zur Bezeichnung des Abkühlungscoefficienten dient, — dann aber auch, um einen besseren Anschluss zu erzielen an die übrigen Neumann'schen Abhandlungen, namentlich an die *dritte, vierte und fünfte Abhandlung* dieses Bandes. — *C. N.*

†) Mit anderen Worten: Man kann jene ursprüngliche Formel (I.) beibehalten. Nur wird man alsdann unter dem dortigen M, d. i. unter der Temperatur der Mischung, denjenigen Ausdruck zu verstehen haben, der in (V.) auf der linken Seite steht. Man kann daher diesen Ausdruck etwa bezeichnen als die *corrigirte Mischungstemperatur*. — *C. N.*

und $\varLambda$ gekannt sind. Die erstere λ kann abgeleitet werden aus Beobachtungen über die Abkühlung des Wassers, nachdem das Maximum schon einige Zeit vorüber ist; — alsdann ist nämlich das in v_1 (III.) mit $e^{-\varLambda t}$ multiplicirte Glied *unmerklich* geworden; und wenn nun hier v_2 und v_3 zwei Werthe von v_1, entsprechend den Zeiten t_2 und t_3, bedeuten, so ist*):

(VI.) $$\frac{1}{t_3 - t_2} \log \frac{v_2}{v_3} = \lambda .$$

Was die Grösse $\varLambda$ betrifft, so giebt die Bedingung, dass v_{1m} das Maximum von v_1 sei, eine Gleichung für die Zeit T des Eintritts dieses Maximums, die abhängig von $\varLambda$ ist, und aus welcher, wenn diese Zeit T beobachtet ist, der Werth von $\varLambda$ gefunden werden kann. Dies ist eine transcendente Gleichung; sie erhält die einfachste Gestalt, wenn die Temperatur des Wassers vor der Mischung gleich ist der Temperatur der Umgebung; in diesem Falle ist diese Gleichung:

(VII.) $$\alpha = x e^{-x}.$$

Diese Gleichung hat zwei Wurzeln**):

(VIII.) $$x = \lambda T \quad \text{und} \quad x = \varLambda T.$$

Die eine dieser Wurzeln ist nach dem Vorigen bestimmt; und aus ihr lässt sich, mittelst der Logarithmentafeln, also leicht, die zweite Wurzel in hinreichender Annäherung finden.

Was T betrifft, so ist dies keine günstige Grösse zu einer guten Beobachtung; jedoch zeigen sich die Abweichungen der einzelnen Beobachtungen hierfür vom Mittel einer grossen Anzahl unbedeutend in Beziehung auf den von ihnen zu machenden Gebrauch.

Die Zulässigkeit der Grundlagen, worauf die Differentialgleichungen (II.) beruhen, abgerechnet, — bleibt jetzt nur noch übrig eine Erörterung der ersten obiger Forderungen [1). Seite 4], dass nämlich V, d. i. die Temperatur, mit welcher die Substanz eingetaucht wird, genau gekannt sei. Diese Forderung ist schwer zu erfüllen, wenigstens wenn die Substanz erwärmt in kaltes Wasser getaucht wird. Ueberhaupt ist es ein schweres Problem, die Temperatur eines festen Körpers zu bestimmen; und mit festen Körpern habe ich es hier zu thun.

---

*) Vgl. die *dritte Abhandlung* des vorliegenden Bandes, daselbst Formel (34.). — *C. N.*

**) Vgl. in der *dritten Abhandlung* vorliegenden Bandes die daselbst auf (34.) folgenden Formeln (A.), (B.). — *C. N.*

Das Verfahren, welches ich angewandt habe, ist folgendes: Die Substanz hing frei in einem verschlossenen Blechkasten an einem Draht, der allein herausragte. In diesen Blechkasten traten die Dämpfe von siedendem Wasser durch eine Röhre, und durch eine andere Röhre, deren Mündung etwa 6 Zoll höher war, traten sie aus dem Kasten wieder heraus, nachdem sie ein Staniolblättchen aufgehoben hatten. Durch ein Thermometer, welches sich in diesem Kasten befand, überzeugte ich mich zum Ueberfluss noch, dass die Temperatur in diesem Kasten constant war, solange der Barometerstand sich nicht änderte. Dieser Kasten hatte oben zwei Flügelklappen, die, wenn die Substanz aus ihm in das kalte Wasser sollte gebracht werden, mittelst eines Druckes, der mit den Füssen ausgeübt wurde, sich öffneten. Ich war also versichert von der Temperatur, mit welcher ich die Substanz aus dem Kasten herausnahm; aber eine neue Schwierigkeit ist der Wärmeverlust, den sie erleidet während der Zeit, in der sie zu dem kalten Wasser übergeführt wird, der immer merklich sein muss bei der hohen Temperatur, die sie besitzt. — Ich verfuhr so, dass ich die Zeitdauer des Herüberführens absichtlich veränderte, und den Wärmeverlust dieser Zeit proportional annahm. Ich gebrauchte im Mittel 6 und 12 Chronometerschläge (d. i. 2,4 und 4,8 Secunden). — Diese Annahme der Proportionalität ist aber sehr unsicher; sie würde es noch mehr gewesen sein, wenn ich in Beziehung auf das an der erwärmten Substanz anhängende Wasser nicht die Vorsicht gebraucht hätte, dass ich die Substanz schon erwärmt in das Dampfbad brachte.*)

---

*) Das anhängende Wasser rührt her von der Erwärmung der noch *unter* der Temperatur des Dampfes sich befindenden Substanz; der Niederschlag hört auf, sobald die Substanz die Temperatnr des Dampfes angenommen hat. Diese Bemerkung führte mich auf eine *neue Methode*, die specifische Wärme einer Substanz zu bestimmen, nämlich aus der Quantität des an ihr niedergeschlagenen Wasserdampfes. Diese Methode ist das Gegenstück der von *Lavoisier* und *La Place* angewandten, in welcher die specifische Wärme durch die Menge des flüssig gewordenen Eises bestimmt wird. Die vorläufigen Versuche jedoch, welche ich, um die Brauchbarkeit dieser Methode kennen zu lernen, angestellt habe, lassen noch einige Zweifel. Der Niederschlag an einer *Kugel*, oder vielmehr die Bildung von Wassertropfen am niedrigsten Theil der Kugel in einem Kasten, der mit siedendheissen Wasserdämpfen gefüllt war, hörte auch nach sehr langer Zeit nicht vollkommen auf, — eine Thatsache gegen den Schluss, der der Methode zum Grunde gelegt wurde —, und die mir nur auf 2 Wegen erklärlich scheint:

1) entweder erreichte die Kugel in dem Raume, der eine constante Temperatur hatte, nicht dieselbe Temperatur, weil sie durch ein Glasfenster, welches in den Wänden des Kastens angebracht war, immer einen Theil ihrer Wärme durch Strahlung verlor;

oder 2) es findet ein Niederschlag an der Kugel statt, der *nicht* von einer niedrigeren Temperatur derselben herrührt, sondern auf einer andern Einwirkung der messingenen Kugel auf den Wasserdampf beruht. — *Note des Originals.*

Bei nichtmetallischen Substanzen bedarf es, bei Anwendung der Methode der Mischung, einer Correction mit Bezug auf den Einfluss der innern Leitungsfähigkeit.

Wenn man dieses eben entwickelte Verfahren bei der Bestimmung der specifischen Wärme und dessen Grundsätze auf *Metalle* anwendet, glaube ich, wird man nicht sehr irren, und zwar aus zwei Gründen: der *grossen* innern Leitungsfähigkeit wegen, welche die Metalle besitzen, und wegen der schicklichen Form, die man ihnen für diese Untersuchung geben kann.

Bei *nicht metallischen Substanzen* ist die innere Leitungsfähigkeit *klein;* und dies entfernt sie am meisten von der im Vorigen gemachten Voraussetzung, dass die innere Leitungsfähigkeit unendlich gross sei; die Form ist gegeben, und meist ungünstig; beide Umstände sind sehr variabel für die verschiedenen Substanzen; und das schien mir auch deswegen nachtheiliger, weil dadurch in der Bestimmung für jede einzelne Substanz ein besonderer constanter Fehler könnte hervorgebracht werden.

Ich habe folgenden Weg eingeschlagen. Ich brachte die zu untersuchende Substanz in ein messingenes Kästchen durch eine Oeffnung, die, nachdem die leeren Zwischenräume im Kästchen mit Wasser ausgefüllt waren, mit einer Schraube wasserdicht verschlossen wurde. Es wurden nun die specifischen Wärmemengen dieses Kästchens mit seinen verschiedenen Füllungen untersucht. Auf diese Weise erreichte ich eine zweckmässige und gleiche Form bei den verschiedenen Substanzen, und eine, wenn auch *geringe,* doch nahezu *gleiche* innere Leitungsfähigkeit. Wenn also in den Resultaten ein constanter Fehler sich befand, so musste er auch *gleich* in ihnen sein, und konnte also auf eine schickliche Weise eliminirt werden.

Ausserdem erreichte ich in solcher Weise den Vortheil, dass ich die Zulässigkeit der vorher aufgestellten Grundsätze prüfen und alle Corrections-Elemente direkt bestimmen konnte, *wenn in das Kästchen ein Thermometer gestellt wurde.* Diese directe Prüfung war, wie sich sogleich ergeben wird, sehr nothwendig. Diese Prüfung liess sich so erhalten, dass man in das Kästchen eine Substanz brachte, deren specifische Wärme in Beziehung auf Wasser bekannt war; hierzu schien sich keine andere Substanz besser zu eignen, als *Wasser selbst.* Indem ich also das Kästchen ganz mit Wasser füllte, bestimmte ich nach den dargelegten Grundsätzen die specifische Wärme des erwärmten Wassers gegen kaltes Wasser; sie ergab sich merklich kleiner als Eins. Die Unzulässigkeit oder vielmehr das Unzureichende der eben entwickelten Correctionen schien also erwiesen; und es wurde sehr wahrscheinlich, *dass die Correction für die Differenz der Temperatur des Kästchens und des Wassers im Maximum der Temperatur der Mischung zu klein war;* denn dadurch musste eine zu kleine specifische Wärme entstehen. Diese Correction, soviel ergiebt sich aus einer allgemeinen Ueberlegung, musste *grösser* sein, je kleiner die innere Leitungsfähigkeit ist.

Doch mussten in dieser Hinsicht neue Zweifel entstehen durch die Betrachtung, dass ältere Beobachtungen von *De Luc* und später von *Flaugergues* und *Ure* eine mit der Höhe der Temperatur abnehmende specifische Wärme des Wassers, mit dem von mir erhaltenen Resultat übereinstimmend, auf ganz andere Weise gefunden hatten. Diese Zweifel wurden durch eine unabhängige Untersuchung des in Frage stehenden Gegenstandes entschieden, die ich Ihnen in einem besonderen Aufsatz beilege*); woraus sich mit Bestimmtheit ergiebt, *dass die specifische Wärme des Wassers mit der Temperatur nicht abnimmt, vielmehr zunimmt,* in Uebereinstimmung mit dem, was *Dulong* in Beziehung auf Metalle und Glas gefunden hat.

Die angewandten Correctionen waren also unzureichend. Aus den Beobachtungen, welche ich mit dem Kästchen über die specifische Wärme des Wassers angestellt hatte, liess sich, wenn die specifische Wärme des Wassers als gegeben betrachtet wurde, die Correction wegen des Unterschiedes der Temperatur des Kästchens und des Wassers im Maximum der Temperatur berechnen; und dieser Unterschied ergab sich *sehr viel grösser,* als er, der gebrauchten Corrections-Formel nach, hätte sein sollen, nämlich $1^0,5$ R. statt $0^0,1$ R. etwa. Um mich von der Wirklichkeit dieser grossen Differenz zu überzeugen, wurde an das Kästchen, statt der Schraube, womit es verschlossen wurde, ein kleines Rohr angeschraubt, durch dieses hindurch ein Thermometer in das Kästchen gebracht; und nun wurden dieselben Operationen, nachdem das Kästchen einmal mit blossem *Wasser* gefüllt war, dann mit *Wasser und Kalkspath,* und endlich mit *Wasser und Bleiglanz,* zur Bestimmung der jedesmaligen specifischen Wärmemenge wiederholt, — so aber, dass zugleich im Maximum der Temperatur des Wassers, in welchem das Kästchen abgekühlt wurde, der Stand des in ihm befindlichen Thermometers beobachtet wurde. Die unmittelbaren Beobachtungen des Thermometers gaben in diesen dreierlei

*) Es ist dies die nächstfolgende Abhandlung des vorliegenden Bandes, betitelt: *Bestimmung der specifischen Wärme des Wassers in der Nähe des Siedepunktes gegen Wasser von niedriger Temperatur.* — C. N.

Fällen, im Mittel, als Differenz: 1,2, ferner 1,2, und 1,5. Diese unmittelbaren Beobachtungen sind aber *nicht* die Differenz der *mittleren Temperatur* des Kästchens und des Wassers, sondern höher, und sie erfordern in dieser Hinsicht noch eine Correction: 1) nach der Abkühlungsgeschwindigkeit des angewendeten Thermometers im Kästchen, und 2) nach dem Unterschiede der Temperatur des Kastens im Centrum von seiner mittleren Temperatur. Oder anders ausgedrückt: Aus den Angaben des Thermometers muss zuerst die Temperatur des das Thermometer umgebenden Wassers abgeleitet werden, und aus dessen Temperatur die mittlere Temperatur des Kästchens geschlossen werden. Diese beiden Correctionen verringern die unmittelbaren Angaben des Thermometers um ungefähr 0,1 R.

Die zweite der soeben genannten Correctionen: der Unterschied der Temperatur im Centrum von der mittleren Temperatur, ist abhängig von der *innern Leitungsfähigkeit* im Kasten. Aus diesem Grunde, und einigen andern noch darzulegenden Gründen, war es wünschenswerth, die *innere Leitungsfähigkeit* zu bestimmen. *Fourier* ist der einzige, der überhaupt einen Versuch gemacht hat, diese Grösse absolut zu bestimmen; alle sonstigen Untersuchungen über diesen Gegenstand haben nur den Zweck gehabt, das *Verhältniss* der innern Leitungsfähigkeiten verschiedener Stoffe zu einander zu finden. — Hier aber war die Kenntniss der *absoluten* innern Leitungsfähigkeit nöthig. Von dem Verfahren, dessen Fourier sich bediente, konnte kein Gebrauch gemacht werden; es musste ein Verfahren ersonnen werden, das unmittelbar auf das Kästchen anwendbar war.

Verfahren zur Bestimmung der absoluten inneren Leitungsfähigkeit.

Das Verfahren, dessen ich mich bedient habe, ist von folgendem leicht wahrnehmbaren Phänomen hergenommen.

Wenn ein Körper aus einem kalten Medium in ein warmes gebracht wird, und man ihn, ehe er dessen höhere Temperatur angenommen hat, wieder in das kalte Medium zurückführt, so steigt und fällt ein in seiner Mitte befindliches Thermometer nicht auf die Weise, wie es nach der Bedingung der umgebenden Temperatur der Fall sein sollte; sondern *es fährt fort zu steigen, es erreicht eine gewisse Höhe, ein Maximum, und dann erst fängt es an zu fallen.* — Der Grund dieses Phänomens ist die innere Leitungsfähigkeit: die Theile des Körpers an der Peripherie (Oberfläche) haben eine höhere Temperatur als die in der Nähe des Centrums, und sie fahren fort, einen Theil ihrer Wärme nach dem Centrum zu senden, während sie einen andern Theil der Umgebung mittheilen.

Die *Höhe,* bis zu welcher das Thermometer fortfährt zu steigen, und die *Schnelligkeit,* mit welcher es zu diesem Maximum steigt, wird abhängig sein von dem Ueberschuss der Wärme in der Nähe der Peripherie gegen die Wärme in der Nähe der Mitte, von der Vertheilung dieses Ueberschusses, von der innern Leitungsfähigkeit und von der äussern Leitungsfähigkeit.

Die Grösse des Ueberschusses der Temperatur an der Peripherie gegen die in der Mitte, und dessen Vertheilung wird abhängig sein von der innern Leitungsfähigkeit und von der Schnelligkeit der Erwärmung im warmen Medium. Um aber diese Abhängigkeit genau auszudrücken, ist es nöthig, zu den allgemeinsten Relationen, die *Fourier* für die Bewegung der Temperatur in festen Körpern gegeben hat, zurückzugehen. Diese partiellen Differentialgleichungen aber erlauben, wenn die Figur des Körpers *irgend welche* ist, kein Integral, von welchem man für den gegenwärtigen Fall Gebrauch zu machen hoffen dürfte, — es sei denn, dass in ihm dasjenige wieder vernachlässigt wird, was von der Besonderheit der Figur herrührt.

Ich habe desshalb nur die Bewegung der Temperatur in einer *Kugel* betrachtet, und zwar unter der Voraussetzung, dass an allen Orten, die gleich weit vom Mittelpunkt entfernt sind, gleiche Temperatur herrsche. Ich nehme an, dass die Temperatur im Mittelpunkte der Kugel durch die Beobachtung eines daselbst befindlichen Thermometers gegeben sei. Diese Temperatur des Centrums sei $\varphi(t)$, d. h. sie sei als eine Function der Zeit gegeben. Ferner sei S die specifische Wärmemenge der *räumlichen Einheit* der Masse dieser Kugel*). Ferner sei R der Halbmesser der Kugel, und k ihre innere Leitungsfähigkeit. Endlich sei $\mu = \mu(t)$ die mittlere Temperatur der Kugel zur Zeit t. Alsdann findet sich**):

$$\text{(I.)}\qquad \mu(t) = \varphi(t) + \frac{3}{5}\left(\frac{1}{1\cdot 2\cdot 3}\right)\left(\frac{R^2 S}{k}\right)\frac{d\varphi(t)}{dt} + \frac{3}{7}\left(\frac{1}{1\cdot 2\cdot 3\cdot 4\cdot 5}\right)\left(\frac{R^2 S}{k}\right)^2\frac{d^2\varphi(t)}{dt^2} + \cdots$$

Wenn man die Veränderung der Temperatur der Kugel so einrichtet, dass das dritte und die folgenden Glieder dieser Reihe sehr klein sind, so ist:

$$\text{(II.)}\qquad \mu(t) = \varphi(t) + \frac{1}{10}\left(\frac{R^2 S}{k}\right)\frac{d\varphi(t)}{dt}.$$

---

*) Es ist also dieses S wesentlich verschieden von dem früher (Seite 5 ff.) angewendeten Σ. Im Original sind S und Σ beide mit *demselben* Buchstaben (nämlich mit S) bezeichnet. — *C. N.*

**) Man vergleiche die *vierte Abhandlung* des vorliegenden Bandes; daselbst Formel (5.). — *C. N.*

Es bezeichne nun φ_m das *Maximum,* welches die Temperatur $\varphi(t)$ des centralen Thermometers erlangt, wenn die Kugel aus einem kalten Medium in ein warmes, und aus diesem wiederum zurück in das kalte gebracht wird; und es sei h der *Abkühlungscoefficient* in dem kalten Medium. Ferner sei T die Zeit von dem Augenblick $t=0$ an, wo die Kugel aus dem warmen Medium in das kalte Medium zurückgebracht wird, bis zum Eintritt jenes Maximums. Alsdann ergiebt sich:

(III.) $$\varphi_m = \left[\varphi(t) + \frac{1}{10}\left(\frac{R^2 S}{k}\right)\frac{d\varphi(t)}{dt}\right]_{t=0} \cdot e^{-\frac{3hT}{RS}};$$

hier aber ist der in den eckigen Klammern enthaltene Ausdruck [vgl. (II.)] nichts Anderes als $\mu(t)$. Somit folgt*):

(IV.) $$\varphi_m = \mu(0)\cdot e^{-\frac{3hT}{RS}};$$

d. h. *das Maximum* φ_m *ist gleich der mittleren Temperatur der Kugel für den Augenblick* $t=0$, *wo sie aus dem warmen Medium heraustritt, weniger dem während des Steigens bis zum Maximum erlittenen Wärmeverlust durch die Umgebung.*

Dieses Resultat, unter der Voraussetzung, dass die von $\frac{d^2\varphi(t)}{dt^2}$, etc. abhängenden Glieder von geringem Werthe sind [wovon sich zu überzeugen in jedem einzelnen Versuch man die Mittel vorhanden sieht], aus den allgemeinen Gleichungen der Bewegung der Wärme strenge abgeleitet, — hätte sich vorhersehen lassen; denn es leuchtet ein, dass, wenn kein Wärmeverlust durch die Oberfläche im kalten Medium stattfände, der Thermometer die mittlere Temperatur erreichen, und da stationär verbleiben muss.

Bezeichnen $\varphi(t)$ und $\varphi(t_1)$ die Werthe der im Mittelpunkt der Kugel vorhandenen Temperatur in irgend zwei Augenblicken t und t_1, so gelangt man**), falls h gegen k vernachlässigt werden darf, zu folgender Formel***):

---

*) Man vergleiche in der *vierten Abhandlung* dieses Bandes die daselbst zwischen (25.) und (26.) befindliche Gleichung (δ.), in welcher $\alpha = \frac{3h}{RS}$ ist. — *C. N.*

Dabei sei bemerkt, dass im obigen Text zwischen (II.) und (IV.) von der Redaction gewisse Abänderungen vorgenommen sind, weil das Original an dieser Stelle durch Druckfehler entstellt ist. Zugleich sind dabei von der Redaction auch die *Bezeichnungen* ein wenig geändert worden, um bessere Uebereinstimmung hervorzubringen mit der *vierten Abhandlung* dieses Bandes. So z. B. findet man die Temperaturen $\mu(t)$ und $\mu(t_0)$ im Original bezeichnet mit M_i (als *mittlere* Temperaturen). Ferner findet man die Temperatur φ_m im Original bezeichnet mit M_a (als *Maximal*-Temperatur). — *C. N.*

**) Bei der ganzen Untersuchung wird die Temperatur des gegebenen kalten Mediums als *fortdauernd constant* angesehen. Und es werden unter $\mu(t)$ und φ_m, $\varphi(t)$, $\varphi(t_1)$ durchweg die *Temperatur-Ueberschüsse* über jene constante Temperatur des kalten Mediums verstanden. — *C. N.*

***) Was die hier folgende Formel (V.) anbelangt, so sei bemerkt, dass die Temperaturen $\varphi(t)$ und $\varphi(t_1)$ im Original mit v und v_1 bezeichnet sind. Uebrigens ist diese Formel (V.) in voller Uebereinstimmung mit der Formel (28.) der *vierten Abhandlung* dieses Bandes. — *C. N.*

$$\text{(V.)}\qquad \frac{\varphi(t)\,e^{\frac{3ht}{RS}} - \varphi_m\,e^{\frac{3hT}{RS}}}{\varphi(t_1)\,e^{\frac{3ht_1}{RS}} - \varphi_m\,e^{\frac{3hT}{RS}}} = e^{-\frac{10k(t-t_1)}{R^2S}}.$$

Die Gleichungen (II.) und (IV.), (V.) enthalten die Relationen, deren man sich bedienen muss, um die innere Leitungsfähigkeit k der Kugel zu finden; es lassen sich aus ihnen drei Verfahrungsarten herleiten:

Erstes Verfahren. *Man beobachtet den Gang des Thermometers im Centrum der Kugel im warmen Medium, mit den dazu gehörigen Zeiten. Diese Beobachtungen bestimmen empirisch die Function $\varphi(t)$. Man beobachtet ferner das Maximum dieses Thermometers im kalten Medium; und nach Verlauf einiger Zeit beobachtet man die Abkühlung dieses Thermometers. Lassen sich in diesen letzten Beobachtungen die Temperaturen durch eine geometrische Reihe darstellen, während die Zeit arithmetisch zunimmt, ist mithin $\varphi(t) = Ae^{-at}$, so ist das hier auftretende $a = \frac{3h}{RS}$.*

Alsdann hat man [vgl. (III.)] folgende Relation):*

$$\text{(VI.)}\qquad \varphi_m\,e^{\frac{3hT}{RS}} = \left[\varphi(t) + \frac{1}{10}\left(\frac{R^2S}{k}\right)\frac{d\varphi(t)}{dt}\right]_{t=0},$$

in welcher alle Grössen bekannt sind, bis auf die Grösse $\frac{R^2S}{k}$, die sich also hieraus herleitet.

Zweites Verfahren. *Die Gleichung (V.):*

$$\text{(VII.)}\qquad \frac{\varphi(t)\,e^{\frac{3ht}{RS}} - \varphi_m\,e^{\frac{3hT}{RS}}}{\varphi(t_1)\,e^{\frac{3ht_1}{RS}} - \varphi_m\,e^{\frac{3hT}{RS}}} = e^{-\frac{10k(t-t_1)}{R^2S}}$$

enthält folgende zweite Methode:

Es wurden beobachtet das Thermometer im Centrum der Kugel im kalten Medium vor Eintritt des Maximums und das Maximum selber, nebst den dazu gehörigen Zeiten; wodurch alsdann der Werth von

$$\text{(VIII.)}\qquad e^{-\frac{10k(t-t_1)}{R^2S}}$$

gegeben ist, wenn die Grösse $\frac{3h}{RS}$ ebenso wie vorhin [bei dem ersten Verfahren] bestimmt gedacht wird; — so dass sich also $\frac{k}{R^2S}$ finden lässt.

---

*) Diese Relation (VI.) ist in Uebereinstimmung mit der *vierten Abhandlung* des vorliegenden Bandes, nämlich mit der dortigen Formel (33.); denn die dortigen $\mathfrak{a}$ und $\mathfrak{b}$ haben die Bedeutungen:

$$\mathfrak{a} = \frac{3h}{RS} \quad \text{und} \quad \mathfrak{b} = \frac{10k}{R^2S}.$$

Drittes Verfahren. *Das erste und zweite Verfahren erforderten die Bestimmung der Grösse* $\frac{3h}{RS}$. *Man kann aber durch Combination jener beiden Verfahrungsarten diese Grösse eliminiren. Dies ist dann vortheilhaft, wenn die Kugel z. B. in heissem Wasser erwärmt wurde, und dann, zurück in die kältere Luft geführt, in dieser sich abkühlt; weil in diesem Falle die Oberfläche, während des Abkühlens, wegen des daran haftenden Wassers, sich verändert. — Diese Elimination* [*d. i. die Elimination der Grösse* $\frac{3h}{RS}$ *aus den Gleichungen* (VI.) *und* (VII.)] *giebt*):*

$$\text{(IX.)} \qquad \frac{\varphi(t)\left(\frac{\mu(0)}{\varphi_m}\right)^{\frac{t}{T}} - \varphi_m\left(\frac{\mu(0)}{\varphi_m}\right)}{\varphi(t_1)\left(\frac{\mu(0)}{\varphi_m}\right)^{\frac{t_1}{T}} - \varphi_m\left(\frac{\mu(0)}{\varphi_m}\right)} = e^{-\frac{10k(t-t_1)}{R^2 S}},$$

wo für $\mu(0)$ *sein Werth aus* (II.) *zu setzen ist.*

Diese Methoden habe ich angewendet auf das Kästchen, das zur Bestimmung der specifischen Wärme diente. Indem ich aber Formeln, welche für die Kugel entwickelt sind, auf anders geformte Körper anwende, muss ich noch den Gesichtspunkt angeben, von welchem aus mir diese Anwendung erlaubt zu sein scheint.

Die Differentialgleichungen der Bewegung der Wärme in der Kugel beruhen darauf, dass, wenn man sich eine Pyramide denkt, deren Spitze im Centrum der Kugel liegt, und deren Basis auf der Oberfläche der Kugel sich befindet, alle Bewegung der Wärme nur in einer Richtung stattfindet, die senkrecht zur Basis ist, keine Bewegung in Richtungen, die parallel mit derselben sind. Insofern man nun einen anders geformten Körper in Pyramiden theilen kann, für welche dasselbe *annäherungsweise* gilt, insofern gelten auch die Differentialgleichungen der Wärmebewegung in der Kugel für einen solchen Körper *annäherungsweise.* Wenn die Vertheilung der Wärme in einem Würfel, in einem Parallelepipedum, etc., in irgend einem Augenblick von der Art ist, dass man sie in concentrische Schichten von gleicher Temperatur theilen kann, die parallel mit den Seitenflächen des Körpers sind [und eine solche Vertheilung findet statt, wenn alle Theile eine gleiche Temperatur haben], so

*) Man kann nämlich der Formel (VI.) die Gestalt (III.) oder (IV.) geben; wodurch man erhält:

$$e^{\frac{3hT}{RS}} = \frac{\mu(0)}{\varphi_m}.$$

Substituirt man aber diesen Werth der Exponentialgrösse in der Formel (VII.), so gelangt man sofort zur Gleichung (IX.). — *C. N.*

wird für alle folgende Zeit der Abkühlung durch die Oberfläche *annäherungsweise* auch dasselbe gelten; — und dann kann man sich den Würfel oder das Parallelepipedum in 6 Pyramiden zerlegt denken, die Spitzen im Mittelpunkt, die Basis auf den 6 Seitenflächen, in welchen die Wärme sich nur in der Richtung senkrecht zur Basis bewegt. Insofern sich diese Vorstellung der Wahrheit nähert, werden also die Resultate, die für die Kugel erhalten sind, auch Anwendung finden auf das parallelepipedisch geformte Kästchen.

Es ist aber ein anderer Grund vorhanden gegen die Anwendung obiger Relationen für die Kugel auf das Kästchen, der, wenn der von dem innern Leitungsvermögen des Kästchens zu machende Gebrauch auf die Bestimmung der specifischen Wärme von merklichem Einfluss gewesen wäre, hingereicht haben würde, mich von der Anwendung abzuhalten. Dies ist der, dass die Differentialgleichungen nur für feste Körper gültig sind, in dem Kästchen aber theils Wasser, theils feste Körper sich befanden, sodass ein Theil der Wärmebewegung durch Strömung hervorgebracht ist. Da es aber nur darauf ankam, eine Vorstellung von der Grösse der innern Leitungsfähigkeit zu erhalten, um die Möglichkeit der grossen Differenz zwischen der Beobachtung und den theoretischen Ergebnissen einzusehen [vgl. Seite 10 und 11], — so habe ich nicht angestanden, nach den entwickelten Grundsätzen die innere Leitungsfähigkeit des Kastens zu bestimmen. Ich habe mich dabei des *ersten* und *zweiten Verfahrens* [vgl. Seite 14] bedient. Die Resultate beider stimmen sehr gut mit einander überein, nämlich bis auf $\frac{1}{18}$ des ganzen Werthes.

Ich stellte diese Versuche an mit einer Füllung von *destillirtem Wasser*, von *Wasser und Bleiglanz* und *Wasser und Kalkspath.* Bei allen drei Füllungen fand ich, dass die innere Leitungsfähigkeit mit der Temperatur zunimmt. Ich hatte dieselbe bei jeder Füllung für drei verschiedene Temperaturen bestimmt, und diese lassen sich hinlänglich gut mit der Annahme vereinigen, dass die innere Leitungsfähigkeit proportional der Temperatur wachse. Dies *scheint* anzuzeigen, dass der grösste Theil der Leitung hervorgebracht wird von der Strömung des Wassers, das bekanntlich in höherer Temperatur flüssiger ist. Noch muss ich hinzufügen, dass die Angaben des Thermometers im Centrum des Kästchens oder der Kugel nicht unmittelbar als die Temperatur des Centrums angesehen werden können, sondern nach dem individuellen Thermometer noch eine Correction erleiden müssen, nach der Grösse seines Abkühlungscoefficienten in dem Medium, in welchem es sich befindet, also im Wasser bei den hier erwähnten Experimenten.

Weitere Betrachtungen über die Methode der Mischung, namentlich auch über den Unterschied, der zwischen der Temperatur der erwärmten Substanz und zwischen der Temperatur des dieselbe umgebenden Wassers in demjenigen Augenblick stattfindet, in welchem die letztere Temperatur ihr Maximum erreicht.

Nachdem ich noch direct die *äussere Leitungsfähigkeit* des Kästchens im Wasser bestimmt hatte, waren alle constanten Grössen gegeben, deren Kenntnis in den allgemeinen Gleichungen über die Bewegung der Wärme erforderlich ist. Aus diesen allgemeinen partiellen Differentialgleichungen habe ich den Ausdruck für den Unterschied entwickelt, der, bei der Methode der Mischung für die Bestimmung der specifischen Wärme, im Augenblick des Maximums, zwischen der Temperatur der erwärmten Substanz und der des Wassers stattfindet; und zwar in der Weise, dass ich für die Form der erwärmten Substanz wieder die der *Kugel* annahm. Ich habe dann diesen Ausdruck angewendet auf das Kästchen, indem ich dabei die gefundene Werthbestimmung für die Constanten (nämlich für die Leitungsfähigkeiten) in ihm substituirte; und finde diese Differenz: 1,0 R., 0,9 R. und 0,9 R. für jene dreierlei Füllungen mit *Wasser, Kalkspath* und *Bleiglanz.* Die directen Beobachtungen, die ich schon oben erwähnt habe [vgl. Seite 11] gaben 1,1; 1,1 und 1,4, nachdem sie auf die mittlere Temperatur, mittelst der Abkühlungsgeschwindigkeit des Thermometers und der innern Leitungsfähigkeit des Kästchens, reducirt worden waren.

Ich habe erklärt, auf welche Weise ich den Wärmeverlust während der Zeit, dass der Kasten aus dem Dampfbade genommen und in das kalte Wasser getaucht wurde, bestimmt habe. Auf diese Weise erhielt ich im Mittel aus sehr vielen Beobachtungen mit verschiedenen Füllungen als Verlust während eines Chronometerschlages: 0,16 R.*). Um mich von der *Möglichkeit* eines so grossen Wärmeverlustes zu überzeugen, habe ich mit dem Thermometer im Kästchen directe Beobachtungen angestellt, indem ich den Gang desselben beobachtete, nachdem ich das Kästchen aus dem Dampfbade genommen hatte. Nachdem die unmittelbare Beobachtung in Beziehung auf Abkühlungsgeschwindigkeit des Thermometers reducirt und mittelst der innern Leitungsfähigkeit auf die mittlere Temperatur des Kastens reducirt ist, finde ich diesen Verlust = 0,06 R., — also nur etwa $\frac{1}{3}$ jenes aus den Beobachtungen der specifischen Wärme abgeleiteten

*) 12 Chronometerschläge sind = 4,8 Secunden. Vgl. die Angaben auf Seite 8. — *C. N.*

Werthes: 0,16 R. — Den Grund dieser Nichtübereinstimmung weiss ich nicht anzugeben, als in der *Unzulässigkeit der Annahme, dass dieser Wärmeverlust proportional sei der Zeit.*

Sie sehen hieraus, dass ich mich sorgfältig über jeden zweifelhaften Punkt aufzuklären gesucht habe. Und wenn Sie die Mühe, welche ich der Untersuchung über die Corrections-Elemente gewidmet habe, ihrem Zwecke nicht angemessen finden sollten, so werden Sie doch nicht ohne Interesse die Methoden sehen, auf welche ich geführt wurde, und die von der Anwendung, die ich von ihnen hier gemacht habe, unabhängig sind.

Was nun meine Beobachtungen über die specifische Wärme selbst betrifft, so ist die Anzahl der Versuche in jeder Beobachtungsreihe für eine bestimmte Füllung hinlänglich gross genug, dass die zufälligen Fehler am Endresultat klein sein müssen. In der Regel sind es 12 Versuche für jede Füllung; diese geben 12 Gleichungen, aus welchen zwei Grössen, nämlich die *specifische Wärmemenge der Füllung* und der *Wärmeverlust*, bestimmt werden sollen. Was die Berechnung derselben betrifft, so habe ich die oben entwickelte Correction angebracht, ungeachtet ihrer Unzulänglichkeit, die (wie gezeigt ist) von der in der Wirklichkeit grösseren Differenz der Temperatur zwischen dem Kästchen und dem Wasser im Maximum der Temperatur der Mischung herrührt. Um aber jeden daher entspringenden constanten Fehler zu eliminiren, habe ich *vier Beobachtungsreihen* angestellt mit Füllungen, deren specifische Wärmemenge bekannt war, nämlich mit verschiedenen Quantitäten von Wasser, und daraus den constanten Fehler bestimmt.

Jeden einzelnen Versuch habe ich in folgende Gleichung gestellt:

$$\text{(P.)} \qquad (Ss + w + k)(D - qx) - (Ss + w)y = (W + g)d.$$

Hier bezeichnet D die Anzahl Grade, welche in der Mischung das erwärmte Kästchen verloren hat, hingegen d die Anzahl Grade, welche das Abkühlungswasser gewonnen hat, beide Grössen schon corrigirt nach der obigen Formel*).

Die Quantität des Abkühlungswassers ist mit W bezeichnet; und g bedeutet eine Quantität Wasser, die mit dem Kasten**) eine gleiche specifische

---

*) Darunter dürfte hier wohl zu verstehen sein die Formel (V.) Seite 6. — *C. N.*

**) Es sind *zwei* Kasten zu unterscheiden, nämlich erstens der *grössere Kasten*, in welchem das Abkühlungswasser enthalten ist, und andererseits der *kleinere Kasten* (meistentheils *das Kästchen* genannt), welcher in das Abkühlungswasser eingetaucht wird. Das g bezieht sich auf jenen *grösseren Kasten*, und zwar auf den Kasten selber, ohne Inhalt. Und in genau derselben Weise bezieht sich k auf den *kleineren Kasten* (*das Kästchen*). — *C. N.*

Wärmemenge besitzt. — Ferner ist q die Anzahl der Chronometerschläge während des Herüberführens des Kästchens aus dem Dampfbade in das Abkühlungswasser, und x der Wärmeverlust während eines Chronometerschlages.

S und w sind die Gewichte der Substanz und des Wassers im Kästchen. Ferner ist s die specifische Wärme der Substanz; während die specifische Wärme des Wassers $=1$ gesetzt ist. Ferner ist k das Gewicht einer Wassermenge von gleicher specifischer Wärmemenge mit dem Kasten*).

Endlich bezeichnet y die Anzahl von Graden, um welche die Temperatur der (im Kästchen enthaltenen) Füllung im Maximum der Temperatur des Abkühlungswassers höher ist als diese.

Sämtliche Versuche über *dieselbe* Füllung des Kästchens geben nach Elimination von x eine Endgleichung. In jenen soeben erwähnten *vier Beobachtungsreihen,* wo die Füllung nur aus Wasser bestand, war $S=0$; und die Endgleichungen werden alsdann von der Form:

$$\text{(Q.)} \qquad k - \mu y = \nu.$$

Jene vier Beobachtungsreihen geben vier solche Gleichungen; und aus ihnen habe ich k und y bestimmt. Durch diese Werthe wird die Formel (P.) genau für vier sehr von einander entfernte Fälle, zwischen welchen alle übrigen, über welche ich experimentirt habe, liegen, die also deshalb keinen constanten Fehler haben können.

Gegen dieses Verfahren**) liesse sich nur der Umstand einwenden, dass ich in der Formel die specifische Wärme des heissen Wassers gegen kaltes Wasser $=1$ gesetzt habe, obgleich aus meiner Untersuchung über diesen Gegenstand hervorgeht, dass dieselbe *etwas höher* ist.

Da ich indessen den Werth der Zunahme der specifischen Wärme des heissen Wassers, der sich aus meinen Betrachtungen ergiebt, noch nicht für hinlänglich sicher halten kann, so habe ich es vorgezogen, denselben $=0$ zu setzen. Daraus muss ein *kleiner constanter Fehler* entstehen, der sich später noch verbessern lassen wird. — Uebrigens habe ich, um durch eine Erfahrung zu bestätigen, dass der constante Fehler wegen der Annahme, dass die specifische Wärme des Wassers constant sei, nur gering sei, *directe Versuche* gemacht, in

---

*) Vgl. die vorige Note. — Da übrigens S das Gewicht der Substanz sein soll, so geht aus der obigen Formel (P.) deutlich hervor, dass hier unter s die specifische Wärme der Substanz zu verstehen ist, bezogen auf die *Gewichtseinheit.* — *C. N.*

**) Die Worte „Gegen dieses Verfahren“ sind hier, auf Grund einer handschriftlichen Bemerkung Neumann's, gesetzt worden an Stelle der im Original stehenden Worte „Gegen diese Differenz“. *C. N.*

der Weise, dass ich den Kasten (das Kästchen) mit Schwerspath und Wasser in verschiedenen Verhältnissen füllte:

1) Quantität Wasser = 684,4 Gr.; Quantität Schwerspath = 2177,0. — Hierbei ergab sich die specifische Wärme des Schwerspaths = 0,1072.
2) Quantität Wasser = 1023,4; Quantität Schwerspath = 2177,0. — Hierbei ergab sich die specifische Wärme des Schwerspaths = 0,1071.

Diese *vollkommene* Uebereinstimmung ist zufällig.

Ausser diesem Ihnen nunmehr vollständig dargelegten Verfahren für die Bestimmung der specifischen Wärme, habe ich noch andere angewendet.

Ich habe die zu untersuchenden Mineralien unmittelbar im Dampfbade erwärmt, und dann in das Abkühlungswasser gebracht; ich habe die oben zuerst entwickelte Correction an der beobachteten Temperatur angebracht, das anhängende Wasser, welches aus dem Dampfbade mitübergeführt wurde, in Rechnung gezogen, und aus der Uebereinstimmung der so erhaltenen Resultate mit den vorhergehenden, wurde ich von der Zulänglichkeit dieser Correction in diesem Falle überzeugt. Diese Zulänglichkeit der Correction rührt her zum Theil von der sehr viel besseren inneren Leitungsfähigkeit dieser derben Steinmassen, gegen die des Kästchens mit Steinstücken und Wasser gefüllt.

Ich habe, um mich noch mehr von der Hinlänglichkeit obiger Corrections-Elemente in diesem Falle zu überzeugen, die Oberflächen der Mineralien sehr vergrössert durch Zerschlagen derselben, und ich fand keinen davon herrührenden Unterschied. Was diesem Verfahren aber im Wege steht, ist die grosse Unsicherheit, womit der Wärmeverlust während des Herüberführens der Substanz aus dem Dampfbade in das Abkühlungswasser ermittelt wird.

Beobachtungen zur Bestimmung der specifischen Wärmen nach der Methode der Abkühlung.

Endlich habe ich mich der *Methode der Abkühlung* bedient, mit derjenigen Verbesserung, die von *Dulong* herrührt, wonach die Abkühlung im luftverdünnten Raume geschieht. Ich bediente mich eines Thermometers, das, statt einer Kugel, einen langen dünnen freistehenden Cylinder hatte; sehr nahe über dem Cylinder war ein kleiner Ring von Messing festgelackt, auf welchem ein Gewinde eingeschnitten war, worauf ein hohler messingener, von Aussen vergoldeter Cylinder, der über den Cylinder des Thermometers geschoben war, festgeschraubt wurde, der Art, dass der Thermometer-Cylinder in seiner Axe sich befand. Der Zwischenraum zwischen dem Glas-Cylinder und dem vergoldeten Messing-Cylinder wurde mit der *zu untersuchenden, sehr fein gepulverten Substanz* ausgefüllt, und alsdann auf den Cylinder ein kleiner messingener, gleichfalls vergoldeter Deckel aufgeschoben; die Weite des Zwischenraumes betrug etwa $\frac{1}{2}$ Linie. Das Thermometer wurde in ein weites, inwendig geschwärztes messingenes Gefäss gestellt; sodass der Cylinder in der Mitte desselben sich befand, und die Scale hervorragte, über welche eine Glasglocke gestellt und an das messingene Gefäss luftdicht festgeschraubt wurde. Das Gefäss wurde hierauf auf den Teller der Luftpumpe gestellt, evacuirt, und verschlossen wieder abgenommen.

Die Erwärmung des Thermometers geschah dadurch, dass das Gefäss in warmes Wasser gestellt wurde; — dann wurde es, um die Abkühlung des Thermometers zu beobachten, in ein grosses Gefäss mit Wasser, dessen Temperatur sehr nahe der der Stube war, gestellt. Die Beobachtung der Temperatur des Thermometers fing an bei einem Überschuss derselben über die des Wassers von etwa 8^0, und wurde fortgesetzt bis etwa 1^0. Das Thermometer war vor dem Gebrauch kalibrirt, und es hatte eine solche Theilung, dass 1^0 R. = 3,24 Theile der Scale waren, und 1 Theil der Scale etwa $\frac{1}{2}$ Linie betrug. Die Beobachtung der Temperatur des Wassers, in welchem das Gefäss stand, geschah mit einem in 0^0,20 R. getheilten *Greiner*'schen Thermometer, das genau mit demjenigen im evacuirten Raume verglichen war. — Die Beobachtung des Thermometers im luftverdünnten Raume geschah immer auf einen Theilstrich, und zwar mittelst einer Lupe; man kann sehr genau sehen, wenn das Ende des Quecksilberfadens des Thermometers vom Theilstrich berührt wird, und hat wenig von den Fehlern der Parallaxe zu fürchten.

Die Beobachtungen wurden bei einem Luftdruck von 10—20 Linien angestellt, der durch ein am Gefäss sich befindendes Manometer gemessen wurde.

Um jede Voraussetzung zu umgehen, die, wenn die Beobachtungen derselben Reihe unter einander verbunden werden sollen, um sie von den zufälligen Fehlern zu befreien, gemacht werden muss, habe ich es vorgezogen, die Reihen selbst mit einander zu combiniren. Die Zeiten nämlich, welche das Thermometer gebraucht, von einem bestimmten Ueberschuss der Temperatur über die des Wassers, in welchem es sich befindet, zu einem andern herunter zu gehen, bei zweierlei Füllungen, stehen unter einander in einem constanten Verhältniss. *Dies constante Verhältniss zweier Abkühlungsdauern zwischen denselben Temperaturüberschüssen, ist das der specifischen Wärmemengen des vergoldeten Cylinders mit seiner jedesmaligen Füllung.* Dieses findet statt in der Voraussetzung, dass die Oberfläche des Cylinders und die innere Fläche des evacuirten Gefässes unverändert bleiben, und dass die innere Leitungsfähigkeit, sowie die Abkühlungsgeschwindigkeit des Thermometers in der Füllung unendlich gross sei gegen die Abkühlungsgeschwindigkeit des Cylinders in dem evacuirten Raume.

Wiederholte Beobachtungsreihen mit derselben Füllung stimmen aber nicht überein, und die Abweichungen sind grösser, als dass sie aus Beobachtungsfehlern konnten erklärt werden. *Den Grund dieser Nichtübereinstimmung* konnte ich bis jetzt nicht mit Sicherheit ermitteln; wahrscheinlich wirken mehrere Umstände hier zugleich:

1) Das Thermometer verändert seinen Standpunkt in dem sehr verdünnten Luftraum; dieser rückt herunter. Hiervon glaube ich mich durch directe Beobachtung überzeugt halten zu dürfen; doch ist es schwierig, dies mit vollkommener Sicherheit direct nachzuweisen*), da es sich nur um eine Verrückung von einigen 0,01 Theilen eines R. Grades handelt.

2) Es befindet sich eine sehr dünne Schicht hygroskopischen Wassers theils an der Oberfläche des vergoldeten Cylinders, theils im Innern des Gefässes und der pulverförmigen Substanz. Während des Erwärmens wird sich das dadurch verdampfende Wasser, welches sich an der innern Oberfläche des evacuirten Gefässes befindet, an dem vergoldeten Cylinder, als an einem kälteren Körper, niederschlagen; — und es wird sich während des Abkühlens wieder von ihm trennen, um sich an der kalten Wand des evacuirten Gefässes niederzuschlagen. Diese Ueberdestillation wird die Abkühlung beschleunigen; — die Quantität des Wassers kann ganz unmerklich sein, und doch auf das Thermometer noch eine merkliche Wirkung hervorbringen. Eine Schaale mit Chlorcalcium, das sich in dem evacuirten Gefäss befand, reichte nicht aus, diesen störenden Einfluss zu hemmen. Bei den späteren Versuchen liess ich den evacuirten Raum mit der Schaale Chlorcalcium erst eine Nacht durch stehen, ehe ich die Beobachtungen an dem Thermometer in ihm anstellte; und da zeigte sich alsdann eine merklich grössere Uebereinstimmung

---

*) Das Wort „nachzuweisen“ ist hier, auf Grund einer handschriftlichen Bemerkung Neumann's, gesetzt an Stelle des im Original befindlichen Wortes: „nachzumessen“. — *C. N.*

zwischen den Beobachtungsreihen derselben Füllung. Eine künftige Einrichtung des Apparates wird also ganz vorzüglich auf Abhelfung dieses, bis dahin nicht zur Sprache gekommenen Uebelstandes bedacht sein müssen. Die Anzahl der Beobachtungsreihen war wenigstens immer zwei; so dass das constante Verhältniss der Beobachtung zweier Reihen immer wenigstens aus 18 Gleichungen abgeleitet ist.

Die Art nun, wie ich das constante Verhältniss abgeleitet habe, ist folgende:

Nachdem ich vergeblich versucht hatte, auf eine empirische Weise die Werthe zu bestimmen, die proportional sind den Einflüssen, welche die genannten Störungen (und vielleicht noch andere) im Mittel ausüben auf die Abkühlungsdauer in den verschiedenen Intervallen (da sie keinem strengen Gesetz unterworfen sind), um durch eine hierauf begründete zweckmässige Combination der Beobachtungen das Endresultat von diesen Einflüssen möglichst frei zu machen; — *habe ich mich begnügt,* allein die mögliche Veränderung des Thermometers zu berücksichtigen. Diese Berücksichtigung macht zugleich den möglichen Fehler in der Beobachtung der Temperatur des Wassers, in welchem das evacuirte Gefäss stand, unwirksam. Wenn A, A_1, ... und a, a_1, ... die sich entsprechenden Abkühlungsdauern zweier Füllungen sind, um von dem Temperaturüberschuss U_0 auf U, U_1, ... zu fallen, wenn ferner x die Veränderung des Thermometers bezeichnet, und wenn endlich $\varphi(U_0)$, $\varphi(U)$, $\varphi(U_1)$, ... die Zeiten bedeuten, welche das Thermometer gebraucht, um bei U_0, U, U_1, ... jedesmal um $0^0{,}3$ zu fallen, — so ist:

$$mA + x[\varphi(U_0) - \varphi(U)] = a,$$

$$mA_1 + x[\varphi(U_0) - \varphi(U_1)] = a_1,$$

etc. etc. etc.

Solcher Gleichungen habe ich immer 9, aus welchen x eliminirt, und m auf eine vortheilhafte Weise bestimmt wurde. Diese Art, die Beobachtungen zu combiniren, wandte ich an auf 8 Beobachtungsreihen, die mit einer Füllung von Zinnober angestellt waren, der viermal ausgeschüttet und von neuem eingefüllt worden war, wobei sich immer nahe dieselbe Menge fand. Die Füllungen wurden immer so fest wie möglich eingestampft. Wenn die angewendete Combination alle störenden Einflüsse eliminirt hätte, so hätte m hier müssen für je zwei $= 1$ werden, ich fand aber für diese Grösse in den einzelnen Beobachtungsreihen, in Beziehung auf das Mittel aus sämtlichen. Beobachtungsreihen, folgende Werthe:

Gewicht des eingefüllten Zinnobers		Werth von m
1)	335,1	$1 - 0{,}002$
2)	335,1	$1 - 0{,}003$
3)	338,2	$1 + 0{,}002$
4)	338,2	$1 + 0{,}000$
5)	338,8	$1 + 0{,}008$
6)	337,6	$1 + 0{,}007$
7)	337,6	$1 - 0{,}006$
8)	337,6	$1 + 0{,}004$

Hieraus schliesse ich, dass die Grösse m, auf die angegebene Weise bestimmt, keine grösseren Fehler als 0,01 enthält. Um dies zu unterstützen, füge ich noch die Werthe von m hinzu, welche drei Beobachtungsreihen mit derselben Füllung von Kalkspath in Beziehung auf das Mittel gaben:

$$1 : (1 - 0{,}0064)$$
$$1 : (1 + 0{,}006)$$
$$1 : (1 - 0{,}002).$$

Wenn f und F die Quantitäten zweier Füllungen sind, für welche die Abkühlungszeiten in dem Verhältniss $m : 1$ stehen, und wenn ferner s und S die specifischen Wärmen der füllenden Substanzen bezeichnen, so ist:

$$(fs + \alpha) : (FS + \alpha) = m : 1, \tag{1.}$$

wo α die Summe der specifischen Wärmemengen in dem vergoldeten Cylinder, im Glase und im Quecksilber des Thermometer-Cylinders bezeichnen. Es giebt zwei Wege, dieses α zu bestimmen.

Zuerst direct: ich habe das Gewicht des vergoldeten Cylinders bestimmt ($= 15 \cdot 8{,}1$ Gr.); das Gewicht des Glases und das Gewicht des Quecksilbers im Cylinder des Thermometers habe ich annäherungsweise gleichfalls bestimmt, jenes zu 16,3 Gr., dieses zu 127,6 Gr.; und finde bei meinem Apparat für die Grösse α (wenn die Gewichtseinheit $= 1$ Gr., die specifische Wärme des Wassers $= 1$, die des Quecksilbers $= 0{,}033$, die des Glases $= 0{,}177$ und die des Messings $= 0{,}093$ gesetzt wird) den Werth $\alpha = 21{,}87$ Gr.

Es hat mir aber sicherer geschienen, mich einer *andern Methode* zu bedienen, diese Grösse α nämlich aus den Beobachtungen über die Abkühlung selbst abzuleiten. Wenn S in der Formel (1.) die zu suchende specifische

Wärme vorstellt, so kann man ihre Abhängigkeit von m durch folgende Relation darstellen*):

$$x + y(1 - m) - mSF = 0, \tag{2.}$$

wo x und y zwei durch zwei oder mehrere Beobachtungen mit Füllungen von bekannter specifischer Wärme zu bestimmende constante Grössen bedeuten. — Ich habe diese Grössen x, y aus vier Gleichungen, die sich auf Füllungen bezogen, welche in der Hinsicht auf m und S, und in Hinsicht ihres innern Leitungsvermögens sehr verschieden waren, nämlich aus Gleichungen, die sich auf Füllungen mit Kalkspath, Spatheisenstein, Antimon-Metall und Schwefel bezogen, abgeleitet**):

	Gewicht der Füllung	m	Specif. Wärme	Die aus der Formel (2.) sich ergebenden Gleichungen	Fehler
Schwefel	78 Gr.	1,122	0,188	$x - y \cdot 0{,}122 - 16{,}44 = 0$	$+ 1{,}86$
Antimon	229	1,266	0,150	$x - y \cdot 0{,}266 - 14{,}49 = 0$	$- 0{,}82$
Kalkspath	114	1,000	0,205	$x - 0 - 23{,}37 = 0$	$- 1{,}15$
Spatheisenstein . . .	163	0,878	0,182	$x + y \cdot 0{,}122 - 26{,}04 = 0$	$+ 0{,}10$

Aus diesen vier Gleichungen ergeben sich für x und y die Werthe:

$$x = 22{,}22 \quad \text{und} \quad y = 32{,}16; \tag{3.}$$

und zwar erhält man diese Werthe aus den vier Gleichungen, bis auf die in der letzten Columne angegebenen Fehler. — Die hier angewendeten specifischen Wärmen für Kalkspath und Spatheisenstein sind diejenigen, welche ich durch meine Bestimmungen nach der Methode der Mischung erhalten habe; während die specifischen Wärmen für Schwefel und Antimon die von *Dulong* gefundenen Zahlen sind. Ich wählte absichtlich so, um diese Methode nicht ganz von meinen sonstigen Resultaten abhängig zu machen. Es ist auffallend, dass $y = \alpha$, auf diesem Wege bestimmt, um $\frac{1}{3}$ grösser ausfällt, als auf dem vorhin angegebenen directen Wege. Ich habe noch nicht untersucht, ob etwa dadurch, dass die innere Leitungsfähigkeit und die Abkühlungsgeschwindigkeit des Thermometers gegen die Füllung nicht unendlich gross sind im Vergleich mit der Abkühlung des vergoldeten Cylinders im luftverdünnten Raum, eine Wirkung entstehen kann, als wäre α grösser als es in der That ist. — Dieses verschiedene Resultat für α zeigt übrigens, dass das letzte Verfahren zur Bestimmung dieser Grösse allein kann angewendet werden.

*) In der That bemerkt man, dass die Formel (2.) mit jener früheren Formel (1.) identisch ist. Nur ist hier in (2.) das Product fs mit x, und die Grösse α mit y bezeichnet. — *C. N.*

**) Die Zahlen dieser Tabelle sind genau die des Originals. Doch sind die für *Antimon* angegebenen Zahlen leider mit irgend welchen Druckfehlern behaftet, die sich nicht gut beseitigen lassen. — *C. N.*

Tabellarische Zusammenstellung der theils nach der Methode der Mischung, theils nach der Methode der Abkühlung erhaltenen Resultate.

In der folgenden Tafel habe ich die bis jetzt erhaltenen Resultate über die Werthe der specifischen Wärmen zusammengestellt, und zwar so, dass ich die nach den verschiedenen Methoden erhaltenen gesondert habe.

	Methode der Mischung		Methode der Abkühlung	
	Im Kästchen	Frei		
Schwerspath	0,1071 0,1072 0,1060	—	—	Spec. G. 4,429, krystallinische Bruchstücke, weiss, stark durchscheinend.
Cölestin	—	0,130 0,130	—	Spec. G. 3,955, krystallinische Bruchstücke, weiss, stark durchscheinend, Nordamerika.
Anhydrit	0,1854	—	0,169	Spec. G. 2,955, krystallinische Bruchstücke, durchscheinend, von eingesprengtem Salz und Gyps sorgfältig gereinigt.
Schwefelkies	0,1323	0,131	—	Spec. G. 5,042, Würfel. St. Gotthard.
Speerkies	0,1332	—	—	Spec. G. 4,882, Krystalle. Libschitz in Böhmen.
Arragonit	0,1966	—	—	Spec. G. 2,926, stenglige Bruchstücke, weiss, schwach durchscheinend.
Kalkspath	0,2015	0,2091 0,2096	0,195	Spec. G. 2,750, krystallinische Bruchstücke, weiss, durchsichtig.
Bitterkalkspath	0,2179	—	—	Spec. G. 2,914, rhomboëdrische Bruchstücke mit der Neigung 106° 15′, weiss, durchsichtig. Zillerthal.
Bitterkalkspath	0,2137	—	—	Spec. G. 2,918, rhomboëdrische Bruchstücke mit der Neigung 106° 15′, weiss, schwach durchscheinend. Weiler Stauden am St. Gotthard.
Gurhofian	—	0,2168	—	Gurhof.
Eigentlicher Bitterspath oder blättr. Magnesit	0,2270	—	—	Spec. G. 3,037, rhomboëdrische Bruchstücke mit der Neigung 107° 20′, gelb, die Kanten durchscheinend. Weyler Stauden, mit dem Bitterkalkspath von ebendaher verwachsen.
Spatheisenstein	0,1820	—	0,183	Spec. G. 3,872. Dankerode.
Galmei	—	0,1712	0,161	Sibirien.
Rotheisenstein	—	0,166(*)	—	Spec. G. 5,079.
Eisenglanz	—	—	0,163	Elba.

	Methode der Mischung		Methode der Abkühlung	
	Im Kästchen	Frei		
Bergkrystall	0,1894	—	—	Spec. G. 2,61. *Fischer* (Mechan. Naturlehre) findet die spec. Wärme = 0,190.
Schwefel	—	—	0,209	Schwefelblumen, wurden erst gewaschen. *Lavoisier* und *Laplace* fanden die spec. Wärme = 0,2085, und *Dulong* = 0,118.
Antimon	—	—	0,047	Käufliches Metall. *Dulong* findet: 0,050.
Zinnober	—	—	0,0520	Käufliches.
Realgar	—	—	0,130	Spec. G. 3,240. Käufliches.
Rothes Quecksilberoxyd	—	—	0,049	Käufliches. *L. L.* fanden: 0,050.
Wissmuthmetall	—	—	0,027	Käufliches. *Dulong* fand: 0,0288.
Grauspiessglanz	—	0,083(*)	0,092	Spec. G. 4,603, krystallinische Bruchstücke.
Bleiglanz	—	0,044(*)	0,053	Spec. G. 7,568, krystallinische Bruchstücke. Tarnowitz in Oberschlesien.
Blende	—	0,113(*)	0,112	Spec. G. 4,060, krystallinische Bruchstücke.
Zinkoxyd	—	—	0,132	
Uranoxydul	—	—	0,106	
Uranpecherz	—	—	0,106	
Kupferoxyd	—	—	0,137	
Chromoxyd	—	—	0,196	
Zinnstein	—	—	0,0895	Spec. G. 6,952, schwarz. Einzelne Krystalle.
Molybdän	—	—	0,102	
Minium	—	—	0,0611	*L. L.* fanden: 0,0622.
Antimonichte Säure	—	—	0,130	
Magnesia	—	—	0,276	
Antimonoxyd	—	—	—	

Die in dieser Tafel mit einem (*) bezeichneten Werthe sind erhalten, indem die Substanzen, grob zerbröckelt in ein Drahtgitter gethan, im Dampfbade erwärmt wurden. — Diese Werthe halte ich für weniger sicher, wegen des vielen bei der Herausnahme aus dem Dampfbade anhaftenden Wassers, welches den Wärmeverlust während des Herüberführens aus dem Dampfbade in das Abkühlungswasser sehr unregelmässig macht. Das untersuchte Zinkoxyd, Kupferoxyd, Minium, die Antimonichte Säure (?) und die Magnesia rühren her aus der chemischen Handlung von *Luhme* in Berlin. Durch dieselbe Handlung erhielt ich auch das Uranoxydul (?) und das Chromoxyd.

Aufstellung eines einfachen allgemeinen Gesetzes über den Zusammenhang zwischen specifischer Wärme und chemischer Zusammensetzung.

Dulong hat die specifische Wärme der *Metalle* untersucht und in Folge dieser Untersuchung hat er das wichtige Gesetz entdeckt, *dass die specifischen Wärmen sich umgekehrt wie ihre stöchiometrischen Werthe verhalten.* Dabei aber hat er einige Ausnahmen entdeckt: Die specifische Wärme vom *Antimon* und *Arsenik* ist nämlich *nicht* in diesem Gesetze begriffen. Beide Metalle gehören zu den wenigen regulinischen Metallen, welche nicht das reguläre Krystallsystem haben. Es entstand somit der Zweifel, ob jenes Gesetz sich auch allein auf die chemische Masse bezieht, und nicht bedingt sei durch die krystallinische Form?

Unter den von mir untersuchten Substanzen befinden sich solche, die bei gleicher chemischer Beschaffenheit verschiedene Krystallformen haben, nämlich *Arragonit* und *Kalkspath,* ferner *Schwefelkies* und *Speerkies.* Die vollkommene Uebereinstimmung der specifischen Wärmen für Schwefelkies und Speerkies, und die geringe Verschiedenheit für Arragonit und Kalkspath, zeigt, dass das Gesetz an die *chemische Masse* gebunden ist, und dass jene Ausnahmen, welche Antimon und Arsenik vom Dulong'schen Gesetz machen, *nicht* durch ihre von der regulären abweichende Krystallform können erklärt werden.

Die von mir untersuchten specifischen Wärmen beziehen sich grossentheils auf *chemisch-zusammengesetzte Substanzen*; und für diese lässt sich ein ähnliches Gesetz, wie das Dulong'sche für die *chemisch-einfachen* ist, aufstellen; ich finde nämlich auch für die *chemisch-zusammengesetzten* Substanzen ein einfaches Verhältniss zwischen der specifischen Wärme und der stöchiometrischen Quantität. — Stöchiometrische Quantitäten nenne ich bei chemisch *ähnlich* zusammengesetzten oxydirten Stoffen, z. B. bei den wasserlosen kohlensauren Salzen, solche Quantitäten, in welchen eine gleiche Quantität Sauerstoff vorhanden ist; — bei den geschwefelten Substanzen ist der Schwefel das Maass der stöchiometrischen Quantität. — Andere Verbindungen habe ich bis jetzt noch nicht untersucht. — Das von mir gefundene Gesetz lautet:

Es verhalten sich bei chemisch ähnlich zusammengesetzten Stoffen die specifischen Wärmen umgekehrt wie die stöchiometrischen Quantitäten.

Oder was dasselbe ist: Die stöchiometrischen Quantitäten bei chemisch ähnlich zusammengesetzten Stoffen besitzen gleiche specifische Wärme-Quantität.

Dieses Gesetz entdeckte ich zuerst bei den kohlensauren Salzen:

	Stöchiometrische Quantität	Beobachtete spec. Wärme	A.	B. Berechnete spec. Wärme	C.
Kalkspath	$\dot{Ca}\ddot{C} = 6{,}32$	0,2044	1,292	0,2057	— 0,0013
Bitterkalkspath	$\frac{\dot{Ca}\ddot{C} + \dot{Mg}\ddot{C}}{2} = 5{,}88$	0,2161	1,271	0,2211	— 0,0050
Magnesitspath	$\frac{7\dot{Mg}\ddot{C} + 2\dot{Fe}\ddot{C}}{9} = 5{,}75$	0,2270	1,305	0,2261	+ 0,0009
Spatheisenstein	$\dot{Fe}\ddot{C} = 7{,}15$	0,1819	1,300	0,1819	0,0000
Galmei	$\dot{Z}\ddot{C} = 7{,}79$	0,1712	1,335	0,1669	+ 0,0043
		Mittel:	1,300		

Die Spalte A. enthält das Produkt der specifischen Wärme und der stöchiometrischen Quantität, in welcher die Sauerstoffmenge = 3 genommen ist. Der Mittelwerth dieses Produktes ist = 1,300; und mit diesem Mittelwerth 1,300 ist nach dem angegebenen Gesetz die specifische Wärme in der Spalte B. berechnet. Endlich enthält C. die Unterschiede dieser berechneten Werthe von den Beobachtungen. — Diese Unterschiede erklären sich zum Theil dadurch, dass diejenige chemische Zusammensetzung, welche hier angenommen ist, nicht in aller Strenge stattfindet, sondern mehr oder weniger Beimengungen in diesen Mineralien sich vorfinden.

Dasselbe Gesetz findet statt bei den wasserfreien schwefelsauren Salzen:

	Stöchiometrische Quantität	Beobachtete spec. Wärme	A.	B. Berechnete spec. Wärme	C.
Schwerspath	$\dot{Ba}\dddot{S} = 14{,}58$	0,1068	1,557	0,1061	+ 0,0007
Anhydrit	$\dot{Ca}\dddot{S} = 8{,}57$	0,1854	1,589	0,1804	+ 0,0050
Cölestin	$\dot{Sr}\dddot{S} = 11{,}48$	0,130	1,492	0,1346	— 0,0046
		Mittel:	1,546		

Unter den untersuchten Stoffen befindet sich eine Reihe Oxyde, die so zusammengesetzt sind, dass *ein* Antheil Metall mit *einem* Antheil Sauerstoff verbunden ist:

	Stöchiometrische Quantität	Beobachtete spec. Wärme	A.	B. Berechnete spec. Wärme	C.
Talkerde	2,58	0,276	0,712	0,270	— 0,006
Rothes Quecksilberoxyd	13,66	0,049	0,671	0,051	— 0,002
Zinkoxyd	5,03	0,132	0,664	0,138	— 0,006
Kupferoxyd	4,957	0,137	0,680	0,140	— 0,003
Kalkerde	3,56	0,271	0,772	0,196	+ 0,021
		Mittel:	0,697		

Die (hier gemachte) Angabe der specifischen Wärme der Kalkerde rührt her von *Laplace* und *Lavoisier*.

Unter den untersuchten geschwefelten Stoffen findet sich eine Anzahl Substanzen, die so zusammengesetzt sind, dass *ein* Antheil Metall mit *einem* Antheil Schwefel verbunden ist:

	Stöchiometrische Quantität	Beobachtete spec. Wärme	A.	B. Berechnete spec. Wärme	C.
Zinnober	14,66	0,052	0,762	0,052	0,000
Realgar	6,71	0,130	0,872	0,113	+ 0,017
Bleiglanz	14,95	0,053	0,791	0,051	+ 0,002
Blende	6,04	0,112	0,604	0,125	— 0,013
		Mittel:	0,757		

Unter den untersuchten Oxyden finden sich drei, die so zusammengesetzt sind, dass *zwei* Antheile Metall mit *drei* Antheilen Sauerstoff verbunden sind:

	Stöchiometrische Quantität	Beobachtete spec. Wärme	A.	B. Berechnete spec. Wärme	C.
Eisenoxyd	9,78	0,164	1,604	0,182	— 0,018
Minium	28,89	0,0616	1,779	0,0615	0,000
Chromoxyd	10,03	0,196	1,963	0,177	+ 0,019
		Mittel:	1,782		

Ich glaube nicht, dass grosse Zweifel gegen die Gültigkeit des von mir aufgestellten Gesetzes sich erheben lassen (wenn man bedenkt, dass die angewandten Stoffe nicht chemisch rein waren, und dass diejenigen, welche im pulverförmigen Zustande untersucht wurden, nicht ganz von dem Einfluss der innern Leitungsfähigkeit befreit gewesen sein möchten), dass nämlich innerhalb derselben chemischen Klassen, d. i. solcher Substanzen, die eine stöchiometrisch *ähnliche* Zusammensetzung haben, die specifischen Wärmen sich umgekehrt wie die stöchiometrischen Quantitäten verhalten. — Ich fahre aber, um bei der Wichtigkeit eines solchen Gesetzes jeden Zweifel zu beseitigen, und wegen seines Einflusses, den es auf andere Theile der Wissenschaft haben wird, mit der Untersuchung fort, — ob es *strenge* gilt innerhalb der Temperaturscale, da der Werth der specifischen Wärme sich mit der Temperatur ändert, — ob es *allgemein* gilt, oder ob Ausnahmen, wie sie Dulong im Antimon und Arsenik aufgestellt hat, vorhanden sind; — ich setze diese Untersuchung fort, um zur Entscheidung einer Hauptfrage zu gelangen: *unter welchem Gesetz stehen die specifischen Wärmemengen der verschiedenen Klassen untereinander?*

Ich enthalte mich hierüber jeder Aeusserung, als noch zu wenig begründet, und bemerke nur, dass es einfache Verhältnisse zu sein scheinen, wodurch die Klassen in Zusammenhang, in Hinsicht ihrer specifischen Wärmemengen, stehen. Die specifische Wärmemenge der kohlensauren Salze verhält sich zur specifischen Wärmemenge der schwefelsauren sehr nahe wie 7 : 8. Die specifischen Wärmemengen der oxydirten Metalle, in welchen die Antheile von Metall und Sauerstoff sich wie 1 : 1 verhalten, stehen zu der specifischen Wärmemenge der Oxyde, in denen die Metalle zum Sauerstoff sich wie 2 : 3 verhalten, sehr nahe in dem Verhältniss wie 2 : 5. — Sollten vielleicht die Oxyde, in denen das Metall zum Sauerstoff sich wie 1 : 1 verhält, eine gleiche specifische Wärmemenge mit der analogen Schwefelungsstufe haben?

Weitere Bestätigungen des aufgestellten allgemeinen Gesetzes.

Nachschrift. — Die Fortsetzung meiner Untersuchung über die specifische Wärme geschieht mit einem Apparat, von dem ich mir eine viel grössere Sicherheit in den einzelnen Resultaten verspreche, und ohne jener weitläufigen und mühsamen Reduction zu bedürfen, die ich Ihnen im vorhergehenden Schreiben entwickelte. Dieser Apparat ist nachgebildet demjenigen, den ich anwandte, um die specifische Wärme des *Wassers* zu untersuchen*), mit denjenigen Veränderungen, die erforderlich waren, um feste Körper aus einem

*) Vgl. die nächstfolgende Abhandlung des vorliegenden Bandes. — *C. N.*

trockenen Raum, der durch die umgebenden Wasserdämpfe constant in der Temperatur der Siedhitze erhalten wird, unmittelbar in das Abkühlungswasser fallen zu lassen.

Die Untersuchungen, die ich mit Hülfe dieses Apparates angestellt habe, geben sehr gut übereinstimmende Resultate. Mit *Witherit* (kohlensaurer Barytende) habe ich vier Versuche angestellt; und sie gaben als specifische Wärme:

Witherit:
1) 0,107
2) 0,108
3) 0,109
4) 0,109

Mit *Weissbleierz* sind drei Versuche angestellt. Sie gaben:

Weissbleierz:
1) 0,0801
2) 0,0822
3) 0,0803

Mit *Bleivitriol* wurden zwei Versuche angestellt. Dieselben gaben:

Bleivitriol:
1) 0,0848
2) 0,0825

Sie sehen, wie wünschenswerth diese einzelnen Beobachtungen übereinstimmen, die ich hervorhebe, um den Schluss anzuknüpfen, *dass das Resultat derselben das von mir aufgestellte Gesetz vollkommen bestätigt.* Als Mittel ergiebt sich nämlich die specifische Wärme des *Witherits* = 0,108; seine stöchiometrische Quantität ist = 12,31; das Product beider Zahlen also = 1,329, statt der damals erhaltenen Zahl*): 1,300; aus dieser letzten Zahl würde die specifische Wärme des Witherits sich ergeben = 0,106.

Für *Weissbleierz* ergiebt sich, als Mittel aus den (soeben angeführten) drei Beobachtungen, die specifische Wärme = 0,081; die stöchiometrische Quantität ist = 16,68; und das Product beider = 1,35. Aus der damals gefundenen Zahl**) 1,300 würde für das Weissbleierz die specifische Wärme durch Rechnung sich ergeben haben = 0,078.

---

*) Die Zahl 1,300 ergab sich aus dem aufgestellten allgemeinen Gesetz bei seiner Anwendung auf Kalkspath, Bitterkalkspath, Magnesitspath, Spatheisenstein und Galmei; und zwar ergab sie sich damals [auf Seite 29] als *Mittelzahl* aus den für diese fünf Mineralien gefundenen einzelnen Zahlen. — *C. N.*

**) Vgl. die vorhergehende Note. — *C. N.*

Das Mittel aus den soeben gemachten Angaben der specifischen Wärme des *Bleivitriols* ist = 0,083, und bestätigt das von mir aufgestellte Gesetz für die wasserfreien schwefelsauren Verbindungen*). Die stöchiometrische Quantität ist nämlich = 18,95, und die specifische Wärme sollte also nach jenem Gesetz $= \frac{1,546}{18,95}$, d. i. = 0,082 sein; während sie = 0,083 ist.

Endresultate der Bestimmung der specifischen Wärme.

(Ohne Correction der Leitungsfähigkeit etc., welche höchstens 0,001 betragen wird.)

Adular Gotthard	Albit Penig	Feldspath Lomnitz	Labrador ?	Kalkspath
0,185	0,196	0,190	0,1931	0,203
188	194	190	1927	206
1866	196	191	1935	2050
1860	1953	1932	1906	2050
1850	1993	1905	1931	2057
0,1861	0,1961	1917	0,1926	2030
		0,1911		0,2046

Witherit	Weissbleierz	Bleivitriol	Grauspiessglanz	Quarz
0,107	0,0801	0,0848	0,0913	0,1916
108	0822	0825	0914	1878
109	0803	0867	0895	1877
105	0834	0846	0908	1869
1098	0804	0838	0904	1878
1081	0822	0867	0,0907	0,1883
0,1078	0,0814	0,0848		

Eisenglanz Elba	Zinnstein	Zinkmetall	Kohlens. Stront.	Rauschgelb Persien
0,1704	0,0935	0,0929	0,1468	0,1141
1681	0935		1469	1132
1690	0927		1451	1141
1695	0927		1447	1125
1692	0929		1390	1121
0,1692	0,0931		0,1445	0,1132

*) Vgl. die zweite Tabelle auf Seite 29. — *C. N.*

Realgar Käufliches	Rutil	Topas	Hornblende Basalt. Böhmen	Strahlstein
0,1123	0,1754	0,2000	0,1983	0,2066
1116	1713	2037	1973	2041
1109	1725		1993	2040
1109	1705		1956	2045
1098	1722		1975	2041
0,1111	0,1724		0,1976	0,2046

Hornblende Freiberg	Tremolith	Zoisit Fichtelgebirge	Augit Basalt. Böhmen	Diopsid Tyrol
0,1968	0,2077	0,1926	0,1930	0,1906
1967	2066	1948	1934	1902
1943	2052	1939	1950	1889
1957	2079	1934	1937	1915
1956	2075	1956		1920
0,1958	0,2070	0,1940		0,1906

Arragonit Freiberg	Cölestin Nord-Amerika	Kupferkies	Iserin Iserwiese	Schwerspath
0,2024	0,1366	0,1297	0,1774	0,1088
1999	1361	1282	1751	1088
1988	1360	1280		
2047	1332	1298		
2035	1362			
0,2018	0,1356			

	Flussspath		Gyps	
	0,2080		0,2735	
	0,2084		0,2720	

Uranpecherz Sachsen	Korn. Zinnerz Mexico	Magneteisen	Chrysolith	Glanzkobalt
0,1006	0,0963	0,1638	0,2060	0,1080
1015	0970	1652	2069	1073
1032	0961	1650	2039	1073
1031		1637	2064	1064
1031		1627	2047	1065
0,1023		0,1641	0,2056	0,1070

Magnetkies	Molybdän	Speiskobalt	Rothkupfererz	Corund
0,1527	0,1062	0,0918	0,1087	0,1999
1552	1064	0924	1079	1928
1534	1068	0923	1061	1915
1528	1064	0918	1066	1933
1526	1075	0915	1074	1937
0,1533	0,1067	0,0920	0,1073	0,1942

Blende	Schwefelkies	Parat. Kalk Steiermark	Arsenikkies	Grauspiessglanz Felsöbanya
0,1148	0,1267	0,1956	0,1002	0,0878
1156	1278	1910	1011	0877
1132	1279	1985	1019	0880
		1996	1010	0882
		1969	1018	0870
		0,1963	0,1012	0,0877

	Saphir (Geschiebe)		Fahlkies	
	0,1955		0,1275	
	2001		1291	
	1965		1284	
	1958		1279	
	1982			
	0,1972			

Inhaltsübersicht.

BESTIMMUNG DER SPECIFISCHEN WÄRME DES WASSERS IN DER NÄHE DES SIEDEPUNKTES GEGEN WASSER VON NIEDRIGER TEMPERATUR.

Aus Poggendorff's Annalen.

BESTIMMUNG DER SPECIFISCHEN WÄRME DES WASSERS IN DER NÄHE DES SIEDEPUNKTES GEGEN WASSER VON NIEDRIGER TEMPERATUR; 1831.*)

Aus einem Schreiben an *Weiss* in Berlin.

De Luc beobachtete, als er gleiche Quantitäten warmen und kalten Wassers miteinander vermischte, dass die Temperatur der Mischung, mit einem *Quecksilber-Thermometer* gemessen, nicht das arithmetische Mittel sei aus den Temperaturen des kalten und des warmen Wassers. Er schloss hieraus, dass das Quecksilber-Thermometer keinen mit der Wärme proportionalen Gang habe; und er sah sich, auf mehrere ähnliche Versuche gestützt, veranlasst, statt der gewöhnlichen Scale dieses Thermometers, eine andere zu substituiren. Diese neue Thermometerscale müsste auch zwischen den beiden festen Punkten für das *Luftthermometer* gelten, da beide, nach den Untersuchungen von *Gay-Lussac*, denselben Gang zwischen diesen Punkten befolgen.

De Luc wollte in dieser neuen Thermometerscale eine solche geben, bei der gleiche Wärmeunterschiede gleichen Temperaturunterschieden entsprechen. Wäre statt des Wassers ein anderer Stoff genommen, so würde die Scale wahrscheinlich anders ausgefallen sein; die angestellten Versuche eigneten sich, um eine Scale, wie er sie beabsichtigte, für *Wasserthermometer* zu construiren, — wenigstens eine solche, in der gleiche Temperaturunterschiede gleichen Wärmeunterschieden im Wasser entsprechen. Dass nämlich die Mischung in den *De Luc*'schen Versuchen nicht dem arithmetischen Mittel der Temperaturen des kalten und warmen Wassers entsprach, kann noch aus einem andern Grunde erklärt werden, nämlich aus der Verschiedenheit der specifischen Wärme des kalten und des heissen Wassers; und wenn

---

*) Poggendorff's Annal. d. Ph. u. Ch., Bd. 23, Seite 40—53; 1831.

die specifische Wärme eine Function von der Temperatur ist, die bei verschiedenen Stoffen verschieden ist, so sieht man, dass jeder Stoff seine eigenthümliche Thermometerscale bekommt, die die von *De Luc* beabsichtigte Bedeutung hätte. Solche Thermometerscalen würden vielleicht von Nutzen sein, um einige Phänomene, deren Gesetz sehr verwickelt zu sein scheint, z. B. die Phänomene der Ausdehnung durch Wärme, unter einfachere Gesichtspunkte zu bringen. Man würde diese Scalen für jede Substanz berechnen können, wenn für sie die Relation ihrer specifischen Wärme mit der Temperatur bekannt wäre.

De Luc fand die Temperatur der Mischung *niedriger* als das arithmetische Mittel; und hieraus folgt, dass das heisse Wasser eine *geringere* specifische Wärme als das kalte habe, — dass es beim Wasser sich also umgekehrt verhalte als bei den Metallen und beim Glas, für welche *Dulong* ein Zunehmen der specifischen Wärme mit der Temperatur gefunden hat. Die Untersuchungen von *De Luc* sind später wiederaufgenommen worden von *Flaugergues*; auch dieser Gelehrte fand die Temperatur der Mischung niedriger als das arithmetische Mittel; und aus seinen mit besonderm Fleisse angestellten Beobachtnngen folgt im Mittel eine Abnahme der specifischen Wärme von 0,0092 des Wassers bei Siedhitze gegen Wasser von 0°. Das Resultat von *De Luc* und *Flaugergues* über die Abnahme der specifischen Wärme des Wassers ist endlich auch von *Ure* bestätigt worden.

Andere Beobachtungen, wenigstens *widersprechende*, sind über diesen Gegenstand nicht vorhanden, der mir wichtig genug scheint, um die Beobachtungen, die ich darüber angestellt habe, zumal sie den vorhandenen, wie ich glaube, *entscheidend widersprechen*, hier mitzutheilen.

Das Hauptstück des von mir bei diesen Versuchen angewandten Apparates bestand in einer Vorrichtung, um das *heisse* Wasser mit einer hinlänglich sicher bekannten Temperatur in das *kalte* Wasser zu bringen. — Ein cylindrisches Gefäss *A* von Weissblech befand sich in einem zweiten solchen Gefäss *B*. In den Zwischenraum beider Gefässe traten durch die Röhre *D* die Dämpfe des im Gefässe *C* siedenden Wassers; diese traten durch die Röhre *E* wieder heraus, nachdem sie hier ein Stanniolblättchen aufgehoben hatten. Dieser Dampf diente dazu, das Wasser, dessen specifische Wärme untersucht werden sollte, und das im Gefässe *A* sich befand, zu erwärmen. Das Gefäss *A* war oben offen, und wurde hier durch einen Pfropfen *F* verschlossen, um die Verdampfung des Wassers in ihm an der Oberfläche geringer zu machen. Durch diesen Pfropfen ging ein starker Messingdraht, die Handhabe des in der kleinen Messingröhre G konisch eingeschliffenen Zapfens K. — Die Röhre G sowohl, wie auch der Zapfen K, waren so durchbohrt, dass durch Drehung der Handhabe H die Oeffnung dieser Röhre G geöffnet und verschlossen werden konnte.

Dieser Apparat wurde, nachdem das Wasser in C hinlänglich lange gesiedet hatte, d. h. nachdem das Wasser in A eine *constante Temperatur* angenommen hatte, so gestellt, dass die Oeffnung der Röhre G sich über dem Gefäss befand, in welchem das *kalte Wasser* war, mit dem das in A befindliche Wasser gemischt werden sollte.

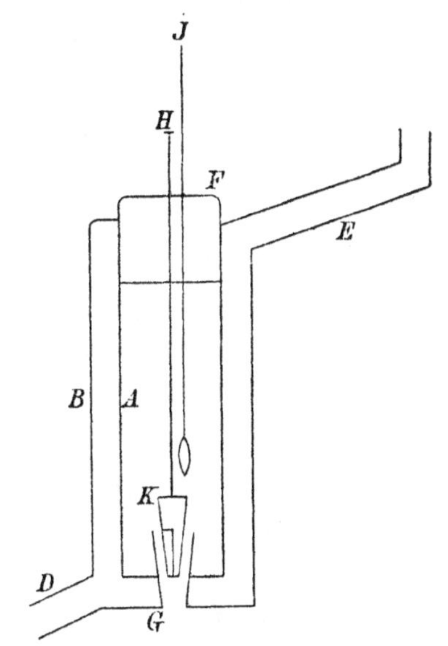

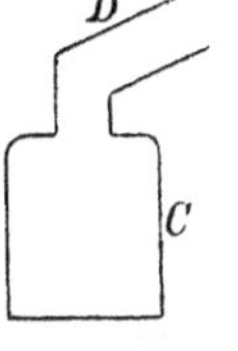

Das Wasser in A nimmt, in Uebereinstimmung mit der Theorie, eine constante Temperatur an. Diese kann nur wenig verschieden sein von der Temperatur des Wasserdampfes, der, durch den Zwischenraum der Gefässe A, B streichend, durch E in die Luft tritt. Wenn die Fläche, welche in F mit der Luft in Berührung ist, mit f bezeichnet wird, ferner mit a diejenige Fläche, in welcher A durch den Dampf berührt wird, dessen Temperatur $= t$ sein mag; wenn ferner β und α die Schnelligkeiten des Wärmeverlustes durch diese Flächen sind; — alsdann ist die Temperatur x des in A befindlichen Wassers durch folgende Relation bestimmt:

$$a\alpha(t - x) = f\beta(x - \lambda),$$

wo λ die Temperatur der Luft bezeichnet. Da immer $(x - \lambda)$ eine positive Grösse ist, so muss, zufolge dieser Relation, *x kleiner* als t sein. *Um diesen Unterschied $(t - x)$ zu ermitteln, befand sich neben der Handhabe H ein Thermometer J, dessen obere Theilung aus dem Pfropfen F hervorragte.*

Bei Anstellung der Versuche wurden zugleich der Barometerstand und das Thermometer J beobachtet. Die Scale dieses Thermometers war so getheilt, dass der Siedepunkt bei 177,1 (bei 28″ Bar. auf 0^0 reduc.) gelegen war, und jedes Intervall der Theilung 0,509 R. betrug. Der Siedepunkt war vor den Versuchen bestimmt; und er wurde unverändert gefunden nach Beendigung derselben; wenigstens betrug die Veränderung nicht viel über 0,1 dieser Eintheilung, welches die Grenze sicherer Ablesung ist.

Es wurden drei Beobachtungsreihen angestellt, und die Vergleichung der aus dem Barometerstande abgeleiteten Temperatur des Dampfes in (A, B) mit der Temperatur des Wassers in A giebt (unter der Voraussetzung, dass einer Linie im Barometerstand $0^0,072$ R. oder 0,141 der Scale des Thermometers J entsprechen) folgende Tafel, in welcher durch I, II, III die Beobachtungsreihen bezeichnet sind.

	Barometer	Temperatur des Barometers	Berechnete Temperatur des Dampfes	Beobachtete Temperatur in A	Temperatur der Luft	
			t	x		$t - x$
I.	27″ 8‴,77	− 1,0	176,65*)	176,3	17,5	0,35
I.	28 5 ,77	+ 0,2	177,91	177,6	17,2	0,31
II.	28 3 ,92	+ 2,4	177,63	177,2	18,5	0,43
II.	28 3 ,01	+ 2,8	177,50	177,36	17,0	0,14
III.	28 3 ,79	+ 2,8	177,61	177,25	17,0	0,36
					Mittel:	0,32

Woher die Abweichungen der einzelnen Beobachtungen vom Mittel kommen, die grösser als mögliche Beobachtungsfehler im Ablesen des Thermometers J sind, weiss ich nicht zu erklären. Ich habe mich überzeugt, dass der Stand dieses Thermometers nicht verändert wurde, wenn der Pfropfen F weggenommen war; auch veränderte er sich nicht, wenn die Scale des Thermometers durch Heraufziehen innerhalb eines Zolles verändert wurde. Andere zufällige Umstände, die Einfluss haben konnten, bemerkte ich nicht; der Grund scheint mir in der veränderten hygroskopischen Beschaffenheit der Luft und in Veränderungen, die im Thermometer selbst vorgehen, zu liegen. — Ich habe es demzufolge für das Sicherste gehalten, von der mit dem Barometer berechneten Temperatur $0^0,168$ R. abzuziehen**), und diese so erhaltene Temperatur als die wahre Temperatur des Wassers in A anzusehen. Die Abweichungen in den einzelnen Beobachtungsreihen von diesem Mittel $0^0,168$ R., die merklich nur in der II. Beobachtungsreihe sich finden, aber auch hier sich

*) Verbessert nach einer handschriftlichen Bemerkung Neumann's. — *C. N.*

**) Was diese Zahl $0^0,168$ R. betrifft, so bemerke man, dass in der vorigen Tafel für die Differenz $(t-x)$ der Mittelwerth 0,32 sich ergeben hat. Will man diese Temperaturangabe 0,32 in Réaumur'sche Grade verwandeln, so hat man [vgl. Seite 41 (unten)] noch mit 0,509 zu multipliciren. Somit ergiebt sich

$$t - x = 0{,}32 \cdot 0^0{,}509 \text{ R.} = 0^0{,}168 \text{ R.};$$

und dies ist jene obige Zahl. — *C. N.*

nahe aufheben, sind übrigens, wie sich ergeben wird, von einem *sehr geringen* Einfluss auf das Endresultat.

Die näheren Umstände bei den Versuchen waren nun folgende:

Das *kalte Wasser* befand sich in einem kupfernen Gefäss, dessen Gewicht 1513,4 Gr. war. Es wurde mittelst eines Blechs, das an einem Draht befestigt war, fleissig vor und während der Mischung umgerührt, um mittelst des darin befindlichen Thermometers die wahre mittlere Temperatur dieses Wassers zu erhalten. Das Gewicht dieses Messingblechs mit dem Draht*) betrug 148,8 Gr.; von dem Draht waren, nach der Mischung des kalten und heissen Wassers, nicht vom Wasser berührt 16 Gr. Zu der Quantität des kalten Wassers, das durch das heisse erwärmt wurde, sind also $1513{,}4\,S_k + 140\,S_m$ zu addiren, wo S_k und S_m die specifischen Wärmen des Kupfers und des Messings bezeichnen; dabei ist für den nicht vom Wasser berührten Theil des Drahtes angenommen, dass er halb so viel Wärme enthält, als der vom Wasser berührte Theil desselben, eine Annahme, die nur annäherungsweise richtig ist, aber ohne allen merklichen Einfluss bleibt.

Nach *Dulong* ist $S_k = 0{,}094$, und für Messing nehme ich $S_m = 0{,}093$, weil die specifische Wärme des Zinks nach Dulong $= 0{,}092$ ist. Darnach wird jene zur Quantität des kalten Wassers zu addirende Grösse $= 155{,}2$.

Das Thermometer M zur Bestimmung der Temperatur des *kalten Wassers* und der der *Mischung*, ursprünglich zu einem andern Zweck eingerichtet, hatte die Einrichtung, dass die Glasröhre neben der Scale sich befand; und auf der Scale bewegte sich ein Schieber, an welchem

1) ein Mikroskop befestigt war, das zur Beobachtung der Quecksilberhöhe bestimmt war, und

2) ein Nonius, gehörig zu der Theilung, welche auf der Scale sich befand; mittelst dieses Nonius wurde $\frac{1}{50}$ des Grades abgelesen; daher im Folgenden die Angaben bis 0,01 richtig auf der Scale beobachtet sind.

Die Theilung auf dieser Scale war so, dass, wenn durch m die Grade derselben vorgestellt werden, die Formel stattfindet:

$$m = [R + 8{,}191]\,1{,}930 - 0{,}34\,,$$

wofür man übrigens auch schreiben darf:

$$m = [R + 8{,}015]\,1{,}930;\text{**)}$$

*) Aus dem unmittelbar Folgenden geht hervor, dass nicht nur das Blech, sondern ebenso auch der Draht aus Messing bestand. — *C. N.*

**) Diese Zeile ist zugefügt, auf Grund einer handschriftlichen Bemerkung Neumann's. — *C. N.*

es bedeuten hier die m die bereits durch Correctionen, welche aus der Calibrirung der Röhre hervorgehen, verbesserten Grade der Scale.

Ueber die Ausführung der Versuche habe ich Folgendes noch zu bemerken. Das *kalte Wasser* wurde zu jedem Versuch in das Gefäss eingewogen, und seine Temperatur mit dem Thermometer M beobachtet; diese war nur wenig verschieden von der Temperatur der Stube; und deshalb wurde zugleich die der beobachteten Temperatur zugehörige Zeit mittelst einer Secundenuhr beobachtet. Einige solche Beobachtungen genügten, um die Temperatur dieses Wassers für *den* Augenblick zu finden, wo die Mischung mit dem *warmen Wasser* vorgenommen wurde. Diese Mischung geschah dadurch, dass durch Umdrehen des Zapfens K in dem cylindrischen Gefässe A, welches sich schon während der vorhergehenden Beobachtung senkrecht über dem kalten Wasser befand, dieses Gefäss A, nachdem das darin befindliche Wasser seine constante Temperatur angenommen hatte, geöffnet wurde. Nachdem eine geeignete Menge Wasser herausgeflossen, wurde das Gefäss A wieder geschlossen und zur Seite geschoben.

Es wurde beobachtet die Zeit des Oeffnens des Gefässes A, die Zeit für das Schliessen desselben, und die Zeit für das Maximum, zu welchem das Thermometer M stieg; ferner wurde beobachtet dieses Maximum des Thermometers; dann wurden *nach* dem Maximum einige Temperaturen dieser Mischung mit den dazu gehörigen Zeiten und der Lufttemperatur beobachtet, um daraus den während des Mischens erlittenen Wärmeverlust durch die Umgebung abzuleiten. — *Hiernach werden die folgenden Tafeln, welche die Beobachtungen enthalten, leicht verständlich sein.*

Ehe ich jedoch dazu übergehe, aus diesen Beobachtungen die eigentlich gesuchte Grösse abzuleiten, ist noch ein nicht unerheblicher Umstand zu erwähnen; es ist *die Höhe*, aus welcher das heisse Wasser in das kalte fällt, die einen Wärmeverlust in dem heissen Wasser verursacht. Wenn der horizontale Durchschnitt des Gefässes, worin sich das *kalte Wasser* befindet, gross ist, so wird sein Niveau nach der Mischung sich nur wenig erhöhen; und dann kann die Oeffnung G des Gefässes A der Oberfläche näher gebracht werden, und so der Wärmeverlust, den das *heisse Wasser* während des Füllens erleidet, verkleinert werden. Es schien mir aber wünschenswerth, wenigstens eine ungefähre Vorstellung von der Grösse dieses Verlustes zu erhalten, und deshalb stellte ich die drei Beobachtungsreihen an mit *verschiedener Entfernung* der Oeffnung G von der Oberfläche des kalten Wassers; man wird annäherungsweise annehmen können, dass der gedachte Verlust proportional sei der Höhe, durch welche das Wasser fällt.

Erste Beobachtungsreihe.

α. { Während der Versuche 1 und 2:
Barom. 27″, 8‴,77; dessen Temperatur — 1°,0; daraus berechnete Temperatur des heissen Wassers in *A*: 169,12.

β. { Während der Versuche 3, 4, 5, 6 und 7:
Barom. 28″, 5‴,77; dessen Temperatur + 0°,2; daraus berechnete Temperatur: 170,35.

Quantität des kalten Wassers 2857,3 Gr.; hierzu die Masse des Gefässes und Messingblechs: 3013,2 Gr.

Höhe der Oeffnung *G* über der Oberfläche des kalten Wassers vor der Mischung: 17‴,5, und nach der Mischung: 6‴,5; *also im Mittel: 12 Linien.*

	Quantität des heissen Wassers	Temperatur des kalten Wassers	Höchste Temperatur der Mischung	Temperatur der Luft	Dauer des Einfliessens	Dauer des Maximums	Abkühlung	
							Temp.	Zeit
	𝔄	𝔅	ℭ	𝔇	𝔈	𝔉	𝔊	
1.	773,3	42,24	68,01	45,60	6	—	—	—
2.	372,6	42,38	54,40	46,74	6	—	—	—
3.	669,0	42,44	65,56	46,74	5	45*)	64,68 64,18	0 339
4.	693,0	50,02	72,39	49,63	5	30	71,19 70,69	0 241
5.	751,0	45,95	70,71	49,05	4	36	—	—
6.	738,7	50,53	74,11	49,83	5	35	73,19**) 72,69	0 217
7.	697,7	47,04	70,10	49,63	6	44	—	—

Bemerkungen. — Die Temperaturen des kalten Wassers und der Mischung sind in Graden des Thermometers *M* (Seite 43) ausgedrückt; bei beiden sind die Grade nach der Fehlertafel corrigirt. Die Temperaturen des kalten Wassers sind zwar keine unmittelbaren Beobachtungen, sondern auf die schon bemerkte Weise aus solchen abgeleitet, haben aber gleichen Werth mit directen Beobachtungen. Die Dauer des Maximums der Temperatur der Mischung ist vom Augenblick des Oeffnens der Oeffnung *G* an gerechnet, die Zahlen bedeuten Chronometerschläge, d. h. 0,4 Secunden.***)

*) und **) verbessert nach Neumann's handschriftlichen Bemerkungen. Mit diesen Verbesserungen stimmt z. B. auch überein die Angabe auf Seite 46, nach welcher der Mittelwerth aller Zahlen in Columne 𝔉 gleich 38 sein soll. — *C. N.*

***) Vgl. die Note auf Seite 17. — *C. N.*

Die Lufttemperaturen wurden mit einem neuen R. Thermometer beobachtet, und sind in Grade des Thermometers M verwandelt.

Die Berechnung dieser Versuche geschah nach folgender Formel:

$$S_h \mathfrak{A}(x - \mathfrak{C} - w - v) = S_k Q(\mathfrak{C} - \mathfrak{B} + w). \qquad \text{(f.)}$$

Hier sind S_k und S_h die specifischen Wärmen des kalten und heissen Wassers, und $\mathfrak{A}$, $\mathfrak{B}$, $\mathfrak{C}$ die in den Columnen $\mathfrak{A}$, $\mathfrak{B}$, $\mathfrak{C}$ stehenden Grössen. Ferner ist x die Temperatur des heissen Wassers*), v der Wärmeverlust, den es während des Einfliessens erleidet, und w derjenige Wärmeverlust, den die Mischung in der Zeit, in welcher das Maximum ihrer Temperatur eintritt, erleidet. Endlich ist Q die Quantität kalten Wassers mit dem Gefäss.

In dieser Gleichung sind v und w noch unbekannt. Erstere Grösse *vernachlässigen* wir, und eine zweite Beobachtungsreihe mit grösserem v wird den Einfluss, der von dieser Vernachlässigung herrührt, kennen lehren. Letztere, nämlich w, kann mittelst der Beobachtungen in der Spalte $\mathfrak{G}$ abgeleitet werden. Dieser Verlust w hat, wenn U den Ueberschuss des Maximums über die Temperatur der Umgebung vorstellt, und T die Dauer des Maximums vorstellt, den Werth:

$$w = U(b^{\alpha T} - 1), \qquad \text{(g.)}$$

wo b die Basis der Briggs'schen Logarithmen ist. Hieraus folgt: $\alpha = \frac{\operatorname{Log} U_1 - \operatorname{Log} U_2}{t}$, wenn U_1 und U_2 die Ueberschüsse zweier Temperaturen in $\mathfrak{G}$ über die der Umgebung sind, und t die Zeit bezeichnet, die verfliesst zwischen dem ersten und zweiten Ueberschuss. Aus den drei Beobachtungen in $\mathfrak{G}$ ergiebt sich im Mittel: $\alpha = 0{,}000040$; und der mittlere Werth für T aus der Spalte $\mathfrak{F}$ ist 38. Auf diese Weise ergiebt sich aus (g.): $w = 0{,}0035\,U$.

So entstehen aus der Formel (f.), und bei *Vernachlässigung* von v, folgende sieben Gleichungen:

$$\begin{array}{rcl|r}
\frac{S_h}{S_k} \cdot 25{,}93 & = & 25{,}85 & -\,0{,}07 \\
13{,}93 & = & 14{,}05 & +\,0{,}12 \\
23{,}25 & = & 23{,}18 & -\,0{,}06 \\
22{,}51 & = & 22{,}45 & -\,0{,}05 \\
24{,}82 & = & 24{,}83 & +\,0{,}02 \\
23{,}57 & = & 23{,}66 & +\,0{,}10 \\
23{,}20 & = & 23{,}13 & -\,0{,}06
\end{array}$$

$$\text{Mittel:} \quad \frac{S_h}{S_k}\,\frac{157{,}21}{7} = \frac{157{,}15}{7}$$

$$\text{(φ.)} \quad \text{Also:} \quad \frac{S_h}{S_k} = \frac{157{,}15}{157{,}21} = 1 - 0{,}00038.$$

*) Es ist also x die auf Seite 45 in $\alpha.$, resp. in $\beta.$ angegebene Zahl. — *C. N.*

Zweite Beobachtungsreihe.

α. Versuche 1, 2 und 3. Barometer 27″, 15‴,92*) bei + 2°,4; daraus abgeleitete Temperatur: 170,07**).

β. Versuche 4, 5, 6 und 7. Barometer 27″, 15‴,01***) bei + 2°,8; daraus abgeleitete Temperatur: 196,95.

Quantität des kalten Wassers mit Gefäss: 3014,0.

Höhe der Oeffnung G über der Oberfläche des kalten Wassers vor dem Versuch: 29‴,5, nach dem Versuch 18‴,5, *also im Mittel:* 24 *Linien.*

	Quantität des heissen Wassers	Temperatur des kalten Wassers	Höchste Temperatur der Mischung	Temperatur der Luft	Dauer des Einfliessens	Dauer des Maximums	Abkühlung Temp.	Abkühlung Zeit
	𝔄	𝔅	ℭ	𝔇	𝔈	𝔉	𝔊	
1.	698,4	48,05	70,85	53,88	7	53	70,17 69,67	0 346
2.	734,6	53,57	45,94	52,34	10	45	74,68 74,18	0 186
3.	760,4	48,46	72,60†)	49,82	14	61	76,68 76,18	0 205
4.	833,5	36,82	65,19	45,39	14	61	64,68 64,18	0 323
5.	729,5	46,59	70,13	48,67	16	59		
6.	523,1	51,10	68,45	49,82	10	45	67,69 67,19	0 306
7.	566,4	50,83	69,38	50,98	10	45		

Der mittlere Werth von α ist: $\alpha = 0{,}000041$, und der mittlere Werth von T ist: $T = 52$. Daher $w = 0{,}0049\,U$. — So ergeben sich die Gleichungen:

$$\begin{array}{rl|l}
\frac{S_h}{S_k}\ 22{,}97 = & 22{,}88 & + 0{,}22 \\
22{,}92 = & 22{,}48 & - 0{,}13 \\
24{,}56 = & 24{,}25 & + 0{,}02 \\
28{,}94 = & 28{,}48 & - 0{,}07 \\
24{,}13 = & 23{,}65 & - 0{,}15 \\
17{,}60 = & 17{,}44 & + 0{,}07 \\
18{,}88 = & 18{,}64 & + 0{,}01
\end{array}$$

$$\text{Mittel: } \frac{S_h}{S_k}\,\frac{160{,}00}{7} = \frac{157{,}82}{7}$$

(ψ.) Also: $$\frac{S_h}{S_k} = \frac{157{,}82}{160{,}00} = 1 - 0{,}0136.$$

*), **), ***) und †) verbessert nach Neumann's handschriftlichen Bemerkungen. — *C. N.*

Dritte Beobachtungsreihe.

Barometer: 27″, 15‴,87*) bei $+2^\circ,8$; daraus berechnete Temperatur: 170,08.
Quantität des kalten Wassers mit Gefäss: 3012,6.

Höhe der Oeffnung G über der Oberfläche des kalten Wassers vor dem Versuch: 23‴,5, und nach dem Versuch: 12‴,5, *also im Mittel:* 18 *Linien.*

	Quantität des heissen Wassers	Temperatur des kalten Wassers	Höchste Temperatur der Mischung	Temperatur der Luft	Dauer des Einfliessens	Dauer des Maximums	Abkühlung	
							Temp.	Zeit
	𝔄	𝔅	ℭ	𝔇	𝔈	𝔉	𝔊	
1.	508,0	36,90	56,13	47,32	8	22		
2.	636,7	40,48	62,96	49,25	6	24		
3.	709,8	48,82	71,93	51,37	5	40	71,19	0
							70,69	285
							70,19	575
4.	706,3	41,72	65,93	51,41	5	40		
5.	820,2	52,90	77,65	53,11	8	37	76,67	0
							76,17*)	225
							75,67	466

Der mittlere Werth für α ist: $\alpha = 0{,}000040$, und der mittlere Werth für T ist: $T = 32$; daher $w = 0{,}0026\,U$. — So ergeben sich die Gleichungen:

$$\frac{S_h}{S_k}\ 19{,}21 = 19{,}25 \quad + 0{,}18$$
$$22{,}63 = 22{,}51 \quad + 0{,}04$$
$$23{,}43 = 23{,}16 \quad - 0{,}10$$
$$24{,}41 = 24{,}25 \quad + 0{,}02$$
$$25{,}14 = 24{,}81 \quad - 0{,}15$$

$$\text{Mittel: } \frac{S_h}{S_k}\frac{114{,}82}{5} = \frac{113{,}98}{5}$$

(χ.) Also:
$$\frac{S_h}{S_k} = \frac{113{,}98}{114{,}82} = 1 - 0{,}00731.$$

Das Endresultat der Untersuchung.

Aus diesen Beobachtungen geht mit Gewissheit hervor, dass die specifische Wärme des Wassers in der Nähe des Siedepunktes *nicht kleiner* ist, als bei einer niedrigen gewöhnlichen Temperatur. Um die drei Beobachtungsreihen, deren

*) Verbessert nach Neumann's handschriftlicher Bemerkung. — *C. N.*

verschiedenes Resultat für $\frac{S_h}{S_k}$ herrührt von den Verschiedenheiten der Räume, durch welche das Wasser fallen musste, mit einander zu combiniren, müsste man das Verhältniss kennen, in welchem der Wärmeverlust bei einem fallenden Wasserstrahl zu der Höhe, durch welche er fällt, steht. Dies ist von theoretischer Seite ein sehr zusammengesetztes Phänomen.

Da in den vorliegenden Versuchen aber diese Fallhöhen nur klein sind, so wird man sich nicht sehr irren, *wenn man den Wärmeverlust diesen Höhen proportional setzt.* Die mittleren Fallhöhen sind 12, 18 und 24 Linien (vgl. resp. Seite 45, 48 und 47]. Bezeichnet also ω den Wärmeverlust, der einer *Fallhöhe von* 6 *Linien* entspricht, und wird in der obigen Gleichung (f.) Seite 46, wonach die Beobachtungen berechnet sind, für $x - \mathfrak{C}$ der mittlere Werth aus sämmtlichen Beobachtungen (der $= 101{,}5$ ist), und $\frac{\omega}{x - \mathfrak{C}} = \Omega$ gesetzt, — so geben die drei Beobachtungsreihen folgende drei Gleichungen, in denen die unbekannte specifische Wärme $\frac{S_h}{S_k} = 1 + \sigma$ gesetzt ist, [wo σ eine kleine Grösse ist, so dass also das Product $\sigma\Omega$ vernachlässigt werden konnte]*):

		Berechnet	Fehler
(k.)	$\sigma - 2\Omega = -0{,}00038$,	0,00049,	$-0{,}00099$,
	$\sigma - 3\Omega = -0{,}00731$,	0,00710,	$+0{,}00021$,
	$\sigma - 4\Omega = -0{,}0136$,	0,01371,	$-0{,}00011$.

Hieraus auf die vortheilhafteste Weise σ und Ω bestimmt, erhält man:

(l.) $$\begin{cases} x = +0{,}0127, \\ \Omega = +0{,}00661. \end{cases}$$

Als Endresultat wird so also erhalten:

(m.) $$\frac{S_h}{S_k} = 1{,}0127,$$

als das Verhältniss der specifischen Wärme des Wassers bei 80^0 *R. zur specifischen Wärme des Wassers bei einer Temperatur, die das Mittel ist aus sämtlichen Temperaturen, die in den Spalten* $\mathfrak{B}$ *und* $\mathfrak{C}$ *aufgezeichnet sind; dieses Mittel beträgt* 57,3, *die nahe* 22^0 *R. bedeuten.*

Setzt man voraus, dass die Incremente der specifischen Wärme proportional mit der Temperatur sind, so kann man aus dem [in (m.)] gefundenen

*) Die Buchstaben σ, ω, Ω sind hier gesetzt an Stelle der im Original angewendeten Buchstaben x, w, W. Es erschien das zweckmässig, weil die Buchstaben x, w kurz vorher in ganz anderer Bedeutung angewendet sind. — *In Betreff der Ableitung der obigen Formeln* (k.) *vergleiche man übrigens den am Ende dieser Abhandlung befindlichen Zusatz.* — *C. N.*

Verhältniss ableiten das Verhältniss der specifischen Wärme des Wassers bei 80° R. zu Wasser bei 0° R. Das Resultat dieser Ableitung ist: 1,0176.

Vergleicht man dieses Resultat mit den Grössen, um welche die specifische Wärme bei 80° R. Temperaturzunahme sich vergrössert bei den von Dulong untersuchten *festen* Körpern, so sieht man, dass diese Grösse beim Wasser viel *kleiner* ist; sie ist etwa $\frac{1}{2}$ des kleinsten von Dulong gefundenen Werthes, und beträgt etwa $\frac{1}{3}$ vom grössten dieser Werthe. — Unter den von Dulong untersuchten Körpern befindet sich nur *ein* chemisch zusammengesetzter Körper, nämlich *Glas*, dessen Zuwachs an specifischer Wärme bei 80° R. Temperatur etwa $\frac{1}{28}$ beträgt, während diese Zunahme beim Wasser nur $\frac{1}{57}$ beträgt.

Uebrigens kann es nicht entgehen, zu bemerken, dass, wenn durch vorstehende Untersuchung es entschieden ist, dass die specifische Wärme des Wassers mit der Temperatur *nicht abnimmt*, sondern *zunimmt*, es doch noch weiterer Beobachtungen bedarf, um die Grösse der Zunahme mit hinlänglicher Sicherheit festzustellen.

Zusatz der Redaction. (C. N.)

Was die Aufstellung der Gleichungen (k.) Seite 49 anbelangt, so hat man dabei auszugehen von der Formel (f.) Seite 46, der man folgende Gestalt geben kann:

$$\frac{S_h}{S_k}\left(1 - \frac{w}{x - \mathfrak{C}} - \frac{v}{x - \mathfrak{C}}\right) = \frac{Q(\mathfrak{C} - \mathfrak{B} + w)}{\mathfrak{A}(x - \mathfrak{C})}.$$

Setzt man also, wie schon auf Seite 49 geschehen ist:

$$\frac{S_h}{S_k} = 1 + \sigma,$$

so erhält man:

$$(1 + \sigma)\left(1 - \frac{w}{x - \mathfrak{C}} - \frac{v}{x - \mathfrak{C}}\right) = \frac{Q(\mathfrak{C} - \mathfrak{B} + w)}{\mathfrak{A}(x - \mathfrak{C})}.$$

Führt man nun die Multiplication linker Hand wirklich aus, und beachtet man dabei, dass σ, w, v *sehr klein* sind, und dass daher die Producte σw und σv vernachlässigt werden dürfen, so erhält man:

$$1 - \frac{w}{x - \mathfrak{C}} - \frac{v}{x - \mathfrak{C}} + \sigma = \frac{Q(\mathfrak{C} - \mathfrak{B} + w)}{\mathfrak{A}(x - \mathfrak{C})},$$

oder ein wenig anders geordnet:

$$(\alpha.) \qquad \sigma - \frac{v}{x - \mathfrak{C}} = \left[\frac{Q(\mathfrak{C} - \mathfrak{B} + w)}{\mathfrak{A}(x - \mathfrak{C})} + \frac{w}{x - \mathfrak{C}} - 1\right].$$

Wir bringen jetzt diese Formel (α.) in Anwendung auf die *erste Beobachtungsreihe.* Wollten wir dabei, ebenso wie vorhin geschehen ist [vgl. Seite 46], das von der Fallhöhe abhängende v vollständig vernachlässigen, so müssten wir zu demselben Resultat wie damals gelangen, also [vgl. (φ.) Seite 46] finden:

$$1 + \sigma = 1 - 0{,}00038, \quad \text{d. i.} \quad \sigma = -0{,}00038.$$

Folglich muss in der vorstehenden Formel (α.) der in den eckigen Klammern enthaltene Ausdruck $= -0{,}00038$ sein; sodass also diese Formel (α.) folgende Gestalt erhält:

(β.) $$\sigma - \frac{v}{x - \mathfrak{C}} = -0{,}00038.$$

Nach der vorhin (auf Seite 49) gemachten Annahme ist aber der Wärmeverlust v proportional mit der Fallhöhe, und zwar (nach der dortigen Bezeichnungsweise) $= 2\omega$, mithin:

$$\frac{v}{x - \mathfrak{C}} = \frac{2\omega}{x - \mathfrak{C}} = 2\Omega; \quad \text{[vgl. Seite 49]};$$

sodass also die Formel (β.) übergeht in:

(γ.) $$\sigma - 2\Omega = -0{,}00038.$$

Dies aber ist die *erste* der Gleichungen (k.) Seite 49.

Und ebenso wie diese Gleichung der *ersten* Beobachtungsreihe entspricht, — ebenso wird man die *zweite* und *dritte* der Gleichungen (k.) für die beiden andern Beobachtungsreihen erhalten.

THEORETISCHE UNTERSUCHUNG ÜBER DIE ZUR BESTIMMUNG DER SPECIFISCHEN WÄRME DIENENDE METHODE DER MISCHUNG.

Aus hinterlassenen Manuscripten.

THEORETISCHE UNTERSUCHUNG ÜBER DIE ZUR BESTIMMUNG DER SPECIFISCHEN WÄRME DIENENDE METHODE DER MISCHUNG.*)

Die Wärmemenge, welche ein Körper seiner Umgebung, während der Zeit dt, durch Berührung mittheilt, ist nach dem *Newton'schen Gesetz* proportional mit dt, ferner proportional mit seinem Temperaturüberschuss über die Umgebung, und endlich proportional mit der Oberfläche des Körpers. Es ist also diese Wärmemenge $= O(\mathfrak{v} - \mathfrak{u})dt$, wo $\mathfrak{v}$ und $\mathfrak{u}$ die augenblicklichen Temperaturen des Körpers und seiner Umgebung vorstellen, während O eine mit der Oberfläche des Körpers proportionale Constante bezeichnet. Andererseits aber ist diese Wärmemenge auch $= - \Sigma d\mathfrak{v}$, wo $d\mathfrak{v}$ die Temperaturerhöhung des Körpers, mithin $- d\mathfrak{v}$ seine Temperaturerniedrigung während der Zeit dt vorstellt, während Σ seine specifische Wärme bezeichnet. Somit ergiebt sich die Gleichung: $- \Sigma d\mathfrak{v} = O(\mathfrak{v} - \mathfrak{u})dt$, oder was dasselbe ist:

$$\Sigma d\mathfrak{v} = - O(\mathfrak{v} - \mathfrak{u})dt. \tag{1.}$$

Die Constante O kann, unmittelbar auf Grund dieser Formel (1.), charakterisirt werden als diejenige Wärmemenge, welche der Körper während einer Zeiteinheit verlieren, d. h. an seine Umgebung abgeben würde, falls die Differenz $\mathfrak{v} - \mathfrak{u}$ während dieser Zeiteinheit fortdauernd $= 1$ wäre.

Das Newton'sche Gesetz (1.) ist nun leicht anwendbar auf diejenigen Wärmebewegungen, welche bei der *Methode der Mischung* stattfinden. Bei dieser Methode ist der zu untersuchende *Körper* von *Flüssigkeit* umgeben, und

*) Aus Neumanns hinterlassenen Manuscripten. Die Publication dieser Abhandlung aus jenen Manuscripten dürfte von wesentlichem Nutzen sein zum leichteren Verständniss der *ersten Abhandlung* dieses Bandes, namentlich zum Verständniss der daselbst auf Seite 4—7 mitgetheilten Betrachtungen und Formeln. Die Bezeichnungsweise in der gegenwärtigen Abhandlung ist in voller Uebereinstimmung mit der in jener *ersten Abhandlung*. So z. B. ist, was Σ (die specifische Wärme) betrifft, hinzuweisen auf die zweite Note Seite 5. — *C. N.*

die Flüssigkeit ihrerseits von *Luft* umgeben [vgl. Seite 4, 5]; sodass sich also auf Grund des Newton'schen Gesetzes folgende Gleichungen ergeben:

$$
(2.)\qquad \begin{aligned}
\Sigma d\mathfrak{v} &= -\,O(\mathfrak{v}-\mathfrak{v}_1)dt,\\
\Sigma_1 d\mathfrak{v}_1 &= -\,O(\mathfrak{v}_1-\mathfrak{v})dt - O_1(\mathfrak{v}_1-\mathfrak{u})dt;
\end{aligned}
$$

hier sind $\mathfrak{v}$, $\mathfrak{v}_1$ und $\mathfrak{u}$ die augenblicklichen Temperaturen des Körpers, der Flüssigkeit und der umgebenden Luft; ferner sind Σ und Σ_1 die specifischen Wärmemengen des Körpers und der Flüssigkeit; endlich bezeichnen O und O_1 zwei mit den betreffenden beiden Oberflächen proportionale Constanten.

Wir wollen nun die Lufttemperatur $\mathfrak{u}$ als *fortdauernd constant* ansehen, und überdiess $\mathfrak{v}-\mathfrak{u}=v$ und $\mathfrak{v}_1-\mathfrak{u}=v_1$ setzen; sodass also v und v_1 die Temperatur*überschüsse* des Körpers und der Flüssigkeit über die umgebende Luft vorstellen. Alsdann erhalten die Gleichungen (2.), falls man noch mit dt und Σ, Σ_1 dividirt, folgende Gestalt:

$$
(3.)\qquad \begin{aligned}
\frac{dv}{dt} &= -\,\frac{O(v-v_1)}{\Sigma},\\
\frac{dv_1}{dt} &= +\,\frac{O(v-v_1)}{\Sigma_1} - \frac{O_1 v_1}{\Sigma_1}.
\end{aligned}
$$

[vgl. Seite 5 (II.).]

Zur Integration derselben setze man $v=pe^{-\lambda t}$ und $v_1=p_1e^{-\lambda t}$. Alsdann ergeben sich zur Bestimmung der Constanten λ, p, p_1 die Formeln:

$$
(4.)\qquad \begin{aligned}
(\Sigma\lambda - O)p + {}& Op_1 = 0,\\
Op + {}& [\Sigma_1\lambda - (O+O_1)]p_1 = 0;
\end{aligned}
$$

woraus für λ die quadratische Gleichung resultirt:

$$
(5.)\qquad \lambda^2 - \left[\frac{(\Sigma+\Sigma_1)O}{\Sigma\Sigma_1} + \frac{O_1}{\Sigma_1}\right]\lambda + \frac{OO_1}{\Sigma\Sigma_1} = 0.
$$

Sind also λ und Λ die beiden Wurzeln dieser Gleichung, so werden die vollständigen Integrale der Differentialgleichungen (3.) lauten:

$$
(6.)\qquad \begin{aligned}
v &= pe^{-\lambda t} + Pe^{-\Lambda t},\\
v_1 &= p_1e^{-\lambda t} + P_1e^{-\Lambda t};
\end{aligned}
$$

benutzt man die erste der beiden Relationen (4.), um p_1 durch p, und ebenso auch P_1 durch P auszudrücken, so kann man diese Integrale (6.) auch so schreiben:

$$
(7.)\qquad \begin{aligned}
v &= pe^{-\lambda t} + Pe^{-\Lambda t},\\
v_1 &= \left(1-\frac{\Sigma\lambda}{O}\right)pe^{-\lambda t} + \left(1-\frac{\Sigma\Lambda}{O}\right)Pe^{-\Lambda t}.
\end{aligned}
$$

Die hier noch vorhandenen Constanten p und P bestimmen sich leicht, falls die Werthe der Temperaturen v und v_1 für $t=0$ gegeben sind. Bezeichnet man nämlich diese *Anfangswerthe* der Temperaturen mit V und V_1, so erhält man aus (7.) zur Berechnung der Constanten p, P die Gleichungen:

$$(8.)\qquad \begin{aligned} V &= p + P, \\ V_1 &= \left(1 - \frac{\Sigma\lambda}{O}\right)p + \left(1 - \frac{\Sigma A}{O}\right)P; \end{aligned}$$

und hieraus ergeben sich für p, P folgende Werthe:

$$(9.)\qquad p = \frac{V_1 - V + V\frac{\Sigma A}{O}}{\frac{\Sigma(A-\lambda)}{O}} \quad \text{und} \quad P = \frac{V - V_1 - V\frac{\Sigma\lambda}{O}}{\frac{\Sigma(A-\lambda)}{O}}.$$

Die Anfangstemperatur V des zu untersuchenden Körpers sei *grösser* als die Anfangstemperatur V_1 des umgebenden Wassers. Auch mag sogleich vorausgesetzt werden, dass die Constante O_1 nur *klein* ist; sodass also die Flüssigkeit im Laufe der Zeit nur wenig Wärme an die umgebende Luft abgiebt.

Alsdann wird die Temperatur v des Körpers (von ihrem Anfangswerthe V aus) allmählig sinken, während gleichzeitig die Temperatur v_1 der Flüssigkeit (vom Anfangswerthe V_1 aus) mehr und mehr steigen wird. *Wir stellen uns nun die Aufgabe, das Maximum* v_{1m} *zu ermitteln, bis zu welchem* v_1 *steigen wird.*

Für dieses Maximum v_{1m} und für die Zeit T seines Eintretens ergeben sich aus der zweiten Formel (7.) sofort die Gleichungen:

$$(10.)\qquad \begin{aligned} v_{1m} &= \left(1 - \frac{\Sigma\lambda}{O}\right)pe^{-\lambda T} + \left(1 - \frac{\Sigma A}{O}\right)Pe^{-AT}, \\ 0 &= \left(1 - \frac{\Sigma\lambda}{O}\right)p\lambda e^{-\lambda T} + \left(1 - \frac{\Sigma A}{O}\right)PAe^{-AT}. \end{aligned}$$

Die beiden Unbekannten v_{1m} *und* T *werden also zu finden sein durch Auflösung dieser beiden Gleichungen* (10.); *dabei ist zu beachten, dass* λ, A *und* p, P *bekannt sind; es sind nämlich* λ, A *die Wurzeln der quadratischen Gleichung* (5.), *und* p, P *besitzen die in* (9.) *angegebenen Werthe.* Was nun die nähere Bestimmung jener beiden Unbekannten v_{1m} und T betrifft, so wird es dabei erlaubt sein, die Constante O_1 als *klein* gegen O anzusehen.

Um solches zu zeigen, werde $O = ho$ und $O_1 = h_1 o_1$ gesetzt, wo o die Oberfläche des von der Flüssigkeit umgebenen festen Körpers, und o_1 die Grenzfläche zwischen der Flüssigkeit und der dieselbe umgebenden Luft vorstellen sollen, während unter h und h_1 die betreffenden *Leitungsfähigkeiten* zu verstehen sind. Nun ist aber das Leitungsvermögen h des festen Körpers gegen die Flüssigkeit ungefähr $= 9{,}5$ [vgl. die fünfte Abhandlung des vorliegenden Bandes, daselbst § 5, II.]; während das Leitungsvermögen h_1 der

Flüssigkeit gegen die Luft höchstens $=0{,}1$ ist; sodass also der Quotient $\frac{h_1}{h}$ ungefähr $=\frac{1}{95}$ sein wird. Wären also die beiden Oberflächen o und o_1 einander gleich, so würde der Bruch

$$(11.)\qquad \frac{O_1}{O}=\frac{h_1 o_1}{h o} \quad \text{ebenfalls} \quad =\frac{1}{95}$$

sein. In der Regel aber wird o_1, in Folge der Zerstückelung (resp. Pulverisirung) des festen Körpers, noch bedeutend kleiner als o sein; sodass also in der Regel

$$(12.)\qquad \frac{O_1}{O} \quad \textit{noch bedeutend kleiner als} \quad \frac{1}{95}$$

ist. Demgemäss wird es also in der That erlaubt sein, O_1 als sehr klein gegen O anzusehen, und z. B. bei den Entwicklungen die zweite und die höheren Potenzen von $\frac{O_1}{O}$ zu vernachlässigen. Der Bequemlichkeit willen beginnen wir mit der

Betrachtung des idealen Falles: $O_1=0$. — Alsdann haben die Wurzeln λ, $\varLambda$ der quadratischen Gleichung (5.), wie man sofort erkennt, folgende Werthe:

$$(\alpha.)\qquad \lambda=0 \quad \text{und} \quad \varLambda=\frac{(\Sigma+\Sigma_1)O}{\Sigma\Sigma_1};$$

woraus sich z. B. ergiebt:

$$(\beta.)\qquad \frac{\Sigma\varLambda}{O}=\frac{\Sigma+\Sigma_1}{\Sigma_1}=1+\frac{\Sigma}{\Sigma_1};$$

so dass also die zur Berechnung von p, P dienenden Formeln (8.) übergehen in:

$$(\gamma.)\qquad \begin{aligned} V &= p+P,\\ V_1 &= p-\frac{\Sigma}{\Sigma_1}P; \end{aligned}$$

woraus sich sofort ergiebt:

$$(\delta.)\qquad p=\frac{V\Sigma+V_1\Sigma_1}{\Sigma+\Sigma_1} \quad \text{und} \quad P=V-\frac{V\Sigma+V_1\Sigma_1}{\Sigma+\Sigma_1}.$$

Was nun endlich die beiden Unbekannten v_{1m} und T anbelangt, so nehmen die Gleichungen (10.) durch Substitution der Werthe $(\alpha.)$, $(\beta.)$ die Gestalt an:

$$(\varepsilon.)\qquad \begin{aligned} v_{1m} &= p-\left(\frac{\Sigma}{\Sigma_1}\right)Pe^{-\varLambda T},\\ 0 &= 0-\left(\frac{\Sigma}{\Sigma_1}\right)P\varLambda e^{-\varLambda T}. \end{aligned}$$

Aus der letzten Gleichung folgt: $T = \infty$; was *a priori* vorauszusehen war.*) Demgemäss ergiebt sich nun weiter aus der ersten der beiden Gleichungen (ε.): $v_{1m} = p$, oder, falls man für p seinen Werth (δ.) einsetzt:

$$(\zeta.) \qquad v_{1m} = \frac{V\Sigma + V_1 \Sigma_1}{\Sigma + \Sigma_1}.$$

Dies ist die gewöhnliche Mischungsformel (I.) Seite 4; denn das Maximum v_{1m} repräsentirt offenbar in dem hier betrachteten idealen Fall diejenige gemeinschaftliche Temperatur M, welche der Körper und das umgebende Wasser nach Ausgleichung ihrer Temperaturen besitzen werden.

Wir gehen über zu dem wirklich vorliegenden Fall, in welchem O_1 nicht $= 0$, wohl aber sehr klein gegen O ist. — Dieser Fall lehnt sich dem vorhin betrachteten idealen Fall einigermassen an; und es wird daher im gegenwärtigen Fall für v_{1m} ein Werth sich ergeben müssen, der von dem soeben gefundenen Werthe (ζ.):

$$(13.) \qquad \frac{V\Sigma + V_1 \Sigma_1}{\Sigma + \Sigma_1}$$

wenig abweicht; so dass dieser also nur noch einer gewissen Correction bedarf.

Multiplicirt man die beiden Formeln (10.) respective mit Λ und 1, und subtrahirt, so erhält man für die Unbekannte v_{1m} folgende Gleichung:

$$(14.) \qquad \Lambda v_{1m} = \left(1 - \frac{\Sigma\lambda}{O}\right) \cdot p(\Lambda - \lambda) e^{-\lambda T},$$

d. i.

$$v_{1m} e^{\lambda T} = \left(1 - \frac{\Sigma\lambda}{O}\right) \cdot \frac{p(\Lambda - \lambda)}{\Lambda},$$

*) Bringt man die Formeln (3.) Seite 56 auf den hier betrachteten idealen Fall: $O_1 = 0$, in Anwendung, so erhält man sofort:

$$\frac{dv}{dt} = -\frac{O(v - v_1)}{\Sigma} \quad \text{und} \quad \frac{dv_1}{dt} = +\frac{O(v - v_1)}{\Sigma_1},$$

und hieraus durch Subtraction:

$$\frac{d(v - v_1)}{dt} = -\frac{O(\Sigma + \Sigma_1)}{\Sigma\Sigma_1}(v - v_1).$$

Hieraus folgt nun durch Integration:

$$v - v_1 = Ke^{-\varkappa t}, \quad \text{wo} \quad \varkappa = \frac{O(\Sigma + \Sigma_1)}{\Sigma\Sigma_1},$$

oder, falls man die Integrationsconstante K auf Grund des gegebenen Anfangszustandes ($v = V$ und $v_1 = V_1$ für $t = 0$) bestimmt:

$$v - v_1 = (V - V_1)e^{-\varkappa t}, \quad \text{wo} \quad \varkappa = \frac{O(\Sigma + \Sigma_1)}{\Sigma\Sigma_1}.$$

Diese letzte Formel zeigt aber in der That, dass der Gleichgewichtszustand $v = v_1$ erst nach *unendlich langer* Zeit eintreten wird, dass also $T = \infty$ ist.

oder, falls man hier für p seinen Werth (9.) substituirt:

$$v_{1m}e^{\lambda T}=\Big(1-\frac{\Sigma\lambda}{O}\Big)\Big(V_1-V+V\frac{\Sigma A}{O}\Big)\frac{O}{\Sigma A},$$

oder, falls man rechter Hand das Product der beiden ersten Factoren wirklich ausführt, und zugleich nach V und V_1 ordnet:

$$v_{1m}e^{\lambda T}=\Big[V\Big(\frac{\Sigma(A+\lambda)}{O}-\frac{\Sigma^2A\lambda}{O^2}-1\Big)+V_1\Big(1-\frac{\Sigma\lambda}{O}\Big)\Big]\frac{O}{\Sigma A}.$$

Das hier mit V multiplicirte *Trinom* enthält die Combinationen $A+\lambda$ und $A\lambda$. Substituirt man für diese Combinationen ihre aus der quadratischen Gleichung (5.) abzulesenden Werthe, so verwandelt sich jenes Trinom in $\frac{\Sigma}{\Sigma_1}$; sodass man also erhält:

$$v_{1m}e^{\lambda T}=\Big[V\frac{\Sigma}{\Sigma_1}+V_1\Big(1-\frac{\Sigma\lambda}{O}\Big)\Big]\frac{O}{\Sigma A};$$

wofür man offenbar auch schreiben kann:

(15.) $$v_{1m}e^{\lambda T}=\Big(\frac{V\Sigma+V_1\Sigma_1}{\Sigma\Sigma_1}\Big)\frac{O}{A}-\frac{\lambda V_1}{A}.$$

Diese Formel aufgelöst nach dem Binom $(V\Sigma+V_1\Sigma_1)$, erhält man:

$$V\Sigma+V_1\Sigma_1=\frac{A\Sigma\Sigma_1}{O}\Big(v_{1m}e^{\lambda T}+\frac{\lambda V_1}{A}\Big),$$

oder, falls man noch durch $(\Sigma+\Sigma_1)$ dividirt:

(16.) $$\frac{V\Sigma+V_1\Sigma_1}{\Sigma+\Sigma_1}=\frac{A\Sigma\Sigma_1}{O(\Sigma+\Sigma_1)}\Big(v_{1m}e^{\lambda T}+\frac{\lambda V_1}{A}\Big);$$

wobei zu bemerken, dass die bis jetzt erhaltenen Formeln (14.), (15.), (16.) *alle noch vollständig strenge sind.*

Die beiden Wurzeln λ, A der quadratischen Gleichung (5.):

(17.) $$\lambda^2-\Big[\frac{(\Sigma+\Sigma_1)O}{\Sigma\Sigma_1}+\frac{O_1}{\Sigma_1}\Big]\lambda+\frac{OO_1}{\Sigma\Sigma_1}=0$$

sind sofort angebbar; sie lauten:

$$\left.\begin{matrix}\lambda\\ A\end{matrix}\right\}=\frac{1}{2}\Big[\frac{(\Sigma+\Sigma_1)O}{\Sigma\Sigma_1}+\frac{O_1}{\Sigma_1}\Big]\mp\frac{1}{2}\sqrt{\Big[\frac{(\Sigma+\Sigma_1)O}{\Sigma\Sigma_1}+\frac{O_1}{\Sigma_1}\Big]^2-\frac{4OO_1}{\Sigma\Sigma_1}};$$

und es werden daher diese Wurzeln in Reihen entwickelbar sein von folgender Gestalt:

$$\lambda=\frac{1}{2}\frac{(\Sigma+\Sigma_1)O}{\Sigma\Sigma_1}\Big[\mathfrak{A}+\mathfrak{B}\frac{O_1}{O}+\mathfrak{C}\Big(\frac{O_1}{O}\Big)^2+\cdots\Big],$$

$$A=\frac{1}{2}\frac{(\Sigma+\Sigma_1)O}{\Sigma\Sigma_1}\Big[\mathfrak{K}+\mathfrak{L}\frac{O_1}{O}+\mathfrak{M}\Big(\frac{O_1}{O}\Big)^2+\cdots\Big].$$

Führt man diese Entwicklungen wirklich aus, und vernachlässigt man dabei die mit der zweiten und den höheren Potenzen von $\frac{O_1}{O}$ behafteten Glieder, so erhält man sofort:

$$\lambda = \frac{O_1}{\Sigma + \Sigma_1},$$
(18.)
$$\Lambda = \frac{(\Sigma + \Sigma_1)O}{\Sigma\Sigma_1} + \frac{\Sigma O_1}{(\Sigma + \Sigma_1)\Sigma_1}.$$

Dividirt man diese beiden Formeln durch einander, indem man dabei wiederum die zweite Potenz jener sehr kleinen Grösse $\frac{O_1}{O}$ vernachlässigt, so erhält man:

(19.) $$\frac{\lambda}{\Lambda} = \frac{\Sigma\Sigma_1}{(\Sigma + \Sigma_1)^2}\frac{O_1}{O};$$

und hieraus folgt sofort, dass der Quotient

(20.) $\frac{\lambda}{\Lambda}$ *noch kleiner ist als* $\frac{O_1}{O}$, [*vgl.* (12.)];

sodass also die zweite Potenz von $\frac{\lambda}{\Lambda}$ ebenfalls zu vernachlässigen sein wird. — Dabei sei noch bemerkt, dass die zweite der Gleichungen (18.) folgendermassen darstellbar ist:

$$\frac{\Lambda\Sigma\Sigma_1}{O(\Sigma + \Sigma_1)} = 1 + \frac{\Sigma}{\Sigma_1}\left(\frac{\Sigma\Sigma_1}{(\Sigma + \Sigma_1)^2}\frac{O_1}{O}\right);$$

wodurch die Formel (19.) folgende Gestalt erhält:

(21.) $$\frac{\Lambda\Sigma\Sigma_1}{O(\Sigma + \Sigma_1)} = 1 + \frac{\Sigma}{\Sigma_1}\frac{\lambda}{\Lambda}.$$

Wir kehren jetzt zurück zu unserer eigentlichen Hauptformel (16.), und substituiren in dieser für den ersten Factor rechter Hand den in (21.) angegebenen Werth. So ergiebt sich:

(22.) $$\frac{V\Sigma + V_1\Sigma_1}{\Sigma + \Sigma_1} = \left(1 + \frac{\Sigma}{\Sigma_1}\frac{\lambda}{\Lambda}\right)\left(v_{1m}e^{\lambda T} + \frac{\lambda V_1}{\Lambda}\right);$$

und hieraus folgt, falls man die Multiplication rechter Hand wirklich ausführt, und dabei die zweite Potenz der sehr kleinen Grösse $\frac{\lambda}{\Lambda}$ vernachlässigt:

(23.) $$\frac{V\Sigma + V_1\Sigma_1}{\Sigma + \Sigma_1} = v_{1m}e^{\lambda T} + \frac{\lambda}{\Lambda}\left(V_1 + \frac{\Sigma}{\Sigma_1}v_{1m}e^{\lambda T}\right).$$

Nun wissen wir, dass $\frac{\lambda}{\Lambda}$ sehr klein ist [vgl. (20.)]; auch wissen wir, dass der Ausdruck

(24.) $$\frac{V\Sigma + V_1\Sigma_1}{\Sigma + \Sigma_1},$$ [vgl. (13.)],

nur wenig von v_{1m} verschieden sein kann. Somit folgt aus (23.), dass die Exponentialgrösse

(25.) $e^{\lambda T}$ nahezu $= 1$

sein muss.*) Demgemäss wird man in denjenigen Gliedern der Formel (23.), die in Folge des Factors $\frac{\lambda}{\varLambda}$ schon an und für sich sehr klein sind, nach Belieben den Factor $e^{\lambda T}$ *fortlassen,* oder auch *hinzufügen* dürfen. Man wird also in dieser Formel (23.) den mit $\frac{\lambda}{\varLambda}$ multiplicirten Ausdruck z. B. ersetzen dürfen durch:

$$\frac{\lambda}{\varLambda}\left(V_1 + \frac{\Sigma}{\Sigma_1}v_{1m}\right),$$

oder, falls es beliebt, auch ersetzen dürfen durch:

$$\frac{\lambda}{\varLambda}\left(V_1 e^{\lambda T} + \frac{\Sigma}{\Sigma_1}v_{1m}e^{\lambda T}\right).$$

Im erstern Fall geht die Formel (23.) über in:

(26.) $$\frac{V\Sigma + V_1\Sigma_1}{\Sigma + \Sigma_1} = v_{1m}e^{\lambda T} + \frac{\lambda}{\varLambda}\left(V_1 + \frac{\Sigma}{\Sigma_1}v_{1m}\right);$$

während sie im letztern Fall folgende Gestalt gewinnt:

(27.) $$\frac{V\Sigma + V_1\Sigma_1}{\Sigma + \Sigma_1} = v_{1m}e^{\lambda T}\left[1 + \frac{\lambda}{\varLambda}\left(\frac{V_1}{v_{1m}} + \frac{\Sigma}{\Sigma_1}\right)\right].$$

Die Formel (26.) findet sich in mehreren der *hinterlassenen Neumann'schen Manuscripte.* Andererseits ist die Formel (27.) in voller Uebereinstimmung mit *der von Neumann im Jahre 1831 publicirten Abhandlung,* nämlich identisch mit der Formel (V.) Seite 6 des vorliegenden Bandes.

Unsere eigentliche Aufgabe besteht darin, die specifische Wärme Σ des gegebenen festen Körpers durch Beobachtungen zu ermitteln, oder vielmehr darin, *das Verhältniss* $\Sigma : \Sigma_1$ durch Beobachtungen zu finden, wo Σ_1 die specifische Wärme der den Körper umgebenden Flüssigkeit bezeichnet.

Offenbar wird man den Werth dieses Verhältnisses $\Sigma : \Sigma_1$ aus jener vorhin gefundenen Formel, die in (23.), (26.) und (27.) in drei verschiedenen Gestalten angegeben ist, zu berechnen im Stande sein, falls nur die Werthe der dortigen Grössen: V, V_1, v_{1m}, T, λ, $\varLambda$ bekannt sind. Nun können die vier ersten Grössen:

(28.) $$V,\ V_1,\ v_{1m},\ T$$

unmittelbar *durch die Beobachtung bestimmt,* mithin als *bekannt* vorausgesetzt werden; sodass also nur noch λ, $\varLambda$ zu ermitteln sind. Dabei wird es zweckmässig sein, vorauszusetzen, dass

(29.) $$V_1 = 0$$

*) Wie schon hervorgehoben ist, wird der *hier* betrachtete Fall jenem vorher (Seite 58, 59) untersuchten *idealen* Fall [in welchem $\lambda = 0$ und $T = \infty$ war] sich einigermassen anlehnen. Es wird also in dem hier betrachteten Fall λ *sehr klein* und T *sehr gross* sein. Das obige Resultat (25.) zeigt nun, dass im Producte λT die Kleinheit von λ überwiegend ist gegenüber der Grösse von T.

ist; sodass also die *Anfangstemperatur der Flüssigkeit als gleich gross vorausgesetzt wird mit der Temperatur der umgebenden Luft.* In Folge dieser Voraussetzung wird die Formel (6.) Seite 56:

$$v_1 = p_1 e^{-\lambda t} + P_1 e^{-\varLambda t}$$

für $t = 0$ übergehen in: $0 = p_1 + P_1$; sodass man also in der Formel selber die Constante P_1 durch $-p_1$ ersetzen darf; wodurch sich ergiebt:

$$v_1 = p_1 (e^{-\lambda t} - e^{-\varLambda t}). \tag{30.}$$

Aus dieser Formel (30.) ergeben sich für den Augenblick des Temperatur-Maximums, nämlich für die Grössen T und v_{1m} folgende Gleichungen:

$$v_{1m} = p_1 (e^{-\lambda T} - e^{-\varLambda T}), \tag{31.}$$

und:

$$0 = \lambda e^{-\lambda T} - \varLambda e^{-\varLambda T}. \tag{32.}$$

Es ist aber T *bekannt* [vgl. (28.)]. Mittelst der Gleichung (32.) wird man daher λ finden können, falls $\varLambda$ bereits ermittelt ist, oder auch umgekehrt $\varLambda$ finden können, falls λ bereits bekannt sein sollte; sodass also nur noch *eine* der beiden Grössen λ, $\varLambda$ zu bestimmen übrig bleibt.

Am Besten ist es, λ zu bestimmen, und zwar durch Beobachtungen, die auszuführen sind in unmittelbarem Anschluss an diejenigen Beobachtungen, durch welche wir uns die Werthe der Grössen (28.) ermittelt denken. — Lässt man nämlich die Zeit T (d. i. die Zeit der Maximaltemperatur v_{1m}) verstreichen, und sodann noch weitere Zeit verstreichen, so wird man zu Zeitaugenblicken t gelangen, in denen das letzte Glied der Formel (31.) im Vergleich mit dem ersten verschwindend klein ist; weil $\varLambda$ [vgl. (20.)] sehr gross ist im Vergleich mit λ. Für solche späteren Zeitaugenblicke t reducirt sich also die Formel (31.) auf:

$$v_1 = p_1 e^{-\lambda t}. \tag{33.}$$

Sind mithin t_2 und t_3 irgend zwei solche spätere Zeitaugenblicke, und denkt man sich in diesen beiden Augenblicken die Temperaturen v_2 und v_3 der Flüssigkeit *durch Beobachtung bestimmt*, so erhält man:

$$v_2 = p_1 e^{-\lambda t_2} \quad \text{und} \quad v_3 = p_1 e^{-\lambda t_3},$$

mithin:

$$\frac{v_2}{v_3} = e^{\lambda (t_3 - t_2)},$$

und folglich:

$$\lambda = \frac{\log v_2 - \log v_3}{t_3 - t_2}, \quad \text{[vgl. (VI.) Seite 7].} \tag{34.}$$

Mittelst dieser Formel (34.) wird man λ berechnen können. Sodann aber wird man, wie schon bemerkt wurde, aus (32.) auch den Werth von $\varLambda$ finden können.

Sind nun λ und $\varLambda$ in solcher Weise, theils durch Beobachtung, theils durch Rechnung, gefunden, so wird man, unter Anwendung der schon von früher her bekannten Grössen (28.), (29.), *jene in* (23.), (26.) *und* (27.) *in drei verschiedenen Gestalten angegebene Formel benutzen können zur Berechnung des Verhältnisses* $\varSigma : \varSigma_1$.

Bemerkung. — Nach (32.) ist:

$$\lambda T e^{-\lambda T} = \varLambda T e^{-\varLambda T}. \tag{A.}$$

Demgemäss kann man sagen, die Grössen $x = \lambda T$ und $X = \varLambda T$ seien die beiden Wurzeln einer Gleichung von der Form:

$$\alpha = x e^{-x}; \tag{B.}$$

was in Einklang ist mit (VII.), (VIII.) Seite 7.

Wir kehren zurück zu unserer eigentlichen Hauptformel (26.):

$$\frac{V\varSigma + V_1\varSigma_1}{\varSigma + \varSigma_1} = v_{1m} e^{\lambda T} + \left(\frac{\lambda}{\varLambda}\right) V_1 + \left(\frac{\lambda}{\varLambda}\frac{\varSigma}{\varSigma_1}\right) v_{1m}. \tag{35.}$$

Wir wissen bereits [vgl. (20.)], dass $\frac{\lambda}{\varLambda}$ sehr klein ist. *Nehmen wir nun an,* es sei bekannt, dass der Quotient $\frac{\varSigma}{\varSigma_1}$ ebenfalls sehr klein ist, so werden wir in (35.) das mit dem Product dieser beiden sehr kleinen Quotienten behaftete letzte Glied zu vernachlässigen berechtigt sein; wodurch sich ergiebt:

$$\frac{V\varSigma + V_1\varSigma_1}{\varSigma + \varSigma_1} = v_{1m} e^{\lambda T} + \left(\frac{\lambda}{\varLambda}\right) V_1. \tag{36.}$$

Aus dieser Formel ergiebt sich, falls man ihre rechte Seite für den Augenblick mit R bezeichnet, sofort: $V\varSigma + V_1\varSigma_1 = R(\varSigma + \varSigma_1)$, mithin:

$$\varSigma = \frac{R - V_1}{V - R}\varSigma_1, \tag{37.}$$

oder, falls man für R seine eigentliche Bedeutung substituirt:

$$\varSigma = \frac{\left[v_{1m} e^{\lambda T} + \left(\frac{\lambda}{\varLambda}\right) V_1\right] - V_1}{V - \left[v_{1m} e^{\lambda T} + \left(\frac{\lambda}{\varLambda}\right) V_1\right]}\varSigma_1; \tag{38.}$$

und diese Formel (38.) ist diejenige, von welcher in der sechsten Abhandlung des vorliegenden Bandes Gebrauch gemacht werden wird.

WIE MAN DURCH GEEIGNETE BEOBACHTUNGEN DEN ABSOLUTEN WERTH DER INNERN LEITUNGS-FÄHIGKEIT EINES HOMOGENEN KÖRPERS ZU BESTIMMEN VERMAG.

Aus hinterlassenen Manuscripten.

WIE MAN DURCH GEEIGNETE BEOBACHTUNGEN DEN ABSOLUTEN WERTH DER INNERN LEITUNGSFÄHIGKEIT EINES HOMOGENEN KÖRPERS ZU BESTIMMEN VERMAG.*)

Wird eine homogene Kugel, z. B. eine Marmorkugel, in deren Centrum ein Thermometer angebracht ist, aus der gewöhnlichen Luft von 15° R. in heisses Wasser von 80° R. gebracht, so steigt jenes centrale Thermometer. Bringt man nun die Kugel, *bevor* jenes centrale Thermometer die Temperatur des heissen Wassers angenommen hat, wieder zurück in die Luft von 15° R., so sollte man erwarten, dass die Abkühlung durch diese Luft ein Fallen des Thermometers hervorbringen würde. Das Thermometer fällt aber *nicht,* sondern wird, nachdem die Kugel in die Luft zurückversetzt ist, *noch weiter steigen,* ein gewisses Maximum erreichen, und dann erst zu sinken beginnen.

Dieses eigenthümliche Phänomen findet leicht seine Aufklärung, wenn man bedenkt, dass die Marmorkugel, deren innere Leitungsfähigkeit nur gering ist, einer *langen Zeit* bedürfen würde, um in all' ihren Punkten *gleichmässig* erwärmt zu werden.

Wird die Marmorkugel plötzlich aus der Luft von 15° R. in das heisse Wasser von 80° R. versetzt, und ist die Zeit ihres Eingetauchtseins nur eine *kurze,* so wird während dieser kurzen Zeit in der Kugel eine Temperatur entstehen, die allerdings in der Nähe ihrer Oberfläche nahezu 80° R., in ihrem Mittelpunkt aber nur wenig über 15° R. beträgt. Wird also die Kugel nach Ablauf dieser kurzen Zeit von Neuem zurückversetzt in die Luft von 15° R., so besitzen die oberflächlichen Kugelschichten eine Temperatur von etwa

*) Aus Neumann's hinterlassenen Manuscripten. Die Publication dieser Abhandlung dürfte zum wirklichen Verständniss der *ersten Abhandlung* dieses Bandes geradezu nothwendig sein. Es wird nämlich durch diese Publication näherer Aufschluss gegeben werden über die in jener *ersten Abhandlung* auf Seite 12—15 angestellten Betrachtungen, namentlich über die Entstehung der dort vorhandenen Formeln. — *C. N.*

80° R.; während sowohl im Centrum der Kugel, wie auch in ihrem Aussenraum sich bedeutend tiefere Temperaturen vorfinden. Folglich wird die Wärme aus den oberflächlichen Schichten nach beiden Seiten hin, d. h. nach Innen und nach Aussen abfliessen; sodass also jenes centrale Thermometer *steigen* muss.

Das Abfliessen des an der Oberfläche der Kugel angehäuften Wärmeüberschusses nach Innen und nach Aussen wird einer gewissen Zeit bedürfen, deren Länge wesentlich abhängt von der *Grösse* dieses Ueberschusses und von der *innern* Leitungsfähigkeit der Kugel, sowie auch von ihrer *äussern* Leitungsfähigkeit. Die Abhängigkeit der Zeit von diesen drei Elementen ist für unsere Zwecke von fundamentaler Bedeutung; und um auf diese Abhängigkeit näher einzugehen, mögen zuvörderst einige ganz allgemeine Betrachtungen vorangeschickt werden.

Ueber die concentrische Temperaturvertheilung in einer homogenen Kugel.

Wir nennen die Temperaturvertheilung in einer homogenen Kugel *concentrisch*, falls die Temperatur v in irgend einem Punkte der Kugel nur allein von x und t abhängt, wo x den Centralabstand des Punktes, und t die Zeit bezeichnen soll. Ohne Zweifel wird nun die Temperaturvertheilung in einer homogenen Kugel, falls sie in irgend einem Augenblick concentrisch ist, diesen Character *fortdauernd* behalten, vorausgesetzt, dass die Kugel in ein Medium eingesenkt ist, dessen Temperatur eine blosse Function der Zeit ist. Auch wird in solchem Falle für jene Temperatur $v = v(x, t)$ die *Fourier'sche Differentialgleichung* gelten:

$$(1.)\qquad \frac{\partial v}{\partial t} = \frac{k}{S}\left(\frac{\partial^2 v}{\partial x^2} + \frac{2}{x}\frac{\partial v}{\partial x}\right), \quad \text{wo} \quad S = CD \quad \text{ist.}$$

Hier bezeichnet k die *innere Leitungsfähigkeit* der Kugel, ferner C die *specifische Wärme der Gewichtseinheit*, und D die *Dichtigkeit* (Gewicht der Volumeneinheit); sodass also das Product $S = CD$ die *specifische Wärme der Volumeneinheit* vorstellt.*)

Die Gleichung (1.) besitzt, wie sich leicht verificiren lässt, folgendes Integral:

$$(2.)\qquad v = \varphi(t) + \frac{x^2}{1\cdot 2\cdot 3}\left(\frac{S}{k}\right)\varphi'(t) + \frac{x^4}{1\cdot 2\cdot\cdot 5}\left(\frac{S}{k}\right)^2\varphi''(t) + \frac{x^6}{1\cdot 2\cdot\cdot 7}\left(\frac{S}{k}\right)^3\varphi'''(t) + \cdots,$$

wo $\varphi(t)$ eine *willkührliche* Function der Zeit vorstellt. Uebrigens erkennt man sofort, dass dieses $\varphi(t)$ nichts Anderes ist als die augenblickliche Temperatur der Kugel in ihrem *Centrum*.

---

*) Es ist also dieses Product S z. B. identisch mit dem S auf Seite 12.

Die *mittlere Temperatur* $\mu = \mu(t)$ *der Kugel* wird zu definiren sein durch die Formel:

(3.) $$\mu = \mu(t) = \frac{\int v d\tau}{\int d\tau};$$

die Integrationen ausgedehnt gedacht über alle Volumelemente $d\tau$ der ganzen Kugel. Nun ergiebt sich leicht:

$$\int v d\tau = 4\pi \int_0^R v x^2 dx,$$

$$\int d\tau = 4\pi \int_0^R x^2 dx = \frac{4\pi R^3}{3};$$

und folglich:

(4.) $$\mu = \mu(t) = \frac{3}{R^3} \int_0^R v x^2 dx,$$

wo R den *Kugelradius* vorstellt. Substituirt man hier in (4.) für v seinen Werth (2.), so gelangt man zu folgender Formel:

(5.) $$\mu(t) = \varphi(t) + \frac{3R^2}{(1 \cdot 2 \cdot 3)5} \left(\frac{S}{k}\right) \varphi'(t) + \frac{3R^4}{(1 \cdot 2 \cdot \cdot 5)7} \left(\frac{S}{k}\right)^2 \varphi''(t) + \cdots$$

Ist nun (was z. B. bei den *Metallen* der Fall sein wird) das k hinlänglich gross, so wird man die höheren Potenzen von $\frac{1}{k}$ vernachlässigen dürfen; und erhält in solcher Weise:

(6.) $$\mu(t) = \varphi(t) + \frac{R^2 S}{10k} \varphi'(t).$$ [Vgl. (II.) Seite 12.]

Die mittlere Temperatur $\mu(t)$ wird daher *grösser* oder *kleiner* als die centrale Temperatur $\varphi(t)$ sein, jenachdem diese letztere augenblicklich im *Steigen* oder im *Sinken* begriffen ist.

Ueber das hier zur Bestimmung der innern Leitungsfähigkeit anzuwendende Verfahren.

Unser Verfahren beruht auf der Beobachtung der schon zu Anfang dieser Abhandlung besprochenen Processe, die offenbar, nicht blos bei der Marmorkugel, sondern in ähnlicher Art auch bei jeder andern homogenen Kugel, z. B. bei einer Metallkugel, sich abspielen werden. Wir unterscheiden dabei den *Erwärmungsprocess* der Kugel, und andererseits ihren *Abkühlungsprocess*. Auch werden wir den letztern von Neuem in *zwei Epochen* zerlegen.

Der Erwärmungsprocess der Kugel ($t \leq 0$). — Die Kugel befindet sich von Hause aus in einem kalten Medium (etwa in der Luft), und hat in all' ihren Punkten die Temperatur dieses Mediums. Sie wird nun aus diesem kalten Medium in ein warmes Medium (heisses Wasser) gebracht; hiebei wird das im Centrum der Kugel angebrachte Thermometer *steigen*.

Bevor nun aber dieses centrale Thermometer die Temperatur des umgebenden warmen Mediums (heissen Wassers) erreicht hat, wollen wir, *in einem bestimmten Zeitaugenblick* $t = 0$, die Kugel aus diesem warmen Medium herausnehmen, und sie wieder in das kalte Medium (die Luft) zurückversetzen; sodass also, vom Augenblick $t = 0$ an, eine Abkühlung der Kugel beginnt.

Dieser Abkühlungsprocess der Kugel ($t \geq 0$) zerfällt in zwei Epochen. Während der *ersten Epoche* wird das centrale Thermometer noch weiter zu *steigen* fortfahren, bis zu demjenigen Augenblick $t = T$, in welchem es sein *Maximum* erreicht.

Sodann aber wird es in der *zweiten Epoche*, d. i. vom Augenblick $t = T$ an, in fortdauerndem *Sinken* begriffen sein, bis es schliesslich zur Temperatur des umgebenden kalten Mediums (der Luft) gelangt.

Die anzustellenden Beobachtungen beziehen sich nun theils auf den Erwärmungs-, theils auf den Abkühlungsprocess. Da es sich hier nur darum handelt, das Verfahren in seinen allgemeinen Umrissen darzulegen, so werden wir die Temperatur des kalten Mediums (der Luft) als allenthalben und fortdauernd *constant* voraussetzen, ohne auf die Correctionen uns näher einzulassen, welche die doch stets nur approximative Erfüllung dieser Voraussetzung nothwendig macht. Auch werden wir diese constante Temperatur zum Nullpunkt unserer Temperaturscale nehmen; sodass also z. B. unter v und $\varphi(t)$ die *Ueberschüsse* der betreffenden Temperaturen über diese constante Temperatur des kalten Mediums (der Luft) verstanden werden sollen.

Der Nullpunkt der Zeitscale: $t = 0$ ist bereits festgesetzt; sodass also die Zeiten des Erwärmungsprocesses *negativ*, und die des Abkühlungsprocesses *positiv* sind.

Der Erwärmungsprocess der Kugel ($t \leq 0$).

Während dieses Processes beobachten wir von Augenblick zu Augenblick das Steigen des centralen Thermometers, und die zugehörigen Zeiten; und erhalten in solcher Weise eine bestimmte Tabelle für die Werthe der Function $\varphi(t)$ und für die gleichzeitigen Werthe ihres Argumentes t.

Diese Beobachtungstabelle, welche hinreicht beinahe bis zum Endpunkte $t=0$ des Erwärmungsprocesses, dient zur empirischen Bestimmung der Function $\varphi(t)$ bis zum Augenblick $t=0$. Auch lassen sich die beobachteten Zahlen, abgesehen vom ersten Anfange des Erwärmungsprocesses, hinreichend genau darstellen durch eine Formel von folgender Gestalt:

$$\varphi(t) = Ae^{\alpha t}, \tag{7.}$$

wo A, α Constanten sind. Was den ersten Anfang des Erwärmungsprocesses betrifft, so ist zu bemerken, dass vom Augenblick der Eintauchung der Kugel in das warme Medium (heisses Wasser) mehrere Secunden (zuweilen bis 8 Secunden) vergehen, bevor überhaupt ein merkbares Steigen des Thermometers eintritt.

Auf Grund der Interpolationsformel (7.) kann man nun namentlich die Werthe

$$\varphi(0) \quad \text{und} \quad \varphi'(0) \tag{8.}$$

berechnen, d. i. die Werthe der Functionen $\varphi(t)$ und $\varphi'(t)$ zu Ende des Erwärmungsprocesses. Dabei sei sogleich bemerkt, dass die in diesem Augenblick $t=0$ vorhandene mittlere Temperatur $\mu(0)$ der Kugel zu den Grössen (8.) in folgender Beziehung steht:

$$\mu(0) = \varphi(0) + \frac{R^2 S}{10k}\varphi'(0); \tag{9.}$$

wie solches aus (6.) sofort sich ergiebt.

Der Abkühlungsprocess der Kugel ($t \geqq 0$).

Für diesen Abkühlungsprocess wollen wir die Function $\varphi(t)$ auf theoretischem Wege, mittelst der allgemeinen Formeln (1.), (2.), (3.), (4.), (5.), (6.), näher zu bestimmen suchen. Dabei ist ausser jenen Formeln noch folgende *Fourier'sche Gleichung* zu benutzen:

$$\frac{\partial v}{\partial x} + \frac{h}{k}v = 0, \quad \text{für} \quad x = R, \tag{10.}$$

welche sich bezieht auf den Wärmeverlust, den die Kugel an ihrer Oberfläche durch Berührung mit dem umgebenden kalten Medium (der Luft) erleidet. Hier bezeichnet h die Abkühlungsgeschwindigkeit der Kugel gegenüber diesem kalten Medium, d. i. die betreffende *äussere Leitungsfähigkeit* der Kugel.

Substituirt man den Ausdruck (2.) in dieser Formel (10.), so ergiebt sich:

$$0 = \frac{h}{k}\varphi(t) + \left(2 + \frac{hR}{k}\right)\frac{R}{1\cdot 2\cdot 3}\left(\frac{S}{k}\right)\varphi'(t) + \left(4R + \frac{hR^2}{k}\right)\frac{R^2}{1\cdot 2\cdots 5}\left(\frac{S}{k}\right)^2\varphi''(t) + \cdots \tag{11.}$$

Um nun aus dieser Gleichung $\varphi(t)$ zu berechnen, setzen wir in derselben:

(12.) $$\varphi(t) = \mathfrak{A} e^{-\mathfrak{a} t},$$

wo $\mathfrak{A}$, $\mathfrak{a}$ noch unbekannte Constanten sein sollen. Alsdann ergiebt sich zur Bestimmung von $\mathfrak{a}$ die Gleichung:

(13.) $$0 = \frac{h}{k} - \left(2 + \frac{hR}{k}\right)\frac{R}{1\cdot 2\cdot 3}\left(\frac{S}{k}\right)\mathfrak{a} + \left(4R + \frac{hR^2}{k}\right)\frac{R^2}{1\cdot 2\cdot\cdot 5}\left(\frac{S}{k}\right)^2\mathfrak{a}^2 - \cdots;$$

und gleichzeitig wird der Ausdruck (2.) durch Substitution des Werthes (12.) die Gestalt erhalten:

$$v = \mathfrak{A} e^{-\mathfrak{a} t}\left[1 - \frac{x^2}{1\cdot 2\cdot 3}\left(\frac{S\mathfrak{a}}{k}\right) + \frac{x^4}{1\cdot 2\cdot\cdot 5}\left(\frac{S\mathfrak{a}}{k}\right)^2 - \frac{x^6}{1\cdot 2\cdot\cdot 7}\left(\frac{S\mathfrak{a}}{k}\right)^3 + \cdots\right];$$

woraus [durch Summation der in den eckigen Klammern enthaltenen Reihe] sich ergiebt:

(14.) $$v = \mathfrak{A} e^{-\mathfrak{a} t}\left(\frac{1}{x}\sqrt{\frac{k}{S\mathfrak{a}}}\right)\sin\left(x\sqrt{\frac{S\mathfrak{a}}{k}}\right).$$

Aus der Gleichung (13.) ergeben sich aber für die Constante $\mathfrak{a}$ unendlich viele Werthe, die der Reihe nach mit $\mathfrak{a}$, $\mathfrak{b}$, $\mathfrak{c}$, ... bezeichnet sein mögen; sodass also das *allgemeine Integral* der für $\varphi(t)$ gefundenen Differentialgleichung (11.) folgendermaassen lauten wird:

(15.) $$\varphi(t) = \mathfrak{A} e^{-\mathfrak{a} t} + \mathfrak{B} e^{-\mathfrak{b} t} + \mathfrak{C} e^{-\mathfrak{c} t} + \cdots.$$

Demgemäss ist an Stelle der Formel (14.) folgende zu setzen:

(16.) $$v = \sum\left\{\mathfrak{A} e^{-\mathfrak{a} t}\left(\frac{1}{x}\sqrt{\frac{k}{S\mathfrak{a}}}\right)\sin\left(x\sqrt{\frac{S\mathfrak{a}}{k}}\right)\right\},$$

die Summation ausgedehnt gedacht über $\mathfrak{a} = \mathfrak{a}, \mathfrak{b}, \mathfrak{c}, \ldots$ und $\mathfrak{A} = \mathfrak{A}, \mathfrak{B}, \mathfrak{C}, \ldots$ Dabei repräsentiren die $\mathfrak{A}$, $\mathfrak{B}$, $\mathfrak{C}$, ... Constanten, die einstweilen noch völlig unbekannt sind.

Die Formel (16.) repräsentirt ein schon von *Fourier* gefundenes Integral; und zur vollständigen Bestimmung von v würde jetzt nur noch übrig bleiben, jene Constanten $\mathfrak{A}$, $\mathfrak{B}$, $\mathfrak{C}$, ... so zu bestimmen, dass dem zur Zeit $t = 0$ vorhandenen Anfangszustande entsprochen wird. *Für uns aber handelt es sich nicht um v, sondern um die Bestimmung der Function $\varphi(t)$; und hiemit hängt zusammen, dass wir Fourier nicht weiter folgen können, sondern einen wesentlich andern Weg einzuschlagen haben.*

Mit hinreichender Annäherung können wir zunächst, bei Anwendung der Formel (15.), auf die beiden ersten Glieder uns beschränken, also setzen:

(17.) $$\varphi(t) = \mathfrak{A} e^{-\mathfrak{a} t} + \mathfrak{B} e^{-\mathfrak{b} t},$$

wo alsdann $\mathfrak{a}$ und $\mathfrak{b}$ [vgl. (13.)] die Wurzeln folgender quadratischer Gleichung sein werden:

(18.) $$0 = \frac{h}{k} - \left(2 + \frac{hR}{k}\right)\frac{R}{1\cdot 2\cdot 3}\left(\frac{S}{k}\right)\mathfrak{a} + \left(4R + \frac{hR^2}{k}\right)\frac{R^3}{1\cdot 2\cdot\cdot 5}\left(\frac{S}{k}\right)^2\mathfrak{a}^2.$$

Auch wollen wir annehmen, dass die Abkühlungsgeschwindigkeit h der Kugel in dem umgebenden kalten Medium (d. i. in der Luft) *klein* sei gegenüber der innern Leitungsfähigkeit k der Kugel. Oder genauer ausgedrückt: wir wollen annehmen, dass h *sehr klein* sei im Vergleich mit $\frac{k}{R}$; sodass also der Quotient

(19.) $$\frac{hR}{k}$$

eine sehr kleine Grösse repräsentirt. Alsdann reducirt sich die quadratische Gleichung (18.) in erster Annäherung auf:

$$0 = \frac{h}{k} - \frac{RS}{3k}\mathfrak{a} + \frac{R^3S^2}{30k^2}\mathfrak{a}^2;$$

wofür man auch schreiben kann:

$$0 = \frac{30hk}{R^3S^2} - \frac{10k}{R^2S}\mathfrak{a} + \mathfrak{a}^2.$$

Hier kann man, falls es beliebt, zufolge der Voraussetzung (19.), den Coefficienten von $\mathfrak{a}$ ersetzen durch

$$\frac{10k}{R^2S}\left(1 + \frac{3}{10}\frac{hR}{k}\right), \quad \text{d. i. durch} \quad \frac{10k}{R^2S} + \frac{3h}{RS},$$

und erhält in solcher Weise:

(20.) $$0 = \left(\frac{10k}{R^2S}\right)\left(\frac{3h}{RS}\right) - \left(\frac{10k}{R^2S} + \frac{3h}{RS}\right)\mathfrak{a} + \mathfrak{a}^2;$$

sodass also die beiden Wurzeln $\mathfrak{a}$ und $\mathfrak{b}$ dieser quadratischen Gleichung ohne Weiteres angebbar sind:

(21.) $$\mathfrak{a} = \frac{3h}{RS} \quad \text{und} \quad \mathfrak{b} = \frac{10k}{R^2S};$$

woraus folgt:

(22.) $$\frac{\mathfrak{a}}{\mathfrak{b}} = \frac{3hR}{10k}.$$

Dieser Quotient (22.) wird also noch *erheblich kleiner* sein, als jener in (19.) angegebene Quotient.

Nachdem diese Bemerkungen über die beiden Wurzeln $\mathfrak{a}$, $\mathfrak{b}$ vorangeschickt sind, gehen wir nun über zur Bestimmung der in der Formel (17.):

(23.) $$\varphi(t) = \mathfrak{A}e^{-\mathfrak{a}t} + \mathfrak{B}e^{-\mathfrak{b}t}$$

enthaltenen constanten Coefficienten $\mathfrak{A}$, $\mathfrak{B}$. Wir können dabei zwei verschiedene Wege einschlagen. Einerseits folgt nämlich aus (23.):

$$+\varphi(0) = \mathfrak{A} + \mathfrak{B},$$
$$-\varphi'(0) = \mathfrak{a}\mathfrak{A} + \mathfrak{b}\mathfrak{B};$$

woraus durch Auflösung nach $\mathfrak{A}$ und $\mathfrak{B}$ sich ergiebt:

$$(24.)\qquad \begin{cases}(\mathfrak{b}-\mathfrak{a})\mathfrak{A} = +\,\mathfrak{b}\varphi(0) + \varphi'(0),\\ (\mathfrak{b}-\mathfrak{a})\mathfrak{B} = -\,\mathfrak{a}\varphi(0) - \varphi'(0).\end{cases}$$

Andererseits aber können wir auch, auf Grund der Formel (23.), für das Maximum φ_m der Function $\varphi(t)$, und für den Zeitaugenblick T, in welchem dieses Maximum eintritt, die beiden Gleichungen hinstellen:

$$\varphi_m = \mathfrak{A}e^{-\mathfrak{a}T} + \mathfrak{B}e^{-\mathfrak{b}T},$$
$$0 = \mathfrak{A}\mathfrak{a}e^{-\mathfrak{a}T} + \mathfrak{B}\mathfrak{b}e^{-\mathfrak{b}T};$$

aus denen durch Auflösung nach $\mathfrak{A}$ und $\mathfrak{B}$ sich ergiebt:

$$(25.)\qquad \begin{cases}(\mathfrak{b}-\mathfrak{a})\mathfrak{A} = +\,\mathfrak{b}\varphi_m e^{\mathfrak{a}T},\\ (\mathfrak{b}-\mathfrak{a})\mathfrak{B} = -\,\mathfrak{a}\varphi_m e^{\mathfrak{b}T};\end{cases}$$

Die Vergleichung der Formeln (24.) und (25.) führt zu folgender Relation:

$$(\alpha.)\qquad \mathfrak{b}\varphi_m e^{\mathfrak{a}T} = \mathfrak{b}\varphi(0) + \varphi'(0),$$

$$(\beta.)\qquad \text{d. i.}\quad \varphi_m e^{\mathfrak{a}T} = \varphi(0) + \frac{\varphi'(0)}{\mathfrak{b}}.$$

Nach Seite 71 (9.) ist aber mit Rücksicht auf (21.):

$$(\gamma.)\qquad \mu(0) = \varphi(0) + \frac{\varphi'(0)}{\mathfrak{b}};$$

sodass also schliesslich aus (β.) und (γ.) folgende einfache Formel resultirt:

$$(\delta.)\qquad \varphi_m = \mu(0)\cdot e^{-\mathfrak{a}T}.$$

Was nun endlich die Bestimmung der Function $\varphi(t)$ (23.) betrifft, so können wir für $\mathfrak{A}$, $\mathfrak{B}$ die Werthe (24.), oder auch die Werthe (25.) benutzen. Thun wir letzteres, so erhalten wir:

$$(26.)\qquad \varphi(t) = \frac{\varphi_m\mathfrak{b}}{\mathfrak{b}-\mathfrak{a}}\, e^{\mathfrak{a}(T-t)}\Big[1 - \frac{\mathfrak{a}}{\mathfrak{b}}\, e^{(\mathfrak{b}-\mathfrak{a})(T-t)}\Big].$$

Entwickeln wir jetzt nach den Potenzen der *sehr kleinen* Grösse $\frac{\mathfrak{a}}{\mathfrak{b}}$ [vgl. (22.) ff.], so werden wir die zweite und die höheren Potenzen dieser Grösse vernachlässigen dürfen. So ergiebt sich:

$$\varphi(t) = \varphi_m e^{\mathfrak{a}(T-t)}\Big[\Big(1+\frac{\mathfrak{a}}{\mathfrak{b}}\Big) - \frac{\mathfrak{a}}{\mathfrak{b}}\, e^{(\mathfrak{b}-\mathfrak{a})(T-t)}\Big].$$

In erster Annäherung werden wir nun hier, weil die Grösse $\frac{\mathfrak{a}}{\mathfrak{b}}$ *sehr klein* ist, das Binom

$$\left(1 + \frac{\mathfrak{a}}{\mathfrak{b}}\right) \quad \text{durch} \quad 1,$$

und ebenso im Exponenten die Differenz

$$(\mathfrak{b} - \mathfrak{a}) = \mathfrak{b}\left(1 - \frac{\mathfrak{a}}{\mathfrak{b}}\right) \quad \text{durch} \quad \mathfrak{b}$$

ersetzen dürfen. In solcher Weise erhalten wir:

$$\varphi(t) = \varphi_m e^{\mathfrak{a}(T-t)}\left[1 - \frac{\mathfrak{a}}{\mathfrak{b}} e^{\mathfrak{b}(T-t)}\right]. \tag{27.}$$

Hiermit ist die Bestimmung der Function $\varphi(t)$ für den hier betrachteten Abkühlungsprocess vollendet, nämlich derjenige Ausdruck dieser Function $\varphi(t)$ gewonnen, von dem weiterhin Gebrauch zu machen ist.

Die Formel (27.) erhält, durch etwas andere Anordnung ihrer Glieder, die Gestalt:

$$\varphi(t)e^{\mathfrak{a}t} - \varphi_m e^{\mathfrak{a}T} = -\frac{\varphi_m \mathfrak{a}}{\mathfrak{b}} e^{(\mathfrak{a}+\mathfrak{b})T} e^{-\mathfrak{b}t};$$

desgleichen wird für irgend einen *andern* Zeitaugenblick t_1 des Abkühlungsprocesses die analoge Formel gelten:

$$\varphi(t_1)e^{\mathfrak{a}t_1} - \varphi_m e^{\mathfrak{a}T} = -\frac{\varphi_m \mathfrak{a}}{\mathfrak{b}} e^{(\mathfrak{a}+\mathfrak{b})T} e^{-\mathfrak{b}t_1};$$

und durch Division dieser beiden letzten Formeln erhält man sofort:

$$\frac{\varphi(t)e^{\mathfrak{a}t} - \varphi_m e^{\mathfrak{a}T}}{\varphi(t_1)e^{\mathfrak{a}t_1} - \varphi_m e^{\mathfrak{a}T}} = e^{\mathfrak{b}(t_1 - t)}. \tag{28.}$$

Nun ist aber nach (δ.) Seite 74:

$$e^{\mathfrak{a}T} = \frac{\mu(0)}{\varphi_m}, \quad \text{mithin} \quad e^{\mathfrak{a}t} = \left(\frac{\mu(0)}{\varphi_m}\right)^{\frac{t}{T}}.$$

Demgemäss kann man der Formel (28.) auch folgende Gestalt geben:

$$\frac{\varphi(t)\left(\frac{\mu(0)}{\varphi_m}\right)^{\frac{t}{T}} - \mu(0)}{\varphi(t_1)\left(\frac{\mu(0)}{\varphi_m}\right)^{\frac{t_1}{T}} - \mu(0)} = e^{\mathfrak{b}(t_1 - t)}. \tag{29.}$$

All' diese Gleichungen (10.), (11.), (12.), ... (29.) gelten sammt und sonders für beliebige Augenblicke des Abkühlungsprocesses, mögen sie nun der ersten oder der zweiten Epoche angehören.

Was speciell die zweite Epoche ($t \geqq T$) **betrifft**, so wollen wir die Formel (26.) benutzen:

$$(30.)\qquad \varphi(t) = \frac{\varphi_m \mathfrak{b}}{\mathfrak{b} - \mathfrak{a}} e^{-\mathfrak{a}(t-T)} \left[1 - \frac{\mathfrak{a}}{\mathfrak{b}} e^{-(\mathfrak{b}-\mathfrak{a})(t-T)} \right],$$

und, vom Augenblick T an, einige Zeit verstreichen lassen. Kurz, wir wollen die Zeitdifferenz $t - T$ so gross uns denken, dass die in der Formel enthaltene Exponentialgrösse $e^{-(\mathfrak{b}-\mathfrak{a})(t-T)}$ bereits *sehr klein* ist. Das Product dieser Exponentialgrösse mit dem sehr kleinen Quotienten $\frac{\mathfrak{a}}{\mathfrak{b}}$ [vgl. (22.) ff.] wird alsdann noch *bedeutend kleiner* sein, mithin vernachlässigt werden dürfen; sodass also die Formel (30.) sich reducirt auf

$$(31.)\qquad \varphi(t) = \frac{\varphi_m \mathfrak{b}}{\mathfrak{b} - \mathfrak{a}} e^{-\mathfrak{a}(t-T)}.$$

Diese Formel (31.) *gilt also für irgend einen hinlänglich weit von T entfernten Zeitaugenblick t.* Bringt man dieselbe successive auf irgend zwei solche Augenblicke t' und t'' in Anwendung, und dividirt man die so entstehenden beiden Gleichungen durcheinander, so erhält man folgende Formel:

$$(32.)\qquad \frac{\varphi(t')}{\varphi(t'')} = e^{\mathfrak{a}(t''-t')},$$

von welcher sogleich Gebrauch zu machen sein wird.

Es werden im Ganzen drei Verfahrungsarten angegeben zur Bestimmung der innern Leitungsfähigkeit der Kugel.

Es handelt sich um die experimentelle Bestimmung der innern Leitungsfähigkeit k. Dabei soll das Product $S = CD$ (d. i. die specifische Wärme der Volumeneinheit der Kugel) als bereits bekannt vorausgesetzt werden. Selbstverständlich ist auch R (der Radius der Kugel) als bekannt anzusehen.

Erstes Verfahren. — *Man beobachtet während des Erwärmungsprocesses der Kugel den Gang des im Centrum der Kugel angebrachten Thermometers, und findet auf diese Weise die Werthe von $\varphi(0)$ and $\varphi'(0)$, wie schon in* (8.) *Seite* 71 *angegeben wurde.*

Man beobachtet sodann beim Abkühlungsprocess die Maximaltemperatur φ_m jenes centralen Thermometers, und die Zeit T ihres Eintretens; alsdann ist nach (β.) *Seite* 74:

$$(33.)\qquad \varphi_m e^{\mathfrak{a}T} = \varphi(0) + \frac{\varphi'(0)}{\mathfrak{b}},$$

wo $\mathfrak{a}$ und $\mathfrak{b}$ einstweilen noch völlig unbekannt sind.

Endlich beobachtet man im *späteren Verlauf* *des Abkühlungsprocesses die Temperaturen* $\varphi(t')$, $\varphi(t'')$ *des centralen Thermometers in irgend zwei Zeitaugenblicken* t', t''. *Alsdann ist nach* (32.):

$$\frac{\varphi(t')}{\varphi(t'')} = e^{\mathfrak{a}(t''-t')}. \tag{34.}$$

Aus (34.) *kann man nun den Werth von* $\mathfrak{a}$, *und sodann aus* (33.) *den Werth von* $\mathfrak{b}$ *berechnen. Dieses* $\mathfrak{b}$ *aber hat die Bedeutung* (21.):

$$\mathfrak{b} = \frac{10k}{R^2 S}; \tag{35.}$$

und man gelangt also, sobald dieses $\mathfrak{b}$ *berechnet ist, sofort auch zur Kenntniss von* k; *denn* S *und* R *sind von uns als bereits bekannt vorausgesetzt worden.*

Zweites Verfahren. — *Man beobachtet beim Abkühlungsprocess, und zwar,* *bevor* *das centrale Thermometer sein Maximum erreicht hat, die Temperaturen* $\varphi(t)$ *und* $\varphi(t_1)$ *dieses Thermometers in irgend zwei Zeitaugenblicken* t *und* t_1. *Sodann beobachtet man bei weiter fortschreitender Zeit die Maximaltemperatur* φ_m *dieses Thermometers und den Augenblick* T *ihres Eintretens. Alsdann ist nach* (28.):

$$\frac{\varphi(t)e^{\mathfrak{a}t} - \varphi_m e^{\mathfrak{a}T}}{\varphi(t_1)e^{\mathfrak{a}t_1} - \varphi_m e^{\mathfrak{a}T}} = e^{\mathfrak{b}(t_1-t)}, \tag{36.}$$

wo $\mathfrak{a}$ *und* $\mathfrak{b}$ *einstweilen noch ganz unbekannt sind.*

Man bestimmt nun ferner, durch Beobachtungen im *späteren Verlauf* *des Abkühlungsprocesses, den Werth der Constante* $\mathfrak{a}$, *genau ebenso wie vorhin [beim ersten Verfahren]. Alsdann wird man die Formel* (36.) *benutzen können zur Berechnung von* $\mathfrak{b}$, *d. i. zur Berechnung von* k.

Drittes Verfahren. — *Man beobachtet während des Erwärmungsprocesses den Gang des centralen Thermometers, und bestimmt in solcher Weise die Werthe von* $\varphi(0)$ *und* $\varphi'(0)$; *wie solches schon früher in* (8.) *Seite* 71 *angegeben wurde. Alsdann ist nach* (9.) *Seite* 71 *und mit Rücksicht auf* (21.) *Seite* 73:

$$\mu(0) = \varphi(0) + \frac{\varphi'(0)}{\mathfrak{b}}, \tag{37.}$$

wo $\mu(0)$ *und* $\mathfrak{b}$ *einstweilen noch völlig unbekannt sind.*

Man beobachtet nun ferner während des Abkühlungsprocesses *vor* *Eintritt des Maximalstandes des centralen Thermometers die Temperaturen* $\varphi(t)$ *und* $\varphi(t_1)$ *dieses Thermometers in irgend zwei Augenblicken* t *und* t_1. *Sodann beobachtet man* *die Maximaltemperatur φ_m dieses Thermometers und den Zeitaugenblick T ihres Eintretens. Alsdann ist nach* (29.)*:*

$$(38.)\qquad \frac{\varphi(t)\left(\frac{\mu(0)}{\varphi_m}\right)^{\frac{t}{T}} - \mu(0)}{\varphi(t_1)\left(\frac{\mu(0)}{\varphi_m}\right)^{\frac{t_1}{T}} - \mu(0)} = e^{\mathfrak{b}(t_1 - t)}.$$

Aus diesen beiden Gleichungen (37.) *und* (38.) *kann man aber alsdann sofort die Werthe jener beiden Unbekannten* $\mu(0)$ *und* $\mathfrak{b}$ *berechnen. U. s. w.*

Diese drei Verfahrungsarten sind identisch mit den in der *ersten Abhandlung* dieses Bandes (Seite 14 ff.) angegebenen. Man erkennt solches sofort, falls man nur beachtet, dass $\mathfrak{a}$ und $\mathfrak{b}$ die Werthe besitzen:

$$(39.)\qquad \mathfrak{a} = \frac{3h}{RS} \quad \text{und} \quad \mathfrak{b} = \frac{10k}{R^2S}, \quad [\text{vgl. } (21.)],$$

und dass S hier genau dieselbe Bedeutung hat, wie in jener ersten Abhandlung. [Vgl. die Note auf Seite 68.]

Auch die in jener *ersten Abhandlung* [auf Seite 12 ff.] angegebenen Formeln (I.), (II.), (III.), (IV.), (V.) erhalten durch die gegenwärtige Abhandlung ihre ausreichende Begründung. So z. B. ist die dortige Formel (IV.) identisch mit der gegenwärtigen Formel (δ.) Seite 74, falls man nur beachtet, dass $\mathfrak{a}$ den in (39.) angegebenen Werth besitzt.

Inhaltsübersicht.

COMMENTATIO

DE EMENDANDA FORMULA, PER QUAM CALORES CORPORUM SPECIFICI EX EXPERIMENTIS METHODO MIXTIONIS INSTITUTIS COMPUTANTUR.

QUAM

AUCTORITATE A. ORDINIS PHILOSOPHORUM

PRO LOCO IN EO RITE OBTINENDO

DIE VI. MAJI MDCCCXXXIV.

H. L. Q. C.

PUBLICE DEFENDET

FRANCISCUS ERNESTUS NEUMANN, PH. DR.,

MINERALOGIAE ET PHYSICES P. P. O., ACADEMIAE BEROLINENSIS SODALIS.

ASSUMPTO AD RESPONDENDUM SOCIO

JULIO EDUARDO CZWALINA, TOLKSENSI

OPPONENTIBUS

HERRMANNO HENRICO HAIDENKAMP, GUESTPHALO

ET

CAROLO GUILIELMO BESSEL, REGIOMONTANO.

REGIOMONTI,

TYPIS ACADEMICIS HARTUNGIANIS.

Theses.

1. Ne ad unum quidem phaenomenon luminis explicandum theoria sufficit a summo Newtono proposita.
2. Agitatis materiae particulis calor efficitur, neque ei materia quaedam sive substantia, quam caloricum nominant, tribuenda est.

COMMENTATIO DE EMENDANDA FORMULA, PER QUAM CALORES CORPORUM SPECIFICI EX EXPERIMENTIS METHODO MIXTIONIS INSTITUTIS COMPUTANTUR. 1834.*)

§ 1.

Formulam illam in methodo mixtionis usitatam correctiones quasdam postulare.

Methodus praestantior omnibus, quas hucusque physici ad determinandos calores corporum solidorum specificos adhibuerunt, visa est mihi illa, qua celeb. *Wilkens* primum usus est, *methodus mixtionis*; quippe qua calores corporum specificos, nullo impedimento insuperabili obstante, majori subtilitate quam alia quavis via definire licet. Hanc methodum illustrare, et causas errorum indagare, quibus adhuc calores specifici hac via determinati obnoxii esse possunt, in commentatione hac mihi proposui.

Methodus mixtionis in eo vertitur, ut corpus solidum, cujus calor specificus exquirendus est, ejus temperatura aut elevata aut depressa usque ad certum quendam thermometri gradum, in aquam aut alium quemvis liquorem pondo determinatum submergatur, et liquoris hujus temperaturae *mutatio maxima*, corpore immerso effecta, observetur. — Designemus literis

M, F et f *pondera* corporis solidi, liquoris et vasis liquorem continentis,

C, S et s *calores specificos* corporis solidi, liquoris et materiae, ex qua vas liquorem continens confectum est,

V et W *temperaturam* corporis solidi et liquoris *ante* immersionem,

w_m elevatam aut depressam temperaturam liquoris *post* immersionem**).

*) Diese Abhandlung wurde von *Neumann* veröffentlicht bei Antritt seiner *ordentlichen Professur* an der Königsberger Universität. Als Einleitung in diese Abhandlung können die Betrachtungen dienen, welche weiterhin (Seite 114) aus *Neumann's hinterlassenen Manuscripten* mitgetheilt sind. Aus letzteren stammen übrigens auch die auf Seite 94 in den Text eingeschalteten Deutschen Worte. — *C. N.*

**) Diese Temperatur w_m ist im Original nicht mit w_m, sondern mit m bezeichnet worden. Vgl. die Note **) auf Seite 85. — *C. N.*

Formula, qua, qui methodo mixtionis usi sunt, tanquam fundamento ad derivandos de experimentis institutis calores specificos, calculos suos superstruxerunt, est haec:

$$(\mathfrak{A}.)\qquad MC(V - w_m) = (FS + fs)(w_m - W),$$

cujus ope, quantitatibus S et s aliunde cognitis ceterisque M, F, f, V, W, w_m per observationes determinatis, quantitatem quaesitam C definiri posse contendunt [behaupten]. Sed manifestum est, ne calor specificus C hoc modo calculatus valde erroneus prodeat, *pluribus praeterea conditionibus* in instituendis experimentis satisfaciendum et *correctiones quasdam* quantitati w_m adjungendas esse.

De *illis* autem conditionibus seu praecautionibus, quae in experimentis instituendis adhiberi debent, hoc loco pauca tantum dicam, quia novas observationes meas de caloribus corporum specificis in lucem editurus de iis accuratius agam. Hic id unum admoneo, corpus solidum usque ad eum thermometri gradum calefaciendum esse, ut liquoris temperatura, quam post corpus immersum adipiscitur, temperaturam aëris cingentis superet, aut adeo refrigerandum esse, ut illa hac minor prodeat. Hoc solum pacto mutata liquoris temperatura aut *maxima* aut *minima* redditur; quod si non fieret, nullum ad observaudam hanc temperaturam certum atque definitum limitem haberes. Designemus literis V, W et w_m *differentias* temperaturae corporis solidi et liquoris a temperatura *aëris*, in quo experimenta instituuntur, neque (ut antea) temperaturas eorum absolutas. Quem sensum in sequentibus his literis semper subjunctum conservabimus. Quae jam contendimus eo redit, ut V et w_m, quicunque sit valor quantitatis W, aut positivus aut negativus, — simul aut positivae aut negativae esse debeant.

Pluribus agam de correctionibus quibusdam quantitati w_m adjungendis, quibus omnino neglectis formula indicata valde vitiosa redderetur, quippe quae formula suppositiones quasdam involvit, quae revera in experimentis institutis non adfuerunt. Supponitur enim

primo: temperaturam, qua corpus solidum in eo temporis momento gaudet, in quo liquidum maximam temperaturae suae mutationem patitur, non discrepare a temperatura liquoris. Quod secus se habere facile intelliges, computans, maximam temperaturae elationem seu depressionem tum evenire, si copia caloris, quam liquor in aërem ambeuntem aut amittit aut ex eo recipit, aequatur ei, quam corpus solidum liquori aut praebet aut ab eo aufert. Quod sane fieri nequiret, nisi corporis solidi temperatura aut major aut minor temperatura liquoris esset. Differentia autem temperaturae corporis solidi et liquoris in eo temporis momento, ubi liquor maximam temperaturae suae mutationem patitur, e tam multis et variis causis pendet, ut, nisi ratiocinatione exacta, determinari nequeat. In hanc enim differentiam vim habet celeritas, qua calor in corpore solido propagatur, celeritas, qua calor per superficiem in liquorem effluit, neque non celeritas, qua liquor ab aëre calescit aut refrigeratur; vim porro habet in hanc differentiam calor specificus corporis solidi, ejus pondus atque superficiei amplitudo; —

secundo: supponitur in illa formula, totam temperaturae liquoris mutationem tantummodo a corpore solido immerso effectam esse, quod, sic haec temperaturae mutatio uno eodemque temporis momento effici potuisset, veritati congrueret; — cum autem tempore quodam opus sit, per quod ea mutatio efficiatur, pars ejus (licet minor) ex temperatura ambeuntis medii exoritur. Prout liquoris temperatura initialis W ejusdem aut contrarii signi fuit ac temperatura ejus maxima w_m, liquor, si corpus solidum calefactum in eum immersum est, aut emisit aliquantum caloris in aërem cingentem, aut primum ab hoc accepit, tum autem emisit; — quod, si corpus refrigeratum immersum sit, in contrarium vertendum est, ita ut hoc in casu tantum acceperit, aut primum emiserit tum autem acceperit calorem ab aëre ambeunte. — Quantam autem caloris copiam liquor in utroque casu emiserit et quantam acceperit ab aëre ambeunte, pendet tum ex intervallo inter temporis momentum, quo corpus solidum immersum est, atque id, in quo maxima liquoris temperatura exstitit, tum e lege celeritatis, qua temperatura liquoris per hoc temporis spatium mutatur. Quod temporis spatium atque illa lex celeritatis iisdem ex elementis pendent, e quibus differentiam inter temperaturam corporis solidi ac liquoris in momento temperaturae liquoris maximae aut minimae pendere indicavimus.

Itaque patet, ad corporum calores specificos calculandos ex experimentis institutis, loco praecedentis sequentem formulam adhibendam esse:

$$(\mathfrak{B}.)\qquad MC(V - w_m - \delta) = (FS + fs)(w_m - W + i),^{*)}$$

ubi δ significat differentiam inter temperaturam liquoris maximam et temperaturam corporis eam, quam tempore maximae liquoris temperaturae habuit; porro i significat gradus thermometri, quos liquor in aërem ambeuntem et amisit et ab eo recepit, dum temperatura sua a W gradibus in w_m gradus mutabatur.

*) Vgl. die Formeln (g.), (h.) in der Note auf Seite 87. — *C. N.*

§ 2.

Istarum correctionum (modo commemoratarum) monstrantur expressiones analyticae generales, — quae in paragraphis subsequentibus accuratius investigandae erunt, ope theoriae a celeberrimo Fourier conditae vel amplificatae.

Iam praesto est problema hic solvendum: *Ostendatur, quo modo hae quantitates δ et i ex illis, quae indicavimus, elementis pendeant.*

Quo soluto via et ratio apparebit, quomodo illae quantitates observatione aut calculo determinentur; neque non elucebit, quomodo experimenta instituenda sint, ut illae tam exiguae evadant, ut tuto negligi possint.

Quod tamen problema, nullis de forma corporis solidi suppositionibus admissis, vires theoriae mathematicae propagationis caloris facile superat. Supponamus quae nos quam simplicissime ad scopum propositum conducunt. Corpus solidum, cujus calor specificus quaeritur, *in plures sphaeras aequales distributum esse* ponamus, quarum numerum designemus litera N, radium litera R. Quae, hypothesi hac admissa, de quantitatibus δ et i enucleabimus, ad computationem earum in aliis quoque casibus, *dummodo corpus solidum in fragmenta satis parva distributum sit*, adhiberi poterunt.

Sphaerarum, quas in experimentis supposuimus, temperatura initialis V, iis in liquorem immersis, paullatim mutatur, ita tamen, ut stratum quodvis concentricum infinite parvum ejusdem radii x in unaquaque sphaera ubique ejusdem temperaturae sit, quam litera v designamus. Temperatura v igitur est functio radii x, et temporis, quod ut designemus, litera t utamur. *Initium temporis* ponimus in eo momento, in quo sphaerae in liquidum immersae sunt, ita ut pro $t=0$, quocunque radio x, sit $v=V$.

Temperaturam initialem liquoris litera W jam designavimus; ejusdem temperatura variabilis sit w; — w tantum ex tempore t pendet. Hae significationes V, W, v, w ita sunt accipiendae, ut per eas gradus thermometri indicentur, quibus temperatura sphaerarum et liquoris *superat* temperaturam aëris ambeuntis.

Secundum theoriam mathematicam propagationis caloris a celeb. *Fourier* mirifice amplificatam pro unaquaque sphaera valet aequatio haec:

$$\frac{\partial v}{\partial t}=\frac{k}{CD}\left(\frac{\partial^2 v}{\partial x^2}+\frac{2}{x}\frac{\partial v}{\partial x}\right), \tag{1.}$$

designantibus: k celeritatem, qua calor propagatur per materiam, e qua sphaerae confectae sunt, i. e. *conductibilitatem (ut ita dicam) caloris internam, C* ejus *calorem specificum*, et D ejusdem materiae *densitatem**).

Motus caloris per superficiem cujusque sphaerae definitus est sequenti aequatione:

(2.) $$\left(\frac{\partial v}{\partial x}\right)_{x=R} = -\frac{h}{k}\left[(v)_{x=R} - w\right],$$

ubi h significat celeritatem, qua calor e superficiebus sphaerarum in liquorem effunditur, quam *conductibilitatem caloris superficialem* nominabimus. Per $\left(\frac{\partial v}{\partial x}\right)_{x=R}$ et $(v)_{x=R}$ hac in aequatione admonere volui, ut in his quantitatibus pro x ponendum sit R.

His formulis (1.), (2.) adjungenda est aequatio:

(3.) $$(v)_{t=0} = V.$$

Temperaturam w liquoris [bene permixti**), ut ubique idem calor adsit] sequente aequatione definire licet:

(4.) $$\frac{\partial w}{\partial t} = \left(\frac{4\pi NR^2h}{FS+fs}\right)\left[(v)_{x=R} - w\right] - \left(\frac{J}{FS+fs}\right)w,$$

---

*) Zum weiteren Verständniss der vorliegenden Abhandlung ist es nicht überflüssig, hier sogleich auf die *Dimensionen* gewisser Constanten aufmerksam zu machen. So z. B. ergiebt sich aus der Formel (1.) mit Leichtigkeit:

(α.) $$\frac{k}{CD} \quad \text{äquidimensional} \quad \frac{\mathfrak{L}^2}{\mathfrak{T}},$$

wo unter $\mathfrak{L}$ eine *Länge*, und unter $\mathfrak{T}$ irgend ein *Zeitintervall* zu verstehen sind. — Ebenso ergiebt sich aus der obigen Formel (2.):

(β.) $$\frac{h}{k} \quad \text{äquidimensional} \quad \frac{1}{\mathfrak{L}}.$$

Endlich folgt aus (α.) und (β.) durch Multiplication:

(γ.) $$\frac{h}{CD} \quad \text{äquidimensional} \quad \frac{\mathfrak{L}}{\mathfrak{T}}. \text{ — }$$ *C. N.*

**) *Liquor bene permixtus:* Während des Experimentes wird die Flüssigkeit fortwährend umgerührt, und in solcher Weise dafür gesorgt, dass ihre Temperatur w eine *blosse Function der Zeit t* ist, nämlich in jedwedem Augenblick an allen Stellen der Flüssigkeit ein und denselben Werth hat. — Durch das Eintauchen des (aus jenen N gleich grossen Kugeln bestehenden) *erhitzten festen Körpers*, wird die Flüssigkeit mehr und mehr erwärmt; sodass ihre Temperatur $w = w(t)$ nach einiger Zeit ein gewisses *Maximum* w_m erreicht. Dieser Maximalwerth w_m ist im Original verschieden, nämlich zu Anfang mit m, dann aber später mit w_m bezeichnet worden. Die Redaction hat es für angemessen gehalten, nur allein die *letztere* Bezeichnungsweise anzuwenden, — theils zur Vereinfachung, theils aber auch, um eine bessere Uebereinstimmung mit den früheren Abhandlungen dieses Bandes hervorzubringen; denn in jenen früheren Abhandlungen sind die Temperatur-Maxima und -Minima überall durch den *Index* $(\ )_m$ angedeutet worden.

$t = 0$ ist [vgl. Seite 84] der Augenblick, in welchem der (aus jenen N Kugeln bestehende) erhitzte feste Körper in die Flüssigkeit *eingetaucht* wird; sodass also in diesem Augenblick $t = 0$ die Temperatur v des festen Körpers überall $= V$, und die Temperatur w der Flüssigkeit überall $= W$ ist.

Ferner wird unter $t = T$ derjenige Augenblick verstanden werden, in welchem die Flüssigkeits-Temperatur w ihr *Maximum* w_m erreicht. [Vgl. Seite 102, sowie auch die Note auf Seite 87.] — *C. N.*

adjuncta aequatione:

$$(w)_{t=0} = W, \tag{5.}$$

ubi designata est per J copia valoris, quam per unitatem temporis liquor e superficie sua et vasis ipsum continentis in aërem ambeuntem emittit, si differentia temperaturae liquoris et aëris in uno thermometri gradu constat.

Iam ex hoc aequationum systemate differentialium, illam quam antea deliberatione summaria invenimus relationem ($\mathfrak{B}$.) pg. 83 inter calores specificos sphaerarum et liquoris, ratiocinatione accurata deducere licet. Designemus litera μ *temperaturam sphaerarum mediam*, quae quolibet tempore t adest, erit:

$$\mu = \mu(t) = \frac{\int_0^R 4\pi x^2 v\,dx}{\frac{4\pi R^3}{3}} = \frac{3}{R^3}\int_0^R v x^2 dx. \tag{6.}$$

Ex aequatione (1.), multiplicata per $\frac{3x^2dx}{R^3}$, deducitur haec:

$$\frac{3}{R^3}\int_0^R \frac{\partial v}{\partial t} x^2 dx = \frac{3k}{CDR^3}\left\{\int_0^R \frac{\partial^2 v}{\partial x^2} x^2 dx + \int_0^R \frac{\partial v}{\partial x} 2x\,dx\right\}, \tag{7.}$$

in qua ponere licet:

$$\frac{3}{R^3}\int_0^R \frac{\partial v}{\partial t} x^2 dx = \frac{\partial \mu}{\partial t},$$

$$\int_0^R \frac{\partial^2 v}{\partial x^2} x^2 dx = R^2 \left(\frac{\partial v}{\partial x}\right)_{x=R} - \int_0^R \frac{\partial v}{\partial x} 2x\,dx,$$

ubi $\left(\frac{\partial v}{\partial x}\right)_{x=R}$ valorem differentialis $\frac{\partial v}{\partial x}$ designat eum, qui, posito in eo $x = R$, existit.

Quibus substitutis aequatio praecedens (7.) abit in hanc:

$$\frac{\partial \mu}{\partial t} = \frac{3k}{CDR}\left(\frac{\partial v}{\partial x}\right)_{x=R}. \tag{8.}$$

Ex aequatione (2.) videmus: $\left(\frac{\partial v}{\partial x}\right)_{x=R} = -\frac{h}{k}[(v)_{x=R} - w]$; et valorem differentiae $[(v)_{x=R} - w]$, ope aequationis (4.), per quantitatem w reddere licet. Quo peracto et substitutione in nostra aequatione (8.) facta, obtinemus:

$$\frac{\partial \mu}{\partial t} = -\left(\frac{3(FS+fs)}{4\pi CD\cdot NR^3}\right)\frac{\partial w}{\partial t} - \left(\frac{3J}{4\pi CD\cdot NR^3}\right) w. \tag{9.}$$

Scribamus, loco $\frac{4\pi D\cdot NR^3}{3}$, pondus omnium N sphaerarum, quod antea [pag. 81] litera M designavimus, et integremus hanc aequationem differentialem; — prodibit:

(10.) $$\mu + \text{Const.} = -\left(\frac{FS+fs}{CM}\right)w - \left(\frac{J}{CM}\right)\int w\,dt,$$

ubi Constans arbitraria ea re definitur, quod pro $t=0$ habemus $\mu = V$ et $w = W$. Qua definita, obtinemus hanc aequationem:

(11.) $$CM(V-\mu) = (FS+fs)(w-W) + J\int_0^t w\,dt,$$

quam redigimus ad hanc formam:

(12.) $$CM(V-w) = (FS+fs)(w-W)\left[1 + \left(\frac{CM}{FS+fs}\right)\frac{\mu - w}{w - W} + \left(\frac{J}{FS+fs}\right)\frac{\int_0^t w\,dt}{w-W}\right],$$

qua jam liquet, quaenam sint quantitates eae, quas ex aequationibus de propagatione caloris e sphaeris in liquorem et e liquore in aërem ambeuntem elicere debemus. Ex hac enim expressione (12.), posito in ea t aequali ei tempori, in quo w maximum valorem adepta est, calorem sphaerarum specificum computari oportet. Quod ut fieri queat, eliciendi sunt valores

(13.) $$\text{differentiae } \mu - w \text{ et integralis } J\int_0^t w\,dt.^{*)}$$

*) Bezogen auf den soeben genannten Augenblick $t = T$, in welchem w sein Maximum w_m erreicht, lauten die Grössen (13.) folgendermaassen:

(f.) $$\mu_m - w_m \quad \text{und} \quad J\int_0^T w\,dt,$$

wo μ_m und w_m die simultanen Werthe von μ und w im Augenblick $t = T$ vorstellen. Es ist mithin w_m das Maximum von w; nicht aber μ_m das Maximum von μ [vgl. Seite 106].

Die Grössen (f.) *repräsentiren im Wesentlichen jene früher* [*in* (𝔅.) *Seite* 83] *eingeführten Quantitäten* δ *und* i. Die Formel (11.) lautet nämlich, bezogen auf den Augenblick $t = T$, folgendermaassen:

(g.) $$CM[(V-w_m) - (\mu_m - w_m)] = (FS+fs)\left[(w_m - W) + \frac{J\int_0^T w\,dt}{FS+fs}\right].$$

Vergleicht man aber diese Formel mit der damaligen Formel (𝔅.) Seite 83:

(h.) $$CM[(V-w_m) - \delta] = (FS+fs)[(w_m - W) + i],$$

so erkennt man sofort, dass die dortigen Quantitäten δ und i folgendermaassen darstellbar sind:

(j.) $$\delta = \mu_m - w_m \quad \text{und} \quad i = \frac{J\int_0^T w\,dt}{FS+fs}.$$

Die Formel (g.) ist identisch mit der späteren Formel (I.) Seite 108; wie sich solches leicht ergiebt, falls man dort für σ seine eigentliche Bedeutung (5.) Seite 92 substituirt. — *C. N.*

Hunc autem ad finem completa integratio aequationum differentialium propositarum opus est, quam nisi per series infinitas exprimere non licet. Sed ex iis quidquid scopo nostro idoneum vix ac ne vix quidem derivetur, nisi admittimus hypothesin quandam de parvitate *unius* saltem quantitatis, quae in illis aequationibus continetur, per quam series hae valde convergentes fiant. Atqui experimenta de calore corporum specifico semper ita institui possunt, ut illa, quam litera J designavimus, quantitas *tam parva* existat, ut ejus potestas secunda et superiores, sine periculo subtilitatem violandi, negligatur. — Qua suppositione sequentes disquisitiones superstruximus.

§ 3.

Temperatura v corporis solidi et temperatura w liquoris (ope aequationum differentialium) in series evolvuntur in infinitum progredientes.

Integrale generale aequationis (1.) praebetur hisce seriebus:

$$v = \begin{cases} \varphi + \frac{x^2}{1\cdot 2\cdot 3}\left(\frac{CD}{k}\right)\frac{\partial\varphi}{\partial t} + \frac{x^4}{1\cdot 2\cdot 3\cdot 4\cdot 5}\left(\frac{CD}{k}\right)^2\frac{\partial^2\varphi}{\partial t^2} + \cdots \\ + \frac{1}{x}\psi + \frac{x}{1\cdot 2}\left(\frac{CD}{k}\right)\frac{\partial\psi}{\partial t} + \frac{x^3}{1\cdot 2\cdot 3\cdot 4}\left(\frac{CD}{k}\right)^2\frac{\partial^2\psi}{\partial t^2} + \cdots \end{cases}$$

designantibus φ et ψ functiones temporis t arbitrarias. In nostro tamen casu, quia temperatura sphaerarum in centro, i. e. pro $x = 0$, non infinite magna fieri potest, ψ abjiciatur oportet. Integrale igitur problemati nostro consentaneum retinemus hoc:

$$\text{(A.)} \qquad v = \varphi + \frac{x^2}{1\cdot 2\cdot 3}\left(\frac{CD}{k}\right)\frac{\partial\varphi}{\partial t} + \frac{x^4}{1\cdot 2\cdot 3\cdot 4\cdot 5}\left(\frac{CD}{k}\right)^2\frac{\partial^2\varphi}{\partial t^2} + \cdots,$$

cujus functio arbitraria φ, ope aequationum (2.) et (4.), definienda est. Ex aequatione (2.), substituto valore v invento, expressio temperaturae w prodit haec:

$$\text{(B.)} \quad w = \varphi + \frac{R^2}{1\cdot 2\cdot 3}\left(\frac{CD}{k}\right)\left(1 + \frac{2k}{Rh}\right)\frac{\partial\varphi}{\partial t} + \frac{R^4}{1\cdot 2\cdot 3\cdot 4\cdot 5}\left(\frac{CD}{k}\right)^2\left(1 + \frac{4k}{Rh}\right)\frac{\partial^2\varphi}{\partial t^2} + \cdots$$

Quibus expressionibus v et w in aequatione (4.) positis, aequatio apparet differentialis hujus formae:

$$0 = A\varphi + B\frac{\partial\varphi}{\partial t} + C\frac{\partial^2\varphi}{\partial t^2} + \cdots$$

coefficientibus constantis, ex. gr.: $A = \frac{J}{FS + fs}$, $B =$ etc., cujus ope functio φ definiri potest. Obtinemus enim ex hac aequatione:

$$\text{(C)} \qquad \varphi = M_0 e^{-m_0 t} + M_1 e^{-m_1 t} + M_2 e^{-m_2 t} + \cdots,$$

ubi designant m_0, m_1, m_2, ... radices diversas aequationis:

$$(D.)\qquad 0 = A - Bm + Cm^2 - + \cdots,$$

et M_0, M_1, M_2, ... quantitates quasdam constantes, quarum definitio ex aequationibus (3.) et (5.) pendet.

Aequationem (A.), posito $\varphi = Me^{-mt}$, abire videmus in hanc:

$$v = Me^{-mt}\left[\frac{\sin\left(x\sqrt{\frac{CDm}{k}}\right)}{x\sqrt{\frac{CDm}{k}}}\right].$$

Substituto igitur in aequationibus (A.) et (B.) valore *integro*, quem aequatio (C.) pro φ praebuit, obtinemus expressiones hasce:

$$(E.)\qquad v = \begin{cases} + M_0 e^{-m_0 t}\left[\dfrac{\sin\left(x\sqrt{\frac{CDm_0}{k}}\right)}{x\sqrt{\frac{CDm_0}{k}}}\right] \\ + M_1 e^{-m_1 t}\left[\dfrac{\sin\left(x\sqrt{\frac{CDm_1}{k}}\right)}{x\sqrt{\frac{CDm_1}{k}}}\right] \\ + \cdots\cdots\cdots\cdots; \end{cases}$$

$$(E'.)\qquad w = \begin{cases} + M_0 e^{-m_0 t}\left[\left(1 - \frac{k}{hR}\right)\dfrac{\sin\left(R\sqrt{\frac{CDm_0}{k}}\right)}{R\sqrt{\frac{CDm_0}{k}}} + \left(\frac{k}{hR}\right)\cos\left(R\sqrt{\frac{CDm_0}{k}}\right)\right] \\ + M_1 e^{-m_1 t}\left[\left(1 - \frac{k}{hR}\right)\dfrac{\sin\left(R\sqrt{\frac{CDm_1}{k}}\right)}{R\sqrt{\frac{CDm_1}{k}}} + \left(\frac{k}{hR}\right)\cos\left(R\sqrt{\frac{CDm_1}{k}}\right)\right] \\ + \cdots\cdots\cdots\cdots\cdots\cdots\cdots; \end{cases}$$

in quibus m_0, m_1, m_2, ... radices diversas aequationis (D.) significant.

Quae aequatio (D.) ex aequatione (4.) ita orta est, ut in hac, loco $(v)_{x=R}$ et w, termini expressionum quantitatum $(v)_{x=R}$ et w positi sint ii, qui ex uno eodemque m pendent. Substituens igitur in aequatione (4.) pro $(v)_{x=R}$ et w valores hosce:

$$Me^{-mt}\left[\frac{\sin\left(R\sqrt{\frac{CDm}{k}}\right)}{R\sqrt{\frac{CDm}{k}}}\right],$$

et

$$Me^{-mt}\left[\left(1-\frac{k}{hR}\right)\frac{\sin\left(R\sqrt{\frac{CDm}{k}}\right)}{R\sqrt{\frac{CDm}{k}}}+\left(\frac{k}{hR}\right)\cos\left(R\sqrt{\frac{CDm}{k}}\right)\right],$$

aliam obtinebimus aequationem, quae ab aequatione (D.) eo tantum discrepat, quod formam *finitam* habet hanc:

$$\text{(F.)}\qquad 0=\frac{\operatorname{tg}\left(R\sqrt{\frac{CDm}{k}}\right)}{R\sqrt{\frac{CDm}{k}}}-\frac{(4\pi R^2\cdot Nh)+[J-m(FS+fs)]}{(4\pi R^2\cdot Nh)+[J-m(FS+fs)]\left(1-\frac{hR}{k}\right)}.$$

Iam eo pervenimus, ut ad integrationem propositam perfecte absolvendam nihil nisi determinatio coefficientium M_0, M_1, ... aequationum (E.), (E′.) supersit. Quae ita comparatae esse debent, ut expressiones (E.), (E′.) aequationibus (3.) et (5.) satisfaciant.

Ut viam ac rationem, qua hoc perficiatur, quam facillime ostendamus, sit:

$$\text{(g.)}\qquad \begin{aligned}&\frac{\sin\left(x\sqrt{\frac{CDm}{k}}\right)}{\sqrt{\frac{CDm}{k}}}=X_m,\\ &\left(1-\frac{k}{hR}\right)\frac{\sin\left(R\sqrt{\frac{CDm}{k}}\right)}{\sqrt{\frac{CDm}{k}}}+\left(\frac{k}{h}\right)\cos\left(R\sqrt{\frac{CDm}{k}}\right)=A_m;\end{aligned}$$

qua ratione habemus [ex (E.) et (E′.)]:

$$\text{(G.)}\qquad \begin{aligned}xv&=M_0e^{-m_0t}X_{m_0}+M_1e^{-m_1t}X_{m_1}+\cdots,\\ Rw&=M_0e^{-m_0t}A_{m_0}+M_1e^{-m_1t}A_{m_1}+\cdots.\end{aligned}$$

His expressionibus substitutis in aequationibus (3.) et (5.), ad determinandas coefficientes M_0, M_1, ... aequationes existunt sequentes:

$$\text{(H.)}\qquad xV=M_0X_{m_0}+M_1X_{m_1}+\cdots,$$

$$\text{(J.)}\qquad RW=M_0A_{m_0}+M_1A_{m_1}+\cdots;$$

e quibus quantitates M_0, M_1, ... determinare licet ope theorematis hujus:

$$\text{(K.)}\qquad \int_0^R X_mX_{m_1}\,dx+\left(\frac{FS+fs}{4\pi R^2\cdot NCD}\right)A_mA_{m_1}=0,$$

ubi m et m_1 duas quaslibet radices aequationis (F.) diversas neque easdem significant.

Quo ex theoremate jam valores coefficientium sequenti relatione praebiti facile deducuntur:

$$(\text{L.})\quad V\int_0^R X_m x\,dx + WR\left(\frac{FS+fs}{4\pi R^2\cdot NCD}\right)A_m = M_m\left[\int_0^R (X_m)^2 dx + \left(\frac{FS+fs}{4\pi R^2\cdot NCD}\right)(A_m)^2\right].$$

Substitutis in aequationibus (1.), (2.), (4.) valoribus v et w, quos praebent aequationes (G.), proprietates quaedam apparent, quae insunt functionibus X_m et A_m, quaecunque sit radix m, valde idoneae ad theorema (K.) quam simplicissime demonstrandum.

Substitutione facta prodeunt ex aequatione (1.):

$$(\alpha.)\quad -mX_m = \frac{k}{CD}\frac{\partial^2 X_m}{\partial x^2},$$

ex aequatione (2):

$$(\beta.)\quad \left(\frac{\partial X_m}{\partial x}\right)_{x=R} = \frac{1}{R}\left(1-\frac{hR}{k}\right)(X_m)_{x=R} + \left(\frac{h}{k}\right)A_m.$$

Ex aequatione (4.) prodit:

$$(\gamma.)\quad 4\pi R^2\cdot Nh(X_m)_{x=R} + [m(FS+fs) - 4\pi R^2\cdot Nh - J]A_m = 0.$$

His praemissis, jam ad demonstrationem theorematis (K.) *accedamus.* In integrali

$$\int X_m X_{m_1} dx$$

substituatur, loco X_{m_1}, ejus valor ex aequatione (α.); quo facto, integrantes per partes inveniemus:

$$\int X_m X_{m_1} dx = -\frac{k}{m_1 CD}\left(X_m\frac{\partial X_{m_1}}{\partial x} - X_{m_1}\frac{\partial X_m}{\partial x}\right) - \frac{k}{m_1 CD}\int X_{m_1}\frac{\partial^2 X_m}{\partial x^2}dx,$$

quod, si pro $\frac{\partial^2 X_m}{\partial x^2}$ scribatur: $-\frac{mCD}{k}X_m$ [quod licet propter aequationem (α.)], abit in hoc:

$$(m-m_1)\int X_m X_{m_1} dx = \frac{k}{CD}\left(X_m\frac{\partial X_{m_1}}{\partial x} - X_{m_1}\frac{\partial X_m}{\partial x}\right).$$

Habemus igitur, cum, posito $x=0$, hujus aequationis pars posterior evanescat:

$$\int_0^R X_m X_{m_1} dx = \frac{k}{(m-m_1)CD}\left(X_m\frac{\partial X_{m_1}}{\partial x} - X_{m_1}\frac{\partial X_m}{\partial x}\right)_{x=R}$$

Erutis valoribus $(X_m)_{x=R}$, $\left(\frac{\partial X_m}{\partial x}\right)_{x=R}$ et $(X_{m_1})_{x=R}$, $\left(\frac{\partial X_{m_1}}{\partial x}\right)_{x=R}$ ex aequationibus (β.) et (γ.), atque substitutis in aequatione modo inventa, sequitur haec:

$$(\delta.)\qquad \int_0^R X_m X_{m_1} dx + \left(\frac{FS+fs}{4\pi R^2\cdot NCD}\right) A_m A_{m_1} = 0,$$

quae ipsa demonstranda erat. [Conf. (K.) pg. 90.]

Manifestum igitur est, expressiones (E.), (E'.), assumta aequatione (L.), ita comparatas esse, ut aequationibus differentialibus (1.) et (4.) satisfaciant, neque non aequationibus conditionalibus (2.), (3.), (5.) sufficiant. Solutionem ergo problematis, quod mihi proposui, perfectam continent et completam.

§ 4.

Introductio novarum quarumdam quantitatum constantium.

Iam ad definiendas quantitates eas progrediamur, quarum cognitionem ad computationem caloris specifici necessariam diximus [(13.) pg. 87]:

$$(1.)\qquad \mu - w \quad \text{et} \quad J\int_0^t w\,dt,$$

eam tamen hypothesin admittentes, quam his correctionibus sufficere indicavimus, quantitatem J scilicet, aut si mavis $\frac{J}{FS+fs}$ *tam parvam* esse, ut ejus potestates primam superantes tuto negligi possint. [Conf. pg. 88].

Redigamus aequationem transcendentem (F.), quae soluta valores diversos m praebet, in formam simpliciorem, his substitutis designationibus*):

$$(2.)\qquad R\sqrt{\frac{CDm}{k}} = y, \quad \text{sive} \quad m = \frac{ky^2}{R^2CD},$$

$$(3.)\qquad \frac{Rh}{k} = \alpha,$$

$$(4.)\qquad 4\pi R^2 N = \varepsilon, \qquad \frac{4\pi R^3}{3} ND = M,$$

$$(5.)\qquad \frac{MC}{FS+fs} = \sigma,$$

e quibus jam sequitur:

$$(6.)\qquad \frac{4\pi R^4\cdot NCD}{FS+fs}\left(\frac{h}{k}\right) = 3\alpha\sigma,$$

$$(7.)\qquad \left(\frac{J}{k}\right)\frac{R^2CD}{FS+fs} = \left(\frac{J}{\varepsilon h}\right)3\alpha\sigma.$$

---

*) In (4.) ist M offenbar die Gesamtmasse (das Gewicht) des aus den N gleich grossen Kugeln bestehenden festen Körpers; wie schon auf Seite 81 festgesetzt wurde. Ferner ist ε die Oberfläche dieses Körpers, d. i. die Gesamtoberfläche jener N Kugeln. — *C. N.*

His substitutis oritur [ex (F.) pg. 90]:

$$\text{(8.)} \qquad \operatorname{tg} y = y \left[\frac{3\alpha\sigma + \left[3\alpha\sigma\left(\frac{J}{\varepsilon h}\right) - y^2\right]}{3\alpha\sigma + \left[3\alpha\sigma\left(\frac{J}{\varepsilon h}\right) - y^2\right](1-\alpha)} \right].^{*)}$$

Numerum hujus aequationis radicum y infinite magnum esse, facile perspicitur. Eas autem omnes *reales* tantum esse, neque imaginarias hanc aequationem praebere, ope theorematis (K.) comprobare licet, et simili quidem modo, quo celeb. *Poisson* [in dissertatione cui inscripsit: „de aequilibrio et motu corporum elasticorum" (Mem. d. l'Ac. T. VIII)] usus est, demonstrans, aequationi $\operatorname{tg} y = \frac{4y}{4 - 3y^2}$ nullas inesse radices imaginarias. Quod autem hoc loco praetereamus, quia ex natura atque indole problematis nostri physica jam satis elucet, radices imaginarias aequationi (8.) inesse non posse, et, si inessent, negligi debere, quippe quae propagationem caloris e sphaeris in liquorem et e liquore in aërem circumdantem continue decrescentem non redderent, ut revera res se habet, sed naturae omnino contrariam eam periodice tum crescentem tum decrescentem efficerent.

---

*) Aus der obigen Formel (3.): $\alpha = \frac{Rh}{k}$ folgt sofort:

$$\alpha \quad \text{aequidim.} \quad \frac{Rh}{k}.$$

Und hieraus ergiebt sich mit Rücksicht auf (β.) Seite 85:

$$\alpha \quad \text{aequidim.} \quad \frac{R}{\mathfrak{L}} \quad \text{d. i.} \quad \text{aequidim.} \quad 1.$$

Mit andern Worten: Wir sehen, dass α eine *reine Zahl* ist. Gleiches gilt nach der obigen Formel (5.) offenbar auch von σ. Beachtet man nun aber, dass α und σ reine Zahlen sind, so erkennt man aus (8.), dass Gleiches auch gelten muss von y^2 und $\frac{J}{\varepsilon h}$. Also:

(δ.) *Die Constanten α, σ, y und die Constante $\frac{J}{\varepsilon h}$ sind reine Zahlen.*

Demgemäss ist z. B. $\frac{J}{h}$ aequidim. ε. Nun ist aber nach der obigen Formel (4.):

$$(\varepsilon.) \qquad \varepsilon \quad \text{aequidim.} \quad \mathfrak{L}^2,$$

und folglich auch:

$$(\zeta.) \qquad \frac{J}{h} \quad \text{aequidim.} \quad \mathfrak{L}^2.$$

Multiplicirt man endlich diese letzte Formel mit der Formel (β.) Seite 85, so erhält man:

$$(\eta.) \qquad \frac{J}{k} \quad \text{aequidim.} \quad \mathfrak{L}. \text{ —}$$

C. N.

§ 5.

De valoribus illarum constantium (modo commemoratarum), et quibus finibus isti valores circumscripti sint.

Ut indolem radicum y aequationis nostrae (8.) perspiciamus, et quomodo magnitudine se recipiunt, de valoribus quantitatum, quas continet, constantium α, σ, $\left(\frac{J}{\varepsilon h}\right)$, quibus finibus circumscriptae sint, pauca tradamus necesse est. Qua notione deficiente vix quidquam certi de minoribus quidem radicibus, quae ipsae in nostrum finem maximi momenti sunt, proferre licet. Antea autem de unitatibus, ad quas eorum valores referuntur, longitudinis, temporis et caloris indicemus oportet. — Unitatem assumsi temporis: *minutum primum* [d. i. die *Secunde*]; longitudinis: *lineam Parisiensem*; atque caloris: *eam copiam*, quae temperaturam aquae in volumine unius lineae cubicae contentae uno grado thermometri Réaumuriani augere valet.

I. His positis unitatibus inveni *conductibilitatem internam*, litera k supra designatam, diversam in diversis materiis, in metallis iis, quae calorem celerrime diffundunt, e. gr. in auro, argento, cupro, inter 400 et 500 versari. In metallis autem calorem tardissime propagantibus valor hujus conductibilitatis 90 non superat. In lapidibus atque argillis ustis [gebrannter Thon, Porzellan] descendit usque ad 6, et quin in salibus et aliis quibusdam his similibus materiis adhuc minor existat non dubitandum est, sed vel ad dimidium i. e. ad 3 eam descendere existimo. Quas determinationes viamque, qua eas derivavi, ex experimentis tum a celeb. *Fourier* tum ab illustri *Despretz* institutis, adjunctis iis, quae celeb. *Dulong* de conductibilitate superficiali debemus, — alio loco uberius illustrabo.

II. Quod attinet ad *conductibilitatem superficialem* litera h designatam, quae pro superficie liquore circumfusa valeat, — eam, quaelibet sit superficies (aut vitrea aut metallica, polita aut non polita), *eandem* esse, neque pro diversa natura ac indole superficiei discrepare, — experimentis alio loco in lucem edendis expertus sum. Valorem hujus conductibilitatis, calore e corpore solido in *aquam* circumdantem effluente, inveni circiter 9,5.*)

---

*) Was die mit h bezeichnete *äussere Leitungsfähigkeit* (conductibilitas superficialis) betrifft, so bin ich durch Experimente, die an einer andern Stelle publicirt werden sollen, zu dem Resultat gelangt, dass diese äussere Leitungsfähigkeit h für eine von Flüssigkeit umgebene feste Oberfläche stets ein und denselben Werth hat, einerlei ob diese feste Oberfläche aus Glas oder Metall besteht, einerlei ob sie polirt oder nichtpolirt ist; — kurz, *dass sie von der Natur und Beschaffenheit dieser festen Oberfläche ganz unabhängig ist.* — Ist z. B. die Flüssigkeit *Wasser*, so wird die betreffende äussere Leitungsfähigkeit h, zufolge meiner Beobachtungen, stets $= 9,5$ sein. — (*Neumann's Worte in einem seiner hinterlassenen Manuscripte.*)

III. Itaque valorem α seu $\frac{hR}{k}$ (3.) obtinemus pro materiis calorem celerrime propagantibus:

(9.) $$\alpha = \frac{hR}{k} = \frac{9,5 \cdot R}{500} = \frac{R}{53};$$

pro iis autem, qui tarde propagant:

(10.) $$\alpha = \frac{hR}{k} = \frac{9,5 \cdot R}{6} = 1,\dot{6} \cdot R.$$

Qua ex computatione elucebit, radios sphaerarum ex argento aut auro factarum, *octogies quinquies* majores, quam sunt radii sphaerarum ex argillis ustis aut aliis ejusdem conductibilitatis factarum, ceteris paribus, idem circiter afferre momentum in formulam de calore specifico corrigendo*). Neque jam nunc quemquam fugerit, si in experimentis de calore *metallorum* specifico ii, qui ex eorum conductibilitate et dimensionibus pendent errores omnino negligendi sunt, — longe aliter se rem habere adhibitis materiis calorem *tardissime* propagantibus earumdem etsi dimensionum.

IV. Valor σ seu $\frac{MC}{FS + fs}$ (5.) pendet e proportione ponderis sphaerarum et liquoris in experimento adhibiti. Eum superare $\frac{1}{8}$, propter nimias inde orientes correctiones, non facile admittendum esset. In experimentis, quae ipse institui, hic valor circiter $\frac{1}{16}$ fuit.

V. Quantitas $\frac{J}{FS + fs}$ propter exhalationem liquoris, qua non parum caloris diffunditur, a priori, ut dicunt, computari nequit. Habuit ea in experimentis meis valorem, observatione definitum, *circa* 0,022, unitate temporis *minuto primo* assumto.

VI. Ex quo quantitatem $\left(\frac{J}{\varepsilon h}\right)$ jam calculare licet, posito, productum CD *medio valore*: 0,5, qui pro materiis solidis locum habet, gaudere. Habemus enim relationem**):

---

*) In der That ersieht man aus (9.) und (10.), dass eine Silberkugel und eine Porzellankugel *dasselbe* α besitzen, sobald der Radius der erstern etwa 85mal so gross ist, als der der letztern. Der Radius der betrachteten Kugel wird also — kann man sagen — auf die Correctur der zur Bestimmung der specifischen Wärme dienenden Formel von gleichem Einfluss sein, sobald seine Länge für Silber etwa 85mal so gross als für Porzellan ist. *C. N.*

**) Nach (4.) ist:
$$\varepsilon = 4\pi R^2 N \quad \text{und} \quad M = \frac{4\pi R^3 \cdot ND}{3};$$
woraus durch Division folgt:
$$\frac{M}{\varepsilon} = \frac{RD}{3}.$$
Multiplicirt man dies mit $\frac{J}{Mh}$, so erhält man:
$$\frac{J}{\varepsilon h} = \frac{JRD}{3hM}, \quad \text{oder was}$$

(11.) $$\frac{J}{\varepsilon h} = \left(\frac{J}{FS + fs}\right)\left(\frac{\frac{1}{3}(FS + fs)CDR}{\frac{4}{3}NR^3\pi \cdot CDh}\right),$$

i. e.

(12.) $$\frac{J}{\varepsilon h} = \left(\frac{J}{FS + fs}\right)\left(\frac{FS + fs}{MC}\right)\left(\frac{CD}{3h}\right)R.$$

Ex quo, substitutis pro $\left(\frac{J}{FS + fs}\right)$ et $\left(\frac{FS + fs}{MC}\right)$ et $\left(\frac{CD}{3h}\right)$ valoribus antea dictis: 0,022 [conf. V.] et 16 [conf. IV.] et $\left(\frac{0,5}{3 \cdot 9,5}\right)$ [conf. VI. et II.], obtinemus*):

(13.) $$\frac{J}{\varepsilon h} = (0,022)(16)\left(\frac{0,5}{3 \cdot 9,5}\right)R = 0,0063\,R.$$

§ 6.

Investigatio aequationis transcendentis, secundum cujus radices $y_0, y_1, y_2, y_3, \ldots$ series illae infinitae progrediuntur, pro temperaturis v et w inventae, (pg. 89).

Nunc jam ad aequationem (8.) pg. 93 solvendam redeamus. De radice ejus $y = 0$ in valoribus v et w, quos aequationes (E.), (E'.) pg. 89 praebent, nulla ratio est habenda, et eam quidem ob causam, quia v, w, V, W differentias significant, quibus temperaturae sphaerarum et liquoris temperaturam aëris

---

oder was dasselbe ist:

$$\frac{J}{\varepsilon h} = \left(\frac{J}{FS + fs}\right)\left(\frac{FS + fs}{MC}\right)\left(\frac{CD}{3h}\right)R.$$

Dies aber ist die obige Formel (12.). — *C. N.*

*) Nach Seite 93 (δ.) sind α und $\frac{J}{\varepsilon h}$ *reine Zahlen*; während R die *Länge* eines Kugelradius vorstellt. Demgemäss scheinen die obigen Gleichungen (9.), (10.) und (13.):

(ϑ.) $$\alpha = \frac{R}{53}, \quad \text{resp.} \quad = 1,6 \cdot R,$$

(ι.) $$\frac{J}{\varepsilon h} = 0,0063 \cdot R$$

anhomogen, mithin *unrichtig* zu sein.

Demgegenüber ist zu bemerken, dass hier, in (ϑ.), (ι.), unter R *nicht* ohne Weiteres eine *Länge* zu verstehen ist, sondern vielmehr diejenige *Anzahl* Pariser Linien, welche der in Rede stehende Kugelradius in sich enthält, [vgl. die vorhin (Seite 94) festgesetzten Maasseinheiten]. Und man kann also die Formeln (ϑ.), (ι.), falls es beliebt, folgendermassen schreiben:

($\varkappa$.) $$\alpha = \frac{1}{53}\frac{R}{\mathfrak{L}}, \quad \text{resp.} \quad = 1,6\frac{R}{\mathfrak{L}},$$

(λ.) $$\frac{J}{\varepsilon h} = 0,0063\frac{R}{\mathfrak{L}},$$

wo alsdann R und $\mathfrak{L}$ beides *Längen* sind, nämlich R die Länge des Kugelradius, und $\mathfrak{L}$ die Länge einer Pariser Linie. Bei dieser Schreibweise wird alsdann gegen die Formeln kein weiterer Einwand zu erheben sein. — *C. N.*

ambeuntis superant*). Hac igitur neglecta, sequentem minimam aequationis radicem inter 0 et $\sqrt{\frac{3\alpha\sigma J}{\varepsilon h}}$ versari non difficile demonstratur. Quod ut brevius explicem, designabo illam aequationem hoc modo:

(14.) $$\frac{\operatorname{tg} y}{y} = z,$$

ubi

(15.) $$z = \frac{3\alpha\sigma + \left[\frac{3\alpha\sigma J}{\varepsilon h} - y^2\right]}{3\alpha\sigma + \left[\frac{3\alpha\sigma J}{\varepsilon h} - y^2\right](1-\alpha)}.$$

Pro valoribus quantitatis y minimis, $\frac{\operatorname{tg} y}{y}$ aequatur unitati, quam autem z superat**). Crescentibus valoribus y, crescit $\frac{\operatorname{tg} y}{y}$ et decrescit z; facto

---

*) so dass also v und w verschwinden müssen für $t = \infty$. — *C. N.*

**) Diese Behauptung, dass $z > 1$ sei für $y = 0$, lässt sich, weil in der vorliegenden Abhandlung irgend welche Angaben über die Grösse des Kugelradius R vollständig fehlen, *nicht* ansehen als eine unmittelbare Folgerung aus der in (15.) für z gegebenen Definition. Denn für $y = 0$, erhält man aus (15.):

(A.) $$z = \frac{1 + \frac{J}{\varepsilon h}}{1 + (1-\alpha)\frac{J}{\varepsilon h}}, \qquad (\text{für } y = 0), \text{ —}$$

eine Formel, die man [vgl. Seite 96 (λ.)] auch so schreiben kann:

(B.) $$z = \frac{1 + 0{,}0063\,\frac{R}{\mathfrak{L}}}{1 + (1-\alpha)\,0{,}0063\,\frac{R}{\mathfrak{L}}}, \qquad (\text{für } y = 0);$$

und dabei ist zu beachten, dass die Zahl α demjenigen Zahlenintervall angehört, welches weiterhin [in der Tabelle Seite 99] durch die Angaben:

$$\alpha = \tfrac{1}{2},\ 1,\ 2,\ 4,\ 6,\ 8,\ 10$$

markirt ist; sodass also die Differenz $(1 - \alpha)$ bald positiv, bald negativ sein wird.

Aus der obigen Behauptung, dass $z > 1$ sei für $y = 0$, muss geschlossen werden, dass der Nenner des Ausdruckes z (B.) bei den angestellten Experimenten stets *positiv* war. War also z. B. bei einem solchen Experiment $\alpha = 6$, so muss bei demselben

$$1 - 5 \cdot 0{,}0063\,\frac{R}{\mathfrak{L}}$$

positiv gewesen sein; woraus folgt:

$$\frac{R}{\mathfrak{L}} < \frac{1}{5 \cdot 0{,}0063} = 31{,}75.$$

Es ist also bei diesem Experiment der Kugelradius R kleiner zu denken als 31,75 Pariser Linien.

War ferner, um ein anderes Beispiel anzuführen, bei einem der angestellten Experimente die Zahl $\alpha = 10$, so ist bei diesem Experiment der Kugelradius R kleiner zu denken als 17,64 Pariser Linien. Und diess ist die *weitgehendste* Anforderung, welche an die Kleinheit von R gestellt wird. Bei allen andern Werthen von α ist dieselbe weniger weitgehend. —

In der letzten Zeile des obigen Textes wird nun ferner gesagt, dass z, bei wachsendem y^2, *ab-*

$y^2 = 3\alpha\sigma\left(\frac{J}{\varepsilon h}\right)$, z aequatur unitati. Ex quo unam aequationis propositae radicem y inferiorem ac $\sqrt{3\alpha\sigma\left(\frac{J}{\varepsilon h}\right)}$ esse concluditur. Quam igitur radicem ut eruamus, aequationem transcendentem in seriem secundum potestates ipsius y progredientem, valde convergentem evolvere possumus. Obtinemus hanc seriem:

$$(16.)\quad 0 = \left[\frac{\frac{\alpha J}{\varepsilon h}}{1 + \frac{(1-\alpha)J}{\varepsilon h}}\right] - \left[\frac{1}{3} + \frac{1}{3\sigma\left[1 + \frac{(1-\alpha)J}{\varepsilon h}\right]^2}\right] y^2 - \left[\frac{2}{15} + \frac{\frac{1-\alpha}{\alpha}}{9\sigma^2\left[1 + \frac{(1-\alpha)J}{\varepsilon h}\right]^3}\right] y^4 - \cdots$$

e qua, neglectis terminis iis, qui potestas quantitatis $\left(\frac{\alpha J}{\varepsilon h}\right)$ secundam superantes continent, valorem radicis minimae, quam y_0 designamus, invenimus hunc:

$$(17.)\qquad y_0^2 = \frac{3\alpha\sigma}{1+\sigma}\left(\frac{J}{\varepsilon h}\right) + \mathfrak{Y},$$

ubi est:

$$(18.)\qquad \mathfrak{Y} = -\left(\frac{J}{\varepsilon h}\right)^2 \cdot 3\alpha\left(1 + \frac{\alpha}{5}\right)\left(\frac{\sigma}{1+\sigma}\right)^3.$$

In eruendis ceteris (inventa majoribus) radicibus termini aequationis (8.) ex J pendentes, ob hujus quantitatis parvitatem, negligi possunt. Quo pacto aequatio abit in hanc:

$$(19.)\qquad \operatorname{tg} y = y\left[\frac{3\alpha\sigma - y^2}{3\alpha\sigma - y^2(1-\alpha)}\right],$$

cujus radices, quo majores, eo magis se adpropinquare comprehendere licet radicibus aequationis hujus:

$$\operatorname{tg} y = \frac{y}{1-\alpha}$$

---

nimmt. Dies bedarf kaum der Erläuterung. Denn der Differentialquotient von z nach y^2 hat, zufolge (15.), den Werth:

$$(\text{C.})\qquad \frac{\partial z}{\partial(y^2)} = \frac{-3\alpha^2\sigma}{\left[3\alpha\sigma + \left(\frac{3\alpha\sigma J}{\varepsilon h} - y^2\right)(1-\alpha)\right]^2},$$

und ist also stets negativ.

Allerdings scheinen dabei zwei Fälle zu unterscheiden zu sein, jenachdem der Nenner dieses Ausdruckes (C.) in dem betrachteten Intervall

$$(\text{D.})\qquad y^2 = 0 \,\ldots\ldots\, \frac{3\alpha\sigma J}{\varepsilon h}$$

überall $\neq 0$ ist, oder aber innerhalb dieses Intervalles irgendwo $= 0$ wird. Doch lässt sich zeigen, dass dieser letztere Fall niemals eintreten kann.

Es ist nämlich $z > 1$ zu denken für $y = 0$, wie schon zu Anfang dieser Note bemerkt wurde. Ferner ist nach (15.): $z = 1$ für $y^2 = \frac{3\alpha\sigma J}{\varepsilon h}$. Kurz es ist z positiv sowohl zu Anfang wie auch zu Ende des Intervalles (D.). Gleiches gilt aber offenbar auch vom *Zähler* des Ausdruckes z (15.). Und Gleiches gilt daher auch von seinem *Nenner*. Nun ist aber dieser Nenner eine lineare Function von y^2. Folglich wird er im Intervall (D.) *allenthalben* positiv, d. i. *allenthalben* $\neq 0$ sein. *Q. e. d.* — *C. N.*

de quibus jam celeb. *Fourier* primus demonstravit, eas quo majores eo magis concordare cum serie arithmetica, cujus differentia sit π. Itaque idem de aequatione (19.) contendendum est. Quod admonuisse, in sequentibus jam sufficiet. — At de *minoribus* aequationis (19.) radicibus cognitio accuratior in sequentibus nobis necessaria. Quas ut in series satis convergentes evolverim mihi non contigit; et hoc eo modo fieri posse, ut series aliquo successu in aequationibus (E.), (E′.) pg. 89 substitui possint, ne expectarem quidem. Idcirco tabellam sequentem calculavi, quae radices aequationis (19.) primas et secundas, per y_1 et y_2 designatas, pro variis ipsarum α, σ valoribus proxime exhibet*):

	$\alpha = \frac{1}{2}$	$\alpha = 1$	$\alpha = 2$	$\alpha = 4$	$\alpha = 6$	$\alpha = 8$	$\alpha = 10$
$\sigma = 0$	$y_1 = 1{,}16$ $y_2 = 4{,}60$	$y_1 = 1{,}57$ $y_2 = 4{,}71$	$y_1 = 2{,}03$ $y_2 = 4{,}91$	$y_1 = 2{,}45$ $y_2 = 5{,}23$	$y_1 = 2{,}65$ $y_2 = 5{,}45$	$y_1 = 2{,}77$ $y_2 = 5{,}61$	$y_1 = 2{,}84$ $y_2 = 5{,}74$
$\sigma = \frac{1}{16}$	$y_1 = 1{,}2$ $y_2 = 4{,}60$	$y_1 = 1{,}62$ $y_2 = 4{,}72$	$y_1 = 2{,}09$ $y_2 = 4{,}92$	$y_1 = 2{,}52$ $y_2 = 5{,}23$	$y_1 = 2{,}67$ $y_2 = 5{,}48$	$y_1 = 2{,}83$ $y_2 = 5{,}63$	$y_1 = 2{,}90$ $y_2 = 5{,}75$
$\sigma = \frac{1}{8}$	$y_1 = 1{,}24$ $y_2 = 4{,}60$	$y_1 = 1{,}67$ $y_2 = 4{,}72$	$y_1 = 2{,}15$ $y_2 = 4{,}92$	$y_1 = 2{,}58$ $y_2 = 5{,}25$	$y_1 = 2{,}78$ $y_2 = 5{,}49$	$y_1 = 2{,}90$ $y_2 = 5{,}65$	$y_1 = 2{,}96$ $y_2 = 5{,}77$

§ 7.

Determinantur coefficientes constantes, quibus affecta est series illa pro temperatura w liquoris supra inventa (pg. 89).

Iam evolvamus coefficientes M_m necesse est. Expressio earum per aequationem (L.) pg. 91 data, substitutis pro X_m et A_m horum valoribus (g.) pg. 90, abit in hanc

$$(20.)\qquad M_y = \frac{V\displaystyle\int_0^R \left[\frac{\sin\left(\frac{y}{R}x\right)}{\frac{y}{R}}\right] x\,dx + \frac{WR^3}{3\sigma}\left[\frac{\sin y}{y}\left(1 - \frac{k}{hR}\right) + \left(\frac{k}{hR}\right)\cos y\right]}{\displaystyle\int_0^R \left[\frac{\sin\left(\frac{y}{R}x\right)}{\frac{y}{R}}\right]^2 dx + \frac{R^3}{3\sigma}\left[\frac{\sin y}{y}\left(1 - \frac{k}{kR}\right) + \left(\frac{k}{hR}\right)\cos y\right]^2},$$

ubi, loco M_m, substitui M_y, atque posui $\frac{y}{R} = \sqrt{\frac{CDm}{k}}$. [conf. (2.) pg. 92].

*) Nach Seite 93 (δ.) sind die in dieser Tabelle auftretenden Grössen y_1, y_2 und α, σ lauter *reine Zahlen*. Wenn hier y_1 und y_2 die *„primae et secundae radices"* der Gleichung (19.) genannt werden, so soll das offenbar heissen, es seien die y_1 und y_2 die ersten und zweiten Wurzeln dieser Gleichung *nach* y_0. — *C. N.*

Integrationes hac in expressione indicatas jam absolvamus. Invenimus primo:

$$\int_0^R \left[\frac{\sin\left(\frac{y}{R}x\right)}{\frac{y}{R}}\right] x\,dx = \frac{R^3}{y^2}\left(\frac{\sin y}{y} - \cos y\right),$$

secundo:

$$\int_0^R \left[\frac{\sin\left(\frac{y}{R}x\right)}{\frac{y}{R}}\right]^2 dx = \frac{R^3}{2y^2}\left(1 - \frac{\sin 2y}{2y}\right);$$

quibus substitutis, simulacque posito:

$$\frac{\sin y}{y}\left(1 - \frac{k}{hR}\right) + \left(\frac{k}{hR}\right)\cos y = -\left[\frac{\sin y}{y}(1-\alpha) - \cos y\right]\frac{1}{\alpha},$$

prodit [ex (20.)]:

$$(21.)\qquad M_y = \frac{V\left(\frac{\sin y}{y} - \cos y\right) - \frac{Wy^2}{3\alpha\sigma}\left[\frac{\sin y}{y}(1-\alpha) - \cos y\right]}{\frac{1}{2}\left(1 - \frac{\sin 2y}{2y}\right) + \frac{y^2}{3\alpha^2\sigma}\left[\frac{\sin y}{y}(1-\alpha) - \cos y\right]^2}.$$

Ex aequatione (8.) pg. 93 expressiones sequentes deducuntur:

$$(\alpha.)\qquad \frac{\sin y}{y}(1-\alpha) - \cos y = \frac{-3\alpha^2\sigma\frac{\sin y}{y}}{3\alpha\sigma\left(1 + \frac{J}{\varepsilon h}\right) - y^2},$$

$$(\beta.)\qquad \frac{\sin y}{y} - \cos y = \frac{\alpha\left[\frac{3\alpha\sigma J}{\varepsilon h} - y^2\right]\frac{\sin y}{y}}{3\alpha\sigma\left(1 + \frac{J}{\varepsilon h}\right) - y^2},$$

$$(\gamma.)\qquad 1 - \frac{\sin 2y}{2y} = \left[y^2 - \frac{\alpha\left[\frac{3\alpha\sigma J}{\varepsilon h} - y^2\right]\left[3\alpha\sigma + \left(\frac{3\alpha\sigma J}{\varepsilon h} - y^2\right)(1-\alpha)\right]}{\left[3\alpha\sigma\left(1 + \frac{J}{\varepsilon h}\right) - y^2\right]^2}\right]\frac{\sin^2 y}{y^2};$$

quibus substitutis in (21.) obtinemus:

$$(22.)\quad M_y = \frac{\alpha\left[V\left(\frac{3\alpha\sigma J}{\varepsilon h} - y^2\right) + Wy^2\right]\left[3\alpha\sigma\left(1 + \frac{J}{\varepsilon h}\right) - y^2\right]\frac{y}{\sin y}}{\frac{y^2}{2}\left[3\alpha\sigma\left(1 + \frac{J}{\varepsilon h}\right) - y^2\right]^2 - \frac{\alpha}{2}\left(\frac{3\alpha\sigma J}{\varepsilon h} - y^2\right)\left[3\alpha\sigma + \left(\frac{3\alpha\sigma J}{\varepsilon h} - y^2\right)(1-\alpha)\right] + 3\alpha^2\sigma y^2}.$$

Aequationem (E′.) pg. 89, per quam w exprimitur, respicientes, quantitatem M_m in unoquoque ejus termino multiplicari videmus per expressionem hanc:

$$\left(1 - \frac{k}{hR}\right)\frac{\sin\left(R\sqrt{\frac{CDm}{k}}\right)}{R\sqrt{\frac{CDm}{k}}} + \frac{k}{hR}\cos\left(R\sqrt{\frac{CDm}{k}}\right)$$

quae, positis pro m et $\frac{hR}{k}$ eorum valoribus: $m = \frac{y^2 k}{R^2 CD}$ et $\frac{hR}{k} = \alpha$ [conf. (2.), (3.) pg. 92], abit in hanc:

$$-\frac{1}{\alpha}\left[\frac{\sin y}{y}(1-\alpha) - \cos y\right] = \frac{3\alpha\sigma\frac{\sin y}{y}}{3\alpha\sigma\left(1+\frac{J}{\varepsilon h}\right) - y^2}, \quad \text{[conf. } (\alpha.) \text{ pg. 100]},$$

cujus quantitatis productum per M_m sive M_y litera N_y signantes, obtinemus:

$$(23.)\quad N_y = \frac{3\alpha^2\sigma\left[V\left(\frac{3\alpha\sigma J}{\varepsilon h} - y^2\right) + Wy^2\right]}{\frac{y^2}{2}\left[3\alpha\sigma\left(1+\frac{J}{\varepsilon h}\right) - y^2\right]^2 - \frac{\alpha}{2}\left(\frac{3\alpha\sigma J}{\varepsilon h} - y^2\right)\left[3\alpha\sigma + \left(\frac{3\alpha\sigma J}{\varepsilon h} - y^2\right)(1-\alpha)\right] + 3\alpha^2\sigma y^2}.$$

Qui valor ipsius N_y substituendus est in aequatione (E'.) pg. 89, per quam w exprimitur; quae, posito loco m ejus valore $\frac{y^2 k}{R^2 CD}$, jam formam induit hanc:

$$(24.)\quad w = N_0 e^{-y_0^2\frac{kt}{R^2 CD}} + N_1 e^{-y_1^2\frac{kt}{R^2 CD}} + N_2 e^{-y_2^2\frac{kt}{R^2 CD}} + \cdots$$

E qua expressione accurata ipsius N, valores adpropinquantes harum coefficientium eliciamus nitentes in suppositione ea [supra quam calculum correctionum formulae de calore specifico computando superstructuros nos esse diximus]*), *quantitatem J valde parvam esse.* Et primum quidem evolvamus, hac hypothesi admissa, valorem N_0, qui e radici minima y_0 aequationis (8.) pg. 93 pendet, quam invenimus:

$$y_0^2 = \frac{3\alpha\sigma}{1+\sigma}\left(\frac{J}{\varepsilon h}\right) + \mathfrak{Y}. \qquad [(17.) \text{ pg. } 98.]$$

Qua substituta in expressione N_y (23.) obtinemus:

$$N_0 = \frac{(V\sigma + W) - (V - W)\left(\frac{1+\sigma}{3\sigma}\right)\frac{\varepsilon h\mathfrak{Y}}{\alpha J}}{(1+\sigma) + \left(\frac{5+\alpha}{2}\right)\left(\frac{\sigma^2}{1+\sigma}\right)\frac{J}{\varepsilon h} + \left(\frac{(1+\sigma)^2}{2\sigma}\right)\frac{\varepsilon h\mathfrak{Y}}{\alpha J}},$$

ubi quantitas $\mathfrak{Y}$ ipsa, quippe quae potestates ipsius J prima superiores solas continet, abjecta est, neque retenta ubi per J divisa non invenitur.

Statuamus

$$(25.)\quad N_0 = \frac{V\sigma + W}{1+\sigma} + \mathfrak{Z},$$

$\mathfrak{Z}$ pendente ex J. Facile eruitur:

$$\mathfrak{Z} = -\frac{V\sigma + W}{\sigma + 1}\left[\left(\frac{V - W}{3(V\sigma + W)} + \frac{1}{2}\right)\left(\frac{\varepsilon h(1+\sigma)}{\alpha\sigma}\right)\frac{\mathfrak{Y}}{J} + \left(\frac{\sigma}{1+\sigma}\right)^2\left(\frac{5+\alpha}{2}\right)\frac{J}{\varepsilon h}\right];$$

e quibus, substituta expressione ipsius $\mathfrak{Y}$ supra [(18.) pg. 98] inventa:

$$(26.)\quad \mathfrak{Y} = -\left(\frac{J}{\varepsilon h}\right)^2 3\alpha\left(1+\frac{\alpha}{5}\right)\left(\frac{\sigma}{1+\sigma}\right)^3,$$

*) Vgl. Seite 88 (oben), und Seite 92. — *C. N.*

deducitur:

$$(27.)\qquad 3 = \frac{V\sigma + W}{\sigma + 1}\left(1 + \frac{\alpha}{5}\right)\left(\frac{\sigma}{\sigma + 1}\right)^2 \frac{J}{\varepsilon h}\left(\frac{V - W}{V\sigma + W} - 1\right).$$

In determinandis ceteris N_1, N_2, ... auxilio aequationis (23.), terminos ejus, qui ex J pendent, propter magnitudinem quantitatum y_1, y_2, ... negligere licet, qua ratione obtinetur:

$$(28.)\qquad N_y = \frac{-\sigma(V - W)}{\left(\frac{3\sigma(1+\sigma)}{2}\right) - \left(\frac{1 - \alpha + 6\sigma}{6}\right)\left(\frac{y^2}{\alpha}\right) + \frac{1}{6}\left(\frac{y^4}{\alpha^2}\right)}.$$

§ 8.

Examinantur temperaturae w valor w_m maximus ac tempus $t = T$, in quo hic valor maximus emerget.

Quae hucusque explicavimus sufficiunt, e quibus illae quantitates, quarum cognitionem ad formulam de calore specifico computando necessariam esse diximus, eruantur, valores scilicet, quos induunt

$$(29.)\qquad \mu - w \quad \text{et} \quad J\int_0^t w\,dt, \quad [\text{conf. pg. 87 (13.) et pg. 92 (1.)}],$$

in momento temporis, in quo liquor *maximam temperaturae suae mutationem* adeptus est.

Priusquam tamen ad ipsos valores illos eruendos accedamus, *tempus*, quod a momento immersionis sphaerarum usque ad hanc temperaturae liquoris mutationem maximam praeterlapsum est, quod tempus litera T designemus, determinandum est. Determinatur autem aequatione hac:

$$(30.)\qquad \frac{\partial w}{\partial t} = 0,$$

sive, substituto valore w (24.):

$$(31.)\qquad 0 = (N_0 y_0^2)e^{-y_0^2 \frac{kT}{R^2CD}} + (N_1 y_1^2)e^{-y_1^2 \frac{kT}{R^2CD}} + (N_2 y_2^2)e^{-y_2^2 \frac{kT}{R^2CD}} + \cdots,$$

qua ex aequatione T eruatur, oportet. Posito

$$(32.)\qquad e^{(y_0^2 - y_1^2)\frac{kT}{R^2CD}} = x,$$

ea abit in hanc:

$$(33.)\qquad 0 = (N_0 y_0^2) + (N_1 y_1^2)x + (N_2 y_2^2)x^{\frac{y_0^2 - y_2^2}{y_0^2 - y_1^2}} + (N_3 y_3^2)x^{\frac{y_0^2 - y_3^2}{y_0^2 - y_1^2}} + \cdots,$$

e qua valor x eliciendus est. Loco potestatum quantitatis x, propter parvitatem radicis minimae y_0 comparatae cum ceteris, scribere licet has:

(33a.) $$x^{\left(\frac{y_2}{y_1}\right)^2},\quad x^{\left(\frac{y_3}{y_1}\right)^2},\quad x^{\left(\frac{y_4}{y_1}\right)^2},\quad \ldots,$$

quarum exponentes, respiciens ad ea, quae supra de radicibus aequationis (8.) pg. 93 disseruimus, valde crescere te non fugiet. [Conf. § 6 pg. 97—99.] Iam, si tabellam de inferioribus radicibus illius aequationis (8.) supra praebitam (pg. 99) inspicias, harum potestatum minimam $x^{\left(\frac{y_2}{y_1}\right)^2}$ in iis certe circumstantiis, in quibus experimenta de calore specifico instituenda sint, *tertia* potestate superiorem esse videbis.*)

---

*) Jene Tabelle (Seite 99) giebt Auskunft über diejenigen Zahlenwerte, welche die Wurzeln y_1 und y_2 bei den von Neumann angestellten Experimenten besessen haben. Sie zeigt z. B., dass bei diesen Experimenten

(A.) $$\left(\frac{y_2}{y_1}\right)^2 \text{ durchweg } > 3$$

war; sodass also z. B. bei diesen Experimenten die Grösse $x^{\left(\frac{y_2}{y_1}\right)^2}$ eine Potenz von x repräsentirt, die höher ist als die *dritte* Potenz.

Nun sind die Wurzeln $y_0, y_1, y_2, y_3, \ldots$ ihrer Grösse nach geordnet zu denken:

(B.) $$0 < y_0 < y_1 < y_2 < y_3 < \cdots.$$

Es ist mithin $y_0^2 - y_1^2$ *negativ*. Folglich ist x (32.) ein *positiver echter Bruch*. Und es ist also nach (A.):

(C.) $$x^{\left(\frac{y_2}{y_1}\right)^2} < x^3.$$

Der betreffende Text des Originals ist übrigens mit einem *Druckfehler* behaftet. An Stelle der Worte: „harum potestatum minimam $x^{\left(\frac{y_2}{y_1}\right)^2}$ in iis certe circumstantiis — — — *tertia* potestate superiorem esse", steht nämlich im Original: „harum potestatum minimam $\left(\frac{y_2}{y_1}\right)^2$ in iis certe circumstantiis — — — *tertia* superiorem esse".

Solches constatirt, wollen wir nun näher eingehen auf die oben in (33.), (33a.), (34.), (35.) angegebenen Operationen. — Es handelt sich darum, die Unbekannte x (32.) zu berechnen aus der Gleichung (33.). Diese Gleichung aber kann [vgl. (33a.)], weil y_0 im Vergleich mit den übrigen Wurzeln $y_1, y_2, y_3, y_4, \ldots$ äusserst klein ist, folgendermaassen geschrieben werden

(D.) $$0 = (N_0 y_0^2) + (N_1 y_1^2)x + (N_2 y_2^2)x^{\left(\frac{y_2}{y_1}\right)^2} + (N_3 y_3^2)x^{\left(\frac{y_3}{y_1}\right)^2} + \cdots.$$

Zur augenblicklichen Abkürzung setzen wir:

(E.) $$\left(\frac{y_2}{y_1}\right)^2 = \beta,\quad \left(\frac{y_3}{y_1}\right)^2 = \gamma,\quad \left(\frac{y_4}{y_1}\right)^2 = \delta,\quad \ldots;$$

sodass also nach (A.) und (B.)

(F.) $$3 < \beta < \gamma < \delta < \cdots$$

sein wird. Alsdann geht jene zur Bestimmung von x dienende Gleichung (D.) über in:

(G.) $$0 = (N_0 y_0^2) + (N_1 y_1^2)x + (N_2 y_2^2)x^\beta + (N_3 y_3^2)x^\gamma + (N_4 y_4^2)x^\delta + \cdots;$$ wofür

Ex aequatione proposita (33.) obtinemus:

$$x = -\frac{N_0}{N_1}\left(\frac{y_0}{y_1}\right)^2 + \mathfrak{X}, \tag{34.}$$

ubi $\mathfrak{X}$ (quia y_0^2 pendet ex J) continet tantum potestates ipsius J primam adeoque tertiam superantes, quas abjicimus. Inde sequitur [ex (34.) et (32.)]:

$$(N_0 y_0^2) e^{-y_0^2 \frac{kT}{R^2 CD}} + (N_1 y_1^2) e^{-y_1^2 \frac{kT}{R^2 CD}} = 0, \tag{35.}$$

cujus ope, determinatis valoribus N_0, N_1, y_0, y_1, *temporis* T valorem numero exprimere licet. Id quod, tabulis logarithmicis adjuvantibus, facile perficitur.

§ 9.

Iam correctiones illas (supra commemoratas in § 1 et § 2) in eam formam redigere licet, quae propositis nostris consentanea est.

Expressio v supra adstructa [conf. (E.) pg. 89], substituto $m = y^2 \frac{k}{R^2 CD}$, abit in hanc:

$$v = M_0 \frac{\sin\left(\frac{x}{R} y_0\right)}{\frac{x}{R} y_0} e^{-y_0^2 \frac{kt}{R^2 CD}} + M_1 \frac{\sin\left(\frac{x}{R} y_1\right)}{\frac{x}{R} y_1} e^{-y_1^2 \frac{kt}{R^2 CD}} + \cdots, \tag{36.}$$

---

wofür man auch schreiben kann:

$$x = -\frac{N_0 y_0^2}{N_1 y_1^2} - \left[\frac{N_2 y_2^2}{N_1 y_1^2} x^\beta + \frac{N_3 y_3^2}{N_1 y_1^2} x^\gamma + \frac{N_4 y_4^2}{N_1 y_1^2} x^\delta + \cdots\right]. \tag{H.}$$

Beachtet man nun, dass x (wie schon vorhin bemerkt wurde) ein *positiver echter Bruch* ist, und beachtet man ferner, dass die Zahlen β, γ, δ, ... der Formel (F.) unterworfen sind, so erscheint die Annahme gerechtfertigt, dass hier in (H.) die in den eckigen Klammern enthaltenen Glieder, im Vergleich mit dem ersten Gliede $-\frac{N_0 y_0^2}{N_1 y_1^2}$, *sehr klein* sein werden; sodass sich also aus (H.) für die Unbekannte x in erster Annäherung folgender Werth ergiebt:

$$x = -\frac{N_0 y_0^2}{N_1 y_1^2}. \tag{J.}$$

Um zu einem genaueren Werthe von x zu gelangen, kehren wir jetzt zurück zur Formel (H.), indem wir daselbst in jenen *störenden Gliedern* (d. i. in den in den eckigen Klammern enthaltenen Gliedern) für x den soeben gefundenen Näherungswerth (J.) substituiren. In solcher Weise erhalten wir:

$$x = -\frac{N_0 y_0^2}{N_1 y_1^2} - \left[\frac{N_2 y_2^2}{N_1 y_1^2}\left(-\frac{N_0 y_0^2}{N_1 y_1^2}\right)^\beta + \frac{N_3 y_3^2}{N_1 y_1^2}\left(-\frac{N_0 y_0^2}{N_1 y_1^2}\right)^\gamma + \cdots\right]. \tag{K.}$$

Hier zeigt sich, dass die *störenden Glieder* von den Ordnungen $y_0^{2\beta}$, $y_0^{2\gamma}$, $y_0^{2\delta}$, ..., also [nach (F.)] von noch höherer Ordnung als y_0^6 sind, und dass also diese störenden Glieder zu vernachlässigen sein werden gegenüber dem *ersten* Gliede der rechten Seite, welches nur von der Ordnung y_0^2 ist. Demgemäss gelangen wir, auf Grund der Formel (K.), von Neuem zur Gleichung (J.):

$$x = -\frac{N_0 y_0^2}{N_1 y_1^2}. \tag{L.}$$

Substituiren wir aber hier in (L.) für x seine eigentliche Bedeutung (32.), so gelangen wir sofort zur obigen Formel (35.). — *C. N.*

quae substituta in

$$(37.)\qquad \mu = \frac{3}{R^3}\int_0^R v x^2 dx, \quad [\text{pg. } 86\ (6.)],$$

et integratione perfecta, producit:

$$(38.)\qquad \mu = 3\left\{\frac{M_0}{y_0^2}\left(\frac{\sin y_0}{y_0} - \cos y_0\right)e^{-y_0^2\frac{kt}{R^2CD}} + \frac{M_1}{y_1^2}\left(\frac{\sin y_1}{y_1} - \cos y_1\right)e^{-y_1^2\frac{kt}{R^2CD}} + \cdots\right\}.$$

Ex aequatione (8.) pg. 93 autem facile derivatur:

$$(39.)\qquad 3\alpha\sigma\left(\frac{\sin y}{y} - \cos y\right) = -\left(\frac{3\alpha\sigma J}{\varepsilon h} - y^2\right)\left[\frac{\sin y}{y}(1-\alpha) - \cos y\right],$$

cujus substitutione expressio (38.) abit in hanc:

$$(40.)\qquad \mu = \begin{cases} \dfrac{1}{\sigma\alpha}\left\{M_0\left[\dfrac{\sin y_0}{y_0}(1-\alpha) - \cos y_0\right]e^{-y_0^2\frac{kt}{R^2CD}} + M_1\left[\dfrac{\sin y_1}{y_1}(1-\alpha) - \cos y_1\right]e^{-y_1^2\frac{kt}{R^2CD}} + \cdots\right\} \\ -\dfrac{3J}{\varepsilon h}\left\{\dfrac{M_0}{y_0^2}\left[\dfrac{\sin y_0}{y_0}(1-\alpha) - \cos y_0\right]e^{-y_0^2\frac{kt}{R^2CD}} + \dfrac{M_1}{y_1^2}\left[\dfrac{\sin y_1}{y_1}(1-\alpha) - \cos y_1\right]e^{-y_1^2\frac{kt}{R^2CD}} + \cdots\right\}. \end{cases}$$

Supra posuimus [conf. pg. 101]:

$$(41.)\qquad -\frac{1}{\alpha}\left[\frac{\sin y}{y}(1-\alpha) - \cos y\right]M_y = N_y,$$

atque invenimus [conf. pg. 101 (24.)]:

$$(42.)\qquad w = N_0 e^{-y_0^2\frac{kt}{R^2CD}} + N_1 e^{-y_1^2\frac{kt}{R^2CD}} + \cdots;$$

quibus substitutis in μ (38.), evadit:

$$(43.)\qquad \mu = -\frac{w}{\sigma} + \frac{3\alpha J}{\varepsilon h}\left[\frac{N_0}{y_0^2}e^{-y_0^2\frac{kt}{R^2CD}} + \frac{N_1}{y_1^2}e^{-y_1^2\frac{kt}{R^2CD}} + \cdots\right].$$

Quae expressio pro quocunque valore temporis t valet. Unde apparet, ut valor μ, qui pro $t = T$ locum habet, eliciatur, valorem w maximum, qui pro eodem $t = T$ locum habet, investigandum esse. Ad quod perficiendum expressionem w (42.) redigamus in hanc formam:

$$(44.)\qquad w = N_0 e^{-y_0^2\frac{kt}{R^2CD}}\left[1 + \frac{N_1}{N_0}e^{(y_0^2 - y_1^2)\frac{kt}{R^2CD}} + \frac{N_2}{N_0}e^{(y_0^2 - y_2^2)\frac{kt}{R^2CD}} + \cdots\right],$$

atque in hac substituamus valorem, quem ex aequatione (35.) deducere licet:

$$(45.)\qquad e^{\frac{kT}{R^2CD}} = \left(-\frac{N_0 y_0^2}{N_1 y_1^2}\right)^{\frac{1}{y_0^2 - y_1^2}}.$$

Observans ea, quae jam admonui, exponentes $\left(\frac{y_2}{y_1}\right)^2, \left(\frac{y_3}{y_1}\right)^2, \left(\frac{y_4}{y_1}\right)^2, \ldots$ seriem crescentem constituere, cujus terminus minimus jam *tres* superat, neque non radicem y_0 ex J pendere*), — non difficile ex indicata expressione w (44.) deduces, neglectis omnibus, quae e potestatibus J prima superioribus pendent, valorem w maximum hunc:

$$w_m = N_0 e^{-y_0^2 \frac{kT}{R^2 CD}} \left[1 - \left(\frac{y_0}{y_1}\right)^2\right], \tag{46.}$$

quem signo w_m designavi.

Eadem facta substitutione pro $e^{\frac{kT}{R^2 CD}}$ (45.) in ea expressionis μ parte (43.), quae serie infinita continetur, iterumque neglectis terminis iis, qui e potestatibus ipsius J prima superioribus pendent, remanet primus tantum hujus seriei terminus. Qua ratione, si signatur per μ_m media sphaerarum temperatura, tum temporis locum habens, ubi liquor maximam temperaturae suae mutationem patitur, invenimus:

$$\mu_m = -\frac{w_m}{\sigma} + \frac{3\alpha J}{\varepsilon h} \frac{N_0}{y_0^2} e^{-y_0^2 \frac{kT}{R^2 CD}}. \tag{47.}$$

Quae expressio, adhibito valore (46.): $N_0 e^{-y_0^2 \frac{kT}{R^2 CD}} = \frac{w_m}{1 - \left(\frac{y_0}{y_1}\right)^2}$, abit in hanc:

$$\mu_m = \left[\left(\frac{3\alpha J}{\varepsilon h}\right) \frac{1}{y_0^2 \left[1 - \left(\frac{y_0}{y_1}\right)^2\right]} - \frac{1}{\sigma}\right] w_m; \tag{48.}$$

ex qua y_0^2 eliminetur oportet ope expressionis suae:

$$y_0^2 = \frac{3\alpha\sigma J}{(1+\sigma)\varepsilon h} + \mathfrak{Y}, \quad \text{[pg. 98 (17.)]}.$$

Qua substituta, et abjectis potestatibus ipsius J, quae primam potestatem superant, obtinemus:

$$\mu_m = \left[1 + \frac{3\alpha J}{\varepsilon h y_1^2} - \left(\frac{1+\sigma}{\sigma}\right)^2 \left(\frac{\varepsilon h \mathfrak{Y}}{3\alpha J}\right)\right] w_m; \tag{49.}$$

e qua, si substituis valorem ipsius $\mathfrak{Y}$ [pg. 98 (18.)], invenies:

$$\mu_m - w_m = \frac{J}{\varepsilon h}\left[\frac{3\alpha}{y_1^2} + \left(1 + \frac{\alpha}{5}\right)\left(\frac{\sigma}{1+\sigma}\right)\right] w_m; \tag{50.}$$

quae est *altera correctio* adhibenda in formula de calore specifico calculando, quam quaesivimus. Iam *alteram*, integrale nimirum:

$$J \int_0^T w\,dt \tag{51.}$$

evolvere studeamus.

---

*) Vgl. Seite 103, sowie auch die dortige Note. — *C. N.*

De expressione [pg. 101 (24.)]:

$$w = N_0 e^{-y_0^2 \frac{kt}{R^2 CD}} + N_1 e^{-y_1^2 \frac{kt}{R^2 CD}} + \cdots \tag{52.}$$

deducitur:

$$J\int_0^T w\,dt = J\left\{\begin{array}{l} \frac{R^2 CD}{k}\left(\frac{N_0}{y_0^2} + \frac{N_1}{y_1^2} + \frac{N_2}{y_2^2} + \cdots\right) \\ -\frac{R^2 CD}{k}\left(\frac{N_0}{y_0^2} e^{-y_0^2 \frac{kT}{R^2 CD}} + \frac{N_1}{y_1^2} e^{-y_1^2 \frac{kT}{R^2 CD}} + \cdots\right) \end{array}\right\}. \tag{53.}$$

Aequatio (43.), posito $t = 0$, quo fit $\mu = V$ et $w = W$, praebet expressionem nobis hanc:

$$V + \frac{W}{\sigma} = \frac{3\alpha J}{\varepsilon h}\left(\frac{N_0}{y_0^2} + \frac{N_1}{y_1^2} + \frac{N_2}{y_2^2} + \cdots\right). \tag{54.}$$

Qua substituta in formula (53.), observans $\frac{\varepsilon h R^2 CD}{3\alpha k} = MC$, [comp. pg. 92 (3.), (4.)], — habebis:

$$J\int_0^T w\,dt = MC\left(V + \frac{W}{\sigma}\right) - \left(\frac{J R^2 CD}{k}\right)\left(\frac{N_0}{y_0^2} e^{-y_0^2 \frac{kT}{R^2 CD}} + \frac{N_1}{y_1^2} e^{-y_1^2 \frac{kT}{R^2 CD}} + \cdots\right), \tag{55.}$$

ex quo per substitutionem (45.): $e^{\frac{kT}{R^2 CD}} = \left(-\frac{N_0 y_1^2}{N_1 y_0^2}\right)^{\frac{1}{y_0^2 - y_1^2}}$, abjectis potestatibus ipsius J primam superantibus, deducimus:

$$J\int_0^T w\,dt = MC\left(V + \frac{W}{\sigma}\right) - \left(\frac{J R^2 CD}{k}\right)\frac{N_0}{y_0^2} e^{-y_0^2 \frac{kT}{R^2 CD}}; \tag{56.}$$

quod post substitutionem: $y_0^2 = \frac{3\alpha\sigma J}{(1+\sigma)\varepsilon h} + \mathfrak{Y}$ [pg. 98 (17.)], abit in hoc:

$$J\int_0^T w\,dt = MC\left(V + \frac{W}{\sigma}\right) - MC\left(\frac{1+\sigma}{\sigma}\right)\left[1 - \left(\frac{1+\sigma}{3\sigma}\right)\frac{\varepsilon h \mathfrak{Y}}{\alpha J}\right] N_0 e^{-y_0^2 \frac{kT}{R^2 CD}}. \tag{57.}$$

Iam substituamus, loco N_0, ejus valorem aequatione (25.) pg. 101 indicatum. Neglectis terminis iis, qui potestates ipsius J prima superiores continent, ita ut v. c. pro $J e^{-y_0^2 \frac{kT}{R^2 CD}}$ scribatur J, evadit:

$$J\int_0^T w\,dt = MC\left(V + \frac{W}{\sigma}\right)\left[1 - e^{-y_0^2 \frac{kT}{R^2 CD}}\right] + MC\left(\frac{1+\sigma}{\sigma}\right)\left[\left(V + \frac{W}{\sigma}\right)\frac{\varepsilon h \mathfrak{Y}}{3\alpha J} - 3\right]. \tag{58.}$$

Quod, quia in prima approximatione est:

$$V + \frac{W}{\sigma} = \left(\frac{1+\sigma}{\sigma}\right) w_m, \tag{59.}$$

scribere licet hoc modo:

$$(60.)\quad J\int_0^T w\,dt = MC\left(\frac{1+\sigma}{\sigma}\right)w_m\left[1-e^{-y_0^2\frac{kT}{R^2CD}}\right]+MC\left(\frac{1+\sigma}{\sigma}\right)w_m\left[\left(\frac{1+\sigma}{3\sigma}\right)\frac{\varepsilon h\mathfrak{Y}}{\alpha J}-\frac{\mathfrak{Z}}{w_m}\right].$$

Auxilio valorum pro $\mathfrak{Y}$ et $\mathfrak{Z}$ inventorum [pg. 98 (18.) et pg. 102 (27.)], invenimus:

$$\left(\frac{1+\sigma}{3\sigma}\right)\frac{\varepsilon h\mathfrak{Y}}{\alpha J}-\frac{\mathfrak{Z}}{w_m}=-\frac{J}{\varepsilon h}\left(\frac{\sigma}{1+\sigma}\right)^2\left(1+\frac{\alpha}{5}\right)\left(\frac{V-W}{V\sigma+W}\right).$$

Quo substituto, atque pro $MC\left(\frac{1+\sigma}{\sigma}\right)$ restituto ejus valore: $MC+FS+fs$ [conf. pg. 92 (5.)], — tandem obtinemus:

$$(61.)\quad J\int_0^T w\,dt=(MC+FS+fs)w_m\left[1-e^{-y_0^2\frac{kT}{R^2CD}}-\frac{J}{\varepsilon h}\left(\frac{\sigma}{1+\sigma}\right)^2\left(1+\frac{\alpha}{5}\right)\frac{V-W}{V\sigma+W}\right];$$

quae *altera est correctio*, quam elicere opus erat.

§ 10.

Formulae principales collocantur.

His jam transactis, repetamus formulas, quae ad calculandos calores corporum specificos, experimentis secundum methodum mixtionis institutis, adhiberi debent. Sunt hae:

$$(\text{I.})\quad MC(V-w_m)=(FS+fs)(w_m-W)\left[1+\sigma\left(\frac{\mu_m-w_m}{w_m-W}\right)+\left(\frac{J}{FS+fs}\right)\frac{\int_0^T w\,dt}{w_m-W}\right],$$

[conf. pg. 87 (12.) et pg. 92 (5.)];

$$(\text{II.})\qquad \sigma\left(\frac{\mu_m-w_m}{w_m-W}\right)=\sigma\left(\frac{w_m}{w_m-W}\right)\left[\frac{3\alpha}{y_1^2}+\left(1+\frac{\alpha}{5}\right)\left(\frac{\sigma}{1+\sigma}\right)\right]\frac{J}{\varepsilon h},$$

[conf. pg. 106 (50.)];

$$(\text{III.})\quad \left(\frac{J}{FS+fs}\right)\frac{\int_0^T w\,dt}{w_m-W}=(1+\sigma)\left(\frac{w_m}{w_m-W}\right)\left\{\begin{array}{l}1-e^{-\frac{JT}{MC+FS+fs}}\\ -\left(\frac{\sigma}{1+\sigma}\right)^2\left(1+\frac{\alpha}{5}\right)\left(\frac{V-W}{V\sigma+W}\right)\frac{J}{\varepsilon h}\end{array}\right\},$$

[conf. pg. 108 (61.)]*).

---

*) Dividirt man nämlich jene Formel (61.) durch $(FS+fs)(w_m-W)$, und beachtet man dabei, dass [nach Seite 92 (5.)] $\frac{MC+FS+fs}{FS+fs}=\sigma+1$ ist, so erhält man sofort:

$$\left(\frac{J}{FS+fs}\right)\frac{\int_0^T w\,dt}{w_m-W}=(1+\sigma)\left(\frac{w_m}{w_m-W}\right)\left\{\begin{array}{l}1-e^{-y_0^2\frac{kT}{R^2CD}}\\ -\left(\frac{\sigma}{1+\sigma}\right)^2\left(1+\frac{\alpha}{5}\right)\left(\frac{V-W}{V\sigma+W}\right)\frac{J}{\varepsilon h}\end{array}\right\};$$ und dies

§ 11.

Formulae istae principales, modo commemoratae, novas quasdam postulant correctiones, quia temperatura w liquoris non congruit temperaturae u thermometri in liquore immersi.

Quod hucusque explicavi, respicientem te non fugit, quod temperaturam ipsam *liquoris* in experimento adhibiti observari assumserim, revera tamen temperatura tantum *thermometri* in liquorem immersi observetur. Temperaturam autem liquoris et thermometri in eum immersi omnino non discrepare, nemo sane affirmaret. — Num ex hac eorum temperaturae differentia correctio quaedam in formula de calculandis caloribus specificis adhibenda existat, quanti ea valoris sit, quaestionem adhuc absolvere mihi proposui.

---

und dies ist offenbar identisch mit (III.), abgesehen von den in den geschweiften Klammern enthaltenen Exponenten

$$-y_0^2\frac{kT}{R^2CD} \quad \text{und} \quad -\frac{JT}{MC+FS+fs}.$$

Leicht aber lässt sich zeigen, dass diese Exponenten einander gleich sind. Substituirt man nämlich für y_0^2 seinen Werth Seite 98 (17.), und beachtet man, dass dabei das $\mathfrak{Y}$ zu vernachlässigen ist, so erhält man für den *ersten Exponenten* (abgesehen vom Vorzeichen) folgenden Ausdruck:

$$y_0^2\frac{kT}{R^2CD}=\left(\frac{3\sigma\alpha J}{(1+\sigma)\varepsilon h}\right)\frac{kT}{R^2CD},$$

oder falls man hier für α seinen Werth: $\alpha=\frac{Rh}{k}$ [Seite 92 (3.)] substituirt:

$$y_0^2\frac{kT}{R^2CD}=\left(\frac{3\sigma}{1+\sigma}\right)\frac{JT}{\varepsilon RCD}.$$

Aus den beiden Formeln (4.) Seite 92 folgt aber durch Division $\frac{M}{\varepsilon}=\frac{RD}{3}$, d. i. $\frac{1}{\varepsilon}=\frac{RD}{3M}$. Dies substituirt im vorstehenden Ausdruck, erhält man sofort:

$$y_0^2\frac{kT}{R^2CD}=\left(\frac{\sigma}{1+\sigma}\right)\frac{JT}{MC}.$$

Und substituirt man endlich hier für σ seine eigentliche Bedeutung: $\sigma=\frac{MC}{FS+fs}$ [Seite 92 (5.)], so erhält man:

$$y_0^2\frac{kT}{R^2CD}=\frac{JT}{MC+FS+fs}. \quad \text{— } Q.\ e.\ d.$$

Auf diese Dinge aufmerksam zu machen, erschien um so nothwendiger, als die Formeln (II.) und (III.) im Original durch *Druckfehler* entstellt sind. An Stelle des in (II.) enthaltenen Factors $\left(1+\frac{\alpha}{5}\right)$ findet sich nämlich im Original der Factor $(1+\alpha)$.

Was ferner die Formel (III.) betrifft, so kann man in derselben den Exponenten $-\frac{JT}{MC+FS+fs}$ ersetzen durch $-\frac{JT}{(1+\sigma)(FS+fs)}$; denn nach (5.) Seite 92 ist $MC=\sigma(FS+fs)$. Im Original aber lautet dieser Exponent: $-\frac{JT}{FS+f\sigma}$; was ebenfalls als Druckfehler zu bezeichnen sein dürfte. — *C. N.*

Illis, quas supra dedimus, aequationibus differentialibus pg. 84 (1.), (2.), (3.), (4.), (5.) de propagatione caloris e sphaeris in liquorem et ex hoc in medium ambiens, adjungenda est haec:

$$\frac{\partial u}{\partial t} = \lambda(w - u), \tag{1.}$$

ubi designat u temperaturam thermometri; λ significat copiam valoris, quae, differentia temperaturae thermometri et liquoris in uno gradu constante, ex thermometro in liquorem per tempus unius minuti primi effluit, divisam per eam caloris copiam, quae ad thermometrum uno gradu calefaciendum necessaria est. Praeterea habemus

$$(u)_{t=0} = W. \tag{2.}$$

Ex aequatione differentiali (1.) jam elucet, tum temporis, in quo mutatio temperaturae thermometri *maxima* evenit, esse

$$w = u. \tag{3.}$$

Qua ratione suppositio ea quidem, quam calculis nostris ut fundamentum substravimus, temperaturam ope thermometri observatam maximam *eandem* ac liquoris esse, omnino comprobatur. At quin haec maxima thermometri temperatura etiam *liquoris* maxima temperatura non sit, neminem dubitare existimo; sed illam demum hac jam decrescente evenire, quemque intelligere duco. Itaque si in formulis correctis errores quidam adhuc derimendi restiterint, hoc non nisi ex hac causa fieri potuit, quod pro tempore, in quo maxima temperaturae mutatio observata est, id posuimus, in quo liquor maximam suam temperaturam adeptus est.

§ 12.

Novae illae correctiones accuratius examinantur, et in formas certas rediguntur.

Quod ut accuratius investigetur, aequationem (1.) de calefactione thermometri indicatam integremus necesse est. Qua via, designante E constantem arbitrariam, existit:

$$u = Ee^{-\lambda t} + \lambda e^{-\lambda t}\int we^{\lambda t}dt, \tag{4.}$$

aut, substituto valore w [pg. 101 (24.)]:

$$u = Ee^{-\lambda t} + \frac{\lambda N_0 e^{-y_0^2\frac{kt}{R^2CD}}}{\lambda - y_0^2\frac{k}{R^2CD}} + \frac{\lambda N_1 e^{-y_1^2\frac{kt}{R^2CD}}}{\lambda - y_1^2\frac{k}{R^2CD}} + \cdots. \tag{5.}$$

Constans E eo definitur, ut pro $t = 0$ sit $u = W$ et $w = W$ [conf. (2.), et pg. 86 (5.)]. Habemus igitur:

$$(6.)\qquad W = E + \frac{\lambda N_0}{\lambda - y_0^2 \frac{k}{R^2 CD}} + \frac{\lambda N_1}{\lambda - y_1^2 \frac{k}{R^2 CD}} + \frac{\lambda N_2}{\lambda - y_2^2 \frac{k}{R^2 CD}} + \cdots,$$

et [ex pg. 101 (24.)]:

$$(7.)\qquad W = N_0 + N_1 + N_2 + \cdots.$$

Ex (5.), (6.), (7.), eliminatis E et W, prodit:

$$(8.)\qquad u = \frac{N_0 \left[\lambda e^{-y_0^2 \frac{kt}{R^2 CD}} - \frac{y_0^2 k}{R^2 CD} e^{-\lambda t}\right]}{\lambda - \frac{y_0^2 k}{R^2 CD}} + \frac{N_1 \left[\lambda e^{-y_1^2 \frac{kt}{R^2 CD}} - \frac{y_1^2 k}{R^2 CD} e^{-\lambda t}\right]}{\lambda - \frac{y_1^2 k}{R^2 CD}} + \cdots;$$

e quo facile eruitur:

$$(9.)\qquad u - w = \frac{N_0 \frac{y_0^2 k}{R^2 CD} \left[e^{-y_0^2 \frac{kt}{R^2 CD}} - e^{-\lambda t}\right]}{\lambda - \frac{y_0^2 k}{R^2 CD}} + \frac{N_1 \frac{y_1^2 k}{R^2 CD} \left[e^{-y_1^2 \frac{kt}{R^2 CD}} - e^{-\lambda t}\right]}{\lambda - \frac{y_1^2 k}{R^2 CD}} + \cdots$$

Ad definiendum tempus, in quo maxima thermometri mutatio observatur, quod tempus per T' designabimus, valet aequatio haec:

$$(10.)\qquad u - w = 0, \quad \text{[conf. (3.)]},$$

quam, si λ infinite magnam assumere liceret, in illam, quam supra ad determinandum tempus T adhibuimus, aequationem [pg. 102 (31.)] redire vides.

Quod cum ubique se ita non habeat, differentiam quamdam inter T et T' efficit, quam diligentius inquiramus. Hunc in finem notio quaedam de magnitudine ipsius λ necessaria est. Sit, ut vulgo fieri solet, thermometrum confectum ex globulo vitreo mercurio vivo impleto, cujus radium per ϱ designemus. Si litera h eundem, quem ei supra tribuimus, sensum habet, et c et d calorem mercurii vivi specificum ac densitatem significant, habemus

$$(11.)\qquad \lambda = \frac{4\pi\varrho^2 h}{\frac{4\pi\varrho^3}{3} cd} = \frac{3h}{\varrho cd}.$$

Posito igitur $d = 13{,}5$, $c = 0{,}033$, et $h = 9{,}5$, [conf. pg. 94 II.], invenimus*):

$$(12.)\qquad \lambda = \frac{64}{\varrho}.$$

---

*) Die Dimension der Constanten λ ist leicht angebbar. Nach der Formel (1.) pg. 110 ist nämlich

$$(\mu.)\qquad \lambda \text{ aequidim. } \frac{1}{\mathfrak{T}}, \quad \text{wo } \mathfrak{T} \text{ irgend ein}$$

Quodsi non *insolitam* globuli thermometri magnitudinem admittas, pro λ valorem obtinebis, qui duplo major certe erit, quam radix secunda aequationis transcendentis [pg. 93 (8.)] quadrata*). Hoc observasse sufficit, ut ex aequatione hic proposita [(9.), (10.)] tempus T' eruatur; — eadem quidem suppositione ac supra facta, negligi posse omnia, quae e potestate secunda ipsius J et superioribus pendent. Hac suppositione admissa, iisdem, quibus supra usi sumus argumentationibus ad determinantum T, ex aequatione hic proposita [(9.), (10.)] derivare licet hanc:

$$(13.)\qquad e^{\frac{kT'}{R^2CD}} = \left[-\frac{N_0 y_0^2}{N_1 y_1^2}\left(1-\frac{y_1^2 k}{\lambda R^2 CD}\right)\right]^{\frac{1}{y_0^2-y_1^2}}.$$

Quo substituto in expressione pg. 105 (43.), quae pro quolibet temporis t valore valet, neglectis potestatibus ipsius J primam superantibus, obtinemus:

$$(14.)\qquad \mu_m' = -\frac{u_m}{\sigma} + \left(\frac{3\alpha J}{\varepsilon h}\right)\frac{N_0}{y_0^2}\, e^{-y_0^2\frac{kT'}{R^2CD}},$$

ubi maximam thermometri temperaturam per u_m designavi, et mediam sphaerarum temperaturam, quae *eodem tempore* locum habet, per μ_m'.

Maxima autem thermometri temperatura evolvitur ex aequatione [pg. 101 (24.)]:

$$(15.)\qquad w = N_0 e^{-y_0^2\frac{kt}{R^2CD}} + N_1 e^{-y_1^2\frac{kt}{R^2CD}} + \cdots,$$

haec**):

$$(16.)\qquad u_m = N_0 e^{-y_0^2\frac{kT'}{R^2CD}} + N_1 e^{-y_1^2\frac{hT'}{R^2CD}} + \cdots,$$

---

wo $\mathfrak{T}$ irgend ein *Zeitintervall* vorstellt. Diese Formel (μ.) scheint in Widerspruch zu sein mit der obigen Formel (12.). Doch verschwindet dieser Widerspruch, wenn man beachtet, dass die Formel (12.) auf *ganz bestimmte Maasseinheiten* (Seite 94) sich bezieht. Hieraus nämlich ergiebt sich, dass man die Formel (12.) folgendermaassen schreiben kann:

$$(\nu.)\qquad \lambda = 64\,\frac{\mathfrak{L}}{\varrho}\,\frac{1}{\mathfrak{T}},$$

wo alsdann $\mathfrak{L}$ die Länge einer Pariser Linie, und $\mathfrak{T}$ die Zeit einer Secunde vorstellen.

*) Diese drei Zeilen, welche doch wohl aussagen, dass $\lambda > 2y_1^2$ sei, verursachen grosse Schwierigkeiten, und sind wahrscheinlich mit irgend welchem Druck- oder Schreibfehler behaftet. Da es sich hier übrigens nur um ganz *nebensächliche* Dinge (nämlich nur um einen *Anhang* zur eigentlichen Abhandlung) handelt, so will ich mich kurz fassen, und nur bemerken, dass jene Formel: $\lambda > 2y_1^2$ vielleicht zu ersetzen sein dürfte durch: $\lambda > (2y_1^2)\left(\frac{k}{R^2CD}\right)$. *Für* diese Conjectur sprechen die weiterfolgenden Formeln des Textes. *Gegen* sie spricht die Schwierigkeit, resp. Unmöglichkeit ihrer Begründung mittelst der in der Abhandlung gegebenen Zahlen. Vgl. übrigens den Zusatz auf Seite 117. — *C. N.*

**) Es ist nämlich zu beachten, dass die Temperatur w der Flüssigkeit und die Temperatur u des Thermometers im Augenblick $t = T'$ einander *gleich* sind [vgl. (10.)], und dass die letztere in diesem Augenblick mit u_m bezeichnet worden ist [vgl. (14.)—(15.)]. — *C. N.*

quae expressio, formulae (13.) respectu habito, abit in:

(17.) $$u_m = N_0 e^{-y_0^2 \frac{kT'}{R^2CD}}\left[1 - \frac{y_0^2}{y_1^2}\left(1 - \frac{y_1^2 k}{\lambda R^2 CD}\right)\right].$$

E expressionibus pro μ_m' et u_m inventis (14.) et (17.), derivatur*)

(18.) $$\mu_m' - u_m = \left[\frac{3\alpha J}{\varepsilon h y_1^2} - \left(\frac{1+\sigma}{\sigma}\right)^2 \frac{\varepsilon h \mathfrak{Y}}{3\alpha J} - \frac{3\alpha J}{\lambda \varepsilon h}\frac{k}{R^2CD}\right]u_m,$$

quod, posito pro $\mathfrak{Y}$ ejus valore [pg. 98 (18.)], abit in hanc aequationem:

(19.) $$\mu_m' - u_m = \frac{J}{\varepsilon h}\left[\frac{3\alpha}{y_1^2} + \left(1 + \frac{\alpha}{5}\right)\left(\frac{\sigma}{1+\sigma}\right) - \frac{3\alpha k}{\lambda R^2 CD}\right]u_m,$$

aut quia $\frac{3\alpha k}{\lambda R^2 CD} = \frac{\varrho c d}{RCD}$ est, in hanc:

(20.) $$\mu_m' - u_m = \frac{J}{\varepsilon h}\left[\frac{3\alpha}{y_1^2} + \left(1 + \frac{\alpha}{5}\right)\left(\frac{\sigma}{1+\sigma}\right) - \frac{\varrho c d}{RCD}\right]u_m.$$

Haec expressio, loco illius $\mu_m - w_m$, quam supra [in (II.) pg. 108] invenimus, ad calculandos calores corporum specificos adhiberi debet.

Valorem autem integralis $J\int w dt$, sumti ab $t=0$ usque ad $t=T'$, ab illo sumto ab $t=0$ usque ad $t=T$, quem supra [in (III.) pg. 108] explicavimus, — quoad primam potestatem ipsius J, non differre invenies**).

---

*) Vergl. die folgende Note.

**) Die Ableitnng der Formeln (18.), (19.), (20.) ist im Obigen nur in aller Kürze angedeutet Es sei darüber folgendes bemerkt:

Aus den beiden Formeln (14.) und (17.) ergiebt sich durch Subtraction:

$$\frac{\mu_m'}{u_m} + \frac{1}{\sigma} = \frac{3\alpha J}{\varepsilon h}\frac{1}{y_0^2}\left[1 + \frac{y_0^2}{y_1^2}\left(1 - \frac{y_1^2 k}{\lambda \cdot R^2 CD}\right)\right],$$

$$= \frac{3\alpha J}{\varepsilon h}\left[\frac{1}{y_0^2} + \frac{1}{y_1^2} - \frac{k}{\lambda R^2 CD}\right].$$

Substituirt man hier für y_0^2 seinen Werth [pg. 98 (17.)], so erhält man:

$$\frac{\mu_m'}{u_m} + \frac{1}{\sigma} = \frac{3\alpha J}{\varepsilon h}\left[\frac{(1+\sigma)\varepsilon h}{\sigma \cdot 3\alpha J}\left(1 - \frac{(1+\sigma)\varepsilon h}{\sigma \cdot 3\alpha J}\mathfrak{Y}\right) + \frac{1}{y_1^2} - \frac{k}{\lambda R^2 CD}\right],$$

$$= \frac{3\alpha J}{\varepsilon h}\left[\left(\frac{1+\sigma}{\sigma}\right)\frac{\varepsilon h}{3\alpha J} - \left(\frac{1+\sigma}{\sigma}\right)^2\left(\frac{\varepsilon h}{3\alpha J}\right)^2\mathfrak{Y} + \frac{1}{y_1^2} - \frac{k}{\lambda R^2 CD}\right],$$

$$= \left(\frac{1+\sigma}{\sigma}\right) + \frac{3\alpha J}{\varepsilon h}\left[\frac{1}{y_1^2} - \left(\frac{1+\sigma}{\sigma}\right)^2\left(\frac{\varepsilon h}{3\alpha J}\right)^2\mathfrak{Y} - \frac{k}{\lambda R^2 CD}\right],$$

oder, falls man $\frac{1+\sigma}{\sigma}$ auf beiden Seiten subtrahirt, und zugleich für die Grösse $\mathfrak{Y}$ ihren Werth [pg. 98 (18.)] substituirt:

$$\frac{\mu_m' - u_m}{u_m} = \frac{3\alpha J}{\varepsilon h}\left[\frac{1}{y_1^2} + \left(\frac{\sigma}{1+\sigma}\right)3\alpha\left(1 + \frac{\alpha}{5}\right)\left(\frac{1}{3\alpha}\right)^2 - \frac{k}{\lambda R^2 CD}\right],$$ oder was

Aus Neumann's hinterlassenen Manuscripten.*)

Zwei grosse Vortheile kann man bei experimentellen Untersuchungen über die Wärme aus der *Theorie* ziehen. Einerseits nämlich kann man, auf Grund der Theorie, die zweckmässigste Einrichtung der Versuche im Voraus bestimmen; und andererseits kann man von gewissen Fehlern (die von Einflüssen herrühren, welche sich im Versuch der directen Beobachtung entziehen) mittelst der Theorie die möglichen Grenzen angeben. Selbstverständlich wird dabei vorausgesetzt, dass man über die Werthe der in der Theorie enthaltenen Constanten bereits irgend welche approximative Kenntnisse besitzt.

In den Phänomenen der Wärme sind, neben anderen Elementen, wesentlich thätig und von wesentlichem Einfluss: die innere und äussere Wärmeleitungsfähigkeit und die specifische Wärme. Die passende Einrichtung des Experimentes besteht darin, dass man demjenigen Element, welches näher studirt werden soll, den *vorherrschendsten Effect* zu Theil werden lässt. — Eine völlige Unabhängigkeit von den übrigen Elementen ist nicht zu erreichen; aber man wird bestrebt sein, diese störenden Einflüsse möglichst geringe zu machen; und dazu wird es nöthig sein, den in Rede stehenden Effect auf theoretischem Wege durch einen bestimmten analytischen Ausdruck darzustellen, der nähere Auskunft giebt über die Abhängigkeit des Effectes von allen überhaupt in Betracht kommenden Elementen.

— — — — — — — — — — — — — — — — — — —

Die Kenntniss der *specifischen Wärme* der unorganischen Körper wird (daran ist kein Zweifel) mit der Zeit eine solche Bedeutung gewinnen, dass ihre möglichst genaue Bestimmung erwünscht sein muss. Hiezu aber ist die *Methode der Mischung* die *directeste*; der Art, dass Resultate, die nach einer andern Methode erhalten sind, immer durch die Methode der Mischung erst ihre Bestätigung erhalten müssen. Desshalb werden die hier in meiner Abhandlung [Seite 81—113] von mir mitgetheilten theoretischen Untersuchungen über die Methode der Mischung nicht ohne Interesse sein.

---

oder was dasselbe ist:

$$\text{(A.)}\qquad \frac{\mu_m' - u_m}{u_m} = \frac{J}{\varepsilon h}\left[\frac{3\alpha}{y_1^2} + \left(1 + \frac{\alpha}{5}\right)\left(\frac{\sigma}{1+\sigma}\right) - \frac{3\alpha k}{\lambda R^2 CD}\right];$$

dies aber ist die obige Formel (19.).

Nun ist nach pg. 92 (3.) und nach pg. 111 (11.):

$$\text{(B.)}\qquad \alpha = \frac{Rh}{k} \quad \text{und} \quad \frac{1}{\lambda} = \frac{\varrho c d}{3h},$$

mithin durch Multiplication:

$$\text{(C.)}\qquad \frac{\alpha}{\lambda} = \frac{R \cdot \varrho c d}{3k}.$$

Dies aber in (A.) im letzten Gliede substituirt, erhält man sofort:

$$\text{(D.)}\qquad \frac{\mu_m' - u_m}{u_m} = \frac{J}{\varepsilon h}\left[\frac{3\alpha}{y_1^2} + \left(1 + \frac{\alpha}{5}\right)\left(\frac{\sigma}{1+\sigma}\right) - \frac{\varrho c d}{RCD}\right];$$

und dies ist die obige Formel (20.). — *C. N.*

*) Die Redaction hat hier aus *Neumann's hinterlassenen Manuscripten* Einiges mitzutheilen versucht, was als Einleitung in die vorstehende Abhandlung (Seite 81) und zum leichteren Verständniss derselben vielleicht nicht ohne Nutzen sein dürfte. — *C. N.*

Die Methode der Mischung, angewendet auf einen *festen Körper*, besteht darin, dass man diesen Körper, nachdem er bis auf eine gewisse Temperatur V *erhitzt* ist*), in eine Flüssigkeit von bekannter Temperatur W eintaucht, und das hiedurch in der Flüssigkeit hervorgebrachte *Temperaturmaximum* w_m beobachtet. Sind M und F die *Gewichte* des festen Körpers und der Flüssigkeit, ferner C und S ihre *specifischen Wärmen*, und setzt man voraus, dass die specifische Wärme S der Flüssigkeit F bereits bekannt ist, so pflegt man alsdann die specifische Wärme C des Körpers M zu berechnen mittelst der Formel:

$$\text{(A.)} \qquad MC(V - w_m) = FS(w_m - W),$$

d. i. mittelst des Grundsatzes, dass die vom Körper M abgegebene Wärmemenge genau ebenso gross sein muss, wie die von der Flüssigkeit aufgenommene Wärmemenge.

Bei dem Experiment muss offenbar w_m *höher* sein als die Temperatur der umgebenden Luft. Denn wäre w_m *tiefer* als die Temperatur der Umgebung, so würde die Flüssigkeit F, nachdem ihre Temperatur bis w_m gestiegen ist, aus der Umgebung noch weitere Wärmequantitäten in sich aufnehmen; und hiedurch würde ihre Temperatur w_m noch weiter anwachsen; kurz es könnte alsdann w_m kein Maximum sein. Folglich würde alsdann dieses w_m überhaupt keinen bestimmten Werth repräsentiren, den man der Beobachtung unterwerfen könnte.

Im Folgenden ist daher w_m stets *höher* zu denken als die Temperatur der umgebenden Luft**). — Solches festgesetzt, kehren wir zurück zur Formel (A.), und bemerken, dass dieselbe wesentlicher Correctionen bedürftig ist:

1. Jene Formel (A.) setzt nämlich voraus, dass in dem Moment, in welchem die Flüssigkeit F die Temperatur w_m erreicht hat, auch der feste Körper M diese Temperatur w_m besitze. Nun ist aber w_m die Maximaltemperatur der Flüssigkeit; und diese Maximaltemperatur kann offenbar nur dann eintreten, wenn der Körper in dem betreffenden Augenblick genau ebenso viele Wärme an die Flüssigkeit abgiebt, als diese ihrerseits an die umgebende Luft abgiebt. Hieraus aber folgt, dass die Temperatur des Körpers in jenem Augenblick *höher* als die Temperatur der Flüssigkeit, d. i. $> w_m$ sein muss.

In jenem Augenblick, in welchem die Flüssigkeit ihre Maximaltemperatur w_m *erreicht, wird also die Temperatur des Körpers gleich* $w_m + \delta$ *sein, wo* δ *eine noch unbekannte positive Grösse vorstellt.* — Dieses δ hängt von so vielen verschiedenen Elementen ab, dass man über seine Abhängigkeit von all' diesen Elementen nur allein Aufschluss gewinnen kann mittelst einer exacten mathematischen Untersuchung. Es hängt nämlich δ ab von der innern Leitungsfähigkeit des Körpers, ferner aber auch von seiner äusseren Leitungsfähigkeit, d. i. von der Geschwindigkeit, mit welcher die Wärme aus dem Körper

---

*) Im *Neumann*'schen Manuscript wird gleichzeitig auch der andere Fall in Betracht gezogen, dass der Körper nicht erhitzt, sondern im Gegentheil bis zu einer mehr oder weniger *tiefen* Temperatur *abgekühlt* wird. Doch hat es die Redaction für passend erachtet, diesen andern Fall hier ganz zu übergehen, einmal der Einfachheit halber, dann aber auch desswegen, weil die Neumann'sche Abhandlung (auf Seite 81—83) hierüber hinreichende Auskunft giebt.

**) Umgekehrt wird in jenem andern Fall, von dem in der vorigen Note die Rede war, das w_m ein *Minimum* sein müssen, und der Werth von w_m *tiefer* zu denken sein als die Temperatur der umgebenden Luft.

hineinströmt in die Flüssigkeit. Ferner hängt δ ab von derjenigen Geschwindigkeit, mit welcher die Wärme aus der Flüssigkeit in die umgebende Luft (oder umgekehrt aus dieser in jene) übergeht. Ferner hängt δ ab von der specifischen Wärme des Körpers, von seinem Gewicht und von der Grösse seiner Oberfläche. U. s. w.

Hingegen ist dieses δ, wie hier ausdrücklich hervorgehoben werden mag, *unabhängig* von der innern Leitungsfähigkeit der Flüssigkeit. Denn diese innere Leitungsfähigkeit der Flüssigkeit darf man als *unendlich gross* betrachten, zumal, wenn sie, wie das bei den von mir angestellten Experimenten der Fall war, noch unterstützt wird durch ein beständiges mechanisches Umrühren der Flüssigkeit. Hiemit hängt zusammen, dass die Temperatur w der Flüssigkeit eine *blosse Function der Zeit* sein wird; während die Temperatur v des festen Körpers als eine Function der Zeit und der Coordinaten zu betrachten ist. Allerdings kann man, neben v, auch die *mittlere Temperatur* μ des ganzen Körpers in Betracht ziehen; und diese letztere wird alsdann, ebenso wie w, eine *blosse Function der Zeit* sein. Auch wird man, unter Anwendung dieser mittleren Temperatur μ, das, was vorhin über δ gesagt wurde, präciser fassen, nämlich folgendermaassen ausdrücken können:

In dem Augenblick, in welchem die Flüssigkeit ihre Maximaltemperatur w_m *erreicht, ist die mittlere Temperatur* μ *des festen Körpers nicht* $= w_m$, *sondern* $= w_m + \delta$, *wo* δ *eine noch unbekannte positive Grösse vorstellt**). *Dieses* δ *ist abhängig von all' jenen vorhin genannten Elementen. Und um eine nähere Vorstellung zu gewinnen von der Art und Weise dieser Abhängigkeit, bedarf es einer exacten mathematischen Untersuchung.*

2. Die Formel (A.) setzt ferner voraus, dass die in der Flüssigkeit F entstehende Temperaturerhöhung $w_m - W$ nur allein durch die Einwirkung des in sie eingetauchten heissen Körpers M hervorgebracht ist. Die Temperaturerhöhung $w_m - W$ entsteht aber nicht plötzlich, sondern bedarf zu ihrem Entstehen einer gewissen Zeit T; und während dieser Zeit T wird die Flüssigkeit F nicht nur vom Körper M, sondern zugleich auch von der umgebenden Luft calorisch beeinflusst. Und zwar wird sie während der Zeit T von der umgebenden Luft fortdauernd *abgekühlt* werden, wenn schon ihre anfängliche Temperatur W höher war als die der umgebenden Luft; hingegen wird sie, wenn W niedriger war als die Temperatur der umgebenden Luft, von dieser letzteren während der Zeit T zuerst *erwärmt*, später aber *abgekühlt* werden.

Dabei sei bemerkt, dass die Temperatur der umgebenden Luft bei meinen theoretischen Untersuchungen als *constant* betrachtet wird (was selbstverständlich bei der Anwendung der Theorie auf die Experimente niemals genau der Fall sein wird; so dass in dieser Beziehung noch eine gewisse Correction erforderlich war). Diese constante Temperatur der umgebenden Luft ist in meiner Abhandlung mit *Null* bezeichnet; so dass also unter V, v, μ und W, w, w_m immer nur die Temperaturüberschüsse der betreffenden Substanzen über die Temperatur der umgebenden Luft zu verstehen sind.

Die Flüssigkeit F erleidet nun also während der Zeit T durch die Einwirkung der umgebenden Luft einen gewissen *Temperaturverlust* i. Der Werth dieses i wird abhängig sein von der *Länge der Zeit* T, ferner aber auch von der *Curve*, durch welche das Anwachsen der Temperatur der Flüssigkeit von W bis w_m als Function der Zeit sich darstellt.

*) Dies die eigentliche Definition von δ. Was früher (Seite 115) über δ gesagt wurde, war nur provisorisch.

Beides aber, die Länge der Zeit T, wie auch die Beschaffenheit dieser Curve, sind ihrerseits abhängig von denselben Elementen, von denen δ abhängt.

3. Die Grössen δ und i werden nun, falls man der Formel (A.) sich bedient, als *Null* betrachtet; was nicht der Fall ist. Und die Formel (A.) ist daher *unrichtig.* Was ihre Correction betrifft, so ist zu beachten, dass der Körper M zu Anfang und zu Ende der Zeit T die mittleren Temperaturen V und $(w_m + \delta)$ besitzt, und dass also die während dieser Zeit T vom Körper abgegebene Wärme $= MC[V - (w_m + \delta)]$ ist. Diese vom Körper M während der Zeit T abgegebene Wärme muss nun ebenso gross sein wie die während der Zeit T von der Flüssigkeit F aufgenommene Wärme. Letztere aber besteht aus zwei Theilen: $FS(w_m - W)$ und FSi, von denen der erstere während der Zeit T in der Flüssigkeit sitzen geblieben, der letztere aber während der Zeit T aus der Flüssigkeit hinausgegangen ist in die umgebende Luft. So gelangt man also zu folgender Formel:

(B.) $$MC[W - (w_m + \delta)] = FS(w_m - W) + FSi;$$

wofür man auch schreiben kann:

(C.) $$MC(W - w_m - \delta) = FS(w_m - W + i).$$

Beachtet man endlich, dass die Flüssigkeit F, deren specifische Wärme mit S bezeichnet ist, in einem *Gefäss* sich befindet, und bezeichnet man das Gewicht und die specifische Wärme dieses Gefässes mit f und s, so wird man in der Formel (C.) das Product FS zu ersetzen haben durch $FS + fs$. Man erhält also schliesslich:

(D.) $$MC(W - w_m - \delta) = (FS + fs)(w_m - W + i);$$

was identisch ist mit der Formel (𝔅.) Seite 83.

Die Grössen δ und i sind nun zu untersuchen in ihrer Abhängigkeit von jenen vorhin [Seite 115, 116] genannten Elementen. [Vgl. Seite 87, sowie auch die dortige Note.]

Zusatz der Redaction zu Seite 112. (*C. N.*)

Die Wurzeln der transcendenten Gleichung (8.) Seite 93 sind bezeichnet mit $y_0, y_1, y_2, y_3, \ldots$. Man kann nun aber zweifelhaft darüber sein, ob in den drei ersten Zeilen der Seite 112 unter der „radix *secunda* quadrata" das y_1^2 oder das y_2^2 zu verstehen sein. [Vgl. die Note auf Seite 99.] Im *erstern* Fall würde der Inhalt jener Zeilen dahin gehen, dass

(1.) $$\lambda > 2y_1^2$$

sei, sobald der Radius ϱ der Thermometerkugel von *gewöhnlicher* Grösse ist. Diese Formel (1.) geht durch (12.) Seite 111 über in:

(2.) $$\frac{64}{\varrho} > 2y_1^2 \quad \text{d. i. in} \quad \frac{\varrho}{64} < \frac{1}{2y_1^2}.$$

Und diese Formel (2.) wird, wie sich durch Anwendung der in der Tabelle Seite 111 aufgeführten Zahlenwerthe von y_1 ergiebt, stets erfüllt sein, wenn

(3.) $$\varrho < 3{,}65 \quad \text{d. i.} \quad \varrho < 3{,}65 \text{ Par. Linien}$$

ist; denn die zu Grunde gelegte Längeneinheit ist die Pariser Linie. Gleiches gilt mithin auch von der Formel (1.).

Jene Formel (1.): $\lambda > 2y_1^2$ *wird also erfüllt sein, wenn* $\varrho < 3{,}65$ *Par. Linien ist. Sie wird also erfüllt sein für Thermometerkugeln von gewöhnlicher Grösse.*

Wollte man hingegen annehmen, dass in jenen drei ersten Zeilen auf Seite 112 unter der „radix *secunda* quadrata" das y_2^2 gemeint sei, so würde, an Stelle von (1.), die Formel in Frage kommen: $\lambda > 2y_2^2$. Und diese Formel würde nur dann erfüllt sein, wenn $\varrho < 0{,}93$ Par. Linien ist. Sie würde also für eine Thermometerkugel gewöhnlicher Grösse *nicht* immer erfüllt sein, sondern nur dann erfüllt sein, wenn diese Kugel von besonderer Kleinheit ist.

Diese Ueberlegungen zeigen wohl deutlich, dass jene drei ersten Zeilen auf Seite 112 *sich auf* y_1^2 (*und nicht auf* y_2^2) *beziehen, und dass also auf Grund jener Zeilen*

$$\lambda > 2y_1^2 \tag{4.}$$

zu denken ist. — Dennoch aber dürfte diese Vorstellung (4.) *für die auf Seite* 112*ff. angegebenen Formeln schwerlich ein ausreichendes Fundament darbieten. Will man ein solches ausreichendes Fundament haben, so wird man genöthigt sein, die Vorstellung* (4.) *zu ersetzen durch folgende Vorstellung:*

$$\lambda > 2Ky_1^2, \tag{5.}$$

wo K als blosse Abbreviatur dienen soll für den Ausdruck:

$$K = \frac{k}{R^2CD}. \tag{6.}$$

Es heisst nämlich im betreffenden Text (Seite 112), die Zeit T' sei zu bestimmen aus den beiden Formeln (9.), (10.) Seite 111, d. i. aus der Gleichung:

$$0 = \frac{N_0 y_0^2}{\lambda - y_0^2 K}(e^{-y_0^2 KT'} - e^{-\lambda T'}) + \frac{N_1 y_1^2}{\lambda - y_1^2 K}(e^{-y_1^2 KT'} - e^{-\lambda T'}) + \cdots, \tag{7.}$$

wo K den Ausdruck (6.) vorstellt. Setzt man nun zur augenblicklichen Abkürzung:

$$f_h = \frac{N_h y_h^2}{\lambda - y_h^2 K}, \tag{8.}$$

so kann man die Gleichung (7.) auch so schreiben:

$$f_0 e^{-y_0^2 KT'} + f_1 e^{-y_1^2 KT'} + f_2 e^{-y_2^2 KT'} + \cdots = (f_0 + f_1 + f_2 + \cdots)e^{-\lambda T'}, \tag{9.}$$

oder auch so:

$$f_0 + f_1 e^{(y_0^2 - y_1^2)KT'} + f_2 e^{(y_0^2 - y_2^2)KT'} + \cdots = (f_0 + f_1 + f_2 + \cdots)e^{(y_0^2 K - \lambda)T'}, \tag{10.}$$

oder auch so:

$$f_0 + f_1 x + f_2 x^\beta + f_3 x^\gamma + f_4 x^\delta + \cdots = (f_0 + f_1 + f_2 + \cdots)x^\sigma, \tag{11.}$$

wo alsdann x und β, γ, δ, etc. und σ folgende Bedeutung haben:

$$x = e^{(y_0^2 - y_1^2)KT'}, \qquad \beta = \frac{y_2^2 - y_0^2}{y_1^2 - y_0^2}, \qquad \gamma = \frac{y_3^2 - y_0^2}{y_1^2 - y_0^2}, \text{ etc.}; \qquad \sigma = \frac{\lambda - y_0^2 K}{(y_1^2 - y_0^2)K}. \tag{12.}$$

Dieses x ist offenbar ein *positiver ächter Bruch*, weil $y_0^2 < y_1^2$ ist. Ferner ist nach (5.):

$$\lambda > 2Ky_1^2, \qquad \text{mithin} \qquad \sigma > \frac{2y_1^2 - y_0^2}{y_1^2 - y_0^2}. \tag{13.}$$

Vernachlässigt man nun [ebenso wie früher auf Seite 102 beim Uebergange von (33.) zu (33a.)] das äusserst kleine y_0^2, so ergiebt sich aus (12.) und (13.):

$$(14.)\qquad \beta = \left(\frac{y_2}{y_1}\right)^2, \qquad \gamma = \left(\frac{y_3}{y_1}\right)^2, \qquad \delta = \left(\frac{y_4}{y_1}\right)^2, \text{ etc.}; \qquad \sigma > 2.$$

Die Grössen β, γ, δ sind dieselben, von denen schon früher [(E.), (F.) Seite 103] die Rede war; und man hat also die Formeln:

$$(15.)\qquad 3 < \beta < \gamma < \delta < \cdots \quad \text{und} \quad 2 < \sigma.$$

Beachtet man dies, und beachtet man ferner, dass x ein positiver ächter Bruch ist, so ergiebt sich aus (11.) in *erster Annäherung* (nämlich mit Vernachlässigung von x^2 und x^3):

$$(16.)\qquad f_0 + f_1 x = 0, \quad \text{d. i.} \quad x = -\frac{f_0}{f_1}.$$

Schreibt man jetzt, um zu einer *zweiten Annäherung* zu gelangen, die Gleichung (11.) von Neuem hin, indem man dabei in den mit x^β, x^γ, x^δ, ... x^σ behafteten kleinen Gliedern für x den soeben gefundenen Werth (16.) substituirt, so erhält man:

$$(17.)\qquad f_0 + f_1 x + f_2\left(-\frac{f_0}{f_1}\right)^\beta + f_3\left(-\frac{f_0}{f_1}\right)^\gamma + f_4\left(-\frac{f_0}{f_1}\right)^\delta + \cdots = \\ = (f_0 + f_1 + f_2 + f_3 + \cdots)\left(-\frac{f_0}{f_1}\right)^\sigma.$$

Nach (8.) ist aber f_0 proportional mit y_0^2. In der vorstehenden Gleichung (17.) sind daher die mit den Exponenten β, γ, δ, ... σ behafteten Glieder von den Ordnungen $y_0^{2\beta}$, $y_0^{2\gamma}$, $y_0^{2\delta}$, ... $y_0^{2\sigma}$, mithin, nach (15.), sämmtlich von höherer Ordnung als y_0^6, resp. y_0^4. Folglich wird man all' diese Glieder vernachlässigen dürfen; so dass man also von Neuem zu dem schon in (16.) erhaltenen Resultat gelangt:

$$(18.)\qquad f_0 + f_1 x = 0, \quad \text{d. i.} \quad x = -\frac{f_0}{f_1}.$$

Substituirt man nun endlich für x, f_0, f_1 ihre eigentlichen Bedeutungen (12.) und (8.), so erhält man

$$(19.)\qquad e^{(y_0^2 - y_1^2)KT'} = -\frac{N_0 y_0^2}{N_1 y_1^2}\left(\frac{\lambda - y_1^2 K}{\lambda - y_0^2 K}\right).$$

Ebenso wie früher [vgl. (12.) und (14.)] ist y_0^2 gegen y_1^2, mithin auch Ky_0^2 gegen Ky_1^2 zu vernachlässigen. Nach (5.) ist aber $Ky_1^2 < \frac{1}{2}\lambda < \lambda$. Und man wird daher Ky_0^2 auch vernachlässigen dürfen gegenüber dem λ. Hierdurch reducirt sich der in (19.) enthaltene Nenner $(\lambda - y_0^2 K)$ auf λ; so dass also die Formel (19.) übergeht in:

$$(20.)\qquad e^{(y_0^2 - y_1^2)KT'} = -\frac{N_0 y_0^2}{N_1 y_1}\left(1 - \frac{y_1^2 K}{\lambda}\right);$$

und dies ist, falls man für K seine eigentliche Bedeutung (6.) substituirt, die auf Seite 112 in (13.) angegebene Formel. So zeigt sich, dass man zu dieser Formel (13.) Seite 112 wirklich hingelangt auf Grund der Annahme (5.); und solches würde *nicht* möglich gewesen sein auf Grund der Annahme (4.).

Inhaltsübersicht.

BEOBACHTUNGEN ÜBER DIE SPECIFISCHE WÄRME VERSCHIEDENER, NAMENTLICH ZUSAMMENGESETZTER KÖRPER.

Aus Poggendorff's Annalen

BEOBACHTUNGEN ÜBER DIE SPECIFISCHE WÄRME VERSCHIEDENER, NAMENTLICH ZUSAMMENGESETZTER KÖRPER, AUS DEM JAHRE 1834.*)

Nach der in Poggendorff's Annalen Bd. 120, S. 337 entwickelten Methode und mit Benutzung des in derselben Abhandlung beschriebenen Apparates hat Herr Professor *Neumann* in Königsberg i. Pr. bereits im Jahre 1834 Bestimmungen der specifischen Wärme einer grösseren Reihe, namentlich zusammengesetzter Körper ausgeführt, die bis jetzt noch nicht der Oeffentlichkeit übergeben sind. Auf den mir Ende des vorigen Jahres ausgesprochenen Wunsch meines hochverehrten Lehrers habe ich es gerne übernommen, das vorhandene Beobachtungsmaterial, soweit es noch nicht geschehen war, zu bearbeiten und die Resultate dieser Untersuchung zu veröffentlichen.

Die untersuchten Körper sind:

Pyrop,
Arsenik, Selen,
Wasserfreie Borsäure;
Borsaures Natron;
Salpetersaurer Baryt, salpetersaures Bleioxyd, salpetersaures Natron, salpetersaures Kali, salpetersaures Silberoxyd;
Schwefelsaures Natron, schwefelsaures Kali, schwefelsaure Magnesia;

*) Diese von *Neumann* im Jahre 1834 angestellten Beobachtungen sind, auf Neumann's besonderen Wunsch, im Jahre 1865 von einem seiner Schüler, Herrn Dr. *Pape* (später Professor in Königsberg in Pr.), veröffentlicht worden in Poggendorff's Annalen, Bd. 126, Seite 123—142; 1865. — Uebrigens findet man die Beschreibung des von Neumann bei diesen Beobachtungen benutzten Apparates und der dabei von ihm angewendeten Methoden in einem *früheren* Pape'schen Aufsatz: „Ueber die specifische Wärme wasserfreier und wasserhaltiger schwefelsaurer Salze", in Pogg. Ann. Bd. 120, Seite 337 ff.; 1863. — *C. N.*

Kohlensaures Kali;
Chlornatrium, Chlorkalium, Chlorsilber, Chlorammonium, Chlorblei;
Einfach chromsaures Kali, doppelt chromsaures Kali;
Antimonoxyd.

Sämmtliche Körper sind, soweit sie chemische Präparate sind, chemisch rein von dem ehemaligen Professor der Chemie in Königsberg in Pr. *Dulk* dargestellt.

Als Mischflüssigkeit ist bei diesen Versuchen zum Theil absoluter Alkohol, grössten Theils aber zu diesem Zwecke besonders destillirtes Terpentinöl benutzt. Die specifische Wärme beider Flüssigkeiten ist durch besondere, zwischen den übrigen Beobachtungen zerstreut angestellte, im Folgenden gleichfalls mitgetheilte Versuche ermittelt. Es sind dazu Quarz, Anhydrit und Pyrop verwendet, deren specifische Wärme bekannt war. Die benutzte Gewichtseinheit ist der preussische Gran. Die Temperaturen sind in den Einheiten des auch von mir in der oben erwähnten Abhandlung über die specifische Wärme wasserfreier und wasserhaltiger schwefelsaurer Salze benutzten Thermometers angegeben. Die zwischen den Scalentheilen S dieses Thermometers und den entsprechenden Graden C des hunderttheiligen Thermometers bestehende Relation ist folgende:

$$S = 4{,}9606 \cdot C + 38{,}35.$$

Die gesuchte specifische Wärme ergiebt sich aus der a. a. O. (Pogg. Ann. Bd. 120 Seite 349) abgeleiteten Gleichung*):

$$(\alpha.) \qquad s = \left[\frac{V_m e^{\lambda_1 T} - V_1 \left(1 - \frac{\lambda_1}{\lambda_2}\right)}{V - V_m e^{\lambda_1 T} - V_1 \frac{\lambda_1}{\lambda_2}} \right] s_1 .$$

In derselben ist s das Product aus Gewicht und specifischer Wärme des erhitzten Körpers, s_1 die Summe der entsprechenden Producte der Mischflüssigkeit, des Mischgefässes und der übrigen Körper, welche mit der Flüssigkeit in Berührung sind und auf die Vertheilung der Wärme Einfluss haben. V ist die Temperatur des erhitzten Körpers, mit der er in die Flüssigkeit geführt wird, V_1 und V_m die Anfangs- und bez. Maximums-Temperatur der Flüssigkeit. Alle drei Temperaturen sind bei der Berechnung von der Temperatur der

*) Diese Gleichung (α.) ist bereits abgeleitet in der dritten Abhandlung des gegenwärtigen Bandes auf Seite 64. Man erhält dieselbe nämlich aus der dortigen Formel (38.), falls man in dieser letzteren die Buchstaben Σ, Σ_1, λ, A und v_{1m} respective durch s, s_1, λ_1, λ_2 und V_m ersetzt. — *C. N.*

Umgebung an zu zählen. λ_1 und λ_2 sind die durch den Versuch zu ermittelnden Grössen, von denen die wegen der Wärmeausstrahlung während der Beobachtungsdauer anzubringenden Correctionen abhängen. T ist die Zeit, welche vom Eintauchen des erhitzten Körpers bis zum Eintritt des Temperaturmaximums verfliesst.

Bei den vorliegenden Beobachtungen hat sich ebenso wie bei den meinigen das Verhältniss $\lambda_1 : \lambda_2$ so klein ergeben, dass in dem vorstehenden Ausdrucke das davon abhängige Glied vernachlässigt werden darf. Die Berechnung ist hier deshalb gleichfalls mit dem einfachen Ausdrucke

$$(\beta.) \qquad s = \left[\frac{V_m - V_1 + V_m \lambda_1 T}{V - V_m - V_m \lambda_1 T}\right] s_1, \quad \text{d. i.} \quad s = \left[\frac{V_m(1 + \lambda_1 T) - V_1}{V - V_m(1 + \lambda_1 T)}\right] s_1$$

ausgeführt.

Die Grösse λ_1 ist im Allgemeinen nur aus den Abkühlungsbeobachtungen *nach* der Mischung ermittelt, in einigen Fällen aber aus den Temperaturänderungen der Flüssigkeit *vor* und *nach* der Mischung. In den letzteren Fällen ist das Mittel aus den beiderlei Werthen von λ_1 in die Rechnung eingeführt.

Bei diesen Versuchen sind drei verschiedene Mischgefässe aus Kupfer mit verschiedenen Rührsieben aus demselben Metalle zur Anwendung gekommen. Bei der Bestimmung ihres Wasserwerthes ist die durch besondere Versuche früher ermittelte specifische Wärme des Kupfers 0,0949 eingeführt.

In den folgenden Tabellen bedeutet:

O das Gewicht der Mischflüssigkeit,

W den Wasserwerth der festen Theile des Mischgefässes,

S das Gewicht des auf die Temperatur des siedenden Wassers erhitzten Körpers,

U die Temperatur der Luft
V_1 die Anfangstemperatur der Flüssigkeit
V die Temperatur des erhitzten Körpers
V_m die Maximumstemperatur der Flüssigkeit
} in den Einheiten des benutzten Thermometers,

λ_1 und λ_2 die beiden Constanten, von denen die Correctionen abhängen,

T die Zeit in Minuten vom Eintauchen des erhitzten Körpers bis zum Eintritt des Temperaturmaximums,

c die berechnete specifische Wärme des untersuchten Körpers.

(A.) Destillirtes Terpentinöl.

No.	O	W	S	U	V_1	V_m	V	λ_1	T	λ_2	c
				1) Mit Quarz von der spec. Wärme 0,1883 bestimmt.							
1	3884,9	289,5	670,4	125,8	128,50	153,89	535,65	0,018	0,83	5,8	0,4105
2	"	"	670,3	124,6	104,45	131,72	536,20	0,015	1,00		0,4062
3	"	274,4	650,6	150,5	130,80	155,73	536,90	0,023	1,33		0,4095
4	"	"	643,6	148,7	130,92	155,73	"	0,016	1,00		0,4072
5	"	"	648,8	130,1	120,29	145,66	535,30	0,015	0,83		0,4089
6	"	"	627,7	136,3	123,22	147,76	"	0,011	1,00		0,4078
7	"	"	647,9	77,9	97,56	123,92	535,60	0,015	0,66		0,4097
8	"	"	642,1	99,7	100,82	126,83	534,40	0,017	0,75		0,4085
9	"	"	543,1	102,8	96,91	119,49	"	—	0,75		0,4093
				2) Mit Anhydrit von der spec. Wärme 0,1854 bestimmt.							
1	3884,9	289,5	632,6	131,4	115,46	140,06	535,65	0,013	0,75		0,4102
2	"	"	678,8	133,2	116,26	142,56	"	0,012	0,75		0,4086
3	"	"	631,0	133,3	127,70	151,41	536,20	0,014	1,00		0,4085
								0,015			0,4087

(B.) Absoluter Alkohol.

No.	O	W	S	U	V_1	V_m	V	λ_1	T	λ_2	c
				1) Mit Quarz bestimmt.							
1	3557,6	262,9	645,8	124,0	119,99	140,66	536,90	0,012	0,66	10,0	0,5708
2	"	289,5	693,5	130,8	112,34	134,73	535,60	0,008	1,00		0,5685
3	"	"	669,7	132,6	112,38	133,98	536,60	0,012	1,00		0,5766
				2) Mit Anhydrit bestimmt.							
1	3557,6	289,5	694,8	139,4	112,46	134,53	536,60	0,016	1,00		0,5787
2	"	"	633,5	144,9	113,37	133,63	"	0,015	1,25		0,5793
								0,013			0,5748

(C.) Pyrop.

No.	O	W	S	U	V_1	V_m	V	λ_1	T	λ_2	c
	Wasser										
1	4575	226,4	767,4	131,0	125,28	137,60	534,40	0,021	0,67		0,1957
2	"	"	876,4	132,0	126,43	140,36	"	0,019	0,80		0,1955
3	"	"	757,9	133,8	134,33	146,06	535,60	0,017	0,67	6,0	0,1931
4	"	"	867,3	135,7	127,86	141,61	"	0,022	0,83		0,1948
5	"	"	753,5	140,0	149,44	160,70	533,80	0,018	0,42		0,1954
6	"	"	864,0	128,8	144,04	156,89	533,20	0,016	0,30		0,1943
7	"	"	749,5	132,5	140,00	151,56	"	0,016	0,50		0,1969
8	"	"	860,6	133,8	141,04	154,04	"	0,015	0,50		0,1938
								0,018			0,1949

(D.) Salpetersaurer Baryt.

Krystallisirt.

No.	O	W	S	U	V_1	V_m	V	λ_1	T	λ_2	c
	Alkohol										
1	3557,6	289,5	753,7	124,6	123,57	142,31	535,6	0,011	0,83	7,05	0,1473
2	"	"	753,5	124,5	107,50	127,60	"	0,030	1,00		0,1516
3	"	262,9	755,1	127,2	122,19	141,31	536,3	0,020	1,00		0,1500
4	"	"	755,1	126,6	105,56	125,98	"	—	1,00		0,1520
5	"	289,5	749,7	136,6	125,62	144,31	535,0	0,020	1,16		0,1503

No.	O	W	S	U	V_1	V_m	V	λ_1	T	λ_2	c
6	3557,6	289,5	714,4	135,8	120,83	138,75	535,0	0,030	1,00		0,1479
7	"	"	741,4	128,6	114,64	133,63	537,5	0,014	1,00		0,1483
8	"	"	719,9	133,4	117,39	135,74	"	0,050	1,25		0,1482
9	"	"	734,8	135,0	103,06	122,71	535,6	0,010	1,00		0,1504
10	"	"	716,3	133,0	127,92	145,41	536,8	0,020	1,16		0,1481
11	"	"	730,0	136,3	112,28	131,12	533,6	0,010	1,00		0,1493
12	"	"	710,7	138,1	126,13	143,61	"	0,020	1,00		0,1471
								0,021			0,1492

(E.) Salpetersaures Bleioxyd.

Krystallisirt.

No.	O	W	S	U	V_1	V_m	V	λ_1	T	λ_2	c
	Alkohol										
1	3557,6	262,9	1023,2	123,1	115,12	135,64	536,3	0,020	1,00		0,1171
2	"	289,5	1135,3	133,3	118,33	140,41	535,6	0,020	1,00		0,1164
3	"	"	1091,2	104,0	90,96	114,24	537,5	0,008	0,92		0,1179
4	"	"	942,0	113,2	109,16	128,41	"	0,013	0,75		0,1176
5	"	"	1081,2	127,5	102,52	125,18	"	0,006	1,08		0,1183
6	"	"	1130,4	125,5	128,46	149,76	"	0,018	1,08	5,0	0,1159
7	"	"	1067,5	117,6	103,62	125,38	533,6	0,020	1,25		0,1172
8	"	"	1103,3	122,8	100,79	123,72	"	—	1,33		0,1179
								0,015			0,1173

λ_1 vor der Mischung = 0,016
λ_1 nach " " = 0,015
Mittel = 0,016.

(F.) Salpetersaures Natron.

Geschmolzen.

No.	O	W	S	U	V_1	V_m	V	λ_1	T	λ_2	c
	Alkohol										
1	3557,6	289,5	434,6	131,0	118,70	138,70	536,8	0,020	1,00		0,2715
2	"	"	428,0	129,0	103,27	124,33	"	—	0,50		0,2775
3	"	"	437,8	138,0	106,06	127,19	533,6	0,010	1,00		0,2760
4	"	"	419,3	137,0	131,74	150,26	"	0,016	0,75	6,35	0,2714
								0,015			0,2747

(G.) Salpetersaures Kali.

Geschmolzen.

No.	O	W	S	U	V_1	V_m	V	λ_1	T	λ_2	c
	Alkohol										
1	3557,6	262,9	369,9	124,7	121,02	135,99	536,3	0,016	1,00	6,1	0,2361
2	"	289,5	342,1	133,3	106,64	121,35	535,0	0,010	1,00		0,2348
3	"	"	370,5	136,2	127,24	141,56	"	0,020	1,16		0,2311
4	"	"	325,7	117,3	97,32	111,47	537,5	0,020	0,75		0,2373
5	"	"	349,7	120,9	117,14	131,22	"	0,013	1,00		0,2335
6	"	"	192,4	115,9	98,50	107,02	535,6	0,018	0,75		0,2400
7	"	"	229,9	122,1	118,34	127,70	"	0,010	1,00		0,2345
8	"	"	435,1	141,7	118,49	126,39	"	0,007	1,00		0,2340
9	"	"	407,4	127,2	125,49	141,11	533,6	0,014	1,00	6,1	0,2309
10	"	"	249,4	132,7	122,56	132,47	"	—	1,00		0,2305
								0,014			0,2343

(H.) Salpetersaures Silberoxyd.

Geschmolzen.

No.	O	W	S	U	V_1	V_m	V	λ_1	T	λ_2	c
	Terpentinöl										
1	3884,9	289,5	944,5	137,9	105,90	133,83	535,6	0,010	1,00		0,1377
2	„	„	315,5	134,9	133,88	148,86	„	0,012	1,00	7,0	0,1397
3	„	„	722,0	127,8	124,79	145,76	„	0,010	1,00		0,1399
4	„	„	945,7	152,1	126,13	153,25	536,2	—	1,25		0,1402
5	„	„	842,9	160,1	143,06	166,19	„	0,020	1,16		0,1396
6	„	„	427,9	134,8	128,80	141,46	537,9	0,007	0,75		0,1401
7	„	„	913,9	152,4	146,41	170,98	„	0,016	1,00		0,1393
								0,013			0,1395

λ_1 vor der Mischung = 0,029
λ_1 nach „ „ = 0,013
Mittel = 0,021.

(J.) Schwefelsaures Natron.

Geschmolzen.

No.	O	W	S	U	V_1	V_m	V	λ_1	T	λ_2	c
	Terpentinöl										
1	3884,9	274,4	593,6	136,7	119,68	147,51	533,7	0,021	1,00		0,2275
2	„	„	592,6	137,6	115,62	143,76	532,8	0,016	1,00		0,2276
3	„	„	591,8	97,4	87,38	116,92	535,0	0,018	0,75		0,2289
								0,018			0,2280

(K.) Schwefelsaures Kali.

Geschmolzen.

No.	O	W	S	U	V_1	V_m	V	λ_1	T	λ_2	c
	Terpentinöl										
1	3884,9	289,5	582,7	147,2	134,16	156,33	538,6	0,013	1,25		0,1876
2	„	„	641,3	126,0	140,96	164,45	„	0,008	1,16		0,1871
3	„	274,4	635,3	159,6	126,63	151,16	536,9	0,010	1,10		0,1856
4	„	„	584,2	158,5	136,02	158,02	„	—	1,10		0,1845
5	„	„	630,7	140,3	120,30	144,76	533,7	—	1,33		0,1852
6	„	„	582,3	139,6	124,76	147,11	„	0,010	1,16		0,1852
7	„	„	408,3	125,1	109,14	125,88	535,0	—	1,00		0,1862
8	„	„	415,2	128,9	122,89	139,15	„	0,014	1,33	4,1	0,1865
								0,012			0,1860

λ_1 vor der Mischung = 0,025
λ_1 nach „ „ = 0,012
Mittel = 0,018.

(L.) Schwefelsaure Magnesia.

No.	O	W	S	U	V_1	V_m	V	λ_1	T	λ_2	c
	Terpentinöl										
1	3884,9	274,4	198,2	153,2	124,20	133,73	536,4	—	0,75		0,2195
2	„	„	191,6	133,5	121,53	130,47	535,0	—	0,83		0,2136
											0,2165

(M.) Kohlensaures Kali.

No.	O	W	S	U	V_1	V_m	V	λ_1	T	λ_2	c
	Terpentinöl										
1	3884,9	274,4	561,6	143,9	129,87	153,20	533,7	0,008	1,25		0,2037
2	„	„	563,1	144,0	131,95	155,13	533,2	0,014	1,25		0,2042
3	„	„	559,8	136,0	120,97	145,11	533,8	0,009	1,25		0,2071
4	„	„	560,5	142,8	128,82	152,05	„	0,016	1,00		0,2033
											0,2046

λ_1 vor der Mischung = 0,024
λ_1 nach „ „ = 0,012
Mittel = 0,018.

(N.) Chlornatrium.

Geschmolzen.

No.	O	W	S	U	V_1	V_m	V	λ_1	T	λ_2	c
	Terpentinöl										
1	3884,9	274,4	368,8	127,9	116,94	133,53	535,6	0,004	1,00		0,2081
2	„	„	327,0	132,7	126,72	141,11	„	0,014	1,16		0,2093
3	„	„	535,6	132,5	119,48	142,76	536,3	0,015	1,00		0,2067
4	„	„	535,1	140,6	126,58	149,36	533,2	0,013	1,00		0,2073
5	„	„	534,4	132,9	110,85	134,58	533,8	0,010	1,00		0,2066
6	„	„	234,9	131,8	130,81	152,95	532,5	0,015	1,00	5,2	0,2041
7	„	„	530,3	130,9	120,85	143,66	534,4	0,018	1,00		0,2067
								0,013			0,2070

λ_1 vor der Mischung = 0,029
λ_1 nach „ „ = 0,013.
Mittel = 0,021.

(O.) Chlorkalium.

Geschmolzen.

No.	O	W	S	U	V_1	V_m	V	λ_1	T	λ_2	c
	Terpentinöl										
1	3884,9	274,4	453,1	135,7	120,75	136,89	535,6	—	1,00		0,1659
2	„	„	473,6	137,6	133,55	149,56	„	0,017	1,00	5,8	0,1652
3	„	„	452,9	137,5	125,49	141,51	536,3	0,005	1,00		0,1667
4	„	„	472,1	143,5	128,51	145,11	„	0,005	1,00		0,1671
5	„	„	452,9	143,7	137,73	152,85	533,2	0,015	1,33		0,1660
6	„	„	470,1	142,8	131,78	148,01	„	0,010	1,33		0,1675
7	„	„	441,1	133,5	129,47	144,56	533,8	0,015	1,00	5,8	0,1656
8	„	„	481,2	134,2	128,21	140,11	„	0,013	1,00		0,1667
								0,011			0,1663

λ_1 vor der Mischung = 0,027
λ_1 nach „ „ = 0,011
Mittel = 0,019.

(P.) Chlorsilber.

Geschmolzen.

No.	O	W	S	U	V_1	V_m	V	λ_1	T	λ_2	c
	Terpentinöl										
1	3884,9	274,4	1016,5	132,6	120,61	139,81	534,4	0,009	1,00		0,0893
2	„	„	792,3	134,6	123,63	138,75	„	0,007	1,00		0,0897
3	„	„	1016,6	138,0	120,97	140,26	535,5	0,007	1,00		0,0897
4	„	„	790,8	137,3	128,34	143,11	533,2	0,010	1,00		0,0893
5	„	„	1016,5	114,7	110,74	130,12	534,4	0,016	1,16		0,0892
6	„	„	790,0	115,0	112,02	127,29	„	0,006	0,92	6,2	0,0889
								0,010			0,0894

λ_1 vor der Mischung = 0,030
λ_1 nach „ „ = 0,010
Mittel = 0,020.

(Q.) Chlorblei.

Geschmolzen.

No.	O	W	S	U	V_1	V_m	V	λ_1	T	λ_2	c
1	3884,9	274,4	1154,4	128,3	104,34	122,36	534,4	0,015	1,00		0,0703
2	„	„	1150,4	127,5	122,49	139,50	533,8	0,010	1,00		0,0697
3	„	„	1125,5	136,7	115,74	133,03	532,4	—	1,10		0,0697
4	„	„	846,9	125,4	122,42	134,73	534,4	0,015	0,67	13,0	0,0683
6	„	„	846,0	126,2	113,23	125,78	„	0,016	0,83		0,0683
6	„	„	845,5	99,3	101,28	114,20	„	0,012	1,16	4,8	0,0688
7	„	„	844,7	107,6	101,65	114,75	534,8	0,006	1,33		0,0690
8	„	„	844,3	105,5	100,47	113,64	„	—	0,75		0,0691
								0,013		9,0	0,0692

λ_1 vor der Mischung = 0,026
λ_1 nach „ „ = 0,013
Mittel = 0,019.

(R.) Chlorammonium.

No.	O	W	S	U	V_1	V_m	V	λ_1	T	λ_2	c
	Terpentinöl										
1	3884,9	274,4	341,1	129,7	128,67	155,43	532,5	0,017	1,00	5,85	0,3910
2	„	„	374,4	145,4	129,43	158,56	„	0,021	1,00		0,3906
3	„	„	379,5	140,7	120,74	151,01	„	0,015	1,16		0,3905
4	„	„	366,3	142,0	122,00	151,26	„	0,015	1,16		0,3913
								0,017			0,3908

λ_1 vor der Mischung = 0,028
λ_1 nach „ „ = 0,017
Mittel = 0,022.

(S.) Borsaures Natron.

Geschmolzen.

No.	O	W	S	U	V_1	V_m	V	λ_1	T	λ_2	c
	Terpentinöl										
1	3884,9	289,5	642,4	156,0	141,60	170,83	538,6	0,020	1,33		0,2349
2	"	"	593,6	157,8	123,82	152,95	"	—	1,00		0,2377
3	"	"	565,0	131,8	129,80	156,48	536,4	0,017	1,00	5,5	0,2372
4	"	"	618,7	135,4	118,45	148,66	"	0,016	1,00		0,2376
5	"	274,4	617,2	142,6	123,63	153,54	536,3	0,010	1,25		0,2361
6	"	"	617,1	155,3	129,31	158,81	536,9	0,020	1,00		0,2353
								0,017			0,2364

λ_1 vor der Mischung = 0,025
λ_1 nach " " = 0,017
Mittel = 0,021.

(T.) Borsäure.

Geschmolzen.

No.	O	W	S	U	V_1	V_m	V	λ_1	T	λ_2	c
	Terpentinöl										
1	3884,9	289,5	493,6	155,9	131,86	155,53	538,6	—	1,00		0,2344
2	"	"	473,9	117,8	106,85	131,07	536,4	0,022	1,00		0,2365
3	"	274,4	471,6	137,1	125,08	147,93	535,8	0,015	1,00		0,2341
4	"	"	465,1	127,9	113,87	136,94	536,3	0,014	1,00		0,2323
5	"	"	465,9	152,8	146,85	168,09	536,9	0,017	1,10	5,0	0,2333
6	"	"	431,2	131,2	113,21	134,84	533,7	0,012	1,16		0,2343
								0,016			0,2341

λ_1 vor der Mischung = 0,025
λ_1 nach " " = 0,016
Mittel = 0,020.

(U.) Einfach chromsaures Kali.

Krystallisirt.

No.	O	W	S	U	V_1	V_m	V	λ_1	T	λ_2	c
	Terpentinöl										
1	3884,9	289,5	570,5	152,9	134,90	156,48	536,6	0,010	0,83		0,1866
2	"	"	686,1	150,6	128,60	154,15	"	—	0,83		0,1823
3	"	"	681,1	137,9	107,93	134,78	"	0,013	1,00		0,1840
4	"	"	577,7	139,7	119,74	142,06	"	0,007	1,10		0,1839
5	"	"	670,5	134,6	128,64	153,45	536,2	0,010	1,00	7,0	0,1829
6	"	"	578,1	146,3	119,33	141,81	"	0,018	1,16		0,1843
								0,012			0,1840

λ_1 vor der Mischung = 0,029
λ_1 nach " " = 0,012
Mittel = 0,020.

(V.) Zweifach chromsaures Kali.

Krystallisirt.

No.	O	W	S	U	V_1	V_m	V	λ_1	T	λ_2	c
	Terpentinöl										
1	3884,9	289,5	541,3	154,0	147,09	165,79	536,6	0,016	0,67	9,8	0,1808
2	„	„	570,4	149,8	122,78	145,16	„	0,020	1,16		0,1874
3	„	„	540,3	152,7	130,71	151,36	536,2	—	1,00		0,1860
4	„	„	570,2	147,9	140,91	161,67	„	0,015	1,00		0,1825
5	„	„	581,9	122,8	104,82	128,50	537,9	0,010	0,75		0,1864
6	„	„	596,4	133,9	120,93	144,11	„	0,013	1,00		0,1863
								0,015			0,1849

Beim Weglassen der ersten Beobachtung 0,1857

λ_1 vor der Mischung = 0,025
λ_1 nach „ „ = 0,015
Mittel = 0,020.

(W.) Antimonoxyd.

Geschmolzen.

No.	O	W	S	U	V_1	V_m	V	λ_1	T	λ_2	c
	Terpentinöl										
1	3884,9	274,4	640,4	119,5	107,49	120,90	535,0				0,0938
2	„	„	640,4	122,8	115,79	128,70	„				0,0920
3	„	„	627,6	119,1	114,13	126,89	534,0				0,0926
4	„	„	640,5	122,1	117,11	130,07	„				0,0931
5	„	„	640,5	124,9	117,91	130,72	536,8				0,0915
6	„	„	640,5	127,6	120,64	133,58	„				0,0932
											0,0927

(X.) Arsenik.

No.	O	W	S	U	V_1	V_m	V	λ_1	T	λ_2	c
	Terpentinöl										
1	3884,9	274,4	505,7	79,2	80,22	90,15	536,0	0,006	0,92	7,3	0,0824
2	„	„	671,3	80,9	75,91	89,17	„	—	1,00		0,0823
3	„	„	576,4	77,9	80,94	92,13	536,9	0,013	0,42		0,0820
4	„	„	625,8	78,0	83,99	96,19	„	0,011	0,67		0,0823
5	„	„	603,3	120,6	115,65	126,44	534,4	0,008	0,42		0,0818
6	„	„	576,3	116,6	116,59	126,79	„	0,007	0,58	12,5	0,0814
								0,009		10,0	0,0822

(Y.) Terpentinöl.

Mit Pyrop von der spec. Wärme 0,1949 bestimmt.

No.	O	W	S	U	V_1	V_m	V	λ_1	T	λ_2	c
1	2492,9	100,14	610,8	143,7	134,83	170,68	535,0	0,023	0,75		0,4385
2	„	„	550,0	144,9	135,01	167,68	„	0,027	0,75		0,4378
3	„	„	343,2	146,1	137,49	158,41	„	0,015	0,60		0,4404
4	„	„	338,6	144,9	138,61	159,21	„	0,025	0,60	8,0	0,4407
								0,022			0,4393

(Z.) Krystallinisches Selen.

In Stücken. Spec. Gewicht bei 21° C. = 4,406.

Specifische Wärme des Terpentinöls = 0,4393.

No.	O	W	S	U	V_1	V_m	V	λ_1	T	λ_2	c
	Terpentinöl										
1	2492,9	100,14	438,6	146,1	137,79	149,76	535,0	—	0,60		0,0847
2	„	„	„	143,7	138,59	150,76	„	0,017	0,67		0,0865
3	„	„	„	136,9	133,15	145,56	„	0,007	0,67	11,3	0,0871
4	„	„	„	136,9	132,29	144,73	„	0,017	0,67		0,0872
5	„	„	„	137,5	132,50	144,76	„	0,017	0,60		0,0860
6	„	„	„	138,1	132,76	145,01	535,6	0,017	0,60		0,0857
7	„	„	„	138,7	133,27	145,56	„	0,010	0,60		0,0861
8	„	„	„	143,1	134,38	146,58	„	0,009	0,60		0,0855
								0,013			0,0861

Bei den folgenden fünf Beobachtungen ist die Maximumstemperatur nur sehr wenig von der Temperatur der Umgebung verschieden gewesen, und es haben keine Abkühlungsbeobachtungen angestellt werden können. Die Beobachtungen sind deshalb ohne die von λ_1 abhängige Correction berechnet. Diese Correction ist bei den vorstehenden Versuchen eine sehr kleine gewesen; bei den folgenden Beobachtungen würde sie, bei der geringeren Temperaturerhöhung der Flüssigkeit und weil die Temperatur der Umgebung meistens zwischen der Anfangs- und Endtemperatur liegt, noch geringer gewesen sein. Man wird also für die folgenden Resultate gleichen Werth mit den vorstehenden annehmen können.

No.	O	W	S	U	V_1	V_m	V	λ_1	T	λ_2	c
	Terpentinöl										
1	3884,9	161,6	442,6	122,6	118,67	126,89	534,4				0,0852
2	„	„	442,1	125,1	118,47	126,74	„				0,0857
3	„	„	442,5	135,0	122,51	130,82	„				0,0864
4	„	„	440,7	129,5	131,20	139,19	„				0,0857
5	„	„	410,7	132,6	129,63	137,14	„				0,0860
											0,0858

Mittel aus sämmtlichen 13 Beobachtungen = 0,0860.

Zu den Beobachtungen der *specifischen Wärme des Selens* ist noch Folgendes zu bemerken: Es ist zu diesen Versuchen ein anderes Terpentinöl von bedeutend grösserer specifischer Wärme benutzt. Die Versuche, durch welche dieselbe bestimmt ist, sind in den Tabellen den mit dem Selen ausgeführten unmittelbar vorangestellt. Die specifische Wärme dieses Terpentinöls stimmt genau überein mit derjenigen des französischen Terpentinöls des Handels, wie es bei den im 120. Bande von Pogg. Annalen mitgetheilten Beobachtungen benutzt ist*). Es ist also wahrscheinlich, dass das hier beim Selen benutzte Terpentinöl derselben Art gewesen ist, und dass der Grund für den geringeren Werth der specifischen Wärme des bei den übrigen Versuchen benutzten Oeles darin zu suchen ist, dass dieses frisch destillirt gewesen ist.

Bei den ersten Versuchen zur Ermittelung der specifischen Wärme des gewöhnlichen geschmolzenen Selens ist der Umstand sehr störend gewesen, dass dieser Körper noch unter 100° C. erweicht und unter gleichzeitiger heftiger Erwärmung zusammenschmilzt. Das Selen besitzt also die Eigenschaft, sich noch unter der Siedhitze des Wassers in eine isomere Modification zu verwandeln. Weitere Beobachtungen dieser Erscheinung haben gezeigt, dass diese Modification eine beständige ist. Bei anhaltendem Erwärmen in dem vom Dampfe des siedenden Wassers umströmten Raume sinkt die Temperatur wieder auf 100° C., und das Selen wird wiederum fest. Während es vorher dunkel glasglänzend war und muschligen Bruch besass, ist es jetzt grau, von metallischem Ansehen und zeigt feinkörnigen Bruch. Wird es erkaltet und dann wiederum auf 100° erwärmt, so bleibt es ungeändert.

Die hier erwähnte Eigenschaft des glasigen Selens ist später auch von *Regnault* entdeckt und von ihm untersucht. Die Resultate dieser ausführlichen Untersuchung, die eine vollkommene Bestätigung der mitgetheilten Thatsachen gegeben hat, sind im Jahre 1856 in den *Annales de chimie et de physique, III. Série, T. 46* veröffentlicht.

Nachdem diese Eigenschaft des Selens erkannt war, hatte die Bestimmung seiner specifischen Wärme, wenigstens in dieser metallähnlichen Modification, weiter keine Schwierigkeit. Das vorher vollständig in diese Modification verwandelte Selen ist in derselben Weise, wie die übrigen untersuchten Körper, in dem Dampfapparate auf die Temperatur des siedenden Wassers erhitzt und mit dieser Temperatur in die Mischflüssigkeit eingeführt. Die mitgetheilten Beobachtungen beziehen sich sämmtlich auf die metallähnliche Modification des Selens.

Sämmtliche 13 Beobachtungen stimmen sehr genau unter einander überein. Das Mittel derselben 0,0860 stimmt ausserdem sehr nahe mit dem

---

*) Vgl. die Note auf Seite 123 des vorliegenden Bandes.

von *Regnault* zuerst angegebenen Werthe der specifischen Wärme des Selens 0,0837*) überein. Späterhin ist von ihm die specifische Wärme der metallähnlichen Modification des Selens in der vorhin erwähnten Abhandlung bedeutend niedriger zu 0,0762 gefunden. Die Uebereinstimmung der Resultate in den beiden erstgenannten Fällen und die bedeutende Abweichung von diesem letzteren Werthe ist sehr auffallend. Die grosse Uebereinstimmung der in den Tabellen hier mitgetheilten Beobachtungen und die grosse Sorgfalt, mit der sie angestellt sind, schliesst die Annahme von Irrthümern bei dieser Untersuchung aus. Es muss weiteren Versuchen die Erklärung dieser bedeutenden Differenz vorbehalten bleiben. Das mit Zugrundelegung des letzten *Regnault*'schen Werthes berechnete Product aus specifischer Wärme und Aeq. Gewicht 6,05 stimmt zwar besser mit dem mittleren Werthe dieses Productes bei einfachen Körpern, als die mit Benutzung des obigen Werthes erhaltene Zahl 6,83, aber diese letztere Zahl liegt noch innerhalb der für dieses Product beobachteten Grenzen, so dass der erhaltene Werth 0,0860 sehr wohl mit dem Gesetze über die Constanz des Productes verträglich ist. Eine Wiederholung der Versuche über die specifische Wärme des Selens dürfte unter diesen Umständen jedenfalls von besonderem Interesse sein.

Die ermittelten Werthe der specifischen Wärme der verschiedenen hier untersuchten Körper stimmen bis auf geringe Abweichungen überein mit den Zahlen, welche später von Anderen gefunden sind**). Es bestätigt sich bei den salpetersauren und schwefelsauren Salzen und den Chlormetallen das im Jahre 1823 zuerst aufgestellte *Neumann'sche Gesetz****) von der Constanz des Productes aus Aeq. Gewicht und specifischer Wärme für chemisch ähnliche zusammengesetzte Körper.†)

In der folgenden Tabelle ist für die untersuchten Körper das genannte Product gebildet. Rei den ersten drei Klassen von Salzen ist aus dem Mittel der jedesmal nahezu gleichen Producte die specifische Wärme der einzelnen Salze berechnet und der so erhaltene Werth als der wahrscheinlich richtige angenommen.

---

*) *Ann. de ch. et de ph. S. II, T. 73, 1840.*

**) Vergl. die Zusammenstellung in *Kopp*'s Untersuchungen über die specifische Wärme der starren und tropfbarflüssigen Körper, 3. Suppl.-Band der Annal. der Chemie u. Pharmacie. 1865. — *C. P.*

***) Vgl. Seite 28—36 des vorliegenden Bandes. — *C. N.*

†) In dieser Tabelle ist mittelst der vorgesetzten Buchstaben: (D.), (E.), (F.), . . . (Z.) hingewiesen auf die bereits vorhin (Seite 126—133) gemachten Angaben (D.), (E.), (F.), . . . (Z.); — was um so nöthiger erschien, als hier und dort die Reihenfolge nicht überall dieselbe ist. — *C. N.*

Product aus spec. Wärme und Aeq. Gewicht.

	Aeq. Gew.	spec. Wärme	Product	Mittel der Producte	Berechnete spec. Wärme
		1. Salpetersaure Salze.			
(D.) Salpeters. Baryt . .	261,0	0,1492	38,94	38,88	0,1490
(E.) „ Bleioxyd .	331,0	0,1173	38,82		0,1174
(F.) „ Natron. .	85,0	0,2747	23,30	23,57	0,2773
(G.) „ Kali. . .	101,1	0,2343	23,69		0,2331
(H.) „ Silberoxyd	170,0	0,1395	23,72		0,1387
		2. Schwefelsaure Salze.			
(J.) Schwefels. Natron .	142,0	0,2280	32,38	32,39	0,2281
(K.) „ Kali . .	174,2	0,1860	32,40		0,1859
(L.) „ Magnesia .	120,0	0,2165	25,98		
		3. Chlorverbindungen.			
(N.) Chlornatrium . . .	58,5	0,2070	12,11	12,45	0,2127
(O.) Chlorkalium. . . .	74,6	0,1663	12,41		0,1669
(P.) Chlorsilber	143,5	0,0894	12,83		0,0867
(R.) Chlorammonium . .	53,5	0,3908	20,91	20,08	0,3753
(Q.) Chlorblei.	278,0	0,0692	19,24		0,0722
		4. Verschiedene zusammengesetzte Körper.			
(M.) Kohlens. Kali . . .	138,2	0,2046	28,28		
(S.) Bors. Natron . . .	65,9	0,2364	15,58		
(T.) Borsäure	69,8	0,2341	16,34		
(U.) Einfach chroms. Kali	194,4	0,1840	35,77		
(V.) Doppelt „ „	294,6	0,1857	54,70		
(W.) Antimonoxyd . . .	292,0	0,0927	27,07		
		5. Einfache Körper.			
(X.) Arsen	75,0	0,0822	6,16		
(Z.) Selen	79,4	0,0860	6,83		

ÜBER EINE NEUE METHODE ZUR BESTIMMUNG DER INNERN UND ÄUSSERN WÄRMELEITUNGS-FÄHIGKEIT.

Aus einem Briefe an *Radau*.

EXPERIENCES SUR LA CONDUCTIBILITÉ CALORIFIQUE DES SOLIDES.

Aus den: Annales de Chimie et de Physique.

ÜBER EINE NEUE METHODE ZUR BESTIMMUNG DER INNERN UND ÄUSSERN WÄRMELEITUNGSFÄHIGKEIT. 1862.*)

— — — Meinen besten Dank für Ihr sehr freundliches Schreiben und dessen Beilagen. — — — — — — — — — — — — — — — —
Die *Angström*'sche Abhandlung hatte mich schon etwas aufgeschreckt, als ich Ihren Brief erhielt; weil sie mir eine Mahnung war, meine alten Arbeiten zusammenzustellen, was mir immer unangenehm ist. Ich habe im Nachstehenden Ihrem Wunsche zu genügen gesucht, — bin aber wahrscheinlich weit über Ihre Absicht hinausgegangen. Machen Sie mit dem Mitgetheilten, was Sie für zweckmässig halten. Angenehm würde es mir sein, wenn auf diese Weise mir eine Art Priorität gesichert würde; — denn bei der besten Absicht weiss ich doch nicht, ob ich sofort zur Ausarbeitung dieser Beobachtungen kommen werde.

Ich habe noch eine ziemliche Anzahl Stoffe, die ich noch vorher bestimmen möchte. Ich werde auch die *Angström*'sche Methode in der Anwendung prüfen; es ist möglich, dass dieselbe Vortheile hat, wenn die Leitungsfähigkeiten als Functionen der Temperatur bestimmt werden sollen. — — — —

Das Wesentliche *meiner* Methode ist:

1., dass in ihr nicht der stationäre Temperaturzustand beobachtet wird, wie bisher (wenigstens vor Angström) geschehen ist, sondern der mit der Zeit variable Zustand; die Möglichkeit, diesen variablen Zustand zur Bestimmung der Leitungsfähigkeit zu benutzen, beruht auf der ausserordentlich

*) Aus einem Briefe *Neumann*'s an einen seiner Schüler, Herrn *Radau* (gegenwärtig in Paris, und Mitglied der Pariser Akademie d. Wiss.). Dieser Brief, der vom 10. März 1862 datirt ist, wurde mir von *Radau* freundlichst zur Verfügung gestellt. Die Beobachtungen, von denen in diesem Briefe die Rede ist, rühren her aus den Jahren 1859—62; wie solches aus dem Briefe selber deutlich hervorgeht. (Vgl. Seite 141.) — *C. N.*

raschen Convergenz der trigonometrischen Reihen, durch welche er dargestellt wird, in welchen, wenn die Zeit t einen gewissen Werth erreicht hat, man nur die ersten Glieder zu berücksichtigen hat;

2., dass mit meinem Stabe keine Art von Deformation vorgenommen wird, die sich nicht strenge mit der Rechnung verfolgen liesse.

3. Diess wird erreicht durch eingelöthete Thermoketten von dünnem Eisen- und Neusilberdraht. Von diesen Thermoketten habe ich mich überzeugt, dass, wenn die Temperaturen ihrer Löthstellen zwischen 0^0 und 100^0 liegen, ihre Stromstärke so nahe proportional mit der Temperaturdifferenz ist, dass die etwaige Abweichung nicht in Betracht zu nehmen ist.

4. Bei dieser Methode wird gleichzeitig jedesmal der absolute Werth der innern und äussern Leitungsfähigkeit bestimmt.

Die nähere Einrichtung zeigt beistehende Figur, in welcher AB ein Metallstab von etwa 3—4 Linien Durchmesser ist. In α und β befinden sich eingelöthete Thermoketten. Ferner bezeichnet L eine kleine Lampe. Die Enden der Thermoketten stehen mit den beiden Drähten eines Differential-Multiplicators in Verbindung, der von mir so construirt ist, dass mittelst desselben genau sowohl die Summe der beiden Ströme in α und β, als auch ihre Differenz gemessen werden kann. Die Messung geschieht durch einen Spiegelapparat.

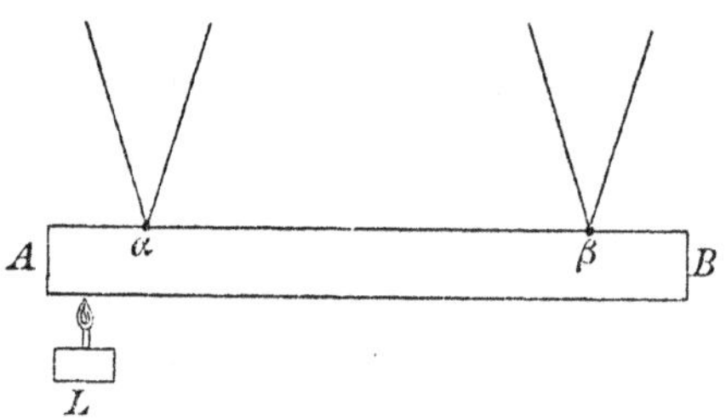

Es wird durch die Lampe L das eine Ende des Stabes erwärmt, soweit, dass ungefähr eine stationäre Temperaturvertheilung in ihm eingetreten ist; — dann wird die Lampe fortgeführt (entfernt), — und nun beginnen nach einiger Zeit die Beobachtungen, nämlich der Summen der Stromstärken und der Differenzen derselben in den Ketten α und β; sie werden als Functionen der Zeit ermittelt, wobei der isochron schwingende Magnet die Uhr ersetzt. Man erhält auf diese Weise die Angaben für jene Summen und Differenzen von 8 zu 8 Secunden (Schwingungsdauer meines Magneten). Dieses ist ein wesentliches Stück meiner Beobachtungsmethode.

Man fühlt schon vor der Rechnung, dass die *Differenz* vorzugsweise von der *innern* Leitungsfähigkeit abhängt, die *Summe* vorzugsweise von der *äussern*. In der That lassen sich die Verhältnisse der in der Zeit aufeinanderfolgenden Summen durch *eine* Constante darstellen, und durch eine *zweite* die in gleichen Zeitintervallen folgenden Differenzen. Aus diesen beiden Constanten ergeben sich die beiden Leitungsfähigkeiten. Hierin liegt nach meiner

Meinung ein Vorzug dieser Methode. Angström muss seine Beobachtungsreihen erst durch *sieben* Constanten darstellen, aus denen er die Leitungsfähigkeiten ableitet.

Statt der Stäbe wende ich auch Ringe an, wie in nebenstehender Figur zu sehen ist.

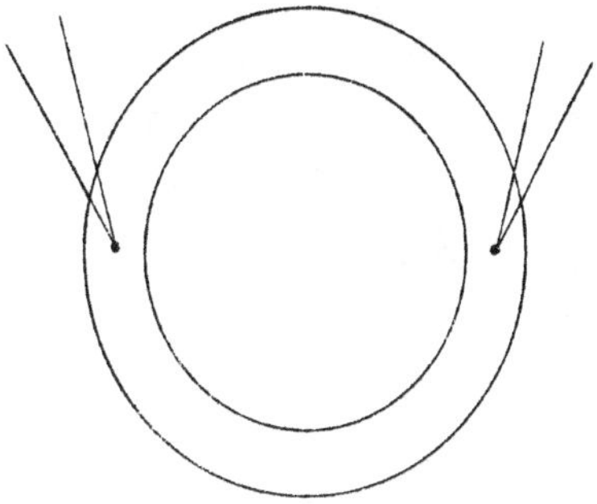

Meine ersten Beobachtungen (vor etwa *drei* Jahren) waren nur auf den Verlauf der Differenzen gerichtet; — es sind dann aber wenigstens zwei Stäbe von verschiedener Länge oder zwei Ringe von verschiedenem Durchmesser nöthig. Die Beobachtung der Differenzen in zwei solchen Stäben lässt ebenso direct die beiden Leitungsfähigkeiten bestimmen. Ich fand auf diesem Wege die *innere Leitungsfähigkeit* für

Kupfer	Messing	Zink	Neusilber	Eisen
1306	356	362	129	193;

die Metalle hatten folgendes specifische Gewicht:

8,73	8,48	7,19	8,54	7,74.

Ich bestimmte auch das *elektrische* Leitungsvermögen derselben, und fand, wenn dasselbe für Kupfer = 73,3 gesetzt wird, folgende relative Zahlen:

73,3	17,9	21,1	6,45	10,2

Die Verhältnisse der Wärmeleitungsfähigkeiten und der elektrischen sind hienach respective:

17,6	19,8	17,1	19,9	18,9.

Diese Zahlen scheinen das *Wiedemann*'sche Gesetz, dass beiderlei Leitungsfähigkeiten proportional sind, zu bestätigen, wenn man bedenkt, dass die vorliegenden Bestimmungen sich auf verschiedene Temperaturen beziehen.

Den Grund der starken Abweichung meiner Resultate von denen, die *Angström* erhalten hat, weiss ich nicht anzugeben. Vielleicht ist es derselbe Grund, durch welchen man die starken Differenzen in den Angaben für das elektrische Leitungsvermögen zu erklären hat; für Kupfer z. B. giebt, wenn Silber 100 hat, Becquerel: 91, Lenz: 73, Riess: 66, und Buff: 94.

Die Einheiten der obigen Zahlen für die thermische Leitungsfähigkeit sind 1) eine Minute Zeit, 2) die Pariser Linie für die Länge, 3) 1^0 R. für die Temperatur, 4) für die Wärme diejenige, welche 1 Cubiclinie Wasser von 0^0 R. bis 1^0 R. erwärmt.

Meine Zahlen erleiden übrigens möglicherweise in der letzten Ziffer noch eine Aenderung, wenn ich sämmtliche Beobachtungen zusammenstelle.

Die vorstehende Methode kann nur bei *guten* Leitern, wie Metalle, angewendet werden. Bei *schlechten* Leitern wende ich eine andere Methode an. Ich fertige aus den Substanzen Kugeln oder Würfel an, deren Durchmesser, resp. Kanten etwa 5 bis 6 Zoll betragen. Ich erwärme diese Körper gleichförmig, und lasse sie dann in freier Luft abkühlen. Wenn diese Abkühlung $\frac{1}{2}$ bis 1 *Stunde* gedauert hat, beginnen die Beobachtungen, nämlich der Temperaturen im Centrum und an der Oberfläche. Diese geschehen wiederum mittelst kleiner Thermoketten. Durch diese erhält man in gleichen Zeitintervallen die Summen und die Differenzen der Temperaturen an den genannten beiden Stellen. Man kann auch hier den Einfluss dieser Thermoketten auf den Gang der Temperatur der Rechnung unterwerfen. Auf diesem Wege erhielt ich für $\frac{k}{CD}$, wo k die Wärmeleitungsfähigkeit ist, D das specifische Gewicht der Substanz, und C ihre specifische Wärme, folgende Werthe:

	Steinkohle (Schieferkohle)	Schwefel (geschmolzener)	Eis	Schnee	Gefrorene Gartenerde	Sandstein
$\frac{k}{CD} =$	1,37	1,68	13,5	4,2	10,8	16

Bei der Steinkohle wird CD nahe 0,26 betragen. Die Steinkohle hat also die Leitungsfähigkeit $k = 0{,}35$.*) Bei Eis ist CD nahe 0,5; also Eis hat $k = 6{,}7$. Wegen des Schutzes, den eine Schneedecke dem Erdboden gewährt, habe ich die Leitung des Schnees bestimmt, und behufs einer *künftigen* Theorie des Eindringens des Frostes in die Erde (oder Theorie der grossen Eislager im nördlichen Sibirien) habe ich diese Grössen auch für das gefrorene Erdreich bestimmt.

Unter den Gebirgsarten finden in Beziehung auf die Wärmeleitung grosse Verschiedenheiten statt, und ohne Kenntniss derselben kann man sich von der Bewegung der Wärme in der Erde keine genügende Rechenschaft geben. Ich finde z. B. bei einem grobkörnigen Granit: $\frac{k}{CD} = 12{,}9$, hingegen beim Serpentin von Zöblitz in Sachsen: $\frac{k}{CD} = 7{,}0$.

Das einzige Hinderniss, durch diese Methoden zu ganz scharfen Resultaten zu gelangen, besteht darin, dass sowohl die äussere als die innere Leitungsfähigkeit mit der Temperatur stark variirt, und die mathematische Theorie der Wärme in Beziehung auf diese Abhängigkeit der genannten Grössen von der Temperatur noch *ganz unvollkommen* ist, — und vielleicht noch lange unvollkommen bleiben wird.

*) Hieraus würde, wenn obiges Gesetz (der Proportionalität) auch hier anwendbar ist, folgen, dass das elektrische Leitungsvermögen der Steinkohle = 0,02 ist. *Matthiessen* giebt für Gaskohle, die gewiss viel besser leitet: 0,04. — (*Anm. des Originals.*)

EXPERIENCES SUR LA CONDUCTIBILITÉ CALORIFIQUE DES SOLIDES. 1862.*)

Je vais d'abord, en peu de mots, caractériser la méthode que j'ai employée:

1°. ce n'est pas l'état stationaire des températures que j'observe, mais leur état variable, et ce qui permet de le faire servir à la détermination des pouvoirs conducteurs, c'est la convergence rapide des séries trigonométriques au moyen desquelles cet état variable est représenté; on peut se contenter des premiers termes de ces séries dès que le temps t a pris des valeurs assez grandes;

2°. les barres dont on fait usage n'ont à subir aucune déformation qui échappe au calcul;

3°. on parvient à réaliser cette condition en introduisant dans la barre à étudier des piles thermo-électriques très-minces, formées d'un fil de fer et d'un fil de maillechort qui sont soudés dans la barre; tant que les températures des soudures sont comprises entre 0^0 et 100^0, l'intensité des courants est proportionelle aux différences de température, et cette loi s'écarte si peu de la vérité, qu'on peut l'admettre comme rigoureuse;

4°. ma méthode permet de *déterminer en même temps les valeurs absolues de la conductibilité intérieure et de la conductibilité extérieure.*

Les barres employées avaient 3 à 4 lignes de côté. Les deux sondes thermo-électriques étaient soudées à peu de distance des extrémités de chaque barre, et leurs fils allaient rejoindre un galvanomètre différentiel auquel j'ai donné une disposition spéciale qui permet de mesurer exactement la somme

*) Aus den Annales de chimie et de physique, troisième série, tome 66, pag. 183—187; 1862. Die Beobachtungen, von denen in dieser Abhandlung die Rede ist, sind von Neumann angestellt worden in den Jahren 1859—62. Vgl. die Note auf Seite 139. — *C. N.*

et la différence des deux courants qui traversent les piles; cette mesure se fait d'ailleurs à l'aide d'un appareil à miroir.

L'une des extremités de la barre ainsi préparée était chauffée par la flamme d'un quinquet jusqu'à ce que les températures atteignissent l'état d'équilibre; puis on enlevait la flamme et l'on commençait, au bout d'un certain temps, à observer les sommes et les différences des intensités des deux courants; on les obtenait ainsi en fonction du temps, les oscillations isochrones de l'aiguille aimantée servant de chronomètre. La durée d'oscillation de mon appareil était de huit secondes, je pouvais donc déterminer les intensités des courants de huit en huit secondes. On voit déjà, sans faire le calcul, que les *différences* de ces intensités dépendent essentiellement de la conductibilité *intérieure*, tandis que les *sommes* correspondent plutôt à la conductibilité *extérieure*; et l'analyse conduit, en effet, à ce résultat que les rapports des sommes successivement observées s'expriment par une même constante, et les différences successives par une autre constante. La combinaison de ces deux constantes donne ensuite les valeurs absolues des deux pouvoirs conducteurs.

Dans quelques expériences j'ai aussi remplacé les *barres* par des *anneaux*, les sondes étant alors fixées en deux points diamétralement opposés.

Les premières observations que j'ai faites dans cette voie, *il y a trois ans*, ne portaient que sur la marche des différences; mais alors il a fallu employer au moins deux barres de longueurs différentes, ou bien deux anneaux de diamètre différent, pour déterminer à la fois les coefficients de conductibilité extérieure et intérieure. J'ai trouvé de cette manière les nombres suivants pour la conductibilité intérieure de quelques métaux dont j'ai eu soin de déterminer en même temps le poids spécifique et la conductibilité électrique relative.

Substances	Conductibilité calorifique intérieure	Poids spécifique	Conductibilité électrique
Cuivre	1306	8,73	73,3
Laiton	356	8,48	17,9
Zinc	362	7,19	21,1
Argentan. . . .	129	8,54	6,45
Fer	193	7,74	10,2

J'ai pris pour la conductibilité électrique le nombre de Wiedemann: 73,3; sa loi de la proportionnalité des deux coefficients de conductibilité se vérifie assez bien par mes résultats, comme on peut en juger par les rapports de mes nombres, qui sont respectivement: 17,6, 19,8, 17,1, 19,9, 18,9, en moyenne: 18,7. Les faibles écarts autour de cette moyenne sont d'autant moins étonnants que mes déterminations ne se rapportent pas à une même température. On doit se rappeler, du reste, que M. Becquerel a trouvé 91 pour la conductibilité électrique du cuivre, Lenz 73, Riess 66, Buff 94, celle de l'argent étant toujours 100.

Mes unités sont: la minute, la ligne de Paris et la quantité de chaleur capable d'élever de 1° la température d'une ligne cube d'eau*). Quand j'aurai soumis tous mes résultats à une discussion d'ensemble, il est possible que les nombres rapportés ci-dessus éprouvent quelques légères modifications.

Pour étudier les substances qui conduisent mal la chaleur, j'ai eu recours à une autre méthode. J'en ai formé des *cubes* de 5 à 6 pouces de côté, ou des *boules* du même diamètre. Ces corps ayant été uniformément chauffés, on les laissait se refroidir à l'air libre; et lorsque ce réfroidissement avait duré un certain temps (qui variait entre une demi-heure et une heure entière), on commençait à observer les températures au centre et à la surface, au moyen des sondes thermo-électriques dont il a déjà été question; leur influence sur la marche des températures peut toujours être appréciée par le calcul. J'ai obtenu de cette manière les valeurs suivantes du rapport $\frac{k}{CD}$, k étant la conductibilité intérieure, C la chaleur spécifique, et D la densité.

Substances	$\frac{k}{CD}$
Houille	1,37
Soufre fondu	1,68
Glace	13,5
Neige	4,2
Terreau congelé	10,8
Grès	16,0

Pour la *houille*, on peut supposer $CD = 0{,}26$, ce qui donnerait $k = 0{,}35$ pour cette matière; et sa conductibilité électrique serait 0,02, s'il était démontré que la loi de Wiedemann est générale. On a d'ailleurs 0,04 pour le charbon métallique, d'après Wiedemann.

Pour la *glace*, nous avons $CD = 0{,}5$, d'où: $k = 6{,}7$. Les valeurs relatives à la *neige* et à la *terre congelée* pourront servir à une théorie future du gel et du dégel de la surface terrestre, qui conduira peut-être à l'explication des glacières de la Sibérie, etc.

---

*) Pour ramener les valeurs ci-dessus aux unités de *M. Péclet* ou à celles de *M. Angstroem*, il faut multiplier par 0,0848 ou par 0,0509 respectivement.

Les *roches* présentent des différences assez marquées sous le rapport de la conductibilité calorifique; et il est indispensable de les connaître si l'on veut se rendre compte du mouvement de la chaleur à l'intérieur du globe. Ainsi, j'ai trouvé $\frac{k}{CD} = 12{,}9$ dans un *granit à gros grains*, et $= 7{,}0$ dans une *serpentine de Zöblitz (Saxe)*.

La seule difficulté sérieuse qui empêche d'obtenir des résultats parfaitement rigoureux par ce genre d'observations, c'est *la variation très-sensible des conductibilités avec la température.* Malheureusement la théorie de la chaleur est encore, pour ainsi dire, dans son enfance pour ce qui concerne les lois suivant lesquelles ont lieu ces variations.

Die den Neumann'schen Untersuchungen sich anschliessenden Betrachtungen von Radau.

In Paris, in der Zeitschrift „Cosmos", erschien im Jahre 1862 ein Aufsatz von *Radau*: *„Sur la conductibilité calorifique"*. In diesem Aufsatz sucht Radau (unter Benutzung einer ihm von Neumann zu Theil gewordenen brieflichen Mittheilung, vgl. Seite 137—142) einen Ueberblick zu geben über das Wesen und die Tragweite der *Neumann'schen Untersuchungen*, indem er dabei in den Kreis seiner Betrachtungen mithineinzieht die Arbeiten *Angström*'s, ferner die durch *Neumann*'s Anregung entstandenen Arbeiten von *Schumann* und *Saalschütz*, und andere Arbeiten.

Bei der grossen Bedeutung, welche dieser Radau'sche Aufsatz für unsere Kenntnisse über die Phänomene der Wärme und für die weitere Entwicklung der betreffenden Theorien besitzt, und bei der hohen Werthschätzung, welche *Neumann* selber für diesen Aufsatz seiner Zeit an den Tag legte, dürfte es angemessen sein, denselben hier folgen zu lassen. Es dürfte das um so mehr angemessen sein, als *Radau*, und ebenso auch *Schumann* und *Saalschütz*, Neumann's Schüler sind, sowie auch in Anbetracht dessen, dass der Radau'sche Aufsatz bis jetzt wohl nur wenig bekannt geworden sein dürfte. — Der Radau'sche Aufsatz lautet (mit einigen Zusätzen aus späterer Zeit):

Les coefficients de conductibilité des métaux et des autres corps solides sont encore assez peu connus. Les méthodes qu'on a employées pour les déterminer étaient fondées, soit sur l'observation des quantités de chaleur qui traversent une paroi dont les faces sont maintenues à des températures constantes, soit sur la mesure des températures stationnaires le long d'une barre chauffée à l'une de ses extrémités. Mais l'une et l'autre de ces expériences est sujette à des difficultés dont l'influence se fait sentir dans les résultats. La première, fondée sur l'emploi de la formule connue $Q = k\frac{a-b}{\varepsilon}$ où ε signifie l'épaisseur de la paroi, a et b étant les températures de ses deux faces, est aussi inexacte au point de vue de la théorie qu'au point de vue de la mise en exécution, parce que les liquides en contact avec la paroi en modifient la conductibilité jusqu'à la rendre insaisissable. *Péclet* a essayé de remédier à cette cause d'erreur en renouvelant sans cesse le liquide employé comme véhicule de la chaleur, mais le frottement des surfaces devait alors occasionner une nouvelle inexactitude. La seconde expérience dont nous avons parlé ne fournit que les rapports des pouvoirs conducteurs; elle est basée sur l'équation:

$$\frac{\partial^2 u}{\partial x^2} - \frac{hp}{ks} u = 0$$

dans laquelle h et k sont les coefficients de conductibilité extérieure et intérieure, p le périmètre, s la section normale de la barre, u l'excès de température. Cette équation différentielle a pour intégrale

$$u = Me^{\lambda x} + Ne^{-\lambda x}$$

en faisant $\frac{hp}{ks} = \lambda^2$, et il s'ensuit qu'à l'état stationnaire les excès de température observés le long de la barre aux points $x = 0$, $x = l$, $x = 2l$, etc., devront suivre la loi indiquée par la série: $M + N$, $Me^{\lambda l} + Ne^{-\lambda l}$, $Me^{2\lambda l} + Ne^{-2\lambda l}$, etc. La somme du premier et du troisième binôme divisée par le deuxième, donne un quotient égal à $(e^{\lambda l} + e^{-\lambda l})$, et, par conséquent, indépendant des constantes inconnues M, N. Il est donc facile de vérifier la formule générale par la constance des quotients obtenus en divisant toujours la somme des excès de température observés en deux points dont la distance est $2l$, par l'excès du point intermédiaire. En même temps, la valeur moyenne de ces quotients fera connaître $e^{\lambda l} + e^{-\lambda l}$ et, par suite, λ. En comparant alors diverses barres de même forme, et recouvertes du même vernis, on peut supposer que les valeurs trouvées pour λ^2 sont inversement proportionnelles aux valeurs de k, et en déduire les conductibilités relatives des divers métaux. C'est ce qui a été fait d'abord par M. *Biot*, ensuite par MM. *Despretz*, *Langberg*, *Wiedemann* et *Franz*, *Gouillaud*, *Forbes*, *Violette*, etc. Voici quelques-uns des résultats obtenus par ces physiciens:

	Despretz	W. et F.
Cuivre	89,82	73,6
Fer	37,43	11,9
Plomb	17,96	8,5

Ces chiffres ne sont que relatifs. Prenons la conductibilité du plomb, d'après *Péclet*, égale à 3,82, ce qui veut dire que 3,82 calories traversent, pendant une seconde, 1 mètre carré d'une paroi de plomb ayant une épaisseur de 1 millimètre, lorsque les températures aux deux faces diffèrent de 1 degré; alors les conductibilités absolues du cuivre et du fer seront, d'après M. *Despretz* 19,11 et 7,95; d'après les deux physiciens allemands, 33,07 et 5,35. Le rapport des deux derniers nombres est 6,2; M. *Angstroem* a trouvé 5,6 par des expériences analogues faites sur des barres de cuivre et de fer, et ces deux chiffres se rapprochent déjà beaucoup. Mais les valeurs absolues, conclues de la conductibilité du plomb, d'après Péclet, sont très incertaines: à côté des nombres 19,11 et 33,07, on avait pour le cuivre 0,23, d'après Clément, et 1,22 d'après MM. Thomas et Laurent.

Il était donc à désirer qu'on trouvât une méthode pour déterminer, avec quelque espoir de succès, les pouvoirs conducteurs absolus des corps solides. Or, il y a deux méthodes qui conduisent à ce résultat; la première est due à M. *Neumann*, l'autre à M. *Angstroem*.

Nous commencerons par décrire la première, que M. *Neumann* a mise en œuvre d'abord il y a trois ans, puis encore tout récemment, et dont il a eu l'extrême bonté de nous envoyer un exposé sommaire. Nous sommes heureux de pouvoir en offrir les prémices à nos lecteurs, en attendant que l'illustre physicien de Kœnigsberg trouve assez de loisir pour publier ses résultats avec tous les développements nécessaires.

Ce qui est essentiellement nouveau dans cette méthode, c'est qu'on observe non plus l'état permanent, mais l'état variable des températures. L'întégration de l'équation différentielle du mouvement de la chaleur conduit alors à une série trigonométrique, dont les coefficients décroissent rapidement dès que l'argument t prend des valeurs assez considérables; on peut donc se borner aux premiers termes de la série, les déterminer par l'expérience, et en déduire *directement les valeurs absolues de la conductibilité intérieure et de la conductibilité extérieure.*

M. Neumann fait usage de barres métalliques ayant 3 à 4 lignes de côté; à quelque distance de leurs extrémités, on y introduit deux sondes thermo-électriques formées chacune de deux fils très-minces de fer et de maillechort qui sont soudés dans la barre et qui se relient à un galvanomètre différentiel. L'un des deux bouts de la barre est alors chauffé par la flamme d'une petite lampe, qu'on enlève lorsque les températures sont devenues stationnaires. Au bout d'un certain temps, les observations commencent; une disposition spéciale du galvanomètre permet de mesurer les sommes et les différences des excès de température qui ont lieu dans les soudures des deux sondes, et les oscillations isochrones de l'aimant qui se meut sous l'influence des courants thermo-électriques, servent à obtenir ces températures en fonction du temps. M. Neumann pouvait ainsi observer de 8 en 8 secondes les sommes et les différences des températures en deux points de la barre, et l'analyse a montré que les rapports des *sommes* successives dépendent d'une seule constante, et ceux des *differences* d'une autre constante; en les combinant, on obtient les valeurs absolues des deux pouvoirs conducteurs; et c'est là encore un des avantages essentiels de la méthode de M. Neumann, car on va voir qne le nombre des constantes à déterminer est beaucoup plus grand pour le procédé de M. Angstroem. On peut d'ailleurs, au lieu d'une barre, employer un anneau; les piles sont alors fixées en deux points opposés du contour. De plus, on peut se borner à observer les différences des courants, comme M. Neumann l'a fait d'abord; mais dans ce cas, il faut employer au moins deux barres ou deux anneaux de dimensions différentes.

Nous allons donner quelques-uns des résultats qui ont été obtenus de cette manière; seulement nous nous permettrons de les exprimer dans les unités de M. Angstroem, qui nous semblent mériter la préférence. Ces unités sont *la minute et le centimètre;* le coefficient k signifie alors *la quantité de chaleur qui dans une minute traverse un centimètre carré d'une paroi ayant une épaisseur de 1 centimètre, lorsque les températures des deux faces diffèrent de 1 degré; l'unité de chaleur étant la quantité qui élève de 1 degré la température de 1 centimètre cube (1 gramme) d'eau.* Pour passer aux unités de M. Péclet, on n'aura qu'à multiplier nos chiffres par $\frac{10}{6}$. A côté des coefficients k, on trouve les poids spécifiques et les conductibilités électriques, ces quantités ayant été déterminées en même temps.

	k	Poids spécif.	Cond. électr.
Cuivre	66,48	8,73	69,6
Laiton	18,12	8,48	17,0
Zinc	18,43	7,19	20,0
Argentan	6,57	8,54	6,13
Fer	9,82	7,74	9,7

Les conductibilités électriques ne sont que relatives; mais l'on voit qu'elles diffèrent bien peu des conductibilités calorifiques, ce qui confirme la loi de Wiedemann sur la proportionnalité de ces deux espèces de quantités.

Pour les substances qui conduisent mal la chaleur, M. Neumann se sert d'un procédé différent. Des cubes ou des boules de 13 à 16 centimètres de diamètre sont uniformément chauffés, puis abandonnés au refroidissement; une demi-heure ou une heure après on commence à observer les températures au centre et à la surface, toujours au moyen de sondes thermo-électriques. Ces observations donnent la valeur absolue du rapport $\frac{k}{CD}$, en désignant par C la chaleur, par D le poids spécifique*). Le produit CD sera évidemment la capacité de l'unité de volume; en la supposant exprimée par la capacité de l'eau, on pourra la traiter comme une constante indépendante des unités de longueur choisies pour k. Voici maintenant les valeurs de $\frac{k}{CD}$ déterminées par M. Neumann.

	$\frac{k}{CD}$	CD	k
Houille	0,0697	0,26	0,018
Soufre fondu	0,0855	0,38	0,033
Glace	0,6871	0,454	0,312
Neige	0,2138		
Terreau congelé	0,5497		
Grès	0,8144		
Granit	0,6566		
Serpentine	0,3563		

Pour la glace, M. Neumann prend $CD = 0{,}5$, mais nous préférerions 0,454, ce qui donne la valeur de k adoptée ci-dessus. Les dernières décimales de la première colonne sont incertaines; elles résultent seulement de la réduction que nous avons fait subir aux données originales. Et dans tous les cas, les valeurs de k varient encore avec la température suivant une loi inconnue.

---

*) Um die *Neumann*'schen oder vielmehr *Fourier*'schen Bezeichnungen aufrecht zu erhalten, habe ich mir erlaubt, in diesem Aufsatz die *Radau*'schen Buchstaben c, $\varDelta$ respective durch C, D zu ersetzen. Gleichzeitig wurde hiedurch erforderlich, den *Radau*'schen Buchstaben C durch irgend ein anderes Zeichen γ zu ersetzen. — *C. N.*

On avait d'ailleurs, d'après *Péclet*, pour

	D	k
Pierre calcaire	2,34	0,347
Pierre calcaire	2,22	0,283
Sable quartzeux	1,47	0,045
Coke pulvérisé	0,77	0,027

Il convient d'ajouter ici quelques mots d'explication sur le principe de la méthode de M. *Neumann**). On a d'abord l'équation differentielle:

$$\frac{CD}{k}\frac{\partial u}{\partial t} = \frac{\partial^2 u}{\partial x^2} - \lambda^2 u,$$

qui admet la solution:

$$a e^{-bt} \cos\left(\frac{gx}{l} + c\right),$$

les constantes b, g étant liées par la relation:

$$b\frac{CD}{k} = \frac{g^2}{l^2} + \lambda^2,$$

où $2l$ est la longueur de la barre. Nous compterons x à partir du milieu. Aux deux extrémités, il faut remplir les deux conditions:

$$\frac{\partial u}{\partial x} = \pm \frac{h}{k} u \quad \text{pour} \quad x = \mp l,$$

ce qui peut se faire en prenant:

$$c = 0, \quad g \operatorname{tang} g = \frac{hl}{k}, \quad \text{ou bien:} \quad c = \frac{\pi}{2}, \quad -g \operatorname{cotg} g = \frac{hl}{k}.$$

Il y a donc toujours deux racines associées g_1, g_2, qui sont données par la formule

$$\frac{hl}{k} = g_1 \operatorname{tang} g_1 = g_2 \operatorname{tang}\left(g_2 - \frac{\pi}{2}\right),$$

et qui fournissent la solution particulière:

$$u = a_1 e^{-b_1 t} \cos\frac{g_1 x}{l} - a_2 e^{-b_2 t} \sin\frac{g_2 x}{l}.$$

On prendra: $g_1 < \frac{\pi}{2} < g_2 < \pi < g_1' < \frac{3\pi}{2} < g_2' < 2\pi \ldots$ Les coefficients a se déterminent de façon que, pour $t = 0$, l'expression

$$\sum\left(a_1 \cos\frac{g_1 x}{l} - a_2 \sin\frac{g_2 x}{l}\right)$$

répresente l'état stationaire. En nous contentant des deux premiers termes, et désignant par $u_{\pm x}$ les températures de deux points symétriques $(\pm x)$, nous aurons:

$$u_{-x} + u_{+x} = 2a_1\left(\cos\frac{g_1 x}{l}\right) e^{-b_1 t},$$

$$u_{-x} - u_{+x} = 2a_2\left(\sin\frac{g_2 x}{l}\right) e^{-b_2 t}, \text{ —}$$

progressions géométriques qui font connaître les constantes b_1, b_2. On trouve alors k et h par les relations:

$$b_1 CD = k\frac{g_1^2}{l^2} + \frac{hp}{s}, \quad b_2 CD = k\frac{g_2^2}{l^2} + \frac{hp}{s},$$

*) Ce passage a été ajouté. Voir sur le même sujet: *Kirchhoff: Theorie der Wärme*. — *R. R.*

en commençant par calculer g_1, g_2 avec un valeur provisoire du rapport $\frac{h}{k}$. Il serait utile d'observer aussi directement $u_0 = a_1 e^{-b_1 t}$.

S'il s'agissait d'un *anneau*, de circonférence $2l$, on prendrait: $g = n\pi$,

$$u = a_0 e^{-b_0 t} + a_1 e^{-b_1 t} \cos\left(\frac{\pi x}{l} + c_1\right) + \cdots$$

x étant ici l'arc, et l'on aurait, par deux points diamétralement opposés ($x = 0$, $x = l$):

$$u_0 + u_l = 2a_0 e^{-b_0 t},$$

$$u_0 - u_l = 2a_1 e^{-b_1 t},$$

avec les relations:

$$b_0 CD = \frac{hp}{s}, \quad b_1 CD = k\frac{\pi^2}{l^2} + \frac{hp}{s}.$$

Passons maintenant aux expériences de M. *Angstroem*. Voici comment s'y prend le physicien suédois.

L'une des extrémités d'une barre prismatique est alternativement chauffée et refroidie pendant des durées de temps égales; ces variations périodiques de la température se propagent le long de la barre, et, au bout d'un certain temps, il s'établit un état permanent caractérisé par cette circonstance que la température moyenne en un point donné acquiert une valeur constante. Alors le mouvement de la chaleur se traduit par l'équation différentielle

$$\frac{CD}{k}\frac{\partial u}{\partial t} = \frac{\partial^2 u}{\partial x^2} - \lambda^2 u.$$

Cette équation est satisfaite par une expression de la forme

$$u = M \cdot e^{-\lambda x} + \sum \left\{ a_n e^{-g_n x} \sin\left(2n\pi\frac{t}{T} - g'_n x + b_n\right) \right\},$$

où l'on prendra pour n la série des nombres 1, 2, 3, ... Les coefficients g_n, g'_n sont liés aux constantes du problème par les deux relations

$$g_n g'_n = n\frac{\pi CD}{kT}, \quad g_n^2 - g_n'^2 = \lambda^2.$$

La série trigonométrique peut s'arrêter au troisième terme; mais il est essentiel que les barres soient assez longues pour qu'on puisse omettre les termes de la solution générale qui auraient des exposants positifs, $e^{\lambda x}$, etc. Les barres employées par M. Angstroem avaient 23,75 millim. de côté et 57 centim. de longueur; de 5 en 5 centim. on y avait pratiqué des trous larges de 2,2 millim., dans lesquels plongeaient des thermomètres à cuvettes très-minces et à échelles arbitraires. Les extrémités des barres étaient chauffées pendant 12 minutes par un jet de vapeur, puis refroidies pendant un temps égal, par de l'eau froide. On avait donc $T = 24$, et à une minute donnée t, au point $x = 0$,

$$u_0 = M + a_1 \sin(15^0 t + b_1) + a_2 \sin(30^0 t + b_2) + a_3 \sin(45^0 t + b_3).$$

L'excès de température qui se trouvait au même moment en un point $x = l$, doit se déduire de u_0 en multipliant M, a_1, a_2, a_3 par les exponentielles correspondantes, après y avoir remplacé x par l, et en diminuant b_1 de $g'_1 l$, b_2 de $g'_2 l$, b_3 de $g'_3 l$.

MM. Angstroem et Thalén lisaient de minute en minute deux thermomètres placés dans deux trous à 10 centim. de distance l'un de l'autre; les observations furent calculées par la méthode des moindres carrés, sous la forme indiquée plus haut pour u_0. Les rapport des deux valeurs de a_1 donnait alors $e^{10 g_1}$, la différence des valeurs de b_1 était $10 g_1'$; enfin, on avait k par la formule

$$k = \frac{\pi C D}{g_1 g_1' T}.$$

Voici, pour mieux faire comprendre la marche de ces opérations, un exemple tiré du Mémoire de M. Angstroem (*Ann. Pogg.*, 1861, 12). Le tableau suivant comprend les moyennes des lectures faites de minute en minute pendant cinq périodes complètes de 24 minutes chacune. La barre était en cuivre.

Thermom.	1m	2m	3m	4m	5m	6m	7m	8m	9m
IV.	107,50	102,62	93,55	82,91	72,27	63,30	56,83	52,89	50,13
I.	100,96	. .	98,88	. .	91,87	. .	84,07	. .	78,80

	10m	11m	12m	13m	14m	15m	16m	17m	18m
IV.	48,00	46,73	45,53	50,57	68,78	80,22	87,62	93,05	97,02
I.	. .	75,56	. .	73,51	. .	81,31	. .	88,67	. .

	19m	20m	21m	22m	23m	24m
IV.	100,09	102,54	104,50	106,19	107,54	108,85
I.	93,53	. .	96,86	. .	99,25	. .

Ces observations sont représentées par les deux formules:

$$(IV) = 80{,}39 + 31{,}745 \sin(15t + 134^0\,6{,}'2) + 4{,}578 \sin(30t + 14^0\,31{,}'8) + 3{,}717 \sin(45t + 104^0\,33')$$

$$(I) = 88{,}86 + 13{,}010 \sin(15t + 109^0\,2{,}'7) + 1{,}591 \sin(30t + 337^0\,15{,}'7) + 1{,}187 \sin(45t + 61^0\,58')$$

En échangeant les deux thermomètres IV et I, on eut deux séries analogues:

$$(I) = 74{,}57 + 25{,}203 \sin(15t + 142^0\,21{,}'2) + \text{etc.}$$

$$(IV) = 82{,}93 + 23{,}885 \sin(15t + 117^0\,47{,}'2) + \text{etc.}$$

Les coefficients sont ici exprimés en divisions des échelles arbitraires; pour éliminer ces échelles, on prend pour le rapport des deux valeurs de a, la racine carrée du produit

$$\frac{31{,}745}{13{,}010} \times \frac{25{,}203}{23{,}885},$$

laquelle est 1,6046; et l'on fait de même pour les autres coefficients, a_2, a_3, etc. Les différences des b sont multipliées par $\frac{\pi}{180}$. De cette manière, il vient enfin

$$k = CD \cdot 64,$$

en prenant pour unité de longueur et de surface le centimètre, pour unité de temps la minute. Les coefficients a_2, a_3, b_2, b_3 donnent des résultats peu différents, mais nécessairement moins certains. Un grand nombre d'expériences a donné en moyenne $k = 64{,}66\,CD$

pour le cuivre, et $k = 11{,}03\,CD$ pour le fer. En prenant CD respectivement égal à 0,84476 et à 0,88620, M. Angstroem obtient

$k = 54{,}62$ pour le cuivre, à 51 degrés,
$k = 9{,}77$ „ „ fer, à 53 degrés.

Plus tard, il a trouvé $k = 55{,}72$ pour le cuivre à 38°; la variation de k se rapproche de celle de la conductibilité électrique. On savait déjà que les deux pouvoirs conducteurs varient de la même manière d'une substance à une autre.

Dans les unités de M. Péclet, les nombres deviennent 91,03 et 16,28; leur rapport est 5,65; il a été trouvé égal à 5,59 par des observations faites *ad hoc.*

L'expérience de M. Angstroem réalise en petit ce qui se passe chaque année dans les couches supérieures du sol terrestre, qui s'échauffe et se refroidit périodiquement sous l'influence des actions solaires. Ces variations de la température à la surface du globe se propagent lentement vers l'intérieur, et la loi qu'elles suivent est exprimée par la formule trouvée plus haut, si l'on y fait $h = 0$ et $T = un\ an$, ce qui donne $g_n^2 = g_n'^2 = n\,\frac{\pi CD}{k}$, et

$$u = M_x + \sum \{a_n e^{-g_n x} \sin(n\,30^0 t - g_n x + b_n)\},$$

en désignant par t le numéro d'ordre du mois. Le premier terme de la formule, M_x, est une fonction linéaire de x. (Fourier, *Théorie de la chaleur.*)

En calculant sous cette forme les observations des températures du sol à différentes profondeurs, on peut déterminer le pouvoir conducteur d'un terrain donné. M. Angstroem a discuté de cette manière les températures observées à Upsal, au moyen de trois thermomètres enfoncés à 4, 6 et 10 pieds respectivement. Jusqu'à une profondeur de 5 pieds, le terrain est un mélange d'argile et de sable, auquel succède une argile humide qui perd 19 p. 100 de son poids au séchage. Voici les résultats auxquels M. Angstroem est parvenu:

	D	C	CD	$\frac{k}{CD}$	k
Argile et sable . . .	1,725	0,4416	0,7618	0,2695	0,2053
Argile humide . . .	1,821	0,4448	0,8100	0,2796	0,2264

ce qui donue $k = 0{,}2159$ en moyenne pour le terrain en question, ou bien 0,360 dans les unités de nos Traités de physique.

Un travail analogue a été exécuté à Kœnigsberg de 1836 à 1839. M. *Neumann* y observait régulièrement trois fois par jour dix thermomètres échelonnés depuis 5 pieds au-dessus, jusqu'à 24 pieds au-dessous du sol; et les matériaux précieux fournis par cette longue série d'observations furent discutés plus tard par M. *Schumann*, qui trouva $\frac{k}{CD} = 304$ pour les unités *année* et *pied*, ce qui ferait 0,5701 pour *minute* et *centimètre.* Enfin, M. *Quételet* a publié neuf années d'observations de ce genre qui ont été faites à Bruxelles; malheureusement, il paraît que le zéro de ses thermomètres a subi des variations irrégulières. Ces observations donnent le chiffre 0,7292.

Nous venons de voir comment les changements périodiques de la température terrestre influent sur l'état calorifique des couches du sol; mais il y a encore un autre élément dont dépend cet état: ce sont les variations irrégulières du climat, les hivers très-froids, les étés très-chauds, etc. Leur influence se fait toujours sentir, au bout d'un certain temps, jusqu'à des profondeurs assez considérables, en y modifiant la température moyenne.

Ces changements non périodiques font l'objet d'un grand et très-intéressant travail de M. *Louis Saalschütz*, de Kœnigsberg; nous ne pouvons donner ici qu'un résumé très-succinct de ce Mémoire qui remplit huit numéros des Astronomische Nachrichten*).

Considérons un milieu indéfini que nous supposerons à la température de zéro, au moment où il s'établit à la surface une température fixe qui se maintient pendant une durée de temps donnée. Le flux de chaleur sera normal à la surface, et defini par l'équation

$$\frac{\partial u}{\partial t} = \frac{k}{CD}\frac{\partial^2 u}{\partial x^2},$$

à laquelle il faut ajouter les conditions $u = \text{const.}$ pour $x = 0$, $u = 0$ pour $t = 0$. L'intégrale de cette équation aux dérivées partielles peut se présenter sous une forme finie. En faisant $x = 2\sigma \cdot \sqrt{\frac{kt}{CD}}$, et supposant $u = f(\sigma)$, l'équation devient

$$2\sigma\frac{\partial u}{\partial \sigma} = -\frac{\partial^2 u}{\partial \sigma^2},$$

d'où il suit que u peut être simplement fonction de σ. L'intégration donne alors

$$\frac{\partial u}{\partial \sigma} = b \cdot e^{-\sigma^2}, \quad u = a + bG(\sigma),$$

en désignant par $G(\sigma)$ l'intégrale $\sqrt{\pi}\int\limits_0^\sigma e^{-\sigma^2} d\sigma$.

Nous aurons d'ailleurs $G(0) = 0$, $G(\infty) = \frac{\pi}{2}$, et par conséquent $a = \gamma$, γ étant la température constante de la surface, et $b = -\frac{2\gamma}{\pi}$, en vertu des deux conditions qui subsistent pour $x = 0$ et pour $t = 0$. L'expression de u sera donc finalement

$$u = \gamma - \frac{2\gamma}{\pi} G(\sigma).$$

En discutant la courbe des températures à une profondeur donnée, on trouve que u croît d'abord lentement, puis avec une vitesse plus grande jusqu'à ce que σ ait atteint la valeur $\sqrt{\frac{3}{2}}$, à laquelle répond $u = \frac{1}{12}\gamma$; à partir de ce moment la température augmente moins vite; au bout d'un temps très-long, elle devient égale à γ. Le point d'inflexion ($\sigma^2 = \frac{3}{2}$) arrive après un temps t qui est en raison directe du carré de la profondeur.

Si l'on veut faire cesser l'action de la température constante γ à un moment donné τ, on n'a qu'à ajouter à l'expression de u un terme exprimant l'action de $-\gamma$ à partir du moment τ, c'est-à-dire (en considérant ici G comme fonction de l'argument t):

$$-\gamma + \frac{2\gamma}{\pi} G[t-\tau],$$

et la somme

$$U = \frac{2\gamma}{\pi}\{G[t-\tau] - G[t]\}$$

---

*) Astron. Nachr. 56 (1862). Man vergleiche auch die *Saalschütz*'sche Doctordissertation (aus dem Jahre 1861): *De non periodica mutatione caloris terrae.* — *L. S.*

représentera la température à un moment t, postérieur à τ. Pour avoir ensuite l'expression d'une température qui s'établit à une profondeur x, à la suite de l'action plus ou moins prolongée de différentes températures de la surface $\gamma, \gamma_1, \gamma_2, \ldots$ on devra évidemment faire la somme d'une série de termes $U, U_1, U_2, \ldots$ dans lesquels on comptera t toujours à partir du moment où l'action γ_n aura commencé, en même temps qu'on prendra pour τ la durée de cette action. M. Saalschütz a donné, pour faciliter ces calculs, une table à quatre décimales de la quantité $G(\sigma)$, avec l'argument $\log \sigma^2$. De plus, il a montré l'usage de ses formules par un exemple complet tiré des observations de Bruxelles. Soit demandée la température de juin 1835 à une profondeur de $0^m,75$. Comme la relation qui existe entre la température de l'air et celle de la surface du sol ne nous est pas connue, nous prendrons pour surface la profondeur de $0^m,19$. La discussion des observations de Bruxelles a donné $2\sqrt{\frac{k}{CD}} = 3{,}575$ pour les unités *mètre* et *mois*, par suite, en prenant pour x la différence $0{,}75 - 0{,}19 = 0{,}56$, on aura $\sigma = \frac{0{,}56}{3{,}575\sqrt{t}}$. Il faut maintenant chercher l'influence successive des douze mois qui précèdent le 1er juin 1835. Soit γ_m la température moyenne d'un de ces mois, t_m le nombre de mois écoulés depuis son commencement, alors son action sera donnée par

$$\frac{2}{\pi}\gamma_m(G[t_m - 1] - G[t_m]).$$

Divisant alors le mois de juin en dixièmes, on trouvera la température qui a eu lieu le 3 juin, en augmentant t_m de 0,1; celle du 6 juin, en augmentant t_m de 0,2, etc. La somme des douze termes mensuels donne alors l'action totale de l'année juin 1834—mai 1835; il faut y ajouter l'action exercée par les jours écoulés depuis le 31 mai jusqu'au quantième de juin dont on se propose de connaître la température. M. Saalschütz a pris pour température moyenne de chaque jour l'état du thermomètre à midi; le calcul se fait pour les jours de juin absolument comme pour les mois de l'année précédente, on n'a qu'à changer l'unité de temps. Les résultats obtenus de cette manière ont été comparés aux températures observées à $0^m,75$ de profondeur, à 9 h. du matin, le lendemain du jour calculé; mais il a fallu augmenter les chiffres théoriques de 1^0, ce qui peut tenir à une différence des thermomètres employés ou à d'autres causes. Ce changement fait, l'accord est très-satisfaisant.

Le même travail exécuté sur les observations de Kœnigsberg (1838), a donné pour la fin d'avril des températures trop grandes de 1 à 2 degrés, à une profondeur de $0^m,44$; et cette circonstance s'explique naturellement si l'on songe que l'hiver de cette année avait été très-rigoureux, et qu'au 18 avril le terrain ne s'était encore dégelé que jusqu'à $0^m,44$. Une partie de la chaleur envoyée d'en haut était évidemment absorbée pour fondre la glace. *M. Saalschütz est entré dans des considérations spéciales sur le gel et le dégel.* Si, à la surface d'un milieu d'eau congelée, la température s'élève brusquement de 0 à γ degrés, le dégel arrivera, au bout d'un temps t, à une profondeur z, à laquelle la température sera nécessairement égale à zéro. Soient ω la surface dégelée, λ la chaleur latente de l'eau, alors la quantité de chaleur employée à fondre une couche de glace d'une épaisseur dz, sera $\lambda \cdot \omega \cdot dz$; d'un autre côté, elle sera égale à la chaleur qui traverse la dernière section horizontale de l'eau fondue, et qui est: $-k\omega\frac{\partial u}{\partial x}dt$. Il s'ensuit que les conditions pour le mouvement du calorique seront $z=0$ pour $t=0$, $u=\gamma$ pour $x=0$, enfin $\lambda\frac{dz}{dt}+k\frac{\partial u}{\partial x}=0$ et $u=0$ pour $x=z$.*)

On arrive à réaliser toutes les conditions du problème, en procédant par approximation. En supposant d'abord un décroissement uniforme de la température à partir de la surface, nous aurons

$$u=\gamma-\gamma\frac{x}{z},\qquad \lambda z\frac{dz}{dt}=k\gamma,$$

d'où

$$z^2=\frac{2k\gamma}{\lambda}t.$$

En faisant $\frac{CD}{2\lambda}\cdot\gamma=\alpha^2$, il viendra $z=2\alpha\sqrt{\frac{kt}{CD}}$; la quantité α est l'analogue de σ. L'équation différentielle du second ordre qui définit u est satisfaite par une série ordonnée suivant les puissances de x, les coefficients étant les dérivées successives d'une fonction arbitraire du temps. En égalant cette série à zéro, après y avoir remplacé x par z, ou plutôt par l'expression de z en t, on obtient une équation différentielle qui définit la fonction arbitraire du temps, et l'on voit tout de suite que cette fonction sera une certaine constante divisée par $\sqrt{t}$. La série à laquelle on parvient de cette manière peut être sommée par la fonction G, et l'on trouve finalement

$$u=\gamma-\gamma\cdot\frac{G(\sigma)}{G(\alpha)};\qquad z=2\alpha\sqrt{\frac{kt}{CD}}.$$

Il s'agit maintenant de trouver la solution rigoureuse du problème par la variation de la constante α, en partant de cette forme supposée de u et de z. Elle satisfait déjà à l'équation différentielle du second ordre, et aux conditions $u=\gamma$ pour $x=0$, et $u=0$ pour $x=z$, puisque nous avons $\sigma=\alpha$ dans ce dernier cas. Reste la condition différentielle qui a lieu pour $x=z$. Elle donne

$$\alpha\cdot G(\alpha)\cdot e^{\alpha^2}=\frac{CD}{2\lambda}\cdot\gamma\sqrt{\pi},$$

équatîon qui définit la nouvelle valeur de la constante α. M. Saalschütz a calculé une petite table qui sert à résoudre cette équation transcendante. La fonction $\frac{\alpha}{\sqrt{\pi}}\cdot G(\alpha)\cdot e^{\alpha^2}$ diffère très-peu de α^2 lorsque cet argument est assez petit; voici quelques-unes de ses valeurs:

	2,0	0,7	0,5	0,23	0,11	0,01
$\alpha^2=$	1,0	0,5	0,4	0,2	0,1	0,01

Le problème du gel est l'inverse de celui qui vient d'être traité; on n'a qu'à substituer $-\gamma$ pour γ; le changement de $\frac{\partial u}{\partial x}$ en $-\frac{\partial u}{\partial x}$ dans la condition à la limite de la glace, fait que l'expression de z n'est pas altérée par le changement du signe de γ; seulement, il faudra toujours introduire la valeur *absolue* de γ dans l'équation qui donne α et, par suite, z.

*) Die Differentialgleichung selber lautet: $\frac{\partial u}{\partial t}=\frac{k}{CD}\frac{\partial^2 u}{\partial x^2}$. — *L. S.*

Pour des valeurs assez petites de α, il sera permis de substituer à cette quantité l'expression approchée que nous avons trouvée au commencement, et de faire alors

$$z^2 = \frac{2k}{\lambda}\gamma \cdot t.$$

Si l'on veut à présent considérer une succession de températures $\gamma, \gamma_1, \gamma_2 \ldots$ agissant à la surface pendant les durées $\tau, \tau_1, \tau_2, \ldots$, on peut se représenter l'effet de γ comme produit par γ_1 pendant un temps $\frac{\gamma}{\gamma_1}\tau$; en y ajoutant le temps τ_1 pendant lequel γ_1 agit réellement, on aura pour z^2 une expression qui montrera qu'il suffit de faire la somme $\gamma\tau + \gamma_1\tau_1 + \cdots$ et de la substituer à γt, pour trouver l'effet total produit par ces températures successives. Si donc γ est une fonction du temps, nous n'avons qu'à remplacer γt par l'intégrale de γdt.

On peut se demander quelle sera *l'épaisseur de la nappe de glace* qui se formera sur un lac, si la température à la surface vient à s'abaisser brusquement de 1, 5, 10 ... degrés au dessous de zéro, et que cet abaissement persiste pendant 1, 2, 3, ... jours. Nous avons pour la glace $\lambda = 79$, et $k = 44883$ d'après M. Neumann, en prenant le jour pour unité de temps. Il s'ensuit $z = 34\sqrt{\gamma t}$, en millimètres. M. Saalschütz a employé pour k la conductibilité du sol, celle de la glace n'étant pas encore connue à l'époque où il a écrit son Mémoire; nous substituerons à la petite table qu'il donne lui-même une autre calculée par notre formule nouvelle.

Abaissement de la température	durant 1 jour	2 jours	3 jours
1 degré	34	48	58
5 „	75	107	131
10 „	107	151	185
15 „	131	185	226

Lorsqu'il s'agit du sol, c'est la congélation de son eau qui produit le phénomène du gel. On peut supposer que le sol contient en moyenne 40 p. 100 d'eau; ce qui réduit λ à 32; k étant donné par les observations, M. Saalschütz trouve $z = 0{,}178\sqrt{\gamma + \gamma_1 + \cdots}$ pieds, les γ étant les températures des jours actifs, exprimées en degrés Réaumur; pour degrés centigrades, on aurait $z = 5^{\text{cm}} \cdot \sqrt{\gamma + \gamma_1 + \cdots}$ La comparaison avec les observations est très-satisfaisante; mais elle l'est moins lorsqu'il s'agit du dégel, où d'ailleurs il intervient des actions hydrodynamiques dont nous n'avons pas tenu compte.

Considérons maintenant l'état calorifique du sol *à un moment donné*; cherchons la profondeur où se produira le maximum d'action, lorsque la température γ a subsisté à la surface pendant le temps τ. En désignant par t et par t_0 les durées écoulées depuis le commencement et depuis la fin du temps τ, l'on trouve pour cette profondeur X,

$$X^2 = \frac{2k}{CD} \cdot \frac{tt_0}{\tau} \cdot \text{log. nat.} \frac{t}{t_0} \cdot$$

En prenant $\tau = 180$ jours, on trouve:

Pour t_0 =	1	30	60	120	180	360	jours
X =	0,9	3,3	4,2	5,4	6,3	8,3	mètres
La temp. =	0,84	0,44	0,32	0,22	0,17	0,10	de γ.

La profondeur à laquelle le maximum de l'influence qu'elle éprouve peut encore atteindre une petite fraction donnée ε de la température superficielle γ, se trouve par la formule $z = \frac{3}{11}\sqrt{\frac{\tau}{\varepsilon}}$. En prenant, par exemple, $\varepsilon = 0{,}07$, cette profondeur sera de 14 mètres après une action prolongée pendant six mois; le maximum y atteindra $0{,}07\ \gamma$ seulement après 312 jours comptés à partir de la fin des six mois.

La quantité totale de calorique répandue dans l'intérieur du corps à la suite d'une action constante qui remonte à t jours, et qui a cessé depuis t_0 jours, est donnée par l'expression

$$2\gamma\sqrt{\frac{kCD}{\pi}}\cdot(\sqrt{t}-\sqrt{t_0}).$$

Nous ne suivrons pas M. Saalschütz dans ses recherches sur la marche des *températures moyennes* qui résultent, pour des périodes données, des actions superficielles dont nous venons de nous occuper; mais nous mentionnerons l'expression générale à laquelle il arrive en supposant que la température γ est fonction du temps. L'expression:

$$\frac{2\gamma}{\pi}\{G[t-\tau]-G[t]\},$$

trouvée plus haut pour l'effet d'une action constante γ de durée τ, devient une différentielle si nous faisons $\tau = d\vartheta$, en considérant γ comme une fonction du temps ϑ qui précède le temps t (compté à partir de ϑ); en écrivant $t-\vartheta$ au lieu de t, on fait coïncider l'origine de t avec l'origine de ϑ; et l'integration donne alors:

$$u = -\frac{2}{\pi}\int_0^t \gamma\frac{\partial G[t-\vartheta]}{\partial t}d\vartheta = \frac{2}{\sqrt{\pi}}\int_\sigma^\infty \gamma e^{-y^2}dy,$$

où $\gamma = f(\vartheta) = f\left(t - t\frac{\sigma^2}{y^2}\right)$. M. Saalschütz a appliqué ces formules au cas où f est fonction linéaire de ϑ.

On peut, à bon droit, regarder les recherches de M. Saalschütz comme un jalon planté sur la route qui conduira à la solution définitive de la question si intéressante du mouvement de la chaleur dans le sol terrestre. Mais il y a encore beaucoup à faire dans cette voie, encore une riche moisson à cueillir pour les mathématiciens qui voudront aborder ces théories fécondes. La conductibilité de la glace, déterminée enfin par le vénérable physicien de Kœnigsberg, servira à l'explication future des phénomènes du sol polaire.

Mars 1862.

THEORIE DER DOPPELTEN STRAHLENBRECHUNG, ABGELEITET AUS DEN GLEICHUNGEN DER MECHANIK.

Aus Poggendorff's Annalen und Ostwald's Classikern.

THEORIE DER DOPPELTEN STRAHLENBRECHUNG, ABGELEITET AUS DEN GLEICHUNGEN DER MECHANIK. 1832.*)

§ 1.

Allgemeine Betrachtungen, namentlich über die in einem elastischen Medium durch einen einzelnen Erschütterungspunkt erzeugte Wellenfläche.

Fresnel hat in seiner Theorie der Diffraction des Lichtes (*Mémoires de l'Académie, Ann.* 1821 *et* 1822) auf dem Wege des Experiments bewiesen, dass die Bewegung, welche ein Theilchen eines Mediums, in welchem vibrirende Bewegungen stattfinden, zur Zeit t erhält, die Resultante aller derjenigen Bewegungen ist, welche nach diesem Theilchen geschickt werden von jedem zur Zeit $t-\alpha$ bewegten Theilchen des Mediums. Es ist dies das Princip von *Huyghens* — wodurch dieser zuerst die Refraction und Reflexion des Lichtes in der Undulationstheorie erklärte, — oder richtiger, wenn man will, das Princip der Coexistenz kleiner Bewegungen, angewandt auf die Wellenbewegung in einem elastischen Medium. In der Theorie der Diffraction hat *Fresnel* zugleich gelehrt, die Resultante aller der Bewegungen zu finden, die nach einem Theilchen eines elastischen Mediums von beliebig vielen und beliebig gelegenen Erschütterungspunkten gleicher Schwingungsdauer, d. h. von Theilchen, welche nach dem Gesetz der Pendelbewegungen um ihre Gleichgewichtslage mit gleicher Schwingungsdauer oscilliren, gesandt werden; diese Untersuchung bildet den wesentlichsten Inhalt der Theorie der Interferenz.

---

*) Aus Poggendorff's Annalen, Bd. 25, Seite 418—454; 1832. Auch abgedruckt in Ostwald's Classikern, Nr. 76; 1896. — *C. N.*

Fresnel hat ferner bewiesen, oder aus dem von ihm Bewiesenen folgt unmittelbar folgendes Theorem:

Wenn die verschiedenen Erschütterungspunkte, von welchen aus die vibrirenden Bewegungen in dem Medium sich fortpflanzen, auf einer stetigen Fläche liegen, so ist diejenige Fläche, auf welcher die *gleichzeitig* bewegten Theilchen des Mediums liegen (d. i. die Wellenfläche), die Enveloppe aller derjenigen Flächen, auf welchen die zu derselben Zeit bewegten Theilchen liegen würden, wenn jeder der Erschütterungspunkte nur einzeln vorhanden gewesen wäre, d. h. *die resultirende Wellenfläche ist die Enveloppe der Wellenflächen jedes einzelnen Erschütterungspunktes.* Dieses Theorem setzt eine gleiche Schwingungsdauer für alle Erschütterungspunkte voraus, es gilt aber, sei es, dass die gegebenen Erschütterungspunkte ihre Schwingungen gleichzeitig anfangen, oder dass der Anfang der Schwingung in jedem Erschütterungspunkte irgend ein stetiges Gesetz der Zeit befolgt; im letzteren Fall kann man statt der gegebenen Fläche, worauf die nicht in derselben Phase befindlichen Erschütterungspunkte liegen, immer eine andere construiren, auf der man sie als im Zustande gleichzeitig anfangender Schwingung sich denken kann.

Mittelst dieses Theorems ist die allgemeine Untersuchung über die Wellenbewegung in einem elastischen Medium zurückgeführt auf die Untersuchung des sehr einfachen Falls der Wellenbewegung, die von einem Erschütterungspunkte aus in dem Medium erregt wird. Die allgemeine Theorie der Refraction und Reflexion des Lichtes, welche in Beziehung auf die Richtung des gebrochenen und reflectirten Strahls allein von der Lage der Wellenfläche in jedem der beiden an einander grenzenden Medien abhängt, ist mittelst dieses Theorems reducirt auf die Untersuchung der *Wellenfläche von einem Erschütterungspunkte* aus in jedem der beiden Medien.

Die Wellenfläche, hervorgebracht von *einem* Erschütterungspunkte, soll, dem Gebrauch gemäss, schlechthin die Wellenfläche heissen. Die Wellenfläche in nicht krystallinischen homogenen Medien ist eine Kugelfläche, d. h. jeder Impuls, der dem Medium von dem Erschütterungspunkte mitgetheilt wird, pflanzt sich nach allen Richtungen mit gleicher Geschwindigkeit fort; diese Fortpflanzungsgeschwindigkeit ist in den Krystallmedien nach den verschiedenen Richtungen verschieden — und daher kann die Wellenfläche hier nicht mehr eine Kugelfläche sein.

Diese Form der Wellenfläche ist es, zufolge des Gesagten, welche aus den Gleichungen der Mechanik für die vibrirenden Bewegungen in elastischen krystallinischen Medien gesucht werden muss, wenn das Problem der Refraction und Reflexion des Lichtes gelöst werden soll. Aber das Problem der Refraction und Reflexion, auf diese sehr einfache Frage nach der Gestalt der Wellenfläche reducirt, bietet für die Analysis noch grosse Schwierigkeit, weil die Beantwortung dieser Frage von Differentialgleichungen mit vier unabhängigen Veränderlichen abhängt.

Eine sehr scharfsinnige geometrische Bemerkung von *Fresnel* in seiner Theorie der doppelten Strahlenbrechung vermindert indess diese Schwierigkeit auf das Aeusserste; dieser zufolge braucht man nur die Fortpflanzungsgeschwindigkeiten zu kennen von ebenen unbegrenzten Wellenflächen in den verschiedenen Lagen, um daraus mittelst der Theorie der Enveloppen die Gestalt der Wellenfläche herzuleiten. Wenn alle Theile, welche auf einer unbegrenzten Ebene liegen, gleichzeitig ihre Schwingungen anfangen und beenden, in derselben Richtung und mit derselben Geschwindigkeit diese ausführen, so ist die Bewegung, ihrer Richtung und Intensität nach, welche irgend ein Theilchen des unbegrenzten Mediums erhält, offenbar nur eine Function der Entfernung dieses Theilchens von der Ebene, auf welcher die Erschütterungspunkte liegen, und von der Zeit, oder, um dasselbe anders auszudrücken, die von den auf der Ebene liegenden Erschütterungspunkten resultirende Wellenfläche ist wiederum eine Ebene. Diese Ebene ist aber eine Enveloppe aller der Wellenflächen, die von jedem der auf der gegebenen Ebene liegenden Erschütterungspunkte aus sich gebildet haben würden, wenn er allein vorhanden gewesen wäre — sie ist also die Tangentialebene aller dieser Wellenflächen. — Dieser Satz ist wahr, welches auch die Lage der Ebene der Erschütterungspunkte im Medium sei. Denkt man sich diese Ebene um denselben Punkt A in beliebige Lagen gedreht, — die jedesmal resultirende Wellenfläche sämmtlicher Erschütterungspunkte ist nothwendig immer die Tangentialebene an der Wellenfläche des Erschütterungspunktes A, der allen diesen Erschütterungsebenen gemeinschaftlich ist. Es hat keine Schwierigkeiten, aus den bekannten Lagen der Tangentialebenen einer Fläche diese selbst zu finden. Das Problem der Wellenfläche um einen Erschütterungspunkt reducirt sich also auf das Problem der Fortpflanzungsgeschwindigkeiten von ebenen unbegrenzten Wellenflächen, die eine beliebige Lage haben. Dies ist die einfachste Frage für die analytische Behandlung der Gleichungen, welche die Theorie der vibrirenden Bewegungen in einem elastischen Medium enthalten, weil in diesem Falle die Differentialgleichungen, von welchen die Beantwortung der Frage abhängt, nur zwei unabhängige Veränderliche enthalten.

§ 2.

Aufstellung der Differentialgleichungen der Bewegung für ein elastisches Medium von krystallinischer Beschaffenheit.

Feste Körper unterscheiden sich von flüssigen und gasförmigen Medien in Hinsicht der inneren Beweglichkeit und Verschiebbarkeit ihrer Theilchen erst dann, wenn die Bewegung oder Verschiebung ihrer Theilchen so gross ist, dass eine neue Gleichgewichtslage eintritt; so lange die Verschiebungen kleiner sind als die Sphäre des stabilen Gleichgewichts, fällt der Unterschied zwischen festen, flüssigen und gasförmigen weg. Für diese Arten von Bewegungen gelten also dieselben Gleichungen, welches auch der Cohäsionszustand des Mediums ist. Es ist mehr als wahrscheinlich, dass zu dieser Art innerer Bewegungen diejenigen gerechnet werden müssen, worin, nach der Undulationstheorie, das Licht besteht. Für Lichtundulationen ist demnach ein Unterschied der Cohäsionszustände nicht vorhanden, wie dies z. B. für die Schallschwingungen der Fall ist, sondern es gelten für jene Undulationen nur die Gleichungen, welche sich auf die innere vibrirende Bewegung eines festen Mediums beziehen, da diejenigen für vibrirende Bewegungen in flüssigen Medien, die hydrodynamischen Gleichungen, wesentlich die Verrückung der vibrirenden Theilchen grösser als die Sphäre des stabilen Gleichgewichts voraussetzen. (Cf. *Fresnel, Ann. d. Ch. T. XVII.*)

Navier (*Mém. de l'Acad., Ann.* 1824) hat zuerst die Gleichungen für die kleinen Bewegungen in festen elastischen Medien aufgestellt; zu Grunde liegt diesen Gleichungen die Voraussetzung, dass die durch irgend eine Verrückung der Theile des Mediums hervorgerufenen elastischen Kräfte, durch welche das verrückte Theilchen in seine Gleichgewichtslage zurückgezogen wird, resultiren von den anziehenden und abstossenden Kräften der umgebenden Theilchen. Die Wirkung jedes dieser umgebenden Theilchen auf das verrückte ist proportional der Grösse, um welche sich ihre Entfernung verändert hat, und proportional einer Function ihrer Entfernung selbst, von der Beschaffenheit, dass sie gleich Null wird, wenn diese Entfernung einen irgend merklichen Werth erhält; wenn $f(\varrho)$ eine solche Function der Entfernung ϱ zweier Theilchen vorstellt, $\Delta\varrho$ die Veränderung dieser Entfernung, so ist $f(\varrho)\Delta\varrho$ die Wirkung, welche diese zwei Theilchen auf einander ausüben. Diese Voraussetzung, worauf die Gleichungen von *Navier* beruhen, gilt nur bei unkrystallinischen Medien; bei krystallinischen Medien muss man noch eine neue Hypothese hinzufügen, nämlich, dass die gegenseitige Wirkung zweier Theichen zugleich eine Function ist der Winkel, die die Richtung der Entfernung mit gewissen in der krystallinischen Structur gegebenen Linien bildet. Es sei F diese Function, so ist also die gegenseitige Wirkung zweier Theilchen $F \cdot f(\varrho)\Delta\varrho$.

Alle krystallinische Structur, ausgenommen diejenige der hemiëdrischen Gestalten, ist von der Art, dass das Medium durch drei auf einander senkrechte Ebenen in jedem Punkte in acht gleiche und in Beziehung auf jede der Ebenen symmetrisch gelegene Theile getheilt wird. F ist eine Function der Winkel, welche die Richtung der Entfernung der beiden Theilchen, welche auf einander wirken, mit den Durchschnitten der drei senkrechten Ebenen bildet; diese Winkel seien a, b, c. Die Function F muss der Art sein, dass ihr Werth ungeändert bleibt, wenn diese Winkel sich in $180^0 \pm a$, $180^0 \pm b$, $180^0 \pm c$ verwandeln, sie muss also eine Function der geraden Potenzen der Sinus oder Cosinus dieser Winkel sein. Dies ist Alles, was man in Beziehung auf diese Function aus dem allgemeinen Begriff der krystallinischen Structur ableiten kann. Wie sich diese Function für die einzelnen Krystallabtheilungen specificirt, wird weiter unten bemerkt werden.

Mit Hülfe dieser neuen Hypothese für krystallinische Medien erhält man auf demselben Wege, auf welchem *Navier* die Gleichungen für nicht krystallinische Medien erhalten hat, die folgenden Gleichungen, worin die Theorie der vibrirenden Bewegungen in krystallinischen Medien enthalten ist*).

Es seien die Coordinatenaxen parallel den Durchschnitten der drei erwähnten senkrechten Ebenen in jedem Krystallmedium; es seien x, y, z die Coordinaten irgend eines Theilchens des Mediums in seinem natürlichen, ruhigen Zustand; $x+u$, $y+v$, $z+w$ seien seine Coordinaten in dem verrückten Zustand, wo die u, v, w, welche die Verrückungen parallel den Coordinatenaxen darstellen, Functionen von x, y, z sind. Es bedeute t die Zeit und E die Dichtigkeit des Mediums, alsdann gilt für jeden Punkt im Inneren, wenn keine beschleunigenden Kräfte auf ihn wirken:

$$\text{(I.)} \quad \begin{cases} E\dfrac{\partial^2 u}{\partial t^2} = D\dfrac{\partial^2 u}{\partial x^2} + A_{\prime\prime}\dfrac{\partial^2 u}{\partial y^2} + A\dfrac{\partial^2 u}{\partial z^2} + 2A_{\prime\prime}\dfrac{\partial^2 v}{\partial x\partial y} + 2A\dfrac{\partial^2 w}{\partial x\partial z}, \\[2ex] E\dfrac{\partial^2 v}{\partial t^2} = A_{\prime\prime}\dfrac{\partial^2 v}{\partial x^2} + C\dfrac{\partial^2 v}{\partial y^2} + A_{\prime}\dfrac{\partial^2 v}{\partial z^2} + 2A_{\prime\prime}\dfrac{\partial^2 u}{\partial x\partial y} + 2A_{\prime}\dfrac{\partial^2 w}{\partial y\partial z}, \\[2ex] E\dfrac{\partial^2 w}{\partial t^2} = A\dfrac{\partial^2 w}{\partial x^2} + A_{\prime}\dfrac{\partial^2 w}{\partial y^2} + B\dfrac{\partial^2 w}{\partial z^2} + 2A\dfrac{\partial^2 u}{\partial x\partial z} + 2A_{\prime}\dfrac{\partial^2 v}{\partial y\partial z}. \end{cases}$$

---

*) Betreffs der Ableitung der folgenden Gleichungen vgl. die Zusätze zu § 2 (Seite 191). — *A.W.*

Wenn das Medium, in welchem die Bewegungen stattfinden, ein begrenztes ist, so giebt es noch Gleichungen, welchen die Functionen u, v, w an der Grenze des Mediums genügen müssen, — die ich unterlasse anzugeben, da sie nicht gebraucht werden zu dem vorgesetzten Zweck, nämlich die Gesetze der Fortpflanzung der vibrirenden Bewegung in einem unbegrenzten Medium aufzufinden.

Die sechs Grössen A, $A_{,}$, $A_{,,}$, B, C, D, sind Constante und von der Natur des Mediums abhängig. Wie diese durch Compression der krystallinischen Substanz in verschiedenen Richtungen und die dadurch entstehenden Veränderungen in den Neigungen der Structurebenen (Blätterdurchgänge etc.), oder künstlich geschnittenen Ebenen können bestimmt werden, soll in einem andern Aufsatz gezeigt werden*). — Hier ist es aber nöthig, die theoretische Bedeutung dieser Constanten näher anzugeben, um daraus ihre relativen Werthe für die einzelnen Abtheilungen der krystallinischen Substanzen herzuleiten. Es bedeute dm das Differential der Oberfläche einer Kugel, die um einen Punkt des Mediums mit dem Halbmesser 1 beschrieben ist; a, b, c seien die Winkel, die irgend ein Radius dieser Kugel mit den drei Coordinatenaxen bildet, F habe die oben angegebene Bedeutung; dann ist:

$$\text{(II.)}\qquad \begin{cases} A \;\,= p\int dm F \cos^2 a \cos^2 c, & B = p\int dm F \cos^4 c, \\ A_{,} \;= p\int dm F \cos^2 b \cos^2 c, & C = p\int dm F \cos^4 b, \\ A_{,,} = p\int dm F \cos^2 a \cos^2 b, & D = p\int dm F \cos^4 a, \end{cases}$$

wo p eine von der Natur des Mediums unabhängige, allein von der Natur der oben erwähnten Function $f(\varrho)$ abhängige Grösse ist. Die Integration ist in Beziehung auf die ganze Kugelfläche auszuführen.

Aus diesen Werthen der Constanten ergiebt sich:

1) Für nicht krystallinische Medien, wo F constant ist, wenn $\frac{4}{15} p F \pi = L$ gesetzt wird:

$$A = A_{,} = A_{,,} = \tfrac{1}{3} B = \tfrac{1}{3} C = \tfrac{1}{3} D = L,$$

und die Gleichungen (I.) reduciren sich auf die *Navier*'schen Gleichungen.

---

*) Es ist nicht meine Meinung, dass die auf diese Weise gefundenen numerischen Werthe dieser Constanten, welche zusammenfallen mit denjenigen, welche sich aus den Fortpflanzungsgeschwindigkeiten der Schallwellen ableiten lassen, identisch sind mit denjenigen, welche aus den Fortpflanzungsgeschwindigkeiten der Lichtwellen abgeleitet werden; — wohl aber ist meine Meinung, dass zwischen den Werthen dieser Constanten, die auf diesen zweierlei Wegen erhalten werden, ein Zusammenhang stattfindet, wie er in den Erscheinungen der comprimirten unkrystallinischen durchsichtigen Substanzen angedeutet ist. (*Anmerkung des Originals.*)

Die Abhandlung, auf die hier verwiesen wird, ist die elfte Abhandlung vorliegenden Bandes: „*Ueber das Elasticitätsmaass krystallinischer Substanzen*". — *A. W.*

2) Für krystallinische Substanzen vom regulären System ist F dieselbe Function von a, als von b und von c; daher:

$$A = A_{,} = A_{,,} \qquad \text{und} \qquad B = C = D.$$

3) Für die Abtheilung der viergliedrigen Systeme ist F dieselbe Function von a und b; daher:

$$A = A_{,} \qquad \text{und} \qquad C = D.$$

4) In den krystallinischen Medien, deren Krystallformen zur Abtheilung der sechsgliedrigen Systeme gehören, sind es drei in einer Ebene liegende, sich unter 60^0 schneidende Linien, und eine vierte, gegen diese senkrechte Linie, auf welche die Symmetrie der Structur sich bezieht. F ist hier also näher bestimmt als eine gleiche Function der Winkel, welche eine beliebige Richtung mit den drei in einer Ebene liegenden Axen: α, $\alpha_{,}$, $\alpha_{,,}$ bildet. Unser rechtwinkliges Coordinatensystem denken wir uns so gelegt, dass z und x zusammenfallen mit γ (d. i. die vierte, auf jenen drei senkrecht stehende Dimension) und α, so dass y also den Winkel zwischen $\alpha_{,}$ und $\alpha_{,,}$ halbirt; die Winkel, welche irgend eine Richtung mit den Axen α, $\alpha_{,}$, $\alpha_{,,}$ bildet, seien a, $a_{,}$, $a_{,,}$, und mit γ oder z bilde sie den Winkel c. Die beiden Winkel a und c sind dieselben, welche in den Ausdrücken (II.) der Constanten vorkommen; der dort gebrauchte Winkel b aber muss durch a und $a_{,}$ bestimmt werden; es ist:

$$\sqrt{3}\cos b = \cos a_{,} + \cos a_{,,},$$

$$\cos a_{,,} - \cos a_{,} + \cos a = 0,$$

und daher

$$\cos^2 b = \frac{2\cos^2 a_{,,} + 2\cos^2 a_{,} - \cos^2 a}{3}.$$

Da nun F eine gleiche Function von a, $a_{,}$ und $a_{,,}$ ist, so erhält man, wenn in (II.) statt $\cos^2 b$ sein Werth gesetzt wird:

$$A_{,} = A, \qquad C = D,$$

woraus ersichtlich wird, dass in der Fortpflanzung der vibrirenden Bewegungen in krystallinischen Substanzen von den sechsgliedrigen und viergliedrigen Systemen kein Unterschied stattfindet.

Die nähere Beschaffenheit der Function F in den hemiëdrischen Gestalten, namentlich in den merkwürdigen hemiëdrischen Gestalten des Quarzes, soll an einem anderen Orte untersucht werden; ich bemerke hier nur, dass für Medien solcher hemiëdrischen Gestalten gar nicht mehr die Gleichungen (I.) anwendbar sind, weil in Beziehung auf diese Medien die diesen Gleichungen zum Grund gelegte Supposition, nämlich die der symmetrischen Theilbarkeit des Mediums durch drei auf einander senkrechte Ebenen, nicht mehr gilt.

§ 3.

Ueber die Integration der aufgestellten Differentialgleichungen für den Fall ebener Wellen.

Die Gleichungen (I.) enthalten die Theorie der Wellenbewegung in einem unbegrenzten Medium; die Aufgabe der Integration besteht in diesem Fall darin, drei Functionen u, v, w von x, y, z, t zu finden, welche dem System der Gleichungen (I.) genügen und von der Art sind, dass für einen bestimmten Zeitmoment, z. B. für $t=0$, sowohl u, v, w gleich sind den gegebenen Functionen U, V, W, als auch $\frac{\partial u}{\partial t}$, $\frac{\partial v}{\partial t}$, $\frac{\partial w}{\partial t}$ gleich sind den gegebenen Functionen $U_{,}$, $V_{,}$, $W_{,}$; es bedeuten U, V, W und $U_{,}$, $V_{,}$, $W_{,}$ die anfänglichen gegebenen Verrückungen und Geschwindigkeiten in den Richtungen der drei Coordinatenaxen. — Die Functionen, welche diese drei Bedingungen erfüllen, enthalten die vollständige Lösung des vorliegenden Problems.

Die anfänglichen Verrückungen und Geschwindigkeiten seien von der Art, dass alle Theilchen, welche auf einer bestimmten gegebenen Ebene liegen, eine gleiche anfängliche Verrückung und Geschwindigkeit haben, und dass diese für alle anderen Theilchen im anfänglichen Zustand nur eine Function der Entfernung von der gegebenen Ebene seien — alsdann ist für sich klar, dass auch für jeden folgenden Zeitmoment die Verrückungen und Geschwindigkeiten nur eine Function der Zeit und der Entfernung von der gegebenen Ebene sein können, d. h. dass u, v, w nur Functionen von ϱ und t sein können, wenn t die Zeit und ϱ die Entfernung irgend eines Punktes von dieser Ebene bedeuten.

Wir legen den Anfangspunkt der Coordinaten in die gegebene Ebene, nennen, wie gesagt, ϱ die Entfernung eines Punktes von ihr, nennen α, β, γ die Cosinus der drei Winkel, welche ϱ mit den Coordinatenaxen x, y, z bildet, so dass $\alpha^2+\beta^2+\gamma^2=1$ und $\varrho=\alpha x+\beta y+\gamma z$ ist*); es ist alsdann:

$$\frac{\partial^2 u}{\partial x^2}=\frac{\partial^2 u}{\partial \varrho^2}\alpha^2,\quad \frac{\partial^2 u}{\partial y^2}=\frac{\partial^2 u}{\partial \varrho^2}\beta^2,\quad \frac{\partial^2 u}{\partial z^2}=\frac{\partial^2 u}{\partial \varrho^2}\gamma^2,\ \text{etc. etc.}$$

Dadurch verwandeln sich die Gleichungen (I.) in folgende:

$$\text{(III.)}\quad \begin{cases} E\frac{\partial^2 u}{\partial t^2}=(D\alpha^2+A_{,,}\beta^2+A\gamma^2)\frac{\partial^2 u}{\partial \varrho^2}+2A_{,,}\alpha\beta\frac{\partial^2 v}{\partial \varrho^2}+2A\alpha\gamma\frac{\partial^2 w}{\partial \varrho^2}, \\ E\frac{\partial^2 v}{\partial t^2}=2A_{,,}\alpha\beta\frac{\partial^2 u}{\partial \varrho^2}+(A_{,,}\alpha^2+C\beta^2+A_{,}\gamma^2)\frac{\partial^2 v}{\partial \varrho^2}+2A_{,}\beta\gamma\frac{\partial^2 w}{\partial \varrho^2}, \\ E\frac{\partial^2 w}{\partial t^2}=2A\alpha\gamma\frac{\partial^2 u}{\partial \varrho^2}+2A_{,}\beta\gamma\frac{\partial^2 v}{\partial \varrho^2}+(A\alpha^2+A_{,}\beta^2+B\gamma^2)\frac{\partial^2 w}{\partial \varrho^2}. \end{cases}$$

*) Zwischen den beiden Gleichungen dieser Zeile stehen im Original noch die Gleichungen $x=\alpha\varrho$, $y=\beta\varrho$, $z=\gamma\varrho$. Diese sind hier fortgelassen, da sie nicht für beliebige Punkte der Ebene gelten wie die Gleichung für ϱ. — *A. W.*

Das Integral dieser Gleichungen lässt sich unter endlicher Form erhalten. Man setze:

$$u = M\varphi(\varrho - mt),$$
$$v = N\varphi(\varrho - mt),$$
$$w = P\varphi(\varrho - mt),$$

wo φ eine willkürliche Function von $(\varrho - mt)$ bedeutet. Werden diese Werthe von u, v, w in (III.) gesetzt, so erhält man als Bedingungsgleichungen, denen m, M, N, P genügen müssen:

$$\text{(IV.)} \quad \begin{cases} EMm^2 = (D\alpha^2 + A_{,,}\beta^2 + A\gamma^2)M + 2A_{,,}\alpha\beta N + 2A\alpha\gamma P, \\ ENm^2 = 2A_{,,}\alpha\beta M + (A_{,,}\alpha^2 + C\beta^2 + A_{,}\gamma^2)N + 2A_{,}\beta\gamma P, \\ EPm^2 = 2A\alpha\gamma M + 2A_{,}\beta\gamma N + (A\alpha^2 + A_{,}\beta^2 + B\gamma^2)P. \end{cases}$$

Durch Elimination von M, N, P aus diesen Gleichungen erhält man zur Bestimmung von m folgende Gleichung:

$$\text{(V.)} \quad \left\{ \begin{array}{l} (D\alpha^2 + A_{,,}\beta^2 + A\gamma^2 - Em^2)\cdot \\ (A_{,,}\alpha^2 + C\beta^2 + A_{,}\gamma^2 - Em^2)\cdot \\ (A\alpha^2 + A_{,}\beta^2 + B\gamma^2 - Em^2) \\ -4(D\alpha^2 + A_{,,}\beta^2 + A\gamma^2 - Em^2)A_{,}^2\beta^2\gamma^2 \\ -4(A_{,,}\alpha^2 + C\beta^2 + A_{,}\gamma^2 - Em^2)A^2\alpha^2\gamma^2 \\ -4(A\alpha^2 + A_{,}\beta^2 + B\gamma^2 - Em^2)A_{,,}^2\alpha^2\beta^2 \\ +16AA_{,}A_{,,}\alpha^2\beta^2\gamma^2 \end{array} \right\} = 0.$$

Aus der Gleichung (V.) ersieht man, dass m^2 von einer cubischen Gleichung abhängt, also drei Werthe hat; dass folglich m sechs Werthe hat, von denen die eine Hälfte von der anderen sich nur durch das Vorzeichen unterscheidet: es seien diese Wurzeln von (V.): $\pm m_{,}$, $\pm m_{,,}$, $\pm m_{,,,}$ *). Aus (IV.) bestimmen sich N und P durch M und m^2, so dass $N = \nu M$ und $P = \omega M$ wird, wo ν und ω abhängen von m^2. Man erhält also für N und P dreierlei Werthe, entsprechend den dreierlei Werthen von m^2; der Werth von M bleibt willkürlich. Wir haben also:

$$\text{(VI.)} \quad \begin{cases} N_{,} = \nu_{,} M_{,}, & P_{,} = \omega_{,} M_{,}, \\ N_{,,} = \nu_{,,} M_{,,}, & P_{,,} = \omega_{,,} M_{,,}, \\ N_{,,,} = \nu_{,,,} M_{,,,}, & P_{,,,} = \omega_{,,,} M_{,,,}, \end{cases}$$

wo $\nu_{,}$, $\omega_{,}$, $\nu_{,,}$, ... entsprechen den $m_{,}^2$, $m_{,,}^2$ und $m_{,,,}^2$.

---

*) Dass diese drei Werthe reell sind, dass also die cubische Gleichung (V.) drei positive Wurzeln hat, ergiebt sich aus den Zusätzen zu § 5 (Seite 194). — *A. W.*

Die willkürliche Function φ kann für jedes m eine andere sein, so dass wir für u, v, w sehr verschiedene particuläre Werthe erhalten, welche den Gleichungen (III.) genügen, nämlich:

$$\begin{array}{lll} u = M_{,}\varphi_{,}(\varrho - m_{,}t), & v = \nu_{,}M_{,}\varphi_{,}(\varrho - m_{,}t), & w = \omega_{,}M_{,}\varphi_{,}(\varrho - m_{,}t), \\ u = M_{,}\psi_{,}(\varrho + m_{,}t), & v = \nu_{,}M_{,}\psi_{,}(\varrho + m_{,}t), & w = \omega_{,}M_{,}\psi_{,}(\varrho + m_{,}t)^{*}), \\ u = M_{,,}\varphi_{,,}(\varrho - m_{,,}t), & v = \nu_{,,}M_{,,}\varphi_{,,}(\varrho - m_{,,}t), & w = \omega_{,,}M_{,,}\varphi_{,,}(\varrho - m_{,,}t), \\ \vdots & \vdots & \vdots \end{array}$$

wo $\varphi_{,}$, $\varphi_{,,}$, $\varphi_{,,,}$, $\psi_{,}$, $\psi_{,,}$, $\psi_{,,,}$ sechs verschiedene willkürliche Functionen bedeuten. Die Summe dieser particulären Werthe von u, von v und von w wird das vollständige Integral der Gleichung (III.) sein. Setzen wir:

$$\text{(VII.)} \quad \begin{cases} \varphi_{,}(\varrho - m_{,}t) + \psi_{,}(\varrho + m_{,}t) = S_{,}, \\ \varphi_{,,}(\varrho - m_{,,}t) + \psi_{,,}(\varrho + m_{,,}t) = S_{,,}, \\ \varphi_{,,,}(\varrho - m_{,,,}t) + \psi_{,,,}(\varrho + m_{,,,}t) = S_{,,,}, \end{cases}$$

so haben wir also als vollständiges Integral von (III.):

$$\text{(VIII.)} \quad \begin{cases} u = M_{,}S_{,} + M_{,,}S_{,,} + M_{,,,}S_{,,,}, \\ v = \nu_{,}M_{,}S_{,} + \nu_{,,}M_{,,}S_{,,} + \nu_{,,,}M_{,,,}S_{,,,}, \\ w = \omega_{,}M_{,}S_{,} + \omega_{,,}M_{,,}S_{,,} + \omega_{,,,}M_{,,,}S_{,,,}. \end{cases}$$

Dies ist in der That das vollständige Integral, denn es genügt den Gleichungen (III.) und enthält sechs willkürliche Functionen, welche so bestimmt werden können, dass dadurch der Anfangszustand dargestellt werden kann, d. h. dass für $t = 0$, $u = U$, $v = V$, $w = W$ und $\frac{\partial u}{\partial t} = U_{,}$, $\frac{\partial v}{\partial t} = V_{,}$, $\frac{\partial w}{\partial t} = W_{,}$ wird.

Bezeichnen wir mit $(S_{,})$ den Werth von $S_{,}$ für $t = 0$, d. h. setzen wir:

$$\text{(VIII a.)} \quad (S_{,}) = \varphi_{,}(\varrho) + \psi_{,}(\varrho),$$

und bedeuten $(S_{,,})$, $(S_{,,,})$ dasselbe für $S_{,,}$ und $S_{,,,}$; bezeichnen wir ferner mit $\left(\frac{\partial S_{,}}{\partial t}\right)$ den Werth von $\frac{\partial S_{,}}{\partial t}$ für $t = 0$, oder, was dasselbe ist, da

$$\frac{\partial \varphi_{,}(\varrho - m_{,}t)}{\partial t} = - m_{,}\frac{\partial \varphi_{,}(\varrho - m_{,}t)}{\partial \varrho}$$

ist und

$$\frac{\partial \psi_{,}(\varrho + m_{,}t)}{\partial t} = m_{,}\frac{\partial \psi_{,}(\varrho + m t)}{\partial \varrho},$$

---

*) In den beiden ersten Reihen haben $\nu_{,}$ und $\omega_{,}$ denselben Werth, da sie nur von $m_{,}^{2}$ abhängen. Dem Factor $M_{,}$ in beiden Reihen verschiedene Werthe beizulegen, ist nicht nöthig, weil $M_{,}$ beide Male mit verschiedenen willkürlichen Functionen multiplicirt ist. — *A. W.*

setzen wir:

(IX.) $$\left(\frac{\partial S_{,}}{\partial t}\right) = m_{,}\left(\frac{\partial \psi_{,}(\varrho)}{\partial \varrho} - \frac{\partial \varphi_{,}(\varrho)}{\partial \varrho}\right),$$

und geben wir $\left(\frac{\partial S_{,,}}{\partial t}\right)$ und $\left(\frac{\partial S_{,,,}}{\partial t}\right)$ dieselbe Bedeutung in Beziehung auf $\psi_{,,}$, $\varphi_{,,}$ und $\psi_{,,,}$, $\varphi_{,,,}$, so erhalten wir zur Bestimmung von $(S_{,})$, ... und $\left(\frac{\partial S_{,}}{\partial t}\right)$, ... folgende Gleichungen:

(X.) $$\begin{cases} U = M_{,}(S_{,}) + M_{,,}(S_{,,}) + M_{,,,}(S_{,,,}), \\ V = \nu_{,}M_{,}(S_{,}) + \nu_{,,}M_{,,}(S_{,,}) + \nu_{,,,}M_{,,,}(S_{,,,}), \\ W = \omega_{,}M_{,}(S_{,}) + \omega_{,,}M_{,,}(S_{,,}) + \omega_{,,,}M_{,,,}(S_{,,,}). \end{cases}$$

(XI.) $$\begin{cases} U_{,} = M_{,}\left(\frac{\partial S_{,}}{\partial t}\right) + M_{,,}\left(\frac{\partial S_{,,}}{\partial t}\right) + M_{,,,}\left(\frac{\partial S_{,,,}}{\partial t}\right), \\ V_{,} = \nu_{,}M_{,}\left(\frac{\partial S_{,}}{\partial t}\right) + \nu_{,,}M_{,,}\left(\frac{\partial S_{,,}}{\partial t}\right) + \nu_{,,,}M_{,,,}\left(\frac{\partial S_{,,,}}{\partial t}\right), \\ W_{,} = \omega_{,}M_{,}\left(\frac{\partial S_{,}}{\partial t}\right) + \omega_{,,}M_{,,}\left(\frac{\partial S_{,,}}{\partial t}\right) + \omega_{,,,}M_{,,,}\left(\frac{\partial S_{,,,}}{\partial t}\right). \end{cases}$$

Aus (X.) bestimmt man die drei Unbekannten $M_{,}(S_{,})$, $M_{,,}(S_{,,})$, $M_{,,,}(S_{,,,})$ durch U, V, W, $\nu_{,}$, ..., $\omega_{,}$, ... und aus (XI.) die drei Unbekannten $M_{,}\left(\frac{\partial S_{,}}{\partial t}\right)$, $M_{,,}\left(\frac{\partial S_{,,}}{\partial t}\right)$, $M_{,,,}\left(\frac{\partial S_{,,,}}{\partial t}\right)$ durch $U_{,}$, $V_{,}$, $W_{,}$, $\nu_{,}$, ..., $\omega_{,}$, ..., indem man diese Gleichungen vom ersten Grade auflöst. Nun hat man nach (VIIIa.) und (IX.):

$$(S_{,}) = \psi_{,}(\varrho) + \varphi_{,}(\varrho),$$

$$\frac{1}{m_{,}}\left(\frac{\partial S_{,}}{\partial t}\right) = \frac{\partial \psi_{,}(\varrho)}{\partial \varrho} - \frac{\partial \varphi_{,}(\varrho)}{\partial \varrho},$$

oder statt der letzteren:

$$\frac{1}{m_{,}}\int\left(\frac{\partial S_{,}}{\partial t}\right)d\varrho = \psi_{,}(\varrho) - \varphi_{,}(\varrho).$$

Man hat also:

$$\psi_{,}(\varrho) = \tfrac{1}{2}(S_{,}) + \frac{1}{2m_{,}}\int\left(\frac{\partial S_{,}}{\partial t}\right)d\varrho,$$

$$\varphi_{,}(\varrho) = \tfrac{1}{2}(S_{,}) - \frac{1}{2m_{,}}\int\left(\frac{\partial S_{,}}{\partial t}\right)d\varrho,$$

wodurch die willkürlichen Functionen $\psi_{,}$ und $\varphi_{,}$ vollständig durch $(S_{,})$ und $\left(\frac{\partial S_{,}}{dt}\right)$ bestimmt sind; auf dieselbe Weise sind $\varphi_{,,}(\varrho)$, $\psi_{,,}(\varrho)$ und $\varphi_{,,,}(\varrho)$, $\psi_{,,,}(\varrho)$ durch $(S_{,,})$, $\left(\frac{\partial S_{,,}}{\partial t}\right)$ und $(S_{,,,})$, $\left(\frac{\partial S_{,,,}}{\partial t}\right)$ bestimmt. Wenn in den gefundenen Functionen $\varphi_{,}$, $\psi_{,}$ ... statt ϱ respective gesetzt wird $(\varrho - m_{,}t)$ und $(\varrho + m_{,}t)$, ..., diese dann in (VII.) in den Werth von $S_{,}$, ... substituirt, diese so bestimmten Werthe von $S_{,}$, ... in (VIII.) gesetzt werden, so hat man die vollständige Lösung des vorgelegten Problems.

§ 4.

Bilden die ursprünglichen Erschütterungspunkte in ihrer Gesammtheit eine Ebene, so ergeben sich im Allgemeinen sechs, respective drei Wellenebenen.

Der anfängliche Zustand des Mediums sei von der Art, dass nur diejenigen Theilchen, welche auf der Ebene, deren Normale mit den Coordinatenaxen Winkel bildet, deren Cosinus α, β, γ sind, und die durch den Anfangspunkt der Coordinaten geht, eine Verrückung erlitten haben und eine Geschwindigkeit besitzen. Alsdann sind U, V, W gleich Null für alle Werthe von ϱ, ausgenommen für $\varrho = 0$; es werden also auch $(S_,)$, ..., $\left(\frac{\partial S_,}{\partial t}\right)$, ... und deshalb auch $\varphi_,(\varrho)$, ..., $\psi_,(\varrho)$, ... für alle Werthe von ϱ, ausgenommen für $\varrho = 0$, verschwinden; daher können $\varphi_,(\varrho - m_, t)$, ..., $\psi_,(\varrho + m_, t)$, ... nur Werthe haben, wenn die unter dem Functionszeichen stehenden Grössen $= 0$ sind. Also $\varphi_,(\varrho - m_, t)$ hat nur einen Werth, wenn $\varrho - m_, t = 0$, $\psi_,(\varrho + m_, t)$ nur einen Werth, wenn $\varrho + m_, t = 0$, u. s. w.

Zu irgend einer Zeit werden also die in dem Medium ursprünglich erregten, in der gegebenen Ebene liegenden Verrückungen und Geschwindigkeiten der Theilchen sich auf sechs von einander verschiedenen Ebenen befinden, die parallel mit der ursprünglichen Ebene sind, und deren Entfernungen von ihr sind:

$$\varrho = \pm m_, t,$$
$$\varrho = \pm m_{,,} t,$$
$$\varrho = \pm m_{,,,} t.$$

Man sieht also, wie die ursprünglichen, in *einer* Ebene gelegenen Verrückungen und Impulse in dem Medium sechs Wellenebenen erregen, von denen drei sich vorwärts und drei sich rückwärts bewegen; die drei auf derselben Seite liegenden Wellenebenen schreiten fort mit den gleichförmigen Geschwindigkeiten $m_,$, $m_{,,}$, $m_{,,,}$. — Die Verrückungen u, v, w in (VIII.) zerfallen demnach für die drei auf der positiven Seite fortschreitenden Wellenebenen in:

	Erste Wellenebene:	Zweite Wellenebene:	Dritte Wellenebene:
(XII.)	$u = M_, \varphi_,(\varrho - m_, t)$,	$u = M_{,,} \varphi_{,,}(\varrho - m_{,,} t)$,	$u = M_{,,,} \varphi_{,,,}(\varrho - m_{,,,} t)$,
	$v = \nu_, M_, \varphi_,(\varrho - m_, t)$,	$v = \nu_{,,} M_{,,} \varphi_{,,}(\varrho - m_{,,} t)$,	$v = \nu_{,,,} M_{,,,} \varphi_{,,,}(\varrho - m_{,,,} t)$,
	$w = \omega_, M_, \varphi_,(\varrho - m_, t)$.	$w = \omega_{,,} M_{,,} \varphi_{,,}(\varrho - m_{,,} t)$.	$w = \omega_{,,,} M_{,,,} \varphi_{,,,}(\varrho - m_{,,,} t)$.

Die Richtung der Verrückungen in der ersten Wellenebene bildet mit den drei Coordinatenaxen x, y, z Winkel, deren Cosinus:

(XIII.)
$$\frac{1}{\sqrt{1+\nu_{,}^2+\omega_{,}^2}}, \quad \frac{\nu_{,}}{\sqrt{1+\nu_{,}^2+\omega_{,}^2}}, \quad \frac{\omega_{,}}{\sqrt{1+\nu_{,}^2+\omega_{,}^2}}.$$

Die Cosinus der Verrückungen in der zweiten Wellenebene und in der dritten erhält man durch Vertauschung von $\nu_{,}$ mit $\nu_{,,}$ und $\nu_{,,,}$ und von $\omega_{,}$ mit $\omega_{,,}$ und $\omega_{,,,}$.

Es bleibt noch die Discussion der cubischen Gleichung (V.), durch welche die dreierlei Fortpflanzungsgeschwindigkeiten $m_{,}$, $m_{,,}$, $m_{,,,}$ bestimmt werden, und die nähere Untersuchung der Grössen $\nu_{,}$, $\nu_{,,}$, $\nu_{,,,}$, $\omega_{,}$, $\omega_{,,}$, $\omega_{,,,}$.

§ 5.

Es wird gezeigt, dass die Vibrationsbewegungen der drei Wellen parallel sind mit drei aufeinander senkrechten Richtungen. — Annahme gewisser Bedingungsgleichungen zwischen den Constanten des betrachteten Mediums.

In dem dreiaxigen Ellipsoid, dessen Gleichung:

(a.)
$$Ax^2+By^2+Cz^2+2Dxy+2Exz+2Fyz=1$$

ist, sollen die drei Hauptaxen ihrer Lage und Grösse nach bestimmt werden. Verwandelt man die rechtwinkligen Coordinaten in Polarcoordinaten, nennt den Radiusvector R, die Cosinus der Winkel, welche derselbe mit den drei rechtwinkligen Coordinatenaxen bildet: p, q, r, so dass also $x=Rp$, $y=Rq$, $z=Rr$ und $p^2+q^2+r^2=1$ ist, so verwandelt sich die Gleichung des Ellipsoids in folgende:

(b.)
$$Ap^2+Bq^2+Cr^2+2Dpq+2Epr+2Fqr=\frac{1}{R^2}.$$

Den drei Hauptaxen entsprechen die grössten und kleinsten Werthe von $\frac{1}{R^2}$, man hat also:

$$Ap+Dq+Er+(Ep+Fq+Cr)\frac{\partial r}{\partial p}=0,$$

$$Dp+Bq+Fr+(Ep+Fq+Cr)\frac{\partial r}{\partial q}=0,$$

$$p+r\frac{\partial r}{\partial p}=0,$$

$$q+r\frac{\partial r}{\partial q}=0.$$

Aus diesen Gleichungen zieht man durch Elimination von $\frac{\partial r}{\partial p}$ und $\frac{\partial r}{\partial q}$:

$$\text{(c.)}\quad \begin{cases}(Ap + Dq + Er)r - (Ep + Fq + Cr)p = 0, \\ (Dp + Bq + Fr)r - (Ep + Fq + Cr)q = 0.\end{cases}$$

Die Gleichung (b) lässt sich in folgende Form bringen:

$$\text{(d.)}\quad (Ap + Dq + Er)p + (Dp + Bq + Fr)q + (Ep + Fq + Cr)r = \frac{1}{R^2}.$$

Durch die Combination von (c.) und (d.) erhält man, [wenn $\overline{R}$ einen Maximal- oder Minimalwerth von R, d. h. eine Axe des Ellipsoids bezeichnet]:

$$\text{(e.)}\quad \begin{cases}Ap + Dq + Er = \frac{p}{\overline{R}^2}, \\ Dp + Bq + Fr = \frac{q}{\overline{R}^2}, \\ Ep + Fq + Cr = \frac{r}{\overline{R}^2},\end{cases}$$

aus welcher $\frac{q}{p}$, $\frac{r}{p}$ und $\frac{1}{\overline{R}^2}$ zu finden ist.*)

Vergleicht man die Gleichungen (e.) mit dem System von Gleichungen (IV.), wodurch m^2, $\frac{N}{M}$, $\frac{P}{M}$ bestimmt wird, so sieht man ihre vollkommene Aehnlichkeit und schliesst daraus, dass

$$\sqrt{\frac{1}{m_{,}^2 E}},\quad \sqrt{\frac{1}{m_{,,}^2 E}},\quad \sqrt{\frac{1}{m_{,,,}^2 E}}$$

nichts anderes sind, als die drei Hauptaxen eines Ellipsoids, und dass

$$\frac{M_{,}}{\sqrt{M_{,}^2 + N_{,}^2 + P_{,}^2}},\quad \frac{N_{,}}{\sqrt{M_{,}^2 + N_{,}^2 + P_{,}^2}},\quad \frac{P_{,}}{\sqrt{M_{,}^2 + N_{,}^2 + P_{,}^2}},\quad \ldots$$

oder:

$$\frac{1}{\sqrt{v_{,}^2 + \omega_{,}^2 + 1}},\quad \frac{v_{,}}{\sqrt{v_{,}^2 + \omega_{,}^2 + 1}},\quad \frac{\omega_{,}}{\sqrt{v_{,}^2 + \omega_{,}^2 + 1}},\quad \ldots$$

die Cosinus der Winkel sind, welche die Hauptaxen jenes Ellipsoids mit den drei Coordinatenaxen bilden.

Die Gleichung jenes Ellipsoids findet man:

$$\text{(XIV.)}\quad \left\{\begin{aligned} &(D\alpha^2 + A_{,,}\beta^2 + A\gamma^2)x^2 \\ &+ (A_{,,}\alpha^2 + C\beta^2 + A_{,}\gamma^2)y^2 \\ &+ (A\alpha^2 + A_{,}\beta^2 + B\gamma^2)z^2 \\ &+ 4A_{,,}\alpha\beta xy + 4A\alpha\gamma xz + 4A_{,}\beta\gamma yz\end{aligned}\right\} = 1.$$

---

*) Im Original fehlen die eingeklammerten Worte, dort ist zwischen R und $\overline{R}$ nicht unterschieden, vielmehr $\overline{R}$ ebenfalls mit R bezeichnet. — *A. W.*

Wir sind also zu dem merkwürdigen Theorem gekommen, *dass die in einer Ebene gelegenen ursprünglichen Verrückungen in einem krystallinischen Medium immer dreierlei mit verschiedener Geschwindigkeit gleichförmig fortschreitende Wellenebenen erregen, in welchen, welches auch die Richtung der ursprünglichen Verrückungen war, im Allgemeinen die Bewegungen in drei auf einander senkrechten Richtungen stattfinden, nämlich parallel den drei Axen des Ellipsoids* (XIV.)*).

Wegen der Rechtwinkligkeit der drei Richtungen, die durch $\nu_{,}$, $\omega_{,}$; $\nu_{,,}$, $\omega_{,,}$; und $\nu_{,,,}$, $\omega_{,,,}$ bestimmt werden, ist

$$1 + \nu_{,}\nu_{,,} + \omega_{,}\omega_{,,} = 0,$$
$$1 + \nu_{,}\nu_{,,,} + \omega_{,}\omega_{,,,} = 0,$$
$$1 + \nu_{,,}\nu_{,,,} + \omega_{,,}\omega_{,,,} = 0,$$

und daher erhält man aus (X.):

$$(1 + \nu_{,}^2 + \omega_{,}^2)\, M_{,}(S_{,}) = U + \nu_{,} V + \omega_{,} W,$$
$$(1 + \nu_{,,}^2 + \omega_{,,}^2)\, M_{,,}(S_{,,}) = U + \nu_{,,} V + \omega_{,,} W,$$
$$(1 + \nu_{,,,}^2 + \omega_{,,,}^2)\, M_{,,,}(S_{,,,}) = U + \nu_{,,,} V + \omega_{,,,} W,$$

und eben so aus (XI.) die Werthe für $\left(\frac{\partial S_{,}}{\partial t}\right)$, ..., wenn U, V, W vertauscht werden mit $U_{,}$, $V_{,}$, $W_{,}$. Es sind also $\sqrt{1 + \nu_{,}^2 + \omega_{,}^2}\, M_{,}(S_{,})$, $\sqrt{1 + \nu_{,,}^2 + \omega_{,,}^2}\, M_{,,}(S_{,,})$, ... die Componenten der ursprünglichen Verrückungen nach den drei Axen des Ellipsoids (XIV.), parallel welchen Axen alle Verrückungen in den erregten Wellenebenen stattfinden, und $\sqrt{1 + \nu_{,}^2 + \omega_{,}^2}\, M_{,}\left(\frac{\partial S_{,}}{\partial t}\right)$, ... die Componenten der ursprünglichen Geschwindigkeiten nach denselben Axen.

Wenn das Medium, in welchem die vibrirende Bewegung erregt ist, ein *unkrystallinisches* wäre, wo also $A = A_{,} = A_{,,} = \frac{1}{3}B = \frac{1}{3}C = \frac{1}{3}D$ ist, so verwandelt sich das Ellipsoid (XIVa.) in $x^2 + y^2 + z^2 + 2(\alpha x + \beta y + \gamma z)^2 = \frac{1}{A}$.

Dies ist die Gleichung eines Ellipsoids, dessen eine Hauptaxe zusammenfällt mit der Normale der Wellenebenen, dessen beide andere Axen unter sich gleich sind und parallel der Wellenebene liegen. Die Grösse der *einen* Axe ist $\sqrt{\frac{1}{3A}}$, die der beiden gleichen Axen ist $\sqrt{\frac{1}{A}}$.

Hieraus schliesst man, dass in einer der erregten Wellen die Bewegung senkrecht auf der Wellenfläche stattfindet, und dass deren Fortpflanzungsgeschwindigkeit $\sqrt{\frac{3A}{E}}$ ist; in den beiden anderen Wellenebenen sind die Verrückungen der Theilchen parallel mit der Wellenebene. Beide haben dieselbe

*) Vgl. hierzu den Zusatz zu § 5 (Seite 194). — *A. W.*

Fortpflanzungsgeschwindigkeit, nämlich $\sqrt{\frac{A}{E}}$, bilden also nur eine Welle. Die Richtung der beiden gleichen Axen in der Wellenebene bleibt unbestimmt, woraus man schliesst, dass die Bewegung in dieser Welle als in zwei beliebigen rechtwinkligen, in der Wellenebene liegenden Richtungen geschehend betrachtet werden kann. Dieses Resultat: dass in *unkrystallinischen* Medien von der Natur fester Körper, ausser einem Wellensystem, dessen Schwingungen senkrecht auf der Wellenebene geschehen, noch ein zweites, wo die Theilchen parallel mit der Wellenebene schwingen, erregt werde, ist zuerst von *Poisson* aus den Gleichungen der Mechanik abgeleitet. (*Mém. de l'Académie, T. X.*)

Wenn die Erregungsebene, d. i. die anfängliche Wellenebene, parallel einer der Coordinatenebenen ist, d. i. *senkrecht auf einer der Krystallaxen* steht, so fallen die Axen des Ellipsoids (XIV.) zusammen mit den drei rechtwinkligen Krystallaxen. Es sei:

1) die Welle senkrecht auf z, alsdann ist $\alpha = 0$, $\beta = 0$, $\gamma = 1$, und die Gleichung des Ellipsoids wird:

$$Ax^2 + A_{,}y^2 + Bz^2 = 1.$$

Die drei Axen dieses Ellipsoids sind $\sqrt{\frac{1}{A}}$, $\sqrt{\frac{1}{A_{,}}}$, $\sqrt{\frac{1}{B}}$, die Fortpflanzungsgeschwindigkeit der dreierlei erregten Wellenebenen also $\sqrt{\frac{A}{E}}$, $\sqrt{\frac{A_{,}}{E}}$, $\sqrt{\frac{B}{E}}$, und die Richtung der Bewegung in diesen drei Wellenebenen geschieht respective parallel den drei Axen x, y, z.

2) Die Wellen seien senkrecht auf y, d. h. $\alpha = 0$, $\gamma = 0$, $\beta = 1$; die Gleichung des Ellipsoids wird:

$$A_{,,}x^2 + Cy^2 + A_{,}z^2 = 1.$$

Die Fortpflanzungsgeschwindigkeiten der Wellen, deren Bewegungen parallel den Axen x, y, z, sind respective:

$$\sqrt{\frac{A_{,,}}{E}}, \quad \sqrt{\frac{C}{E}}, \quad \sqrt{\frac{A_{,}}{E}}.$$

3) Die Wellenebene steht senkrecht auf x, d. h. $\beta = 0$, $\gamma = 0$, $\alpha = 1$, so wird die Gleichung

$$Dx^2 + A_{,,}y^2 + Az^2 = 1,$$

und die Fortpflanzungsgeschwindigkeiten der Wellen, in welchen die Theile sich parallel x, y, z bewegen, sind respective:

$$\sqrt{\frac{D}{E}}, \quad \sqrt{\frac{A_{,,}}{E}}, \quad \sqrt{\frac{A}{E}}.$$

Vergleicht man dieses Resultat mit dem Verhalten der Wellensysteme in doppeltbrechenden zweiaxigen Krystallen, so sieht man leicht, dass man einen polarisirten Strahl*) nur denjenigen zu nennen braucht, in welchem die Schwingungen in *einer* durch den Strahl gelegten Ebene senkrecht auf dem Strahl stattfinden und die Polarisationsebene diese durch den Strahl gelegte Ebene, — um zwischen den beiden Strahlen, in welche der Krystall den einfallenden theilt, oder vielmehr zwischen den beiden ihnen entsprechenden Wellenebenen und denjenigen der eben gefundenen, in welchen die Schwingungen in der Wellenebene ausgeführt werden, die vollkommenste Gleichheit zu finden; was die dritte der gefundenen Wellenebenen betrifft, in welcher die Schwingungen senkrecht auf der Wellenebene stattfinden, so kennen wir nichts, was ihr in der Lichtundulation entspricht. In der That, behält man die Bezeichnung der drei Krystallaxen mit x, y, z bei, so weiss man, dass der in der Richtung von z sich bewegende Strahl zerfällt in zwei Strahlen, die polarisirt sind parallel mit x und y, und deren Fortpflanzungsgeschwindigkeiten respective seien a und $a_{,}$; der parallel mit y sich bewegende Strahl zerfällt in zwei nach x und z polarisirte Strahlen mit den respectiven Fortpflanzungsgeschwindigkeiten $a_{,,}$, $a_{,}$, und endlich der mit x parallel sich bewegende Strahl zerfällt in zwei nach y und z polarisirte Strahlen mit den Fortpflanzungsgeschwindigkeiten $a_{,,}$ und a. Man braucht nur die Buchstaben a, $a_{,}$, $a_{,,}$ mit $\sqrt{\frac{A}{E}}$, $\sqrt{\frac{A_{,}}{E}}$, $\sqrt{\frac{A_{,,}}{E}}$ zu vertauschen, um in diesem experimentalen Resultat den Ausdruck des eben gefundenen theoretischen Resultats zu haben.

Nennt man bei einem optisch zweiaxigen Krystall die Ebene, welche durch zwei der krystallinischen Axen (oder durch zwei Elastizitätsaxen, nach *Fresnel*) gelegt ist, einen Hauptschnitt, so weiss man, dass, so lange die beiden zusammengehörigen Strahlen sich in demselben Hauptschnitt befinden, der eine Strahl, welches auch seine Richtung sei in diesem Hauptschnitt, immer dieselbe Geschwindigkeit hat. Dieser Strahl ist so polarisirt, dass seine Polarisationsebene zusammenfällt mit dem Hauptschnitt; der andere Strahl ist senkrecht auf dem Hauptschnitt polarisirt, und seine Geschwindigkeit kann dargestellt werden durch die gegen ihn senkrecht stehenden, in 1 dividirten Radiivectoren einer Ellipse, die in diesem Hauptschnitt so construirt ist, dass

*) Hier ist noch nicht, wie weiterhin in § 9, zwischen Strahl und Wellennormale unterschieden. Eigentlich handelt es sich hier nur um Wellennormalen; aber für die hier betrachteten Wellen fallen die Wellennormalen mit den Strahlen zusammen. — *A. W.*

ihre Hauptaxen der Richtung nach zusammenfallen mit den Axen des Krystalles, und ihre Längen respective ausdrücken diejenigen Fortpflanzungsgeschwindigkeiten, welche der Strahl hat, wenn er sich senkrecht gegen diese Axen des Krystalls bewegt. Wir wollen untersuchen, ob mit diesem empirischen Gesetz die aufgestellte Theorie gleichfalls in Uebereinstimmung sich findet. Setzen wir $\alpha = 0$, um diejenigen Wellenebenen zu untersuchen, die senkrecht gegen den Hauptschnitt durch z und y gehen, so verwandelt die Gleichung (V.) sich in das Product zweier Factoren und zerfällt also:

$$(1.)\qquad A_{,,}\beta^2 + A\gamma^2 - Em^2 = 0,$$

$$(2.)\qquad (C\beta^2 + A_{,}\gamma^2 - Em^2)(A_{,}\beta^2 + B\gamma^2 - Em^2) - 4A_{,}^2\gamma^2\beta^2 = 0.$$

Die Gleichung (1.) entspricht einer nach x polarisirten Welle; denn*) ihre Fortpflanzungsgeschwindigkeit ist der in 1 dividirte Radiusvector einer Ellipse, die ganz auf dieselbe Weise construirt ist, wie bei dem nach x polarisirten Lichtstrahl.

Die Gleichung (2.) muss für eine zweite nach dem Hauptschnitt polarisirte Welle eine constante Geschwindigkeit geben, wenn die Analogie dieser Wellen mit den beiden Lichtstrahlen vollständig sein soll.

Untersucht man die Bedingungen, unter welchen die Gleichung (2.) sich in ein Product von der Form

$$(\mu\beta^2 + \nu\gamma^2 - Em^2)(\mu_{,}\beta^2 + \nu_{,}\gamma^2 - Em^2)$$

verwandelt, so findet man**):

$$\mu = A_{,}, \qquad \mu_{,} = C,$$
$$\nu = A_{,}, \qquad \nu_{,} = B,$$
$$(\text{XV.})\qquad (B - A_{,})(C - A_{,}) = 4A_{,}^2,$$

woraus man sieht, dass die Constanten B, C, $A_{,}$ eine Bedingungsgleichung (XV.) erfüllen müssen, wenn sich (2.) in zwei Factoren der angenommenen Form zerlegen lassen soll. Alsdann hat man aber:

$$(3.)\qquad A_{,} - Em^2 = 0,$$

$$(4.)\qquad C\beta^2 + B\gamma^2 - Em^2 = 0.$$

Unter der Voraussetzung, dass die Bedingung (XV.) erfüllt ist, erhält also in der That die nach dem Hauptschnitt polarisirte Welle eine constante

*) Im Original steht hier „*und*" an Stelle von „*denn*". — *A. W.*

**) Im Original steht fälschlich $\mu_{,} = B$, $\nu_{,} = C$ statt $\mu_{,} = C$, $\nu_{,} = B$. — Uebrigens würde Gleichung (2.) auch für $A_{,} = 0$ in zwei in β und γ rationale Factoren zerfallen. Doch ist diese Möglichkeit durch die Bedeutung von $A_{,}$ ausgeschlossen. — *A. W.*

Geschwindigkeit, welches auch ihre Neigung gegen z oder y sei. Die Analogie mit dem Verhalten der beiden Lichtstrahlen in dem Hauptschnitt yz ist also vollständig, und ebenso vollständig ist sie in den anderen beiden Hauptschnitten, wenn man zu der Bedingungsgleichung (XV.) noch die analogen hinzufügt:

$$\text{(XVI.)}\qquad \begin{cases}(B-A)(D-A) = 4A^2, \\ (C-A_{,,})(D-A_{,,}) = 4A_{,,}^2.\end{cases}$$

§ 6.

Weitere Betrachtungen über die soeben angenommenen Bedingungsgleichungen.

Es soll jetzt gezeigt werden, dass für das durch die cubische Gleichung (V.) gegebene Gesetz der Geschwindigkeiten einer Wellenebene, die eine beliebige Lage gegen die Axen des krystallinischen Mediums besitzt, die *Fresnel*'sche Construction an seiner Elastizitätsfläche eine erste Annäherung ist. Diese Construction drückt jenes in (V.) enthaltene Gesetz genau aus bis auf die ersten Potenzen der Excentricitäten der Ellipsen, welche wir im vorhergehenden Paragraphen für das Gesetz der Geschwindigkeiten in den Wellen, welche auf einem Hauptschnitt senkrecht stehen, gefunden haben. Diese Excentricitäten sind bei allen optisch untersuchten Krystallen nur kleine Grössen. Diese Congruenz des in (V.) enthaltenen Gesetzes mit der *Fresnel*'schen Construction findet nur unter den Bedingungen, welche durch (XV.) und (XVI.) ausgedrückt sind, statt*).

Was diese Bedingungsgleichungen betrifft, so mag man darüber noch folgende Reflexionen sich gefallen lassen. Der Widerstand, womit die krystallinischen Substanzen der Zusammendrückung oder Verschiebung in sich widerstehen, ist im Allgemeinen sehr viel grösser als der Unterschied in diesem Widerstand nach den verschiedenen Richtungen; man kann sich deshalb die Function F in (II.) als bestehend aus einem constanten Gliede $\mathfrak{C}$**) und einem von $\cos^2 a$, $\cos^2 b$, $\cos^2 c$ abhängigen $F_,$ vorstellen, wo $F_,$ sehr viel kleiner als $\mathfrak{C}$ ist. Es sei also $F = \mathfrak{C} + F_,$, alsdann verwandeln sich die Gleichungen (II.), wenn $p\mathfrak{C}\frac{4}{15}\pi = L$ gesetzt wird, in:

$$\begin{aligned} A &= L + p\int dm F_, \cos^2 a \cos^2 c, & B &= 3L + p\int dm F_, \cos^4 c, \\ A_, &= L + p\int dm F_, \cos^2 b \cos^2 c, & C &= 3L + p\int dm F_, \cos^4 b, \\ A_{,,} &= L + p\int dm F_, \cos^2 a \cos^2 b, & D &= 3L + p\int dm F_, \cos^4 a, \end{aligned}$$

*) Vgl. den Zusatz zu § 6 (Seite 196). — *A. W.*

**) Im Original steht C an Stelle von $\mathfrak{C}$, ebenso nachher m, n, p an Stelle von $\mathfrak{m}, \mathfrak{n}, \mathfrak{p}$. — *A. W.*

wo die Werthe der Integrale kleine Grössen gegen L sind. Denken wir uns nun $F_{,}$ entwickelt nach den Potenzen von $\cos^2 a, \ldots$, berücksichtigen nur die ersten Potenzen, so dass:

$$F_{,} = \mathfrak{m}\cos^2 a + \mathfrak{n}\cos^2 b + \mathfrak{p}\cos^2 c \tag{A.}$$

ist, wo also $\mathfrak{m}$, $\mathfrak{n}$, $\mathfrak{p}$ kleine Grössen gegen L sind, so erhalten wir:

$$\text{(B.)}\quad \begin{cases} A = L + \lambda(\mathfrak{m} + \frac{1}{3}\mathfrak{n} + \mathfrak{p}), & B = 3L + \lambda(\mathfrak{m} + \mathfrak{n} + 5\mathfrak{p}), \\ A_{,} = L + \lambda(\frac{1}{3}\mathfrak{m} + \mathfrak{n} + \mathfrak{p}), & C = 3L + \lambda(\mathfrak{m} + 5\mathfrak{n} + \mathfrak{p}), \\ A_{,,} = L + \lambda(\mathfrak{m} + \mathfrak{n} + \frac{1}{3}\mathfrak{p}), & D = 3L + \lambda(5\mathfrak{m} + \mathfrak{n} + \mathfrak{p}), \end{cases}$$

wenn $\lambda = \frac{4}{35}p\pi$ gesetzt wird.

Die angenommene Form von $F_{,}$ kann, wie bemerkt, als eine Annäherung angesehen werden an den wahren Werth von $F_{,}$; es würde $F_{,}$ genau diese Form haben, wenn wir statt eines krystallinischen Mediums uns ein Medium dächten, welches sich in dem Zustande linearer Verdichtungen und Verdünnungen befände, in welchem sich z. B. ein rechtwinkliges Glasparallelepipedon befindet, wenn dasselbe in drei auf einander rechtwinkligen Richtungen durch dreierlei auf seine Seitenebenen wirkende Druckkräfte comprimirt ist.

Setzt man diese Werthe von $A, \ldots, B, \ldots$ in die Bedingungsgleichungen (XV.) und (XVI.), so findet man diese erfüllt bis auf die Quadrate der Unterschiede von $\mathfrak{m}$, $\mathfrak{n}$, $\mathfrak{p}$, d. h. erfüllt bis auf die Quadrate der Excentricitäten der Ellipsen, wodurch nach dem vorhergehenden Paragraphen die Geschwindigkeiten der auf einem Hauptschnitt senkrecht stehenden Wellenebenen dargestellt werden.

Setzt man in den Bedingungsgleichungen (XV.) und (XVI.):

$$\begin{aligned} C - A_{,} &= c, & A - A_{,} &= \varDelta_{,,}{}^{*}), \\ B - A &= b, & A_{,,} - A &= \varDelta_{,}, \\ D - A_{,,} &= d, & A_{,} - A_{,,} &= \varDelta = -\varDelta_{,} - \varDelta_{,,}, \end{aligned}$$

so verwandeln sich diese in:

$$\text{(a.)}\quad \begin{cases} (\varDelta_{,,} + b)c = 4A_{,}^2, \\ (\varDelta_{,} + d)b = 4A^2, \\ (\varDelta + c)d = 4A_{,,}^2. \end{cases}$$

---

*) Im Original haben die linken Seiten der Gleichungen bei $\varDelta$, $\varDelta_{,}$, $\varDelta_{,,}$ die entgegengesetzten Zeichen. Die Aendernng war nöthig, um jene Gleichungen mit den Relationen (a.) in Uebereinstimmung zu bringen. — *A. W.*

Aus dem Product der Gleichungen (a.), wenn die zweiten Potenzen von Δ, $\Delta_{,}$, $\Delta_{,,}$ [sowie die Producte $\Delta(B-C)$ etc.*)] vernachlässigt werden, erhält man:

(b.) $$bcd = 8AA_{,}A_{,,},$$

oder:

(XVII.) $$(C-A_{,})(B-A)(D-A_{,,}) = 8AA_{,}A_{,,},$$

und auf eine ganz ähnliche Weise ergiebt sich:

(XVIII.) $$(B-A_{,})(D-A)(C-A_{,,}) = 8AA_{,}A_{,,}.$$

Mittelst der Gleichung (b.) lassen sich die Gleichungen (a.) bei Vernachlässigung der Glieder, die von Δ^2, ... abhängen, leicht auflösen, und substituirt man statt b, c, d, Δ, ... ihre Werthe, so findet man:

(XIX.) $$\begin{cases} \frac{1}{3}B = A + A_{,} - A_{,,} \quad \text{und} \quad A = \dfrac{B+D}{6}, \\ \frac{1}{3}C = A_{,} + A_{,,} - A \quad \text{und} \quad A_{,} = \dfrac{B+C}{6}, \\ \frac{1}{3}D = A_{,,} + A - A_{,} \quad \text{und} \quad A_{,,} = \dfrac{C+D}{6}. \end{cases}$$

§ 7.

Zwei von den drei Wellenebenen besitzen Fortpflanzungsgeschwindigkeiten, welche nahezu der von Fresnel (auf Grund seiner Elasticitätsfläche) gegebenen Construction entsprechen.

Die Gleichung (V.), welche das Gesetz der Fortpflanzungsgeschwindigkeiten ebener, unbegrenzter Wellen darstellt, ist von der Form:

$$\mu^6 - M\mu^4 + N\mu^2 - P = 0,$$

wo $\mu^2 = Em^2$ gesetzt ist. Die Coefficienten M, N, P haben folgende Werthe:

$$M = A + A_{,} + A_{,,} + (D-A_{,})\alpha^2 + (C-A)\beta^2 + (B-A_{,,})\gamma^2,$$

$$\begin{aligned} N = {} & (AA_{,,} + A_{,}D)\alpha^2 + (A_{,}A_{,,} + AC)\beta^2 + (AA_{,} + A_{,,}B)\gamma^2 \\ & + D(A + A_{,,} - A_{,})\alpha^4 + C(A_{,} + A_{,,} - A)\beta^4 + B(A + A_{,} - A_{,,})\gamma^4 \\ & + (DB - 3A^2)\alpha^2\gamma^2 + (CD - 3A_{,,}^2)\alpha^2\beta^2 + (CB - 3A_{,}^2)\beta^2\gamma^2, \end{aligned}$$

$$\begin{aligned} P = {} & (D\alpha^4 + C\beta^4 + B\gamma^4)(AA_{,,}\alpha^2 + A_{,}A_{,,}\beta^2 + AA_{,}\gamma^2) \\ & + (BC - 3A_{,}^2)(A\gamma^2 + A_{,,}\beta^2)\beta^2\gamma^2 \\ & + (BD - 3A^2)(A_{,}\gamma^2 + A_{,,}\alpha^2)\alpha^2\gamma^2 \\ & + (CD - 3A_{,,}^2)(A_{,}\beta^2 + A\alpha^2)\alpha^2\beta^2 \\ & + [BCD - 3(BA_{,,}^2 + CA^2 + DA_{,}^2) + 18AA_{,}A_{,,}]\alpha^2\beta^2\gamma^2. \end{aligned}$$

*) Die eingeklammerten Worte fehlen im Original.

Diese Werthe verwandeln sich, mit Hülfe der im vorhergehenden Paragraphen angenommenen Relationen zwischen A, $A_{,}$ und $A_{,,}$ und B, C, D in*):

$$M = D\alpha^2 + C\beta^2 + B\gamma^2 + (A + A_{,,})\alpha^2 + (A_{,} + A_{,,})\beta^2 + (A + A_{,})\gamma^2,$$

$$N = AA_{,,}\alpha^2 + A_{,}A_{,,}\beta^2 + AA_{,}\gamma^2,$$

$$+ (D\alpha^2 + C\beta^2 + B\gamma^2)[(A + A_{,,})\alpha^2 + (A_{,} + A_{,,})\beta^2 + (A + A_{,})\gamma^2],$$

$$P = (D\alpha^2 + C\beta^2 + B\gamma^2)(AA_{,,}\alpha^2 + A_{,}A_{,,}\beta^2 + AA_{,}\gamma^2).$$

Werden diese Werthe von M, N, P in die cubische Gleichung;

$$\mu^6 - M\mu^4 + N\mu^2 - P = 0$$

substituirt, so bemerkt man leicht, dass sie sich in ein Product zweier Factoren verwandelt, so dass sie in folgende zwei Gleichungen zerfällt:

(XX.) $$\mu^2 - (D\alpha^2 + C\beta^2 + B\gamma^2) = 0$$

und

(XXI.) $$\mu^4 - [(A + A_{,,})\alpha^2 + (A_{,} + A_{,,})\beta^2 + (A + A_{,})\gamma^2]\mu^2 + AA_{,,}\alpha^2 + A_{,}A_{,,}\beta^2 + AA_{,}\gamma^2 = 0.$$

Letztere Gleichung lässt sich auch in folgender Form schreiben:

(XXII.) $$\frac{\alpha^2}{\mu^2 - A_{,}} + \frac{\beta^2}{\mu^2 - A} + \frac{\gamma^2}{\mu^2 - A_{,,}} = 0.$$

Diese Gleichung (XXII.) lässt sich durch folgende geometrische Construction auflösen: Man construire eine Fläche, deren Radiusvector ϱ so bestimmt ist, dass:

(XXIII.) $$\varrho^2 = A_{,}a^2 + Ab^2 + A_{,,}c^2,$$

wo a, b, c die Cosinus der Winkel sind, welche ϱ mit den drei Axen des krystallinischen Mediums x, y, z bildet; man schneide diese Fläche mit einer durch den Mittelpunkt gelegten Ebene, deren Normale mit denselben Axen Winkel bildet, deren Cosinus sind: α, β, γ; der grösste und kleinste Halbmesser dieses Schnittes stellt die Wurzeln der Gleichung (XXII.) dar. Die Gleichung der schneidenden Ebene ist:

(1.) $$0 = \alpha x + \beta y + \gamma z.$$

Es sei irgend ein Radiusvector der Fläche $x = pz$, $y = qz$, so dass in der Formel (XXIII.) ist:

$$a = \frac{p}{\sqrt{1 + p^2 + q^2}}, \quad b = \frac{q}{\sqrt{1 + p^2 + q^2}}, \quad c = \frac{1}{\sqrt{1 + p^2 + q^2}}.$$

---

*) Hinsichtlich der Ableitung der folgenden Formeln vgl. den Zusatz zu § 7, Seite 196. — *A. W.*

Es liege dieser Radiusvector zugleich in der schneidenden Ebene, alsdann verwandeln sich die Gleichungen (XXIII.) und (1.) Seite 182 in:

$$\varrho^2(1+p^2+q^2) = A_{,}p^2 + Aq^2 + A_{,,}, \tag{2.}$$

$$0 = \alpha p + \beta q + \gamma. \tag{3.}$$

Es soll ϱ in Beziehung auf p oder q ein Maximum oder Minimum sein; man hat also:

$$0 = (\varrho^2 - A_{,})p + (\varrho^2 - A)q\frac{dq}{dp},$$

$$0 = \alpha + \beta\frac{dq}{dp},$$

und durch Elimination von $\frac{dq}{dp}$:

$$0 = \beta(\varrho^2 - A_{,})p - \alpha(\varrho^2 - A)q. \tag{4.}$$

Aus (4.) und (3.) erhält man:

$$p = \frac{-\alpha\gamma(\varrho^2 - A)}{\alpha^2(\varrho^2 - A) + \beta^2(\varrho^2 - A_{,})},$$

$$q = \frac{-\beta\gamma(\varrho^2 - A_{,})}{\alpha^2(\varrho^2 - A) + \beta^2(\varrho^2 - A_{,})},$$

und werden diese Werthe in (2.) gesetzt, so geht nach gehöriger Reduction hervor:

$$\frac{\alpha^2}{\varrho^2 - A_{,}} + \frac{\beta^2}{\varrho^2 - A} + \frac{\gamma^2}{\varrho^2 - A_{,,}} = 0. \tag{5.}$$

Diese Gleichung (5.) congruirt mit der Gleichung (XXII.), wenn statt ϱ^2 gesetzt wird μ^2, wodurch also die Richtigkeit der geometrischen Construction erwiesen ist. Die Fläche (XXIII.) ist aber die *Fresnel'sche Elasticitätsfläche,* und die eben bewiesene Construction der Wurzeln der Gleichung (XXII.) ist identisch mit derjenigen, welche *Fresnel* gegeben hat, um die Geschwindigkeiten der Fortpflanzung der beiden ebenen Lichtwellen in einer beliebigen Lage in einem doppeltbrechenden zweiaxigen Medium zu finden.

§ 8.

Die beiden Wellen, von denen im vorigen Paragraphen die Rede war, sind nahezu transversal; während die dritte nahezu longitudinaler Natur ist.

Es bleibt noch übrig zu untersuchen, welches die Richtungen sind, parallel welchen die Schwingungen der Theilchen in den beiden Wellen, deren Gesetz der Fortpflanzungsgeschwindigkeit durch (XXII.), und in der Welle, deren Fortpflanzungsgeschwindigkeit durch (XX.) gegeben ist, ausgeführt werden.

In der letzteren Welle (XX.) geschehen, wie sogleich gezeigt werden soll, die Schwingungen sehr nahe senkrecht auf der Wellenebene, in den beiden anderen schwingen die Theilchen sehr nahe parallel mit der Wellenebene, und zwar so, dass die Richtung ihrer Schwingung nahe senkrecht steht auf demjenigen Radiusvector des Durchschnitts der Wellenebene und der Fläche (XXIII.), durch welchen ihre Fortpflanzungsgeschwindigkeit nach der Construction des vorhergehenden Paragraphen gegeben ist.

Behalten wir die Bezeichnung des vorigen Paragraphen bei, so bildet dieser Radiusvector mit den drei Axen der Coordinaten Winkel, deren Cosinus:

$$\frac{p}{\sqrt{p^2+q^2+1}}, \quad \frac{q}{\sqrt{p^2+q^2+1}}, \quad \frac{1}{\sqrt{p^2+q^2+1}}.$$

Die Normale der Wellenebene bildet mit denselben Axen Winkel, deren Cosinus:

$$\alpha, \ \beta, \ \gamma.$$

Eine Linie, die gegen jenen Radiusvector und gegen diese Normale senkrecht steht, bilde mit den drei Axen Winkel, deren Cosinus X, Y, Z seien; alsdann hat man, um X, Y, Z zu bestimmen:

$$Xp + Yq + Z = 0,$$
$$X\alpha + Y\beta + Z\gamma = 0,$$

oder:

$$X(\alpha - \gamma p) + (\beta - \gamma q)Y = 0,$$
$$X(\alpha q - \beta p) - (\beta - \gamma q)Z = 0;$$

werden hierin substituirt die Werthe für p und q des vorigen Paragraphen in Verbindung mit (5.), nämlich:

$$p = \frac{\alpha}{\gamma}\frac{\varrho^2 - A_{,,}}{\varrho^2 - A_{,}},$$
$$q = \frac{\beta}{\gamma}\frac{\varrho^2 - A_{,,}}{\varrho^2 - A},$$

so erhält man:

$$(6.)\qquad \begin{cases} X\alpha\dfrac{A_{,} - A_{,,}}{\varrho^2 - A_{,}} + Y\beta\dfrac{A - A_{,,}}{\varrho^2 - A} = 0, \\ X\alpha\dfrac{A_{,} - A}{\varrho^2 - A_{,}} + Z\gamma\dfrac{A_{,,} - A}{\varrho^2 - A_{,,}} = 0. \end{cases}$$

Aus den Gleichungen (IV.) zieht man durch Elimination von P und durch Elimination von N zur Bestimmung von M, N, P folgende Gleichungen, wenn $Em^2 = \mu^2$ gesetzt wird:

$$(\text{A.})\qquad [A_{,}\beta\gamma(D\alpha^2 + A_{,,}\beta^2 + A\gamma^2 - \mu^2) - 2AA_{,,}\alpha^2\beta\gamma]M$$
$$= [A\alpha\gamma(A_{,,}\alpha^2 + C\beta^2 + A_{,}\gamma^2 - \mu^2) - 2A_{,}A_{,,}\alpha\beta^2\gamma]N$$
$$= [A_{,,}\alpha\beta(A\alpha^2 + A_{,}\beta^2 + B\gamma^2 - \mu^2) - 2AA_{,}\alpha\beta\gamma^2]P.$$

Setzt man statt B, C, D ihre Werthe aus (XIX.), und statt $\mu^2 : (\alpha^2+\beta^2+\gamma^2)\mu^2$, so erhält man aus der ersten dieser Gleichungen:

$$[A_,\beta\gamma(\alpha^2(A_{,,}-\mu^2)+\beta^2(A_{,,}-\mu^2)+\gamma^2(A-\mu^2))+(2A_{,,}-3A_,)(A_,-A)\alpha^2\beta\gamma]M$$
$$=[A\alpha\gamma(\alpha^2(A_{,,}-\mu^2)+\beta^2(A_{,,}-\mu^2)+\gamma^2(A_,-\mu^2))-(2A_{,,}-3A)(A_,-A)\alpha\beta^2\gamma]N.$$

Verbindet man diese Gleichung mit (XXII.):

$$\Big[A_,\beta\gamma(A_{,,}-\mu^2)(A-\mu^2)\Big(\frac{\alpha^2(A_,-A)}{(A-\mu^2)(A_,-\mu^2)}\Big)+(2A_{,,}-3A_,)(A_,-A)\alpha^2\beta\gamma\Big]M$$
$$=\Big[A\alpha\gamma(A_{,,}-\mu^2)(A_,-\mu^2)\Big(\frac{\beta^2(A-A_,)}{(A-\mu^2)(A_,-\mu^2)}\Big)+(2A_{,,}-3A)(A-A_,)\alpha\beta^2\gamma\Big]N,$$

woraus durch Reduction:

$$0=\Big[A_,\alpha\frac{1}{A_,-\mu^2}+\frac{(2A_{,,}-3A_,)\alpha}{A_{,,}-\mu^2}\Big]M+\Big[A\beta\frac{1}{A-\mu^2}+\frac{(2A_{,,}-3A)\beta}{A_{,,}-\mu^2}\Big]N,$$

oder:

(XXIV.) $$0=A_,\alpha\frac{A_{,,}-A_,}{A_,-\mu^2}\Big(1+\frac{2(A_,-\mu^2)}{A_,}\Big)M+A\beta\frac{A_{,,}-A}{A-\mu^2}\Big(1+\frac{2(A-\mu^2)}{A}\Big)N.$$

Aus der zweiten der Gleichungen (A.) erhält man:

$$[A_,\beta\gamma(\alpha^2(A-\mu^2)+\beta^2(A_{,,}-\mu^2)+\gamma^2(A-\mu^2))+(2A-3A_,)(A_,-A_{,,})\alpha^2\beta\gamma]M$$
$$=[A_{,,}\alpha\beta(\alpha^2(A-\mu^2)+\beta^2(A_,-\mu^2)+\gamma^2(A-\mu^2))-(2A-3A_{,,})(A_,-A_{,,})\alpha\beta\gamma^2]P.$$

Durch Verbindung mit (XXII.) verwandelt diese sich in:

$$\Big[A_,\beta\gamma(A-\mu^2)(A_{,,}-\mu^2)\Big(\frac{\alpha^2(A_,-A_{,,})}{(A_,-\mu^2)(A_{,,}-\mu)^2}\Big)+(2A-3A_,)(A_,-A_{,,})\alpha^2\beta\gamma\Big]M$$
$$=\Big[A_{,,}\alpha\beta(A-\mu^2)(A_,-\mu^2)\Big(\frac{\gamma^2(A_{,,}-A_,)}{(A_{,,}-\mu^2)(A_,-\mu^2)}\Big)+(2A-3A_{,,})(A_{,,}-A_,)\alpha\beta\gamma^2\Big]P,$$

oder, gehörig reducirt, in:

(XXV.) $$0=\Big(A_,\alpha\frac{A-A_,}{A_,-\mu^2}+2\alpha(A-A_,)\Big)M+\Big[A_{,,}\gamma\frac{A-A_{,,}}{A_{,,}-\mu^2}+2\gamma(A-A_{,,})\Big]P.$$

Vergleicht man die Gleichungen (XXIV.) und (XXV.), wodurch $\frac{N}{M}$ und $\frac{P}{M}$ bestimmt sind, mit den Gleichungen (6.), wodurch $\frac{Y}{X}$ und $\frac{Z}{X}$ bestimmt sind, und erinnert sich, dass $\mu^2=\varrho^2$, so sieht man ein, dass der Unterschied der Grössen $\frac{N}{M}$ und $\frac{P}{M}$ von $\frac{Y}{X}$ und $\frac{Z}{X}$ nur sehr klein ist, nämlich proportional dem Unterschiede der Grössen A, $A_,$, $A_{,,}$*); dass also sehr nahe die durch

*) Die Vergleichung der Gleichungen (XXIV.) und (XXV.) mit den Gleichungen (6.) giebt:

$$\frac{N}{M}=\frac{Y}{X}\frac{3A_,-2\mu^2}{3A-2\mu^2}=\frac{Y}{X}\Big(1+\frac{A_,-A}{A-\frac{2}{3}\mu^2}\Big),$$
$$\frac{P}{M}=\frac{Z}{X}\frac{3A_,^2-2\mu^2}{3A_{,,}^2-2\mu^2}=\frac{Z}{X}\Big(1+\frac{A_,-A_{,,}}{A_{,,}-\frac{2}{3}\mu^2}\Big). — A. W.$$

M, *N*, *P* bestimmte Richtung der Schwingung zusammenfällt mit der durch *X*, *Y*, *Z* bestimmten Richtung, d. i. sehr nahe senkrecht steht auf der Normale der Wellenebene und demjenigen Radiusvector des Durchschnitts der Wellenebene mit der Fläche (XXIII.), wodurch ihre Fortpflanzungsgeschwindigkeit angegeben ist.

Nach § 5 geschehen die Bewegungen in den dreierlei Wellenebenen immer in drei auf einander senkrechten Richtungen, und deshalb und zufolge des eben Bewiesenen müssen die Bewegungen der Wellenebene, deren Gesetz der Fortpflanzungsgeschwindigkeiten durch (XX.) gegeben ist, sehr nahe senkrecht auf der Wellenebene stattfinden.

§ 9.

Die hier entwickelte Theorie führt zu einer Definition der Polarisationsebene, welche in Gegensatz steht zur Fresnel'schen Definition.

Auf diese Weise sind also die Gesetze der doppelten Strahlenbrechung, in sofern sich diese auf die Richtung der gebrochenen Strahlen beziehen, übereinstimmend mit denjenigen, die *Fresnel* aus seiner Theorie abgeleitet und der Erfahrung entsprechend gefunden hat, streng mit Hülfe der Mechanik deducirt aus den anziehenden und abstossenden Kräften, welche, der Verschiebung und Zusammendrückung der Medien sich widersetzend, nur in sehr kleiner Entfernung wirksam sind. Diejenigen theoretischen Betrachtungen, welche *Fresnel* zu diesen Gesetzen geführt haben, werden immer als das Bewunderungswürdigste und Scharfsinnigste seines eminenten Genies dastehen; aber ich glaube nicht, dass sie diejenige Evidenz in sich tragen, dass jede strengere theoretische Untersuchung dadurch überflüssig geworden wäre. Ich sage: die Gesetze der doppelten Strahlenbrechung sind im Vorhergehenden aus den Gleichungen (I.) abgeleitet; in der That, man darf nur die Lichtwellen als *diejenigen* der drei im Vorhergehenden gefundenen Wellen, in welche sich die ursprüngliche Wellenebene im allgemeinsten Falle immer theilt, definiren, deren Schwingungen parallel der Wellenebene sind; aus dem Gesetz der Fortpflanzungsgeschwindigkeiten dieser ebenen Wellen lässt sich die Gestalt der Wellenfläche ableiten, die entsteht, wenn von einem einzelnen Erschütterungspunkt sich nach allen Richtungen die Vibration fortpflanzt. Es ist dies ein Problem der Theorie der Enveloppen (*Fresnel*, Theorie der doppelten Strahlenbrechung), wie in § 1 gesagt ist. Die Kenntniss dieser Wellenfläche führt auf die Gesetze der Geschwindigkeit, womit die Strahlen, d. i. Radii vectores der Wellenfläche in verschiedenen Richtungen sich bewegen, die nicht identisch sind mit den Geschwindigkeiten, womit die Wellenebenen, die auf diesen Strahlen senkrecht stehen, sich fortpflanzen würden. Aus den Fortpflanzungsgeschwindigkeiten der Strahlen in den verschiedenen Richtungen lassen sich die Richtungen derselben, sei es, dass sie von einem zweiten Medium reflectirt oder gebrochen werden, finden — in beiden Fällen zeigt die Theorie der Interferenzen, in Verbindung mit dem *Huyghens*'schen Princip, dass die Richtung des reflectirten oder gebrochenen Strahls in irgend einem Punkt in einiger Entfernung von der reflectirenden oder brechenden Fläche diejenige Richtung ist, in welcher die vibrirenden Impulse zuerst nach diesem Punkt hingebracht werden; die Bestimmung der Lage des reflectirten oder gebrochenen Strahls ist also ein Problem der Theorie der Maxima und Minima. Die particulären Fälle, wo das Medium zu einem viergliedrigen Krystallsystem gehört, oder aus der Abtheilung der sechsgliedrigen oder der regulären Systeme ist, lassen sich aus demjenigen, was für den allgemeinen Fall der zwei-und-zweigliedrigen krystallinischen Medien entwickelt ist, leicht ableiten, wenn man Rücksicht nimmt auf die Relationen, die zwischen den Constanten, nach § 2, für diese Fälle stattfinden. Es ergiebt sich hieraus das vollkommen gleiche Verhalten in der Fortpflanzung der Wellen in den viergliedrigen und sechsgliedrigen Systemen, wie es auch die Erfahrung bestätigt; es ergiebt sich ferner, dass die Fortpflanzung der Wellen, und somit die Strahlenbrechung in den krystallinischen Medien vom regulären Krystallsystem sich genau so verhält, wie in den unkrystallinischen Medien, gleichfalls congruent mit der Erfahrung.

Die entwickelte Theorie erklärt nicht allein die Richtungen der doppelt gebrochenen oder doppelt reflectirten Strahlen; sie zeigt auch ihr Verhalten in Hinsicht der Polarisation.

Sie zeigt zuerst, dass in einem Medium, welches die Natur der festen Körper hat, d. h. welches nicht allein der Zusammendrückung widersteht, sondern auch der Verschiebung in sich, immer Wellenflächen erregt werden, in welchen die Theilchen parallel mit diesen Wellenflächen ihre Schwingungen machen, während aus den hydrodynamischen Gleichungen, welche auf die Voraussetzung der freien Verschiebbarkeit basiert sind, nur Schwingungen senkrecht auf den Wellenflächen sich ergeben. Dieses Resultat ist hervorzuheben, da grosse Zweifel von einem berühmten Mathematiker, sich stützend auf diese hydrodynamischen Gleichungen, erhoben wurden, als *Fresnel* zuerst, um das Verhalten des polarisirten Lichtes in den Interferenz-Erscheinungen zu erklären, die Definition einer Lichtwelle aufstellte: dass ihre Schwingungen parallel der Wellenfläche stattfänden. Die Existenz solcher Wellen in Medien von der Natur fester Körper hat aber auch derselbe grosse Mathematiker zuerst theoretisch bewiesen (*Poisson, Mém. de l'Acad. T. X*)*).

Um die im Vorhergehenden entwickelte Theorie in Hinsicht der Polarisation der Wellen oder der Strahlen in vollkommener Uebereinstimmung mit den *Biot*'schen Gesetzen für diese Erscheinung zu finden, muss man von der Polarisationsebene *die* Definition geben: *dass sie die durch den Strahl und durch die Richtung der Schwingungen gelegte Ebene sei*; diese Definition vorausgesetzt, hat in den optisch einaxigen Krystallen der nach dem Hauptschnitt polarisirte Strahl immer eine constante Geschwindigkeit, welches auch seine Neigung gegen die Axe ist**); bei den optisch zweiaxigen Krystallen hat der in einem der drei Hauptschnitte sich bewegende Strahl, dessen Polarisationsebene mit diesem Hauptschnitte zusammenfällt, immer dieselbe Geschwindigkeit, welches auch seine Richtung in diesem Hauptschnitt sei. Die *Biot*'sche Construction für die Lage der Polarisationsebenen, wenn der Strahl nicht in einem der drei Hauptschnitte liegt, lässt sich aus der obigen Theorie ableiten (confr. *Fresnel*, Theorie der doppelten Strahlenbrechung).

Aber mit dieser Definition der Polarisationsebene hört die Uebereinstimmung der hier entwickelten Theorie mit der *Fresnel*'schen Theorie auf. *Bei Fresnel ist die Polarisationsebene diejenige durch den Strahl gelegte Ebene, gegen welche die Richtung der Schwingungen senkrecht steht.* Dieser Umstand ist nicht allein, weil er mit dem, was *Fresnel* gesagt hat, in Widerspruch steht, wichtig, er ist es auch in seinen Folgen. Die *Fresnel*'sche Definition der Polarisationsebene hat ihren Grund in seinem Theorem, wonach die Fortpflanzungsgeschwindigkeit aller ebenen Wellenflächen, die eine Richtung gemeinschaftlich haben, dieselbe ist, wenn die Schwingungen nach dieser gemeinschaftlichen Richtung geschehen; oder die Fortpflanzungsgeschwindigkeit einer ebenen Wellenfläche ist nur von der Richtung der Schwingungen abhängig. Nach vorstehender Theorie muss die in der Wellenebene senkrecht gegen die Richtung der Schwingung stehende Linie immer dieselbe Richtung haben, wenn die Fortpflanzungsgeschwindigkeit der Wellenebenen immer dieselbe sein soll; dies ist eine strenge Folgerung aus den der Theorie zu Grunde liegenden Gleichungen (I.). Den theoretischen Beweis, den *Fresnel* für sein Theorem gegeben hat, kann man, glaube ich, wenigstens nicht für vollkommen evident halten; der Beweis seines Theorems durch Erfahrung, worauf sich

*) Vgl. die Zusätze zu § 5 (Seite 195). — *A. W.*

**) Vgl. die Zusätze zu § 9 (Seite 196). — *A. W.*

Fresnel bezieht (Theorie der doppelten Strahlenbrechung, *Poggendorff's* Annalen, Bd. XXIII, S. 427), kann, glaube ich, mit demselben Recht für das Resultat unserer Theorie in Anspruch genommen werden. Es scheint nämlich durch directe Erfahrungen dieser directe Widerspruch nicht entschieden werden zu können, die Beobachtungen über die doppelte Strahlenbrechung sind eben so gut übereinstimmend mit der hier entwickelten Theorie als mit der *Fresnel*'schen. Aber *Fresnel* hat seine Definition von der Polarisationsebene den theoretischen Untersuchungen über *Intensität* des reflectirten Lichtes, welches vor der Reflexion nach einer beliebigen Richtung polarisirt war, zu Grunde gelegt (*Fresnel*, über das Gesetz der Modification etc., *Poggendorff's* Annalen, Bd. XXII, S. 90); die Formeln für die reflectirten Lichtmengen und für die Drehungen, welche die ursprünglichen Polarisationsebenen durch Reflexion erleiden, sind durch vielfache spätere Erfahrungen (*Brewster; Poggendorff's* Annalen, Bd. XIX; und *Seebeck,* ebendaselbst, Bd. XXII) bestätigt, so dass ihre Richtigkeit als durch die Erfahrung erwiesen betrachtet werden kann. Für die theoretischen Betrachtungen aber, welche zu diesen Formeln geführt haben, ist es nicht mehr gleichgültig, welche der beiden in Rede stehenden Definitionen von der Polarisationsebene man annimmt; diese theoretischen Betrachtungen gründen sich wesentlich auf die *Fresnel*'sche Definition. Man muss annehmen, *entweder*, dass eine strenge theoretische Untersuchung der Gesetze über die Quantität des reflectirten Lichtes auf Grund der Gleichungen (I.) zu denselben Formeln führt, als diejenigen, welche *Fresnel* aus theoretischen Betrachtungen, die mit den Gleichungen (I.) in Widerspruch stehen, abgeleitet hat, *oder* dass die Gleichungen (I.) nicht die Theorie der Lichtundulationen enthalten, *das heisst,* dass diese Art von Undulationen nicht, oder nicht allein hervorgebracht wird von denjenigen Kräften der Elasticität, die sich durch die Veränderung der relativen Entfernung der Theilchen entwickeln.

Unsere Theorie zeigt, dass im Allgemeinen, ausser den beiden polarisirten Wellenebenen, noch eine dritte erregt wird, welche nur unter besonderen Bedingungen der ursprünglichen Verrückungen oder der ursprünglich erregten Geschwindigkeiten verschwinden kann, nämlich wenn diese von der Art sind, dass dadurch keine Verdichtung oder Verdünnung des Mediums hervorgebracht ist. Die beiden Klassen von Wellen unterscheiden sich nämlich ausser der Richtung, in welchen ihre Theilchen schwingen, noch darin, dass für die ersteren, die polarisirten, immer

$$\frac{\partial u}{\partial x}+\frac{\partial v}{\partial y}+\frac{\partial w}{\partial z}=0$$

ist*), d. i., dass in ihnen keine Verdichtung und Verdünnung des Mediums stattfindet, nur Verschiebung des Mediums in sich; wogegen in der dritten Welle dieser Ausdruck einen endlichen, der Geschwindigkeit nahe proportionalen Werth hat, wenn nicht im anfänglich erregten Zustande derselbe $= 0$ war, d. h. die Verrückung und die Geschwindigkeit von der Art, dass ihre Componente senkrecht auf der Wellenebene $= 0$ war.

Wenn obige Theorie der Natur entsprechend ist, so muss man annehmen, dass dieses dritte Wellensystem, wenn es nicht als Licht wahrgenommen werden kann, sich auf irgend eine andere Weise, als vorhanden, wird wahrnehmen lassen, sei es als strahlende Wärme, oder chemisch wirkend, oder als irgend ein anderes Agens. Wenn die Gesetze der Reflexion, d. h. die Modification, welche die Richtungen und Intensitäten der Schwingungen dadurch erleiden, aus obiger Theorie werden abgeleitet sein, werden sich die einfachsten Wege, dieses dritte Wellensystem aufzusuchen, angeben lassen.

Zusätze der Redaction. (*A. W.*)

Die vorstehende Arbeit ist die erste, welche *Neumann* auf dem Gebiete der theoretischen Physik veröffentlicht hat; sie war neben den gleichzeitigen Arbeiten *Cauchy*'s von der grössten Bedeutung für die Entwickelung der Optik. — Die Lichttheorie war um das Jahr 1820 durch *Fresnel* (1788—1827) in ganz neue Bahnen gelenkt. Durch den Nachweis, dass das Wesen des Lichtes in der Ausbreitung transversal schwingender Wellen zu suchen sei, hatte er die Emissionstheorie definitiv beseitigt und die Undulationstheorie auf eine feste, unanfechtbare Basis gestellt. Weiter hatte *Fresnel* die Doppelbrechung in Krystallen studirt und hier durch Induction gewisse Gesetze gefunden, für die er dann eine theoretische Ableitung zu geben suchte. Führte diese Theorie auch zu Resultaten, die völlig mit der Erfahrung in Uebereinstimmung waren, so lagen derselben doch gewisse Hypothesen zu Grunde, die einer strengeren Kritik gegenüber nicht als gerechtfertigt erscheinen konnten. Es blieb daher die Aufgabe zu lösen, die Gesetze der Doppelbrechung streng deductiv aus mechanischen Principien abzuleiten; und diese Aufgabe ist von *Neumann* in der vorliegenden Arbeit gelöst. Gleichzeitig mit *Neumann* hatte *Cauchy* dieselbe Aufgabe in Angriff genommen, und er hatte die Resultate, zu denen er gelangt war, *ohne Ableitung* in den Mémoires der Pariser Akademie, Band X. (der Band ist 1831 erschienen), veröffentlicht. Diese Resultate decken sich zum Theil mit denen *Neumann*'s. Das führt *Neumann* selbst in der folgenden, seiner Abhandlung vorausgeschickten Bemerkung an:

„Die in dieser Abhandlung enthaltenen theoretischen Resultate müssen auf „Priorität resigniren, da ich in *Tom.* X der *Mémoir. de l'Acad.* aus einer Inhalts- „angabe einer Abhandlung, welche *Cauchy* der Pariser Akademie vorgelegt hat,

---

*) Das ist zuerst von *Poisson* in der in § 5 citirten Arbeit gezeigt. — *A. W.*

„ersehen habe, dass in dieser Abhandlung, ausser anderen, dieselben Resultate „bereits enthalten sind. Ich würde meine Abhandlung ganz unterdrückt haben, „wenn ich nicht glaubte, dass die in ihr angewandte einfache, ich möchte sagen „elementare Behandlung eines sehr schwierigen Problems auch dann noch von „Interesse sein wird, wenn die ohne Zweifel eine viel gelehrtere und allgemeinere „Analyse desselben Problems enthaltende Abhandlung von *Cauchy* selbst im Druck „erschienen sein wird."

Muss man hiernach auch *Cauchy* hinsichtlich eines Theils der Resultate die Priorität zugestehen, so ist doch hervorzuheben, dass *Neumann*'s Untersuchung einen durchaus selbständigen Character trägt und unabhängig von der *Cauchy*'s entstanden ist. *Cauchy* geht, wie sich aus dem Theil seiner Rechnungen ergiebt, den er in Band V seiner Exercices veröffentlicht hat, von viel complicirteren Grundgleichungen aus, und hat zudem sein Hauptinteresse der mathematischen Seite der Frage zugewandt; während *Neumann* wesentlich die physikalische Seite des Problems ins Auge fasst und daher seine Rechnungen so elementar und einfach wie möglich zu gestalten sucht. Die grosse Eleganz und Klarheit der Darstellung verleiht *Neumann*'s Arbeit, abgesehen von der Bedeutung, die sie für die Entwickelung der Optik gehabt hat, einen hohen Werth.

Zusätze zu § 2, Seite 165. — Als durch *Fresnel* festgestellt war, dass das Wesen des Lichtes in transversalen Schwingungen bestehe, kannte man von analogen Bewegungen nur die fester elastischer Körper. Es lag daher nahe, dem Lichtäther die charakteristischen Eigenschaften solcher Körper beizulegen; und so wurden die Differentialgleichungen der Elasticität die Grundlage für die Erklärung der Lichterscheinungen. Die Berechtigung dieser Hypothese ist von *Neumann* im Anfang des § 2 eingehend erörtert. Der Begründer dieser Anschauung war *Fresnel*, der aber noch keine Theorie der Elasticität vorfand, an die er anknüpfen konnte. Erst *Fresnel*'s optische Untersuchungen gaben den Anstoss zum Ausbau der Elasticitätstheorie, deren Grundgleichungen, soweit es sich um unkrystallinische Medien handelte, zuerst im Jahre 1824 von *Navier* entwickelt wurden. An *Navier* knüpft *Neumann* an und dehnt dessen Resultate auf solche krystallinische Medien aus, die in Bezug auf drei rechtwinklige Ebenen symmetrisch sind. Die Aufstellung dieser elastischen Gleichungen für Krystalle ist eines der wesentlichsten Ergebnisse der vorliegenden Arbeit. Die Ableitung der Gleichungen, die *Neumann* nicht mittheilt, möge hier kurz skizzirt werden, namentlich wegen der Bedeutung der darin auftretenden Constanten.

Man suche zunächst die Resultante der Kräfte, welche auf ein Theilchen, dessen Masse M ist, und das im Ruhezustand die Coordinaten x, y, z hat, von den übrigen Theilchen ausgeübt werden. Ein zweites Theilchen mit der Masse $M_,$ habe im Ruhezustand die Coordinaten $x + \varrho\cos a$, $y + \varrho\cos b$, $z + \varrho\cos c$, wo ϱ die Entfernung beider Theilchen, a, b, c die Winkel bezeichnen, welche ϱ mit den Axen bildet. Nachdem eine Verrückung des Mediums eingetreten ist, seien die Coordinaten von M: $x + u$, $y + v$, $z + w$, die von $M_,$: $x + \varrho\cos a + u_,$, $y + \varrho\cos b + v_,$, $z + \varrho\cos c + w_,$. Die Entfernung beider Theilchen, die vorher $= \varrho$ war, hat sich durch die Verrückung um $\varDelta\varrho$ geändert, und zwar ist

$$(1.)\quad \varrho + \varDelta\varrho = \sqrt{(\varrho\cos a + u_, - u)^2 + (\varrho\cos b + v_, - v)^2 + (\varrho\cos c + w_, - w)^2}.$$

Für die Wirkung auf M kommen nur solche Theilchen $M_{,}$ in Betracht, die M sehr nahe liegen; für solche können die Grössen

$$u_{,} - u = \Delta u\,, \quad v_{,} - v = \Delta v\,, \quad w_{,} - w = \Delta w$$

nur sehr kleine Grössen gegen ϱ sein, da kein Zerreissen des Mediums eintreten soll. Man kann daher die Quadratwurzel in (1.) nach Potenzen von Δu, Δv, Δw entwickeln und die Quadrate der letztgenannten Grössen vernachlässigen, wodurch man erhält:

$$(1'.) \qquad \Delta \varrho = \Delta u \cdot \cos a + \Delta v \cdot \cos b + \Delta w \cdot \cos c\,.$$

Die Kraft, welche $M_{,}$ auf M ausübt, ist nun

$$M M_{,} F \cdot f(\varrho) \Delta \varrho\,,$$

und da die Richtung dieser Kraft die der Verbindungslinie von M mit $M_{,}$ ist, so ist die x-Componente derselben:

$$M M_{,} \frac{\varrho \cos a + \Delta u}{\varrho + \Delta \varrho} F f(\varrho) \Delta \varrho\,.$$

Um die x-Componente $M\mathsf{A}$ der auf M ausgeübten Gesammtwirkung zu erhalten, ist über alle Theilchen $M_{,}$ zu summiren. Dabei ist zu beachten, dass $f(\varrho)$ nur für sehr kleine ϱ von Null verschieden, dass aber $\Delta \varrho$ klein gegen ϱ ist. Man kann daher die Quadrate von $\Delta \varrho$, wie die Producte $\Delta u \Delta \varrho$, etc. gegen die ersten Potenzen dieser Grössen vernachlässigen und erhält mit Berücksichtigung von (1'.):

$$(2.) \qquad M\mathsf{A} = M \sum M_{,} \cos a (\Delta u \cdot \cos a + \Delta v \cdot \cos b + \Delta w \cdot \cos c) f(\varrho) F.$$

Aus dem schon angeführten Grunde müssen nun u, v, w continuirliche Functionen des Ortes sein. Mithin ist $u_{,}$ dieselbe Function von $x + \varrho \cos a$, $y + \varrho \cos b$, $z + \varrho \cos c$, die u von x, y, z ist. Entwickelt man diese Function nach dem *Taylor*'schen Satze nach Potenzen der kleinen Grösse ϱ, so ergiebt sich:

$$(3.) \qquad \Delta u = u_{,} - u = \varrho \left(\cos a \frac{\partial u}{\partial x} + \cos b \frac{\partial u}{\partial y} + \cos c \frac{\partial u}{\partial z} \right)$$
$$+ \frac{\varrho^2}{2} \left(\cos^2 a \frac{\partial^2 u}{\partial x^2} + \cos^2 b \frac{\partial^2 u}{\partial y^2} + \cos^2 c \frac{\partial^2 u}{\partial z^2} + 2 \cos a \cos b \frac{\partial^2 u}{\partial x \partial y} \right.$$
$$\left. + 2 \cos a \cos c \frac{\partial^2 u}{\partial x \partial z} + 2 \cos b \cos c \frac{\partial^2 u}{\partial y \partial z} \right) + \cdots$$

Den Ausdruck (3.) und die analogen für Δv, Δw hat man in (2.) einzusetzen, wobei man wegen der Kleinheit von ϱ Glieder von der Ordnung ϱ^3 vernachlässigen kann. Weiter ist zu beachten, dass die Factoren $\frac{\partial u}{\partial x}, \ldots, \frac{\partial^2 u}{\partial x^2}, \ldots$, die für alle $M_{,}$ denselben Werth haben, vor das Summenzeichen gestellt werden können, und dass von den Summen, mit denen die genannten Factoren multiplicirt sind, in Folge der Symmetrie des Mediums in Bezug auf drei Ebenen, die parallel den Coordinatenebenen durch das Theilchen M gelegt sind, diejenigen verschwinden, die ungerade Potenzen von $\cos a$, $\cos b$, $\cos c$ enthalten, z. B.:

$$\sum M_{,} \cos^3 a \cdot \varrho f(\varrho) F = 0\,, \qquad \sum M_{,} \cos^2 a \cos b \cdot \varrho f(\varrho) F = 0\,,$$
$$\sum M_{,} \cos^3 a \cos b \cdot \varrho^2 f(\varrho) F = 0 \quad \text{etc.}$$

Dadurch ergiebt sich, falls E die Dichtigkeit des Mediums ist, aus (2.):

$$(4.)\qquad E\mathsf{A} = \frac{\partial^2 u}{\partial x^2} D + \frac{\partial^2 u}{\partial y^2} A_{\prime\prime} + \frac{\partial^2 u}{\partial z^2} A + 2\frac{\partial^2 v}{\partial x \partial y} A_{\prime\prime} + 2\frac{\partial^2 w}{\partial x \partial z} A,$$

wo

$$D = \tfrac{1}{2} E \sum M_{\prime} \cos^4 a \cdot \varrho^2 f(\varrho) F,$$

$$(5.)\qquad A_{\prime\prime} = \tfrac{1}{2} E \sum M_{\prime} \cos^2 a \cos^2 b \cdot \varrho^2 f(\varrho) F,$$

$$A = \tfrac{1}{2} E \sum M_{\prime} \cos^2 a \cos^2 c \cdot \varrho^2 f(\varrho) F$$

ist.

Die Gleichungen für die Bewegung des Theilchens M sind nun, falls auf dasselbe keine andern Kräfte wirken als die eben betrachteten:

$$M\mathsf{A} - M\frac{\partial^2 (x+u)}{\partial t^2} = 0, \text{ etc.}$$

Seiner Bedeutung nach ist aber x von t unabhängig. Daher nimmt die vorstehende Gleichung, wenn man noch durch M dividirt, und zugleich mit E multiplicirt, folgende Form an:

$$(6.)\qquad E\frac{\partial^2 u}{\partial t^2} = E\mathsf{A},$$

eine Gleichung, die, wenn man für $E\mathsf{A}$ den Ausdruck (4.) setzt, mit der ersten Gleichung (I.) Seite 165 identisch wird. Aehnlich ergeben sich die beiden andern Gleichungen (I.).

Es bleibt noch übrig, die Ausdrücke (5.) umzuformen. Dazu denke man sich um einen Punkt des Theilchens M eine Kugel mit dem Radius 1 beschrieben, nenne dm ein Oberflächenelement derselben und summire zunächst über alle $M_{\prime}$ innerhalb des über dm liegenden, bis zum Kugelmittelpunkte reichenden Kegels, d. h. über alle $M_{\prime}$, welche dieselben Werthe von a, b, c besitzen, hinterher über alle Elemente dm, d. h. hinterher integrire man über die Kugelfläche. Bezeichnet man die für festgehaltene Werthe von a, b, c gebildete Summe

$$\tfrac{1}{2} E \sum M_{\prime} \varrho^2 f(\varrho)$$

mit $p\,dm$, so gehen die Ausdrücke (5.) unmittelbar über in die entsprechenden Ausdrücke (II.) Seite 166. — Darin, dass der Factor p als von a, b, c unabhängig angenommen ist, liegt keine Einschränkung der Allgemeinheit. Will man nämlich Rücksicht darauf nehmen, dass p abhängig sein kann von a, b, c, so braucht man nur dieses p in jenen Formeln (II.) Seite 166 mit unter das Integralzeichen zu setzen; wodurch im weiteren Verlauf der *Neumann*'schen Untersuchungen nichts Wesentliches geändert wird.

Für unkrystallinische Medien sind F und p constant; man kann daher die Integration über die Kugelfläche ausführen und erhält die S. 166 unter 1) angegebenen Resultate.

Die in 4) Seite 167 angewandten Formeln folgen daraus, dass $a_{\prime}$ der Winkel zweier Linien ist, die ihrerseits mit den Axen die Winkel a, b, c, resp. 60°, 30°, 90° bilden. Mithin ist

$$\cos a_{\prime} = \tfrac{1}{2}\cos a + \tfrac{1}{2}\sqrt{3}\cos b,$$

ebenso

$$\cos a_{\prime\prime} = -\tfrac{1}{2}\cos a + \tfrac{1}{2}\sqrt{3}\cos b.$$

Gegen *Navier*'s Ableitung der Gleichungen der Elasticität lassen sich verschiedene Bedenken geltend machen. Die dieser Theorie zu Grunde liegende Annahme, dass die Wirkung zweier Theilchen auf einander der Aenderung ihrer Entfernung proportional ist, ist willkürlich und ihre Zulässigkeit zweifelhaft. Ferner führt diese Theorie nicht zur Kenntniss der Bedingungen, welche an der Grenze zweier elastischen Medien zu erfüllen sind. Von diesen Bedenken ist die Ableitung frei, die *Poisson* von jenen Gleichungen zunächst für unkrystallinische Medien gegeben (Mém. de l'Acad. de Paris, T. VIII; Journal de l'École polyt., Cah. 20, 1831) und später auf Krystalle übertragen hat, ebenso die Ableitung von *Cauchy* (Exercices de Math. T. III, IV, 1828, 1829). Dass sich *Neumann* an *Navier* angeschlossen hat, hat darin seinen Grund, dass *Navier* der erste war, der die in Rede stehenden Gleichungen aufgestellt hat, dass ferner der von *Navier* eingeschlagene Weg am einfachsten zum Ziele führt, und dass endlich für das hier zu behandelnde Problem die Grenzgleichungen nicht gebraucht werden. — Ueber andere Begründungen der Elasticitätstheorie vgl. *Neumann*'s Vorlesungen*) über diese Theorie, herausgegeben von *O. E. Meyer*, Leipzig 1885, wie auch *Kirchhoff*'s Mechanik.

Zusätze zu § 5. — Die auf Seite 175 cursiv gedruckten Zeilen geben nur einen Theil des vorher abgeleiteten Resultats wieder. Hinzuzufügen ist, dass jede der Halbaxen des Ellipsoids zugleich den mit $\frac{1}{\sqrt{E}}$ multiplicirten reciproken Werth der Fortpflanzungsgeschwindigkeit für diejenige Welle darstellt, in der die Bewegung der Theilchen dieser Axe parallel erfolgt. Das Ellipsoid (XIV.), dessen Hauptaxen allein von den Elasticitätsconstanten des Mediums sowie von der Lage der ursprünglichen Erschütterungsebene abhängen, führt den Namen „Fortpflanzungsellipsoid".

Dass die Fläche (XIV.) wirklich ein *Ellipsoid* ist, ergiebt sich folgendermaassen. Ein beliebiger vom Mittelpunkte ausgehender Radius r der Fläche habe die Richtungscosinus $\mathfrak{m}$, $\mathfrak{n}$, $\mathfrak{p}$, so ist:

$$\frac{1}{r^2} = (D\alpha^2 + A_{\prime\prime}\beta^2 + A\gamma^2)\mathfrak{m}^2 + (A_{\prime\prime}\alpha^2 + C\beta^2 + A_{\prime}\gamma^2)\mathfrak{n}^2 + (A\alpha^2 + A_{\prime}\beta^2 + B\gamma^2)\mathfrak{p}^2$$
$$+ 4A_{\prime\prime}\alpha\beta\mathfrak{m}\mathfrak{n} + 4A\alpha\gamma\mathfrak{m}\mathfrak{p} + 4A_{\prime}\beta\gamma\mathfrak{n}\mathfrak{p}.$$

Führt man für A, $A_{\prime}$, $A_{\prime\prime}$, B, C, D ihre Werthe aus den Gleichungen (II.) ein und vereinigt die Summe der Integrale zu einem Integral, so kann man in letzterem die zu integrirende Function in eine Summe von Quadraten umformen und erhält:

$$\frac{1}{r^2} = p\int dm F\cdot\{(\alpha\mathfrak{m}\cos^2 a + \beta\mathfrak{n}\cos^2 b + \gamma\mathfrak{p}\cos^2 c)^2$$
$$+ (\beta\mathfrak{m} + \alpha\mathfrak{n})^2\cos^2 a\cos^2 b + (\gamma\mathfrak{m} + \alpha\mathfrak{p})^2\cos^2 a\cos^2 c + (\beta\mathfrak{p} + \gamma\mathfrak{n})^2\cos^2 b\cos^2 c\}.$$

Hieraus folgt, dass, falls p und F positiv sind, $\frac{1}{r^2}$ stets positiv ist, d. h. dass alle vom Mittelpunkte ausgehenden Radien die Fläche treffen. Fläche (XIV.) kann mithin nur ein *Ellipsoid* sein. Weiter ergiebt sich, dass, da die Wurzeln der cubischen Gleichung (V.) für m^2 den reciproken Quadraten der Axen von (XIV.) proportional sind, jene Gleichung stets drei positive reelle Wurzeln hat. —

*) Diese Vorlesungen enthalten eine Darstellung der *Navier*'schen Theorie nur für unkrystallinische Medien.

Um die Gleichung (XIVa.) Seite 175 auf die Hauptaxen zu transformiren, führe man ein neues rechtwinkliges Axensystem ξ, η, ζ ein, dessen Axe ξ auf der Wellenebene senkrecht steht; dann ist

$$\xi = \alpha x + \beta y + \gamma z, \qquad x^2 + y^2 + z^2 = \xi^2 + \eta^2 + \zeta^2,$$

also geht (XIVa.) über in:

$$3\xi^2 + \eta^2 + \zeta^2 = \frac{1}{A}.$$

In der auf Seite 176 citirten Arbeit *Poisson*'s, die den Titel führt: „Mémoire sur la propagation du mouvement dans les milieux élastiques", wird zuerst die allgemeinste Schallbewegung in der Luft erörtert, sodann werden die allgemeinen Lösungen der elastischen Gleichungen für unkrystallinische Medien aufgesucht; dieselben ergeben sich zunächst in Form von sechsfachen Integralen, die sich aber auf Doppelintegrale, resp. dreifache Integrale reduciren lassen. Aus den so gewonnenen Ausdrücken folgt, dass aus einer beliebigen Erschütterung, die ursprünglich nur einen kleinen Raum einnahm, zwei Wellen entstehen, eine longitudinale und eine transversale, deren Fortpflanzungsgeschwindigkeiten sich wie $\sqrt{3}:1$ verhalten. — *Poisson*, der früher die Möglichkeit transversaler Schwingungen bestritten hatte, zeigt in jener Abhandlung also, dass das, was im Text für ebene Wellen bewiesen ist, allgemein gilt. —

Zu den Resultaten am Schluss von § 5 ist Folgendes zu bemerken:

Dass die Gleichung (1.) die Fortpflanzungsgeschwindigkeit der nach x polarisirten Welle darstellt, ergiebt sich aus der Gleichung (XIV.) des Fortpflanzungsellipsoids. In dieser Gleichung verschwinden für $\alpha = 0$ die Producte xy und xz; die Axe x fällt daher mit einer Hauptaxe des Ellipsoids zusammen, und $A_{,,}\beta^2 + A\gamma^2$ ist das reciproke Quadrat dieser Hauptaxe, also gleich dem Werthe von Em^2 für die nach dieser Hauptaxe schwingende Welle.

Dass die Schwingungsrichtung der Welle mit der durch (3.) bestimmten constanten Geschwindigkeit im Hauptschnitt liegt, folgt sofort aus dem Satze Seite 175, da die Welle, deren Geschwindigkeit durch (1.) bestimmt ist, ihre Schwingungen parallel x ausführt. Es ist aber nicht ohne weiteres ersichtlich, welche von den beiden Wellen (3.) und (4.) eine transversale, welche eine longitudinale ist. Um das zu entscheiden, muss man zu den Gleichungen (IV.) zurückgehen. Setzt man in diesen $\alpha = 0$ und $Em^2 = A_,$, so folgt aus der ersten $M = 0$, während die beiden anderen mit Rücksicht auf (XV.) denselben Werth von $\frac{N}{P}$ ergeben. Damit hat man unmittelbar die Richtungscosinus für die Schwingungsrichtung der in Rede stehenden Welle; aus diesen findet man den Winkel ϑ zwischen der Schwingungsrichtung und der Wellennormale, und zwar wird

$$\cos\vartheta = \frac{\beta\gamma(\sqrt{C - A_,} - \sqrt{B - A_,})}{\sqrt{(B - A_,)\gamma^2 + (C - A_,)\beta^2}}.$$

Sind, wie im Folgenden (§ 6) stets angenommen wird, $C - A_,$ und $B - A_,$ nur wenig von einander verschieden, so ist $\cos\vartheta$ nahe $= 0$, ϑ nahe $= 90^0$, d. h. die Schwingung ist nahezu transversal, ein Resultat, das mit dem allgemeinen, später in § 8 abgeleiteten, übereinstimmt. —

Hinsichtlich der in § 5 aufgestellten Definition der Polarisationsebene vgl. die Zusätze zu § 9.

Zusatz zu § 6, Seite 179. — *Neumann* macht hier in Bezug auf die Constanten A, $A_{,}$, $A_{,,}$, B, C, D zwei Annahmen, 1) dass A, $A_{,}$, $A_{,,}$ nur wenig von einander unterschieden sind, ebenso B, C, D, 2) dass zwischen den Constanten die Relationen (XV.) und (XVI.) bestehen. Welchen Effect jede dieser Annahmen für sich hat, ist von *Beltrami* in dem Aufsatz „Sulla teoria delle onde" (Reale Istituto Lombardo, Rendiconti 1886) untersucht. Er gelangt zu folgendem Resultat. Abstrahirt man von der ersten der beiden obigen Annahmen, so genügt die zweite für sich allein nicht, um bei beliebiger Lage der Wellenebene die Absonderung der longitudinalen Welle zu bewirken. Dazu ist vielmehr erforderlich, dass ausser den Relationen (XV.) und (XVI.) noch die Gleichung (XVII.) dieses Paragraphen besteht; (XVIII.) ist dann eine Folge der vorhergehenden. Weiter zeigt *Beltrami*, dass die vier Gleichungen (XV.), (XVI.) und (XVII.) nur dann gleichzeitig bestehen können, wenn zwei der Grössen B, C, D und ebenso die entsprechenden zwei der Grössen A, $A_{,}$, $A_{,,}$ einander gleich sind, d. h. wenn der Krystall einaxig ist. Diese Einschränkung kann man nur vermeiden, wenn man mit *Neumann* die Annahme 1) einführt. Denn bei Vernachlässigung der Quadrate von $A - A_{,}$, $B - C, \ldots$ ist (XVII.) eine Folge von (XV.) und (XVI.). Die Annahme 1) ist also für das Folgende wesentlich.

Schliesslich mag noch bemerkt werden, dass die Gleichungen (XIX.), ebenso (XV.), (XVI.), (XVII.) und (XVIII.) unmittelbar aus den Relationen (B.) folgen.

Zusatz zu § 7, Seite 182. — Hinsichtlich der Ableitung der Ausdrücke für M, N, P sei Folgendes bemerkt. Die ersten Ausdrücke für M, N, P ergeben sich direct aus (V.), wenn man die Multiplicationen ausführt. Um weiter von der ersten Formel für M zur zweiten zu gelangen, bedarf es keiner Annahme über die Constanten B, C, D etc. Dagegen folgt der zweite Werth von N aus dem ersten nur durch Benutzung der Relationen (XV.) und (XVI.), vermöge deren $BC - 3A_{,}^2 = (B + C)A_{,}$ etc. ist. — Um endlich von dem ersten Werthe von P zu dem zweiten zu gelangen, bedarf man neben den Relationen (XV.) und (XVI.) noch der Gleichungen (XVII.) und (XVIII.). Setzt man nämlich in dem ersten Ausdruck für P: $D\alpha^4 = D\alpha^2 - D\alpha^2(\beta^2 + \gamma^2)$ etc., setzt ferner für $BC - 3A_{,}^2$ seinen Werth aus (XV.) etc. und reducirt, so kommt zunächst:

$$\begin{aligned} P = (D\alpha^2 + C\beta^2 + B\gamma^2)(AA_{,,}\alpha^2 + A_{,}A_{,,}\beta^2 + AA_{,}\gamma^2) \\ + \alpha^2\beta^2\gamma^2\{BCD - DA_{,}(A + A_{,,}) - CA(A_{,,} + A_{,}) - BA_{,,}(A + A_{,}) \\ - 3DA_{,}^2 - 3CA^2 - 3BA_{,,}^2 + 18AA_{,}A_{,,}\}. \end{aligned}$$

In dem Factor von $\alpha^2\beta^2\gamma^2$ setze man noch nach (XV.) $3A_{,}^2 = BC - (B + C)A_{,}$ etc., so lässt sich jener Factor folgendermaassen zusammenfassen

$$-(B - A_{,})(D - A)(C - A_{,,}) - (C - A_{,})(B - A)(D - A_{,,}) + 16AA_{,}A_{,,},$$

und dieser Ausdruck verschwindet nach (XVII.) und (XVIII.).

Uebrigens enthalten die Formeln für M, N, P im Original mehrere Druckfehler.

Zusätze zu § 9, Seite 188. — Das in § 9 für optisch einaxige Krystalle angeführte Resultat ergiebt sich aus den allgemeinen Formeln folgendermaassen. Nach § 2 ist für solche Krystalle $A = A_{,}$, $C = D$. Substituirt man dies in Gleichung (XIV.) des Fortpflanzungsellipsoids, führt darin zugleich statt der Coordinaten x, y, z neue rechtwinklige Coordinaten ξ, η, ζ so ein, dass die Wellennormale in der $\eta\zeta$-Ebene liegt, d. h. setzt

$$\beta x - \alpha y = \xi\sqrt{1-\gamma^2}, \qquad \alpha x + \beta y = \eta\sqrt{1-\gamma^2}, \qquad z = \zeta,$$

beachtet endlich, dass nach (XVI.), falls $C = D$, auch $C = 3A_{,,}$ ist, so nimmt die Gleichung des Fortpflanzungsellipsoids die Form an:

(XIVb.)
$$[A_{,,}(1-\gamma^2) + A\gamma^2]\xi^2 + [3A_{,,}(1-\gamma^2) + A\gamma^2]\eta^2$$
$$+ [A(1-\gamma^2) + B\gamma^2]\zeta^2 + 4A\sqrt{1-\gamma^2}\,\gamma\eta\zeta = 0.$$

Setzt man andererseits in (XIV.) $A = A_{,,}$ $D = C = 3A_{,,}$ und $\alpha = 0$, so erhält man genau dieselbe Gleichung (XIVb.), nur dass darin x, y, z an Stelle von ξ, η, ζ stehen. Die Lichtbewegung in einaxigen Krystallen ist damit auf den Fall $\alpha = 0$ zurückgeführt. Für $\alpha = 0$ ist aber das angeführte Resultat in § 5 abgeleitet. —

Der hier hervorgehobene Gegensatz zwischen der Anschauung *Fresnel*'s, nach der die Schwingungen eines polarisirten Lichtstrahls senkrecht zur Polarisationsebene stehen, und der *Neumann*'s, nach der jene Schwingungen in der Polarisationsebene vor sich gehen, ist ein fundamentaler. Welche von beiden Annahmen den Vorzug verdient, ist Jahrzehnte lang zwischen den Physikern streitig gewesen; ein Theil derselben hat sich der *Fresnel*'schen, ein anderer Theil der *Neumann*'schen Annahme angeschlossen; ein stichhaltiger experimenteller Nachweis für die Richtigkeit der einen oder der anderen Annahme hat sich bis heute nicht erbringen lassen. *Neumann*'s Schluss, dass die aus den Elasticitätsgleichungen folgenden Gesetze nur unter Zugrundelegung seiner Definition mit der Erfahrung übereinstimmen, dass man also entweder diese Definition annehmen oder seine Grundlage der Theorie verwerfen müsse, ist jedenfalls unanfechtbar. Auch andere Autoren, die von der Elasticitätstheorie ausgegangen sind, sind zu demselben Resultate gelangt, darunter *Cauchy* (vgl. Mém. de l'Acad. de Paris, T. X, 1831), der allerdings in seinen späteren Arbeiten diese Annahme verlassen und sich der *Fresnel*'s zugewandt hat.

Betreffs des Zusammenhangs zwischen den Vectoren, die in der einen und der andern Theorie die Lichtschwingungen darstellen, vergleiche eine Arbeit von *Drude*: „In wie weit genügen die bisherigen Lichttheorien den Anforderungen der praktischen Physik". (Göttinger Nachrichten 1892, S. 366—412.)

Dass die Theorie neben den beiden transversalen eine longitudinale Welle ergiebt, die nicht beobachtet wird, hat zu Bedenken und zu späteren Modificationen der Theorie Veranlassung gegeben. Wir nennen als solche die Theorie von *Lamé* (s. dessen leçons sur la théorie de l'élasticité des corps solides, 1852), die von *C. Neumann*, die von der Hypothese ausgeht, dass der Aether incompressibel ist (Math. Ann. Bd. I, II; 1869, 1870), die Theorie von *Kirchhoff* (Abhandl. d. Berl. Akademie 1876), von *W. Voigt* (Wiedemanns Ann. (2) XIX 1883 u. ff.), Sir *W. Thomson* (Phil. Mag. 5) 26, 1888).

Frei von derartigen Bedenken ist vielleicht die elektromagnetische Lichttheorie, die allmählich die früheren elastischen Theorien in den Hintergrund zu drängen scheint. Wie dem aber auch sei, — die grosse Bedeutung der vorliegenden Abhandlung und der weiterhin folgenden *Neumann*'schen Abhandlungen kann dadurch kaum beeinträchtigt werden.

Inhaltsübersicht.

THEORIE DER ELLIPTISCHEN POLARISATION DES LICHTES, WELCHE DURCH REFLEXION VON METALLFLÄCHEN ERZEUGT WIRD.

Aus Poggendorff's Annalen.

THEORIE DER ELLIPTISCHEN POLARISATION DES LICHTES, WELCHE DURCH REFLEXION VON METALLFLÄCHEN ERZEUGT WIRD. 1832 UND 1837.*)

§ 1.

Aufstellung zweier allgemeiner Gesetze (A.) und (B.), (Seite 209, 212), über die Verzögerung und über das Schwächungsverhältniss.

Die wichtige Abhandlung: *Ueber die Erscheinungen und Gesetze der elliptischen Polarisation* u. s. w. (Poggendorff's Annalen, Bd. XXI, Heft 2) schliesst *Brewster* mit den Worten:

„Die von *Fresnel* gegebene Theorie der elliptischen Vibrationen umfasst ohne Zweifel auch die Erscheinungen der elliptischen Polarisation, und, sobald die Wirkung der Metalle gründlicher untersucht sein wird, dürfen wir erwarten, die hier betrachteten Erscheinungen auf ihre wahre Ursache zurückführen zu können.“

Die von *Brewster* entdeckten und so gründlich, wie es ihm eigen ist, beobachteten Phänomene jetzt schon auf ihre wahre Ursache zurückzuführen, ist die Absicht des Folgenden, in der Meinung, dass dadurch zugleich der weiteren experimentellen Untersuchung der Weg gebahnt werde.

Alle von *Brewster* beobachteten Erscheinungen des von Metallflächen reflectirten Lichtes lassen sich aus folgenden zwei Grundsätzen erklären:

---

*) Auf diese in Poggend. Annal. Bd. 26, Seite 89—122 (1832) publicirte Abhandlung ist *Neumann* fünf Jahre später von Neuem eingegangen in einem an *Poggendorff* gerichteten Brief. Letzterer ist veröffentlicht worden in Pogg. Ann. Bd. 40, Seite 513, 514 (1837). — In den hier vorliegenden Wiederabdruck ist sowohl die Abhandlung selber wie auch jener Brief aufgenommen, letzterer als § 4 auf Seite 228. — *C. N.*

1) *Die Intensität eines von der Metallfläche reflectirten polarisirten Lichtstrahls ist bei demselben Einfallswinkel verschieden, je nachdem seine Polarisationsebene in der Reflexionsebene lag, oder senkrecht gegen diese stand.* In dieser Hinsicht verhalten sich die Metallflächen wie die Oberflächen durchsichtiger Körper bei der partiellen Reflexion — und nicht wie diejenigen Flächen, an welchen totale Reflexion stattfindet.

Bei der *partiellen* Reflexion an der Oberfläche durchsichtiger Körper wird nämlich das *Verhältniss* der reflectirten Lichtintensitäten eines senkrecht und eines parallel zur Reflexionsebene polarisirten Strahles $= 0$ für einen bestimmten Einfallswinkel, nämlich für denjenigen, welcher der Polarisationswinkel heisst; und nimmt von hier aus auf beiden Seiten zu, bis es sowohl bei der Incidenz 0^0, als auch bei der Incidenz 90^0 gleich Eins wird.

Bei der *totalen* Reflexion hingegen ist dieses Verhältniss, welches auch die Incidenz sei, *immer* gleich Eins.

Bei der Reflexion von *Metallflächen* ist nun dieses Verhältniss, wie bei der partiellen Reflexion, eine Function der Incidenz; und zwar wird diese Function ein Minimum für die Incidenz unter dem Polarisationswinkel, ohne aber $= 0$ zu werden; und nimmt von dieser Incidenz auf beiden Seiten zu, so dass sowohl für die Incidenz 0^0, wie auch für die Incidenz 90^0 dasselbe gleich Eins wird.

2) *Zwei von einer Metallfläche reflectirte Strahlen, wovon der eine parallel, der andere senkrecht zur Reflexionsebene polarisirt ist, verhalten sich so, dass der eine, nämlich derjenige, welcher parallel der Reflexionsebene polarisirt ist, dem anderen um einen Bruchtheil einer Undulationslänge voraus ist.*

In Beziehung auf diese *Verzögerung* des senkrecht zur Reflexionsebene polarisirten Strahls gegen den parallel polarisirten verhält sich die Reflexion von Metallflächen ganz wie die totale Reflexion; beide unterscheiden sich darin aber, dass bei der totalen Reflexion ein Maximum der Verzögerung stattfindet, die bei der totalen Reflexion im Innern des Glases ungefähr eine Achtel-Undulationslänge beträgt, und dass die Verzögerung von hier nach den beiden Grenzen der totalen Reflexion abnimmt bis 0; während bei der Reflexion von Metallflächen die Verzögerung bei der Incidenz 90^0 anfängt, fortwährend zunimmt, bis sie bei der Incidenz 0^0 gleich einer halben Undulationslänge geworden ist*); eine Viertel-Undulationslänge beträgt die Verzögerung immer bei der Incidenz unter dem *Polarisationswinkel.*

---

*) Vgl. Seite 230 (F.).

Um die Beobachtungen numerisch aus diesen Grundsätzen abzuleiten, muss man die beiden Functionen der Incidenz kennen, welche die *Verzögerung* und das *Verhältniss der Schwächung* der beiden, senkrecht und parallel zur Reflexionsebene polarisirten Strahlen darstellen. Um zuvörderst einzelne Werthe dieser Functionen mittelst der Beobachtungen zu erhalten, ist es nöthig, einige allgemeine Folgerungen aus diesen Grundsätzen zu ziehen.

Es werde ein unter $+45^0$ polarisirter Strahl (d. h. einer, dessen Polarisationsebene 45^0 mit der Reflexionsebene bildet) von einer Metallfläche reflectirt; seine Intensität werde bezeichnet mit 2. Diesen Strahl kann man zerlegen in zwei Strahlen gleicher Intensität $= 1$, von denen der eine polarisirt ist parallel mit der Reflexionsebene, der andere senkrecht gegen dieselbe. Die reflectirte Intensität des ersten sei s^2, und die des zweiten p^2. Dieser letztere, der senkrecht gegen die Reflexionsebene polarisirt ist, erleide eine räumliche Verzögerung $= \delta$; so dass also, wenn λ die Undulationslänge ist, $\frac{\delta}{\lambda}$ die Verzögerung in der Zeit ist, welche er erleidet, wenn die Undulationsdauer als Zeiteinheit genommen wird.

Die Richtungen, in welchen die Theilchen vibriren, sind senkrecht auf den Polarisationsebenen).*

Die Entfernung eines Theilchens von seiner Gleichgewichtslage in der Richtung senkrecht auf der Polarisationsebene des Strahls p^2 heisse x, und in der Richtung senkrecht auf der Polarisationsebene des Strahles s^2 heisse y, wo also x parallel mit der Reflexionsebene und y parallel mit der reflectirenden Fläche ist; man hat alsdann:

$$(1.)\qquad \begin{cases} x = ap \cdot \cos\left(\frac{t}{T} - \frac{\delta}{\lambda}\right) 2\pi, \\ y = as \cdot \cos\frac{t}{T} 2\pi, \end{cases}$$

wo T die Undulationsdauer bedeutet und $a = \frac{T}{2\pi}$ ist; p und s heissen die absoluten Geschwindigkeiten der beiden Strahlen. Die Elimination von t giebt die Gleichung der Bahn, welche das Theilchen durchläuft:

$$(2.)\qquad \left(\frac{x}{p}\right)^2 + \left(\frac{y}{s}\right)^2 - 2\frac{xy}{ps}\cos\frac{\delta}{\lambda}2\pi = a^2\sin^2\frac{\delta}{\lambda}2\pi.$$

---

*) *Neumann* hat also in der vorliegenden Abhandlung [trotz der Ergebnisse Seite 188] einstweilen noch festgehalten an der *Fresnel*'schen Vorstellung. Will man den obigen Text aus dieser *Fresnel*'schen Vorstellung in jene ihr entgegengesetzte Vorstellung übersetzen, welche man heut' zu Tage als die *Neumann*'sche Anschauungsweise zu bezeichnen pflegt, so kann man die im Texte gegebene geometrische Definition der Richtungen x und y *beibehalten*, hat alsdann aber z. B. in den Formeln (1.) die Buchstaben x und y mit einander zu *vertauschen*. — *C. N.*

Diese Bahn ist eine Ellipse; ihre Axen bilden mit der Reflexionsebene gewisse Winkel α, deren Werthe gegeben sind durch die Gleichung:

$$\operatorname{tang} 2\alpha = \left(\frac{-2\frac{p}{s}}{1-\left(\frac{p}{s}\right)^2}\right)\cos\frac{\delta}{\lambda}2\pi,$$

wofür man, wenn $\frac{p}{s} = \operatorname{tang}\beta$ gesetzt wird, auch schreiben kann:

$$(3.)\qquad \operatorname{tang} 2\alpha = -\operatorname{tang} 2\beta \cos\frac{\delta}{\lambda}2\pi.$$

Die Axen selbst sind bestimmt durch:

$$(4.)\qquad \varrho^2 = \frac{2p^2s^2a^2\sin^2\frac{\delta}{\lambda}2\pi}{(s^2+p^2)\mp(s^2-p^2)\sqrt{1+\operatorname{tang}^2 2\beta\cos^2\frac{\delta}{\lambda}2\pi}}.$$

Diese Bahn verwandelt sich in eine gerade Linie, wenn $\sin\frac{\delta}{\lambda}2\pi = 0$; alsdann ist $\frac{\delta}{\lambda}2\pi = n\pi$, oder $\delta = \frac{n}{2}\lambda$, wo n irgend eine ganze Zahl bedeutet. Je nachdem n eine *ungerade* oder *gerade* Zahl bedeutet, ist die geradlinige Bahn:

$$\frac{x}{p} \pm \frac{y}{s} = 0.$$

Die Axen der Ellipse werden für diesen Fall:

$$\varrho^2 = 0, \qquad \varrho^2 = (s^2+p^2)a^2;$$

und der Winkel α, den die gerade Linie mit der Reflexionsebene bildet, bestimmt sich durch die Formel:

$$(5.)\qquad \operatorname{tang}\alpha = \pm \operatorname{tang}\beta.$$

Wenn derselbe Strahl von einer zweiten Fläche desselben Metalls unter demselben Einfallswinkel noch einmal reflectirt wird, so dass beide Reflexionsebenen parallel sind, so erleiden die Strahlen zum zweiten Male eine Schwächung, so dass die Intensitäten ihrer absoluten Geschwindigkeiten jetzt p^2, s^2 sind; sie erleiden dieselbe Verzögerung δ noch einmal, so dass der Unterschied ihrer Phasen jetzt $\frac{2\delta}{\lambda}2\pi$ beträgt. Nach einer Anzahl ν Reflexionen von demselben Metall unter derselben Incidenz, bei parallelen Reflexionsebenen wird die Intensität der absoluten Geschwindigkeit und die Verzögerung respective sein:

$$p^\nu, \quad s^\nu, \quad \nu\delta.$$

Die Bahn, welche ein Aethertheilchen jetzt durchläuft, erhält man, wenn man in (2.) diese Werthe setzt statt p, s, δ:

$$\left(\frac{x}{p^\nu}\right)^2 + \left(\frac{y}{s^\nu}\right)^2 - \frac{2xy}{p^\nu s^\nu}\cos\frac{\nu\delta}{\lambda}2\pi = a^2\sin^2\frac{\nu\delta}{\lambda}2\pi. \tag{6.}$$

Aus (4.) und (5.) erhält man die Neigungen und Grössen der beiden Axen dieser Ellipse gegen die Reflexionsebene durch dieselbe Substitution.

Diese Ellipse verwandelt sich wieder in eine gerade Linie, wenn:

$$\sin\frac{\nu\delta}{\lambda}2\pi = 0, \qquad \cos\frac{\nu\delta}{\lambda}2\pi = \mp 1. \tag{7.}$$

Die Neigung dieser geraden Linie gegen die Reflexionsebene ist:

$$\operatorname{tang}\alpha = \mp\left(\frac{p}{s}\right)^\nu. \tag{8.}$$

Nun hat *Brewster* entdeckt, dass, wenn der Einfallswinkel der Polarisationswinkel war, — also derjenige, unter welchem die Metalle das directe Licht*) am stärksten polarisiren, — zwei Reflexionen hinlänglich sind, um eine geradlinige Polarisation, welche nach der ersten Reflexion verschwunden war, wieder hervorzubringen, und dass deren Polarisationsebene im negativen Azimuth liegt, wenn das Azimuth der ursprünglichen Polarisation positiv gerechnet wird. Hieraus folgt, dass bei *dieser* Incidenz:

$$\sin\frac{2\delta}{\lambda}2\pi = 0, \qquad \cos\frac{2\delta}{\lambda}2\pi = -1, \tag{9.}$$

dass also:

$$\delta = (2\mu + 1)\frac{\lambda}{4}, \tag{9a.}$$

oder dass die Verzögerung eine ungerade Anzahl von Viertel-Undulationslängen betragen muss. Aus der Untersuchung der Beobachtungen, welche über die Combination einer reflectirenden Metallfläche und eines refrangirenden Krystallblättchens gemacht sind, wird sich weiter unten ergeben**), dass μ in dem

---

*) Unter dem *directen Licht* ist hier das auffallende *natürliche Licht* zu verstehen. — *E. D.*

**) Man vergleiche die Anmerkung auf Seite 224. — *C. N.*

Werthe von δ eine *gerade* Zahl sein muss, so dass die Verzögerung also nur ein Viertel über eine ganze Anzahl voller Undulationslängen betragen kann. Die ganze Anzahl von Undulationslängen kann hier, wie in ähnlichen Fällen, wenn sie wirklich vorhanden ist, unberücksichtigt bleiben, so dass also die Verzögerung unter der Incidenz des Polarisationswinkels bei allen Metallen als ein *Viertel* einer Undulationslänge betragend angesehen werden kann.

Das Azimuth der neuen Polarisationsebene ist gegeben durch:

$$\tan \alpha = -\left(\frac{p}{s}\right)^2.$$

Die Quadratwurzel aus der Tangente des Azimuths der wiederhergestellten geradlinigen Polarisation giebt also das Verhältniss der Schwächung der absoluten Geschwindigkeiten, welche durch Reflexion unter dem Polarisationswinkel ein senkrecht und ein parallel zur Reflexionsebene polarisirter Lichtstrahl erleidet.

Aus den (Poggendorff's Annal. Bd. XXI, S. 229) von *Brewster* angegebenen Werthen von α ergiebt sich demnach folgende Tafel:

Tafel I.

	α	$\frac{p}{s}$	β
Silber	39° 48′	0,91	42° 23′
Kupfer	29	0,74	36 40
Quecksilber . . .	26	0,70	34 56
Platin	22	0,64	32 27
Spiegelmetall . .	21	0,62	31 44
Stahl	17	0,55	28 56
Blei	11	0,44	23 48
Bleiglanz	2	0,18	10 35

Die mit β überschriebene Spalte enthält die Winkel β, welche durch $\tan \beta = \frac{p}{s} = \sqrt{\tan \alpha}$ bestimmt sind. *Die Werthe von $\frac{p}{s}$ scheinen von keinem allgemeinen Gesetz abhängig, vielmehr ein specifischer Charakter der einzelnen Metalle zu sein; sie scheinen, wie Brewster bemerkt, mit der Durchsichtigkeit der Metalle parallel zu gehen, so dass das Silber das undurchsichtigste, und Blei und Bleiglanz das durchsichtigste vorstehender Metallreihe ist.*

Bei allen anderen Incidenzen, als die unter dem Polarisationswinkel, ist eine grössere Anzahl von Reflexionen als zwei erforderlich, um die geradlinige Polarisation wiederherzustellen, und zwar wächst diese Anzahl nach beiden Seiten, vom Polarisationswinkel nach der Incidenz 90^0, und vom Polarisationswinkel nach der Incidenz 0^0 zu; die wiederhergestellte geradlinige Polarisation durch *dieselbe* Anzahl von Reflexionen verhält sich aber auf der einen Seite des Polarisationswinkels charakteristisch anders als auf der anderen Seite, in Hinsicht des Azimuths der neuen Polarisationsebene. Es sei J der Incidenzwinkel zwischen dem Polarisationswinkel und 90^0, bei welchem nach n Reflexionen die geradlinige Polarisation wiederhergestellt wird; der Incidenz J entspricht eine Incidenz J' zwischen 0^0 und dem Polarisationswinkel*), bei welcher gleichfalls durch n Reflexionen die geradlinige Polarisation hergestellt wird; *in beiden Fällen ist die Neigung der wiederhergestellten Polarisationsebene gegen die Reflexionsebene dieselbe, aber bei der Incidenz J ist sie immer negativ, während sie bei der Incidenz J' negativ ist, wenn n eine gerade Zahl, positiv, wenn n eine ungerade Zahl ist.***) Siehe *Brewster*, Tafel I und II, Poggend. Ann. Bd. XXI S. 259 bis 261, und deren Erläuterung, daselbst S. 264.

Die Verzögerung bei der Incidenz J wird nach (7.) und weil, wegen des negativen Azimuths, die Formel (8.) die Gestalt besitzt:

$$\operatorname{tang} \alpha = -\left(\frac{p}{s}\right)^n,$$

bestimmt sein durch folgende Gleichungen:

$$\sin \frac{n\delta}{\lambda} 2\pi = 0; \qquad \cos \frac{n\delta}{\lambda} 2\pi = -1;$$

woraus sich ergiebt: $\delta = \frac{(2p+1)\lambda}{2n}$, wenn p irgend eine ganze Zahl bedeutet. Da wir aber angenommen haben***), dass für $n = 2$, $\delta = \frac{1}{4}\lambda$ ist, so muss $p = 0$ sein, und also:

$$\delta = \frac{\lambda}{2n}.$$

Wegen der Abwechslung der Vorzeichen des Azimuths bei der Incidenz J', nämlich $+$, wenn n ungerade, und $-$, wenn n gerade, folgt aus (7.), wenn die Verzögerung hier durch δ' bezeichnet wird, dass:

$$\frac{n\delta'}{\lambda} 2\pi = 2m\pi + (n-1)\pi,$$

---

*) Die Incidenzwinkel sind immer vom Perpendikel an gerechnet. — *Anm. des Originals.*

**) Vergl. die Berichtigung in § 4 Seite 229. — *C. N.*

***) Vergl. Seite 206 (oben). — *C. N.*

wo m eine beliebige Zahl ist; da wir aber bei $n=2$ die Verzögerung $=\frac{1}{4}\lambda$ gesetzt haben, so muss $m=0$ genommen werden, und wir erhalten bei der Incidenz J':

$$\delta' = \left(1 - \frac{1}{n}\right)\frac{\lambda}{2}.$$

Die Summe der Verzögerungen: $\delta + \delta'$ bei den sich correspondirenden Incidenzen J und J' ist also gleich $\frac{1}{2}\lambda$, oder die beiden Verzögerungsphasen $\frac{\delta}{\lambda}2\pi$ und $\frac{\delta'}{\lambda}2\pi$ ergänzen sich zu 180^0.

Aus der *Brewster*'schen Tafel (Pogg. Ann., Bd. XXI S. 237), wo die beobachteten Incidenzen angegeben sind, unter welchen nach 2, 3, 4 ... maliger Reflexion mit parallelen Reflexionsebenen von *Stahl* die geradlinige Polarisation eines ursprünglich unter $+45^0$ polarisirten Strahls wiederhergestellt wird, findet man folgende, diesen Incidenzen entsprechende Verzögerungen:

Beobachtete Incidenz	$\frac{\delta}{\lambda}2\pi$	Berechnete Incidenz	Differenz
$52^0\ 20'$	$\frac{5}{6}\pi$	$51^0\ 21'$	$+1^0\ 1'$
56 25	$\frac{4}{5}\pi$	55 12	+ 1 13
60 20	$\frac{3}{4}\pi$	60 3	+ 0 17
67 40	$\frac{2}{3}\pi$	66 19	+ 1 21
75 0	$\frac{1}{2}\pi$	75	0 0
73 0*)	$\frac{1}{3}\pi$	81	
82 20	$\frac{1}{4}\pi$	83 28	— 1 8
84 0	$\frac{1}{5}\pi$	84 50	— 0 50
86 0	$\frac{1}{6}\pi$	85 45	+ 0 15

Bei der totalen Reflexion giebt *Fresnel* für die Verzögerung δ des senkrecht polarisirten Strahls gegen den parallel mit der Reflexionsebene polarisirten Strahl (Poggendorff's Annalen, Bd. XXII S. 116) folgenden Ausdruck**):

$$(\alpha.)\qquad \cos\frac{\delta}{\lambda}2\pi = -\left(\frac{1-(m^2+1)\sin^2 i + 2m^2\sin^4 i}{1-(m^2+1)\sin^2 i}\right),$$

wo i der Einfallswinkel und m der Brechungscoefficient, d. h. wo $m\sin i = \sin r$,

*) Die Incidenz 73 ist offenbar ein Druckfehler. — *Anm. des Originals.*

**) Das Vorzeichen — in der Formel (α.) ist im Allgemeinen zweifelhaft, nämlich abhängig von äusseren Umständen. So z. B. wird dasselbe [vgl. Seite 244 (10.)] durch + zu ersetzen sein, sobald der Betrachtung zwei einander *analoge* Coordinatensysteme [vgl. Seite 232] zu Grunde gelegt werden. Hiermit hängt zusammen, dass *Neumann* in seinen Vorlesungen, und zwar absichtlich, theils des einen, theils des andern Vorzeichens sich bedient hat. — *C. N.*

wenn r den Refractionswinkel bedeutet. Dieser Ausdruck reducirt sich der Form nach auf:

$$(\beta.)\qquad \cos\frac{\delta}{\lambda}2\pi = -\frac{1+\text{tang}^2 r\,\text{tang}^2 i}{1-\text{tang}^2 r\,\text{tang}^2 i},$$

oder auf:

$$(\gamma.)\qquad \text{cotang}\,\frac{1}{2}\frac{\delta}{\lambda}2\pi = \sqrt{-\text{tang}^2 i\,\text{tang}^2 r}$$

wo das — unter dem Wurzelzeichen aufgehoben wird durch das $\sqrt{-1}$, welches in tang r enthalten ist.

Die eben aufgeführten *Brewster*'schen Beobachtungen der Verzögerungen bei Reflexionen durch Metallflächen lassen sich aber ebenso, nämlich durch:

$$(\text{A}.)\qquad \text{cotang}\,\frac{1}{2}\frac{\delta}{\lambda}2\pi = \sqrt{\text{tang}^2 i\,\text{tang}^2 r} = \text{tang}\,i\,\text{tang}\,r$$

darstellen*), wie in der vorhergehenden Tafel die Spalte mit der Ueberschrift: „berechnete Incidenz“, zeigt; denn Beobachtungen dieser Art können wohl als mit grosser Genauigkeit angestellt betrachtet werden, wenn die Differenzen 1^0 nicht viel übersteigen. *Dass durch* (A.) *das Gesetz der Verzögerung wirklich dargestellt werde, und dieser Ausdruck mehr als eine Interpolationsformel sei, ist wenigstens ausserordentlich wahrscheinlich,* weil er sich von demjenigen, welcher die Verzögerung in der totalen Reflexion darstellt, nur dadurch unterscheidet, dass das durch die Betrachtungen, welche *Fresnel* zu diesem Ausdruck leiteten, eingeführte $\sqrt{-1}$ wieder fortgeschafft wird, dadurch, dass statt tang r gesetzt wird $\sqrt{-1}$ tang r. —

Uebrigens lässt sich der Ausdruck (A.) reduciren auf denjenigen, welchen *Brewster* für die verzögerte Phase aus seinen Beobachtungen abgeleitet hat (Pogg. Annal. Bd. XXI S. 237, 238), nämlich sich reduciren auf:

$$\frac{\delta}{\lambda}2\pi = 90^0 - 2\varphi,\quad \text{wo:}\quad \text{tang}\,\varphi = \frac{\cos(i+r)}{\cos(i-r)};$$

und es ist wahrscheinlich, dass *Brewster* sich von der Genauigkeit dieses Ausdrucks noch durch andere, nicht mitgetheilte Beobachtungen überzeugt hat.

Die folgende Tafel enthält für künftigen Gebrauch die Verzögerungen der Phasen $\frac{\delta}{\lambda}2\pi$ für Incidenzen von 88 bis 50 bei Stahl und Silber von 2 zu 2 Grad, nach (A.) berechnet, zwischen welchen man mit hinlänglicher Sicherheit interpoliren kann.

*) Nach einer von Neumann gegebenen Berichtigung (vgl. § 4, Seite 229) ist das Zeichen cotang in der Formel (A.), mithin auch in der vorhergehenden Formel (γ.), zu ersetzen durch tang. — *C. N.*

Tafel II.

Stahl $n = 3{,}732$			Silber $n = 3{,}271$		
i	r	$\frac{\delta}{\lambda} 2\pi$	i	r	$\frac{\delta}{\lambda} 2\pi$
50	11° 51′	151° 54′	50	13° 33′	147° 56′
52	12 11	149 6	52	13 56	144 46
54	12 32	145 58	54	14 19	141 18
56	12 50	142 40	56	14 41	137 32
58	13 8	139 2	58	15 2	133 28
60	13 25	135 6	60	15 21	129 8
62	13 41	130 48	62	15 40	124 24
64	13 56	126 4	64	15 56	119 20
66	14 10	120 54	66	16 13	113 42
68	14 23	115 12	68	16 28	107 38
70	14 35	108 52	70	16 42	101 0
72	14 46	101 54	72	16 54	99 50
74	14 55	94 12	74	17 51	86 4
76	15 4	85 36	76	17 15	77 32
78	15 12	76 4	78	17 24	68 15
80	15 18	65 36	80	17 31	58 22
82	15 23	54 8	82	17 37	47 46
84	15 27	41 39	84	17 42	36 28
86	15 31	28 16	86	17 45	24 38
88	15 32	14 20	88	17 48	12 24

Die Anwendung der Gleichung (8.) auf die *Brewster*'schen Beobachtungsreihen (S. 233 u. 224 Pogg. Annal. Bd. XXI), in welchen die Azimuthe der Polarisationsebenen des wieder geradlinig polarisirten Strahls nach 2, 3, 4, 5, 6 Reflexionen bei parallelen Reflexionsebenen von Stahl und Silber angegeben sind, lehrt das Verhältniss der Schwächung $\frac{p}{s}$ bei verschiedenen Incidenzen kennen. Wenn die in jenen Tafeln angegebene Neigung der nach n Reflexionen wiederhergestellten Polarisationsebene mit der Reflexionsebene durch α bezeichnet wird, so ist das der Incidenz, bei welcher die Reflexionen stattfanden, entsprechende

$$\frac{p}{s} = \sqrt[n]{\operatorname{tang} \alpha}.$$

Diesen Beobachtungsreihen hat *Brewster* die wichtige Bemerkung (als Resultat anderer nicht mitgetheilter Beobachtungen) beigefügt, dass für correspondirende Incidenzen unter und über dem Polarisatioswinkel, d. h. bei solchen, bei welchen die Verzögerungsphasen sich zu 180° ergänzen, die Neigungen der wiederhergestellten Polarisationsebene sich gleich sind. Es folgt hieraus: *dass die Verhältnisse der Schwächung durch die Reflexion unter den zwei Incidenzen, bei welchen die Verzögerungsphasen sich zu* 180° *ergänzen, sich gleich sind.*

Es seien zwei solche sich correspondirende Incidenzwinkel i und j, und ein ursprünglich unter $+45^0$ polarisirter Strahl soll einmal unter i, und dann unter j reflectirt werden, bei parallelen Reflexionsebenen. Der Strahl werde in zwei, parallel und senkrecht zur Reflexionsebene polarisirte zerlegt: das Verhältniss der Schwächung ihrer absoluten Geschwindigkeiten durch die Reflexion bei i sei $\frac{p}{s}$. Da bei j dieselbe Schwächung stattfindet, so ist das Verhältniss der Intensitäten der absoluten Geschwindigkeiten in den zwei Mal unter i und j reflectirten Strahlen gleich $\left(\frac{p}{s}\right)^2$; die Summe ihrer Verzögerung ist $\frac{\lambda}{2}$. Setzt man diese Werthe in (6.) und (8.) Seite 205, so erhält man als Bahn für die Bewegung der Theilchen:

$$\frac{x}{p^2}+\frac{y}{s^2}=0; \qquad \text{tang}\,\alpha = -\text{tang}^2\beta; \tag{10.}$$

d. h. die Polarisation ist geradlinig, und die wiederhergestellte Polarisationsebene bildet den Winkel α mit der Reflectionsebene. In der *Brewster*'schen Tafel, Pogg. Ann. Bd. XXI S. 240, ist eine Reihe Beobachtungen über die Neigungen α bei wiederhergestellter geradliniger Polarisation nach doppelter Reflexion von Stahlflächen unter verschiedenen Incidenzen i und j angegeben. Aus den angegebenen α's lassen sich also gleichfalls die Werthe für $\beta=\frac{p}{s}$ mittelst (10.) ableiten. In folgender Tafel sind die aus der *Brewster*'schen Tafel Pogg. Ann. Bd. XXI S. 240 und aus den dortigen Tafeln S. 233 und 234 sich ergebenden Werthe von $\frac{p}{s}$ für die verschiedenen Incidenzen auf *Stahl* zusammengestellt.

Tafel III.*)

Incidenz	$\frac{\delta}{\lambda}2\pi$	β	Berechnete β	Unterschied
75° *)	90°	28° 56′	28° 56′	0° 0′
77	80 58	29 41	29 5	+ 0 36
79 37*)	60	31 42	30 44	+ 0 58
80	65 36	30 24	30 7	+ 0 17
83 30	45	33 53	33 1	+ 0 52
84 38*)	36	35 31	34 52	+ 0 39
85	35 4	34 56	35 5	− 0 9
85 45*)	30	36 35	36 17	+ 0 18
90	0	45	45	0 0

*) Diese Tafel (über welche man Näheres findet auf Seite 212) und zwei frühere Tafeln,

Die horizontalen Reihen, welche mit *) bezeichnet sind, ergeben sich aus den *Brewster*'schen Tafeln Pogg. Ann. Bd. XXI, S. 233 und 234, die andern folgen aus der dortigen Tafel S. 240.

In Tafel III ist wegen eines sogleich anzugebenden Gebrauchs noch eine verticale Reihe für die der Incidenz entsprechende Verzögerungsphase $\frac{\delta}{\lambda}2\pi$ hinzugefügt; der Werth für dieselbe in den mit einem *) bezeichneten horizontalen Reihen ist aus der Anzahl von Reflexionen entnommen, welche zur Wiederherstellung der geradlinigen Polarisation in der *Brewster*'schen Tafel als erforderlich angegeben ist; in den andern horizontalen Reihen ist diese Grösse aus der Incidenz nach dem obigen Ausdruck (A.) Seite 209 berechnet.

Die Schwächung oder der Winkel β muss eine Function des Einfallswinkels sein, — oder vielmehr, da diese Schwächung gleich ist bei denjenigen Einfallswinkeln, bei welchen die Phasen $\frac{\delta}{\lambda}2\pi$ sich zu 180^0 ergänzen, kann sie nur eine Function des Sinus der Verzögerungsphase $\frac{\delta}{\lambda}2\pi$ sein. In der That lassen sich die in der Tafel III enthaltenen Werthe von β darstellen durch:

(B.) $$\operatorname{tang} 2\beta = \frac{A}{\sin\frac{\delta}{\lambda}2\pi},$$

wo A eine von der specifischen Natur des reflectirenden Metalls abhängige Grösse bedeutet, oder $= \operatorname{tang} 2\beta_1$ ist, wenn β_1 sich auf eine Reflexion unter dem Polarisationswinkel bezieht, bei welchem $\frac{\delta}{\lambda}2\pi = 90^0$ ist. Dass die Beobachtungen mit diesem sehr einfachen Gesetze übereinstimmen, ersieht man in Tafel III aus der verticalen Reihe mit der Ueberschrift: „berechnete β", welche nach der Formel:

$$\operatorname{tang} 2\beta = \frac{\operatorname{tang} 57^0\ 52'}{\sin\frac{\delta}{\lambda}2\pi}$$

berechnet ist. Die Abweichungen der aus den Beobachtungen abgeleiteten Werthe von β von den aus dieser Formel sich ergebenden müssen als sehr klein erscheinen, wenn man bedenkt, dass in den mit *) bezeichneten Spalten der Lichtstrahl drei bis sechs Mal unter demselben durch Probiren zu bestimmenden Winkel reflectiren musste, abgesehen von der Schwierigkeit bei dieser Schwächung des Lichtes das Kalkspathprisma in das richtige Azimuth zu bringen; auch stimmen die Beobachtungen, wo nur eine zweimalige Reflexion erforderlich war, viel besser mit den Berechnungen überein. Man kann in

Seite 206, 210, sind von *Neumann* mit besondern Nummern: I, II, III versehen worden, — offenbar, um sie in solcher Weise, gegenüber den sonstigen Zahlentabellen dieser Abhandlung, als besonders wichtig hervorzuheben. — *C. N.*

diesen Abweichungen nur die grosse Gewandtheit und Genauigkeit des Beobachters bewundern, und glauben, dass die Formel (B.) ein genauer Ausdruck für das Verhältniss der Schwächung $\frac{p}{s}$ ist*).

Man kann diesen Ausdruck (B.) noch auf die *Brewster*'schen Beobachtungsreihen für *Silber* (Pogg. Ann. Bd. XXI, Seite 233 und 234) anwenden. Aber leider haben sich da offenbare Fehler eingeschlichen. In folgender Tafel sind für Silber die den Phasen entsprechenden Werthe von α, d. i. die Neigungen der wiederhergestellten Polarisationsebenen mit der Reflexionsebene abgeleitet [mittelst der Formel $\operatorname{tang}\alpha = (\operatorname{tang}\beta)^{\frac{\lambda}{2\delta}}$, wo $\frac{\lambda}{2\delta}$ die zur Wiederherstellung der geradlinigen Polarisation erforderliche Anzahl Reflexionen ist], und neben diese die in der *Brewster*'schen Tafel angegebenen α's gestellt.

Incidenz	$\frac{\delta}{\lambda} 2\pi$	β	Berechnete α	Beobachtete α
73°	90°	42° 23′	39° 48′	39° 48′
79 40′	60	42 44	38 18	38 28
82 30	45	43 9	37 41	37 45
? {77 13	36	43 28	37 25	{33 10
? {85 6	30	43 42	37 15	{35 0 }?
? {84 5	25 43′	43 52	37 9	{26 0

§ 2.

Die Gesetze (A.) und (B.), (Seite 209, 212), liefern die Erklärung aller bis jetzt bei der Metallreflexion beobachteten Erscheinungen.

Die Ausdrücke (A.) und (B.) für die Verzögerung und für das Verhältniss der Schwächung, welche durch die Reflexion von Metallflächen in den zwei, parallel und senkrecht zur Reflexionsebene polarisirten Strahlen hervorgebracht werden, reichen hin, alle Erscheinungen der elliptischen Polari-

*) Der Winkel 57° 52′ ist der doppelte des in Tafel III. angegebenen für β bei Stahl; alle folgenden Beobachtungen stimmen aber dahin, dass dieser Winkel etwas zu klein sei, und er statt 28° 56′ nahe 30° betragen müsse; bestimmt man A in

$$\operatorname{tang} 2\beta = \frac{A}{\sin \frac{\delta}{\lambda} 2\pi}$$

aus sämtlichen Beobachtungen in der Tafel, so erhält man:

$$A = \operatorname{tang} 59^{0}\,46',$$

wodurch die Beobachtungen sich besser darstellen. In Tafel III. wäre demnach richtiger statt 28° 56′ zu setzen 29° 53′. — *Anm. des Originals.*

sation für jedes Metall, wenn sein Polarisationswinkel und das Verhältniss der Schwächung bei der Incidenz unter dem Polarisationswinkel bekannt ist, numerisch zu bestimmen. Die Anwendungen, die jetzt von den Ausdrücken (A.) und (B.) auf die übrigen von *Brewster* mitgetheilten Beobachtungen gemacht werden sollen, werden theils die Genauigkeit der Ausdrücke (A.) und (B.) von Neuem bestätigen, theils werden sie die Richtigkeit der ganzen zu Grunde gelegten Ansicht dieser Klasse von Phänomenen beweisen; wir werden sehen: es ist keine Beobachtung vorhanden, die sich nicht vollständig aus dieser Ansicht erklärte.

Es werde ein ursprünglich in dem Azimuth a polarisirter Strahl unter denselben Incidenzen von Metallflächen so oft reflectirt, bis seine geradlinige Polarisation wiederhergestellt ist; die Neigung α der wiederhergestellten Polarisationsebene ist eine Function von a und der Anzahl der Reflexionen; diese Function soll bestimmt werden. — Die Intensitäten der beiden Strahlen, von denen der eine parallel, der andere senkrecht zur Reflexionsebene polarisirt ist, in welche der einfallende Strahl zerlegt werden muss, sind hier nicht mehr gleich, wie oben bei einer ursprünglichen Polarisation unter $+45^0$, sondern der erstere hat eine Intensität: $\cos^2 a$, der andere $\sin^2 a$; nach einmaliger Reflexion sind ihre Intensitäten also $s^2 \cos^2 a$ und $p^2 \sin^2 a$, und ihre Vibrationsgeschwindigkeiten demnach $s \cos a$ und $p \sin a$, wo p und s durch die Incidenz, unter welcher die Reflexion stattfindet, gegeben sind.

Wenn n die kleinste Anzahl von Reflexionen bedeutet, die erforderlich ist, um bei der Incidenz i die geradlinige Polarisation wiederherzustellen; so sind die Componenten der wiederhergestellten geradlinigen Bewegung $(\cos a)s^n$ und $(\sin a)p^n$; substituirt man diese beiden Grössen in (8.), so erhält man:

$$\text{tang}\, \alpha = \mp \text{tang}\, a \cdot \left(\frac{p}{s}\right)^n = \mp \text{tang}\, a \cdot \text{tang}^n \beta,$$

wo das — oder + anzuwenden ist, je nachdem n Mal die der Incidenz i entsprechende Verzögerungsphase $\frac{\delta}{\lambda} 2\pi$ ein ungerades oder gerades Vielfache von π ist. Setzt man $\mp \text{tang}^n \beta = \text{tang}\, \vartheta$, d. h. gleich der Tangente des Winkels, unter welchem die wieder hergestellte Polarisationsebene gegen die Reflexionsebene geneigt ist bei ursprünglicher Polarisation unter $+45^0$, so erhält man:

$$\text{tang}\, \alpha = \text{tang}\, a \cdot \text{tang}\, \vartheta .$$

Dies ist die Formel, welche *Brewster* (Pogg. Ann. Bd. XXI Seite 230) aus den Beobachtungen selbst abgeleitet hat.

Wenn der Strahl m Mal n Reflexionen erleidet, n in der eben gebrauchten Bedeutung genommen, so erhält man für α folgende Bestimmung:

$$\operatorname{tang} \alpha = \mp \operatorname{tang} a \cdot \operatorname{tang}^{mn} \beta .$$

Setzt man $a = 45^0$ und $\operatorname{tang}^n \beta$ wieder $= \operatorname{tang} \vartheta$, so ist:

$$\operatorname{tang} \alpha = \operatorname{tang}^m \vartheta ,$$

welchen Ausdruck für α *Brewster* (Pogg. Ann. Bd. XXI Seite 232) durch Induction, und den Beobachtungen entsprechend, gefunden hat.

Ich wende mich jetzt zu denjenigen Erscheinungen, welche den Entdecker veranlasst haben, der ganzen Klasse von Erscheinungen, die durch Reflexion von Metallflächen hervorgebracht werden, den Namen *elliptische Polarisation* zu geben (Pogg. Ann. Bd. XXI Seite 241 u. ff.). *Wenn ein im Azimuth + a polarisirter Strahl unter irgend einer Incidenz i von einer Metallfläche reflectirt ist, und von einer zweiten Fläche desselben Metalls noch einmal reflectirt wird, so dass die zweite Reflexionsebene einen Winkel b mit der ersten Reflexionsebene bildet, so giebt es für diese zweite Reflexionsebene immer eine von b und a und i abhängige Incidenz, bei welcher der Strahl wieder geradlinig polarisirt ist.*

Wir haben bereits oben in § 1 gesehen, dass wenn $a = 45^0$ und $b = 0^0$ ist, d. h. wenn das Azimuth der ursprünglichen Polarisation $+ 45^0$ ist, und wenn beide Reflexionsebenen parallel sind, die zweite Incidenz, bei welcher die Wiederherstellung der geradlinigen Polarisation stattfindet, diejenige ist, deren Verzögerungsphase $\frac{\delta}{\lambda} 2\pi$ sich mit der Verzögerungsphase der ersten Incidenz zu 180^0 ergänzt; dasselbe gilt, wie man leicht übersieht, für jeden Werth von a. Auch davon überzeugt man sich leicht, dass wenn $b = 90^0$, d. h. beide Reflexionsebenen senkrecht auf einander stehen, die zweite Incidenz gleich der ersten sein muss, indem bei dieser Stellung der zweiten Fläche der Strahl s in der zweiten Reflexion dieselbe Verzögerung gegen p erleidet, die vorher bei der ersten Reflexion p gegen s erlitten hatte, wodurch also der Unterschied ihres Weges aufgehoben wird; dieses gilt bei jedem Werth von a. — In allen anderen Azimuthen der zweiten Reflexionsebene sind Incidenzen erforderlich, deren Complement zu 90^0 *Brewster* durch die Radien einer Ellipse dargestellt hat — worin er die experimentelle Berechtigung sah, den von der ersten Fläche reflectirten Strahl: *elliptisch polarisirt* zu nennen.

Es sei UU die Projection der ursprünglichen Polarisationsebene, so dass sich die Theilchen also in der Richtung AB senkrecht auf UU bewegen.

PP sei die Projection der ersten Reflexionsebene, die mit der Polarisationsebene UU den Winkel a bildet; SS steht senkrecht auf PP. Ferner ist $P'P'$ die Projection der zweiten Reflexionsebene; $S'S'$ steht senkrecht auf $P'P'$. Die zweite Reflexionsebene bildet mit der ersten den Azimuthalwinkel b.

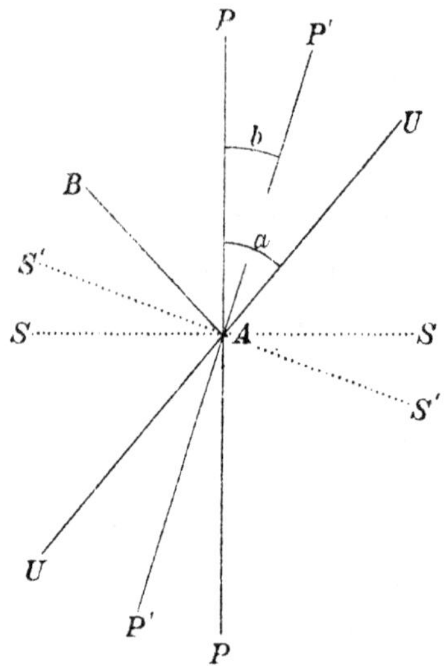

Die ursprüngliche Bewegung in AB wird durch die erste Reflexion zerlegt in eine nach AP und eine nach AS, von denen die erstere eine Verzögerung $\frac{\delta}{\lambda}2\pi$ gegen die zweite erleidet. Durch die zweite Reflexion wird jede dieser Bewegungen zerlegt nach AP' und AS'; die beiden Bewegungen nach AP' componiren sich zu *einer* neuen resultirenden*), diese beiden resultirenden Bewegungen nach AP' und AS' haben nicht mehr, auch vor der zweiten Reflexion, denselben Phasenunterschied $\frac{\delta}{\lambda}2\pi$, welchen die unzerlegten Bewegungen nach AP und AS hatten, sondern einen andern *resultirenden Phasenunterschied* $\frac{\delta'}{\lambda}2\pi$. Dieser Phasenunterschied $\frac{\delta'}{\lambda}2\pi$ wird durch die zweite Reflexion um $\frac{\delta''}{\lambda}2\pi$ vermehrt, so dass nach der zweiten Reflexion der ganze Unterschied $\frac{\delta'+\delta''}{\lambda}2\pi$ ist. Soll nun nach der zweiten Reflexion die Polarisation wieder geradlinig sein, so muss:

$$\sin\frac{\delta'+\delta''}{\lambda}2\pi = 0$$

sein. Aus dieser Gleichung muss δ'' durch δ' bestimmt werden, welches gegeben ist durch die Incidenz der ersten Reflexion, durch a und b. Wenn δ'' bekannt ist, so lässt sich daraus, mittelst des Gesetzes (A.) Seite 209, die Incidenz in der zweiten Reflexion finden, wodurch die Aufgabe gelöst ist.

Die Componenten der Bewegung in AP und AS nach der ersten Reflexion seien P und S, so ist:

$$P = p\cdot\sin a\cdot\sin\left(\frac{t}{T}-\frac{\delta}{\lambda}\right)2\pi,$$

$$S = s\cos a\cdot\sin\frac{t}{T}2\pi.$$

---

*) Und eben so setzen sich die Bewegungen AS' zu *einer* resultirenden Bewegung zusammen. — *Anm. des Originals.*

Werden die Bewegungen P und S nach AP' und AS' zerlegt, und die Componenten mit P' und S' bezeichnet, so erhält man:

$$P' = p \sin a \cos b \sin\left(\frac{t}{T} - \frac{\delta}{\lambda}\right) 2\pi - s \cos a \sin b \sin \frac{t}{T} 2\pi,$$

$$S' = p \sin a \sin b \cdot \sin\left(\frac{t}{T} - \frac{\delta}{\lambda}\right) 2\pi + s \cos a \cos b \sin \frac{t}{T} 2\pi,$$

Setzt man nun:

$$P' = A \sin\left(\frac{t}{T} - \frac{D}{\lambda}\right) 2\pi,$$

und

$$S' = A' \sin\left(\frac{t}{T} - \frac{D'}{\lambda}\right) 2\pi,$$

so erhält man zur Bestimmung von A, D und A', D':

(a.) $$\begin{cases} A \cos \frac{D}{\lambda} 2\pi = p \sin a \cos b \cos \frac{\delta}{\lambda} 2\pi - s \cos a \sin b, \\ A \sin \frac{D}{\lambda} 2\pi = p \sin a \cos b \sin \frac{\delta}{\lambda} 2\pi, \end{cases}$$

und

(b.) $$\begin{cases} A' \cos \frac{D'}{\lambda} 2\pi = p \sin a \sin b \cos \frac{\delta}{\lambda} 2\pi + s \cos a \cos b, \\ A' \sin \frac{D'}{\lambda} 2\pi = p \sin a \sin b \sin \frac{\delta}{\lambda} 2\pi, \end{cases}$$

woraus man zieht:

$$\operatorname{tang} \frac{D}{\lambda} 2\pi = \frac{-\frac{p}{s} \operatorname{tang} a \operatorname{cotang} b \sin \frac{\delta}{\lambda} 2\pi}{1 - \frac{p}{s} \operatorname{tang} a \operatorname{cotang} b \cos \frac{\delta}{\lambda} 2\pi},$$

$$\operatorname{tang} \frac{D'}{\lambda} 2\pi = \frac{\frac{p}{s} \operatorname{tang} a \operatorname{tang} b \sin \frac{\delta}{\lambda} 2\pi}{1 + \frac{p}{s} \operatorname{tang} a \operatorname{tang} b \cos \frac{\delta}{\lambda} 2\pi}.$$

Es ist $\left(\frac{D - D'}{\lambda}\right) 2\pi$ die resultirende Verzögerungsphase, welche vorher mit $\frac{\delta'}{\lambda} 2\pi$ bezeichnet wurde; wenn also $\frac{\delta''}{\lambda} 2\pi$ die durch die zweite Reflexion erzeugte Verzögerungsphase bedeutet, so muss

(c.) $$\sin\left[\frac{D - D'}{\lambda} 2\pi + \frac{\delta''}{\lambda} 2\pi\right] = 0$$

sein, woraus:

$$\operatorname{tang}\left(\frac{D - D'}{\lambda}\right) 2\pi + \operatorname{tang}\left(\frac{\delta''}{\lambda}\right) 2\pi = 0.$$

Man erhält aber, wenn man setzt:

(d.) $$\frac{p}{s} \operatorname{tang} a = \operatorname{tang} \gamma,$$

nach allen Reductionen:

(e.) $$\operatorname{tang} \frac{D - D'}{\lambda} 2\pi = \frac{\left(\sin \frac{\delta}{\lambda} 2\pi\right)}{\left(\cos \frac{\delta}{\lambda} 2\pi\right) \cos 2b - \sin 2b \operatorname{cotang} 2\gamma}.$$

Zur Bestimmung von δ'' hat man demnach:

$$\text{(f.)}\qquad 0 = \operatorname{tang}\frac{\delta''}{\lambda}2\pi + \frac{\left(\sin\frac{\delta}{\lambda}2\pi\right)}{\left(\cos\frac{\delta}{\lambda}2\pi\right)\cos 2b - \sin 2b \operatorname{cotang} 2\gamma}.$$

Ohne in (f.) statt $\operatorname{tang}\left(\frac{\delta''}{\lambda}\right)2\pi$ seinen Werth mittelst (A.) zu setzen, um daraus die Incidenz, welche den jedesmaligen b entspricht, analytisch abzuleiten, welches zu complicirten Formeln führt, kann man, um das theoretische Resultat mit den Beobachtungen zusammenzuhalten, mittelst der Formel (e.) die Verzögerung

$$\left(\frac{D-D'}{\lambda}\right)2\pi$$

berechnen, und diese in (c.) substituiren, dann daraus δ'' bestimmen, mit der Berücksichtigung, dass $\frac{\delta''}{\lambda}2\pi$ zwischen 0^0 und 180^0 liegen muss, und aus der Tafel II. Seite 210 die der Verzögerung δ'' entsprechende Incidenz mittelst Interpolation entnehmen.

Es soll zunächst eine Anwendung auf die in Pogg. Ann. Bd. XXI, Seite 241 angegebenen *Brewster*'schen Versuche mit einer *Stahlplatte* gemacht werden. Die Incidenz war der Polarisationswinkel, d. h. 75^0, also $\frac{\delta}{\lambda}2\pi = 90^0$, [vgl. Tafel III Seite 211]. Das Azimuth a der ursprünglichen Polarisation betrug 45^0; es ist also nach (d.): $\operatorname{tang}\gamma = \frac{p}{s}$, d. i. $= \operatorname{tg}\beta$ (vgl. Seite 204); und dieses $= \operatorname{tang} 28^0 56'$ [nach Tafel III Seite 211]. Demgemäss verwandelt sich (e.) in:

$$\operatorname{tang}\frac{D-D'}{\lambda}2\pi = \frac{-\operatorname{tang} 57^0\,52'}{\sin 2b}.$$

Somit gelangt man für $b = 0^0$, $22^0\frac{1}{2}$, 45^0, etc. zu folgender Tabelle:

b	$\frac{D-D'}{\lambda}$	$\frac{\delta''}{\lambda}2\pi$	Berechnete i	Beobachtete i	Differenz
0	90°	90°	75°	75°	+ 0° 0′
22½	113 52′	66 8′	79 54′	77	+ 2 54
45	122 8	57 52	81 20	78	+ 3 20
67½	113 52	66 8	79 54	77¾	+ 2 9
90	90	90	75	75	0 0
112½	66 8	113 52	68 25	70	— 1 35
135	57 52	122 8	65 32	68	— 2 28
157½	66 8	113 52	68 25	70	— 1 35
180	90	90	75	75	0

In der ersten *Brewster*'schen Beobachtungsreihe (Pogg. Ann. Bd. XXI, Seite 245) ist die Incidenz der ersten Reflexion 80^0, und demnach $\frac{\delta}{\lambda} 2\pi = 65^0\,36'$, [vgl. Tafel III Seite 211]. Ferner ist $a = 45^0$, also $\operatorname{tang} \gamma = \frac{p}{s} = \operatorname{tang} 30^0\,7'$, [nach Tafel III Seite 211]. Demgemäss erhält man:

$$\operatorname{tang} \frac{D - D'}{\lambda} 2\pi = \frac{\sin 65^0\,36'}{\cos 65^0\,36' \cos 2b - \sin 2b \cot 60^0\,14'}$$

oder, wenn man $\operatorname{tang} A = \operatorname{tang} 60^0\,14' \cos 65^0\,36'$, und ausserdem auch noch $\operatorname{tang} B = \sin 65^0\,36' \operatorname{tang} 60^0\,14' \cos A$ setzt:

$$\operatorname{tang} \frac{D - D'}{\lambda} 2\pi = \frac{\operatorname{tang} B}{\sin (A - 2b)} = \frac{\operatorname{tang} 52^0\,14'}{\sin (35^0\,50' - 2b)}.$$

Somit ergiebt sich für $b = 0^0$, $11^0\frac{1}{4}$, $22^0\frac{1}{2}$, etc. folgende Tabelle:

$+b$	$\frac{\delta''}{\lambda} 2\pi$	Berechnete i	Beobachtete I.	Beobachtete II.	$-b$	$\frac{\delta''}{\lambda} 2\pi$	Berechnete i	Beobachtete I.	Beobachtete II.
0	114^0 24′	68^0 15′	67^0	68^0	0^0	114^0 24′	68^0 15′	67^0	68^0
$11\frac{1}{4}$	100 8	72 26	70	70	$11\frac{1}{2}$	123 24	65 0	65	69
$22\frac{1}{2}$	82 58	76 32	$73\frac{2}{3}$	72	$22\frac{1}{2}$	127 24	63 26	64	70
$33\frac{3}{4}$	64 52	79 34	77	75	$33\frac{3}{4}$	127 1	63 36	66	$64\frac{1}{3}$
45	57 52	81 21	$78\frac{1}{2}$	$78\frac{1}{2}$	45	122 8	66 25	$69\frac{1}{2}$	$63\frac{2}{3}$
$56\frac{1}{4}$	52 59	82 11	80	$80\frac{1}{4}$	$56\frac{1}{4}$	112 8	68 58	72	$64\frac{1}{2}$
$67\frac{1}{2}$	52 36	82 15	$80\frac{1}{2}$	81	$67\frac{1}{2}$	97 2	73 15	$74\frac{2}{3}$	$65\frac{1}{2}$
$78\frac{3}{4}$	56 36	81 34	$80\frac{1}{4}$	80	$78\frac{3}{4}$	79 52	77 12	79	66
90	65 36	80	80	79	90	65 36	80	80	79

Die zweite Reihe (a. a. O.) enthält Beobachtungen, in welchen die Incidenz der ersten Reflexion 68^0 betrug. Es ist aber $68^0\,14'$ [nach Tafel II Seite 210] die mit 80^0 correspondirende Incidenz, d. h. ihre beiden Verzögerungsphasen ergänzen sich zu 180^0. Betrachten wir diese zweite Reihe als streng unter der Incidenz der Ergänzungsphase der ersten Reihe stattgefunden, so ist in dem vorhergehenden Ausdruck für $\operatorname{tang} \frac{D - D'}{\lambda} 2\pi$ dem $\cos 65^0\,36'$ nur das negative Vorzeichen zu geben, wodurch sich ergiebt:

$$\operatorname{tang} \frac{D - D'}{\lambda} 2\pi = - \frac{\operatorname{tang} B}{\sin (A + 2b)}.$$

Setzen wir nun $b = 90^0 - b_1$, so erhalten wir:

$$\operatorname{tang} \frac{D - D'}{\lambda} 2\pi = \frac{\operatorname{tang} B}{\sin (A - 2b_1)},$$

also genau denselben Ausdruck in b_1 als vorher in b; es sind also die erforderlichen Phasen $\frac{\delta''}{\lambda}2\pi$, und somit die erforderlichen Incidenzen, bei dem Azimuth b der ersten Reihe und dem Azimuth b_1 der zweiten Reihe, d. i. demjenigen Azimuth, welches von 90^0 dieselbe Entfernung rückwärts als b von 0^0 an vorwärts hat, sich gleich. Hiernach sind die Beobachtungen unter der Incidenz 68^0 in die obige Tafel in die verticalen Reihen, mit II überschrieben, mit aufgenommen.

Die Uebereinstimmung der beobachteten Incidenzen mit den berechneten ist nicht so gross, wie man gewohnt ist bei Beobachtungen zu finden, welche *Brewster* angestellt hat. — Die Abweichungen sind im Ganzen von der Art, dass man irgend eine zufällige constante Fehlerquelle vermuthen möchte, und diese möchte wohl darin zu suchen sein, dass die ersten Reflexionen nicht genau unter 80^0 und 68^0 stattgefunden haben; — in der That ein geringer Fehler in dieser Incidenz bringt einen etwa fünf Mal so grossen Fehler in der Verzögerungsphase hervor, und dadurch können dann leicht Fehler von 2^0 in den berechneten Incidenzen entstehen.*)

Wenn man die Beobachtungen, welche von *Brewster* in Pogg. Ann. Bd. XXI Seite 243 mit *Silber* angestellt sind, berechnet, so dass man von den angegebenen Incidenzen 80^0 und 68^0 ausgeht, so finden wiederum ähnliche Abweichungen von den Beobachtungen statt; — wenn man aber annimmt, dass die erste Incidenz nicht unter 80^0, wodurch eine Verzögerung $\frac{\delta}{\lambda}2\pi = 58^0\,22'$ entstanden wäre, sondern unter $79^0\,40'$ stattgefunden hätte, wodurch eine Verzögerung $\frac{\delta}{\lambda}2\pi = 60^0$ hervorgebracht wäre; so findet eine Uebereinstimmung zwischen den Resultaten der Rechnung und den Beobachtungen statt, wie sie nur immer erwartet werden kann. — Um die Formel (e.) auf diesen Fall anzuwenden, muss, da $a = 45^0$ ist, also $\operatorname{tang}\gamma = \frac{p}{s}$ ist, gesetzt werden: $\operatorname{cotang} 2\gamma = \frac{\sin\frac{\delta}{\lambda}2\pi}{\operatorname{tang} 84^0\,46'}$, [nach (B.) Seite 212 und Tafel I. Seite 206]. Nach gehöriger Reduction erhält man:

$$\operatorname{tang}\frac{D - D'}{\lambda}2\pi = \frac{\operatorname{tang} 84^0\,46' \cos 80^0\,59'}{\sin[80^0\,59' - 2b]}.$$

*) Man würde auch eine bessere Uebereinstimmung erhalten, wenn man statt des Werthes von $\frac{p}{s}$ aus Tafel III. Seite 211 den gewiss richtigeren $29^0\,53'$ setzte. Siehe die vorhergehende Anmerkung. — *Anm. des Originals.*

Hieraus ergiebt sich für $b = 0^0$, $11^0\frac{1}{4}$, $22^0\frac{1}{2}$, etc. folgende Tabelle:

$+b$	$\frac{\delta''}{\lambda}2\pi$	Berechnete i	Beobachtete i	$-b$	$\frac{\delta''}{\lambda}2\pi$	Berechnete i	Beobachtete i
0^0	120^0	$63^0\,42'$	$61^0\,58'$	0^0	120^0	$63^0\,42'$	$61^0\,58'$
$11\frac{1}{4}$	121 30′	68 8	65 20	$11\frac{1}{4}$	119 37′	63 53	63 25
$22\frac{1}{2}$	108 33	67 41	69	$22\frac{1}{2}$	115 18	65 25	64 10
$33\frac{3}{4}$	97 46	70 54	73 20	$33\frac{3}{4}$	106 9	68 26	68 47
45	84 46	74 17	75 25	45	95 14	71 33	71 40
$56\frac{1}{4}$	73 1	77 0	78 50	$56\frac{1}{4}$	82 14	74 54	75 40
$67\frac{1}{2}$	64 42	78 44	80	$67\frac{1}{2}$	71 27	77 10	78 28
$78\frac{3}{4}$	60 23	79 35	80	$78\frac{3}{4}$	63 31	79	79 45
90	60	79 40	80	90	60	79 40	80

Diese Zusammenstellung der Beobachtungen mit den Resultaten der Formel (e.) wird hinreichen, um zu beweisen, dass diese das vorliegende Phänomen nicht nur im Allgemeinen genau darstellt, sondern dass sie die einzelnen Beobachtungen auch so treu, wie es möglich ist diese anzustellen, wiedergiebt.

Den theoretischen Ausdruck für die in Pogg. Ann. Bd. XXI Seite 248 aufgeführten *Brewster*'schen Versuche erhält man, wenn in (f.) statt b gesetzt wird $\pm 45^0$, und statt $\operatorname{tang} 2\gamma$ sein Werth aus (d.):

$$0 = \operatorname{tang}\frac{\delta''}{\lambda}2\pi \mp \sin\frac{\delta}{\lambda}2\pi \left(\frac{\frac{2p}{s}\operatorname{tang} a}{1-\left(\frac{p}{s}\right)^2\operatorname{tang}^2 a}\right).$$

Jene Versuche sind wahrscheinlich bei der Reflexion unter dem Polarisationswinkel an der ersten Platte angestellt (gesagt ist es nicht), alsdann ist $\sin\frac{\delta}{\lambda}2\pi = 1$, und man erhält*):

$$\text{(F.)}\qquad \begin{cases} 0 = \operatorname{tang}\frac{\delta''}{\lambda}2\pi \mp \operatorname{tang} 2\gamma, \\ \text{wo: } \operatorname{tang}\gamma = \frac{p}{s}\operatorname{tang} a. \end{cases}$$

Die den hieraus berechneten Verzögerungen $\frac{\delta''}{\lambda}2\pi$ entsprechenden Incidenzen stimmen indessen nur für $b = +45^0$ mit den Beobachtungen überein. Für $b = -45^0$ entfernen sie sich gänzlich von ihnen.

Wenn ein ursprünglich unter $+45^0$ polarisirter Strahl unter dem Polarisationswinkel von zwei *verschiedenen* Metallen reflectirt wird, so findet *Brewster*, dass die geradlinige Polarisation wiederhergestellt wird, und dass

*) Die Formeln (F.) und die nächstfolgenden drei Zeilen sind hier gedruckt worden auf Grund einer Berichtigung, die von *Neumann* selber gegeben worden ist in Pogg. Annalen Bd. XXVI, und zwar auf dem *äussern Umschlage* des neunten Heftes dieses Bandes. — *C. N.*

deren Ebene mit der Reflexionsebene einen Winkel bildet, welcher das arithmetische Mittel ist der beiden Winkel, welche die Polarisationsebenen bilden würden mit der Reflexionsebene, wenn die Wiederherstellung durch doppelte Reflexion von den einzelnen Metallen hervorgebracht worden wäre. Es ist leicht, aus der Theorie den *strengen* Ausdruck für diesen Winkel abzuleiten, wenn die Wiederherstellung durch Reflexion von einer beliebigen Anzahl verschiedener Metallflächen unter beliebigen Incidenzen hervorgebracht ist.

Es seien $\left(\frac{p}{s}\right)_i$, $\left(\frac{p}{s}\right)_{i'}$, $\left(\frac{p}{s}\right)_{i''}$, ... die Verhältnisse der Schwächung bei den verschiedenen Metallen unter den Incidenzen i, i', i'', ...; die Verzögerungen bei denselben Incidenzen seien δ_i, $\delta'_{i'}$, $\delta''_{i''}$, ... Damit die geradlinige Polarisation wiederhergestellt sei, muss

$$\sin\left(\frac{\delta_i + \delta'_{i'} + \delta''_{i''} + \cdots}{\lambda}\right) 2\pi = 0$$

sein, es ist alsdann, je nachdem der

$$\cos \frac{\delta_i + \delta'_{i'} + \delta''_{i''} + \cdots}{\lambda} 2\pi$$

negativ oder positiv ist:

$$\operatorname{tang} \alpha = \pm \left(\frac{p}{s}\right)_i \left(\frac{p}{s}\right)'_{i'} \left(\frac{p}{s}\right)''_{i''} \cdots$$

wenn α die Neigung der Polarisationsebene gegen die Reflexionsebene bedeutet. — Bei den beiden Reflexionen unter dem Polarisationswinkel von Stahl und Silber ist also:

$$\operatorname{tang} \alpha = \operatorname{tang} 29^0\, 53' \operatorname{tang} 42^0\, 23' = \operatorname{tang} 27^0\, 40'\text{*)}$$

statt der $28^0\, 30'$, welche *Brewster* beobachtet hat.

Wenn ein ursprünglich unter $+45^0$ polarisirter Strahl zwei Mal unter der Incidenz $54\frac{1}{2}$ im Innern des Glases eine totale Reflexion erlitten hat, so ist die dadurch hervorgebrachte Verzögerung $\frac{\delta}{\lambda} 2\pi = \frac{1}{2}\pi$; es ist $\frac{p}{s}$ in diesem Fall $= 1$; erleidet der Strahl nun eine dritte Reflexion von einer Metallfläche unter dem Polarisationswinkel, so wird die ganze Verzögerung, welche durch diese drei Reflexionen hervorgebracht ist, $= \pi$ sein; er wird also wiederum geradlinig polarisirt sein, und die Neigung der neuen Polarisationsebene α gegen die Reflexionsebene ist gegeben durch:

$$\operatorname{tang} \alpha = \frac{p}{s} = \operatorname{tang} \beta\,.$$

War diese dritte Reflexion von einer Stahlfläche hervorgebracht, so findet man $\alpha = 29^0\, 53'$ statt der von *Brewster* beobachteten $30\frac{1}{2}$; war sie von einer Silberfläche hervorgebracht, so ist $\alpha = 42^0\, 24'$ statt der beobachteten $42\frac{1}{2}$.

---

*) Es ist hier statt des Werthes $\operatorname{tang} \beta = \frac{p}{s}$ aus Tafel III. Seite 211 gesetzt der richtigere Werth: $\beta = 29^0\, 53$. — *Anm. des Originals.*

Wenn ein ursprünglich unter $+45^0$ polarisirter Strahl eine oder mehrere *totale Reflexionen* bei parallelen Reflexionsebenen erlitten hat, die dadurch hervorgebrachte Verzögerung mit δ bezeichnet wird, und er nun eine letzte Reflexion im Azimuth b von einer *Metallfläche* erfahren soll, so dass dadurch seine geradlinige Polarisation wiederhergestellt wird, so ist die hierzu erforderliche Incidenz aus δ'' zu berechnen; dieses δ'' bestimmt sich aus (f.); die Gleichung (f.) verwandelt sich aber für diesen Fall, wo $a = 45^0$ und $\frac{p}{s} = 1$ ist, mithin $\operatorname{tang} \gamma = 1$ und $\operatorname{tang} 2\gamma = \infty$ ist, in:

$$\operatorname{tang} \frac{\delta''}{\lambda} 2\pi + \frac{\operatorname{tang} \frac{\delta}{\lambda} 2\pi}{\cos 2b} = 0.$$

Man sieht hieraus, dass:

1) Wenn die durch die totalen Reflexionen veranlassten Verzögerungen $\frac{\delta}{\lambda} 2\pi = \frac{1}{2}\pi$ sind, d. h. wenn der Strahl dadurch circular polarisirt ist, die dem δ'' entsprechende Wiederherstellungs-Incidenz immer unabhängig vom Azimuth b ist, und gleich dem Polarisationswinkel ist.

2) Welches auch die Verzögerung sei, welche durch die totalen Reflexionen hervorgebracht wird, wenn die Metallreflexion im Azimuth 45^0, d. i. bei $b = 45^0$ geschieht, die Wiederherstellungs-Incidenz immer der Polarisationswinkel ist.

3) Wenn $\frac{\delta}{\lambda} 2\pi$ kleiner als $\frac{1}{2}\pi$ ist, so ist für alle b, kleiner als 45^0, die erforderliche Incidenz grösser als der Polarisationswinkel; für Azimuthe b aber zwischen 45^0 und 90^0 ist die Wiederherstellungs-Incidenz kleiner als der Polarisationswinkel. Wenn andererseits $\frac{\delta}{\lambda} 2\pi$ grösser als $\frac{1}{2}\pi$ ist, so gilt das Umgekehrte.

Die unter 3) bemerkten Folgerungen kann man zum Theil durch das, was *Brewster* in Pogg. Ann. Bd. XXI, Seite 250 beobachtet hat, bestätigt sehen. Sobald seine Beobachtungen, die er über diese Combination der totalen Reflexion mit der Metallreflexion verspricht, vorliegen, wird man die numerische Genauigkeit unseres Ausdrucks prüfen können.

Um auf die in Pogg. Ann. Bd. XXI, Seite 253 angegebenen *Brewster*'schen Beobachtungen, wo ein von einer Stahlplatte reflectirtes, ursprünglich unter $+45^0$ polarisirtes Licht durch einen Krystall, der das Blassblau der ersten Ordnung polarisirte*), hindurchging, die Theorie anzuwenden, muss man bemerken: *erstens*, dass dieses Blassblau hervorgebracht wird durch eine Verzögerung im Gange der beiderlei Strahlen im Krystalle von nahe einem Viertel

*) Also nach heutiger Ausdrucksweise: ein Krystall, der jenes Blassblau erster Ordnung zwischen gekreuzten Polarisationsebenen zeigte. — *E. D.*

einer Undulationslänge der mittleren Strahlen im Farbenspectrum; *ferner*, dass in positiven Krystallen, wie der von *Brewster* angewandte war, derjenige Strahl sich langsamer bewegt, dessen Schwingungen parallel dem Hauptschnitt geschehen. Wenn daher das von einem Metalle unter dem Polarisationswinkel reflectirte Licht durch einen Krystall so durchgeht, dass dessen Axe senkrecht gegen die Reflexionsebene steht, so ist die Verzögerung, welche durch das Metall hervorgebracht war, und die den Strahl, dessen Schwingungen in der Reflexionsebene geschehen, trifft, aufgehoben durch die Verzögerung, welche der andere Strahl im Krystall erfährt. Die durch den Krystall wiederhergestellte Polarisationsebene hat eine positive Neigung gegen die Reflexionsebene*), weil in (2.) Seite 203 das $\delta = 0$ zu setzen ist; und ihr Azimuth α ist gegeben durch:

$$\operatorname{tang} \alpha = + \frac{p}{s}.$$

Diese α's für die verschiedenen Metalle haben also die in Tafel III, Seite 211 unter β berechneten Werthe, und dies stimmt vollkommen mit den *Brewster*schen Beobachtungen Pogg. Ann. Bd. XXI S. 254.

Wenn die Reflexion vom Metall nicht unter dem Polarisationswinkel geschieht, kann die Axe des Krystalls nicht mehr senkrecht gegen die Reflexionsebene stehen, wenn die bei der Reflexion hervorgebrachte Verzögerung durch diejenige, welche beim Durchgang durch den Krystall erzeugt wird, compensirt werden soll, sondern die auf der Axe senkrecht stehende Ebene muss mit der Reflexionsebene einen Winkel b bilden, der mittelst (e.) Seite 218 dadurch bestimmt wird, dass $\frac{D-D'}{\lambda} 2\pi = \frac{1}{2}\pi$ gesetzt wird; hieraus folgt:

$$\cos \frac{\delta}{\lambda} 2\pi \cdot \operatorname{tang} 2\gamma = \operatorname{tang} 2b.$$

Wenn die ursprüngliche Polarisationsebene im Azimuth $+45^0$ war, so ist

$$\operatorname{tang} 2\gamma = \frac{2\frac{p}{s}}{1-\left(\frac{p}{s}\right)^2} = \operatorname{tang} 2\beta;$$

nach (B.) Seite 212 ist aber:

$$\operatorname{tang} 2\beta = \frac{A}{\sin \frac{\delta}{\lambda} 2\pi},$$

man hat also:

$$\operatorname{tang} 2b = A \operatorname{cotang} \frac{\delta}{\lambda} 2\pi.$$

---

*) In dieser positiven Neigung, welche die Beobachtung gelehrt hat, liegt der Beweis der oben ausgesprochenen Behauptung, dass in (9a.) Seite 205, nämlich im dortigen Werthe von δ, die Zahl μ eine gerade sein muss; wäre μ eine ungerade Zahl, so würde die durch den Krystall bewirkte Compensation des elliptisch polarisirten Strahls zu einem geradlinigen polarisirten diesem eine Polarisationsebene mit negativem Azimuth gegeben haben. — *Anm. des Originals.*

Diese Formel stellt das Phänomen der Drehung des Krystalls im Allgemeinen so dar, wie es *Brewster* (Pogg. Ann. Bd. XXI, S. 253) beobachtet hat; bei einer Incidenz in der Nähe von 90^0 ist b nahe $+ 45^0$; bei abnehmender Incidenz wird b kleiner, und es wird $= 0$, wenn die Incidenz bis zum Polarisationswinkel abgenommen hat; von hier wird b negativ und geht bis -45^0, während die Incidenz abnimmt bis 0^0. Die numerischen Werthe dieser Formel weichen aber beträchtlich von den Beobachtungen ab, welches einer besonderen Erklärung noch bedarf.

Incidenz	$\frac{\delta}{\lambda} 2\pi$	Berechnete b	Beobachtete b
90^0	0^0 $0'$	45^0	45^0
88	14 20	40 42′	$38\frac{1}{2}$
$83\frac{1}{2}$	44 46	30	$22\frac{1}{2}$
75	90	0	0
60	135 6	− 29 56	$-22\frac{1}{2}$
40	163 18	− 40 2	− 37

Der von der Metallfläche reflectirte Strahl, dessen Verzögerung durch den Krystall im Azimuth b compensirt wird, ist geradlinig polarisirt, und seine Polarisationsebene hat immer ein positives Azimuth α, welches auch die Incidenz i der Reflexion war; und zwar ist:

$$\operatorname{tang} \alpha = \left(\frac{p}{s}\right)_i = \frac{A}{\sin\left(\frac{\delta_i}{\lambda} 2\pi\right)},$$

wo $\left(\frac{p}{s}\right)_i$ und δ_i die der Incidenz i angehörigen Werthe bedeuten. Wenn statt des Krystalls eine zweite Reflexion zur Wiederherstellung der geradlinigen Polarisation angewandt wurde, so war, wie wir gesehen haben, das Azimuth α der neuen Polarisationsebene gegeben durch:

$$\operatorname{tang} \alpha = -\left(\frac{p}{s}\right)_i^2 = -\left(\frac{A}{\sin \frac{\delta}{\lambda} 2\pi}\right)^2.$$

§ 3.

Ueber die bei der Metallreflexion entstehenden Farben.

Dass durch die wiederholten Reflexionen polarisirten Lichtes von Metallen *Farben* entstehen müssen, wie beim Durchgang desselben durch Krystalle, ist nothwendig, weil λ hier, wie dort, für die verschiedenen homogenen Strahlen verschieden ist, und weil in beiden Fällen die Verzögerung abhängt von dem Refractionscoëfficienten des einzelnen homogenen Strahls. Es treten aber verschiedene Umstände zusammen, welche diese Farbenerscheinungen von der Ordnung der *Newton's*chen Farbenringe und derjenigen, die in Krystallblättchen bei wachsender Dicke oder zunehmender Schiefe des Durchganges des Lichts durch sie meistens stattfindet, gänzlich entfernen. Zuerst die excessive Dispersion, welche einige Metalle wenigstens, wie *Brewster* beobachtet hat, auf das Licht ausüben; dazu kommt die höchst merkwürdige Thatsache, welche *Brewster* entdeckte, dass die Brechungswinkel für das blaue Ende grösser, als für das rothe Ende des Farbenspectrums sind*). Ferner die Ver-

---

*) Dieselbe Verzögerung δ wird bei blauem Licht durch eine Reflexion unter einer kleineren Incidenz hervorgebracht, als bei rothem Licht, das ist das beobachtete Factum. Wenn m der Brechungscoefficient ist, so nämlich, dass $m \sin i = \sin r$ ist, so lässt sich aus der allgemeinen auf Seite 209 gegebenen Formel (A.): $\operatorname{cotang} \frac{1}{2} \frac{\delta}{\lambda} 2\pi = \operatorname{tang} i \operatorname{tang} r$ die Incidenz i finden, welche einer gegebenen Verzögerung δ entspricht. Diese Incidenz ist eine Function von m. Wenn sich m in $m + \varDelta m$ verwandelt, so wird i zu $i + \varDelta i$. Die Relation zwischen $\varDelta i$ und $\varDelta m$ ist:

$$\varDelta i = -\left(\frac{\sin i \cos i}{\cos^2 i + \cos^2 r}\right) \frac{\varDelta m}{m}.$$

Wenn m sich auf die mittleren Strahlen des Spectrums bezieht, so ist nach dem bisher Gekannten $\varDelta m$ negativ für die blauen Strahlen und positiv für die rothen Strahlen, wenn das Licht aus einem dünnen Medium in ein dichteres tritt; verhielte es sich bei den Metallen eben so, so müssten $\varDelta i$ positiv sein für blaue Strahlen und negativ fur rothe Strahlen, d. h. blaue Strahlen müssten bei einer grösseren Incidenz dieselbe Verzögerung erleiden, als rothe bei einer kleineren Incidenz; es verhält sich aber umgekehrt, es ist also $\varDelta m$ hier positiv für blaue Strahlen.

Derselbe Ausdruck für $\varDelta i$ giebt auch die Vermehrung der Incidenz für die einzelnen homogenen Strahlen in der totalen Reflexion, damit sie dieselbe Verzögerung erleiden. In diesem Falle aber, wo das Licht aus einem dichten Medium in ein dünneres tritt, ist $\varDelta m$ positiv für die blauen Strahlen, und $\varDelta i$ erhält einen negativen Werth für blaue Strahlen, so lange $\cos^2 r + \cos^2 i$ positiv ist, einen positiven Werth, wenn $\cos^2 r + \cos^2 i$ negativ wird; man muss sich nämlich erinnern, dass $\cos r$ hier imaginär ist, und $\cos^2 r$ eine negative Grösse. Das Vorzeichen des Werthes von $\cos^2 r + \cos^2 i$ ändert sich bei derjenigen Incidenz j, bei welcher das Maximum der Verzögerung nach einmaliger totaler Reflexion hervorgebracht wird, nämlich, wenn $\sin^2 j = \frac{2}{m^2 + 1}$ ist, und zwar so, dass $\varDelta i$ negativ ist für die blauen Strahlen, bei Incidenzen, die zwischen j und i liegen, wenn i bestimmt ist durch $m \sin i = 1$, und positiv für die Incidenzen zwischen j und 90^0.

Bei Incidenzen zwischen 42^0 und 51^0 ungefähr verhält sich also die totale Reflexion im Innern des Glases, in Hinsicht des Einflusses der Dispersion auf die Verzögerung, wie die Reflexion von Metallen. D. h. zwischen diesen Grenzen werden die blauen Strahlen bei geringeren Incidenzen dieselbe Verzögerung erleiden, als die rothen bei grösseren Incidenzen. Zwischen den Grenzen 51^0 und 90^0 verhält sich die totale Reflexion in dieser Hinsicht gerade umgekehrt, wie die Metallreflexionen. — Dies sind Folgerungen, die sich aus dem *Fresnel's*chen Ausdruck für die durch die totale Reflexion veranlassten Verzögerungen ergeben; sie bedürfen aber noch einer sorgfältigen experimentalen Untersuchung, weil das, was *Brewster* beobachtet hat (S. 274 Pogg. Ann. Bd. XXI), die Unrichtigkeit dieses *Fresnel's*chen Ausdrucks, wenigstens in seiner Anwendung auf die Verhältnisse, welche durch die Dispersion hervorgebracht werden, beweisen würde. — *Anm. des Originals.*

Uebrigens ist jene *Brewster's*che Entdeckung, dass der Brechungswinkel für Blau grösser sei als für Roth, — obwohl in den meisten Fällen richtig —, doch nicht mehr zutreffend für Blei, Gold und Kupfer. Vgl. *Winkelmann's* Handbuch der Physik, zweite Auflage, Seite 834. — *E. D.*

änderlichkeit des Verhältnisses der Intensitäten der parallel und senkrecht zur Reflexionsebene polarisirten Strahlen, welches von der Schiefe, der Anzahl der Reflexionen und der Dispersion, welche das Metall ausübt, abhängt. Wenn das Verhältniss allgemein durch $\left(\frac{A}{\sin\frac{\delta}{\lambda}2\pi}\right)^2$ dargestellt werden kann, wo n die Anzahl der Reflexionen unter derselben Incidenz, und δ die bei dieser Incidenz hervorgebrachte Verzögerung bedeutet, so ist nicht allein δ für die einzelnen homogenen Strahlen wegen der Dispersion verschieden, sondern *sehr wahrscheinlich* auch A.

Es ist ohne Schwierigkeit für die entwickelte Theorie die ganz allgemeinen Formeln für die durch Metallreflexionen erzeugten Farben zu geben, bei einer beliebigen Anzahl von Reflexionen, unter beliebigen Incidenzen, bei beliebigen Azimuthen der Reflexionsebene; sie werden aber erst ein Interesse haben, wenn umfassendere Reihen von Beobachtungen über diese Farbenerscheinungen vorliegen, um an ihnen die Richtigkeit dieser Formeln zu prüfen; hier soll nur noch der einfachste Fall betrachtet werden. Ein homogener, ursprünglich im Azimuth a polarisirter Strahl habe n Reflexionen unter derselben Incidenz von demselben Metall bei parallelen Reflexionsebenen erlitten; er werde mit einem Kalkspathrhomboeder untersucht, dessen Hauptschnitt im Azimuth b sich befindet. Die Intensität des gewöhnlichen Bildes ist A' und des ungewöhnlichen A in den Formeln (a.) und (b.) Seite 217, wenn in ihnen statt p, s und δ gesetzt wird p_m^n, s_m^n, $n\delta_m$, wo p_m, s_m, δ_m durch den Index m als Functionen vom Refractionsindex m bezeichnet sind, d. i. als abhängig von der Farbe des Strahls. Man erhält aus jenen Formeln (a.) z. B. als Intensität des ungewöhnlichen Bildes:

$$\begin{aligned} A_m^2 &= p_m^{2n}\sin^2 a\cos^2 b + s_m^{2n}\cos^2 a\sin^2 b - \tfrac{1}{2}p_m^n s_m^n \sin 2a\sin 2b\cos\frac{n\delta}{\lambda}2\pi \\ &= [p_m^n\sin a\cos b - s_m^n\cos a\sin b]^2 + p_m^n s_m^n\sin 2a\sin 2b\sin^2\frac{n\delta}{\lambda}\pi. \end{aligned}$$

Dieser Ausdruck geht in dem Fall, dass $p_m = s_m = 1$ ist, über in:

$$(A_m^2) = \sin^2(a-b) + \sin 2a\sin 2b\sin^2\frac{n\delta}{\lambda}\pi,$$

welches der Ausdruck der Intensität des ungewöhnlichen Bildes ist, welches hervorgebracht wird durch einen Strahl, der ursprünglich im Azimuth a polarisirt durch ein Krystallblättchen gegangen ist, dessen Hauptschnitt im Azimuth 0° sich befindet, und welches den ungewöhnlichen Strahl um $n\delta$ verzögert hat gegen den gewöhnlichen Strahl, — vorausgesetzt, dass der Hauptschnitt des analysirenden Kalkspaths sich auch hier im Azimuth b befindet.

Siehe *Fresnel, Ann. d. chim. T. XVII p.* 107. — Die Vergleichung der Ausdrücke A_m^2 und (A_m^2) lehrt am besten, welche Analogien bestehen zwischen den Farben, welche durch Krystallblättchen erzeugt werden, und denjenigen, die durch Metallreflexionen entstehen. Denn, wenn statt des homogenen Lichtes weisses Licht angewandt wird, so ist die Intensität und Farbe des ungewöhnlichen Bildes gegeben durch:

$$A^2 = \sum A_m^2,$$

wo das Sigma sagen will, dass alle A_m^2's, den verschiedenen Werthen von m, d. i. den verschiedenen im weissen Licht enthaltenen Farben angehörig, berechnet werden sollen, und diese nach der *Newton*'schen Regel über die aus einzelnen einfachen Farben von gegebener Intensität resultirende Farbe componirt werden sollen.

§ 4.

Berichtigung. — Aus einem Briefe Neumann's an Poggendorff. 1837.*)

— — — Erlauben Sie, dass ich hieran die Berichtigung eines Irrthums knüpfe, in welchen ich in meiner Abhandlung *über die elliptische Polarisation bei der Reflexion der Metallflächen* gefallen bin. — Den Ausdruck für die Verzögerung δ bei der *totalen Reflexion* gab ich dort [vgl. Seite 209 (γ.)] in der Form**):

$$\operatorname{cotg} \frac{\delta}{\lambda}\pi = \operatorname{tg} i \operatorname{tg} r \sqrt{-1} = \frac{m \sin^2 i}{\cos i \sqrt{m^2 \sin^2 i - 1}};$$

und fügte hinzu, dass derselbe Ausdruck auch *die* Verzögerung darstellt, welche, durch Reflexion an *Metallflächen*, der senkrecht zur Einfallsebene polarisirte Strahl gegen den mit ihr parallel polarisirten erfährt, wenn das Glied rechter Hand durch $\sqrt{-1}$ dividirt wird [vgl. Seite 209 (A.)]. — Dies ist ein Irrtum. Der Ausdruck muss nicht $\operatorname{cotg} \frac{\delta}{\lambda}\pi = \operatorname{tg} i \operatorname{tg} r$, sondern vielmehr

$$\text{(A.)} \qquad \operatorname{tg} \frac{\delta}{\lambda}\pi = \operatorname{tg} i \operatorname{tg} r$$

heissen; so dass z. B. $\delta = 0$ wird, wenn $i = 0$ ist, und $\delta = \frac{\lambda}{2}$ für $i = 90^0$.***)

---

*) Vgl. die Note auf Seite 201.

**) Statt der Buchstaben i und r sind im Original die Buchstaben φ und φ' angewendet. — *C. N.*

***) Herr *Cauchy* sagt in seinem dritten, an Herrn *Libri* gerichteten Brief (Pogg. Ann. Bd. 39, Seite 60), dass seine theoretischen Untersuchungen ihn zu dem Resultat geführt haben, dass $\delta = \frac{\lambda}{2}$ sei für $i = 0$, und $\delta = \lambda$ für $i = 90^0$. Dieses Resultat ist unrichtig. — *Anm. des Originals.*

Der Irrthum entstand, indem ich die Lage der Polarisationsebene des reflectirten Strahles, rechts oder links, durch das Vorzeichen der reflectirten Amplitude falsch ausdrückte. —

Es seien S und P die einfallenden, und s und p die reflectirten Amplituden der beiden parallel und senkrecht zur Einfallsebene polarisirten Componenten*); dabei seien die Vorzeichen von s und p so gewählt, dass $\frac{p}{s}$ im Falle der senkrechten Incidenz dasselbe Vorzeichen hat wie $\frac{P}{S}$. Dies vorausgesetzt, wird die Polarisationsebene des reflectirten Strahles nach einer *einmaligen* Reflexion immer auf der *linken* Seite liegen, wenn der des einfallenden auf der *rechten* Seite liegt, (so wie rechts und links, an sich unbestimmt, unterschieden zu werden pflegt), — so lange das Vorzeichen des Quotienten $\frac{p}{s}$ sich nicht ändert. Nach einer *zweiten* Reflexion, aber bei paralleler Reflexionsebene, liegt die Polarisationsebene des reflectirten Strahles wieder auf der *rechten* Seite. Ueberhaupt wird bei jeder *geraden* Anzahl von Reflexionen die Polarisationsebene auf *derselben* Seite liegen, wie die des directen (einfallenden) Strahls; bei jeder *ungeraden* Anzahl liegt sie auf der *entgegengesetzten* Seite; — immer vorausgesetzt, dass $\frac{p}{s}$ sein Vorzeichen nicht geändert habe.

Ungeachtet also, dass die Polarisationsebene abwechselnd rechts und links liegt, muss man ihr Azimuth, da $\frac{p}{s}$ in diesem Fall sein Vorzeichen nicht ändert, immer mit *plus* bezeichnen. Dies habe ich bei der Discussion der *Brewster*'schen Beobachtungen in der erwähnten Abhandlung übersehen. Die daraus entstehende Berichtigung kommt hauptsächlich dahin hinaus, dass in der Regel Seite 207 der Buchstabe J mit J' vertauscht werden muss; woraus sich dann sofort ergiebt, dass in der Formel (A.) Seite 209 das Product $\operatorname{tg} i \operatorname{tg} r$ nicht $= \operatorname{cotg} \frac{\delta}{\lambda}\pi$, sondern $= \operatorname{tg} \frac{\delta}{\lambda}\pi$ ist. Auf den ferneren Gebrauch, den ich [in jener Abhandlung] von der Formel (A.) gemacht habe, hat diese Berichtigung keinen wesentlichen Einfluss; namentlich bedarf es bei den auf Seite 218, 219 und 221 berechneten Tafeln nur einer Vertauschung**) des b mit $-b$.

Königsberg, 9. April 1837.

---

*) Die Buchstaben s und p haben hier offenbar eine ganz andere Bedeutung als vorhin (z. B. auf Seite 203); denn damals waren s und p die *Schwächungscoefficienten*. — Die Betrachtungen auf der oberen Hälfte dieser Seite 229 beziehen sich übrigens auf einen gewissen *idealen* Fall. Vgl. den Zusatz Seite 250. — *C. N.*

**) Vgl. den Zusatz Seite 249. — *C. N.*

Hätte die Redaction die soeben (in § 4 Seite 228, 229) angegebene Berichtigung in den eigentlichen Text der Neumann'schen Abhandlung (d. i. in den §§ 1, 2, 3 Seite 201 bis 227) aufnehmen wollen, so würde sie dadurch zu einer vollständigen Umarbeitung jenes Textes gezwungen gewesen sein; — was bedenklich erschien, und wozu sie sich nicht befugt hielt. Hätte dabei doch leicht manches Beachtenswerthe verwischt werden können.

Nun hat aber *Neumann* selber die hier vorliegende Abhandlung über Metallreflexion in späterer Zeit in seinen Vorlesungen (Winter 1860/61 und Sommer 1861) der von ihm für nöthig erachteten Umgestaltung unterworfen. Und es dürfte daher angemessen sein, hier Einiges mitzutheilen aus jenen Vorlesungen, auf Grund eines von *Karl Zöppritz* (†, zuletzt Professor in Königsberg i. Pr.) ausgearbeiteten Vorlesungsheftes. In der That werden die hier folgenden *Zusätze* eine Zusammenstellung derjenigen Stellen der genannten Vorlesungen enthalten, welche als eine Erläuterung der Neumann'schen Abhandlung, respective als eine Correction derselben im Neumann'schen Sinne anzusehen sind. Dabei muss gleich von vorn herein auf drei Punkte aufmerksam gemacht werden:

Erstens. — Wenn *natürliches* Licht auf eine ebene Fläche fällt, so kann es immer angesehen werden als bestehend aus zwei *gleichen* Componenten, perpendicular und parallel zur Einfallsebeue, deren Intensitäten beide $= A^2$ sind. Von jeder dieser beiden Portionen wird ein Theil reflectirt, von der einen die Intensität A^2p^2, von der andern die Intensität A^2s^2. Bei der *Metallreflexion* wird nun der Quotient

$$\frac{A^2p^2}{A^2s^2} \quad \text{oder} \quad \frac{p^2}{s^2}$$

gleich *Eins* sein im Falle der senkrechten Incidenz, von hier aus (bei wachsendem Incidenzwinkel) mehr und mehr abnehmen bis zu einem gewissen *Minimum*, und sodann zunehmen bis er im Falle der streifenden Incidenz von Neuem gleich *Eins* wird. — Derjenige specielle Incidenzwinkel, für welchen jenes *Minimum* eintritt, wird von Brewster der *Polarisationswinkel* genannt; derselbe soll im Folgenden mit ϖ bezeichnet werden. [Vgl. Seite 202 (Mitte).]

Zweitens. — Neumann hat (auf Seite 202 ff.) gewisse „*Grundsätze*" angegeben, von denen seine Untersuchungen ausgehen. Bezeichnet man bei der Metallreflexion die relative Verzögerung der zur Reflexionsebene perpendicularen Componente gegen die nach dieser Ebene polarisirte Componente mit δ und den Einfallswinkel mit i, so gehört zu jenen „*Grundsätzen*" unter Anderen auch die Annahme [Seite 202 (unten)], dass $\delta = 0$ sei für $i = 90^0$ und von hier aus beständig wachse bis $\delta = \frac{\lambda}{2}$ für $i = 0^0$; was auch in Einklang steht mit den Neumannschen Tafeln Seite 208, 210, etc. — Nach der später von Neumann gegebenen Berichtigung muss aber diese Annahme gerade umgekehrt, nämlich folgendermaassen lauten:

(F.) *Die Verzögerung* δ *ist* $= 0$ *für* $i = 0^0$, *und von hier aus in beständigem Wachsen bis zum Werthe* $\delta = \frac{\lambda}{2}$ *für* $i = 90^0$, [vergl. Seite 228 (A.) ff. nebst Note].

Diese von Neumann selber gegebene Berichtigung ist dann weiterhin in vollem Einklang mit dem Inhalt jener von Zöppritz gehörten Vorlesungen, und namentlich auch z. B. mit den in jenen Vorlesungen von Neumann dictirten Zahlentabellen.

Drittens. — Während Neumann in seiner Abhandlung [vergl. die Note Seite 203] die Vibrationsebene senkrecht zur Polarisationsebene sich denkt, hat er später in jenen von Zöppritz gehörten Vorlesungen die Vibrationsebene mit der Polarisationsebene *zusammenfallend* vorausgesetzt. Und an dieser Voraussetzung hat die Redaction bei den hier folgenden Zusätzen festhalten zu müssen geglaubt.

Zusätze der Redaction (*C. N.*), auf Grund der Neumann'schen Vorlesungen von 1860/61 und 1861.

Neumann hat in seinen (von Zöppritz gehörten) Vorlesungen wohl mit Vorbedacht *zwei* Arten von Coordinatensystemen in Anwendung gebracht, und zwar je nach Umständen bald die eine, bald die andere Art. Hier aber dürfte es, der Einfachheit willen, zweckmässig sein, durchweg auf nur *eine* Art von Coordinatensystemen uns zu beschränken. — Es sei O der Punkt, in welchem die Reflexion stattfindet, also der Endpunkt des auffallenden Strahls, und zugleich auch der Anfangspunkt des reflectirten Strahls. Durch diesen Punkt O gehen hindurch drei auf einander senkrechte Ebenen, nämlich die reflectirende ebene Metallfläche, ferner die Reflexionsebene (in welcher die beiden Strahlen liegen), und endlich drittens diejenige Ebene E, welche zu den schon genannten beiden Ebenen perpendicular ist. Die folgende Figur ist gezeichnet zu denken anf einer um O mit dem Radius *Eins* beschriebenen *Kugelfläche*. Der höchste Punkt N dieser Kugelfläche

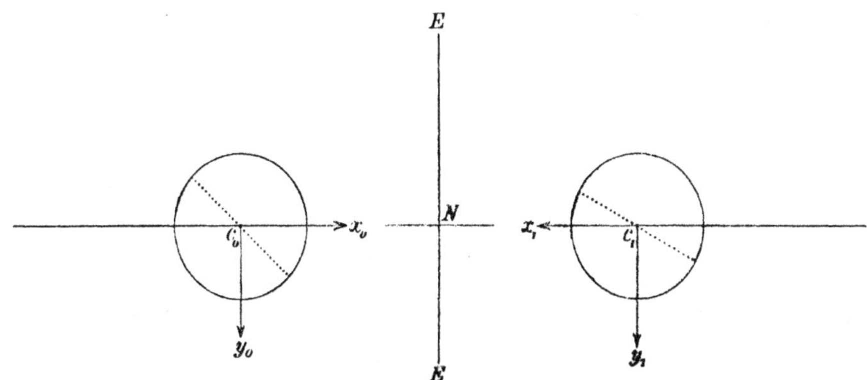

soll derjenige sein, in welchem dieselbe getroffen wird von der in O auf der reflectirenden Metallfläche errichteten Normale ON. Ferner mögen die auf der Kugelfläche gezogenen grössten Kreisbogen c_0Nc_1 und ENE (vgl. die Figur) diejenigen sein, durch welche die Reflexionsebene und jene mit E bezeichnete Ebene angedeutet sind. Dabei sollen c_0 und c_1 gleich weit von N abstehen; und zwar soll der von c_0 nach dem Kugelmittelpunkt O hingehende Kugelradius c_0O den *auffallenden Strahl* vorstellen; so dass also der *reflectirte* Strahl durch den Kugelradius Oc_1 dargestellt sein wird. Demgemäss wird offenbar der *Incidenzwinkel* i dargestellt sein durch die gemeinschaftliche Länge der beiden Kreisbogen (Nc_0) und (Nc_1):

$$i = (Nc_0) = (Nc_1).$$

Auf der Kugelfläche seien nun um c_0 und c_1 (als Mittelpunkte) zwei *unendlich kleine Kreise* beschrieben, beide von gleichem sphärischen Radius. Ferner seien $c_0 x_0$ und $c_0 y_0$ zwei auf einander senkrechte Radien des einen Kreises, und ebenso $c_1 x_1$ und $c_1 y_1$ zwei auf einander senkrechte Radien des andern Kreises; so dass man also $c_0 x_0$ und $c_0 y_0$ als Tangenten der Kugelfläche im Punkte c_0, und ebenso $c_1 x_1$ und $c_1 y_1$ als Tangenten derselben im Punkte c_1 ansehen kann. Dabei mögen $c_0 x_0$ und $c_1 x_1$ beide in der Reflexionsebene liegen, und so gerichtet sein, dass sie (weiter verlängert) in einem Punkte der Ebene E mit einander zusammentreffen würden. Ferner seien $c_0 y_0$ und $c_1 y_1$ beide von *gleicher* Richtung, uud zwar beide senkrecht zur Reflexionsebene. Endlich mag unter $c_0 z_0$ die Richtung des *auffallenden Strahls*, und unter $c_1 z_1$ die des *reflectirten Strahls* verstanden sein, so dass also, mit Hinsicht auf die Kugelfläche, $c_0 z_0$ als eine *centripetale*, hingegen $c_1 z_1$ als eine *centrifugale* Richtung zu bezeichnen sein wird.

Solches festgesetzt, sind offenbar die beiden Axensysteme $c_0(x_0, y_0, z_0)$ und $c_1(x_1, y_1, z_1)$ einander analog, nämlich von solcher Art, dass ihre Axenrichtungen unter einander völlig identisch werden würden für den Fall $i = 90^0$, d. i. für den Fall der sogenannten streifenden Incidenz.

Diese Coordinatensysteme $c_0(x_0, y_0, z_0)$ und $c_1(x_1, y_1, z_1)$ sind es nun, die im Folgenden durchweg benutzt werden sollen. Auch mögen der auffallende und der reflectirte Strahl (nach ihren Richtungen) kurzweg mit z_0 und z_1 bezeichnet werden.

Der auffallende Strahl z_0 sei geradlinig polarisirt. — Alsdann wird die Vibrationsbewegung dieses Strahles z_0, unter Zugrundelegung des Axensystemes $c_0(x_0, y_0, z_0)$, darstellbar sein durch die Formeln:

$$(\mathfrak{A}.)\qquad \begin{cases} x_0 = A \cos \frac{t}{T} 2\pi , \\ y_0 = B \cos \frac{t}{T} 2\pi , \end{cases}$$

wo A und B gegebene Constanten sind, während t die Zeit und T die Schwingungsdauer vorstellen.

Fände nun bei der Reflexion *keine* Schwächung des Lichtes statt, noch auch eine relative Verzögerung der einen Componente gegen die andere, so würden die Formeln für den *reflectirten Strahl* z_1, bezogen auf das Axensystem $c_1(x_1, y_1, z_1)$, lauten:

$$\begin{cases} x_1 = - A \cos \frac{t}{T} 2\pi , \\ y_1 = + B \cos \frac{t}{T} 2\pi ; \end{cases}$$

denn es müssten alsdann die Formeln für den auffallenden und reflectirten Strahl der Art sein, dass sie unter einander in volle Uebereinstimmung treten für den Specialfall der senkrechten Incidenz d. i. für den Fall $i = 0$. Dieser Anforderung aber wird durch die vorstehenden Formeln in der That entsprochen; wie man solches sofort erkennt, falls man nur beachtet, dass für jenen Specialfall die Axen $c_0 x_0$ und $c_1 x_1$ einander *entgegengesetzte* Richtungen annehmen.

In Wirklichkeit erfahren aber nun die beiden Lichtcomponenten durch die Reflexion gewisse Schwächungen; wodurch A in sA und B in pB sich verwandelt. Die hier hinzugetretenen Factoren s uud p sind *positive ächte Brüche*; sie heissen die *Schwächungsfactoren* oder *Schwächungscoefficienten.* Nimmt man hierauf Rücksicht, so erhält man für den reflectirten Strahl z_1 die Formeln:

$$(\mathfrak{R}.)\qquad \begin{cases} x_1 = -sA\cos\frac{t}{T}2\pi, \\ y_1 = +pB\cos\frac{t}{T}2\pi. \end{cases}$$

Dabei ist immer noch unberücksichtigt geblieben, dass bei der Reflexion die eine Lichtcomponente gegenüber der andern eine gewisse relative Verzögerung erleidet. Doch wollen wir bei diesem durch die Formeln ($\mathfrak{R}$.) repräsentirten *idealen* Fall für den Augenblick stehen bleiben. In diesem idealen Fall ist offenbar der Strahl z_1, ebenso wie z_0, *geradlinig polarisirt.* Auch sind die Azimuthe α_0 und α_1 der Polarisationsebenen der Strahlen z_0 und z_1 gegen die Reflexionsebene leicht angebbar. Es ist nämlich nach ($\mathfrak{A}$.) und ($\mathfrak{R}$.):

$$(\mathfrak{S}.)\qquad \operatorname{tg}\alpha_0 = \frac{y_0}{x_0} = \frac{B}{A} \quad \text{und} \quad \operatorname{tg}\alpha_1 = \frac{y_1}{x_1} = -\frac{pB}{sA}.$$

Bei unserer augenblicklichen *idealen* Voraussetzung, dass keine relative Verzögerung der einen Componente gegen die andere stattfindet*), haben also $\operatorname{tg}\alpha_0$ und $\operatorname{tg}\alpha_1$ *entgegengesetzte* Vorzeichen. Sind z. B. die Constanten A und B beide positiv, so ist $\operatorname{tg}\alpha_0$ positiv, und $\operatorname{tg}\alpha_1$ negativ. D. h. die beiden Polarisationsebenen werden alsdann ungefähr so liegen, wie in der Figur Seite 231 durch die punktirten Durchmesser der beiden Kreise angedeutet ist.

Denkt man sich nun aber den auffallenden Strahl z_0, nach wie vor, durch die Formeln ($\mathfrak{A}$.) dargestellt:

$$(z_0.)\qquad \begin{cases} x_0 = A\cos\frac{t}{T}2\pi, \\ y_0 = B\cos\frac{t}{T}2\pi, \end{cases}$$

so wird der reflectirte Strahl z_1 in Wirklichkeit *nicht* durch die Formeln ($\mathfrak{R}$.), sondern vielmehr durch folgende Formeln dargestellt sein:

$$(z_1.)\qquad \begin{cases} x_1 = -sA\cos\frac{t}{T}2\pi, \\ y_1 = +pB\cos\left(\frac{t}{T}-\frac{\delta}{\lambda}\right)2\pi, \end{cases}$$

wo alsdann δ *die relative Verzögerung der zur Reflexionsebene perpendicularen Componente gegen die nach dieser Ebene polarisirte Componente* vorstellt; während λ die Wellenlänge bezeichnet. Beim reflectirten Licht ist also das Verhältniss $x_1 : y_1$ nicht constant, sondern eine Function der Zeit t; so dass also dieses reflectirte Licht nicht mehr geradlinig, sondern *elliptisch* polarisirt sein wird.

---

*) Uebrigens kann diese ideale Voraussetzung dadurch realisirt werden, dass man die in Wirklichkeit bei der Reflexion entstehende Verzögerung mittelst eines Krystallblättchens (durch welches der reflectirte Strahl senkrecht hindurchgeht) auf Null reducirt.

Die Schwächungscoefficienten p und s sind, wie schon bemerkt wurde, *positive ächte Brüche.* Ihr Quotient wird von Neumann mit $\operatorname{tg}\beta$ bezeichnet:

$$(\beta.) \qquad \operatorname{tg}\beta = \frac{p}{s}\,.$$

Uebrigens sind die Grössen p, s, β, ebenso wie δ, Functionen des Incidenzwinkels i:

$$(\gamma.) \qquad p = p(i), \quad s = s(i), \quad \beta = \beta(i), \quad \delta = \delta(i);$$

und die Hauptaufgabe der Neumann'schen Abhandlung besteht in der näheren Bestimmung dieser einstweilen noch ganz unbekannten Functionen. Von besonderer Wichtigkeit ist dabei der Werth der Function $\beta = \beta(i)$ für das Argument $i = \varpi$. Dieser Specialwerth

$$(\gamma\gamma.) \qquad \beta(\varpi)$$

ist, ebenso wie ϖ selber*), als eine für das einzelne Metall charakteristische Constante anzusehen. — Zur näheren Bestimmung der Functionen $(\gamma.)$ lässt nun Neumann den Strahl z_1 eine neue Reflexion, sodann eine nochmalige Reflexion erleiden, u. s. w.

Wiederholte Reflexionen. — Der ursprüngliche Strahl z_0 mag durch wiederholte Reflexionen an irgend welchen Metallflächen M, M', M'', etc. (die alle aus ein und demselben Metall bestehen) successive in z_1, in z_2, in z_3, u. s. w. verwandelt werden. Dabei seien die Dinge so eingerichtet, dass all' diese Reflexionen in ein und derselben Ebene erfolgen. Diese *gemeinschaftliche Reflexionsebene* sei in der folgenden Figur dargestellt durch die Ebene des Papiers; und die Metallflächen M, M', M'', etc. mögen gegen diese Ebene senkrecht stehend gedacht werden. Auch mag der Einfallswinkel i bei allen Reflexionen *ein und derselbe* sein.

Ebenso wie nun vorhin für die Strahlen z_0 und z_1 zwei einander analoge Axensysteme (x_0, y_0, z_0) und (x_1, y_1, z_1) eingeführt wurden, — ebenso mögen solche Systeme auch für die übrigen Strahlen z_2, z_3, etc. eingeführt, und mit (x_2, y_2, z_2), (x_3, y_3, z_3), etc. bezeichnet werden. All' diese Systeme

$$(x_0, y_0, z_0), \quad (x_1, y_1, z_1), \quad (x_2, y_2, z_2), \quad (x_3, y_3, z_3), \quad \text{etc.}$$

sollen also *unter einander analog* sein; so dass die Axenrichtungen all' dieser Systeme unter einander identisch werden würden für den Specialfall der streifenden Incidenzen, d. i. für $i = 90^0$.

In der Figur Seite 235 liegen die Axen $x_0, z_0, x_1, z_1, x_2, z_2, x_3, z_3$, etc. in der Ebene der Zeichnung d. i. in der *Reflexionsebene*; während die Axen y_0, y_1, y_2, y_3, etc. gegen diese Ebene senkrecht stehen sollen, und alle *nach Oben* laufend zu denken sind, falls nämlich die Ebene der Zeichnung *horizontal* gedacht wird.

Zu den schon aufgestellten Formeln $(z_0.)$ und $(z_1.)$ Seite 233 sind alsdann, wie man leicht übersieht, folgende Formeln hinzuzufügen für den Strahl z_2:

$$(z_2.) \qquad \begin{cases} x_2 = (-s)^2 A \cos \frac{t}{T} 2\pi, \\ y_2 = p^2 B \cos \left(\frac{t}{T} - \frac{2\delta}{\lambda}\right) 2\pi, \end{cases}$$

---

*) ϖ bezeichnet den *Polarisationswinkel.* Vgl. Seite 230 (Mitte).

ferner folgende Formeln für den Strahl z_3:

$$(z_3.)\qquad \begin{cases} x_3 = (-s)^3 A \cos \frac{t}{T} 2\pi, \\ y_3 = p^3 B \cos \left(\frac{t}{T} - \frac{3\delta}{\lambda}\right) 2\pi, \end{cases}$$

u. s. w.; so dass man also allgemein für den Strahl z_n zu folgenden Formeln gelangt:

$$(z_n.)\qquad \begin{cases} x_n = (-s)^n A \cos \frac{t}{T} 2\pi, \\ y_n = p^n B \cos \left(\frac{t}{T} - \frac{n\delta}{\lambda}\right) 2\pi. \end{cases}$$

Während der auffallende Strahl z_0 *geradlinig* polarisirt ist, werden die folgenden Strahlen z_1, z_2, z_3, etc. im Allgemeinen alle *elliptisch* polarisirt sein. Doch wird vielleicht

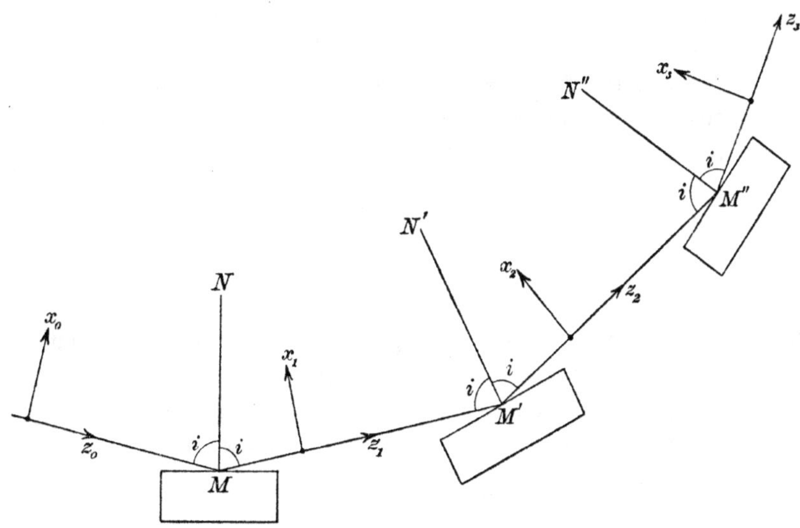

unter Umständen auch der Fall eintreten können, dass einer derselben *geradlinig* polarisirt ist. In der That ergiebt sich aus den Formeln (z_n.), dass der Strahl z_n *geradlinig* polarisirt sein wird, sobald die Bedingungen erfüllt sind:

$$(1.)\qquad \sin \frac{n\delta}{\lambda} 2\pi = 0 \quad \text{und} \quad \cos \frac{n\delta}{\lambda} 2\pi = \varepsilon, \quad \text{wo} \quad \varepsilon = \pm 1.$$

Alsdann nämlich gehen die Formeln (z_n.) über in:

$$(2.)\qquad \begin{cases} x_n = (-s)^n A \cos \frac{t}{T} 2\pi, \\ y_n = \varepsilon p^n B \cos \frac{t}{T} 2\pi. \end{cases}$$

Sie zeigen also, dass der Strahl *geradlinig* polarisirt ist, und dass das Azimuth α_n seiner Polarisationsebene gegen die Reflexionsebene den Werth hat:

$$(3.)\qquad \operatorname{tg} \alpha_n = \frac{y_n}{x_n} = \varepsilon \left(-\frac{p}{s}\right)^n \frac{B}{A}.$$

Vergleicht man diese Formel (3.) mit der aus (z_0.) Seite 233 für das Azimuth α_0 der Polarisationsebene des Strahles z_0 entspringenden Formel:

(4.) $$\operatorname{tg}\alpha_0 = \frac{y_0}{x_0} = \frac{B}{A},$$

so findet man sofort, dass

(5.) $$\frac{\operatorname{tg}\alpha_n}{\operatorname{tg}\alpha_0} = \varepsilon\left(-\frac{p}{s}\right)^n$$

ist. — Um im Folgenden die Ausdrucksweise zu erleichtern, mag festgesetzt werden,

(6.) dass das Azimuth α_0 positiv oder negativ heissen soll, jenachdem $\operatorname{tg}\alpha_0$ positiv oder negativ ist, und dass ebenso auch das Azimuth α_n positiv oder negativ genannt werden soll, jenachdem $\operatorname{tg}\alpha_n$ positiv oder negativ ist.

Nun sind bei einem geradlinig polarisirten Strahl z_0, nach Brewster's Beobachtungen, bereits *zwei* Reflexionen ausreichend, um die geradlinige Polarisation (welche nach der ersten Reflexion verloren gegangen ist) von Neuem wieder herzustellen; — vorausgesetzt, dass man den Incidenzwinkel i gleich ϖ, d. i. gleich dem *Polarisationswinkel* macht, (vgl. Seite 205). Für diesen Fall $i = \varpi$ wird also z_1 elliptisch, hingegen z_2 bereits wieder *geradlinig* polarisirt sein; so dass also in diesem Falle z. B. die Formeln (1.) und (5.) anwendbar sind auf die Zahl $n = 2$; wodurch sich ergiebt:

(7.) $$\cos\frac{2\delta}{\lambda}2\pi = \varepsilon, \quad \text{wo} \quad \varepsilon = \pm 1,$$

und ferner:

(8.) $$\frac{\operatorname{tg}\alpha_2}{\operatorname{tg}\alpha_0} = \varepsilon\left(\frac{p}{s}\right)^2.$$

Nach den Brewster'schen Beobachtungen haben nun aber die Azimuthe α_0 und α_2 der Polarisationsebenen der Strahlen z_0 und z_2 *entgegengesetzte* Vorzeichen. D. h. [vgl. (6.)]: Es haben $\operatorname{tg}\alpha_0$ und $\operatorname{tg}\alpha_2$ *entgegengesetzte* Vorzeichen. Demgemäss ergiebt sich aus (8.) sofort, dass $\varepsilon = -1$ ist; wodurch die Formeln (7.), (8.) sich verwandeln in:

(9.) $$\cos\frac{2\delta}{\lambda}2\pi = -1,$$

und in

(10.) $$\frac{\operatorname{tg}\alpha_2}{\operatorname{tg}\alpha_0} = -\left(\frac{p}{s}\right)^2 = -(\operatorname{tg}\beta)^2;$$

[vgl. Seite 234, (β.), (γ.)]. Das hier auftretende β ist eine Function des Incidenzwinkels i. Und diese Function $\beta = \beta(i)$ wird bei unserer augenblicklichen Betrachtung, bei welcher $i = \varpi$ gedacht worden ist, den Werth $\beta(\varpi)$ besitzen; so dass wir also die Formel (10.) folgendermaassen zu schreiben haben:

(11.) $$\frac{\operatorname{tg}\alpha_2}{\operatorname{tg}\alpha_0} = -(\operatorname{tg}\beta(\varpi))^2.$$

Ferner ist nun nach (9.):

(12.) $$\delta = \frac{(2\mu+1)\lambda}{4},$$

wo μ eine noch unbekannte ganze Zahl vorstellt. Der Werth dieser Zahl μ kann näher bestimmt werden durch Beobachtungen, die sich beziehen auf die Combination einer reflectirenden Metallfläche und eines refrangirenden Krystallblättchens; was hier nicht weiter ausgeführt werden soll. [Vgl. Seite 205 und die Note Seite 224.] In solcher Weise ergiebt sich, dass μ eine *gerade* Zahl ist; so dass also die Verzögerung δ (12.) nur ein *Viertel* über eine *ganze* Zahl von Undulationslängen betragen kann. Eine *ganze* Zahl von Undulationslängen aber darf hier, wie in andern Fällen, wenn sie wirklich vorhanden sein sollte, unberücksichtigt bleiben; so dass man also schreiben kann*):

(13.) $$\delta = \frac{\lambda}{4}.$$

Es repräsentirt aber δ [vgl. (z_1.) Seite 233] die durch eine *einmalige* Reflexion erzeugte Verzögerung. Und wir sind daher zu folgendem Resultat gelangt:

Satz. — *Lässt man geradlinig polarisirtes Licht vvn einer Metallfläche reflectiren, so wird, in Folge dieser Reflexion, die zur Reflexionsebene perpendiculare Componente eine gewisse Verzögerung δ erleiden gegenüber der nach der Reflexionsebene polarisirten Componente.*

Und diese Verzögerung δ wird den Werth haben:

(14.) $$\delta = \frac{\lambda}{4},$$

falls der Incidenzwinkel gleich ϖ, d. i. gleich dem Polarisationswinkel ist.

Solches constatirt, kann man nun ferner die Formel (11.) benutzen, um auf Grund der Brewster'schen Messungen von α_0 und α_2 [bei Brewster war α_0 übrigens stets $= 45^0$], den Werth von $\beta(\varpi)$ zu berechnen. In solcher Weise gelangte *Neumann* zu seiner *Tafel I* (Seite 206) für Silber, Kupfer, Quecksilber, Platin, Stahl, u. s. w. In jener Tafel ist also unter β die durch den Specialwerth $\beta(\varpi)$ repräsentirte für die einzelnen Metalle charakteristische Constante zu verstehen. [Vgl. Seite 234 ($\gamma\gamma$.).]

Brewster's correspondirende Incidenzen. — Nachdem die Wiederherstellbarkeit der geradlinigen Polarisation durch *zwei* aufeinanderfolgende Reflexionen unter dem Incidenzwinkel $i = \varpi$ von Brewster constatirt war, lag für ihn die Frage nahe, ob nicht vielleicht auch ein Incidenzwinkel i existire, bei welchem die Wiederherstellung der geradlinigen Polarisation erfolge durch *drei* aufeinanderfolgende Reflexionen, oder durch *vier* solche Reflexionen, u. s. w.

Hierbei gelangte *Brewster* durch seine Beobachtungen zu dem höchst merkwürdigen Resultat, dass für eine bestimmt vorgeschriebene Zahl n von Reflexionen stets *zwei* solche Incidenzwinkel existiren, und dass von diesen stets der eine $\leqq \varpi$, der andere aber $\geqq \varpi$ sei. Zwei solche Incidenzwinkel werden als *einander correspondirend* zu bezeichnen sein, und zugleich auch als *correspondirend mit jener Zahl n.*

Auch gelangte Brewster bei diesen Untersuchungen noch zu *andern* wichtigen Resultaten. Um näher hierauf einzugehen, mag vorausgesetzt werden, dass

(15.) $$\alpha_0 = +45^0$$

ist; wie das bei den Brewster'schen Experimenten stets der Fall war. Ferner seien $i = K$ und $i = G$ zwei *zu einander* und zugleich auch *zur Zahl n correspondirende* Incidenzwinkel; und zwar sei:

(16.) $$K \leqq \varpi \leqq G.$$

*) Zu dem Resultat, dass μ eine *gerade* Zahl ist, kann man, wie Neumann in jener von Zöppritz gehörten Vorlesung ausführte, auch auf *andern* Wege gelangen, nämlich mittelst eines *Fresnelschen Parallelepipedums.*

Solches festgesetzt, fand Brewster, dass das Azimuth α_n der wiederhergestellten Polarisationsebene, seinem *absoluten Betrage* nach, für K *genau dasselbe* ist, wie für G. Zugleich aber fand er, [vgl. (6.) Seite 236], dass dieses Azimuth α_n für den Incidenzwinkel K *negativ* oder *positiv* ist, jenachdem die Zahl n *gerade* oder *ungerade* ist; dass hingegen dieses Azimuth α_n für den Incidenzwinkel G *unter allen Umständen negativ* ist, einerlei ob n gerade oder ungerade. — Folgende Tabelle enthält Brewster's Beobachtungen an *Stahlflächen*, und zugleich in ihrer *letzten* Spalte eine Andeutung des soeben mitgetheilten Vorzeichengesetzes. Die *vorletzte* Spalte ist hier nur ganz beiläufig mitangegeben; sie enthält (vgl. Seite 208) die von *Neumann* nach seiner Theorie berechneten Werthe der Incidenzwinkel.

	Die Anzahl n der aufeinanderfolgenden Reflexionen	Die Incidenzwinkel $i = K$ und $i = G$		Das Vorzeichen α_n der wiederhergestellten Polarisationsebene
		Beobachtet von Brewster	Berechnet von Neumann	
(K.)	6	$52^0\,20'$	$51^0\,21'$	$-$
	5	$56^0\,25'$	$55^0\,12'$	$+$
	4	$60^0\,20'$	$60^0\;\;3'$	$-$
	3	$67^0\,40'$	$66^0\,19'$	$+$
	2	$\varpi = 75^0\;\;0'$	$\varpi = 75^0\;\;0'$	$-$
(G.)	3	*	$81^0\;\;0'$	$-$
	4	$82^0\,20'$	$83^0\,28'$	$-$
	5	$84^0\;\;0'$	$84^0\,50'$	$-$
	6	$86^0\;\;0'$	$85^0\,45'$	$-$

In Uebereinstimmung mit dem Vorhergehenden, zeigt diese Tabelle, dass für die *Incidenzwinkel* K die Azimuthe α_2, α_4, α_6, etc. negativ, hingegen die Azimuthe α_3, α_5, etc. positiv sind. Andererseits zeigt sie, dass für die *Incidenzwinkel* G sämmtliche Azimuthe α_2, α_3, α_4, α_5, α_6, etc. negativ sind.

Die allgemeinen Formeln Seite 235 (1.), (5.) nehmen nun, weil nach unserer augenblicklichen Festsetzung $\alpha_0 = +45^0$ sein soll [vgl. (15.)], die Gestalt an:

$$\cos\frac{n\delta}{\lambda}2\pi = \varepsilon, \qquad \text{wo} \qquad \varepsilon = \pm 1, \tag{17.}$$

und

$$\operatorname{tg}\alpha_n = \varepsilon\left(-\frac{p}{s}\right)^n. \tag{18.}$$

Und diese Formeln (17.), (18.) wollen wir jetzt successive auf die Incidenzen K, und sodann auf die Incidenzen G in Anwendung bringen.

Für die Incidenzen K sind α_2, α_4, α_6, etc. negativ, und α_3, α_5, etc. positiv [vgl. die Tabelle]. Somit folgt aus (18.), dass der dortige Factor $\varepsilon = -1$ ist; so dass also die Formeln (17.), (18.) für die Incidenzen K folgende Gestalt erhalten:

(19.) $$\cos\frac{n\delta}{\lambda}2\pi = -1 \quad \text{und} \quad \operatorname{tg}\alpha_n = (-1)^{n+1}\left(\frac{p}{s}\right)^n.$$

Das hier unter dem cos enthaltene Argument muss also $= (2p+1)\pi$ sein: woraus folgt:

(20.) $$\delta = \frac{(2p+1)\lambda}{2n}, \quad [\text{für die Incidenzen } K],$$

wo p eine von n abhängende, noch unbekannte ganze Zahl vorstellt. Nach (14.) ist nun aber $\delta = \frac{\lambda}{4}$ für $n = 2$. *Hieraus folgt, dass jene Zahl $p = 0$ ist.* So heisst es auf Seite 207. Etwas umständlicher findet man die betreffende Schlussfolgerung im *Zöppritz*'schen Vorlesungsheft. Dort nämlich wird gesagt: Beachte man, dass $\delta = \frac{\lambda}{4}$ sei für $n = 2$, und beachte man ferner, dass $\delta = 0$ sein müsse für den Fall der senkrechten Incidenz, so ergebe sich aus diesen beiden Umständen, dass jene in (20.) enthaltene Zahl $p = 0$ sei. Aber auch diese etwas mehr ausführliche Darlegung dürfte nicht ohne Weiteres verständlich sein; und nähere Angaben hierüber sind im Zöppritz'schen Hefte leider nicht zu finden*).

---

*) Vielleicht kann man sich die Dinge in folgender Weise zurechtlegen: Lässt man den Incidenzwinkel K, von ϖ aus, *mehr und mehr abnehmen*, so wird [nach der Tabelle Seite 238] die Zahl n im *Wachsen* begriffen sein. Und gleichzeitig wird bei einem solchen Abnehmen des Incidenzwinkels die Verzögerung δ [zufolge des Grundsatzes Seite 230 (F.) und des Satzes 237 (14.)] in beständigem *Abnehmen* begriffen sein, dabei aber stets positiv, nämlich zwischen $\frac{\lambda}{4}$ und 0 bleiben.

(A.) Demgemäss kann man also sagen, dass bei *wachsendem* n die Verzögerung δ fortdauernd *abnimmt*, dabei aber stets positiv bleibt, nämlich stets zwischen $\frac{\lambda}{4}$ und 0 bleibt.

Für die hier betrachteten Incidenzwinkel K findet nun zwischen der Verzögerung δ und der Zahl n die Relation (20.) statt:

(B.) $$\delta = \left(\frac{2p_n+1}{2n}\right)\lambda,$$

wo p_n eine von n abhängende, noch unbekannte ganze Zahl vorstellt. Auch ist nach dem Satze (14.):

(C.) $$p_2 = 0.$$

Da $p_n = f(n)$, d. h. eine Function von n ist, und sowohl n wie p_n ganze Zahlen sind, so dürfte wohl (weil Functionen von durchaus künstlichem Character hier höchst unwahrscheinlich sind) *anzunehmen* sein, dass die Funktion $p_n = f(n)$ die Form besitze:

(D.) $$p_n = \mathfrak{A} + \mathfrak{B}n + \mathfrak{C}n^2 + \mathfrak{D}n^3 + \cdots,$$

wo $\mathfrak{A}$, $\mathfrak{B}$, $\mathfrak{C}$, $\mathfrak{D}$, etc. *feste* (d. h. von n unabhängige) ganze Zahlen sind. Und es handelt sich nun um die nähere Bestimmung dieser Zahlen $\mathfrak{A}$, $\mathfrak{B}$, $\mathfrak{C}$, $\mathfrak{D}$, etc.

Wäre, um mit dem einfachsten Fall zu beginnen, die Formel (D.) *von der Gestalt:*

(E.) $$p_n = \mathfrak{A},$$

so würde p_n von n unabhängig, also z. B. $= p_2$ sein; so dass man also nach (C.) erhalten würde:

(F.) $$p_n = 0. \quad \textit{Wäre nun ferner}$$

Acceptirt man nun den Werth: $p = 0$, so geht die Formel (20.) über in:

(21.) $$\delta = \frac{\lambda}{2n}, \quad \text{[für die Incidenzen } K\text{]}.$$

Für die Incidenzen G sind die Azimuthe $\alpha_2, \alpha_3, \alpha_4, \alpha_5, \alpha_6$, etc. durchweg negativ. [Vgl. die Tabelle Seite 238.] Somit folgt aus (18.), dass der dortige Factor ε für diese Incidenzen $= (-1)^{n+1}$ ist; wodurch die Formeln (17.), (18.) übergehen in

(22.) $$\cos\frac{n\delta}{\lambda}2\pi = (-1)^{n+1} \quad \text{und} \quad \operatorname{tg}\alpha_n = -\left(\frac{p}{s}\right)^n.$$

Das unter dem cos stehende Argument muss also $= (2q + n - 1)\pi$ sein; woraus folgt:

(23.) $$\delta = \frac{(2q + n - 1)\lambda}{2n}, \quad \text{[für die Incidenzen } G\text{]},$$

wo q eine von n abhängende, noch unbekannte ganze Zahl vorstellt. Nach dem Satze (14.) muss aber $\delta = \frac{\lambda}{4}$ werden für $n = 2$. *Somit folgt aus* (23.), *dass die Zahl* $q = 0$ *ist.**) Und die Formel (23.) geht also über in:

(24.) $$\delta = \frac{(n-1)\lambda}{2n}, \quad \text{[für die Incidenzen } G\text{]}.$$

Wäre nun ferner die Formel (D.) *von der Gestalt:*

(G.) $$p_n = \mathfrak{A} + \mathfrak{B}n,$$

so würde aus (C.) folgen: $\mathfrak{A} = -2\mathfrak{B}$; wodurch die Formel (G.) übergeht in: $p_n = \mathfrak{B}(n-2)$. Dies in (B.) substituirt, giebt:

(H.) $$\delta = \left(\mathfrak{B} + \frac{1 - 4\mathfrak{B}}{2n}\right)\lambda.$$

Hieraus folgt, dass $(1 - 4\mathfrak{B})$ *positiv* sein muss; wie man solches sofort erkennt, wenn man beachtet, dass, nach (A.), bei wachsendem n der Werth von δ abnehmen soll. Da nun $(1 - 4\mathfrak{B})$ *positiv* ist, so muss $\mathfrak{B}$ selber einen der Werthe $0, -1, -2, -3$, etc. besitzen. Für diese Fälle

$$\mathfrak{B} = 0, \quad \mathfrak{B} = -1, \quad \mathfrak{B} = -2, \quad \text{etc. etc.}$$

nimmt aber die Formel (H.) der Reihe nach die Gestalten an:

$$\delta = \frac{\lambda}{2n}, \quad \delta = \frac{(5 - 2n)\lambda}{2n}, \quad \delta = \frac{(9 - 4n)\lambda}{2n}, \quad \text{etc. etc.}$$

Demgemäss würde in all' diesen Fällen, mit alleiniger Ausnahme des *ersten*, δ *negativ* werden, was durch (A.) verboten ist. Es kann somit nur allein der *erste* Fall eintreten. D. h. es muss $\mathfrak{B}$ nothwendiger Weise $= 0$ sein. Hierdurch aber reducirt sich die Formel (G.) auf $p_n = \mathfrak{A}$, d. h. auf die schon in (E.) betrachtete Formel, welche hinführt zum Resultate (F.):

(J.) $$p_n = 0.$$

Wäre nun ferner die Formel (D.) *von der Gestalt:*

(K.) $$p_n = \mathfrak{A} + \mathfrak{B}n + \mathfrak{C}n^2,$$

so würde aus (B.) sich ergeben:

(L.) $$\delta = \left(\frac{2\mathfrak{A} + 1}{n} + \mathfrak{B} + \mathfrak{C}n\right)\lambda;$$

und es würde also δ bei wachsendem n ins Unendliche zunehmen, also aus dem Intervall $\frac{\lambda}{4} \cdots 0$ heraustreten, was durch (A.) verboten ist.

U. s. w. — Kurz man sieht, dass von sämmtlichen Fällen nur allein diejenigen möglich sind, welche zu den Resultaten (F.) und (J.), d. i. zum Resultat $p_n = 0$ hinführen. — *Q. e. d.*

*) Hier ist ähnliches zu bemerken wie in der vorigen Note. Die ganze Zahl q, um welche es sich hier handelt, ist auf Seite 207, 208 mit m bezeichnet.

Zusammenstellung. — Bezeichnet man, zur besseren Unterscheidung, die den Incidenzen K und G entsprechenden Verzögerungen respective mit δ und δ', so ist nach (21.) und (24.):

$$(25.)\qquad \begin{cases} \delta = \dfrac{\lambda}{2n}, & \text{[für die Incidenzen } K\text{]}, \\ \delta' = \dfrac{(n-1)\lambda}{2n}, & \text{[für die Incidenzen } G\text{]}; \end{cases}$$

so dass man also schliesslich zu folgendem Resultat gelangt*):

Satz. — *Es seien K und G zwei zu einander und zur Zahl n correspondirende Incidenzwinkel, und zwar sei: $K \leqq \varpi \leqq G$. Ferner sei δ diejenige relative Verzögerung, welche die zur Reflexionsebene perpendiculare Componente, bei einer einmaligen Reflexion unter dem Incidenzwinkel K, erleidet gegenüber der nach der Reflexionsebene polarisirten Componente; und δ' habe dieselbe Bedeutung für den Incidenzwinkel G. Alsdann werden δ und δ' folgende Werthe besitzen:*

$$(26.)\qquad \delta = \frac{\lambda}{2n}, \quad [\textit{für } K], \qquad \textit{und} \qquad \delta' = \frac{(n-1)\lambda}{2n}, \quad [\textit{für } G].$$

Demgemäss wird z. B. sein:

$$(27.)\qquad \delta + \delta' = \frac{\lambda}{2},$$

oder, was dasselbe ist:

$$(28.)\qquad \frac{\delta}{\lambda} 2\pi + \frac{\delta'}{\lambda} 2\pi = \pi = 180^0.$$

D. h. die den Incidenzen K und G entsprechenden V e r z ö g e r u n g s p h a s e n *ergänzen einander zu* 180^0.

Nach der *Definition* von K und G [vgl. Seite 237 (16.)] ist die geradlinige Polarisation wiederherstellbar durch n aufeinanderfolgende Reflexionen unter dem Incidenzwinkel K, ebenso auch wiederherstellbar durch n aufeinanderfolgende Reflexionen unter dem Incidenzwinkel G. Bezeichnet man ferner das *Azimuth* der wiederhergestellten Polarisationsebene im einen Fall mit α_n, im andern Fall mit α'_n, so ist nach den schon mitgetheilten Brewster'schen Beobachtungsresultaten [vgl. Seite 238 (oben)]: $\text{abs}\, \alpha_n = \text{abs}\, \alpha'_n$, mithin auch:

$$(29.)\qquad \text{abs}(\text{tg}\, \alpha_n) = \text{abs}(\text{tg}\, \alpha'_n).$$

Nach (19.) und (22.) ist aber:

$$(30.)\qquad \text{abs}(\text{tg}\, \alpha_n) = \left(\frac{p}{s}\right)^n, \quad \text{und ebenso auch:} \quad \text{abs}(\text{tg}\, \alpha'_n) = \left(\frac{p'}{s'}\right)^n,$$

wo p, s dem Winkel K, und in genau derselben Weise p', s' dem Winkel G entsprechen sollen. Substituirt man die Werthe (30.) in (29.), so folgt sofort:

$$(31.)\qquad \frac{p}{s} = \frac{p'}{s'}.$$

---

*) Alles, was hier Seite 237—240 in Betreff der Incidenzen K und G, auf Grund des *Zöppritz*schen Heftes, auseinandergesetzt ist, befindet sich mit dem Text der *Neumann*'schen Abhandlung (Seite 207, 208) in Uebereinstimmung, falls man nur hinzunimmt die später (Seite 229) von *Neumann* gegebene Correction, nach welcher z. B. die Buchstaben J und J' mit einander zu vertauschen sind. Denn diese Vertauschung (auf Seite 207, 208) ausgeführt gedacht, werden die J die *kleineren* Incidenzwinkel, d. i. die K, und die J' die *grösseren* Incidenzwinkel, d. i. die G vorstellen.

Das Schwächungsverhältniss $\frac{p}{s}$ hat also für zwei einander correspondirende Incidenzwinkel K und G *ein und denselben* Werth. Zwei solche einander correspondirende Incidenzwinkel K und G sind aber [vgl. (28.)] dadurch charakterisirt, dass ihre Verzögerungsphasen $\frac{\delta}{\lambda}2\pi$ und $\frac{\delta'}{\lambda}2\pi$ einander zu 180^0 ergänzen. Somit ergiebt sich folgender

Satz. — *Sind irgend zwei Incidenzwinkel gegeben, deren Verzögerungsphasen einander zu 180^0 ergänzen, so wird das Schwächungsverhältniss $\frac{p}{s}$ für den einen Incidenzwinkel genau ebenso gross sein, wie für den andern.*

Untersuchung der Function $\delta = \delta(i)$. — In Betreff der zwischen δ und i vorhandenen gegenseitigen Abhängigkeit gelangte *Brewster* durch Betrachtungen (die schon in sehr naher Beziehung zur Undulationstheorie stehen) zu gewissen *Formeln.* Ueber diese Formeln äussert sich *Neumann* in seiner (im Jahre 1861 gehaltenen) Vorlesung folgendermaassen:

Brewster geht von der Vorstellung aus, dass bei der Metallreflexion analoge Verhältnisse stattfinden müssen, wie bei der Reflexion an *durchsichtigen* Körpern, nämlich von der Vorstellung, dass durch den Polarisationswinkel ϖ des Metalles sein *Brechungscoefficient* n sich bestimmen müsse mittelst der Formel:

$$n = \operatorname{tg}\varpi, \tag{1.}$$

und dass sodann der Einfallswinkel i zum *Brechungswinkel* r in der Beziehung stünde:

$$\sin i = n \sin r. \tag{2.}$$

Von diesen Vorstellungen aus, gelangt nun Brewster für die dem Winkel i entsprechende Verzögerung δ zu folgender Formel:

$$\frac{\delta}{\lambda}2\pi = 90^0 - 2\varphi; \tag{3.}$$

wo φ eine neue Variable sein soll, welche von Brewster definirt wird durch die Gleichung:

$$\operatorname{tg}\varphi = \frac{\cos(i+r)}{\cos(i-r)}. \tag{4.}$$

Was jenen Brechungscoefficienten n (1.) anbelangt, so ist z. B. für *Stahl* [vgl. die Tabelle Seite 238]:

$$\varpi = 75^0, \quad \text{mithin} \quad n = \operatorname{tg}\varpi = 3{,}732. \tag{5.}$$

Dies sind die Brewster'schen Formeln, von ihm abgeleitet aus seinen Beobachtungen [vgl. Pogg. Ann. Bd. XXI Seite 237, 238]; und es ist nach Neumann's Ansicht wahrscheinlich, dass Brewster von der Genauigkeit dieser Formeln noch durch *andere,* von ihm *nicht* mitgetheilte Beobachtungen sich überzeugt hat.

Neumann bemerkt hierzu, dass man aus (3.) und (4.) die Variable φ eliminiren kann. Aus (3.) ergiebt sich nämlich sofort:

$$\operatorname{tg}\frac{1}{2}\left(\frac{\delta}{\lambda}2\pi\right) = \operatorname{tg}(45^0 - \varphi) = \frac{\operatorname{tg}45^0 - \operatorname{tg}\varphi}{1 + \operatorname{tg}45^0 \operatorname{tg}\varphi} = \frac{1 - \operatorname{tg}\varphi}{1 + \operatorname{tg}\varphi}.$$

Substituirt man aber hier für $\operatorname{tg}\varphi$ seinen Werth (4.), so folgt:

$$\operatorname{tg}\frac{1}{2}\left(\frac{\delta}{\lambda}2\pi\right) = \frac{\cos(i-r) - \cos(i+r)}{\cos(i-r) + \cos(i+r)} = \frac{2\sin i \sin r}{2\cos i \cos r},$$

oder, was dasselbe ist:

$$\operatorname{tg}\frac{1}{2}\left(\frac{\delta}{\lambda}2\pi\right) = \operatorname{tg} i \operatorname{tg} r. \tag{6.}$$

Denkt man sich nun aus dieser Formel (6.) und aus der Formel (2.):

$$\sin i = n \sin r \tag{7.}$$

die Variable r eliminirt, so hat man eine Gleichung zwischen δ und i; *und dies ist alsdann die Gleichung, durch welche δ als Function von i sich bestimmt.*

Neumann ist (wie er in jener von Zöppritz gehörten Vorlesung bemerkt), unabhängig von Brewster, ebenfalls zur Formel (6.) gelangt, aber auf einem ganz andern Wege, der seinen Ausgangspunkt hat in den von *Fresnel* angestellten Untersuchungen über die *totale Reflexion.*

Um näher hierauf einzugehen, denke man sich einen *geradlinig polarisirten* Lichtstrahl z_0 im Glase fortschreitend. Dieser Strahl z_0 mag an einer an Luft angrenzenden ebenen Oberfläche des Glases *total reflectirt*, und der so entstehende reflectirte Strahl mit z_1 bezeichnet werden. Bedient man sich nun der vorhin (auf Seite 232) eingeführten Axensysteme (x_0, y_0, z_0) und (x_1, y_1, z_1), und denkt man sich, mit Bezug auf diese, die Vibrationsbewegungen der Strahlen z_0 und z_1 dargestellt durch die Formeln:

$$[z_0.]\quad \begin{cases} x_0 = A\cos\frac{t}{T}2\pi, \\ y_0 = B\cos\frac{t}{T}2\pi, \end{cases} \qquad [z_1.]\quad \begin{cases} x_1 = A\cos\left(\frac{t}{T} - \frac{\alpha}{\lambda}\right)2\pi, \\ y_1 = B\cos\left(\frac{t}{T} - \frac{\beta}{\lambda}\right)2\pi, \end{cases}$$

so gilt bekanntlich [vgl. Pogg. Ann. Bd. XXII Seite 116] für die Differenz der beiden Constanten α und β folgende von *Fresnel* gefundene Formel:

$$\cos\frac{\beta-\alpha}{\lambda}2\pi = (-1)\left(\frac{1-(1+m^2)\sin^2 i + 2m^2\sin^4 i}{1-(1+m^2)\sin^2 i}\right), \tag{8.}$$

wo die Constante m definirt zu denken ist durch die Gleichung:

$$m \sin i = \sin r; \tag{9.}$$

dabei bezeichnet i den Einfallswinkel, und r den Brechungswinkel.

Nun kann man offenbar die Formeln $[z_0.]$ und $[z_1.]$ auch so schreiben:

$$([z_0.])\quad \begin{cases} x_0 = A\cos\frac{t}{T}2\pi, \\ y_0 = B\cos\frac{t}{T}2\pi, \end{cases} \qquad ([z_1.])\quad \begin{cases} x_1 = -A\cos\left(\frac{t}{T} - \frac{\alpha+\frac{\lambda}{2}}{\lambda}\right)2\pi, \\ y_1 = +B\cos\left(\frac{t}{T} - \frac{\beta}{\lambda}\right)2\pi; \end{cases}$$

wodurch alsdann diese Formeln besser vergleichbar werden mit den früher (auf Seite 233) für die *Metallreflexion* angegebenen Formeln $(z_0.)$ und $(z_1.)$.

Die in den damaligen Formeln $(z_0.)$ und $(z_1.)$ enthaltene Constante δ haben wir bezeichnet als die relative Verzögerung der zur Reflexionsebene perpendicularen Componente gegen die mit dieser Ebene parallele Componente (vgl. Seite 233). Bedienen wir uns nun hier bei der *totalen Reflexion* des Buchstabens δ in genau demselben Sinne, so ersehen wir aus der Vergleichung der gegenwärtigen Formeln ($[z_0 .]$), ($[z_1 .]$) mit jenen damaligen Formeln ($z_0 .$), ($z_1 .$), dass die in Rede stehende Verzögerung δ im gegenwärtigen Falle, d. i. bei der totalen Reflexion den Werth hat:

$$\delta = \beta - \left(\alpha + \frac{\lambda}{2}\right);$$

woraus folgt:

$$\frac{\delta}{\lambda} 2\pi = \frac{\beta - \alpha}{\lambda} 2\pi - \pi, \quad \text{mithin} \quad \cos\frac{\delta}{\lambda} 2\pi = (-1)\cos\frac{\beta-\alpha}{\lambda} 2\pi.$$

Hieraus aber ergiebt sich mit Hinblick auf (8.):

$$\text{(10.)} \qquad \cos\frac{\delta}{\lambda} 2\pi = \frac{1 - (1 + m^2)\sin^2 i + 2m^2 \sin^4 i}{1 - (1+m^2)\sin^2 i};$$

wobei die Constante m der Gleichung (9.) entspricht:

$$\text{(11.)} \qquad m \sin i = \sin r.$$

Man kann nun die Formel (10.) offenbar auch so schreiben:

$$\cos\frac{\delta}{\lambda} 2\pi = \frac{[1 - (1+m^2)\sin^2 i + m^2 \sin^4 i] + m^2 \sin^4 i}{[1 - (1+m^2)\sin^2 i + m^2 \sin^4 i] - m^2 \sin^4 i}.$$

Das hier in den eckigen Klammern enthaltene Trinom ist aber $= (1 - \sin^2 i)(1 - m^2 \sin^2 i)$, d. i. $= \cos^2 i (1 - m^2 \sin^2 i)$. Somit folgt:

$$\cos\frac{\delta}{\lambda} 2\pi = \frac{\cos^2 i (1 - m^2 \sin^2 i) + m^2 \sin^4 i}{\cos^2 i (1 - m^2 \sin^2 i) - m^2 \sin^4 i},$$

also mit Rücksicht auf (11):

$$\cos\frac{\delta}{\lambda} 2\pi = \frac{\cos^2 i \cos^2 r + \sin^2 i \sin^2 r}{\cos^2 i \cos^2 r - \sin^2 i \sin^2 r},$$

oder ein wenig anders geschrieben:

$$\cos\frac{\delta}{\lambda} 2\pi = \frac{1 + \operatorname{tg}^2 i \operatorname{tg}^2 r}{1 - \operatorname{tg}^2 i \operatorname{tg}^2 r}.$$

Hieraus ergiebt sich nun sofort:

$$\frac{1 - \cos\frac{\delta}{\lambda} 2\pi}{1 + \cos\frac{\delta}{\lambda} 2\pi} = -\operatorname{tg}^2 i \operatorname{tg}^2 r,$$

oder, was dasselbe ist:

$$\text{(11a.)} \qquad \operatorname{tg}^2 \frac{1}{2}\left(\frac{\delta}{\lambda} 2\pi\right) = -\operatorname{tg}^2 i \operatorname{tg}^2 r,$$

also, falls man die Wurzel zieht:

$$\text{(12.)} \qquad \operatorname{tg} \frac{1}{2}\left(\frac{\delta}{\lambda} 2\pi\right) = \sqrt{-1} \cdot \operatorname{tg} i \operatorname{tg} r.$$

Der hier auftretende Factor $\sqrt{-1}$ findet dadurch seine Erklärung, dass hier bei der *totalen Reflexion* der Winkel r, mithin auch $\operatorname{tg} r$ *imaginär* ist.

Geht man nun über zur *Metallreflexion*, so wird r *reell* sein*); wodurch alsdann jener Factor $\sqrt{-1}$ überflüssig wird; so dass man also für die *Metallreflexion* zu folgender Formel gelangt:

$$\text{(13.)} \qquad \operatorname{tg}\frac{1}{2}\left(\frac{\delta}{\lambda}2\pi\right) = \operatorname{tg} i \operatorname{tg} r;$$

was in vollem Einklang ist mit jener auf Seite 242 ff. aus den *Brewster*'schen Gleichungen (1.), (2.), (3.), (4.), (5.) von *Neumann* abgeleiteten Formel (6.).

Die in solcher Weise für die Verzögerung δ bei der *Metallreflexion* erhaltene Formel (13.) unterscheidet sich, wie man sieht, gegenüber der von *Fresnel* für die *totale Reflexion* gegebenen Formel (10.) oder (12.) nur allein dadurch, dass jenes in die Fresnelschen Rechnungen eingetretene $\sqrt{-1}$ hier wieder fortgefallen ist, indem an Stelle von $\operatorname{tg} r$ gesetzt worden ist $\frac{\operatorname{tg} r}{\sqrt{-1}}$. Demgemäss ist Neumann der Ansicht, dass diese von ihm für die Metallreflexion gegebene Formel (13.) wohl das *wahre Gesetz* der betreffenden Verzögerung darstellen dürfte, dass sie *etwas mehr* sein dürfte, als eine blosse Interpolationsformel. Auch zeigt dieses Gesetz (13.), welches von Neumann als das Gesetz (A.) bezeichnet wird, verglichen mit Brewster's Beobachtungen, eine recht befriedigende Uebereinstimmung.

Das Neumann'sche Gesetz (A.) *ist also dargestellt durch das System der beiden in* (6.), (13.) *und* (7.) *angegebenen Formeln***):

$$\text{(14.)} \qquad \operatorname{tg}\frac{1}{2}\left(\frac{\delta}{\lambda}2\pi\right) = \operatorname{tg} i \operatorname{tg} r \qquad \textit{und} \qquad \sin i = n \sin r.$$

Mit andern Worten: Es wird dieses Gesetz ausgedrückt sein durch die aus diesen beiden Formeln (durch Elimination von r) entspringende Gleichung:

$$\text{(15.)} \qquad \operatorname{tg}\frac{1}{2}\left(\frac{\delta}{\lambda}2\pi\right) = \frac{\sin^2 i}{\cos i\sqrt{n^2 - \sin^2 i}}.$$

Dabei bezeichnet n den sogenannten Brechungscoefficienten des Metalles, d. i. die durch die Formel (1.) *definirte Constante:*

$$\text{(16.)} \qquad n = \operatorname{tg}\bar{\omega},$$

---

*) So z. B. ergiebt sich für *Stahl* aus den Formeln Seite 242 (2.) und (5.):

$$\sin r = \frac{\sin i}{n} = \frac{\sin i}{3{,}732};$$

woraus folgt, dass r *reell* ist.

**) Die Formel (14.) ist in voller Uebereinstimmung mit der Formel (A.) Seite 209, falls man nur die von Neumann selber auf Seite 228, 229 gegebene Berichtigung in Anschlag bringt und demgemäss in jener Formel (A.) Seite 209 das Argument $\left(\frac{\delta}{\lambda}2\pi\right)$ ersetzt durch $\left(\pi - \frac{\delta}{\lambda}2\pi\right)$. — Dies überträgt sich auf die Tafeln. In der That sind in allen Tafeln der *Neumann*'schen Abhandlung (Seite 201—227) die Zahlenwerthe der Verzögerungsphasen zu ersetzen durch die supplementaren Werthe.

wo ϖ den Polarisationswinkel vorstellt. Die in (15.) *enthaltene Wurzelgrösse muss stets reell sein; woraus folgt, dass n stets > 1, und also ϖ stets $> 45^0$ sein wird.*

Beispielsweise kann man die Formel (15.) anwenden, um die Verzögerungen zu berechnen für $i = 0$, $i = \varpi$ und $i = 90^0$, d. i. für die senkrechte Incidenz, für die Incidenz unter dem Polarisationswinkel und für die streifende Incidenz. Man gelangt in solcher Weise, mit Rücksicht auf (16.), zu folgenden Resultaten:

$$(17.)\qquad i = 0, \quad \operatorname{tg}\frac{1}{2}\left(\frac{\delta}{\lambda}2\pi\right) = 0, \quad \frac{\delta}{\lambda}2\pi = 0, \quad \delta = 0,$$

$$(18.)\qquad i = \varpi, \quad \operatorname{tg}\frac{1}{2}\left(\frac{\delta}{\lambda}2\pi\right) = 1, \quad \frac{\delta}{\lambda}2\pi = \frac{\pi}{2}, \quad \delta = \frac{\lambda}{4},$$

$$(19.)\qquad i = 90^0, \quad \operatorname{tg}\frac{1}{2}\left(\frac{\delta}{\lambda}2\pi\right) = \infty, \quad \frac{\delta}{\lambda}2\pi = \pi, \quad \delta = \frac{\lambda}{2}.$$

Das Resultat (18.) ist in Einklang mit dem Satze (14.) Seite 237. Andererseits sind die Resultate (17.), (19.) nur anzusehen als eine Reproduction der eigentlichen *Grundlagen* der Neumann'schen Untersuchung. [Vgl. Seite 230 (F.).] — Neumann hat auf Grund des allgemeinen Gesetzes (14.), (15.) die *Verzögerungsphasen* $\frac{\delta}{\lambda}2\pi$ für *Stahl* und *Silber* berechnet für Incidenzwinkel, die von zwei zu zwei Grad auf einander folgen, und die gefundenen Zahlenwerthe zusammengestellt in seiner *Tafel II* Seite 210.

Weitere Beobachtungen Brewster's. — Brewster bemerkte bei seinen Beobachtungen noch eine weitere Eigenschaft, welche je zwei zu einander correspondirende Incidenzwinkel K und G besitzen. Er fand nämlich, dass die Polarisationsebene stets wiederherstellbar ist durch zwei auf einander folgende Reflexionen, falls nur (bei ein und derselben Reflexionsebene) die eine Reflexion unter dem Winkel K, die andere aber unter dem Winkel G stattfindet. Dieses experimentelle Ergebniss ist zu bezeichnen als *eine unmittelbare Folge der hier von Neumann entwickelten Theorie.*

Um näher darauf einzugehen, greifen wir zurück zu unsern früheren Vorstellungen (Figur Seite 235); nur sollen gegenwärtig die beiden Winkel i, unter denen der Strahl von M und von M' reflectirt wird, verschiedene Werthe haben; der eine sei $= K$, der andere $= G$. Ferner mögen die Werthe der Grössen δ, s, p für K und für G bezeichnet werden respective mit δ, s, p und mit δ', s', p'. Alsdann werden die Formeln (z_0.), (z_1.), (z_2.) Seite 233, 234, wie man leicht übersieht, folgende Gestalt annehmen:

$$(z_0.)\qquad \begin{cases} x_0 = A\cos\frac{t}{T}2\pi, \\ y_0 = B\cos\frac{t}{T}2\pi, \end{cases}$$

ferner:

$$(z_1.)\qquad \begin{cases} x_1 = (-s)A\cos\frac{t}{T}2\pi, \\ y_1 = pB\cos\left(\frac{t}{T} - \frac{\delta}{\lambda}\right)2\pi, \end{cases}$$

und endlich:

$$(z_2.)\qquad \begin{cases} x_2 = (-s)(-s')A\cos\frac{t}{T}2\pi, & \text{d. i.}\quad = ss'A\cos\frac{t}{T}2\pi, \\ y_2 = pp'B\cos\left(\frac{t}{T} - \frac{\delta+\delta'}{\lambda}\right)2\pi, & \text{d. i.}\quad = -pp'B\cos\frac{t}{T}2\pi, \end{cases}$$

denn nach Seite 241 (28.) ist bekanntlich: $\frac{\delta+\delta'}{\lambda}2\pi = \pi$. Folglich ist der Strahl z_2 *geradlinig* polarisirt. Und dies ist das Brewster'sche Beobachtungsresultat. — *Q. e. d.*

Bezeichnet man die Azimuthe der Polarisationsebenen der Strahlen z_0 und z_2 mit α_0 und α_2, so erhält man aus den Formeln $(z_0.)$ und $(z_2.)$ sofort:

$$(\text{a.})\qquad \operatorname{tg}\alpha_0 = \frac{y_0}{x_0} = \frac{B}{A} \quad \text{und} \quad \operatorname{tg}\alpha_2 = \frac{y_2}{x_2} = -\frac{pp'B}{ss'A}.$$

Hieraus aber ergiebt sich sofort mittelst des Satzes 242 [und mit Rücksicht auf die Bezeichnung Seite 234 $(\beta.)$]:

$$(\text{b.})\qquad \frac{\operatorname{tg}\alpha_2}{\operatorname{tg}\alpha_0} = -\frac{pp'}{ss'} = -\left(\frac{p}{s}\right)^2 = -(\operatorname{tg}\beta)^2;$$

so dass man also zu folgender Gleichung gelangt:

$$(\text{c.})\qquad (\operatorname{tg}\beta)^2 = -\frac{\operatorname{tg}\alpha_2}{\operatorname{tg}\alpha_0}.$$

Bringt man diese Formel (c.) z. B. auf *Stahl* in Anwendung, so wird man, auf Grund der von Brewster beobachteten Werthe von α_0 und α_2 [bei denen übrigens α_0 stets $= 45^0$ war], die betreffenden Werthe von β sofort anzugeben im Stande sein. In solcher Weise gelangt *Neumann* zu den in der *dritten Spalte**) seiner Tafel III (Seite 211) aufgeführten Werthen von β.

Untersuchung der Function $\beta = \beta(i)$. — Die Grössen β und δ sind beide Functionen von i [vgl. Seite 234 $(\gamma.)$]. Demgemäss wird man, falls es beliebt, β auch ansehen können als eine Function der Verzögerung δ, oder (was dasselbe ist) als eine Function der Verzögerungsphase $\frac{\delta}{\lambda}2\pi$.

Denkt man sich nun irgend zwei Verzögerungsphasen:

$$(1.)\qquad \frac{\delta}{\lambda}2\pi \quad \text{und} \quad \frac{\delta'}{\lambda}2\pi,$$

die einander zu 180^0 ergänzen, so wird $\frac{p}{s}$ für beide Verzögerungsphasen *ein und denselben* Werth haben [vgl. den Satz Seite 242]; und Gleiches wird daher auch zu sagen sein von $\operatorname{Arctg}\frac{p}{s}$, d. i. von β [vgl. Seite 234 $(\beta.)$]. Folglich wird man sich dieses β abhängig denken können vom *Sinus* der Verzögerungsphase:

$$(2.)\qquad \beta = F\left(\sin\frac{\delta}{\lambda}2\pi\right).$$

---

*) Im Anschluss an die Note Seite 245 ist zu bemerken, dass in der *zweiten Spalte* dieser Tafel III (Seite 211) die für die Verzögerungsphasen angegebenen Zahlenwerthe wiederum zu ersetzen sind durch die supplementaren Werthe; — wie solches auch von anderer Seite her sich als nothwendig herausstellt durch Vergleichung mit dem *Zöppritz*'schen Vorlesungsheft.

Die in *Tafel III* (Seite 211) angegebenen Werthe von β scheinen nun darauf hinzudeuten, dass diese Function folgende einfache Gestalt besitzt:

$$(3.)\qquad \operatorname{tg} 2\beta = \frac{A}{\sin\frac{\delta}{\lambda}2\pi},$$

wo A eine von der Natur des reflectirenden Metalles abhängende Constante vorstellt. In der That lassen sich die in jener Tafel für β angegebenen Werthe mittelst dieser Formel (3.) in befriedigender Weise darstellen. — Bringt man die Formel (3.) in Anwendung auf den Specialfall $i = \varpi$, und beachtet man, dass δ [vgl. den Satz Seite 237 (14.)] in diesem Specialfall $= \frac{\lambda}{4}$ ist, so erhält man sofort:

$$(4.)\qquad \operatorname{tg} 2\beta(\varpi) = \frac{A}{1}\,.$$

Und substituirt man diesen Werth der Constante A in der Formel (3.), so gelangt man zu folgendem Resultat:

Das Neumann'sche Gesetz (B.). — *Die Werthe, welche die beiden Grössen* $\beta = \operatorname{Arctg}\frac{p}{s}$ *und* δ *für irgend einen Incidenzwinkel* i *besitzen, sind mit einander verbunden durch die Formel:*

$$(5.)\qquad \operatorname{tg} 2\beta = \frac{\operatorname{tg} 2\beta(\varpi)}{\sin\frac{\delta}{\lambda}2\pi},$$

wo $\beta(\varpi)$ *jene schon mehrfach erwähnte Constante vorstellt.* [*Vgl. z. B. Seite* 234 ($\gamma\gamma$.).]

Aus dieser Formel (5.) kann man leicht die Werthe von β und $\frac{p}{s} = \operatorname{tg}\beta$ finden für die Fälle $i = 0$, $i = \varpi$ und $i = 90^0$. Man gelangt in solcher Weise [mit Hinblick auf Seite 246 (17.), (18.), (19.)] zu folgenden Resultaten:

$$(6.)\qquad i = 0,\quad \frac{\delta}{\lambda}2\pi = 0,\quad \operatorname{tg} 2\beta = \infty,\quad \beta = 45^0,\quad \frac{p}{s} = \operatorname{tg}\beta = 1,$$

$$(7.)\qquad i = \varpi,\quad \frac{\delta}{\lambda}2\pi = \frac{\pi}{2},\quad \operatorname{tg} 2\beta = \operatorname{tg} 2\beta(\varpi),\quad \beta = \beta(\varpi),\quad \frac{p}{s} = \operatorname{tg}\beta(\varpi),$$

$$(8.)\qquad i = 90^0,\quad \frac{\delta}{\lambda}2\pi = \pi,\quad \operatorname{tg} 2\beta = \infty,\quad \beta = 45^0,\quad \frac{p}{s} = \operatorname{tg}\beta = 1,$$

Das Schwächungsverhältniss $\frac{p}{s}$ ist also, nicht nur im Falle der *senkrechten* Incidenz, sondern ebenso auch im Falle der *streifenden* Incidenz $= 1$.

Beim *Stahl* hat, für $i = \varpi$ d. i. für $i = 75^0$, die Grösse β den Werth: $\beta = \beta(\varpi) = 28^0\,56'$, wie solches ersichtlich ist aus der *dritten Spalte* der Tafel III (Seite 211); so dass also die allgemeine Formel (5.), speciell für *Stahl*, die Gestalt erhält:

$$(9.)\qquad \operatorname{tg} 2\beta = \frac{\operatorname{tg} 2(28^0\,56')}{\sin\frac{\delta}{\lambda}2\pi} = \frac{\operatorname{tg} 57^0\,52'}{\sin\frac{\delta}{\lambda}2\pi}\,.$$

Auf Grund dieser Formel (9.) sind nun von *Neumann* die Werthe von β berechnet in der *vierten Spalte* seiner *Tafel III* (Seite 211).*) Die Abweichungen dieser Werthe von den in der *dritten Spalte* direct aus den Brewster'schen Beobachtuugen abgeleiteten Werthen (vgl. Seite 247) sind angegeben in der *fünften Spalte* jener Tafel.

*) Vgl. die zweite Note auf Seite 245.

Bemerkung. — Am Schlusse seiner Vorlesung (von 1861) hat *Neumann* eine Theorie der Metallreflexion zu geben versucht auf Grund der allgemeinen mechanischen Gleichungen der Elasticitätstheorie; wobei sich aber, an Stelle der einfachen Gesetze (A.) und (B.) [Seite 209 und 212], zwei viel complicirtere Formeln ergaben. Die *eine* dieser Formeln ist, wie Neumann in seiner Vorlesung zeigt, in starker Annäherung auf das Gesetz (B.) reducirbar. Die *andere* hingegen ist, wie Neumann bemerkt, selbst nicht einmal näherungsweise auf das Gesetz (A.) reducirbar, trotzdem aber in befriedigender Uebereinstimmung mit den betreffenden Beobachtungen. —

Zusatz zu Seite 218—221. — Setzt man zur Abkürzung:

(A.) $$V = \frac{\delta}{\lambda} 2\pi, \quad V'' = \frac{\delta''}{\lambda} 2\pi \quad \text{und} \quad W = \pi - \frac{\delta}{\lambda} 2\pi, \quad W'' = \pi - \frac{\delta''}{\lambda} 2\pi,$$

so lautet die Formel (f.) Seite 218 folgendermaassen:

(B.) $$0 = \operatorname{tg} V'' + \frac{\sin V}{\cos V \cos 2b - \sin 2b \operatorname{cotg} 2\gamma}.$$

Diese Formel wollen wir nun in Anwendung bringen auf die zweimalige Reflexion an *Stahlflächen,* und zwar auf denjenigen Fall, auf welchen die Tabelle Seite 219 sich bezieht. Hier hat das Azimuth a der Polarisationsebene des auffallenden Strahles den Werth:

(C.) $$a = 45^0,$$

(D.) und der *erste* Incidenzwinkel ist gegeben $= 80^0$.

Es handelt sich nun darum, den *zweiten* Incidenzwinkel i so zu bestimmen, dass der Strahl, nach Absolvirung seiner beiden Reflexionen, von Neuem geradlinig polarisirt ist. Mit anderen Worten: Es handelt sich darum, den *zweiten* Incidenzwinkel i so zu bestimmen, dass er zum *ersten* Incidenzwinkel 80^0 in der in (B.) angegebenen Beziehung steht.

Hier in (B.) ist b das Azimuth der zweiten Reflexionsebene gegen die erste. Ferner gilt für das in (B.) enthaltene γ die Formel (d.) Seite 217: $\operatorname{tg}\gamma = \frac{p}{s} \operatorname{tg} a$. Hieraus ergiebt sich mit Hinblick auf (C.) sofort: $\operatorname{tg}\gamma = \frac{p}{s}$; wofür man [vgl. Seite 204 (oben) oder Seite 234 (β.)] auch schreiben kann: $\operatorname{tg}\gamma = \operatorname{tg}\beta$. Es ist mithin γ gleich β, d. i. gleich demjenigen β, welches dem ersten Incidenzwinkel entspricht. Dieser aber ist $= 80^0$ [vgl. (D.)]; und das ihm zugehörige β hat [nach Tafel III Seite 211] den Werth: $30^0\,7'$. Somit ergiebt sich also $\gamma = \beta = 30^0\,7'$; wodurch die Formel (B.) übergeht in:

(E.) $$0 = \operatorname{tg} V'' + \frac{\sin V}{\cos V \cos 2b - \sin 2b \operatorname{cotg} 60^0\,14'}.$$

Führt man hier, an Stelle von V, V'', die in (A.) angegebenen W, W'' ein, so erhält man ohne Mühe:

(F.) $$0 = \operatorname{tg} W'' + \frac{\sin W}{\cos W \cos 2b + \sin 2b \operatorname{cotg} 60^0\,14'}.$$

Diese Formeln (E.) und (F.) sind einander, wie man sieht, sehr ähnlich; nur sind die Zeichen in der Mitte des Nenners einander *entgegengesetzt* (— und +).

Die in Rede stehende Tabelle Seite 219 ist von *Neumann* berechnet mit Hülfe der Formel (E.), und zwar nach folgender Methode: Zunächst ist das dem *ersten* Incidenzwinkel 80^0 zugehörige V entnommen aus der Tafel III Seite 211. Sodann ist, *mittelst der Formel* (E.), das diesem V entsprechende V'' berechnet. Endlich ist aus der Tafel II Seite 210 der diesem V'' zugehörige Incidenzwinkel entnommen. Letzterer ist alsdann der gesuchte *zweite* Incidenzwinkel i.

Bei dieser Methode wird vorausgesetzt, dass die Tafeln II und III in ihren Columnen geradezu die V enthalten. Die Zahlen jener Columnen sind aber nicht die V, sondern die W. [Vgl. die Note Seite 245.] Und es sind also bei der in Rede stehenden Methode, an Stelle der V, irriger Weise die W benutzt. Das würde, in Anbetracht der grossen Aehnlichkeit der Formeln (E.) und (F.), im Endresultat keinen Fehler hervorbringen, falls nicht in diesen beiden Formeln in der Mitte des Nenners ein *verschiedenes* Zeichen vorhanden wäre (— und +). Und in Folge dieses Zeichenunterschiedes wird der für das Azimuth b berechnete Winkel i nicht für b selber, sondern für $-b$ gelten.

Kurz es werden die in der Tabelle Seite 219 vorhandenen Ueberschriften $+b$ und $-b$ mit einander zu vertauschen sein; Analoges ergiebt sich für die Tabellen Seite 218 und 221; — was in Einklang steht mit der von *Neumann* selber auf Seite 229 angegebenen Correction.

Zusatz zur oberen Hälfte der Seite 229. — Die dortigen Betrachtungen dürften zu beziehen sein auf jenen *idealen* Fall, von welchem auf Seite 233 ($\mathfrak{R}$.) ff. die Rede war. Und die dortige Bezeichnungsweise: *plus* und *minus* ist offenbar so gewählt, dass sie alsdann bei jedweder Reflexion für $i = 0^0$, d. i. für den Specialfall der *senkrechten* Incidenz in vollem Einklange ist mit den Anforderungen der Continuität.

Andererseits entsprechen die dortigen Worte: *rechts* und *links* solchen Azimuthen, die von der Redaction, in (6.) Seite 236, und in Uebereinstimmung mit dem eigentlichen Text der *Neumann*'schen Abhandlung, respective als *positiv* und *negativ* bezeichnet sind. Diese letztere Bezeichnungsweise ist, beiläufig bemerkt, von solcher Art, dass sie bei jedweder Reflexion den Anforderungen der Continuität entspricht für $i = 90^0$, d. i. für den Specialfall der *streifenden* Incidenz.

Inhaltsübersicht.

AUSZUG EINES SCHREIBENS AN PROFESSOR WEISS.

Aus Poggendorff's Annalen.

DIE THERMISCHEN, OPTISCHEN UND KRYSTALLOGRAPHISCHEN AXEN DES KRYSTALLSYSTEMS DES GYPSES.

Aus Poggendorff's Annalen.

AUSZUG EINES SCHREIBENS AN PROFESSOR WEISS. 1832.*)

Königsberg, den 22. März 1832.

— — Wenn irgend zwei Krystallsysteme gegeben sind, die unter einander in dem Verhältniss, wie z. B. Feldspath- und Albit-System, stehen, d. h. in welchen Identität der Zonen, aber Verschiedenheit der Winkel stattfindet, *so giebt es immer drei auf einander rechtwinklige Dimensionen, auf welche die Flächen des einen Systems dieselbe Beziehung haben, als die Flächen des andern Systems, d. h. in Beziehung auf welche die Flächenausdrücke in beiden Systemen identisch sind;* nur das Verhältniss der Dimensionen unter einander ist in den beiden Systemen verschieden.

Dieser Satz gilt ganz allgemein, und beruht auf keiner Voraussetzung irgend einer Art; ich füge hinzu: es giebt immer nur *ein* solches rechtwinkliges Axensystem. Die Gleichungen, welche auf diesen Satz führen, haben mir nur für den allgemeinsten Fall, wo die Systeme ein-und-ein-gliedrig sind, Schwierigkeiten gemacht, bis mir Prof. *Bessel,* dem ich sie mittheilte, zeigte, dass sie sich auf eine cubische Gleichung reduciren. Jetzt bei der Anwendung auf das Feldspath-, Albit-, Anorthit-System ist zu untersuchen, ob diese drei rechtwinkligen Richtungen in diesen Systemen krystallonomische, — und ob sie in allen dreien dieselben sind; denn der Satz gilt nur für je zwei Systeme.

Eine unmittelbare Anwendung findet dieser Satz auf die Winkelveränderungen, welche die Krystalle durch die Temperatur erfahren, — ja er enthält das Gesetz dieser Veränderungen für alle zwei-und-ein-gliedrigen und ein-und-ein-gliedrigen Gestalten**); ein ein-und-ein-gliedriger Krystall bei 0^0 Temperatur hat, wenn er z. B. bei 100^0 Temperatur Winkelveränderungen

*) Aus Pogg. Annal. Bd. 24, Seite 390—392; 1832.

**) Die Synonymik: zwei-und-zwei-gliedrige Systeme und Gestalten = binäre, zwei-und-ein-gliedrige = unobinäre, ein-und-ein-gliedrige = unitäre, so wie viergliedrige = quaternäre, sechsgliedrige = senäre u. s. f., möchte in Erinnerung zu bringen sein. — *Anm. von Weiss.*

erlitten hat, diese nur so erlitten, dass drei auf einander rechtwinklig stehende Dimensionen ein anderes Verhältniss unter einander bekommen haben; in allen Krystallen giebt es drei auf einander rechtwinklig stehende *thermische Axen*, die sich verschieden ausdehnen, wodurch allein alle Winkelveränderungen hervorgebracht werden. Es wäre möglich, obgleich nicht wahrscheinlich, dass dieses *thermische Axensystem* mit der Temperatur eine Bewegung hätte; denn der Satz bezieht sich nur auf je zwei Temperaturen. — — Wenn man sich eine Kugel gedreht denkt von einer krystallinischen Masse*), so ist dies nur eine Kugel bei *der* Temperatur, bei welcher sie gedreht ist: bei jeder andern Temperatur verwandelt sie sich in ein dreiaxiges Ellipsoid, dessen Axen die drei thermischen Axen sind. — Alles dieses ist an sich einleuchtend bei den nicht hemiëdrischen Gestalten; es ist aber gewiss merkwürdig, dass es auch bei den zwei-und-ein-, und ein-und-ein-gliedrigen Systemen so ist. Ich habe die Principien, die *Poisson* in seinem *Mémoire sur l'équilibre et le mouvement des corps élastiques* auf unkrystallisirte Substanzen angewendet hat, ausgedehnt auf krystallisirte Substanzen. Bei *Poisson* ist die Wirkung, die je zwei Theilchen im Innern eines Körpers auf einander ausüben, nur eine Function der Entfernung; in krystallisirten Massen ist diese Wirkung zugleich eine Function der Winkel, welche die Richtung der Entfernung mit drei auf einander rechtwinkligen Axen bildet**); diese Function der Winkel ist von der Art, dass sie unverändert bleibt, wenn einige oder alle Winkel negativ werden; oder, was dasselbe ist, die Function ändert ihren Werth nicht, wenn die Sinusse und Cosinusse dieser Winkel negativ werden. — — Die Endgleichungen sind natürlich sehr schwieriger Art. Die einfachsten Resultate, die sich leicht aus ihnen ziehen lassen, beziehen sich auf die Winkelveränderungen, welche Krystalle *durch Druck* erleiden. Ein zwei-und-zwei-gliedriges Octaeder im luftleeren Raume hat andere Winkel, als unter dem Druck einer oder mehrerer Atmosphären. Wenn man eine Kugel aus einer krystallisirten Masse gedreht einem starken, von allen Seiten gleichen Druck aussetzt, z. B. in die *Oersted*'sche Wasser-Compressionsmaschine bringt, so verwandelt sie sich in ein dreiaxiges Ellipsoid; nur Substanzen vom regulären System bleiben Kugeln, und die viergliedrigen und sechsgliedrigen werden Rotationsellipsoide. — Wenn eine zwei-und-zwei-gliedrige Säule gleichmässig in der Richtung der Axe comprimirt wird, so verändert sich der Winkel dieser Säule; was bei einer Säule von

*) D. h.: Wenn man sich eine Kugel *verfertigt* denkt aus einer krystallinischen Masse, u. s. w. — *C. N.*

**) Vgl. Seite 164, 165. — *C. N.*

unkrystallinischer Masse natürlich nicht der Fall ist. Diese Winkelveränderungen werden sich beobachten lassen, und so die Grösse der Elasticität der Krystalle in den verschiedenen Richtungen kennen lehren, und auf den Zusammenhang dieser Kräfte mit der doppelten Strahlenbrechung führen. Die Gleichungen, welche ich gefunden habe für die verschiedenen Abtheilungen der Krystallsysteme, sind zugleich diejenigen, von welchen die Gesetze der doppelten Strahlenbrechung abhängen. — Jeder Druck auf krystallinische Massen, in welcher Richtung er auch wirke, wenn er nur keine Krümmungen hervorbringt, verschiebt die Theilchen immer in drei auf einander rechtwinkligen Richtungen; die Lage dieser rechtwinkligen Richtungen hängt ab von der Richtung des Druckes.

DIE THERMISCHEN, OPTISCHEN UND KRYSTALLOGRAPHISCHEN AXEN DES KRYSTALLSYSTEMS DES GYPSES. 1833.*)

§ 1.

Allgemeine Betrachtungen über die thermischen, optischen und krystallographischen Axen.

Wenn man die Erscheinungen, welche der Quarz in Hinsicht der doppelten Strahlenbrechung darbietet, und die noch nicht auf eine mechanische Theorie zurückgeführt sind, ausnimmt, so würden sich nach *Fresnel*'s Theorie der doppelten Strahlenbrechung die übrigen gekannten Erscheinungen derselben vollständig aus der Homogenität, (Unterschiedslosigkeit der Masse an den verschiedenen Stellen der Masse), erklären lassen, ohne in Beziehung auf die Verschiedenheit der Cohäsionsverhältnisse eines Theilchens der Masse zu seinen umgebenden irgend eine Voraussetzung zu machen; das Gesetz ihrer Verschiedenheiten nach den verschiedenen Richtungen könnte nach jener Theorie jedes beliebige sein, und unterläge keiner von einem allgemeinen Begriff der krystallinischen Structur abhängigen engeren Begrenzung. Wie auch das Gesetz jener Cohäsionsverschiedenheiten eines Punktes zu seinen umgebenden beschaffen sei, immer lassen sich durch ihn die drei auf einander rechtwinkligen *Elasticitätsaxen Fresnel's* legen, welche an jeder Stelle, wegen der Unterschiedslosigkeit der Masse an den verschiedenen Stellen, mit einander parallel sind, und auf welche die von *Fresnel* entdeckten Gesetze der doppelten Strahlenbrechung sich beziehen; sie sind die Axen seiner Elasticitätsfläche, sie sind die Axen der Wellenfläche und die des Ellipsoides, wodurch die Geschwindigkeit der Lichtstrahlen in den verschiedenen Richtungen construirt wird.

*) Pogg. Annal. Bd. 27, Seite 240—274; 1833.

Abstrahirt man von dem theoretischen Ursprung dieser Axen, so kann man ihre empirisch-allgemeinste optische Eigenschaft so aussprechen, dass die Geschwindigkeit eines Lichtstrahls im Innern des krystallinischen Mediums eine solche Function der Winkel φ, φ', φ'', die er mit jenen Axen bildet, ist, die nicht verändert wird, wenn diese Winkel sich in $180 \pm \varphi$, $180 \pm \varphi'$, $180 \pm \varphi''$ verwandeln, so dass es im Allgemeinen immer vier sich entsprechende Richtungen giebt, in welchen die Strahlen sich mit derselben Geschwindigkeit bewegen; liegt der Strahl in einer der durch zwei der Axen gelegten Ebenen, so giebt es nur zwei solcher sich entsprechenden Richtungen. Setzen wir nun diese Eigenschaft als die Definition der rechtwinkligen, optischen Axen fest. Das wirkliche Vorhandensein derselben in dem krystallinischen Medium kann man als ein Resultat der Erfahrung ansehen; nirgends ist bis jetzt eine Abweichung von dieser optischen Symmetrie beobachtet.

Wenn man von denselben Grundprincipien ausgeht wie *Fresnel*, — nämlich, dass die elastischen Kräfte, durch welche die Lichtundulationen in dem krystallinischen Medium sich fortpflanzen, resultiren aus den anziehenden und abstossenden Kräften, mit welchen auf ein Theilchen von den es zunächst umgebenden Theilchen gewirkt wird, und zwar in den einzelnen Richtungen proportional der Veränderung der ursprünglichen Entfernung, — und mit einer strengeren Analyse die Folgerungen untersucht, die sich aus diesen Grundprincipien ergeben, so findet man *keineswegs* das Vorhandensein der drei rechtwinkligen, optischen Axen als eine allgemeine Folge der Unterschiedslosigkeit der Masse an den verschiedenen Stellen, wie *Fresnel*, unabhängig von dem Gesetze, durch welches die Wirkung zweier zunächstliegender Theilchen nach den verschiedenen Richtungen ihrer Entfernung bestimmt wird; man findet im Gegentheil, dass dieses Gesetz, weit entfernt, irgend ein beliebiges sein zu können, gewissen Beschränkungen unterworfen ist, wenn in dem System der Geschwindigkeiten der Lichtwellen oder Lichtstrahlen jene Symmetrie in Beziehung auf ein rechtwinkliges, optisches Axensystem stattfinden soll. Zufolge dieser Beschränkungen, innerhalb welcher das Gesetz der Wirkung irgend zweier Theilchen in den verschiedenen Richtungen ihrer Entfernung sich befinden muss, ist das System von Kräften, welches um irgend einen Punkt durch die Verschiebungen der Theilchen der Masse sich entwickelt, *dasselbe*, welches entsteht, wenn die Masse in Hinsicht ihrer Cohäsionsverhältnisse in jedem Punkt durch jede von drei auf einander rechtwinkligen Ebenen in gleiche und symmetrische Hälften getheilt werden kann. Die Annahme also, welche ich in meiner Abhandlung über die doppelte Strahlenbrechung (Poggendorff's Ann. d. Physik, Bd. XXV) zu Grunde gelegt habe*), nämlich die der symmetrischen Theilbarkeit des Mediums in jedem Punkte durch drei rechtwinklige Ebenen, ist demnach die nothwendige und allgemeinste Annahme für alle krystallinischen Medien, welche drei rechtwinklige optische Axen haben. Für den optischen Begriff eines krystallinischen Mediums ergiebt sich aber hieraus *die* wichtige Folge, dass die mechanische Structur der Masse, bezogen auf irgend ein Theilchen, nicht irgend eine beliebige sein kann, dass vielmehr in dem dem Medium inhärirenden System von Cohäsionskräften schon eine ganz bestimmte Beziehung zu drei auf einander rechtwinkligen Axen vorhanden ist, welche Beziehung für den optischen Effect, immer die Undulationstheorie des Lichtes vorausgesetzt, dieselbe ist, als würde das dem krystallinischen Medium inhärirende System von Cohäsionskräften durch jede von drei zu einander rechtwinkligen Ebenen in gleiche und symmetrische Theile getheilt. Man kann die Durchschnittslinien dieser Ebenen die *Cohäsionsaxen* nennen.

Das Vorhandensein dieser drei auf einander rechtwinkligen Cohäsionsaxen in jedem krystallinischen Medium muss also als eine nothwendige Bedingung angesehen werden überall, wo die Erfahrung drei auf einander rechtwinklige optische Axen als vorhanden nachgewiesen hat; und beiderlei Axensysteme fallen zusammen.

Wie auch die mechanische Structur eines homogenen Mediums beschaffen sei, wenn es von allen Seiten einem gleichen, gegen seine Oberfläche senkrechten Druck unterworfen wird, so verändert sich die relative Lage der Theilchen so, dass diejenigen, welche ursprünglich auf der Oberfläche einer Kugel sich befanden, nun, unter der Wirkung des Drucks, sich auf der Oberfläche eines Ellipsoides befinden. Die drei Axen dieses Ellipsoides kann man die *Hauptdruckaxen* nennen. Die Lage und das respective Verhältniss der Hauptdruckaxen ist allein abhängig von dem System von Cohäsionskräften um jeden Punkt des Mediums. Wenn man annimmt, (und es ist die einfachste Annahme, die sich darbietet, und eine durch die bekannten Lichtphänomene des comprimirten Glases, und durch die Untersuchungen von *Savart* über die Schwingungen krystallinischer Scheiben sehr unterstützte Annahme), dass das System von Elasticitätskräften, welches in den Schallschwingungen wirksam ist, aus einem, dem Medium inhärirenden Cohäsionssystem hervorgeht, welches dasselbe Gesetz der Verschiedenheit nach den verschiedenen Richtungen befolgt, als dasjenige, aus welchem das System von Elasticitätskräften hervorgeht,

*) Seite 165 des vorliegenden Bandes.

welches in den Lichtschwingungen die Bewegungen fortpflanzt, so ergiebt sich strenge, dass in allen den krystallinischen Medien, welche drei auf einander rechtwinklige optische Axen haben, die Hauptdruckaxen zusammenfallen mit diesen optischen Axen.

Die Lage und das relative Verhältniss der Hauptdruckaxen bleibt unverändert, sei es, dass das begrenzte Medium einem überall gleichen, gegen seine Oberfläche senkrechten Druck, oder einer solchen Spannung unterworfen wird. *Die Wirkung der Wärme auf dasselbe begrenzte Medium bei vermehrter Temperatur desselben kann man sich als eine überall gleiche, gegen die Oberfläche des Mediums senkrecht wirkende Spannung vorstellen.* Die Repulsivkräfte des Zuwachses von Wärme, welche die Vergrösserung des Volumens hervorgebracht haben, heben sich in der That im Innern des Mediums in jedem Punkte auf, nur die Theilchen des Mediums an der Oberfläche erleiden einen von Innen nach Aussen gehenden Druck, dem sie nachgegeben haben; zugleich haben sie die ihnen zunächst liegenden Theilchen mitgenommen, welche wiederum die ihnen folgenden nach sich gezogen haben. Es ist also allein die Spannung an der Oberfläche, wodurch das Volumen mit steigender Temperatur vergrössert wird. Durch Veränderung der Temperatur wird also die relative Lage der Theilchen auf dieselbe Weise verändert werden, wie durch einen auf die Oberfläche senkrechten, überall gleichen Druck; die Theilchen, welche ursprünglich auf der Oberfläche einer Kugel liegen, befinden sich nach der Temperaturveränderung auf der Oberfläche eines Ellipsoides. Die Axen des Ellipsoides können die *thermischen Axen* genannt werden. Unabhängig von dieser mechanischen Betrachtung lässt sich beweisen, dass, welche Vorstellung man sich auch von der Wirkung der Wärme machen möge, wenn diese nur von der Art ist, dass alle Theile, welche ursprünglich in einer geraden Linie liegen, auch nach der Temperaturveränderung in einer solchen liegen, d. h. wenn sie nur keine Krümmung hervorbringt, (welcher Bedingung sie in der That der Erfahrung zufolge entspricht), die relative Lage der Theile immer durch eine Temperaturveränderung so verändert ist, dass die ursprünglich auf einer Kugelfläche liegenden Theile nun auf der Oberfläche eines Ellipsoides sich befinden. Die Definition der thermischen Axen ist also gewissermaassen unabhängig von unserer mechanischen Vorstellung der Wirkung der Wärme, aber ohne sie ist man nicht im Stande die Frage a priori zu entscheiden, ob die Richtung der Axen des thermischen Ellipsoides immer dieselbe sei, wie gross oder klein auch die Temperaturveränderung sei. Aus jener mechanischen Betrachtung ist diese Beständigkeit der Richtung der Axen des Ellipsoides eine nothwendige Folgerung; sie führt ausserdem auf den strengen Schluss, *dass die thermischen Axen immer dieselben als die Hauptdruckaxen sein müssen.*

Nun ist gezeigt, dass in den krystallinischen Medien mit drei rechtwinkligen optischen Axen die Hauptdruckaxen unter der Voraussetzung einer sehr wahrscheinlichen Annahme über die Cohäsionskräfte zusammenfallen mit den optischen Axen. Aus derselben Voraussetzung, dass nämlich die in den Licht- und Schallschwingungen erregten Elasticitätskräfte hervorgehen aus Systemen von Cohäsionskräften, welche dasselbe Gesetz der Richtung befolgen, folgt also, dass auch die *thermischen Axen zusammenfallen mit den optischen Axen.* Alle drei Axensysteme, das *optische,* das *thermische* und das *des Drucks* (oder das *akustische*), fallen also zusammen mit dem Axensysteme, welches das *Cohäsionsaxensystem* genannt wurde [vgl. Seite 258, 259].

Was nun endlich ein fünftes Axensystem betrifft, das *krystallographische,* so kann kein Zweifel sein, dass überall da, wo die Krystallformen symmetrisch in Beziehung auf drei rechtwinklige Ebenen sind, also bei den vollflächigen Gestalten, die Durchschnittslinien dieser drei rechtwinkligen Ebenen, welche eben die krystallographischen Axen sind, zusammenfallen mit den Cohäsionsaxen, und somit also auch mit den optischen, thermischen, und mit denen des Druckes. Dies ist eine Folge des Grundbegriffs, der von den Cohäsionsaxen aufgestellt ist; zugleich aber auch durch die Beobachtungen erwiesen in optischer Hinsicht*), und durch die Beobachtungen des Herrn *Mitscherlich* auch in thermischer Hinsicht.

In denjenigen Gestalten, in welchen die Symmetrie in Beziehung auf drei rechtwinklige Ebenen fehlt, in den hemiëdrischen, sucht die Krystallographie das Gesetz der Formen gleichfalls in drei auf einander rechtwinkligen Richtungen. Ich will mich hier *nicht* auf die Gründe einlassen, wodurch die Krystallographie zur Annahme solcher drei rechtwinkligen Richtungen, d. i. der krystallographischen Axen, auch in den Formen, wo sie nicht durch deren Symmetrie unmittelbar gegeben sind, veranlasst worden ist, auch nicht von den im Begriff unserer Cohäsionsaxen liegenden inneren Gründen sprechen, wodurch es sehr wahrscheinlich wird, dass diese und die krystallographischen Axen identisch seien, und dass also schon allein hieraus das Vorhandensein der krystallographischen Axen eben so allgemein, als das der optischen Axen sich ergebe. Ich will vielmehr beweisen, dass, wenn die Krystallographie *unter*

---

*) In den Ann. d. Chimie, Bd. XXVI, theilt Herr *Mitscherlich* eine Beobachtung über die Lage der optischen Axen in der schwefelsauren Magnesia mit, welche hiemit in Widerspruch steht; indess mögen hier optische Verhältnisse ganz besonderer Art vorhanden gewesen sein. — *Anm. des Originals.*

Axen überhaupt solche Linien in einer Krystallform versteht, welche eine feste, unveränderliche, relative Richtung haben, und deren relativen Längen allein veränderlich sind, solcher Linien immer drei, und im Allgemeinen *nur* drei auf einander rechtwinklige vorhanden sind, und dass diese keine anderen sein können, als die drei Hauptdruckaxen und thermischen Axen. Der Beweis ist einfach: die relative Richtung aller anderen Linien ist abhängig von dem zufälligen Druck (atmosphärischen z. B.) und der zufälligen Temperatur, unter welcher die Krystallform sich befindet, und veränderlich mit diesen; auf die Grösse der Veränderung kann es natürlich bei der Bestimmung des Begriffs der krystallographischen Axen nicht ankommen. — Ich habe vorher die Gründe angegeben, welche meines Erachtens keinen Zweifel übrig lassen, dass die thermischen Axen überall zusammenfallen mit den Hauptdruckaxen; — auf diesem Zusammenfallen beiderlei Axensysteme beruht unser Beweis; fielen sie nicht zusammen, so würden überhaupt gar keine krystallographischen Axen in dem Sinne der eben gegebenen Definition, (und man kann keine andere geben), existiren, weil die relativen Richtungen, welche bei der Temperaturveränderung constant sind, durch den Druck verändert werden, und umgekehrt.

Es giebt also in allen krystallinischen Formen ein rechtwinkliges, krystallographisches Axensystem, und dies ist dasselbe, als das thermische und das der Hauptdruckaxen, von denen vorher die Identität mit dem optischen Axensysteme und dem Axensysteme der Cohäsionskräfte unter einer sehr einfachen und wahrscheinlichen Voraussetzung nachgewiesen ist.

So sicher oder annehmbar die Gründe sind, woraus dieser Satz abgeleitet ist, so schien es doch, wegen *der* Voraussetzung, aus welcher die Identität der Hauptdruckaxen und der optischen Axen abgeleitet ist, sehr wünschenswerth, ihn an der Erfahrung prüfen zu können. Diese Prüfung kann sich nur auf eines der hemiëdrischen Krystallsysteme beziehen. Glücklicherweise sind die erforderlichen Erfahrungen für das Krystallsystem des *Gypses* vorhanden, aus welchen sowohl die Lage der drei optischen Axen als der drei thermischen Axen abgeleitet werden kann. Theils dieser Ableitung wegen, theils um die Eigenschaften dieser Axen in krystallographischer Hinsicht kennen zu lernen, ob nämlich die Lage der verschiedenen Krystallflächen durch eine einfache und unmittelbare Beziehung auf diese Axen bestimmt sei, worin bis dahin der wesentliche Charakter der Krystallaxen gesetzt werden musste, war eine genauere empirische Bestimmung des Krystallsystems des Gypses nöthig, als sie sich aus den *Haüy*'schen Messungen ergiebt; diese macht demnach einen Theil der folgenden Untersuchung aus.

§ 2.

Beschreibung der bis jetzt beobachteten Krystallflächen des Gypssystems.

Die mitzutheilenden Messungen des Gypssystems wurden an zwei Krystallen von Bex, welche dem Mineraliencabinet der Königsberger Universität gehören, angestellt. Ausser der gewöhnlichen Form des Gypses, gebildet von den Säulenflächen f und f', der Abstumpfung der scharfen Seitenkante der Säule durch die Fläche P, parallel dem ersten Blätterdurchgang, und den augitartigen Zuschärfungsflächen l und l', hatten diese Krystalle einige seltenere Flächen, [vgl. die beiden Schemata Seite 268].

Ausser einer Fläche n, welche nur einzeln an einem der Krystalle an einem Ende sich befand, hatten diese Krystalle als Abstumpfungen der Kante zwischen P und f die von *Haüy* mit o bezeichnete Fläche (es ist diejenige Fläche in der horizontalen Zone, deren Neigung gegen P die halbe Tangente der Neigung f gegen P hat), und am Ende fand sich eine sehr kleine Fläche, die in der im Gypssysteme charakteristisch hervortretenden Zone von l nach n lag, und zugleich in der Zone von einem vorderen, rechts liegenden o nach einem hinten links liegenden l; von der Richtigkeit dieser Bestimmung überzeugte ich mich theils durch die directe Beobachtung der letzteren Zone, theils durch Winkelmessungen, welche indess nur als ein ungefähr richtiges Resultat gebend können betrachtet werden, wegen der Kleinheit der in Rede stehenden Fläche. Ich fand die Neigung dieser Fläche gegen l auf derselben Seite 26° 43'*) und gegen l auf der anderen Seite 48° 35'. Es sollen diese Flächen mit v bezeichnet werden. Die scharfen Endkanten, gebildet von den augitartigen Zuschärfungen l, l und den Säulenflächen f, f, sind abgestumpft von Flächen, ausgezeichnet durch ihr unebenes, drusiges Ansehen und merkliche Wölbung; es ist die (zufällige) Hälfte einer sehr stumpfen augitartigen Zuschärfung mit sehr wenig geneigter schiefer Endkante, und liegt in der Zone von einem rechts liegenden n nach einem links liegenden l. Diese Zonenbestimmung liess sich direct beobachten; aus angestellten Messungen musste geschlossen werden, dass sie ausserdem noch in der Zone von einem links liegenden n nach einem rechts liegenden v sich befindet**). Dies ist

*) Winkelangaben im Folgenden sind die Neigungen der Normalen der Flächen. — *Anm. des Originals.*

**) Die Messungen konnten, wegen der Drusigkeit der Flächen, nur ein sehr unvollkommenes Resultat geben; ich fand in der Zone lf, in welcher die Fläche liegt, ihre Neigung gegen l: 48° und 49° 47' statt 47° 4', gegen f: 83° 21' und 82° 55' statt 83° 6', und gegen das andere l: 41° 51' statt 39° 58'. — *Anm. des Originals.*

also eine neue, noch nicht beobachtete Fläche (sie soll mit ω bezeichnet werden), sie ist aber aus der Diagonalzone derselben schiefen Endfläche, welche von *Haüy* beobachtet ist, und mit ε bezeichnet wurde im *Traité de Mineralogie,* in deren Diagonalzone seine Flächen u liegen, welche zugleich in der Zone von l nach n sich befinden, und deren Neigungen gegen die Fläche P zur Tangente ein Drittel der Tangente der Neigung der in Rede stehenden Fläche ω gegen P haben. — Bei *Haüy* finden sich ausser den hier beschriebenen Flächen noch eine Fläche r aus der horizontalen Zone mit ein Drittel der Tangente der Neigung von f gegen P, und eine Fläche k aus der Zone der schiefen Endkante der Flächen l und l gleichfalls mit $\frac{1}{3}$ der Tangente der Neigung der Flächen l gegen P. Endlich werden noch als von *Soret* beschrieben zwei Flächen x und s angegeben (im Grundriss der Mineralogie von *Mohs*), aus der Diagonalzone von T, deren Neigungen gegen P $\frac{1}{2}$ und $\frac{1}{3}$ der Tangente der Neigung von n gegen P haben. — Alle diese Flächen stehen unter einander in einem nahen, sich mannigfaltig durchkreuzenden Zonenzusammenhang, der sich am einfachsten aus der graphischen Darstellung dieses Krystallsystems, Fig. 1 Seite 268 übersehen lässt, in welchem die Durchschnitte einer, auf den Flächen f, f senkrechten Ebene mit den Normalen der Krystallflächen durch die diesen entsprechenden Buchstaben bezeichnet sind.

Diese Darstellung enthält vollständig, was von beobachteten Flächen bekannt ist, obgleich es Anfangs scheinen möchte, dass *Phillips* in seiner *Introduction to the kn. of Mineralogy* noch ganz andere Flächen beobachtet habe; indess bei genauer Ansicht muss man sich überzeugen, dass sowohl in seinen Abbildungen, als in den Winkelangaben Verwechselungen der von ihm mit a und d bezeichneten Flächen stattgefunden haben, so dass in der grossen Figur die mit a bezeichneten Flächen keine anderen sind, als die *Haüy*'schen Flächen n, und die mit d bezeichneten unsere mit v bezeichneten, und in den Winkelangaben die Angabe P, o, n, a vertauscht werden muss mit P, o, n, d. Seine Fläche e möchte wohl nur *Haüy*'s ε sein, so dass sein b_2 allein als eine bisher nicht gekannte Angabe übrig bleibt, in deren Neigungsangaben sich aber solche Irrthümer eingeschlichen haben, dass die systematische Bestimmung dieser Fläche dadurch unmöglich gemacht ist. In diese Kritik der *Phillips*'schen Darstellung des Gypssystems war es nöthig einzugehen, weil sie ausserdem dadurch ausgezeichnet ist, dass sie eine grosse Anzahl gemessener Winkel enthält, ein Umstand, der um so schätzbarer ist, theils weil dies die einzigen Messungen dieses Systems bis jetzt sind, welche mit dem Reflexionsgoniometer angestellt sind, theils weil namentlich bei einer solchen

Substanz, wie der Gyps, welche mechanischen Einwirkungen so wenig widersteht, so leicht Biegungen und Verschiebungen dadurch erleidet, die Anzahl der Messungen nicht genug vervielfältigt werden kann, um zu einem sicheren Resultat zu gelangen.

§ 3.

Neue Messungen des Gypssystems und Discussion der Messungen von Phillips.

An den beiden beschriebenen Krystallen von Bex liessen sich folgende Messungen mit Sicherheit anstellen:

	Gemessene Winkel				Corrigirte Winkel
	am Krystall No. I		am Krystall No. II		
		$\varDelta$		$\varDelta$	
$f-f'$	$68^0\ 34',4$	$1',1$	$68^0\ 36',4$	$1',7$	$68^0\ 38'$
$l-l'$	36 16,3	1,7	{36 12,6 {36 17,8	1,0 1,1	36 18
$f-l$	. . . . .	. .	107 37,1	3,5	107 44
$f-l'$	. . . . .	. .	131 5,0	1,0	131 0

Jede dieser Winkelangaben (es sind die unmittelbaren Messungen, also das Complement zu 180^0 der Flächenneigungen) ist das Mittel aus zehn Messungen, deren Uebereinstimmung unter einander man aus den mit $\varDelta$ überschriebenen Spalten ersehen kann, welche das arithmetische Mittel der Fehler der einzelnen Messungen (sämmtliche Fehler positiv genommen) enthalten. Von den beiden Angaben für $l-l'$ am Krystall No. II ist die eine das Resultat von Messungen an den beiden vorderen $l-l'$, die andere an den beiden hinteren, welche mit jenen parallel hätten sein sollen.

Da in der Abtheilung der zwei- und eingliedrigen Systeme durch *drei* Winkel das System vollständig bestimmt wird, so müssen die vier gemessenen Winkel einer Bedingungsgleichung genügen, die man dazu benutzen kann, die gemessenen Winkel unter sich zu corrigiren. Diese Bedingungsgleichung ist im gegenwärtigen Falle*):

$$\cos fl' - \cos fl + 2 \sin \tfrac{1}{2} ff' \cdot \sin \tfrac{1}{2} ll' = 0\,.$$

*) Bekanntlich gilt der Ptolemäische Satz: $ac + bd = gh$ auch auf der *Kugel*, falls nur die Ecken des sphärischen Vierecks auf einem *Kreise* liegen. Doch hat man alsdann statt der Seiten und Diagonalen des Vierecks zu nehmen die Sinus der halben Seiten und der halben Diagonalen. Bringt man nun diesen Ptolemäischen Kugelflächensatz in Anwendung auf das sphärische Viereck $llff$ (Fig. 2, Seite 268) und bezeichnet man dabei die *links* und *rechts* liegenden Punkte (ebenso wie in obiger Tafel) respective mit l, f und l', f', so erhält man sofort die obige Formel. — *C. N.*

Die mittelst dieser Gleichung corrigirten Werthe der gemessenen Winkel, so dass den Winkeln ll' und ff' das doppelte Gewicht gegeben ist, sind die in der Tafel unter der Ueberschrift „corrigirte Winkel" enthaltenen Angaben.

Um die Lage der Flächen durch ihre Beziehung zu drei auf einander rechtwinkligen Dimensionen a, b, c auszudrücken, legen wir diese so, dass eine derselben, nämlich b, senkrecht auf P steht, die andere c parallel mit den Säulenkanten $\frac{f}{f'}$, und die dritte, also a, senkrecht auf der Kante $\frac{f}{f'}$ und parallel mit P ist. Es schneide die Fläche l von den drei Dimensionen a, b, c Theile ab, deren relative Längen $-\frac{1}{\alpha'}$, $\frac{1}{\beta}$, 1 seien, so dass ihr Flächenausdruck $\left[-\frac{1}{\alpha'}:\frac{1}{\beta}:1\right]$ ist*); der Ausdruck der schiefen Endfläche, in deren Diagonalzone die Flächen v liegen, sei $\left[-\frac{1}{\alpha}:\frac{1}{0}:1\right]$, alsdann erhalten die übrigen Flächen des Systems folgende Ausdrücke:

$$M=\left[\frac{1}{\alpha'-\alpha}:\frac{1}{0}:\frac{1}{0}\right],\qquad T=\left[\frac{1}{\alpha'-2\alpha}:\frac{1}{0}:1\right],$$

$$f=\left[\frac{1}{\alpha'-\alpha}:\frac{1}{\beta}:\frac{1}{0}\right],\qquad \varepsilon=\left[\frac{3}{\alpha'-4\alpha}:\frac{1}{0}:1\right],$$

$$o=\left[\frac{1}{\alpha'-\alpha}:\frac{1}{2\beta}:\frac{1}{0}\right],\qquad l=\left[-\frac{1}{\alpha'}:\frac{1}{\beta}:1\right],$$

$$r=\left[\frac{1}{\alpha'-\alpha}:\frac{1}{3\beta}:\frac{1}{0}\right],\qquad k=\left[-\frac{1}{\alpha'}:\frac{1}{3\beta}:1\right],$$

$$P=\left[\frac{1}{0}:\frac{1}{\beta}:\frac{1}{0}\right],\qquad v=\left[-\frac{1}{\alpha}:\frac{1}{\beta}:1\right],$$

$$\omega=\left[\frac{3}{\alpha'-4\alpha}:\frac{3}{\beta}:1\right],\qquad x=\left[\frac{1}{\alpha'-2\alpha}:\frac{1}{2\beta}:1\right],$$

$$u=\left[\frac{3}{\alpha'-4\alpha}:\frac{1}{\beta}:1\right],\qquad s=\left[\frac{1}{\alpha'-2\alpha}:\frac{1}{3\beta}:1\right].$$

$$n=\left[\frac{1}{\alpha'-2\alpha}:\frac{1}{\beta}:1\right],$$

Die numerischen Werthe von α', α, β, wie sie sich aus den corrigirten Messungen ergeben, sind:

$$\text{(E.)}\qquad \begin{aligned}\alpha'&=0{,}77381\\ \alpha&=0{,}16675\\ \beta&=0{,}41437\,.\end{aligned}$$

In der folgenden Tafel sind die aus diesen Elementen α', α, β des Systems berechneten Winkel mit den Messungen von *Phillips* zusammengestellt:

---

*) Vgl. die nachträgliche Bemerkung auf Seite 297.

	Berechnete Winkel	Messungen von Phillips	$\varDelta$
$\left\{\begin{matrix} ff \\ Mf \end{matrix}\right\}$	68° 38′ 34 19	68° 40′ 34 20	$\left\{\begin{matrix} +\ 2' \\ +\ 1 \end{matrix}\right\}$
Mo	53 48	53 42	— 6
Mr	63 59	63 55	— 4
$\left\{\begin{matrix} nn \\ nT \end{matrix}\right\}$	41 32 20 46	41 18 20 51	$\left\{\begin{matrix} -\ 14 \\ +\ 5 \end{matrix}\right\}$
nv	30 53	30 40	— 13
$\frac{1}{2}(vv)$	22 14	22 14	0
$\left\{\begin{matrix} ll \\ \frac{1}{2}ll \end{matrix}\right\}$	36 18 18 9	36 12 18 0	$\left\{\begin{matrix} -\ 6 \\ -\ 9 \end{matrix}\right\}$
nf	59 16	61 42	+ 2° 26

Obgleich diese Messungen von *Phillips**) bis auf die letzte, die elfte, auf eine kaum hier erwartete Weise übereinstimmen mit denjenigen, die aus unseren Elementen berechnet sind, so schien es doch nicht überflüssig zu untersuchen, ob die zehn *Phillips*'schen Messungen (denn die elfte glaubte ich verwerfen zu müssen) sich nicht durch kleine Verbesserungen der Elemente noch besser darstellen liessen. Wenn V den aus den Elementen α', α, β berechneten Winkel darstellt, unter welchem die Flächen

$$\left[\frac{1}{m'\alpha'+m\alpha}:\frac{1}{n\beta}:1\right] \quad \text{und} \quad \left[\frac{1}{\mu'\alpha'+\mu\alpha}:\frac{1}{\nu\beta}:1\right]$$

gegen einander geneigt sind, und $\varDelta V$ die Veränderung ist, welche er erleidet, wenn die Elemente sich um die kleinen Grössen $\varDelta\alpha'$, $\varDelta\alpha$, $\varDelta\beta$ vergrössern, so ist:

$$\varDelta V = a'\varDelta\alpha' + a\varDelta\alpha + b\varDelta\beta,$$

wo a', a, b bestimmt sind durch folgende Relationen:

$$\begin{aligned} a' &= m'P + \mu'\Pi, \\ a &= mP + \mu\Pi, \\ b &= nS + \nu\Sigma, \end{aligned}$$

in denen die Grössen P, Π, S, Σ für die Rechnung am bequemsten durch folgende Gleichungen bestimmt werden, in welchen A und $\mathfrak{A}$ die Neigungen der Normalen der ersten und zweiten Fläche gegen die Richtung der α's, und B und $\mathfrak{B}$ ihre Neigungen gegen die Richtung der β's vorstellen, und C und $\mathfrak{C}$ ihre Neigungen gegen die dritte Dimension:

*) *Phillips*: El. Introd. to the Kn. of Mineralogy. Third Edition, London 1823, daselbst Seite 175.

$$\begin{cases} NP - \mathsf{N\Pi} = -2\operatorname{cotg}\frac{V}{2}\sin\frac{A-\mathfrak{A}}{2}\sin\frac{A+\mathfrak{A}}{2}, \\ NP + \mathsf{N\Pi} = -2\operatorname{tg}\frac{V}{2}\cos\frac{A-\mathfrak{A}}{2}\cos\frac{A+\mathfrak{A}}{2}, \\ NS - \mathsf{N\Sigma} = -2\operatorname{cotg}\frac{V}{2}\sin\frac{B-\mathfrak{B}}{2}\sin\frac{B+\mathfrak{B}}{2}, \\ NS + \mathsf{N\Sigma} = -2\operatorname{tg}\frac{V}{2}\cos\frac{B-\mathfrak{B}}{2}\cos\frac{B+\mathfrak{B}}{2}, \end{cases}$$

$$\begin{cases} N = \frac{m'\alpha' + m\alpha}{\cos A} = \frac{n\beta}{\cos B} = \frac{1}{\cos C}, \\ \mathsf{N} = \frac{\mu'\alpha' + \mu\alpha}{\cos \mathfrak{A}} = \frac{\nu\beta}{\cos \mathfrak{B}} = \frac{1}{\cos \mathfrak{C}}. \end{cases}$$

A, B, C, $\mathfrak{A}$, $\mathfrak{B}$, $\mathfrak{C}$ werden alle von den positiven Enden der drei Dimensionen an gerechnet, und wachsen bis 180°. Berechnet man nach diesen Gleichungen die Werthe von a', a, b für die von *Phillips* gemessenen Winkel, so erhält man folgende zehn Gleichungen; in denen $\Delta\alpha' - \Delta\alpha = \Delta\mathsf{A}$ gesetzt ist:

$$\begin{aligned}
\Delta ff &= +\ 2\mathfrak{m} = -1{,}534\Delta\mathsf{A} \cdots\cdots + 2{,}247\Delta\beta, \\
\Delta Mf &= +\ 1\mathfrak{m} = -0{,}767\Delta\mathsf{A} \cdots\cdots + 1{,}123\Delta\beta, \\
\Delta Mo &= -\ 6\mathfrak{m} = -0{,}785\Delta\mathsf{A} \cdots\cdots + 1{,}150\Delta\beta, \\
\Delta Mr &= -\ 4\mathfrak{m} = -0{,}649\Delta\mathsf{A} \cdots\cdots + 0{,}951\Delta\beta, \\
\Delta nn &= -14\mathfrak{m} = -0{,}244\Delta\mathsf{A} + 0{,}244\Delta\alpha + 1{,}600\Delta\beta, \\
\Delta nT &= +\ 5\mathfrak{m} = -0{,}122\Delta\mathsf{A} + 0{,}122\Delta\alpha + 0{,}800\Delta\beta, \\
\Delta nv &= -13\mathfrak{m} = +0{,}792\Delta\mathsf{A} + 0{,}110\Delta\alpha - 0{,}175\Delta\beta, \\
\tfrac{1}{2}\Delta vv &= -\ 0 = \cdots\cdots - 0{,}057\Delta\alpha + 0{,}845\Delta\beta, \\
\Delta ll &= -\ 6\mathfrak{m} = -0{,}287\Delta\mathsf{A} - 0{,}287\Delta\alpha + 1{,}429\Delta\beta, \\
\tfrac{1}{2}\Delta ll &= -\ 9\mathfrak{m} = -0{,}143\Delta\mathsf{A} - 0{,}143\Delta\alpha + 0{,}714\Delta\beta;
\end{aligned}$$

hier hat $\mathfrak{m}$ die Bedeutung: $\mathfrak{m} = \frac{\pi}{180\cdot 60}$; und es ist also: $\mathfrak{m} = 0{,}000291$.

Nach der Methode der kleinsten Quadrate erhält man hieraus:

$$\begin{aligned}
4{,}783\Delta\mathsf{A} + 0{,}110\Delta\alpha - 6{,}967\Delta\beta &= -\ 1{,}01\mathfrak{m}, \\
0{,}110\Delta\mathsf{A} + 0{,}190\Delta\alpha - 0{,}092\Delta\beta &= -\ 1{,}23\mathfrak{m}, \\
6{,}967\Delta\mathsf{A} + 0{,}092\Delta\alpha - 15{,}033\Delta\beta &= +\ 36{,}22\mathfrak{m};
\end{aligned}$$

woraus sich ergiebt:

$$\begin{aligned}
\Delta\mathsf{A} &= -11{,}31\mathfrak{m} \quad \text{oder} \quad & \Delta\alpha' &= -14{,}8\mathfrak{m}, \\
\Delta\alpha &= -\ 3{,}5\mathfrak{m} & \Delta\alpha &= -\ 3{,}5\mathfrak{m}, \\
\Delta\beta &= -\ 7{,}67\mathfrak{m} & \Delta\beta &= -\ 7{,}67\mathfrak{m}.
\end{aligned}$$

Demgemäss sind die früher [in (E.) Seite 265] angegebenen Werthe der Elemente α', α, β zu ersetzen durch:

$$\text{(F.)} \qquad \begin{aligned} \alpha' &= 0{,}7695, \\ \alpha &= 0{,}1657, \\ \beta &= 0{,}4121. \end{aligned}$$

Den Erfolg dieser Verbesserungen der Elemente zeigt folgende Tafel:

	Beobachtet	Berechnet	Δ
Δff	$+ 2,0$	$0,0$	$- 2,0$
ΔMf	$+ 1,0$	$0,0$	$- 1,0$
ΔMo	$- 6,0$	$0,0$	$+ 6,0$
ΔMr	$- 4,0$	$0,0$	$+ 4,0$
Δnn	$- 14,0$	$- 10,4$	$+ 3,6$
ΔnT	$+ 5$	$- 5,2$	$- 10,2$
Δnv	$- 13$	$- 8$	$+ 5,0$
$\frac{1}{2}\Delta vv$	0	$- 6,3$	$- 6,3$
Δll	$- 6$	$- 6,7$	$- 0,7$
$\frac{1}{2}\Delta ll$	$- 9$	$- 3,3$	$+ 5,7$

aus der man ersieht, dass die *Phillips*'schen Messungen durch die verbesserten Elemente so unerheblich besser dargestellt werden, dass man, bei

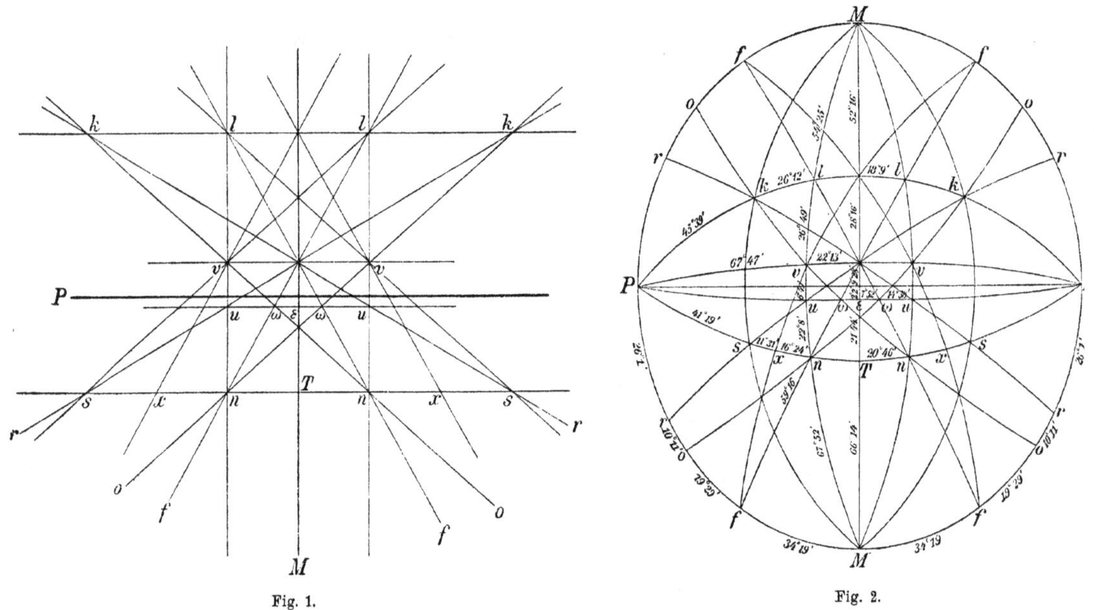

Fig. 1. Fig. 2.

der Ungewissheit des Werthes der einzelnen Messungen, es für jetzt bei unseren obigen Elementen (E.) bewenden lassen kann*). Die wichtigsten aus diesen Elementen berechneten Winkel findet man in der vorstehenden Fig. 2, welche die Durchschnitte der Normalen der Flächen mit einer Kugelfläche darstellt. [Vgl. Seite 295.]

*) In der That wird weiterhin stets Gebrauch gemacht werden von den Elementen (E.) Seite 265, nicht aber von den Elementen (F.) Seite 267. — *C. N.*

§ 4.

Verfahren zur Bestimmung der thermischen Axen in einem zwei- und eingliedrigen System.

Mit der Temperatur verändern in den Krystallformen im Allgemeinen sich auch die Neigungen der Flächen und ihre ebenen Winkel. Wenn man die relative Lage der Flächen durch ihre Beziehung zu drei auf einander rechtwinkligen oder schiefwinkligen Richtungen bezeichnet, so behalten zwar die Flächen nach der Temperaturveränderung dieselbe Beziehung zu diesen Richtungen; diese Richtungen selbst aber haben ihre relative Lage, und zugleich ihre relativen Einheiten verändert. Es giebt indessen immer ein gewisses System von drei auf einander rechtwinkligen Richtungen, und nur *ein* solches im Allgemeinen, welche die Eigenschaft besitzen, dass sie ihre relativen Richtungen nicht verändern, also rechtwinklig vor und nach der Temperaturveränderung sind; in *diesem* System rechtwinkliger Dimensionen haben also nur lineare Ausdehnungen und Zusammenziehungen stattgefunden, wodurch allein ihre relativen Einheiten verändert sind. Dies sind die drei auf einander rechtwinkligen *thermischen Axen.*

Bei den zwei- und eingliedrigen Krystallsystemen fordert es die Symmetrie der Gestalt, und die Beobachtung hat es bestätigt, dass eine dieser drei Dimensionen senkrecht steht auf der Ebene, durch welche die Gestalt in zwei symmetrische Hälften getheilt wird, die beiden andern also in dieser Ebene liegen müssen. Bei dieser Klasse von Systemen ist demnach die Aufgabe, die thermischen Axen zu finden, einfach, nämlich: *in der die Gestalt symmetrisch theilenden Ebene zwei auf einander senkrechte Linien zu finden, welche auch nach der Temperaturveränderung rechtwinklig gegen einander geneigt sind.*

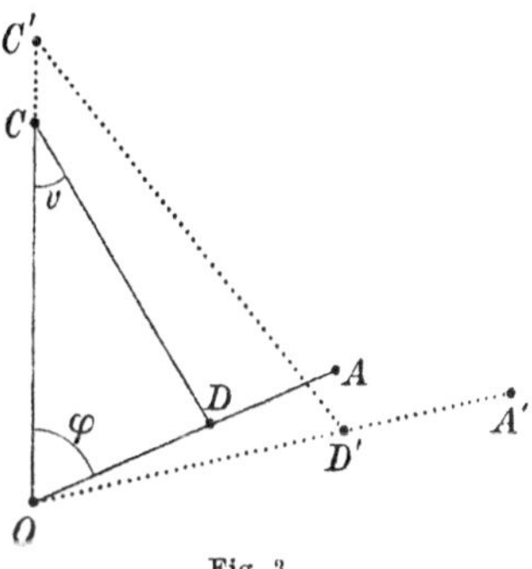

Fig. 3.

Nehmen wir in der die Gestalt symmetrisch theilenden Ebene, das ist, in der Ebene der Richtungen a und c, nach den angenommenen Bezeichnungen, irgend zwei sich schneidende Linien OA und OC, Figur 3, in Beziehung auf welche die Lage der übrigen Linien bestimmt werden soll. Es seien die Längen $OC = C$ und $OA = A$ die Einheiten in diesen schiefwinkligen Dimensionen, und der Winkel AOC sei φ; irgend eine Linie sei durch C gelegt und schneide von OA das Stück $OD = \frac{1}{m}\, OA$ ab. Es heisse der Winkel DCO, den diese Linie CD mit der Dimension OC bildet, v, dann ist $\operatorname{cotg} v = m \frac{C}{A \sin \varphi} - \operatorname{cotg} \varphi$. Nach der Temperaturveränderung haben sich der Winkel AOC in den Winkel $A'OC$, und die ursprünglichen Einheiten OC und OA in OC' und OA' verwandelt. In diesem neuen Zustande hat die ursprüngliche Linie CD die Lage $C'D'$, wo der Punkt C' auf die eben bemerkte Weise in der Richtung OC bestimmt ist, der Punkt D' aber auf der Linie OA' liegt, und zwar so, dass $OD' = \frac{1}{m} OA'$ ist. Bezeichnen wir mit A', C', φ', v' in dem durch die Temperatur veränderten Zustand dieselben Grössen, welche im ursprünglichen Zustande mit A, C, φ, v bezeichnet wurden, so ist $\operatorname{cotg} v' = \frac{mC'}{A' \sin \varphi'} - \operatorname{cotg} \varphi'$. Nehmen wir nun eine zweite Linie, die im ursprünglichen Zustand durch C und $\frac{1}{\mu} A$ gelegt ist, und also durch C' und $\frac{1}{\mu} A'$ im veränderten Zustand; ihre Neigungen gegen die Richtung OC seien u und u'. Wenn diese zwei Linien $\left(\frac{1}{m} A : C\right)$ und $\left(\frac{1}{\mu} A : C\right)$ *rechtwinklig* gegen einander geneigt sind, und diese rechtwinklige Neigung auch *nach* der Temperaturveränderung behalten, so sind es die zwei in der Ebene der Construction liegenden *thermischen Axen.* Es muss also sein $u - v = 90^0$ und $u' - v' = 90^0$, oder:

$$(1.)\quad \begin{aligned} 1 + \operatorname{cotg} u \cdot \operatorname{cotg} v &= 0, \\ 1 + \operatorname{cotg} u' \cdot \operatorname{cotg} v' &= 0. \end{aligned}$$

Wir fanden aber:

$$(2.)\quad \begin{cases} \operatorname{cotg} v = m \frac{C}{A \sin \varphi} - \operatorname{cotg} \varphi, \\ \operatorname{cotg} v' = m \frac{C'}{A' \sin \varphi'} - \operatorname{cotg} \varphi', \\ \text{und ebenso ist offenbar:} \\ \operatorname{cotg} u = \mu \frac{C}{A \sin \varphi} - \operatorname{cotg} \varphi, \\ \operatorname{cotg} u' = \mu \frac{C'}{A' \sin \varphi'} - \operatorname{cotg} \varphi'; \end{cases}$$

und erhalten durch Substitution dieser Werthe in (1.):

$$(3.)\quad \begin{aligned} 1 + \left(m \frac{C}{A \sin \varphi} - \operatorname{cotg} \varphi\right)\left(\mu \frac{C}{A \sin \varphi} - \operatorname{cotg} \varphi\right) &= 0, \\ 1 + \left(m \frac{C'}{A' \sin \varphi'} - \operatorname{cotg} \varphi'\right)\left(\mu \frac{C'}{A' \sin \varphi'} - \operatorname{cotg} \varphi'\right) &= 0. \end{aligned}$$

Die Gleichungen (3.) bestimmen die Werthe von m und μ, und somit also die Lage der beiden thermischen Axen.

Um in diese Gleichungen diejenigen Grössen einzuführen, deren wir uns vorher als Elemente des Gypssystems bedient haben, sei die Richtung OC

diejenige, welche parallel mit den Kanten der Säule f, f ist; die Richtung OA sei parallel mit der Diagonale derjenigen schiefen Endfläche $\left[-\frac{1}{\alpha}:\frac{1}{0}:1\right]$, in deren Diagonalzone die Flächen v, v liegen, und das Verhältniss der Einheiten A und C sei so gewählt, dass die durch den Endpunkt der von C angenommenen Einheit und den Endpunkt der negativen von A angenommenen Einheit gelegte Linie parallel sei mit der schieflaufenden Endkante, in welcher die Flächen l und l sich schneiden: alsdann gilt für:

$$\left[-\frac{1}{\alpha}:\frac{1}{0}:1\right], \text{ wegen } m=0, \qquad \text{die Formel: } \operatorname{cotg} v = -\operatorname{cotg}\varphi = -\alpha.$$

Ebenso ergiebt sich für

$$\left[-\frac{1}{\alpha'}:\frac{1}{0}:1\right], \text{ wegen } m=-1, \text{ die Formel: } \operatorname{cotg} v = -\frac{C}{A\sin\varphi} - \operatorname{cotg}\varphi = -\alpha'.$$

Hieraus folgt sofort [vgl. Seite 283—286 (12.)]:

$$\frac{C}{A\sin\varphi} = \alpha' - \alpha \quad \text{und} \quad \operatorname{cotg}\varphi = \alpha;$$

und ebenso wird man erhalten:

$$\frac{C'}{A'\sin\varphi'} = a' - a, \quad \operatorname{cotg}\varphi' = a,$$

wo alsdann a' und a diejenigen Grössen bezeichnen, in welche sich α' und α verwandeln durch die Temperaturveränderung. Durch die Substitution dieser Werthe für $\frac{C}{A\sin\varphi}$, $\operatorname{cotg}\varphi$, etc. verwandeln sich die Formeln (3.) in:

$$1+[m(\alpha'-\alpha)-\alpha][\mu(\alpha'-\alpha)-\alpha]=0$$
$$1+[m(a'-a)-a][\mu(a'-a)-a]=0$$

oder nach ausgeführter Multiplication:

$$(4.)\qquad \begin{aligned} m\mu(\alpha'-\alpha)^2-(m+\mu)\alpha(\alpha'-\alpha)+(\alpha^2+1)&=0,\\ m\mu(a'-a)^2-(m+\mu)a(a'-a)+(a^2+1)&=0.\end{aligned}$$

Es soll jetzt bewiesen werden, dass die beiden Wurzeln m und μ, welches auch die Werthe von α, α', a, a' sein mögen, immer *möglich* (*reell*) sind.

Aus (4.) erhält man:

$$(5a.)\qquad m\mu = -\left\{\frac{\dfrac{\alpha^2+1}{\alpha(\alpha'-\alpha)} - \dfrac{a^2+1}{a(a'-a)}}{\dfrac{\alpha'-\alpha}{\alpha} - \dfrac{a'-a}{a}}\right\}$$

$$= +\left(\frac{\alpha}{\alpha'-\alpha}\right)\left(\frac{a}{a'-a}\right) + \left(\frac{\alpha}{\alpha'-\alpha}\right)\left(\frac{a}{a'-a}\right)\left\{\frac{\dfrac{1}{\alpha(\alpha'-\alpha)} - \dfrac{1}{a(a'-a)}}{\dfrac{\alpha}{\alpha'-\alpha} - \dfrac{a}{a'-a}}\right\},$$

$$(5\text{b.})\qquad m+\mu = +\left\{\frac{\frac{\alpha^2+1}{(\alpha'-\alpha)^2}-\frac{a^2+1}{(a'-a)^2}}{\frac{\alpha}{\alpha'-\alpha}-\frac{a}{a'-a}}\right\}$$

$$= +\frac{\alpha}{\alpha'-\alpha}+\frac{a}{a'-a}+\left\{\frac{\frac{1}{(\alpha'-\alpha)^2}-\frac{1}{(a'-a)^2}}{\frac{\alpha}{\alpha'-\alpha}-\frac{a}{a'-a}}\right\};$$

und hieraus erhält man nach gehöriger Reduction:

$$(6.)\qquad m-\mu = \frac{\sqrt{\left(\frac{\alpha}{\alpha'-\alpha}-\frac{a}{a'-a}\right)^4+2\left(\frac{1}{(\alpha'-\alpha)^2}+\frac{1}{(a'-a)^2}\right)\left(\frac{\alpha}{\alpha'-\alpha}-\frac{a}{a'-a}\right)^2+\left(\frac{1}{(\alpha'-\alpha)^2}-\frac{1}{(a'-a)^2}\right)}}{\frac{\alpha}{\alpha'-\alpha}-\frac{a}{a'-a}}$$

woraus erhellet, dass $m-\mu$ immer eine *mögliche* Grösse ist, da alle Glieder unter dem Wurzelzeichen positive Grössen sind, und dass somit auch m und μ, die man aus (5b.) und (6.) durch Addition und Subtraction dieser Gleichungen findet, immer *reelle* Werthe haben. *Das immer reelle Vorhandensein der thermischen Axen in den zwei- uud eingliedrigen Systemen ist hiemit bewiesen.* — Es ergiebt sich von selbst die Bemerkung, dass dieser Beweis sich auf jede Art von Winkelveränderungen erstreckt, sie mag durch irgend eine andere Ursache, durch Druck oder dergleichen hervorgebracht sein, wenn diese Winkelveränderungen nur von der Art sind, dass dadurch die veränderte Form nicht den Charakter einer zwei- und eingliedrigen Form verliert.

Für die Berechnung der Lage der thermischen Axen kann man, da hier die Winkel- und Linearveränderungen sehr klein sind, die Gleichungen (4.) bequemer einrichten, indem man von den Unterschieden der Grössen a', a, von α', α die höheren Potenzen vernachlässigt.

Man setze:

$$\alpha'-\alpha = \mathsf{A},$$
$$a'-a = \mathsf{A}+\varDelta\mathsf{A},$$
$$a = \alpha+\varDelta\alpha,$$

so verwandeln sich (4.), wenn nur die ersten Potenzen von $\varDelta\mathsf{A}$ und $\varDelta\alpha$ beibehalten werden, in:

$$m\mu\mathsf{A}^2-(m+\mu)\alpha\mathsf{A}+(\alpha^2+1)=0,$$
$$2m\mu\mathsf{A}\varDelta\mathsf{A}-(m+\mu)(\alpha\varDelta\mathsf{A}+\mathsf{A}\varDelta\alpha)+2\alpha\varDelta\alpha=0,$$

woraus sich ergiebt:

$$(7.)\qquad \begin{cases} m\mu = \frac{1}{\mathsf{A}^2}\left(\alpha^2-\frac{\mathsf{A}\varDelta\alpha+\alpha\varDelta\mathsf{A}}{\mathsf{A}\varDelta\alpha-\alpha\varDelta\mathsf{A}}\right), \\ m+\mu = \frac{2}{\mathsf{A}}\left(\alpha-\frac{\varDelta\mathsf{A}}{\mathsf{A}\varDelta\alpha-\alpha\varDelta\mathsf{A}}\right). \end{cases}$$

§ 5.

Anwendung des im vorigen Paragraphen angegebenen Verfahrens auf das Gypssystem.

Nach den Messungen des Herrn *Mitscherlich* in den Abhandl. der Berliner Akademie von 1825, wo er seine Entdeckung der ungleichen Ausdehnungen krystallinischer Massen mittheilt, sind die Winkelveränderungen im Gypssystem bei einer Temperaturdifferenz von 80^0 R. die in folgender Tafel angegebenen:

(8.)

	Absolute Neigungen	Veränderung
ff	$68^0\ 38'$	$-10'\ 50''$
ll	36 18	— 8 25
$\frac{l}{l}-\frac{f}{f}$ *)	127 44	+ 7 26

Die unter „absolute Neigungen“ angegebenen Winkel sind aus meinen Messungen abgeleitet, da in Herrn *Mitscherlich*'s Abhandlung diese Angaben sich nicht befinden; sie beziehen sich auf die gewöhnliche Temperatur von etwa 15^0 R.; — es würde ganz überflüssig sein, sie noch auf 0^0 reduciren zu wollen.

Aus diesen Winkelveränderungen lassen sich $\Delta \mathsf{A} = \Delta\alpha' - \Delta\alpha$, $\Delta\alpha$ und $\Delta\beta$ ableiten; die Bedeutung von $\Delta\beta$ ist folgende:

(9.) $$\beta = \frac{C}{B}; \qquad \frac{\Delta\beta}{\beta} = \frac{\Delta C}{C} - \frac{\Delta B}{B},$$

wo $\frac{\Delta C}{C}$ die lineare Ausdehnung bedeutet der Einheit von OC in Fig. 3 Seite 269, und $\frac{\Delta B}{B}$ die lineare Ausdehnung der Einheit von OB, welche Linie senkrecht steht auf OA und OC in Fig. 3 Seite 269. — Bezeichnen wir den Winkel $\frac{l}{l}-\frac{f}{f}$ mit $k+90^0$, und die Veränderung dieses Winkels und der übrigen mit Δk, Δff, Δll, so erhalten wir:

(10.) $$\begin{cases} \operatorname{tg} k = \alpha', \\ \cos ll = \dfrac{(\alpha'^2+1)-\beta^2}{(\alpha'^2+1)+\beta^2}, \\ \cos ff = \dfrac{(\alpha'-\alpha)^2-\beta^2}{(\alpha'-\alpha)^2+\beta^2}, \end{cases} \qquad \begin{cases} \dfrac{\Delta k}{\cos^2 k} = \Delta\alpha', \\ \dfrac{\Delta ll}{\sin ll} = \dfrac{\Delta\beta}{\beta} - \dfrac{\alpha'\Delta\alpha'}{1+\alpha'^2}, \\ \dfrac{\Delta ff}{\sin ff} = \dfrac{\Delta\beta}{\beta} - \dfrac{\Delta\alpha'}{\alpha'-\alpha} + \dfrac{\Delta\alpha}{\alpha'-\alpha}, \end{cases}$$

*) $\frac{l}{l}-\frac{f}{f}$ soll heissen: die Kante der Flächen l und l gegen die Kante der Flächen f und f. — *Anm. des Originals.*

woraus folgt:

$$\Delta\alpha' = \frac{\Delta k}{\cos^2 k},$$

(11.)
$$\Delta\alpha = (\alpha\alpha' + 1)\Delta k - \frac{\alpha' - \alpha}{\sin ll}\Delta ll + \frac{\alpha' - \alpha}{\sin ff}\Delta ff,$$

$$\Delta\beta = \alpha'\beta\Delta k \qquad + \frac{\beta}{\sin ll}\Delta ll.$$

Werden hier die Werthe von α, α', ... (Seite 265) gesetzt, so erhält man:

$$\Delta\alpha' = 1{,}599\Delta k,$$

(12.)
$$\Delta\alpha = 1{,}129\Delta k - 1{,}025\Delta ll + 0{,}6519\Delta ff,$$

$$\Delta\beta = 0{,}3206\Delta k + 0{,}6999\Delta ll.$$

Wenn man die Werthe der Veränderungen aus der Tafel (8.) setzt, nämlich*):

(13.)
$$\Delta k = +\,7{,}43\,\mathfrak{m}, \qquad \Delta ll = -\,8{,}41\,\mathfrak{m}, \qquad \Delta ff = -\,10{,}83\,\mathfrak{m},$$

wo $\mathfrak{m} = 0{,}000291$ ist [vgl. Seite 267], so erhält man aus (12.):

$$\Delta\alpha' = +\,11{,}879\,\mathfrak{m} \quad \text{und} \quad \Delta\mathsf{A} = +\,1{,}9321\,\mathfrak{m},$$

(14.)
$$\Delta\alpha = +\,9{,}9477\,\mathfrak{m},$$

$$\Delta\beta = -\,3{,}5041\,\mathfrak{m}.$$

Diese Werthe in (7.) substituirt, findet man:

(15.)
$$\begin{cases} m + \mu = -\,0{,}5638, \\ m\mu \quad = -\,2{,}9434. \end{cases} \quad \text{Also:} \quad \begin{cases} m = -\,2{,}0205, \\ \mu = +\,1{,}4567. \end{cases}$$

Hiedurch also sind die Richtungen der beiden in der Ebene P liegenden thermischen Axen bestimmt; die eine, welche durch m bestimmt wird, ist sehr nahe die Normale der schiefen Endfläche

(16.)
$$\left[\frac{1}{-2(\alpha' - \alpha) - \alpha} : \frac{1}{0} : 1\right],$$

die andere, durch μ bestimmt, ist nahe die schieflaufende Diagonale derselben schiefen Endfläche; diese schiefe Endfläche, eine im Gange der Entwicklung des Systems nahe liegende Fläche, ist bestimmt durch die Zonen von einem rechts liegenden l nach einem hinten links liegenden f, und von einem links liegenden l nach einem hinten rechts liegenden f.**)

---

*) Im Original steht: $\Delta k = +\,7{,}47\,\mathfrak{m}$, was wohl ein Druckfehler ist. — *C. N.*

**) Demgemäss wird der *Ort* ϑ der schiefen Endfläche (16.) in dem Schema Fig. 1 Seite 268 dargestellt sein durch denjenigen Punkt ϑ, in welchem die dortige Linie $MT\varepsilon$ geschnitten werden würde von einer durch die beiden Punkte s (links) und l (links) gelegten Linie. Die eine der thermischen Axen (Neumann nennt sie weiterhin die *erste*) ist nun nahezu identisch mit der Normale der schiefen Endfläche (16.), und wird also nahezu dargestellt sein durch die Linie $O\vartheta$, wo O den räumlichen Mittelpunkt des Krystallsystems vorstellt. — *C. N.*

§ 6.

Ueber die linearen Ausdehnungen in verschiedenen Richtungen, insbesondere über die in den thermischen Axen stattfindenden.

Es soll das Verhältniss der linearen Ausdehnungen in den drei thermischen Axen gesucht werden.

Suchen wir zuerst den Ausdruck der Verlängerung in irgend einer Richtung. Wir gehen zurück zu dem Coordinatensystem, Fig. 3, Seite 269, wo OC die Richtung der C, OA die Richtung der A, und eine in O senkrecht auf OA und OC gezogene Linie die Richtung der B ist. Die zu untersuchende Richtung legen wir durch den Mittelpunkt O, und irgend ein anderer Punkt derselben sei gegeben durch die drei Coordinaten dieses Punktes: $\frac{1}{m}A$, $\frac{1}{n}B$, $\frac{1}{p}C$. Die Entfernung dieses Punktes von O nennen wir R; dann ist:

$$R^2 = \left(\frac{A}{m}\right)^2 + \left(\frac{B}{n}\right)^2 + \left(\frac{C}{p}\right)^2 + 2\frac{AC}{mp}\cos\varphi, \tag{17.}$$

wo φ der Winkel ist, den die zwei Coordinatenlinien OA und OC mit einander bilden. Die Veränderung der Entfernung R sei $\varDelta R$, so ist $\frac{\varDelta R}{R}$ die Verlängerung der Einheit der durch den Mittelpunkt und durch den Punkt $\frac{1}{m}A$, $\frac{1}{r}B$, $\frac{1}{p}C$ gehenden Richtung; diese Verlängerung entsteht durch kleine Veränderungen von A um $\varDelta A$, B um $\varDelta B$, C um $\varDelta C$, von denen nur die ersten Potenzen zu berücksichtigen sind; es ist also:

$$\frac{\varDelta R}{R} = \frac{1}{R^2}\left[\frac{A}{m}\left(\frac{A}{m} + \frac{C}{p}\cos\varphi\right)\frac{\varDelta A}{A} + \left(\frac{B}{n}\right)^2\frac{\varDelta B}{B} + \frac{C}{p}\left(\frac{C}{p} + \frac{A}{m}\cos\varphi\right)\frac{\varDelta C}{C} - \frac{A}{m}\frac{C}{p}\sin\varphi\varDelta\varphi\right]. \tag{18.}$$

Nennen wir Z, Y, X die Winkel der Richtung des R mit den Coordinatenlinien OC, OB, und einer dritten gegen diese beiden senkrechten Linie, und bezeichnen wir mit V den Winkel, den die gerade Projection der Richtung R auf die Ebene AOC mit OC bildet, so haben wir:

$$\begin{gathered}\frac{A}{m} + \frac{C}{p}\cos\varphi = R\sin Y\cos(\varphi - V); \qquad \frac{C}{p} + \frac{A}{m}\cos\varphi = R\sin Y\cos V;\\ \frac{A}{m} = \frac{R\sin V\sin Y}{\sin\varphi}, \qquad \frac{C}{p} = R\sin Y\frac{\sin(\varphi - V)}{\sin\varphi},\\ \sin Y\cos V = \cos Z, \qquad \sin V\sin Y = \cos X.\end{gathered} \tag{19.}$$

Durch diese Relationen ist man im Stande, die Coefficienten von $\frac{\varDelta A}{A}$, $\frac{\varDelta B}{B}$, ... durch X, Y, Z auszudrücken: man erhält so:

$$\begin{aligned}\frac{\varDelta R}{R} = {} & \cos^2 X\left(\frac{\varDelta A}{A} + \operatorname{cotg}\varphi\varDelta\varphi\right) + \cos^2 Y\frac{\varDelta B}{B} + \cos^2 Z\frac{\varDelta C}{C}\\ & + \cos X\cos Z\left[\operatorname{cotg}\varphi\left(\frac{\varDelta A}{A} + \frac{\varDelta C}{C}\right) - \varDelta\varphi\right].\end{aligned} \tag{20.}$$

Statt $\varDelta A$, $\varDelta B$ ... führen wir die im krystallographischen Theile gebrauchten Grössen α', α, β wieder ein; es ist [vgl. Seite 271 und Seite 273 (9.)]:

$$\text{(21.)} \qquad \frac{C}{A \sin\varphi} = \alpha' - \alpha, \qquad \frac{C}{B} = \beta, \qquad \operatorname{cotg}\varphi = \alpha;$$

und hieraus erhält man:

$$\text{(22.)} \qquad \begin{aligned} \frac{\varDelta C}{C} - \frac{\varDelta A}{A} &= \frac{\varDelta(\alpha' - \alpha)}{\alpha' - \alpha} - \cos^2\varphi \frac{\varDelta\alpha}{\alpha}, \\ \frac{\varDelta C}{C} - \frac{\varDelta B}{B} &= \frac{\varDelta\beta}{\beta}, \\ \varDelta\varphi &= -\varDelta\alpha \sin^2\varphi. \end{aligned}$$

Werden diese Werthe von $\frac{\varDelta A}{A}$, $\frac{\varDelta B}{B}$ und $\varDelta\varphi$ in den vorhergehenden Ausdruck von $\frac{\varDelta R}{R}$ gesetzt, so findet man:

$$\text{(23.)} \qquad \frac{\varDelta R}{R} = \frac{\varDelta C}{C} - \cos^2 X \frac{\varDelta(\alpha' - \alpha)}{\alpha' - \alpha} - \cos^2 Y \frac{\varDelta\beta}{\beta} - \cos X \cos Z\alpha \left(\frac{\varDelta(\alpha' - \alpha)}{\alpha' - \alpha} - \frac{\varDelta\alpha}{\alpha}\right).$$

Dies ist die lineare Ausdehnung einer Linie, deren Länge gleich 1, und die mit den Richtungen OC, OB und einer auf diesen senkrechten Richtung die Winkel Z, Y, X bildet. Um die räumliche Ausdehnung zu finden, suchen wir die linearen Ausdehnungen in drei auf einander rechtwinkligen Richtungen; es seien diese:

$$\frac{\varDelta R'}{R'}, \quad \frac{\varDelta R''}{R''}, \quad \frac{\varDelta R'''}{R'''}.$$

Ein ursprünglich $= 1$ gedachtes Volumen verwandelt sich in:

$$\left(1 + \frac{\varDelta R'}{R'}\right)\left(1 + \frac{\varDelta R''}{R''}\right)\left(1 + \frac{\varDelta R'''}{R'''}\right) = 1 + \frac{\varDelta R'}{R'} + \frac{\varDelta R''}{R''} + \frac{\varDelta R'''}{R'''},$$

so dass also die räumliche Ausdehnung ist:

$$\frac{\varDelta R'}{R'} + \frac{\varDelta R''}{R''} + \frac{\varDelta R'''}{R'''} = \frac{\varDelta V}{V}.$$

Setzen wir in (23.) nach einander $Z = 0$, $Y = 90$, $X = 90$, und $Z = 90$, $Y = 0$, $X = 90$, und $Z = 90$, $Y = 90$, $X = 0$, so erhalten wir die Werthe von:

$$\frac{\varDelta R'}{R'}, \quad \frac{\varDelta R''}{R''}, \quad \frac{\varDelta R'''}{R'''},$$

und ihre Summe ist:

$$\text{(24.)} \qquad \frac{\varDelta V}{V} = 3\frac{\varDelta C}{C} - \frac{\varDelta(\alpha' - \alpha)}{\alpha' - \alpha} - \frac{\varDelta\beta}{\beta}.$$

Wendet man nun diese Ausdrücke (23.) und (24.) auf das Gypssystem an; so hat man aus (14.) Seite 274 und aus (E.) Seite 265:

$$\text{(25.)} \qquad \begin{aligned} &\frac{\varDelta(\alpha' - \alpha)}{\alpha' - \alpha} = +\,3{,}1807\,\mathrm{m}, \qquad \frac{\varDelta\beta}{\beta} = -\,8{,}4564\,\mathrm{m}, \\ &\varDelta\alpha = +\,9{,}9477\,\mathrm{m}, \qquad \alpha = +\,0{,}16672, \end{aligned}$$

also:

(26.) $\frac{\Delta R}{R} = \frac{\Delta C}{C} - 3{,}1807\mathfrak{m} \cdot \cos^2 X + 8{,}4564\mathfrak{m} \cdot \cos^2 Y + 9{,}4174\mathfrak{m} \cdot \cos X \cos Z.$

Um die Verlängerungen in beiden thermischen Axen zu finden, welche in der auf der Richtung der B senkrechten Ebene liegen, hat man zu setzen:

(27.)
$$\cos Y = 0,\quad \cos Z = \frac{1}{\sqrt{[m(\alpha'-\alpha)-\alpha]^2+1}},\quad \cos X = \frac{m(\alpha'-\alpha)-\alpha}{\sqrt{[m(\alpha'-\alpha)-\alpha]^2+1}},$$

wo für m nach und nach die beiden in (15.) Seite 274 gefundenen Werthe zu setzen sind; man erhält so aus (26.) für $m = -2{,}0205$:

(28.)
$$\frac{\Delta R'}{R'} = \frac{\Delta C}{C} - 6{,}561\mathfrak{m} = \frac{\Delta C}{C} - 0{,}001909,$$

und ferner für $m = +1{,}4567$:

(29.)
$$\frac{\Delta R''}{R''} = \frac{\Delta C}{C} + 3{,}380\mathfrak{m} = \frac{\Delta C}{C} + 0{,}000983.$$

Man erhält für die dritte Axe, für welche $X = 90^0$, $Z = 90^0$, $Y = 0$:

(30.)
$$\frac{\Delta R'''}{R'''} = \frac{\Delta C}{C} + 8{,}456\mathfrak{m} = \frac{\Delta C}{C} + 0{,}0024607.\text{*)}$$

Die räumliche Ausdehnung endlich wird:

(31.)
$$\frac{\Delta V}{V} = 3\frac{\Delta C}{C} + 5{,}275\mathfrak{m} = 3\frac{\Delta C}{C} + 0{,}001535.$$

Durch Combination der Gleichungen (28.), (29.), (30.), (31.) erhält man:

(32.)
$$\frac{\Delta R''}{R''} = \frac{\Delta R'}{R'} + 0{,}002892,\quad \frac{\Delta R'''}{R'''} = \frac{\Delta R'}{R'} + 0{,}004370,\quad \frac{\Delta V}{V} = 3\frac{\Delta R'}{R'} + 0{,}007262.$$

Da kein bekannter fester Körper eine solche Volumenausdehnung hat, als hier durch den numerischen Werth in $\frac{\Delta V}{V}$ für den Gyps angegeben ist, so ist es sehr wahrscheinlich, dass $\frac{\Delta R'}{R'}$ einen bedeutenden negativen Werth hat, d. h. dass in der Richtung derjenigen thermischen Axe, welche sehr nahe mit der Normale der Fläche (16.):

(33.)
$$\left[\frac{1}{-2(\alpha'-\alpha)-\alpha} : \frac{\beta}{0} : 1\right]$$

zusammenfällt, eine starke Contraction stattfindet.

*) Druckfehler: Statt 0,0024607 steht im Original die Zahl 0,002468. Ferner steht, was die vorige Seite anbelangt in (25.), an Stelle der Zahl 8,4564, im Original die Zahl 8,4638. — *C. N.*

§ 7.

Es wird gezeigt, dass beim Gyps, innerhalb der Beobachtungsfehler, die thermischen und die optischen Axen mit einander zusammenfallen.

Es soll untersucht werden, ob die Messungen der Winkelveränderung sich mit der Annahme vertragen, dass die drei rechtwinkligen thermischen zusammenfallen mit den drei optischen Axen.

Unter optischen Axen verstehe ich die drei gegen einander rechtwinkligen, von *Fresnel* entdeckten und von ihm „Elasticitätsaxen" genannten. Eine dieser Elasticitätsaxen, das fordert die Symmetrie der zwei- und eingliedrigen Gestalten, und ist durch die Erfahrung bestätigt, fällt zusammen mit der Richtung, die wir mit B bezeichnet haben, d. h. steht senkrecht auf P; die beiden anderen liegen in der Ebene P, und von diesen ist eine diejenige Richtung, welche *Biot* mit dem Namen *ligne intermédiaire, Halbirungslinie,* bezeichnet hat, die andere steht senkrecht gegen diese. Die Lage dieser Halbirungslinie hat *Biot* so bestimmt (wenn man von demjenigen abstrahirt, wodurch er ihre Lage in eine einfache Beziehung zu der von *Haüy* als Primitivform angenommenen Gestalt zu bringen sucht), dass sie mit der Durchschnittslinie der Fläche P mit T einen Winkel bildet von 16^0 bis 17^0, und zwar so, dass, wenn man sie sich als Diagonale einer schiefen Endfläche denkt, welche auf der Säulenkante $\frac{f}{f}$ gerade aufgesetzt ist, diese die stumpfe Kante zwischen M und T schief abstumpfen würde.

Nehmen wir das Mittel aus jenen beiden Grenzen: $16\frac{1}{2}^0$, so hat die dadurch bestimmte Richtung eine Beziehung zu den krystallinischen Richtungen, die so einfach und charakteristisch ist, dass man sie als mehr denn zufällig anzusehen sehr geneigt sein muss; *sie halbirt nämlich genau den Winkel, welcher von der Normale der Fläche M und der Normale der schiefen Endfläche, aus deren Diagonalzone die Flächen v beobachtet sind, gebildet wird.* Die *erste* der thermischen Axen, für welche $m = -2{,}0205$ ist*), hat eine Lage, welche sich dieser optischen Axe so sehr nähert, dass es sehr wahrscheinlich scheint, dass beiderlei Richtungen zusammenfallen; stellen wir uns diese thermische Axe gleichfalls als die Diagonale einer schiefen Endfläche vor, so stumpft diese den stumpfen Winkel zwischen M und T schief ab, und zwar so, dass sie gegen T unter $11^0\,54'$ geneigt ist; die Differenz zwischen diesen beiden Neigungen: $4^0\,36'$ darf nicht als sehr gross erscheinen, wenn man bedenkt,

*) D. i. diejenige thermische Axe, deren Richtungswinkel X, Y, Z aus den Formeln (27.) für $m = -2{,}0205$ sich ergeben. — *C. N.*

dass die Lage der thermischen Axen ganz allein von den kleinen Winkelveränderungen abhängt, welche durch die Temperaturveränderung hervorgebracht werden, und Beobachtungsfehler bei diesen innerhalb der Secunden Fehler von einigen Graden in der Bestimmung der Lage der thermischen Axen hervorbringen können. *Es soll untersucht werden, welche Correctionen an den beobachteten Winkelveränderungen müssten angebracht werden, damit die thermischen Axen genau die Lage der von Biot bestimmten optischen Axen haben.*

Die Werthe von m und μ in (7.) sind aus der Lage der beiden optischen Axen, welche in der Ebene P liegen, zu bestimmen; diese halbiren die Winkel zwischen der Normale der Fläche M und der Normale derjenigen schiefen Endfläche $\left[-\frac{1}{\alpha}:\infty:1\right]$, zu deren Diagonalzone die Flächen v, v gehören. Setzt man $p = \operatorname{arc}\operatorname{tg}\alpha$ und $q = \frac{90^0+p}{2}$, so ist:

(34.)
$$\begin{aligned} m(\alpha'-\alpha)-\alpha &= -\operatorname{tang} q, \\ \mu(\alpha'-\alpha)-\alpha &= +\operatorname{cotang} q. \end{aligned}$$

Hieraus zieht man:

$$(m+\mu)(\alpha'-\alpha) = 2\alpha + \operatorname{cotg} q - \operatorname{tang} q.$$

Setzt man statt q seinen Werth $\frac{90^0+p}{2}$, so hat man [vgl. Seite 291 (9.), (10.)]:

$$(m+\mu)(\alpha'-\alpha) = 2\alpha - \frac{4\operatorname{tang}\frac{1}{2}p}{1-\operatorname{tang}^2\frac{1}{2}p} = 0.$$

Es ist also:

(35.)
$$m+\mu = 0.$$

Setzt man diesen Werth für $m+\mu$ in die zweite der Gleichungen (7.) Seite 272, so hat man:

$$\frac{1}{\alpha}+\alpha-\mathsf{A}\frac{\varDelta\alpha}{\varDelta\mathsf{A}} = 0 \quad \text{oder} \quad \frac{\varDelta\alpha}{\varDelta\mathsf{A}} = \frac{\alpha}{\mathsf{A}}\left(\frac{\alpha^2+1}{\alpha^2}\right).$$

Berechnet man diesen Werth, so findet man:

$$\frac{\varDelta\alpha}{\varDelta\mathsf{A}} = 10{,}154,$$

wofür man setzen kann:

(36.)
$$\varDelta\alpha - \frac{10{,}154}{11{,}154}\varDelta\alpha' = 0.$$

In diese Gleichung sind für $\varDelta\alpha$, $\varDelta\alpha'$ die Werthe (12.) zu setzen; so ergiebt sich:

(37.)
$$0 = 0{,}3266\varDelta k + 1{,}025\varDelta ll - 0{,}6519\varDelta ff.$$

Dies ist die Relation, welche unter den beobachteten Winkelveränderungen bestehen muss, wenn die durch sie bestimmten thermischen Axen zusammenfallen sollen mit den optischen Axen. Setzt man $\varDelta k = \varDelta k + \delta k$, $\varDelta ff = \varDelta ff + \delta ff$, $\varDelta ll = \varDelta ll + \delta ll$, wo δk, δff, δll die an $\varDelta k, \ldots$ anzubringenden Correctionen sind, damit der Gleichung (37.) genügt werde, so findet man:

(38.)
$$0{,}8667\,\mathfrak{m} = -0{,}326\delta k - 1{,}025\delta ll + 0{,}6519\delta ff.$$

Bestimmt man hieraus δk, δll, δff, so dass $(\delta k)^2+(\delta ll)^2+(\delta ff)^2$ ein Kleinstes sei, so findet man als Werthe der anzubringenden Correctionen:

$$\begin{aligned}\delta k &= -0{,}179\,\mathfrak{m} = -10'',7\,,\\ \delta ll &= -0{,}562\,\mathfrak{m} = -33\;,7\,,\\ \delta ff &= +0{,}357\,\mathfrak{m} = +21\;,4\,.\end{aligned}\tag{39.}$$

Unter diesen anzubringenden Correctionen trifft die grösste auf $\varDelta ll$, und beträgt 33,7 Secunden; sie ist von der Art, dass sie innerhalb der Beobachtungsfehler liegt, wie man sich überzeugt durch die Ansicht des Details der Messungen, welches Herr *Mitscherlich* beim Kalkspath angiebt, welche Substanz doch noch viel günstiger für so feine Winkelbestimmung ist als der Gyps. Man muss also behaupten, *dass innerhalb der Beobachtungsfehler die beiderlei Axensysteme, das thermische und das optische, zusammenfallen.*

Um die linearen Ausdehnungen in den drei thermischen Axen, nachdem die gefundenen Correctionen an den beobachteten Winkelveränderungen angebracht sind, zu erhalten, hat man in (12.) die corrigirten Werthe von $\varDelta k$, $\varDelta ff$, $\varDelta ll$ zu setzen, wodurch man erhält:

$$\begin{aligned}\varDelta\alpha' &= +11{,}593\,\mathfrak{m}\,,\\ \varDelta\alpha &= +10{,}554\,\mathfrak{m}\,,\\ \varDelta\beta &= -\;\;3{,}955\,\mathfrak{m}\,.\end{aligned}\tag{40.}$$

Diese Werthe in (23.) substituirt, geben:

$$\frac{\varDelta R}{R} = \frac{\varDelta C}{C} - 1{,}7105\,\mathfrak{m}\cos^2 X + 9{,}544\,\mathfrak{m}\cos^2 Y + 10{,}269\,\mathfrak{m}\cos X\cos Z\,.\tag{41.}$$

Bezeichnen wir, der bequemeren Unterscheidung wegen, die lineare Ausdehnung der Einheit derjenigen thermischen Axe, welche mit der Halbirungslinie zusammenfällt, mit $\frac{\varDelta c'}{c'}$, derjenigen, welche auf der die Gestalt symmetrisch theilenden Ebene senkrecht steht, mit $\frac{\varDelta b'}{b'}$, und endlich der gegen jene beiden senkrechten Axe mit $\frac{\varDelta a'}{a'}$, so haben wir*) für die *erste* thermische Axe (die mit jener Halbirungslinie, d. i. mit der *Biot*'schen *ligne intermédiaire* zusammenzufallen scheint) die Formeln:

$$(X = 139^0\,44',\quad Y = 90^0,\quad Z = 49^0\,44'),\qquad \frac{\varDelta c'}{c'} = \frac{\varDelta C}{C} - 6{,}060\,\mathfrak{m} = \frac{\varDelta C}{C} - 0{,}001763\,;$$

---

*) Im Original sind die *thermischen Axen* schlechtweg mit a, b, c (ohne Accente) bezeichnet. Wenn wir hier diesen Buchstaben noch *Accente* beigefügt haben, so ist das geschehen, um die thermischen Axen besser zu unterscheiden von jenen *ursprünglichen Axen* a, b, c, die z. B. den Formeln Seite 265 und den Schematen Seite 268 zu Grunde liegen. — *Anm. der Redaction.*

ferner erhalten wir alsdann für die *zweite* thermische Axe:

$(X = 49^0\,44', \quad Y = 90^0, \quad Z = 40^0\,16'), \qquad \frac{\Delta a'}{a'} = \frac{\Delta C}{C} + 4{,}350\,\mathfrak{m} = \frac{\Delta C}{C} + 0{,}001266;$

und endlich für die (zur Symmetrieebene senkrechte) *dritte* thermische Axe:

$(X = 90^0, \quad Y = 0^0, \quad Z = 90^0), \qquad \frac{\Delta b'}{b'} = \frac{\Delta C}{C} + 9{,}544\,\mathfrak{m} = \frac{\Delta C}{C} + 0{,}002777$

Hieraus folgt sofort:

$$(42.) \qquad \begin{aligned} \frac{\Delta a'}{a'} &= \frac{\Delta c'}{c'} + 0{,}003029 \\ \frac{\Delta b'}{b'} &= \frac{\Delta c'}{c'} + 0{,}004540 \\ \frac{\Delta V}{V} &= 3\frac{\Delta c'}{c'} + 0{,}007569. \end{aligned}$$

§ 8.

Zu den hier betrachteten Axen, die zugleich die thermischen und auch die optischen sind, stehen die Flächen des Gypssystems in einfacher Beziehung.

Wenn die verschiedenen Flächen eines Krystallsystems auf drei gegen einander rechtwinklige Linien bezogen werden, und diese als die krystallinischen Axen angesehen werden sollen, so können dies keine anderen sein, als die drei thermischen Axen, weil dies das einzige Axensystem ist, welches als ein bleibendes, also als ein wirklich vorhandenes behandelt werden kann; jedes andere rechtwinklige Axensystem hört auf dies zu sein mit dem veränderten Druck der umgebenden Atmosphäre, mit der veränderten Temperatur der Krystallform. — Es sollen die Ausdrücke der Flächen des Gypssystems in Beziehung auf die drei optischen Axen, mit denen, wie gezeigt ist, die thermischen als zusammenfallend angesehen werden können, gesucht werden. — Die von *Biot* sogenannte Halbirungslinie (*ligne intermédiaire*) sei die Axe c', die Axe b' bleibe senkrecht auf P, die Axe a' stehe senkrecht auf b' und c'. In Beziehung auf diese Dimensionen sei der Ausdruck irgend einer Fläche $\left[\frac{1}{m}a' : \frac{1}{n}b' : c'\right]$, und es sei X der Winkel, den die Fläche $\left[\frac{1}{m}a' : \infty b' : c'\right]$ mit der Axe a' bildet, und Y derjenige, den die Fläche $\left[\frac{1}{m}a' : \frac{1}{n}b' : c'\right]$ mit der Axe b' bildet, alsdann hat man*):

$$(A.) \qquad \begin{cases} m\frac{c'}{a'} = \operatorname{tang} X, \\ n\frac{c'}{b'} = \frac{\operatorname{tang} Y}{\cos X}. \end{cases}$$

*) Diese Formeln (A.) sind, wie man leicht übersehen wird, identisch mit den Formeln (4.) Seite 293. — *C. N.*

Die Winkel X und Y sind aus dem Schema, Fig. 2 Seite 268, unmittelbar zu entnehmen; man findet:

$$(B.)\quad \begin{cases} 1)\ \text{für die Fläche } M: & -0{,}84706 = m_0 \frac{c'}{a'} \\ 2)\ \text{für die Flächen } l, l: & +0{,}21255 = m_1 \frac{c'}{a'} \\ 3)\ \text{für die Fläche } T: & +3{,}37594 = m_2 \frac{c'}{a'}. \end{cases}$$

Diese Zahlenwerthe stehen unter einander so nahe in dem Verhältniss $1 : \frac{1}{4} : 4$, dass die strenge Annahme dieses Verhältnisses sich mit den Beobachtungen verträgt.

Suchen wir die Werthe von $\frac{nc'}{b'}$ für die verschiedenen Flächen des Systemes, so finden wir:

$$(C.)\quad \begin{cases} 1)\ \text{für die Flächen } f, f: & -0{,}89455 = n \frac{c'}{b'} \\ 2)\ \text{für die Flächen } l, l: & +0{,}33514 = n_1 \frac{c'}{b'} \\ 3)\ \text{für die Flächen } v, v: & +0{,}53549 = n_3 \frac{c'}{b'} \\ 4)\ \text{für die Flächen } n, n: & +1{,}33513 = n_4 \frac{c'}{b'} \end{cases}$$

und diese Zahlen stehen wieder sehr nahe in den Verhältnissen $1 : \frac{3}{8} : \frac{3}{5} : \frac{3}{2}$. Nehmen wir diese Verhältnisse als streng an, setzen $n = 1$, $n_1 = \frac{3}{8}$, etc., und $\frac{c'}{b'} = 0{,}8927$, und $\frac{c'}{a'} = 0{,}84708$, und $m = 1$, $m_1 = \frac{1}{4}$, etc., und berechnen die vier Winkel des Systemes, welche als von mir gemessen auf Seite 264 angegeben sind, so zeigt folgende Tafel den Grad der Uebereinstimmung mit den Beobachtungen:

(D.)

	Beobachtete Winkel	Die unter sich corrigirten Winkel	Berechnete Winkel	Δ
ff	68° 35′,4	68° 38′	68° 32′	+ 3′,4
ll'	36 15,7	36 18	36 16	— 0,3
fl	107 37,1	107 44	107 49	— 11,9
fl'	131 5,0	131 0	131 2	+ 3

Die Uebereinstimmung zwischen den gemessenen Winkeln und den aus unserer Hypothese hervorgehenden ist in der That so gross, wie man sie nur erwarten kann, zumal wenn man die aus dieser Hypothese berechneten Winkel vergleicht mit denen, in welche die gemessenen Winkel durch die möglichst kleinsten Abänderungen mussten verwandelt werden, um sie unter einander in Uebereinstimmung zu bringen; die einzige erhebliche Differenz zwischen den berechneten Winkeln und den beobachteten fällt auf den Winkel fl, gerade auf denjenigen, welcher am unsichersten aus der Messung hervorgeht, da sein mittlerer Fehler beinahe $3',5$ ist (siehe die Beobachtungstafel auf Seite 264), während er bei den anderen $1',5$ etwa nur beträgt.

Die Flächen haben also eine einfache und unmittelbare Beziehung auf dieses Axensystem, das also auch in dieser Hinsicht als das krystallographische angesehen werden muss; ihre Ausdrücke sind:

$$\text{(E.)}\quad \left\{\begin{array}{llll} f \;..\; [-\; a' : \;\; b' : \;\; c'] & & n \;..\; [\tfrac{1}{4}a' : \tfrac{2}{3}b' : \;\; c'] \\ M \;..\; [-\; a' : \infty b' : \;\; c'] & & T \;..\; [\tfrac{1}{4}a' : \infty b' : \;\; c'] \\ o \;..\; [-\; a' : \tfrac{1}{2}b' : \;\; c'] & & x \;..\; [\tfrac{1}{4}a' : \tfrac{1}{3}b' : \;\; c'] \\ r \;..\; [-\; a' : \tfrac{1}{3}b' : \;\; c'] & & s \;..\; [\tfrac{1}{4}a' : \tfrac{2}{9}b' : \;\; c'] \\ l \;..\; [+\; a' : \tfrac{2}{3}b' : \tfrac{1}{4}c'] & & u \;..\; [\tfrac{1}{3}a' : \tfrac{5}{3}b' : \tfrac{1}{2}c'] \\ k \;..\; [+\tfrac{1}{2}a' : \tfrac{1}{9}b' : \tfrac{1}{8}c'] & & \omega \;..\; [\tfrac{1}{3}a' : \tfrac{5}{9}b' : \tfrac{1}{2}c'] \\ v \;..\; [+\; a' : \tfrac{5}{3}b' : \;\; c'] & & \varepsilon \;..\; [\tfrac{1}{3}a' : \infty b' : \tfrac{1}{2}c'] \\ \multicolumn{4}{c}{a' : b' : c' = 1{,}1805 : 1{,}1202 : 1\,.} \end{array}\right.$$

Zusätze der Redaction. (*C. N.*)

Zusatz zu Seite 269—274. — Die Ebene der nachfolgenden Zeichnung sei die *Symmetrieebene* des Krystallsystem des Gypses. In dieser Ebene liegt die *horizontale Axe* Oa und die *verticale Axe* Oc; so dass also die dritte Axe Ob die Normale der Symmetrieebene vorstellen wird. Die verticale Axe Oc ist parallel mit den *Säulenflächen* des Krystalls; und die Axe Oa heisst die *nach vorne* laufende Axe, weil man den Krystall gewöhnlich so zu stellen pflegt, dass diese Axe Oa gegen den Beobachter hinläuft.

Man markire auf Oc irgend einen Punkt C, und ziehe durch C zwei Linien V und L; der Art, dass V parallel ist zur Schnittlinie der beiden Krystallflächen v, v [vgl. das Schema Fig. 1 Seite 268], während L parallel sein soll mit der Schnittlinie der beiden Krystallflächen l, l [vgl. ebenfalls jenes Schema]. — *Diese fünf Linien Oa, Ob, Oc und V, L, die unmittelbar durch den Krystall selber gegeben sind, bilden die Basis für die hier folgenden Betrachtungen.*

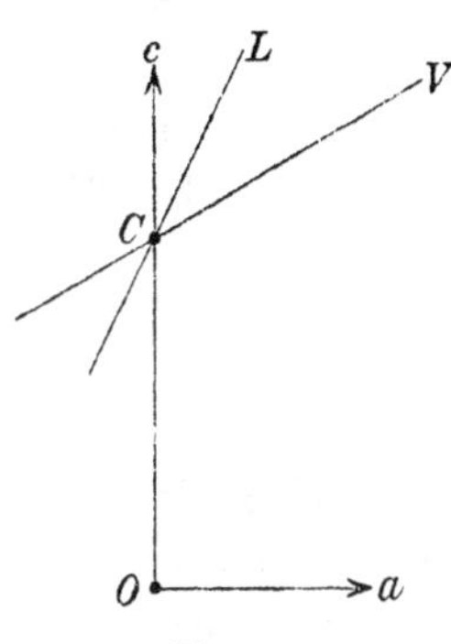

Fig. 4.

Die Symbole der Flächen v und l lauten [vgl. Seite 265]:

$$(1.)\qquad v\left[-\frac{1}{\alpha}:\frac{1}{\beta}:1\right] \quad \text{und} \quad l\left[-\frac{1}{\alpha'}:\frac{1}{\beta}:1\right].$$

Die Fläche v wird also auf den drei Axen Oa, Ob, Oc Segmente abschneiden, die sich zu einander verhalten wie $-\frac{1}{\alpha}:\frac{1}{\beta}:1$. Hieraus folgt sofort, dass jene Schnittlinie V auf den Axen Oa, Oc Segmente abschneidet, die sich zu einander verhalten, wie $-\frac{1}{\alpha}:1$; so dass also die Linie V in Bezug auf diese beiden Axen das Symbol besitzt: $\left[-\frac{1}{\alpha}:1\right]$. Analoges ist offenbar von der Linie L zu sagen: so dass also die Formeln zu notiren sind:

(2.) $\quad V\left[-\frac{1}{\alpha}:1\right]$ und $L\left[-\frac{1}{\alpha'}:1\right]$, in Bezug auf die Axen Oa, Oc;

wofür man offenbar auch schreiben kann:

(2a.) $\quad V[1:-\alpha]$ und $L[1:-\alpha']$, in Bezug auf die Axen Oa, Oc.

Denkt man sich eine Ebene, die in der Linie V senkrecht steht zur Ebene des Papiers (d. i. zur Symmetrieebene), so wird diese Ebene eine sogenannte *hintere schiefe Endfläche* V sein, deren Symbol lautet:

(3.) $$V\left[-\frac{1}{\alpha}:\frac{1}{0}:1\right];$$

auch wird diese hintere schiefe Endfläche im Schema Fig. 1 Seite 268 ihren *Ort* haben im Mittelpunkt der dortigen Linie vv. — Unter der *Diagonale* dieser schiefen Endfläche ist ihre Durchschnittlinie mit der Symmetrieebene, also die Linie V zu verstehen. Ferner ist unter der *Diagonalzone* dieser schiefen Endfläche diejenige Zone zu verstehen, welche jene Diagonale V zur Axe hat. Zu dieser Diagonalzone werden also z. B. die beiden Flächen v, v gehören.

Analoges ist zu bemerken hinsichtlich der Linie L. Die ihr entsprechende schiefe Endfläche L hat das Symbol:

(4.) $$L\left[-\frac{1}{\alpha'}:\frac{1}{0}:1\right]. \text{ — U. s. w.}$$

Aus den durch die krystallinische Structur bestimmten Linien Oa, Ob, Oc, und V, L ergeben sich nun weitere Constructionen. Zuvörderst ziehen wir, parallel zu V, eine Linie durch O, und bezeichnen den Punkt, in welchem diese neue Linie und die Linie L einander schneiden, mit $-A$. Alsdann wird unter A selber (d. i. unter $+A$) derjenige Punkt zu verstehen sein, welcher dem Punkte $-A$, in Bezug auf O, diametral gegenüberliegt; der Art, dass O in der Mitte zwischen A und $-A$ sich befindet. Setzt man nun

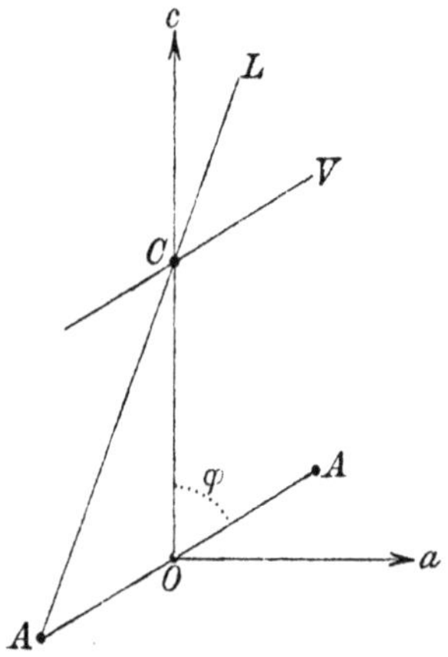

(5.) $$(OA)=A,\quad \text{ferner}\quad (OC)=C,$$
$$\text{und Winkel } AOC=\varphi,$$

so werden als Längenverhältniss $A:C$ und der Winkel φ ganz bestimmte Werthe besitzen; und diese Werthe werden zu bezeichnen sein als gewisse dem Gyps eigenthümliche Constanten.

Fig. 5.

Zu all' diesen festen Linien wollen wir nun hinzutreten lassen eine in der Symmetrieebene liegende *variable Linie J*. Sie mag durch den Punkt C gehen, um diesen Punkt aber drehbar sein, und augenblicklich gegen die verticale

Axe OC unter irgend einem Winkel v geneigt sein. Bezeichnet man ihren augenblicklichen Schnittpunkt mit der Richtung OA mit D, so ergiebt sich aus dem Dreieck OCD sofort:

$$\frac{\sin v}{(OD)} = \frac{\sin(v+\varphi)}{(OC)},$$

d. i.

$$\frac{(OC)}{(OD)} \sin v = \sin v \cos \varphi + \cos v \sin \varphi,$$

oder, falls man durch $\sin v \sin \varphi$ dividirt:

(6.) $$\frac{(OC)}{(OD)} \frac{1}{\sin \varphi} = \operatorname{cotg} \varphi + \operatorname{cotg} v.$$

Setzt man nun [vgl. (5)]:

(7.) $$(OC) = C, \quad (OA) = A \quad \text{und} \quad (OD) = \frac{1}{\mu} A,$$

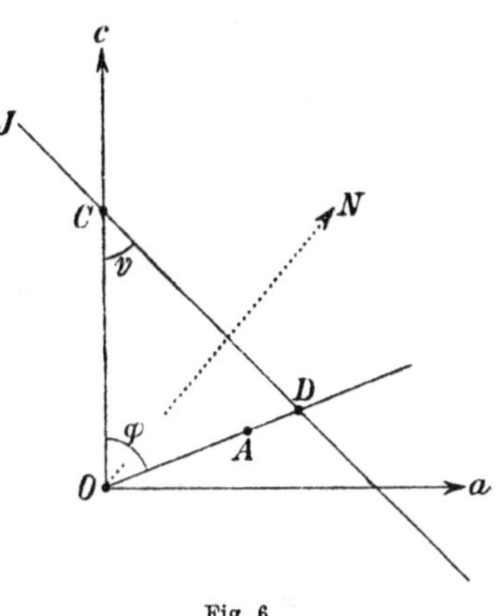

Fig. 6.

wo μ eine variable Zahl vorstellt, so gewinnt die Formel (6.) folgende Gestalt:

(8.) $$\operatorname{cotg} v = \mu \left(\frac{C}{A \sin \varphi} \right) - (\operatorname{cotg} \varphi),$$

wo die eingeklammerten Grössen gewisse dem Krystallsystem des Gypses eigenthümliche Constanten vorstellen; während v und μ variiren, je nach der augenblicklichen Richtung der Linie J.

Es sei nun N die Normale dieser variablen Linie J, und es seien X, Y, Z die Winkel, unter denen diese Normale N gegen die Axen Oa, Ob, Oc geneigt ist. Alsdann erkennt man sofort [vgl. die vorstehende Figur], dass $X = v$, und $Z = 90^0 - v$ ist, während $Y = 90^0$ sein wird. Somit erhält man z. B.: $\cos X : \cos Z = \operatorname{cotg} v : 1$, also mit Rücksicht auf (8.)

(9.) $$\cos X : \cos Z = \left(\mu \frac{C}{A \sin \varphi} - \operatorname{cotg} \varphi \right) : 1 \quad \text{und} \quad \cos Y = 0.$$

Um die der Linie J zugehörigen, nämlich in (8.) enthaltenen beiden Constanten näher zu bestimmen, wollen wir zunächst das Symbol dieser Linie J in Bezug auf die beiden Axen Oa, Oc zu bilden suchen. Die von jener Linie J auf diesen beiden Axen abgeschnittenen Segmente verhalten sich offenbar zu einander wie $\sin v : \cos v$ [vgl. die obige Figur]. Das Symbol der Linie J lautet also $[\sin v : \cos v]$ d. i. $[1 : \operatorname{cotg} v]$, oder, falls man für $\operatorname{cotg} v$ den Werth (8.) einsetzt:

(10.) $$J \left[1 : \left(\mu \frac{C}{A \sin \varphi} - \operatorname{cotg} \varphi \right) \right], \quad \text{in Bezug auf die Axen } Oa,\ Oc.$$

Lässt man nun die variable Linie J um den Punkt C in solcher Weise sich drehen, dass sie einmal mit V, das andere Mal mit L coincidirt [vgl. die beiden letzten Figuren], so wird das von der Linie J auf der Richtung OA abgeschnittene Segment $(OD) = \frac{1}{\mu} A$ (7.) im ersteren Fall $= \infty$, im letzteren Fall $= -A$ werden. Es wird also die variable Zahl μ im ersteren Fall $= 0$, und im letzteren Fall $= -1$ sein. Demgemäss ergeben sich aus dem Symbol (10.) der Linie J folgende speciellere Symbole für die Linien V und L:

(11.) $$V[1 : (-\operatorname{cotg} \varphi)] \quad \text{und} \quad L \left[1 : \left(-\frac{C}{A \sin \varphi} - \operatorname{cotg} \varphi \right) \right], \quad \text{in Bezug auf } Oa,\ Oc.$$

Vergleicht man nun diese Symbole der Linien V und L mit den in (2a.) angegebenen, so erkennt man sofort, dass:

(12.) $\operatorname{cotg}\varphi = \alpha$ und $\frac{C}{A\sin\varphi} + \operatorname{cotg}\varphi = \alpha'$, mithin $\frac{C}{A\sin\varphi} = \alpha' - \alpha$

ist. Substituirt man dies in den Formeln (8.) und (9.), so gelangt man zu folgendem Resultat:

In der Symmetrieebene des Krystallsystems des Gypses sei gegeben eine Linie J mit dem Symbol

(13.) $J\left[\frac{1}{\mu}A : C\right]$, *in Bezug auf die Axen OA, OC,*

d. i. eine Linie J, die auf den schiefwinkligen Axen OA und OC [vgl. die letzte Figur] Segmente abschneidet, die sich zu einander verhalten wie $\frac{1}{\mu}A : C$. Alsdann wird für den Winkel v, den diese Linie J mit der Verticalen macht, folgende Formel gelten [vgl. (8.) und (12.)]:

(14.) $$\operatorname{cotg} v = \mu(\alpha' - \alpha) - \alpha;$$

Ist ferner N die Normale der Linie J [vgl. die letzte Figur], und sind X, Y, Z die Winkel, unter denen diese Normale N gegen die Axen Oa, Ob, Oc geneigt ist, so werden für X, Y, Z folgende Formeln gelten [vgl. (9.) und (12.)]:

(15.) $$\cos X : \cos Z = [\mu(\alpha' - \alpha) - \alpha] : 1 \quad \textit{und} \quad \cos Y = 0;$$

woraus alsdann sich leicht ergiebt:

(16.) $$\cos X = \frac{\mu\mathsf{A} - \alpha}{\sqrt{1 + (\mu\mathsf{A} - \alpha)^2}}, \quad \cos Y = 0, \quad \cos Z = \frac{1}{\sqrt{1 + (\mu\mathsf{A} - \alpha)^2}},$$

wo $\mathsf{A} = \alpha' - \alpha$ sein soll. Die hier auftretenden Constanten α, α', A haben [nach (E.) Seite 265] folgende Werthe:

(17.) $$\alpha' = 0{,}77381, \quad \alpha = 0{,}16675, \quad \textit{mithin:}\ \mathsf{A} = \alpha' - \alpha = 0{,}60706.$$

Soll nun die Linie (13.) d. i. die Linie $J\left[\frac{1}{\mu}A : C\right]$, oder, was auf dasselbe hinauskommt, soll die Normale $N(X, Y, Z)$ dieser Linie J eine der beiden in der Symmetrieebene liegenden *thermischen Axen* sein, so muss die Zahl μ, wie in der Neumann'schen Abhandlung auf Seite 264—274 gezeigt wird, einen der beiden Werthe erhalten:

(18.) $$\begin{cases} m = -2{,}0205, \\ \mu = +1{,}4567. \end{cases}$$

Man wird also die Richtungswinkel X, Y, Z der beiden thermischen Axen dadurch erhalten können, dass man in den Formeln (16.) für μ eine der beiden Zahlen (18.) substituirt. So erhält man z. B. für diejenige dieser beiden thermischen Axen, die von Neumann die *erste* thermische Axe genannt wird, folgende Richtungscosinus:

(19.) $$\cos X = \frac{m\mathsf{A} - \alpha}{\sqrt{1 + (m\mathsf{A} - \alpha)^2}}, \quad \cos Y = 0, \quad \cos Z = \frac{1}{\sqrt{1 + (m\mathsf{A} - \alpha)^2}},$$

wo $m = -2{,}0205$ ist.

Diese durch die Zahl m bestimmte e r s t e *thermische Axe* (19.) *steht, wie man aus* (19.) *sofort erkennt, senkrecht gegen die schiefe Endfläche:*

(20.) $$\left[\frac{1}{m\mathsf{A}-\alpha}:\frac{1}{0}:1\right].$$

Diese schiefe Endfläche aber ist, weil die Zahl m (18.) nur wenig von — 2 abweicht, nur sehr wenig verschieden von der schiefen Endfläche

(21.) $$\left[\frac{1}{-2\mathsf{A}-\alpha}:\frac{1}{0}:1\right];$$

so dass also jene e r s t e *thermische Axe* (19.) *nahezu senkrecht sein wird gegen diese Fläche* (21.); diese Bemerkung ist in vollem Einklange mit dem Neumann'schen Text, Seite 274 (16.).

Die z w e i t e *thermische Axe*, welche aus (19.) sich ergiebt, wenn man daselbst, statt $m = -2{,}0205$, die Zahl $\mu = +1{,}4567$ substituirt, *wird daher nahezu dargestellt sein durch die* D i a g o n a l e *der schiefen Endfläche* (21.).

Zusatz zu Seite 275—277. — Wir markiren innerhalb des Krystalls einen beliebigen Punkt Q, und bezeichnen die den schiefwinkligen Axen OA, OB, OC entsprechenden *Parallelcoordinaten* dieses Punktes Q mit $\frac{1}{m}A$, $\frac{1}{n}B$, $\frac{1}{p}C$. Von jenen Axen liegen zwei, nämlich OA und OC, in der Symmetrieebene gegen einander geneigt unter dem Winkel φ [vgl. die folgende Figur], während die dritte Axe OB gegen OA und OC senkrecht steht. Demgemäss sind also $\frac{1}{m}A$, $\frac{1}{n}B$, $\frac{1}{p}C$ die Kantenlängen eines den Axen OA, OB, OC sich anlehnenden schiefwinkligen Parallelepipedums, welches die Linie OQ zur Hauptdiagonale hat. Die Länge dieser Hauptdiagonale mag mit R bezeichnet werden. Alsdann ergiebt sich die Formel:

(1.) $$R^2 = \left(\frac{A}{m}\right)^2 + \left(\frac{B}{n}\right)^2 + \left(\frac{C}{p}\right)^2 + 2\left(\frac{A}{m}\right)\left(\frac{C}{p}\right)\cos\varphi.$$

Lässt man nun die Temperatur des Krystalls sich ändern, so werden die Längeneinheiten A, B, C und der Winkel φ gewisse Zuwüchse erhalten: ΔA, ΔB, ΔC und $\Delta\varphi$; während die rationalen Zahlen m, n, p ungeändert bleiben. Aus der Formel (1.) ergiebt sich somit für den Zuwachs ΔR der Linie R folgende Formel:

$$R\Delta R = \left(\frac{A}{m}+\frac{C\cos\varphi}{p}\right)\frac{\Delta A}{m} + \frac{B}{n}\frac{\Delta B}{n} + \left(\frac{C}{p}+\frac{A\cos\varphi}{m}\right)\frac{\Delta C}{p} - \frac{AC\sin\varphi}{mp}\Delta\varphi,$$

eine Formel, die man auch so schreiben kann:

(2.) $$\frac{\Delta R}{R} = \frac{1}{R^2}\left[\frac{A}{m}\left(\frac{A}{m}+\frac{C\cos\varphi}{p}\right)\frac{\Delta A}{A} + \left(\frac{B}{n}\right)^2\frac{\Delta B}{B} + \frac{C}{p}\left(\frac{C}{p}+\frac{A\cos\varphi}{m}\right)\frac{\Delta C}{C} - \frac{AC\sin\varphi}{mp}\Delta\varphi\right].$$

Es seien X, Y, Z die Winkel der Richtung $R = OQ$ gegen die drei *aufeinander senkrechten* Axen OX, OB und OC; dabei soll OX in der Ebene OA, OC liegend und senkrecht gegen OC gedacht werden [vgl. die folgende Figur]. Denkt man sich nun die Linie $R = OQ$ auf die Ebene OA, OC (d. i. auf die Symmetrieebene) senkrecht projicirt, und diese Projection mit Oq bezeichnet ist, so ist offenbar: $(Oq) = R\sin Y$.

Bezeichnet man jetzt den Winkel qOC mit V [vgl. die folgende Figur], so ist offenbar: $(Oq)\cos V = R\cos Z$, oder, falls man für (Oq) den soeben angegebenen Werth einsetzt:

(3.) $$\begin{cases} R\sin Y\cos V = R\cos Z. \quad \text{Ebenso ergiebt sich:} \\ R\sin Y\sin V = R\cos X. \end{cases}$$

Unmittelbar aus der geometrischen Anschauung ergiebt sich:

(4.) $$R\cos Y = \frac{B}{n}.$$

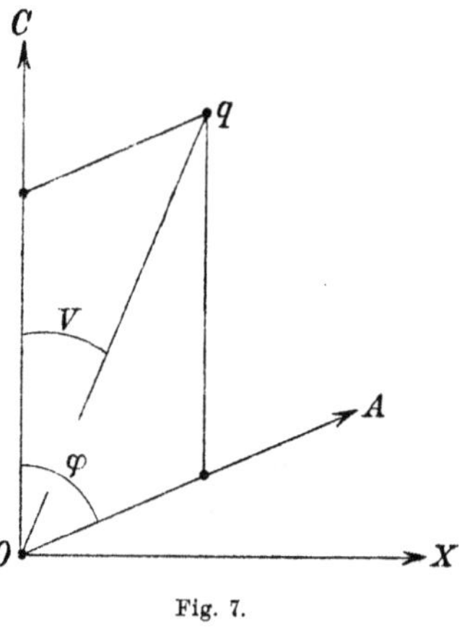

Fig. 7.

Beachtet man von Neuem, dass $(Oq) = R\sin Y$ ist, so erhält man ferner:

(5.) $$\begin{cases} R\sin Y\cos V = \frac{C}{p} + \frac{A\cos\varphi}{m}, \\ R\sin Y\sin V = \frac{A\sin\varphi}{m}, \end{cases}$$

und endlich:

(6.) $$\begin{cases} R\sin Y\cos(\varphi - V) = \frac{A}{m} + \frac{C\cos\varphi}{p}, \\ R\sin Y\sin(\varphi - V) = \frac{C\sin\varphi}{p}. \end{cases}$$

Mittelst dieser Relationen (3.), (4.), (5.), (6.) ist man im Stande, in der Formel (2.) die Coefficienten von $\frac{\Delta A}{A}$, $\frac{\Delta B}{B}$, $\frac{\Delta C}{C}$, $\Delta\varphi$ durch X, Y, Z, φ auszudrücken*); und gelangt in solcher Weise zu folgender Formel:

(7.) $$\frac{\Delta R}{R} = \cos^2 X\frac{\Delta A}{A} + \cos^2 Y\frac{\Delta B}{B} + \cos^2 Z\frac{\Delta C}{C} - \cos X\cos Z\cdot\Delta\varphi$$
$$+ \operatorname{cotg}\varphi\left[\cos X\cos Z\left(\frac{\Delta A}{A} - \frac{\Delta C}{C}\right) + \cos^2 X\cdot\Delta\varphi\right].$$

Was die den schiefwinkligen Axen entsprechenden Längeneinheiten $(OA) = A$, $(OB) = B$, $(OC) = C$ und den diesen Axen zugehörigen Winkel φ anbelangt, so ist nach Seite 286 (12.):

(8.) $$\operatorname{cotg}\varphi = \alpha \quad \text{und} \quad \frac{C}{A\sin\varphi} = \alpha' - \alpha.$$

Ferner ist zu setzen:

(9.) $$\frac{C}{B} = \beta.$$

Dabei sind unter α, α' und β jene schon in (E.) Seite 265 aufgeführten Zahlen zu verstehen. Aus (8.) und (9.) ergiebt sich nun leicht:

(10.) $$\begin{cases} \frac{\Delta C}{C} - \frac{\Delta A}{A} = \frac{\Delta(\alpha' - \alpha)}{\alpha' - \alpha} - \cos^2\varphi\frac{\Delta\alpha}{\alpha}, \\ \frac{\Delta C}{C} - \frac{\Delta B}{B} = \frac{\Delta\beta}{\beta}, \\ \Delta\varphi = -\sin^2\varphi\cdot\Delta\alpha. \end{cases}$$

---

*) So z. B. ergiebt sich, wenn man die letzte der Relationen (5.) und die erste der Relationen (6.) mit einander multiplicirt, die Gleichung:

$$\frac{A}{m}\left(\frac{A}{m} + \frac{C\cos\varphi}{p}\right) = R^2\frac{\sin^2 Y\sin V\cos(\varphi - V)}{\sin\varphi},$$

d. i. $$= R^2(\sin^2 Y\sin V\cos V\operatorname{cotg}\varphi + \sin^2 Y\sin^2 V),$$

also nach (3.): $$= R^2(\cos X\cos Z\operatorname{cotg}\varphi + \cos^2 X). \text{ — U. s. w.}$$

Substituirt man aber diese Werthe (10.) in der Formel (7.), so erhält man:

$$(11.)\quad \frac{\Delta R}{R} = \frac{\Delta C}{C} - \cos^2 X \frac{\Delta(\alpha' - \alpha)}{\alpha' - \alpha} - \cos^2 Y \frac{\Delta\beta}{\beta} + \cos X \cos Z \cdot \alpha\left(\frac{\Delta\alpha}{\alpha} - \frac{\Delta(\alpha' - \alpha)}{\alpha' - \alpha}\right).$$

Dies also ist die *lineare Dilatation* in der Richtung R, d. i. in der Richtung X, Y, Z.

Sind nun $\frac{\Delta R'}{R'}$, $\frac{\Delta R''}{R''}$, $\frac{\Delta R'''}{R'''}$ die linearen Dilatationen in drei auf einander senkrechten Richtungen, so wird bekanntlich die *räumliche Dilatation* den Werth haben:

$$(12.)\quad \frac{\Delta V}{V} = \frac{\Delta R'}{R'} + \frac{\Delta R''}{R''} + \frac{\Delta R'''}{R'''}.$$

Setzt man in (10.) zuerst: $X = 0$, $Y = Z = 90^0$, sodann $Y = 0$, $Z = X = 90^0$, endlich $Z = 0$, $X = Y = 90^0$, so erhält man der Reihe nach die Werthe von $\frac{\Delta R'}{R'}$, $\frac{\Delta R''}{R''}$, $\frac{\Delta R'''}{R'''}$; und hieraus durch Addition:

$$(13.)\quad \frac{\Delta V}{V} = 3\frac{\Delta C}{C} - \frac{\Delta(\alpha' - \alpha)}{\alpha' - \alpha} - \frac{\Delta\beta}{\beta}.$$

Speciell für das System des *Gypses* ist nun aber nach Seite 265:

$$(14.)\quad \begin{cases} \alpha' = 0{,}77381 \\ \alpha = 0{,}16675 \\ \beta = 0{,}41437, \end{cases} \quad \text{mithin}\quad \mathsf{A} = \alpha' - \alpha = 0{,}60706,$$

und ferner nach Seite 274:

$$(15.)\quad \begin{cases} \Delta\alpha' = +\ 11{,}879\,\mathfrak{m} \\ \Delta\alpha = +\ 9{,}9477\,\mathfrak{m} \\ \Delta\beta = -\ 3{,}5041\,\mathfrak{m}, \end{cases} \quad \text{mithin}\quad \Delta\mathsf{A} = \Delta(\alpha' - \alpha) = +\ 1{,}9321\,\mathfrak{m},\quad \text{wo}\quad \mathfrak{m} = 0{,}000291\ \text{ist}.$$

Hieraus ergiebt sich z. B.:

$$(16.)\quad \begin{cases} \frac{\Delta\mathsf{A}}{\mathsf{A}} = \frac{\Delta(\alpha' - \alpha)}{\alpha' - \alpha} = 3{,}1807\,\mathfrak{m}, \quad \text{und} \quad \frac{\Delta\beta}{\beta} = -\ 8{,}4564\,\mathfrak{m}, \\ \alpha\left(\frac{\Delta\alpha}{\alpha} - \frac{\Delta(\alpha' - \alpha)}{\alpha' - \alpha}\right) = 9{,}4174\,\mathfrak{m}; \end{cases}$$

so dass also die allgemeine Formel (11.) für das System des *Gypses* die Gestalt erhält:

$$(17.)\quad \frac{\Delta R}{R} = \frac{\Delta C}{C} - 3{,}1807\,\mathfrak{m} \cdot \cos^2 X + 8{,}4564\,\mathfrak{m} \cdot \cos^2 Y + 9{,}4174\,\mathfrak{m} \cdot \cos X \cos Z.$$

Jene *erste* thermische Axe, von welcher auf Seite 286 die Rede war, besitzt die Richtungscosinus:

$$(18.)\quad \cos X = \frac{m\mathsf{A} - \alpha}{\sqrt{1 + (m\mathsf{A} - \alpha)^2}}, \quad \cos Y = 0, \quad \cos Z = \frac{1}{\sqrt{1 + (m\mathsf{A} - \alpha)^2}},$$

wo $m = -\ 2{,}0205$ ist. Substituirt man hier für m diesen soeben genannten Werth, und für α, A die Werthe (14.), so erhält man für $\cos X$, $\cos Y$, $\cos Z$ bestimmte Zahlen. Und substituirt man sodann diese Zahlen in der Formel (17.), so ergiebt sich:

$$(19.)\quad \frac{\Delta R}{R} = \frac{\Delta C}{C} - 6{,}561\,\mathfrak{m} = \frac{\Delta C}{C} - 0{,}001909;$$

was in Einklang ist mit Seite 277 (28.). U. s. w.

Zusatz zu Seite 278—281. — Die eine der drei optischen Hauptaxen, die sogenannte *ligne intermédiaire*, halbirt, wie auf Seite 278 dargelegt ist, denjenigen Winkel, der gebildet wird von der Normale der Fläche M und von der Normale der schiefen Endfläche $V\left[-\frac{1}{\alpha}:\frac{1}{0}:1\right]$. Bezeichnet man nämlich*) diese Normalen mit M' und V', und zwar in solcher Weise, wie in der nebenstehenden Figur angegeben ist, so wird jene *ligne intermédiaire* nichts Anderes sein als die Halbirungslinie OH des Winkels $V'OM'$.

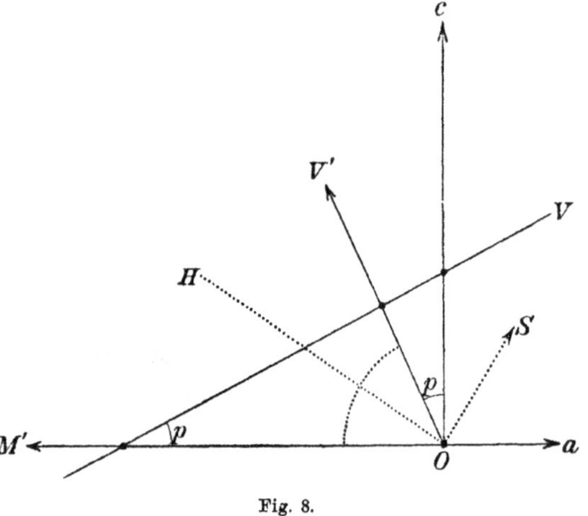

Fig. 8.

Jene hintere schiefe Endfläche V hat das Symbol [vgl. Seite 284 (3.)]:

(1.) $$V\left[-\frac{1}{\alpha}:\frac{1}{0}:1\right].$$

Und hieraus folgt sofort, dass die beiden in nebenstehender Figur**) mit p bezeichneten Winkel der Formel entsprechen:

$$1:\operatorname{tg} p = \frac{1}{\alpha}:1;$$

woraus sich ergiebt:

(2.) $$\operatorname{tg} p = \alpha.$$

Was nun die beiden optischen Hauptaxen, nämlich die *ligne intermédiaire* OH, und die auf ihr Senkrechte OS anbelangt, so sind die Richtungscosinus dieser beiden Axen leicht ausdrückbar mittelst der beiden Winkel:

(3.) $$p \quad \text{und} \quad q = (HOc);$$

wobei zu bemerken ist, dass zwischen diesen Winkeln folgende Relation stattfindet:

(4.) $$q = p + \frac{90^0 - p}{2} = \frac{p + 90^0}{2};$$

wie aus vorstehender Figur sofort zu ersehen ist.

Nach (3.) ist $q =$ Winkel (HOc), und daher:

(5.) $$\begin{cases}\cos(HOc) = \cos q, \\ \cos(HOa) = \cos(q + 90^0) = -\sin q,\end{cases} \qquad \begin{cases}\cos(SOc) = \sin q, \\ \cos(SOa) = \cos q.\end{cases}$$

Sollen nun diese optischen Hauptaxen OH und OS identisch sein mit der *ersten* und *zweiten thermischen Axe*, so müssen, wie aus Seite 286 (19.) ff. ersichtlich ist, folgende Formeln erfüllt sein:

(6.) $$\cos(HOa):\cos(HOc) = (m\mathsf{A} - \alpha):1 \quad \text{und} \quad \cos(SOa):\cos(SOc) = (\mu\mathsf{A} - \alpha):1;$$

---

*) Die Fläche M ist die gerade Abstumpfung der vorderen Säulenkante. Vgl. das Schema Fig. 1 Seite 268. Andererseits ist die Fläche V die schon früher Seite 284 (3.) besprochene Fläche, deren Ort in jenem Schema dargestellt ist durch den Mittelpunkt der geraden Linie vv.

**) Diese Figur entspricht in ihren Verhältnissen durchaus nicht der Wirklichkeit. Denn jener Winkel p ist in Wirklichkeit nur $9^0\,28'$.

und diese Formeln erhalten, durch Substitution der Werthe (5.), die Gestalt:

(7.) $$-\operatorname{tg} q = m\mathsf{A} - \alpha \quad \text{und} \quad \operatorname{cotg} q = \mu\mathsf{A} - \alpha;$$

woraus durch Addition sich ergiebt:

(8.) $$\operatorname{cotg} q - \operatorname{tg} q = (m + \mu)\mathsf{A} - 2\alpha.$$

Substituirt man hier für q seinen eigentlichen Werth (4.), so erhält man leicht:

(9.) $$-2\operatorname{tg} p = (m + \mu)\mathsf{A} - 2\alpha.$$

Nach (2.) ist aber $\alpha = \operatorname{tg} p$; so dass man also schliesslich erhält:

(10.) $$m + \mu = 0.$$

Von *Neumann* sind nun die thermischen Axen bestimmt worden auf Grund derjenigen Änderungen:

(11.) $$\Delta k, \quad \Delta ll, \quad \Delta ff,$$

welche die Winkel

(12.) $$k = \left(\frac{l}{l} - \frac{f}{f}\right) - 90^0, \quad ll, \quad \text{und} \quad ff, \qquad \text{[vgl. Seite 273]},$$

nach *Mitscherlich*'s Beobachtungen, bei einer Temperaturerhöhung von 80⁰ R. erfahren. Es soll nun untersucht werden, ob jene thermischen Axen mit den optischen Hauptaxen *zusammenfallen.*

Zu diesem Zweck wollen wir einstweilen annehmen, dass ein solches Zusammenfallen wirklich stattfinde, und die aus dieser Annahme sich ergebenden Consequenzen zu entwickeln suchen.

Aus dieser Annahme ergiebt sich zuvörderst, wie schon in (7.), (8.), (9.), (10.) dargelegt ist, dass

$$m + \mu = 0$$

sein muss. Substituirt man nun diesen Werth von $m + \mu$ in der zweiten der Formeln (7.) Seite 272, so folgt weiter, dass

$$\alpha - \frac{\Delta\mathsf{A}}{\mathsf{A}\Delta\alpha - \alpha\Delta\mathsf{A}} = 0$$

sein muss. Hieraus ergiebt sich sodann:

$$\Delta\alpha = \left(\frac{1 + \alpha^2}{\alpha\mathsf{A}}\right)\Delta\mathsf{A} = \left(\frac{\alpha}{\mathsf{A}}\right)\left(\frac{1 + \alpha^2}{\alpha^2}\right)\Delta\mathsf{A},$$

oder, weil $\mathsf{A} = \alpha' - \alpha$ ist:

$$\Delta\alpha = \left[\left(\frac{\alpha}{\alpha' - \alpha}\right)\left(\frac{1 + \alpha^2}{\alpha^2}\right)\right]\Delta(\alpha' - \alpha).$$

Berechnet man den hier in den eckigen Klammern enthaltenen Ausdruck, auf Grund der Angaben (E.) Seite 265, so erhält man

$$\Delta\alpha = 10{,}154 \cdot \Delta(\alpha' - \alpha),$$

oder, was auf dasselbe hinauskommt:

$$\Delta\alpha = \frac{10{,}154}{11{,}154}\Delta\alpha'.$$

In dieser Gleichung können nun $\Delta\alpha$ und $\Delta\alpha'$ ersetzt werden durch die Ausdrücke Seite 274 (12.); wodurch sich ergiebt:

(13.) $$0 = 0{,}3266\Delta k + 1{,}025\Delta ll - 0{,}6519\Delta ff.$$

Und diese Formel (13.) *repräsentirt also diejenige Relation, welche unter den beobachteten Winkelveränderungen Δk, Δll und Δff bestehen muss, wenn die auf Grund dieser Winkelveränderungen sich ergebenden thermischen Axen wirklich zusammenfallen sollen mit den optischen Hauptaxen.*

Setzt man nun $\Delta k = \Delta k + \delta k$, $\Delta ll = \Delta ll + \delta ll$, $\Delta ff = \Delta ff + \delta ff$, d. i. [vgl. (13.) Seite 274]:

$$(14.)\quad \Delta k = +\,7{,}43\,\mathrm{m} + \delta k,\quad \Delta ll = -\,8{,}41\,\mathrm{m} + \delta ll,\quad \Delta ff = -\,10{,}83\,\mathrm{m} + \delta ff,$$

wo δk, δff, δll die an jenen Winkeländerungen anzubringenden Correctionen sein sollen, so ergiebt sich, dass diese Correctionen der Anforderung (13.) Genüge leisten werden, falls man sie folgender Gleichung unterwirft:

$$(15.)\quad 0{,}8667\,\mathrm{m} = -\,0{,}326\,\delta k - 1{,}025\,\delta ll + 0{,}6519\,\delta ff.$$

Und dies ist die auf Seite 279 in (38.) angegebene Gleichung. Auf Grund derselben ergiebt sich auf Seite 280 der Satz, *dass innerhalb der Beobachtungsfehler die beiderlei Axensysteme, das thermische und das optische, mit einander zusammenfallen.*

Zusatz zu Seite 281—283. — Von den beiden in der Symmetrieebene liegenden thermischen Axen wird die *erste* (die *ligne intermédiaire*) mit Oc', und die *zweite* mit Oa' bezeichnet, während die *dritte* Ob' gegen die Symmetrieebene senkrecht steht. Vgl. Seite 280.

Eine um O mit dem Radius Eins beschriebene Kugelfläche mag nun von diesen *thermischen Axen* Oa', Ob', Oc' respective in den Punkten a', b', c' getroffen werden; so dass also die grössten Kreisbogen $a'b'$, $b'c'$ und $c'a'$ einen Octanten der Kugelfläche umgrenzen [vgl. die folgende Figur]. Es sei F irgend ein Punkt auf dieser Kugelfläche, und zwar der *Ort* der Krystallfläche:

$$(1.)\quad F\left[\frac{1}{m}a' : \frac{1}{n}b' : c'\right];$$

dabei sind unter a', b', c' noch unbekannte Constanten, nämlich die den thermischen Axen entsprechenden krystallographischen Constanten zu verstehen. — Construirt man nun [vgl. die folgende Figur] diejenigen Punkte P und Q, in denen die grössten Kreisbogen $c'a'$ und $c'b'$ respective von den grössten Kreisbogen $b'F$ und $a'F$ geschnitten werden, so werden offenbar diese Punkte P und Q die Orte folgender Flächen sein:

$$(2.)\quad P\left[\frac{1}{m}a' : \infty b' : c'\right] \quad\text{und}\quad Q\left[\infty a' : \frac{1}{n}b' : c'\right].$$

Die Richtungscosinus der Normale irgend einer Fläche verhalten sich bekanntlich ebenso zu einander, wie die reciproken Werthe derjenigen Segmente, welche die Fläche auf den Axen abschneidet. Demgemäss verhalten sich z. B. die Richtungscosinus der auf der *Fläche* P errichteten Normale OP zu einander wie $\frac{m}{a'} : 0 : \frac{1}{c'}$; wobei zu beachten ist, dass diese Normale OP zugleich den von O nach dem *Punkte* P hinlaufenden Kugelradius repräsentirt. Zufolge des soeben genannten Verhältnisses wird der Quotient $\frac{mc'}{a'}$ die trigonometrische Tangente desjenigen *Winkels* sein, unter welchem der Radius OP gegen die Axe Oc' geneigt ist. Dieser Winkel aber ist [vgl. die folgende Figur] dargestellt durch den *Kreisbogen* $(c'P)$; so dass man also schreiben kann: $\frac{mc'}{a'} = \mathrm{tg}\,(c'P)$. Analoges ist in Betreff der Fläche Q zu bemerken. Also:

(3.) $$m\frac{c'}{a'} = \mathrm{tg}\,(c'P) \quad \text{und} \quad n\frac{c'}{b'} = \mathrm{tg}\,(c'Q).$$

Was die letzte Formel betrifft, so ist offenbar $(c'Q) = a'$, falls man nämlich unter a' den in der Figur beim Punkte a' markierten *Winkel* versteht. Also:

$$\mathrm{tg}\,(c'Q) = \mathrm{tg}\,a'.$$

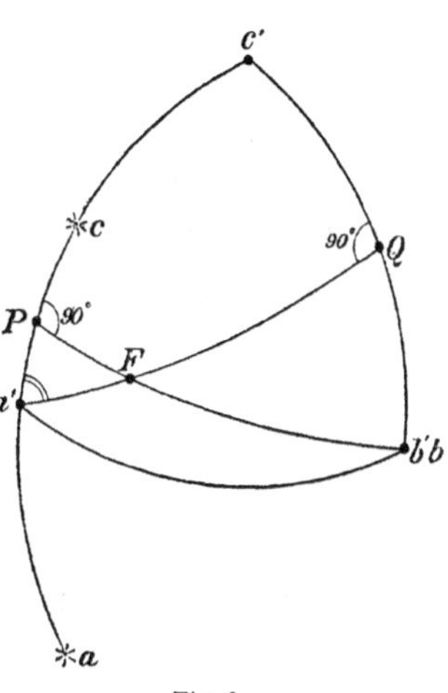

Fig. 9.

Der Werth von $\mathrm{tg}\,a'$ ist aber (mittelst des bei P rechtwinkligen sphärischen Dreiecks $Pa'F$) in einfacher Weise ausdrückbar durch $(a'P)$ und (PF). Man erhält in solcher Weise:

$$\mathrm{tg}\,(c'Q) = \mathrm{tg}\,a' = \frac{\mathrm{tg}\,(PF)}{\sin\,(a'P)}, \quad \text{d. i.} \quad = \frac{\mathrm{tg}\,(PF)}{\cos\,(c'P)}.$$

Demgemäss gewinnen die Formeln (3.) folgende Gestalt:

(4.) $$m\frac{c'}{a'} = \mathrm{tg}\,(c'P) \quad \text{und} \quad n\frac{c'}{b'} = \frac{\mathrm{tg}\,(PF)}{\cos\,(c'P)}.$$

Neben den *thermischen Axen* Oa', Ob', Oc' mögen nun in unsere Betrachtung mit aufgenommen werden jene *ursprünglichen Axen* Oa, Ob, Oc, auf welche z. B. die Formeln Seite 265 und die Schemata Seite 268 sich beziehen. Sind a, b, c die Punkte, in denen die Kugelfläche von diesen Axen Oa, Ob, Oc getroffen wird, so wird offenbar der Punkt b coincidiren mit dem Punkte b'; so dass also die Punkte a und c beide auf dem grössten Kreise $a'c'$ gelegen sein müssen.

Die *erste thermische Axe* Oc' (d. i. die *ligne intermédiaire*) bildet mit den ursprünglichen Axen Oa, Ob, Oc folgende Winkel:

(5.) $$X = 139^0\,44', \quad Y = 90^0, \quad Z = 49^0\,44', \quad [\text{vgl. Seite } 280].$$

Diese Winkel X, Y, Z sind aber offenbar identisch mit den Kreisbogen $(c'a)$, $(c'b)$, $(c'c)$. Somit folgt:

(6.) $$(c'a) = 139^0\,44', \quad (c'b) = 90^0, \quad (c'c) = 49^0\,44':$$

und diesen Angaben (6.) entsprechend sind die Punkte a, b, c in der obigen Figur eingetragen zu denken. Aus jener Figur folgt nun sofort: $(c'P) = (c'c) + (cP)$, also nach (6.):

(7.) $$(c'P) = 49^0\,44' + (cP);$$

wodurch die Formeln (4.) übergehen in*):

(8.) $$m\frac{c'}{a'} = \mathrm{tg}\,[49^0\,44' + (cP)] \quad \text{und} \quad n\frac{c'}{b'} = \frac{\mathrm{tg}\,(PF)}{\cos\,[49^0\,44' + (cP)]},$$

Auf Grund dieser Formeln (8.) sind nun auf Seite 282 die daselbst in (B.) und (C.) angegebenen Zahlenwerthe berechnet. Bei dieser Berechnung sind die Bogen (cP) und (PF)

*) Die in (8.) auftretenden Winkel: $[49^0\,44' + (cP)]$ und (PF) sind identisch mit denen, welche in den Formeln (A.) Seite 281 bezeichnet wurden mit X und Y.

anzusehen als die den Fundamentalkreisen ca und cb entsprechenden *Coordinaten* des Punktes F. Demgemäss ist z. B. der Bogen (cP) bei der in Rede stehenden Berechnung als *positiv* oder *negativ* anzusehen, je nachdem er mit ca *gleiche* oder *entgegengesetzte* Richtung hat. Ferner wird der Bogen (PF) *positiv* oder *negativ* sein, je nachdem er in unserer Figur *rechts* oder *links* vom grössten Kreise ac liegt. Und diese *Zeichenregel* wird im Auge zu behalten sein, wenn man das, was hier mit Bezug auf eine ganz *beliebige* Krystallfläche F (1.) auseinandergesetzt ist, in Anwendung bringen will auf die *speciellen* Flächen M, l, T, f, v, etc.

Lässt man in der vorigen Figur (Seite 293) den beliebigen Kugelflächenpunkt F hinrücken nach a, so wird offenbar in demselben Augenblick auch P mit a identisch werden. Nun ist aber a der Ort der Fläche M (vgl. das Schema Fig. 2, Seite 268); und es wird also, wenn für F die Fläche M genommen wird, gleichzeitig auch P mit dieser Fläche M identisch werden. Die Formeln (8.) erhalten daher, *in ihrer Anwendung auf die Fläche M*, folgende Gestalt:

$$m_0\frac{c'}{a'} = \operatorname{tg}[49^0\,44' + (cM)], \qquad n_0\frac{c'}{b'} = \frac{\operatorname{tg}(MM)}{\cos[49^0\,44' + (cM)]},$$

wo alsdann m_0, n_0 die noch unbekannten Werthe der Zahl m, n speciell für die Fläche M sind. Nun ist, wie schon bemerkt wurde, der Punkt M identisch mit dem Punkte a, also $(cM) = (ca) = 90^0$; auch ist offenbar $(MM) = 0$. Demgemäss gehen unsere Formeln über in:

$$m_0\frac{c'}{a'} = \operatorname{tg}(49^0\,44' + 90^0), \qquad n_0\frac{c'}{b'} = 0;$$

und hieraus folgt schliesslich:

(9.) $$m_0\frac{c'}{a'} = -\,0{,}84706 \quad \text{und} \quad n_0\frac{c'}{b'} = 0, \quad \text{(für die Fläche } M).$$

Lässt man nun weiter in der vorigen Figur (Seite 293) den Punkt F mit l zusammenfallen, nämlich zusammenfallen mit demjenigen Punkt, der in dem Neumann'schen Schema (Fig. 2, Seite 268) mit l bezeichnet ist, so wird gleichzeitig P in denjenigen Punkt L hineinfallen, der in jenem Schema in der Mitte des Bogens ll sich befindet. Demgemäss lauten die Formeln (8.), *in ihrer Anwendung auf die Fläche l*, folgendermaassen:

$$m_1\frac{c'}{a'} = \operatorname{tg}[49^0\,44' + (cL)], \qquad n_1\frac{c'}{b'} = \frac{\operatorname{tg}(Ll)}{\cos[49^0\,44' + (cL)]},$$

wo alsdann m_1, n_1 die noch unbekannten Werthe der Zahlen m, n speciell für die Fläche l vorstellen. Die Werthe der Winkel (cL) und (Ll) sind direct aus dem Neumann'schen Schema (Seite 268) abzulesen. In solcher Weise, und mit Beobachtung der vorhin gegebenen *Zeichenregel*, findet man $(cL) = -\,37^0\,44'$, und $(Ll) = \frac{1}{2}(ll) = 18^0\,9'$, [vergl. Seite 295 (11.)]. Somit ergiebt sich also:

$$m_1\frac{c'}{a'} = \operatorname{tg}(49^0\,44' - 37^0\,44'), \qquad n_1\frac{c'}{b'} = \frac{\operatorname{tg}18^0\,9'}{\cos[49^0\,44' - 37^0\,44']};$$

und hieraus folgt schliesslich:

(10.) $$m_1\frac{c'}{a'} = +\,0{,}21255 \quad \text{und} \quad n_1\frac{c'}{b'} = +\,0{,}33514, \quad \text{(für die Fläche } l).$$

Die Gleichungen (9.), (10.) sind in Uebereinstimmung mit den Neumann'schen Formeln (B.), (C.) Seite 282; und ihre hier gegebene Ableitung dürfte zeigen, wie man zu *allen* jenen Formeln (B.), (C.) hinzugelangen im Stande ist.

Auf Grund jener Formeln (B.), (C.) Seite 282 lassen sich nun ohne grosse Mühe diejenigen Symbole berechnen, welche die einzelnen Flächen besitzen mit Bezug auf die thermischen Axen Oa', Ob', Oc'. Diese neuen Symbole sind angegeben in (E.) Seite 283. Dieselben führen zu dem nebenstehenden Schema.

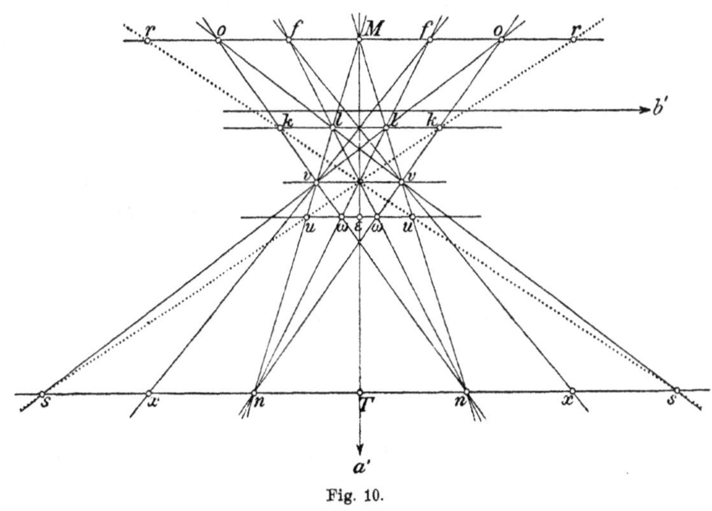

Fig. 10.

Am einfachsten wird man dieses Schema dadurch erhalten, dass man zuerst die Orte der *vier Flächen n, n, l, l* markirt, und sodann, von diesen aus, alle übrigen Flächenorte mittelst des (aus den früheren Schematen Seite 268 ersichtlichen) Zonenzusammenhanges construirt.

Was jene früheren Schemata (Seite 268) anbelangt, so dürfte es wohl angemessen sein, alle daselbst vorhandenen Zahlenangaben hier in deutlicher Weise zusammenzustellen.

In den von P nach P gehenden Zonen sind in jener Figur 2 Seite 268 folgende Winkel anzuführen:

(11.) in der Zone $PllP$: $(Pk) = 45^0\,39'$, $(kl) = 26^0\,12'$, $\frac{1}{2}(ll) = 18^0\,9'$,

(12.) in der Zone $PvvP$: $(Pv) = 67^0\,47'$, $\frac{1}{2}(vv) = 22^0\,13'$,

(13.) in $PnTnP$: $(Ps) = 41^0\,19'$, $(sx) = 11^0\,31'$, $(xn) = 16^0\,24'$, $(nT) = 20^0\,46'$;

(14.) in $PfMfP$: $(Pr) = 26^0\;\;1'$, $(ro) = 10^0\,11'$, $(of) = 19^0\,29'$, $(fM) = 34^0\,19'$;

so dass also in jeder dieser vier Zeilen die Summe der angegebenen Zahlen $= 90^0$ ist.

Ferner findet man in jener Figur 2 Seite 268 in der Zone $MnlM$ folgende Winkelangaben:

(15.) in $MnlM$: $(Mn) = 67^0\,52'$, $(nu) = 22^0\,8'$, $(uv) = 8^0\,49'$,

$(vl) = 26^0\,49'$, $(lM) = 54^0\,25'$.

Die Summe dieser Zahlen ist $= 180^0\,3'$, während sie eigentlich genau $= 180^0$ sein sollte. Es ist mithin in diesen Zahlen ein kleiner Fehler von $3'$ enthalten. Bei einiger Mühe würde man diesen kleinen Druckfehler wohl hinauszubringen im Stande sein; worauf hier aber nicht weiter eingegangen werden soll.

Ferner findet man in jener Fig. 2 Seite 268 in der Verticalzone $MT\varepsilon cM$ folgende Winkelangaben:

$$(16.) \qquad \text{in } MT\varepsilon cM\colon\ (MT) = 66^0\,14',\quad (T\varepsilon) = 21^0\,44',\quad (\varepsilon c) = 2^0\,2',$$
$$(cM) = 9^0\,28' + 28^0\,16' + 52^0\,16'.$$

Hier ist unter c der Ort der (nicht vorkommenden) geraden Endfläche, nämlich derjenige Punkt zu verstehen, in welchem die Kugelfläche von der Axe c geschnitten wird, diese Axe c ausgehend gedacht vom Mittelpunkt der Kugelfläche. Aus den angegebenen Zahlen folgt sofort: $(MT) + (T\varepsilon) + (\varepsilon c) = 90^0$, und (cM) ebenfalls $= 90^0$; wie solches als Controlle bemerkt sein mag.

Endlich ist in jenem Schema Fig. 2 Seite 268 noch ein Winkel angegeben in der Zone $fn\omega lf$, die von einem vorn links liegenden f nach einem hinten rechts liegenden f geht, nämlich der Winkel:

$$(17.) \qquad (fn) = 59^0\,16'.$$

Neumann's Anschauungen in späterer Zeit. — Schon 1826 hatte *Mitscherlich* beobachtet, dass die beiden optischen Axen des Gypses (die in der Symmetrieebene des Gypses liegen) bei wachsender Temperatur sich einander nähern; so dass also der von ihnen gebildete Winkel Ω sich verkleinert. Später hat *Neumann* im Jahre 1835 die nicht minder merkwürdige Beobachtung gemacht, dass jene beiden optischen Axen bei der in Rede stehenden gegenseitigen Annäherung mit *verschiedenen* Geschwindigkeiten sich bewegen; so dass also die eine *optische Hauptaxe*, nämlich die Halbirungslinie des Winkels Ω, ebenfalls in Bewegung ist. In der That hat Neumann gefunden, dass diese optische Hauptaxe gegen die vordere schiefe Endfläche T eine Neigung hat, welche bei einer Temperaturerhöhung von 60⁰ R. um mehrere Winkelgrade sich ändert.*)

Analoges wird für alle hemiëdrischen Krystalle gelten. Und es werden also die drei auf einander senkrechten optischen Hauptaxen, bei wachsender Temperatur, im Innern des Krystalls in irgend welchen Bewegungen begriffen sein. Aus diesen Wanderungen der optischen Hauptaxen, so wie auch aus der Dispersion derselben, geht nun aber, wie *Neumann* in seinen Vorlesungen über Mineralogie in den Jahren 1850—1860 hervorzuheben pflegte, deutlich hervor, *dass von einem genauen Zusammenfallen dieser optischen Hauptaxen mit den thermischen Axen schlechterdings nicht die Rede sein kann.*

Von Interesse dürfte auch eine gewisse Stelle sein in einem von *O. E. Meyer* (in Breslau) ausgearbeiteten optischen Vorlesungsheft aus dem Wintersemester 1860/61. Daselbst (zu Ende des § 97) heisst es:

Um diese wunderbare Erscheinung, nämlich das Wandern der optischen Hauptaxen bei wachsender Temperatur, zu erklären, denkt sich Neumann, dass es in jedem Krystall ein „unwandelbares Coordinatensystem“ geben muss, und dass das System der optischen Hauptaxen (der Fresnel'schen Elasticitätsaxen) nur etwas Secundäres sei.

Hier lässt *Neumann* (wohl absichtlich) ganz dahingestellt, ob man dieses *„unwandelbare Coordinatensystem“* vielleicht als das thermische Axensystem sich zu denken habe,

*) Vergl. die dreizehnte Abhandlung dieses Bandes.

oder ob letzteres ebenfalls nur als ein *secundäres* Axensystem aufzufassen sei. Kurz es entstehen mancherlei Fragen, die *Neumann* offenbar nur andeuten wollte, um ihre Beantwortung der Zukunft zu überlassen.

Nachträgliche Bemerkung. — *Neumann* hat sowohl in seinen Abhandlungen wie auch in seinen Vorlesungen stets festgehalten an den von *Weiss* eingeführten Bezeichnungen und Regeln. Demgemäss sind Oa, Ob, Oc die drei auf einander senkrechten Krystallaxen; und von diesen geht Oc vertical nach *oben*; ferner ist Oa horizontal nach *vorn*, d. i. gegen den Beobachter gerichtet; während Ob nach *rechts* oder nach *links* geht. Auch ist im Sinne von Weiss unter der *geraden Endfläche* stets eine bestimmte Horizontalebene zu verstehen, nämlich diejenige, welche über der Horizontalebene Oa, Ob im Abstande *Eins* sich befindet.

Im vorliegenden Fall, nämlich beim Gyps, ist Oc die Axe der von den Flächen f, f gebildeten *Säule*, und Oa parallel mit derjenigen Fläche P, durch welche die scharfe Seitenkante dieser Säule gerade abgestumpft wird. [Vgl. die Schemata Seite 268.]

Sind nun $\mathfrak{A}$, $\mathfrak{B}$, $\mathfrak{C}$ die Längen derjenigen Segmente, die auf den Axen Oa, Ob, Oc von irgend einer *Krystallfläche* abgeschnitten werden, so lautet das Symbol dieser Fläche:

$$(1.)\qquad [\mathfrak{A} : \mathfrak{B} : \mathfrak{C}];$$

und es wird also diese Fläche analytisch dargestellt sein durch folgende Gleichung:

$$(2.)\qquad \frac{x}{\mathfrak{A}} + \frac{y}{\mathfrak{B}} + \frac{z}{\mathfrak{C}} = 1;$$

hier sind alsdann x, y, z die den Axen Oa, Ob, Oc entsprechenden Coordinaten der auf der Fläche befindlichen Punkte.

Construirt man die durch O gehende *Normale* der in Rede stehenden Fläche (1.), und markirt man auf dieser Normale irgend einen Punkt (ξ, η, ζ), so werden offenbar ξ, η, ζ die Werthe haben: $\xi = \frac{\lambda}{\mathfrak{A}}$, $\eta = \frac{\lambda}{\mathfrak{B}}$, $\zeta = \frac{\lambda}{\mathfrak{C}}$, wo λ einen unbestimmten Factor vorstellt. Soll nun dieser Punkt (ξ, η, ζ) auf jener *geraden Endfläche* liegen, so muss $\zeta = 1$, mithin $\lambda = \mathfrak{C}$ gemacht werden; wodurch sich ergiebt:

$$(3.)\qquad \xi = \frac{\mathfrak{C}}{\mathfrak{A}},\quad \eta = \frac{\mathfrak{C}}{\mathfrak{B}},\quad \zeta = 1.$$

Und dieser Punkt (ξ, η, ζ) ist alsdann der sogenannte *Ort* der Fläche (1.), oder genauer ausgedrückt, ihr Ort auf der geraden Endfläche. *Ist also das Symbol* (1.) *irgend einer Krystallfläche in bestimmter Weise gegeben, so wird man den Ort* (ξ, η, ζ) *dieser Fläche, mittelst der Formeln* (3.), *sofort zu berechnen im Stande sein.*

So z. B. haben die Flächen l, v, n nach Seite 265 die Symbole:

$$(4.)\qquad \begin{cases} l = \left[-\frac{1}{\alpha'} : \frac{1}{\beta} : 1\right], \\ v = \left[-\frac{1}{\alpha} : \frac{1}{\beta} : 1\right], \\ n = \left[\frac{1}{\alpha' - 2\alpha} : \frac{1}{\beta} : 1\right], \end{cases}$$

und es werden daher die *Orte* dieser drei Flächen, zufolge der Formeln (3.), folgende Coordinaten besitzen:

$$(5.)\quad \begin{cases} \text{Ort von } l\text{:} & \xi_l = -\alpha', & \eta_l = \beta, & \zeta_l = 1, \\ \text{Ort von } v\text{:} & \xi_v = -\alpha, & \eta_v = \beta, & \zeta_v = 1, \\ \text{Ort von } n\text{:} & \xi_n = \alpha' - 2\alpha, & \eta_n = \beta, & \zeta_n = 1, \end{cases}$$

Hieraus folgt z. B.:

$$(6.)\quad \xi_n - \xi_v = \xi_v - \xi_l \quad \text{und} \quad \eta_n = \eta_v = \eta_l;$$

was offenbar in Einklang ist mit Fig. 1 Seite 268, nämlich mit dem daselbst auf der geraden Endfläche entworfenen Schema der Flächenorte. In diesem Schema sind die *Orte* der Flächen l, v, n mit ebendenselben Buchstaben l, v, n bezeichnet.

Inhaltsübersicht.

ÜBER DAS ELASTICITÄTSMAASS KRYSTALLINISCHER SUBSTANZEN DER HOMOËDRISCHEN ABTHEILUNG.

Aus Poggendorff's Annalen.

ÜBER DAS ELASTICITÄTSMAASS KRYSTALLINISCHER SUBSTANZEN DER HOMOËDRISCHEN ABTHEILUNG. 1834.*)

Die Phänomene der Elasticität bei unkrystallinischen Substanzen sind von *einer* (für jede einzelne Substanz specifischen) Constanten, ihrem Elasticitätsmaass, abhängig; bei krystallinischen Substanzen, und zwar bei denjenigen, bei welchen das Gesetz der innern Structurverschiedenheiten das einfachste, nämlich ein solches ist, dass sämmtliche Cohäsionsverschiedenheiten symmetrisch vertheilt gegen drei auf einander senkrechte Ebenen sind, d. i. bei krystallinischen Substanzen der homoëdrischen Abtheilung, hängen den neuern theoretischen Untersuchungen zufolge die Phänomene ihrer Elasticität ab von *sechs* unter einander unabhängigen Constanten; bei den übrigen krystallinischen Substanzen wächst mit der Unsymmetrie der Gestalten die Anzahl der Elasticitätsconstanten bis auf *zwölf*.

Experimentelle Untersuchungen über den numerischen Werth der Elasticitätsconstanten besitzen wir allein für unkrystallinische Substanzen, und die von verschiedenen Experimentatoren durch verschiedene Mittel erhaltenen Bestimmungen für feste Substanzen sind neuerlich, auf gemeinschaftliche Einheiten reducirt, durch *Lagerhielm* zusammengestellt in seiner ausgezeichneten Arbeit über die Elasticität etc. des Eisens**).

Für krystallinische Substanzen fehlen ähnliche experimentelle Untersuchungen über den Werth der Elasticitätsconstanten gänzlich, und doch wären sie gerade hier von grossem Interesse, wenn auch durch sie zunächst nur die einzige Frage entschieden würde, ob wirklich die Anzahl der Constanten so gross sei, als diejenige, worauf die theoretischen Untersuchungen führen, welche in Beziehung auf die Cohäsionsverschiedenheiten nichts voraussetzen,

*) Aus Poggendorff's Annalen, Bd. 31, Seite 177—192; 1834. Die Redaction hat sich veranlasst gesehen, beim Druck dieser Abhandlung gewisse Abänderungen eintreten zu lassen. Vgl. die Zusätze Seite 313. — *C. N.*

**) *Berzelius* Jahresbericht, Jahrgang 8. S. 71 (Ann. XIII. 404.) — *Anm. des Originals.*

als die Symmetrie, welche durch die Gestalten gegeben ist, — oder ob unter diesen Constanten der Theorie gewisse Relationen existiren, wodurch ihre Anzahl auf eine geringere zurückgeführt würde. Für die nähere Kenntniss der allgemeinen Natur der krystallinischen Cohäsionsverhältnisse würde dies ein sehr wichtiger Umstand sein. Solche experimentelle Untersuchungen sind nicht angestellt, theils weil der theoretische Zusammenhang der Elasticitätsphänomene krystallinischer Substanzen unbekannt war, also auch die Abhängigkeit derselben von den Elasticitätsconstanten, theils wegen der Befürchtung, dass krystallinische Substanzen das Material zu dergleichen Untersuchungen nicht in der erforderlichen Ausdehnung liefern möchten.

Ich werde hier die Gesetze einiger der einfachsten Elasticitätsphänomene geben, solcher, welche am meisten geeignet scheinen, die Mittel zur Bestimmung der Elasticitätsconstanten auch bei kleinen Dimensionen der zu untersuchenden Substanz zu geben; ich werde jedoch mich hier beschränken auf solche krystallinische Substanzen, deren Gestalten durch drei rechtwinklige Ebenen symmetrisch getheilt werden, d. i. zu der vollzähligen Abtheilung der regulären, viergliedrigen, zwei-und-zwei-gliedrigen oder sechsgliedrigen Classe gehören.

Die Durchschnitte der drei symmetrisch theilenden Ebenen, d. i. die Krystallaxen oder Elasticitätsaxen sollen mit a, b, c bezeichnet werden. Wenn ein krystallinischer Körper von beliebiger Form einem überall gleichen, gegen seine Oberfläche senkrechten Drucke: $\mathfrak{D}$, gemessen auf der Einheit der gedrückten Fläche, ausgesetzt wird, so findet in den drei Krystallaxen eine verschiedene Zusammenziehung statt, ihre relative Richtung aber bleibt unverändert; ihre ursprüngliche Längen a, b, c verwandeln sich in $a(1-M)$; $b(1-N)$, $c(1-P)$. Ein Theilchen, dessen Lage in Beziehung auf einen festen Punkt im Innern durch die drei Coordinaten x, y, z, die parallel mit den Krystallaxen, vor dem Druck bestimmt war, befindet sich während des Druckes an einem Orte, dessen Coordinaten sind: $x(1-M)$, $y(1-N)$, $z(1-P)$. Eine gerade Linie, deren Richtung vor dem Druck durch: $\frac{x}{\alpha}+\frac{z}{\gamma}=0$, $\frac{y}{\beta_1}+\frac{z}{\gamma_1}=0$ bestimmt war, ist während des Druckes durch $\frac{x}{\alpha(1-M)}+\frac{z}{\gamma(1-P)}=0$, $\frac{y}{\beta_1(1-N)}+\frac{z}{\gamma_1(1-P)}=0$ bestimmt, und die Ebene im nicht comprimirten Zustande: $\frac{x}{\alpha}+\frac{y}{\beta}+\frac{z}{\gamma}=1$ bekommt während des Druckes die Lage: $\frac{x}{\alpha(1-M)}+\frac{y}{\beta(1-N)}+\frac{z}{\gamma(1-P)}=1$.

Hieraus lassen sich die Contractionen in den verschiedenen Richtungen berechnen, so wie die Winkelveränderungen in den Neigungen der verschiedenen Richtungen und Ebenen. Die räumliche Contraction des Körpers ist, da M, N, P immer so klein sind, dass nur ihre ersten Potenzen zu berücksichtigen sind, ausgedrückt durch: $M + N + P$. Bei unkrystallinischen Substanzen, so wie bei denjenigen, welche das reguläre Krystallsystem haben, ist $M = N = P$, bei den Substanzen des viergliedrigen oder sechsgliedrigen Systems sind zwei dieser Grössen unter sich gleich. Ich werde M, N, P die *Verkürzungen bei gleichem Druck nennen*; es sind wirkliche Verkürzungen, wenn sie positiv sind, aber Verlängerungen, wenn sie negativ sind. Es ist möglich, dass die *Verkürzungen* bei gleichem Druck verschiedenen Vorzeichens sind, so dass bei gleichem, von aussen nach innen senkrecht wirkendem Druck, Verlängerungen in einigen Richtungen, Verkürzungen in andern eintreten, während gewisse Richtungen unverändert bleiben; ein solches Verhalten ist bei einigen krystallinischen Substanzen sogar mit grosser Wahrscheinlichkeit zu vermuthen, weil es scheint, dass die Grössen M, N, P unter einander in demselben Verhältniss stehen müssen, wie die ungleichen Ausdehnungen in den drei Krystallaxen, welche durch eine *Temperaturerhöhung* hervorgebracht werden.

Die Verkürzungen bei gleichem Druck M, N, P hängen von andern Grössen ab, welche als die *Elasticitätsconstanten* können angesehen werden, und von denen folgende Betrachtung eine anschauliche Vorstellung giebt. Man denke sich ein gerades rechtwinkliges Prisma aus einer krystallinischen Substanz geschnitten, dessen Kanten parallel den Krystallaxen sind, und bezeichne die gegen die Axe a senkrechten Seiten (d. i. Seitenflächen) durch A, und die andern Seiten, welche senkrecht gegen b und c sind, mit B und C. Man comprimire dieses Prisma durch einen gegen die Seiten A senkrechten Druck: $\mathfrak{D}$, gemessen auf der Einheit der Fläche, während die Seiten B und C frei sind; es entsteht eine Verkürzung in der Richtung der Axe a, und zugleich treten Verkürzungen (oder Verlängerungen) in den Axen b und c ein, unter einander verschieden im Allgemeinen, und verschieden von der Verkürzung in der Axe a. Ich werde diese drei Grössen, nämlich die Verkürzung in a und die Verkürzungen in b und c bezeichnen mit

$$M_a\mathfrak{D}, \quad N_a\mathfrak{D}, \quad P_a\mathfrak{D}.$$

Wenn der Druck senkrecht gegen die Seiten B gerichtet ist, so sollen die in a, b, c entstehenden Verkürzungen (oder Verlängerungen) bezeichnet werden mit:

$$M_b\mathfrak{D}, \quad N_b\mathfrak{D}, \quad P_b\mathfrak{D},$$

und wenn die Compression in der Richtung der Axe c stattfindet, mit:

$$M_c\mathfrak{D},\quad N_c\mathfrak{D},\quad P_c\mathfrak{D}.$$

Der Werth der Grössen M_a, N_a, P_a ist derselbe, wenn statt des betrachteten geraden rechtwinkligen Prismas irgend ein gerader prismatischer Körper, dessen Grundflächen A senkrecht auf a, und dessen Seiten entweder Ebenen parallel mit a sind, oder Theile von Cylinderflächen, deren Axen parallel mit a sind, in der Richtung der Axe a durch einen auf A senkrechten Druck comprimirt wird. Dasselbe gilt von den Grössen M_b, N_b, P_b und den Grössen M_c, N_c, P_c, welche denselben Werth behalten, wenn statt des geraden rechtwinkligen Prismas prismatische Körper, deren Axen parallel mit b und mit c, in der Richtung ihrer Axen comprimirt werden.

Durch die neun Grössen $M_a\ldots$, $M_b\ldots$, $M_c\ldots$ sind die linearen Contractionen bei gleichem Druck: M, N, P, auf folgende Weise bestimmt:

$$(1.)\qquad \begin{cases} M = M_a + M_b + M_c \\ N = N_a + N_b + N_c \\ P = P_a + P_b + P_c. \end{cases}$$

Jene neun Grössen $M_a\ldots$, $M_b\ldots$, $M_c\ldots$ können als die *Elasticitätsconstanten* angesehen werden; ihre Anzahl reducirt sich aber mittelst des folgenden Theorems auf sechs.

Die Verlängerung der Krystallaxe b, welche entsteht, wenn ein gerader prismatischer Körper, dessen Axe parallel mit a, in der Richtung von a comprimirt wird, ist gleich der Verlängerung, welche a erfährt, wenn ein prismatischer Körper, dessen Axe parallel mit b, in der Richtung von b comprimirt wird; dasselbe gilt von je zwei der Krystallaxen. Es ist also:

$$(2.)\qquad M_b = N_a,\quad M_c = P_a,\quad N_c = P_b.$$

Mittelst dieses Theorems ersieht man leicht aus (1.), dass die Verkürzung M der Axe a, bei gleichem, gegen die ganze Oberfläche senkrechten Druck $\mathfrak{D}$, gleich ist der räumlichen Contraction, welche das vorher betrachtete gerade rechtwinklige Prisma erfährt, wenn derselbe Druck $\mathfrak{D}$, immer gemessen auf der Einheit der Fläche, allein gegen die Seiten A wirkt; dasselbe gilt in Beziehung auf die Axe b und die Seiten B, und in Beziehung auf die Axe c und die Seiten C. Es ist nämlich nach (1.) und (2.):

$$(3.)\qquad \begin{cases} M = M_a + N_a + P_a \\ N = M_b + N_b + P_b \\ P = M_c + N_c + P_c. \end{cases}$$

Wenn die Grössen M, N, P verschiedenen Vorzeichens sind, so wird durch eine Compression des geraden rechtwinkligen Prismas in der Richtung einer der Krystallaxen eine Verkleinerung seines Volumens, in der Richtung einer andern Krystallaxe eine Vergrösserung seines Volumens hervorgebracht.

Die theoretischen Untersuchungen der Elasticität lassen diese Kraft entstehen aus den anziehenden und abstossenden Kräften, welche auf ein Theilchen von seinen umgebenden Theilchen ausgeübt werden, deren Intensität zwischen je zwei Theilchen derselben Richtung proportional ist der Veränderung, welche ihre ursprüngliche Entfernung erlitten hat, und äusserst schnell mit dieser Entfernung selbst abnimmt. Die auf dieser Ansicht basirte theoretische Untersuchung führt für die krystallinischen Substanzen der homoëdrischen Abtheilung auf gewisse Constanten, welche ich in meiner Abhandlung über die doppelte Strahlenbrechung*) bezeichnet habe mit A, $A_{,}$, $A_{,,}$, B, C, D. Diese theoretischen Elasticitätsconstanten hängen mit den durch $M_a\ldots$, $M_b\ldots$, $M_c\ldots$ bezeichneten Grössen durch folgende lineare Relationen zusammen:

$$(4.)\quad \begin{cases} \begin{cases} 1 = DM_a + A_{,,}N_a + AP_a, \\ 0 = A_{,,}M_a + CN_a + A_{,}P_a, \\ 0 = AM_a + A_{,}N_a + BP_a, \end{cases} \quad \begin{cases} 0 = DM_b + A_{,,}N_b + AP_b, \\ 1 = A_{,,}M_b + CN_b + A_{,}P_b, \\ 0 = AM_b + A_{,}N_b + BP_b, \end{cases} \\ \begin{cases} 0 = DM_c + A_{,,}N_c + AP_c, \\ 0 = A_{,,}M_c + CN_c + A_{,}P_c, \\ 1 = AM_c + A_{,}N_c + BP_c. \end{cases} \end{cases}$$

Man hat also, wenn $T = BCD + 2AA_{,}A_{,,} - BA_{,,}^2 - CA^2 - DA_{,}^2$ gesetzt wird:

$$(4.)'\quad \begin{cases} M_a = \dfrac{BC - A_{,}^2}{T}, \\ N_b = \dfrac{DB - A^2}{T}, \\ P_c = \dfrac{CD - A_{,,}^2}{T}, \end{cases} \qquad \begin{cases} M_b = N_a = \dfrac{AA_{,} - BA_{,,}}{T}, \\ M_c = P_a = \dfrac{A_{,}A_{,,} - CA}{T}, \\ N_c = P_b = \dfrac{AA_{,,} - DA_{,}}{T}. \end{cases}$$

Will man diese Ausdrücke auf unkrystallinische Substanzen anwenden, so hat man, wie anderswo gezeigt ist**), $A = A_{,} = A_{,,} = \frac{1}{3}B = \frac{1}{3}C = \frac{1}{3}D = L$ zu setzen, und man erhält:

$$(4.)''\quad M_a = N_b = P_c = \frac{2}{5}\frac{1}{L}; \qquad M_b = M_c = N_c = \cdots = -\frac{1}{10}\frac{1}{L}.$$

Das schöne von *Poisson* gegebene Theorem über die Dehnung elastischer Drähte, dass bei einer bestimmten Verlängerung δ derselben, in den Quer-

*) Vgl. im vorliegenden Bande Seite 165. — *C. N.*

**) Vgl. Seite 166.

dimensionen eine Verkürzung $\frac{1}{4}\delta$ eintritt, ist also unabhängig von den Dimensionen, und gilt von jedem geraden prismatischen Körper, wie gross seine Querdimensionen gegen die Längendimension auch seien. Dasselbe gilt von dem ähnlichen Theorem, welches er in Beziehung auf dünne elastische Bleche gegeben hat, es gilt für jeden geraden prismatischen Körper.

Wenn irgend ein Körper von homogener Substanz, durch äusserlich angebrachte Druckkräfte auf eine beliebige Weise, jedoch so comprimirt wird, dass keine Biegung eintreten kann, d. h., dass alle Theile, welche ursprünglich in einer geraden Linie lagen, auch während der Compression in einer solchen liegen, so giebt es immer drei auf einander rechtwinklige Richtungen, in welchen die grössten und kleinsten Verkürzungen stattgefunden haben, und deren relative Richtung unverändert geblieben ist. Dieser Satz ist unabhängig von den Cohäsionsverschiedenheiten. Die drei rechtwinkligen Richtungen heissen: die *Druckaxen*; sie heissen die *Hauptdruckaxen*, wenn die Compression durch einen überall gleichen, gegen die Oberfläche senkrechten Druck hervorgebracht ist. Die Hauptdruckaxen fallen bei den krystallinischen Substanzen der *homoëdrischen* Abtheilung mit den Krystallaxen oder Elasticitätsaxen zusammen, bei denjenigen Substanzen, deren Krystallformen zu den *hemiëdrischen* gehören, ist die Lage der Hauptdruckaxen von dem Gesetz der Cohäsionsverschiedenheiten abhängig, und in Beziehung auf dieses Gesetz ein sehr wichtiger Umstand.

Wenn die Lage der Druckaxen gegeben ist, und ihre Verkürzungen (oder Verlängerungen) μ, ν, ω, sehr klein sind, so dass nur die ersten Potenzen derselben zu berücksichtigen sind, so lassen sich die Verlängerungen jeder andern Richtung durch folgende Construction bestimmen. Man beschreibe eine Kugel mit dem Halbmesser 1, und um ihren Mittelpunkt die von *Fresnel* so genannte *Elasticitätsfläche*: $\varrho^2 = (1-\mu)^2\alpha^2 + (1-\nu)^2\beta^2 + (1-\omega)^2\gamma^2$, wo ϱ der Radiusvector, und α, β, γ die Cosinus der Winkel sind, welche dieser mit den drei Druckaxen bildet, in denen die Verkürzungen μ, ν, ω sind. Das Stück dieses Radiusvectors, welches von der Kugelfläche und der Elasticitätsfläche abgeschnitten wird, ist die seiner Richtung entsprechende Verkürzung oder Verlängerung, je nachdem es innerhalb oder ausserhalb der Kugel liegt. Bezeichnet man also die Verlängerung in der Richtung des Radiusvector ϱ mit $\frac{\Delta\varrho}{\varrho}$, so hat man*): $\frac{\Delta\varrho}{\varrho} = -(\mu\alpha^2 + \nu\beta^2 + \omega\gamma^2)$.

*) Es soll $\frac{\Delta\varrho}{\varrho}$ die *Verlängerung* in der Richtung ϱ sein; folglich ist die *Verkürzung* in dieser Richtung gleich $(-1)\frac{\Delta\varrho}{\varrho}$. — *C. N.*

In jeder Ebene giebt es immer zwei auf einander senkrechte Richtungen, in welchen die grösste und kleinste Verkürzung unter allen in dieser Ebene liegenden Richtungen stattgefunden hat, und deren relative Richtung unverändert geblieben ist. Zwei Ebenen giebt es immer, wenn alle drei Grössen μ, ν, ω verschieden sind, in welchen alle Richtungen eine gleich grosse Verkürzung erlitten haben, es sind dies die beiden Kreisschnitte der Elasticitätsfläche.

Den einfachsten Ausdruck für die Winkelveränderung, welche in der Neigung zweier Ebenen durch die Compression hervorgebracht ist, erhält man, wenn die Lage dieser Flächen bezogen wird auf die Richtung der grössten oder kleinsten Verkürzung aller in *der* Ebene liegenden Richtungen, die senkrecht auf den beiden Ebenen steht, deren Winkelveränderung gefunden werden soll, d. i., in der krystallographischen Terminologie: wenn die Lage der beiden Flächen bezogen wird auf die Richtungen der grössten und kleinsten Verkürzung ihrer *Zonenebene.* Es seien μ' und μ'' diese grösste und kleinste Verkürzung, und es seien die Ebenen, deren Winkelveränderung bestimmt werden sollen, gegen die Richtung, welcher die Verkürzung μ'' entspricht, geneigt unter V' und V'', so dass ihre Neigung unter einander ist $V'-V''$. Die Veränderung, welche dieser Winkel $V'-V''$ durch die Compression erleidet, werde mit ΔV bezeichnet, dann hat man*):

$$\Delta V = [\mu' - \mu''] \sin(V' - V'') \cos(V' + V''). \tag{5.}$$

Die grösste Winkelveränderung unter allen Ebenen derselben Zone (d. i. unter allen, deren Normalen in einer Ebene liegen) tritt ein, wenn der Factor von $(\mu'-\mu'')$ gleich 1 ist, d. i. wenn $V' = -V'' = 45^0$. Die grösste Winkelveränderung tritt also ein bei demjenigen *rechtwinkligen* Flächenpaare, welches symmetrisch gegen die Richtungen der grössten und kleinsten Verkürzung der Zonenebene liegt. Diese *grösste* Winkelveränderung ist $\mu'-\mu''$; die *absolut grösste* Winkelveränderung findet also statt bei denjenigen beiden rechtwinkligen Flächen, welche gegen die grösste und kleinste Axe der Elasticitätsfläche, durch welche die Verkürzungen der einzelnen Richtungen construirt sind, unter 45^0 geneigt sind. Es giebt zwei Ebenen, welche die Eigenschaft haben, dass alle gegen sie senkrecht geneigten Ebenen ihre Neigungen unter einander

*) Diese Formel (5.) ist, wie die meisten Resultate der vorliegenden Abhandlung, hier von Neumann nur kurzweg hingestellt worden, *ohne* Beweis. — Dabei sei bemerkt, dass diese Formel (5.) auch so darstellbar ist:

$$\Delta V = [\mu' - \mu''](\sin V' \cos V' - \sin V'' \cos V'').$$

In einem gewissen *speciellen* Fall kann man sich leicht von der Richtigkeit dieser Formel überzeugen, nämlich dann, wenn die beiden Ebenen, um deren gegenseitige Neigung es sich handelt, parallel sind mit einer der drei Hauptaxen der Elasticitätsfläche. — *C. N.*

unverändert erhalten, es sind dies die beiden Kreisschnitte der Elasticitätsfläche. — Allgemein bleibt die rechtwinklige Neigung *der* beiden Ebenen unverändert, welche parallel den beiden Richtungen der grössten und kleinsten Verkürzung ihrer Zonenebene sind; unverändert erhalten ferner ihre Neigungen alle Flächen derselben Zone, für welche $V' + V'' = 90^0$ ist.

Es werde die Lage der Theilchen irgend eines Körpers auf drei gegen einander rechtwinklige Coordinaten x, y, z bezogen, und dieser werde einem beliebigen Druck unterworfen, jedoch so, dass keine Biegung entsteht; so dass also von den entstehenden kleinen Verrückungen der Theilchen nur die ersten Potenzen zu berücksichtigen sind. Die Verkürzungen in der Richtung der Coordinaten x, y, z seien mit M, N, P bezeichnet. Die Coordinaten sind während des Druckes nicht mehr rechtwinklig gegen einander geneigt; es werde der Cosinus des Winkels, den die Richtungen x, y während des Druckes mit einander bilden, durch p bezeichnet, d. i. $\cos(x, y) = p$ und eben so sei $\cos(x, z) = n$ und $\cos(y, z) = m$. Alsdann hat man für die Verlängerung $\frac{\Delta\varrho}{\varrho}$ der Richtung ϱ, welche mit den Coordinatenaxen x, y, z die Winkel bildete, deren Cosinus α, β, γ sind:

$$\frac{\Delta\varrho}{\varrho} = -(M\alpha^2 + N\beta^2 + P\gamma^2) + (p\alpha\beta + n\alpha\gamma + m\beta\gamma). \tag{6.}$$

Hieraus lassen sich diejenigen drei rechtwinkligen Richtungen, d. i. die Druckaxen bestimmen, in welchen die Verkürzungen grösste oder kleinste sind: ihre Lage hängt ab von einer cubischen Gleichung, welche lauter reelle Wurzeln hat. Verbindet man mit (6.) noch die Bedingung, dass sämmtliche ϱ senkrecht auf einer Richtung stehen sollen, welche durch die Cosinus A, B, C ihrer Neigung gegen die drei Coordinaten x, y, z bestimmt ist, das ist die Bedingung:

$$A\alpha + B\beta + C\gamma = 0, \tag{7.}$$

und sucht diejenigen Werthe von α, β, γ, welche (7.) genügen und für $\frac{\Delta\varrho}{\varrho}$ in (6.) ein Maximum geben, so wird man auf eine quadratische Gleichung geführt mit immer reellen Wurzeln, wodurch die beiden aufeinander rechtwinkligen Richtungen der grössten und kleinsten Verkürzung in der Ebene $Ax + By + Cz = 0$ bestimmt werden.

Die Winkelveränderung der Neigung zweier Ebenen kann man direct durch die Grössen M, N, P, m, n, p, bestimmen. Es seien die gegebenen Ebenen, deren Winkelveränderung gefunden werden soll:

$$\frac{x}{A} + \frac{y}{B} + \frac{z}{C} = 1; \quad \frac{x}{A'} + \frac{y}{B'} + \frac{z}{C'} = 1.$$

Ihre Lage während des comprimirten Zustandes ist:

$$\frac{(x)}{A(1-M)} + \frac{(y)}{B(1-N)} + \frac{(z)}{C(1-P)} = 1;$$
$$\frac{(x)}{A'(1-M)} + \frac{(y)}{B'(1-N)} + \frac{(z)}{C'(1-P)} = 1.$$

wo sich (x), (y), (z) auf dasjenige *schiefwinklige* Coordinatensystem beziehen, in welches das rechtwinklige x, y, z durch den Druck verwandelt worden ist; die Neigung der schiefwinkligen Coordinaten (x), (y), (z) ist bestimmt durch die Cosinus m, n, p. Dies reicht hin, die Neigung der Ebenen in ihrem verrückten Zustande zu berechnen, und also die erlittene Neigungsveränderung zu bestimmen.

Ich werde jetzt die Werthe der Grössen M, N, P, m, n, p, ausgedrückt durch die Elasticitätsconstanten, in einigen der einfachsten Fälle für solche krystallinische Substanzen geben, deren Gestalten durch drei rechtwinklige Ebenen symmetrisch getheilt werden. Aus einer solchen Substanz werde ein grader prismatischer Körper geschnitten, dessen Grundflächen senkrecht stehen auf einer Linie, deren Neigung gegen die drei Krystallaxen a, b, c bestimmt sei durch die Cosinus C_a, C_b, C_c; dies ist die Axe des Prismas, die Seiten desselben sind entweder Ebenen parallel mit der Axe, oder Theile von Cylinderflächen, deren Axen parallel mit der Axe des Prismas sind. Dieses Prisma werde, durch den Druck $= \mathfrak{D}$, gemessen auf der Einheit der Fläche, der senkrecht auf die Grundflächen gerichtet ist, comprimirt, während die Seiten desselben frei sind. Die Wirkung dieser Compression ist im Allgemeinen eine doppelte, die Krystallaxen werden verkürzt, und zugleich aus ihren gegen einander rechtwinkligen Neigungen abgelenkt. Man erhält für die Verkürzung der Krystallaxen a, b, c:

$$(8.)\qquad \begin{cases} M = \mathfrak{D}\{M_a C_a^2 + M_b C_b^2 + M_c C_c^2\}, \\ N = \mathfrak{D}\{N_a C_a^2 + N_b C_b^2 + N_c C_c^2\}, \\ P = \mathfrak{D}\{P_a C_a^2 + P_b C_b^2 + P_c C_c^2\}, \end{cases}$$

und für die Neigung der Krystallaxen unter einander während der Compression:

$$(9.)\qquad \begin{cases} m = -\mathfrak{D}\dfrac{C_b C_c}{A_{,}}, \\ n = -\mathfrak{D}\dfrac{C_a C_c}{A}, \\ p = -\mathfrak{D}\dfrac{C_a C_b}{A_{,,}}, \end{cases}$$

wo A, $A_{,}$, $A_{,,}$ die in den Gleichungen (4.) gebrauchte Bedeutung haben.

Wenn man einen geraden prismatischen Körper von einer unkrystallinischen Substanz durch den Druck $\mathfrak{D}$, gemessen auf der Einheit der Fläche, senkrecht gegen die Grundflächen, comprimirt, so ist der Quotient der Verkürzung der Axe durch den Druck $\mathfrak{D}$ diejenige Grösse, welche man mit dem Namen: *das Elasticitätsmaass* belegt; es werde mit E bezeichnet. Dieselbe Definition des Elasticitätsmaasses kann man übertragen auf krystallinische Substanzen; hier ist aber dieses Maass verschieden, je nachdem die Axe des Prismas eine andere Richtung in Beziehung auf die Krystallaxen hat. Ich werde mit $E_{(C)}$ das Elasticitätsmaass für ein Prisma bezeichnen, dessen Axe gegen die Krystallaxen unter Winkel geneigt ist, deren Cosinus C_a, C_b, C_c sind, oder: *$E_{(C)}$ ist das Elasticitätsmaass der durch C_a, C_b, C_c bestimmten Richtung.* Es ist $E_{(C)} = -\frac{\Delta\varrho}{\varrho\mathfrak{D}}$, wo statt $\frac{\Delta\varrho}{\varrho}$ sein Werth aus (6.) zu setzen ist, und in diesem die Werthe von M, N, P, m, n, p aus (8.) und (9.). Man erhält auf diesem Wege

$$(10.)\qquad E_{(C)} = M_a C_a^4 + N_b C_b^4 + P_c C_c^4 + 2\left(N_a + \frac{1}{2A_{,,}}\right) C_a^2 C_b^2 + 2\left(P_a + \frac{1}{2A}\right) C_a^2 C_c^2 + 2\left(P_b + \frac{1}{2A_{,}}\right) C_b^2 C_c^2 .$$

Um das Elasticitätsmaass einer jeden Richtung zu kennen, muss dasselbe für sechs verschiedene Richtungen gegeben sein. Von denjenigen Methoden, deren man sich bei unkrystallinischen Substanzen bedient hat, um ihre Elasticitätsmaasse zu bestimmen, scheint die *Methode der Biegung* vorzugsweise auf krystallinische Substanzen anwendbar. Diese Methode besteht darin, dass ein dünner, gerader, prismatischer Stab an seinem einen Ende horizontal festgemacht, und das andere Ende mit Gewichten beschwert wird — oder dass dieser Stab mit beiden Enden auf eine horizontale Unterlage gelegt wird, und seine Mitte mit Gewichten beschwert wird — und man die Depression, um welche der mit Gewichten beschwerte Querschnitt des Stabes herunter gezogen wird, beobachtet.

Es werde dieses Verfahren angewandt auf ein dünnes, rechtwinkliges Stäbchen, welches aus einer krystallinischen Substanz geschnitten ist, und dessen Axe in Beziehung auf die Krystallaxen durch die Cosinus C_a, C_b, C_c bestimmt sei. Die Depression des mit Gewichten belasteten Querschnitts hängt, ausser von den Dimensionen des Stäbchens, von dem der durch C_a, C_b, C_c bestimmten Richtung angehörigen Elasticitätsmaasse ab. Es seien H und B die Seiten des rechtwinkligen Querschnittes, und $J = HB$ sein Flächeninhalt, L die Entfernung des festen Endes von dem belasteten Querschnitt (oder $2L$ die Entfernung der beiden horizontalen Unterlagen der Enden, wenn das Stäbchen in der Mitte belastet wird), $E_{(C)}$ das Elasticitätsmaass der Richtung der Axe des Stäbchens, G die beschwerenden Gewichte, V_b die Depression des beschwerten Querschnittes in dem Falle, wenn die Seite B in einer verticalen

Ebene liegt, und V_h, wenn die Seite H in der verticalen Ebene gelegt ist, alsdann hat man, wenn nur das eine Ende fest ist, und das andere Ende von den Gewichten heruntergezogen wird:

$$V_b = \frac{4E(c)GL^3}{JB^2}, \quad V_h = \frac{4E(c)GL^3}{JH^2}. \tag{11.}$$

Ist aber das Gewicht in der Mitte angebracht, und ruhen die beiden Enden auf einer horizontalen Unterlage, so sind V_b, V_h nur halb so gross. — Diese Methode der Biegung lässt sich mit sehr kleinen Stäbchen ausführen, da die Vergrösserung der zu beobachtenden Grösse V allein von dem Verhältniss der Längendimension zu den Querdimensionen abhängig ist. Um mittelst dieser Methode die Elasticitätsconstanten einer krystallinischen Substanz zu bestimmen, muss man aus ihr 6 Stäbchen in sechs verschiedenen Richtungen schneiden, und ihre Elasticitätsmaasse bestimmen. Am einfachsten bieten sich hierzu dar die drei Richtungen der Krystallaxen, und die drei Richtungen, welche gegen je zwei Krystallaxen unter 45° geneigt sind. Bezeichnet man mit $E_{(a)}$, $E_{(b)}$, $E_{(c)}$ das Elasticitätsmaass der drei Krystallaxen, und mit $E_{(a,b)}$ das Elasticitätsmaass der mittleren Richtung, welche gegen a und b unter 45° geneigt ist, und mit $E_{(a,c)}$ und $E_{(b,c)}$ die Elasticitätsmaasse der mittleren Richtungen zwischen a, c und zwischen b, c, so findet man aus (10.):

$$\left\{\begin{array}{l} E_{(a)} = M_a, \\ E_{(b)} = N_b, \\ E_{(c)} = P_c, \end{array}\right. \quad \left\{\begin{array}{l} E_{(a,b)} = \frac{1}{4}\left(M_a + N_b + 2N_a + \frac{1}{A_{\prime\prime}}\right), \\ E_{(a,c)} = \frac{1}{4}\left(M_a + P_c + 2P_a + \frac{1}{A}\right), \\ E_{(b,c)} = \frac{1}{4}\left(N_b + P_c + 2P_b + \frac{1}{A_\prime}\right); \end{array}\right. \tag{12.}$$

woraus sämmtliche Elasticitätsconstanten berechnet werden können.

Beobachtungen der Winkelveränderungen, welche in den Neigungen der Seiten unter einander oder gegen die Basis an einem geraden Prisma hervorgebracht werden, wenn dies in der Richtung der Axe comprimirt wird, scheinen ein zweites Mittel darzubieten, die Elasticitätsconstanten der krystallinischen Substanzen zu bestimmen. Durch diese Methode können aber immer nur die Differenzen dieser Constanten gefunden werden, so dass *eine* Beobachtung nach der Biegungsmethode immer nothwendig bleibt. Schneidet man ein Prisma so, dass seine Grundflächen senkrecht auf a stehen, und seine Seitenebenen parallel mit a, gegen b und c unter 45° geneigt sind, comprimirt es in der Richtung seiner Axe, und bezeichnet die Winkelveränderung des Kantenwinkels, welcher von der durch a und b gelegten Ebene halbirt wird, mit ΔA_b, so ist:

$$\Delta A_b = -(P_a - N_a)\mathfrak{D}, \tag{13.}$$

wo D der comprimirende Druck ist. In einem andern Prisma, dessen Axe parallel mit b, und dessen Seiten gegen a und c unter 45^0 geneigt sind, werde die durch Compression des Prismas in Richtung seiner Axe hervorgebrachte Winkelveränderung der Kante, welche in der durch b und c gelegten Ebene liegt, durch $\varDelta B_c$, und in einem dritten Prisma, dessen Axe parallel mit c, und dessen Seiten gegen a und b unter 45^0 geneigt sind, werde die durch Compression entstehende Winkelveränderung der Kante in der Ebene durch c und a mit $\varDelta C_a$ bezeichnet, dann ist:

$$
\begin{aligned}
\varDelta B_c &= -(M_b - P_b)\mathfrak{D} \\
\varDelta C_a &= -(N_c - M_c)\mathfrak{D}.
\end{aligned} \tag{14.}
$$

Man sieht, dass $\varDelta A_b + \varDelta B_c + \varDelta C_a = 0$, und dass zwei dieser Prismen die Unterschiede von M_b, M_c, N_c bestimmen. Dieselben beiden Prismen reichen auch hin, die Unterschiede von M_a, N_b, P_c zu bestimmen, wenn sie nicht in der Richtung der Axe, sondern in der Richtung der Normale zweier gegenüberstehender Seiten comprimirt werden. Ich werde die bei dieser Art Compression entstehenden Winkelveränderungen derselben Kanten, die bei der ersten Art der Compression betrachtet sind, bezeichnen mit $(\varDelta A_b)$, $(\varDelta B_c)$, $(\varDelta C_a)$; alsdann hat man

$$
\begin{aligned}
(\varDelta A_b) &= -\tfrac{1}{2}(N_b - P_c)\mathfrak{D} \\
(\varDelta B_c) &= -\tfrac{1}{2}(P_c - M_a)\mathfrak{D} \\
(\varDelta C_a) &= -\tfrac{1}{2}(M_a - N_b)\mathfrak{D}
\end{aligned} \tag{15.}
$$

und also auch hier: $(\varDelta A_b) + (\varDelta B_c) + (\varDelta C_a) = 0$.

Schneidet man ein gerades rechtwinkliges Prisma, dessen Axe nicht parallel mit einer der Krystallaxen, sondern z. B. parallel mit einer Linie, die gegen zwei der Axen unter 45^0 geneigt ist, so lässt sich aus den Winkelveränderungen desselben durch Compression eine Differenz zwischen den Grössen M_a, N_b, P_c und M_b, M_c, N_c bestimmen, wodurch alsdann sämmtliche Unterschiede der Elasticitätsconstanten gefunden sind.

Aus dem, was hier für den allgemeinsten Fall, wo alle drei Krystallaxen verschieden sind, gesagt ist, ist es leicht, die besonderen Fälle abzuleiten, wenn die krystallinischen Substanzen zum viergliedrigen System oder sechsgliedrigen gehören, welche Fälle, wenn hier c die Axe dieser Systeme bedeutet, durch $A = A_,$ und $C = D$ charakterisirt sind, so wie den besonderen Fall des regulären Systems, wo $A = A_, = A_{,,}$ und $B = C = D$ ist, *dessen Untersuchung merkwürdige Unterschiede der Elasticität unkrystallinischer Substanzen und derjenigen krystallinischen, die zum regulären System gehören, darbietet.*

Zusätze der Redaction (*C. N.*).

Die Bezeichnungen M, N, P **und** D, $\mathfrak{D}$. — Im Original sind die Buchstaben M, N, P in verschiedenem Sinne, bald als *Verkürzungen*, bald als *Verlängerungen*, gebraucht; wodurch ein gewisser Mangel an Uebereinstimmung, und hin und wieder auch in den Formeln eine gewisse Ungenauigkeit oder Unsicherheit entstanden ist. Zur Vermeidung dieser Uebelstände hat die Redaction den ursprünglichen Text in solcher Weise abgeändert, dass jetzt unter den M, N, P nur noch *Verkürzungen* zu verstehen sind*). Es werden also gegenwärtig diese M, N, P, falls sie positiv sind, *wirkliche* Verkürzungen sein, hingegen Verlängerungen, falls sie negativ sind.

Ferner sei bemerkt, dass der Buchstabe D im Original zur Bezeichnung des *Druckes*, zugleich aber auch zur Bezeichnung einer gewissen Elasticitätsconstanten dient. Zur bessern Unterscheidung hat die Redaction das D im *ersteren* Sinne durch ein $\mathfrak{D}$ ersetzt. Dieser Druck $\mathfrak{D}$ kann übrigens in der Neumann'schen Abhandlung überall als ein *wirklicher* Druck, d. h. als eine auf den Körper von Aussen nach Innen wirkende Kraft angesehen werden.

Der Specialfall des regulären Krystallsystems. — Im Ganzen sind von Neumann für ein Krystallsystem, welches in Bezug auf drei zu einander senkrechte Ebenen symmetrisch ist, *sechs* Elasticitätsconstanten D, C, B und A, $A_{,}$, $A_{,,}$ eingeführt worden [vgl. Seite 305]. Die Determinante derselben ist von ihm mit T bezeichnet:

$$(\alpha.)\qquad T = \begin{vmatrix} D & A_{,,} & A \\ A_{,,} & C & A_{,} \\ A & A_{,} & B \end{vmatrix}.$$

Dementsprechend kann man D, C, B die *Diagonalconstanten*, andererseits aber A, $A_{,}$, $A_{,,}$ die *Lateralconstanten* nennen. Für den Specialfall eines *regulären* Krystallsystems wird offenbar:

$$(\beta.)\qquad D = C = B \quad \text{und} \quad A = A_{,} = A_{,,},$$

und folglich:

$$(\gamma.)\qquad T = \begin{vmatrix} D & A & A \\ A & D & A \\ A & A & D \end{vmatrix},$$

oder was dasselbe ist:

$$(\delta.)\qquad T = D^3 + 2A^3 - 3DA^2 = (D - A)^2(D + 2A).$$

In Folge dieser Relationen (β.), (γ.), (δ.) reduciren sich die Formeln Seite 305 auf:

$$(\varepsilon.)\qquad M_a = N_b = P_c = \frac{D^2 - A^2}{T} = \frac{D + A}{(D - A)(D + 2A)},$$

$$(\zeta.)\qquad M_b = M_c = N_c = N_a = P_a = P_b = \frac{A^2 - DA}{T} = \frac{-A}{(D - A)(D + 2A)}.$$

---

*) Besser würde es ohne Zweifel gewesen sein, die Dinge so einzurichten, dass die M, N, P durchweg immer nur *Verlängerungen* vorstellen. Das aber würde eine vollständige Umarbeitung der Abhandlung nothwendig gemacht haben; wozu die Redaction sich nicht befugt glaubte.

Und es wird daher z. B. die Formel (10.) Seite 310 für den Specialfall des *regulären* Systems die Gestalt annehmen:

$$(\eta.)\qquad E_{(C)} = M_a(C_a^4 + C_b^4 + C_c^4) + \left(2N_a + \frac{1}{A}\right)(C_b^2C_c^2 + C_c^2C_a^2 + C_a^2C_b^2).$$

Nun ist $C_a^2 + C_b^2 + C_c^2 = 1$, mithin:

$$2(C_b^2C_c^2 + C_c^2C_a^2 + C_a^2C_b^2) = 1 - (C_a^4 + C_b^4 + C_c^4);$$

so dass man also die Formel (η.) auch so schreiben kann:

$$E_{(C)} = M_a(C_a^4 + \cdots) + N_a[1 - (C_a^4 + \cdots)] + \frac{1}{A}(C_b^2C_c^2 + \cdots),$$

oder auch so:

$$E_{(C)} = (M_a - N_a)(C_a^4 + \cdots) + \frac{1}{A}(C_b^2C_c^2 + \cdots) + N_a.$$

Substituirt man aber hier für M_a und N_a die in (ε.), (ζ.) angegebenen Ausdrücke, so erhält man sofort:

$$(\vartheta.)\qquad E_{(C)} = \frac{C_a^4 + C_b^4 + C_c^4}{D - A} + \frac{C_b^2C_c^2 + C_c^2C_a^2 + C_a^2C_b^2}{A} - \frac{A}{(D - A)(D + 2A)}.$$

Wie schon bemerkt wurde (Seite 313), sind von der Redaction, beim Druck der Neumann'schen Abhandlung absichtlich gewisse Abänderungen gemacht worden. Und in Anbetracht dessen dürfte es zweckmässig sein, die hier für das reguläre System erhaltene Formel (ϑ.) *einer gewissen Controlle zu unterwerfen.* Das soll weiterhin geschehen.

Ueber Neumann's spätere Untersuchungen. — In der Zeit von 1826—1857 hat Neumann eine besondere Vorlesung über Elasticität nur *einmal* gehalten, im Wintersemester 1839/40. Später aber in den Jahren 1857—1874 sind *neun* solche Vorlesungen zu nennen*), namentlich die Vorlesung 1869/70, an welcher *Gustav Baumgarten* (jetzt Oberlehrer in Dresden) Theil nahm, und die Vorlesung 1873/74, an welcher *Woldemar Voigt* (jetzt Professor in Göttingen) sich betheiligte. In diesen beiden letzten Vorlesungen sind von *Neumann* höchst interessante Betrachtungen angestellt worden, die von hypothetischen Vorstellungen, namentlich von moleculartheoretischen Speculationen, frei sind, und die dementsprechend sich auszeichnen durch einen hohen Grad von Sicherheit und Allgemeinheit.

Dabei sei bemerkt, dass diese *ganz allgemeine Neumann'sche Theorie*, von Hause aus, 36 von einander unabhängige Constanten enthält**). Diese 36 Constanten***) wurden von *Neumann* auf 21, und speciell für den Fall des *regulären* Systems auf nur 3 Constanten reducirt, die wir hier mit A, B, δ bezeichnen wollen†).

Steigt man von der in Rede stehenden *allgemeinen* Theorie hinab zu derjenigen *engeren* Theorie, welche von Neumann (im Jahre 1834) in der hier vorliegenden Ab-

---

*) Vgl. *Volkmann*'s Schrift: „*Franz Neumann*", Leipzig, bei Teubner, 1896; daselbst Seite 56—58.

**) ebenso wie die Theorie von *Lamé*: *Leçons sur la théorie mathématique de l'élasticité, etc.*, Paris, 1852. Man vergleiche daselbst namentlich Seite 34 ff.

***) Näheres darüber findet man in *Neumann's Vorlesungen über die Theorie der Elasticität*, herausgegeben von *O. E. Meyer*, Leipzig, bei Teubner, 1885. Namentlich kommen hier in Betracht der *zwölfte Abschnitt* dieses Werkes (Seite 164—202), und die dortigen Bemerkungen Seite 201 und 202.

†) a. a. O. Seite 173 sind diese Constanten A, B, δ bezeichnet worden mit A, B, δ.

handlung auf Seite 301—312 in aller Kürze scizzirt worden ist, und hält man dabei an der Vorstellung fest, dass das betrachtete Krystallsystem ein *reguläres* sei, so werden jene Constanten A, B, δ Werthe annehmen, die leicht näher angebbar sind. Es wird nämlich alsdann A identisch mit den drei *Diagonalconstanten* D, D, D; und andererseits werden alsdann B und δ beide identisch mit den *Lateralconstanten* A, A, A. Also:

$$(\iota.)\qquad \mathsf{A} = D \quad \text{und} \quad \mathsf{B} = \delta = A;$$

wie man solches leicht erkennt aus den schon genannten von Meyer herausgegebenen Vorlesungen*).

Man denke sich nun aus einem *regulären* Krystall ein rechtwinkliges Prisma geschnitten, dessen Axe mit den Krystallaxen a, b, c Winkel bildet, deren Cosinus C_a, C_b, C_c heissen mögen. Dieses Prisma mag, durch einen auf seine beiden Endflächen ausgeübten Druck $\mathfrak{D}$, in der Richtung seiner Axe comprimirt sein, während seine vier Seitenflächen druckfrei bleiben sollen. Durch den Druck $\mathfrak{D}$ wird alsdann das Prisma in seiner Axenrichtung ϱ eine gewisse Dilatation: $\frac{\Delta\varrho}{\varrho}$, oder vielmehr eine gewisse Contraction: $(-1)\frac{\Delta\varrho}{\varrho}$ erleiden. Und für diese letztere gilt nun *nach jener allgemeinen Neumann'schen Theorie* von 1869—1874 folgende Formel**):

$$(\varkappa.)\quad (-1)\frac{\Delta\varrho}{\varrho} = \frac{\mathfrak{D}}{\mathsf{A}-\mathsf{B}}\left[-\left(\frac{\mathsf{B}}{\mathsf{A}+2\mathsf{B}}\right) + (C_a^4 + C_b^4 + C_c^4)\right] + \frac{\mathfrak{D}}{\delta}(C_b^2C_c^2 + C_c^2C_a^2 + C_a^2C_b^2).$$

wo A, B, δ jene schon genannten Constanten vorstellen.

Dividirt man diese hier in ($\varkappa$.) angegebene Contraction oder Verkürzung noch durch die Stärke des einwirkenden Druckes, d. i. durch $\mathfrak{D}$, so erhält man das der betrachteten Richtung C_a, C_b, C_c entsprechende *Elasticitätsmaass*:

$$(\lambda.)\qquad E_{(C)} = \frac{C_a^4 + C_b^4 + C_c^4}{\mathsf{A}-\mathsf{B}} + \frac{C_b^2C_c^2 + C_b^2C_a^2 + C_a^2C_b^2}{\delta} - \frac{\mathsf{B}}{(\mathsf{A}-\mathsf{B})(\mathsf{A}+2\mathsf{B})}.$$

Steigt man jetzt von der *allgemeinen* Theorie wiederum hinab zu jener *engeren* Theorie von 1834, so erhalten A, B, δ die in (ι.) notirten Werthe; so dass man also erhält:

$$(\mu.)\qquad E_{(C)} = \frac{C_a^4 + C_b^4 + C_c^4}{D-A} + \frac{C_b^2C_c^2 + C_c^2C_a^2 + C_a^2C_b^2}{A} - \frac{A}{(D-A)(D+2A)};$$

eine Formel, die völlig identisch ist mit der früheren Formel (ϑ.). *Durch diese Controlle von* (ϑ.) *ist zugleich mitcontrollirt der eigentliche Ursprung von* (ϑ.), *d. i. die Formel* (10.) *Seite* 310; und das dürfte, namentlich in Anbetracht der von Seiten der Redaction vorgenommenen Abänderungen, nicht ganz überflüssig gewesen sein.

Um Wichtiges hinzuzufügen: Im Gebiete der Krystallelasticität sind im Ganzen drei Theorien zu unterscheiden, nämlich:

𝔄. *Die allgemeinste Theorie, wie sie von Neumann in seinen Vorlesungen* 1869/70 *und* 1873/74 *entwickelt wurde. Dieselbe ist einigermaassen dadurch charakterisirt, dass sie,*

*) Man vgl. daselbst namentlich die Formeln (1.) Seite 76 und die Formeln (2.) Seite 173.

**) Vgl. die genannten Vorlesungen Seite 185. In der That ist die dort unmittelbar *vor* (1.) stehende Formel identisch mit der obigen Formel ($\varkappa$.); nur sind die Cosinus C_a, C_b, C_c dort bezeichnet mit $\cos(\xi, x)$, $\cos(\xi, y)$, $\cos(\xi, z)$.

bei ihrer Anwendung auf ein ganz beliebiges krystallinisches Medium, mit 36 *von einander unabhängigen Constanten behaftet ist.* (*Vgl. Seite* 314.)

𝔅. *Eine etwas engere Theorie entsteht aus der Theorie* 𝔄. *dadurch, dass man gewisse allgemeine Betrachtungen über die Energie für zuverlässig erachtet. Alsdann nämlich reduciren sich die genannten* 36 *Constanten, wie ebenfalls von Neumann in jenen Vorlesungen gezeigt wurde, auf nur* 21 *Constanten.*

ℭ. *Als eine noch engere Theorie endlich ist diejenige zu bezeichnen, welche Neumann in der vorliegenden Abhandlung* (*Seite* 301—312), *also im Jahre* 1834, *entwickelt hat. Dieselbe beruht ohne Zweifel auf Poisson's moleculartheoretischen Betrachtungen; während die Theorien* 𝔄. *und* 𝔅. *von solchen moleculartheoretischen Speculationen völlig frei sind.**)

Welche von den drei Theorien 𝔄., 𝔅., ℭ. nun die eigentlich *wahre* sei, — darüber geben leider die auf *Neumann*'s Anregung von *G. Baumgarten***) am Kalkspath und von *W. Voigt****) am Steinsalz angestellten Beobachtungen *keinen* Aufschluss; denn sie vertragen sich mit allen dreien. Später aber, bei seinen wichtigen Arbeiten zur Bestimmung der Elasticitätsconstanten verschiedener Krystalle, ist *W. Voigt*†) zu Resultaten gelangt, die der Theorie ℭ. *widersprechen*, hingegen *in Einklang stehen* mit der Theorie 𝔅. (und folglich auch mit der Theorie 𝔄.); — so dass man also heut zu Tage diese Theorie 𝔅. als die eigentlich *wahre* Theorie anzusehen berechtigt sein wird.

---

*) In wie weit *Neumann* bei der Entwicklung der Theorie ℭ. und der Theorien 𝔄., 𝔅. durch die betreffenden Untersuchungen von *Poisson, Cauchy, Green, Lamé* und *Kirchhoff* sich hat leiten lassen, dürfte schwer fest zu stellen sein. Will man hierüber Näheres ermitteln, so wird man jedenfalls *sämmtliche* von Neumann über die Theorie der Elasticität gehaltenen Vorlesungen von 1857—1874 einem sorgfältigen Studium zu unterwerfen haben. — Noch sei bemerkt, dass die in der Theorie 𝔅. enthaltenen 21 Constanten für ein *dreifach symmetrisches* Krystallsystem auf 9, und für das *reguläre* Krystallsystem auf 3 sich reduciren. Diese 3 Constanten sind diejenigen, die vorhin [auf Seite 314 (unten)] mit A, B, δ bezeichnet wurden.

**) *G. Baumgarten: Ueber die Elasticität von Kalkspathstäbchen*, 1874, in Pogg. Ann. Bd. 152, Seite 369.

***) *W. Voigt's Doctordissertation*, Königsberg, 1874.

†) Hier kommen zahlreiche Abhandlungen von *W. Voigt* in Betracht, aus den Göttinger Nachrichten und aus Wiedemann's Annalen (nach 1885).

ÜBER DIE OPTISCHEN AXEN UND DIE FARBEN ZWEIAXIGER KRYSTALLE IM POLARISIRTEN LICHT.

Aus Poggendorff's Annalen.

ÜBER DIE OPTISCHEN AXEN UND DIE FARBEN ZWEIAXIGER KRYSTALLE IM POLARISIRTEN LICHT. 1834.*)

§ 1.

Über die optischen Axen. Betrachtung der von einem Krystallblättchen im durchgehenden Licht hervorgebrachten Interferenzen und der betreffenden Phasenunterschiede.

Brewster entdeckte zuerst die Klasse von Krystallen, welche jetzt in der Optik den Namen der *zweiaxigen Krystalle* führen. Die beiden Axen nannte er diejenigen Richtungen, in welchen der Krystall von denjenigen Strahlen durchlaufen ist, die von dem Mittelpunkt der im polarisirten Licht entstehenden Farbenringe nach dem Auge gehen. *Biot* stellte in Beziehung auf diese *so bestimmten* optischen Axen das Gesetz der Geschwindigkeiten der beiden Strahlen auf, welche durch Doppelbrechung in dem Krystall entstehen, nämlich dass, im Sinne der Emanationstheorie, die Differenz der Quadrate der Geschwindigkeiten der beiden Strahlen, wenn sie sich in derselben Richtung bewegen, proportional dem Producte der Sinus der Winkel ist, welche diese Richtung mit den optischen Axen bildet. Dieses Gesetz bestätigte er einerseits durch zahlreiche Refractionsbeobachtungen (*Mém. de l'Inst.* 1818), andererseits reducirte er auf dieses analytische Gesetz die von *Brewster* gegebene geometrische Construction für die Farbenringe. *Fresnel* musste in seiner scharfsinnigen Theorie der doppelten Strahlenbrechung eine theoretische Definition geben von denjenigen Richtungen, welche man die optischen Axen genannt hatte. Anfänglich nennt er diese Richtungen die Normalen der Kreisschnitte der Elasticitätsfläche (diese Annal. Bd. XXIII S. 503); später aber, nachdem er gefunden, dass das *Biot*'sche Gesetz für den Unterschied der Quadrate der Geschwindigkeiten der beiderlei Strahlen, wenn ihre gemeinschaftliche Richtung auf die Normalen der Kreisschnitte des Ellipsoids, dessen

*) Aus Poggendorff's Annalen Bd. 33, Seite 257—281; 1834.

Radien die Geschwindigkeiten der Lichtstrahlen vorstellen, bezogen wird, eine strenge Folge seiner Theorie ist, lässt er die erste Bestimmung fallen und erklärt sich (a. a. O. S. 538) dafür, die Normalen der Kreisschnitte des Ellipsoids die optischen Axen zu nennen, also diejenigen Richtungen, in welchen die beiderlei Strahlen den Krystall mit gleicher Geschwindigkeit durchlaufen. Ob in dieser Bestimmung nur ein theoretischer Name für die Normalen der letzteren Kreisschnitte gegeben werden sollte, erhellt nicht ganz entschieden; es scheint aber aus einigen späteren Aeusserungen *Fresnel's* (in derselben Abhandlung) hervorzugehen, dass seine Meinung gewesen sei, die Normalen dieser Kreisschnitte seien wirklich dieselben Richtungen, welche *Brewster* und *Biot* optische Axen genannt haben, d. h. diejenigen Richtungen, welche bei den Farbenringen durch die von ihren Mittelpunkten nach dem Auge gehenden Strahlen (d. i. durch die *scheinbaren optischen Axen*) im Innern des Krystalls bestimmt werden. Jedenfalls hat diese Meinung bei Denjenigen Eingang gefunden, welche sich später mit der experimentellen Bestimmung der Lage der optischen Axen beschäftigt haben, namentlich bei den Herren *Rudberg* und *Brewster*. Ersterer, Herr *Rudberg*, macht zwar in seiner ausgezeichneten Untersuchung der Refraction zweiaxiger Krystalle (Pogg. Annalen, Bd. XVII S. 26) auf eine Schwierigkeit, die in dieser Ansicht wegen der Divergenz beim Austritt der Strahlen, welche in der Richtung der Normale der Kreisschnitte des Ellipsoids den Krystall durchlaufen haben, stattfindet, aufmerksam, da er jedoch diese nicht beseitigt, auch in der späteren, sehr schönen Arbeit von *Hamilton* und *Lloyd* (Pogg. Ann. Bd. XXVIII S. 91) über die optischen Eigenschaften der Kreisschnitte der Elasticitätsfläche und des Ellipsoids die Frage nicht zur Entscheidung kommt, welche theoretische Bedeutung die durch die scheinbaren optischen Axen im Innern des Krystalls bestimmten Richtungen haben, so schien es mir nicht überflüssig zur Erledigung dieser Frage die folgenden Bemerkungen mitzutheilen.

Es sei $abcd$, Fig. 1, ein senkrechter Durchschnitt eines Krystallblättchens, durch welches die Farben im polarisirten Lichte beobachtet werden. Es sei J_2E ein auf das Blättchen fallender Strahl homogenen Lichtes, EG sein durch die Refraction erzeugter ungewöhnlicher Strahl und EG_1 sein gewöhnlicher*). Es sei J_1O ein anderer, mit J_2E parallel auffallender Strahl

*) Den gewöhnlichen Strahl nenne ich denjenigen, dessen Polarisationsebene den Winkel, welcher durch die zwei Ebenen gebildet wird, die durch die Normale der Wellenebene des Strahls und durch die Normalen der Kreisschnitte der Elasticitätsfläche gelegt sind, so halbirt, dass ihre Durchschnittslinie mit der Ebene dieser Normalen in ihrem spitzen Winkel liegt. — *Anm. des Originals.*

derselben Farbe, welcher in die Strahlen OG_2 und OG getheilt wird, jener OG_2 parallel mit EG ist der ungewöhnliche, dieser OG parallel mit EG_1 ist der gewöhnliche Strahl. Die beiden Strahlen OG und EG treffen in G, d. i. in demjenigen Punkt, in welchem sie aus dem Blättchen heraustreten, zusammen, und werden hier beide so gebrochen, dass sie in derselben Richtung GA, nämlich parallel mit J_1O und J_2E, ausserhalb des Krystalls sich fortpflanzen; sie gelangen aber in irgend einem Punkt dieser Richtung, z. B. in A, nicht zu gleicher Zeit an, denn sie haben zweierlei Wege durch das Blättchen mit verschiedenen Geschwindigkeiten zu durchlaufen gehabt; sie werden also mit einander interferiren, vorausgesetzt, dass, da diese Strahlen als polarisirte Strahlen aus dem Blättchen heraustreten, die Bedingungen für die Interferenz polarisirter Strahlen erfüllt sind, nämlich dass die einfallenden Strahlen J_2E und J_1O schon polarisirt waren, und dass nach dem Austritt die Polarisationsebenen der beiden in der Richtung GA sich bewegenden Strahlen auf eine gemeinschaftliche Polarisationsebene zurückgeführt wurden.

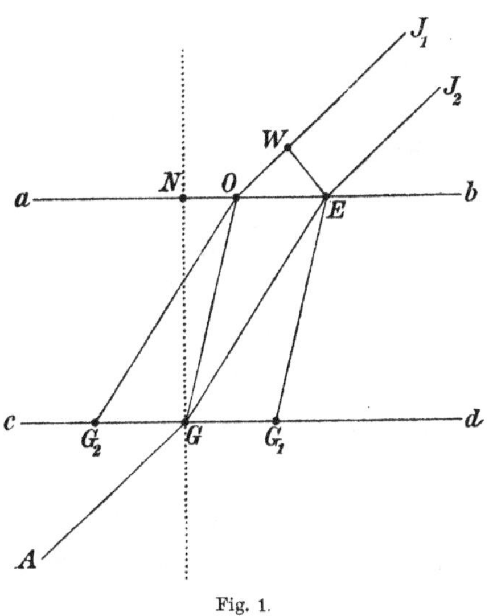

Fig. 1.

Die beiden Strahlen J_2E und J_1O haben ihren Ursprung in derselben Lichtquelle, und sind also Radien der Wellenoberfläche (dieser Lichtquelle); die Entfernung dieser Lichtquelle von dem Blättchen ist in Beziehung auf den gegenseitigen Abstand der Strahlen J_2E und J_1O von einander, da sie parallel sind, als sehr weit angenommen; es kann also die ihnen gemeinschaftliche Wellenoberfläche dargestellt werden durch eine durch E senkrecht auf die Strahlen gelegte Ebene EW, wo W der Durchschnitt der senkrechten Ebene mit dem Strahle J_1O ist. Bei E und W sind beide Strahlen zugleich angelangt; die Verzögerung des einen Strahls gegen den andern, welche von hier an eingetreten ist, erhält man, wenn man die Zeiten berechnet, welche der eine Strahl gebraucht, um von E nach G auf dem Wege EG zu gelangen, und die Zeit, welche der andere Strahl gebraucht, um von W auf dem gebrochenen Wege WOG nach demselben Punkte G zu gelangen. Die Differenz dieser Zeiten ist die verlangte Verzögerung, und wenn man diese Differenz durch die Schwingungsdauer, welche der Farbe der homogenen Strahlen J_1O und J_2E

entspricht, dividirt, so erhält man den Unterschied der Phasen der beiden in der Richtung GA interferirenden Strahlen.

Es sei V die Fortpflanzungsgeschwindigkeit des Lichtes in dem unkrystallinischen Medium, von welchem das Blättchen umgeben ist, und O und E seien die Fortpflanzungsgeschwindigkeiten des gewöhnlichen Strahls OG und des ungewöhnlichen EG; alsdann ist die Zeit, welche zum Durchlaufen des Weges EG gehört, $\frac{EG}{E}$, und die, welche zum Durchlaufen des Weges WOG erforderlich ist, $\frac{WO}{V}+\frac{OG}{O}$; und, wenn τ die Schwingungsdauer bezeichnet, der *Unterschied der Phasen*: $\frac{1}{\tau}\left\{\frac{WO}{V}+\frac{OG}{O}-\frac{EG}{E}\right\}$.

Die relative Lage der beiden Strahlen J_1O und J_2E lässt sich dadurch bestimmen, dass man den Strahl AG als einen auf das Blättchen fallenden Strahl ansieht, welcher in die beiden Strahlen GO und GE getheilt wird, welche aus dem Blättchen heraustretend die Strahlen OJ_1 und EJ_2 erzeugen.

Es liegen also im Allgemeinen die Strahlen AG, GO, GE, OJ_1, EJ_2 nicht in Einer Ebene, wie wir, der Einfachheit der Darstellung wegen, es bis jetzt angenommen haben. Die Ebene der Zeichnung in Fig. 1 sei durch den Strahl AG und die Normale GN des Blättchens gelegt; die Linien GO, GE, OJ_1, EJ_2 seien die geraden (d. i. senkrechten) Projectionen der aus AG entstehenden Strahlen auf diese Ebene; und es mögen die diesen Projectionen entsprechenden Strahlen bezeichnet werden mit Go, Ge, oi_1, ei_2, wo o und e die *wirklichen* Austrittspunkte des gewöhnlichen und ungewöhnlichen Strahles aus dem Blättchen darstellen, und oi_1, ei_2 zwei mit AG parallele Strahlen sind. Der in Fig. 1 mit W bezeichnete Punkt ist die Projection des *Durchschnittspunktes* des Strahles oi_1 mit der durch e senkrecht auf ei_2 gelegten Ebene. Jener Durchschnittspunkt soll mit w bezeichnet werden (so dass also W die Projection von w ist). — In Fig. 2 ist die Ebene der Zeichnung die Austrittsfläche ab des Blättchens, durch welche die Strahlen Ge und Go in e und o austreten, ab die Durchschnittslinie dieser Ebene mit der durch AG und GN gehenden Einfallsebene.

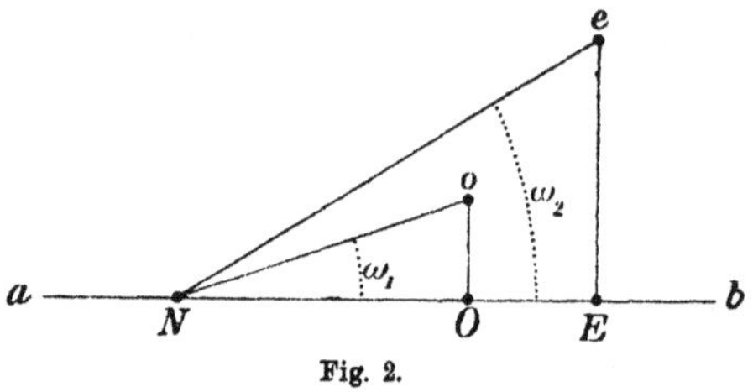

Fig. 2.

Der Unterschied der Phasen der beiden in GA interferirenden Strahlen hat also, genauer ausgedrückt, folgenden Werth:

$$(\alpha.)\qquad \frac{1}{\tau}\left\{\frac{wo}{V}+\frac{oG}{O}-\frac{eG}{E}\right\}=U.$$

Es sei φ der Einfallswinkel des Strahles AG, d. h. der Winkel, den er mit der Normale GN bildet; und ψ_1, ψ_2 seien die Winkel, welche die Strahlen Go und Ge mit GN bilden; ferner seien ω_1 und ω_2 die Winkel, welche die durch GN, Go und GN, Ge gelegten Ebenen mit der Einfallsebene, durch GA, GN gelegt, bilden. In Fig. 2 ist $\omega_1 = oNO$ und $\omega_2 = eNE$. Endlich sei d die Dicke des Blättchens. Alsdann ist

$$(\beta.)\qquad Go = \frac{d}{\cos\psi_1} \quad \text{und} \quad Ge = \frac{d}{\cos\psi_2}.$$

Es ist ferner: $ow = OW = OE \sin WEO$; hier aber ist der Winkel $WEO = \varphi$ und $OE = NE - NO$, d. i.

$$OE = Ne \cdot \cos\omega_2 - No \cdot \cos\omega_1,$$

$$\text{d. i.}\quad OE = d \cdot \operatorname{tg}\psi_2 \cos\omega_2 - d \cdot \operatorname{tg}\psi_1 \cos\omega_1,$$

$$(\gamma.)\quad \text{und folglich:}\quad ow = d(\operatorname{tg}\psi_2 \cos\omega_2 - \operatorname{tg}\psi_1 \cos\omega_1)\sin\varphi.$$

Man hat also nach (α.), (β.), (γ.);

$$(1.)\qquad U = \frac{d}{\tau}\left\{\frac{(\operatorname{tg}\psi_2 \cos\omega_2 - \operatorname{tg}\psi_1 \cos\omega_1)\sin\varphi}{V} + \frac{1}{O\cos\psi_1} - \frac{1}{E\cos\psi_2}\right\}.$$

Es kommt nun darauf an, die Grössen ω_1, ω_2, ψ_1, ψ_2 allgemein zu bestimmen.

Wir wollen die Lage der verschiedenen in Betracht zu nehmenden Linien beziehen auf die drei rechtwinkligen *Elasticitätsaxen* x, y, z des Blättchens, die wir uns durch den Punkt G gelegt denken. Es seien a_1, b_1, c_1 die Cosinus der Winkel, welche der Strahl Go mit den Axen x, y, z bildet, und A, B, C die Cosinus der Winkel, welche die Normale GN mit denselben Axen bildet. Alsdann sind die Cosinus der Winkel, welche mit den Elasticitätsaxen x, y, z die Linie No (d. i. die Durchschnittslinie der durch GN und Go gelegten Ebene mit dem Blättchen) bildet:

$$(2.)\qquad \frac{A\cos\psi_1 - a_1}{\sin\psi_1},\quad \frac{B\cos\psi_1 - b_1}{\sin\psi_1},\quad \frac{C\cos\psi_1 - c_1}{\sin\psi_1}.$$

Es seien α, β, γ die Cosinus der Winkel, welche AG mit den Elasticitätsaxen bildet, und α_1, β_1, γ_1 seien die Cosinus, welche die Normale der zum Strahle Go gehörenden Wellenebene mit jenen Axen einschliesst. Diese Normale liegt in der durch AG und GN gelegten Einfallsebene, und bildet mit GN einen Winkel, welchen ich mit φ_1 bezeichnen werde; bezeichnet man nun die Fortpflanzungsgeschwindigkeit der zum Strahl Go gehörenden Wellenebene mit μ_1, so ist φ_1 durch folgende Relation bestimmt:

$$(3.)\qquad \frac{\sin\varphi}{V} = \frac{\sin\varphi_1}{\mu_1}.$$

Die Durchschnittslinie des Blättchens mit der durch GN und GA gelegten Ebene ist aber identisch mit der Linie, in welcher das Blättchen geschnitten wird von derjenigen Ebene, welche durch GN und durch die mit α_1, β_1, γ_1 bezeichnete Normale gelegt ist. Und die Cosinus ihrer Winkel mit den Axen x, y, z sind:

$$(4.)\qquad \begin{cases} \dfrac{A\cos\varphi-\alpha}{\sin\varphi}=\dfrac{A\cos\varphi_1-\alpha_1}{\sin\varphi_1}, \\[2ex] \dfrac{B\cos\varphi-\beta}{\sin\varphi}=\dfrac{B\cos\varphi_1-\beta_1}{\sin\varphi_1}, \\[2ex] \dfrac{C\cos\varphi-\gamma}{\sin\varphi}=\dfrac{C\cos\varphi_1-\gamma_1}{\sin\varphi_1}. \end{cases}$$

Der Winkel ω_1 ist derjenige, welchen die beiden durch (2.) und durch (4.) bestimmten Linien mit einander bilden; man hat also:

$$\cos\omega_1=\left(\frac{A\cos\psi_1-a_1}{\sin\psi_1}\right)\left(\frac{A\cos\varphi_1-\alpha_1}{\sin\varphi_1}\right)+\left(\frac{B\cos\psi_1-b_1}{\sin\psi_1}\right)\left(\frac{B\cos\varphi_1-\beta_1}{\sin\varphi_1}\right)$$
$$+\left(\frac{C\cos\psi_1-c_1}{\sin\psi_1}\right)\left(\frac{C\cos\varphi_1-\gamma_1}{\sin\varphi_1}\right).$$

Führt man die hier angedeuteten Operationen aus, und bemerkt, dass $A^2+B^2+C^2=1$, $a_1^2+b_1^2+c_1^2=1$, $\alpha_1^2+\beta_1^2+\gamma_1^2=1$ ist, und dass $Aa_1+Bb_1+Cc_1=\cos\psi_1$ und $A\alpha_1+B\beta_1+C\gamma_1=\cos\varphi_1$ ist, so erhält man:

$$\cos\omega_1=\frac{(a_1\alpha_1+b_1\beta_1+c_1\gamma_1)-\cos\psi_1\cos\varphi_1}{\sin\psi_1\sin\varphi_1}.$$

Die Grösse $a_1\alpha_1+b_1\beta_1+c_1\gamma_1$ ist der Cosinus des Winkels, den der Strahl Go mit der Normale der ihm angehörigen Wellenebene bildet. Denkt man sich nun den Strahl Go als Radiusvector der Wellenoberfläche, die um den Anfangspunkt der Axen x, y, z mit den dem Blättchen angehörenden Elasticitätsconstanten beschrieben ist, so ist die ihm entsprechende Wellenebene die Tangentialebene dieser Oberfläche in demjenigen Punkte, wo sie vom Strahle getroffen wird. Die Länge dieses Radiusvectors ist die mit O bezeichnete Grösse, und die vom Mittelpunkt auf die Tangentialebene gefällte Senkrechte stellt unser μ_1 vor. Man hat also in dem rechtwinkligen Dreieck, dessen Hypotenuse O, und dessen eine Kathete μ_1 ist:

$$\mu_1=O(a_1\alpha_1+b_1\beta_1+c_1\gamma_1);$$

und es verwandelt sich also der vorhergehende Ausdruck für $\cos\omega_1$ in:

$$(5.)\qquad \cos\omega_1=\frac{1}{\sin\psi_1\sin\varphi_1}\left(\frac{\mu_1}{O}-\cos\psi_1\cos\varphi_1\right).$$

Bezeichnet man mit ω_2, φ_2, ψ_2, μ_2, E dieselben Grössen in Beziehung auf den Strahl *Ge*, welche für den Strahl *Go* mit ω_1, φ_1, ψ_1, μ_1, O bezeichnet sind, so hat man:

(6.) $$\cos\omega_2 = \frac{1}{\sin\psi_2\sin\varphi_1}\left(\frac{\mu_2}{E} - \cos\psi_2\cos\varphi_2\right).$$

Betrachten wir nun den in (1.) gegebenen Phasenunterschied U, und bemerken wir, dass für den Strahl *Go* die Formel (3.) gilt, und dass für den Strahl *Ge* die analoge Formel gilt:

(7.) $$\frac{\sin\varphi}{V} = \frac{\sin\varphi_2}{\mu_2},$$

und dass demzufolge ist:

$$\frac{\operatorname{tg}\psi_2\cos\omega_2\sin\varphi}{V} = \frac{\sin\psi_2\sin\varphi_2\cos\omega_2}{\mu_2\cos\psi_2},$$

$$\frac{\operatorname{tg}\psi_1\cos\omega_1\sin\varphi}{V} = \frac{\sin\psi_1\sin\varphi_1\cos\omega_1}{\mu_1\cos\psi_1},$$

so können wir den Ausdruck U (1.) in folgende Gestalt versetzen:

$$U = \frac{d}{\tau}\left\{\frac{\sin\psi_2\sin\varphi_2\cos\omega_2}{\mu_2\cos\psi_2} - \frac{\sin\psi_1\sin\varphi_1\cos\omega_1}{\mu_1\cos\psi_1} + \frac{1}{O\cos\psi_1} - \frac{1}{E\cos\psi_2}\right\}.$$

Hieraus aber erhält man, falls man für $\cos\omega_1$ und $\cos\omega_2$ die Ausdrücke (5.), (6.) substituirt:

(8.) $$U = \frac{d}{\tau}\left\{\frac{\cos\varphi_1}{\mu_1} - \frac{\cos\varphi_2}{\mu_2}\right\},$$

oder, wenn man für μ_1 und μ_2 ihre aus (3.) und (7.) sich ergebenden Werthe einsetzt:

(9.) $$U = \frac{d}{\tau}\left\{\frac{\sin\varphi}{V}\,\frac{\sin(\varphi_2-\varphi_1)}{\sin\varphi_1\sin\varphi_2}\right\} = \frac{d\cdot\sin\varphi}{\lambda}\,\frac{\sin(\varphi_2-\varphi_1)}{\sin\varphi_1\sin\varphi_2},$$

wo alsdann $\lambda = V\tau$ die *Undulationslänge* vorstellt.

Dies, nämlich (8.) und (9.), sind die einfachsten Formen, auf welche sich der vollständige Ausdruck des Unterschiedes der Phase der beiden in der Richtung *AG* interferirenden Strahlen zurückführen lässt. *Sie sind dabei zugleich von solcher Allgemeinheit, dass sie kein besonderes Gesetz der Strahlenbrechung voraussetzen, und Anwendung finden sowohl auf Krystalle, in welchen die Doppelbrechung das Fresnel'sche Gesetz befolgt, als auch auf solche, wenn es deren giebt, für welche dieses Gesetz nicht ausreicht.*

Die *scheinbaren* optischen Axen sind diejenigen Strahlen *AG*, für welche der Phasenunterschied verschwindet; sie bestimmen sich also durch die Formel $U=0$, d. i. durch

$$\varphi_1 = \varphi_2 \quad \text{und} \quad \mu_1 = \mu_2.$$

Die scheinbaren optischen Axen werden also von Strahlen erzeugt, deren Wellennormalen parallel mit den Kreisschnitten der Elasticitätsfläche sind; und man muss die Normalen dieser Schnitte die wahren optischen Axen nennen.

Construirt man in dem Blättchen *abcd* Fig. 3 einen der Kreisschnitte der Elasticitätsfläche *CG*, und betrachtet diesen als eine aus dem Blättchen austretende Wellenebene, so erzeugt sie die Wellenebene *BA*, deren Durchschnittslinie mit der Austrittsfläche *cd* parallel ist mit der Linie, in welcher *cd* geschnitten wird von dem Kreisschnitt *CG*, und deren Neigung mit *cd*, d. i. $\angle GBA = \varphi$, durch die Neigung von *cd* gegen den Kreisschnitt, d. i. durch den $\angle CGB = \varphi_1$, so bestimmt ist, dass, wenn b die mittlere Elasticitätsconstante des Blättchens vorstellt, $b \sin\varphi = V \sin\varphi_1$ ist. *Der zur Wellenebene BA gehörige Strahl, d. i. die auf BA gezogene Senkrechte, ist alsdann eine der scheinbaren optischen Axen.*

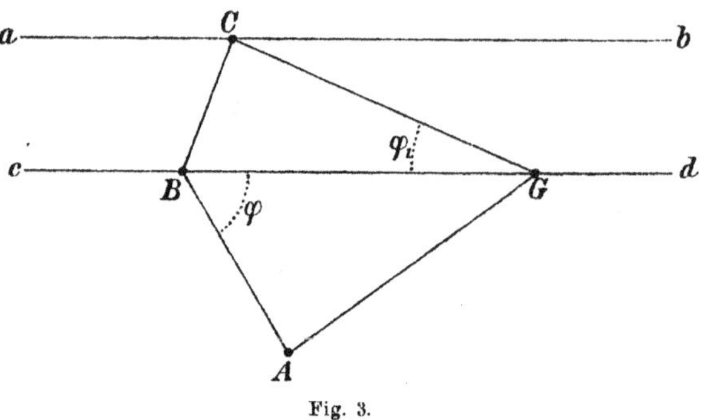

Fig. 3.

Es sei das Blättchen *abcd* so geschnitten, dass seine Normale diejenige Elasticitätsaxe ist, welche den Winkel zwischen den optischen Axen halbirt. Der Werth dieser Axe sei c, der Werth der mittleren Axe sei b und der der dritten a. Die Kreisschnitte sind parallel mit b, und die Cosinus ihrer Neigungen α, γ gegen die Axen a und c sind:

$$\cos\alpha = \pm\sqrt{\frac{c^2 - b^2}{c^2 - a^2}} \qquad \cos\gamma = \sqrt{\frac{b^2 - a^2}{c^2 - a^2}}.$$

Der in Fig. 3 mit φ_1 bezeichnete Winkel ist gleich α, und da $\sin\alpha = \cos\gamma$, so hat man in diesem Fall für die Neigung der scheinbaren Axe GA gegen die Normale des Blättchens:

$$\sin\varphi = \frac{V}{b}\sqrt{\frac{b^2 - a^2}{c^2 - a^2}}.$$

Legt man für die Grössen a, b, c die Werthe zu Grunde, welche Herr *Rudberg* aus seinen Messungen am Arragonit erhalten hat (Pogg. Annalen, Bd. XVII S. 16), wo sie mit $\frac{1}{n_{\prime\prime\prime}}$, $\frac{1}{n_{\prime\prime}}$, $\frac{1}{n_{\prime}}$ bezeichnet sind, wo $V = 1$ gesetzt ist, so dass also:

$$\sin\varphi = n_{\prime\prime}\sqrt{\frac{\frac{1}{n_{\prime\prime}^2} - \frac{1}{n_{\prime\prime\prime}^2}}{\frac{1}{n_{\prime}^2} - \frac{1}{n_{\prime\prime\prime}^2}}},$$

so erhält man als Mittel aus den Werthen der verschiedenen Strahlen *H*, *G*, *F*, etc. für φ den Werth 15° 23′, und also als scheinbaren Winkel der optischen Axen 30° 46′. *Rudberg*'s Annahme war, dass

$$\sin\varphi = n_{\prime\prime}\sqrt{\frac{n_{\prime\prime}^2 - n_{\prime\prime\prime}^2}{n_{\prime}^2 - n_{\prime\prime\prime}^2}}$$

sei, was als mittleren Werth des Winkels der scheinbaren optischen Axen 33° 57′ gab. — Es ist auffallend, dass die directen Beobachtungen dieses Winkels sich so weit von dem vorliegenden Resultat entfernen; *Rudberg* hat, statt 30° 46′, gefunden 32°, und *Brewster* (Pogg. Ann. Bd. XXVII S. 504), nachdem er seine frühere Angabe berichtigt hat, 29° 56′.*)

§ 2.

Ueber die Farbenerscheinungen zweiaxiger Krystalle.

Ich werde bei dieser Gelegenheit auf die Theorie der *Farbenerscheinungen zweiaxiger Krystalle*, da diese bis jetzt nirgends für den Fall des schiefen Durchgangs der Lichtstrahlen entwickelt worden ist, noch näher eingehen. *Es sei AB, Fig. 4 ein unter dem Azimuth α, von der Einfallsebene an gerechnet, polarisirter, in das Blättchen ab eintretender Strahl.* Die Intensität seiner Bewegung sei J; alsdann sind die Intensitäten der Bewegungen der beiden nach der Einfallsebene und senkrecht darauf polarisirten Strahlen, in welche J zerlegt werden kann, $J\cos\alpha$ und $J\sin\alpha$. Der Strahl J erzeugt im Allgemeinen einen gewöhnlichen Strahl BD und einen ungewöhnlichen BC, deren Intensitäten unter einander verschieden sind, da sie von α abhängen. Die Intensität der Bewegung des gewöhnlichen Strahls werde ich mit D_1, die des ungewöhnlichen mit D_2 bezeichnen. Die Strahlen D_1 und D_2 erzeugen zwei aus dem Blättchen austretende Strahlen, von denen jeder in einem anderen Azimuth polarisirt ist, da die Richtung ihrer Polarisationsebene abhängig ist von der Lage der Polarisationsebenen der erzeugenden Strahlen.

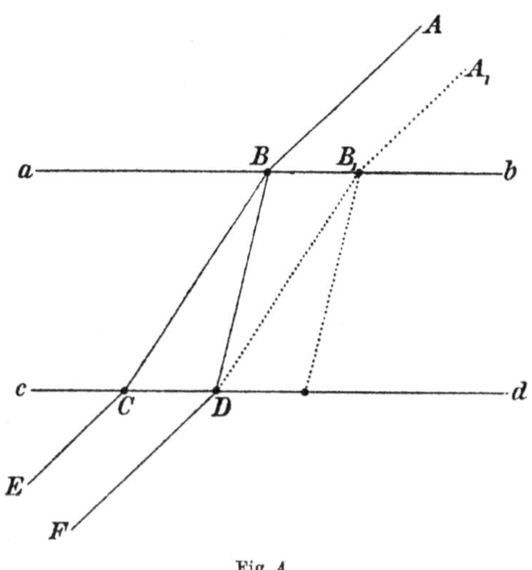

Fig. 4.

*) Man vgl. Neumann's eigene Beobachtungen, im hier vorliegenden Bande auf Seite 345 (unten).

Jeden der durch D_1 und D_2 erzeugten Strahlen denke man sich in zwei componirende Strahlen zerlegt, *parallel* und *senkrecht* polarisirt gegen die Austrittsebene, welche durch den ausgetretenen Strahl und die Normale des Blättchens gelegt ist, und es seien die Intensitäten der Geschwindigkeiten dieser Componenten des durch D_1 erzeugten Strahls: S_1 und P_1, und des durch D_2 erzeugten Strahls: S_2 und P_2. Endlich sollen die austretenden Strahlen (S_1, P_1) und (S_2, P_2) auf eine gemeinschaftliche Polarisationsebene zurückgeführt werden, z. B. durch eine Turmalinplatte, deren Azimuth, von der Austrittsebene an gerechnet, $= \beta$ ist; jeder dieser Strahlen giebt eine nach β polarisirte Componente, deren Intensität der Bewegung mit J_1 und J_2 bezeichnet werden soll; es ist:

$$(1.)\qquad \begin{cases} J_1 = P_1 \sin\beta + S_1 \cos\beta \\ J_2 = P_2 \sin\beta + S_2 \cos\beta. \end{cases}$$

Ein mit AB parallel auf das Blättchen fallender Strahl: A_1B_1 giebt dieselben Intensitäten der Bewegung des Theiles der austretenden Strahlen, welcher im Azimuth β polarisirt ist. Es sind also J_1 und J_2 die Intensitäten der Bewegung der beiden nach dem Austritt aus dem Blättchen mit einander interferirenden Strahlen. Den Unterschied ihrer Phasen haben wir vorher gefunden und mit U bezeichnet. Die Intensität des Lichtes also, welche aus der Interferenz der Strahlen J_1 und J_2 entsteht, die mit A^2 bezeichnet werden möge, ist also:

$$(2.)\qquad A^2 = J_1^2 + J_2^2 + 2J_1J_2\cos(2U\pi) = (J_1 + J_2)^2 - 4J_1J_2\sin^2(U\pi)$$

oder, wenn statt J_1, J_2 und U ihre Werthe gesetzt werden:

$$(3.)\qquad \begin{aligned} A^2 = {} & [(P_1 + P_2)\sin\beta + (S_1 + S_2)\cos\beta]^2 \\ & - 4(P_1\sin\beta + S_1\cos\beta)(P_2\sin\beta + S_2\cos\beta)\cdot\sin^2\left\{\frac{d\cdot\sin\varphi\sin(\varphi_1 - \varphi_2)}{\lambda\sin\varphi_1\sin\varphi_2}\right\}\pi, \end{aligned}$$

wo $\lambda = V\tau$ die Undulationslänge vorstellt.

Die Werthe von P_1, P_2, S_1, S_2 hängen mittelst D_1 und D_2 von J und α ab; die genauen Ausdrücke dieser Grössen setzen eine Erweiterung der von *Fresnel* (Pogg. Ann. Bd. XXII S. 90) über die Intensität des reflectirten und gebrochenen Lichtes gegebenen Theorie voraus, nämlich die Ausdehnung derselben auf die Oberflächen krystallinischer Substanzen. Aus Untersuchungen, die ich in dieser Hinsicht angestellt habe, und die ich an einem andern Orte mittheilen werde*), folgt, was auch an sich klar ist, dass die *Fresnel*'schen Ausdrücke über die Intensitäten der reflectirten und gebrochenen Strahlen, obgleich sie genau nur für unkrystallinische Körper gültig sind, doch als eine erste und sehr starke Annäherung auch auf krystallinische Substanzen können angewandt werden. Die vollständigen Ausdrücke werden ausserdem

*) In der vierzehnten Abhandlung dieses Bandes. Vgl. die Note Seite 331. — *C. N.*

so complicirt, dass es immer von einigem Interesse sein wird, die einfacheren angenäherten Werthe gesondert zu haben.

Wie oben bedeute φ den Einfallswinkels des Strahls AB, oder den Winkel, den seine Wellenebene mit der brechenden Ebene des Blättchens bildet, und die Winkel, welche diese brechende Ebene mit den Wellenebenen von D_1 und D_2 bildet, seien wiederum φ_1 und φ_2. Es sei ψ ein Hülfswinkel $= \frac{1}{2}(\varphi_1 + \varphi_2)$; und die Wellenebene, deren Normale in der Einfallsebene liegt, und welche mit der brechenden Ebene den Winkel ψ bildet, heisse die *Hülfswelle.* Man nehme nun an, die unter φ einfallende Wellenebene des Strahles J erleide nur eine einfache Brechung unter dem Winkel ψ; die gebrochene Wellenebene ist also die Hülfswelle. Die Intensität der Bewegung der Hülfswelle parallel mit der Einfallsebene sei D_s, und sei senkrecht zur Einfallsebene bezeichnet mit D_p. Denken wir uns nun diese zweierlei Bewegungen D_s und D_p zerlegt nach denjenigen zwei Richtungen, in welchen die Bewegung dieser Hülfswelle stattfinden müsste, je nachdem sie die gewöhnliche oder die ungewöhnliche Fortpflanzungsgeschwindigkeit hätte, so sind die Componenten der Bewegung in diesen zwei Richtungen die angenäherten Werthe der Grössen, welche mit D_1 und D_2 von uns bezeichnet worden sind*); und es mögen diese Componenten daher mit eben denselben Buchstaben bezeichnet werden.

Es sei x_1 das Azimuth der Polarisationsebene der Hülfswelle in dem Falle, wenn sie sich mit der gewöhnlichen Geschwindigkeit fortpflanzte, d. i. der Winkel, den diese Polarisationsebene mit der Einfallsebene macht. Ferner sei x_2 das Azimuth der Polarisationsebene, wenn die Hülfswelle die ungewöhnliche Fortpflanzungsgeschwindigkeit hätte. Diese beiden Polarisationsebenen stehen aber auf einander senkrecht; es ist also $x_2 - x_1 = 90^0$. Man hat nun**):

---

*) Vgl. Seite 327 (unten).

**) Zur Erläuterung der folgenden Formeln (4.), (5.) mag beistehende Zeichnung dienen, welche entworfen ist auf einer Kugelfläche, deren Centrum im Punkte B (Fig. 4) liegt. Die Punkte N und S sollen diejenigen sein, in denen diese Kugelfläche von der auf der brechenden Fläche ab (Fig. 4) in jenem Punkte B errichteten Normale N, und vom einfallenden Strahl AB (Fig. 4) getroffen wird; so dass also der grösste Kreisbogen NS die *Einfallsebene* repräsentirt.

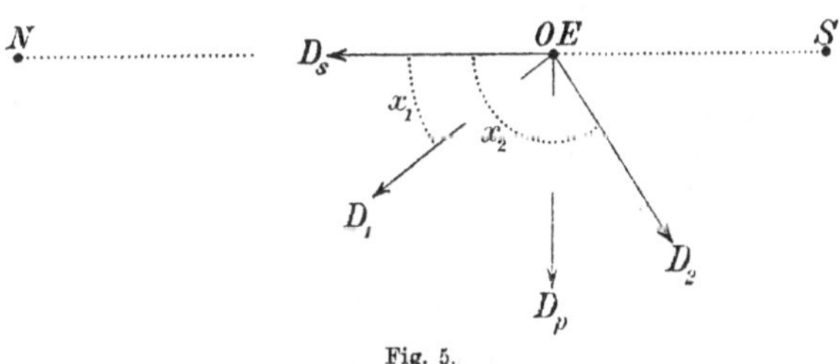

Fig. 5.

In dieser Einfallsebene liegen die Normalen der gewöhnlich und der ungewöhnlich gebrochenen Wellenebene, mithin auch die Normale der *Hülfswelle.* Diese Normale der Hülfswelle soll (nach rückwärts verlängert gedacht) in der vorstehenden sphärischen Zeichnung dargestellt sein durch den Punkt OE. Dabei ist die Bezeichnung OE gewählt, um anzudeuten,

$$(4.)\quad \begin{cases} D_p = D_1 \sin x_1 + D_2 \sin x_2\,, \\ D_s = D_1 \cos x_1 + D_2 \cos x_2\,; \end{cases}$$

wofür man, weil $x_2 = x_1 + 90^0$ ist, auch schreiben kann:

$$(5.)\quad \begin{cases} D_p = D_1 \sin x_1 + D_2 \cos x_1\,, \\ D_s = D_1 \cos x_1 - D_2 \sin x_1\,. \end{cases}$$

Für D_p und D_s kann man die von *Fresnel* für die einfache Brechung gegebenen Ausdrücke setzen*):

$$(6.)\quad \begin{cases} D_p = \dfrac{2J \sin\alpha \sin\varphi \cos\varphi}{\sin(\varphi+\psi)\cos(\varphi-\psi)}\,, \\ D_s = \dfrac{2J \cos\alpha \sin\varphi \cos\varphi}{\sin(\varphi+\psi)}\,, \ldots ^{**)} \end{cases}$$

Aus den vier Gleichungen (5.), (6.) erhält man nun:

$$D_1 \sin x_1 + D_2 \cos x_1 = \left(\frac{2J \sin\varphi \cos\varphi}{\sin(\varphi+\psi)}\right) \frac{\sin\alpha}{\cos(\varphi-\psi)}\,,$$

$$D_1 \cos x_1 - D_2 \sin x_1 = \left(\frac{2J \sin\varphi \cos\varphi}{\sin(\varphi+\psi)}\right) \cos\alpha\,;$$

und hieraus ergiebt sich sofort:

$$(7.)\quad \begin{cases} D_1 = \left(\dfrac{2J \sin\varphi \cos\varphi}{\sin(\varphi+\psi)}\right)\left(\dfrac{\sin\alpha \sin x_1}{\cos(\varphi-\psi)} + \cos\alpha \cos x_1\right), \\ D_2 = \left(\dfrac{2J \sin\varphi \cos\varphi}{\sin(\varphi+\psi)}\right)\left(\dfrac{\sin\alpha \cos x_1}{\cos(\varphi-\psi)} - \cos\alpha \sin x_1\right). \end{cases}$$

Die Hülfswelle kann gedacht werden als bestehend aus zwei nach den Azimuthen x_1 und x_2 polarisirten Wellenebenen. Die erstere erzeugt durch ihren Austritt aus dem Krystall die Componenten der Geschwindigkeit des gewöhnlichen Strahls, welche mit P_1 und S_1 bezeichnet worden sind***); durch die zweite entstehen die Componenten des ungewöhnlichen Strahles, die mit P_2 und S_2 bezeichnet worden sind. Für diese Componenten können nun

---

dass diese Normale anzusehen ist als die Vereinigung der beiden gebrochenen Wellennormalen, der gewöhnlichen O und der ungewöhnlichen E.

Die Richtungen D_s und D_p liegen in der Einfallsebene, und perpendicular zu derselben. Und die Richtungen D_1 und D_2 sollen diejenigen sein, in denen die Bewegung in der Hülfswelle stattfindet, je nachdem man dieselbe augenblicklich als die gewöhnliche, oder als die ungewöhnliche Wellenebene ansieht. — *C. N.*

*) Vgl. die vierzehnte Abh. dieses Bandes, daselbst in § 3 die Formeln (2a.) und (5a.). — *C. N.*

**) Im Original sind diese Formeln (6.), sowie auch die weiterfolgenden Formeln durch *zahlreiche Druckfehler* vollkommen entstellt, und ganz unverständlich geworden. — *C. N.*

***) Vgl. Seite 328 (oben).

wiederum annäherungsweise die *Fresnel*'schen Ausdrücke angewendet werden. So gelangt man zu folgenden [mit (6.) analogen] Formeln:

(8.)
$$\begin{cases} P_1 = \dfrac{2D_1 \sin x_1 \sin\psi \cos\psi}{\sin(\varphi+\psi)\cos(\varphi-\psi)}, \\ S_1 = \dfrac{2D_1 \cos x_1 \sin\psi \cos\psi}{\sin(\varphi+\psi)}, \end{cases}$$

und:

(9.)
$$\begin{cases} P_2 = \dfrac{2D_2 \sin x_2 \sin\psi \cos\psi}{\sin(\varphi+\psi)\cos(\varphi-\psi)} = + \dfrac{2D_2 \cos x_1 \sin\psi \cos\psi}{\sin(\varphi+\psi)\cos(\varphi-\psi)}, \\ S_2 = \dfrac{2D_2 \cos x_2 \sin\psi \cos\psi}{\sin(\varphi+\psi)} = - \dfrac{2D_2 \sin x_1 \sin\psi \cos\psi}{\sin(\varphi+\psi)}. \end{cases}$$

Werden hierin für D_1 und D_2 die Werthe (7.) substituirt, so erhält man endlich:

(10.)
$$\begin{cases} P_1 = \dfrac{J \sin 2\varphi \sin 2\psi}{\sin^2(\varphi+\psi)\cos(\varphi-\psi)} \left(\dfrac{\sin\alpha \sin x_1}{\cos(\varphi-\psi)} + \cos\alpha \cos x_1\right) \sin x_1, \\ S_1 = \dfrac{J \sin 2\varphi \sin 2\psi}{\sin^2(\varphi+\psi)} \left(\dfrac{\sin\alpha \sin x_1}{\cos(\varphi-\psi)} + \cos\alpha \cos x_1\right) \cos x_1, \end{cases}$$

und:

(11.)
$$\begin{cases} P_2 = \dfrac{J \sin 2\varphi \sin 2\psi}{\sin^2(\varphi+\psi)\cos(\varphi-\psi)} \left(\dfrac{\sin\alpha \cos x_1}{\cos(\varphi-\psi)} - \cos\alpha \sin x_1\right) \cos x_1, \\ S_2 = \dfrac{J \sin 2\varphi \sin 2\psi}{\sin^2(\varphi+\psi)} \left(-\dfrac{\sin\alpha \cos x_1}{\cos(\varphi-\psi)} + \cos\alpha \sin x_1\right) \sin x_1; \end{cases}$$

woraus*) sich ergiebt:

(12.)
$$\begin{cases} P_1 + P_2 = \dfrac{J \sin 2\varphi \sin 2\psi \cdot \sin\alpha}{\sin^2(\varphi+\psi)\cos^2(\varphi-\psi)}, \\ S_1 + S_2 = \dfrac{J \sin 2\varphi \sin 2\psi \cdot \cos\alpha}{\sin^2(\varphi+\psi)}. \end{cases}$$

Setzt man diese Werthe (10.), (11.), (12.) der Grössen P_1, S_1, P_2, S_2 in den Ausdruck für A^2, d. i. in (3.) Seite 328, so erhält man die Intensität der beiden interferirenden Strahlen, ausgedrückt allein durch Grössen, welche abhängen von der Lage der einfallenden und gebrochenen Strahlen. Wir wollen, der Einfachheit wegen, den gemeinschaftlichen Factor

(13.)
$$\frac{\sin 2\varphi \sin 2\psi}{\sin^2(\varphi+\psi)} = B$$

*) Dies, nämlich (10.), (11.), sind dieselben Formeln, zu denen *Neumann* in seiner grossen berühmten Abhandlung gelangte. Vgl. die vierzehnte Abhandlung des vorliegenden Bandes, daselbst das Ende des § 24, Seite 550.

Da die Formeln (10.), (11.) von Wichtigkeit sind, so habe ich sie sorgfältig controllirt. Sie sind in voller Uebereinstimmung mit *Neumann*'s Vorlesungen, herausgegeben von *Dorn*, Leipzig, 1885, daselbst Seite 235; das Azimuth x_1 ist dort kurzweg mit x bezeichnet. Doch findet man dort die Buchstaben φ, ψ, J, α respective durch φ, φ_1, B, p ersetzt. — Auch sind jene Formeln in Uebereinstimmung mit einem Vorlesungsheft von *O. E. Meyer* (jetzt Professor in Breslau), und ebenso auch mit meinem eignen Vorlesungsheft. — *C. N.*

setzen; alsdann wird:

$$(14.)\qquad A^2 = J^2 B^2 \left(\frac{\sin\alpha\sin\beta}{\cos^2(\varphi-\psi)} + \cos\alpha\cos\beta\right)^2 -$$

$$- 4J^2B^2 \left\{\begin{array}{l} \left(\frac{\sin\alpha\sin x_1}{\cos(\varphi-\psi)} + \cos\alpha\cos x_1\right)\left(\frac{\sin\beta\sin x_1}{\cos(\varphi-\psi)} + \cos\beta\cos x_1\right) \\ \cdot\left(\frac{\sin\alpha\cos x_1}{\cos(\varphi-\psi)} - \cos\alpha\sin x_1\right)\left(\frac{\sin\beta\cos x_1}{\cos(\varphi-\psi)} - \cos\beta\sin x_1\right)\end{array}\right\} \sin^2\left(\frac{d\cdot\sin\varphi\sin(\varphi_1-\varphi_2)}{\lambda\sin\varphi_1\sin\varphi_2}\right)\pi.$$

Dies ist der angenäherte Werth der Lichtintensität für homogene Strahlen. Bei *weissem* Licht hat man für jede der einzelnen Farben einen ähnlichen Ausdruck; und diese Ausdrücke werden, nach der *Newton*'schen Regel componirt, die resultirende Farbe geben. Ich werde die Operation dieser Zusammensetzung durch das Zeichen $\sum$ andeuten. In den Fällen, wo der Einfluss der verschiedenen Brechbarkeit der einzelnen Farben in dem Ausdruck von A^2 (14.) vernachlässigt werden kann, und nur ihre verschiedenen Undulationslängen zu berücksichtigen sind, gelangt man, wenn A_1^2 die Intensität der resultirenden Farbe bedeutet und J_λ^2 die Intensität der Farbe mit der Undulationslänge λ, welche im einfallenden Licht vorhanden ist, und $\sum J_\lambda^2 = W^2$ gesetzt wird, zu folgender Formel:

$$(15.)\qquad A_1^2 = B^2\left(\frac{\sin\alpha\sin\beta}{\cos^2(\varphi-\psi)} + \cos\alpha\cos\beta\right)^2 W^2 -$$

$$- 4B^2 \left\{\begin{array}{l} \left(\frac{\sin\alpha\sin x_1}{\cos(\varphi-\psi)} + \cos\alpha\cos x_1\right)\left(\frac{\sin\beta\sin x_1}{\cos(\varphi-\psi)} + \cos\beta\cos x_1\right) \\ \cdot\left(\frac{\sin\alpha\cos x_1}{\cos(\varphi-\psi)} - \cos\alpha\sin x_1\right)\left(\frac{\sin\beta\cos x_1}{\cos(\varphi-\psi)} - \cos\beta\sin x_1\right)\end{array}\right\} \sum J_\lambda^2 \sin^2\left(\frac{d\sin\varphi\sin(\varphi_1-\varphi_2)}{\lambda\sin\varphi_1\sin\varphi_2}\right)\pi,$$

wo B als Abbreviatur steht für den Ausdruck (13.).

Es ist leicht hieraus den Fall herzuleiten, welchen *Fresnel* behandelt hat, als er die entdeckten Principien der Theorie der Farben krystallinischer Blättchen weiter entwickelte (Ann. d. Chim. T. XVII), nämlich den Fall des senkrechten Durchganges der Lichtwellen durch das Blättchen. Hier ist $\varphi = 0$ und $\varphi_1 = \varphi_2 = \psi = 0$, und es wird also nach (13.)*):

$$(16.)\qquad B^2 = \left(\frac{2}{1+\mu}\right)^4 \mu^2 \quad \text{und} \quad \cos(\varphi-\psi) = 1.$$

Da die Azimuthe der Polarisationsebenen hier willkürlich werden, kann man $\alpha = 0$ setzen; und dann wird x_1 der Winkel, welchen die Polarisationsebene

*) Es wird hier $V = 1$ gesetzt. Alsdann nämlich ist nach (3.) Seite 323: $\sin\varphi_1 = \mu_1\sin\varphi$, also, falls φ und φ_1 sehr klein sind: $\varphi_1 = \mu_1\varphi$. Ebenso ergiebt sich: $\varphi_2 = \mu_2\varphi$, und folglich $\frac{\varphi_1+\varphi_2}{2} = \frac{\mu_1+\mu_2}{2}\varphi$, d. i. $\psi = \mu\varphi$, wo $\psi = \frac{\varphi_1+\varphi_2}{2}$ und ebenso $\mu = \frac{\mu_1+\mu_2}{2}$ sein soll. U. s. w. — *C. N.*

des einfallenden Strahls bildet mit der Polarisationsebene einer mit dem Blättchen parallelen Wellenebene, welche die gewöhnliche Fortpflanzungsgeschwindigkeit hat, und β der Winkel, welchen die Polarisationsebene des einfallenden Strahles mit derjenigen bildet, auf welche die Polarisationsebenen der austretenden Strahlen zurückgeführt werden. Man erhält also aus (15.):

$$(17.)\qquad A_1^2 = \left(\frac{2}{1+\mu}\right)^4 \cdot \mu^2 \cdot \cos^2\beta \cdot W^2 -$$
$$-4\left(\frac{2}{1+\mu}\right)^4 \cdot \mu^2 \cdot \cos x_1 \sin x_1 \cdot \cos(x_1-\beta)\sin(x_1-\beta) \cdot \sum J_\lambda^2 \sin^2\left(\frac{d \cdot \sin\varphi \sin(\varphi_1-\varphi_2)}{\lambda \sin\varphi_1 \sin\varphi_2}\right)\pi,$$

oder ein wenig anders geschrieben:

$$(18.)\qquad A_1^2 = W^2\mu^2\left(\frac{2}{1+\mu}\right)^4\left[\cos^2\beta - \frac{\sin 2x_1 \cdot \sin 2(x_1-\beta)}{W^2}\sum J_\lambda^2 \sin^2\left(\frac{d \cdot \sin\varphi \sin(\varphi_1-\varphi_2)}{\lambda \sin\varphi_1 \sin\varphi_2}\right)\pi\right],$$

welcher Ausdruck vom *Fresnel*'schen a. a. O. sich nur dadurch unterscheidet, dass er den constanten Factor: $W^2\mu^2\left(\frac{2}{1+\mu}\right)^4$ enthält. Dieser Factor repräsentirt die Intensität des Lichtes, welches, wenn $\beta=0$ ist, durch eine unkrystallinische Platte, in welcher sich das Licht mit der Geschwindigkeit μ fortpflanzt, senkrecht durchgegangen ist; oder man kann auch sagen: er repräsentirt die Intensität des Lichtes, welches, $\beta=0$ gedacht, durch das gegebene Krystallblättchen hindurchgehen würde, wenn dieses Blättchen mit dem einen Kreisschnitt der Elasticitätsfläche parallel ist, und dabei unter μ die mittlere Axe dieser Fläche verstanden wird; denn für beide Fälle ist $\varphi_1-\varphi_2=0$, und also nach (18.):

$$(19.)\qquad A_1^2 = W^2\mu^2\left(\frac{2}{1+\mu}\right)^4 \cos^2\beta.$$

Aus der allgemeinen Formel (15.) ersieht man, dass das durchgehende Licht *farblos* ist, in folgenden vier Fällen, wodurch besondere Werthe von α und β bestimmt werden, die wir mit α', α'', β', β'' bezeichnen wollen.

(I.)ter Fall: $$\frac{\sin\alpha' \sin x_1}{\cos(\varphi-\psi)} + \cos\alpha' \cos x_1 = 0;$$

dieser Fall tritt ein, wenn der einfallende Strahl in einem solchen Azimuth α' polarisirt ist, dass durch die Brechung nur ein ungewöhnlicher Strahl entsteht, und die Intensität des gewöhnlichen Strahles $=0$ ist; man erkennt dies aus dem Werthe von D_1 in (7.) Seite 330.

(II.)ter Fall: $$\frac{\sin\alpha'' \cos x_1}{\cos(\varphi-\psi)} - \cos\alpha'' \sin x_1 = 0;$$

hier ist das Azimuth α'' der Polarisation ein solches, dass kein ungewöhnlicher Strahl entsteht; vgl. den Ausdruck für D_2 in (7.) Seite 330.

(III.)ter Fall: $$\frac{\sin\beta' \sin x_1}{\cos(\varphi-\psi)} + \cos\beta' \cos x_1 = 0;$$

in diesem Falle steht die neue Polarisationsebene mit dem Azimuth β' senkrecht auf derjenigen Ebene, nach welcher der aus dem Blättchen ausgetretene, vom gewöhnlichen Strahl D_1 erzeugte Strahl polarisirt ist; denn die Tangente des Azimuths dieser Polarisationsebene hat nach (8.) Seite 331 den Werth: $\frac{P_1}{S_1} = \frac{\operatorname{tg} x_1}{\cos(\varphi - \psi)}$. U. s. w.

(IV.)[ter] Fall: $$\frac{\sin\beta'' \cos x_1}{\cos(\varphi - \psi)} - \cos\beta'' \sin x_1 = 0;$$

hier steht die Polarisationsebene mit dem Azimuth β'' senkrecht auf der Polarisationsebene des durch D_2 erzeugten heraustretenden Strahls.

Aus (I.), (III.) und (II.), (IV.) sieht man, dass $\alpha' = \beta'$ und $\alpha'' = \beta''$ ist. Die Bedingung dafür, dass die beiden Azimuthe β' und β'', in welchen die Farben verschwinden, rechtwinklig gegen einander sind, ist $\operatorname{tg}\beta' \cdot \operatorname{tg}\beta'' + 1 = 0$, eine Formel, die durch Substitution der für β' und β'' aus (III.) und (IV.) entspringenden Werthe übergeht in:

$$\sin^2(\varphi - \psi) = 0.$$

Diese Rechtwinkligkeit findet also nur bei senkrechtem Einfall der Strahlen statt. *Biot* in seinem *Traité de Physique* giebt, wo er von den Farben der Krystallblättchen bei schiefem Einfall handelt, eine empirische Regel für die Bestimmung der Azimuthe β' und β'', welche diese Rechtwinkligkeit als allgemein stattfindend (wenigstens wenn das Blättchen senkrecht zu einer der Elasticitätsaxen ist) in sich schliesst, die also schon aus diesem Grunde als sich zu weit von der Wirklichkeit entfernend angesehen werden muss.

§ 3.

Weitere Untersuchungen über die in § 1 betrachteten Phasenunterschiede.

Es ist in den beiden vorhergehenden Paragraphen der Unterschied der Phase der mit einander interferirenden Strahlen, welche durch ein Krystallblättchen gegangen sind, genau, und die resultirende Intensität annäherungsweise in so allgemein gültigen Ausdrücken gefunden worden, dass sie auf jede durchsichtige Substanz angewandt werden können. Es bedarf zu diesem Zwecke nur der Berechnung der mit φ_1, φ_2 und x_1 bezeichneten Winkel aus der gegebenen Lage des einfallenden Strahls, in Beziehung auf die ihrer Richtung nach im Blättchen gegebenen Elasticitätsaxen. Der Weg, diese Rechnung auszuführen, soll auch gezeigt werden.

Eine Wellenebene bewege sich mit der Geschwindigkeit V in einem unkrystallinischen Medio, und falle unter dem Winkel φ auf die ebene Oberfläche F eines Krystallmediums. Sie erzeugt im Innern des Mediums zwei Wellenebenen, deren Fortpflanzungsgeschwindigkeiten μ_1 und μ_2. Diese Wellenebenen μ_1 und μ_2 schneiden die brechende Ebene F in derselben Linie, in welcher sie von der einfallenden Wellenebene geschnitten wird. Die Neigungen der beiden Wellenebenen μ_1 und μ_2 gegen F seien φ_1 und φ_2; diese beiden Winkel werden durch folgende Gleichungen bestimmt:

$$(1.)\qquad \mu_1 \sin\varphi = V \sin\varphi_1\,, \qquad \mu_2 \sin\varphi = V \sin\varphi_2\,.$$

Es seien a, b, c die Werthe der kleinsten, mittleren und grössten Elasticitätsaxe, und m, n, p seien die Cosinus der Winkel, welche die Normale der Wellenebene V mit jenen Axen bildet; es seien ferner α_1, β_1, γ_1 und α_2, β_2, γ_2 die Cosinus der Winkel, welche die Normalen der Wellenebenen μ_1 und μ_2 mit jenen Axen bilden. Die Normale der brechenden Fläche F habe zu Cosinus ihrer Neigungen gegen jene Axen A, B, C.

Man kann nun α_1, β_1, γ_1 und α_2, β_2, γ_2 ausdrücken durch m, n, p, A, B, C und φ_1 und φ_2; man hat nämlich aus (4.) Seite 324 unmittelbar:

$$(2.)\qquad \begin{cases} \alpha_1 = A\cos\varphi_1 - \sin\varphi_1 \left\{\dfrac{A\cos\varphi - m}{\sin\varphi}\right\}, \\[2ex] \beta_1 = B\cos\varphi_1 - \sin\varphi_1 \left\{\dfrac{B\cos\varphi - n}{\sin\varphi}\right\}, \\[2ex] \gamma_1 = C\cos\varphi_1 - \sin\varphi_1 \left\{\dfrac{C\cos\varphi - p}{\sin\varphi}\right\}, \end{cases}$$

und hieraus erhält man α_2, β_2, γ_2, wenn φ_1 vertauscht wird mit φ_2.

Die Geschwindigkeit μ_1 ist eine Wurzel folgender Gleichung:

$$(3.)\qquad \frac{\alpha_1^2}{\mu_1^2 - a^2} + \frac{\beta_1^2}{\mu_1^2 - b^2} + \frac{\gamma_1^2}{\mu_1^2 - c^2} = 0\,.$$

Setzt man statt α_1, β_1, γ_1 ihre Werthe aus (2.), und statt μ_1 seinen Werth aus (1.), so enthält diese Gleichung nur noch eine Unbekannte, nämlich φ_1, und dies ist eine Wurzel der resultirenden Gleichung; eine andere Wurzel derselben Gleichung ist φ_2, und ausserdem hat sie noch zwei Wurzeln, welche negativ sind, und denjenigen Wellenebenen im Innern des Krystallmediums angehören, welche entstehen würden, wenn die Wellenebenen μ_1 und μ_2 auf eine zweite mit F parallele Grenzebene des Mediums träfen, und hier nach dem Innern zurück reflectirt werden. Die resultirende Gleichung ist vom vierten Grade, und lässt sich nur in gewissen besonderen Fällen auf Gleichungen des zweiten Grades zurückführen; man kann also ihre Wurzeln nur durch Annäherungen berechnen. Da die Form aber, in welcher sie durch die angegebenen Substitutionen erscheint, hiezu nicht bequem ist, werde ich sie nicht herschreiben, sondern ihr eine andere Gestalt geben, welche dadurch entsteht, dass man die durch $\alpha_1, \beta_1, \gamma_1$ und $\alpha_2, \beta_2, \gamma_1$ bezeichneten Richtungen durch ihre Neigungen gegen die optischen Axen bestimmt.

Die Normale irgend einer Wellenebene sei durch die Cosinus α, β, γ bestimmt, und die ihr angehörenden beiderlei Fortpflanzungsgeschwindigkeiten durch $(\mu)_1$ und $(\mu)_2$, so sind dies die beiden Wurzeln der quadratischen Gleichung:

$$\frac{\alpha^2}{\mu^2 - a^2} + \frac{\beta^2}{\mu^2 - b^2} + \frac{\gamma^2}{\mu^2 - c^2} = 0.$$

Entwickelt man diese Gleichung nach den Potenzen von μ^2:

$$\mu^4 - \mu^2[(a^2 + b^2 + c^2) - (a^2\alpha^2 + b^2\beta^2 + c^2\gamma^2)] + (\alpha^2 b^2 c^2 + \beta^2 a^2 c^2 + \gamma^2 a^2 b^2) = 0,$$

so hat man:

$$(4.) \qquad (\mu)_2^2 + (\mu)_1^2 = (a^2 + b^2 + c^2) - (a^2\alpha^2 + b^2\beta^2 + c^2\gamma^2),$$

und nach einigen Reductionen findet man:

$$(5.) \quad (\mu)_2^2 - (\mu)_1^2 = \sqrt{[\alpha^2(c^2 - b^2) + \beta^2(c^2 - a^2) + \gamma^2(b^2 - a^2)]^2 - 4\alpha^2\gamma^2(b^2 - a^2)(c^2 - b^2)}.$$

Die Werthe $(\mu)_2^2 + (\mu)_1^2$ und $(\mu)_2^2 - (\mu)_1^2$ können auf eine einfache Weise ausgedrückt werden durch die Winkel u und v, welche die durch α, β, γ bestimmte Richtung mit den optischen Axen bildet. Die Cosinus der Winkel, welche die optischen Axen mit den drei Elasticitätsaxen a, b, c bilden, sind nämlich:

$$\pm\sqrt{\frac{b^2 - a^2}{c^2 - a^2}}, \quad 0, \quad \sqrt{\frac{c^2 - b^2}{c^2 - a^2}};$$

und man hat also:

$$(6.) \quad \begin{cases} \cos u = \dfrac{\alpha\sqrt{b^2 - a^2} + \gamma\sqrt{c^2 - b^2}}{\sqrt{c^2 - a^2}}, \\[2ex] \cos v = \dfrac{-\alpha\sqrt{b^2 - a^2} + \gamma\sqrt{c^2 - b^2}}{\sqrt{c^2 - a^2}}. \end{cases}$$

Wenn man diese beiden Cosinus mit einander multiplicirt, so erhält man hieraus:

$$(c^2 - a^2)\cos u \cos v = -b^2 + (a^2\alpha^2 + b^2\beta^2 + c^2\gamma^2),$$

und addirt man diese Gleichung zu (4.), so findet sich:

$$(7.) \qquad (\mu)_2^2 + (\mu)_1^2 = (a^2 + c^2) - (c^2 - a^2)\cos u \cos v,$$

Aus (6.) zieht man:

$$\sqrt{c^2 - a^2}\cdot\sin u = \sqrt{\alpha^2(c^2 - b^2) + \beta^2(c^2 - a^2) + \gamma^2(b^2 - a^2) - 2\alpha\gamma\sqrt{(b^2 - a^2)(c^2 - b^2)}},$$

$$\sqrt{c^2 - a^2}\cdot\sin v = \sqrt{\alpha^2(c^2 - b^2) + \beta^2(c^2 - a^2) + \gamma^2(b^2 - a^2) + 2\alpha\gamma\sqrt{(b^2 - a^2)(c^2 - b^2)}}.$$

Multiplicirt man diese beiden Ausdrücke mit einander und vergleicht das Product mit (5.), so findet man:

$$(8.)\qquad (\mu)_2^2 - (\mu)_1^2 = (c^2 - a^2)\sin u \sin v\,.$$

Aus (7.) und (8.) erhält man:

$$(9.)\qquad \begin{cases} (\mu)_1^2 = \dfrac{c^2+a^2}{2} - \dfrac{c^2-a^2}{2}\cos(u-v)\,, \\ (\mu)_2^2 = \dfrac{c^2+a^2}{2} - \dfrac{c^2-a^2}{2}\cos(u+v)\,. \end{cases}$$

Die Fortpflanzungsgeschwindigkeiten der Wellenebenen besitzen also in Beziehung auf die optischen Axen ein ganz ähnliches Gesetz, wie die umgekehrten Geschwindigkeiten der Strahlen in Beziehung auf die Strahlenaxen*).

Wenden wir dies Resultat auf die Gleichung (1.) an. Wir nennen u_1, v_1 die Winkel, welche die Normale der unter φ_1 gegen die brechende Fläche F geneigten Wellenebene mit den optischen Axen bildet, und u_2, v_2 diejenigen, welche diese Axen mit der Normale der unter φ_2 geneigten Wellenebene einschliesst. Alsdann verwandeln sich jene Gleichungen (1.) in folgende:

$$(10.)\qquad \begin{cases} V^2\sin^2\varphi_1 = \sin^2\varphi\left\{\dfrac{c^2+a^2}{2} - \dfrac{c^2-a^2}{2}\cos(u_1-v_1)\right\} \\ V^2\sin^2\varphi_2 = \sin^2\varphi\left\{\dfrac{c^2+a^2}{2} - \dfrac{c^2-a^2}{2}\cos(u_2+v_2)\right\}. \end{cases}$$

Die Winkel u_1, v_1 hängen ab von der Lage der brechenden Fläche, von der Lage der Linie, in welcher sie sich mit der einfallenden Wellenebene schneidet, und von dem Winkel φ_1; es sind also bekannte Functionen dieses Winkels φ_1; und u_2, v_2 sind dieselben Functionen von φ_2. Aus (10.) lassen sich also diese beiden Winkel bestimmen.

Die Normale der brechenden Fläche F bilde mit den optischen Axen die Winkel P, Q. Das Azimuth des einfallenden Strahls, d. h. der Winkel, welchen die Einfallsebene mit einer durch die Normale von F gelegten festen Ebene bildet, sei ω; diese feste Ebene sei so gelegt, dass sie den Winkel $2k$ halbirt, welcher von den zwei Ebenen eingeschlossen ist, die durch die Normale von F und die beiden optischen Axen gelegt ist, und zwar so, dass sie zwischen den beiden Axen durchgeht, da wo diese den spitzeren Winkel ein-

*) Wenn U und V diejenigen Winkel sind, welche ein Strahl mit den Strahlenaxen bildet, und G seine Fortpflanzungsgeschwindigkeit, so ist bekanntlich:

$$\frac{1}{G^2} = \frac{1}{2}\left(\frac{1}{a^2}+\frac{1}{c^2}\right) - \frac{1}{2}\left(\frac{1}{c^2}-\frac{1}{a^2}\right)\cos(U \pm V).$$ — *Anm. des Originals.*

schliessen. Es seien, in der folgenden Fig. 6, O und O' die Durchschnittspunkte einer um den Mittelpunkt C der Elasticitätsfläche beschriebenen Kugel mit den optischen Axen, F der Durchschnitt dieser Kugel mit der Normale der brechenden Fläche, E der Durchschnitt mit dem einfallenden Strahl, endlich sei μ_1 der Durchschnitt mit der Normale der Wellenebene μ_1. Die Kreisbogen FO, FO' und $\mu_1 O$, $\mu_1 O'$ entsprechen den Winkeln P, Q und u_1, v_1; der Bogen FH halbirt den Winkel $OFO' = 2k$ und HFE ist das Azimuth des einfallenden Strahls, $= \omega$. Der Bogen FE entspricht dem Winkel φ, und $F\mu_1$ dem Winkel φ_1. Für die Bogen u_1 und v_1 haben wir (als Seiten in in den Dreiecken $OF\mu_1$ und $O'F\mu_1$) die Gleichungen:

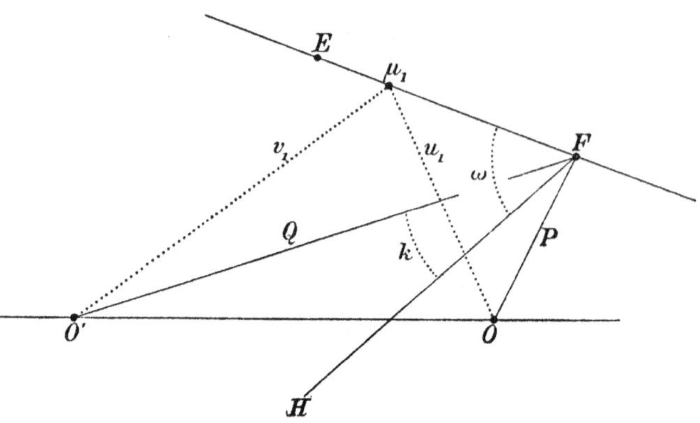

Fig. 6. $FE = \varphi$; $F\mu_1 = \varphi_1$.

$$\text{(11.)} \quad \begin{cases} \cos u_1 = \cos P \cos \varphi_1 + \sin P \sin \varphi_1 \cos(\omega + k), \\ \cos v_1 = \cos Q \cos \varphi_1 + \sin Q \sin \varphi_1 \cos(\omega - k). \end{cases}$$

Vertauscht man hier φ_1 mit φ_2, so erhält man für $\cos u_2$ und $\cos v_2$ die analogen Ausdrücke:

$$\text{(12.)} \quad \begin{cases} \cos u_2 = \cos P \cos \varphi_2 + \sin P \sin \varphi_2 \cos(\omega + k), \\ \cos v_2 = \cos Q \cos \varphi_2 + \sin Q \sin \varphi_2 \cos(\omega - k). \end{cases}$$

Die Gleichungen (10.) und (11.), (12.) combinirt, bestimmen sich die gesuchten Winkel φ_1 und φ_2. Auch sind diese Gleichungen sehr geeignet, die Winkel φ_1, φ_2 *durch Näherungen* zu berechnen, welche Näherungen auf der Kleinheit der Grösse $\frac{c^2 - a^2}{2}$ beruhen.

Genügt es, nur die erste Potenz dieser Grösse zu berücksichtigen, so kann man in (11.), (12.) statt $\sin \varphi_1$ und $\sin \varphi_2$ setzen:

$$\sqrt{\frac{c^2 + a^2}{2}} \cdot \frac{\sin \varphi}{V}, \quad \text{[wie aus (10.) ersichtlich ist].}$$

Und die so sich ergebenden Werthe von u_1, v_1, u_2, v_2, welche ich mit u_1', v_1', u_2', v_2' bezeichne, in (10.) substituirt, geben $\sin \varphi_1$ und $\sin \varphi_2$ richtig bis auf die zweite Potenz von $\frac{c^2 - a^2}{2}$. Diese Werthe von φ_1 und φ_2 in (11.), (12.)

von Neuem substituirt, und die daraus für u_1, v_1, u_2, v_2 sich ergebenden Werthe u_1'', v_1'', u_2'', v_2'' in (10.) substituirt, geben eine neue Annäherung für φ_1 und φ_2, die bis auf die dritte Potenz von $\frac{c^2-a^2}{2}$ richtig ist. — Weiter wird es selten nöthig sein, die Annäherungen zu treiben.

Für die bis auf die erste Potenz von $\frac{c^2-a^2}{2}$ angenäherten Werthe hat man also, wenn $V=1$ gesetzt wird:

$$(13.)\quad \begin{cases} \cos u_1 = \cos u_2 = \cos P\sqrt{1-\frac{c^2+a^2}{2}\sin^2\varphi} + \sin P\sqrt{\frac{c^2+a^2}{2}}\sin\varphi\cos(\omega+k), \\ \cos v_1 = \cos v_2 = \cos Q\sqrt{1-\frac{c^2+a^2}{2}\sin^2\varphi} + \sin Q\sqrt{\frac{c^2+a^2}{2}}\sin\varphi\cos(\omega-k), \end{cases}$$

und, falls man die hiedurch für $u_1=u_2$ und $v_1=v_2$ sich ergebenden Werthe kurzweg mit u und v bezeichnet:

$$(14.)\quad \begin{cases} \sin^2\varphi_1 = \sin^2\varphi\left\{\frac{c^2+a^2}{2} - \frac{c^2-a^2}{2}\cos(u-v)\right\}, \\ \sin^2\varphi_2 = \sin^2\varphi\left\{\frac{c^2+a^2}{2} - \frac{c^2-a^2}{2}\cos(u+v)\right\}. \end{cases}$$

Zieht man die letzte Gleichung von der vorletzten ab, so erhält man

$$\sin(\varphi_1-\varphi_2) = -\frac{(c^2-a^2)\sin^2\varphi\sin u\sin v}{\sin(\varphi_1+\varphi_2)},$$

worin man, weil dieser Ausdruck nur bis auf die erste Potenz von (c^2-a^2) richtig ist, statt $\sin(\varphi_1+\varphi_2)$ setzen kann:

$$2\sqrt{\frac{c^2+a^2}{2}}\sin\varphi\sqrt{1-\frac{c^2+a^2}{2}\sin^2\varphi};$$

so dass man also erhält:

$$(15.)\quad \sin(\varphi_1-\varphi_2) = -\left(\frac{c^2-a^2}{2}\right)\frac{\sin\varphi\sin u\sin v}{\sqrt{\frac{c^2+a^2}{2}}\sqrt{1-\frac{c^2+a^2}{2}\sin^2\varphi}}.$$

Substituirt man diesen Ausdruck in dem Werthe von U, d. i. in der Formel (9.) Seite 325, und zugleich statt $\sin\varphi_1\sin\varphi_2$ den angenäherten Werth $\frac{c^2+a^2}{2}\sin^2\varphi$, so erhält man als erste Annäherung für das Gesetz der Farben in zweiaxigen Krystallen*):

$$(16.)\quad U = \frac{d}{\lambda}\left(\frac{c^2-a^2}{c^2+a^2}\right)\frac{\sin u\sin v}{\sqrt{\frac{c^2+a^2}{2}}\sqrt{1-\frac{c^2+a^2}{2}\sin^2\varphi}}.$$

---

*) Diese Eormel (16.), in welcher u und v die zwischen (13.) und (14.) angegebenen Bedeutungen haben, findet man auch in den *Neumann*'schen Vorlesungen, herausgegeben von *Dorn*, Leipzig, 1885, daselbst Seite 233 (15.). — *C. N.*

Inhaltsübersicht.

ÜBER DIE OPTISCHEN EIGENSCHAFTEN DER HEMIPRISMATISCHEN ODER ZWEI- UND EIN-GLIEDRIGEN KRYSTALLE.

AUS BRIEFLICHEN MITTHEILUNGEN AN POGGENDORFF.

Aus Poggendorff's Annalen.

ÜBER DIE OPTISCHEN EIGENSCHAFTEN DER HEMIPRISMATISCHEN ODER ZWEI- UND EINGLIEDRIGEN KRYSTALLE. 1835.*)

Aus brieflichen Mittheilungen an Professor *Poggendorff* in Berlin.

Erster Brief Neumann's an Poggendorff.

— — — — Unter der grossen Anzahl schöner optischer Präparate, welche Herr Professor *Nörrenberg* in Tübingen mir bei meiner Anwesenheit daselbst im vorigen Jahre zeigte, zog dasjenige des Gypses ganz besonders meine Aufmerksamkeit auf sich. Es waren nämlich *Gypsplatten, senkrecht geschnitten gegen die Linie, welche den Winkel der optischen Axen halbirt; und diese Platten zeigten in Betreff der Farben der Ringsysteme eine auffallende Verschiedenheit zwischen beiden Axen.*

Herschel hat (in den Philosophical Transact. 1820) die zweiaxigen Krystalle nach den Farbenerscheinungen um ihre Axen in *zwei grosse Classen* getheilt. Wenn man zwei Turmalinplatten rechtwinklig kreuzt und den Hauptschnitt**) eines zweiaxigen Krystalls parallel mit einer der Turmalinaxen dazwischen bringt, so kehren bei einem Krystalle der *ersten Classe*, z. B. beim Topas, die centralen farbigen Räume um die Axen einander ihre blauen Enden zu; dagegen ihre rothen Enden, wenn der Krystall zur *zweiten Classe* gehört, wie z. B. der Arragonit. Die eine der Gypsaxen gehört nun entschieden zur *zweiten Classe*; sie ist lebhaft gefärbt, roth und grün, und das Roth ist der andern Axe zugekehrt; diese andere Axe zeigt nun eine schwache undeutliche Färbung der Enden der centralen gelben Ellipse, so dass man zweifeln kann, ob diese Axe nicht zur *ersten Classe* gehöre, oder doch zu jener seltenen *dritten Classe,* wo beide Enden der centralen Ellipse keinen Unterschied der Färbung sehen lassen. In der That bin ich bei meinen ersten Platten, die

---

*) Aus Poggendorff's Annalen, Bd. 35, Seite 81—95; 1835 und Bd. 35, Seite 203—205; 1835.

**) Unter dem *Hauptschnitt* ist hier die Ebene der beiden optischen Axen zu verstehen. — *E. D.*

über 4 Linien dick waren, in diesem Zweifel gewesen; erst bei Platten von etwa 2 Linien sah ich eine unzweideutige Färbung der Enden der centralen Axenräume, das Roth der andern Axe zugekehrt*).

Dies Phänomen rührt nicht her von einer fehlerhaften Lage der Schnitte, auch nicht von den fast unvermeidlichen Drückungen bei Bearbeitung der Platten, wie unangenehm störend diese auch sonst auf die Regelmässigkeit der Ringe wirken; — vielmehr ist es ein constantes, an die krystallinische Structur gebundenes Phänomen. *Die Zerstreuung der Axen ist auf beiden Seiten der Mittellinie ungleich.* Es hat, um in der Terminologie der *Fresnel*'schen Theorie zu reden, eine jede Farbe ihre eignen Elasticitätsaxen, die nicht allein der Grösse nach verschieden sind, was bekannt war, sondern auch der *Lage* nach. Dies ist die Bedeutung der schönen Entdeckung von Herrn *Nörrenberg* beim Gyps, von der Sie gerne diese kurze Notiz in Ihre geschätzten Annalen aufnehmen werden.

Es ist aber das Verhalten der optischen Axen im Gyps nicht die einzige bekannte Thatsache, aus welcher sich — wenn es noch erlaubt ist, die Terminologie der *Fresnel*'schen Theorie auf unsymmetrische Krystalle anzuwenden — *eine Zerstreuung der Elasticitätsaxen* ergiebt. Schon früher hat Herr *Nörrenberg*, gleichzeitig mit Herrn *Herschel*, ein Factum aufgefunden, aus welchem mit unmittelbarer Evidenz hervorgeht, dass die Elasticitätsaxen der verschiedenen Farben eine verschiedene Richtung haben, — ich meine die Erscheinungen, welche der *Borax* zeigt (Pogg. Ann. Bd. XXVI Seite 309). Hier liegen nicht, wie beim Gyps, die grösste und kleinste Elasticitätsaxe in der Ebene, durch welche die Krystallgestalt symmetrisch getheilt wird, sondern in einer darauf senkrecht stehenden Ebene. Wie beim Gyps variiren aber der Lage nach für die verschiedenen Farben diejenigen beiden Elasticitätsaxen, welche in der symmetrisch theilenden Ebene gelegen sind; die optischen Axen für die einzelnen Farben liegen in *verschiedenen* gegen jene Ebene senkrechten Ebenen; sie sind also über einen Theil einer Kegeloberfläche zerstreut. *Herschel* sagt von der Curve, in welcher die Farbenaxen beim Borax dem Auge erscheinen, dass sie wahrscheinlich Stücke unbekannter, von der *Fresnel*-schen Elasticitätsoberfläche abhängiger Linien seien. Es ist also um so mehr hervorzuheben, dass dem Phänomen eine neue, mit der *Fresnel*'schen Theorie

*) Im Original (d. i. in Poggendorff's Annalen) befindet sich an dieser Stelle eine Note des *Herausgebers* der Annalen. In dieser Note beschreibt *Poggendorff* die Farbenerscheinungen in einem ebenfalls von *Nörrenberg* geschliffenen Gypskrystall, und bemerkt dabei namentlich, dass diese Farbenerscheinungen etwas anders sind, als diejenigen, welche *Neumann* an seinem Krystall wahrgenommen hat. — *C. N.*

in keinem Zusammenhange stehende, ja ihr *widersprechende* Thatsache zu Grunde liegt.

Die Analogie, die Sie, verehrter Freund, zwischen diesem Phänomen und demjenigen sahen, wo die optischen Axen der einzelnen Farben in zweierlei auf einander senkrechten Ebenen liegen, wie Sie dies wahrscheinlich machten für den Gyps in höheren Temperaturen, und wie *Brewster* dies am Glauberit nachgewiesen hat (Pogg. Ann. Bd. XXVII Seite 480); — diese Analogie ist nur scheinbar, weil sich hier alles aus der verschiedenen Länge der Elasticitätsaxen für die einzelnen Farben erklärt, ohne dass ihre Richtung variirt.

Ich komme auf den Gyps zurück. Ich kann Ihnen eine andere Thatsache mittheilen, welche für sich schon die Verschiedenheit der beiden optischen Axen des Gypses beweist. Nach Herrn *Mitscherlich*'s schöner Entdeckung nähern sich die beiden Axen bei erhöhter Temperatur, und vereinigen sich zwischen 70° und 80° R. Aber ich habe gefunden, dass die Geschwindigkeit, mit welcher die Axen sich gegen einander bewegen, für die beiden Axen sehr verschieden ist; *die eine Axe bewegt sich beinahe halbmal schneller als die andere.* Zur bequemen Bezeichnung nenne ich die eine Axe die *rothe*, diejenige mit lebhafter Färbung, die andere die *matte* Axe. Es ist die letztere, welche die viel raschere Bewegung mit der Temperaturveränderung macht. Doch ehe ich zu den bisher angestellten Beobachtungen übergehe, erlauben Sie mir, Ihnen die Methode anzugeben, deren ich mich zur Bestimmung der Lage der optischen Axen überhaupt bedient habe; sie ist einfach und lässt jede erreichbare Genauigkeit zu. Ich lasse das Licht (von einer Löthrohrlampe) durch eine Turmalinplatte auf eine Linse fallen, in deren Focus ungefähr sich der Krystall befindet; auf diesen habe ich ein Fernrohr gerichtet, vor dessen Ocular die zweite Turmalinplatte angebracht ist; in der Ebene des Fadenkreuzes befindet sich, bei schicklicher Stellung des Krystalls, nun das Ringsystem. Der Krystall ist an einem Goniometer so befestigt, dass diese Stellung durch blosse Drehung der Goniometeraxe hervorgebracht wird. Die erste Anwendung dieser Vorrichtung machte ich zur Bestimmung der gegenseitigen Neigung der optischen Axen des *Arragonits,* welche *Rudberg* 32°, *Brewster* aber 29° 56′ gefunden hat (Pogg. Ann. Bd. XXVII Seite 504), und die 30° 46′ sein sollte. Ich fand sie an der einen Ebene einer Platte von einem Böhmischen Arragonit 30° 47′, an der andern 30° 50′*). Die Differenz von 3′ schiebe ich auf die Unvollkommenheit, mit der ich die Flächen plan geschliffen hatte.

---

*) Jede dieser beiden Bestimmungen ist das Mittel aus 5 Beobachtungen, die nur wenige Minuten von einander abwichen. — (*Anm. des Originals.*) — Vgl. übrigens Seite 327 (oben). — *C. N.*

Ich wollte nun die gegenseitige Neigung der optischen Axen im *Gyps* und ihre Richtung in Bezug auf die krystallinische Structur bestimmen. Wie sorgfältig ich aber auch die Flächen plan zu schleifen suchte, die Uebereinstimmung der einzelnen Beobachtungen war viel geringer, als ich zu erwarten berechtigt war, und als ich beim Arragonit sie gefunden hatte. Eine genügende Uebereinstimmung erreichte ich erst, als ich bemerkt hatte, *dass eine Temperaturveränderung von* 0,1 *Grad eine merkliche Veränderung in der Lage der Axen hervorbringt,* — dass also meine Nähe ausser Einfluss auf die Krystalle gesetzt werden musste. Meine Messungen waren folgende:

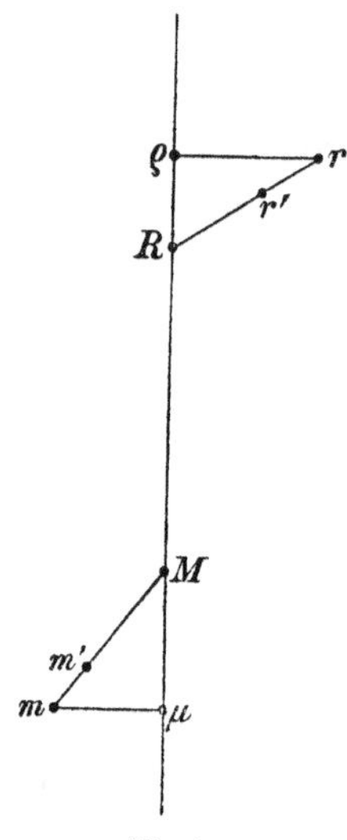

Fig. 1.
R, M Normalen der geschliffenen Flächen.
r, m scheinb. Axen in der Luft.
r', m' wahre Axen.

Zuerst an einer Platte, an welcher zwei Paare von Flächen geschnitten waren, die nur wenig schief gegen die optischen Axen geneigt standen. Die Zeichnung Fig. 1 wird meine Messungen erläutern. Ich lege die Normalen der beiden Flächen, durch welche ich die optischen Axen beobachtete, durch den Mittelpunkt einer Kugel, deren Oberfläche sie in den Punkten R und M schneiden. Die *scheinbaren* optischen Axen, durch denselben Mittelpunkt gelegt, schneiden die Oberfläche in r und m; dabei ist r die *rothe* Axe, und m die *matte.*

Die *wahren* optischen Axen haben die Durchschnittspunkte r' und m', und sind so bestimmt, dass

$$\text{(f.)} \qquad \frac{\sin(Rr')}{\sin(Rr)} = \frac{\sin(Mm')}{\sin(Mm)} = \frac{\text{(mittlere Geschw. des Lichtes im Gyps)}}{1}.$$

Gemessen wurden folgende Winkel: 1) Mr, 2) Rm, 3) $r\varrho$, 4) $m\mu$, 5) RM.

Die Winkel Mr und Rm wurden so gemessen, wie Fig. 2 zeigt. Das Fernrohr F war senkrecht gegen die Goniometeraxe und auf den entfernten Punkt A gerichtet; die Krystallebene kk, parallel mit der Goniometeraxe, reflectirte den Gegenstand B ins Fernrohr; der Winkel BCA war vorher gemessen mittelst des Goniometers; seine Hälfte ist jetzt die Neigung des Fernrohrs gegen die Krystallfläche kk. Diese wurde jetzt, mittelst des Goniometers, in diejenige Lage $k'k'$ gedreht, bei welcher der Mittelpunkt der Farbenringe auf das Fadenkreuz des Fernrohrs fiel. Die Hälfte des Winkels ACB, addirt zu diesem Drehungswinkel, ist die Neigung der scheinbaren Axe gegen

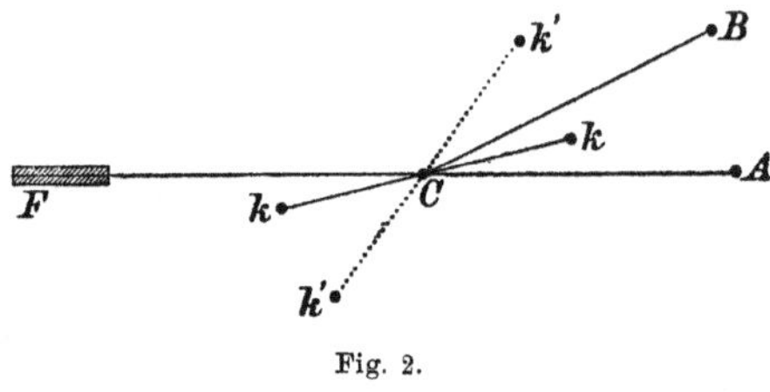

Fig. 2.

die Krystallebene. — Die Winkel $r\varrho$ und $m\mu$ wurden nur ungefähr gemessen. Der Krystall wurde so an der Goniometeraxe befestigt, dass die Ebene MR senkrecht darauf stand; das Fernrohr, ungefähr horizontal, wurde so schief gegen die horizontale Goniometeraxe gestellt, dass durch Drehung des Krystalls der Mittelpunkt eines Farbenringes, z. B. der von m, aufs Fadenkreuz geworfen wurde. Die Neigung des Fernrohrs gegen die auf der Goniometeraxe senkrechte Stellung ist der Winkel $m\mu$. Die Neigung des Fernrohrs wurde durch eine entfernte Scale, die durch dasselbe abgelesen wurde, bestimmt. — Ich fand:

mR bei der Temperatur 16,2 R., $= 57^0\ 4'$;

und andererseits fand ich:

rM	bei der Temperatur	16,6 R.,	$= 56^0\ 35'$
	bei der Temperatur	16,1 R.,	$= 56^0\ 41',7$
	bei der Temperatur	16,0 R.,	$= 56^0\ 43',6$
	also bei der Temperatur	16,2 R.,	$= 56^0\ 40'$;

ferner ergaben meine Beobachtungen:

$$m\mu = 4^0\ 20', \quad r\varrho = 3^0\ 4' \quad \text{und} \quad MR = 54^0\ 34'.$$

Um hieraus den Winkel $r'm'$, d. i. die Neigung der wahren optischen Axen, zu finden, muss man die mittlere Geschwindigkeit des Lichtes im Gypse, d. i. seine mittlere Elasticitätsaxe kennen. Wir besitzen mehrere Angaben über die Brechungscoefficienten des Gypses, und bei der Kleinheit der Bogen Mm und Rr könnte man irgend eine derselben anwenden, ohne dadurch irgend einen bedeutenden Fehler zu veranlassen. Ich habe es aber vorgezogen, diese Grösse direct zu bestimmen. Ich habe die Neigung der scheinbaren optischen Axen bei einer andern Platte gemessen, die so geschnitten war, dass diese Neigung durch die Brechung der Strahlen viel mehr vergrössert wurde. Die Platte war ungefähr senkrecht gegen die Mittellinie der optischen Axen. Die Fig. 3 erläutert*) die Messungen. Die scheinbaren optischen Axen sind durch den Mittelpunkt einer Kugel gelegt, und schneiden dieselbe in R und M; in N wird sie geschnitten von der Normale der Ebene, durch welche ich die Axen beobachtete. Ich maass:

MN	bei	16,55 R.,	$= 52^0\ 16'$
	bei	16,27 R.,	$= 52^0\ 30'$
	bei	16,20 R.,	$= 52^0\ 33'$;

RN	bei	16,58 R.,	$= 42^0\ 7'$
	bei	16,35 R.,	$= 42^0\ 13'$
	bei	16,10 R.,	$= 42^0\ 16',6$
	bei	16,00 R.,	$= 42^0\ 20'$
	also bei	16,2 R.,	$= 42^0\ 14'$.

*) Es dürfte wohl keinen Anstoss erregen, dass in der folgenden Fig. 3 (ebenso wie im Original) die Bezeichnungen etwas andere sind, als in der vorhergehenden Fig. 1. — *C. N.*

Ich fand den auf NM senkrechten Bogen $Rr = 1^0$, und Mm, senkrecht auf RN, $= 1^0 22'$. Dies giebt für den Winkel MNR zwei um 14′ verschiedene Werthe, von denen ich das Mittel nahm. Die Neigung $R'M'$ der wahren Axen muss hier dieselbe sein, wie beim ersten Krystall in Fig. 1 der Bogen $r'm'$. Hieraus kann man das Verhältniss $\frac{\sin NM'}{\sin NM} = \frac{\sin NR'}{\sin NR}$, [welches gleich ist in Fig. 1 dem Verhältniss $\frac{\sin Mm'}{\sin Mm} = \frac{\sin Rr'}{\sin Rr}$] finden. *Ich fand auf diese Weise die mittlere Geschwindigkeit des Lichtes im Gyps* 0,6568, *welches den Brechungscoefficienten* 1,5224 *giebt, der nahe mit der Angabe von Wollaston* 1,525 *übereinstimmt. Die Neigung der wahren Axen $M'R'$ in Fig.* 3 *oder $m'r'$ in Fig.* 1 *ergiebt sich hieraus*

bei 16,2 *R.*, $= 57^0 37'$.

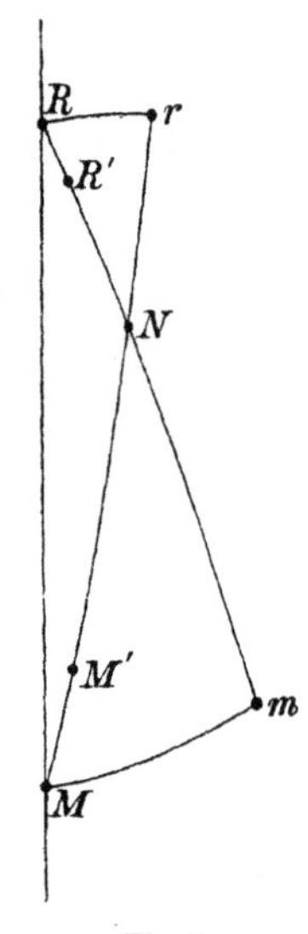

Fig. 3.
R, M scheinb. Axen in der Luft.
R', M' wahre Axen.

Einen Fehler von 10′ in dieser Bestimmung halte ich für kaum möglich, und ein solcher Fehler würde in der dritten Stelle des Brechungscoefficienten einige Einheiten betragen. Die Angabe von *Brewster* 1,536 würde einen Fehler von 40′ voraussetzen, und die von *Newton*, 1,488, einen Fehler von $1\frac{1}{3}$ Grad.

An dem ersten Krystall Fig. 1 wurden nun bei einer *niedrigen* Temperatur folgende Messungen angestellt:

mR,	bei 7, 5 R.,	$= 66^0 30'$
Mr,	bei 7,45 R.,	$= 58^0 55'$
RM		$= 54^0 33'$
ϱr		$= 3^0 23'$
$m\mu$		$= 4^0 25'$.

Hieraus ergiebt sich die gegenseitige Neigung der wahren optischen Axen

bei 7,5 *R.*, $= 61^0 24'$.

Die Neigung hat sich also, bei einer Temperaturdifferenz von 8,7 *R. um* $3^0 47'$ *verändert.* Berechnet man aber, um wie viel sich jede der Axen verrückt habe, so findet man für r': $1^0 32'$ und für m': $2^0 15'$; (r' war die rothe Axe, und m' die matte). Der Unterschied der Bewegung der beiden Axen ist also bei dieser geringen Temperaturdifferenz schon sehr entschieden. *Die grösste und die kleinste Elasticitätsaxe haben ihre Richtung bei einer Temperaturdifferenz von* 8,7 *R. um* 22′ verändert.

Die Messungen bei 7,5 R. und 16,2 R. hatte ich angestellt, um andere Messungen bei gewöhnlicher Temperatur auf einander reduciren zu können.

Um die Richtungen der optischen Axen in Beziehung auf die krystallinische Structur zu bestimmen, schnitt ich an einem kleinen Gypskrystall der hiesigen Universitätssammlung (das Material zu den übrigen Untersuchungen verdanke ich der Güte des Herrn Prof. *Weiss*), an welchem die von *Haüy* mit *n* bezeichneten Flächen schön spiegelnd waren, zwei Flächen, welche die stumpfe Kante der Flächen *f* ungefähr gerade abstumpften*). Ein solcher Schnitt zeigt die *matte* Axe. In Fig. 4 sind n, n' die Durchschnitte der Normalen der Flächen n und n' mit einer Kugelfläche; N ist der Durchschnitt der Normale der geschliffenen Fläche, durch welche ich die Axe beobachtete; die scheinbare Axe schneidet die Kugel in M, die wahre in m; so dass also ma senkrecht auf nn' steht, und nn' in a halbirt wird. Ich fand nun $nN = 112^0\,13'$ und $n'N = 111^0,\ 49',7$. Ich maass:

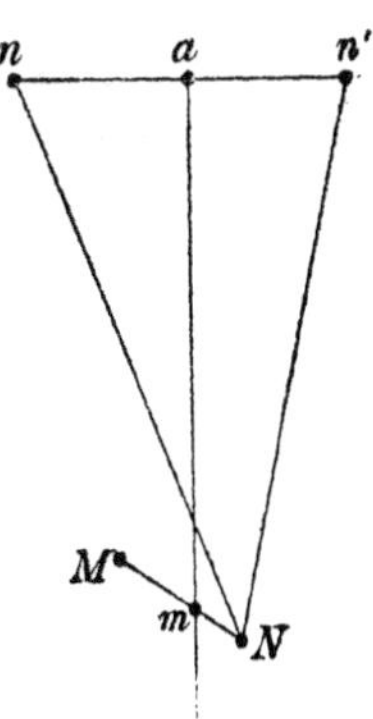

Fig. 4.
N Normale der geschliffenen Fläche.
M scheinbare Axe in der Luft.
m wahre Axe.

$$MN \begin{cases} \text{bei } 7{,}05 \text{ R.}, & = \ 9^0\,59', \\ \text{bei } 7{,}21 \text{ R.}, & = 10^0\ \ 4',3, \\ \text{bei } 7{,}02 \text{ R.}, & = \ 9^0\,59',3 \\ \text{bei } 7{,}43 \text{ R.}, & = 10^0\ \ 9',5; \end{cases} \quad \text{und} \begin{cases} \text{bei } 15{,}39 \text{ R.}, & = 13^0\,20',6 \\ \text{bei } 15,\ 7 \text{ R.}, & = 13^0\,31',3 \end{cases}$$

so dass also zu setzen ist bei 7,5 R.: $MN = 10^0\,11'$, und bei 16,2 R.: $MN = 13^0\,43'5$. Hieraus erhält man bei 7,5 R.: $am = 107^0$, und bei 16,2 R.: $am = 104^0\,42'$; so dass die Bewegung der matten Axe innerhalb dieses Temperaturintervalls $2^0\,18'$ beträgt, was mit der vorigen Bestimmung $2^0\,45'$ recht gut übereinstimmt.

Nach diesen Bestimmungen lässt sich die Lage der beiden optischen Axen in Beziehung auf die krystallinischen Richtungen fixiren. Nach Fig. 5 würde ich mich kurz ausdrücken können.

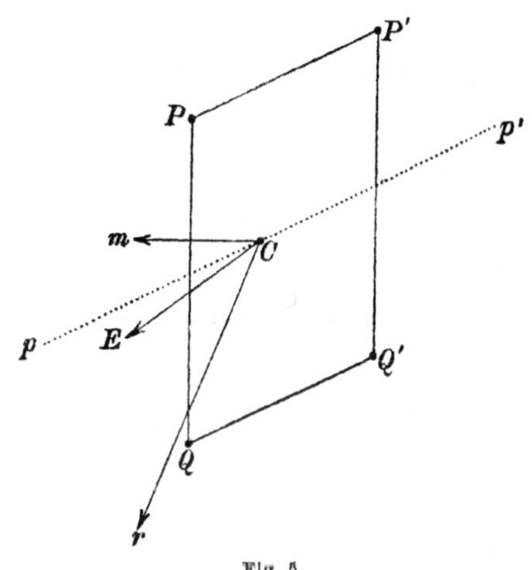

Fig. 5.

$PP'QQ'$ stellt ein natürliches Bruchstück des Gypses vor, PP' den fasrigen Querbruch, PQ den muschligen**). Die Kante, in welcher sich die beiden Flächen n und n schneiden, ist parallel mit PP'. Durch C habe ich die Linie pp' parallel

*) die also ungefähr parallel waren mit der Fläche *M*. (Vgl die Schemata Seite 268.) — *C. N.*

**) Demgemäss ist PQ parallel der Fläche *M*, und PP' parallel der Fläche *T*. (Vgl. die Schemata Seite 268.) — *C. N.*

mit PP' gezogen, durch denselben Punkt C die *matte Axe* Cm und die *rothe Axe* Cr gelegt, und die ihre Neigung halbirende Elasticitätsaxe CE. Es ist

	bei 7,5 R.,	und	bei 16,2 R.
	$pCE = 13^0\,42'$		$= 14^0\;\;6'$
(h.)	$pCm = 17^0\;\;0'$		$= 14^0\,42'$
	$pCr\; = 44^0\,24'$		$= 42^0\,55'$
	$mCr = 61^0\,24'$		$= 57^0\,37'$.

Obgleich das Factum, dass bei einer Temperaturveränderung nicht allein die optischen Axen sich bewegen, sondern, dass zugleich auch die Elasticitätsaxen ihre Richtung verändern, durch die vorstehenden Beobachtungen, wenn gleich nur in einem engen Temperaturintervall angestellt, ausser allen Zweifel gesetzt ist, so wollte ich diese merkwürdige Thatsache doch in höheren Temperaturen verfolgen; — auch interessirte es mich, die Richtung kennen zu lernen, in welcher beide Axen zusammengehen. Ich schnitt eine neue Gypsplatte, so dass ich beide Axen durch dieselbe Ebene sehen konnte, ähnlich der in Fig. 3. Meine Messungen (h.), reducirt auf 15,3 R., sind folgende:

	15,3 R.:	$NR\;\, = 40^0\,42'$	
(j.)*)		$NM = 56^0\,11'$	(vergl. Fig. 3.)
		$RM = 96^0\;\;8'$.	

Hieraus ergiebt sich für die Neigung der wahren optischen Axen bei 15,3 R.: $R'M' = 58^0\,3'$; die vorhergehenden Messungen geben bei dieser Temperatur: $58^0\,1'$. Den Krystall hatte ich an einem Goniometer befestigt, dessen Scheibe ich nun *horizontal* legte, so dass der Krystall sich unterhalb der Scheibe befand. Ich setzte ein Gefäss mit Rüböl unter das Goniometer, in welches der Krystall hineinragte. Das Gefäss hatte zwei Oeffnungen, die mit Glasscheiben verschlossen waren, so dass ich mittelst des durch die Linse in das Gefäss auf den Krystall geworfenen Lichtes und mit Hülfe des Fernrohrs die Farbenringe noch beobachten konnte. Ich maass die Neigung der scheinbaren optischen Axen im Rüböl, und fand sie, reducirt auf 15,3 R., gleich $60^0\,19'$. Also:

(k.) für 15,3 R.: $60^0\,19'$.

Diese Messung habe ich benutzt, um den Brechungscoefficienten meines Rüböls zu bestimmen, da ich nicht gewiss war, ob in dieser Hinsicht nicht merkliche Verschiedenheiten unter den verschiedenen Sorten Rüböl stattfinden.

*) Die Werthe (j.) ergeben sich aus den Beobachtungen (h.) durch *Interpolation*. Und in gleicher Weise erhält man aus jenen Beobachtungen (h.) z. B. auch folgendes Resultat:

für 15,3 R.: Winkel $pCE = 14^0\,3',5$ [vgl. d. letzte Note auf Seite 352]. — *C. N.*

In Fig. 6 sollen R'', M'' die scheinbaren Axen des Gypses im Rüböl vorstellen. Es wurde aber nicht der Bogen $R''M''$ gemessen, sondern, da der Krystall so am Goniometer befestigt war, dass die Ebene des Bogens RM mit der Scheibe parallel war, wurde die Projection von $R''M''$ auf RM, d. i. $r''m''$ gemessen. Die Projection von $R'M'$ auf RM ist $r'm'$. Der Unterschied von $r'm'$ und $r''m''$ ist Folge der Brechung aus Gyps in Rüböl; dieser Unterschied beträgt $2^0\,10'$. Ich bezeichne das Verhältniss der Brechungscoefficienten des Gypses und des Rüböls mit $1+x$, wo von x nur die erste Potenz zu berücksichtigen ist. Setzt man Winkel $RMN=\alpha$, Winkel $MRN=\beta$, ferner $NM'=a$, und $NR'=b$, so kann man setzen*):

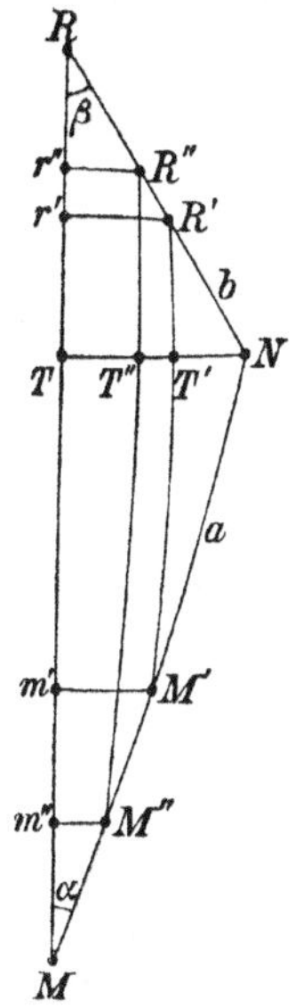

$$(\alpha.) \qquad x=\frac{2^0\,10'}{\cos\alpha\ \mathrm{tg}\,a+\cos\beta\ \mathrm{tg}\,b}=0{,}0346\,.$$

Dividirt man mit $1+x$ in 1,5224, d. i. in den vorhin (Seite 348) gefundenen Brechungscoefficienten des Gypses, *so findet man den Brechungscoefficienten des Rüböls* $=1{,}472$, genau wie *Brewster* ihn gefunden hat. — Man wird häufig Ursache haben, diese Methode umzukehren, indem**) man eine Flüssigkeit von bekanntem Brechungscoefficienten benutzt, um den noch unbekannten Brechungscoefficienten des Krystalls zu bestimmen. Bei den glimmerähnlichen Substanzen z. B. wird diese Methode unter den bekannten das genaueste Resultat geben.

Fig. 6.
R, M scheinb. Axen in der Luft.
R', M' wahre Axen.
R'', M'' scheinb. Axen im Rüböl.

Das Oel wurde nun durch eine unter das Gefäss gestellte Lampe erwärmt, und ich beobachtete, um wie viel jede Axe von der Lage, die sie bei 15,3 R. gehabt hatte, sich entfernte; die Summen dieser beiden Veränderungen geben die jedesmalige Abnahme der gegenseitigen Neigung der beiden scheinbaren Axen. Einige dieser Beobachtungen enthält folgende Tafel:

	Temperatur	Rothe Axe R''	Matte Axe M''
	15,3 R.	0	0
(β.)	40,7 R.	$6^0\ 2'$	$9^0\ 6'$.
	49,3 R.	$8^0\,47'$	$12^0\,57'$
	52,2 R.	$9^0\,13'$	$13^0\,39'$.

Die Angaben der Temperaturen haben wenig Zuverlässigkeit, es sind nur die Temperaturen des Oeles; die correspondirenden Entfernungen der beiden Axen

*) Näheres über die Formel (α.) findet man auf Seite 355. — *C. N.*

**) Der Text des Originals ist hier offenbar durch Druckfehler entstellt. Er lautet: „indem man eine Flüssigkeit von bekanntem Brechungscoefficienten des Krystalls bestimmt". — *C. N.*

von ihren Lagen bei 15,3 R. sind aber mit Sorgfalt bestimmt. — Der Mittelpunkt, in den beide Axen zusammen gingen, war entfernt:

(γ.) von der *rothen Axe* um $26^0\ 7'$,
von der *matten Axe* um $34^0\ 11'$.

Dies sind die scheinbaren Bewegungen der Axen, die auf die wahren Bewegungen in dem Bogen $R'M'$ reducirt werden müssen. Ich habe angenommen, dass die Curve $R''M''$, in welcher die scheinbaren Axen sich bewegen, ein grosser Kreis sei, und die auf RM beobachteten Winkel auf $R''M''$ reducirt, nach folgender Formel*):

$$(\delta.)\qquad \frac{\sin R''T''}{\sin T''M''} = \frac{\cos r''R''}{\cos m''M''}\cdot\frac{\sin r''T}{\sin m''T}.$$

Die scheinbaren Bewegungen in $R''M''$ wurden auf die wahren Bewegungen in $R'M'$ reducirt nach der Formel:

$$(\varepsilon.)\qquad \frac{\sin R'T'}{\sin T'M'} = \frac{\sin R''T''}{\sin T''M''}.$$

Hiernach erhalte ich für die wahre Bewegung der Axen bis zum Augenblick, wo sie zusammengehen,

(ζ.) für die *rothe Axe*: $25^0\ 8'$,
für die *matte Axe*: $32^0\ 49'$.

Die *matte Axe* hat sich also um $7^0\,41'$ mehr verändert, als die *rothe*, und die Drehung der grössten und kleinsten Elasticitätsaxe um die mittlere beträgt $3^0\,50'$. Die eine dieser beiden Axen, nämlich die Linie CE (Fig. 5 Seite 349) ist aber bei 15,3 R. unter $14^0\,4'$ gegen den fasrigen Bruch geneigt**); jene Linie, in welcher die Axen zusammengehen, hat also gegen diesen Bruch eine Neigung von $17^0\,54'$.

Biot giebt in seinem *Traité de physique* die Neigung der Mittellinie gegen den fasrigen Bruch zwischen 16^0 und 17^0 an, was für gewöhnliche Temperatur etwa um 2^0 von meiner Bestimmung abweicht. Indess hat die von ihm bestimmte Richtung *zunächst* eine andere physikalische Bedeutung; es ist nämlich diejenige Richtung, *nach welcher ein senkrecht durch ein natürliches Gypsblättchen gehender Lichtstrahl polarisirt sein muss, damit er ungetheilt hindurch gehe.* — Es hat gerade beim Gyps seine Schwierigkeit, diese Richtung in Beziehung auf die krystallinische Structur zu fixiren. Das von mir angewendete Verfahren ist von dieser Schwierigkeit befreit.

---

*) Näheres über diese Formel (δ.), sowie auch über die folgende Formel (ε.), findet man auf Seite 356, 357. — *C. N.*

**) In der That wird die betreffende Neigung [nach der Note Seite 350], wenn auch nicht $= 14^0\,4'$, so doch $= 14^0\,3',5$ sein. — *C. N.*

Bei den häufigen Zwillingsverwachsungen ist es leicht, Zwillingslamellen zu erhalten, in welchen man die Grenze beider Individuen fast nur im polarisirten Lichte wahrnimmt. Fig. 7 stellt eine solche Zwillingslamelle des Pariser Gypses vor. Das eine Individuum MBF hat seinen muschligen Bruch parallel mit MB, den fasrigen parallel mit FB; das andere Individuum hat den muschligen in MB', den fasrigen in FB'. Die Zwillingsgrenze MF ist die gerade Abstumpfung der stumpfen Kante der Flächen l, l.*) Die Richtung, in welcher das senkrecht durch die Lamelle hindurch gehende Licht polarisirt sein muss, damit es ungetheilt hindurch gehe, ist bei dem ersten Individuum CE, bei dem zweiten CE'. Ich habe den Winkel ECE' gemessen. Wenn man von seiner Hälfte den Winkel $CFB = 61^0\,30'$ abzieht, erhält man die Neigung der *ligne intermédiaire* gegen den fasrigen Bruch, d. i. den Winkel CDF. — Ich habe sechs Bestimmungen gemacht bei einer Temperatur, die etwa zwischen 17 bis 18 R. gewesen sein mag, drei mit jeder Hälfte des Limbus; jede Bestimmung ist das Mittel aus fünf Beobachtungen. Ich fand für den Winkel

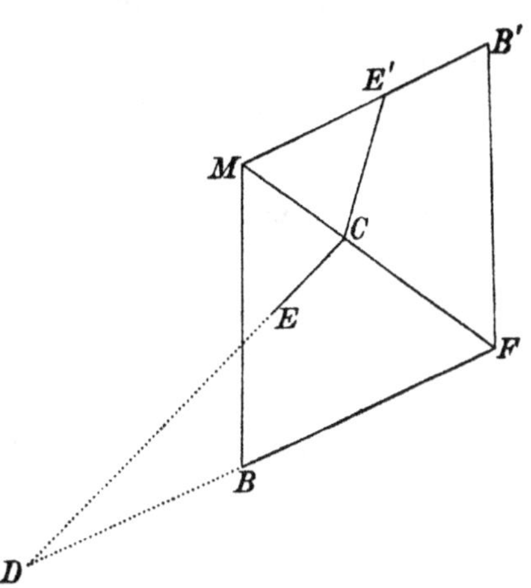

Fig. 7.

	CDF	1) $14^0\,26'$	4) $14^0\,20'$	
(η.)		2) $14^0\,24'$	5) $14^0\,17'$	
		3) $14^0\,22'$	6) $14^0\,14'$.	

Das Mittel ist also $14^0\,20'$. Ich wage nicht zu entscheiden, ob die Richtung CE wirklich genau zusammenfällt mit derjenigen Linie, welche den Winkel der optischen Axen halbirt. Dass übrigens der Winkel ECE' (also auch der Winkel CDF) sich mit der Erhöhung der Temperatur vergrössert, davon habe ich mich aber überzeugt.

Zweiter Brief Neumann's an Poggendorff.**)

— — — Die Beobachtungen, welche ich Ihnen mittheilte über die Lage der Richtung, nach welcher ein senkrecht auf ein Gypsblättchen fallender Strahl polarisirt sein muss, damit er ungetheilt hindurch gehe, liessen es noch zweifelhaft, ob die dadurch im Gyps bestimmte Richtung wirklich genau

*) Vgl. die Schemata auf Seite 268. — *E. D.*

**) Poggendorff's Annalen, Bd. 35, Seite 203—205; 1835.

zusammenfalle mit der Linie, welche den Winkel der optischen Axen halbirt. Herr Studiosus *Hesse**) hat auf mein Ersuchen und nach dem von mir angewandten Verfahren (Seite 353) durch eine Reihe Beobachtungen den Winkel, welchen die Richtung, nach welcher ein senkrecht auf ein Gypsblättchen auffallender Strahl polarisirt sein muss, damit er ungetheilt hindurchgehe, mit dem *fasrigen* Querbruch des Gypses bildet, genauer bestimmt, und dabei die erforderlichen Vorsichten angewendet, um zugleich die jedesmalige Temperatur des Gypsblättchens beobachten zu können. Die Mittel aus jedesmal vier Beachtungen in den vier Quadranten des Kreises sind:

	12,0 R. . . .	$13^0\,55'$
	11,6	$13^0\,52',5$
	10,9	$13^0\,52',5$
	11,1	$13^0\,56'$
(ϑ)	11,3	$13^0\,57'$
	11,7	$13^0\,54'$
	11,0	$13^0\,57',5$
	11,1	$13^0\,54'$
	11,3 R.	$13^0\,54',9$.

Die Correction des Thermometers bei 11,9 R. beträgt: — 0,2. Aus meinen Ihnen mitgetheilten Bestimmungen über die Neigung, welche die Linie, die den Winkel der optischen Axen halbirt, gegen den fasrigen Bruch des Gypses besitzt (Seite 350), ergiebt sich diese bei 11,1 R. gleich $13^0\,52',2$.**) Die Differenz $2',7$ ist so klein, *dass man an einem wirklichen Zusammenfallen dieser beiden Richtungen nicht mehr zweifeln kann.*

Zu den beiden schönen Beobachtungen des Herrn *Nörrenberg* am *Gyps* und *Borax* kann ich jetzt eine dritte am *Adular* hinzufügen, welche von Neuem die Unsymmetrie der optischen Erscheinungen in denjenigen zweiaxigen Krystallen beweist, deren Krystallformen nicht symmetrisch getheilt werden durch drei rechtwinklige Ebenen. Bei allen symmetrischen Krystallen liegen die von *Herschel* (*Transact.* 1820) sogenannten *virtuellen* Pole in der Ebene der optischen Axen; *beim Adular liegen die virtuellen Pole nicht in der Ebene der optischen Axen*, sondern in einer Ebene, welche die stumpfe Ecke, gebildet von der Ebene der optischen Axen [d. i. nahezu von der Ebene des Haupt-

*) *Otto Hesse*, der ausgezeichnete Geometer, später Professor in Königsberg, Halle, Heidelberg und München. — *C. N.*

**) Mit andern Worten: Diese Zahl ergiebt sich aus den *Neumann*'schen Messungen (h.) Seite 350 durch die Methode der Interpolation. Allerdings dürfte sich in solcher Weise nicht $13^0\,52',2$, sondern $13^0\,52',9$ ergeben, — ein Unterschied, der aber hier kaum in Betracht kommt. — *C. N.*

blätterdurchganges (P)] und den beiden Säulenflächen T, T, ein wenig abstumpfen würde. Die verschiedenen Farbenaxen sind also zerstreut über eine Reihe wenig gegen einander geneigter Ebenen, die alle senkrecht gegen die Ebene M stehen, von welcher die Krystallform symmetrisch getheilt wird. Die Axen der einzelnen Farben haben dabei nahe dieselbe Neigung gegen einander; und hiedurch unterscheidet sich der vorliegende Fall allein von der Erscheinung, welche der *Borax* zeigt, wo eine ähnliche Zerstreuung der Axen, aber zugleich auch eine starke Variation ihrer Winkel stattfindet.

Wenn man die Turmalinplatten kreuzt, und die *Adularplatte* so stellt, dass die Ebene ihrer Axen parallel mit einer der Turmalinaxen ist, so sind die Ringe nicht von einem schwarzen Streifen durchschnitten, sondern von einem gefärbten, roth und blau; — und wenn man die Turmalinplatten dreht bis in die parallele Lage, so sind die Farbensegmente nicht symmetrisch in Bezug auf die Ebene der optischen Axen gefärbt; — sie sind 1) überhaupt ungleich gefärbt, und haben 2) ihre blaue Seite und ihre rothe Seite in derselben Richtung liegen.

Die Farbenringe im *Adular* haben in allen von mir untersuchten Platten, und ich habe deren sieben geschliffen, nur an wenigen Stellen Regelmässigkeit; an den meisten Stellen der Platten sind sie ausserordentlich verzogen und verzerrt, obgleich diese von ausgezeichneter Klarheit und Durchsichtigkeit waren. Diese Verzerrungen beweisen den gewaltsamen, innerlich gespannten Zustand des Adulars, auch in seinem durchsichtigen Zustande, den man schon aus der grossen Neigung dieses Minerals, sich zu trüben und mit Sprüngen sich zu durchziehen, geschlossen hatte.

Zusätze der Redaction. (*C. N.*)

Ableitung der Formel (α) **Seite 351.** — Es ist [vgl. (f.) Seite 346 und Seite 348]:

$$(1.) \qquad \frac{\sin(NR')}{\sin(NR)} = \frac{(\text{mittlere Geschw. des Lichtes im Gyps})}{1},$$

wobei die Geschwindigkeit des Lichtes in der Luft $= 1$ gesetzt ist. Die Formel bezieht sich auf die folgende Figur, welche nur eine Wiederholung der Fig. 6 Seite 351 repräsentirt. Ebenso ist offenbar:

$$(2.) \qquad \frac{\sin(NR')}{\sin(NR'')} = \frac{(\text{mittlere Geschw. des Lichtes im Gyps})}{(\text{Geschw. des Lichtes im Rüböl})};$$

oder falls man das Reciproke nimmt:

$$(3.) \qquad \frac{\sin(NR'')}{\sin(NR')} = \frac{(\text{Geschw. des Lichtes im Rüböl})}{(\text{mittlere Geschw. des Lichtes im Gyps})}.$$

Die *Constante rechter Hand* wird nun von Neumann (auf Seite 351) mit $1+x$ bezeichnet; so dass man also schreiben kann:

$$\text{(4.)}\qquad \frac{\sin(NR'+R'R'')}{\sin(NR')}=1+x.$$

Auch wird von Neumann die Grösse x als so klein angesehen, dass ihre zweite Potenz vernachlässigt werden darf. Nach der Formel (4.) wird daher der Bogen oder Winkel $(R'R'')$ von entsprechender Kleinheit sein; so dass man die zweite Potenz dieses Winkels vernachlässigen darf, mithin schreiben kann:

$$\sin(NR'+R'R'')=\sin(NR')+(R'R'')\cos(NR').$$

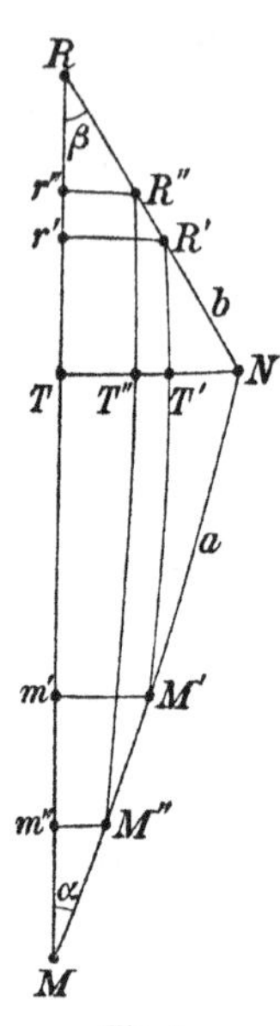

Fig. 8.
R, M scheinb. Axen in der Luft.
R', M' wahre Axen.
R'', M'' scheinb. Axen im Rüböl.

Dies in (4.) substituirt, erhält man sofort:

$$\text{(5.)}\qquad (R'R'')\operatorname{cotg}(NR')=x.$$

Nun ist der Winkel $\beta=MRN$ nur klein; in der That ist z. B. auf Seite 348 (oben) bemerkt worden, dass in der dortigen Figur 3 der dem Winkel β entsprechende Kreisbogen Mm nur $1^0\,22'$ beträgt, u. s. w. Demgemäss wird man ohne merklichen Fehler in der gegenwärtigen Fig. 8 den Bogen $(r'r'')=(R'R'')\cos\beta$ setzen dürfen; eine genauere Untersuchung zeigt, dass diese Relation $(r'r'')=(R'R'')\cos\beta$ genau ist bis auf die zweite Potenz der kleinen Grösse β. Substituirt man nun den aus dieser Relation für $(R'R'')$ sich ergebenden Werth in (5.), so erhält man:

$$\text{(6.)}\qquad (r'r'')=x\cos\beta\operatorname{tg}(NR');$$

und in analoger Art wird man offenbar erhalten:

$$\text{(7.)}\qquad (m'm'')=x\cos\alpha\operatorname{tg}(NM').$$

Aus (6.) und (7.) folgt durch Addition:

$$(r'r'')+(m'm'')=x[\cos\alpha\operatorname{tg}(NM')+\cos\beta\operatorname{tg}(NR')],$$

d. i.

$$\text{(8.)}\qquad (r'r'')+(m'm'')=x(\cos\alpha\operatorname{tg}a+\cos\beta\operatorname{tg}b),$$

wo $a=(NM')$ und $b=(NR')$ ist, vergl. die Fig. 8. Die linke Seite der Formel (8.) repräsentirt offenbar den Unterschied der beiden Bogen $(r'm')$ und $(r''m'')$; und dieser Unterschied ist nach Neumann's Beobachtungen $=2^0\,10'$, vgl. Seite 351. Somit folgt:

$$\text{(9.)}\qquad 2^0\,10'=x(\cos\alpha\operatorname{tg}a+\cos\beta\operatorname{tg}b).$$

Dies aber ist die abzuleitende Formel (α) Seite 351.

Ableitung der Formel $(\delta.)$ **Seite 352.** — Man betrachte in der vorstehenden Fig. 8 den grössten Kreis MR als den Aequator der Kugel, und bezeichne den rechts liegenden Pol dieses Aequators mit P; so dass also die Bogen $r''R''$, $r'R'$, TN, $m'M'$, $m''M''$ Stücke von Meridianen sind, die vom Pole P ausgehen. Diese Meridiane ganz ausgezogen gedacht, erhält man z. B. die beiden sphärischen Dreiecke $PT''R''$ und $PT''M''$. Bezeichnet man in diesen Dreiecken die bei P liegenden Winkel respective mit φ und ψ, und die bei T'' gelegenen Winkel mit τ und $180^0-\tau$, so ist nach bekanntem Satze:

$$\frac{\sin R''T''}{\sin\varphi}=\frac{\sin PR''}{\sin\tau}\quad\text{und}\quad\frac{\sin M''T''}{\sin\psi}=\frac{\sin PM''}{\sin\tau},$$

woraus durch Division folgt:

$$\frac{\sin R''T''}{\sin M''T''} = \frac{\sin\varphi}{\sin\psi}\frac{\sin PR''}{\sin PM''}.$$

Nun ist offenbar: $\varphi = r''T$ und $\psi = m''T$, ferner: $PR'' = 90^0 - r''R''$ und $PM'' = 90^0 - m''M''$. Somit folgt:

(10.) $$\frac{\sin R''T''}{\sin M''T''} = \frac{\sin r''T}{\sin m''T}\frac{\cos r''R''}{\cos m''M''};$$

dies aber ist die Formel (δ.) Seite 352.

Ableitung der Formel (ε.) **Seite 352.** — In der Fig. 8 Seite 356 haben die beiden sphärischen Dreiecke $NR'T'$ und $NR''T''$ bei N einen gemeinschaftlichen Winkel, welcher ν heissen mag. Bezeichnet man ihre Innenwinkel bei T' und T'' mit τ' und τ'', so ist nach bekanntem Satz:

$$\frac{\sin R'T'}{\sin\nu} = \frac{\sin NR'}{\sin\tau'} \quad \text{und} \quad \frac{\sin R''T''}{\sin\nu} = \frac{\sin NR''}{\sin\tau''};$$

woraus durch Division folgt:

(11.) $$\frac{\sin R'T'}{\sin R''T''} = \frac{\sin NR'}{\sin NR''}\frac{\sin\tau''}{\sin\tau'}.$$

Desgleichen ist offenbar:

(12.) $$\frac{\sin M'T'}{\sin M''T''} = \frac{\sin NM'}{\sin NM''}\frac{\sin\tau''}{\sin\tau'}.$$

Nun findet aber [vgl. z. B. (2.) Seite 355] die Relation statt:

(13.) $$\frac{\sin NR'}{\sin NR''} = \frac{\sin NM'}{\sin NM''}.$$

Die rechten Seiten der Formeln (11.), (12.) sind daher einander gleich. Dies überträgt sich auf ihre linken Seiten; so dass man also erhält:

(14.) $$\frac{\sin R'T'}{\sin R''T''} = \frac{\sin M'T'}{\sin M''T''},$$

oder ein wenig anders geschrieben:

(15.) $$\frac{\sin R'T'}{\sin M'T'} = \frac{\sin R''T''}{\sin M''T''}.$$

Dies aber ist die zu beweisende Formel (ε.) Seite 352.

Über

den Einfluſs der Krystallflächen bei der Reflexion des Lichtes

und

über die Intensität

des gewöhnlichen und ungewöhnlichen Strahls.

Von

F. E. NEUMANN.

Aus den Abhandlungen der Akademie zu Berlin für 1835.

Berlin.

Gedruckt in der Druckerei der Königlichen Akademie
der Wissenschaften.

1837.

In Commission bei F. Dümmler.

ÜBER DEN EINFLUSS DER KRYSTALLFLÄCHEN BEI DER REFLEXION DES LICHTES UND ÜBER DIE INTENSITÄT DES GEWÖHNLICHEN UND UNGEWÖHNLICHEN STRAHLS. 1835.*)

§ 1.

Einleitung. Stand der Frage. Die Fresnel'schen Formeln; ihre Richtigkeit durch die Beobachtungen erwiesen.

Die Theorie der Reflexion und Refraction besteht aus zwei Theilen, der eine beschäftigt sich mit der *Richtung* der reflectirten oder gebrochenen Lichtstrahlen, der andere mit deren *Intensitäten.*

Der erste Theil hat einen hohen Grad der Vollendung erreicht, sowohl in der Emanationstheorie des Lichtes als in der Undulationstheorie durch die Arbeiten von *Newton*, *Laplace*, *Huyghens* und *Fresnel*. Die Gesetze der Richtungen, sowohl der reflectirten als der gebrochenen Strahlen sind in der Emanationstheorie in vielen Fällen aus der Theorie abgeleitet, in der Undulationstheorie aber kann man sie als vollständig aus den theoretischen Vorstellungen deducirt ansehen, vorausgesetzt, dass es nicht noch krystallinische Medien giebt, in denen sich das Licht nach andern Gesetzen bewegt, als in den bis jetzt untersuchten, was mehr als wahrscheinlich ist.

Mit dem andern Theil, mit der Untersuchung der Intensitäten, mit welchen das Licht reflectirt und gebrochen wird, hat man vor *Lambert* sich gar nicht beschäftigt, und er ist, sagt *Lambert*, den früheren Physikern so

*) So lautet der Titel in den Separatabzügen. Hingegen ist die Fassung des Titels in den Schriften der Berliner Akademie [aus dem Jahre 1835, gedruckt 1837] eine etwas andere, nämlich folgende: *„Theoretische Untersuchung der Gesetze, nach welchen das Licht an der Grenze zweier vollkommen durchsichtiger Medien reflectirt und gebrochen wird."* — Da die vorliegende Abhandlung — ebenso wie die meisten *Neumann*'schen Publicationen — sehr kurz gehalten ist, so mag hier gleich von vornherein bemerkt werden, dass man über viele der in dieser Abhandlung berührten Punkte Ausführlicheres findet in den *Neumann'schen Vorlesungen, herausgegeben von Dorn,* Leipzig, 1885. — *C. N.*

schwierig erschienen, dass sie nicht einmal die hierher gehörigen Erscheinungen durch genaue Experimente zu bestimmen versucht haben. Was *Lambert* selbst aber in seiner Photometrie dieserhalb versuchte, musste vergeblich sein, da der Schlüssel der hier zu untersuchenden Erscheinungen noch fehlte, nämlich die von *Malus* entdeckte Polarisation des Lichtes, welche durch Reflexion hervorgebracht wird. *Fresnel* erst, nachdem der *Malus*'schen Entdeckung die so einflussreiche von ihm und *Arago* gemachte Entdeckung der Gesetze über die Interferenz polarisirter Strahlen hinzugefügt war, konnte sich an dieses bis dahin unangreifbare Problem über die Intensität des reflectirten und gebrochenen Lichtes wagen, und das, was er hier leistete (Pogg. Ann. d. Phys. Bd. XXII), ist nicht das geringste Document des hohen und scharfsinnigen Talents, womit er die Epoche der neueren Optik begründete. Er löste das Problem, die Intensität des Lichtes zu bestimmen, mit welcher dasselbe durch die Oberfläche eines vollkommen durchsichtigen *unkrystallinischen* Körpers reflectirt oder gebrochen wird, und mit dieser Lösung ergaben sich ihm als Folgerungen die theoretischen Bestimmungen für grosse Klassen von Phänomenen, die schon lange die Aufmerksamkeit der Physiker auf sich gezogen, zum Theil genauer durch Experimente bestimmt waren, ohne dass die Gesetze, wodurch sie unter einander verbunden waren, hatten entdeckt werden können; dahin gehören: die vollständige Polarisation durch Reflexion unter dem Polarisationswinkel und die theilweise Polarisation durch Reflexion unter andern Winkeln und deren Vermehrung durch wiederholte Reflexionen; ferner die theilweise Polarisation durch Refraction und ihre Vermehrung durch wiederholte Refractionen; ferner die Drehung der Polarisationsebenen, wenn polarisirtes Licht reflectirt oder gebrochen wird u. s. w. Der merkwürdigste Gebrauch, den *Fresnel* von seinen Formeln machte, ist wohl ihre glückliche Interpretation für den Fall der totalen Reflexion, wodurch er die Gesetze einer Klasse von Erscheinungen auffand, welche der experimentellen Untersuchung wohl noch für lange Zeit verborgen geblieben wären, die Gesetze, nach welchen das hier reflectirte Licht elliptisch oder circulär polarisirt wird.

Als *Fresnel*'s Arbeiten, zum Nachtheil für die Fortschritte der Wissenschaft zu lange zurückgehalten, bekannt wurden, hatte der Kreis von Erfahrungen die Grenzen, welche er sich in seiner Theorie der Reflexion und Refraction gesteckt hatte, schon überschritten und hat sie später noch mehr überschritten. *Seebeck* hat die von *Brewster* (*Philosophical Transact.* 1819) früher angefangene Untersuchung über den Einfluss der Oberflächen *krystallinischer* Körper auf das reflectirte Licht mit dem glücklichsten Erfolge weiter geführt (Poggend. Ann. d. Phys. Bd. XXI) und *Brewster* hat eine Klasse von Phänomenen genauer kennen gelehrt, welche von der Einwirkung *metallischer* Oberflächen auf das reflectirte Licht abhängen, womit die früher von *Arago* (Pogg. Ann. d. Phys. Bd. XXVI) beobachteten und später durch *Nobili* (Pogg. Ann. Bd. XXII) und *Airy* (Pogg. Ann. Bd. XXVI) erweiterten Thatsachen in Zusammenhang stehen. Diese von *Brewster* entdeckten Eigenschaften des an Metallflächen reflectirten Lichtes, für welche ich das Gesetz aus seinen Beobachtungen abgeleitet (Pogg. Ann. Bd. XXVI) habe*), scheinen durch die von *Airy* gemachten Wahrnehmungen an dem von der Oberfläche des Diamants reflectirten Lichte (Pogg. Ann. Bd. XXVIII) in Zusammenhang gesetzt zu werden mit denjenigen, welche das an der Oberfläche vollkommen durchsichtiger Körper reflectirte Licht zeigt.

Man darf nicht eher hoffen, die Erscheinungen, welche das an Metallflächen reflectirte Licht zeigt, aus einer allgemeinen Theorie des Lichtes zu deduciren, bis man eine genaue optische Definition hat von dem, wodurch der grössere oder geringere Grad von Undurchsichtigkeit bewirkt wird, wozu, ungeachtet der Vorarbeiten durch die mannigfaltigen Untersuchungen über die Absorption des Lichtes, namentlich von *Brewster* und *Herschel*, doch der Schlüssel noch zu fehlen scheint. Offener dagegen zeigt sich der Weg auf der andern Seite für die Vervollständigung der *Fresnel*'schen Theorie der Reflexion und Refraction, ihre Ausdehnung nämlich auf die Fälle, wo die Reflexion und Refraction durch Oberflächen vollkommen durchsichtiger, aber *krystallinischer* Körper hervorgebracht wird. Auch ist in dieser Hinsicht schon von *Seebeck* ein Versuch gemacht, nämlich das Gesetz für die von ihm beobachteten Winkel der vollständigen Polarisation durch Reflexion an krystallinischen Oberflächen aus ähnlichen theoretischen Principien, wie die, welche *Fresnel* für unkrystallinische zu Grunde gelegt hat, abzuleiten (Pogg. Ann. Bd. XXII). Diese Erweiterung der *Fresnel*'schen Theorie leidet indess an einigen Schwierigkeiten, besonders aber an der, dass sie sich nicht auf alle hierher gehörige Erscheinungen ausdehnen lässt.

Die durch die vorgeschrittenen experimentellen Untersuchungen vorgelegten Fragen sind etwa folgende: Das allgemeine Gesetz der Polarisationswinkel, welche Lage auch die reflectirende Fläche in Beziehung auf die optischen Axen habe, und in welchem Azimuth die Reflexion stattfinde. — Das Gesetz für die Drehung der Polarisationsebene im reflectirten Strahl, welche bei

*) Vgl. die neunte Abhandlung dieses Bandes Seite 201.

der Reflexion an krystallinischen Körpern auch dann stattfindet, wenn der einfallende Strahl parallel oder senkrecht zur Reflexionsebene polarisirt war. — Das Gesetz für die Abweichung der Polarisationsebene, wenn natürliches Licht unter dem Polarisationswinkel reflectirt ist. — Das Gesetz, nach welchem das gebrochene Licht sich unter die zweierlei Strahlen, den gewöhnlichen und ungewöhnlichen, theilt; durch dieses Gesetz wird die Lage der Polarisationsebene des einfallenden Lichtes bestimmt, bei welcher der eine oder der andere Strahl verschwindet. — Das Gesetz, nach welchem sich bei der Reflexion im Innern eines krystallinischen Mediums das Licht zwischen den zwei reflectirten Strahlen und dem gebrochenen theilt. Erst wenn man diese beiden letztern Gesetze kennen wird, ist eine vollständige Theorie der Farben, welche die Krystalle im polarisirten Lichte zeigen, möglich. Man sieht, die Anzahl der Erscheinungen und Thatsachen, welche ihre Gesetze erst aus einer erweiterten Theorie der Reflexion und Refraction erwarten, ist gross genug, um diese wünschenswerth zu machen. Der Zweck dieser Abhandlung ist diese Erweiterung der Theorie der Reflexion und Refraction, und sie erledigt nicht nur die aufgestellten Fragen, sondern erklärt überhaupt alle diejenigen Phänomene des Lichtes, welche von der Verschiedenheit der Fortpflanzungsgeschwindigkeiten desselben abhängen. —

Wenn man alle Umstände erwägt, wodurch die Reflexion durch unkrystallinische vollkommen durchsichtige Körper sich von der Reflexion solcher krystallinischen Körper unterscheidet, so kann man nicht zweifeln, dass in der Theorie jene nur als ein besonderer Fall erscheinen muss; man findet nichts, woraus ein qualitativer Unterschied zwischen diesen beiderlei Fällen entstehen könnte, wie z. B. zwischen der Reflexion durch vollkommen durchsichtige Körper und durch metallische. In den Principien, worauf die Intensität des von unkrystallinischen durchsichtigen Körpern reflectirten und gebrochenen Lichtes beruht, musste also die Möglichkeit liegen, sie so allgemein zu fassen, dass auf ihnen auch die Theorie der von krystallinischen durchsichtigen Oberflächen reflectirten und gebrochenen Lichtmengen gegründet werden könnte. Dies ist indess bei den *Fresnel*'schen Principien nicht der Fall, schon deshalb, weil sie in allen durchsichtigen Körpern eine gleiche Elasticität des Lichtäthers voraussetzen. Dadurch sind bei mir die Zweifel gegen ihre Zulässigkeit verstärkt worden, die schon von einer andern Seite her in mir erregt waren. Diese waren zuerst entstanden aus der Definition, welche *Fresnel* von der Polarisationsebene gegeben hat, dass sie nämlich diejenige sei, welche durch den Strahl gelegt, senkrecht auf der Richtung der

Bewegung seiner Theilchen steht; diese Definition ist ein wesentlicher Bestandtheil des Fundaments, worauf er seine Theorie der reflectirten und gebrochenen Lichtintensitäten gegründet hat. Die Theorie der doppelten Strahlenbrechung aber (Pogg. Ann. Bd. XXV), welche ich auf eine strenge Weise aus denselben Principien abgeleitet habe*), auf welchen *Fresnel* die seinige gründete, forderte eine andere, entgegengesetzte Definition von der Polarisationsebene, dass sie nämlich diejenige Ebene sei, welche durch die Richtung des Strahls und zugleich durch die Richtung der Bewegung seiner Theilchen gelegt sei.

Ich werde im Folgenden eine auf andere Voraussetzungen gegründete Theorie der reflectirten und gebrochenen Lichtquantitäten entwickeln, deren Principien so allgemein sind, dass sie nicht allein auf *unkrystallinische* durchsichtige Körper angewandt werden können, sondern auch auf *krystallinische,* diese mögen zur Abtheilung der einaxigen oder zweiaxigen Krystalle gehören, und die zugleich *die* Definition der Polarisationsebene in sich schliesst, welche die erwähnte Theorie der doppelten Strahlenbrechung fordert**). Wenn in gewissen krystallinischen Medien noch andere Gesetze der Fortpflanzungsgeschwindigkeiten des Lichtes, als die bis jetzt gekannten, sollten entdeckt werden, so werden auch auf diese meine Principien mit Leichtigkeit angewandt werden können.

Ehe ich mich aber zu deren Auseinandersetzung wende, werde ich die Resultate der *Fresnel*'schen Arbeit über die Intensitäten der an der Oberfläche unkrystallinischer Medien reflectirten und gebrochenen Lichtstrahlen kurz anführen, weil ich diese, obgleich mit den Principien, aus denen sie hergeleitet, nicht einverstanden, durch die Erfahrung als genau erwiesen ansehe, und sie deshalb den Resultaten, zu welchen ich auf einem anderen Wege gelange, zur Bestätigung dienen.

Das auf die Oberfläche eines durchsichtigen Mediums fallende Licht sei polarisirt, nach irgend einem Azimuth; man denke es sich zerlegt in zwei Portionen, wovon die eine, deren Intensität mit S^2 bezeichnet werden soll, nach der Einfallsebene polarisirt sei, die andere, mit P^2 zu bezeichnen, senkrecht auf der Einfallsebene; das von der Oberfläche reflectirte Licht R^2 denke man sich gleichfalls zerlegt in die Theile R_s^2 und R_p^2 und das gebrochene T^2 in die Theile T_s^2 und T_p^2, wo die Theile R_s^2 und T_s^2 nach der Einfallsebene polarisirt sein sollen, R_p^2 und T_p^2 senkrecht auf der Einfallsebene.

*) Vgl. die achte Abhandlung dieses Bandes Seite 161.

**) a. a. O. Seite 188.

Hiernach ist $R^2 = R_s^2 + R_p^2$ und $T^2 = T_s^2 + T_p^2$, und nimmt man als Einheit der Lichtintensität diejenige des einfallenden Lichtes an, so ist $S^2 + P^2 = 1$.

Die Hauptformeln der *Fresnel*'schen Theorie sind folgende:

$$
\text{(A.)}\quad \begin{cases}
1.\ R_s^2 = \left(\dfrac{\sin(\varphi - \varphi')}{\sin(\varphi + \varphi')}\right)^2 S^2, \\
2.\ R_p^2 = \left(\dfrac{\operatorname{tang}(\varphi - \varphi')}{\operatorname{tang}(\varphi + \varphi')}\right)^2 P^2, \\
3.\ T_s^2 = \dfrac{\sin 2\varphi \sin 2\varphi'}{\sin^2(\varphi + \varphi')} S^2, \\
4.\ T_p^2 = \dfrac{\sin 2\varphi \sin 2\varphi'}{\sin^2(\varphi + \varphi')\cos^2(\varphi - \varphi')} P^2,
\end{cases}
$$

wo φ den Einfallswinkel bedeutet und φ' den Brechungswinkel.

Es sind mehrere Arten von Beobachtungen, durch welche diese Ausdrücke bestätigt worden sind, nämlich:

1) Die sehr genauen Beobachtungen über die Polarisationswinkel durch *Seebeck*, wodurch das *Brewster*'sche Gesetz über allen Zweifel erhoben ist, welches selbst eine Folge aus 2. ist. Nämlich aus $R_p = 0$ ergiebt sich $\operatorname{tang}\varphi = n$, wenn n der Refractionscoefficient des reflectirenden Körpers ist.

2) Durch die zahlreichen Beobachtungen über die Drehung der Polarisationsebene durch Reflexion, welche von *Fresnel* (Pogg. Ann. d. Phys. Bd. XXII), besonders aber von *Brewster* (Pogg. Ann. Bd. XIX) angestellt sind. Die Tangente des Azimuths der durch Reflexion abgelenkten Polarisationsebene ist:

$$\frac{R_p}{R_s} = \frac{\cos(\varphi + \varphi')}{\cos(\varphi - \varphi')} \frac{P}{S},$$

wo $\frac{P}{S}$ die Tangente des Azimuths der Polarisationsebene des einfallenden Strahles ist.

3) Durch die von *Brewster* angestellten Beobachtungen über das Azimuth der Polarisationsebene im gebrochenen Strahl (Pogg. Ann. Bd. XIX); dieses Azimuth ist

$$\frac{T_p}{T_s} = \frac{1}{\cos(\varphi - \varphi')} \frac{P}{S}.$$

4) Durch zwei directe Beobachtungen von *Arago* über die reflectirte Intensität des nicht polarisirten Lichtes. Er beobachtete die Einfallswinkel, unter welchen der dritte und der vierte Theil des einfallenden Lichtes reflectirt wurde. Im nicht polarisirten Licht muss man, wenn $S^2 + P^2 = 1$ ist, setzen $S^2 = P^2 = \frac{1}{2}$, und die Intensität, mit welcher das natürliche Licht reflectirt wird, ist

$$R_s^2 + R_p^2 = \tfrac{1}{2}\left\{\frac{\sin^2(\varphi - \varphi')}{\sin^2(\varphi + \varphi')} + \frac{\operatorname{tang}^2(\varphi - \varphi')}{\operatorname{tang}^2(\varphi + \varphi')}\right\}.$$

Alle diese Beobachtungen stimmen so vollkommen mit den vorgelegten Ausdrücken überein, dass man nicht zweifeln darf, dass sie wirklich die genauen Gesetze derselben darstellen, wenigstens in so weit, als der Begriff eines vollkommen durchsichtigen Mediums in der Natur sich realisirt findet.

Ein besonderes Gewicht ist auf die unter 2) und 3) angeführten Beobachtungen von *Fresnel* und *Brewster* zu legen, nicht nur wegen ihrer grossen Ausdehnung, sondern weil sie die Richtigkeit der Formeln (A.) am directesten beweisen. Es ist wahr, jede dieser Beobachtungsreihen bestätigt nur die Richtigkeit der Verhältnisse der Grössen R_s zu R_p und T_s zu T_p, aber beide zusammen beweisen die Richtigkeit der absoluten Werthe. Man kann aus den beobachteten Winkeln, welche die Polarisationsebenen im reflectirten und gebrochenen Licht mit der Einfallsebene bilden, wenn das einfallende Licht, schon polarisirt, auf einen vollkommen durchsichtigen unkrystallinischen Körper fiel, die Intensität des reflectirten und gebrochenen Lichtes bestimmen. Denn es folgt aus dem Begriff eines durchsichtigen unkrystallinischen Körpers, dass

$$T_s^2 = S^2 - R_s^2 \quad \text{und} \quad T_p^2 = P^2 - R_p^2,$$

und man hat also, wenn α und β die beobachteten Azimuthe der Polarisationsebene im reflectirten und gebrochenen Strahl bezeichnen:

$$\frac{R_p}{R_s} = \operatorname{tang} \alpha, \qquad \frac{P^2 - R_p^2}{S^2 - R_s^2} = \operatorname{tang}^2 \beta,$$

woraus R_p^2 und R_s^2 bestimmt werden können.

Jede Theorie der Reflexion und Refraction, welche nicht für die reflectirten und gebrochenen Intensitäten dieselben Werthe als die von *Fresnel* aus seiner Theorie abgeleiteten in (A.) giebt, muss verworfen werden; kommt sie aber zu denselben Ausdrücken, so kann dies als eine für sie sehr günstige Bestätigung angesehen werden.

§ 2.

Aufstellung der Grundsätze, auf denen die in dieser Abhandlung entwickelte Theorie beruht.

Die der neuen Theorie zu Grunde gelegten Voraussetzungen sind folgende:

1. *Die Verschiedenheit der Fortpflanzungsgeschwindigkeiten in verschiedenen Medien oder die Brechung des Lichtes, rührt bei vollkommen durchsichtigen Medien allein her von der Verschiedenheit der Elasticität des Aethers; die Dichtigkeit*

desselben ist in allen diesen Medien gleich. In der Theorie von *Fresnel* ist es eine wesentliche Voraussetzung, dass die Elasticität in allen durchsichtigen unkrystallinischen Medien gleich sei, und ihr verschiedenes Brechungsvermögen allein von der Verschiedenheit der Dichtigkeit hervorgebracht wird. Eine dieser beiden Voraussetzungen ist nöthig; man kann, wie aus 5. erhellen wird, nicht annehmen, dass beide, Dichtigkeit und Elasticität, verschieden sind, wenn, wie die Erfahrung zu lehren scheint, die Phänomene der Reflexion und Refraction bei durchsichtigen Körpern allein vom Brechungsindex dieser Körper abhängig sind. Muss man sich aber für die eine oder die andere entscheiden, so kann man, glaube ich, nicht zweifelhaft sein, sich für den von mir aufgestellten Grundsatz zu entscheiden. Man kann in den krystallinischen Medien wohl verschiedene Elasticität nach den verschiedenen Richtungen annehmen, aber nicht verschiedene Dichtigkeiten. Diese Gründe beziehen sich nur auf die durchsichtigen Körper, es wäre möglich, dass bei den metallischen und andern, in so weit sie nicht vollkommen durchsichtig sind, eine Verschiedenheit in der Elasticität und Dichtigkeit zugleich stattfände.

2. *Das einfallende Licht besteht aus Transversalschwingungen, und erzeugt bei der Reflexion und Refraction nur eben solche Schwingungen.*

3. *Die Richtung der Schwingungen liegt überall, in krystallinischen und nichtkrystallinischen Medien, in der Wellenebene.*

Diese beiden Voraussetzungen sind den *Fresnel*'schen Theorien entlehnt: jene legt er in der oft erwähnten Theorie der reflectirten und gebrochenen Lichtintensitäten zum Grunde, diese erhält er als ein Resultat seiner Theorie der doppelten Strahlenbrechung. Nach der von mir gegebenen Theorie der doppelten Strahlenbrechung*) macht die Richtung der Bewegung der Theilchen im Allgemeinen einen kleinen Winkel mit der Wellenebene.

4. *Die Polarisationsebene einer Wellenebene ist die durch ihre Normale und die Richtung ihrer Bewegung gelegte Ebene.* Diese der *Fresnel*'schen Bestimmung entgegengesetzte Definition geht mit Nothwendigkeit aus meinen Untersuchungen über die doppelte Strahlenbrechung (Pogg. Ann. d. Phys. Bd. XXV) hervor**).

Die Polarisationsebene eines Strahls nenne ich die durch ihn und die Richtung der Bewegung seiner Theilchen gelegte Ebene. Ich werde später zeigen, dass der Strahl immer senkrecht auf der Richtung der Bewegung seiner Theilchen steht.

---

*) Achte Abhandlung dieses Bandes, Seite 184.

**) Dieser Band, Seite 188.

5. *Ueber die Reflexion und Refraction an der Oberfläche vollkommen durchsichtiger Körper sind folgende Vorstellungen zu Grunde gelegt.*

A. Es sei AB in Fig. 1 eine Wellenebene, welche durch die gemeinschaftliche Grenze GG zweier durchsichtigen, und der grösseren Allgemeinheit wegen werde ich annehmen, krystallinischen Medien gebrochen ist in die Wellenebene BC und reflectirt in die Wellenebene BD. Diese drei Wellenebenen schneiden die brechende Ebene GG in derselben Linie. Jede dieser drei Wellenebenen AB, BC, BD schreitet mit der ihr eigenthümlichen, von der Richtung ihrer Polarisationsebene und ihrer Lage in Beziehung auf die optischen Axen abhängigen Geschwindigkeit parallel mit sich fort, so dass nach Verlauf einiger Zeit sie die mit ihnen parallelen Lagen, welche in B' durch punktirte Linien angegeben sind, erhalten haben; *sie sind aber so mit einander verbunden, dass sie zu gleicher Zeit in B' anlangen.* Durch diese Bedingung ist die relative Lage der drei Ebenen dieses Systems von Wellenebenen bestimmt. In der That, es sei der Einfallswinkel der Wellenebene $ABG = i$, der Reflexionswinkel $DBG = r$ und der Refractionswinkel $CBG = s$, die respectiven Fortpflanzungsgeschwindigkeiten seien n, m und u, so ist die Bedingung, dass der Punkt B, man mag ihn zu der einen oder der andern Wellenebene gehörig betrachten, sich immer mit derselben Geschwindigkeit bewege, ausgedrückt durch folgende zwei Gleichungen:

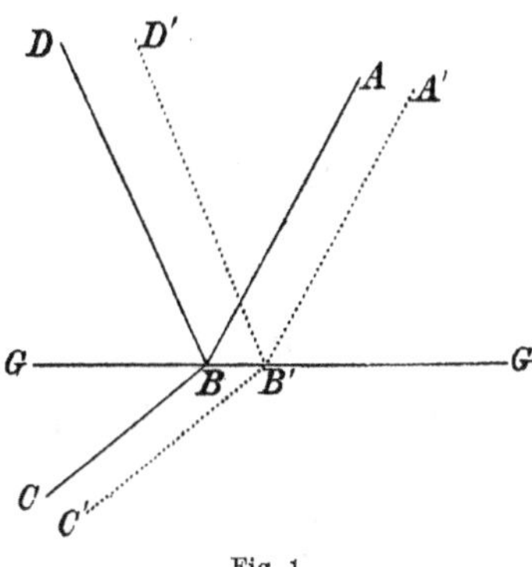

Fig. 1.

$$\frac{1}{n}\sin i = \frac{1}{m}\sin r, \qquad \frac{1}{n}\sin i = \frac{1}{u}\sin s.$$

Die Grössen n, m, u hängen von der Lage der ihnen angehörigen Wellenebenen ab, und sind also, weil, bei einer gegebenen brechenden Ebene und Einfallsebene, ihre Lage allein durch i, r, s bestimmt ist, bekannte Functionen dieser Winkel. Von den beiden Gleichungen wird also die eine den Winkel r zu bestimmen dienen, die andere den Winkel s. Führt man die Rechnung aus, indem man für n, m und u die von *Fresnel* gegebenen Werthe setzt, ausgedrückt durch die Winkel i, r, s, so führt jede dieser beiden Gleichungen auf eine *biquadratische Gleichung.* Wir werden sehen, dass bei der ersteren es die beiden negativen Wurzeln sind, wodurch die zwei reflectirten Wellenebenen bestimmt werden, und bei der zweiten sind es die beiden positiven Wurzeln, wodurch die zwei gebrochenen Wellenebenen bestimmt werden.

B. Alle Theilchen derselben Wellenebene haben dieselbe Bewegung, sowohl ihrer Richtung, als ihrer Geschwindigkeit nach; diese Gleichheit innerhalb jeder Wellenebene erstreckt sich bis zu der gemeinschaftlichen Durchschnittslinie sämmtlicher Wellenebenen in *B*. Die Bewegung der Theilchen, welche in diesem Durchschnitt *B* liegen, ist die Summe der Bewegungen, welche ihnen von den Wellenebenen des ersten Mediums, also von der einfallenden Wellenebene und den reflectirten Wellenebenen mitgetheilt, *oder* die Summe der Bewegungen, welche ihnen von den Wellenebenen des zweiten Mediums, d. i. den gebrochenen Wellenebenen mitgetheilt wird. Beide Summen sind sich gleich. *Die Componenten der Bewegung, welche den Theilchen in B von der einfallenden und den reflectirten Wellenebenen ertheilt wird, sind gleich den Componenten der Bewegung, welche ihnen von den gebrocheuen Wellenebenen ertheilt wird. Fresnel* nahm nur die Gleichheit der beiderlei Componenten an, welche *parallel* mit der brechenden Ebene sind. Meine Annahme habe ich auf folgende Betrachtung gestützt:

> Wenn man das Problem der Reflexion und Refraction von Lichtwellenebenen an der Grenze zweier durchsichtigen Medien strenge aus den Gleichungen der Mechanik, welche ich in Pogg. Ann. d. Phys. Bd. XXV aufgestellt habe*), lösen wollte, so müsste man in Beziehung auf diese Grenze die zwei Bestimmungen machen, 1) dass in ihr beide Medien fest mit einander verbunden seien, und 2) dass der Druck, welcher durch die Verschiebung der Theilchen in *B* in dem einen Medium erregt wird, gleich sei dem Druck, welcher durch dieselbe Verschiebung in dem andern Medium erregt wird. Durch diese zwei Bestimmungen würde man sechs Bedingungsgleichungen erhalten, wodurch die willkürlichen Functionen, welche in dem allgemeinen Integrale enthalten sein müssen, bestimmt werden. Die erste dieser Bestimmungen, dass die beiden Medien fest mit einander in ihrer Grenze verbunden sind, verbunden mit der Annahme, dass alle Theilchen derselben Wellenebene dieselbe Bewegung haben, ist genau meine Annahme. Denn aus der Gleichheit der Geschwindigkeiten der Theilchen in *B* folgt die Gleichheit ihrer Verrückungen.

6. *Die lebendige Kraft in der einfallenden Wellenebene ist gleich der Summe der lebendigen Kräfte in den reflectirten Wellenebenen und in den gebrochenen Wellenebenen.*

Dieses Princip hat die hier zu entwickelnde Theorie der reflectirten und gebrochenen Lichtintensitäten gemeinschaftlich mit der *Fresnel*'schen

*) Dieser Band Seite 165.

Theorie. Ich gestehe aber, dass es dasjenige ist, welches von der theoretischen Seite am meisten Zweifel in Beziehung auf seine Zulässigkeit erregen muss; denn man begreift nicht, wie nicht ein Theil der lebendigen Kraft der einfallenden Wellenebene zu longitudinalschwingenden Wellen, die nicht als Lichtwellen wahrgenommen werden, sollte verwandt werden; es müsste ein Theil des Lichtes immer verschwinden, weil seine Intensität eben durch die lebendige Kraft der transversalschwingenden Wellenebenen gemessen wird, und es existirten eigentlich keine vollkommen durchsichtigen Körper. Dieses Princip kann also nur auf Grund der Erfahrung angenommen werden, dass es wirklich Körper giebt, bei welchen die Intensität des einfallenden Lichts gleich ist der Summe der Intensitäten, mit welchen das Licht reflectirt und gebrochen wird.

§ 3.

Anwendung der im vorigen Paragraphen aufgestellten Grundsätze auf unkrystallinische Medien.

Ich werde die im vorigen Paragraphen entwickelten Grundsätze zuerst anwenden auf den Fall, wo das zurückwerfende und brechende Medium ein unkrystallinisches ist.

Das auf die Oberfläche auffallende Licht mag polarisirt sein oder nicht, immer kann man es sich zerlegt denken in zwei Theile, von denen der eine nach der Einfallsebene polarisirt ist, der andere senkrecht darauf; jener erzeugt eine reflectirte und eine gebrochene Welle, die wiederum nach der Einfallsebene polarisirt sind, dieser erzeugt nur senkrecht zur Einfallsebene polarisirte Wellen durch Reflexion und Refraction. Beide Lichtportionen lassen sich also von einander unabhängig betrachten. Ich werde dasjenige Licht zuerst untersuchen, das senkrecht auf der Einfallsebene polarisirt ist. Es sei Fig. 2 AC eine auf die brechende Oberfläche GG fallende, *senkrecht auf der Einfallsebene* polarisirte Wellenebene, FB ihre reflectirte und BD ihre gebrochene; in allen drei Wellenebenen geschieht die Bewegung parallel mit der brechenden Ebene, und die Geschwindigkeit dieser Bewegung sei in der einfallenden, in der reflectirten und

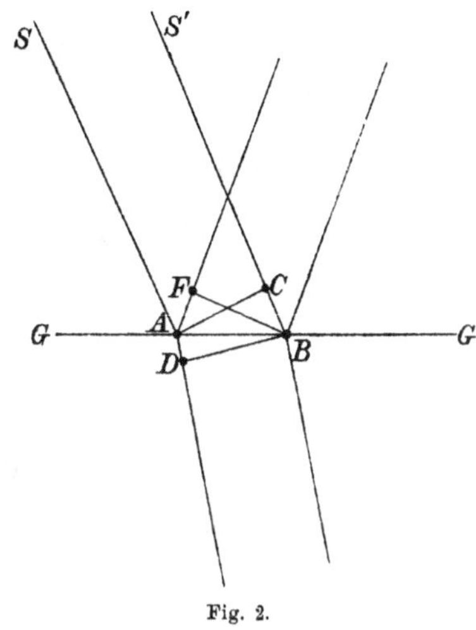

Fig. 2.

in der gebrochenen Welle respective P, R_p, D_p. Alsdann hat man nach dem Princip der Gleichheit der Componenten [§ 2 in 5, B.]:

$$P + R_p = D_p. \tag{1.}$$

Die Gleichung der Erhaltung der lebendigen Kräfte wird eine zweite Gleichung gewähren, um R_p und D_p zu bestimmen. Wegen der Gleichheit der Dichtigkeit nach [§ 2 in 1.] kann man in die Gleichung der lebendigen Kraft die Producte der Quadrate der Geschwindigkeiten, multiplicirt mit den Verhältnissen der Räume setzen, welche von den Bewegungen derselben Undulation in der einfallenden, reflectirten und gebrochenen Welle eingenommen werden. Das Verhältniss dieser drei Räume ist, wenn d und d' die Undulationslängen des Lichtes bedeuten, in dem Medium, in welchem die einfallende Welle sich bewegt, und in dem Medium, durch welches sie gebrochen wird: $AC \times d : BF \times d : BD \times d'$. Es ist $AC = BF$, und wenn φ den Einfallswinkel CAB und φ' den Brechungswinkel ABD bedeutet: $AC : BD = \cos\varphi : \cos\varphi'$; ausserdem hat man $d : d' = \sin\varphi : \sin\varphi'$. Demnach ist das Verhältniss jener drei Räume:

$$\sin\varphi\cos\varphi : \sin\varphi\cos\varphi : \sin\varphi'\cos\varphi' = 1 : 1 : \frac{\sin\varphi'\cos\varphi'}{\sin\varphi\cos\varphi}.$$

Es ist also die Gleichung, welche das Princip der Erhaltung der lebendigen Kraft giebt, folgende:

$$P^2 = R_p^2 + D_p^2 \frac{\sin\varphi'\cos\varphi'}{\sin\varphi\cos\varphi}. \tag{2.}$$

Bringt man R_p^2 auf die andre Seite des Gleichheitszeichens und dividirt diese Gleichung durch (1.), so erhält man:

$$P - R_p = D_p \frac{\sin\varphi'\cos\varphi'}{\sin\varphi\cos\varphi}, \tag{2a.}$$

und hieraus und aus (1.) ergiebt sich:

$$\begin{aligned} R_p &= P\frac{\sin\varphi\cos\varphi - \sin\varphi'\cos\varphi'}{\sin\varphi\cos\varphi + \sin\varphi'\cos\varphi'} = P\frac{\operatorname{tang}(\varphi - \varphi')}{\operatorname{tang}(\varphi + \varphi')}, \\ D_p &= P\frac{2\sin\varphi\cos\varphi}{\sin(\varphi + \varphi')\cos(\varphi - \varphi')}. \end{aligned} \tag{2b.}$$

Bezeichnet man mit P^2 die Intensität des Lichtes der einfallenden Wellenebene, so ist R_p^2 die Intensität des reflectirten Lichtes und $D_p^2 \frac{\sin\varphi'\cos\varphi'}{\sin\varphi\cos\varphi}$ die Intensität des gebrochenen Lichtes; man hat also, wenn $D_p^2 \frac{\sin\varphi'\cos\varphi'}{\sin\varphi\cos\varphi} = T_p^2$ gesetzt wird:

$$\begin{aligned} R_p^2 &= P^2 \frac{\operatorname{tang}^2(\varphi - \varphi')}{\operatorname{tang}^2(\varphi + \varphi')}, \\ T_p^2 &= P^2 \frac{\sin 2\varphi \sin 2\varphi'}{\sin^2(\varphi + \varphi')\cos^2(\varphi - \varphi')}, \end{aligned} \tag{3.}$$

welches dieselben Ausdrücke sind, wie jene in § 1 (A.) Seite 366, deren Richtigkeit erwiesen ist.

Es sei die einfallende Wellenebene *AC parallel mit der Einfallsebene* polarisirt, ihre Bewegung sowohl, als die der reflectirten und gebrochenen Welle also gleichfalls parallel mit dieser Ebene; die Geschwindigkeit der Bewegung in der einfallenden Wellenebene sei S, die in der reflectirten Welle R_s und die in der gebrochenen Welle D_s. Die Erhaltung der lebendigen Kräfte giebt folgende Gleichung:

$$(4.)\qquad S^2 = R_s^2 + D_s^2 \frac{\sin\varphi' \cos\varphi'}{\sin\varphi \cos\varphi}.$$

Denkt man sich die Bewegungen S, R_s, D_s zerlegt nach Richtungen, die parallel mit der brechenden Fläche und senkrecht darauf sind, so erhält man aus dem Princip der Gleichheit der Componenten folgende zwei Gleichungen*):

$$(5.)\qquad \begin{cases} S \sin\varphi + R_s \sin\varphi = D_s \sin\varphi', \\ S \cos\varphi - R_s \cos\varphi = D_s \cos\varphi'. \end{cases}$$

Hier erhalten wir also eine Gleichung zuviel, da nur zwei Unbekannte, R_s und D_s, zu bestimmen sind; man sieht aber sogleich, dass die dritte Gleichung aus den zwei anderen Gleichungen abgeleitet werden kann, und sie also nichts widersprechendes enthält. — Man muss geneigt sein, in diesem Umstand eine Bestätigung der in § 2 entwickelten Betrachtungen zu sehen, dass namentlich die vollkommene Durchsichtigkeit nur bei Gleichheit der Dichtigkeit der schwingenden Medien bestehen kann, denn die Gleichung der Erhaltung der lebendigen Kräfte würde bei ungleicher Dichtigkeit eine andere sein.

---

*) In seinen Vorlesungen hat *Neumann* absichtlich, je nach Umständen, bald *analoge*, bald *nichtanaloge* Richtungen seinen Untersuchungen zu Grunde gelegt. — Jedenfalls sind *hier*, wie aus den Formeln (5.) hervorgeht, unter S, R_s, D_s, und ebenso unter P, R_p, D_p einander *analoge* Richtungen zu verstehen. Auch lassen sich diese einander analogen Richtungen, unter Bezugnahme auf die früher (Seite 232) eingeführten analogen Axensysteme (x_0, y_0, z_0) und (x_1, y_1, z_1), näher angeben. Es werden nämlich von *Neumann* in vorliegender Abhandlung die S und R_s in den Richtungen der *positiven* x-Axen (d. i. in den Richtungen x_0 und x_1), hingegen die P und R_p in den Richtungen der *negativen* y-Axen gerechnet (d. i. in denjenigen Richtungen, die den Richtungen y_0 und y_1 entgegengesetzt sind). Solches geht deutlich hervor aus dem, was Neumann im weiteren Verlauf dieser Abhandlung, nämlich in § 9, mit Bezug auf die dortige Figur 7, auseinandersetzt. —

In den von *Dorn* herausgegebenen *Neumann*'schen Vorlesungen findet man auf Seite 136 zwei Formeln (11.), (12.), die von den obigen Formeln (5.) *verschieden* sind. Die einen verwandeln sich in die andern durch Vertauschung von R_s mit $- R_s$. Und dieser Unterschied hat darin seinen Grund, dass *Neumann* in jenen Vorlesungen die Bewegungen in den einzelnen Strahlen auf Richtungen bezogen hat, die zueinander *nicht* analog sind. — *C. N.*

Aus den Gleichungen (5.) erhält man:

$$(5a.)\qquad R_s = -S\frac{\sin(\varphi-\varphi')}{\sin(\varphi+\varphi')},\qquad D_s = S\frac{2\sin\varphi\cos\varphi}{\sin(\varphi+\varphi')};$$

und bezeichnet man wiederum $D_s^2\frac{\sin\varphi'\cos\varphi'}{\sin\varphi\cos\varphi}$ mit T_s^2, so wird:

$$R_s^2 = S^2\frac{\sin^2(\varphi-\varphi')}{\sin^2(\varphi+\varphi')},$$

$$T_s^2 = S^2\frac{\sin 2\varphi\sin 2\varphi'}{\sin^2(\varphi+\varphi')},$$

welche Werthe wiederum dieselben sind, wie die in § 1 (A.) Seite 366.

Die neue Theorie giebt also die richtigen Werthe für die Intensitäten, mit welchen das Licht reflectirt und gebrochen wird an der Grenze zweier durchsichtigen unkrystallinischen Körper.

§ 4.

Vorbereitung für die Anwendung jener in § 2 besprochenen Grundsätze auf optisch einaxige Medien*).

Dieselben Grundsätze werde ich jetzt anwenden auf den Fall, wo die Zurückwerfung und Brechung des Lichtes geschieht an der Grenze eines unkrystallinischen und eines krystallinischen vollkommen durchsichtigen *einaxigen* Mediums. Ich werde aber zuerst einige allgemeine, obgleich zum Theil bekannte Relationen entwickeln, weil sie im Folgenden gebraucht werden.

---

*) Um über die in diesem Paragraphen eingeführten Richtungen $N(A, B, C)$, $S(a, b, c)$ und E, F, H und G, J einen bequemen Ueberblick zu geben, mag die beistehende *sphärische Figur* dienen. In derselben sind die drei auf einander senkrechten Elasticitätsaxen des krystallinischen Mediums mit x, y, z bezeichnet, und zwar in solcher Weise, dass das der Construction der Wellenfläche zu Grunde zu legende Ellipsoid die Gleichung besitzt:

$$(\mathfrak{A}.)\qquad \frac{x^2+y^2}{\mu^2}+\frac{z^2}{\pi^2}=1,$$

so dass also die *Wellenfläche selber* dargestellt sein wird durch das System der beiden Gleichungen:

$$(\mathfrak{B}.)\qquad x^2+y^2+z^2=\mu^2\quad\text{und}\quad\frac{x^2+y^2}{\pi^2}+\frac{z^2}{\mu^2}=1.$$

Diese beiden Gleichungen ($\mathfrak{B}$.), von denen offenbar die eine die Wellenfläche der gewöhnlichen, und die andere diejenige der ungewöhnlichen Strahlen darstellt, geben zugleich Auskunft über die Fortpflanzungsgeschwindigkeiten der betreffenden *Wellenebenen*. Denkt man sich nämlich im Innern des Krystalls zwei Wellenebenen, eine gewöhnliche und eine ungewöhnliche, beide in ein und derselben Richtung ϱ fortschreitend, und bezeichnet man die Fortpflanzungsgeschwindigkeiten dieser beiden Wellenebenen mit μ' und μ'', so werden (was hier nicht weiter ausgeführt werden soll) folgende Formeln gelten:

$$(\mathfrak{C}.)\qquad \mu'^2=\mu^2\quad\text{und}\quad\mu''^2=\mu^2\cos^2(\varrho, z)+\pi^2\sin^2(\varrho, z).$$ Vgl. die von *Dorn*

Die Lage der verschiedenen Linien und Ebenen soll durch ihre Winkel mit den drei rechtwinkligen Elasticitätsaxen des krystallinischen Mediums ausgedrückt werden, an dessen Oberfläche die Reflexion und Refraction stattfindet. Die Cosinus der Winkel, welche die Normale N der brechenden Ebene mit jenen Axen bildet, seien:

$$A,\ B,\ C.$$

Die Cosinus der Normale S der einfallenden Wellenebene seien a, b, c. Ferner seien die Cosinus der Normalen der reflectirten Wellenebene α, β, γ, ferner die der gewöhnlich gebrochenen Wellenebene α', β', γ', und die der ungewöhnlich gebrochenen α'', β'', γ''.

---

die von *Dorn* herausgegebenen *Neumann*'schen Vorlesungen, daselbst Seite 166 (3.); die letzte der beiden Formeln (𝕮.) ist dort bezeichnet mit: $N^2 = a^2 \cos^2 n + b^2 \sin^2 n$. Es repräsentirt nämlich dort n ebendenselben Winkel, der hier in (𝕮.) mit (ϱ, z) bezeichnet ist. — Uebrigens kann man den Formeln (𝕮.) offenbar auch folgende Gestalt geben:

(𝕯.) $\mu'^2 = \mu^2$ und $\mu''^2 = \pi^2 - (\pi^2 - \mu^2)\cos^2(\varrho, z)$.

Für einen sogenannten *repulsiven* oder *negativen* Krystall, wie z. B. für *Kalkspath,* ist bekanntlich $\mu < \pi$. In der That findet man weiterhin [in § 10, hinter (7.)] für den *Kalkspath* folgende Angaben: $\mu = 0{,}60288$ und $\pi = 0{,}67254$.

Die Axen x und y können offenbar in der gegen die Axe z senkrechten Ebene ganz *beliebig* gewählt werden. Und hiervon Gebrauch machend, ist in der beistehenden Figur [ebenso, wie im obigen Text weiterhin zwischen (6) und (7.) festgesetzt wird] die Axe x so gelegt, dass sie in der Ebene zN sich befindet. Demgemäss liegen in der beistehenden Figur die Punkte z, N, x auf einem grössten Kreisbogen.

Ausser den im Texte [nämlich in (5.), (6.)] eingeführten Winkeln φ, ω ist in der beistehenden Figur noch der Winkel $\lambda = (N, z)$ markirt; so dass also die Cosinus A, B, C der Richtung N folgende Werthe haben:

(𝕰.) $A = \sin\lambda$, $B = 0$, $C = \cos\lambda$.

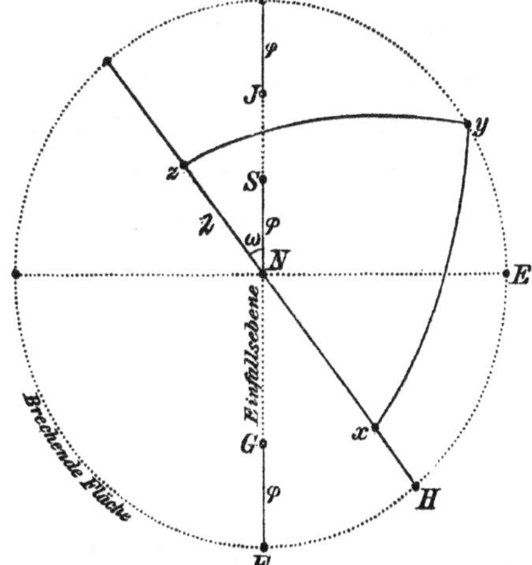

Fig. 3.

$N(A, B, C)$ die Normale der brechenden Fläche.
$S(a, b, c)$ der einfallende Strahl.
$FHEy$ die brechende Fläche.
NS die Einfallsebene.
z die optische Axe.
H der Hauptschnitt der brechenden Fläche, d. i. die senkrechte Projektion der optischen Axe auf die brechende Fläche.

Aus dem sphärischen Dreieck NSz ergiebt sich nun sofort die Formel:

(𝕱.) $$\cos(S, z) = \cos\lambda \cos\varphi + \sin\lambda \sin\varphi \cos\omega\,;$$

wofür man mit Rücksicht auf (𝕱.) auch schreiben kann:

(𝕲.) $$\cos(S, z) = C\cos\varphi + A\sin\varphi\cos\omega\,;$$

und dies ist die in § 4 (7.) für c, d. i. für den $\cos(S, z)$ gegebene Formel. — In ähnlicher Weise kann man die beiden andern Formeln (7.), und ebenso auch die Formeln (8.), (9.), (10.), (11.) aus der vorstehenden Figur mit Leichtigkeit ablesen. — *C. N.*

Die Normale E der Einfallsebene habe zu Cosinus

$$E_1, \; E_2, \; E_3.$$

Die Linie F, in welcher die brechende Ebene von der Einfallsebene geschnitten wird, sei bestimmt durch die Cosinus

$$F_1, \; F_2, \; F_3.$$

Der Hauptschnitt*) H der brechenden Ebene habe die Cosinus

$$H_1, \; H_2, \; H_3.$$

Die Winkel, welche die brechende Ebene mit der einfallenden Wellenebene, mit der gewöhnlich gebrochenen Wellenebene und mit der ungewöhnlich gebrochenen Ebene bildet, seien

$$\varphi, \; \varphi', \; \varphi''.$$

Der Winkel, welchen der Hauptschnitt (H_1, H_2, H_3) mit dem Durchschnitt (F_1, F_2, F_3) der Einfallsebene und der brechenden Ebene bildet, d. i. das Azimuth der Einfallsebene, sei ω. Endlich seien μ' und μ'' die Fortpflanzungsgeschwindigkeiten der gewöhnlichen Wellenebene und der ungewöhnlichen Wellenebene, die Fortpflanzungsgeschwindigkeit in dem umgebenden unkrystallinischen Medium $=1$ gesetzt.

Zur Bestimmung von E_1, E_2, E_3 hat man $E_1^2 + E_2^2 + E_3^2 = 1$ und

$$(1.) \qquad \begin{aligned} AE_1 + BE_2 + CE_3 &= 0, \\ aE_1 + bE_2 + cE_3 &= 0. \end{aligned}$$

Für F_1, F_2, F_3 hat man $F_1^2 + F_2^2 + F_3^2 = 1$ und

$$(2.) \qquad \begin{aligned} AF_1 + BF_2 + CF_3 &= 0, \\ E_1F_1 + E_2F_2 + E_3F_3 &= 0. \end{aligned}$$

Zur Bestimmung von H_1, H_2, H_3 hat man $H_1^2 + H_2^2 + H_3^2 = 1$ und

$$(3.) \qquad \begin{aligned} AH_1 + BH_2 + CH_3 &= 0, \\ XH_1 + YH_2 + ZH_3 &= 0, \end{aligned}$$

wo X, Y, Z die Cosinus der Normale der Ebene sind, welche durch den Hauptschnitt senkrecht auf der brechenden Ebene gelegt ist, und also bestimmt werden durch $X^2 + Y^2 = 1$, $Z = 0$ und

$$(4.) \qquad AX + BY = 0.$$

---

*) Man bezeichne, ebenso wie in Fig. 3 Seite 375, die optische Axe mit z, und die Normale der brechenden Fläche mit N. Alsdann ist unter dem *Hauptschnitt* H der brechenden Fläche diejenige Linie zu verstehen, in welcher diese Fläche von der Ebene zN geschnitten wird. Häufig wird übrigens das Wort „*Hauptschnitt*“ von *Neumann* auch in anderer Weise angewendet, nämlich zur Bezeichnung jener *Ebene* zN. — *C. N.*

Für den Winkel φ und ω endlich hat man

(5.) $$\cos\varphi = Aa + Bb + Cc,$$

(6.) $$\cos\omega = H_1F_1 + H_2F_2 + H_3F_3.$$

Mittelst (1.), (2.) und (3.), (4.) können F_1, F_2, F_3 und H_1, H_2, H_3 durch a, b, c ausgedrückt werden, und diese Werthe, in (6.) gesetzt, geben eine Gleichung, welche, mit (5.) verbunden, die Grössen a, b, c durch φ und ω ausdrücken lässt, wenn zugleich berücksichtigt wird, dass $a^2 + b^2 + c^2 = 1$ ist.

Um aber keine überflüssige Weitläufigkeit herbeizuführen, kann man annehmen, dass $B = 0$ ist, weil bei den optisch einaxigen Krystallen nur die Richtung einer der Elasticitätsaxen eine fest bestimmte ist. Alsdann ergiebt sich:

(7.) $$\begin{cases} a = A\cos\varphi - C\sin\varphi\cos\omega, \\ b = \sin\varphi\sin\omega, \\ c = C\cos\varphi + A\sin\varphi\cos\omega, \end{cases}$$

(8.) $$\begin{cases} F_1 = C\cos\omega, \\ F_2 = -\sin\omega, \\ F_3 = -A\cos\omega, \end{cases}$$ (9.) $$\begin{cases} E_1 = C\sin\omega, \\ E_2 = \cos\omega, \\ E_3 = -A\sin\omega. \end{cases}$$

Man erhält die Werthe von α, β, γ, α', β', γ', α'', β'', γ'' aus (7.), wenn man [da die durch diese Cosinus bestimmten Normalen alle in derselben Ebene liegen, in welcher die durch A, B, C und a, b, c bestimmten Normalen sich befinden, d. i. in der Einfallsebene] den Winkel φ vertauscht mit: $-\varphi$, φ', φ''.*)

Es seien G_1, G_2, G_3 die Cosinus der Winkel, welche der Durchschnitt G der Einfallsebene und der einfallenden Wellenebene mit den Elasticitätsaxen bildet, und J_1, J_2, J_3 die Cosinus der Winkel des Durchschnitts J der reflectirten Wellenebene und der Einfallsebene mit jenen Axen, [vgl. die Figur Seite 375], — alsdann hat man:

---

*) Es gelten also für das *einfallende* und *reflectirte* Licht die Formeln:

(e.) $$\begin{cases} a = A\cos\varphi - C\sin\varphi\cos\omega, \\ b = \sin\varphi\sin\omega, \\ c = C\cos\varphi + A\sin\varphi\cos\omega, \end{cases}$$ (f.) $$\begin{cases} \alpha = A\cos\varphi + C\sin\varphi\cos\omega, \\ \beta = -\sin\varphi\sin\omega, \\ \gamma = C\cos\varphi - A\sin\varphi\cos\omega; \end{cases}$$

andererseits aber für das *gebrochene* Licht folgende Formeln:

(g.) $$\begin{cases} \alpha' = A\cos\varphi' - C\sin\varphi'\cos\omega, \\ \beta' = \sin\varphi'\sin\omega, \\ \gamma' = C\cos\varphi' + A\sin\varphi'\cos\omega, \end{cases}$$ (h.) $$\begin{cases} \alpha'' = A\cos\varphi'' - C\sin\varphi''\cos\omega, \\ \beta'' = \sin\varphi''\sin\omega, \\ \gamma'' = C\cos\varphi'' + A\sin\varphi''\cos\omega. \end{cases}$$

Von diesen Formeln ist weiterhin häufig Gebrauch zu machen. — C. N.

$$aG_1 + bG_2 + cG_3 = 0,$$
$$E_1G_1 + E_2G_2 + E_3G_3 = 0,$$

und

$$\alpha J_1 + \beta J_2 + \gamma J_3 = 0,$$
$$E_1J_1 + E_2J_2 + E_3J_3 = 0;$$

und hieraus erhält man, wenn man die Werthe für $a, b, c, \alpha, \beta, \gamma, E_1, E_2, E_3$ aus (7.) und (9.) setzt:

(10.)
$$\begin{cases} G_1 = A\sin\varphi + C\cos\varphi\cos\omega, \\ G_2 = -\cos\varphi\sin\omega, \\ G_3 = C\sin\varphi - A\cos\varphi\cos\omega, \end{cases}$$

und

(11.)
$$\begin{cases} J_1 = A\sin\varphi - C\cos\varphi\cos\omega, \\ J_2 = \cos\varphi\sin\omega, \\ J_3 = C\sin\varphi + A\cos\varphi\cos\omega. \end{cases}$$

Um φ' und φ'' durch φ zu bestimmen, hat man:

(11a.)
$$\mu'\sin\varphi = \sin\varphi' \quad \text{und} \quad \mu''\sin\varphi = \sin\varphi'',$$

wo μ' eine constante Grösse $= \mu$ ist*), nämlich die gleiche Fortpflanzungsgeschwindigkeit der beiderlei Wellen, wenn sie beide senkrecht auf der Axe sind, daher die erste dieser beiden Gleichungen keiner weiteren Untersuchung bedarf. In der zweiten Gleichung ist aber μ'' eine Function des Winkels, welchen die Normale der ungewöhnlichen Welle mit der Axe bildet, d. i. eine Function von γ'', nämlich

(12.)
$$\mu''^2 = \pi^2 + (\mu^2 - \pi^2)\gamma''^2,$$

wo π die Fortpflanzungsgeschwindigkeit der ungewöhnlichen Wellenebene ist, wenn sie parallel mit der Axe ist. Zur Bestimmung von φ'' hat man also, wenn statt γ'' sein Werth durch φ'' ausgedrückt gesetzt wird [vgl. (h.) Seite 377], die Gleichung:

(13.)
$$\sin^2\varphi[\pi^2 + (\mu^2 - \pi^2)(C\cos\varphi'' + A\sin\varphi''\cos\omega)^2] = \sin^2\varphi''.$$

Von den zwei Wurzeln dieser quadratischen Gleichung entspricht die positive der vorliegenden Frage; die negative hat ihre Bedeutung bei der Reflexion im Innern des krystallinischen Mediums.**)

---

*) Diese Formel $\mu' = \mu$ und die folgende Formel (12.) sind identisch mit den Formeln ($\mathfrak{D}$.) in der Note Seite 375.

**) Setzt man nämlich:

(α.)
$$\operatorname{tg}\varphi'' = \tau, \quad \text{mithin} \quad \sin\varphi'' = \frac{\tau}{\sqrt{1+\tau^2}} \quad \text{und} \quad \cos\varphi'' = \frac{1}{\sqrt{1+\tau^2}},$$

so geht die Formel (13.) über in

Es sollen die Richtungen der Bewegung in der gewöhnlichen Wellenebene und in der ungewöhnlichen gefunden werden. Die Cosinus der Winkel, welche die erste Richtung mit den Elasticitätsaxen bildet, seien R'_a, R'_b, R'_c und ebenso seien die Cosinus der zweiten Richtung: R''_a, R''_b, R''_c. Die durch R'_a, R'_b, R'_c bezeichnete Richtung ist der Durchschnitt der Wellenebene, deren Normale die Cosinus α', β', γ' hat, mit der durch die Axe und diese Normale gelegten Ebene; die andere Richtung, R''_a, R''_b, R''_c, steht senkrecht auf der Ebene, welche durch die Axe und durch die mit α'', β'', γ'' bezeichnete Normale gelegt ist. Für die letztere Richtung hat man also:

$$\alpha'' R''_a + \beta'' R''_b + \gamma'' R''_c = 0,$$

$$R''_c = 0,$$

oder

$$\text{(14.)} \qquad R''_a = \frac{\beta''}{\sqrt{\alpha''^2 + \beta''^2}}, \qquad R''_b = -\frac{\alpha''}{\sqrt{\alpha''^2 + \beta''^2}}, \qquad R''_c = 0.$$

Setzt man statt α'', β'' die Grössen α', β', so erhält man die Cosinus der Normale der Ebene, welche durch α', β', γ' und die Axe gelegt ist, und demnach hat man:

$$\alpha' R'_a + \beta' R'_b + \gamma' R'_c = 0,$$

$$\beta' R'_a - \alpha' R'_b \qquad = 0,$$

woraus

$$\text{(15.)} \qquad R'_a = \frac{\alpha\ \gamma}{\sqrt{\alpha'^2 + \beta'^2}}, \qquad R'_b = \frac{\beta' \gamma'}{\sqrt{\alpha'^2 + \beta'^2}}, \qquad R'_c = -\frac{\alpha'^2 + \beta'^2}{\sqrt{\alpha'^2 + \beta'^2}}.$$

Aus der gegebenen Lage der Wellenebene soll die Richtung des ihr angehörigen Strahls gefunden werden. Bei der gewöhnlichen Wellenebene steht der Strahl senkrecht auf der Wellenebene; bei der ungewöhnlichen Wellenebene hat der Strahl die Richtung des Radiusvectors, welcher von dem Mittelpunkt des Ellipsoids

$$\mu^2 x^2 + \mu^2 y^2 + \pi^2 z^2 = \mu^2 \pi^2,$$

$$(\beta.) \qquad \sin^2\varphi\,[\pi^2(1+\tau^2) + (\mu^2 - \pi^2)(C + A\cos\omega\cdot\tau)^2] - \tau^2 = 0,$$

und dies ist die in Rede stehende *quadratische Gleichung.*

Dass die beiden Wurzeln dieser Gleichung *reell* sind, lässt sich leicht zeigen. Die linke Seite der Gleichung (β.) hat nämlich für $\tau = 0$ den Werth:

$$(\gamma.) \qquad \sin^2\varphi\,[\pi^2 + (\mu^2 - \pi^2)\,C^2] = \sin^2\varphi\,[\pi^2(1 - C^2) + \mu^2 C^2];$$

und dieser Werth ist offenbar *positiv.* Ferner hat jene linke Seite für $\tau = \infty$, und falls $A\cos\omega = \cos\eta$ gesetzt wird, folgenden Werth:

$$(\delta.) \qquad \tau^2 \sin^2\varphi\,[\pi^2 + (\mu^2 - \pi^2)\cos^2\eta] - \tau^2 = \tau^2[\sin^2\varphi(\pi^2\sin^2\eta + \mu^2\cos^2\eta) - 1];$$

und dieser Werth wird (weil μ und π beide < 1 sind) *negativ* sein. — Q. e. d. *H. W.*

wo die Ordinate z parallel mit der optischen Axe ist, nach dem Punkt der Oberfläche gezogen wird, in welchem dieses von der gegebenen Wellenebene berührt wird. Die Gleichung der ungewöhnlichen Wellenebene ist:

$$\alpha''x + \beta''y + \gamma''z = 0.$$

Der nach dem Berührungspunkte gezogene Radiusvector bilde mit den drei Axen Winkel, deren Cosinus wir mit X, Y, Z bezeichnen; so dass also dieser Radiusvector dargestellt sein wird durch die beiden Gleichungen:

$$x = \frac{X}{Z}z, \qquad y = \frac{Y}{Z}z.$$

Für den gemeinschaftlichen Berührungspunkt des Ellipsoids und der Ebene, nach welchem diese Linie vom Mittelpunkt aus gezogen ist, ist aber

$$-\frac{\partial x}{\partial z} = +\frac{\pi^2}{\mu^2}\frac{z}{x} = +\frac{\gamma''}{\alpha''},$$

$$-\frac{\partial y}{\partial z} = +\frac{\pi^2}{\mu^2}\frac{z}{y} = +\frac{\gamma''}{\beta''}.$$

Setzt man die sich hieraus ergebenden Werthe für $\frac{x}{z}$ und $\frac{y}{z}$ in die vorhergehenden Gleichungen, und bemerkt, dass $X^2 + Y^2 + Z^2 = 1$ ist, so findet man:

$$(16.)\qquad \begin{cases} X = \dfrac{\pi^2\alpha''}{T}, \\ Y = \dfrac{\pi^2\beta''}{T}, \qquad T = \sqrt{\alpha''^2\pi^4 + \beta''^2\pi^4 + \gamma''^2\mu^4}, \\ Z = \dfrac{\mu^2\gamma''}{T}. \end{cases}$$

Nennt man ω'' das Azimuth des Strahls in Beziehung auf die Einfallsebene, und δ'' seine Neigung gegen die Normale der brechenden Ebene, so ergiebt sich:

$$(17.)^{*}) \qquad \operatorname{tang}\omega'' = \frac{A\gamma''\sin\omega\,\dfrac{\mu^2-\pi^2}{\pi^2}}{\sin\varphi'' + A\gamma''\cos\omega\,\dfrac{\mu^2-\pi^2}{\pi^2}},$$

*) *Ableitung der Formel* (17.) — Ebenso, wie in der sphärischen Figur 3 Seite 375 der einfallende Strahl S durch einen *Punkt* S angedeutet ist, ebenso kann man sich daselbst auch den ungewöhnlich gebrochenen Strahl S'' durch einen *Punkt* S'' dargestellt denken; so dass also, falls O der Mittelpunkt der Kugel ist, die *Richtungen* der in Rede stehenden Strahlen respektive durch SO und $S''O$ dargestellt sind.

Und ebenso, wie in jener Figur der Punkt z die sphärischen Coordinaten λ, ω hat, ebenso

(18.)*) $$\cos\delta'' = \frac{\cos\varphi'' + \frac{\mu^2 - \pi^2}{\pi^2} C\gamma''}{\sqrt{1 + \frac{\mu^4 - \pi^4}{\pi^4}\gamma''^2}}.$$

---

mögen daselbst die sphärischen Coordinaten des Punktes S'' mit δ'', ω'' bezeichnet werden; so dass also die Formeln stattfinden:

(𝔄.) $$\cos(S'', N) = \cos\delta'', \quad \cos(S'', f) = \sin\delta''\cos\omega'', \quad \cos(S'', e) = \sin\delta''\sin\omega'',$$

wo f und e die in jener Figur den Punkten F und E diametral gegenüberliegenden Punkte vorstellen sollen.

Aus den beiden letzten der Formeln (𝔄.) folgt durch Division:

(𝔅.) $$\operatorname{tg}\omega'' = \frac{\cos(S'', e)}{\cos(S'', f)} = \frac{\cos(S'', E)}{\cos(S'', F)} = \frac{XE_1 + YE_2 + ZE_3}{XF_1 + YF_2 + ZF_3},$$

wo alle Buchstaben die im Text angegebene Bedeutung haben. Es sollen also X, Y, Z die Richtungscosinus des Strahles S'', und ebenso E_1, E_2, E_3 und F_1, F_2, F_3 die Richtungscosinus von E und F sein. Substituirt man nun in (𝔅.) für diese Richtungscosinus ihre in (16.) und (8.), (9.) angegebenen Werthe, so erhält man sofort:

(ℭ.) $$\operatorname{tg}\omega'' = \frac{\pi^2\alpha'' C\sin\omega + \pi^2\beta''\cos\omega - \mu^2\gamma'' A\sin\omega}{\pi^2\alpha'' C\cos\omega - \pi^2\beta''\sin\omega - \mu^2\gamma'' A\cos\omega},$$

oder was dasselbe ist:

(𝔇.) $$\operatorname{tg}\omega'' = \frac{+\pi^2\beta''\cos\omega + \pi^2(\alpha'' C - \gamma'' A)\sin\omega + (\pi^2 - \mu^2)\gamma'' A\sin\omega}{-\pi^2\beta''\sin\omega + \pi^2(\alpha'' C - \gamma'' A)\cos\omega + (\pi^2 - \mu^2)\gamma'' A\cos\omega}.$$

Nach (h.) Seite 377 (Note) ist aber:

(𝔈.) $$\begin{cases} \alpha'' = A\cos\varphi'' - C\sin\varphi''\cos\omega, \\ \beta'' = \sin\varphi''\sin\omega, \\ \gamma'' = C\cos\varphi'' + A\sin\varphi''\cos\omega, \end{cases}$$

und folglich:

(𝔉.) $$\alpha'' A + \gamma'' C = \cos\varphi'' \quad \text{und} \quad \alpha'' C - \gamma'' A = -\sin\varphi''\cos\omega.$$

Und durch Substitution dieser Werthe (𝔈.), (𝔉.) gewinnt die Formel (𝔇.) die Gestalt:

(𝔊.) $$\operatorname{tg}\omega'' = \frac{(\mu^2 - \pi^2)\gamma'' A\sin\omega}{\pi^2\sin\varphi'' + (\mu^2 - \pi^2)\gamma'' A\cos\omega}. \text{ — Q. e. d.}$$ *C. N.*

*) *Ableitung der Formel* (18.) — Nach der vorigen Note, nämlich nach (𝔄.), ist:

(ℌ.) $$\cos\delta'' = \cos(S'', N) = XA + YB + ZC = XA + ZC,$$

wo A, $B = 0$, C die Richtungscosinus der Normale N vorstellen. Substituirt man hier für X, Y, Z ihre Werthe (16.), so erhält man:

(ℑ.) $$\cos\delta'' = \frac{\pi^2\alpha'' A + \mu^2\gamma'' C}{T} = \frac{\pi^2\alpha'' A + \mu^2\gamma'' C}{\sqrt{\pi^4(\alpha''^2 + \beta''^2) + \mu^4\gamma''^2}}.$$

Nach (𝔉.) ist aber: $\alpha'' A = \cos\varphi'' - \gamma'' C$. Somit folgt:

(𝔎.) $$\cos\delta'' = \frac{\pi^2\cos\varphi'' + (\mu^2 - \pi^2)\gamma'' C}{\sqrt{\pi^4 + (\mu^4 - \pi^4)\gamma''^2}}. \text{ — Q. e. d.}$$ *C. N.*

§ 5.

Aufstellung derjenigen Gleichungen, von denen die Intensitäten des gebrochenen und reflectirten Lichtes bei optisch einaxigen Krystallen abhängen.

Wir wollen jetzt die Gleichungen bilden, welche sich aus dem Princip der Gleichheit der Componenten ergeben. Die Einfallsebene liegt im Azimuth ω, der Einfallswinkel ist φ, die Brechungswinkel sind φ' und φ''. Die Geschwindigkeit der Bewegung in dem einfallenden Licht, parallel der Einfallsebene, sei S; senkrecht auf der Einfallsebene P. In dem reflectirten Licht seien die beiden entsprechenden Componenten der Geschwindigkeit R_s und R_p, und die Geschwindigkeit der Bewegung in der gewöhnlichen Welle sei D', in der ungewöhnlichen D''. Diese sechs Bewegungen zerlegen wir in ihre Componenten, parallel den drei Coordinatenaxen, und dann giebt das genannte Princip folgende drei Gleichungen:

$$PE_1 + SG_1 + R_pE_1 + R_sJ_1 = D'R'_a + D''R''_a,$$
$$PE_2 + SG_2 + R_pE_2 + R_sJ_2 = D'R'_b + D''R''_b,$$
$$PE_3 + SG_3 + R_pE_3 + R_sJ_3 = D'R'_c + D''R''_c.$$

Multiplicirt man die erste, zweite und dritte dieser Gleichungen zuerst mit E_1, E_2, E_3, dann mit F_1, F_2, F_3, und endlich mit A, $B=0$, C, und addirt jedesmal die drei Producte, so verwandeln sich diese drei Gleichungen, wenn berücksichtigt wird, dass:

$$+(F_1G_1 + F_2G_2 + F_3G_3) = \cos\varphi = -(F_1J_1 + F_2J_2 + F_3J_3)$$

und

$$+(AG_1 + CG_3) = \sin\varphi = +(AJ_1 + CJ_3)$$

ist, in die drei folgenden:

$$(1.)\quad \begin{cases} P + R_p = D'(R'_aE_1 + R'_bE_2 + R'_cE_3) + D''(R''_aE_1 + R''_bE_2 + R''_cE_3), \\ (S - R_s)\cos\varphi = D'(R'_aF_1 + R'_bF_2 + R'_cF_3) + D''(R''_aF_1 + R''_bF_2 + R''_cF_3), \\ (S + R_s)\sin\varphi = D'(R'_aA + R'_cC) \qquad + D''(R''_aA + R''_cC). \end{cases}$$

Wenn man die Werthe von R'_a . ., R''_a . ., E_1 . ., F_1 . . aus (15.), (14.), (9.), (8.) des vorigen Paragraphen setzt, und statt α', β', γ', α'', β'', γ'' diejenigen, welche sich aus den Gleichungen (7.) § 4 ergeben, wenn in diesen, statt φ, gesetzt wird φ' und φ'' *), so findet man, nach gehörigen Reductionen:

*) d. i. die Werthe (g.), (h.) Seite 377 (Note).

$$(2.)\quad \begin{cases} R'_a E_1 + R'_b E_2 + R'_c E_3 = + \dfrac{A \sin\omega}{\sqrt{1-\gamma'^2}}, \\ R''_a E_1 + R''_b E_2 + R''_c E_3 = \dfrac{C \sin\varphi'' - A \cos\varphi'' \cos\omega}{\sqrt{1-\gamma''^2}}, \\ R'_a F_1 + R'_b F_2 + R'_c F_3 = - \dfrac{\cos\varphi' \{ C \sin\varphi' - A \cos\varphi' \cos\omega \}}{\sqrt{1-\gamma'^2}}, \\ R''_a F_1 + R''_b F_2 + R''_c F_3 = + \dfrac{A \cos\varphi'' \sin\omega}{\sqrt{1-\gamma''^2}}, \\ R'_a A + R'_c C = - \dfrac{\sin\varphi' \{ C \sin\varphi' - A \cos\varphi' \cos\omega \}}{\sqrt{1-\gamma'^2}}, \\ R''_a A + R''_c C = \dfrac{A \sin\varphi'' \sin\omega}{\sqrt{1-\gamma''^2}}; \end{cases}$$

und demnach verwandeln sich die Gleichungen (1.) in folgende:

$$(3.)\quad \begin{cases} \text{a.} \quad P + R_p = + D' \dfrac{A \sin\omega}{\sqrt{1-\gamma'^2}} + D'' \dfrac{C \sin\varphi'' - A \cos\omega \cos\varphi''}{\sqrt{1-\gamma''^2}}, \\ \text{b.} \quad (S - R_s) \cos\varphi = - D' \dfrac{\cos\varphi' (C \sin\varphi' - A \cos\varphi' \cos\omega)}{\sqrt{1-\gamma'^2}} + D'' \dfrac{A \cos\varphi'' \sin\omega}{\sqrt{1-\gamma''^2}}, \\ \text{c.} \quad (S + R_s) \sin\varphi = - D' \dfrac{\sin\varphi' (C \sin\varphi' - A \cos\varphi' \cos\omega)}{\sqrt{1-\gamma'^2}} + D'' \dfrac{A \sin\varphi'' \sin\omega}{\sqrt{1-\gamma''^2}}. \end{cases}$$

Ich werde jetzt die Gleichung entwickeln, welche sich aus dem Princip der Erhaltung der lebendigen Kräfte ergiebt, und zu diesem Ende zuerst das Verhältniss eines Volumens der einfallenden Welle zu denjenigen der gebrochenen und reflectirten Wellen aufsuchen, über welche sich die in jenem vorhanden gewesenen Geschwindigkeiten nach der Brechung und Reflexion verbreitet haben. Es sei (Fig. 4) ab der Durchschnitt einer einfallenden Wellenebene mit der Einfallsebene, welche die Ebene der Zeichnung ist, und AB der Durchschnitt einer der folgenden Wellenebenen mit der Einfallsebene; in a denke man sich eine Linie senkrecht zur Ebene $ABab$, d. i. die Durchschnittslinie der einfallenden Welle

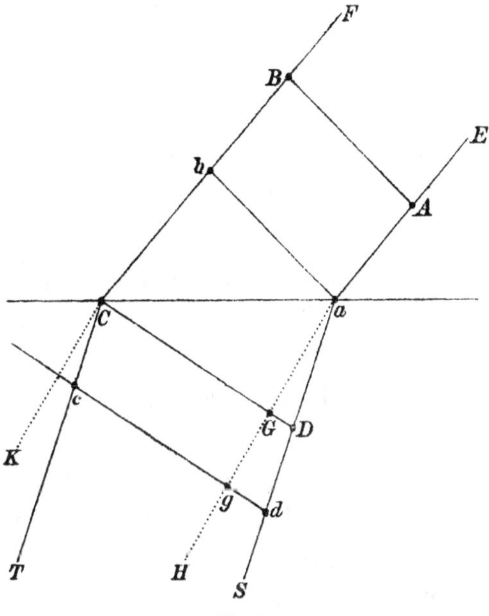

Fig. 4.

Die Linie aa' ist im Punkt a senkrecht zu denken zur Einfallsebene $ABab$. Analoges gilt von den Linien bb', AA', BB', CC', etc. Und die gemeinschaftliche Länge all' dieser Linien wird (auf Seite 385) mit $\mathfrak{A}$ bezeichnet. Auch wird $aA = bB = H$ gesetzt werden (auf Seite 387).

mit der brechenden Ebene, und denke sich diese endigend in a'; die drei Linien ab, aA, aa' seien die drei Kanten eines rechtwinkligen Parallelepipedums, welches das ursprüngliche Volumen der einfallenden Wellen sein soll, womit wir die Volumina, über welche sich die in diesem vorhandenen Geschwindigkeiten in den gebrochenen und reflectirten Wellen verbreiten, vergleichen wollen. Die Endpunkte der mit aa' parallelen Kanten des ursprünglichen Parallelepipedons, welche durch A, B, b gehen, sollen mit A', B', b' bezeichnet werden; die Kante Bb trifft die brechende Ebene in C, und die Kante $B'b'$ treffe dieselbe in C'. Ich werde, da wir annehmen, die einfallenden Wellen bewegen sich in einem unkrystallinischen Medium, nur das Volumen in den ungewöhnlich gebrochenen Wellen zu bestimmen haben, da das Volumen der gewöhnlich gebrochenen Wellen wie in einem unkrystallinischen Medium bestimmt wird, und das Volumen in den reflectirten Wellen gleich ist demjenigen in den einfallenden Wellen. Es sei CD die ungewöhnlich gebrochene Wellenebene, welche aus AB entstanden ist, und cd diejenige, welche aus ab entstanden ist; alle Geschwindigkeiten, welche von dem ursprünglichen rechtwinkligen Parallelepipedum $ABabA'B'a'b'$ herrühren, sind eingeschlossen zwischen den beiden Ebenen CD und cd. Die Entfernung dieser beiden Ebenen, gemessen auf ihrer Normale aH, ist Gg. Die zu diesen Wellenebenen gehörigen Strahlen seien aS und CT, und zwar aS der gebrochene Strahl von aE, und CT der gebrochene Strahl von CF; diese gebrochenen Strahlen liegen im Allgemeinen *nicht* in der Ebene der Zeichnung, d. i. in der Einfallsebene; die Buchstaben D, d, c in der Figur sollen sich auf die wirklichen Durchschnitte der Wellenebenen mit den Strahlen aS und CT beziehen. Wir denken uns ferner durch die Punkte a' und C' zwei andere mit aE und CF parallele einfallende Strahlen: $a'E'$ und $C'F'$, und die diesen entsprechenden gebrochenen Strahlen bezeichnen wir mit $a'S'$ und $C'T'$; die Durchschnitte dieser Strahlen mit den Wellenebenen, entsprechend den Durchschnitten D, d, c, bezeichnen wir mit D', d', c'.

Die Geschwindigkeiten, welche ursprünglich in dem rechtwinkligen Prisma $ABabA'B'a'b'$ sich befinden, haben sich ausgebreitet auf den Raum des schiefwinkligen Prismas $CDcdC'D'c'd'$; das Verhältniss dieser beiden Prismen ist also das gesuchte Verhältniss der beiden sich entsprechenden Volumina in den einfallenden und in den ungewöhnlich gebrochenen Wellen. Um den Inhalt des Prismas $CDcdC'D'c'd'$ zu finden, wollen wir den Inhalt der Basis $CC'DD'$ berechnen; diese Basis ist Fig. 5 dargestellt und durch die entsprechenden Buchstaben bezeichnet*); G ist der Durchschnitt der Ebene dieser Basis mit ihrer durch a gelegten Normale, und G' ihr Durchschnitt mit ihrer durch a' gezogenen Normale. Der Inhalt der Basis soll mit W bezeichnet werden, und der Winkel DGC durch ψ, der Winkel DCG durch ξ und die Linie CC' durch $\mathfrak{A}$. Die Einheit des Maasses sei aC; alsdann ist in Fig. 4: $GC = \cos\varphi''$, $aG = \sin\varphi''$. Der Winkel, welchen der Strahl aD mit der Normale aG bildet, sei q, alsdann ist $GD = aG \operatorname{tang} q = \sin\varphi'' \operatorname{tang} q$. Man hat also:

$$W = DC \times CC' \times \sin(\xi + 90^0) = \mathfrak{A} \times CD \cos\xi .$$

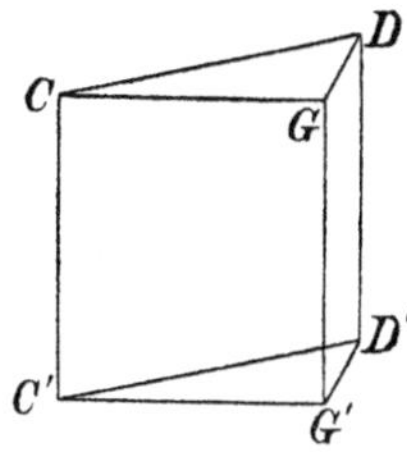

Es ist aber

$$CD \cos\xi = CG - GD \cos\psi = \cos\varphi'' - \sin\varphi'' \operatorname{tang} q \cos\psi$$

und also

$$(4.) \qquad W = \mathfrak{A}(\cos\varphi'' - \sin\varphi'' \cos\psi \operatorname{tang} q).$$

Fig. 5.
$CC' = GG' = DD' = \mathfrak{A}$.
Winkel $(DGC) = \psi$.
Winkel $(DCG) = \xi$.

Hierin muss der Werth für $\operatorname{tang} q$ substituirt werden. Die Cosinus der Winkel, welche der Strahl mit den drei Coordinatenaxen bildet, sind oben (16.) § 4 mit X, Y, Z bezeichnet, und die Cosinus der Normale der Wellenebene durch α'', β'', γ''. Es ist also $\cos q = \alpha'' X + \beta'' Y + \gamma'' Z$. Setzt man hierin die Werthe für X, Y, Z aus § 4 (16.), so findet man

$$\cos q = \frac{\pi^2\alpha''^2 + \pi^2\beta''^2 + \mu^2\gamma''^2}{\sqrt{\pi^4\alpha''^2 + \pi^4\beta''^2 + \mu^4\gamma''^2}} = \frac{\pi^2 + (\mu^2 - \pi^2)\gamma''^2}{\sqrt{\pi^4 + (\mu^4 - \pi^4)\gamma''^2}},$$

und hieraus

$$(4a.) \qquad \operatorname{tang} q = + \frac{(\pi^2 - \mu^2)\gamma''\sqrt{1 - \gamma''^2}}{\pi^2 - (\pi^2 - \mu^2)\gamma''^2},$$

wo statt des $\pm$ vor dem Werth von $\operatorname{tang} q$ das $+$ gesetzt ist. Dadurch erhält in einaxigen Krystallen $\operatorname{tang} q$ immer einen positiven Werth, vorausgesetzt, dass, wie beim Kalkspath, die Axe des optischen Ellipsoids der kleinste Radius desselben ist.**) Diese Voraussetzung werden wir, der Gleichförmigkeit wegen, bei der Discussion über die Wahl der Vorzeichen immer annehmen.

In W (4.) soll nun jetzt der Werth von $\cos\psi$ substituirt werden. Es ist ψ der Winkel, den die Einfallsebene mit der durch die Normale der Wellenebene und den Strahl gelegten Ebene bildet. Die Normale dieser letzten Ebene bildet mit den Coordinatenaxen x, y, z Winkel, deren Cosinus sind $\pm \frac{\beta''}{\sqrt{1 - \gamma''^2}}$, $\mp \frac{\alpha''}{\sqrt{1 - \gamma''^2}}$, 0***), und die Cosinus der Winkel der Normale der Einfallsebene

*) Die Linien der Figur 5 liegen sämmtlich in *ein und derselben* Ebene, und zwar in jener ungewöhnlichen Wellenebene, die in Fig. 4 in der Linie CG senkrecht zu denken ist zur Einfallsebene; ihre Normale ist daselbst dargestellt durch die punktirte Linie $aGgH$. — *C. N.*

**) Mit andern Worten: vorausgesetzt dass, wie z. B. beim Kalkspath, $\mu < \pi$ ist. — *C. N.*

***) wie sich solches leicht ergiebt auf Grund der Formeln (16.) Seite 380. — *C. N.*

mit den drei Axen haben wir oben durch E_1, E_2, E_3 bezeichnet; es ist also $\cos\psi = \frac{\pm E_1\beta'' \mp E_1\alpha''}{\sqrt{1-\gamma''^2}}$, und wenn hierin die Werthe für E_1, E_2 aus § 4 (9.) gesetzt werden,

$$\cos\psi = \frac{\pm C\beta'' \sin\omega \mp \alpha'' \cos\omega}{\sqrt{1-\gamma''^2}}.$$

Um über die Wahl des + oder — zu entscheiden, setzen wir $\omega = 0$, so dass

$$\cos\psi = \frac{\mp \alpha''}{\sqrt{1-\gamma''^2}},$$

woraus, wenn aus (7.) § 4 statt α'' und γ'' ihre Werthe [vgl. (h.) Seite 377 (Note)] gesetzt werden, man erhält:

$$\cos\psi = \frac{\mp \sin(\lambda - \varphi'')}{+\sqrt{\sin^2(\lambda - \varphi'')}},$$

wo $A = \sin\lambda$, $C = \cos\lambda$ gesetzt ist, und $90 - \lambda$ also die Neigung der brechenden Ebene gegen die optische Axe bezeichnet.

Setzt man nun, wie dies in der That schon bei Herleitung der Formel (4.) geschehen ist, den Winkel $\psi = 0$ in dem Falle, wenn mit der Normale der brechenden Ebene der Strahl einen grösseren Winkel bildet, als die Normale der Wellenebene, und umgekehrt, wenn er einen kleineren Winkel mit ihr macht, $\psi = 180$, so muss man, da im ersteren Falle λ kleiner als φ'' ist, und im letzteren Fall λ grösser als φ'', das obere Zeichen nehmen. Man hat also

$$\text{(4b.)} \qquad \cos\psi = \frac{+C\beta'' \sin\omega - \alpha'' \cos\omega}{+\sqrt{1-\gamma''^2}}. \text{*)}$$

Setzt man hierin die Werthe, welche man für α'', β'' aus § 4 (7.) erhält, wenn dort statt φ gesetzt wird φ'', so findet man

$$\cos\psi\sqrt{1-\gamma''^2} = C\sin\varphi'' - A\cos\varphi''\cos\omega$$

und hieraus

$$\text{(5.)} \qquad \begin{aligned} \cos\psi\sqrt{1-\gamma''^2}\sin\varphi'' &= +C - (C\cos\varphi'' + A\sin\varphi''\cos\omega)\cos\varphi'', \\ &= +C - \gamma''\cos\varphi''. \end{aligned}$$

Setzt man jetzt aus (4a.) den Werth für $\operatorname{tang} q$ in (4.):

$$W = \mathfrak{A}\left(\cos\varphi'' - \sin\varphi'' \frac{\cos\psi \cdot \gamma''\sqrt{1-\gamma''^2}(\pi^2 - \mu^2)}{\pi^2 - (\pi^2 - \mu^2)\gamma''^2}\right),$$

*) Die hier ausgeführte Vorzeichenbestimmung stützt sich auf bestimmte Vorstellungen und Festsetzungen über jenen mit ψ bezeichneten Winkel. Am einfachsten dürften sich diese Vorstellungen und Festsetzungen wohl folgendermaassen zusammenfassen lassen:

Es sei N die Normale der brechenden Fläche, ferner n'' die Normale der ungewöhnlichen Wellenebene; endlich sei S'' der ungewöhnliche Strahl. Die Richtungen N, n'', S'', als Radien einer Kugel gedacht, markiren auf der Kugeloberfläche ein sphärisches Dreieck: $Nn''S''$. Und der Winkel ψ ist alsdann das *Supplement* des in diesem Dreieck bei n'' vorhandenen Innenwinkels. — Dabei ist vorauszusetzen, die Richtung der Normale N sei so gewählt, dass sie mit den Richtungen n'' und S'' *spitze* Winkel einschliesst. — Es ist also hier der Winkel ψ von derselben Bedeutung, wie der weiterhin zu Anfang des § 16 eingeführte Winkel ψ'. — C. N.

und hierin statt: $\cos\psi\sqrt{1-\gamma''^2}\sin\varphi''$ seinen Werth aus (5.), so erhält man:

$$(6.)\qquad W = \mathfrak{A}\left(\cos\varphi'' - \frac{\gamma''(C-\gamma''\cos\varphi'')(\pi^2-\mu^2)}{\pi^2-(\pi^2-\mu^2)\gamma''^2}\right).$$

Das Volumen des schiefen Prismas $CDcdC'D'c'd'$ werde ich mit Z'' bezeichnen; es ist, da Gg die Höhe des Prismas ist,

$$Z'' = Gg \times W.$$

Es verhält sich aber diese Höhe Gg zu der Höhe Aa des entsprechenden rechtwinkligen Prismas $ABabA'B'a'b'$ der einfallenden Wellen wie die Geschwindigkeit μ'' zur Geschwindigkeit V. Die Höhe Aa sei durch H bezeichnet, so hat man

$$Gg = \frac{\mu''}{V}H = \frac{\sin\varphi''}{\sin\varphi}H,$$

und demnach erhält man:

$$(7.)\qquad Z'' = \mathfrak{A}H\frac{\sin\varphi''\cos\varphi''}{\sin\varphi}\left[1-(\pi^2-\mu^2)\frac{\gamma''\left(\frac{C}{\cos\varphi''}-\gamma''\right)}{\pi^2-(\pi^2-\mu^2)\gamma''^2}\right].$$

Dies ist das gesuchte Volumen in den ungewöhnlich gebrochenen Wellen; das entsprechende Volumen in den gewöhnlich gebrochenen Wellen werde mit Z' bezeichnet, und dasjenige in den reflectirten, welches gleich ist dem der einfallenden Wellen, durch Z. Man erhält diese Volumina, wenn man in (7.) $\pi^2-\mu^2=0$ setzt, und statt φ'', wenn Z' bestimmt werden soll: φ'; wenn aber Z gefunden werden soll, muss statt φ'' gesetzt werden: φ. Es ist also:

$$(8.)\qquad \begin{aligned} Z' &= \mathfrak{A}H\frac{\sin\varphi'\cos\varphi'}{\sin\varphi}, \\ Z &= \mathfrak{A}H\cos\varphi. \end{aligned}$$

Die Gleichung, welche aus dem Princip der Erhaltung der lebendigen Kräfte fliesst, lautet offenbar:

$$(P^2+S^2-R_p^2-R_s^2)Z = D'^2Z'+D''^2Z'';$$

sie verwandelt sich also, wenn die eben gefundenen Werthe für Z, Z', Z'' gesetzt werden, und der gemeinschaftliche Factor $\mathfrak{A}H$ fortgelassen wird, in folgende*):

$$(9.)\qquad \begin{aligned} &(P^2+S^2-R_p^2-R_s^2)\sin\varphi\cos\varphi \\ &= D'^2\sin\varphi'\cos\varphi' + D''^2\sin\varphi''\cos\varphi''\left[1-\frac{(\pi^2-\mu^2)\gamma''\left(\frac{C}{\cos\varphi''}-\gamma''\right)}{\pi^2-(\pi^2-\mu^2)\gamma''^2}\right]. \end{aligned}$$

*) Der hier in (9.) in den eckigen Klammern enthaltene Ausdruck ist [nach der bei (3.) Seite 388 eingeführten Abbreviatur] $= 1+\Delta$; so dass man also mit Hinblick auf (9.) Seite 389 diesen Ausdruck folgendermaassen schreiben kann:

$$[..] = 1+\Delta = 1+\frac{\sin(\varphi'-\varphi'')\sin(\varphi'+\varphi'')(C\sin\varphi''-A\cos\varphi''\cos\omega)\gamma''}{\sin\varphi''\cos\varphi''(1-\gamma''^2)}.$$

Von dieser Schreibweise wird später (zu Anfang des § 11) Gebrauch gemacht werden. — *C. N.*

§ 6.

Zurückführung der im vorigen Paragraphen aufgestellten Gleichungen auf Gleichungen vom ersten Grade.

Um die unbekannten Grössen R_s, R_p, D', D'' zu bestimmen, hat man in (3.) und (9.) die hinlängliche Anzahl von Gleichungen. Es scheint aber beim ersten Anblick, dass diese Grössen von quadratischen Gleichungen abhängen, wodurch eine Zweideutigkeit entstehen würde, welche nicht in der Natur des Gegenstandes liegt. Ich werde indess zeigen, dass das System von Gleichungen (3.) und (9.) sich in vier Gleichungen des ersten Grades auflöst. Multipliciren wir die Gleichungen b. und c. in (3.) § 5 mit einander, so erhalten wir:

$$(1.)\begin{cases}(S^2-R_s^2)\sin\varphi\cos\varphi = D'^2\sin\varphi'\cos\varphi'\left(\dfrac{C\sin\varphi'-A\cos\varphi'\cos\omega}{\sqrt{1-\gamma'^2}}\right)^2\\[2ex] +D''^2\sin\varphi''\cos\varphi''\left(\dfrac{A\sin\omega}{\sqrt{1-\gamma''^2}}\right)^2 - D'D''\dfrac{(C\sin\varphi'-A\cos\varphi'\cos\omega)A\sin\omega\sin(\varphi'+\varphi'')}{\sqrt{1-\gamma'^2}\sqrt{1-\gamma''^2}}.\end{cases}$$

Berücksichtigt man, dass, wenn statt γ' und γ'' ihre Werthe, nach (7.) § 4 durch φ', φ'' und ω ausgedrückt, gesetzt werden, man hat:

$$(2.)\quad\begin{aligned}1-\left(\frac{C\sin\varphi'-A\cos\varphi'\cos\omega}{\sqrt{1-\gamma'^2}}\right)^2 &= \frac{A^2\sin^2\omega}{1-\gamma'^2},\\ 1-\left(\frac{A\sin\omega}{\sqrt{1-\gamma''^2}}\right)^2 &= \frac{(C\sin\varphi''-A\cos\varphi''\cos\omega)^2}{1-\gamma''^2},\end{aligned}$$

so erhält man, wenn die Gleichung (1.) von der Gleichung der lebendigen Kräfte (9.) § 5 abgezogen wird:

$$(3.)\qquad (P^2-R_p^2)\sin\varphi\cos\varphi$$

$$=\left\{\begin{aligned}&D'^2\sin\varphi'\cos\varphi'\frac{A^2\sin^2\omega}{1-\gamma'^2}+D''^2\sin\varphi''\cos\varphi''\left(\frac{(C\sin\varphi''-A\cos\varphi''\cos\omega)^2+\varDelta(1-\gamma''^2)}{1-\gamma''^2}\right)\\ &\qquad\qquad +D'D''\frac{(C\sin\varphi'-A\cos\varphi'\cos\omega)}{\sqrt{1-\gamma'^2}\sqrt{1-\gamma''^2}}A\sin\omega\sin(\varphi'+\varphi'')\end{aligned}\right\},$$

wo $\varDelta$ statt $\dfrac{(\mu^2-\pi^2)\gamma''\left(\dfrac{C}{\cos\varphi''}-\gamma''\right)}{\pi^2-(\pi^2-\mu^2)\gamma''^2}$ gesetzt ist.

Ich werde jetzt zeigen, dass der Theil dieser Gleichung (3.), rechts vom Gleichheitszeichen, sich in die zwei Factoren M und N zerlegen lässt, wo

$$(4.)\begin{cases}M = D'\dfrac{A\sin\omega}{\sqrt{1-\gamma'^2}}+D''\dfrac{(C\sin\varphi''-A\cos\varphi''\cos\omega)}{\sqrt{1-\gamma''^2}},\\[2ex] N = D'\sin\varphi'\cos\varphi'\dfrac{A\sin\omega}{\sqrt{1-\gamma'^2}}\\[2ex] \quad +D''\sin\varphi''\cos\varphi''\left(\dfrac{C\sin\varphi''-A\cos\varphi''\cos\omega}{\sqrt{1-\gamma''^2}}+\dfrac{\varDelta\sqrt{1-\gamma''^2}}{C\sin\varphi''-A\cos\varphi''\cos\omega}\right).\end{cases}$$

Multiplicirt man nämlich diese Factoren mit einander und vergleicht das Product mit dem zweiten Theil der Gleichung (3.), so sieht man, dass diese Zerlegung richtig ist, wenn

$$\frac{A\sin\omega(C\sin\varphi''-A\cos\varphi''\cos\omega)(\sin\varphi'\cos\varphi'+\sin\varphi''\cos\varphi'')+\dfrac{A\sin\omega\varDelta(1-\gamma''^2)\sin\varphi''\cos\varphi''}{C\sin\varphi''-A\cos\varphi''\cos\omega}}{\sqrt{1-\gamma'^2}\sqrt{1-\gamma''^2}}$$
$$=\frac{A\sin\omega(C\sin\varphi'-A\cos\varphi'\cos\omega)\sin(\varphi'+\varphi'')}{\sqrt{1-\gamma'^2}\sqrt{1-\gamma''^2}}$$

ist. Diese Relation ist also zu beweisen. Lässt man die gemeinschaftlichen Factoren fort, so muss sein:

$$(5.)\quad (C\sin\varphi''-A\cos\varphi''\cos\omega)\sin(\varphi'+\varphi'')\cos(\varphi'-\varphi'')+\frac{\sin\varphi''\cos\varphi''(1-\gamma''^2)\varDelta}{C\sin\varphi''-A\cos\varphi''\cos\omega}$$
$$=(C\sin\varphi'-A\cos\varphi'\cos\omega)\sin(\varphi'+\varphi'').$$

Es ist aber:

$$(6.)\quad \varDelta=\frac{(\mu^2-\pi^2)\gamma''(C-\gamma''\cos\varphi'')}{\cos\varphi''[\pi^2+(\mu^2-\pi^2)\gamma''^2]}.$$

Ferner findet man [vgl. (h.) Seite 377 (Note)]:

$$(7.)\quad C-\gamma''\cos\varphi''=\sin\varphi''(C\sin\varphi''-A\cos\varphi''\cos\omega).$$

Endlich ergiebt sich [vgl. § 4, (11a.) und (12.)]:

$$(8.)\quad \sin^2\varphi[\pi^2+(\mu^2-\pi^2)\gamma''^2]=\sin^2\varphi''\quad\text{und}\quad\sin^2\varphi\cdot\mu^2=\sin^2\varphi';$$

und aus diesen Formeln (8.) ergeben sich folgende Ausdrücke:

$$(8a.)\quad \mu^2-\pi^2=\frac{\sin^2\varphi'-\sin^2\varphi''}{\sin^2\varphi(1-\gamma''^2)}=\frac{\sin(\varphi'-\varphi'')\sin(\varphi'+\varphi'')}{\sin^2\varphi(1-\gamma''^2)},$$

$$(8b.)\quad \pi^2+(\mu^2-\pi^2)\gamma''^2=\frac{\sin^2\varphi''}{\sin^2\varphi}.$$

Setzt man die Werthe (7.) und (8a.), (8b.) in den Ausdruck $\varDelta$ (6.), so verwandelt sich dieser in folgenden:

$$(9.)\quad \varDelta=\frac{\sin(\varphi'-\varphi'')\sin(\varphi'+\varphi'')(C\sin\varphi''-A\cos\varphi''\cos\omega)\gamma''}{\sin\varphi''\cos\varphi''(1-\gamma''^2)}.$$

Dieser Werth von $\varDelta$ in der Gleichung (5.) substituirt, und den entstandenen gemeinschaftlichen Factor $\sin(\varphi'+\varphi'')$ fortgelassen, giebt:

$$(C\sin\varphi''-A\cos\varphi''\cos\omega)\cos(\varphi'-\varphi'')+\sin(\varphi'-\varphi'')\gamma''=C\sin\varphi'-A\cos\varphi'\cos\omega,$$

eine Gleichung, von deren Richtigkeit man sich leicht überzeugt, wenn man die identischen Gleichungen benutzt:

$$C[\sin\varphi''\cos(\varphi'-\varphi'')-\sin\varphi']=-C\cos\varphi''\sin(\varphi'-\varphi''),$$
$$A\cos\omega[\cos\varphi''\cos(\varphi'-\varphi'')-\cos\varphi']=A\cos\omega\sin\varphi''\sin(\varphi'-\varphi''),$$

und zugleich beachtet, dass γ'' den Werth hat:

$$\gamma''=C\cos\varphi''+A\sin\varphi''\cos\omega,\quad\text{[vgl. (h.) Seite 377 (Note)].}$$

Die Richtigkeit der Zerlegung des zweiten Theils der Gleichung (3.) in die beiden Factoren M und N in (4.) ist also erwiesen; der erste Theil der Gleichung (3.) zerfällt in die zwei Factoren $(P+R_p)$ und $(P-R_p)\sin\varphi\cos\varphi$. Vergleicht man die Factoren jedes Theils der Gleichung (3.) mit den beiden Theilen der Gleichung (3.) a. in § 5, so sieht man, dass die Gleichung (3.) sich durch jene dividiren lässt, und man erhält statt (3.) die folgende Gleichung:

$$(P-R_p)\sin\varphi\cos\varphi = D'\sin\varphi'\cos\varphi'\frac{A\sin\omega}{\sqrt{1-\gamma'^2}}$$
$$+D''\left\{\frac{\sin\varphi''\cos\varphi''(C\sin\varphi''-A\cos\varphi''\cos\omega)+\dfrac{\sin\varphi''\cos\varphi''(1-\gamma''^2)\Delta}{C\sin\varphi''-A\cos\varphi''\cos\omega}}{\sqrt{1-\gamma''^2}}\right\},$$

oder wenn statt Δ sein Werth aus (9.) gesetzt wird:

$$(10.)\qquad (P-R_p)\sin\varphi\cos\varphi = D'\frac{\sin\varphi'\cos\varphi' A\sin\omega}{\sqrt{1-\gamma'^2}}$$
$$+D''\left\{\frac{\sin\varphi''\cos\varphi''(C\sin\varphi''-A\cos\varphi''\cos\omega)+\gamma''\sin(\varphi'+\varphi'')\sin(\varphi'-\varphi'')}{\sqrt{1-\gamma''^2}}\right\}.$$

Setzt man statt γ'' in dem Factor von D'' seinen Werth, nämlich:

$$\gamma'' = C\cos\varphi''+A\sin\varphi''\cos\omega,$$

und bemerkt, dass

$$\sin(\varphi'+\varphi'')\sin(\varphi'-\varphi'') = \sin^2\varphi'-\sin^2\varphi'',$$

so findet man:

$$\sin\varphi''\cos\varphi''(C\sin\varphi''-A\cos\varphi''\cos\omega)+\gamma''\sin(\varphi'+\varphi'')\sin(\varphi'-\varphi'')$$
$$= C\cos\varphi''\sin^2\varphi'-A\sin\varphi''\cos^2\varphi'\cos\omega,$$

welcher Werth, in (10.) gesetzt, diese Gleichung noch etwas einfacher macht.

Die vier Gleichungen des ersten Grades, durch welche die Geschwindigkeiten R_s, R_p, D', D'' bestimmt werden, sind also folgende):*

$$(11.)\quad\begin{cases}
\text{a. } (P+R_p) = D'\dfrac{A\sin\omega}{\sqrt{1-\gamma'^2}}+D''\dfrac{(C\sin\varphi''-A\cos\varphi''\cos\omega)}{\sqrt{1-\gamma''^2}},\\[2ex]
\text{b. } (P-R_p)\sin\varphi\cos\varphi = D'\dfrac{\sin\varphi'\cos\varphi' A\sin\omega}{\sqrt{1-\gamma'^2}}+D''\dfrac{(C\cos\varphi''\sin^2\varphi'-A\sin\varphi''\cos^2\varphi'\cos\omega)}{\sqrt{1-\gamma''^2}},\\[2ex]
\text{c. } (S+R_s)\sin\varphi = -D'\dfrac{\sin\varphi'(C\sin\varphi'-A\cos\varphi'\cos\omega)}{\sqrt{1-\gamma'^2}}+D''\dfrac{A\sin\varphi''\sin\omega}{\sqrt{1-\gamma''^2}},\\[2ex]
\text{d. } (S-R_s)\cos\varphi = -D'\dfrac{\cos\varphi'(C\sin\varphi'-A\cos\varphi'\cos\omega)}{\sqrt{1-\gamma'^2}}+D''\dfrac{A\cos\varphi''\sin\omega}{\sqrt{1-\gamma''^2}}.
\end{cases}$$

---

*) Die Bedeutungen von S, P, R_s, R_p und D', D'' sind angegeben zu Anfang des § 5.

§ 7.

Ausdrücke für die Geschwindigkeiten in den reflectirten und gebrochenen Lichtstrahlen bei einaxigen Krystallen. Ihre Analogie mit denjenigen bei unkrystallinischen Medien.

Es ist leicht aus a. und b. der Gleichungen (11.) des vorigen Paragraphen die Grösse R_p zu eliminiren, und aus c. und d. die Grösse R_s; man findet

$$(1.)\begin{cases} 2P\sin\varphi\cos\varphi = \dfrac{D'}{\sqrt{1-\gamma'^2}}\sin(\varphi+\varphi')\cos(\varphi-\varphi')A\sin\omega \\ +\dfrac{D''}{\sqrt{1-\gamma''^2}}[C(\sin\varphi''\sin\varphi\cos\varphi+\cos\varphi''\sin^2\varphi')-A\cos\omega(\cos\varphi''\sin\varphi\cos\varphi+\sin\varphi''\cos^2\varphi')], \\ 2S\sin\varphi\cos\varphi = -\dfrac{D'}{\sqrt{1-\gamma'^2}}\sin(\varphi+\varphi')(C\sin\varphi'-A\cos\omega\cos\varphi')+\dfrac{D''}{\sqrt{1-\gamma''^2}}\sin(\varphi''+\varphi)A\sin\omega. \end{cases}$$

Und eliminirt man aus denselben Gleichungen P und S, so erhält man:

$$(2.)\begin{cases} 2R_p\sin\varphi\cos\varphi = \dfrac{D'}{\sqrt{1-\gamma'^2}}\sin(\varphi-\varphi')\cos(\varphi+\varphi')A\sin\omega \\ +\dfrac{D''}{\sqrt{1-\gamma''^2}}[C(\sin\varphi''\sin\varphi\cos\varphi-\cos\varphi''\sin^2\varphi')-A\cos\omega(\cos\varphi''\sin\varphi\cos\varphi-\sin\varphi''\cos^2\varphi')], \\ 2R_s\sin\varphi\cos\varphi = \dfrac{D'}{\sqrt{1-\gamma'^2}}\sin(\varphi-\varphi')(C\sin\varphi'-A\cos\omega\cos\varphi')-\dfrac{D''}{\sqrt{1-\gamma''^2}}\sin(\varphi-\varphi'')A\sin\omega. \end{cases}$$

Aus (1.) erhält man die Geschwindigkeiten in dem gewöhnlichen und in dem ungewöhnlich gebrochenen Strahl. Setzt man nämlich zur Abkürzung:

$$(3.)\quad \mathsf{N} = \sin(\varphi+\varphi')(C\sin\varphi'-A\cos\omega\cos\varphi')[C(\sin\varphi''\sin\varphi\cos\varphi+\cos\varphi''\sin^2\varphi') \\ -A\cos\omega(\cos\varphi''\sin\varphi\cos\varphi+\sin\varphi''\cos^2\varphi')]+A^2\sin^2\omega\sin(\varphi+\varphi')\cos(\varphi-\varphi')\sin(\varphi+\varphi''),$$

so erhält man:

$$(4.)\begin{cases} D' = 2\dfrac{\sqrt{1-\gamma'^2}\sin\varphi\cos\varphi}{\mathsf{N}}\big(P\sin(\varphi+\varphi'')A\sin\omega - S[C(\sin\varphi''\sin\varphi\cos\varphi+\cos\varphi''\sin^2\varphi') \\ \quad -A\cos\omega(\cos\varphi''\sin\varphi\cos\varphi+\sin\varphi''\cos^2\varphi')]\big), \\ D'' = 2\dfrac{\sqrt{1-\gamma''^2}\sin\varphi\cos\varphi}{\mathsf{N}}\big(P\sin(\varphi+\varphi')(C\sin\varphi'-A\cos\omega\cos\varphi') \\ \quad +S\sin(\varphi+\varphi')\cos(\varphi-\varphi')A\sin\omega\big). \end{cases}$$

Diese Werthe in die Gleichungen (2.) gesetzt, sieht man, dass die Ausdrücke für die Geschwindigkeiten in den beiden, senkrecht und parallel mit der Einfallsebene polarisirten, reflectirten Strahlen die Form haben:

$$(5.)\quad \begin{cases} R_p = pP + s'S, \\ R_s = p'P + sS, \end{cases}$$

und man findet für p und s folgende Werthe:

$$(6.)\left\{\begin{aligned}
\mathsf{N}p &= \left\{\begin{aligned} &\sin(\varphi+\varphi')(C\sin\varphi'-A\cos\omega\cos\varphi')[C(\sin\varphi''\sin\varphi\cos\varphi-\cos\varphi''\sin^2\varphi') \\ &\qquad -A\cos\omega(\cos\varphi''\sin\varphi\cos\varphi-\sin\varphi''\cos^2\varphi')] \\ &+A^2\sin^2\omega\sin(\varphi-\varphi')\cos(\varphi+\varphi')\sin(\varphi+\varphi'')\end{aligned}\right\}, \\
\mathsf{N}s &= \left\{\begin{aligned} &-\sin(\varphi-\varphi')(C\sin\varphi'-A\cos\omega\cos\varphi')[C(\sin\varphi''\sin\varphi\cos\varphi+\cos\varphi''\sin^2\varphi') \\ &\qquad -A\cos\omega(\cos\varphi''\sin\varphi\cos\varphi+\sin\varphi''\cos^2\varphi')] \\ &-A^2\sin^2\omega\sin(\varphi+\varphi')\cos(\varphi-\varphi')\sin(\varphi-\varphi'')\end{aligned}\right\}, \\
&\text{und für } p' \text{ und } s' \text{ nach einigen Reductionen:} \\
\mathsf{N}p' &= -A\sin\omega(C\sin\varphi'-A\cos\omega\cos\varphi')\sin 2\varphi\sin(\varphi'-\varphi''), \\
\mathsf{N}s' &= -A\sin\omega(C\sin\varphi'+A\cos\omega\cos\varphi')\sin 2\varphi\sin(\varphi'-\varphi'').
\end{aligned}\right.$$

Setzt man in diesen Ausdrücken für D', D'', R_p, R_s den Winkel $\varphi'=\varphi''$, d. h. nimmt man an, dass nur eine einfache Strahlenbrechung stattfindet, *so verwandeln sie sich in die oben § 3 für die Reflexion an unkrystallinischen Medien gefundenen Werthe.* Es wird nämlich, wie man sogleich sieht, $s'=0$ und $p'=0$, und ferner*):

$$\text{(a.)}\qquad p=\frac{\sin(\varphi-\varphi')\cos(\varphi+\varphi')}{\sin(\varphi+\varphi')\cos(\varphi-\varphi')},\qquad s=-\frac{\sin(\varphi-\varphi')}{\sin(\varphi+\varphi')}.$$

Setzt man diese Werthe in (4.), so findet man für R_p und R_s die im § 3 aufgestellten Werthe für die reflectirten Bewegungen in den senkrecht und parallel mit der Einfallsebene polarisirten Lichtstrahlen [vgl. § 3, (2b.) und (5a.)]. Man erhält ferner aus (4.), wenn man berücksichtigt, dass

$$1-\gamma'^2=A^2\sin^2\omega+(C\sin\varphi'-A\cos\omega\cos\varphi')^2,\quad \text{[vgl. (g.) Seite 377 (Note)]},$$

ist:

$$D'=2\,\frac{\sin\varphi\cos\varphi[PA\sin\omega\sin(\varphi'+\varphi)-S(C\sin\varphi'-A\cos\omega\cos\varphi')\sin(\varphi'+\varphi)\cos(\varphi'-\varphi)]}{\sin^2(\varphi'+\varphi)\cos(\varphi'-\varphi)\sqrt{1-\gamma'^2}},$$

$$D''=2\,\frac{\sin\varphi\cos\varphi[P(C\sin\varphi'-A\cos\omega\cos\varphi')\sin(\varphi'+\varphi)+SA\sin\omega\sin(\varphi'+\varphi)\cos(\varphi'-\varphi)]}{\sin^2(\varphi'+\varphi)\cos(\varphi'-\varphi)\sqrt{1-\gamma'^2}},$$

---

*) Die Formel (3.) und die beiden ersten Formeln (6.) gewinnen nämlich für $\varphi'=\varphi''$ folgende Gestalt:

$$\begin{aligned}\mathsf{N} &= +F\sin(\varphi+\varphi')\cdot\sin(\varphi+\varphi')\cos(\varphi-\varphi'),\\ \mathsf{N}p &= +F\sin(\varphi+\varphi')\cdot\sin(\varphi-\varphi')\cos(\varphi+\varphi'),\\ \mathsf{N}s &= -F\sin(\varphi+\varphi')\cdot\sin(\varphi-\varphi')\cos(\varphi-\varphi'),\end{aligned}$$

wo F einen gemeinschaftlichen Factor vorstellt, der den Werth besitzt:

$$F=(C\sin\varphi'-A\cos\varphi'\cos\omega)^2+(A\sin\omega)^2.\quad -\quad C.\,N.$$

und hieraus zieht man, indem man einmal die erste Gleichung mit $\frac{A \sin \omega}{\sqrt{1-\gamma'^2}}$ und die zweite mit $\frac{C \sin \varphi' - A \cos \varphi' \cos \omega}{\sqrt{1-\gamma'^2}}$ multiplicirt und dann die erste mit $\frac{C \sin \varphi' - A \cos \varphi' \cos \omega}{\sqrt{1-\gamma'^2}}$ und die zweite mit $\frac{A \sin \omega}{\sqrt{1-\gamma'^2}}$ multiplicirt, das erstemal die Producte addirt, das zweitemal sie von einander subtrahirt:

$$\text{(b.)}\qquad \begin{aligned} &+D' \frac{A \sin \omega}{\sqrt{1-\gamma'^2}} + D'' \frac{C \sin \varphi' - A \cos \varphi' \cos \omega}{\sqrt{1-\gamma'^2}} = \frac{2P \sin \varphi \cos \varphi}{\sin(\varphi'+\varphi)\cos(\varphi'-\varphi)}, \\ &-D' \frac{C \sin \varphi' - A \cos \omega \cos \varphi'}{\sqrt{1-\gamma'^2}} + D'' \frac{A \sin \omega}{\sqrt{1-\gamma'^2}} = \frac{2S \sin \varphi \cos \varphi}{\sin(\varphi'+\varphi)}. \end{aligned}$$

Wenn χ den Winkel bedeutet, den die Einfallsebene mit der Ebene bildet, welche durch die Axe und die Normale der unter φ' oder φ'' gebrochenen Wellenebene gelegt wird, so findet die Bewegung D'' statt in dem Azimuth $90^0 - \chi$ und die Bewegung D' in dem Azimuth $180^0 - \chi$, das Azimuth gerechnet von der Einfallsebene an.*) Zerlegt man also die beiden Bewegungen D' und D'' nach der Einfallsebene und senkrecht darauf, und nennt die Componenten respective D_s und D_p, so hat man:

$$\text{(c.)}\qquad \begin{aligned} D_p &= +D' \sin \chi + D'' \cos \chi, \\ D_s &= -D' \cos \chi + D'' \sin \chi. \end{aligned}$$

Nun findet man aber, dass $\cos \chi = \frac{C \sin \varphi' - A \cos \varphi' \cos \omega}{\sqrt{1-\gamma'^2}}$ und $\sin \chi = \frac{A \sin \omega}{\sqrt{1-\gamma'^2}}$ ist, vergleicht man daher (b.) und (c.) mit einander, so ergiebt sich:

$$\begin{aligned} D_p &= \frac{2P \sin \varphi \cos \varphi}{\sin(\varphi'+\varphi)\cos(\varphi'-\varphi)}, \\ D_s &= \frac{2S \sin \varphi \cos \varphi}{\sin(\varphi'+\varphi)}. \end{aligned}$$

Dies sind aber dieselben Werthe für D_p und D_s, welche wir oben im § 3 gefunden haben [vgl. daselbst (2b.) und (5a.)].

---

*) Um die geometrischen Constructionen und die Bedeutung der betreffenden Buchstaben deutlich vor Augen zu haben, markire man, in der sphärischen Figur 3 Seite 375, auf dem grössten Kreisbogen NS, zwischen N und S, denjenigen Punkt n', durch welchen im gegenwärtigen Fall (d. i. für $\varphi' = \varphi''$) die Normalen der beiden gebrochenen Wellen dargestellt sind; so dass also der Bogen $Nn' = \varphi'$ sein soll. Ueberdies construire man den grössten Kreisbogen zn'. In dem so entstehenden sphärischen Dreieck $Nn'z$ wird alsdann der Winkel $Nn'z = \chi$ sein. — Noch sei bemerkt, dass der Bogen $n'z$ denjenigen Winkel vorstellt, unter welchem n' gegen die optische Axe z geneigt ist. Demgemäss ist also $\cos(n', z) = \gamma'$ und $\sin(n', z) = \sqrt{1-\gamma'^2}$. — C. N.

§ 8.

Ueber den Polarisationswinkel. Der allgemeine Ausdruck für diesen Winkel hängt ab von einer biquadratischen Gleichung.

Aus den Gleichungen (5.) und (6.) kann man die Gesetze der Polarisation des Lichtes durch Reflexion an krystallinischen Oberflächen ableiten. Ich beschäftige mich mit dieser Untersuchung um so lieber, weil die sehr schätzenswerthen Beobachtungsreihen des Herrn Dr. *Seebeck* zur Vergleichung mit den theoretischen Resultaten vorliegen, und aus dieser Vergleichung eine sehr schöne Bewährung der Theorie hervorgeht.

Man kann, ausgehend von den Erscheinungen der Reflexion an *unkrystallinischen* Oberflächen, den Polarisationswinkel auf eine doppelte Weise definiren: 1) als denjenigen Einfallswinkel, unter welchem ein senkrecht auf der Einfallsebene polarisirter Strahl auf die reflectirende Ebene fallen muss, damit der reflectirte Strahl verschwinde; oder 2) als denjenigen Winkel, unter welchem natürliches Licht reflectirt werden muss, damit der reflectirte Strahl nur Licht, welches parallel mit der Reflexionsebene polarisirt ist, enthalte. Diese Definitionen sind aber beide, streng und allgemein gesprochen, nicht anwendbar auf *krystallinische* Oberflächen. — Nehmen wir an, das einfallende Licht sei senkrecht gegen die Einfallsebene polarisirt, so haben wir für das reflectirte Licht nach (5.): $R_p = pP$ und $R_s = p'P$, und die Intensität des reflectirten Lichtes:

$$R_p^2 + R_s^2 = (p^2 + p'^2)P^2.$$

Diese kann also nur in den Fällen durch eine schickliche Wahl des Einfallswinkels φ verschwindend gemacht werden, in welchem, unabhängig von φ, die Grösse $p' = 0$ ist, was bei unkrystallinischen Oberflächen zwar immer der Fall ist, bei krystallinischen aber nur in gewissen besonderen Fällen.

Man kann aber die erste Definition allgemeiner fassen, so dass sie auf krystallinische und unkrystallinische Körper anwendbar wird, *dass nämlich der Polarisationswinkel derjenige Einfallswinkel sei, unter welchem ein senkrecht auf der Einfallsebene polarisirter Strahl reflectirt werden müsse, damit im reflectirten Strahl kein senkrecht auf der Reflexionsebene polarisirtes Licht enthalten sei.* Diese Definition des Polarisationswinkels zu Grunde gelegt, erhalten wir ihn durch die Auflösung der Gleichung $p = 0$, d. i. für p seinen Werth gesetzt mit Weglassung des gemeinschaftlichen Factors $\frac{1}{N}$, durch Auflösung der Gleichung:

$$(1.)\quad \left\{\begin{aligned} 0 &= A^2 \sin^2\omega \cos(\varphi + \varphi') \sin(\varphi - \varphi') \sin(\varphi + \varphi'') \\ &+ \sin(\varphi + \varphi')(C \sin\varphi' - A \cos\omega \cos\varphi')[C(\sin\varphi'' \sin\varphi \cos\varphi - \cos\varphi'' \sin^2\varphi') \\ &\quad - A \cos\omega(\cos\varphi'' \sin\varphi \cos\varphi - \sin\varphi'' \cos^2\varphi')], \end{aligned}\right.$$

wo die Relationen zwischen φ, φ', φ'' folgende sind*):

$$(2.)\begin{cases} \sin\varphi' = \mu \sin\varphi, \\ \operatorname{tang}^2\varphi''\left(\frac{1-\pi^2\sin^2\omega\sin^2\varphi}{\sin^2\varphi}\right) = \mu^2(C + A\cos\omega\operatorname{tang}\varphi'')^2 + \pi^2(A - C\cos\omega\operatorname{tang}\varphi'')^2. \end{cases}$$

Ich werde jetzt zeigen, dass auch der zweiten Definition des Polarisationswinkels bei der Reflexion an krystallinischen Oberflächen nicht genügt werden kann, und zu dem Ende den Ausdruck der reflectirten Lichtintensität geben, wenn das einfallende Licht unpolarisirt war. Das natürliche Licht muss man sich vorstellen als eine so rasche Folge von Oscillationsbewegungen nach allen Richtungen, dass man annehmen kann, dass während des kurzen Zeitmoments, welcher erforderlich ist, um einen Lichteindruck im Auge hervorzubringen, in allen Azimuthen gleich viel Oscillationen stattgefunden haben. Es sei die Intensität des gesammten einfallenden Lichtes $= J^2$, so wird die Intensität desjenigen, das seine Oscillationen im Azimuth $\mathfrak{a}$ ausführte, sein: $\frac{J^2}{2\pi}\partial\mathfrak{a}$; dieser Theil giebt im reflectirten Lichte:

$$(R_p^2) = (p\sin\mathfrak{a} + s'\cos\mathfrak{a})^2\frac{J^2}{2\pi}\partial\mathfrak{a},$$

$$(R_s^2) = (p'\sin\mathfrak{a} + s\cos\mathfrak{a})^2\frac{J^2}{2\pi}\partial\mathfrak{a}.$$

Die Intensität des gesammten reflectirten Lichtes, welches senkrecht, und desjenigen, welches parallel mit der Einfallsebene polarisirt ist, erhält man, wenn man von (R_p^2) und (R_s^2) die Summe in Beziehung auf alle Werthe von $\mathfrak{a}$ nimmt; dies giebt:

$$R_p^2 = (p^2 + s'^2)\frac{J^2}{2},$$

$$R_s^2 = (p'^2 + s^2)\frac{J^2}{2}.$$

Das reflectirte Licht wird vollständig nach der Einfallsebene polarisirt sein, wenn $p^2 + s'^2 = 0$ ist, und der durch diese Gleichung bestimmte Einfallswinkel φ wird der Polarisationswinkel, zufolge seiner zweiten Definition, sein. Aber dieser Gleichung ist, wie man sieht, im Allgemeinen nicht zu genügen, nur in den besonderen Fällen, wo $s' = 0$, unabhängig von φ; alsdann ist der Polarisationswinkel durch $p = 0$ bestimmt. Die zweite Definition des Polarisationswinkels kann aber leicht so allgemein ausgesprochen werden, dass sie auf krystallinische Medien ebenso gut wie auf unkrystallinische anwendbar ist, nämlich: *der Polarisationswinkel sei derjenige Einfallswinkel, bei welchem natürliches*

---

*) Man erhält diese Gleichungen (2.) aus den Formeln § 6, (8.) oder (8b.), wenn man daselbst für γ'' seinen eigentlichen Werth: $\gamma'' = C\cos\varphi'' + A\sin\varphi''\cos\omega$ substituirt [vgl. (h.), Seite 377 (Note)], und beachtet, dass [vgl. (2.) Seite 388] $1 - \gamma''^2 = (A\cos\varphi''\cos\omega - C\sin\varphi'')^2 + (A\sin\omega)^2$ ist. — *A. W.*

Licht reflectirt werden muss, damit es vollständig polarisirt sei. Bei unkrystallinischen Körpern fällt die Polarisationsebene des durch Reflexion vollständig polarisirten Lichtes immer mit der Reflexionsebene zusammen, bei krystallinischen Körpern dagegen ist dies nicht der Fall. Es ist Dr. *Seebeck*, welcher diese merkwürdige Thatsache zuerst als eine allgemeine hat kennen gelehrt (Pogg. Ann. d. Phys. Bd. XXI), obgleich *Brewster* schon früher (*Philosoph. Transact.* 1819) sie unter besonderen Umständen, durch welche die Ablenkung der Polarisationsebene von der Reflexionsebene ausserordentlich vergrössert wird, aufgefunden hatte. Es ist leicht, aus den Gleichungen (5.) § 7 Seite 391 den so definirten *Winkel der vollständigen Polarisation* und das Azimuth, in welchem diese stattfindet, abzuleiten. Dieses Azimuth werde ich die *Ablenkung der Polarisationsebene* nennen.

Die beiden Bewegungen, R_s und R_p, von denen die erste in der Reflexionsebene stattfindet, die zweite senkrecht darauf, wollen wir zerlegen 1) parallel mit einer Ebene, die durch den reflectirten Strahl gelegt ist, und mit der Reflexionsebene den Winkel α bildet, und 2) senkrecht gegen diese Ebene. Die erste Componente sei R'_s, die zweite R'_p; alsdann haben wir:

$$R'_s = R_p \sin\alpha + R_s \cos\alpha = P(p \sin\alpha + p' \cos\alpha) + S(s' \sin\alpha + s \cos\alpha),$$

$$R'_p = R_p \cos\alpha - R_s \sin\alpha = P(p \cos\alpha - p' \sin\alpha) + S(s' \cos\alpha - s \sin\alpha).$$

Der reflectirte Strahl wird vollständig in dem Azimuth α polarisirt sein, wenn $R'_p = 0$, unabhängig von P und S. Man hat also, damit eine vollständige Polarisation des natürlichen Lichtes durch Reflexion stattfinden soll, zu genügen den Gleichungen:

$$p \cos\alpha - p' \sin\alpha = 0,$$

$$s' \cos\alpha - s \sin\alpha = 0,$$

welches durch eine schickliche Wahl von α und des Einfallswinkels φ immer geschehen kann. Der Winkel α ist das Azimuth, welches wir die Ablenkung der Polarisationsebene genannt haben. Eliminirt man α aus diesen Gleichungen, so hat man, um den Winkel der Polarisation zu bestimmen:

(3.) $$ps - p's' = 0,$$

und die Ablenkung der Polarisationsebene ist:

(4.) $$\tang\alpha = \frac{s'}{s}\cdot$$

Ich werde im Folgenden den durch (3.) bestimmten Einfallswinkel den *Winkel der vollständigen Polarisation* nennen, auch wohl schlechtweg: *Polarisationswinkel*; denn es scheint mir doch dieser Winkel eigentlich der zu sein, welcher mit demjenigen, den man an unkrystallinischen Körpern den Polarisationswinkel genannt hat, die grösste Analogie besitzt; auch ist es dieser Winkel, den *Seebeck* beim Kalkspath für die verschiedenen Flächen und Richtungen der Reflexionsebenen vollständig durch Beobachtungen bestimmt, und den Polarisationswinkel genannt hat. Uebrigens sind die Unterschiede zwischen den durch (3.) bestimmten Einfallswinkeln und den durch (1.), d. i. durch $p=0$ bestimmten, von der zweiten Ordnung in Beziehung auf die Differenz $(\pi^2-\mu^2)$, die nur bei so stark doppeltbrechenden Medien, wie Kalkspath, der Beobachtung nicht ganz entgehen.

In dem besonderen Falle, wo die Reflexionsebene parallel mit dem Hauptschnitt der reflectirenden Ebene ist, d. i. wo $\omega=0$, hat man $s'=0$, nach (6.) § 7, also [nach (4.)] auch $\alpha=0$; und der Winkel der vollständigen Polarisation wird also [nach (3.)] abhängen von $p=0$, d. i. von:

(5.) $$C(\sin\varphi''\sin\varphi\cos\varphi-\cos\varphi''\sin^2\varphi')-A(\cos\varphi''\sin\varphi\cos\varphi-\sin\varphi''\cos^2\varphi')=0,$$

[vgl. (6.) § 7], wo

(6.) $$\begin{cases}\sin\varphi'=\mu\sin\varphi,\\ \operatorname{tang}^2\varphi''=\sin^2\varphi[\mu^2(C+A\operatorname{tang}\varphi'')^2+\pi^2(A-C\operatorname{tang}\varphi'')^2].\end{cases}$$

Aus (5.) erhält man:

$$\operatorname{tang}\varphi''=\frac{A\sin\varphi\cos\varphi+C\sin^2\varphi}{C\sin\varphi\cos\varphi+A\cos^2\varphi'},$$

und hieraus:

$$A-C\operatorname{tang}\varphi''=\frac{A^2\cos^2\varphi'-C^2\sin^2\varphi'}{A\cos^2\varphi'+C\sin\varphi\cos\varphi},\quad A\operatorname{tang}\varphi''+C=\frac{AC+\sin\varphi\cos\varphi}{A\cos^2\varphi'+C\sin\varphi\cos\varphi}.$$

Mittelst dieser drei Relationen eliminirt man φ'' aus (6.); dies giebt:

$$\left(\frac{A\sin\varphi\cos\varphi+C\sin^2\varphi'}{\sin\varphi}\right)^2-\mu^2(AC+\sin\varphi\cos\varphi)^2=\pi^2(A^2\cos^2\varphi'-C^2\sin^2\varphi')^2.$$

Der erste Theil dieser Gleichung löst sich, wie man leicht sieht, in folgendes Product auf*):

$$(A^2-\sin^2\varphi')(1-\mu^2C^2-\sin^2\varphi),$$

wodurch, da $A^2\cos^2\varphi'-C^2\sin^2\varphi'=A^2-\sin^2\varphi'$ ist, die Gleichung, in Beziehung auf $\sin^2\varphi$, lineär wird:

$$[(1-\mu^2C^2-\pi^2A^2)-(1-\pi^2\mu^2)\sin^2\varphi](A^2-\sin^2\varphi')=0.$$

Nur der erste Factor enthält die brauchbaren Wurzeln, und der Polarisationswinkel für den Fall, wo der Hauptschnitt mit der Reflexionsebene zusammenfällt, ist also:

(7.) $$\sin^2\varphi=\frac{(1-\pi^2)A^2+(1-\mu^2)C^2}{1-\pi^2\mu^2}.$$

---

*) falls man nämlich Rücksicht nimmt auf die erste der Gleichungen (6.). — *C. N.*

Dies ist dieselbe Formel, welche *Seebeck* bereits aus theoretischen Betrachtungen hergeleitet und deren Richtigkeit sich durch die Vergleichung mit seinen Beobachtungen bewährt hat (Pogg. Ann. d. Phys. Bd. XXII).

Ich werde jetzt den Fall, der nächst diesem der einfachste ist, untersuchen, den nämlich, wo die Reflexionsebene senkrecht auf dem Hauptschnitt steht, wo also $\omega = 90^0$ *ist.* Setzt man in (3.) die Werthe von p, s, p', s' aus (5.) § 7, führt die angeführten Multiplicationen aus, und vernachlässigt die gemeinschaftlichen Factoren $\sin(\varphi - \varphi')$, $\sin(\varphi + \varphi')$, und N^2, von denen nur der erste in dem besonderen Falle eine Bedeutung hat, wo $\varphi = \varphi'$ ist, d. h. wo das krystallinische Medium von einem unkrystallinischen Medium umgeben ist, dessen Brechungscoefficient seinem *gewöhnlichen* Brechungscoefficienten gleich ist, — einen Fall, den ich später besonders untersuchen werde, — dann erhält man*):

$$(\text{f.})\left\{\begin{aligned} &A^4 \cos(\varphi - \varphi') \cos(\varphi + \varphi') \sin(\varphi + \varphi'') \sin(\varphi - \varphi'') \\ &+ C^4 \sin^2\varphi' (\sin^2\varphi'' \sin^2\varphi \cos^2\varphi - \cos^2\varphi'' \sin^4\varphi') \\ &+ A^2C^2 \sin\varphi' \cos(\varphi - \varphi') \sin(\varphi + \varphi'')(\sin\varphi'' \sin\varphi \cos\varphi - \cos\varphi'' \sin^2\varphi') \\ &+ A^2C^2 \sin\varphi' \cos(\varphi + \varphi') \sin(\varphi - \varphi'')(\sin\varphi'' \sin\varphi \cos\varphi + \cos\varphi'' \sin^2\varphi') = 0. \end{aligned}\right.$$

*) Die Formel (f.) ergiebt sich folgendermaassen: Aus (6.) Seite 392 erhält man für $\omega = 90^0$, und unter Anwendung der Abbreviaturen:

$$(\alpha.) \qquad \sigma = \varphi + \varphi', \quad \delta = \varphi - \varphi',$$

folgende Ausdrücke:

$$(\beta.) \quad \mathsf{N}p = C^2 \sin\varphi' \sin\sigma[\sin\varphi'' \sin\varphi \cos\varphi - \cos\varphi'' \sin^2\varphi'] + A^2 \sin\delta \cos\sigma \sin(\varphi + \varphi''),$$

$$(\gamma.) \quad \mathsf{N}s = -C^2 \sin\varphi' \sin\delta[\sin\varphi'' \sin\varphi \cos\varphi + \cos\varphi'' \sin^2\varphi'] - A^2 \sin\sigma \cos\delta \sin(\varphi - \varphi''),$$

$$(\delta.) \quad \mathsf{N}p' = -AC \sin\varphi' \sin 2\varphi \sin(\varphi' - \varphi'').$$

Für s' nehmen wir *nicht* den direct aus (6.) Seite 392 für $\omega = 90^0$ entstehenden Ausdruck, sondern vielmehr denjenigen, der sich ergiebt *vor* Ausführung jener Reductionen, von denen dort, in (6.) Seite 392, die Rede ist. Mit andern Worten: Wir nehmen für s' denjenigen Ausdruck, der sich unmittelbar aus den Formeln Seite 391 (2.), (4.), (5.) ergiebt [indem man die Werthe (4.) in (2.) substituirt, und die so entstehenden Gleichungen mit den Formeln (5.) vergleicht]. Dieser Ausdruck lautet für $\omega = 90^0$ folgendermaassen:

$$(\varepsilon.) \quad \mathsf{N}s' = AC[\sin\sigma \cos\delta(\sin\varphi'' \sin\varphi \cos\varphi - \cos\varphi'' \sin^2\varphi') - \sin\delta \cos\sigma(\sin\varphi'' \sin\varphi \cos\varphi + \cos\varphi'' \sin^2\varphi')];$$

dass derselbe mit dem direct aus (6.) Seite 392 für $\omega = 90^0$ entstehenden Ausdruck identisch ist, ist leicht zu übersehen.

Substituirt man nun die Werthe (β.), (γ.), (δ.), (ε.) in dem Ausdruck $\mathsf{N}^2(p's' - ps)$, so gelangt man zu einer Formel von folgender Gestalt:

$$(\zeta.) \qquad \mathsf{N}^2(p's' - ps) = \mathfrak{A}A^4 + \mathfrak{C}C^4 + \mathfrak{R}A^2C^2.$$

Die Coefficienten $\mathfrak{A}$ und $\mathfrak{C}$ ergeben sich sofort und bedürfen keiner weiteren Umgestaltung; sie sind behaftet mit dem Factor $\sin\sigma \sin\delta$. Und zwar findet man:

$$(\eta.) \quad \mathfrak{A} = \sin\sigma \sin\delta \cdot \cos\sigma \cos\delta \sin(\varphi + \varphi'') \sin(\varphi - \varphi''),$$

$$(\vartheta.) \quad \mathfrak{C} = \sin\sigma \sin\delta \cdot \sin^2\varphi' (\sin\varphi'' \sin\varphi \cos\varphi - \cos\varphi'' \sin^2\varphi')(\sin\varphi'' \sin\varphi \cos\varphi + \cos\varphi'' \sin^2\varphi').$$

Andrerseits ist der Coefficient $\mathfrak{R}$ zusammengesetzt aus zwei Theilen: $\mathfrak{R} = \mathfrak{R}_1 + \mathfrak{R}_2$, die folgendermaassen lauten:

Diese Gleichung löst sich in zwei Factoren auf:

$$(\text{g.})\begin{cases} [A^2\cos(\varphi-\varphi')\sin(\varphi+\varphi'')+C^2\sin\varphi'(\sin\varphi''\sin\varphi\cos\varphi+\cos\varphi''\sin^2\varphi')] \\ \cdot\,[A^2\cos(\varphi+\varphi')\sin(\varphi-\varphi'')+C^2\sin\varphi'(\sin\varphi''\sin\varphi\cos\varphi-\cos\varphi''\sin^2\varphi')]=0, \end{cases}$$

von denen der erstere keine für die vorliegende Frage brauchbare Wurzeln hat, wie man sich überzeugt, wenn man $\varphi'=\varphi''$ setzt, d. h. diese Gleichung auf den Fall eines unkrystallinischen Mediums anwendet. Der Polarisationswinkel ist also allein durch den zweiten Factor bestimmt:

$$(8.)\quad A^2\cos(\varphi+\varphi')\sin(\varphi-\varphi'')+C^2\sin\varphi'(\sin\varphi''\sin\varphi\cos\varphi-\cos\varphi''\sin^2\varphi')=0.$$

Es ist leicht, hieraus φ'' mittelst der Gleichung (2.) zu eliminiren, welche man in diesem Falle, wo $\cos\omega=0$, schreiben kann:

$$\tang\varphi''=\frac{\mu\sin\varphi\sqrt{1+\frac{\pi^2-\mu^2}{\mu^2}A^2}}{\sqrt{1-\mu^2\sin^2\varphi-\frac{\pi^2-\mu^2}{\mu^2}\mu^2\sin^2\varphi}},$$

oder da $\sin\varphi'=\mu\sin\varphi$ ist:

$$(9.)\qquad \tang\varphi''=\tang\varphi'\sqrt{\frac{1+\frac{\pi^2-\mu^2}{\mu^2}A^2}{1-\frac{\pi^2-\mu^2}{\mu^2}\tang^2\varphi'}}.$$

Setzt man nämlich:

$$(10.)\quad \begin{aligned} A^2\cos(\varphi+\varphi')\sin\varphi-C^2\sin^3\varphi'&=M,\\ A^2\cos(\varphi+\varphi')\cos\varphi-C^2\sin\varphi'\sin\varphi\cos\varphi&=N, \end{aligned}$$

$\mathfrak{N}_1=\sin\varphi'(\sin\varphi''\sin\varphi\cos\varphi-\cos\varphi''\sin^2\varphi')[\sin^2\sigma\cos\delta\sin(\varphi-\varphi'')-\sin\sigma\cos\delta\sin2\varphi\sin(\varphi'-\varphi'')]$,
$\mathfrak{N}_2=\sin\varphi'(\sin\varphi''\sin\varphi\cos\varphi+\cos\varphi''\sin^2\varphi')[\sin^2\delta\cos\sigma\sin(\varphi+\varphi'')+\sin\delta\cos\sigma\sin2\varphi\sin(\varphi'-\varphi'')]$.

Unter Benutzung der identischen (für beliebige Werthe von φ, φ', φ'' geltenden) Gleichungen

$$\begin{aligned} \sin(\varphi+\varphi')\sin(\varphi-\varphi'')-\sin2\varphi\sin(\varphi'-\varphi'')&=\sin(\varphi-\varphi')\sin(\varphi+\varphi''),\\ \sin(\varphi-\varphi')\sin(\varphi+\varphi'')+\sin2\varphi\sin(\varphi'-\varphi'')&=\sin(\varphi+\varphi')\sin(\varphi-\varphi''), \end{aligned}$$

findet man nun ohne Mühe, dass $\mathfrak{N}_1$ und $\mathfrak{N}_2$ in folgende Gestalt versetzbar sind:

$$(\iota.)\qquad \mathfrak{N}_1=\sin\sigma\sin\delta\cdot\cos\delta\sin\varphi'(\sin\varphi''\sin\varphi\cos\varphi-\cos\varphi''\sin^2\varphi')\sin(\varphi+\varphi''),$$

$$(\varkappa.)\qquad \mathfrak{N}_2=\sin\sigma\sin\delta\cdot\cos\sigma\sin\varphi'(\sin\varphi''\sin\varphi\cos\varphi+\cos\varphi''\sin^2\varphi')\sin(\varphi-\varphi'').$$

Substituirt man jetzt in (ζ.) für $\mathfrak{A}$, $\mathfrak{C}$ und $\mathfrak{N}=\mathfrak{N}_1+\mathfrak{N}_2$ die Werthe (η.), (ϑ.), (ι.), ($\varkappa$.), so erhält man sofort:

$$(\lambda.)\ \mathsf{N}^2(p's'-ps)=\sin\sigma\sin\delta\left\{\begin{aligned} &+A^4\cos\sigma\cos\delta\sin(\varphi+\varphi'')\sin(\varphi-\varphi'')\\ &+C^4\sin^2\varphi'(\sin\varphi''\sin\varphi\cos\varphi-\cos\varphi''\sin^2\varphi')(\sin\varphi''\sin\varphi\cos\varphi+\cos\varphi''\sin^2\varphi')\\ &+A^2C^2\cos\delta\sin\varphi'(\sin\varphi''\sin\varphi\cos\varphi-\cos\varphi''\sin^2\varphi')\sin(\varphi+\varphi'')\\ &+A^2C^2\cos\sigma\sin\varphi'(\sin\varphi''\sin\varphi\cos\varphi+\cos\varphi''\sin^2\varphi')\sin(\varphi-\varphi'') \end{aligned}\right\}.$$

Der hier in den geschweiften Klammern enthaltene Ausdruck ist aber [weil $\sigma=\varphi+\varphi'$ und $\delta=\varphi-\varphi'$ ist] nichts Anderes als die linke Seite der obigen Formel (f.). U. s. w. — *A. W.*

so erhält man aus (8.) und (9.):

$$M^2 \cos^2\varphi' - N^2 \sin^2\varphi' = (M^2 + N^2 A^2) \sin^2\varphi' \frac{\pi^2 - \mu^2}{\mu^2},$$

welches, wenn aus (10.) gesetzt wird:

$$M \cos\varphi' - N \sin\varphi' = (A^2 + C^2 \sin^2\varphi') \cos(\varphi + \varphi') \sin(\varphi - \varphi'),$$
$$M \cos\varphi' + N \sin\varphi' = A^2 \cos(\varphi + \varphi') \sin(\varphi + \varphi') - C^2 \sin^2\varphi' \cos(\varphi - \varphi') \sin(\varphi + \varphi'),$$

sich verwandelt in:

$$(11.)\quad \cos(\varphi + \varphi') = \frac{(M^2 + A^2 N^2) \sin^2\varphi' \frac{\pi^2 - \mu^2}{\mu^2}}{\sin(\varphi - \varphi') \sin(\varphi + \varphi')(A^2 + C^2 \sin^2\varphi')[A^2 \cos(\varphi + \varphi') - C^2 \sin^2\varphi' \cos(\varphi - \varphi')]}.$$

Nun findet man*), wenn man für M und N ihre Werthe setzt, dass $M^2 + A^2 N^2$ den Factor $A^2 + C^2 \sin^2\varphi'$ hat; ausserdem ist

$$\sin(\varphi - \varphi') \sin(\varphi + \varphi') = \frac{1 - \mu^2}{\mu^2} \sin^2\varphi';$$

dadurch verwandelt sich die Gleichung (11.) in:

$$(12.)\quad \cos(\varphi + \varphi') = \frac{[(A^2 \cos^2\varphi - \sin^2\varphi')^2 + A^2 \cos^2(\varphi + \varphi') \sin^2(\varphi - \varphi')] \left(\frac{\pi^2 - \mu^2}{1 - \mu^2}\right)}{A^2 \cos(\varphi + \varphi') - C^2 \sin^2\varphi' \cos(\varphi - \varphi')}.$$

Diese Gleichung lässt sich aber nur annäherungsweise auflösen, da sie vom vierten Grade ist. Man bringt sie am einfachsten in die gewöhnliche Form der algebraischen Gleichungen durch folgende Substitution:

$$\frac{\cos\varphi'}{\cos\varphi} = x,$$

woraus sich findet:

$$(13.)\quad \begin{cases} \sin^2\varphi = \dfrac{x^2 - 1}{x^2 - \mu^2}, & \sin^2\varphi' = \dfrac{\mu^2(x^2 - 1)}{x^2 - \mu^2}, \\[2ex] \cos^2\varphi = \dfrac{1 - \mu^2}{x^2 - \mu^2}, & \cos^2\varphi' = \dfrac{x^2(1 - \mu^2)}{x^2 - \mu^2}. \end{cases}$$

Dadurch verwandelt sie sich in folgende Gleichung:

$$(14.)\quad \begin{cases} A^2(x + \mu)^2(1 - \mu x)^2 - C^2\mu^2(x^2 - 1)(1 - \mu^2 x^2) \\ - \{[A^2(1 - \mu^2) - \mu^2(x^2 - 1)]^2 + A^2(1 - \mu^2)(x^2 - 1)(1 - \mu x)^2\} \left(\dfrac{\pi^2 - \mu^2}{1 - \mu^2}\right) = 0. \end{cases}$$

Von den vier Wurzeln ist die für die vorliegende Frage brauchbare Wurzel wegen (13.) dadurch bestimmt, dass, wenn μ kleiner als 1 ist, x grösser als 1 sein muss, und umgekehrt, wenn μ grösser als 1, x kleiner als 1 ist, wobei x aber immer positiv bleiben muss.

---

*) In der That lässt sich zeigen, dass der Ausdruck $M^2 + A^2 N^2$ in folgende Factoren zerlegbar ist:

$$(F.)\quad M^2 + A^2 N^2 = (A^2 + C^2 \sin^2\varphi')([A^2 \cos^2\varphi - \sin^2\varphi']^2 + [A \cos(\varphi + \varphi') \sin(\varphi - \varphi')]^2).$$

Es wird nämlich diese Formel (F.), was bei ihrer Verificirung zu beachten sein dürfte, wenn man in ihr für M, N die Werthe (10.) Seite 399 einsetzt, und überdies C^2 durch $1 - A^2$ ersetzt, in Bezug auf die alsdann noch in ihr enthaltenen Grössen φ, φ' und A eine *identische* sein. — *C. N.*

Die Form der Gleichung (12.) ist sehr geeignet, um $\sin^2\varphi$ nach den Potenzen von $\frac{\pi^2-\mu^2}{1-\mu^2}$ zu entwickeln; multiplicirt man nämlich beide Theile der Gleichung mit $\cos(\varphi-\varphi')$ und setzt auf der linken Seite

$$\cos(\varphi+\varphi')\cos(\varphi-\varphi') = 1-(1+\mu^2)\sin^2\varphi,$$

so erhält man:

$$\sin^2\varphi = \frac{1}{1+\mu^2} - \frac{(A^2\cos^2\varphi-\sin^2\varphi')^2 + A^2\cos^2(\varphi+\varphi')\sin^2(\varphi-\varphi')}{A^2\cos(\varphi+\varphi') - C^2\sin^2\varphi'\cos(\varphi-\varphi')}\cos(\varphi-\varphi')\left(\frac{\pi^2-\mu^2}{1-\mu^4}\right),$$

und hieraus findet man:

$$(15.)\quad \sin^2\varphi = \frac{1}{1+\mu^2}\left\{1+\mu^2C^2\frac{\pi^2-\mu^2}{1-\mu^4} + \tfrac{1}{4}[4\mu^4-(1-5\mu^2-\mu^4+\mu^6)A^2]C^2\left(\frac{\pi^2-\mu^2}{1-\mu^4}\right)^2 + \cdots\right\}.$$

Zur Prüfung der Gleichung (12.) habe ich den Polarisationswinkel beim Kalkspath im Azimuth $\omega = 90^0$ für die Flächen berechnet, für welche *Seebeck* ihn durch Beobachtung bestimmt hat. Ich stelle zur Vergleichung das Resultat der Rechnung und der Beobachtung in folgender Tafel zusammen:

Neigung der reflectirenden Flächen gegen die Axe	Berechnete Polarisationswinkel	Beobachtete Polarisationswinkel	Unterschied
0° 12′	58° 54′,9	58° 56′	+ 1′,1
0 23	58 54,9	58 56,1	+ 1,2
27 2	59 19,1	59 3,9	— 15,2
45 23,5	59 53,4	59 50,9	— 2,5
45 29	59 53,5	59 47,7	— 5,8
45 43,5	59 54,1	59 46,7	— 7,4
64 1,5	60 26,3	60 14,8	— 11,7
89 47,5		60 33,4	

Um nun ferner die allgemeine Gleichung für den Polarisationswinkel zu entwickeln, setze ich*):

$$(\alpha.)\begin{cases} C(\sin\varphi''\sin\varphi\cos\varphi-\cos\varphi''\sin^2\varphi') - A\cos\omega(\cos\varphi''\sin\varphi\cos\varphi-\sin\varphi''\cos^2\varphi') = M, \\ C(\sin\varphi''\sin\varphi\cos\varphi+\cos\varphi''\sin^2\varphi') - A\cos\omega(\cos\varphi''\sin\varphi\cos\varphi+\sin\varphi''\cos^2\varphi') = M', \\ C\sin\varphi' - A\cos\omega\cos\varphi' = N. \end{cases}$$

*) Ersetzt man in dem hier in (α.) angegebenen Ausdruck N das A durch $-A$, so erhält man einen Ausdruck:

$$C\sin\varphi' + A\cos\omega\cos\varphi',$$

der zu M und M' in einfacher Beziehung steht. Es ist nämlich, wie man leicht finden wird:

$$(C\sin\varphi'+A\cos\omega\cos\varphi')\sin 2\varphi\sin(\varphi''-\varphi') = M\sin(\varphi+\varphi')\cos(\varphi-\varphi') - M'\sin(\varphi-\varphi')\cos(\varphi+\varphi').$$

Diese Relation dürfte dazu angethan sein, um den Uebergang von (α.) zu (β.) und (γ.) ein wenig zu erleichtern. — Dass die Buchstaben M, N hier in ganz anderer Bedeutung gebraucht sind, als vorhin, in (10.) Seite 399, bedarf wohl kaum noch der Bemerkung. — *C. N.*

Dadurch verwandelt sich die Gleichung (3.), nachdem einige leicht zu übersehende Reductionen ausgeführt sind, und der gemeinschaftliche Factor $\frac{\sin(\varphi-\varphi')\sin(\varphi+\varphi')}{N^2}$ fortgelassen ist, in folgende:

$$(\beta.)\left\{\begin{array}{l}\cos(\varphi+\varphi')\cos(\varphi-\varphi')\sin(\varphi+\varphi'')\sin(\varphi-\varphi'')A^4\sin^4\omega+N^2MM' \\ +\cos(\varphi+\varphi')\sin(\varphi-\varphi'')A^2\sin^2\omega NM'+\cos(\varphi-\varphi')\sin(\varphi+\varphi'')A^2\sin^2\omega NM\end{array}\right\}=0,$$

und diese löst sich in folgende zwei Factoren auf:

$$(\gamma.)\quad \begin{array}{l}[\cos(\varphi-\varphi')\sin(\varphi+\varphi'')A^2\sin^2\omega+NM'], \\ [\cos(\varphi+\varphi')\sin(\varphi-\varphi'')A^2\sin^2\omega+NM],\end{array}$$

von denen nur der letztere die brauchbaren Wurzeln enthält, wie man sich überzeugt, wenn man, wie oben, $\varphi'=\varphi''$ setzt. Stellt man also die Werthe für N und M wiederum her, so erhält man *folgende Gleichung, wodurch allgemein der Polarisationswinkel bestimmt wird**):

$$(16.)\left\{\begin{array}{l}\cos(\varphi+\varphi')\sin(\varphi-\varphi'')A^2\sin^2\omega+(C\sin\varphi'-A\cos\omega\cos\varphi')\times \\ {}[C(\sin\varphi''\sin\varphi\cos\varphi-\cos\varphi''\sin^2\varphi')-A\cos\omega(\cos\varphi''\sin\varphi\cos\varphi-\sin\varphi''\cos^2\varphi')]=0,\end{array}\right.$$

aus welcher φ'' *eliminirt werden muss durch* [*vgl.* § 8, (2.)]:

$$(17.)\quad \tan g^2\varphi''\left(\frac{1-\pi^2\sin^2\omega\sin^2\varphi}{\sin^2\varphi}\right)=\mu^2(C+A\cos\omega\,\mathrm{tang}\,\varphi'')^2+\pi^2(A-C\cos\omega\,\mathrm{tang}\,\varphi'')^2.$$

Herr *Seebeck* hat eine Reihe Beobachtungen über den Polarisationswinkel auf der natürlichen Bruchfläche des Kalkspaths in den verschiedenen Azimuthen angestellt; für dieselben Azimuthe habe ich die Polarisationswinkel nach (16.) und (17.) berechnet und sie mit den beobachteten in folgender Tafel zusammengestellt:

ω	Berechnete Polarisationswinkel	Beobachtete Polarisationswinkel	Unterschied
0° 0′	57° 20′,1	57° 19′,7	— 0′,4
22 30	57 42,9	57 45,9	+ 3,0
45 0	58 34,9	58 33,9	— 1,0
67 30	59 30,1	59 29,1	— 1,0
90 0	59 53,4	59 50,9	— 2,5

*) Man denke sich nämlich zu den beiden Gleichungen (16.), (17.) noch hinzugefügt die in § 2, (8.) angegebene Gleichung: $\sin\varphi'=\mu\sin\varphi$; und aus diesen *drei* Gleichungen denke man sich φ' und φ'' eliminirt. In solcher Weise erhält man eine Gleichung, die nur noch φ enthält. Und das durch diese Gleichung bestimmte φ ist alsdann der gesuchte *Polarisationswinkel*. Dabei wird das Azimuth ω als *gegeben* betrachtet.

Uebrigens fehlt in der Gleichung (16.), wie aus dem Uebergange von (α.) zu (β.) ersichtlich ist, der Factor $\sin(\varphi-\varphi')\sin(\varphi+\varphi')$, d. i. der Factor $\sin^2\varphi-\sin^2\varphi'$; wofür man offenbar auch schreiben kann: $(1-\mu^2)\sin^2\varphi$. *Es fehlt somit in der Gleichung* (16.) *der Factor* $(1-\mu^2)$, was unter Umständen, nämlich wenn $\mu=1$ sein sollte, zu beachten sein wird. — *C. N.*

Ich glaube nicht, dass man eine grössere Uebereinstimmung der Beobachtungen mit der Theorie erwarten darf; sie bestätigt eben so sehr die Richtigkeit der Theorie, als sie die grosse Geschicklichkeit des Beobachters beweist.

Da der vorher besonders untersuchte Fall für $\cos\omega = 90^0$ auf eine Gleichung des vierten Grades führte, so darf man nicht hoffen, die Wurzel der Gleichungen (16.) und (17.) anders als durch eine Reihe auszudrücken. Es ist leicht, die Gleichungen zu diesem Zweck in eine ähnliche Form, wie (12.) zu bringen, und die Wurzel dann nach den Potenzen von $\frac{\pi^2-\mu^2}{1-\mu^2}$ zu entwickeln.

Man sieht unmittelbar aus den Gleichungen (16.) und (17.), dass der Polarisationswinkel für $+\omega$ und $-\omega$ derselbe ist; dass aber auch der Polarisationswinkel sich nicht ändert für ω und $180^0-\omega$, wie *Brewster* zuerst beobachtet hat und *Seebeck* es bestätigt gefunden, erforderte eine nähere Untersuchung. Ich entwickelte die Wurzel von (16.) nach den Potenzen von $\pi^2-\mu^2$ und fand sie bis zur dritten inclusive unabhängig von den ungeraden Potenzen von $\cos\omega$. Hieraus wurde es mir sehr wahrscheinlich, dass sie überhaupt unabhängig davon sei. Die ausgeführte Elimination von φ'' aus (16.) bestätigte diese Vermuthung. Meine Rechnung ist aber so weitläufig, dass ich sie nicht hinschreibe, um so weniger, da mir die folgende kürzere mitgetheilt ist.

Aus (16.) nehme man den Werth:

$$(\mathfrak{A}.)\qquad \operatorname{tang}\varphi'' = \frac{l+m\cos\omega}{n+p\cos\omega},$$

wo l, m, n, p nur gerade Potenzen von $\cos\omega$ enthalten sollen. Man findet:

$$\begin{aligned} l &= A^2\sin^2\omega\sin\varphi\cos(\varphi+\varphi') - C^2\sin^3\varphi' + A^2\cos^2\omega\cos\varphi'\sin\varphi\cos\varphi,\\ n &= A^2\sin^2\omega\cos\varphi\cos(\varphi+\varphi') - C^2\sin\varphi'\sin\varphi\cos\varphi + A^2\cos^2\omega\cos^3\varphi',\\ m &= AC\sin\varphi'\{\sin\varphi'\cos\varphi' - \sin\varphi\cos\varphi\},\\ p &= AC\cos\varphi'\{\sin\varphi\cos\varphi - \sin\varphi'\cos\varphi'\}.\end{aligned}$$

Man substituire in diesen Ausdrücken für $\sin\varphi\cos\varphi$ überall den Werth:

$$\sin\varphi\cos\varphi = \sin\varphi'\cos\varphi' + \cos(\varphi+\varphi')\sin(\varphi-\varphi'),$$

so erhält man:

$$\begin{aligned} l &= +A^2\cos(\varphi+\varphi')[\sin^2\omega\sin\varphi + \cos^2\omega\cos\varphi'\sin(\varphi-\varphi')] + \sin\varphi' M,\\ n &= +\cos(\varphi+\varphi')[A^2\sin^2\omega\cos\varphi - C^2\sin\varphi'\sin(\varphi-\varphi')] + \cos\varphi' M,\\ m &= -AC\sin\varphi'\cos(\varphi+\varphi')\sin(\varphi-\varphi'),\\ p &= +AC\cos\varphi'\cos(\varphi+\varphi')\sin(\varphi-\varphi'),\end{aligned}$$

wo der Kürze halber gesetzt ist*):

(𝔅.) $$M = A^2 \cos^2 \omega \cos^2 \varphi' - C^2 \sin^2 \varphi'.$$

Man setze ferner in den Werthen von l, n für $\sin\varphi$, $\cos\varphi$, wo sie allein vorkommen, die Werthe

$$\sin\varphi = \sin\varphi' \cos(\varphi - \varphi') + \cos\varphi' \sin(\varphi - \varphi'),$$
$$\cos\varphi = \cos\varphi' \cos(\varphi - \varphi') - \sin\varphi' \sin(\varphi - \varphi'),$$

so erhält man

$$l = A^2 \cos(\varphi + \varphi')[\sin^2\omega \sin\varphi' \cos(\varphi - \varphi') + \cos\varphi' \sin(\varphi - \varphi')] + \sin\varphi' M,$$
$$n = \cos(\varphi + \varphi')[A^2 \sin^2\omega \cos\varphi' \cos(\varphi - \varphi') - (C^2 + A^2 \sin^2\omega)\sin\varphi' \sin(\varphi - \varphi')] + \cos\varphi' M.$$

Es sei jetzt

(ℭ.) $$C + A\cos\omega \operatorname{tang}\varphi'' = \frac{l' + m'\cos\omega}{n + p\cos\omega},$$
$$A - C\cos\omega \operatorname{tang}\varphi'' = \frac{l'' + m''\cos\omega}{n + p\cos\omega},$$

so wird

$$l' = Cn + (A\cos^2\omega)m, \qquad m' = Cp + Al,$$
$$l'' = An - (C\cos^2\omega)m, \qquad m'' = Ap - Cl,$$

oder wenn man die zuletzt angegebenen Werthe von l, m, n, p substituirt:

$$l' = C\cos(\varphi + \varphi')[A^2 \sin^2\omega \cos\varphi' \cos(\varphi - \varphi') - \sin\varphi' \sin(\varphi - \varphi')] + C\cos\varphi' M,$$
$$m' = A\cos(\varphi + \varphi')[A^2 \sin^2\omega \sin\varphi' \cos(\varphi - \varphi') + \cos\varphi' \sin(\varphi - \varphi')] + A\sin\varphi' M,$$
$$l'' = A\sin^2\omega \cos(\varphi + \varphi')[A^2 \cos\varphi' \cos(\varphi - \varphi') - \sin\varphi' \sin(\varphi - \varphi')] + A\cos\varphi' M,$$
$$m'' = -A^2 C \sin^2\omega \sin\varphi' \cos(\varphi + \varphi') \cos(\varphi - \varphi') - C\sin\varphi' M.$$

Aus diesen Ausdrücken bilde man die Werthe von:

$$l \pm l' \sin\varphi, \qquad m \pm m' \sin\varphi'$$
$$l\sin\omega \pm \sqrt{-1}\, l'', \qquad m\sin\omega \pm \sqrt{-1}\, m''$$

und setze der Kürze halber:

(𝔇.) $$\begin{cases} \cos(\varphi + \varphi')[A^2 \sin^2\omega \sin\varphi' \cos(\varphi - \varphi') + (\cos\varphi' + C)\sin(\varphi - \varphi')] + \sin\varphi' M = D, \\ \cos(\varphi + \varphi')[A^2 \sin^2\omega \sin\varphi' \cos(\varphi - \varphi') + (\cos\varphi' - C)\sin(\varphi - \varphi')] + \sin\varphi' M = D', \\ A\sin\omega \cos(\varphi + \varphi')[A\sin\omega \cos(\varphi - \varphi') - \sqrt{-1}\sin(\varphi - \varphi')] + M = E, \\ A\sin\omega \cos(\varphi + \varphi')[A\sin\omega \cos(\varphi - \varphi') + \sqrt{-1}\sin(\varphi - \varphi')] + M = E', \end{cases}$$

so erhält man:

(𝔈.) $$l - l' \sin\varphi' = (1 - C\cos\varphi')D, \qquad l + l' \sin\varphi' = (1 + C\cos\varphi')D',$$
$$m - m' \sin\varphi' = -A\sin\varphi' D, \qquad m + m' \sin\varphi' = +A\sin\varphi' D',$$

*) Es kann wohl keinen Anstoss erregen, dass der Buchstabe M kurz vorher [in (α.) Seite 401] in ganz anderer Bedeutung gebraucht ist. — *C. N.*

ferner

$$(\mathfrak{F}.)\quad \begin{aligned} l\ \sin\omega+\sqrt{-1}\,l'' &= (\sin\omega\sin\varphi'+\sqrt{-1}\,A\cos\varphi')E,\\ l\ \sin\omega-\sqrt{-1}\,l'' &= (\sin\omega\sin\varphi'-\sqrt{-1}\,A\cos\varphi')E',\\ m\sin\omega+\sqrt{-1}\,m'' &= -C\sqrt{-1}\sin\varphi' E,\\ m\sin\omega-\sqrt{-1}\,m'' &= +C\sqrt{-1}\sin\varphi' E'. \end{aligned}$$

Es ist aber [nach ($\mathfrak{A}$.) und ($\mathfrak{B}$.)]:

$$(n+p\cos\omega)[\operatorname{tang}\varphi''-\sin\varphi'(C+A\cos\omega\operatorname{tang}\varphi'')]=(l+m\cos\omega)-\sin\varphi'(l'+m'\cos\omega),$$

$$(n+p\cos\omega)[\operatorname{tang}\varphi''+\sin\varphi'(C+A\cos\omega\operatorname{tang}\varphi'')]=(l+m\cos\omega)+\sin\varphi'(l'+m'\cos\omega),$$

$$\begin{aligned}(n+p\cos\omega)&[\sin\omega\operatorname{tang}\varphi''+\sqrt{-1}\,(A-C\cos\omega\operatorname{tang}\varphi'')]\\ &=\sin\omega(l+m\cos\omega)+\sqrt{-1}\,(l''+m''\cos\omega),\end{aligned}$$

$$\begin{aligned}(n+p\cos\omega)&[\sin\omega\operatorname{tang}\varphi''-\sqrt{-1}\,(A-C\cos\omega\operatorname{tang}\varphi'')]\\ &=\sin\omega(l+m\cos\omega)-\sqrt{-1}\,(l''+m''\cos\omega),\end{aligned}$$

und daher, wenn man $n+p\cos\omega=N$ setzt [und mit Rücksicht auf ($\mathfrak{D}$.)]:

$$N[\operatorname{tang}\varphi''-\sin\varphi'(C+A\cos\omega\operatorname{tang}\varphi'')]=(1-C\cos\varphi'-A\cos\omega\sin\varphi')D,$$

$$N[\operatorname{tang}\varphi''+\sin\varphi'(C+A\cos\omega\operatorname{tang}\varphi'')]=(1+C\cos\varphi'+A\cos\omega\sin\varphi')D',$$

$$\begin{aligned}N&[\sin\omega\operatorname{tang}\varphi''+\sqrt{-1}\,(A-C\cos\omega\operatorname{tang}\varphi'')]\\ &=[\sin\omega\sin\varphi'+\sqrt{-1}\,(A\cos\varphi'-C\cos\omega\sin\varphi')]E,\end{aligned}$$

$$\begin{aligned}N&[\sin\omega\operatorname{tang}\varphi''-\sqrt{-1}\,(A-C\cos\omega\operatorname{tang}\varphi'')]\\ &=[\sin\omega\sin\varphi'-\sqrt{-1}\,(A\cos\varphi'-C\cos\omega\sin\varphi')]E'.\end{aligned}$$

Substituirt man diese Werthe in die Gleichung (17.), die man so darstellen kann*):

$$\operatorname{tang}^2\varphi''-\sin^2\varphi'(C+A\cos\omega\operatorname{tang}\varphi'')^2=\pi^2\sin^2\varphi\,[\sin^2\omega\operatorname{tang}^2\varphi''+(A-C\cos\omega\operatorname{tang}\varphi'')^2],$$

so erhält man, da

$$1-(C\cos\varphi'+A\cos\omega\sin\varphi')^2=\sin^2\omega\sin^2\varphi'+(A\cos\varphi'-C\cos\omega\sin\varphi')^2,$$

die Gleichung:

$$0=[1-(C\cos\varphi'+A\cos\omega\sin\varphi')^2][DD'-\pi^2\sin^2\varphi EE'],$$

welche sich, da der erste Factor für einen reellen Werth von φ' nie verschwinden kann**), auf folgende reducirt

$$(18.)\qquad 0=DD'-\pi^2\sin^2\varphi EE',$$

in welcher nur *gerade* Potenzen von $\cos\omega$ vorkommen. — *Q. e. d.*

---

*) weil $\sin\varphi'=\mu\sin\varphi$ ist. — *C. N.*

**) Excludirt man nämlich den Fall $\omega=0$, so wird der Winkel (n', z), unter welchem die Normale n' der gewöhnlich gebrochenen Welle gegen die optische Axe z geneigt ist, nicht verschwinden

Dies ist die Gleichung, wodurch allgemein der Polarisationswinkel bestimmt wird, nachdem φ'' eliminirt ist. Setzt man für D, D', E, E' ihre vorhin, in ($\mathfrak{D}$.), angegebenen Werthe, und zugleich auch für M seinen Werth ($\mathfrak{B}$.), so bekommt man:

$$(19.)\quad \begin{cases} \big(\cos(\varphi+\varphi')[A^2\sin^2\omega\sin\varphi'\cos(\varphi-\varphi')+\cos\varphi'\sin(\varphi-\varphi')] \\ +\sin\varphi'(A^2\cos^2\omega\cos^2\varphi'-C^2\sin^2\varphi')\big)^2 \\ =\pi^2\sin^2\varphi\,[A^2\sin^2\omega\cos(\varphi+\varphi')\cos(\varphi-\varphi')+A^2\cos^2\omega\cos^2\varphi'-C^2\sin^2\varphi']^2 \\ +\pi^2\sin^2\varphi\,A^2\sin^2\omega\cos^2(\varphi+\varphi')\sin^2(\varphi-\varphi')+C^2\sin^2(\varphi-\varphi')\cos^2(\varphi+\varphi'). \end{cases}$$

Setzt man für $\pi^2\sin^2\varphi$ seinen Werth:

$$\pi^2\sin^2\varphi = \sin^2\varphi' + (\pi^2-\mu^2)\sin^2\varphi,$$

und bringt die Gleichung (19.) in die Form:

$$(20.)\qquad R = S(\pi^2-\mu^2)\sin^2\varphi,$$

so findet man*):

$$(20\text{a.})\quad R=\cos(\varphi+\varphi')\sin(\varphi-\varphi')\sin(\varphi+\varphi')\big(A^2\sin^2\omega\cos(\varphi+\varphi') \\ +(A^2\cos^2\omega\cos^2\varphi'-C^2\sin^2\varphi')\cos(\varphi-\varphi')\big),$$

$$(20\text{b.})\quad S=[A^2\sin^2\omega\cos(\varphi+\varphi')\cos(\varphi-\varphi')+A^2\cos^2\omega\cos^2\varphi'-C^2\sin^2\varphi']^2 \\ +A^2\sin^2\omega\cos^2(\varphi+\varphi')\sin^2(\varphi-\varphi').$$

Man hat also, wenn man statt $\sin(\varphi-\varphi')\sin(\varphi+\varphi')$ seinen Werth $(1-\mu^2)\sin^2\varphi$ schreibt:

$$(21.)\qquad \cos(\varphi+\varphi') = \frac{\pi^2-\mu^2}{1-\mu^2}\times$$

$$\left\{\frac{[A^2\sin^2\omega\cos(\varphi+\varphi')\cos(\varphi-\varphi')+A^2\cos^2\omega\cos^2\varphi'-C^2\sin^2\varphi']^2+A^2\sin^2\omega\cos^2(\varphi+\varphi')\sin^2(\varphi-\varphi')}{A^2\sin^2\omega\cos(\varphi+\varphi')+(A^2\cos^2\omega\cos^2\varphi'-C^2\sin^2\varphi')\cos(\varphi-\varphi')}\right\}.$$

---

können. Folglich wird alsdann $\cos(n', z)$ niemals $= 1$ sein. Mit andern Worten: *Es wird alsdann das Binom* $(C\cos\varphi' + A\sin\varphi'\cos\omega)$ *niemals* $= 1$ *werden können.* Vgl. die Figur 3 Seite 375; daselbst ist die Normale n' anzudeuten durch einen Punkt n', der auf dem Bogen NS zwischen N und S liegt; auch wird alsdann der Bogen $Nn' = \varphi'$ sein. — *C. N.*

*) Es ist identisch: $\pi^2\sin^2\varphi = \mu^2\sin^2\varphi + (\pi^2-\mu^2)\sin^2\varphi$. Hieraus folgt sofort:

$$\pi^2\sin^2\varphi = \sin^2\varphi' + (\pi^2-\mu^2)\sin^2\varphi.$$

Substituirt man diesen Werth von $\pi^2\sin^2\varphi$ in der Formel (18.), so erhält man:

$$DD' = [\sin^2\varphi' + (\pi^2-\mu^2)\sin^2\varphi]\,EE',$$

oder was dasselbe ist:

$$(\text{F.})\qquad DD' - EE'\sin^2\varphi' = EE'(\pi^2-\mu^2)\sin^2\varphi;$$

und dies ist die in (20.) angegebene Formel. Demgemäss haben also die in (20.) eingeführten Abbreviaturen R und S folgende Bedeutungen:

$$(\text{f.})\qquad R = DD' - EE'\sin^2\varphi' \quad\text{und}\quad S = EE'.$$

Versucht man nun, auf Grund dieser Angaben (f.), die Grössen R und S wirklich zu berechnen, so gelangt man sofort zur Formel (20b.), und, nach einigen Rechnungen, auch zur Formel (20a.). — *C. N.*

Multiplicirt man diese Gleichung auf beiden Seiten mit $\cos(\varphi-\varphi')$ und schreibt statt $\cos(\varphi+\varphi')\cos(\varphi-\varphi')$ seinen Werth $1-(1+\mu^2)\sin^2\varphi$, so erhält man:

(22.)
$$\sin^2\varphi = \frac{1}{1+\mu^2} - \frac{\pi^2-\mu^2}{1-\mu^4}\times$$
$$\left\{\frac{[A^2\sin^2\omega\cos(\varphi+\varphi')\cos(\varphi-\varphi')+A^2\cos^2\omega\cos^2\varphi'-C^2\sin^2\varphi']^2+A^2\sin^2\omega\cos^2(\varphi+\varphi')\sin^2(\varphi-\varphi')}{A^2\sin^2\omega\cos(\varphi+\varphi')+(A^2\cos^2\omega\cos^2\varphi'-C^2\sin^2\varphi')\cos(\varphi-\varphi')}\right\}\cos(\varphi-\varphi'),$$

welche Form zur Entwickelung von $\sin^2\varphi$ nach den Potenzen von $\frac{\pi^2-\mu^2}{1-\mu^4}$ sehr passend ist. Da $\cos(\varphi+\varphi')$ zugleich mit $\pi^2-\mu^2$ verschwindet*), so erhält man unmittelbar dasjenige Glied von $\sin^2\varphi$, welches von der ersten Potenz $\pi^2-\mu^2$ abhängt, indem man $\cos(\varphi+\varphi')=0$ setzt:

(23.)
$$\begin{cases}\sin^2\varphi = \dfrac{1}{1+\mu^2} - \dfrac{\pi^2-\mu^2}{1-\mu^4}(A^2\cos^2\omega\cos^2\varphi' - C^2\sin^2\varphi') \\ \text{oder} \\ \sin^2\varphi = \dfrac{1}{1+\mu^2} - \dfrac{\pi^2-\mu^2}{1-\mu^4}\left(\dfrac{A^2\cos^2\omega - C^2\mu^2}{1+\mu^2}\right).\end{cases}$$

Will man nun noch das folgende Glied, welches von $(\pi^2-\mu^2)^2$ abhängt, so kann man in (22.) $\cos^2(\varphi+\varphi')=0$ setzen, und erhält dann:

$$\sin^2\varphi = \frac{1}{1+\mu^2} - \frac{\pi^2-\mu^2}{1-\mu^4}\times$$
$$\left[(A^2\cos^2\omega\cos^2\varphi' - C^2\sin^2\varphi)\left(\frac{[A^2\cos^2\omega\cos^2\varphi' - C^2\sin^2\varphi' + 2A^2\sin^2\omega\cos(\varphi+\varphi')\cos(\varphi-\varphi')]\cos(\varphi-\varphi')}{(A^2\cos^2\omega\cos^2\varphi' - C^2\sin^2\varphi')\cos(\varphi-\varphi') + A^2\sin^2\omega\cos(\varphi+\varphi')}\right)\right]$$

oder

$$\sin^2\varphi = \frac{1}{1+\mu^2} - \frac{\pi^2-\mu^2}{1-\mu^4}(A^2\cos^2\omega\cos^2\varphi' - C^2\sin^2\varphi') - \frac{\pi^2-\mu^2}{1-\mu^4}\cos(\varphi+\varphi')A^2\sin^2\omega\frac{\cos 2(\varphi-\varphi')}{\cos(\varphi-\varphi')}.$$

Setzt man in den zweiten Theil dieser Gleichung den Werth von $\sin^2\varphi$ aus (23.) und vernachlässigt die dritten Potenzen von $\pi^2-\mu^2$, so findet man

(24.)
$$\sin^2\varphi = \frac{1}{1+\mu^2} - \frac{\pi^2-\mu^2}{1-\mu^4}\left(\frac{A^2\cos^2\omega - C^2\mu^2}{1+\mu^2}\right)$$
$$-\left(\frac{\pi^2-\mu^2}{1-\mu^4}\right)^2(A^2\cos^2\omega - C^2\mu^2)\left\{\frac{(A^2\cos^2\omega + C^2)}{1+\mu^2}\mu^2 + A^2\sin^2\omega\left[1-\left(\frac{1-\mu^2}{2\mu}\right)^2\right]\right\}.$$

Man sieht hieraus, dass $\sin^2\varphi = \frac{1}{1+\mu^2}$ wird in dem Azimuth ω', für welches $\cos\omega' = +\frac{C}{A}\mu$; in diesen vier Azimuthen verhält sich also die krystallinische

*) Für den Fall $\mu=\pi$, d. i. für den Fall eines unkrystallinischen Mediums, bestimmt sich bekanntlich der *Polarisationswinkel* φ durch das *Brewster'sche Gesetz*: $\varphi+\varphi'=90^0$. Und aus dieser Formel ergeben sich leicht die weiterhin zur Anwendung kommenden Relationen:

$$\sin^2\varphi = \frac{1}{1+\mu^2},\quad \cos^2\varphi = \frac{\mu^2}{1+\mu^2}\quad \text{und}\quad \sin^2\varphi' = \frac{\mu^2}{1+\mu^2},\quad \cos^2\varphi' = \frac{1}{1+\mu^2},$$

immer vorausgesetzt, dass man unter φ' den dem Polarisationswinkel φ entsprechenden Brechungswinkel versteht. — *C. N.*

Oberfläche wie die Oberfläche eines unkrystallinischen Körpers mit dem Brechungscoefficienten $\frac{1}{\mu}$, und es ist $\cos(\varphi + \varphi') = 0$. Dies gilt aber nicht allein annäherungsweise, sondern streng, wie man aus (21.) ersieht, aus welcher Gleichung sich ergiebt, dass wenn $\cos(\varphi + \varphi') = 0$ ist, zugleich auch der Ausdruck $A^2 \cos^2 \omega \cos^2 \varphi' - C^2 \sin^2 \varphi' = 0$ sein muss, und umgekehrt.

Es kann von Interesse sein, die Gleichung (19.) in der gewöhnlichen Form der algebraischen Gleichung zu haben. Man gelangt am einfachsten durch die oben schon gebrauchte Substitution dazu, nämlich durch

$$\frac{\cos \varphi'}{\cos \varphi} = x,$$

dies giebt die Gleichung:

$$\begin{aligned}&[\mu(A^2 \sin^2 \omega + \mu^2 C^2) + (1 - \mu^2)x - \mu(1 - A^2 \cos^2 \omega)x^2]^2 \\ &- \pi^2 [A^2 \sin^2 \omega + \mu^2 C^2 - (\mu^2 - A^2 \cos^2 \omega)x^2]^2 \\ &+ (1 - \mu^2)[\pi^2 A^2 \sin^2 \omega + \mu^2 C^2 - (\pi^2 A^2 \sin^2 \omega + C^2)x^2](1 - \mu x)^2 = 0,\end{aligned}$$

deren Entwickelung nach den Potenzen von x ich nicht weiter hinschreiben will.

§ 9.

Ein einfaches Theorem über die Beziehung zwischen dem Polarisationswinkel und der Ablenkung der Polarisationsebene.

Ich werde mich jetzt mit der Gleichung (4.) des vorigen Paragraphen Seite 396 beschäftigen, durch welche die *Ablenkung der Polarisationsebene durch Reflexion* bestimmt wird. Das in dieser Gleichung vorkommende φ bezeichnet den Polarisationswinkel. Der Werth für s' ist nach (6.) § 7 Seite 392:

$$s' = -\frac{1}{\mathsf{N}} A \sin \omega \sin(\varphi' - \varphi'')(C \sin \varphi' + A \cos \omega \cos \varphi') \sin 2\varphi,$$

und der Werth von s daselbst verwandelt sich, wenn in ihm statt $A^2 \sin^2 \omega \times \sin(\varphi - \varphi'')$ sein Werth aus (16.) § 8 Seite 402 gesetzt wird, [nach einigen Reductionen] in folgenden Ausdruck:

$$s = -\frac{1}{\mathsf{N}} \frac{(C^2 \sin^2 \varphi' - A^2 \cos^2 \omega \cos^2 \varphi') \sin(\varphi' - \varphi'') \sin 2\varphi}{\cos(\varphi + \varphi')}.$$

Man erhält demnach für die Ablenkung der Polarisationsebene α:

(1.) $$\operatorname{tang} \alpha = \frac{A \sin \omega \cos(\varphi + \varphi')}{C \sin \varphi' - A \cos \omega \cos \varphi'}.$$

Dieses einfache elegante Resultat*) lässt sich in folgendem Theorem aussprechen:

Die Tangente der Ablenkung der Polarisationsebene ist gleich der Tangente des Winkels, welchen die Polarisationsebene der gewöhnlichen Wellenebene mit der Einfallsebene bildet, multiplicirt mit dem Cosinus der Summe des Winkels der vollständigen Polarisation und des ihm entsprechenden gewöhnlichen Brechungswinkels.

Dass nämlich $\frac{A \sin \omega}{C \sin \varphi' - A \cos \omega \cos \varphi'}$ die *Tangente* desjenigen Winkels ist, welchen die Einfallsebene mit der Richtung der Bewegung in der gewöhnlich gebrochenen Wellenebene, d. i. mit ihrer Polarisationsebene bildet, davon überzeugt man sich leicht aus den Gleichungen (2.) § 5 Seite 383, wo der *Sinus* dieser Winkels nach den in § 4 und § 5 erklärten Bezeichnungen

$$R'_a E_1 + R'_b E_2 + R'_c E_3 = \frac{A \sin \omega}{\sqrt{1 - \gamma'^2}}$$

angegeben ist**).

---

*) Will man von der Bedeutung dieser wichtigen und eleganten Formel (1.) eine deutliche Vorstellung haben, so hat man vor Allem zu beachten, dass es sich hier um einen auffallenden Strahl S *natürlichen* Lichtes handelt, und dass hier unter dem *Polarisationswinkel* φ derjenige Incidenzwinkel zu verstehen ist, unter welchem ein solcher natürlicher Strahl S auffallen muss, damit der reflectirte Strahl *vollständig polarisirt* ist. [Vgl. die Definition auf Seite 395 (unten).]

Gegeben seien nun die Constanten μ, π. Ferner sei gegeben die Neigung λ der Krystallaxe z gegen das Loth N der reflectirenden Fläche [vgl. die Figur Seite 375]; so dass also $A = \sin \lambda$ und $C = \cos \lambda$ ebenfalls bekannt sind. Endlich sei gegeben das Azimuth ω, unter welchem die Einfallsebene NS [Fig. Seite 375] gegen den Hauptschnitt Nz geneigt ist.

Alsdann bestimmt sich jener Polarisationswinkel φ mittelst derjenigen Formel, die aus den beiden Gleichungen (16.), (17.) Seite 402 und aus der Gleichung $\mu \sin \varphi = \sin \varphi'$ durch Elimination von φ' und φ'' resultirt.

Denkt man sich also jenen Strahl S unter dem so bestimmten Polarisationswinkel φ und in jenem von Hause aus gegebenen Azimuthe ω auffallend, so wird der reflectirte Strahl vollkommen polarisirt sein. Seine Polarisationsebene aber wird im Allgemeinen schief liegen, nämlich gegen die Reflexionsebene unter einem gewissen Winkel α geneigt sein, der durch die obige Formel (1.) Seite 408 sich bestimmen lässt. — *C. N.*

**) Der Ausdruck:

$$R'_a E_1 + R'_b E_2 + R'_c E_3 = \frac{A \sin \omega}{\sqrt{1 - \gamma'^2}} \tag{A.}$$

ist offenbar der *Cosinus* des Winkels, unter welchem die Bewegungsrichtung R' der gewöhnlich gebrochenen Welle gegen die Normale E der Einfallsebene geneigt ist, also zugleich auch der *Sinus* desjenigen Winkels, den die Richtung R' mit der Einfallsebene selber macht. Oder, was auf dasselbe hinauskommt: *Jener Ausdruck* (A.) *ist der Sinus desjenigen Winkels* δ, *den die Polarisationsebene des gewöhnlich gebrochenen Lichtes mit der Einfallsebene macht.* Demgemäss ist also:

$$\sin \delta = \frac{A \sin \omega}{\sqrt{1 - \gamma'^2}}. \tag{B.}$$

Hieraus folgt sofort:

$$\operatorname{tg}^2 \delta = \frac{A^2 \sin^2 \omega}{(1 - \gamma'^2) - (A^2 \sin^2 \omega)}. \tag{C.}$$

Substituirt man aber

Zur Untersuchung der Frage, in welchen Azimuthen die Ablenkung der Polarisation verschwindet, d. h. $\tang \alpha = 0$ ist, dient die oben*) gemachte Bemerkung, dass $\cos(\varphi + \varphi')$ zugleich mit $(C^2 \sin^2 \varphi' - A^2 \cos^2 \omega \cos^2 \varphi')$ verschwindet, und nur in diesem Falle $= 0$ wird. Die Ablenkung der Polarisationsebene wird also $= 0$ werden, wenn:

(2.) $$A \sin \omega (C \sin \varphi' + A \cos \varphi' \cos \omega) = 0$$

ist. Demnach findet keine Ablenkung statt

1) wenn $A = 0$, d. h. auf der geraden Endfläche,
2) wenn $\omega = 0$ oder $= 180$ ist, d. h. wenn die Reflexionsebene parallel mit dem Hauptschnitt,
3) wenn $\cos \omega = -\frac{C}{A} \tang \varphi' = -\frac{C}{A} \mu$.

Es ist nämlich, wenn $\cos(\varphi + \varphi') = 0$ ist, $\tang \varphi' = \mu$.

Durch die dritte Gleichung sind im Allgemeinen zwei Azimuthe gleichen Werthes aber entgegengesetzten Zeichens bestimmt. Jede reflectirende Ebene wird also im Allgemeinen in 4 Theile (Sectoren) getheilt, etwa so, wie es in Fig. 6 durch den Hauptschnitt HH', und die Linien AB, BC geschieht; je zwei an einander stossende Theile geben im Vorzeichen entgegengesetzte Ablenkungen, und sind getrennt durch Richtungen ohne Ablenkung. Die

---

Substituirt man aber hier für γ' seinen eigentlichen Werth [vgl. (g.) Seite 377 (Note) oder auch (2.) Seite 388], so erhält man:

(D.) $$\mathrm{tg}^2 \delta = \frac{A^2 \sin^2 \omega}{(C \sin \varphi' - A \cos \varphi' \cos \omega)^2};$$

und hiermit ist die Richtigkeit der obigen Behauptung bewiesen.

Dabei sei noch Folgendes bemerkt: Durch die Relation (D.) geht die eigentliche Hauptformel (1.) Seite 408 über in:

(E.) $$\mathrm{tg}\, \alpha = \mathrm{tg}\, \delta \cdot \cos(\varphi + \varphi');$$

und diese Formel (E.) repräsentirt den oben im Text auf Seite 409 ausgesprochenen Satz. Wir haben hier also eine einfache Beziehung vor uns zwischen α und δ, d. i. zwischen dem *reflectirten* und dem *gebrochenen* Licht. In der That wird man auf Grund der Formel (E.) sagen können:

Es sei ω das Azimuth und φ der Incidenzwinkel des auffallenden natürlichen Lichtes; und man denke sich, bei gegebenem ω, den Winkel φ so bestimmt, dass der reflectirte Strahl vollständig polarisirt ist. Alsdann wird die Ablenkung α dieser Polarisationsebene zu der Ablenkung δ der Polarisationsebene des gewöhnlich gebrochenen Lichtes in der Beziehung (E.) *stehen. Dabei repräsentirt φ' den Brechungswinkel dieses gewöhnlich gebrochenen Lichtes. — C. N.*

*) ziemlich zu Ende des vorigen Paragraphen, hinter Formel (24.) auf Seite 408. Man kann also setzen $\cos(\varphi + \varphi') = f \cdot (C^2 \sin^2 \varphi' - A^2 \cos^2 \omega \cos^2 \varphi')$, wo alsdann f einen niemals verschwindenden Factor vorstellt. Substituirt man aber dies in der obigen Formel (1.) Seite 408, so erhält man:

$$\mathrm{tg}\, \alpha = f \cdot A \sin \omega (C \sin \varphi' + A \cos \omega \cos \varphi');$$

und hieraus erkennt man die Richtigkeit der oben in (2.) gemachten Behauptung. — *C. N.*

Richtung HH' theilt das ganze System von Ablenkungen in zwei symmetrische Hälften. Die beiden andern Richtungen ohne Ablenkung AB und BC fallen zusammen in eine Linie, die senkrecht auf HH' steht, wenn die reflectirende Ebene eine mit der Axe parallele Lage hat*). Je mehr sich die reflectirende Ebene gegen die Axe neigt, je mehr nähern sich die Linien AB und BC der Linie HH, und zwar auf der Seite H', welche im Azimuth $\omega = 180$ liegt, so dass also die Linie $H'H$ mit der durch H nach unten gelegten Axe einen *spitzen* Winkel in H einschliesst. Es giebt eine gewisse Neigung der reflectirenden Ebene gegen die Axe, wo die beiden Linien AB und BC mit BH' zusammenfallen, und von welcher an also die Fläche nur noch *eine* Linie ohne Ablenkung hat, den Hauptschnitt; diese Neigung ist bestimmt durch

$$\frac{A}{C} = \text{tang}\,\varphi' = \mu.$$

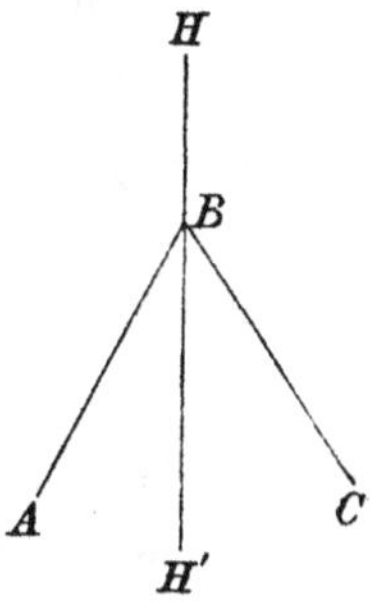

H
B
A
C
H'

Fig. 6.

Beim Kalkspath ist diese Neigung $58^0\,55'$, also etwas stumpfer als die Fläche des ersten stumpferen Rhomboëders, die etwa $54^0\,\frac{3}{4}$ gegen die Axe geneigt ist.

Wenn man in (1.) Seite 408 von tang α alles vernachlässigt, was von der zweiten Potenz von $(\mu^2 - \pi^2)$ abhängt, so kann man aus (21.) des vorigen Paragraphen setzen:

$$\text{(f.)} \qquad \cos(\varphi + \varphi') = \frac{\pi^2 - \mu^2}{1 - \mu^2}\left(\frac{A^2 \cos^2\omega \cos^2\varphi' - C^2 \sin^2\varphi'}{\cos(\varphi - \varphi')}\right),$$

und hierin $\sin^2\varphi = \frac{1}{1 + \mu^2}$ [nach (24.) Seite 407], wodurch man erhält:

$$\text{(g.)} \qquad \cos(\varphi + \varphi') = \frac{\pi^2 - \mu^2}{1 - \mu^2}\left(\frac{A^2 \cos^2\omega - C^2\mu^2}{2\mu}\right),$$

dies giebt:

$$\text{(h.)} \qquad \text{tang}\,\alpha = A \sin\omega (A \cos\omega + C\mu)\left(\frac{(1 + \mu^2)\sqrt{1 + \mu^2}}{2\mu}\right)\frac{\mu^2 - \pi^2}{1 - \mu^4}.$$

Die Ablenkung α ist also in Substanzen wie Kalkspath, in welchen $\pi > \mu$ ist, positiv von $\omega = 0$ bis $\omega = \omega'$, wenn $\cos\omega' = -\frac{C}{A}\mu$, von $\omega = \omega'$ bis $\omega = 180$ ist sie negativ**). Umgekehrt verhält es sich, wenn $\pi < \mu$. Es scheint nöthig, über die Bedeutung der *positiven* und *negativen* Neigungen einige Erläuterung zu geben.

---

*) nämlich, wenn $C = 0$ ist. — *C. N.*

**) Hier dürften wohl die Worte *positiv* und *negativ* mit einander zu vertauschen sein; denn man hat zu beachten, dass $\mu < \pi$ sein soll, und dass also der in der obigen Formel (h.) enthaltene Factor $(\mu^2 - \pi^2)$ *negativ* ist. — *C. N.*

Es sei $H'HK$ in Fig. 7 ein Kalkspathrhomboëder, H seine stumpfe Endecke, HH' der Hauptschnitt der Rhomboëderfläche $HH'G$. Es sei ferner EJ ein auf diese Fläche fallender Lichtstrahl, der in JR noch dem Auge in R reflectirt wird; die Linie er stellt den Durchschnitt der Einfallsebene RJE mit der reflectirenden Ebene $HH'G$ vor, so dass also $eJE = 90^0 - \varphi$ ist, und $HJe = \omega$. Wenn der Lichtstrahl JR durch die Reflexion vollständig polarisirt ist, und α einen *negativen* Werth hat, so liegt seine Polarisationsebene auf der *linken* Seite in Beziehung auf das Auge in R. Dies beruht darauf, dass wir in den Formeln (11.) § 6 Seite 390 angenommen haben, dass die Bewegung P von der Einfallsebene aus nach der *rechten* Seite geschehe, und die Bewegung S in der Einfallsebene *von unten nach oben**), und dass die Bewegungen R_p und R_s respective in denselben Richtungen stattfinden.

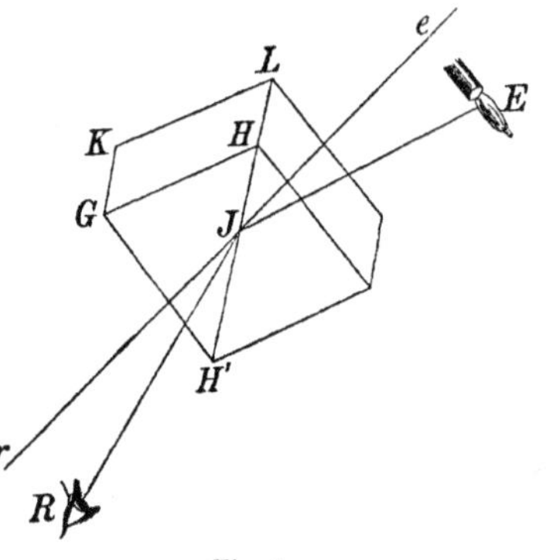

Fig. 7

Um die Maxima von α zu finden, hat man nur das Differential dieses Ausdrucks nach ω gleich 0 zu setzen, und erhält so folgende Gleichung:

$$(3.)\qquad \cos\omega = -\frac{1}{4}\frac{C}{A}\mu \pm \sqrt{\frac{1}{2} + \frac{1}{16}\frac{C^2}{A^2}\mu^2}\,.$$

Von den beiden Richtungen der Maxima der Ablenkungen wandert, während die Neigung der reflectirenden Fläche gegen die Axe zunimmt von 0 bis 90^0, die eine von $\omega = 45^0$ bis $\omega = 90^0$ und die zweite von $\omega = 135^0$ bis $\omega = 180^0$, aber so, dass die letztere das Azimuth 180^0 in einem Augenblick erreicht, in welchem die erstere das Azimuth 90^0 noch *nicht* erreicht hat; wenn $\frac{A}{C} = \mu$, hat sich diese dem Azimuth 90^0 so genähert, dass $\cos\omega = \frac{1}{2}$, während die zweite Richtung in das Azimuth 180^0 gefallen ist, und damit als Richtung eines Maximums verschwunden ist. Von einer so gegen die Axe geneigten Ebene an, für welche $\frac{A}{C} = \mu$ ist**), bis zu derjenigen, welche senkrecht gegen die Axe geneigt ist, giebt es nur eine Linie der grössten Ablenkung; diese Linie nähert sich der Rechtwinkligkeit mit dem Hauptschnitt immer mehr,

---

*) Bei Anwendung dieser Worte „*von unten nach oben*“ hat man offenbar in Fig. 7 die reflectirende Fläche HGH' *horizontal* und die Reflexionsebene EJR *vertical* sich vorzustellen, und dabei anzunehmen, dass die Punkte E und R *oberhalb* der reflectirenden Fläche HGH' gelegen sind. Vgl. die Note Seite 373. — *C. N.*

**) Wenn $\frac{A}{C} < \mu$ ist, so ist der auf Seite 411 (unten) definirte Winkel ω' nicht mehr reell; ebenso giebt alsdann in (3.) nur das Zeichen $+$ einen reellen Winkel. — *A. W.*

zugleich wird das Maximum immer kleiner, und es wird $= 0$, wenn die Linie ohne Ablenkung senkrecht auf dem Hauptschnitt steht. Dies tritt ein auf der gegen die Axe senkrecht stehenden Ebene, hier ist die Ablenkung in allen Azimuthen $= 0$.

Ich bin so glücklich gewesen, diese Resultate der Theorie über die Ablenkung der Polarisationsebene nicht nur im Allgemeinen bestätigt zu finden in den Beobachtungen, welche hierüber Herr *Seebeck* schon vor langer Zeit angestellt hat, und die er die Güte hatte, mir mitzutheilen; ich habe auch die numerische Berechnung der Grösse der Ablenkung auf eine Weise mit seinen Beobachtungen in Uebereinstimmung gefunden, dass ich die grosse Geschicklichkeit und den Grad von Genauigkeit bewundern musste, womit dieser Experimentator so feine und delicate Phänomene zu bestimmen gewusst hat. Herr *Seebeck* wird ohne Zweifel seine Beobachtungen selbst sehr bald mittheilen, und ich muss den Leser darauf verweisen.

Bis jetzt haben wir uns nur mit dem Falle beschäftigt, wo unpolarisirtes Licht von der krystallinischen Fläche reflectirt wurde. *Wir wollen jetzt annehmen, das auf die reflectirende Ebene auffallende Licht sei bereits polarisirt.* Ich werde das Azimuth der ursprünglichen Polarisation mit a bezeichnen, so dass also in den Formeln (5.) § 7 Seite 391 der Quotient $\frac{P}{S} = \operatorname{tang} a$ ist. Die Polarisationsebene des reflectirten Lichts wird durch die Reflexion eine Drehung erleiden, und ich werde ihr neues Azimuth mit δ bezeichnen. Es ist allgemein $\operatorname{tang}\delta = \frac{R_p}{R_s}$. Wenn der einfallende Strahl senkrecht auf der Einfallsebene polarisirt ist, sei die Drehung seiner Polarisationsebene, d. i. der Winkel, den die Polarisationsebene mit derjenigen macht, die senkrecht auf der Reflexionsebene steht, gleich δ_p, und wenn er parallel mit der Einfallsebene polarisirt war, sei die Drehung mit δ_s bezeichnet*).

Es ist alsdann [vgl. (5.) § 7, Seite 391]:

$$(4.)\qquad \operatorname{tang}\delta_p = \frac{p'}{p}, \qquad \operatorname{tang}\delta_s = \frac{s'}{s}.$$

---

*) Unter δ_s ist (wie aus dem Folgenden sich ergiebt) ein Winkel zu verstehen, der an die Reflexionsebene sich anlehnt. Andererseits aber soll δ_p (wie oben besonders betont ist) einen Winkel vorstellen, der an eine zur Reflexionsebene *senkrechte* Ebene sich anlehnt. — Ebenso, wie im Allgemeinen $\operatorname{tg}\delta = \frac{R_p}{R_s}$ ist, ebenso soll also auch $\operatorname{tg}\delta_s = \frac{R_p}{R_s}$ sein. Hingegen ist δ_p definirt zu denken durch die Formel $\operatorname{tg}\delta_p = \frac{R_s}{R_p}$. — *C. N.*

Man kann die Ausdrücke von p, p', s, s' in (6.) § 7 Seite 392 unter folgende Formen bringen, in welchen die Glieder nach dem Unterschied der Brechungen $(\varphi'-\varphi'')$ geordnet sind*):

$$(5.)\begin{cases} \mathsf{N}p = +\sin(\varphi-\varphi')\cos(\varphi+\varphi')\sin(\varphi+\varphi')(1-\gamma'^2)\cos(\varphi'-\varphi'') - M\sin(\varphi'-\varphi''), \\ \mathsf{N}s = -\sin(\varphi+\varphi')\cos(\varphi-\varphi')\sin(\varphi-\varphi')(1-\gamma'^2)\cos(\varphi'-\varphi'') - M'\sin(\varphi'-\varphi''), \end{cases}$$

wo, wenn man der Kürze halber setzt

$$T = \gamma'\sin\varphi\cos\varphi + C\sin^3\varphi' + A\cos\omega\cos^3\varphi',$$
$$T' = \gamma'\sin\varphi\cos\varphi - C\sin^3\varphi' - A\cos\omega\cos^3\varphi',$$

die Werthe von M und M' folgende sind:

$$M = \sin(\varphi-\varphi')\cos^2(\varphi+\varphi')A^2\sin^2\omega + \sin(\varphi+\varphi')(C\sin\varphi' - A\cos\omega\cos\varphi')T,$$
$$M' = \sin(\varphi+\varphi')\cos^2(\varphi-\varphi')A^2\sin^2\omega - \sin(\varphi-\varphi')(C\sin\varphi' - A\cos\omega\cos\varphi')T'.$$

Die Werthe von p' und s' sind nach (6.) § 7, Seite 392 folgende:

$$(6.)\quad\begin{cases} \mathsf{N}p' = -A\sin\omega(C\sin\varphi' - A\cos\omega\cos\varphi')\sin 2\varphi\sin(\varphi'-\varphi''), \\ \mathsf{N}s' = -A\sin\omega(C\sin\varphi' + A\cos\omega\cos\varphi')\sin 2\varphi\sin(\varphi'-\varphi''). \end{cases}$$

Diese Werthe von p, s, p', s', in die Gleichungen (4.) substituirt, geben:

$$(7.)\quad\begin{cases} \operatorname{tang}\delta_p = \dfrac{-A\sin\omega(C\sin\varphi' - A\cos\omega\cos\varphi')\sin 2\varphi\operatorname{tang}(\varphi'-\varphi'')}{\sin(\varphi-\varphi')\cos(\varphi+\varphi')\sin(\varphi+\varphi')(1-\gamma'^2) - M\operatorname{tang}(\varphi'-\varphi'')}, \\[2ex] \operatorname{tang}\delta_s = \dfrac{A\sin\omega(C\sin\varphi' + A\cos\omega\cos\varphi')\sin 2\varphi\operatorname{tang}(\varphi'-\varphi'')}{\sin(\varphi+\varphi')\cos(\varphi-\varphi')\sin(\varphi-\varphi')(1-\gamma'^2) + M'\operatorname{tang}(\varphi'-\varphi'')}. \end{cases}$$

Die $\operatorname{tang}(\varphi'-\varphi'')$ hängt ab von einer quadratischen Gleichung, die man leicht bildet aus $\sin^2\varphi'' = \sin^2\varphi[\pi^2 + (\mu^2-\pi^2)\gamma''^2]$ und $\sin^2\varphi' = \mu^2\sin^2\varphi$**). Zieht man diese Gleichungen von einander ab, so erhält man:

$$(8.)\qquad \sin(\varphi'+\varphi'')\sin(\varphi'-\varphi'') = (1-\gamma''^2)\sin^2\varphi'\,\frac{\mu^2-\pi^2}{\mu^2}.$$

Setzt man hierin statt φ'' überall $\varphi'-(\varphi'-\varphi'')$ und dividirt durch $\cos^2(\varphi'-\varphi'')$, so erhält man die quadratische Gleichung für $\operatorname{tang}(\varphi'-\varphi'')$; ihre kleinste Wurzel ist in (7.) zu setzen. Für die numerische Rechnung wird es bequemer sein, diese aus (8.) durch angenäherte wiederholte Rechnung abzuleiten.

---

*) Man kann das in jenen Formeln (6.) § 7 Seite 392 enthaltene φ'' ersetzen durch $(\varphi'-\varphi'')$, indem man setzt:

$$\varphi'' = \varphi' - (\varphi'-\varphi'').$$

In solcher Weise gelangt man alsdann zu den obigen Formeln (5.). — *C. N.*

**) Vgl. § 6 (8.), Seite 389. — *C. N.*

Will man in den Werthen von tang δ_p und tang δ_s nur die ersten Potenzen von $\frac{\mu^2-\pi^2}{\mu^2}$ berücksichtigen, so darf man in tang δ_p das Glied von tang $(\varphi'-\varphi'')$, welches von $\left(\frac{\mu^2-\pi^2}{\mu^2}\right)^2$ abhängt, in den Fällen nicht vernachlässigen, wo die Reflexion in der Nähe des Polarisationswinkels stattfindet, weil alsdann $\cos(\varphi+\varphi')$ gleichfalls den Factor $\mu^2-\pi^2$ hat.*)

Geschieht die Reflexion unter dem Polarisationswinkel, so ergänzen die beiden Ablenkungen der Polarisationsebenen bei ursprünglich senkrechter und paralleler Polarisation δ_p und δ_s einander zu 90^0 und die letztere δ_s wird gleich dem Winkel α, d. i. der *Abweichung* der Polarisationsebene, wie sich aus (3.) und (4.) § 8 Seite 396 ergiebt.

Beide Ablenkungen δ_s und δ_p verschwinden auf der gegen die Axe senkrechten Fläche und auf jeder andern, wenn die Reflexionsebene parallel mit dem Hauptschnitt derselben ist. Ausserdem giebt es auf jeder Fläche in jedem Azimuth der Reflexionsebene zwischen 0 und $\pm 90^0$ einen Einfallswinkel, bei welchem $\delta_p = 0$ wird, und in jedem Azimuth zwischen $\pm 90^0$ und 180^0 einen Einfallswinkel, bei welchem δ_s verschwindet. Das System dieser Einfallswinkel wird symmetrisch durch den Hauptschnitt der reflectirenden Ebene getheilt. Um für jede reflectirende Ebene das System von Strahlen zu erhalten, in welchen die Drehungen bei paralleler und senkrechter Polarisation verschwinden, dient folgende Construction:

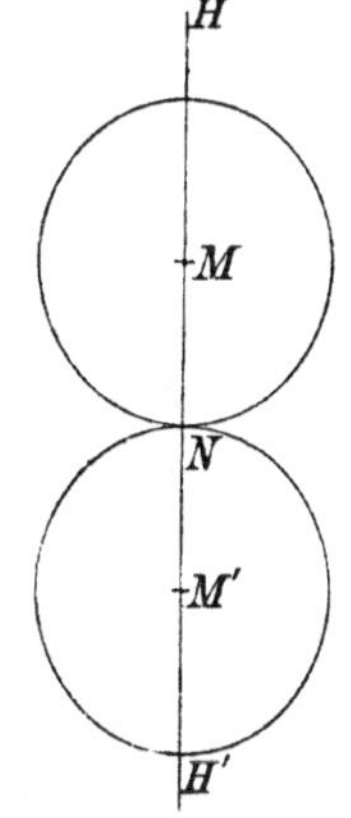

Fig. 8.

Es sei, Fig. 8, HH' der Hauptschnitt der reflectirenden Ebene, die in H mit der unter ihr liegenden Axe einen spitzen Winkel einschliesst. Als Mittelpunkt des Krystalls nehmen wir einen auf der in N errichteten Normale der brechenden Fläche liegenden Punkt, dessen Entfernung von N wir $=1$ setzen. Man mache $MN = M'N = \frac{1}{2}\frac{A}{C}$, beschreibe um M und M' mit dem Halbmesser MN zwei Kreise. Jede vom Mittelpunkt des Krystalls nach der Peripherie des Kreises M gezogene Linie stellt einen gewöhnlich gebrochenen Strahl vor, der aus einem solchen auffallenden Strahl entstanden ist, welcher keine Drehung bei ursprünglich *senkrechter* Polarisation erleidet, während die vom Mittelpunkt nach der Peripherie

*) Unter dem *Polarisationswinkel* ist, wie *Neumann* festgesetzt hat, derjenige zu verstehen, der der *zweiten* Definition entspricht. [Vgl. Seite 395 (unten) bis Seite 396 (unten)]. Für diesen Winkel hat aber der $\cos(\varphi+\varphi')$ in der That einen mit dem Factor $\frac{\pi^2-\mu^2}{1-\mu^2}$ behafteten Werth. [Vgl. (21.) Seite 406 und (f.), (g.) Seite 411.] — *C. N.*

des Kreises M' gehenden Strahlen von solchen einfallenden Strahlen durch die gewöhnliche Brechung herrühren, die keine Drehung bei ursprünglich *paralleler* Polarisation erleiden.

Welches muss das Azimuth der einfallenden Strahlen sein, damit der reflectirte Strahl entweder parallel oder senkrecht gegen die Reflexionsebene polarisirt sei?

Ich werde das erstere Azimuth mit d_s, das zweite mit d_p bezeichnen. Aus den Gleichungen (5.) § 7, Seite 391 ergiebt sich, dass, wenn der reflectirte Strahl parallel mit der Reflexionsebene polarisirt sein soll, $R_p = 0$ sein muss; es muss also $\frac{P}{S} = -\frac{s'}{p}$ sein und daher:

$$-\frac{s'}{p} = \operatorname{tang} d_s. \tag{9.}$$

Dieselbe Betrachtung zeigt, dass

$$-\frac{s}{p'} = \operatorname{tang} d_p. \tag{10.}$$

Diese beiden Azimuthe der ursprünglichen Polarisationsebene d_s und d_p werden sich gleich, wenn die Reflexion unter dem Winkel der vollständigen Polarisation vor sich geht, denn dieser ist ja nach (3.) § 8 Seite 396 bestimmt durch $\frac{s'}{p} = \frac{s}{p'}$. *Es wird also bei diesem Azimuth gar kein Licht reflectirt.* Es ist daher $-\frac{s}{p'}$ oder $-\frac{s'}{p}$, wenn für φ der Winkel der vollständigen Polarisation gesetzt wird, die Tangente des Azimuths, in welchem ein Strahl ursprünglich polarisirt sein muss, damit er durch die Reflexion unter dem Polarisationswinkel gänzlich verschwindet. Diese Tangente verhält sich zur Tangente der Ablenkung der Ebene der vollständigen Polarisation*) wie $-s$ zu p. Man sieht, dass man den Winkel der vollständigen Polarisation durch Reflexion auch definiren kann als den Einfallswinkel, unter welchem ein in dem Azimuth d_s oder d_p polarisirter Strahl nicht reflectirt wird.

Uebrigens sieht man, dass d_s und δ_s sowohl, als $90^0 - d_p$ und δ_p zugleich verschwinden**), und dass bei demselben Einfallswinkel und derselben Einfallsebene:

$$\frac{\operatorname{tang} \delta_s}{\operatorname{tang} d_s} = \frac{\operatorname{cotg} d_p}{\operatorname{tang} \delta_p}. \tag{11.}$$

Der allgemeine Ausdruck für das Azimuth δ der Polarisationsebene des

---

*) d. i. zu der in (4.) § 8 Seite 396 angegebenen Tangente: $\operatorname{tg} \alpha = \frac{s'}{s}$. — *C. N.*

**) Solches folgt nämlich aus den obigen Formeln (4.), (9.), (10.). — *C. N.*

reflectirten Strahls, wenn das Azimuth der ursprünglichen Polarisation a war, so dass also $\tang a = \frac{P}{S}$ ist, ist folgender:

(12.) $$\tang \delta = \frac{\frac{p}{s} \tang a + \tang \delta_s}{1 - \cotg d_p \tang a}. \text{*)}$$

§ 10.

Untersuchung über den Fall, in welchem das den einaxigen Krystall umgebende Medium nahe denselben Brechungscoefficienten hat wie der Krystall.

Bis jetzt habe ich angenommen, dass $\pi^2 - \mu^2$ gegen $1 - \mu^2$ eine kleine Grösse ist, wie dies der Fall ist, wenn der Krystall von Luft umgeben ist. Wenn aber $1 - \mu^2$ selbst eine kleine Grösse ist, oder gar $= 0$, dann treten Eigenthümlichkeiten auf, welche näher zu verfolgen um so mehr von Interesse ist, als *Brewster* diesen Fall schon vor sehr langer Zeit durch das Experiment verfolgt hat, und neuerlich hierher gehörige viel versprechende Beobachtungen angestellt zu haben scheint. Dieser Fall tritt ein, wenn auf der reflectirenden Fläche sich eine Schicht einer Flüssigkeit befindet, in welcher sich das Licht nahe eben so geschwinde bewegt als in dem Krystall. Dadurch werden einige Grössen, welche bei der Reflexion von der Doppelbrechung abhängen, ausserordentlich vergrössert, z. B. der Winkel, den wir die *Abweichung* der Polarisationsebene genannt haben, der, wenn das Licht aus der Luft auf den Krystall fällt, immer nur einige Grade beträgt, der aber bei einer schicklichen Wahl einer Flüssigkeit bis auf 90^0 gesteigert werden kann. Bei solchen enormen Vergrösserungen dieses Winkels war es, dass *Brewster* die Abweichung der Polarisationsebene entdeckte (*Philos. Trans.* 1819).

Ich werde mich also mit den Gleichungen der Polarisationswinkel und der Abweichung der Polarisationsebene noch einmal beschäftigen, in der Voraussetzung, dass $1 - \mu^2$ eine kleine Grösse, oder dass φ wenig von φ' ver-

---

*) Aus (5.) Seite 391 folgt nämlich sofort:

$$\frac{R_p}{R_s} = \frac{pP + s'S}{p'P + sS} = \frac{\frac{p}{s}\left(\frac{P}{S}\right) + \frac{s'}{s}}{\frac{p'}{s}\left(\frac{P}{S}\right) + 1} = \frac{\frac{p}{s} \operatorname{tg} a + \frac{s'}{s}}{\frac{p'}{s} \operatorname{tg} a + 1};$$

und hieraus ergiebt sich mit Rücksicht auf die obigen Formeln (4.), (10.):

$$\operatorname{tg} \delta = \frac{\frac{p}{s} \operatorname{tg} a + \operatorname{tg} \delta_s}{1 - \cotg d_p \operatorname{tg} a}. \quad - \quad Q. e. d.$$

C. N.

schieden sei. Entwickelt man die Gleichung des Polarisationswinkels (16.) § 8 Seite 402*) nach den Potenzen von $\sin(\varphi-\varphi')=\frac{(1-\mu^2)\sin^2\varphi}{\sin(\varphi+\varphi')}$ und vernachlässigt die Glieder der dritten und höhern Ordnung in Beziehung auf $1-\mu^2$ und $\pi^2-\mu^2$, so erhält man:

$$(1.)\quad (1-\mu^2)\cos(\varphi+\varphi')-(\pi^2-\mu^2)[A^2\sin^2\omega\cos(\varphi+\varphi')+A^2\cos^2\omega\cos^2\varphi'-C^2\sin^2\varphi']=0.$$

Hierin kann man bei demselben Grade der Annäherung setzen**):

$$(1a.)\qquad \cos(\varphi+\varphi')=\cos 2\varphi'-\frac{1-\mu^2}{\mu^2}\sin^2\varphi',$$

indem hierdurch nur Glieder der dritten Ordnung vernachlässigt werden. Setzt man alsdann für $\cos 2\varphi'$ seinen Werth $\cos^2\varphi'-\sin^2\varphi'$ und dividirt die Gleichung durch $\cos^2\varphi'$, so erhält man:

$$(2.)\qquad \operatorname{tang}^2\varphi'=\frac{\mu^2[(1-\pi^2)A^2+(1-\mu^2)C^2]}{[(1-\mu^2)-(\pi^2-\mu^2)\sin^2\omega]A^2+[(1-\mu^2)-\mu^2(\pi^2-\mu^2)]C^2}.$$

woraus:

$$(3.)\qquad \sin^2\varphi=\frac{(1-\pi^2)A^2+(1-\mu^2)C^2}{(1-\mu^2\pi^2)-(\pi^2-\mu^2)A^2\sin^2\omega}.$$

Für den Fall $\sin\omega=0$ giebt dieser Ausdruck für den Sinus des Polarisationswinkels ein genaues Resultat, dasselbe, welches in (7.) § 8 Seite 397 angegeben ist.

So lange π^2 und μ^2, oder wenn man, statt die Fortpflanzungsgeschwindigkeit des Lichtes in der den Krystall berührenden Flüssigkeit $=1$ zu setzen, diese v nennt, so lange $\frac{\pi^2}{v^2}$ und $\frac{\mu^2}{v^2}$ kleiner als 1 sind, erhält $\sin\varphi$ einen möglichen Werth, und ebenso wenn beide grösser als 1 sind. Man übersieht dies am leichtesten, wenn man setzt:

$$\frac{\pi^2}{v^2}=1-\psi,\qquad \frac{\mu^2}{v^2}=1-\chi.$$

Dadurch erhält man aus (3.), und indem man $v=1$ setzt:

$$(4.)\qquad \sin^2\varphi=\frac{\psi A^2+\chi C^2}{[(\psi+\chi-\psi\chi)-(\chi-\psi)\sin^2\omega]A^2+(\psi+\chi-\psi\chi)C^2},$$

---

*) Allerdings kann man dabei jene Gleichung (16.) § 8 benutzen. Bequemer aber dürfte es sein, Gebrauch zu machen von der aus jener Gleichung abgeleiteten Formel (21.) § 8 Seite 406. — *C. N.*

**) Es ist: $\cos(\varphi+\varphi')\cos(\varphi-\varphi')=\cos^2\varphi\cos^2\varphi'-\sin^2\varphi\sin^2\varphi'$; woraus folgt:

$$\cos(\varphi+\varphi')\cos(\varphi-\varphi')=1-\sin^2\varphi-\sin^2\varphi'=1-(1+\mu^2)\sin^2\varphi.$$

Somit erhält man:

$$\cos(\varphi+\varphi')=\frac{1-(1+\mu^2)\sin^2\varphi}{\sqrt{1-\sin^2(\varphi-\varphi')}},$$

oder, wenn man $\sin^2(\varphi-\varphi')$ vernachlässigt:

$$\cos(\varphi+\varphi')=1-(1+\mu^2)\sin^2\varphi.$$

Hieraus aber ergiebt sich leicht die obige Formel (1a.) — *C. N.*

oder wenn man das Product $\psi\chi$ vernachlässigt

$$(5.) \qquad \sin^2\varphi = \frac{\psi A^2 + \chi C^2}{[(\chi+\psi)-(\chi-\psi)\sin^2\omega]A^2 + (\chi+\psi)C^2} = \frac{\psi A^2 + \chi C^2}{(\psi+\chi)+(\psi-\chi)A^2\sin^2\omega}.$$

Die beiden Grenzfälle sind:

$$(5a.) \qquad \begin{aligned} \psi = 0, &\quad \sin^2\varphi = \frac{C^2}{1 - A^2\sin^2\omega}, \\ \chi = 0, &\quad \sin^2\varphi = \frac{A^2}{1 + A^2\sin^2\omega}. \end{aligned}$$

Die letztere Gleichung hat aber gänzlich ihre Bedeutung verloren, denn für den Fall, wo die umgebende Flüssigkeit genau denselben Brechungscoefficienten wie der gewöhnliche des Krystalls hat, giebt es keinen besonderen Winkel der vollständigen Polarisation — wir werden sehen, dass in diesem besonderen Fall jeder reflectirte Strahl *vollständig polarisirt* ist. Wir werden später auch den sonderbaren Umstand aufklären, wie die Gleichung (4.) für jeden noch so kleinen Werth von χ gilt, aber nicht für $\chi = 0$. [Vgl. Seite 423.]

Die Gleichung (4.) giebt immer einen reellen Werth für φ, so lange χ und ψ zugleich positiv oder zugleich negativ sind. Wenn aber diese beiden Grössen entgegengesetzte Vorzeichen haben, dann giebt es Fälle, wo der Polarisationswinkel unmöglich wird. Wenn z. B. die umgebende Flüssigkeit einen Brechungscoefficienten hat, der gerade in der Mitte zwischen dem gewöhnlichen und ungewöhnlichen Brechungscoefficienten des Krystalls steht, wenn also $\psi = -\chi$, dann erhalten wir aus (4.):

$$(5b.) \qquad \sin^2\varphi = \frac{A^2 - C^2}{\psi + 2A^2\sin^2\omega}, \text{*)}$$

welches $\sin\varphi$ imaginär macht, z. B. für alle Flächen, welche gegen die Axe schärfer als 45^0 geneigt sind, und auf den übrigen Flächen giebt es nur eine beschränkte Anzahl Azimuthe, wo der Polarisationswinkel reell ist. Auf einer Fläche parallel der Axe ist für $\omega = 90$ der Polarisationswinkel $\sin^2\varphi = \frac{1}{2+\psi}$, bei $\omega = 45$ ist $\sin^2\varphi = \frac{1}{1+\psi}$, also φ nahe $= 90$, für kleinere ω wird φ bald unmöglich.

In dem Azimuth $\omega = 0$ giebt es**) nur reelle Werthe für den Polarisationswinkel in dem kleinen Intervall der Neigungen der Flächen gegen die Axe von 45^0 bis $A^2 - C^2 = \psi$, und in diesem kleinen Intervall variiren sie von 0 bis 90^0. Man sieht also, dass durch eine solche Flüssigkeit auf der Krystall-

*) Während in (5.) das Product $\psi\chi$ vernachlässigt ist, ist das in (5b.) *nicht* der Fall. — *A. W.*
**) zufolge der obigen Formel (5b.) — *C. N.*

fläche der Einfluss der krystallinischen Structur auf den Polarisationswinkel bis ins Enorme gesteigert werden kann.

Die Gleichung (1.) § 9 Seite 408 für die Abweichung der Polarisationsebene erhält, wenn man statt $\cos(\varphi + \varphi')$ seinen im gegenwärtigen Paragraph, in (1.) angegebenen Werth:

$$\cos(\varphi + \varphi') = \frac{(\pi^2 - \mu^2)(A^2 \cos^2 \omega \cos^2 \varphi' - C^2 \sin^2 \varphi')}{(1 - \mu^2) - (\pi^2 - \mu^2) A^2 \sin^2 \omega}$$

substituirt, folgende Gestalt:

$$(6.) \qquad \operatorname{tang} \alpha = \frac{(\mu^2 - \pi^2) A \sin \omega (C \sin \varphi' + A \cos \omega \cos \varphi')}{(1 - \mu^2) - (\pi^2 - \mu^2) A^2 \sin^2 \omega}.$$

Diese Formel müsste die Beobachtungen darstellen, welche *Brewster* 1819 in den *Philos. Transact.* bekannt gemacht hat, über die Ablenkungen der Polarisation an der gemeinschaftlichen Grenze zwischen Kalkspath und Cassiaöl, wenn diese genau unter dem Polarisationswinkel beobachtet wären, was nicht der Fall gewesen zu sein scheint; denn dieser variirt ungefähr zwischen 30^0 und 45^0 auf der mit Cassiaöl bedeckten natürlichen Bruchfläche, und *Brewster* scheint immer in der Nähe der Incidenz 45^0 beobachtet zu haben. Ich will aber doch aus dieser Formel die Abweichung der Polarisationsebene für diesen Fall, nämlich wenn die natürliche Bruchfläche des Kalkspaths, bedeckt mit Cassiaöl, die reflectirende Ebene ist, berechnen, und sie mit den Beobachtungen von *Brewster* zusammenstellen. Wenn wir auch wegen des angegebenen Umstandes keine grosse Uebereinstimmung zwischen Berechnung und Beobachtung finden werden, so wird doch der Gang der Abweichungen der Polarisationsebene in beiden noch derselbe sein, was schon als eine Art Bestätigung der Formel (6.) angesehen werden muss. Diese Formel verwandelt sich, wenn die reflectirende Ebene unter 45^0 gegen die Axe geneigt ist, was bei der natürlichen Bruchfläche des Kalkspaths nahe der Fall ist, in:

$$(7.) \qquad \operatorname{tang} \alpha = \frac{\frac{\mu^2 - \pi^2}{2} \sin \omega (\sin \varphi' + \cos \omega \cos \varphi')}{(1 - \mu^2) - \frac{\pi^2 - \mu^2}{2} \sin^2 \omega}.$$

Da der Brechungscoefficient des Cassiaöls nicht genau bekannt ist, werde ich statt seiner die Beobachtung von *Brewster* der Rechnung zu Grunde legen, dass im Azimuth $\omega = 42^0$ die Abweichung $\alpha = 90^0$ war; man erhält hieraus, wenn man statt μ und π schreibt $\frac{\mu}{v}$, $\frac{\pi}{v}$, die Gleichung:

$$v^2 = \mu^2 + \frac{\pi^2 - \mu^2}{2} \sin^2 42^0,$$

wo $\frac{1}{v}$ nahe gleich dem Brechungscoefficienten des Cassiaöls sein muss. Setzt man für μ und π ihre Werthe im Kalkspath $\mu = 0{,}60288$, $\pi = 0{,}67254$, so findet man $v^2 = 0{,}3834$ und $v = 0{,}6192$. Dieser Werth von v stimmt nahe genug mit einer von *Brewster* gemachten und von *J. Young* reducirten directen Bestimmung des Brechungscoefficienten des Cassiaöls überein (*Herschel Traité de la lumière p. Quetel.* p. 291), wonach $v = 0{,}6158$ sein würde.

In der folgenden Tafel habe ich die mit $v = 0{,}6192$ berechneten Polarisationswinkel und Abweichungen der Polarisationsebene auf der natürlichen Bruchfläche des Kalkspaths mit Cassiaöl berechnet:

ω	Polarisationswinkel	Abweichung der Polarisationsebene	Brewsters Beobachtungen
0°	47° 16′	0° ′	0°
12	46 1	− 35 41	− 45
42	37 47	90	90
90	31 30	+ 41 53	+ 45
180	47 16	0	0

Eine besondere Betrachtung verdient der Fall, wo die umgebende Flüssigkeit genau den gewöhnlichen Brechungscoefficienten des Krystalls hat, wo also $\mu = 1$ ist. Entwickelt man die Ausdrücke für p, s, p', s' in (3.), (6.) § 7 Seite 391, 392 für diesen Fall, so findet man*):

$$
(8.)\quad
\begin{aligned}
p &= \frac{(C^2 \sin^2\varphi - A^2 \cos^2\omega \cos^2\varphi)}{1 - c^2} \, \frac{\sin(\varphi'' - \varphi)}{\sin(\varphi'' + \varphi)}, \\
s &= \frac{A^2 \sin^2\omega}{1 - c^2} \, \frac{\sin(\varphi'' - \varphi)}{\sin(\varphi'' + \varphi)}, \\
p' &= \frac{A \sin\omega (C \sin\varphi - A \cos\omega \cos\varphi)}{1 - c^2} \, \frac{\sin(\varphi'' - \varphi)}{\sin(\varphi'' + \varphi)}, \\
s' &= \frac{A \sin\omega (C \sin\varphi + A \cos\omega \cos\varphi)}{1 - c^2} \, \frac{\sin(\varphi'' - \varphi)}{\sin(\varphi'' + \varphi)},
\end{aligned}
$$

*) Die hier in (8.), sowie weiterhin in (8a.) und (9a, b, c.) auftretenden Buchstaben c und γ haben ihre bekannten Bedeutungen [vgl. die Note Seite 377]:

$$(\alpha.)\qquad c = C \cos\varphi + A \cos\omega \sin\varphi,$$

$$(\beta.)\qquad \gamma = C \cos\varphi - A \cos\omega \sin\varphi.$$

Uebrigens findet man im Original in (8.), und ebenso auch in einigen der folgenden Formeln, an Stelle von c den Buchstaben γ; was als ein Druck- oder Schreibfehler zu bezeichnen sein dürfte. Schon aus diesem Grunde scheint es geboten, auf die Ableitung jener Formeln (8.) hier näher einzugehen.

Für den hier zu betrachtenden Fall $\mu = 1$, d. i. für $\varphi' = \varphi$, hat man nach (3.) Seite 391:

$$\mathsf{N} = \sin 2\varphi (C \sin\varphi - A \cos\omega \cos\varphi)[C \sin\varphi \sin(\varphi'' + \varphi) - A \cos\omega \cos\varphi \sin(\varphi'' + \varphi)] + A^2 \sin^2\omega \sin 2\varphi \sin(\varphi'' + \varphi),$$

oder, was dasselbe ist:

$$\mathsf{N} = [(C \sin\varphi - A \cos\omega \cos\varphi)^2 + A^2 \sin^2\omega] \sin 2\varphi \sin(\varphi'' + \varphi).$$ Der hier

und hieraus nach (5.) § 7, Seite 391:

$$R_p = \frac{(C\sin\varphi - A\cos\omega\cos\varphi)P + A\sin\omega S}{1-c^2}(C\sin\varphi + A\cos\omega\cos\varphi)\frac{\sin(\varphi''-\varphi)}{\sin(\varphi''+\varphi)},$$

$$R_s = \frac{(C\sin\varphi - A\cos\omega\cos\varphi)P + A\sin\omega S}{1-c^2}A\sin\omega\frac{\sin(\varphi''-\varphi)}{\sin(\varphi''+\varphi)},$$

woraus sich ergiebt, dass der Quotient R_p durch R_s unabhängig von P und S ist, *dass also, welches auch die Polarisationsebene des einfallenden Lichtes ist, das reflectirte Licht immer vollständig* ***polarisirt*** *ist,* und zwar in dem Azimuth a, wo*)

$$\text{(9.)}\qquad \operatorname{tang} a = \frac{R_p}{R_s} = \frac{C\sin\varphi + A\cos\omega\cos\varphi}{A\sin\omega}.$$

Dabei ist es gleichgültig, ob das einfallende Licht natürliches oder polarisirtes ist. Das Azimuth a hat eine einfache physikalische Bedeutung. Man denke sich in dem Krystall eine ungewöhnliche Wellenebene parallel mit der reflectirten; das Azimuth der Polarisationsebene dieser ungewöhnlichen Wellenebene ist dasselbe wie das in der reflectirten Wellenebene, also $= a$. Dieses Azimuth ist übrigens die Grenze der Abweichung der Polarisationsebene in (6.), wenn dort $\mu = 1$ wird. Wenn man v die Neigung des einfallenden Strahls gegen die Axe nennt, so dass also

$$\text{(9a.)}\qquad \sin^2 \mathrm{v} = 1 - c^2 = A^2\sin^2\omega + (C\sin\varphi - A\cos\omega\cos\varphi)^2$$

und w die Neigung des reflectirten Strahls gegen die Axe, wo also:

$$\text{(9b.)}\qquad \sin^2 \mathrm{w} = 1 - \gamma^2 = A^2\sin^2\omega + (C\sin\varphi + A\cos\omega\cos\varphi)^2$$

ist, so hat man, wenn es unpolarisirtes Licht war, welches einfiel, für die Intensität des reflectirten Lichtes

$$\text{(9c.)}\qquad \frac{1}{2}\frac{\sin^2\mathrm{w}}{\sin^2\mathrm{v}}\frac{\sin^2(\varphi''-\varphi)}{\sin^2(\varphi''+\varphi)}.$$

Der hier in den eckigen Klammern enthaltene Ausdruck ist aber, wie man leicht erkennt, $= 1 - c^2$, wo c die in (α.) genannte Bedeutung hat. Somit folgt:

$$(\gamma.)\qquad \mathsf{N} = (1-c^2)\sin 2\varphi\sin(\varphi''+\varphi).$$

Was nun ferner die Formeln (6.) Seite 392 anbelangt, so geht die erste derselben für $\mu = 1$, d. i. für $\varphi' = \varphi$, über in:

$$\mathsf{N}p = \sin 2\varphi(C\sin\varphi - A\cos\omega\cos\varphi)[C\sin\varphi\sin(\varphi''-\varphi) + A\cos\omega\cos\varphi\sin(\varphi''-\varphi)];$$

wofür man offenbar auch schreiben kann:

$$(\delta.)\qquad \mathsf{N}p = (C^2\sin^2\varphi - A^2\cos^2\omega\cos^2\varphi)\sin 2\varphi\sin(\varphi''-\varphi).$$

Nunmehr folgt aus (γ.) und (δ.) durch Division:

$$p = \left(\frac{C^2\sin^2\varphi - A^2\cos^2\omega\cos^2\varphi}{1-c^2}\right)\frac{\sin(\varphi''-\varphi)}{\sin(\varphi''+\varphi)}.$$

Dies aber ist die erste der obigen Formeln (8.). U. s. w. — *C. N.*

*) Es dürfte wohl keinen Anstoss erregen, dass der Buchstabe a hier in ganz anderer Bedeutung gebraucht ist, als früher, z. B. in (12.) Seite 417. — *C. N.*

Wenn das einfallende Licht im Azimuth b polarisirt ist, und

$$\operatorname{tang} b = \frac{-A \sin \omega}{C \sin \varphi - A \cos \omega \cos \varphi}$$

ist, so wird gar kein Licht reflectirt; es wird im Maximum reflectirt, wenn es im Azimuth c polarisirt ist; wo:

$$\operatorname{tang} c = \frac{C \sin \varphi - A \cos \omega \cos \varphi}{A \sin \omega}.$$

Zerlegt man also das einfallende polarisirte Licht in zwei Theile, die nach den zwei auf einander senkrechten Azimuthen b und c polarisirt sind, so wird nur der nach c polarisirte Theil reflectirt, und nennt man diesen C^2, so ist die ganze reflectirte Lichtmenge:

(10.) $$\frac{C^2 \sin^2 \mathrm{w}}{\sin^2 \mathrm{v}} \frac{\sin^2(\varphi'' - \varphi)}{\sin^2(\varphi + \varphi')},$$

wo v und w die Neigung der optischen Axe gegen den einfallenden und reflectirten Strahl bezeichnen; die beiden Azimuthe b und c sind aber diejenigen, in welchen eine mit der einfallenden Wellenebene im Innern des Krystalls parallele Wellenebene polarisirt ist, je nachdem sie eine gewöhnliche oder ungewöhnliche ist.

Ich habe vorher, auf Seite 419, schon gesagt, *dass die Gleichung* (4.) *für jeden noch so kleinen Werth von* χ *gilt, doch nicht für* $\chi = 0$, *d. i. für* $\mu^2 = 1$. Dies hat seinen Grund darin, dass die Gleichung $ps - p's' = 0$, aus welcher die Gleichung (4.) abgeleitet ist, den Factor $(\mu^2 - 1)$ hat.*) Um dieses scheinbare plötzliche Verschwinden der Bedeutung des Winkels der vollständigen Polarisation zu verstehen, muss man einen allgemeinen Gesichtspunkt der Polarisation durch Reflexion an Krystallflächen verfolgen. Wie bei unkrystallinischen Medien, so wird auch hier bei jeder Reflexion, welches auch die Incidenz sei, ein Theil des Lichtes polarisirt, und dieser Theil vermehrt sich, je mehr sich μ dem Werthe 1 nähert, wo unter allen Incidenzen der polarisirte Theil gleich dem reflectirten wird. Das Polarisationsazimuth des polari-

---

*) Die eigentliche Gleichung zur Bestimmung des *Polarisationswinkels* findet sich angegeben in (3.) Seite 396. Sie lautet:

(𝔄.) $$ps - p's' - 0.$$

Später wurde dann diese Gleichung reducirt auf die Formel (16.) Seite 402:

(𝔅.) $$\begin{cases} \cos(\varphi + \varphi') \sin(\varphi - \varphi'') A^2 \sin^2 \omega + (C \sin \varphi' - A \cos \omega \cos \varphi') \times \\ [C(\sin \varphi'' \sin \varphi \cos \varphi - \cos \varphi'' \sin^2 \varphi') - A \cos \omega (\cos \varphi'' \sin \varphi \cos \varphi - \sin \varphi'' \cos^2 \varphi')] = 0. \end{cases}$$

Bei dieser Reduction ist der Factor $(1 - \mu^2)$ *fortgelassen worden* [vgl. die Note Seite 402].

Alle folgenden Untersuchungen, von (16.) Seite 402 ab, beruhen nun aber nicht auf jener ursprünglichen Gleichung (𝔄.), sondern auf der reducirten, und also des Factors $(1 - \mu^2)$ entbehrenden Gleichung (𝔅.). — *C. N.*

sirten Theils im reflectirten Licht fällt aber nicht wie bei unkrystallinischen Körpern mit der Einfallsebene zusammen, sondern hängt hier von der Richtung des reflectirten Strahls ab. — Nehmen wir an, dass natürliches Licht von der Intensität J^2 einfalle, zerlegen wir das reflectirte Licht in zwei Portionen, die eine in dem Azimuth β polarisirt, die andere senkrecht darauf, die erstere werde mit $R_s'^2$ bezeichnet, die andere mit $R_p'^2$, so hat man nach § 8 Seite 395*):

$$
\text{(10a.)} \quad
\begin{aligned}
R_s'^2 &= \frac{J^2}{2}[(p\sin\beta + p'\cos\beta)^2 + (s'\sin\beta + s\cos\beta)^2],\\
R_p'^2 &= \frac{J^2}{2}[(p\cos\beta - p'\sin\beta)^2 + (s'\cos\beta - s\sin\beta)^2].
\end{aligned}
$$

---

*) *Ableitung der Formeln* (10a.). — Man nehme zuvörderst an, das einfallende Licht sei *polarisirt*, und seine Polarisationsebene habe das Azimuth α; so dass also seine Componenten lauten:

$$
(\gamma.) \quad P = J\sin\alpha \quad \text{und} \quad S = J\cos\alpha.
$$

Alsdann ergeben sich für die Componenten R_p, R_s des reflectirten Lichtes [auf Grund der Formeln (5.) Seite 391] folgende Ausdrücke:

$$
(\delta.) \quad
\begin{aligned}
R_p &= pP + s'S = J(p\sin\alpha + s'\cos\alpha),\\
R_s &= p'P + sS = J(p'\sin\alpha + s\cos\alpha),
\end{aligned}
$$

wo p, p', s, s' von α *unabhängig* sind.

Zerlegt man jetzt das reflectirte Licht von Neuem in zwei auf einander senkrechte Componenten R_p' und R_s', und zwar derart, dass R_s' im Azimuth β polarisirt sein soll (β ganz beliebig gegeben gedacht), so erhält man:

$$
(\varepsilon.) \quad
\begin{aligned}
R_s' &= R_p\sin\beta + R_s\cos\beta,\\
R_p' &= R_p\cos\beta - R_s\sin\beta,
\end{aligned}
$$

oder, falls man die Werthe (δ.) einsetzt:

$$
(\zeta.) \quad
\begin{aligned}
R_s' &= J[(p\sin\beta + p'\cos\beta)\sin\alpha + (s'\sin\beta + s\cos\beta)\cos\alpha] = J(A\sin\alpha + B\cos\alpha),\\
R_p' &= J[(p\cos\beta - p'\sin\beta)\sin\alpha + (s'\cos\beta - s\sin\beta)\cos\alpha] = J(C\sin\alpha + D\cos\alpha),
\end{aligned}
$$

wo A, B, C, D von α *unabhängig* sind.

Ist nun das einfallende Licht *natürliches Licht* von der Intensität J^2 [vgl. Seite 395], so wird derjenige Theil dieses einfallenden natürlichen Lichtes, dessen Oscillationen Azimuthe haben, die zwischen α und $\alpha + \partial\alpha$ liegen, eine Intensität besitzen, die $= \frac{J^2\partial\alpha}{2\pi}$ ist. Dieser Theil giebt im reflectirten Licht die Intensitäten:

$$
(\eta.) \quad
\begin{aligned}
(R_s'^2) &= (A\sin\alpha + B\cos\alpha)^2\frac{J^2\partial\alpha}{2\pi},\\
(R_p'^2) &= (C\sin\alpha + D\cos\alpha)^2\frac{J^2\partial\alpha}{2\pi}.
\end{aligned}
$$

Die Intensitäten des *ganzen* reflectirten Lichtes werden daher die Werthe besitzen:

$$
(\vartheta.) \quad
\begin{aligned}
R_s'^2 &= \frac{J^2}{2\pi}\int_0^{2\pi}(A\sin\alpha + B\cos\alpha)^2\partial\alpha = \frac{J^2}{2}(A^2 + B^2),\\
R_p'^2 &= \frac{J^2}{2\pi}\int_0^{2\pi}(C\sin\alpha + D\cos\alpha)^2\partial\alpha = \frac{J^2}{2}(C^2 + D^2).
\end{aligned}
$$

Hieraus aber ergeben sich, falls man für A, B, C, D ihre aus (ζ.) ersichtlichen Werthe substituirt, die oben in (10a.) angegebenen Formeln. — *A. W.*

Der volle Theil polarisirten Lichtes im reflectirten Licht ist das Maximum von $(R_s'^2 - R_p'^2)$ in Beziehung auf β.

Man findet überhaupt:

$$R_s'^2 - R_p'^2 = \{[(p'^2 + s^2) - (p^2 + s'^2)] \cos 2\beta + 2(pp' + ss') \sin 2\beta\} \frac{J^2}{2}$$

und für das Maximum oder Minimum die Gleichung

$$(11.) \qquad 0 = [(p'^2 + s^2) - (p^2 + s'^2)] \sin 2\beta - 2(pp' + ss') \cos 2\beta,$$

deren zwei Wurzeln um 90^0 von einander verschieden sind. Durch diese Gleichung erhält man den Werth von $R_s'^2 - R_p'^2$:

$$R_s'^2 - R_p'^2 = \frac{J^2}{2} \sqrt{[(p'^2 + s^2) - (p^2 + s'^2)]^2 + 4(pp' + ss')^2}$$

oder, anders geschrieben:

$$(12.) \qquad R_s'^2 - R_p'^2 = \frac{J^2}{2} \sqrt{[p^2 + p'^2 + s^2 + s'^2]^2 - 4(ps - p's')^2}.$$

Da die ganze reflectirte Lichtmenge ist: $R_s'^2 + R_p'^2 = \frac{1}{2} J^2(p^2 + p'^2 + s^2 + s'^2)$, und da $(ps - p's')$ den Factor $(1 - \mu^2)$ enthält*), so ersieht man, dass bei kleinen Werthen von $1 - \mu^2$ das reflectirte Licht unter jeder Incidenz nahe vollständig polarisirt ist, denn der Rest, welcher nicht polarisirt, hängt ab von $(1 - \mu^2)^2$. *Es hört also die Bedeutung der Gleichung* (4.) *nicht plötzlich mit* $\mu^2 - 1 = 0$ *auf, sondern sie verliert nach und nach ihre Bedeutung*, und für die Praxis ist sie schon lange vorher, ehe $\mu^2 - 1 = 0$ ist, ohne Bedeutung. Dafür gewinnt die Gleichung (11.), welche das Azimuth β der stärksten Polarisation bestimmt, immer mehr an Bedeutung. Dieses Azimuth β fällt zusammen mit dem in (9.) bestimmten Azimuth a oder mit dem in (6.) bestimmten Azimuth α, wenn $ps - p's' = 0$ ist, je nachdem der eine Factor dieser Gleichung $1 - \mu^2$, oder der andere Factor $= 0$ ist. Um aber für den Werth von β allgemein eine Annäherung in dem Falle zu haben, wo der Krystall von einer mit ihm nahe gleich stark das Licht brechenden Flüssigkeit bedeckt ist, kann man in den Werthen von p, p', s, s' in (3.), (6.) § 7 Seite 391 ff. die höheren Potenzen von $\sin(\varphi - \varphi')$ und $\sin(\varphi' - \varphi'')$ vernachlässigen und erhält dann:

$$(13.) \qquad \begin{aligned}
p &= \frac{\cos 2\varphi \sin(\varphi - \varphi')}{\sin 2\varphi} - \frac{C^2 \sin^2\varphi - A^2 \cos^2\omega \cos^2\varphi}{1 - c^2} \left(\frac{\sin(\varphi' - \varphi'')}{\sin 2\varphi}\right), \\
s &= -\frac{\sin(\varphi - \varphi')}{\sin 2\varphi} - \frac{A^2 \sin^2\omega}{1 - c^2} \left(\frac{\sin(\varphi' - \varphi'')}{\sin 2\varphi}\right), \\
p' &= -\frac{A \sin\omega (C \sin\varphi - A \cos\omega \cos\varphi)}{1 - c^2} \left(\frac{\sin(\varphi' - \varphi'')}{\sin 2\varphi}\right), \\
s' &= -\frac{A \sin\omega (C \sin\varphi + A \cos\omega \cos\varphi)}{1 - c^2} \left(\frac{\sin(\varphi' - \varphi'')}{\sin 2\varphi}\right).
\end{aligned}$$

*) Vgl. die Note auf Seite 423. — *C. N.*

Um von der Formel (11.) eine Anwendung zu machen, werde ich annehmen, dass der Einfallswinkel 45^0 betrage, dann erhält man*):

$$(14.)\quad \operatorname{tang} 2\beta = \frac{\sqrt{2}\cdot A\sin\omega(C+A\cos\omega)[(1-\mu^2)-(\pi^2-\mu^2)(1-c^2)](\mu^2-\pi^2)}{(1-\mu^2)^2+2A^2\sin^2\omega(\mu^2-\pi^2)(1-\mu^2)+[A^2\sin^2\omega-\frac{1}{2}(C+A\cos\omega)^2](1-c^2)(\mu^2-\pi^2)^2}\,.$$

---

*) *Ableitung der Formel* (14.). — Nach (11.) ist:

$$(f.)\qquad \operatorname{tg} 2\beta = \frac{2(pp'+ss')}{(p'^2+s^2)-(p^2+s'^2)}\,;$$

und es handelt sich nun um die weitere Entwicklung dieser Formel (f.) für den Fall, dass $\varphi = 45^0$ ist, und unter der Voraussetzung, dass μ nahezu $= 1$ ist.

Für $\varphi = 45^0$ ergiebt sich aus (13.):

$$(g.)\qquad p = -\left(\frac{\sin\varepsilon}{2(1-c^2)}\right)UV,\qquad p' = -\left(\frac{\sin\varepsilon}{2(1-c^2)}\right)\mathrm{w}U,$$
$$s = -\left(\frac{\sin\varepsilon}{2(1-c^2)}\right)(\mathrm{w}^2+2\vartheta),\qquad s' = -\left(\frac{\sin\varepsilon}{2(1-c^2)}\right)\mathrm{w}V,$$

wo die für den Augenblick eingeführten Abbreviaturen U, V, w und δ, ε, ϑ die Bedeutungen haben:

$$(h.)\qquad U = C - A\cos\omega,\qquad \delta = \varphi-\varphi',$$
$$V = C + A\cos\omega,\qquad \varepsilon = \varphi'-\varphi'',$$
$$\mathrm{w} = \sqrt{2}\cdot A\sin\omega,\qquad \vartheta = (1-c^2)\frac{\sin\delta}{\sin\varepsilon}\,.$$

Nun folgt aus (f.) durch Substitution der Werthe (g.):

$$(j.)\qquad \operatorname{tg} 2\beta = \frac{2\mathrm{w}U^2V + 2\mathrm{w}V(\mathrm{w}^2+2\vartheta)}{\mathrm{w}^2U^2+(\mathrm{w}^2+2\vartheta)^2-U^2V^2-\mathrm{w}^2V^2}\,,$$

wofür man offenbar auch schreiben kann:

$$(k.)\qquad \operatorname{tg} 2\beta = \frac{2\mathrm{w}V(\mathrm{w}^2+U^2+2\vartheta)}{(\mathrm{w}^2-V^2)(\mathrm{w}^2+U^2)+4\mathrm{w}^2\vartheta+4\vartheta^2}\,.$$

Zur weiteren Umgestaltung dieser Formel (k.) sei zuvörderst bemerkt, dass

$$\sin(\varphi-\varphi')\sin(\varphi+\varphi') = \sin^2\varphi - \sin^2\varphi' = (1-\mu^2)\sin^2\varphi$$

ist. Hieraus folgt mit Hinblick auf (h.):

$$(l.)\qquad \sin\delta = \sin(\varphi-\varphi') = \frac{(1-\mu^2)\sin^2\varphi}{\sin(\varphi+\varphi')}\,.$$

Und in analoger Art gelangt man, unter Anwendung der Formel (8.) Seite 389, zu folgender Formel:

$$(m.)\qquad \sin\varepsilon = \sin(\varphi'-\varphi'') = \frac{(\mu^2-\pi^2)(1-\gamma''^2)\sin^2\varphi}{\sin(\varphi'+\varphi'')}\,.$$

Aus (l.), (m.) folgt durch Division:

$$(n.)\qquad \frac{\sin\delta}{\sin\varepsilon} = \left(\frac{1-\mu^2}{\mu^2-\pi^2}\right)\left(\frac{\sin(\varphi'+\varphi'')}{\sin(\varphi+\varphi')}\right)\left(\frac{1}{1-\gamma''^2}\right)\,.$$

Von diesen drei Factoren ist der erste, weil μ nahezu $= 1$ sein soll, äusserst klein; und man wird daher den zweiten und dritten Factor nur in erster Annäherung zu bestimmen brauchen. In erster Annäherung ist aber $\varphi = \varphi' = \varphi''$ und daher $\gamma'' = c$ [vgl. die für γ'' und c auf Seite 377 (Note) angegebenen analytischen Ausdrücke]. Somit folgt:

$$(o.)\qquad \frac{\sin\delta}{\sin\varepsilon} = \left(\frac{1-\mu^2}{\mu^2-\pi^2}\right)\left(\frac{1}{1-c^2}\right)\,.$$ Demgemäss ergiebt sich

Wollte man diese Formel durch Reflexion an der natürlichen Bruchfläche des Kalkspaths prüfen, so kann man setzen

$$A = C = \sqrt{\tfrac{1}{2}} \quad \text{und} \quad 1 - c^2 = \tfrac{1}{2}\{\sin^2\omega + \tfrac{1}{2}(1-\cos\omega)^2\},$$

und dann findet man:

$$(15.)\qquad \operatorname{tang} 2\beta = \frac{\sqrt{2}\cdot\sin\omega\cos^2\frac{\omega}{2}\left(\frac{\pi^2-1}{\pi^2-\mu^2} - \cos^4\frac{\omega}{2}\right)}{\frac{1}{4}\left(2\,\frac{1-\mu^2}{\pi^2-\mu^2} - \sin^2\omega\right)^2 - \frac{1}{16}\sin^2\omega(\sin^2\omega + 8\cos\omega)}.$$

Ich habe diese Formel berechnet für den Fall, wo die natürliche Bruchfläche des Kalkspaths mit Cassiaöl bedeckt ist, für welches ich den oben gefundenen Brechungscoefficienten 1,6192 angenommen habe. Ich stelle die berechneten Azimuthe der Polarisationsebenen im reflectirten Strahl bei einer Incidenz von 45⁰ in folgende Tafel zusammen, weil es von Interesse ist, in einem numerischen Beispiel diese Azimuthe zu vergleichen mit denjenigen, die stattfinden, wenn die Reflexion unter dem Winkel der vollständigen Polarisation geschieht, welche in der vorhergehenden Tafel angegeben sind.

ω	β
0⁰	0⁰
12	— 35 45′
14	— 41 19
40 22′	90
42	+ 87 22
90	+ 43 57
180	0

Demgemäss ergiebt sich aus (h.):

$$(\text{p.})\qquad \vartheta = \frac{1-\mu^2}{\mu^2-\pi^2}.$$

Ferner sei bemerkt, dass der für c geltende analytische Ausdruck [Seite 377 (Note)] in dem hier betrachteten Specialfall: $\varphi = 45^0$ sich reducirt auf

$$(\text{q.})\qquad c\sqrt{2} = C + A\cos\omega.$$

Folglich stehen, wie man leicht übersieht, die Grössen U, w (h.) zur Grösse c in folgender Beziehung:

$$(\text{r.})\qquad \mathrm{w}^2 + U^2 = 2(1-c^2).$$

Unsere eigentliche Hauptformel (k.) gewinnt nun, mit Rücksicht auf (r.), folgende Gestalt:

$$(\text{s.})\qquad \operatorname{tg} 2\beta = \frac{2\mathrm{w}V[2(1-c^2)+2\vartheta]}{2(\mathrm{w}^2-V^2)(1-c^2)+4\mathrm{w}^2\vartheta+4\vartheta^2}.$$

Substituirt man aber hier für V, w und ϑ ihre Werthe (h.) und (p.), so gelangt man ohne Mühe zu jener abzuleitenden Formel (14.). — *C. N.*

§ 11.

Die Gesetze, nach welchen ein polarisirter Strahl bei seinem Eintritt in einen optisch einaxigen Krystall sich zwischen dem gewöhnlichen und ungewöhnlichen Strahl theilt.

Die Gleichungen (4.) § 7 Seite 391 enthalten das Gesetz, nach welchem das gebrochene Licht sich zwischen den gewöhnlichen und ungewöhnlichen Strahlen theilt. Es seien deren Lichtintensitäten J'^2 und J''^2, so ist, da sich diese wie die lebendigen Kräfte verhalten:

$$J'^2 : J''^2 = D'^2 : D''^2 U,$$

wo U den Werth hat*):

$$U = \frac{\sin 2\varphi''}{\sin 2\varphi'}\left(1 + \frac{\gamma''(C\sin\varphi'' - A\cos\omega\cos\varphi'')\sin(\varphi'+\varphi'')\sin(\varphi'-\varphi'')}{(1-\gamma''^2)\sin\varphi''\cos\varphi''}\right)$$

und D' und D'' die Bedeutung haben, in welcher sie in jenem § 7 gebraucht sind. Wenn das einfallende Licht *senkrecht* auf der Einfallsebene polarisirt ist, so hat man also [nach (4.) Seite 391]:

$$(1.)\qquad J'^2 : J''^2 = \frac{A^2\sin^2\omega}{1-\gamma''^2}\sin^2(\varphi+\varphi'') : \frac{(C\sin\varphi' - A\cos\omega\cos\varphi')^2}{1-\gamma'^2}\sin^2(\varphi+\varphi')\,U.$$

Der gewöhnliche Strahl verschwindet hier also, 1) wenn die brechende Ebene senkrecht auf der Axe steht, 2) wenn die Einfallsebene parallel mit der Axe ist. Der ungewöhnliche Strahl verschwindet, wenn

$$(2.)\qquad C\sin\varphi' - A\cos\omega\cos\varphi' = 0$$

ist, d. i. wenn die Polarisationsebene des gewöhnlichen Strahls senkrecht gegen die Einfallsebene steht. Dies sind dieselben Strahlen, für welche wir in § 9 $\operatorname{tang}\delta_p = 0$ gefunden haben, und welche dort durch die Kegelfläche M in Fig. 8 Seite 415 construirt sind.

Angenähert hat man für das Verhältniss $J'^2 : J''^2$, wenn man für U seinen Werth setzt und die zweiten und höheren Potenzen von $\sin(\varphi'-\varphi'')$ vernachlässigt:

$$(3.)\qquad J'^2 : J''^2 = A^2\sin^2\omega : (C\sin\varphi' - A\cos\omega\cos\varphi')^2\left(1 - 2\,\frac{\sin(\varphi-\varphi')\sin(\varphi'-\varphi'')}{\sin(\varphi+\varphi')\sin(\varphi'+\varphi'')}\right).$$

Wenn der einfallende Strahl *parallel* mit der Einfallsebene polarisirt ist, so hat man [wiederum nach (4.) Seite 391]:

$$(4.)\; J'^2 : J''^2 = \left\{\frac{C(\sin\varphi''\sin\varphi\cos\varphi + \cos\varphi''\sin^2\varphi') - A\cos\omega(\cos\varphi''\sin\varphi\cos\varphi + \sin\varphi''\cos^2\varphi')}{\sin(\varphi+\varphi')\cos(\varphi-\varphi')\sqrt{1-\gamma''^2}}\right\}^2 : \frac{A^2\sin^2\omega}{1-\gamma'^2}\,U,$$

*) Dass U diesen Werth besitzt, ist leicht zu ersehen aus der Formel Seite 387 (9.) und aus der dortigen Note. — *C. N.*

wonach der ungewöhnliche Strahl verschwindet: 1) wenn $A=0$, 2) wenn $\sin\omega=0$. Der gewöhnliche Strahl verschwindet, wenn

$$(5.)\quad C(\sin\varphi''\sin\varphi\cos\varphi+\cos\varphi''\sin^2\varphi')-A\cos\omega(\cos\varphi''\sin\varphi\cos\varphi+\sin\varphi''\cos^2\varphi')=0$$

oder, wenn man φ' und φ eliminirt:

$$(5\text{a.})\quad \begin{aligned}&(C\sin\varphi''-A\cos\omega\cos\varphi'')^2\{\mu^2-(\mu^2-\pi^2)(1-\gamma''^2)-\sin^2\varphi''\}\\ &=[\mu^2\cos\varphi''(C\sin\varphi''-A\cos\omega\cos\varphi'')+(\mu^2-\pi^2)A\cos\omega(1-\gamma''^2)]^2.\end{aligned}$$

Diese Strahlen gehören einem Kegel vierter Ordnung an; annäherungsweise erhält man für die brauchbare Wurzel:

$$(6.)\quad \operatorname{tang}\varphi''=\frac{A\cos\omega}{C}\left\{1+\left(\frac{\pi^2-\mu^2}{\mu^2}\right)\frac{A^2\sin^2\omega(1-A^2\sin^2\omega)}{C^2}\right\},$$

so dass also der Kegel (2.) die erste Annäherung darstellt*).

Bei Vernachlässigung der höheren Potenzen von $\sin(\varphi'-\varphi'')$ findet man das Verhältniss der beiden Intensitäten (4.)

$$(6\text{a.})\quad J'^2:J''^2=$$

$$(C\sin\varphi'-A\cos\omega\cos\varphi')^2:A^2\sin^2\omega\left(1+2\frac{\sin(\varphi-\varphi')\cos(\varphi+\varphi')(C\sin\varphi'+A\cos\omega\cos\varphi')\sin(\varphi'-\varphi'')}{\sin(\varphi+\varphi')\cos(\varphi-\varphi')(C\sin\varphi'-A\cos\omega\cos\varphi')\sin(\varphi'+\varphi'')}\right).$$

Wenn der einfallende Strahl allgemein im Azimuth a polarisirt ist, so hat man [nach (4.) Seite 391]:

$$(7.)\quad \frac{J'^2}{J''^2}=\frac{\sin^2(\varphi+\varphi'')}{\sin^2(\varphi+\varphi')}\frac{\left\{\frac{A\sin\omega}{\sqrt{1-\gamma''^2}}\sin a-\left(\frac{(C\sin\varphi''-A\cos\omega\cos\varphi'')\cos(\varphi-\varphi'')}{\sqrt{1-\gamma''^2}}+\frac{\gamma''(\sin^2\varphi'-\sin^2\varphi'')}{\sqrt{1-\gamma''^2}\sin(\varphi+\varphi'')}\right)\cos a\right\}^2}{\left\{\left(\frac{C\sin\varphi'-A\cos\omega\cos\varphi'}{\sqrt{1-\gamma'^2}}\right)\sin a+\frac{A\sin\omega}{\sqrt{1-\gamma'^2}}\cos(\varphi-\varphi')\cos a\right\}^2 U}$$

Bei einem gegebenen Einfallswinkel und einem gegebenen Azimuth der Einfallsebene kann man immer durch die Wahl des Azimuths der Polarisationsebene des einfallenden Strahls entweder den gewöhnlichen oder den ungewöhnlichen Strahl verschwinden machen. Soll der *gewöhnliche* Strahl verschwinden, so hat man für das Azimuth a' der ursprünglichen Polarisationsebene:

$$(8.)\quad \operatorname{tang}a'=\frac{(C\sin\varphi''-A\cos\omega\cos\varphi'')}{A\sin\omega}\cos(\varphi-\varphi'')+\frac{\gamma''(\sin^2\varphi'-\sin^2\varphi'')}{A\sin\omega\sin(\varphi+\varphi'')}.$$

Soll der *ungewöhnliche* Strahl verschwinden, so ist das Azimuth a'':

$$(9.)\quad \operatorname{tang}a''=-\frac{A\sin\omega\cos(\varphi-\varphi')}{C\sin\varphi'-A\cos\omega\cos\varphi'}.$$

---

*) In erster Annäherung folgt nämlich aus (6.):

$$\operatorname{tg}\varphi''=\frac{A\cos\omega}{C},\quad \text{d. i.}\quad C\sin\varphi''=A\cos\omega\cos\varphi''.\ \text{— C. N.}$$

Die Richtigkeit dieser beiden Formeln habe ich an zwei mir von Herrn Dr. *Seebeck* mitgetheilten Beobachtungen bestätigt gefunden.

Die beiden Azimuthe a' und a'' stehen nicht auf einander senkrecht, wie man nach der von *Biot* im *Traité de physique* T. IV p. 368 gegebenen Regel hätte erwarten sollen. Diese Regel entfernt sich aber überhaupt für Einfallswinkel, die nicht sehr klein sind, sehr stark von der Wirklichkeit*). Wenn die brechende Ebene parallel mit der Axe, also $C = 0$ ist, seien die entsprechenden Azimuthe (a') und (a''), dann hat man:

$$\operatorname{tang}(a') = -\operatorname{cotg}\omega \cos\varphi'' \cos(\varphi - \varphi'') + \operatorname{cotg}\omega \sin\varphi'' \frac{(\sin^2\varphi' - \sin^2\varphi'')}{\sin(\varphi + \varphi'')},$$

$$\operatorname{tang}(a'') = \operatorname{tang}\omega \frac{\cos(\varphi - \varphi')}{\cos\varphi'},$$

während die erwähnte Regel von *Biot* heisst:

$$\operatorname{tang}(a') = -\operatorname{cotg}\omega \quad \text{und} \quad \operatorname{tang}(a'') = \operatorname{tang}\omega.$$

Die Formel (9.) hat eine einfache Bedeutung. Sie bestimmt genau dasjenige Azimuth, in welchem ein Strahl polarisirt sein müsste, damit er nach der Refraction durch einen unkrystallinischen Körper in demselben Azimuth polarisirt sei, nach welchem der gewöhnliche Strahl in einem krystallinischen Medium polarisirt ist. Bei dem Werthe von a' in (8.) gilt dies nur von seiner ersten Annäherung.

Wenn natürliches Licht auf ein krystallinisches Medium fällt, so haben die beiden Strahlen, in welche es durch die Refraction getheilt wird, im Allgemeinen nicht gleiche Intensität. Man hat in diesem Falle, indem man dieselben Betrachtungen anwendet, welche uns in § 8 die Ausdrücke für die Intensität des reflectirten Lichtes, wenn das einfallende Licht nicht polarisirt war, gegeben haben, anwendet:

$$(10.)\quad \frac{J'^2}{J''^2} = \frac{[A\sin\omega\sin(\varphi+\varphi'')]^2 + [(C\sin\varphi'' - A\cos\omega\cos\varphi'')\sin(\varphi+\varphi'')\cos(\varphi-\varphi'') + \gamma''(\sin^2\varphi' - \sin^2\varphi'')]^2}{[(C\sin\varphi' - A\cos\omega\cos\varphi')\sin(\varphi+\varphi')]^2 + [A\sin\omega\sin(\varphi+\varphi')\cos(\varphi-\varphi')]^2}\,\frac{1-\gamma'^2}{(1-\gamma''^2)U}$$

Entwickelt man diesen Ausdruck und vernachlässigt alle Glieder, welche von $\sin(\varphi' - \varphi'')$ abhängen, so erhält man als erstes, allein von der Lage der Polarisationsebenen in den gebrochenen Strahlen abhängiges Glied:

$$\frac{J'^2}{J''^2} = \frac{1 - \dfrac{(C\sin\varphi' - A\cos\omega\cos\varphi')^2}{1-\gamma'^2}\sin^2(\varphi - \varphi')}{1 - \dfrac{A^2\sin^2\omega}{1-\gamma'^2}\sin^2(\varphi - \varphi')}.$$

---

*) Ohne Zweifel ist diese Regel auch deshalb in dem *Précis élémentaire* von *Biot* nicht aufgenommen. — (*Anm. des Originals.*)

§ 12.

Austritt des Lichtes aus einem einaxigen Krystall in ein unkrystallinisches Medium.

Bis jetzt haben wir uns mit den Phänomenen beschäftigt, welche den Eintritt eines Lichtstrahls in ein einaxiges krystallinisches Medium begleiten; ich werde jetzt den Austritt eines Strahls aus einem solchen Medium untersuchen. Die oben erhaltenen Grundgleichungen (11.) § 6 Seite 390 lassen sich hier nicht, wie dies in dem entsprechenden Fall bei unkrystallinischen Medien der Fall ist, anwenden, diese müssen vielmehr aus den im § 2 entwickelten Principien erst abgeleitet werden.

Es sei, Fig. 9, Ad eine im Innern des krystallinischen Mediums sich bewegende Wellenebene, ihr zugehörige Strahlen seien AD und $A'D'$; diese Wellenebene werde an der Grenze des Mediums AA' theils gebrochen in die Wellenebene $A's$, deren zugehörige Strahlen die Linien AS und $A'S'$ vorstellen, theils reflectirt in die Wellenebenen $A'r'$ und $A'r''$, erstere eine gewöhnliche Wellenebene, letztere eine ungewöhnliche. Die Linien AR', $A'R'$ und AR'', $A'R''$ stellen zu den Wellenebenen $A'r'$ und $A'r''$ gehörige Strahlen vor.

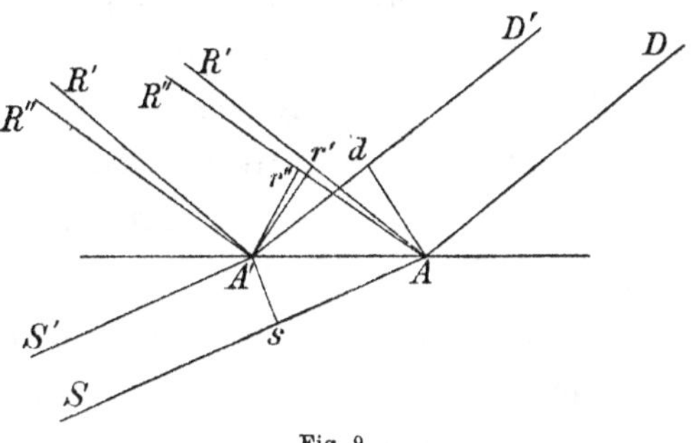

Fig. 9.

Es sei die einfallende Wellenebene Ad eine *gewöhnliche*; ihr Einfallswinkel $A'Ad$ sei ψ', der Reflexionswinkel von $A'r'$ sei $\xi'_{,}$ und der von $A'r''$ sei $\xi''_{,}$; der Brechungswinkel $AA's$ sei gleich ι'. Unter diesen vier Winkeln finden folgende Gleichungen statt [vgl. (8.) Seite 389]:

$$(1.)\qquad \sin^2\iota' = \frac{\sin^2\psi'}{\mu^2} = \frac{\sin^2\xi'_{,}}{\mu^2} = \frac{\sin^2\xi''_{,}}{\pi^2-(\pi^2-\mu^2)\gamma''^2_{,}},$$

wo $\gamma''_{,}$ den Cosinus der Neigung der Normale der Wellenebene $A'r''$ gegen die Axe bezeichnet. Die Cosinus der entsprechenden Winkel für die Wellenebenen Ad und $A'r'$ seien γ' und $\gamma'_{,}$.

Wenn die einfallende Wellenebene Ad eine *ungewöhnliche* ist, werde ihr Einfallswinkel mit ψ'' bezeichnet, ihr Brechungswinkel mit ι'' und die beiden Reflexionswinkel mit $\xi'_{,,}$ und $\xi''_{,,}$. Die Sinus der Neigungen der einfallenden und der beiden reflectirten Wellenebenen gegen die Axe seien respective γ'', $\gamma'_{,,}$ und $\gamma''_{,,}$. Zwischen ψ'', ι'', $\xi'_{,,}$ und $\xi''_{,,}$ finden folgende Gleichungen statt:

$$(2.)\qquad \sin^2\iota'' = \frac{\sin^2\psi''}{\pi^2-(\pi^2-\mu^2)\gamma''^2} = \frac{\sin^2\xi'_{,,}}{\mu^2} = \frac{\sin^2\xi''_{,,}}{\pi^2-(\pi^2-\mu^2)\gamma''^2_{,,}}.$$

In (1.) bestimmen sich $\xi'_{,}$ und ι' unmittelbar aus dem gegebenen ψ'; zur Bestimmung von $\xi''_{,}$ erhält man, wenn statt $\gamma''_{,}$ sein Werth gesetzt wird, eine quadratische Gleichung, in welcher die *eine* Wurzel den Werth für $\xi''_{,}$ giebt. Die *andere* Wurzel gehört einer ungewöhnlichen Wellenebene an, nahe so liegend, wie Ad, welche unter demselben Winkel ι' wie Ad aus dem krystallinischen Medium austreten würde. Es ist die zu der gewöhnlichen Wellenebene Ad *gehörige* ungewöhnliche Wellenebene. Nennt man die Neigung dieser ungewöhnlichen Wellenebene gegen die brechende Ebene $\psi''_{,}$, so findet man*):

$$(3.)\quad \begin{aligned} \varepsilon \operatorname{tang} \xi''_{,} + \operatorname{tang} \psi''_{,} &= -\frac{2(\pi^2-\mu^2)AC\cos\omega\sin^2\iota'}{1-\pi^2\sin^2\iota'+(\pi^2-\mu^2)A^2\cos^2\omega\sin^2\iota'},\\ \varepsilon \operatorname{tang} \xi''_{,} \operatorname{tang} \psi''_{,} &= -\frac{(\pi^2A^2+\mu^2C^2)\sin^2\iota'}{1-\pi^2\sin^2\iota'+(\pi^2-\mu^2)A^2\cos^2\omega\sin^2\iota'},\quad (\varepsilon=\pm 1).^{**)} \end{aligned}$$

In (2.) wird durch das gegebene ψ'' unmittelbar ι'' und $\xi'_{,,}$ bestimmt; zwischen ψ'' und $\xi''_{,,}$ finden Relationen statt, die man aus (3.) erhält, wenn statt $\xi''_{,}$, $\psi''_{,}$, ι' gesetzt wird respective $\xi''_{,,}$, ψ'', ι''. Ich werde die Winkel $\xi'_{,}$, $\xi''_{,}$, $\xi'_{,,}$, $\xi''_{,,}$ mit ihrem negativen Vorzeichen in die folgende Rechnung einführen.***)

Die Cosinus der Neigungen der Normale der einfallenden Wellenebene gegen die drei Coordinatenaxen, wenn sie eine gewöhnliche ist, seien α', β', γ', dieselben Cosinus für die aus ihr entstehende gebrochene Wellenebene und die beiden reflectirten seien a', b', c' und $\alpha'_{,}$, $\beta'_{,}$, $\gamma'_{,}$, $\alpha''_{,}$, $\beta''_{,}$, $\gamma''_{,}$. Wenn die einfallende Wellenebene eine ungewöhnliche ist, so sollen diese Cosinus bezeichnet werden mit α'', β'', γ''; a'', b'', c''; $\alpha'_{,,}$, $\beta'_{,,}$, $\gamma'_{,,}$ und $\alpha''_{,,}$, $\beta''_{,,}$, $\gamma''_{,,}$. Man hat nach (7.) § 4:

$$(4.)\quad a'=A\cos\iota'-C\sin\iota'\cos\omega,\qquad b'=\sin\iota'\sin\omega,\qquad c'=C\cos\iota'+A\sin\iota'\cos\omega,$$

wenn A, $B=0$, C die Sinus der Winkel sind, welche die brechende Ebene mit den Coordinatenaxen bildet. Hieraus erhält man a'', b'', c'', wenn statt ι' gesetzt wird ι''. Man erhält ferner α', β', γ', α'', .., $\alpha'_{,}$, .., $\alpha''_{,}$, .., $\alpha'_{,,}$, .., $\alpha''_{,,}$, .., wenn ι' vertauscht wird, mit ψ', ψ'', $-\xi'_{,}$, $-\xi''_{,}$, $-\xi'_{,,}$, $-\xi''_{,,}$. [Vgl. (𝔙.), (𝔚.) Seite 436.]

*) Diese ungewöhnliche Welle ($\psi''_{,}$) und die gewöhnliche Welle $Ad(\psi')$ werden hier deswegen *einander zugehörig* genannt, weil beide ein und dieselbe gebrochene Welle $As(\iota')$ liefern würden. — *C. N.*

**) Der hier enthaltene Factor ε ist $=+1$ oder $=-1$. Vgl. die folgende Note. — *C. N.*

***) Man kann diese Festsetzung, so weit sie z. B. auf $\xi'_{,}$, $\xi''_{,}$ Bezug hat, auch so aussprechen: Während ψ', ι' und $\psi''_{,}$, von der Normale N der brechenden Fläche aus, nach der *einen* Seite gerechnet sind, sollen $\xi'_{,}$, $\xi''_{,}$, von N aus, nach der *entgegengesetzten* Seite gerechnet werden. Vgl. das Schema II Seite 435. Auf Grund dieser Festsetzung wird alsdann der in (3.) enthaltene Factor ε gleich -1 zu machen sein. — Analoges gilt von $\xi'_{,,}$ und $\xi''_{,,}$. Während nämlich ψ'' und ι'', von der Normale N aus, nach der *einen* Seite gerechnet sind, sollen $\xi'_{,,}$ und $\xi''_{,,}$, von N aus, nach der *entgegengesetzten* Seite gerechnet werden. Vgl. das Schema III Seite 436. — *C. N.*

Die Oscillationsgeschwindigkeit in der einfallenden Wellenebene soll, je nachdem sie eine gewöhnliche oder ungewöhnliche ist, bezeichnet werden mit D' oder D''. Die Geschwindigkeiten in der reflectirten gewöhnlichen und ungewöhnlichen Wellenebene respective mit $R'_{,}$ und $R''_{,}$, wenn sie aus D' entstanden sind, und mit $R'_{,,}$ und $R''_{,,}$, wenn sie aus D'' entstanden sind. Die Geschwindigkeit in der gebrochenen Wellenebene zerlegen wir parallel und senkrecht auf der Einfallsebene, und nennen die Componenten respective S' und P', wenn sie aus D' entstanden sind, und S'' und P'', wenn sie aus D'' entstanden sind. Die Richtungen der Geschwindigkeiten D' und D'' bilden mit den Coordinatenaxen Winkel, deren Cosinus ich bezeichne mit D'_a, D'_b, D'_c und D''_a, D''_b, D''_c. Die Grössen $R'_{,a}$, $R'_{,b}$, $R'_{,c}$, $R''_{,a}$, ... $R'_{,,a}$, ... $R''_{,,a}$, ... sollen die entsprechende Bedeutung für die Geschwindigkeiten $R'_{,}$, $R''_{,}$, $R'_{,,}$, $R''_{,,}$ haben. Die Richtung der Geschwindigkeiten P', P'' und S', S'' bilden mit den drei Elasticitätsaxen Winkel, deren Cosinus sind: E_1, E_2, E_3 und G'_1, G'_2, G'_3; G''_1, G''_2, G''_3.

Diese Bezeichnung vorausgesetzt, giebt das Princip der Gleichheit der Componenten, wenn die einfallende Ebene eine gewöhnlche ist, folgende Gleichungen:

$$(5.)\quad \begin{cases} P'E_1 + S'G'_1 = D'D'_a + R'_{,}R'_{,a} + R''_{,}R''_{,a}, \\ P'E_2 + S'G'_2 = D'D'_b + R'_{,}R'_{,b} + R''_{,}R''_{,b}, \\ P'E_3 + S'G'_3 = D'D'_c + R'_{,}R'_{,c} + R''_{,}R''_{,c}, \end{cases}$$

und ist die einfallende Wellenebene eine ungewöhnliche, so erhält man ein ähnliches System, man hat nur statt $R'_{,}$, $R''_{,}$, $R'_{,a}$ etc. zu setzen $R'_{,,}$, $R''_{,,}$, $R'_{,,a}$ etc. und den übrigen Buchstaben oben noch einen $_{,}$ hinzuzufügen. Die Cosinus E_1, E_2, E_3 und G'_1, G'_2, G'_3; G''_1, G''_2, G''_3 erhält man aus (9.) und (10.) § 4, wenn statt φ gesetzt wird respective ι' und ι''. Die Cosinus D'_a ... und D''_a ... sind dieselben, welche in (15.) und (14.) § 4 mit R'_a, ... und R''_a, ... bezeichnet sind, und man erhält aus ihnen $R'_{,a}$, ..., $R''_{,a}$, ..., $R'_{,,a}$, ..., $R''_{,,a}$ ..., wenn α', β', γ' und α'', β'', γ'' vertauscht werden mit $\alpha'_{,}$, $\beta'_{,}$, $\gamma'_{,}$; $\alpha''_{,}$, ... und $\alpha'_{,,}$, ...; $\alpha''_{,,}$, ...

Multiplicirt man die Gleichungen (5.) respective 1) mit E_1, E_2, E_3, 2) mit F_1, F_2, F_3, diese Buchstaben in derselben Bedeutung genommen, wie in (8.) § 4, und 3) mit A, $B=0$, C, und nimmt jedesmal die Summe der Producte, so verwandeln sich die Gleichungen (5.) in folgende:

$$(6.)\quad \begin{cases} P' = D'\dfrac{A\sin\omega}{\sqrt{1-\gamma'^2}} + R'_{,}\dfrac{A\sin\omega}{\sqrt{1-\gamma'^2_{,}}} - R''_{,}\dfrac{C\sin\xi''_{,} + A\cos\xi''_{,}\cos\omega}{\sqrt{1-\gamma''^2_{,}}}, \\ S'\cos\iota' = -D'\cos\psi'\dfrac{(C\sin\psi' - A\cos\omega\cos\psi')}{\sqrt{1-\gamma'^2}} + R'_{,}\cos\xi'_{,}\dfrac{(C\sin\xi'_{,} + A\cos\xi'_{,}\cos\omega)}{\sqrt{1-\gamma'^2_{,}}} + R''_{,}\dfrac{A\sin\omega\cos\xi''_{,}}{\sqrt{1-\gamma''^2_{,}}}, \\ S'\sin\iota' = -D'\sin\psi'\dfrac{(C\sin\psi' - A\cos\omega\cos\psi')}{\sqrt{1-\gamma'^2}} - R'_{,}\sin\xi'_{,}\dfrac{(C\sin\xi'_{,} + A\cos\xi'_{,}\cos\omega)}{\sqrt{1-\gamma'^2_{,}}} - R''_{,}\dfrac{A\sin\omega\sin\xi''_{,}}{\sqrt{1-\gamma''^2_{,}}}, \end{cases}$$

wenn man die Relationen in (2.) § 5 berücksichtigt, und daselbst statt $R'_a \ldots$ und $R''_a \ldots$ nach und nach setzt $D'_a \ldots$, $R'_{ia} \ldots$, und $R''_{ia} \ldots$, und statt $\varphi' : \psi'$, ξ'_i und statt $\varphi'' : \xi''_i$ etc.*)

Um die aus dem Princip der Erhaltung der lebendigen Kräfte sich ergebende Gleichung zu bilden, muss man das Verhältniss eines Volumens der einfallenden Wellenebene suchen zu den entsprechenden Volumen, über welche die in jenem enthaltene Geschwindigkeit sich in den gebrochenen und in den

---

*) Jene sechs Formeln (2.) § 5, Seite 383 lauten:

$$(\mathfrak{A}.)\quad R'_a E_1 + R'_b E_2 + R'_c E_3 = \frac{A \sin \omega}{\sqrt{1-\gamma'^2}},$$

$$(\mathfrak{B}.)\quad R''_a E_1 + R''_b E_2 + R''_c E_3 = \frac{C \sin \varphi'' - A \cos \omega \cos \varphi''}{\sqrt{1-\gamma''^2}},$$

$$(\mathfrak{C}.)\quad R'_a F_1 + R'_b F_2 + R'_c F_3 = \frac{(-1) \cos \varphi' \, (C \sin \varphi' - A \cos \omega \cos \varphi')}{\sqrt{1-\gamma'^2}},$$

$$(\mathfrak{D}.)\quad R''_a F_1 + R''_b F_2 + R''_c F_3 = \frac{A \cos \varphi'' \sin \omega}{\sqrt{1-\gamma''^2}},$$

$$(\mathfrak{E}.)\quad R'_a A + R'_c C = \frac{(-1) \sin \varphi' \, (C \sin \varphi' - A \cos \omega \cos \varphi')}{\sqrt{1-\gamma'^2}},$$

$$(\mathfrak{F}.)\quad R''_a A + R''_c C = \frac{A \sin \varphi'' \sin \omega}{\sqrt{1-\gamma''^2}}.$$

z

φ · $S(a, b, c)$ in der Luft

φ'' · $n''(\alpha'', \beta'', \gamma'')$, $R''(R''_a, R''_b, R''_c)$

φ' · $n'(\alpha', \beta', \gamma')$, $R'(R'_a, R'_b, R'_c)$

0^0 * $N(A,\ B = 0,\ C)$

$90^0 - \varphi$ · $G(G_1, G_2, G_3)$

φ · $r(\alpha, \beta, \gamma)$

90^0 * $F(F_1, F_2, F_3)$

Schema I.

Der Winkel (zNS) soll $= \omega$ sein.

Das hier zur Erläuterung daneben gesetzte Schema ist anzusehen als eine gewisse Vervollständigung der sphärischen Figur 3 Seite 375. In der That haben hier die Buchstaben z und S, N, G, F genau die damaligen Bedeutungen. Neu hinzugefügt aber sind die Normale r der reflectirten Welle und die Normalen n', n'' der beiden gebrochenen Wellen. Ferner sollen R' und R'' die Geschwindigkeiten in den beiden gebrochenen Wellen sein. Endlich sind R'_a, R'_b, R'_c und R''_a, R''_b, R''_c die Richtungscosinus von R' und R'', — alles in voller Uebereinstimmung mit den *Neumann*'schen Festsetzungen (Seite 379).

N ist die Normale der brechenden Fläche. Und von dieser Normale N aus, sind die bei n', n'', S notirten Winkel φ', φ'', φ nach der *einen*, hingegen die bei G, r, F notirten Winkel $90^0 - \varphi$, φ, 90^0 nach der *entgegengesetzten* Seite gerechnet.

In analoger Weise wollen wir nun auch bei den *gegenwärtigen* Betrachtungen die geometrischen Vorstellungen schematisch anzudeuten versuchen. Denken wir uns zuvörderst jene direct gegebene Wellenebene Ad (Fig. 9 Seite 431) als eine *gewöhnliche* Welle, so kann eine solche Andeutung etwa bewerkstelligt werden durch das folgende Schema II, in welchem z die optische Axe ist, während alle übrigen Buchstaben die im obigen Text (d. i. in § 12) angegebenen Bedeutungen haben sollen.

Ebenso wie vorhin (im Schema I) R' die Geschwindigkeit in der *gewöhnlichen* Welle $n'(\alpha', \beta', \gamma')$ darstellte, ebenso repräsentirt gegenwärtig (im Schema II) D' die Geschwindigkeit in einer Welle $d(\alpha', \beta', \gamma')$, die ebenfalls eine *gewöhnliche* ist. Demgemäss ergiebt sich folgende zu ($\mathfrak{A}$.) analoge Formel:

$$(\mathfrak{G}.)\qquad D'_a E_1 + D'_b E_2 + D'_c E_3 = \frac{A \sin \omega}{\sqrt{1-\gamma'^2}}.$$

Eine analoge Formel

reflectirten Wellenebenen verbreitet. Ich werde $\mathfrak{P}'$ und $\mathfrak{P}''$ das Volumen in den einfallenden Wellenebenen D' und D'' nennen, in ihren gebrochenen Wellenebenen $\mathfrak{D}'$ und $\mathfrak{D}''$; und in den reflectirten $R'_{,}$, $R''_{,}$ werde ich die entsprechenden Volumina mit $\mathfrak{P}'_{,}$, $\mathfrak{P}''_{,}$ bezeichnen, so wie in den reflectirten Wellenebenen $R'_{,,}$, $R''_{,,}$ mit $\mathfrak{P}'_{,,}$, $\mathfrak{P}''_{,,}$. Alsdann findet man durch dieselben Ueberlegungen, welche uns in § 5 zu den Gleichungen (8.) und (7.) geführt haben, wenn man das dort

---

Eine analoge Formel ergiebt sich für die *gewöhnliche* Welle $r'(\alpha'_{,}, \beta'_{,}, \gamma'_{,})$. Und zwar wird man dieselbe (vgl. das Schema II) aus ($\mathfrak{G}$.) dadurch erhalten können, dass man α', β', γ' durch $\alpha'_{,}$, $\beta'_{,}$, $\gamma'_{,}$, und ψ' durch $-\xi'_{,}$ ersetzt. Man erhält also:

$$(\mathfrak{H}.)\quad R'_{,a}E_1 + R'_{,b}E_2 + R'_{,c}E_3 = \frac{A \sin\omega}{\sqrt{1-\gamma'^2_{,}}}.$$

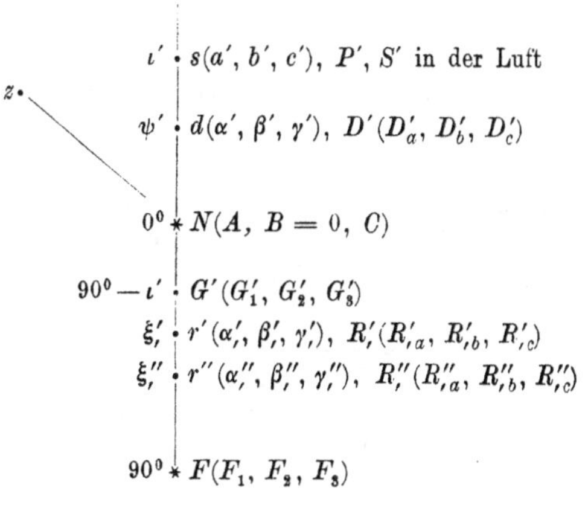

Ebenso, wie nun ferner (im Schema I) für die *ungewöhnliche* Welle $n''(\alpha'', \beta'', \gamma'')$ die Formel ($\mathfrak{B}$.) gilt, ebenso wird gegenwärtig (d. i. im Schema II) für die *ungewöhnliche* Welle $r''(\alpha''_{,}, \beta''_{,}, \gamma''_{,})$ eine analoge Formel gelten, die aus jener dadurch sich ergiebt, dass man α'', β'', γ'', φ'' respective mit $\alpha''_{,}$, $\beta''_{,}$, $\gamma''_{,}$, $-\xi''_{,}$ vertauscht. Man erhält also:

$$(\mathfrak{J}.)\quad R''_{,a}E_1 + R''_{,b}E_2 + R''_{,c}E_3 = \frac{-C\sin\xi''_{,} - A\cos\omega\cos\xi''_{,}}{\sqrt{1-\gamma''^2}}.$$

ι' • $s(a', b', c')$, P', S' in der Luft

z•

ψ' • $d(\alpha', \beta', \gamma')$, $D'(D'_a, D'_b, D'_c)$

0^0 ∗ $N(A, B = 0, C)$

$90^0 - \iota'$ • $G'(G'_1, G'_2, G'_3)$

$\xi'_{,}$ • $r'(\alpha'_{,}, \beta'_{,}, \gamma'_{,})$, $R'_{,}(R'_{,a}, R'_{,b}, R'_{,c})$

$\xi''_{,}$ • $r''(\alpha''_{,}, \beta''_{,}, \gamma''_{,})$, $R''_{,}(R''_{,a}, R''_{,b}, R''_{,c})$

90^0 ∗ $F(F_1, F_2, F_3)$

Schema II.

Der Winkel (zNd) soll $= \omega$ sein. Ferner ist zu bemerken, dass die beiden Winkel ψ' und $\xi'_{,}$ einander gleich sind.

In ähnlicher Weise wird man, wie leicht zu übersehen ist, mittelst der Gleichung ($\mathfrak{C}$.) die Formeln erhalten:

$$(\mathfrak{K}.)\quad D'_aF_1 + D'_bF_2 + D'_cF_3 = \frac{(-1)\cos\psi'(C\sin\psi' - A\cos\omega\cos\psi')}{\sqrt{1-\gamma'^2}},$$

$$(\mathfrak{L}.)\quad R'_{,a}F_1 + R'_{,b}F_2 + R'_{,c}F_3 = \frac{\cos\xi'_{,}(C\sin\xi'_{,} + A\cos\omega\cos\xi'_{,})}{\sqrt{1-\gamma'^2_{,}}},$$

und mittelst der Gleichung ($\mathfrak{D}$.) zu folgender Formel gelangen:

$$(\mathfrak{M}.)\quad R''_{,a}F_1 + R''_{,b}F_2 + R''_{,c}F_3 = \frac{A\sin\omega\cos\xi''_{,}}{\sqrt{1-\gamma''^2_{,}}}.$$

Ferner wird man in ähnlicher Weise, auf Grund der Gleichung ($\mathfrak{E}$.), die Formeln finden:

$$(\mathfrak{N}.)\quad D'_aA + D'_cC = \frac{(-1)\sin\psi'(C\sin\psi' - A\cos\omega\cos\psi')}{\sqrt{1-\gamma'^2}},$$

$$(\mathfrak{O}.)\quad R'_{,a}A + R'_{,c}C = \frac{(-1)\sin\xi'_{,}(C\sin\xi'_{,} + A\cos\omega\cos\xi'_{,})}{\sqrt{1-\gamma'^2_{,}}},$$

und, mittelst der Gleichung ($\mathfrak{F}$.), zu folgender Formel gelangen:

$$(\mathfrak{P}.)\quad R''_{,a}A + R''_{,c}C = \frac{(-1)A\sin\omega\sin\xi''_{,}}{\sqrt{1-\gamma''^2_{,}}}.$$ Fügt man

gebrauchte $\mathfrak{A}H = \sin\iota'$ setzt*), wenn die einfallende Wellenebene eine gewöhnliche ist, und $= \sin\iota''$, wenn es eine ungewöhnliche ist, folgende Ausdrücke:

$$(7.)\quad \begin{cases} \mathfrak{Q}' = \sin\iota'\cos\iota', & \mathfrak{Q}'' = \sin\iota''\cos\iota'', \\ \mathfrak{P}' = \sin\psi'\cos\psi', & \mathfrak{P}'' = \sin\psi''\cos\psi''\left[1 - \dfrac{(\pi^2-\mu^2)\gamma''\left(\dfrac{C}{\cos\psi''} - \gamma'\right.}{\pi^2 - (\pi^2-\mu^2)\gamma''^2}\right. \\ \mathfrak{P}'_{,} = \sin\xi'_{,}\cos\xi'_{,}, & \mathfrak{P}'_{,,} = \sin\xi'_{,,}\cos\xi'_{,,}, \\ \mathfrak{P}''_{,} = \sin\xi''_{,}\cos\xi''_{,}\left[1 - \dfrac{(\pi^2-\mu^2)\gamma''_{,}\left(\dfrac{C}{\cos\xi''_{,}} - \gamma''_{,}\right)}{\pi^2-(\pi^2-\mu^2)\gamma''^2_{,}}\right], & \mathfrak{P}''_{,,} = \sin\xi''_{,,}\cos\xi''_{,,}\left[1 - \dfrac{(\pi^2-\mu^2)\gamma''_{,,}\left(\dfrac{C}{\cos\xi''_{,,}} - \gamma''_{,,}\right.}{\pi^2-(\pi^2-\mu^2)\gamma''^2_{,,}}\right. \end{cases}$$

Fügt man endlich noch hinzu die sich leicht ergebenden Relationen:

$$(\mathfrak{Q}.)\quad E_1F_1 + E_2F_2 + E_3F_3 = 0, \qquad (\mathfrak{S}.)\quad E_1A + E_2B + E_3C = 0,$$

$$(\mathfrak{R}.)\quad G'_1F_1 + G'_2F_2 + G'_3F_3 = \cos\iota', \qquad (\mathfrak{T}.)\quad G'_1A + G'_2B + G'_3C = \sin\iota',$$

so hat man im Ganzen $9 + 4 = 13$ Relationen, nämlich die Gleichungen ($\mathfrak{G}$.), ($\mathfrak{H}$.), ... ($\mathfrak{P}$.) und ($\mathfrak{Q}$.), ($\mathfrak{R}$.), ($\mathfrak{S}$.), ($\mathfrak{T}$.), mittelst deren man mit Leichtigkeit von den obigen Formeln (5.) auf dem oben angegebenen Wege hingelangen kann zu den Formeln (6.).

Ist nun andrerseits jene von Hause aus gegebene directe Welle Ad (Fig. 9) eine *ungewöhnliche*, so wird man offenbar in ganz ähnlicher Art verfahren können, indem man alsdann das beistehende Schema III entwirft; u. s. w.

Ohne hierauf näher einzugehen, sei nur noch bemerkt, dass weiterhin im Text (Seite 443) die Rede sein wird von *einer zu D'' gehörigen gewöhnlichen Welle.* Es ist dies eine Hülfswelle, deren Normale im Schema III kurzweg mit h bezeichnet ist. Diese Normale h liegt in der Einfallsebene, und zwar in solcher Weise, dass h und r' gegen die Normale N der brechenden Fläche unter *gleichen* Winkeln geneigt sind. Demgemäss findet also die Relation statt: $\psi'_{,,} = \xi'_{,,}$.

ι'' · $s(a'', b'', c'')$, P'', S'' in der Luft
ψ'' · $d(\alpha'', \beta'', \gamma'')$, $D''(D''_a, D''_b, D''_c)$
z
$\psi'_{,,}$ · h
0^0 * $N(A,\ B = 0,\ C)$
$90^0 - \iota''$ · $G''(G''_1, G''_2, G''_3)$
$\xi'_{,,}$ · $r'(\alpha'_{,,}, \beta'_{,,}, \gamma'_{,,})$, $R'_{,,}(R'_{,,a}, R'_{,,b}, R'_{,,c})$
$\xi''_{,,}$ · $r''(\alpha''_{,,}, \beta''_{,,}, \gamma''_{,,})$, $R''_{,,}(R''_{,,a}, R''_{,,b}, R''_{,,c})$
90^0 * $F(F_1, F_2, F_3)$

Schema III.

Der Winkel (zNd) soll $= \omega$ sein. h ist die Normale einer gewissen Hülfswelle; und zwar sind h und r' unter gleichen Winkeln gegen N geneigt; so dass also $\psi'_{,,} = \xi'_{,,}$ sein soll.

Die Schemata I, II, III werden dazu dienen, *einen deutlichen Ueberblick zu geben über die hier in der Abhandlung angewendeten Bezeichnungen.* — Bei dieser Gelegenheit sei noch aufmerksam gemacht auf folgende Formeln:

$$(\mathfrak{V}.)\quad \begin{cases} \gamma' = C\cos\psi' + A\sin\psi'\cos\omega, \\ \gamma'_{,} = C\cos\xi'_{,} - A\sin\xi'_{,}\cos\omega, \\ \gamma''_{,} = C\cos\xi''_{,} - A\sin\xi''_{,}\cos\omega, \end{cases} \qquad (\mathfrak{W}.)\quad \begin{cases} \gamma'' = C\cos\psi'' + A\sin\psi''\cos\omega, \\ \gamma'_{,,} = C\cos\xi'_{,,} - A\sin\xi'_{,,}\cos\omega, \\ \gamma''_{,,} = C\cos\xi''_{,,} - A\sin\xi''_{,,}\cos\omega, \end{cases}$$

von denen weiterhin Gebrauch zu machen ist. Ebenso wie die früheren Formeln (e.), (f.), (g.), (h.) Seite 377 (Note) sich unmittelbar ergaben aus der sphärischen Figur 3, Seite 375, — ebenso können die gegenwärtigen Formeln ($\mathfrak{V}$.) und ($\mathfrak{W}$.) mit Leichtigkeit abgeleitet werden aus den hier angegebenen Schematen II und III. — *C. N.*

*) In der damaligen Gleichung der lebendigen Kraft war $\mathfrak{A}H$ *gemeinschaftlicher Factor* [vgl. Seite 387 (7.), (8.), (9.)], und also *willkürlich* zu wählen. Und Gleiches wird offenbar auch im

Die Gleichung der lebendigen Kräfte, wenn die einfallende Wellenebene eine gewöhnliche ist:

$$D'^2\mathfrak{P}' = (P'^2 + S'^2)\mathfrak{Q}' + R'^2_{,}\mathfrak{P}'_{,} + R''^2_{,}\mathfrak{P}''_{,}$$

verwandelt sich demnach in:

$$(8.)\quad D'^2 \sin\psi' \cos\psi' - R'^2_{,} \sin\xi'_{,} \cos\xi'_{,} - R''^2_{,} \sin\xi''_{,} \cos\xi''_{,} \left\{1 - \frac{(\pi^2-\mu^2)\gamma''_{,}\left(\frac{C}{\cos\xi''_{,}} - \gamma''_{,}\right)}{\pi^2 - (\pi^2-\mu^2)\gamma''_{,}}\right\}$$
$$= (P'^2 + S'^2) \sin\iota' \cos\iota'.$$

Diese quadratische Gleichung lässt sich auf eine lineäre zurückführen. Multiplicirt man die zweite und dritte der Gleichungen (6.) mit einander und zieht das Product von (8.) ab und berücksichtigt, dass wegen (1.) $\xi'_{,} = \psi'$ ist, so erhält man:

$$P'^2 \sin\iota' \cos\iota' = D'^2 \sin\psi' \cos\psi' \frac{A^2 \sin^2\omega}{1-\gamma'^2} - R'^2_{,} \sin\xi'_{,} \cos\xi'_{,} \frac{A^2\sin^2\omega}{1-\gamma'^2_{,}}$$
$$- R''^2_{,} \sin\xi''_{,} \cos\xi''_{,} \left(\frac{(C\sin\xi''_{,} + A\cos\xi''_{,}\cos\omega)^2}{1-\gamma''^2_{,}} - \frac{(\pi^2-\mu^2)\gamma''_{,}(C - \gamma''_{,}\cos\xi''_{,})}{\cos\xi''_{,}[\pi^2 - (\pi^2-\mu^2)\gamma''^2_{,}]}\right)$$
$$+ D'R''_{,} \sin(\psi' - \xi''_{,}) \frac{A\sin\omega}{\sqrt{1-\gamma''^2_{,}}} \frac{(C\sin\psi' - A\cos\psi'\cos\omega)}{\sqrt{1-\gamma'^2}}$$
$$+ R'_{,}R''_{,} \sin(\psi' + \xi''_{,}) \frac{A\sin\omega}{\sqrt{1-\gamma''^2_{,}}} \frac{(C\sin\xi'_{,} + A\cos\xi'_{,}\cos\omega)}{\sqrt{1-\gamma'^2_{,}}}.$$

Diese Gleichung lässt sich dividiren durch die erste der Gleichungen (6.) und man erhält:

$$(9.)\qquad P'\sin\iota'\cos\iota' = D'\sin\psi'\cos\psi' \frac{A\sin\omega}{\sqrt{1-\gamma'^2}} - R'_{,}\sin\xi'_{,}\cos\xi'_{,}\frac{A\sin\omega}{\sqrt{1-\gamma'^2_{,}}}$$
$$+ R''_{,}\left\{\sin\xi''_{,}\cos\xi''_{,}\frac{(C\sin\xi''_{,} + A\cos\omega\cos\xi''_{,})}{\sqrt{1-\gamma''^2_{,}}} - \frac{(\pi^2-\mu^2)\sin^2\xi''_{,}\gamma''_{,}(1-\gamma''^2_{,})}{\sqrt{1-\gamma''^2_{,}}[\pi^2 - (\pi^2-\mu^2)\gamma''^2_{,}]}\right\}.$$

Multiplicirt man nämlich diese Gleichung mit der ersten der Gleichungen (6.) und vergleicht das Product mit der vorhergehenden Gleichung, so findet man, dass die Richtigkeit von (9.) bedingt ist durch folgende Relationen:

$$\sin(\psi' - \xi''_{,})\cos(\psi' + \xi''_{,})(C\sin\xi''_{,} + A\cos\xi''_{,}\cos\omega) + \frac{(\pi^2-\mu^2)\sin^2\xi''_{,}\gamma''_{,}(1-\gamma''^2_{,})}{\pi^2 - (\pi^2-\mu^2)\gamma''^2_{,}}$$
$$= -\sin(\psi' - \xi''_{,})(C\sin\psi' - A\cos\omega\cos\psi')$$

und

$$\sin(\xi'_{,} + \xi''_{,})\cos(\xi'_{,} - \xi''_{,})(C\sin\xi''_{,} + A\cos\xi''_{,}\cos\omega) - \frac{(\pi^2-\mu^2)\sin^2\xi''_{,}\gamma''_{,}(1-\gamma''^2_{,})}{\pi^2 - (\pi^2-\mu^2)\gamma''^2_{,}}$$
$$= \sin(\xi'_{,} + \xi''_{,})(C\sin\xi' + A\cos\xi'\cos\omega),$$

---

gegenwärtigen Fall stattfinden, mag nun jene direct gegebene Welle Ad (Fig. 9) eine gewöhnliche, oder mag sie eine ungewöhnliche sein. — *C. N.*

und von deren Richtigkeit überzeugt man sich, wenn man μ^2 und π^2 eliminirt mittelst der [aus (1.) abgeleiteten] Formeln:

$$\sin^2\xi_{,}'' = \sin^2\iota'[\pi^2-(\pi^2-\mu^2)\gamma_{,}''^2] \tag{9 a.}$$

und

$$-(\pi^2-\mu^2)(1-\gamma_{,}''^2)\sin^2\iota' = \sin(\xi_{,}'+\xi_{,}'')\sin(\xi_{,}'-\xi_{,}''), \tag{9 b.}$$

wodurch die beiden Relationen identisch werden.

Die Gleichungen (6.) und (9.) enthalten die Theorie desjenigen Falls, wo der directe Strahl ein *gewöhnlicher* ist. Ich habe schon gesagt*), in welche andere Gleichungen die Gleichungen (5.) sich verwandeln, wenn der directe Strahl ein *ungewöhnlicher* ist. Wendet man auf diese dieselbe Behandlung an, durch welche aus den Gleichungen (5.) die Gleichungen (6.) entstanden sind, so erhält man folgende:

$$\tag{10.}\left\{\begin{aligned}
P'' &= D''\frac{C\sin\psi''-A\cos\omega\cos\psi''}{\sqrt{1-\gamma''^2}}+R_{,,}'\frac{A\sin\omega}{\sqrt{1-\gamma_{,,}'^2}}-R_{,,}''\frac{C\sin\xi_{,,}''+A\cos\xi_{,,}''\cos\omega}{\sqrt{1-\gamma_{,,}''^2}},\\
S''\cos\iota'' &= D''\frac{A\sin\omega\cos\psi''}{\sqrt{1-\gamma''^2}}+R_{,,}'\cos\xi_{,,}'\frac{(C\sin\xi_{,,}'+A\cos\xi_{,,}'\cos\omega)}{\sqrt{1-\gamma_{,,}'^2}}+R_{,,}''\frac{A\sin\omega\cos\xi_{,,}''}{\sqrt{1-\gamma_{,,}''^2}},\\
S''\sin\iota'' &= D''\frac{A\sin\omega\sin\psi''}{\sqrt{1-\gamma''^2}}-R_{,,}'\sin\xi_{,,}'\frac{(C\sin\xi_{,,}'+A\cos\xi_{,,}'\cos\omega)}{\sqrt{1-\gamma_{,,}'^2}}-R_{,,}''\frac{A\sin\omega\sin\xi_{,,}''}{\sqrt{1-\gamma_{,,}''^2}}.
\end{aligned}\right.$$

Die Gleichung der Erhaltung der lebendigen Kräfte ist:

$$D''^2\mathfrak{P}'' = (P''^2+S''^2)\mathfrak{Q}''+R_{,,}'^2\mathfrak{P}_{,,}'+R_{,,}''^2\mathfrak{P}_{,,}'',$$

und hierin die Werthe für $\mathfrak{P}''$, $\mathfrak{Q}''$ ... aus (7.) gesetzt, giebt:

$$\tag{11.}\left\{\begin{aligned}
&D''^2\sin\psi''\cos\psi''\Big[1-\frac{(\pi^2-\mu^2)(C-\gamma''\cos\psi'')\gamma''}{\cos\psi''[\pi^2-(\pi^2-\mu^2)\gamma''^2]}\Big]\\
&-R_{,,}'^2\sin\xi_{,,}'\cos\xi_{,,}'-R_{,,}''^2\sin\xi_{,,}''\cos\xi_{,,}''\Big[1-\frac{(\pi^2-\mu^2)(C-\gamma_{,,}''\cos\xi_{,,}'')\gamma_{,,}''}{\cos\xi_{,,}''[\pi^2-(\pi^2-\mu^2)\gamma_{,,}''^2]}\Big]\\
&=(P''^2+S''^2)\sin\iota''\cos\iota''.
\end{aligned}\right.$$

Multiplicirt man die beiden letzteren Gleichungen von (10.) mit einander und zieht das Product von (11.) ab, so erhält man:

$$\begin{aligned}
P''^2\sin\iota''\cos\iota'' = D''^2\Big[\sin\psi''\cos\psi''\frac{(C\sin\psi''-A\cos\omega\cos\psi'')^2}{1-\gamma''^2}-\frac{(\pi^2-\mu^2)(C-\gamma''\cos\psi'')\gamma''\sin\psi''}{\pi^2-(\pi^2-\mu^2)\gamma''^2}\Big]&\\
-R_{,,}'^2\sin\xi_{,,}'\cos\xi_{,,}'\frac{A^2\sin^2\omega}{1-\gamma_{,,}'^2}&\\
-R_{,,}''^2\Big(\sin\xi_{,,}''\cos\xi_{,,}''\frac{(C\sin\xi_{,,}''+A\cos\omega\cos\xi_{,,}'')^2}{1-\gamma_{,,}''^2}-\frac{(\pi^2-\mu^2)(C-\gamma_{,,}''\cos\xi_{,,}'')\gamma_{,,}''\sin\xi_{,,}''}{\pi^2-(\pi^2-\mu^2)\gamma_{,,}''^2}\Big)&\\
-D''R_{,,}'\sin(\psi''-\xi_{,,}')\frac{A\sin\omega}{\sqrt{1-\gamma''^2}}\frac{C\sin\xi_{,,}'+A\cos\omega\cos\xi_{,,}'}{\sqrt{1-\gamma_{,,}'^2}}-D''R_{,,}''\frac{\sin(\psi''-\xi_{,,}'')}{\sqrt{1-\gamma''^2}}\frac{A^2\sin^2\omega}{\sqrt{1-\gamma_{,,}''^2}}&\\
+R_{,,}'R_{,,}''\sin(\xi_{,,}'+\xi_{,,}'')\frac{A\sin\omega(C\sin\xi_{,,}'+A\cos\omega\cos\xi_{,,}')}{\sqrt{1-\gamma_{,,}'^2}\sqrt{1-\gamma_{,,}''^2}}&.
\end{aligned}$$

*) nämlich bei (5.) auf Seite 433.

Dividirt man diese Gleichung durch die erste der Gleichungen (10.), so erhält man:

$$(12.)\quad \begin{cases} P''\sin\iota''\cos\iota'' = D''\left[\sin\psi''\cos\psi''\dfrac{(C\sin\psi''-A\cos\omega\cos\psi'')}{\sqrt{1-\gamma''^2}} - \dfrac{(\pi^2-\mu^2)\gamma''(1-\gamma''^2)\sin^2\psi''}{\sqrt{1-\gamma''^2}[\pi^2-(\pi^2-\mu^2)\gamma''^2]}\right] \\ \qquad - R'_{\prime\prime}\sin\xi'_{\prime\prime}\cos\xi'_{\prime\prime}\dfrac{A\sin\omega}{\sqrt{1-\gamma'^2_{\prime\prime}}} \\ \qquad + R''_{\prime\prime}\left[\sin\xi''_{\prime\prime}\cos\xi''_{\prime\prime}\dfrac{(C\sin\xi''_{\prime\prime}+A\cos\omega\cos\xi''_{\prime\prime})}{\sqrt{1-\gamma''^2_{\prime\prime}}} - \dfrac{(\pi^2-\mu^2)\gamma''_{\prime\prime}(1-\gamma''^2_{\prime\prime})\sin^2\xi''_{\prime\prime}}{\sqrt{1-\gamma''^2_{\prime\prime}}[\pi^2-(\pi^2-\mu^2)\gamma''^2_{\prime\prime}]}\right]. \end{cases}$$

Multiplicirt man nämlich diese Gleichung mit der ersten der Gleichungen (10.) und vergleicht das Product mit der vorhergehenden Gleichung, so sieht man, dass folgende Relationen stattfinden müssen:

$$1.\ \sin(\xi'_{\prime\prime}-\psi'')\cos(\xi'_{\prime\prime}+\psi'')(C\sin\psi''-A\cos\omega\cos\psi'') + \frac{(\pi^2-\mu^2)\gamma''(1-\gamma''^2)\sin^2\psi''}{\pi^2-(\pi^2-\mu^2)\gamma''^2}$$
$$= -\sin(\xi'_{\prime\prime}-\psi'')(C\sin\xi'_{\prime\prime}+A\cos\omega\cos\xi'_{\prime\prime}),$$

$$2.\ \sin(\xi'_{\prime\prime}+\xi''_{\prime\prime})\cos(\xi'_{\prime\prime}-\xi''_{\prime\prime})(C\sin\xi''_{\prime\prime}+A\cos\omega\cos\xi''_{\prime\prime}) - \frac{(\pi^2-\mu^2)\gamma''_{\prime\prime}(1-\gamma''^2_{\prime\prime})\sin^2\xi''_{\prime\prime}}{\pi^2-(\pi^2-\mu^2)\gamma''^2}$$
$$= \sin(\xi'_{\prime\prime}+\xi''_{\prime\prime})(C\sin\xi'_{\prime\prime}+A\cos\xi'_{\prime\prime}\cos\omega),$$

$$3.\ \sin(\psi''-\xi''_{\prime\prime})\cos(\psi''+\xi''_{\prime\prime})(C\sin\psi''-A\cos\omega\cos\psi'')(C\sin\xi''_{\prime\prime}+A\cos\omega\cos\xi''_{\prime\prime})$$
$$-\frac{(\pi^2-\mu^2)\gamma''(1-\gamma''^2)(C\sin\xi''_{\prime\prime}+A\cos\omega\cos\xi''_{\prime\prime})\sin^2\psi''}{\pi^2-(\pi^2-\mu^2)\gamma''^2}$$
$$+\frac{(\pi^2-\mu^2)\gamma''_{\prime\prime}(1-\gamma''^2_{\prime\prime})(C\sin\psi''-A\cos\omega\cos\psi'')\sin^2\xi''_{\prime\prime}}{\pi^2-(\pi^2-\mu^2)\gamma''^2_{\prime\prime}} = A^2\sin^2\omega\sin(\psi''-\xi''_{\prime\prime}).$$

Von der Richtigkeit der ersten und zweiten dieser Relationen überzeugt man sich leicht, indem man wiederum statt der Grössen, womit γ'' und $\gamma''_{\prime\prime}$ multiplicirt sind, setzt $\sin^2\xi'_{\prime\prime}-\sin^2\psi''$ und $\sin^2\xi'_{\prime\prime}-\sin^2\xi''_{\prime\prime}$. Um die dritte Relation zu beweisen, bemerken wir, dass

$$(F.)\qquad \frac{-(\pi^2-\mu^2)\sin^2\psi''}{\pi^2-(\pi^2-\mu^2)\gamma''^2} = \frac{\sin^2\psi''-\sin^2\xi''_{\prime\prime}}{\gamma''^2-\gamma''^2_{\prime\prime}} = \frac{-(\pi^2-\mu^2)\sin^2\xi''_{\prime\prime}}{\pi^2-(\pi^2-\mu^2)\gamma''^2_{\prime\prime}}.$$

Dies in die dritte Relation substituirt, mit $\gamma''^2-\gamma''^2_{\prime\prime}$ multiplicirt und einige Reductionen ausgeführt, erhält man:

$$(G.)\quad \begin{aligned} &[\gamma''(C\sin\xi''_{\prime\prime}+A\cos\xi''_{\prime\prime}\cos\omega)+\gamma''_{\prime\prime}(C\sin\psi''-A\cos\omega\cos\psi'')-\sin(\psi''+\xi''_{\prime\prime})]\times \\ &[\gamma''(C\sin\xi''_{\prime\prime}+A\cos\xi''_{\prime\prime}\cos\omega)-\gamma''_{\prime\prime}(C\sin\psi''-A\cos\omega\cos\psi'')]+A^2\sin^2\omega(\gamma''^2-\gamma''^2_{\prime\prime})=0. \end{aligned}$$

Werden, statt γ'' und $\gamma''_{\prime\prime}$ ihre Werthe nach (2.) gesetzt, die angedeuteten Operationen ausgeführt, so findet man, dass diese Gleichung identisch $=0$ ist.

Die Gesetze, nach welchen das Licht beim Austritt aus einem krystallinischen Medium in ein unkrystallinisches theils reflectirt, theils gebrochen wird, sind vollständig in den Gleichungen (6.), (9.), (10.), (12.) enthalten.

§ 13a.

Allgemeine Ausdrücke für die Geschwindigkeiten in den im Innern reflectirten Strahlen und in den ausgetretenen Strahlen. Ihre Interpretation für den Fall der totalen Reflexion.

Ich werde der Kürze wegen folgende Bezeichnungen einführen:

$$(1.)\qquad \begin{aligned}
&\frac{A\sin\omega}{\sqrt{1-\gamma'^2}}=\sin y', &&\frac{C\sin\psi'-A\cos\psi'\cos\omega}{\sqrt{1-\gamma'^2}}=\cos y',\\
&\frac{A\sin\omega}{\sqrt{1-\gamma''^2}}=\sin y'', &&\frac{C\sin\psi''-A\cos\psi''\cos\omega}{\sqrt{1-\gamma''^2}}=\cos y'',\\
&\frac{A\sin\omega}{\sqrt{1-\gamma'^2_{,}}}=\sin z'_{,}, &&\frac{C\sin\xi'_{,}+A\cos\xi'_{,}\cos\omega}{\sqrt{1-\gamma'^2_{,}}}=-\cos z'_{,},\\
&\frac{A\sin\omega}{\sqrt{1-\gamma''^2_{,}}}=\sin z''_{,}, &&\frac{C\sin\xi''_{,}+A\cos\xi''_{,}\cos\omega}{\sqrt{1-\gamma''^2_{,}}}=-\cos z''_{,},\\
&\frac{A\sin\omega}{\sqrt{1-\gamma'^2_{,,}}}=\sin z'_{,,}, &&\frac{C\sin\xi'_{,,}+A\cos\xi'_{,,}\cos\omega}{\sqrt{1-\gamma'^2_{,,}}}=-\cos z'_{,,},\\
&\frac{A\sin\omega}{\sqrt{1-\gamma''^2_{,,}}}=\sin z''_{,,}, &&\frac{C\sin\xi''_{,,}+A\cos\xi''_{,,}\cos\omega}{\sqrt{1-\gamma''^2_{,,}}}=-\cos z''_{,,}.
\end{aligned}$$

Man wird bemerken, dass diese verschiedenen y und z die Azimuthe der Polarisationsebenen der Strahlen im Innern bedeuten*). Ich werde ferner setzen:

$$(2.)\qquad \begin{aligned}
&\frac{\gamma''}{\sqrt{1-\gamma''^2}}\sin(\xi'_{,,}-\psi'')\sin(\xi'_{,,}+\psi'')=J,\\
&\frac{\gamma''_{,}}{\sqrt{1-\gamma''^2_{,}}}\sin(\xi'_{,}-\xi''_{,})\sin(\xi'_{,}+\xi''_{,})=K',\\
&\frac{\gamma''_{,,}}{\sqrt{1-\gamma''^2_{,,}}}\sin(\xi'_{,,}-\xi''_{,,})\sin(\xi'_{,,}+\xi''_{,,})=K''.
\end{aligned}$$

---

*) Die Grössen y, z haben diese Bedeutung aber nur in so weit, als sie dem *gewöhnlichen* Licht zugehören. Die auf das *ungewöhnliche* Licht sich beziehenden Grössen y, z sind nämlich von den Azimuthen der betreffenden Polarisationsebenen um 90^0 verschieden.

Um näher auf die Dinge einzugehen, denke man sich im Schema II Seite 435, vom Punkte z aus, grösste Kreisbogen gelegt nach den Punkten d, r', r''. Alsdann werden y', $z'_{,}$, $z''_{,}$ die Winkel sein, unter denen diese Bogen geneigt sind gegen den die Einfallsebene repräsentirenden grössten Kreis. Es werden nämlich y', $z'_{,}$, $z''_{,}$ die Bedeutungen haben:

$$(\mathfrak{A}.)\qquad y'=\text{Winkel }(zdF),\qquad z'_{,}=\text{Winkel }(zr'F),\qquad z''_{,}=\text{Winkel }(zr''F);$$

Dass solches wirklich der Fall sei, erkennt man leicht aus den obigen Formeln (1.). So z. B. ist im sphärischen Dreieck zdN, zufolge der theils jetzt, theils früher eingeführten Bezeichnungen: $(Nz)=\lambda$, $(Nd)=\psi'$ und $(zNd)=\omega$. Somit folgt:

$$\sin(zdN):\sin\lambda=\sin\omega:\sin(zd).$$

Bekanntlich ist aber $\cos\lambda=C$ und $\sin\lambda=A$ [vgl. Seite 375 (Note)]. Auch ist $\cos(zd)=\gamma'$, mithin $\sin(zd)=\sqrt{1-\gamma'^2}$; denn α', β', γ' sind [nach dem Schema II Seite 435] die Cosinus der Winkel, unter denen die Richtung d gegen die Axen x, y, z geneigt ist. Somit ergiebt sich:

Alsdann verwandeln sich die Gleichungen (6.) und (9.) des vorigen Paragraphen in folgende*):

$$(3.)\quad \begin{aligned} P' &= D'\sin y' + R'_{,}\sin z'_{,} + R''_{,}\cos z''_{,},\\ S'\cos\iota' &= -D'\cos y'\cos\psi' - R'_{,}\cos z'_{,}\cos\xi'_{,} + R''_{,}\sin z''_{,}\cos\xi''_{,},\\ S'\sin\iota' &= -D'\cos y'\sin\psi' + R'_{,}\cos z'_{,}\sin\xi'_{,} - R''_{,}\sin z''_{,}\sin\xi''_{,},\\ P'\sin\iota'\cos\iota' &= D'\sin y'\sin\psi'\cos\psi' - R'_{,}\sin z'_{,}\sin\xi'_{,}\cos\xi'_{,} - R''_{,}(\cos z''_{,}\sin\xi''_{,}\cos\xi''_{,} - K'); \end{aligned}$$

$$\sin(zdN) : A = \sin\omega : \sqrt{1-\gamma'^2}$$

oder was dasselbe ist:

$$(\mathfrak{B}.)\qquad \sin(zdF) = \sin(zdN) = \frac{A\sin\omega}{\sqrt{1-\gamma'^2}}.$$

Ferner ergiebt sich aus jenem sphärischen Dreieck zdN die Formel:

$$\cos\lambda = \cos(zd)\cos\psi' + \sin(zd)\sin\psi'\cos(zdN).$$

Substituirt man hier für $\cos(zd)$ den aus ebendemselben Dreieck sich ergebenden Werth: $\cos(zd) = \cos\lambda\cos\psi' + \sin\lambda\sin\psi'\cos\omega$, so erhält man:

$$\cos\lambda = \cos\lambda\cos^2\psi' + \sin\lambda\sin\psi'\cos\psi'\cos\omega + \sin(zd)\sin\psi'\cos(zdN),$$

also, weil $\cos\lambda = C$ und $\sin\lambda = A$ ist:

$$C\sin^2\psi' = A\sin\psi'\cos\psi'\cos\omega + \sin(zd)\sin\psi'\cos(zdN).$$

Dividirt man diese Gleichung durch $\sin\psi'$, und beachtet man überdies, dass (wie schon vorhin bemerkt wurde) $\sin(zd) = \sqrt{1-\gamma'^2}$ ist, so erhält man:

$$C\sin\psi' = A\cos\psi'\cos\omega + \sqrt{1-\gamma'^2}\cos(zdN),$$

oder was dasselbe ist:

$$(\mathfrak{C}.)\qquad \cos(zdF) = \cos(zdN) = \frac{C\sin\psi' - A\cos\psi'\cos\omega}{\sqrt{1-\gamma'^2}}.$$

Vergleicht man jetzt diese Formeln ($\mathfrak{B}$.), ($\mathfrak{C}$.) mit den im obigen Text, in (1.), für $\sin y'$ und $\cos y'$ angegebenen Ausdrücken, so erkennt man sofort, daß $y' = (zdF)$ ist. Hiermit ist die *erste* der Formeln ($\mathfrak{A}$.) bewiesen. Und in analoger Art wird man offenbar auch die Richtigkeit der beiden andern Formeln ($\mathfrak{A}$.) darthun können.

Nun ist d die Normale der direkt auf die brechende Fläche auffallenden Welle; und diese ist hier [im Schema II. Seite 435] als eine *gewöhnliche* zu denken. Ferner ist r' die Normale der *gewöhnlich* gebrochenen Welle. Folglich sind die Polarisationsebenen dieser Wellen d und r' repräsentirt durch jene schon genannten grössten Kreisbogen zd und zr'; so dass also die Azimuthe dieser Polarisationsebenen in der That dargestellt sind durch die in ($\mathfrak{A}$.) genannten Winkel y' und $z'_{,}$.

Hingegen ist r'' die Normale der *ungewöhnlich* gebrochenen Welle. Und die Polarisationsebene dieser ungewöhnlich gebrochenen Welle wird also *nicht* durch den grössten Kreisbogen zr'' dargestellt sein, sondern gegen denselben senkrecht stehen. *Der in* ($\mathfrak{A}$.) *genannte Winkel* $z''_{,}$ *unterscheidet sich also von dem Azimuth jener Polarisationsebene um* 90^0. — *Q. e. d.*

Fortsetzung. — All' diese Betrachtungen lehnten sich an das Schema II Seite 435. In analoger Weise wird man nun aber auf Grund des Schemas III Seite 436 zu folgenden mit ($\mathfrak{A}$.) analogen Formeln gelangen:

$$(\mathfrak{D}.)\qquad y'' = \text{Winkel } (zdF),\qquad z'_{,,} = \text{Winkel } (zr'F),\qquad z''_{,,} = \text{Winkel } (zr''F),$$

wo d, r', r'' dieselben Bedeutungen haben sollen, wie in jenem Schema III Seite 436. — U. s. w. — *C. N.*

*) Dabei hat man, was die *letzte* der Gleichungen (3.) betrifft, Rücksicht zu nehmen auf die Formeln (1.) Seite 431, oder auch auf die aus diesen abgeleiteten Formeln (9a.), (9b.) Seite 438. — *C. N.*

und die Gleichungen (10.) und (12.) des vorigen Paragraphen verwandeln sich in*):

$$
(4.)\quad
\begin{aligned}
P'' &= D''\cos y'' + R'_{,,}\sin z'_{,,} + R''_{,,}\cos z''_{,,},\\
S''\cos\iota'' &= D''\sin y''\cos\psi'' - R'_{,,}\cos z'_{,,}\cos\xi'_{,,} + R''_{,,}\sin z''_{,,}\cos\xi''_{,,},\\
S''\sin\iota'' &= D''\sin y''\sin\psi'' + R'_{,,}\cos z'_{,,}\sin\xi'_{,,} - R''_{,,}\sin z''_{,,}\sin\xi''_{,,},
\end{aligned}
$$

$$
P''\sin\iota''\cos\iota'' = D''(\cos y''\sin\psi''\cos\psi''+J) - R'_{,,}\sin z'_{,,}\sin\xi'_{,,}\cos\xi'_{,,} - R''_{,,}(\cos z''_{,,}\sin\xi''_{,,}\cos\xi''_{,,}-K'').
$$

Man erhält aus (3.), wenn berücksichtigt wird, dass $\xi'_{,}=\psi'$ ist, die beiden Formeln:

$$
(5.)\begin{cases}
R'_{,} = -D'\dfrac{\sin(\iota'-\psi')}{\sin(\iota'+\psi')}\left\{\dfrac{[\sin y'\sin z''_{,}\cos(\iota'+\psi')+\cos y'\cos z''_{,}\cos(\iota'-\xi''_{,})]\sin(\iota'+\xi''_{,})-\cos y' K'}{[\sin z'_{,}\sin z''_{,}\cos(\iota'-\psi')+\cos z'_{,}\cos z''_{,}\cos(\iota'-\xi''_{,})]\sin(\iota'+\xi''_{,})-\cos z'_{,}K'}\right\},\\[2ex]
R''_{,} = -D'\sin(\iota'-\psi')\left\{\dfrac{\sin y'\cos z'_{,}\cos(\iota'+\psi')-\cos y'\sin z'_{,}\cos(\iota'-\xi'_{,})}{[\sin z'_{,}\sin z''_{,}\cos(\iota'-\psi')+\cos z'_{,}\cos z''_{,}\cos(\iota'-\xi''_{,})]\sin(\iota'+\xi''_{,})-\cos z'_{,}K'}\right\}.
\end{cases}
$$

Ferner erhält man aus (4.) folgende beide Formeln:

$$
(6.)\begin{cases}
R'_{,,} = -\dfrac{D''}{\sin(\iota''+\xi'_{,,})}\times\\[1ex]
\left\{\dfrac{[\cos y''\sin z''_{,,}\cos(\iota''+\psi'')-\sin y''\cos z''_{,,}\cos(\iota''-\xi''_{,,})]\sin(\iota''-\psi'')\sin(\iota''+\xi''_{,,})-\sin z''_{,,}\sin(\iota''+\xi''_{,,})J+\sin y''\sin(\iota''-\psi'')K}{[\sin z'_{,,}\sin z''_{,,}\cos(\iota''-\xi'_{,,})+\cos z'_{,,}\cos z''_{,,}\cos(\iota''-\xi''_{,,})]\sin(\iota''+\xi''_{,,})-\cos z'_{,,}K''}\right.\\[2ex]
\text{und:}\quad R''_{,,} = -D''\left\{\dfrac{[\cos y''\cos z'_{,,}\cos(\iota''+\psi'')+\sin y''\sin z'_{,,}\cos(\iota''-\xi'_{,,})]\sin(\iota''-\psi'')-\cos z'_{,,}J}{[\sin z'_{,,}\sin z''_{,,}\cos(\iota''-\xi'_{,,})+\cos z'_{,,}\cos z''_{,,}\cos(\iota''-\xi''_{,,})]\sin(\iota''+\xi''_{,,})-\cos z'_{,,}K''}\right\}.
\end{cases}
$$

Für den praktischen Gebrauch wird man diese Ausdrücke nach den Potenzen des Unterschiedes der Elasticitätsaxen entwickeln und nur die ersten Glieder zu berücksichtigen haben. Das erste Glied, welches unabhängig vom Unterschied der Elasticitätsaxen ist, und nur von ihrer Lage abhängig, giebt:

$$
(7.)\begin{cases}
R'_{,} = -\dfrac{D'\sin(\iota'-\psi')}{\sin(\iota'+\psi')}\left\{\sin y'\sin z'_{,}\dfrac{\cos(\iota'+\psi')}{\cos(\iota'-\psi')}+\cos y'\cos z'_{,}\right\},\\[2ex]
R''_{,} = -\dfrac{D'\sin(\iota'-\psi')}{\sin(\iota'+\psi')}\left\{\sin y'\cos z'_{,}\dfrac{\cos(\iota'+\psi')}{\cos(\iota'-\psi')}-\cos y'\sin z'_{,}\right\},
\end{cases}
$$

$$
(8.)\begin{cases}
R'_{,,} = -\dfrac{D''\sin(\iota''-\psi'')}{\sin(\iota''+\psi'')}\left\{\cos y''\sin z''_{,,}\dfrac{\cos(\iota''+\psi'')}{\cos(\iota''-\psi'')}-\sin y''\cos z''_{,,}\right\},\\[2ex]
R''_{,,} = -\dfrac{D''\sin(\iota''-\psi'')}{\sin(\iota''+\psi'')}\left\{\cos y''\cos z''_{,,}\dfrac{\cos(\iota''+\psi'')}{\cos(\iota''-\psi'')}+\sin y''\sin z''_{,,}\right\}.
\end{cases}
$$

Aus (3.) erhält man für das gebrochene Licht, wenn berücksichtigt wird, dass $\xi'_{,}=\psi'$, und dass ferner

$$
(\alpha.)\qquad \cos z''_{,}\sin(\xi'_{,}-\xi''_{,})\cos(\xi'_{,}+\xi''_{,})+K' = \sqrt{\frac{1-\gamma'^2}{1-\gamma''^2_{,}}}\cos y'\sin(\xi'_{,}-\xi''_{,})
$$

und

$$
(\beta.)\qquad \sqrt{1-\gamma''^2_{,}}\,\sin z''_{,} = \sqrt{1-\gamma'^2}\,\sin y'
$$

*) Dabei hat man, was die *letzte* der Gleichungen (4.) anbelangt, Rücksicht zu nehmen auf die Formeln (2.) Seite 431. — *C. N.*

ist*), folgende beide Formeln:

$$(9.)\quad \begin{cases} P' = +\dfrac{D' \sin y' \sin 2\psi'}{\sin(\iota'+\psi')\cos(\iota'-\psi')} + R''_{,}\sqrt{\dfrac{1-\gamma'^2}{1-\gamma''^2_{,}}}\,\dfrac{\cos y' \sin(\xi'_{,}-\xi''_{,})}{\sin(\iota'+\psi')\cos(\iota'-\psi')}, \\ S' = -\dfrac{D' \cos y' \sin 2\psi'}{\sin(\iota'+\psi')} \qquad\qquad + R''_{,}\sqrt{\dfrac{1-\gamma'^2}{1-\gamma''^2_{,}}}\,\dfrac{\sin y' \sin(\xi'_{,}-\xi''_{,})}{\sin(\iota'+\psi')}. \end{cases}$$

Um die Werthe P'' und S'' aus (4.) einfacher auszudrücken, werde ich noch eine Wellenebene einführen, nämlich *die zu D'' gehörige gewöhnliche.* Ihre Neigung gegen die brechende Ebene bezeichne ich mit $\psi'_{,,}$, so ist $\psi'_{,,} = \xi'_{,,}$. Das dieser Wellenebene angehörige y bezeichne ich mit $y'_{,,}$, und den Cosinus der Neigung ihrer Normale gegen die Axe mit $\varkappa'$, so dass

$$(10.)\quad \begin{cases} \varkappa' = C\cos\psi'_{,,} + A\sin\psi'_{,,}\cos\omega, \\ \cos y'_{,,} = \dfrac{C\sin\psi'_{,,} - A\cos\psi'_{,,}\cos\omega}{\sqrt{1-\varkappa'^2}} \quad \text{und} \quad \sin y'_{,,} = \dfrac{A\sin\omega}{\sqrt{1-\varkappa'^2}}. \end{cases}$$

Berücksichtigt man nun, dass

$$(\gamma.)\quad \cos y'' \sin(\xi'_{,,}+\psi'')\cos(\xi'_{,,}-\psi'') + J \;\;= \sqrt{\frac{1-\varkappa'^2}{1-\gamma''^2}}\cos y'_{,,}\sin(\psi'_{,,}+\psi''),$$

$$(\delta.)\quad \cos z''_{,,} \sin(\xi'_{,,}-\xi''_{,,})\cos(\xi'_{,,}+\xi''_{,,}) + K'' = \sqrt{\frac{1-\varkappa'^2}{1-\gamma''^2_{,,}}}\cos y'_{,,}\sin(\xi'_{,,}-\xi''_{,,}),$$

und

$$(\varepsilon.)\quad \sqrt{1-\gamma''^2}\sin y'' = \sqrt{1-\gamma''^2_{,,}}\sin z''_{,,} = \sqrt{1-\varkappa'^2}\sin y'_{,,},$$

so erhält man:

$$(11.)\quad \begin{cases} P'' = \dfrac{D''\sqrt{\dfrac{1-\varkappa'^2}{1-\gamma''^2}}\cos y'_{,,}\sin(\psi'_{,,}+\psi'')}{\sin(\iota''+\psi'_{,,})\cos(\iota''-\psi'_{,,})}\left\{1+\dfrac{R''_{,,}}{D''}\sqrt{\dfrac{1-\gamma''^2}{1-\gamma''^2_{,,}}}\,\dfrac{\sin(\xi'_{,,}-\xi''_{,,})}{\sin(\psi'_{,,}+\psi'')}\right\}, \\ S'' = \dfrac{D''\sqrt{\dfrac{1-\varkappa'^2}{1-\gamma''^2}}\sin y'_{,,}\sin(\psi'_{,,}+\psi'')}{\sin(\iota''+\psi'_{,,})}\left\{1+\dfrac{R''_{,,}}{D''}\sqrt{\dfrac{1-\gamma''^2}{1-\gamma''^2_{,,}}}\,\dfrac{\sin(\xi'_{,,}-\xi''_{,,})}{\sin(\psi'_{,,}+\psi'')}\right\}. \end{cases}$$

In den Ausdrücken (9.) und (11.) kann man, wenn nur die ersten Potenzen von $\pi^2-\mu^2$ berücksichtigt werden sollen, statt $\frac{R''_{,}}{D'}$ und $\frac{R''_{,,}}{D''}$ ihre angenäherten Werthe aus (7.) und (8.) setzen.

Die Gleichungen (5.), (6.), (9.), (11.) geben imaginäre Werthe innerhalb der Grenze der totalen Reflexion, ebenso wie dies bei unkrystallinischen Medien der Fall ist. Man weiss, dass in dem Falle der totalen Reflexion P'

---

*) Man substituire in den beiden Relationen (α.), (β.) für $\sin y'$, $\cos y'$, $\sin z''_{,}$, $\cos z''_{,}$ und K' ihre eigentlichen Werthe aus (1.) und (2.). In solcher Weise überzeugt man sich alsdann leicht von der Richtigkeit jener beiden Relationen, falls man nur die Formeln (𝔙.), (𝔚.) Seite 436 berücksichtigt, und überdies beachtet, dass $\xi'_{,} = \psi'$ ist. — Analoges ist zu bemerken hinsichtlich der auf gegenwärtiger Seite stehenden Relationen (γ.), (δ.), (ε.). — *C. N.*

und S' und P'' und S'' verschwinden. Die Werthe von $R'_{,}$, $R''_{,}$, $R'_{,,}$, $R''_{,,}$ kann man für diesen Fall durch dasselbe Räsonnement bestimmen, welches *Fresnel* auf den analogen Fall bei unkrystallinischen Medien angewandt hat, das freilich an sich wenig evident, seinen Resultaten nach aber dort durch eine Reihe genauer Beobachtungen sicher gestellt ist. Ich werde dieses Räsonnement nur auf die angenäherten Werthe (7.) und (8.) anwenden. Es nimmt $R'_{,}$, wenn $\sin\iota' > 1$ ist, die Form an: $A + B\sqrt{-1}$. Nach Analogie von *Fresnel*'s Räsonnement ist die wirkliche reflectirte Intensität aber $A^2 + B^2 = (A + B\sqrt{-1}) \times (A - B\sqrt{-1})$. Man erhält $A - B\sqrt{-1}$, wenn man in dem Werthe für $R'_{,}$ überall statt ι' setzt $180^0 - \iota'$. Auf diese Weise*) erhält man aus (7.) und (8.),

---

*) Für $\sin\iota' > 1$ ist also nach (7.) Seite 442:

$$(\alpha.)\qquad R'_{,} = A + B\sqrt{-1} = -\frac{D'\sin(\iota'-\psi')}{\sin(\iota'+\psi')}\left\{\sin y'\sin z'_{,}\left(\frac{\cos(\iota'+\psi')}{\cos(\iota'-\psi')}\right) + \cos y'\cos z'_{,}\right\};$$

und hieraus erhält man, wie oben im Text bemerkt ist, den Ausdruck $A - B\sqrt{-1}$ dadurch, dass man, statt ι' überall setzt: $180^0 - \iota'$. Somit ergiebt sich:

$$(\beta.)\qquad A - B\sqrt{-1} = -\frac{D'\sin(\iota'+\psi')}{\sin(\iota'-\psi')}\left\{\sin y'\sin z'_{,}\left(\frac{\cos(\iota'-\psi')}{\cos(\iota'+\psi')}\right) + \cos y'\cos z'_{,}\right\}.$$

Die reflectirte Intensität $(R'^2_{,})$ hat, wie oben im Text bemerkt wurde, den Werth:

$$(\gamma.)\qquad (R'^2_{,}) = A^2 + B^2 = (A + B\sqrt{-1})(A - B\sqrt{-1});$$

und hieraus folgt durch Substitution der Werthe $(\alpha.)$, $(\beta.)$:

$$(\delta.)\ (R'^2_{,}) = D'^2\left\{\sin y'\sin z'_{,}\left(\frac{\cos(\iota'+\psi')}{\cos(\iota'-\psi')}\right) + \cos y'\cos z'_{,}\right\}\left\{\sin y'\sin z'_{,}\left(\frac{\cos(\iota'-\psi')}{\cos(\iota'+\psi')}\right) + \cos y'\cos z'_{,}\right\},$$

oder, falls man die Multiplikation wirklich ausführt:

$$(\varepsilon.)\qquad (R'^2_{,}) = D'^2\left\{\cos^2(y'-z'_{,}) + \frac{\sin 2y'\sin 2z'_{,}}{4}\left[\left(\frac{\cos(\iota'+\psi')}{\cos(\iota'-\psi')}\right) + \left(\frac{\cos(\iota'-\psi')}{\cos(\iota'+\psi')}\right) - 2\right]\right\}.$$

Der hier in den eckigen Klammern enthaltene Ausdruck ist, wie man leicht findet, gleich

$$\frac{4\sin^2\iota'\sin^2\psi'}{1-\sin^2\iota'-\sin^2\psi'},$$

und verwandelt sich also, weil $\sin^2\iota' = \dfrac{\sin^2\psi'}{\mu^2}$ ist, [vgl. (1.) Seite 431], in folgenden Ausdruck:

$$\frac{4\sin^4\psi'}{\mu^2-(1+\mu^2)\sin^2\psi'}.$$

Demgemäss ergiebt sich aus $(\varepsilon.)$

$$(\zeta.)\qquad (R'^2_{,}) = D'^2\left\{\cos^2(y'-z'_{,}) + \sin 2y'\sin 2z'_{,}\left(\frac{\sin^4\psi'}{\mu^2-(1+\mu^2)\sin^2\psi'}\right)\right\}.$$

Dies aber ist die erste der vier Formeln (11 a.), (11 b.) Seite 445. In analoger Weise ergeben sich die übrigen. — Im Original sind jene Formeln (11 a.), (11 b.) durch allerhand Druckfehler völlig entstellt. — *A. W.*

wenn bei der totalen Reflexion die reflectirten Geschwindigkeiten mit $(R'_{,})$, $(R''_{,})$, $(R'_{,,})$, $(R''_{,,})$ bezeichnet werden:

(11a.)
$$\begin{aligned}(R'^2_{,}) &= D'^2 \{\cos^2(y' - z'_{,}) + L' \sin 2y' \sin 2z'_{,}\},\\ (R''^2_{,}) &= D'^2 \{\sin^2(y' - z'_{,}) - L' \sin 2y' \sin 2z'_{,}\},\\ (R'^2_{,,}) &= D''^2 \{\sin^2(y'' - z''_{,,}) - L'' \sin 2y'' \sin 2z''_{,,}\},\\ (R''^2_{,,}) &= D''^2 \{\cos^2(y'' - z''_{,,}) + L'' \sin 2y'' \sin 2z''_{,,}\},\end{aligned}$$

wo

(11b.)
$$L' = \frac{\sin^4\psi'}{\mu^2 - (1+\mu^2)\sin^2\psi'} \quad \text{und} \quad L'' = \frac{\sin^4\psi''}{\mu^2 - (1+\mu^2)\sin^2\psi''}.$$

Von den vier reflectirten Strahlen verschwinden $(R''_{,})$ und $(R'_{,,})$ nur in einigen besonderen Fällen, nämlich 1) wenn die reflectirende Ebene senkrecht auf der Axe steht, 2) wenn das Azimuth der Einfallsebene $= 0$ ist, 3) wenn das Azimuth der Einfallsebene $= 90^0$ und zugleich die reflectirende Ebene parallel mit der Axe ist. Die Strahlen $(R'_{,})$ und $(R''_{,,})$ dagegen verschwinden nie*).

§ 13b.

Die Lage der Polarisationsebene des ausgetretenen Strahles. Ausdrücke für die Intensitäten des aus einem einaxigen Medium ausgetretenen gewöhnlichen und ungewöhnlichen Strahles.

Aus den Gleichungen (11.) ergiebt sich ein sehr einfaches Gesetz für die Lage der Polarisationsebene für einen ungewöhnlichen Strahl nach seinem Austritt aus dem krystallinischen Medium. Bezeichnet man ihr Azimuth in Beziehung auf die Austrittsebene mit α'', so hat man:

(12.)
$$\operatorname{tang}\alpha'' = \frac{P''}{S''} = \frac{\operatorname{cotg} y'_{,,}}{\cos(\iota'' - \psi'_{,,})}.$$

Bezeichnet man denselben Winkel für den gewöhnlichen Strahl mit α', so dass $\operatorname{tang}\alpha' = \frac{P'}{S'}$, so erhält man aus (9.), bei Vernachlässigung der höheren Potenzen von $\xi'_{,} - \xi''_{,}$:

(13.)
$$\operatorname{tang}\alpha' = -\frac{\operatorname{tang} y'}{\cos(\iota' - \psi')}\left\{1 + \frac{R''_{,}}{D'}\sqrt{\frac{1-\gamma'^2}{1-\gamma''^2_{,}}}\,\frac{\sin(\xi'_{,} - \xi''_{,})}{\sin y' \cos y' \sin(\xi'_{,} + \xi''_{,})}\right\},$$

wo für $\frac{R''_{,}}{D'}$ sein Werth aus (7.) zu setzen ist.

Aus (9.) und (11.) leitet man leicht die Intensität des Lichtes des gewöhnlichen und des ungewöhnlichen Strahls ab, nach ihrem Austritt aus dem

*) Zur Erläuterung sei bemerkt, dass im Falle 1) die Grösse $A = 0$, und im Falle 2) der Winkel $\omega = 0$; sodass also in beiden Fällen $\sin y' = \sin y'' = \sin z'_{,} = \sin z''_{,,} = 0$ ist [vgl. (1.) Seite 440]. Andererseits im Falle 3) ist $C = 0$ und $\omega = 90^0$, und folglich: $\cos y' = \cos y'' = \cos z'_{,} = \cos z''_{,,} = 0$.
A. W.

krystallinischen Medium, nämlich $P'^2 + S'^2$ und $P''^2 + S''^2$. Diese Ausdrücke werden von grosser Wichtigkeit werden für photometrische Untersuchungen. In diesen und ähnlichen Anwendungen der Ausdrücke (9.) und (11.) muss man die Werthe von D' und D'' kennen. In den häufigsten Fällen werden dies aber die Geschwindigkeiten in den beiden zusammengehörigen Strahlen sein, in welche sich ein gegebener Strahl bei seinem Eintritt in das krystallinische Medium theilt. Sie sind alsdann gegeben durch die Formeln (4.) § 7. Führt man die Azimuthe der Polarisationsebenen der Strahlen D' und D'' in jene Formeln ein, um sie unabhängig von der Lage der Ebene auszudrücken, durch welche das Licht in das Medium eingetreten ist, d. h. setzen wir in den Formeln (4.) § 7:

$$(14.)\quad \begin{aligned} \frac{A \sin\omega}{\sqrt{1-\gamma'^2}} &= \sin x', & \frac{C \sin\varphi' - A \cos\omega \cos\varphi'}{\sqrt{1-\gamma'^2}} &= \cos x', \\ \frac{A \sin\omega}{\sqrt{1-\gamma''^2}} &= \sin x'', & \frac{C \sin\varphi'' - A \cos\omega \cos\varphi''}{\sqrt{1-\gamma''^2}} &= \cos x'', \end{aligned}$$

und setzen wir ferner:

$$(14a.)\quad \frac{\gamma''}{\sqrt{1-\gamma''^2}} \sin(\varphi' - \varphi'') \sin(\varphi' + \varphi'') = G,$$

so ergiebt sich*):

$$(15.)\quad \begin{aligned} D' &= \frac{\sin 2\varphi}{\sin(\varphi+\varphi')} \left\{ \frac{[P \sin x'' - S \cos x'' \cos(\varphi - \varphi'')] \sin(\varphi + \varphi'') - SG}{[\sin x' \sin x'' \cos(\varphi - \varphi') + \cos x' \cos x'' \cos(\varphi - \varphi'')] \sin(\varphi + \varphi'') + \cos x' G} \right\}, \\ D'' &= \sin 2\varphi \left\{ \frac{[P \cos x' + S \sin x' \cos(\varphi - \varphi')]}{[\sin x' \sin x'' \cos(\varphi - \varphi') + \cos x' \cos x'' \cos(\varphi - \varphi'')] \sin(\varphi + \varphi'') + \cos x' G} \right\}. \end{aligned}$$

Vernachlässigt man in diesen Werthen alles, was vom Unterschied der Elasticitätsaxen abhängt, so erhält man als erste Annäherung:

$$(16.)\quad \begin{aligned} D' &= \frac{\sin 2\varphi}{\sin(\varphi+\varphi')} \left(\frac{P \sin x'}{\cos(\varphi - \varphi')} - S \cos x' \right), \\ D'' &= \frac{\sin 2\varphi}{\sin(\varphi+\varphi')} \left(\frac{P \cos x'}{\cos(\varphi - \varphi')} + S \sin x' \right). \end{aligned}$$

Durch (9.), (11.), (15.) kann man die Frage beantworten, wie das Licht eines polarisirten Strahls, nachdem er durch ein Prisma aus einem krystallinischen einaxigen Medium gegangen ist, sich vertheilt hat zwischen dem ge-

*) Leicht überzeugt man sich davon, dass folgende Gleichung stattfindet:

$$C(\sin\varphi'' \sin\varphi \cos\varphi + \cos\varphi'' \sin^2\varphi') - A \cos\omega(\cos\varphi'' \sin\varphi \cos\varphi + \sin\varphi'' \cos^2\varphi') =$$
$$= \left\{ \begin{array}{l} +(C \sin\varphi'' - A \cos\omega \cos\varphi'') \sin(\varphi + \varphi'') \cos(\varphi - \varphi'') \\ +(C \cos\varphi'' + A \cos\omega \sin\varphi'') \sin(\varphi' - \varphi'') \sin(\varphi' + \varphi'') \end{array} \right\},$$

und zwar identisch für beliebige Werthe von A, C, φ, φ', φ''. Mittelst dieser identischen Gleichung kann man nun, von den Formeln (3.), (4.) Seite 391 aus, leicht hingelangen zu den obigen Formeln (15.). — *C. N.*

wöhnlichen und ungewöhnlichen Strahl. Ich werde dies erläutern durch die Anwendung auf einige einfache Fälle, die zugleich für die Praxis von Werth können werden.

Die Eintrittsebene des Strahls in das Prisma und seine Austrittsebene sollen zusammenfallen, und die Kante des Prisma soll senkrecht stehen auf der optischen Axe. Alsdann ist sowohl für den eintretenden Strahl als für die austretenden Strahlen $\omega = 0$, also [nach (14.) und nach Seite 440 (1.)]:

$$(16\text{a.})\qquad \sin x' = \sin x'' = \sin y' = \sin y'' = \sin z'_{,} = \sin z''_{,} = \sin z'_{,,} = \sin z''_{,,} = 0;$$

und man erhält daher aus (15.):

$$D' = -\frac{S \sin 2\varphi}{\sin(\varphi + \varphi')},$$

$$D'' = \frac{P \sin 2\varphi}{\sin(\varphi + \varphi'')\cos(\varphi - \varphi'') + G},$$

und sodann*) aus (9.):

$$P' = 0,$$

$$S' = -\frac{D' \sin 2\psi'}{\sin(\iota' + \psi')},$$

und endlich**) aus (11.):

$$P'' = \frac{D''\sqrt{\dfrac{1-\varkappa'^2}{1-\gamma''^2}}\sin(\psi'_{,,} + \psi'')}{\sin(\iota'' + \psi'_{,,})\cos(\iota'' - \psi'_{,,})}\left[1 - \left(\frac{\cos(\iota''+\psi'')\sin(\iota''-\psi'')-J}{\cos(\iota''-\xi''_{,,})\sin(\iota''+\xi''_{,,})-K''}\right)\left(\sqrt{\frac{1-\gamma''^2}{1-\gamma''^2_{,,}}}\right)\frac{\sin(\xi'_{,,}-\xi''_{,,})}{\sin(\psi'_{,,}+\psi'')}\right],$$

$$S'' = 0;$$

woraus das Verhältniss der Lichtstärken in den beiden Strahlen nach ihrem Austritt durch das Prisma:

$$(17.)\qquad \frac{P'^2+S'^2}{P''^2+S''^2} = \frac{\left(\dfrac{1-\gamma''^2}{1-\varkappa'^2}\right)\left(\dfrac{\sin 2\psi'}{\sin(\psi'_{,,}+\psi'')}\,\dfrac{\sin(\iota''+\psi'_{,,})}{\sin(\iota'+\psi')}\cos(\iota''-\psi'_{,,})\right)^2\left(\dfrac{\sin(\varphi+\varphi'')\cos(\varphi-\varphi'')+G}{\sin(\varphi+\varphi')}\right)^2\dfrac{S^2}{P^2}}{\left[1-\left(\dfrac{\cos(\iota''+\psi'')\sin(\iota''-\psi'')-J}{\cos(\iota''-\xi''_{,,})\sin(\iota''+\xi''_{,,})-K''}\right)\left(\sqrt{\dfrac{1-\gamma''^2}{1-\gamma''^2_{,,}}}\right)\dfrac{\sin(\xi'_{,,}-\xi''_{,,})}{\sin(\psi'_{,,}+\psi'')}\right]^2}.$$

Die Kante des Prisma sei parallel mit der Axe, und die Eintrittsebene sowie die Austrittsebene stehe senkrecht auf der Kante. Hier ist $C = 0$ und $\omega = 90^0$, also

$$\cos x' = \cos x'' = \cos y' = \cos y'' = \cos z'_{,} = \cos z''_{,} = \cos z'_{,,} = \cos z''_{,,} = 0,$$

$$\gamma' = \gamma'' = \gamma'_{,} = \gamma''_{,} = \gamma'_{,,} = \gamma''_{,,} = \varkappa' = 0.$$

Demnach:

$$D' = \frac{P\sin 2\varphi}{\sin(\varphi+\varphi')\cos(\varphi-\varphi')},\qquad D'' = \frac{S\sin 2\varphi}{\sin(\varphi+\varphi'')},$$

$$P' = \frac{D'\sin 2\psi'}{\sin(\iota'+\psi')\cos(\iota'-\psi')},\qquad S' = 0,$$

$$S'' = \frac{D''\sin(\psi'_{,,}+\psi'')}{\sin(\iota''+\psi'_{,,})}\left(1-\frac{\sin(\iota''-\psi'')}{\sin(\iota''+\psi'')}\,\frac{\sin(\xi'_{,,}-\xi''_{,,})}{\sin(\psi'_{,,}+\psi'')}\right),\qquad P'' = 0,$$

---

*) Dabei ist zu beachten, dass das in (9.) enthaltene $R''_{,}$ den Werth (5.) besitzt, und daher, nach (16 a.), verschwindet. — *C. N.*

**) Dabei hat man für das in (11.) enthaltene $R''_{,,}$ seinen Werth (6.) zu substituiren. — *C. N.*

und das Verhältniss der Lichtstärken in dem gewöhnlichen und ungewöhnlichen Strahl nach ihrem Austritt:

$$(18.)\qquad \frac{P'^2 + S'^2}{P''^2 + S''^2} = \frac{\left(\dfrac{\sin 2\psi'}{\sin(\psi'_{,,} + \psi'')}\,\dfrac{\sin(\iota'' + \psi'_{,,})}{\sin(\iota' + \psi')}\,\dfrac{1}{\cos(\varphi - \varphi')\cos(\iota' - \psi')}\right)^2 \dfrac{\sin^2(\varphi + \varphi'')}{\sin^2(\varphi + \varphi')}\dfrac{P^2}{S^2}}{\left(1 - \dfrac{\sin(\iota'' - \psi'')}{\sin(\iota'' + \psi'')}\,\dfrac{\sin(\xi'_{,,} - \xi''_{,,})}{\sin(\psi'_{,,} + \psi'')}\right)^2}$$

Ich werde jetzt noch die Formeln (9.), (11.), (15.) anwenden *auf den Durchgang des Lichtes durch ein von zwei parallelen Ebenen begrenztes krystallinisches Medium, das auf beiden Seiten von einem gleichen unkrystallinischen Medium umgeben ist.* Dieser Fall, für sich von Interesse, wegen seiner Anwendung auf die Theorie der Farben, welche dünne krystallinische Blättchen im polarisirten Lichte zeigen, ist besonders geeignet, jene Formeln (9.), (11.), (15.) mittelst Beobachtungen unter sehr mannigfachen Umständen zu bestätigen.

Die Formeln (15.) bleiben für diesen Fall unverändert; in (7.), (8.), (9.) und (11.) aber hat man folgende Substitutionen zu machen*):

$$(\text{f.})\qquad \begin{cases} \iota' = \iota'' = \varphi, & \\ \psi' = \varphi', \qquad \psi'' = \varphi'', \qquad \psi'_{,,} = \varphi', \\ \xi'_{,} = \xi'_{,,} = \varphi', \qquad \xi''_{,} = \xi''_{,,}, \end{cases}$$

woraus alsdann sich weiter ergiebt:

$$(\text{g.})\qquad \begin{cases} x' = \gamma', \qquad \gamma'_{,} = \gamma'_{,,}, \qquad \gamma''_{,} = \gamma''_{,,}, \\ y' = x', \qquad z'_{,} = z'_{,,} = z', \qquad y'_{,,} = x', \\ y'' = x'', \qquad z''_{,} = z''_{,,} = z''. \end{cases}$$

*) *Ueber die obigen Gleichungen* (f.) *und* (g.). — Die unter dem Winkel φ auf die Krystallplatte fallende Welle erzeugt im Innern der Platte zwei Wellen mit den Winkeln φ' und φ''; und diese beiden Wellen treten, nachdem sie die Platte durchlaufen haben, aus derselben aus unter den Winkeln ι' und ι''. *In solcher Weise sind* φ, φ', φ'', ι', ι'' *von Hause aus definirt zu denken.* Von diesen Grundvorstellungen aus gelangt man alsdann leicht zu den oben, in (f.), gegebenen Gleichungen, falls man nur der allgemeinen Formeln (1.), (2.) Seite 431 sich bedient, und überdies beachtet, dass nach Seite 443 $\psi'_{,,} = \xi'_{,,}$ ist. [Vgl. auch das Schema III, Seite 436.]

Will man nun, von (f.) aus, zu den obigen Gleichungen (g.) gelangen, so hat man in Anwendung zu bringen die Formeln (𝔙.), (𝔚.) Seite 436, die Formeln (1.) Seite 440, und auch die Formeln (10.) Seite 443 und (14.) Seite 446.

Uebrigens sind in den Gleichungen (g.) die Buchstaben z' und z'' *neu* eingeführt, als *Collectivbezeichnungen* für $z'_{,}$, $z'_{,,}$, respective für $z''_{,}$, $z''_{,,}$; — ebenso wie weiterhin [Seite 449 (oben)] der Buchstabe φ''' als *Collectivbezeichnung* eingeführt wird für $\xi''_{,}$ und $\xi''_{,,}$.

Wenn man nun auf dem soeben angegebenen Wege die Gleichungen (g.) aus den Gleichungen (f.) wirklich ableitet, so gelangt man dabei zu folgenden Formeln für die durch die Platte hindurchgehenden Wellen:

$$(\alpha.)\qquad \gamma' = x' = C\cos\varphi' + A\sin\varphi'\cos\omega,$$

$$(\beta.)\qquad \gamma'' = C\cos\varphi'' + A\sin\varphi''\cos\omega,$$

und:

Demnach erhalten wir aus (9.), (11.), wenn der Gleichförmigkeit wegen statt $\xi_{\prime}''$ oder $\xi_{\prime\prime}''$ gesetzt wird φ''':

$$(19.)\quad \begin{cases} P' = \dfrac{D' \sin x' \sin 2\varphi'}{\sin(\varphi+\varphi')\cos(\varphi-\varphi')} + R_{\prime}'' \sqrt{\dfrac{1-\gamma'^2}{1-\gamma_{\prime}''^2}}\,\dfrac{\cos x' \sin(\varphi'-\varphi''')}{\sin(\varphi+\varphi')\cos(\varphi-\varphi')}\,, \\ S' = -\dfrac{D' \cos x' \sin 2\varphi'}{\sin(\varphi+\varphi')} + R_{\prime}'' \sqrt{\dfrac{1-\gamma'^2}{1-\gamma_{\prime}''^2}}\,\dfrac{\sin x' \sin(\varphi'-\varphi''')}{\sin(\varphi+\varphi')}\,, \end{cases}$$

und ferner:

$$(20.)\quad \begin{cases} P'' = \dfrac{D'' \sqrt{\dfrac{1-\gamma'^2}{1-\gamma''^2}} \cos x' \sin(\varphi'+\varphi'')}{\sin(\varphi+\varphi')\cos(\varphi-\varphi')} \left(1 + \dfrac{R_{\prime\prime}''}{D''} \sqrt{\dfrac{1-\gamma''^2}{1-\gamma_{\prime}''^2}}\,\dfrac{\sin(\varphi'-\varphi''')}{\sin(\varphi'+\varphi'')}\right), \\ S'' = \dfrac{D'' \sqrt{\dfrac{1-\gamma'^2}{1-\gamma''^2}} \sin x' \sin(\varphi'+\varphi'')}{\sin(\varphi+\varphi')} \left(1 + \dfrac{R_{\prime\prime}''}{D''} \sqrt{\dfrac{1-\gamma''^2}{1-\gamma_{\prime}''^2}}\,\dfrac{\sin(\varphi'-\varphi''')}{\sin(\varphi'+\varphi'')}\right), \end{cases}$$

und endlich aus (5.) und (6.):

$$(21.)\quad \begin{cases} R_{\prime}'' = -D'\sin(\varphi-\varphi')\left\{\dfrac{\sin x'\cos z'\cos(\varphi+\varphi')-\cos x'\sin z'\cos(\varphi-\varphi')}{[\sin z'\sin z''\cos(\varphi-\varphi')+\cos z'\cos z''\cos(\varphi-\varphi''')]\sin(\varphi+\varphi''')-\cos z' K}\right\}, \\ R_{\prime\prime}'' = -D''\left\{\dfrac{[\cos x''\cos z'\cos(\varphi+\varphi'')+\sin x''\sin z'\cos(\varphi-\varphi')]\sin(\varphi-\varphi'')-\cos z' G}{[\sin z'\sin z''\cos(\varphi-\varphi')+\cos z'\cos z''\cos(\varphi-\varphi''')]\sin(\varphi+\varphi''')-\cos z' K}\right\}, \end{cases}$$

wo alsdann G und K die Bedeutungen haben:

$$(22.)\quad \begin{cases} G = \dfrac{\gamma''}{\sqrt{1-\gamma''^2}} \sin(\varphi'-\varphi'')\sin(\varphi'+\varphi''), \quad [\text{vgl. Seite 446 (14a.)}], \\ K = \dfrac{\gamma_{\prime}''}{\sqrt{1-\gamma_{\prime}''^2}} \sin(\varphi'-\varphi''')\sin(\varphi'+\varphi''')\,. \end{cases}$$

Will man in (19.) und (20.) nur die ersten Potenzen von $\pi^2-\mu^2$ berücksichtigen, so kann man setzen [vgl. (7.) und (8.)]:

$$(23.)\quad \begin{cases} R_{\prime}'' = -D' \dfrac{\sin(\varphi-\varphi')}{\sin(\varphi+\varphi')}\left\{\sin x' \cos z' \dfrac{\cos(\varphi+\varphi')}{\cos(\varphi-\varphi')} - \cos x' \sin z'\right\}, \\ R_{\prime\prime}'' = -D'' \dfrac{\sin(\varphi-\varphi'')}{\sin(\varphi+\varphi'')}\left\{\cos x'' \cos z'' \dfrac{\cos(\varphi+\varphi'')}{\cos(\varphi-\varphi'')} + \sin x'' \sin z''\right\}. \end{cases}$$

$$(\gamma.)\quad \sin y' = \frac{A \sin\omega}{\sqrt{1-\gamma'^2}}, \qquad \cos y' = \frac{C\sin\varphi' - A\cos\varphi'\cos\omega}{\sqrt{1-\gamma'^2}}, \qquad \text{für } y' = x' = y_{\prime\prime}',$$

$$(\delta.)\quad \sin y'' = \frac{A \sin\omega}{\sqrt{1-\gamma''^2}}, \qquad \cos y'' = \frac{C\sin\varphi'' - A\cos\varphi''\cos\omega}{\sqrt{1-\gamma''^2}}, \qquad \text{für } y'' = x''.$$

Auch gelangt man dabei zu folgenden Formeln für die im Innern der Krystallplatte reflectirten Wellen:

$$(\varepsilon.)\quad \gamma_{\prime}' = \gamma_{\prime\prime}' = C\cos\varphi' - A\sin\varphi'\cos\omega,$$

$$(\zeta.)\quad \gamma_{\prime}'' = \gamma_{\prime\prime}'' = C\cos\varphi''' - A\sin\varphi'''\cos\omega,$$

und:

$$(\eta.)\quad \sin z' = \frac{A\sin\omega}{\sqrt{1-\gamma_{\prime}'^2}}, \qquad -\cos z' = \frac{C\sin\varphi' + A\cos\varphi'\cos\omega}{\sqrt{1-\gamma_{\prime}'^2}}, \qquad \text{für } z' = z_{\prime}' = z_{\prime\prime}',$$

$$(\vartheta.)\quad \sin z'' = \frac{A\sin\omega}{\sqrt{1-\gamma_{\prime}''^2}}, \qquad -\cos z'' = \frac{C\sin\varphi''' + A\cos\varphi'''\cos\omega}{\sqrt{1-\gamma_{\prime}''^2}}, \qquad \text{für } z'' = z_{\prime}'' = z_{\prime\prime}''.$$

Diese Formeln sind von Nutzen bei den folgenden Rechnungen. — *C. N.*

§ 14.

Anwendung der gefundenen Ausdrücke auf den Fall, dass das krystallinische Blättchen so dünn ist, dass sich der gewöhnliche und ungewöhnliche Strahl nicht trennen.

Wenn ein Lichtstrahl, polarisirt nach dem Azimuth α, durch ein *unkrystallinisches* Medium, welches von parallelen Ebenen begrenzt ist, gegangen ist, und nach dem Durchgang das Azimuth seiner Polarisationsebene mit β bezeichnet wird, so ist*):

$$\operatorname{tang}\beta = \frac{\operatorname{tang}\alpha}{\cos^2(\varphi-\varphi')} = \frac{P}{S\cos^2(\varphi-\varphi')}\,.$$

Wird dieser Strahl mit einer Turmalinplatte aufgefangen, so verschwindet er gänzlich, wenn sich diese, ich meine diejenige Richtung in ihr, nach welcher sie das durchgehende Licht polarisiren würde, in dem Azimuth β' befindet, und

(1.) $$\operatorname{tang}\beta' = -\frac{S\cos^2(\varphi-\varphi')}{P}\,.$$

Wir wollen jetzt statt des unkrystallinischen Blättchens ein dünnes *krystallinisches* Blättchen substituiren, hinlänglich dünn, damit der gewöhnliche und ungewöhnliche Strahl im durchgegangenen Strahl nicht getrennt werden. Das einfallende Licht soll dabei polarisirt bleiben in dem Azimuth α, wo $\operatorname{tang}\alpha = \frac{P}{S}$, und die Turmalinplatte befinde sich noch ferner in dem Azimuth β', wo $\operatorname{tang}\beta' = -\frac{S\cos^2(\varphi-\varphi')}{P}$. Der Strahl wird jetzt durch den Turmalin nie ganz zerstört werden, aber es wird immer gewisse Azimuthe des Hauptschnittes des Krystallblättchens geben, bei welchen das durch die Turmalinplatte gehende Licht ein Minimum wird. Diese Azimuthe des Hauptschnittes wollen wir aus unsern Formeln ableiten. Sie scheinen vorzüglich geeignet zu einer ausführlichen Vergleichung mit Beobachtungen und einer sich daraus ergebenden Bestätigung oder Widerlegung der Formeln (17.), (18.) und (20.). Ich werde das durchgegangene Licht zerlegen in solches, welches nach β' polarisirt ist, und in solches, welches senkrecht darauf polarisirt ist. Die Componenten der Bewegung nach β', welche von P' und S' in (19.) herrühren, werde ich mit O und die, welche von P'' und S'' herrühren, mit E bezeichnen; dann ist:

(1a.) $$\begin{aligned} O &= P'\sin\beta' + S'\cos\beta', \\ E &= P''\sin\beta' + S''\cos\beta'; \end{aligned}$$

---

*) Wie sich solches z. B. ergiebt aus den auf Seite 372 in (2b.) und auf Seite 374 in (5a.) für D_p und D_s aufgestellten Formeln. — *C. N.*

und man erhält, wenn man die Werthe für $\sin\beta'$ und $\cos\beta'$ aus (1.) und für P', P'', ... ihre Werthe aus (19.), (20.) Seite 449 setzt:

$$(2.)\quad \begin{cases} O\sqrt{P^2+S^2\cos^4(\varphi-\varphi')} = \dfrac{D'\sin 2\varphi'}{\sin(\varphi+\varphi')}[P\cos x'+S\sin x'\cos(\varphi-\varphi')] \\ \qquad -R''_{,}\sqrt{\dfrac{1-\gamma'^2}{1-\gamma''^2_{,}}}\dfrac{\sin(\varphi'-\varphi''')}{\sin(\varphi+\varphi')}[P\sin x'-S\cos x'\cos(\varphi-\varphi')], \\ E\sqrt{P^2+S^2\cos^4(\varphi-\varphi')} = -\sqrt{\dfrac{1-\gamma'^2}{1-\gamma''^2}}[P\sin x'-S\cos x'\cos(\varphi-\varphi')] \\ \qquad \times\left(\dfrac{D''\sin(\varphi'+\varphi'')}{\sin(\varphi+\varphi')}+R''_{,,}\sqrt{\dfrac{1-\gamma''^2}{1-\gamma''^2_{,}}}\dfrac{\sin(\varphi'-\varphi''')}{\sin(\varphi+\varphi')}\right). \end{cases}$$

Aus diesen Ausdrücken übersieht man, dass $O^2+E^2=0$ im Allgemeinen nicht stattfinden kann, weil O und E keinen gemeinschaftlichen Factor, der $=0$ werden kann, enthalten, dass also der im Azimuth β' sich befindende Turmalin den durchgegangenen Strahl im Allgemeinen nicht zerstören kann. Wenn aber die doppelte Strahlenbrechung sehr schwach ist, und man die von $(\varphi'-\varphi'')$ abhängigen Glieder vernachlässigt, so erhält man, wenn man für D' und D'' ihre Werthe aus (16.) Seite 446 setzt:

$$(2a.)\quad (O^2+E^2)[P^2+S^2\cos^4(\varphi-\varphi')] =$$
$$2[P\cos x'+S\sin x'\cos(\varphi-\varphi')]^2[P\sin x'-S\cos x'\cos(\varphi-\varphi')]^2\frac{\sin^2 2\varphi\sin^2 2\varphi'}{\sin^4(\varphi+\varphi')\cos^2(\varphi-\varphi')},$$

woraus sich ergiebt, dass O^2+E^2 nahe $=0$ ist, nämlich bis auf Grössen von der Ordnung $(\varphi'-\varphi'')$, in zwei Fällen:

$$(3.)\quad \begin{array}{l} 1)\ \text{wenn}\ P\cos x'+S\sin x'\cos(\varphi-\varphi')=0, \\ 2)\ \text{wenn}\ P\sin x'-S\cos x'\cos(\varphi-\varphi')=0. \end{array}$$

Hieraus zieht man zwei Werthe für x', und durch diese sind mittelst (14.) § 13 Seite 446 zwei Azimuthe ω bestimmt, in welchen die Einfallsebene liegen muss, damit O^2+E^2 beinahe verschwindet. Man findet aus der ersten, wenn man

$$(\alpha.)\quad \frac{S}{P}\frac{\cos(\varphi-\varphi')}{\cos\varphi'} = \operatorname{tang}\Pi_{,},$$

setzt:

$$(\beta.)\quad \cos(\Pi_{,}+\omega) = \frac{\frac{C}{A}\operatorname{tang}\varphi'}{\sqrt{1+\left(\frac{S\cos(\varphi-\varphi')}{P\cos\varphi'}\right)^2}};$$

und aus der zweiten, wenn

$$(\gamma.)\quad \operatorname{tang}\Pi_{,,} = \frac{P}{S\cos\varphi'\cos(\varphi-\varphi')}$$

gesetzt wird, findet man:

$$(\delta.)\quad \cos(\Pi_{,,}-\omega) = \frac{\frac{C}{A}\operatorname{tang}\varphi'}{\sqrt{1+\left(\frac{P}{S}\frac{1}{\cos(\varphi-\varphi')\cos\varphi'}\right)^2}}.$$

Man sieht, dass es nicht für jedes φ ein mögliches ω giebt. So lange der gebrochene Strahl unter einem kleineren Winkel gegen die Normale der brechenden Fläche geneigt ist als die Axe*), ist das Azimuth ω für jedes φ möglich, welches auch der Werth sei von $\frac{P}{S}$, d. i. des Azimuths der Polarisationsebene des einfallenden Strahls.

Ist $\operatorname{tang}\varphi' > \frac{A}{C}$, so muss, wenn der ersten Gleichung in (3.) ein mögliches ω genügen soll, sein:

$$(\varepsilon.)\qquad \frac{\sin^2\varphi'}{A^2} - 1 < \left(\frac{S\cos(\varphi-\varphi')}{P}\right)^2,$$

und wenn der zweiten Gleichung daselbst durch ein mögliches ω genügt werden soll, muss sein:

$$(\zeta.)\qquad \frac{\sin^2\varphi'}{A^2} - 1 < \left(\frac{P}{S\cos(\varphi-\varphi')}\right)^2.$$

Wenn die beiden durch (3.) bestimmten ω zugleich möglich sein sollen, so müssen diese beiden Bedingungsgleichungen zugleich stattfinden. Indem man sie mit einander multiplicirt, erhält man noch eine dritte von $\frac{P}{S}$ unabhängige Bedingung, die erfüllt werden muss, nämlich:

$$(\eta.)\qquad \sin^2\varphi' < 2A^2.$$

Wir können also setzen $\sin^2\varphi' = (1+\alpha)A^2$, wo $\alpha < 1$ sein muss. Wir brauchen aber nur die Werthe von α zwischen 0 und 1 zu berücksichtigen, denn für ein negatives α wird $\operatorname{tang}^2\varphi' < \frac{A^2}{C^2}$, und in diesen Fällen sind, wie wir schon bemerkt haben, die beiden ω immer möglich. Alsdann kann man die beiden ersten Bedingungen (ε.) und (ζ.) auch so schreiben:

$$(4.)\qquad \begin{aligned} \frac{P}{S\cos(\varphi-\varphi')} &< \sqrt{\frac{1}{\alpha}}, \\ \frac{P}{S\cos(\varphi-\varphi')} &> \sqrt{\alpha}. \end{aligned}$$

Man erhält aus (2.), wenn ω durch die erste der Gleichungen (3.) bestimmt wird:

$$(5.)\qquad O_{\prime}^2 + E_{\prime}^2 = \frac{R_{\prime}''^2\,\dfrac{1-\gamma'^2}{1-\gamma_{\prime}''^2}\left(\dfrac{\sin(\varphi'-\varphi''')}{\sin(\varphi+\varphi')}\right)^2}{\sin^2 x' + \cos^2 x' \cos^2(\varphi-\varphi')},$$

wo $R_{\prime}''$ aus (23.) Seite 449 und (16.) Seite 446 zu nehmen ist, mit Berücksichtigung der aus (3.) 1) entspringenden Formel**): $\frac{P}{S} = -\operatorname{tang} x' \cos(\varphi-\varphi')$.

---

*) d. h., so lange $\varphi' < \lambda$, mithin auch $\operatorname{tg}\varphi' < \operatorname{tg}\lambda$, d. i. $\operatorname{tg}\varphi' < \frac{A}{C}$ ist. — *C. N.*

**) In Folge der Formel: $P = -S\operatorname{tang} x' \cos(\varphi-\varphi')$ wird nämlich der Ausdruck D'' [(15.) Seite 446] zu *Null*. Und Gleiches gilt daher auch von dem mit D'' proportionalen Ausdruck $R_{\prime\prime}''$, [vgl. (21.) Seite 449]. — *C. N.*

Wenn ω durch die zweite Gleichung in (3.) bestimmt wird, so ist:

$$O_{\prime\prime}^2 + E_{\prime\prime}^2 = \frac{D'^2 \sin^2 2\varphi'}{\sin^2(\varphi+\varphi')[\cos^2 x' + \sin^2 x' \cos^2(\varphi-\varphi')]}, \tag{6.}$$

wo D' aus (15.) Seite 446 zu entnehmen ist, mit Rücksicht auf die aus (3.) 2) entspringende Formel: $\frac{P}{S} = \operatorname{cotg} x' \cos(\varphi-\varphi')$. Dies giebt, wenn man nur die erste Potenz von $(\varphi'-\varphi'')$ berücksichtigt, nach einigen Reductionen:

$$D' = \frac{S \sin 2\varphi}{\sin(\varphi+\varphi')}\left(\frac{\sin(\varphi'-\varphi'')\operatorname{tg}(\varphi-\varphi')}{\sin(\varphi+\varphi')}\right)\left\{\cos x' \sin(\varphi+\varphi') + \left(\frac{\gamma'}{\sqrt{1-\gamma'^2}}\right)\cos(\varphi+\varphi')\right\}; \tag{7a.}$$

wofür man übrigens auch schreiben kann:

$$D' = \frac{S \sin 2\varphi}{\sin(\varphi+\varphi')}\left(\frac{\sin(\varphi'-\varphi'')\operatorname{tg}(\varphi-\varphi')}{\sin(\varphi+\varphi')}\right)\left(\frac{\gamma}{\sqrt{1-\gamma'^2}}\right).\text{*)} \tag{7b.}$$

Ist die doppelte Brechung so stark, wie im Kalkspath, so werden die Beobachtungen Azimuthe ω ergeben, welche von denen, die sich aus (3.) bestimmen, etwas verschieden sind. Es werden überhaupt die beobachteten Azimuthe diejenigen sein, für welche $O^2 + E^2$ ein Minimum ist, hierin die vollständigen Werthe aus (2.) gesetzt. Die Grössen in (3.) werden also nicht $= 0$ sein, sondern endliche Werthe von der Ordnung $(\varphi'-\varphi'')$ haben, welche ich respective mit X' und X'' bezeichnen will. Ich werde die Bedingungen untersuchen, unter welchen $O^2 + E^2$ ein Minimum wird, also diejenigen Werthe von X' und X'' zu bestimmen suchen, die $O^2 + E^2$ zu einem Minimum machen. Dabei aber werde ich nur die ersten Potenzen von $(\varphi'-\varphi'')$ berücksichtigen.

Setzt man also:

$$P \cos x' + S \sin x' \cos(\varphi-\varphi') = X' \tag{8.}$$

in (2.) und vernachlässigt die höhern Potenzen von $(\varphi'-\varphi'')$, so erhält man**):

$$\left\{\begin{aligned} O'\sqrt{P^2+S^2\cos^4(\varphi-\varphi')} &= \left\{-\frac{\sin 2\varphi \sin 2\varphi'}{\sin^2(\varphi+\varphi')}X' + R_{\prime}''\sqrt{\frac{1-\gamma'^2}{1-\gamma_{\prime}''^2}}\frac{\sin(\varphi'-\varphi''')}{\sin(\varphi+\varphi')}\cos(\varphi-\varphi')\right\}\frac{S}{\cos x'},\\ E'\sqrt{P^2+S^2\cos^4(\varphi-\varphi')} &= \left\{\frac{\sin 2\varphi \sin 2\varphi'}{\sin^2(\varphi+\varphi')}X'\right\}\frac{S}{\cos x'}. \end{aligned}\right. \tag{9.}$$

---

*) An Stelle der Formeln (7a, b.) findet man im Original folgende mit mancherlei Schreib- oder Druckfehlern behaftete Formel:

$$D' = \frac{\sin 2\varphi}{\sin(\varphi+\varphi')}\left\{\frac{\gamma \sin(\varphi+\varphi')}{\sqrt{1-\gamma'^2}} + \left(\frac{\sqrt{1-\gamma_{\prime}'^2}}{\sqrt{1-\gamma'^2}}\right)\frac{\cos z' \cdot \cos\varphi'}{\cos(\varphi-\varphi')}\right\}\frac{\sin(\varphi'-\varphi'')}{\sin(\varphi+\varphi')}. \tag{[(7.)]}$$

Uebrigens ist diese Formel nur *ganz beiläufiger Natur*, und ohne irgend welchen Einfluss auf den weiteren Fortgang der Abhandlung. Näheres hierüber in den Zusätzen zu Ende der Abhandlung. — *A. W.*

**) Im Original steht in der ersten Formel (9.) rechts in der Klammer:

$$+\frac{\sin 2\varphi \sin 2\varphi'}{\sin^2(\varphi+\varphi')}X'. \text{ — Wie die}$$

Dies in $O^2 + E^2 = \text{Min.}$ gesetzt, giebt:

$$(10.)\qquad X' = + R_{,}'' \sqrt{\frac{1-\gamma'^2}{1-\gamma_{,}''^2}}\,\frac{\sin(\varphi'-\varphi''')\cos(\varphi-\varphi')\sin(\varphi+\varphi')}{2\sin 2\varphi \sin 2\varphi'}\,.$$

Bedenkt man nun, dass man nach (16.) des vorigen Paragraphen wegen (8.) setzen kann:

$$D' = -\frac{\sin 2\varphi}{\sin(\varphi+\varphi')}\,\frac{S}{\cos x'}\,,$$

so erhält man:

$$(11.)\qquad X' = -\frac{R_{,}''}{D'}\sqrt{\frac{1-\gamma'^2}{1-\gamma_{,}''^2}}\,\frac{\sin(\varphi'-\varphi''')}{2\sin 2\varphi'}\,\frac{S\cos(\varphi-\varphi')}{\cos x'}\,,$$

worin aus (23.) § 13 Seite 449 zu setzen ist:

$$\frac{R_{,}''}{D'} = -\frac{\sin(\varphi-\varphi')}{\sin(\varphi+\varphi')}\left(\sin x' \cos z' \frac{\cos(\varphi+\varphi')}{\cos(\varphi-\varphi')} - \cos x' \sin z'\right).$$

Aus (8.) und (11.) findet man x'. Wenn man die erste Annäherung von x' bezeichnet mit Y', so dass

$$\operatorname{tang} Y' = -\frac{P}{S\cos(\varphi-\varphi')}\,,$$

so erhält man:

$$(12.)\qquad \sin(x'-Y') = -\frac{R_{,}''}{D'}\sqrt{\frac{1-\gamma'^2}{1-\gamma_{,}''^2}}\,\frac{\sin(\varphi'-\varphi''')}{2\sin 2\varphi'}\,,$$

woraus, mittelst (14.) § 13 Seite 446, ω zu bestimmen ist. Dieser Werth von ω bringt $O_{,}^2 + E_{,}^2$ auf die Hälfte des Werthes in (5.).

Setzt man in (2.)

$$(13.)\qquad P\sin x' - S\cos x' \cos(\varphi-\varphi') = X''$$

und berücksichtigt nur die Glieder der ersten Ordnung in Beziehung auf $(\varphi'-\varphi'')$, so erhält man:

$$(14.)\qquad \begin{cases} O''\sqrt{P^2 + S^2\cos^4(\varphi-\varphi')} = \dfrac{D'\sin 2\varphi'}{\sin(\varphi+\varphi')}\,\dfrac{S\cos(\varphi-\varphi')}{\sin x'}\,, \\[2ex] E''\sqrt{P^2 + S^2\cos^4(\varphi-\varphi')} = -\dfrac{D''\sin 2\varphi'}{\sin(\varphi+\varphi')}X'' = -\dfrac{\sin 2\varphi \sin 2\varphi'}{\sin^2(\varphi+\varphi')}\,\dfrac{S}{\sin x'}\,X''. \end{cases}$$

Wie die Formel (16.) § 13b., Seite 446, und die aus dieser abgeleitete Gleichung (11.) des gegenwärtigen Paragraphen zeigen, liegt dort ein Versehen vor. Statt des Zeichens +, muss das Vorzeichen des in Rede stehenden Gliedes — sein. Diese Aenderung des Zeichens machte nun ihrerseits eine entsprechende Aenderung des Vorzeichens nöthig in der Gleichung (11.), ferner in (12.), (19.) und (22.), sowie auch in (26.) und (28.).

Bei der Ableitung der Formel (19.) aus der zweiten Gleichung (2.) ist zu beachten, dass, nach (23.) § 13b, Seite 449, $R_{,,}''$ proportional D'', dieses selbst aber proportional X', dass somit $R_{,,}''\sin(\varphi'-\varphi''')$ der zweiten Potenz von $(\varphi'-\varphi'')$ proportional, und daher zu vernachlässigen ist. Aus demselben Grunde fehlt in der ersten Gleichung (14.) das Glied $R_{,}'$. — *A. W.*

Man erhält aus (15.) § 13 Seite 446, indem man nur die Glieder der ersten Ordnung berücksichtigt, nach einigen Reductionen:

$$D' = \frac{\sin 2\varphi}{\sin^2(\varphi+\varphi')\cos(\varphi-\varphi')} \times$$
$$\left\{X''\sin(\varphi+\varphi') + S\left(\frac{\gamma'}{\sqrt{1-\gamma'^2}}\cos(\varphi+\varphi') + \cos x'\sin(\varphi+\varphi')\right)\sin(\varphi-\varphi')\sin(\varphi'-\varphi'')\right\},$$

was sich umformen lässt in

(15.)
$$D' = \frac{\sin 2\varphi}{\sin^2(\varphi+\varphi')\cos(\varphi-\varphi')} \times$$
$$\left\{X''\sin(\varphi+\varphi') + S\frac{C\cos\varphi - A\cos\omega\sin\varphi}{\sqrt{1-\gamma'^2}}\sin(\varphi-\varphi')\sin(\varphi'-\varphi'')\right\}.$$

Hieraus ergiebt sich:

(16.)
$$(O''^2+E''^2)(P^2+S^2\cos^4(\varphi-\varphi')) =$$
$$\frac{\sin^2 2\varphi\sin^2 2\varphi'}{\sin^4(\varphi+\varphi')}\frac{S^2}{\sin^2 x'}\left\{\left(X''+S\frac{(C\cos\varphi - A\cos\omega\sin\varphi)}{\sqrt{1-\gamma'^2}}\frac{\sin(\varphi-\varphi')}{\sin(\varphi+\varphi')}\sin(\varphi'-\varphi'')\right)^2 + X''^2\right\},$$

und der Werth, für welchen $O''^2 + E''^2$ ein Minimum wird, ist

(17.)
$$X'' = -\frac{S(C\cos\varphi - A\sin\varphi\cos\omega)}{\sqrt{1-\gamma'^2}}\frac{\sin(\varphi-\varphi')}{\sin(\varphi+\varphi')}\frac{\sin(\varphi'-\varphi'')}{2}.$$

Hieraus und aus (13.), wenn die erste Annäherung für x' bezeichnet wird mit Y'', so dass

(18a.)
$$\operatorname{tang} Y'' = \frac{S\cos(\varphi-\varphi')}{P},$$

erhält man:

(18.)
$$\sin(x'-Y'') = -\sin Y''\frac{(C\cos\varphi - A\sin\varphi\cos\omega)}{\sqrt{1-\gamma'^2}\cos(\varphi-\varphi')}\frac{\sin(\varphi-\varphi')}{\sin(\varphi+\varphi')}\frac{\sin(\varphi'-\varphi'')}{2},$$

woraus das dazu gehörige ω gefunden wird mittelst

$$\operatorname{tang} x' = \frac{A\sin\omega}{C\sin\varphi' - A\cos\varphi'\cos\omega}.$$

Es ist gut, einige particuläre Fälle zu bemerken.

Wenn in (12.) $P=0$ gesetzt wird, so wird $\operatorname{tang} x' = 0$, weil $\frac{R''_{\prime}}{D'}$ in diesem Falle $=0$ wird, da $\sin x'$ mit $\sin z'$ zugleich verschwinden. Ebenso wird $\operatorname{tang} x' = 0$ in (18.), wenn $S=0$ gesetzt wird. Dies ist streng richtig, wie aus den vollständigen Ausdrücken für O und E in (2.) erhellt, und ist übrigens ein sich selbst darbietendes Resultat, dass nämlich ein parallel oder senkrecht auf der Einfallsebene polarisirter Strahl, wenn er durch ein krystallinisches Blättchen so hindurchgegangen ist, dass die Einfallsebene mit dem

Hauptschnitt zusammenfällt, seine Polarisationsebene unverändert behält. Von grösserem Interesse sind die folgenden zwei Fälle:

1) *Wenn in* (12.) $S=0$ *ist.* Dies wird uns die Bedingungen geben, unter welchen bei einem senkrecht auf der Einfallsebene polarisirten Strahle nach seinem Durchgang durch ein dünnes Blättchen seine Polarisationsebene so wenig wie möglich verändert wird.

Da mit $S=0$ auch $\cos Y'=0$ wird und $\sin Y'=1$, so hat man

$$\frac{R''_{,}}{D'} = -\operatorname{tang}(\varphi-\varphi')\operatorname{cotg}(\varphi+\varphi')\cos z'$$

und

$$(19.)\quad \sin(x'-Y') = -\cos x' = +\sqrt{\frac{1-\gamma'^2}{1-\gamma''^2_{,}}}\operatorname{tang}(\varphi-\varphi')\operatorname{cotg}(\varphi+\varphi')\cos z'\,\frac{\sin(\varphi'-\varphi''')}{2\sin 2\varphi'}.$$

Die Formeln (12.) und (18.) geben überhaupt die Relation, die zwischen φ und ω stattfinden muss, damit O^2+E^2 ein Minimum wird. Man kann darin φ als gegeben ansehen und daraus ω bestimmen. So haben wir es bis jetzt angesehen; man kann aber auch ω als gegeben ansehen und hieraus φ bestimmen. Diese letzte Bedeutung der Formel (12.) ist von Interesse in Beziehung auf ihre Prüfung durch Beobachtungen bei dem particulären Falle, der in (19.) dargestellt ist. Es soll also aus (19.) der zu einem gegebenen ω gehörige Einfallswinkel φ bestimmt werden. Man kann in (19.) für φ, φ' und $(\varphi'-\varphi''')$ die Werthe setzen, welche sich aus $\cos x'=0$, d. i.

$$(20.)\quad C\sin\varphi' - A\cos\varphi'\cos\omega = 0$$

ergeben. Bezeichnet man den hieraus in (19.) hervorgehenden Werth von $\cos x'$ durch $\cos(x')$, so hat man:

$$(21.)\quad \frac{C\sin\varphi' - A\cos\varphi'\cos\omega}{\sqrt{1-\gamma'^2}} = \cos(x'),$$

woraus φ' und also φ gefunden wird. Bezeichnet man den aus (20.) hervorgehenden Werth von φ' mit (φ') und den aus (21.) mit $(\varphi')+\xi$, wo ξ von der Ordnung $\cos(x')$, d. i. wegen (19.) von der Ordnung $(\varphi'-\varphi''')$, so hat man bei Vernachlässigung der Potenzen von $(\varphi'-\varphi''')$

$$\xi = \frac{\sqrt{1-\gamma'^2}}{\gamma'}\cos(x').$$

Bezeichnet man den zu (φ') gehörigen Winkel φ mit (φ) und den zu $(\varphi')+\xi$ gehörigen mit $(\varphi)+\psi_{,}$, so hat man aus $\sin((\varphi')+\xi)=\mu\sin((\varphi)+\psi_{,})$:

$$\psi_{,} = \frac{\cos(\varphi')}{\mu\cos(\varphi)}\xi = \frac{\sqrt{1-\gamma'^2}}{\mu\gamma'}\frac{\cos(\varphi')}{\cos(\varphi)}\cos(x').$$

Berücksichtigt man nun, dass bis zu der hier gebrauchten Annäherung ist:

$$\sin(\varphi' - \varphi''') = \left(\frac{1 - \gamma_{,}''^2}{1 - \gamma''^2}\right) \sin(\varphi' - \varphi''),$$

so hat man endlich:

$$(22.) \qquad \psi_{,} = -\frac{\sqrt{1 - \gamma_{,}''^2}}{2\mu\gamma'} \frac{\cos\varphi' \cos z'}{\cos\varphi \sin 2\varphi'} \operatorname{tang}(\varphi - \varphi') \operatorname{cotg}(\varphi + \varphi') \sin(\varphi' - \varphi''),$$

wo für die respectiven φ die Werthe, welche sich aus (20.) ergeben, zu setzen sind.

2) *Wenn in* (18.) $P = 0$ *gesetzt wird*, so wird, wie aus (18a.) erhellt, $\cos Y'' = 0$ und man hat

$$\cos x' = \frac{(C\cos\varphi - A\sin\varphi\cos\omega)}{\sqrt{1 - \gamma'^2}} \frac{\operatorname{tang}(\varphi - \varphi')}{\sin(\varphi + \varphi')} \frac{\sin(\varphi' - \varphi'')}{2}$$

oder, da man, wegen der Gleichung $\cos Y'' = 0$, hat:

$$C\cos\varphi - A\sin\varphi\cos\omega = \gamma'\cos(\varphi + \varphi'),\text{*)}$$

so ist:

$$(23.) \qquad \cos x' = \frac{\gamma'}{\sqrt{1 - \gamma'^2}} \operatorname{tang}(\varphi - \varphi') \operatorname{cotg}(\varphi + \varphi') \frac{\sin(\varphi' - \varphi'')}{2}.$$

Hieraus kann man wiederum das zu einem gegebenen ω gehörige φ bestimmen. Bezeichnet man das durch (23.) bestimmte φ mit $(\varphi + \psi_{,,})$, wo φ sich bezieht auf das durch (20.) bestimmte φ', für welches

$$\operatorname{tang}\varphi' = \frac{A}{C}\cos\omega,$$

so findet man durch ähnliche Betrachtung, wie oben ψ' gefunden wurde:

$$(24.) \qquad \psi_{,,} = \frac{\sqrt{1 - \gamma'^2}}{\mu\gamma'} \frac{\cos\varphi'}{\cos\varphi} \cos x',$$

wo für $\cos x'$ sein Werth aus (23,) zu setzen ist. Es ist also:

$$(25.) \qquad \psi_{,,} = \frac{1}{2\mu} \frac{\cos\varphi'}{\cos\varphi} \operatorname{tang}(\varphi - \varphi') \operatorname{cotg}(\varphi + \varphi') \sin(\varphi' - \varphi''),$$

wo für φ und φ' die sich aus (20.) ergebenden Werthe zu setzen sind. Vergleicht man $\psi_{,}$ mit $\psi_{,,}$, so sieht man, dass man hat:

$$(26.) \qquad \psi_{,} = -\psi_{,,} \frac{\sqrt{1 - \gamma_{,}''^2}}{\gamma'} \frac{\cos z'}{\sin 2\varphi'}.$$

*) Im Allgemeinen gilt nämlich die Formel:

$$C\cos\varphi - A\cos\omega\sin\varphi - \gamma'\cos(\varphi + \varphi') = \sin(\varphi + \varphi')[C\sin\varphi' - A\cos\omega\cos\varphi'];$$

und in dieser Formel ist bei der vorliegenden Näherung der zweite Factor rechts $= 0$ zu setzen. — *A. W.*

Aus $\sqrt{1-\gamma_{,}'^{2}}\cos z' = -C\sin\varphi' - A\cos\varphi'\cos\omega$ und aus $C\sin\varphi' - A\cos\omega\cos\varphi' = 0$ findet man:

(27.) $$\frac{\sqrt{1-\gamma_{,}''^{2}}}{\gamma'}\frac{\cos z'}{\sin 2\varphi'} = -\frac{\sqrt{1-\gamma_{,}''^{2}}}{\sqrt{1-\gamma_{,}'^{2}}},$$

und demnach kann man setzen, weil die Quadrate von $(\varphi' - \varphi'')$ vernachlässigt werden:

(28.) $$\psi_{,} = \psi_{,,}.$$

§ 15.

Anwendung der in § 2 aufgestellten Grundsätze auf optisch zweiaxige Medien. Vorbereitende Untersuchungen. — Die Strahlen stehen stets senkrecht gegen ihre Undulationsrichtungen. Ueber die konische Refraction beim Eintritt, und über die konische Refraction beim Austritt.

Es sollen jetzt die in § 2 aufgestellten Grundsätze angewandt werden auf krystallinische Medien mit zwei optischen Axen. Zu dem Ende werde ich erst die allgemeinen Formeln aufstellen, wodurch die Fortpflanzungsgeschwindigkeiten der Wellenebenen, die Richtungen ihrer Bewegungen und die Lage der ihnen angehörigen Strahlen bestimmt werden. Es seien μ, ν, π die Werthe der drei Elasticitätsaxen, und zwar seien μ und π der kleinste und grösste und ν der mittlere Werth. Das Coordinatensystem x, y, z legen wir parallel mit den Elasticitätsaxen μ, ν, π. Die Gleichung der *Fresnel'schen Elasticitätsfläche* ist demnach:

(1.) $$\varrho^2 = \mu^2 a^2 + \nu^2 b^2 + \pi^2 c^2, \qquad (\mu < \nu < \pi),$$

wo ϱ ihren Radiusvector bedeutet, und a, b, c die Cosinus der Winkel, welche dieser mit den Elasticitätsaxen bildet. Die beiderlei Fortpflanzungsgeschwindigkeiten einer Wellenebene, je nachdem sie eine gewöhnliche oder ungewöhnliche*) ist, erhält man, wenn man diese Ebene durch den Mittelpunkt der Elasticitätsfläche legt und den kleinsten und grössten Radius dieses Schnittes bestimmt. Wenn α, β, γ die Cosinus der Neigungen der Normale der Wellenebene gegen die Elasticitätsaxen μ, ν, π bedeuten, so ist v der kleinste oder grösste Radius des Schnittes, bestimmt durch folgende Gleichung:

(2.) $$\frac{\alpha^2}{v^2-\mu^2} + \frac{\beta^2}{v^2-\nu^2} + \frac{\gamma^2}{v^2-\pi^2} = 0.$$

---

*) Der Sinn dieser uneigentlichen Benennung kann nur zweifelhaft sein, wenn die beiden optischen Axen gerade unter 90° gegen einander geneigt sind. Ich nenne nämlich die gewöhnliche Wellenebene diejenige, welche es im eigentlichen Sinne des Wortes werden würde, wenn man sich den spitzen Winkel der optischen Axen verkleinert bis auf 0° denkt. (*Anm. des Originals.*)

Ich werde die beiden Wurzeln dieser quadratischen Gleichung mit o und e bezeichnen, so dass also o oder e die Fortpflanzungsgeschwindigkeit einer Wellenebene bezeichnet, die parallel mit $\alpha x + \beta y + \gamma z = 0$ ist, je nachdem sie eine gewöhnliche oder ungewöhnliche ist. Die Richtung der Bewegung in dieser Wellenebene steht *senkrecht* auf demjenigen Radiusvector ihres Schnittes mit der Elasticitätsfläche, durch welchen ihre Fortpflanzungsgeschwindigkeit ausgedrückt ist. Man findet für die Cosinus o_1, o_2, o_3 der Winkel, welche die Richtung der Bewegung in der Wellenebene $\alpha x + \beta y + \gamma z = 0$ mit den Elasticitätsaxen bildet, in dem Falle, dass sie eine gewöhnliche ist:

$$o_1 = \frac{\alpha}{(e^2 - \mu^2)E}, \quad o_2 = \frac{\beta}{(e^2 - \nu^2)E}, \quad o_3 = \frac{\gamma}{(e^2 - \pi^2)E}, \tag{3.}$$

wo der Kürze halber gesetzt ist:

$$E = \sqrt{\left(\frac{\alpha}{e^2 - \mu^2}\right)^2 + \left(\frac{\beta}{e^2 - \nu^2}\right)^2 + \left(\frac{\gamma}{e^2 - \pi^2}\right)^2}. \tag{3a.}$$

Bezeichnet man die entsprechenden Cosinus in dem Falle, dass die Wellenebene $\alpha x + \beta y + \gamma z = 0$ eine ungewöhnliche ist, durch e_1, e_2, e_3, so hat man:

$$e_1 = \frac{\alpha}{(o^2 - \mu^2)O}, \quad e_2 = \frac{\beta}{(o^2 - \nu^2)O}, \quad e_3 = \frac{\gamma}{(o^2 - \pi^2)O}, \tag{4.}$$

wo man für O hat:

$$O = \sqrt{\left(\frac{\alpha}{o^2 - \mu^2}\right)^2 + \left(\frac{\beta}{o^2 - \nu^2}\right)^2 + \left(\frac{\gamma}{o^2 - \pi^2}\right)^2}. \tag{4a.}$$

Diese Werthe (3.) und (4.) ergeben sich leicht aus denjenigen Ausdrücken, welche ich in meiner Abhandlung über die doppelte Strahlenbrechung (Pogg. Ann. Bd. XXV p. 445) gegeben habe*).

An einem andern Orte (Pogg. Ann. Bd. XXXIII) habe ich gezeigt**), dass die Wurzeln o und e der Gleichung (2.) einen sehr einfachen Ausdruck erhalten, wenn man die Lage der Ebene $\alpha x + \beta y + \gamma z = 0$ auf die *optischen Axen* bezieht, d. h. auf die Normalen der Kreisschnitte der Elasticitätsfläche.

---

*) Vgl. Seite 181—186 des vorliegenden Bandes. — *C. N.*

**) Vgl. Seite 337 des vorliegenden Bandes. — *C. N.*

Bildet nämlich die Wellenebene mit diesen Axen die Winkel $90^0 - u$ und $90^0 - u'$, so ist*):

---

*) Was die in (1.) genannte Fläche betrifft, so hat *Neumann* in seinen Vorlesungen den Namen „Elasticitätsfläche" als wenig passend bezeichnet. Auch hat er in späterer Zeit, dem Vorschlage einiger seiner Zuhörer Folge leistend, diese Fläche kurzweg das *Ovaloid* genannt, und ihre Diametralschnitte als *Ovale* bezeichnet. Unter diesen Ovalen befinden sich bekanntlich *zwei Kreise* B und B'; und die optischen Axen A und A' sind normal zu den Ebenen dieser Kreise B und B'. Im obigen Text sind offenbar u und u' diejenigen Winkel, unter denen die Normale n der gegebenen Wellenebene $\alpha x + \beta y + \gamma z = 0$ gegen diese Axen A und A' geneigt ist.

Die drei *Hauptaxen* des Ovaloids (d. i. der Fresnel'schen Elasticitätsfläche) werden von *Neumann* in der vorliegenden Abhandlung bald mit x, y, z, bald mit a, b, c, bald mit μ, ν, π bezeichnet.

Es dürfte hier der Ort sein zur Einschaltung gewisser einfacher Betrachtungen, die in der *Neumann*'schen Abhandlung fehlen, weiterhin aber zum Verständniss derselben erforderlich sind. Dabei mag, ausser den schon eingeführten Buchstaben A, B, A', B', n, noch der Buchstabe Ω benutzt werden. Und zwar soll Ω dienen zur Bezeichnung der gegebenen Wellenebene $\alpha x + \beta y + \gamma z = 0$, zugleich aber auch zur Bezeichnung desjenigen *Ovals*, in welchem das Ovaloid (die Fresnel'sche Elasticitätsfläche) von dieser Wellenebene geschnitten wird.

Es seien d und d' diejenigen beiden Durchmesser des Ovals Ω, in denen dasselbe von jenen beiden Kreisebenen B und B' geschnitten wird. Alsdann ist $d = d'$, nämlich gleich dem Durchmesser der Kreise B, B'. Auch wird d offenbar senkrecht sein gegen die Normalen der Ebenen Ω und B, d. i. gegen n und A; so dass man also d bezeichnen kann als die Normale der Ebene nA. Und ebenso wird d' die Normale der Ebene nA' repräsentiren.

Sind also Φ und Ψ die (auf einander senkrechten) Halbirungsebenen der von den beiden Ebenen nA und nA' gebildeten Winkel, so werden Φ und Ψ zugleich auch die von jenen Normalen d und d' gebildeten Winkel halbiren. Es wird also z. B. die Linie (Φ, Ω) ein Durchmesser des Ovals Ω sein, der gegen d und d' unter *gleichen* Winkeln geneigt ist. Es ist aber $d = d'$. Folglich wird die Linie (Φ, Ω) eine *Hauptaxe* des Ovals Ω sein. Ebenso ergiebt sich, dass (Ψ, Ω) die andere *Hauptaxe* von Ω ist.

Beachtet man jetzt die Worte des obigen Textes zwischen (1.) und (3.), so erkennt man sofort, dass die in der Welle Ω vorhandene Bewegungsrichtnng dargestellt sein wird durch eine jener beiden Hauptaxen (Φ, Ω), (Ψ, Ω); so dass man also zu folgendem Resultat gelangt:

(𝔄.) *Im Innern des Krystalls sei irgend eine (gewöhnliche oder ungewöhnliche) Wellenebene Ω gegeben, mit der Normale n. Denkt man sich nun durch n und durch die beiden optischen Axen A und A' zwei Ebenen nA und nA' gelegt, und sodann die von diesen Ebenen nA und nA' gebildeten Winkel durch zwei neue Ebenen Φ und Ψ halbirt, so wird die in der Welle Ω vorhandene Bewegungsrichtung stets in einer der beiden Ebenen Φ, Ψ liegen, nämlich stets dargestellt sein durch eine der beiden Schnittlinien (Φ, Ω), (Ψ, Ω).*

Und zu diesem Resultat kann man jetzt, auf Grund der im obigen Text zwischen (1.) und (2.) von *Neumann* gegebenen Note, noch folgenden Satz hinzufügen:

(𝔅.) *Halbirt Φ den von den Ebenen nA und nA' gebildeten spitzen Winkel, so wird jene Bewegungsrichtung in der Ebene Φ oder in der Ebene Ψ liegen, jenachdem die gegebene Wellenebene Ω eine gewöhnliche oder aber eine ungewöhnliche ist.*

Der Satz (𝔄.) ist offenbar von hervorragender Schönheit und Wichtigkeit; und *Neumann* ist der Entdecker dieses Satzes. Doch hat er denselben weder in der vorliegenden Abhandlung noch in einer seiner früheren Abhandlungen wirklich bewiesen, wohl aber in seinen Vorlesungen. [Vgl. die von *Dorn* edirten Vorlesungen, daselbst Seite 192, 193.]

Den von mir in der gegenwärtigen Note gegebenen Beweis des Satzes (𝔄.) verdanke ich einer mündlichen Mittheilung von *Clebsch* (aus dem Jahre 1854). Dieser *Clebsch*'sche Beweis dürfte zu bezeichnen sein als eine Vereinfachung jenes von *Neumann* selber in seinen Vorlesungen gegebenen Beweises.

Wir wollen uns jetzt um den Ausgangspunkt der Linien A, A', n eine Kugelfläche beschrieben

$$(5.)\quad \begin{aligned} o^2 &= \mu^2 - (\mu^2 - \pi^2)\sin^2\left(\frac{u-u'}{2}\right) = \frac{\mu^2+\pi^2}{2} + \frac{\mu^2-\pi^2}{2}\cos(u-u'),\\ e^2 &= \mu^2 - (\mu^2 - \pi^2)\sin^2\left(\frac{u+u'}{2}\right) = \frac{\mu^2+\pi^2}{2} + \frac{\mu^2-\pi^2}{2}\cos(u+u').\,^{*)} \end{aligned}$$

Der zur Wellenebene $\alpha x + \beta y + \gamma z = 0$ gehörige Strahl ist die Linie, in welcher sich der Durchschnittspunkt dieser Wellenebene mit anderen Wellenebenen: $\alpha' x + \beta' y + \gamma' z = 0$, die in ihrer Richtung nur unendlich wenig verschieden von der ersteren sind, bewegt. Diese Richtung fällt in krystallinischen Medien nicht mit der Normale der Wellenebene $\alpha x + \beta y + \gamma z = 0$ zusammen, weil mit der Richtung der Wellenebene sich zugleich die Fortpflanzungsgeschwindigkeit ändert. Es sei $\alpha x + \beta y + \gamma z = 0$ eine *ungewöhnliche* Wellenebene, und nach Verlauf der Einheit der Zeit sei ihre Lage gegeben durch

$$(a.)\qquad \alpha x + \beta y + \gamma z = e.$$

Die Lage zweier andern unendlich wenig der Richtung nach verschiedenen ebenen Wellen wird man erhalten, wenn man diese Gleichung nach einander einmal nach α und dann nach β differentiirt:

$$(b.)\qquad x + \frac{\partial\gamma}{\partial\alpha} z = \frac{\partial e}{\partial\alpha},$$

$$(c.)\qquad y + \frac{\partial\gamma}{\partial\beta} z = \frac{\partial e}{\partial\beta}.$$

---

denken, und die Punkte, in denen die Kugelfläche von den Linien A, A', n getroffen wird, mit ebendenselben Buchstaben A, A', n bezeichnen. Auch wollen wir uns, der Bequemlichkeit halber, diese Punkte A, A', n so nahe an einander gelegen denken, dass das sphärische Dreieck $AA'n$ als ein *ebenes* Dreieck angesehen werden darf. Der Punkt n heisse die *Spitze* des Dreiecks, und die Linie AA' seine *Grundlinie*.

Diese Grundlinie AA' wird von der Halbirungslinie des Winkels AnA' in einem gewissen Punkt g geschnitten. Und die Verlängerung der Grundlinie AA' mag von der Halbirungslinie des zu AnA' supplementaren Winkels in einem gewissen Punkte h getroffen werden. Alsdann besteht der *Neumann'sche Satz* (𝔄.), (𝔅.) offenbar darin,

(𝔈.) *dass die in der gegebenen Wellenebene Ω vorhandene Bewegungsrichtung durch ng oder nh dargestellt ist, jenachdem jene Wellenebene Ω eine gewöhnliche oder ungewöhnliche ist.*

Dieses einfache geometrische Bild überträgt sich, nach dem Princip der Continuität, sofort auch auf solche Fälle, in denen die Punkte A, A', n nicht sehr nahe an einander liegen, sondern von beliebiger Lage sind; — nur ist dabei vorauszusetzen, dass der von den optischen Axen A, A' gebildete Winkel ein *spitzer* bleibt, dass also der Winkelabstand der beiden Kugelflächen-Punkte A, A' kleiner als 90° bleibt. — *C. N.*

*) Aus den Formeln (5.) folgt sofort: $e^2 - o^2 = (\pi^2 - \mu^2)\sin u \sin u'$. Nun sind aber $\sin u$ und $\sin u'$ stets positiv [weil jeder der Winkel u, u' zwischen 0 und 180° liegt]. Und $(\pi^2 - \mu^2)$ ist ebenfalls positiv, weil stets $\mu < \nu < \pi$ sein soll. Somit ergiebt sich:

$$e^2 - o^2 = \text{pos.},\quad \text{d. i.}\quad e > o.$$

Von zwei ebenen Wellen, die im Krystall in ein und derselben Richtung fortschreiten, wird also die langsamere stets die *gewöhnliche*, und die schnellere die *ungewöhnliche* sein. — *C. N.*

Eine Linie vom Mittelpunkt $x=0$, $y=0$, $z=0$ nach dem von $\partial\alpha$ und $\partial\beta$ unabhängigen Durchschnittspunkt der drei Ebenen a, b, c ist die Richtung des Strahls, welcher zur ungewöhnlichen Wellenebene $\alpha x+\beta y+\gamma z=e$ gehört. Man muss die Differentiale nach $\partial\alpha$ und $\partial\beta$ eliminiren.

Die Differentialquotienten von γ erhält man aus der Bedingung $\alpha^2+\beta^2+\gamma^2=1$:

$$\text{(d.)}\qquad \frac{\partial\gamma}{\partial\alpha}=-\frac{\alpha}{\gamma},\quad \frac{\partial\gamma}{\partial\beta}=-\frac{\beta}{\gamma},$$

und die Werthe der Differentialquotienten von e findet man durch Differentiation der Gleichung (2.), in welcher $v=e$ ist, so dass also

$$\text{(e.)}\qquad \frac{\alpha^2}{e^2-\mu^2}+\frac{\beta^2}{e^2-\nu^2}+\frac{\gamma^2}{e^2-\pi^2}=0.$$

Differentiirt man diese Gleichung nach α, setzt statt $\frac{\partial\gamma}{\partial\alpha}$ seinen Werth aus (d.) und setzt nach (3a.):

$$\text{(f.)}\qquad \left(\frac{\alpha}{e^2-\mu^2}\right)^2+\left(\frac{\beta}{e^2-\nu^2}\right)^2+\left(\frac{\gamma}{e^2-\pi^2}\right)^2=E^2,$$

so erhält man:

$$\text{(g.)}\qquad eE^2\frac{\partial e}{\partial\alpha}=\frac{\alpha}{e^2-\mu^2}-\frac{\alpha}{e^2-\pi^2},$$

und ganz ähnlich findet man

$$\text{(h.)}\qquad eE^2\frac{\partial e}{\partial\beta}=\frac{\beta}{e^2-\nu^2}-\frac{\beta}{e^2-\pi^2}.$$

Werden die Werthe aus (d.) und aus (g.) und (h.) in (b.) und (c.) substituirt, so verwandeln sich diese in

$$\text{(i.)}\qquad x-\frac{\alpha}{\gamma}z=\alpha\left(\frac{1}{e^2-\mu^2}-\frac{1}{e^2-\pi^2}\right)\frac{1}{E^2e},$$

$$\text{(k.)}\qquad y-\frac{\beta}{\gamma}z=\beta\left(\frac{1}{e^2-\nu^2}-\frac{1}{e^2-\pi^2}\right)\frac{1}{E^2e}.$$

Fügt man noch hinzu:

$$\text{(l.)}\qquad z-z=0$$

und multiplicirt die Gleichungen (i.), (k.), (l.) respective mit α, β, γ und addirt sie, so ist die Summe:

$$\text{(m.)}\qquad \alpha x+\beta y+\gamma z-\frac{z}{\gamma}=\left\{\frac{\alpha^2}{e^2-\mu^2}+\frac{\beta^2}{e^2-\nu^2}-\frac{\alpha^2+\beta^2}{e^2-\pi^2}\right\}\frac{1}{E^2e}.$$

Es ist aber nach (a.)

$$\alpha x+\beta y+\gamma z=e,$$

und nach (e.)

$$\frac{\alpha^2}{e^2-\mu^2}+\frac{\beta^2}{e^2-\nu^2}+\frac{\gamma^2}{e^2-\pi^2}=0.$$

Dies berücksichtigend, findet man aus (m.)

$$z = \left\{e + \frac{1}{E^2 e(e^2 - \pi^2)}\right\}\gamma.$$

Dieser Werth in (i.) und (k.) substituirt, giebt die Werthe von x und y. Es ist also, wenn die Ordinaten des Durchschnittspunktes mit x_e, y_e, z_e bezeichnet werden, um anzudeuten, dass er zu einem System ungewöhnlicher Wellenebenen gehört:

$$\text{(6.)}\qquad \begin{aligned} x_e &= \alpha\left\{e + \frac{1}{E^2 e(e^2 - \mu^2)}\right\}, \\ y_e &= \beta\left\{e + \frac{1}{E^2 e(e^2 - \nu^2)}\right\}, \\ z_e &= \gamma\left\{e + \frac{1}{E^2 e(e^2 - \pi^2)}\right\}. \end{aligned}$$

In derselben Zeit, in welcher die Wellenebene den Weg e durchläuft, durchläuft der ihr zugehörige Strahl den Weg $\sqrt{x_e^2 + y_e^2 + z_e^2}$, den wir $= r_e$ setzen wollen. Die Fortpflanzungsgeschwindigkeit des Strahls ist also r_e. Man gelangt, indem man die Quadrate der drei Gleichungen (6.) addirt, dabei die Gleichung (e.) berücksichtigt und bedenkt, dass wegen (f.)

$$\frac{1}{E^4 e^2}\left\{\frac{\alpha^2}{(e^2 - \mu^2)^2} + \frac{\beta^2}{(e^2 - \nu^2)^2} + \frac{\gamma^2}{(e^2 - \pi^2)^2}\right\} = \frac{1}{E^2 e^2}$$

ist, zu folgender Formel:

$$\text{(7.)}\qquad r_e^2 = e^2 + \frac{1}{e^2 E^2}.$$

Die Cosinus der Winkel (S_e, a), (S_e, b), (S_e, c), welche der Strahl mit den drei Elasticitätsaxen bildet, sind:

$$\text{(8.)}\qquad \cos(S_e, a) = \frac{x_e}{r_e}, \qquad \cos(S_e, b) = \frac{y_e}{r_e}, \qquad \cos(S_e, c) = \frac{z_e}{r_e}.$$

Wenn die Wellenebene $\alpha x + \beta y + \gamma z = o$ eine *gewöhnliche* ist, so geben ganz dieselben Betrachtungen für die Componenten der Geschwindigkeit des ihr zugehörigen Strahls nach den drei Elasticitätsaxen:

$$\text{(9.)}\qquad \begin{aligned} x_o &= \alpha\left(o + \frac{1}{O^2 o(o^2 - \mu^2)}\right), \\ y_o &= \beta\left(o + \frac{1}{O^2 o(o^2 - \nu^2)}\right), \\ z_o &= \gamma\left(o + \frac{1}{O^2 o(o^2 - \pi^2)}\right), \end{aligned}$$

und für die Geschwindigkeit selbst:

$$\text{(10.)}\qquad r_o^2 = o^2 + \frac{1}{o^2 O^2}.$$

Mittelst dieser Formeln kann also immer, wenn eine Wellenebene gegeben ist, der ihr zugehörige Strahl gefunden werden*).

Jetzt werde ich mich mit dem *umgekehrten Problem* beschäftigen, nämlich, wenn der Strahl gegeben ist, die ihm zugehörige Wellenebene zu finden.

Aus der Gleichung (10.) findet man, indem von beiden Seiten μ^2 abgezogen wird:

$$(11.)\qquad r_0^2 - \mu^2 = \frac{o^2 O^2(o^2 - \mu^2) + 1}{o^2 O^2},$$

während man aus (9.) erhält:

$$x_0 = \frac{\alpha[O^2 o^2(o^2 - \mu^2) + 1]}{O^2 o(o^2 - \mu^2)}.$$

Dividirt man diese Gleichung durch die vorhergehende, so erhält man:

$$\frac{x_0}{r_0^2 - \mu^2} = \frac{\alpha o}{o^2 - \mu^2}.$$

Man erhält zwei ähnliche Gleichungen, wenn man x, α, μ vertauscht einmal mit y, β, ν und dann mit z, γ, π. Man hat also:

$$(12.)\qquad \frac{x_0}{r_0^2 - \mu^2} = \frac{\alpha o}{o^2 - \mu^2}, \qquad \frac{y_0}{r_0^2 - \nu^2} = \frac{\beta o}{o^2 - \nu^2}, \qquad \frac{z_0}{r_0^2 - \pi^2} = \frac{\gamma o}{o^2 - \pi^2}.$$

---

*) Aus den Gleichungen (6.) [oder (9.)] kann man leicht α, β, γ, und die Geschwindigkeit e [respective o] der Wellenebene bestimmen, und diese Werthe in (e.) [respective in die zu (e) analoge Formel] eingesetzt, geben eine Gleichung zwischen x, y, z. Dies ist die Gleichung der *Wellenoberfläche*. Es ist der Herr Dr. *Senf*, jetzt in Dorpat, der zuerst diesen höchst einfachen und eleganten Calcul, um zu dieser Gleichung zu gelangen, angewendet hat. *Fresnel* hielt seine deshalb angestellte Rechnung nicht für darstellbar, und Herrn *Ampère*'s Arbeit über diesen Gegenstand (*Annales de chimie* T. XXXIX) wird man jetzt gerne entbehren. Herr Dr. *Senf* hat auch zuerst die der Gleichung der Wellenoberfläche angemessene Form gefunden, nämlich:

$$(\text{w.})\qquad \frac{\mu^2 x^2}{r^2 - \mu^2} + \frac{\nu^2 y^2}{r^2 - \nu^2} + \frac{\pi^2 z^2}{r^2 - \pi^2} = 0.$$

Aus dieser Form ergiebt sich sogleich die von *Fresnel* angegebene Construction der Wellenoberfläche mittelst des Ellipsoids, welches um die Axen der Elasticitätsfläche beschrieben ist. (*Anm. des Originals.*)

Zusatz der Redaction. — Jener Eliminationsprozess, durch welchen man, von den Gleichungen (6.) [respective (9.)] aus, zu der hier angegebenen Gleichung (w.) der Wellenfläche gelangt, ist näher angegeben in den von *Dorn* edirten *Neumann*'schen Vorlesungen, daselbst Seite 188, 189. Ihrer geometrischen Gestalt nach ist diese Fläche allgemein bekannt. So z. B. wird ihr Schnitt mit der xz-Ebene [immer vorausgesetzt, dass $\mu < \nu < \pi$ ist] dargestellt sein durch zwei *einander schneidende* Curven, einen Kreis und eine Ellipse. Der Kreis hat den Radius ν, und die Ellipse hat die Halbaxen μ und π respective in den Richtungen der z-Axe und der x-Axe. U. s. w.

Zu beachten ist, was *Neumann* schon früher (auf Seite 163 dieses Bandes) über diese um einen einzelnen Erschütterungspunkt entstehende Wellenfläche (w.) mitgetheilt hat; wonach diese Fläche (w.) anzusehen ist als die Enveloppe gewisser Wellenebenen. Hiermit hängt zusammen, dass die Tangentialebenen der Fläche (w.) die *Wellenebenen*, und die nach ihren Berührungspunkten hinlaufenden Radii vectores die diesen Wellenebenen zugehörigen *Strahlen* repräsentiren. — *C. N.*

Addirt man die Quadrate dieser Gleichungen zusammen und setzt:

(13.) $$\left(\frac{x_o}{r_o^2-\mu^2}\right)^2+\left(\frac{y_o}{r_o^2-\nu^2}\right)^2+\left(\frac{z_o}{r_o^2-\pi^2}\right)^2=S_o^2,$$

so erhält man mit Rücksicht auf (4a.) Seite 459:

(14.) $$S_o^2=o^2O^2.$$

Und mit Rücksicht hierauf ergiebt sich aus (10.):

(15.) $$o^2=r_o^2-\frac{1}{S_o^2}.$$

Durch diese Gleichung ist also aus der Lage und Fortpflanzungsgeschwindigkeit des Strahls die Fortpflanzungsgeschwindigkeit der Wellenebene gefunden. Aus (15.) und (12.) erhält man die Cosinus der Neigung der Normale der Wellenebene gegen die Elasticitätsaxen, nämlich:

(16.) $$o\alpha=x_o\left(1-\frac{1}{(r_o^2-\mu^2)S_o^2}\right),\quad o\beta=y_o\left(1-\frac{1}{(r_o^2-\nu^2)S_o^2}\right),\quad o\gamma=z_o\left(1-\frac{1}{(r_o^2-\pi^2)S_o^2}\right).$$

Ganz ähnliche Werthe erhält man, wenn der Strahl ein ungewöhnlicher ist, indem man überall o mit e vertauscht, und statt S_o setzt S_e, wo S_e durch die Gleichung (13.) gegeben wird, wenn in ihr statt des Index o überall der Index e gesetzt wird.

Dividirt man die Gleichungen (12.) durch die Gleichung (14.), nämlich durch $S_o=oO$ und berücksichtigt die Gleichungen (4.), so findet man die Cosinus e_1, e_2, e_3 der Richtung der Bewegung in einem ungewöhnlichen Strahle bestimmt durch seine Richtung, nämlich:

(17.) $$e_1=\frac{x_o}{(r_o^2-\mu^2)S_o},\quad e_2=\frac{y_o}{(r_o^2-\nu^2)S_o},\quad e_3=\frac{z_o}{(r_o^2-\pi^2)S_o}.$$

Ebenso erhält man die Cosinus der Winkel, welche die Richtung der Bewegung in einem gewöhnlichen Strahl mit den Elasticitätsaxen bilden, bestimmt durch die Cosinus des Strahls selbst:

(18.) $$o_1=\frac{x_e}{(r_e^2-\mu^2)S_e},\quad o_2=\frac{y_e}{(r_e^2-\nu^2)S_e},\quad o_3=\frac{z_e}{(r_e^2-\pi^2)S_e}.$$

Für den Cosinus des Winkels, den ein Strahl, wenn er ein gewöhnlicher ist, mit der Richtung seiner Bewegung macht, hat man:

$$\frac{o_1 x_o + o_2 y_o + o_3 z_o}{r_o}.$$

Setzt man hierin die Werthe für o_1, o_2, o_3 aus (3.) und für x_o, y_o, z_o aus (9.) und berücksichtigt, dass [nach (e.) Seite 426]

$$\frac{\alpha^2}{e^2 - \mu^2} + \frac{\beta^2}{e^2 - \nu^2} + \frac{\gamma^2}{e^2 - \pi^2} = 0$$

und dass:

$$\text{(18a.)}\qquad \left\{ \frac{\alpha^2}{(e^2 - \mu^2)(o^2 - \mu^2)} + \frac{\beta^2}{(e^2 - \nu^2)(o^2 - \nu^2)} + \frac{\gamma^2}{(e^2 - \pi^2)(o^2 - \pi^2)} \right\} \frac{1}{OE} = 0,$$

weil dies der Cosinus der Neigung der beiden durch o_1, o_2, o_3 und e_1, e_2, e_3 bestimmten Richtungen ist, diese aber rechtwinklig gegen einander geneigt sind*), dann findet man:

$$\text{(18b.)}\qquad o_1 x_o + o_2 y_o + o_3 z_o = 0,$$

woraus folgt, *dass der gewöhnliche Strahl immer senkrecht auf der Richtung seiner Bewegung ist.* Man findet ebenso:

$$\text{(18c.)}\qquad e_1 x_e + e_2 y_e + e_3 z_e = 0.$$

*Also sowohl der gewöhnliche als ungewöhnliche Strahl stehen senkrecht auf der Richtung ihrer Bewegung.***) Für optisch einaxige Krystalle ist dieses schöne

---

*) Man kann zur Formel (18a.) auch auf folgendem Wege gelangen: Es sind auf Seite 458 die beiden Wurzeln v der dortigen Gleichung (2.) mit o und e bezeichnet worden; so dass also die Formeln stattfinden:

$$\frac{\alpha^2}{o^2 - \mu^2} + \frac{\beta^2}{o^2 - \nu^2} + \frac{\gamma^2}{o^2 - \pi^2} = 0 \qquad \text{und} \qquad \frac{\alpha^2}{e^2 - \mu^2} + \frac{\beta^2}{e^2 - \nu^2} + \frac{\gamma^2}{e^2 - \pi^2} = 0.$$

Subtrahirt man aber diese beiden Formeln von einander, so gelangt man sofort zur obigen Gleichung (18a.). — *A. W.*

**) Man denke sich innerhalb des Krystalls einn *gewöhnliche* Wellenebene, fortschreitend in der Richtung n_0; so dass also n_0 bezeichnet werden kann als die Normale der Wellenebene. Nach den *Neumann*'schen Grundsätzen [vgl. Seite 368, Grundsatz 3.] liegt die Vibrationsbewegung stets *in* der Wellenebene; sie ist also *senkrecht* zu jener mit n_0 bezeichneten Normale. Gleichzeitig aber wird, wie soeben constatirt wurde [vgl. (18b.)], diese Vibrationsbewegung auch *senkrecht* sein gegen den der Wellenebene zugehörigen *Strahl* r_0.

Analoges wird offenbar [auf Grund der Formel (18c.)] auch dann zu sagen sein, wenn die gegebene Wellenebene eine *ungewöhnliche* ist.

Im einen wie im andern Fall wird also die in der Wellenebene vorhandene Vibrationsbewegung senkrecht sein zur Normale der Wellenebene und zugleich auch senkrecht sein gegen den der Wellenebene zugehörigen Strahl; so dass man also sagen kann:

(𝔉.) *Wellennormale und Strahl bilden zusammengenommen eine Ebene, gegen welche die Vibrationsbewegung senkrecht steht.*

Von hier aus kann man nun jene sphärische Figur, von welcher in (𝔈.) Seite 461 die Rede war, leicht weiter vervollständigen. Ist nämlich n die Normale der gegebenen Wellenebene und r der

Theorem, welches im Widerspruch steht mit einer Behauptung der *Fresnel*schen Theorie, eine aus der einfachen geometrischen Construction der Wellenebene und des Strahls sich ergebende Folgerung aus der von uns angenommenen Definition der Polarisationsebene.

Sowohl die Formeln, durch welche die zu einer Wellenebene gehörigen Strahlen bestimmt sind, als diejenigen, wodurch die zu einem Strahle gehörigen Wellenebenen bestimmt sind, werden in einigen Fällen unbestimmt. Diese Fälle werde ich discutiren, und dies wird mich auf eine sehr einfache Weise zu den beiden schönen Theoremen von *Hamilton* (Pogg. Ann. Bd. XXVIII) über die konische Refraction führen. Ich werde mich zu dem Ende mit den Formeln (12.) beschäftigen, in ihnen aber den Index o fortlassen und statt der Geschwindigkeit o setzen v, wo v sowohl die gewöhnliche als ungewöhnliche Fortpflanzungsgeschwindigkeit der Wellenebenen bezeichnen soll, ebenso wie r ohne Index die beiderlei Fortpflanzungsgeschwindigkeiten der Strahlen bedeuten soll, so aber, dass r und v zugleich die gewöhnlichen Geschwindigkeiten oder zugleich die ungewöhnlichen Geschwindigkeiten bezeichnen.

Die Relationen in (12.) sind also:

$$\begin{aligned} \frac{x}{r^2 - \mu^2} &= \frac{\alpha v}{v^2 - \mu^2}, \\ \frac{y}{r^2 - \nu^2} &= \frac{\beta v}{v^2 - \nu^2}, \\ \frac{z}{r^2 - \pi^2} &= \frac{\gamma v}{v^2 - \pi^2}. \end{aligned} \tag{19.}$$

---

ihr zugehörige Strahl, und denkt man sich den Strahl r in jener sphärischen Figur durch einen *Punkt* r dargestellt,

(𝔊.) *so wird dieser Punkt r auf nh liegen, falls die Welle eine* **gewöhnliche** *ist, hingegen auf ng, falls sie eine* **ungewöhnliche** *ist.*

Hier mag hinzugefügt werden, was *Neumann* nicht in der vorliegenden Abhandlung, wohl aber in seinen Vorlesungen [*Dorn*'sche Edition, Seite 195] bewiesen hat, dass nämlich die die Punkte n und r verbindende Linie nr im ersteren Fall geradezu auf nh liegt, dass sie hingegen im letzteren Fall *nicht* auf ng, sondern vielmehr auf der über n hinaus fortgeführten *Verlängerung* der Linie ng gelegen ist. Man kann also sagen:

(𝔋.) *Um auf der Kugelfläche von n nach r zu gelangen, hat man, wenn die Welle eine* **gewöhnliche** *ist, von n aus in der Richtung nh fortzuschreiten. Hingegen wird man, um von n nach r zu gelangen, wenn die gegebene Welle eine* **ungewöhnliche** *ist, von n aus fortschreiten müssen in der zur Richtung ng* **entgegengesetzten Richtung.**

Dieses geometrische Bild ist allerdings zunächst nur für den Fall entworfen, dass die Punkte A, A', n einander *sehr nahe* liegen. Nach dem Princip der Continuität überträgt sich aber dieses Bild mit Leichtigkeit auf *beliebige* Lagen der Punkte A, A', n; immer vorausgesetzt, dass der Winkelabstand der beiden Punkte A, A' kleiner als 90° bleibt. — Die Sätze (𝔊.), (𝔋.) werden z. B. weiterhin in § 18, Fig. 13 erforderlich sein zur näheren Bestimmung der Lagen der dortigen Strahlen o und e. — *C. N.*

Wenn man hierin $\beta = 0$ setzt und zugleich α und γ so bestimmt, dass $v = \nu$ wird, so wird der Werth von $y = \frac{0}{0}$, und man muss schliessen, weil β und $v - \nu$ von einander unabhängig $= 0$ werden, dass y keinen bestimmten, sondern sehr viele Werthe hat, nämlich alle diejenigen Werthe, welche der ersten und dritten der Gleichungen (19.) genügen. Durch diese beiden Gleichungen wird aber eine Curve bestimmt, und es gehören also alle Strahlen, welche vom Mittelpunkt der Coordinaten nach dieser Curve gezogen sind, zu einer und derselben Wellenebene, nämlich derjenigen, für welche $\beta = 0$ und $v = \nu$; *zu dieser Wellenebene gehört also nicht ein Strahlenpaar, sondern ein Strahlenkegel.* Diese Wellenebene, für welche $\beta = 0$ und $v = \nu$, ist parallel mit dem Kreisschnitt der Elasticitätsfläche. Man erhält die ihr angehörigen Werthe von α und γ, wenn in (2.) $\beta = 0$ gesetzt wird, wodurch man erhält:

$$(19a.)\qquad \frac{\alpha^2}{v^2 - \mu^2} + \frac{\gamma^2}{v^2 - \pi^2} = 0,$$

und hierin α und γ so bestimmt werden, dass $v = \nu$ ist. Man findet:

$$(20.)\qquad \alpha = \sqrt{\frac{\nu^2 - \mu^2}{\pi^2 - \mu^2}}, \qquad \gamma = \sqrt{\frac{\pi^2 - \nu^2}{\pi^2 - \mu^2}}.$$

Setzt man diese Werthe in die erste und dritte der Gleichungen (19.) und den Werth für $r^2 = x^2 + y^2 + z^2$, so ist:

$$(21.)\qquad \begin{aligned} x &= (x^2 + y^2 + z^2 - \mu^2)\frac{\nu}{\sqrt{(\pi^2 - \mu^2)(\nu^2 - \mu^2)}}, \\ z &= -(x^2 + y^2 + z^2 - \pi^2)\frac{\nu}{\sqrt{(\pi^2 - \mu^2)(\pi^2 - \nu^2)}}, \end{aligned}$$

woraus sich ergiebt, dass die Curve ein *Kreis* ist. Die Ebene dieses Kreises steht senkrecht auf der Coordinatenebene $y = 0$, sein Mittelpunkt liegt in dieser Ebene, und nennt man die Coordinaten der beiden Durchschnittspunkte der Coordinatenebene $y = 0$ mit dem Kreise: x', z' und x'', z'', so ist:

$$(21a.)\qquad \begin{aligned} x' &= \nu\sqrt{\frac{\nu^2 - \mu^2}{\pi^2 - \mu^2}}, \qquad x'' = \frac{\pi^2}{\nu}\sqrt{\frac{\nu^2 - \mu^2}{\pi^2 - \mu^2}}, \\ z' &= \nu\sqrt{\frac{\pi^2 - \nu^2}{\pi^2 - \mu^2}}, \qquad z'' = \frac{\mu^2}{\nu}\sqrt{\frac{\pi^2 - \nu^2}{\pi^2 - \mu^2}}. \end{aligned}$$

Der Durchmesser des Kreises ist also:

$$(21b.)\qquad \sqrt{(x' - x'')^2 + (z' - z'')^2} = \frac{1}{\nu}\sqrt{(\pi^2 - \nu^2)(\nu^2 - \mu^2)} = 2R.$$

Die vom Mittelpunkt der Coordinaten nach dem Durchschnittspunkt (x', y', z') gezogene Linie steht senkrecht auf demjenigen Durchmesser des Kreises, der von diesem Durchschnittspunkt nach dem Durchschnittspunkt (x'', y'', z'') gezogen wird, und ist also auch senkrecht auf der Ebene des Kreises. Aus der

Vergleichung mit (20.) ergiebt sich, dass diese vom Mittelpunkt nach (x', y', z') gezogene Linie zugleich die Normale der dem Strahlenkegel zugehörigen Wellenebene ist, d. i. die *optische Axe.*

Die Entfernung des Durchschnittspunktes (x', y', z') vom Mittelpunkt ist $= v$. Man kann hieraus also den Strahlenkegel construiren, welcher zu der dem Kreisschnitt der Elasticitätsfläche parallelen Wellenebene gehört. Benennt man die durch α und γ in (20.) bestimmte Neigung gegen die Axe π mit n, wo also n die halbe Neigung der optischen Axen ist, so ist:

$$\sin n = \sqrt{\frac{v^2 - \mu^2}{\pi^2 - \mu^2}}, \qquad \cos n = \sqrt{\frac{\pi^2 - v^2}{\pi^2 - \mu^2}}. \tag{22.}$$

Führt man diesen Winkel in den Ausdruck für den Durchmesser ein, so erhält man:

$$2R = \frac{1}{v}\left(\frac{\pi^2 - \mu^2}{2}\right) \sin 2n.$$

Legt man durch die optische Axe eine Ebene mit der Neigung ω gegen die Ebene durch die beiden optischen Axen, so ist die Sehne, welche in dem Kreise (21.) durch diese Ebene abgeschnitten wird, $\frac{\pi^2 - \mu^2}{2v} \sin 2n \cos \omega$*), und also, wenn die Neigung der Kante des Kegels in dieser Ebene gegen die optische Axe durch q bezeichnet wird:

$$\operatorname{tang} q = \frac{\pi^2 - \mu^2}{2v^2} \sin 2n \cos \omega. \tag{23.}$$

Dies ist die einfachste Form der Gleichung des Strahlenkegels.

Setzt man in (19.) $y = 0$ und $r = v$, d. h. nimmt man an, der Strahl bewege sich in der Richtung der Normale eines Kreisschnittes des *Ellipsoids,* wodurch *Fresnel* die Geschwindigkeiten der Strahlen construirt hat, so wird $\beta = \frac{0}{0}$, was man auch hier so auszulegen hat, dass β alle möglichen Werthe haben kann, wenn nur der ersten und dritten der Gleichungen (19.) Genüge geschieht. Wenn $y = 0$ und $r = v$ ist, so findet man**):

$$x = \pi \sqrt{\frac{v^2 - \mu^2}{\pi^2 - \mu^2}} = v \sqrt{\frac{\frac{1}{\mu^2} - \frac{1}{v^2}}{\frac{1}{\mu^2} - \frac{1}{\pi^2}}} \quad \text{und} \quad z = \mu \sqrt{\frac{\pi^2 - v^2}{\pi^2 - \mu^2}} = v \sqrt{\frac{\frac{1}{v^2} - \frac{1}{\pi^2}}{\frac{1}{\mu^2} - \frac{1}{\pi^2}}}. \tag{24.}$$

*) d. i. $= 2R \cos \omega$. — *C. N.*

**) Die hier nur in aller Kürze angedeuteten Betrachtungen sind völlig analog mit den früheren Betrachtungen auf Seite 467, 468. Ebenso wie dort, nämlich in (19a.), Gebrauch gemacht wurde von der allgemeinen für v geltenden Gleichung (2.) Seite 458: $\frac{\alpha^2}{v^2 - \mu^2} + \cdots = 0$, — in ganz entsprechender Weise wird hier Gebrauch zu machen sein von der allgemeinen für r geltenden Gleichung, d. i. von der in der Note Seite 464 angegebenen Gleichung der Wellenoberfläche: $\frac{\mu^2 x^2}{r^2 - \mu^2} + \cdots = 0$. — *A. W.*

Substituirt man in der ersten und dritten der Gleichungen (19.) diese Werthe für x, z und r, und setzt man zugleich $\alpha v = x'$, $\beta v = y'$, $\gamma v = z'$, wo also x', y', z' die Coordinaten des Durchschnittspunktes sind, der zum Strahle $y = 0$ und $r = v$ gehörigen Wellenebene mit ihrem vom Mittelpunkt auf sie gefällten Perpendikel, so erhält man:

$$(25.) \qquad x' = \frac{\pi(v^2 - \mu^2)}{\sqrt{(v^2 - \mu^2)(\pi^2 - \mu^2)}}, \qquad z' = -\frac{\mu(v^2 - \pi^2)}{\sqrt{(\pi^2 - v^2)(\pi^2 - \mu^2)}},$$

wo $v^2 = x'^2 + y'^2 + z'^2$ ist. Die durch diese Gleichungen bestimmte Curve ist ein Kreis, dessen Ebene parallel ist mit der Axe y und dessen Mittelpunkt in der Ebene (x, z). Es seien die Coordinaten der Durchschnittspunkte dieser Ebene mit dem Kreise x'', z'' und x''', z''', so ist*):

$$(26.) \qquad \begin{aligned} x'' &= \frac{\mu^2\pi\sqrt{(v^2 - \mu^2)(\pi^2 - \mu^2)}}{\mu^2(v^2 - \mu^2) + \pi^2(\pi^2 - v^2)}, \qquad & x''' &= \pi\sqrt{\frac{v^2 - \mu^2}{\pi^2 - \mu^2}}, \\ z'' &= \frac{\pi^2\mu\sqrt{(\pi^2 - v^2)(\pi^2 - \mu^2)}}{\mu^2(v^2 - \mu^2) + \pi^2(\pi^2 - v^2)}, \qquad & z''' &= \mu\sqrt{\frac{\pi^2 - v^2}{\pi^2 - \mu^2}}. \end{aligned}$$

Man erhält hieraus den Durchmesser des Kreises:

$$(26\text{a.}) \qquad 2R = \sqrt{(x'' - x''')^2 + (z'' - z''')^2} = \sqrt{\frac{(\pi^2 - v^2)(v^2 - \mu^2)}{\pi^2 + \mu^2 - v^2}}.$$

Die vom Mittelpunkt der Coordinaten nach (x'', y'', z'') gezogene Linie steht senkrecht auf dem Durchmesser zwischen (x'', y'', z'') und (x''', y''', z''') und ihre Länge ist: $\frac{\mu\pi}{\sqrt{\mu^2 + \pi^2 - v^2}}$; die vom Mittelpunkte der Coordinaten nach (x''', y''', z''') gezogene Linie fällt zusammen mit der Normale des Kreisschnittes des *Fresnel*schen Ellipsoids, und ihre Länge ist $= v$. *Die vom Mittelpunkt der Coordinaten nach der Peripherie des (dem Gesagten zufolge) leicht zu construirenden Kreises gezogenen Linien bilden einen elliptischen Kegel, welcher der Ort der Normalen der Wellenebenen ist, welche zu dem Strahl senkrecht auf dem Kreisschnitt des Ellipsoids gehören.* Beziehen wir diesen Kegel auf ein ähnliches Coordinatensystem, wie vorher den Kegel (23.). Es sei (q) die Neigung einer Kante dieses Kegels gegen die vom Mittelpunkt nach (x'', y'', z'') gehende Kante und ω der Winkel, unter welchem die durch diese zwei Kanten gelegte Ebene gegen die Ebene der beiden optischen Axen geneigt ist, so ist:

$$(26\text{b.}) \qquad \operatorname{tang}(q) = \cos\omega\sqrt{\frac{(\pi^2 - v^2)(v^2 - \mu^2)}{\pi^2\mu^2}} = v^2\cos\omega\sqrt{\left(\frac{1}{v^2} - \frac{1}{\pi^2}\right)\left(\frac{1}{\mu^2} - \frac{1}{v^2}\right)}.$$

*) Kaum bedarf es der Bemerkung, dass hier, in (26.) bis (30.a), die Buchstaben x'', y'', z'' in ganz anderer Bedeutung gebraucht sind, als vorhin in (21a.), ff. Was übrigens die in (26.) für x'', z'' angegebenen Ausdrücke anbelangt, so ist zu beachten, dass der gemeinschaftliche Nenner dieser Ausdrücke in zwei Factoren zerlegbar ist. Es ist nämlich identisch:

$$\mu^2(v^2 - \mu^2) + \pi^2(\pi^2 - v^2) = (\pi^2 - \mu^2)(\pi^2 + \mu^2 - v^2). \text{ — } C. N.$$

Benennt man die Winkel, unter welchen die vom Mittelpunkte nach (x''', y''', z''') gehende Kante gegen die Axe π geneigt ist, mit (n), wo also $2(n)$ die Neigung der Normalen der Kreisschnitte des Ellipsoids ist, so ist, wie aus (24.) erhellt:

$$\text{(27.)} \qquad \sin(n) = \sqrt{\frac{\frac{1}{\mu^2} - \frac{1}{\nu^2}}{\frac{1}{\mu^2} - \frac{1}{\pi^2}}}, \qquad \cos(n) = \sqrt{\frac{\frac{1}{\nu^2} - \frac{1}{\pi^2}}{\frac{1}{\mu^2} - \frac{1}{\pi^2}}}.$$

Dies in tang (q) substituirt, giebt:

$$\text{(28.)} \qquad \operatorname{tang}(q) = \nu^2 \left(\frac{\frac{1}{\mu^2} - \frac{1}{\pi^2}}{2} \right) \sin 2(n) \cos\omega.$$

Die verschiedenen Brechungscoefficienten des längs der Normale des Kreisschnittes des Ellipsoids sich bewegenden Strahls stellen die in 1 dividirten Linien vor, welche vom Mittelpunkte nach der Peripherie des Kreises (25.) gezogen sind, d. i. $\frac{1}{v}$. Man findet*):

$$\text{(29a.)} \qquad v^2 = \frac{\pi^2\mu^2}{\pi^2 + \mu^2 - \nu^2} + \frac{(\pi^2 - \nu^2)(\nu^2 - \mu^2)}{\pi^2 + \mu^2 - \nu^2} \cos^2\omega;$$

wofür man übrigens auch schreiben kann:

$$\text{(29b.)} \qquad v^2 = \nu^2 - \frac{(\pi^2 - \nu^2)(\nu^2 - \mu^2)}{\pi^2 + \mu^2 - \nu^2} \sin^2\omega;$$

und dieser Formel kann man, mit Rücksicht auf (22.), auch folgende Gestalt geben:

$$\text{(29c.)} \qquad v^2 = \nu^2 - \frac{(\pi^2 - \mu^2)^2}{\pi^2 + \mu^2 - \nu^2} \sin^2 n \cos^2 n \sin^2\omega.$$

---

*) An Stelle der Formeln (29 a, b, c.) findet sich im Original folgende jedenfalls *fehlerhafte* Formel:

$$[(29.)] \qquad v^2 = \nu^2 + \left(\frac{\pi^2 - \mu^2}{\pi^2}\right) \sin^2 n \cos^2 n \cos^2\omega.$$

Dieselbe dürfte herrühren von einer augenblicklichen Verwechselung des hier betrachteten *Wellennormalenkegels* mit dem früher, auf Seite 469, untersuchten *Strahlenkegel*. Für diesen letzteren nämlich erhält man (was hier nicht weiter ausgeführt werden soll) folgende Gleichung:

$$\text{(w.)} \qquad r^2 = \nu^2 + \frac{(\pi^2 - \nu^2)(\nu^2 - \mu^2)}{\nu^2} \cos^2\omega = \nu^2 + \frac{(\pi^2 - \mu^2)^2}{\nu^2} \sin^2 n \cos^2 n \cos^2\omega, -$$

ein Ausdruck, der dem Ausdrucke [(29)] sehr ähnlich ist.

Was die oben im Text angegebenen Formeln (29 a, b, c.) betrifft, so kann man zu ihrer Ableitung folgenden einfachen geometrischen Weg einschlagen: Es sei gegeben ein bei P'' rechtwinkliges Dreieck $OP''P'''$, und es sei um $P''P'''$, als Durchmesser, ein Kreis beschrieben, *in einer gegen OP'' senkrechten Ebene*; so dass also durch diesen Kreis und den Punkt O ein gewisser *Kegel* sich bestimmt. Dieser Kegel wird offenbar identisch sein mit dem hier zu betrachtenden *Wellennormalenkegel*, falls man nur P'', P''' und O als die Punkte (x'', y'', z''), (x''', y''', z''') und als den Anfangspunkt des Coordinatensystems sich denkt.

Man ziehe nun in jenem Kreise, von P'' aus, irgend eine Sehne $P''P'$, die unter dem Winkel ω gegen den Durchmesser $P''P''' = 2R$ geneigt sein mag. Alsdann ist [vgl. (26 a.)]:

Hieraus ersieht man, dass die Brechungscoefficienten bis auf die zweite Potenz des Unterschieds der grössten und kleinsten Elasticitätsaxe constant sind. Die Herleitung der Gleichung (29a.) geschieht am einfachsten auf folgende Weise. Man erhält aus (25.)

$$(30.)\qquad -\frac{x'}{z'} = \frac{\pi}{\mu}\left(\frac{\nu^2-\mu^2}{\nu^2-\pi^2}\right)\sqrt{\frac{\pi^2-\nu^2}{\nu^2-\mu^2}} = \frac{\pi}{\mu}\left(\frac{\nu^2-\mu^2}{\nu^2-\pi^2}\right)\operatorname{cotg} n.$$

Legt man durch die Kante des Kegels, welche durch (28.) bestimmt ist, eine Ebene senkrecht auf der Ebene der beiden optischen Axen und nennt den Winkel, den die Durchschnittslinie beider Ebenen bildet mit der Linie, welche von dem Mittelpunkt der Coordinaten nach x'', z'' in (26.) gezogen ist, α, und setzt man ferner $\frac{x''}{z''} = \operatorname{tang} p$, wo x'' und z'' die in (26.) bestimmten Werthe haben, so erhält man für $\frac{x'}{z'}$ in (30.) noch einen Ausdruck, nämlich:

$$(30a.)\qquad \frac{x'}{z'} = \operatorname{tang}(p+\alpha).$$

Man hat aus (26.) $\operatorname{tang} p = \frac{\mu}{\pi}\operatorname{tang} n$, wo n die halbe Neigung der optischen Axen; ausserdem hat man $\operatorname{tang}\alpha = \cos\omega \operatorname{tang}(q)$, wo für $\operatorname{tang}(q)$ sein Werth aus (28.) zu setzen ist, und wo ω dieselbe Bedeutung wie in (28.) hat. Setzt man diese Werthe für p, α und (q) in $\operatorname{tang}(p+\alpha)$ und den sich ergebenden Ausdruck statt $\frac{x'}{z'}$ in (30.), so findet man den in (29a.) angegebenen Ausdruck.

Indem man die Lage der Wellenebenen auf die optischen Axen bezieht, statt sie auf die Elasticitätsaxen zu beziehen, erhält man für mehrere der obigen Formeln sehr einfache Ausdrücke, die, da sie im Folgenden von Nutzen sein werden, ich hier angeben werde. Wenn u und u' die Winkel sind, welche die Normale der Wellenebene mit den beiden *optischen Axen* bildet,

---

$$(\mathfrak{A}.)\qquad (P''P')^2 = (2R\cos\omega)^2 = \frac{(\pi^2-\nu^2)(\nu^2-\mu^2)}{\pi^2+\mu^2-\nu^2}\cos^2\omega.$$

Auch ist [vgl. die dritte Zeile hinter (26a.)]:

$$(\mathfrak{B}.)\qquad (OP'')^2 = \frac{\pi^2\mu^2}{\pi^2+\mu^2-\nu^2}.$$

Betrachtet man jetzt die von O aus nach P' gehende Kegelkante $OP' = v$, so ergiebt sich [aus dem bei P'' rechtwinkligen Dreieck $OP''P'$] sofort:

$$(\mathfrak{C}.)\qquad v^2 = (OP')^2 = (OP'')^2 + (P''P')^2,$$

also, falls man die Werthe $(\mathfrak{A}.)$, $(\mathfrak{B}.)$ substituirt:

$$(\mathfrak{D}.)\qquad v^2 = \frac{\pi^2\mu^2}{\pi^2+\mu^2-\nu^2} + \frac{(\pi^2-\nu^2)(\nu^2-\mu^2)}{\pi^2+\mu^2-\nu^2}\cos^2\omega;$$

und dies ist jene in (29a.) angegebene Gleichung. — *A. W.*

d. h. den Normalen der Kreisschnitte der Elasticitätsfläche, während wie oben α, β, γ die Cosinus der Neigung der Wellennormale gegen die Axen x, y, z bedeuten, so ist*):

$$(30\text{b.})\qquad \begin{aligned} \alpha &= \sin\left(\frac{u+u'}{2}\right)\sin\left(\frac{u-u'}{2}\right)\sqrt{\frac{\pi^2-\mu^2}{\nu^2-\mu^2}}\,, \\ \gamma &= \cos\left(\frac{u+u'}{2}\right)\cos\left(\frac{u-u'}{2}\right)\sqrt{\frac{\pi^2-\mu^2}{\pi^2-\nu^2}}\,. \end{aligned}$$

Man hat nach (5.): $o^2 = \mu^2 + (\pi^2-\mu^2)\sin^2\left(\frac{u'-u}{2}\right)$ und hieraus also:

$$\begin{aligned} o^2-\mu^2 &= (\pi^2-\mu^2)\sin^2\left(\frac{u-u'}{2}\right), \\ o^2-\nu^2 &= (\mu^2-\nu^2)+(\pi^2-\mu^2)\sin^2\left(\frac{u-u'}{2}\right) = (\pi^2-\nu^2)-(\pi^2-\mu^2)\cos^2\left(\frac{u-u'}{2}\right); \\ o^2-\pi^2 &= \qquad\qquad -(\pi^2-\mu^2)\cos^2\left(\frac{u-u'}{2}\right). \end{aligned}$$

Setzt man diese Werthe in den Ausdruck für O^2 in (4a.), nämlich in:

$$O^2 = \left(\frac{\alpha}{o^2-\mu^2}\right)^2 + \left(\frac{\beta}{o^2-\nu^2}\right)^2 + \left(\frac{\gamma}{o^2-\pi^2}\right)^2,$$

so erhält man, wenn man mit $(\pi^2-\mu^2)^2$ die Gleichung multiplicirt:

$$(\pi^2-\mu^2)^2 O^2 = \frac{\sin^2\left(\frac{u+u'}{2}\right)}{\sin^2\left(\frac{u-u'}{2}\right)}\,\frac{\pi^2-\mu^2}{\nu^2-\mu^2}$$

$$+\frac{1-\sin^2\left(\frac{u+u'}{2}\right)\sin^2\left(\frac{u-u'}{2}\right)\frac{\pi^2-\mu^2}{\nu^2-\mu^2}-\cos^2\left(\frac{u+u'}{2}\right)\cos^2\left(\frac{u-u'}{2}\right)\frac{\pi^2-\mu^2}{\pi^2-\nu^2}}{\left(\frac{o^2-\nu^2}{\pi^2-\mu^2}\right)^2} + \frac{\cos^2\left(\frac{u+u'}{2}\right)}{\cos^2\left(\frac{u-u'}{2}\right)}\,\frac{\pi^2-\mu^2}{\pi^2-\nu^2}.$$

Bringt man den zweiten Theil dieser Gleichung unter gleichen Nenner, so aber, dass man das erste Glied multiplicirt mit dem Quadrat von

*) Bei den obigen Formeln (30b.) bedarf es hinsichtlich der Winkel u, u' einer genaueren Determination. Sind A und A' die optischen Axen, an welche respective u und u' sich anlehnen, so werden jene Formeln (30b.) z. B. richtig sein, wenn A' *zwischen* den Richtungen x und z liegt, und wenn überdies unter A diejenige Richtung verstanden wird, welche mit A' in Bezug auf z symmetrisch ist. — Wollte man A und A' mit einander vertauschen, so würden alsdann in jenen Formeln (30b.) die linken Seiten α, γ zu ersetzen sein durch $-\alpha$, $+\gamma$.

Die Richtungen x, y, z sind die Hauptaxen μ, ν, π der Fresnel'schen Elasticitätsfläche. In der Regel wird z oder π vertical *nach Oben* gehend und x oder μ horizontal *nach Rechts* laufend zu denken sein. Und demgemäss ist alsdann in jenen Formeln (30b.) die Axe A' in der Verticalebene zx oder $\pi\mu$ schräg emporlaufend zu denken *nach Rechts Oben*. In der That liegt diese geometrische Vorstellung allen Paragraphen der *Neumann*'schen Abhandlung zu Grunde, mit *alleiniger Ausnahme des* § 18. In diesem § 18 hat man sich nämlich die Axe A' schräg emporlaufend zu denken *nach Links Oben*. Es ist das, wenn man will, eine kleine Discontinuität in der Abhandlung. Die Redaction hat sich aber nicht für befugt erachtet, in dieser Beziehung eine Abänderung vorzunehmen. — *C. N.*

$\frac{o^2-\nu^2}{\pi^2-\mu^2} = \frac{\mu^2-\nu^2}{\pi^2-\mu^2} + \sin^2\left(\frac{u-u'}{2}\right)$ und das dritte mit dem Quadrat von $\frac{o^2-\nu^2}{\pi^2-\mu^2} = \frac{\pi^2-\nu^2}{\pi^2-\mu^2} - \cos^2\left(\frac{u-u'}{2}\right)$, so erhält man nach einigen Reductionen:

$$O^2(\pi^2-\mu^2)^2 =$$

$$\frac{(\pi^2-\nu^2)\cos^2\left(\frac{u+u'}{2}\right)\sin^2\left(\frac{u-u'}{2}\right)+(\nu^2-\mu^2)\sin^2\left(\frac{u+u'}{2}\right)\cos^2\left(\frac{u-u'}{2}\right)+(\mu^2-\pi^2)\sin^2\left(\frac{u-u'}{2}\right)\cos^2\left(\frac{u-u'}{2}\right)}{(\pi^2-\mu^2)\sin^2\left(\frac{u-u'}{2}\right)\cos^2\left(\frac{u-u'}{2}\right)\left[\frac{\mu^2-\nu^2}{\pi^2-\mu^2}+\sin^2\left(\frac{u-u'}{2}\right)\right]^2}.$$

Der Zähler dieses Bruchs löst sich in folgende zwei Factoren auf:

$$\left[\sin^2\left(\frac{u-u'}{2}\right)-\sin^2\left(\frac{u+u'}{2}\right)\right]\left[(\mu^2-\nu^2)+(\pi^2-\mu^2)\sin^2\left(\frac{u-u'}{2}\right)\right];$$

und man erhält also:

$$O^2(\pi^2-\mu^2)^2 = \frac{4\left[\sin^2\left(\frac{u-u'}{2}\right)-\sin^2\left(\frac{u+u'}{2}\right)\right]}{\sin^2(u-u')\left[\frac{\mu^2-\nu^2}{\pi^2-\mu^2}+\sin^2\left(\frac{u-u'}{2}\right)\right]}$$

oder

$$(31.)\qquad \frac{1}{O^2} = \left(\frac{\pi^2-\mu^2}{2}\right)^2\sin^2(u-u')\left\{\frac{\frac{\nu^2-\mu^2}{\pi^2-\mu^2}-\sin^2\left(\frac{u-u'}{2}\right)}{\sin u\sin u'}\right\}.$$

Durch eine ähnliche Rechnung, wenn statt o gesetzt wird e und hierfür sein Werth aus (5.), findet man:

$$(32.)\qquad \frac{1}{E^2} = \left(\frac{\pi^2-\mu^2}{2}\right)^2\sin^2(u+u')\left\{\frac{\sin^2\left(\frac{u'+u}{2}\right)-\frac{\nu^2-\mu^2}{\pi^2-\mu^2}}{\sin u\sin u'}\right\}.$$

Die in { } eingeschlossenen Grössen in (31.) und (32.) haben eine einfache geometrische Bedeutung. Betrachtet man nämlich die dreiseitige Pyramide, deren Kanten die beiden optischen Axen und die Normale der Wellenebene sind, und nennt den Winkel, den die beiden optischen Axen mit einander bilden, $2n$, und den Winkel, unter dem die beiden Seitenebenen, welche sich in der Wellennormale schneiden, gegen einander geneigt sind, $2j$, so hat man:

$$\cos 2n = \cos u\cos u' + \sin u\sin u'\cos 2j,$$

und wenn man bedenkt, dass nach (22.)

$$\cos^2 n = \frac{\pi^2-\nu^2}{\pi^2-\mu^2} \quad\text{und}\quad \sin^2 n = \frac{\nu^2-\mu^2}{\pi^2-\mu^2}$$

ist, so zieht man hieraus:

$$(33.)\qquad \sin^2 j = \frac{\frac{\nu^2-\mu^2}{\pi^2-\mu^2}-\sin^2\left(\frac{u-u'}{2}\right)}{\sin u\sin u'},\qquad \cos^2 j = \frac{\sin^2\left(\frac{u+u'}{2}\right)-\frac{\nu^2-\mu^2}{\pi^2-\mu^2}}{\sin u\sin u'}.$$

Diese Werthe in (31.) und (32.) gesetzt, geben also:

$$\frac{1}{O} = \pm \frac{\pi^2 - \mu^2}{2} \sin(u - u') \sin j, \tag{34.}$$

$$\frac{1}{E} = \pm \frac{\pi^2 - \mu^2}{2} \sin(u + u') \cos j. \tag{35.}$$

Ich werde im Folgenden den Winkel j für eine *ungewöhnliche* Wellenebene mit k bezeichnen, und nur für eine *gewöhnliche* Wellenebene den Buchstaben j beibehalten*).

§ 16.

Entwicklung der Grundgleichungen über die Geschwindigkeiten in den reflectirten und gebrochenen Strahlen. Zurückführung auf Gleichungen vom ersten Grade.

Es soll die Gleichung, welche aus dem Princip der Erhaltung der lebendigen Kräfte sich ergiebt, gesucht werden. Wir nehmen die Betrachtungen wieder auf, die uns zu dem Verhältniss der entsprechenden Volumina der einfallenden Wellenebene und der gebrochenen bei den einaxigen Krystallen in § 5 geführt haben, und bedienen uns auch derselben Bezeichnung. Es ist also [vgl. Seite 387] $Z = \mathfrak{A} H \cos\varphi$ das Volumen der einfallenden Wellenebene, und die Volumina der gebrochenen Wellenebenen sind: $Z' = \frac{H \sin\varphi' W'}{\sin\varphi}$ und $Z'' = \frac{H \sin\varphi'' W''}{\sin\varphi}$.

Wir finden aus (4.) § 5 Seite 385 für die gewöhnliche Wellenebene:

$$W' = \mathfrak{A}\{\cos\varphi' - \sin\varphi' \operatorname{tang} q' \cos\psi'\}, \tag{1.}$$

wo q' die Neigung des Strahls gegen die Normale der Wellenebene und ψ' den Winkel bezeichnet, unter welchem die durch die Normale der gewöhnlichen Wellenebene und ihren Strahl gelegte Ebene gegen die Einfallsebene geneigt ist. *Dieser Winkel ψ' ist so gerechnet, dass, wenn man die drei Linien, nämlich die beiden Normalen N und n der brechenden Ebene und der Wellenebene und den Strahl S durch den Mittelpunkt einer Kugel legt, in dem sphärischen Dreieck ihrer Durchschnitte mit dieser Kugel NnS die Seite NS dem Winkel $180^0 - \psi'$ gegenübersteht, oder was auf dasselbe hinauskommt, dass $\psi' = 0$ wird, wenn der Strahl in der Einfallsebene liegt und die Neigung von S gegen N grösser ist, als von n gegen N.***)

Es ist leicht, die Werthe für $\operatorname{tang} q'$ und $\cos\psi'$ aus den angegebenen Formeln zu finden. Man hat:

$$\cos q' = \frac{\alpha' x_0 + \beta' y_0 + \gamma' z_0}{r_0}.$$

*) Auch werden im Folgenden die Buchstaben u, u' für eine *ungewöhnliche* Wellenebene durch v, v' ersetzt werden [vgl. z. B. die Figur 10 Seite 481], und nur beibehalten werden für den Fall einer *gewöhnlichen* Wellenebene. — *C. N.*

**) Vgl. die Note auf Seite 386. — *C. N.*

Setzt man hierin die Werthe für x_0, y_0, z_0 und r_0 aus (9.), (10) § 15, so findet man:

$$\cos q' = \left(\frac{o}{r_0}\right) \frac{o}{\sqrt{o^2 + \frac{1}{O^2 o^2}}}$$

und also:

(2.) $$\operatorname{tang} q' = \frac{1}{O o^2}\cdot$$

In dem eben erwähnten Dreieck NnS ist die Seite $Nn = \varphi'$ und $nS = q$; die dritte Seite NS ist die Neigung des Strahls gegen die Normale der brechenden Ebene. Es ist also:

$$\cos NS = \frac{Ax_0 + By_0 + Cz_0}{r_0},$$

wenn A, B, C die Cosinus der Winkel sind, unter welchen die Normale N der brechenden Ebene gegen die Elasticitätsaxen geneigt ist. Hierin aus (9.), (10.) § 15 die Werthe für x_0, y_0, z_0 und r_0 gesetzt, erhält man:

$$\cos NS = \frac{o \cos\varphi' + \frac{1}{O^2 o}\left\{\frac{A\alpha'}{o^2-\mu^2} + \frac{B\beta'}{o^2-\nu^2} + \frac{C\gamma'}{o^2-\pi^2}\right\}}{\sqrt{o^2 + \frac{1}{o^2 O^2}}}.$$

Endlich hat man für den der Seite NS gegenüberstehenden Winkel $180^0 - \psi'$:

$$-\cos\psi' = \frac{\cos NS - \cos\varphi' \cos q'}{\sin\varphi' \sin q'}$$

und hieraus, wenn für $\cos NS$ und $\cos q'$ und $\sin q'$ ihre Werthe gesetzt werden:

(3.) $$-\sin\varphi' \cos\psi' = \frac{1}{O}\left\{\frac{A\alpha'}{o^2-\mu^2} + \frac{B\beta'}{o^2-\nu^2} + \frac{C\gamma'}{o^2-\pi^2}\right\}\cdot$$

Ebenso giebt uns die Betrachtung in § 5 für die ungewöhnliche Wellenebene:

(4.) $$W'' = \mathfrak{A}\{\cos\varphi'' - \sin\varphi'' \operatorname{tang} q'' \cos\psi''\},$$

wo q'' und ψ'' dieselbe Bedeutung für diese Wellenebene haben als q' und ψ' für die gewöhnliche. Wir finden ganz ähnlich hier:

(5.) $$\operatorname{tang} q'' = \frac{1}{E e^2}$$

und

(6.) $$-\sin\varphi'' \cos\psi'' = \frac{1}{E}\left\{\frac{A\alpha''}{e^2-\mu^2} + \frac{B\beta''}{e^2-\nu^2} + \frac{C\gamma''}{e^2-\pi^2}\right\},$$

wo ich der Gleichförmigkeit der Bezeichnung wegen die Cosinus der Winkel, welche die Normale der Wellenebene mit den Elasticitätsaxen bildet, durch α'', β'' und γ'' bezeichnet habe.

Ich werde statt der Winkel ψ' und ψ'' andere einführen, nämlich diejenigen, unter welchen die Richtungen der Bewegung in der gewöhnlichen Wellenebene und in der ungewöhnlichen geneigt sind gegen die Einfallsebene. Diese Winkel sollen

x' und x'' heissen. Da aber gefunden wurde, dass die Strahlen senkrecht auf den Richtungen ihrer Bewegung stehen, so ist:

$$x' = 90^0 + \psi', \qquad x'' = 90^0 + \psi'', \tag{6a.}$$

wobei man bemerken muss, dass x' und x'' in demselben Sinne gezählt werden, wie ψ' und ψ'' *). Demnach hat man also [aus (3.) und (6.)]:

$$\text{(7.)} \quad \begin{aligned} \cos\psi' \sin\varphi' &= \sin x' \sin\varphi' = -\frac{1}{O}\left(\frac{A\alpha'}{o^2-\mu^2} + \frac{B\beta'}{o^2-\nu^2} + \frac{C\gamma'}{o^2-\pi^2}\right), \\ \cos\psi'' \sin\varphi'' &= \sin x'' \sin\varphi'' = -\frac{1}{E}\left(\frac{A\alpha''}{e^2-\mu^2} + \frac{B\beta''}{e^2-\nu^2} + \frac{C\gamma''}{e^2-\pi^2}\right). \end{aligned}$$

Was nun die zu Anfang dieses Paragraphs genannten Volumina Z, Z', Z'' anbelangt, so ist $Z = \mathfrak{A}H\cos\varphi$. Andererseits aber werden die dort für Z' und Z'' angegebenen Werthe, durch Substitution der Ausdrücke (1.) und (4.) und mit Rücksicht auf (6a.), folgende Gestalt erhalten:

$$Z' = \frac{\mathfrak{A}H}{\sin\varphi}\{\sin\varphi' \cos\varphi' - \sin x' \sin^2\varphi' \operatorname{tang} q'\},$$

$$Z'' = \frac{\mathfrak{A}H}{\sin\varphi}\{\sin\varphi'' \cos\varphi'' - \sin x'' \sin^2\varphi'' \operatorname{tang} q''\}.$$

Die Gleichung der lebendigen Kräfte wird also folgende:

$$\text{(8.)} \quad \begin{aligned} &\{P^2 + S^2 - R_p^2 - R_s^2\}\sin\varphi\cos\varphi \\ &= D'^2(\sin\varphi'\cos\varphi' - \sin x'\sin^2\varphi'\operatorname{tang} q') + D''^2(\sin\varphi''\cos\varphi'' - \sin x''\sin^2\varphi''\operatorname{tang} q''), \end{aligned}$$

wo P, S, R_p, R_s dieselbe Bedeutung wie oben haben, und D' und D'' die Geschwindigkeiten in der gewöhnlichen und ungewöhnlichen Welle vorstellen.

Um die Gleichungen zu bilden, welche sich aus dem Princip der Gleichheit der Componenten ergeben, werde ich die Geschwindigkeiten D' und D''

---

*) Ebenso wie vorhin [zwischen (1.) und (2.)], denke man sich das *sphärische Dreieck* NnS construirt, mit seinem bei n befindlichen *Aussenwinkel* ψ. Auch denke man sich den grössten Kreisbogen Nn, über n hinaus ein wenig verlängert, etwa bis zu einem Punkte p, der sehr nahe an n liegt; so dass also jener Aussenwinkel ψ dargestellt sein wird durch den Winkel Snp.

Bezeichnet Q den Mittelpunkt der Kugel, so ist QN die Normale der brechenden Fläche, ferner Qn die Normale der gegebenen Wellenebene, und endlich QS der dieser Wellenebene zugehörige Strahl. Demgemäss wird z. B. die *Einfallsebene* dargestellt sein durch die Ebene $QNnp$.

Die *Vibrationsbewegung* in der gegebenen Welle steht bekanntlich [vgl. Seite 466 (ff.)] senkrecht gegen die von der Wellennormale und dem Strahl gebildete Ebene QnS. Will man also die Richtung dieser Bewegung geometrisch darstellen durch ein vom Punkt n ausgehendes Linienelement nB, so wird dieses Linienelement nB auf der Kugelfläche liegen müssen, und senkrecht stehen müssen gegen nS. Der Bogen nS ist aber gegen np unter dem Winkel ψ geneigt. Folglich wird man den Winkel x, unter welchem jenes Linienelement nB gegen np geneigt ist, $= \psi + 90^0$ setzen dürfen. Man erhält also die Formel

$$x = \psi + 90^0;$$

und diese Formel ist im obigen Text, in (6a.) für die *gewöhnliche* Welle mit $x' = \psi' + 90^0$, und für die *ungewöhnliche* Welle mit $x'' = \psi'' + 90^0$ bezeichnet. — *C. N.*

in dem gewöhnlichen und ungewöhnlichen Strahl nach folgenden Richtungen zerlegen: 1) senkrecht auf der Einfallsebene, 2) senkrecht auf der brechenden Ebene, 3) parallel mit der Einfallsebene und parallel mit der brechenden Ebene. Diese Componenten sind respective:

$$\text{(A.)}\qquad \begin{cases} 1)\ D'\sin x' & \text{und}\quad D''\sin x'', \\ 2)\ D'\cos x'\sin\varphi' & \text{„}\quad -D''\cos x''\sin\varphi'', \\ 3)\ D'\cos x'\cos\varphi' & \text{„}\quad -D''\cos x''\cos\varphi''. \end{cases}$$

Zerlegen wir nach denselben drei Richtungen die Geschwindigkeiten in dem einfallenden Strahl und in dem reflectirten Strahle, so erhalten wir*):

$$\text{(B.)}\qquad \begin{cases} 1)\ +P & \text{und}\quad +R_p, \\ 2)\ -S\sin\varphi & \text{„}\quad -R_s\sin\varphi, \\ 3)\ -S\cos\varphi & \text{„}\quad +R_s\cos\varphi; \end{cases}$$

und demnach erhalten wir aus dem Princip der Gleichheit der Componenten:

$$\text{(9.)}\qquad P+R_p = D'\sin x' + D''\sin x'',$$

$$\text{(10.)}\qquad (S+R_s)\sin\varphi = -D'\cos x'\sin\varphi' + D''\cos x''\sin\varphi'',$$

$$\text{(11.)}\qquad (S-R_s)\cos\varphi = -D'\cos x'\cos\varphi' + D''\cos x''\cos\varphi''.$$

Diese drei Gleichungen in Verbindung mit der Gleichung (8.) *bestimmen die gesuchten Grössen. Ich werde jetzt zeigen, dass die Gleichung* (8.) *auch hier, wie bei den einaxigen Krystallen, sich durch eine lineare Gleichung ersetzen lässt.*

Multiplicirt man (10.) und (11.) mit einander:

$$(S^2-R_s^2)\sin\varphi\cos\varphi = D'^2\cos^2 x'\sin\varphi'\cos\varphi' + D''^2\cos^2 x''\sin\varphi''\cos\varphi'' \\ -D'D''\cos x'\cos x''\sin(\varphi'+\varphi''),$$

und zieht dieses Product von (8.) ab, so erhält man:

$$(P^2-R_p^2)\sin\varphi\cos\varphi = D'^2(\sin^2 x'\sin\varphi'\cos\varphi' - \sin x'\sin^2\varphi'\operatorname{tang} q') \\ + D''^2(\sin^2 x''\sin\varphi''\cos\varphi'' - \sin x''\sin^2\varphi''\operatorname{tang} q'') + D'D''\cos x'\cos x''\sin(\varphi'+\varphi'').$$

Diese Gleichung ist durch (9.) theilbar, und man erhält durch diese Division *die in Rede stehende lineare Gleichung:*

$$\text{(12.)}\qquad (P-R_p)\sin\varphi\cos\varphi = D'(\sin x'\sin\varphi'\cos\varphi' - \sin^2\varphi'\operatorname{tang} q') \\ + D''(\sin x''\sin\varphi''\cos\varphi'' - \sin^2\varphi''\operatorname{tang} q''),$$

vorausgesetzt, dass folgende Relation stattfindet:

$$\text{(f.)}\qquad \sin(\varphi'+\varphi'')[\sin x'\sin x''\cos(\varphi'-\varphi'') - \cos x'\cos x''] \\ = \sin^2\varphi'\operatorname{tang} q'\sin x'' + \sin^2\varphi''\operatorname{tang} q''\sin x'.$$

---

*) Bei diesen Zerlegungen (A.), (B.) sind die Bewegungen D' und D'' gerechnet zu denken in denjenigen Richtungen, die in der folgenden Figur 10 Seite 481 mit OO' und $E\varepsilon''$ bezeichnet sind. Näheres hierüber in der Note auf Seite 482. — *C. N.*

Um die Richtigkeit dieser Relation zu beweisen, werde ich sie zuerst in eine andere Form bringen*).

Setzt man aus (2.) und (5.) für tang q' und tang q'' die Werthe, nämlich:

$$\text{(g.)}\qquad \operatorname{tang} q' = \frac{1}{o^2 O}, \qquad \operatorname{tang} q'' = \frac{1}{e^2 E},$$

berücksichtigt ferner, dass

$$\text{(h.)}\qquad \frac{\sin^2\varphi'}{o^2} = \frac{\sin^2\varphi''}{e^2} = \sin^2\varphi$$

und dass**)

$$\text{(i.)}\ \sin(\varphi'-\varphi'')\sin(\varphi'+\varphi'') = \sin^2\varphi\,(o^2-e^2) = -\frac{\pi^2-\mu^2}{2}[\cos(u-u')-\cos(v+v')]\sin^2\varphi$$

ist, so verwandelt sich die Relation (f.) in:

$$\text{(13.)}\ \sin x'\sin x''\cos(\varphi'-\varphi'') - \cos x'\cos x'' = \frac{-\left(\frac{\sin x''}{O}+\frac{\sin x'}{E}\right)}{\frac{\pi^2-\mu^2}{2}[\cos(u-u')-\cos(v+v')]}\sin(\varphi'-\varphi'').$$

Ehe die Werthe für $\frac{1}{O}$ und $\frac{1}{E}$ aus § 15 (34.), (35.) Seite 475 gesetzt werden, müssen wir untersuchen, welches von ihren Vorzeichen anzuwenden ist.

Setzen wir in (7.) $A = 0$, $C = 0$, so erhalten wir:

$$\cos\psi'\sin\varphi' = \sin x'\sin\varphi' = -\frac{1}{O}\frac{\beta'}{o^2-\nu^2}.$$

Aus (5.) § 15 sieht man, dass, weil $\sin^2\left(\frac{u-u'}{2}\right)$ nicht grösser werden kann, als $\sin^2 n = \frac{\nu^2-\mu^2}{\pi^2-\mu^2}$, o^2 nicht grösser werden kann als ν^2, wenn, wie wir immer der Gleichförmigkeit wegen annehmen, $\pi > \mu$ ist. Folglich ist $o^2-\nu^2$ eine negative Grösse. Der Werth von $\cos\psi'$ ist aber in diesem Fall, wo $A = 0$, $C = 0$, immer eine positive Grösse, wie daraus erhellt, dass, wenn man $\gamma' = 0$ setzt, der Strahl immer mit der Elasticitätsaxe ν einen grösseren Winkel bildet, als die dazu gehörige Wellennormale***); es muss also $\frac{1}{O}$ das positive Vorzeichen haben. Demnach ist:

$$\text{(A.)}\qquad \frac{1}{O} = \left(\frac{\pi^2-\mu^2}{2}\right)\sin(u-u')\sin j,$$

*) Im Folgenden wird diese Relation (f.) successive in die Form (13.) und (14.) versetzt. In dieser letzten Form wird sie sodann bewiesen, und zwar auf einem von *Jacobi* angegebenen Wege. — *C. N.*

**) Vgl. Seite 461 (5.) und zugleich auch die Note auf Seite 475. — *C. N.*

***) Für $\gamma' = 0$ liegt die Wellennormale in der xy-Ebene. Die Schnittkurve der xy-Ebene mit der Wellenfläche zerfällt in einen Kreis vom Radius π (der hier nicht in Betracht kommt, weil er der ungewöhnlichen Welle entspricht) und in eine Ellipse mit den Axen ν (längs x) und μ (längs y). In einer Ellipse aber bildet das von ihrem Mittelpunkt auf eine Tangente herabgelassene Loth mit der kleinen Axe stets einen *kleineren* Winkel als der Radiusvector nach dem Berührungspunkt. — Kaum bedarf es der Bemerkung, dass im obigen Text unter der Elasticitätsaxe ν die y-Axe zu verstehen sit. — *A. W.*

wo u immer grösser als u' sein muss. Geht man also von einer Wellennormale α', β', γ' über zu einer andern $-\alpha', \beta', \gamma'$, so vertauschen die u, u' ihre Bedeutung, der Bogen, welcher vorher mit u bezeichnet wurde, muss jetzt mit u' bezeichnet werden und umgekehrt.

Um das Vorzeichen von $\frac{1}{E}$ zu discutiren, setzen wir in (7.) $B=0$, $C=0$, so dass

$$\cos\psi''\sin\varphi'' = \sin\chi''\sin\varphi'' = -\frac{1}{E}\frac{\alpha''}{e^2-\mu^2}.$$

Der Werth von $e^2-\mu^2$ ist immer positiv, der Werth von $\cos\psi''$, wiederum vorausgesetzt, dass $\pi^2>\mu^2$, ist, wie man sieht, negativ, wenn man $\beta''=0$ setzt, wo der Strahl mit der Elasticitätsaxe μ einen kleinern Winkel als die zugehörige Normale macht*). Also ist auch für $\frac{1}{E}$ in (35.) § 15 Seite 475 das positive Vorzeichen zu nehmen. Indess der Werth von $\cos\psi''$ behält sein negatives Vorzeichen, das Zeichen von γ'' mag positiv oder negativ sein, d. h. die Wellennormale mag mit der π-Axe einen scharfen oder stumpfen Winkel bilden; es verändert auch $\frac{\alpha''}{e^2-\mu^2}$ sein Vorzeichen mit γ'' nicht, aber wohl der in § 15 (35.) gegebene Werth von $\frac{1}{E}$, weil, wenn γ'' positiv gesetzt ist, $(v+v')<180^0$, und wenn γ'' negativ, $(v+v')>180^0$.**) Demnach muss man schreiben:

$$\text{(B.)}\qquad \frac{1}{E} = \pm\frac{\pi^2-\mu^2}{2}\sin(v+v')\cos k,$$

wo das negative Zeichen nur zu nehmen ist, wenn $\sin(v+v')$ negativ wird. Ich werde im Folgenden der Gleichförmigkeit wegen nur das + Zeichen einführen mit dem Vorbehalt, dieses in das — Zeichen zu verwandeln, wenn $\frac{1}{E}$ negativ werden sollte.***)

---

*) Ist $\beta''=0$, so liegt die Wellennormale in der xz-Ebene. Der Schnitt dieser Ebene mit der Wellenoberfläche besteht aus einem Kreise vom Radius v (der gewöhnlichen Welle zugehörig), und aus einer Ellipse mit den Axen π (längs x) und μ (längs z). Es ist aber $\pi>\mu$. Und der Radiusvector nach dem Berührungspunkt einer Tangente dieser Ellipse bildet daher mit der Axe x einen *kleineren* Winkel als das Loth auf diese Tangente. — *A. W.*

**) Denn γ'' ist proportional mit $\cos v+\cos v'$. — *A. W.*

***) Es ist hier noch auf Folgendes aufmerksam zu machen: Es ist bekanntlich [vgl. die Note Seite 461]: $o^2<e^2$. Aus den Formeln (h.) Seite 479:

$$\text{(H.)}\qquad \sin^2\varphi' = o^2\sin^2\varphi \qquad\text{und}\qquad \sin^2\varphi'' = e^2\sin^2\varphi$$

folgt daher sofort:

$$\text{(I.)}\qquad \sin^2\varphi' < \sin^2\varphi''.$$

Demgemäss muss in Fig. 10 Seite 481, in Fig. 13 Seite 494 und in mehreren der weiter folgenden Figuren eigentlich $NO<NE$ sein. Folglich muss in jenen Figuren *der Punkt O zwischen N und E liegen*; was *nicht* der Fall ist. Trotzdem aber kann man in jenen Figuren in dieser Beziehung kaum von einem Fehler sprechen; denn es handelt sich hier um Unterschiede, auf die es im Text der Ab-

Diese nun näher bestimmten Werthe für $\frac{1}{O}$ und $\frac{1}{E}$ in (13.) gesetzt, verwandelt sich diese Relation in folgende:

$$(14.)\quad \cos x' \cos x'' - \sin x' \sin x'' \cos(\varphi' - \varphi'') = \left\{\frac{\sin x'' \sin j \sin(u - u') + \sin x' \cos k \sin(v + v')}{\cos(u - u') - \cos(v + v')}\right\} \sin(\varphi' - \varphi'').$$

Diese Relation lässt sich an eine geometrische Construction auf der Kugelfläche knüpfen. Wir legen durch den Mittelpunkt einer Kugel die beiden optischen Axen und die Normalen der gewöhnlichen und ungewöhnlichen Wellenebene; die Durchschnitte dieser vier Linien mit der Oberfläche seien (Fig. 10) A, A', O, E. Die Einfallsebene schneidet also die Kugel in dem grössten Kreise OE. Die Bogen AO und $A'O$ sind u und u', die Bogen AE und $A'E$ sind v und v', der Bogen $EO = (\varphi' - \varphi'')$, der Bogen $AA' = 2n$. Die Richtung der Bewegung in der gewöhnlichen Wellenebene O liegt in der Ebene, welche den Winkel $AOA' = 2j$ halbirt*); der Durchschnitt dieser Ebene mit der Kugel ist OO'. Construirt man EE' so, dass $AEA' = 2k$ dadurch halbirt wird, und zieht $E\varepsilon'$ senkrecht auf EE', so ist $E\varepsilon'$ der Durchschnitt der Kugel mit derjenigen Ebene, in welcher die Bewegung der ungewöhnlichen Welle E liegt. Da diese Richtungen der Bewegungen senkrecht auf den resp. Wellennormalen stehen, so ist $O'ON = 180^0 - x'$ und $\varepsilon'EN = 180^0 - x''$.**)

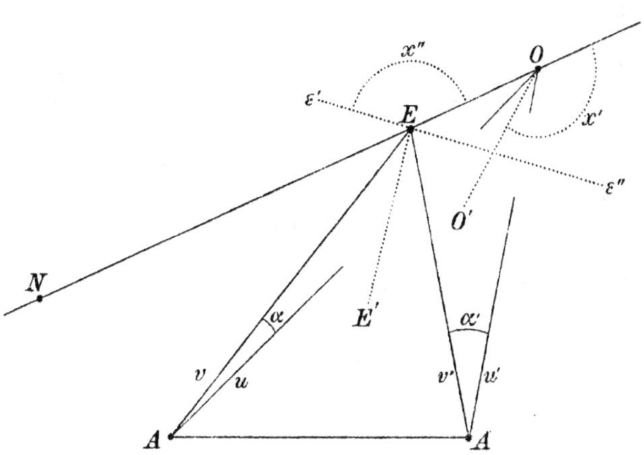

Fig. 10.
Die Bewegungsrichtungen D' und D'' in der gewöhnlichen Welle O und in der ungewöhnlichen Welle E sind hier dargestellt durch die Richtungen OO' und $E\varepsilon''$. Vgl. die letzte Note auf Seite 480.

handlung nicht weiter ankommt. Die Redaction hat sich daher nicht veranlasst gefunden, in dieser Beziehung die Figuren des Originals zu ändern. Auch hat sie *einige* der von ihr selber neu hinzugefügten Figuren [wie z. B. die Fig. 11 Seite 482] der Art eingerichtet, dass dieselben den übrigen Figuren sich unmittelbar anschliessen. — *C. N.*

*) Zufolge der in der Note Seite 460 bewiesenen allgemeinen Sätze. — *C. N.*

**) Diese beiden Formeln lauten im Original etwas anders, nämlich $O'ON = x'$ und $\varepsilon'EN = x''$. Die oben im Text vorgenommene Abänderung dieser Formeln war aber durchaus nothwendig, um dieselben nicht nur mit der beistehenden Fig. 10, sondern namentlich auch mit der [in (6a.) Seite 477 gegebenen] allgemeinen Definition der Winkel x' und x'' in Einklang zu bringen. Dabei sei noch bemerkt, dass der im Original angewendete Buchstabe e im obigen Text, und ebenso auch in der Figur 10, durch ε' ersetzt worden ist. — *C. N.*

Es soll nämlich N den Durchschnitt der Kugel mit der Normale der brechenden Ebene bezeichnen*).

---

*) Was die auf Seite 478 mit D', D'' bezeichneten Richtungen betrifft, so mögen in der folgenden Figur 11 (die einen Theil der sphärischen Figur 10, in etwas weiterer Ausführung, repräsentirt) die Normalen der einfallenden, der reflectirten und der beiden gebrochenen Wellen durch die Punkte S, R, O, E angedeutet sein; während die Normale der brechenden Fläche durch den Punkt N dargestellt sein soll. Denkt man sich nun die Bewegungscomponenten der einfallenden Welle S durch die Linien S, P und die der reflectirten Welle R durch die Linien R_s, R_p dargestellt, so werden die Bewegungen in den beiden gebrochenen Wellen O und E gerechnet zu denken sein in den in der Figur 11 angegebenen Richtungen D' und D''.

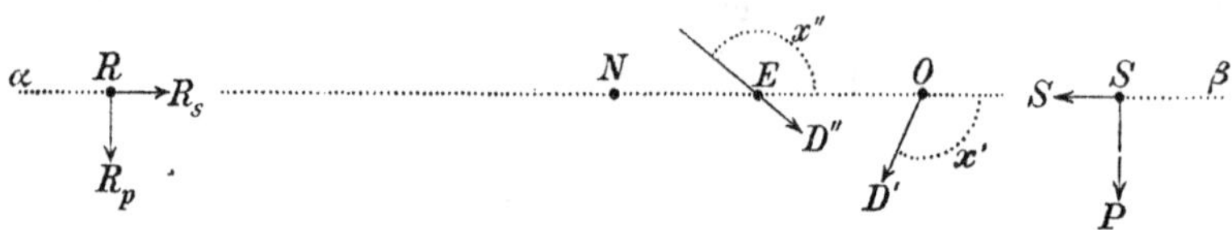

Fig. 11.

In der That lässt sich leicht zeigen, dass man, unter Zugrundelegung dieser Richtungen, zu den früher in (A.), (B.) *Seite* 478 *angegebenen Formeln gelangt.*

Zuvörderst kann man nämlich die Bewegungen in allen vier Wellen R, E, O, S in *übereinstimmender* Weise zerlegen senkrecht und parallel zur Einfallsebene. Man erhält alsdann senkrecht zur Einfallsebene die Componenten:

(1.) $$R_p, \quad D''\sin x'', \quad D'\sin x', \quad P,$$

und andererseits in der Einfallsebene, und zwar in der Richtung des grössten Kreisbogens $\beta\alpha$, folgende Componenten:

((1.)) $$-R_s, \quad D''\cos x'', \quad -D'\cos x', \quad S.$$

Von diesen Componenten ((1.)) kann man z. B. die letzte S von Neuem zerlegen (vgl. Fig. 12) nach dem Loth MN der brechenden Fläche, und senkrecht gegen dieses Loth. So erhält man für S die beiden Componenten $S\sin\varphi$ und $S\cos\varphi$ respective in den Richtungen MN und $M\alpha$. (Vgl. Fig. 12.) Oder man kann auch nach den entgegengesetzten Richtungen MU und $M\beta$ zerlegen, und erhält alsdann die Componenten:

$$S\begin{cases} -S\sin\varphi & \text{in der Richtung } MU, \\ -S\cos\varphi & \text{in der Richtung } M\beta. \end{cases}$$

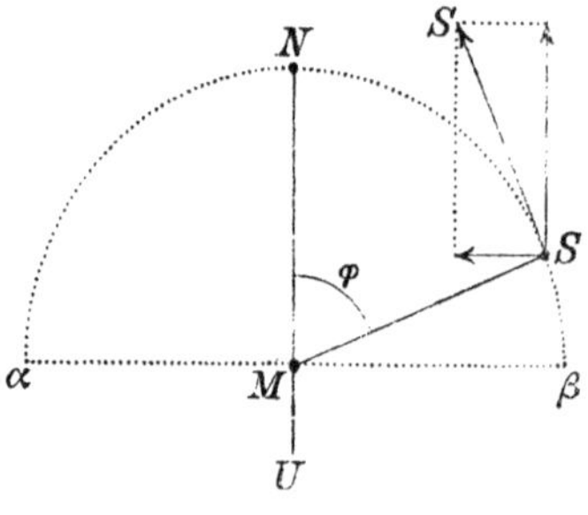

Fig. 12.

In ähnlicher Weise, wie S, kann man nun offenbar auch die drei andern in ((1.)) angegebenen Bewegungen behandeln. Alsdann hat man in der Richtung MU die Componenten:

(2.) $$-R_s\sin\varphi, \quad -D''\cos x''\sin\varphi'', \quad +D'\cos x'\sin\varphi', \quad -S\sin\varphi,$$

und daneben in der Richtung $M\beta$, wie leicht zu übersehen ist, folgende Componenten:

(3.) $$+R_s\cos\varphi, \quad -D''\cos x''\cos\varphi'', \quad +D'\cos x'\cos\varphi', \quad -S\cos\varphi.$$

Diese Zerlegungen (1.), (2.), (3.) sind aber identisch mit jenen in (A.), (B.) Seite 478 angegebenen Zerlegungen. — Q. e. d.

Es erscheint auffallend, dass, an Stelle der hier benutzten Richtung D'', nicht die *entgegengesetzte* Richtung eingeführt ist, was, wie die Figur 11 zeigt, dem Azimuth x'' besser entsprochen haben würde. Doch hat sich die Redaction nicht für befugt erachtet, eine solche Abänderung, obwohl sie in

Aus dieser Construction habe ich mich von der Richtigkeit der Relation (14.) überzeugt, aber auf einem etwas mühsamen Wege. Die folgende einfachere Beweisführung ist mir von Herrn Professor *Jacobi* mitgetheilt worden. Es werden die Winkel EAO und $EA'O$ noch mit α und α' bezeichnet und es sei $EO = (\varphi' - \varphi'') = \Delta$. Die Dreiecke EAO und $EA'O$ geben folgende Gleichungen:

$$\text{(a.)} \quad \begin{cases} \sin\alpha \ \cos u = \cos(x''-k)\cos(x'+j)\cos\Delta - \sin(x''-k)\sin(x'+j), \\ \sin\alpha' \cos u' = \cos(x''+k)\cos(x'-j)\cos\Delta - \sin(x''+k)\sin(x'-j), \\ -\sin\alpha \ \cos v = \sin(x''-k)\sin(x'+j)\cos\Delta - \cos(x''-k)\cos(x'+j), \\ -\sin\alpha' \cos v' = \sin(x''+k)\sin(x'-j)\cos\Delta - \cos(x''+k)\cos(x'-j). \end{cases}$$

Multiplicirt man die beiden ersteren mit $\sin x''$, die beiden letzteren mit $\sin x'$, so gelangt man unter Anwendung der identischen Gleichungen:

$$\begin{aligned} \cos k &= \cos(x''+k)\cos x'' + \sin(x''+k)\sin x'' \\ &= \cos(x''-k)\cos x'' + \sin(x''-k)\sin x'', \\ \sin j &= -\sin(x'-j)\cos x' + \cos(x'-j)\sin x' \\ &= -\cos(x'+j)\sin x' + \sin(x'+j)\cos x', \end{aligned}$$

Einklang gewesen wäre mit den von *Dorn* edirten *Neumann*'schen Vorlesungen (Leipzig 1885, daselbst Seite 174), wirklich vornehmen zu wollen.

Dass der in Rede stehende Einklang durch eine solche Richtungsänderung von D'' wirklich herstellbar ist, lässt sich leicht zeigen. Dabei aber ist zu beachten, dass in jenen Vorlesungen (Seite 174) die Componenten der Bewegung des einfallenden Lichtes nicht, wie in (1.), (2.), (3.), mit $+P$, $-S\sin\varphi$, $-S\cos\varphi$, sondern vielmehr mit $+P$, $+S\sin\varphi$, $+S\cos\varphi$ bezeichnet sind. Will man also die dortigen Formeln mit den hier gegebenen Formeln vergleichbar machen, so hat man die dortigen der Richtung Π entsprechenden Ausdrücke ungeändert zu lassen, hingegen die dortigen den Richtungen L und σ entsprechenden Ausdrücke noch mit (-1) zu multipliciren. Hierdurch erhalten alsdann die dortigen Ausdrücke (falls man gleichzeitig die dortigen Indices 1, 2 in Accente umwandelt) folgende Gestalt:

$$\begin{array}{lllll} \text{(I.)} & +R_p, & -D''\sin x'', & +D'\sin x', & +P, \\ \text{(II.)} & -R_s\sin\varphi, & +D''\cos x''\sin\varphi'', & +D'\cos x'\sin\varphi', & -S\sin\varphi, \\ \text{(III.)} & +R_s\cos\varphi, & +D''\cos x''\cos\varphi'', & +D'\cos x'\cos\varphi', & -S\cos\varphi. \end{array}$$

Und dies ist mit den *hier* gegebenen Formeln (1.), (2.), (3.) in der That in vollem Einklang, falls man nur D'' durch $-D''$ ersetzt. — *Q. e. d.*

Um zur Hauptsache zurückzukehren: Die Bewegungsrichtungen D' und D'' sind von *Neumann* im obigen Text gerechnet in den in der sphärischen Figur 11 durch Pfeile markirten Richtungen. *Ueberträgt man dies aber auf die eigentliche Hauptfigur* 10, *so sieht man, dass D' daselbst in der Richtung OO' und D'' in der Richtung $E\varepsilon''$ gerechnet ist.*

Dies überträgt sich nun weiter auf die folgenden Figuren 13 und 14. In Fig. 13 Seite 494 ist also die Bewegung D' zu rechnen in der Richtung OO' und die Bewegung D'' in der Richtung $E\varepsilon''$. Und in der Fig. 14 Seite 497 wird D' zu rechnen sein in der Richtung $a'A$ (nicht Aa') und D'' in der Richtung Ab'. — *C. N.*

zu folgenden Formeln:

$$
(\text{b.})\begin{cases}
-\sin\alpha\ \cos u\ \sin x'' = \\
= +\sin(x'+j)\cos k - [\sin(x'+j)\cos x'' + \cos(x'+j)\sin x''\cos\Delta]\cos(x''-k), \\
-\sin\alpha'\cos u'\sin x'' = \\
= +\sin(x'-j)\cos k - [\sin(x'-j)\cos x'' + \cos(x'-j)\sin x''\cos\Delta]\cos(x''+k), \\
-\sin\alpha\ \cos v\ \sin x' = \\
= +\cos(x''-k)\sin j - [\cos(x''-k)\cos x' - \sin(x''-k)\sin x'\cos\Delta]\sin(x'+j), \\
-\sin\alpha'\cos v'\sin x' = \\
= -\cos(x''+k)\sin j - [\cos(x''+k)\cos x' - \sin(x''+k)\sin x'\cos\Delta]\sin(x'-j).
\end{cases}
$$

Man hat ferner:

$$
(\text{c.})\quad \begin{cases}
-\sin\alpha\ \sin u = \sin\Delta\cos(x''-k), & \sin\alpha\ \sin v = \sin(x'+j)\sin\Delta, \\
-\sin\alpha'\sin u' = \sin\Delta\cos(x''+k), & \sin\alpha'\sin v' = \sin(x'-j)\sin\Delta.
\end{cases}
$$

Man erhält aus (b.) und (c.):

$$
\left(\frac{\sin\alpha\sin\alpha'}{\sin\Delta}\right)\sin x''\sin(u-u') = \cos k[\cos(x''-k)\sin(x'-j) - \cos(x''+k)\sin(x'+j)]
$$
$$
+ 2\cos(x''+k)\cos(x''-k)\sin j[\cos x'\cos x'' - \sin x'\sin x''\cos\Delta],
$$

$$
\left(\frac{\sin\alpha\sin\alpha'}{\sin\Delta}\right)\sin x'\ \sin(v+v') = -\sin j[\cos(x''-k)\sin(x'-j) - \cos(x''+k)\sin(x'+j)]
$$
$$
+ 2\sin(x'-j)\sin(x'+j)\cos k[\cos x'\cos x'' - \sin x'\sin x''\cos\Delta],
$$

und hieraus:

$$
(\text{d.})\begin{cases}
\left(\frac{\sin\alpha\sin\alpha'}{\sin\Delta}\right)[\sin x''\sin j\sin(u-u') + \sin x'\cos k\sin(v+v')] \\
= 2[\cos(x''+k)\cos(x''-k)\sin^2 j + \sin(x'+j)\sin(x'-j)\cos^2 k][\cos x'\cos x'' - \sin x'\sin x''\cos\Delta],
\end{cases}
$$

woraus sich sogleich die verlangte Relation ergiebt. Man hat nämlich:

$$
(\text{e.})\begin{cases}
\cos 2n = \cos u\cos u' + \sin u\sin u'\cos 2j = \cos(u-u') - 2\sin u\sin u'\sin^2 j, \\
\cos 2n = \cos v\cos v' + \sin v\sin v'\cos 2k = \cos(v+v') + 2\sin v\sin v'\cos^2 k,
\end{cases}
$$

also:

$$
\cos(u-u') - \cos(v+v') = 2[\sin u\sin u'\sin^2 j + \sin v\sin v'\cos^2 k],
$$

woraus nach (c.)

$$
\left(\frac{\sin\alpha\sin\alpha'}{\sin^2\Delta}\right)[\cos(u-u') - \cos(v+v')]
$$
$$
= 2[\cos(x''-k)\cos(x''+k)\sin^2 j + \sin(x'-j)\sin(x'+j)\cos^2 k].
$$

Dividirt man (d.) durch diese Gleichung, so erhält man:

$$
(\text{f.})\quad \frac{\sin x''\ \sin j\sin(u-u') + \sin x'\ \cos k\sin(v+v')}{\cos(u-u') - \cos(v+v')}\sin\Delta = \cos x'\cos x'' - \sin x'\sin x''\cos\Delta,
$$

welches eben die zu beweisende Relation (14.) *ist.*

Es lassen sich aus (a.) auf ähnliche Weise noch einige Relationen ableiten, die uns später von Nutzen sein werden. Multiplicirt man die beiden ersten Gleichungen (a.) mit $\cos x''$ und die beiden letzten mit $\sin x'$, so erhält man:

$$\sin\alpha\ \cos u\ \cos x'' =$$
$$= +\sin k \sin(x'+j) - \cos(x''-k)[\sin(x'+j)\sin x'' - \cos(x'+j)\cos x''\cos\Delta],$$
$$\sin\alpha'\cos u'\cos x'' =$$
$$= -\sin k\sin(x'-j) - \cos(x''+k)[\sin(x'-j)\sin x'' - \cos(x'-j)\cos x''\cos\Delta],$$
$$-\sin\alpha\ \cos v\ \sin x' =$$
$$= +\sin j\cos(x''-k) - \sin(x'+j)[\cos(x''-k)\cos x' - \sin(x''-k)\sin x'\cos\Delta],$$
$$-\sin\alpha'\cos v'\sin x' =$$
$$= -\sin j\cos(x''+k) - \sin(x'-j)[\cos(x''+k)\cos x' - \sin(x''+k)\sin x'\cos\Delta],$$

und hieraus:

$$\left(\frac{\sin\alpha\sin\alpha'}{\sin\Delta}\right)\sin(u-u')\cos x'' = \sin k[\sin(x'-j)\cos(x''-k) + \sin(x'+j)\cos(x''+k)]$$
$$-2\sin j\cos(x''+k)\cos(x''-k)[\cos x'\sin x'' + \sin x'\cos x''\cos\Delta],$$
$$\left(\frac{\sin\alpha\sin\alpha'}{\sin\Delta}\right)\sin(v-v')\sin x' = \sin j[\cos(x''-k)\sin(x'-j) + \cos(x''+k)\sin(x'+j)]$$
$$-2\sin k\sin(x'+j)\sin(x'-j)[\cos x'\sin x'' + \cos x''\sin x'\cos\Delta],$$

also:

$$\text{(g.)}\quad\left|\begin{array}{l}\left(\frac{\sin\alpha\sin\alpha'}{\sin\Delta}\right)[\sin(u-u')\cos x''\sin j - \sin(v-v')\sin x'\sin k] = \\ = -2[\sin^2 j\cos(x''+k)\cos(x''-k) - \sin^2 k\sin(x'+j)\sin(x'-j)]\times \\ \qquad [\cos x'\sin x'' + \cos x''\sin x'\cos\Delta].\end{array}\right.$$

Man hat ferner aus (e.)

$$\cos(u-u') - \cos(v-v') = 2[\sin u\sin u'\sin^2 j - \sin v\sin v'\sin^2 k]$$

und wegen (c.)

$$\left(\frac{\sin\alpha\sin\alpha'}{\sin^2\Delta}\right)[\cos(u-u') - \cos(v-v')] =$$
$$= 2[\cos(x''-k)\cos(x''+k)\sin^2 j - \sin(x'-j)\sin(x'+j)\sin^2 k].$$

Hiermit in (g.) dividirt, giebt:

$$\text{(h.)}\quad -\sin\Delta\frac{\sin(u-u')\cos x''\sin j - \sin(v-v')\sin x'\sin k}{\cos(u-u') - \cos(v-v')} = \cos x'\sin x'' + \cos x''\sin x'\cos\Delta.$$

Eine andere nützliche Relation erhält man auf folgende Weise. Man multiplicirt die beiden ersten der Gleichungen (a.) mit $\sin x''$ und die dritte und vierte mit $\cos x'$:

$$\sin\alpha\ \cos u\ \sin x''$$
$$= -\cos k \sin(x'+j) + \cos(x''-k)[\sin(x'+j)\cos x'' + \cos(x'+j)\sin x''\cos\Delta],$$
$$\sin\alpha'\ \cos u'\ \sin x''$$
$$= -\cos k \sin(x'-j) + \cos(x''+k)[\sin(x'-j)\cos x'' + \cos(x'-j)\sin x''\cos\Delta],$$
$$-\sin\alpha\ \cos v\ \cos x'$$
$$= -\cos j \cos(x''-k) + \sin(x'+j)[\cos(x''-k)\sin x' + \sin(x''-k)\cos x'\cos\Delta],$$
$$-\sin\alpha'\ \cos v'\ \cos x'$$
$$= -\cos j \cos(x''+k) + \sin(x'-j)[\cos(x''+k)\sin x' + \sin(x''+k)\cos x'\cos\Delta].$$

Hieraus ergiebt sich:

$$\left(\frac{-\sin\alpha\sin\alpha'}{\sin\Delta}\right)\sin x''\sin(u+u') = -\cos k[\sin(x'+j)\cos(x''+k) + \sin(x'-j)\cos(x''-k)]$$
$$+ 2\cos(x''-k)\cos(x''+k)\cos j[\sin x'\cos x'' + \cos x'\sin x''\cos\Delta],$$
$$\left(\frac{-\sin\alpha\sin\alpha'}{\sin\Delta}\right)\cos x'\sin(v+v') = -\cos j[\cos(x''-k)\sin(x'-j) + \cos(x''+k)\sin(x'+j)]$$
$$+ 2\sin(x'+j)\sin(x'-j)\cos k[\cos x''\sin x' + \sin x''\cos x'\cos\Delta].$$

Also:

$$\left(\frac{-\sin\alpha\sin\alpha'}{\sin\Delta}\right)[\sin x''\cos j\sin(u+u') - \cos x'\cos k\sin(v+v')]$$
$$= 2[\cos(x''-k)\cos(x''+k)\cos^2 j - \sin(x'+j)\sin(x'-j)\cos^2 k]\times$$
$$[\cos x''\sin x' + \sin x''\cos x'\cos\Delta].$$

Es ist aber:

$$\left(\frac{\sin\alpha\sin\alpha'}{\sin^2\Delta}\right)[\cos(u+u') - \cos(v+v')]$$
$$= -2[\cos^2 j\cos(x''-k)\cos(x''+k) - \cos^2 k\sin(x'+j)\sin(x'-j)]$$

daher:

$$\text{(i.)}\quad \sin\Delta\frac{\sin x''\cos j\sin(u+u') - \cos x'\cos k\sin(v+v')}{\cos(u+u') - \cos(v+v')} = \cos x''\sin x' + \sin x''\cos x'\cos\Delta.$$

§ 17.

Allgemeine Ausdrücke für die Geschwindigkeiten in den reflectirten und gebrochenen Strahlen. Anwendung auf einige besondere Fälle.

Die Gleichungen, von welchen die Intensitäten der reflectirten und gebrochenen Strahlen abhängen, sind also [vgl. Seite 478 (9.), (10.), (11.), (12.)] folgende*):

---

*) In diesen wichtigen Formeln sind unter x' und x'' die auf Seite 477 definirten Winkel zu verstehen, dieselben Winkel, welche sich angegeben finden in der Fig. 10, Seite 481.

Die Winkel x', x'' sind von durchgreifender Bedeutung für den ganzen weiteren Verlauf der Abhandlung. Demgemäss sei noch bemerkt, dass ihre auf Seite 477 gegebene Definition sich anlehnt an zwei andere Winkel ψ', ψ'', die auf Seite 475 definirt worden sind.

$$(\text{F.})\quad\begin{cases}(S+R_s)\sin\varphi &= -D'\cos x'\sin\varphi' + D''\cos x''\sin\varphi'',\\ (S-R_s)\cos\varphi &= -D'\cos x'\cos\varphi' + D''\cos x''\cos\varphi'',\\ P+R_p &= +D'\sin x' \qquad\quad + D''\sin x'',\\ (P-R_p)\sin\varphi\cos\varphi &= D'(\sin x'\sin\varphi'\cos\varphi' - \sin^2\varphi'\operatorname{tang} q'),\\ &\quad + D''(\sin x''\sin\varphi''\cos\varphi'' - \sin^2\varphi''\operatorname{tang} q'').\end{cases}$$

Man erhält hieraus:

$$(1.)\quad\begin{cases}R_p = pP + s'S,\\ R_s = p'P + sS,\end{cases}$$

wo die Coefficienten p, p', s, s' folgende Werthe haben:

$$(2.)\quad\begin{cases}\mathsf{N}p = +\cos x''\sin(\varphi+\varphi'')[\sin x'\sin(\varphi-\varphi')\cos(\varphi+\varphi') + \sin^2\varphi'\operatorname{tang} q']\\ \qquad + \cos x'\sin(\varphi+\varphi')[\sin x''\sin(\varphi-\varphi'')\cos(\varphi+\varphi'') + \sin^2\varphi''\operatorname{tang} q''],\\ \mathsf{N}s = -\cos x'\sin(\varphi-\varphi')[\sin x''\sin(\varphi+\varphi'')\cos(\varphi-\varphi'') - \sin^2\varphi''\operatorname{tang} q'']\\ \qquad - \cos x''\sin(\varphi-\varphi'')[\sin x'\sin(\varphi+\varphi')\cos(\varphi-\varphi') - \sin^2\varphi'\operatorname{tang} q'],\\ \mathsf{N}p' = -\sin 2\varphi\cos x'\cos x''\sin(\varphi'-\varphi''),\\ \mathsf{N}s' = +\sin 2\varphi[\sin x'\sin x''\sin(\varphi'-\varphi'')\cos(\varphi'+\varphi'')\\ \qquad - \sin x''\sin^2\varphi'\operatorname{tang} q' + \sin x'\sin^2\varphi''\operatorname{tang} q''],\end{cases}$$

worin:

$$(2\text{a.})\quad \mathsf{N} = \begin{Bmatrix}+\cos x''\sin(\varphi+\varphi'')[\sin x'\sin(\varphi+\varphi')\cos(\varphi-\varphi') - \sin^2\varphi'\operatorname{tang} q']\\ +\cos x'\sin(\varphi+\varphi')[\sin x''\sin(\varphi+\varphi'')\cos(\varphi-\varphi'') - \sin^2\varphi''\operatorname{tang} q'']\end{Bmatrix}.$$

Für die Geschwindigkeiten in den gebrochenen Strahlen findet man:

$$(3.)\quad\begin{cases}\mathsf{N}D' = 2\sin\varphi\cos\varphi\{P\cos x''\sin(\varphi+\varphi'') - S[\sin x''\sin(\varphi+\varphi'')\cos(\varphi-\varphi'') - \sin^2\varphi''\operatorname{tang} q'']\},\\ \mathsf{N}D'' = 2\sin\varphi\cos\varphi\{P\cos x'\sin(\varphi+\varphi') + S[\sin x'\sin(\varphi+\varphi')\cos(\varphi-\varphi') - \sin^2\varphi'\operatorname{tang} q']\}.\end{cases}$$

Hieraus erhält man die Intensitäten des Lichtes in den gebrochenen gewöhnlichen und ungewöhnlichen Strahlen. Diese sind nämlich respective: D'^2U', D''^2U'', wo U', U'' (wie sich aus Seite 475 u. 477 leicht ergiebt) folgende Werthe besitzen:

$$(4.)\quad\begin{cases}U' = \dfrac{Z'}{Z} = \dfrac{\sin\varphi'\cos\varphi' - \sin x'\sin^2\varphi'\operatorname{tang} q'}{\sin\varphi\cos\varphi},\\ U'' = \dfrac{Z''}{Z} = \dfrac{\sin\varphi''\cos\varphi'' - \sin x''\sin^2\varphi''\operatorname{tang} q''}{\sin\varphi\cos\varphi}.\end{cases}$$

Wenden wir diese Formeln, um sie zu erläutern, auf die drei einfachsten Fälle an, nämlich:

Erstens, wenn die Einfallsebene den spitzen Winkel der optischen Axen halbirt, nämlich zusammenfällt mit der Ebene der ν- und π-Axe. Hier ist $u-u'=0$, $\frac{1}{o^2O} = \operatorname{tang} q' = 0$, $v+v' = 2v$. Ferner ist $\sin x' = 0$, $\cos x'' = 0$.

Und zwar ist $\cos x'$ stets*) $= -1$, hingegen $\sin x'' = \pm 1$, je nachdem die Normale der brechenden Ebene auf der Seite der π-Axe oder der ν-Axe liegt, in Beziehung auf die Normale der gebrochenen Wellenebene, angenommen, der bequemeren Verständigung wegen, dass die π-Axe es ist, welche den spitzen Winkel der optischen Axen halbirt.

Man findet aus (1.) und (2.) und (3.): $p' = 0$, $s' = 0$ und:

$$(5.)\qquad \begin{cases} R_s = -\dfrac{\sin(\varphi - \varphi')}{\sin(\varphi + \varphi')} S, \\[2ex] R_p = \dfrac{\left(\sin(\varphi - \varphi'')\cos(\varphi + \varphi'') \pm \dfrac{\sin^2\varphi''}{e^2 E}\right) P}{\sin(\varphi + \varphi'')\cos(\varphi - \varphi'') \mp \dfrac{\sin^2\varphi''}{e^2 E}}, \\[2ex] D' = \dfrac{2\sin\varphi\cos\varphi S}{\sin(\varphi + \varphi')}, \\[2ex] D'' = \dfrac{\pm 2\sin\varphi\cos\varphi P}{\sin(\varphi + \varphi'')\cos(\varphi - \varphi'') \mp \dfrac{\sin^2\varphi''}{e^2 E}}, \\[2ex] U' = \dfrac{\sin\varphi'\cos\varphi'}{\sin\varphi\cos\varphi}, \\[2ex] U'' = \dfrac{\sin\varphi''\cos\varphi'' \mp \dfrac{\sin^2\varphi''}{e^2 E}}{\sin\varphi\cos\varphi}. \end{cases}$$

Zweitens: Wenn die Einfallsebene den stumpfen Winkel der optischen Axen halbirt, oder, was dasselbe ist, zusammenfällt mit der Ebene der ν- und μ-Axe. Hier ist $(v + v') = 180^0$ und also $\frac{1}{e^2 E} = \operatorname{tang} q'' = 0$, $(u + u') = 180^0$, mithin $u - u' = 180^0 - 2u'$. Ferner ist $\cos x' = 0$, $\sin x'' = 0$. Und zwar ist $\cos x''$ stets**) $= -1$, hingegen $\sin x' = \pm 1$, je nachdem die Normale der brechenden Ebene auf der Seite der ν-Axe oder der μ-Axe liegt, in Beziehung auf die Normale der gebrochenen Wellenebene. Man findet $p' = 0$, $s' = 0$, und:

---

*) Nach der auf Seite 475 zwischen (1.) und (2.) gegebenen Definition ist ψ' ein Aussenwinkel eines gewissen Dreiecks. *Folglich liegt* ψ' *stets zwischen* 0^0 *und* 180^0. Ferner ist nach der auf Seite 477 (6a.) gegebenen Definition: $x' = \psi' + 90^0$. *Folglich liegt* x' *stets zwischen* 90^0 *und* 270^0. Folglich kann $\cos x'$ wohl $= -1$, niemals aber $= +1$ werden. *Und genau dasselbe gilt von* ψ'', x'' *und* $\cos x''$.

Dies steht in offenbarem Widerspruch mit der im Original befindlichen Formel $\cos x' = \mp 1$. Und eine genauere Untersuchung zeigte in der That, dass jene im Original vorhandene Formel umzuändern ist in $\cos x' = -1$; wie solches im obigen Text geschehen ist. Und dementsprechend war auch die im Original in (5.) stehende Formel

$$D' = \frac{\pm 2\sin\varphi\cos\varphi \cdot S}{\sin(\varphi + \varphi')}$$

so abzuändern, wie oben geschehen ist. — *C. N.*

**) Siehe die Note auf Seite 490.

$$(6.)\quad \begin{cases} R_s = -\dfrac{\sin(\varphi-\varphi'')\,S}{\sin(\varphi+\varphi'')}\,, \\[2ex] R_p = \dfrac{\left(\sin(\varphi-\varphi')\cos(\varphi+\varphi') \pm \dfrac{\sin^2\varphi'}{o^2 O}\right)P}{\sin(\varphi+\varphi')\cos(\varphi-\varphi') \mp \dfrac{\sin^2\varphi'}{o^2 O}}\,, \\[2ex] D' = \dfrac{\pm 2\sin\varphi\cos\varphi\,P}{\sin(\varphi+\varphi')\cos(\varphi-\varphi') \mp \dfrac{\sin^2\varphi'}{o^2 O}}\,, \\[2ex] D'' = \dfrac{-2\sin\varphi\cos\varphi\,S}{\sin(\varphi+\varphi'')}\,, \\[2ex] U' = \dfrac{\sin\varphi'\cos\varphi' \mp \dfrac{\sin^2\varphi'}{o^2 O}}{\sin\varphi\cos\varphi}\,, \\[2ex] U'' = \dfrac{\sin\varphi''\cos\varphi''}{\sin\varphi\cos\varphi}\,. \end{cases}$$

Drittens: Die Einfallsebene fällt mit der Ebene der optischen Axen zusammen. Hier haben wir zwei Fälle zu unterscheiden:

(*a.*) Die Normalen der gebrochenen Wellenebenen liegen in dem stumpfen Winkel der optischen Axen

$$\sin x' = 0, \quad \cos x'' = 0, \quad j = 0, \quad k = 0, \quad \frac{1}{O} = 0$$

und:

$$\cos x' = -1\,\text{***)} \quad \text{und} \quad \sin x'' = \pm 1,$$

wo das obere oder untere Zeichen zu nehmen ist, je nachdem die Normale der brechenden Ebene auf der Seite der π-Axe oder der μ-Axe liegt, in Beziehung auf die Normale der gebrochenen Wellenebene. Man findet $p' = 0$, $s' = 0$, und:

$$(7.)\quad \begin{cases} R_s = -\dfrac{\sin(\varphi-\varphi')\,S}{\sin(\varphi+\varphi')}\,, \\[2ex] R_p = \dfrac{\left(\sin(\varphi-\varphi'')\cos(\varphi+\varphi'') \pm \dfrac{\sin^2\varphi''}{e^2 E}\right)P}{\sin(\varphi+\varphi'')\cos(\varphi-\varphi'') \mp \dfrac{\sin^2\varphi''}{e^2 E}}\,, \\[2ex] D' = \dfrac{2\sin\varphi\cos\varphi\,S}{\sin(\varphi+\varphi')}\,, \\[2ex] D'' = \dfrac{\pm 2\sin\varphi\cos\varphi\,P}{\sin(\varphi+\varphi'')\cos(\varphi-\varphi'') \mp \dfrac{\sin^2\varphi''}{e^2 E}}\,, \\[2ex] U' = \dfrac{\sin\varphi'\cos\varphi'}{\sin\varphi\cos\varphi}\,, \\[2ex] U'' = \dfrac{\sin\varphi''\cos\varphi'' \mp \dfrac{\sin^2\varphi''}{e^2 E}}{\sin\varphi\cos\varphi}\,. \end{cases}$$

***) Siehe die Note auf Seite 490.

(*b.*) Die Normalen der gebrochenen Wellenebenen liegen in dem spitzen Winkel der optischen Axen:

$$\cos x' = 0, \quad \sin x'' = 0, \quad 2j = 180^0, \quad 2k = 180^0, \quad \frac{1}{E} = 0$$

und:

$$\cos x'' = -1 \dagger) \text{ und } \sin x' = \pm 1,$$

wo die obern oder untern Vorzeichen zu nehmen sind, je nachdem die Normale der brechenden Ebene auf der Seite der π-Axe oder der μ-Axe liegt, in Beziehung auf die Normale der gebrochenen Wellenebene. Man erhält $p' = 0$, $s' = 0$ und:

$$(8.) \quad \begin{cases} R_s = -\dfrac{\sin(\varphi - \varphi'')S}{\sin(\varphi + \varphi'')}, \\[2ex] R_p = \dfrac{\left(\sin(\varphi - \varphi')\cos(\varphi + \varphi') \pm \dfrac{\sin^2\varphi'}{o^2 O}\right)P}{\sin(\varphi + \varphi')\cos(\varphi - \varphi') \mp \dfrac{\sin^2\varphi'}{o^2 O}}, \\[2ex] D' = \dfrac{\pm 2\sin\varphi\cos\varphi P}{\sin(\varphi + \varphi')\cos(\varphi - \varphi') \mp \dfrac{\sin^2\varphi'}{o^2 O}}, \\[2ex] D'' = \dfrac{-2\sin\varphi\cos\varphi S}{\sin(\varphi + \varphi'')}, \\[2ex] U' = \dfrac{\sin\varphi'\cos\varphi' \mp \dfrac{\sin^2\varphi'}{o^2 O}}{\sin\varphi\cos\varphi}, \\[2ex] U'' = \dfrac{\sin\varphi''\cos\varphi''}{\sin\varphi\cos\varphi}. \end{cases}$$

---

†) Was die drei Stellen **), ***), †) auf Seite 488—490 anbelangt, so ist bei denselben Analoges zu bemerken, wie in der Note *) Seite 488. Die an jenen drei Stellen im Original stehenden Formeln $\cos x'' = \mp 1$, $\cos x' = \mp 1$ und $\cos x'' = \mp 1$ waren nämlich abzuändern in $\cos x'' = -1$, $\cos x' = -1$ und in $\cos x'' = -1$. Und dementsprechend waren die in (6.), (7.), (8.) im Original stehenden Formeln:

$$D'' = \frac{\pm 2\sin\varphi\cos\varphi \cdot S}{\sin(\varphi + \varphi'')} \text{ [in (6.)]},$$

$$D' = \frac{\pm 2\sin\varphi\cos\varphi \cdot S}{\sin(\varphi + \varphi')} \text{ [in (7.)]},$$

$$D'' = \frac{\pm 2\sin\varphi\cos\varphi \cdot S}{\sin(\varphi + \varphi'')} \text{ [in (8.)]}$$

so abzuändern, wie von Seiten der Redaction im obigen Text geschehen ist.

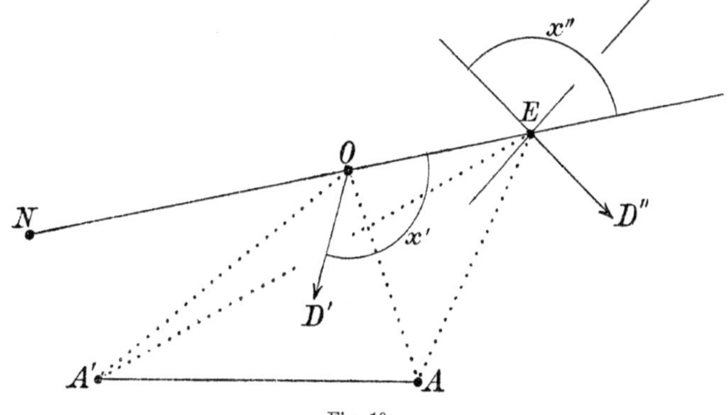

Fig. 10 a.

Hier sind D' und D'' die Bewegungsrichtungen in den Wellen O und E. Es sind also D' und D'' dieselben Richtungen, die in der vorigen Fig. 10 bezeichnet waren mit OO' und $E\varepsilon''$. Man vergleiche übrigens die letzte Note auf Seite 480.

Ohne diese Abänderungen würden die Formeln (7.) und (8.), an der zwischen den beiden Fällen (*a.*) und (*b.*) befindlichen *Grenze*, z. B. für D', D'' Werthe ergeben haben, die *nicht* mit einander übereinstimmen; während jetzt, *nach* Vornahme dieser Abänderungen, eine solche Uebereinstimmung

Dass von diesen Formeln diejenigen, welche sich auf die reflectirten Strahlen beziehen, auch für den besondern Fall, der in der Mitte zwischen den beiden

---

wirklich vorhanden ist. — Es ist indessen nicht ganz leicht, diese Uebereinstimmung wirklich nachzuweisen. Um näher darauf einzugehen, werden wir, der Reihe nach, zuerst den Fall (*a.*) und die Formeln (7.), sodann den Fall (*b.*) nebst den Formeln (8.) einer genaueren Betrachtung, namentlich mit Bezug auf den *Grenzfall* zwischen (*a.*) und (*b.*), zu unterwerfen haben. Dabei wird Rücksicht zu nehmen sein auf beistehende Fig. 10a., die aus der früheren Fig. 10 Seite 481 durch gewisse kleine Abänderungen entstanden ist. Um nämlich besseren Anschluss zu gewinnen an die Betrachtungen des folgenden § 18, war es nothwendig, die Buchstaben A, A' mit einander zu vertauschen. Und aus anderen Gründen [vgl. die Note ***) Seite 480] schien es gut, die Reihenfolge der Punkte N, E, O umzuändern in N, O, E.

Der Fall (*a.*) *und die Formeln* (7.) *Seite* 489. — In der nachfolgenden Zeichnung (𝔉.) sei [ebenso wie in Fig. 10 und Fig. 10a] der Kreisbogen AA' kleiner als 90^0; so dass also dieser Kreisbogen den *spitzen* Winkel der optischen Axen repräsentirt. Ferner sei π die diesen spitzen Winkel halbirende Elasticitätsaxe. Die Normale N der brechenden Fläche liege irgendwo zwischen π und A. Endlich sei die Einfallsebene identisch mit der Ebene AA' der optischen Axen.

(𝔉.)

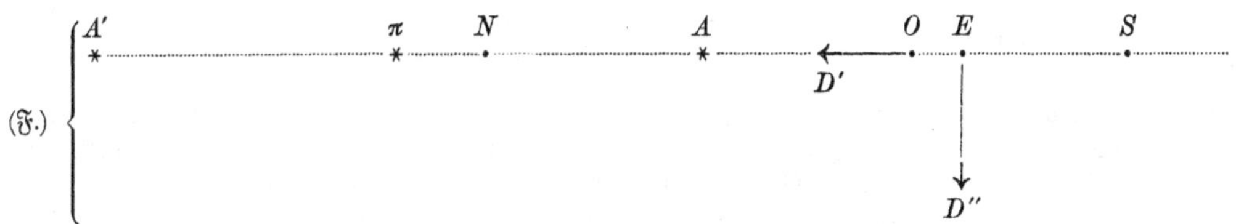

Denkt man sich nun in dieser Einfallsebene den einfallenden Strahl S rechts von A, also im stumpfen Winkel der optischen Axen, so werden die Normalen O, E der beiden gebrochenen Wellen [wie man durch geometrische Construction ohne erhebliche Mühe findet] nicht nur zwischen N und S, sondern auch zwischen A unn S gelegen sein. Auch erkennt man [ebenfalls durch geometrische Construction], dass, wenn S dem Punkte A sich nähert, O und E ebenfalls dem Punkte A sich nähern werden. Und im Laufe dieser Bewegung wird ein gewisser Augenblick eintreten, in welchem O und E beide in A hineinfallen, während gleichzeitig S immer noch rechts von A sich befindet. Diese *besondere Lage* des Punktes S mag mit (S) bezeichnet werden.

Die vorstehende Fig. (𝔉.) repräsentirt offenbar einen Specialfall der Fig. 10a. Denkt man sich nun jene allgemeinere Fig. 10a Schritt für Schritt in *stetiger* Weise in diese specielle Fig. (𝔉.) übergehend, so erkennt man, dass die in (𝔉.) gezeichneten Linien D' und D'' die Bewegungsrichtungen in den Wellen O und E repräsentiren.

Die Fig. (𝔉.) entspricht nun, wie man sofort erkennt, dem Falle (*a.*) Seite 489; so dass also die Formeln (7.) Seite 489 auf sie ohne Weiteres anwendbar sind. Dabei wird in jenen Formeln (7.) Seite 489 [nach dortiger Vorschrift] das *obere* Vorzeichen zu nehmen sein, weil in Fig. (𝔉.) die Normale N der brechenden Fläche auf derjenigen Seite der Normalen O, E liegt, auf welcher die π-Axe sich befindet. Man erhält also:

$$(\mathfrak{G}.)\qquad D' = \frac{2\sin\varphi\cos\varphi\cdot S}{\sin(\varphi+\varphi')}\,,\qquad D'' = \frac{2\sin\varphi\cos\varphi\cdot P}{\sin(\varphi+\varphi'')\cos(\varphi-\varphi'') - \left(\frac{1}{e^2 E}\right)\sin^2\varphi''}\,.$$

Hier aber ist, wie aus (35.) Seite 475 sich ergiebt:

$$\frac{1}{e^2 E} = \pm\,\frac{\pi^2-\mu^2}{2e^2}\sin[(A'E)+(AE)]\cos 0,\qquad \text{d. i.}\qquad \frac{1}{e^2 E} = \frac{(\pi^2-\mu^2)\sin[(A'E)+(AE)]}{2e^2}\,;$$

so dass also die Formeln (𝔊.) übergehen in:

$$(\mathfrak{H}.)\quad D' = \frac{2\sin\varphi\cos\varphi\cdot S}{\sin(\varphi+\varphi')}\,,\quad D'' = \frac{2\sin\varphi\cos\varphi\cdot P}{\sin(\varphi+\varphi'')\cos(\varphi-\varphi'') - \left(\frac{(\pi^2-\mu^2)\sin[(A'E)+(AE)]}{2e^2}\right)\sin^2\varphi''}\,.$$

Fällen in (*a.*) und (*b.*) liegt, wo die Normale der gebrochenen Welle mit der optischen Axe zusammenfällt, richtig sind, und man nur $\varphi' = \varphi''$ zu setzen habe, werde ich im folgenden Paragraphen zeigen.

Jetzt wollen wir dem Punkt S jene schon vorhin erwähnte *besondere Lage* (S) geben, bei welcher O und E beide in A hineinfallen. Alsdann geht die Fig. (𝔍.) über in:

(𝔍.)
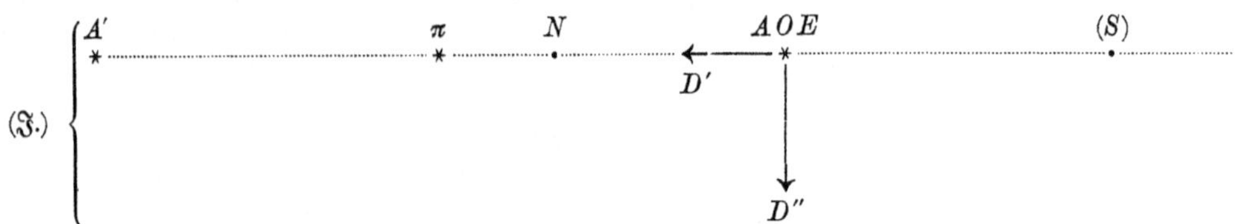

Hier ist $NO = NE$, d. i. $\varphi' = \varphi''$, und überdies (weil O und E mit der optischen Axe A zusammenfallen): $o = e = \nu$; so dass also die Formeln (ℌ.) für den Fall dieser Fig. (𝔍.) folgende Gestalt erhalten:

$$(\mathfrak{K}.)\quad D' = \frac{2\sin\varphi\cos\varphi\cdot S}{\sin(\varphi+\varphi')}, \qquad D'' = \frac{2\sin\varphi\cos\varphi\cdot P}{\sin(\varphi+\varphi')\cos(\varphi-\varphi') - \left(\frac{(\pi^2-\mu^2)\sin 2n}{2\nu^2}\right)\sin^2\varphi'}.$$

Bei dieser Gelegenheit sei (für spätere Zwecke) noch Folgendes bemerkt: Denkt man sich *die brechende Fläche senkrecht zur optischen Axe* A, also N identisch mit A, so wird offenbar ein Hineinfallen der Punkte O, E in den Punkt A dadurch zu bewirken sein, dass man den einfallenden Strahl mit der optischen Axe A zusammenfallen lässt. In diesem besonderen Fall sind daher alle fünf Punkte N, A, O, E und (S) mit einander zusammenfallend. Es wird also $NO = NE = N(S) = 0$, d. i. $\varphi' = \varphi'' = \varphi = 0$; so dass man also die Relation $\sin\varphi' = \nu\sin\varphi$ ersetzen darf durch $\varphi' = \nu\varphi$ Für den in Rede stehenden Specialfall gewinnen daher die Formeln (𝔎.) folgende Gestalt:

$$(\mathfrak{L}.)\qquad D' = \frac{2S}{1+\nu}, \qquad D'' = \frac{2P}{1+\nu}; \qquad \text{woraus z. B. folgt:}\quad \frac{D''}{D'} = \frac{P}{S}.$$

Der Fall (*b.*) *und die Formeln* (8.) *Seite* 490. — Jenen Fall (*b.*) werden wir erhalten, wenn wir, durch eine geeignete Wahl des Strahles S, dafür sorgen, dass die Punkte O, E, nicht wie in Fig. (𝔍.) *rechts* von A, sondern *links* von A liegen. In solcher Weise erhalten wir folgendes Bild:

(𝔐.)

A' π N O E S A

D''

D'

Diese Fig. (𝔐.) repräsentirt einen Specialfall der allgemeinen Fig. 10a Seite 490. Und hieraus ist ersichtlich, dass die hier in (𝔐.) angegebenen Linien D' und D'' die Bewegungsrichtungen in den Wellen O und E vorstellen. Bringt man nun auf diese den Fall (*b.*) repräsentirende Fig. (𝔐.) die betreffenden Formeln (8.) Seite 490 in Anwendung, so wird man in jenen Formeln [nach dortiger Vorschrift] das *obere* Vorzeichen zu nehmen haben, weil die Normale N der brechenden Fläche auf derselben Seite der Normalen O, E liegt, auf welcher die π-Axe sich befindet. Somit erhält man:

$$\mathfrak{N}.)\qquad D' = \frac{2\sin\varphi\cos\varphi\cdot P}{\sin(\varphi+\varphi')\cos(\varphi-\varphi') - \left(\frac{1}{o^2 O}\right)\sin^2\varphi'}, \qquad D'' = \frac{-2\sin\varphi\cos\varphi\cdot S}{\sin(\varphi+\varphi'')}.$$

Hier aber ist, wie aus (34.) Seite 475 folgt:

$$\frac{1}{o^2 O} = \pm\frac{\pi^2-\mu^2}{2o^2}\sin 2n\sin 90^0, \qquad \text{d. i.}\qquad \frac{1}{o^2 O} = \frac{(\pi^2-\mu^2)\sin 2n}{2o^2}; \quad \text{so dass man}$$

§ 18.*)

Anwendung auf die konische Refraction beim Eintritt.

Ich werde mich jetzt mit der Anwendung der Formeln (1.), (2.), (3.) des vorigen Paragraphen auf einen Fall beschäftigen, der beim ersten Anblick einige Schwierigkeit darbietet, nämlich auf den Fall, wo statt der *doppelten Brechung* des einfallenden Strahls die *konische Brechung* eintritt. Ich werde untersuchen die Lichtintensitäten und die Lage der Polarisationsebenen in den verschiedenen Seiten des Lichtkegels, in welche der einfallende Strahl sich zerspaltet. Die Formeln (1.), (2.), (3.) werden in diesem Falle völlig unbestimmt, weil x' und x'', j und k hier jeden Werth haben können, sie bekommen die Natur eines Ausdrucks, der durch bestimmte Werthe zweier von einander unabhängiger Grössen $\frac{0}{0}$ wird. Es bedarf in solchen Fällen immer einer besonderen Untersuchung über die Bedeutung dieses $\frac{0}{0}$. Diese werde ich an die Fig. 13 knüpfen. Durch den Mittelpunkt einer Kugel sind die beiden optischen Axen gelegt, welche ihre Oberfläche in A und A' schneiden.

---

so dass man also erhält:

$$(\mathfrak{O}.)\quad D' = \frac{2\sin\varphi\cos\varphi\cdot P}{\sin(\varphi+\varphi')\cos(\varphi-\varphi') - \left(\frac{(\pi^2-\mu^2)\sin 2n}{2o^2}\right)\sin^2\varphi'},\qquad D'' = \frac{-2\sin\varphi\cos\varphi\cdot S}{\sin(\varphi+\varphi'')}.$$

Wir wollen jetzt dem einfallenden Strahl S in der Einfallsebene AA' jene *besondere Lage* (S) geben, von der schon vorhin [zwischen ($\mathfrak{F}$.) und ($\mathfrak{G}$.)] die Rede war, bei welcher O und E beide in A hineinfallen. Alsdann erhält die Fig. ($\mathfrak{M}$.) folgendes Aussehen:

($\mathfrak{P}$.)

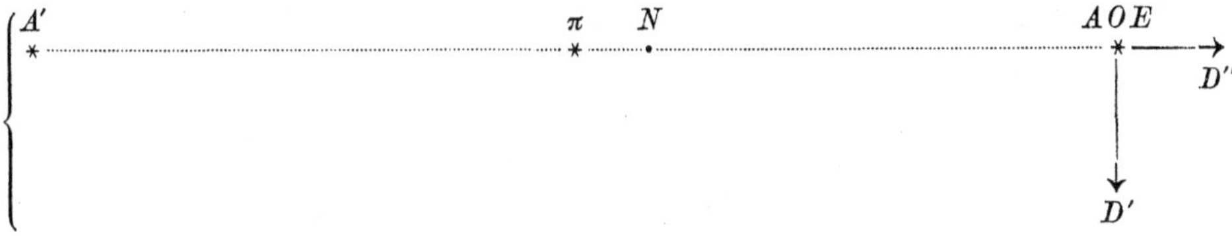

Dabei hat man sich den (hier nicht markirten) Punkt (S) rechts vom Punkte AOE zu denken. Hier ist nun $NO = NE$, d. i. $\varphi' = \varphi''$; und überdies $o = e = \nu$; so dass also die Formeln ($\mathfrak{O}$.) übergehen in:

$$(\mathfrak{Q}.)\quad D' = \frac{2\sin\varphi\cos\varphi\cdot P}{\sin(\varphi+\varphi')\cos(\varphi-\varphi') - \left(\frac{(\pi^2-\mu^2)\sin 2n}{2\nu^2}\right)\sin^2\varphi'},\qquad D'' = \frac{-2\sin\varphi\cos\varphi\cdot S}{\sin(\varphi+\varphi')}.$$

Vergleichung der beiderlei Resultate. — Die Componenten der Welle OE sind sowohl in ($\mathfrak{J}$.), ($\mathfrak{K}$.), wie auch in ($\mathfrak{P}$.), ($\mathfrak{Q}$.) angegeben. Ein Mal aber sind sie mit D', D'', das andere Mal (in demselben Sinne gerechnet) mit $-D''$, $+D'$ bezeichnet. Diesen Unterschied der Bezeichnungsweise in Anschlag bringend, bemerkt man nun, dass die Componenten der Welle OE in ($\mathfrak{J}$.), ($\mathfrak{K}$.) *genau dieselben* sind wie in ($\mathfrak{P}$.), ($\mathfrak{Q}$.); und das sollte hier gezeigt werden. — *C. N.*

*) In diesem Paragraphen liegt ausnahmsweise die Axe A' nicht rechts, sondern *links*. Vgl. die Note auf Seite 473. — *C. N.*

Durch denselben Mittelpunkt legen wir die Normale der brechenden Ebene und die Normale der gewöhnlichen und ungewöhnlichen Wellenebene und den dazu gehörigen einfallenden Strahl, welche Linien die Oberfläche respective schneiden in N, O, E und S. Die Einfallsebene ist also der grösste Kreis $NEOS$. Ich habe angenommen, dass die Normale N der brechenden Ebene in der Ebene der optischen Axen liegt, und zwar in ihrem spitzen Winkel, und ich werde später den allgemeineren Fall untersuchen. *Die Bewegungen in der gewöhnlichen Wellenebene O liegen in der Ebene des Kreises $O'O''$, welcher den Winkel AOA' halbirt, und ihr zugehöriger Strahl in o,* so dass der Winkel oOO' ein rechter ist und die Tangente des Bogens $oO = \frac{1}{o^2 O}$, wo o und O in der Bedeutung § 15 (5.) Seite 461 und (4a.) Seite 459 genommen sind. Dies beruht auf (2.) § 16 Seite 476 und (18b.) § 15 Seite 466. *In der ungewöhnlichen Wellenebene E findet die Bewegung in der Ebene eines Kreises $\varepsilon'\varepsilon''$ statt, welcher senkrecht ist zu dem den Winkel AEA' halbirenden Kreis $E'E''$; der dieser Welle zugehörige Strahl e liegt auf dem Kreisbogen EE''; und die Tangente des Bogens eE ist* $= \frac{1}{e^2 E}\cdot$ Die Winkel AOA' und AEA' sind dieselben, welche wir mit $2j$ und $2k$ bezeichnet haben, der Winkel $SE\varepsilon'$ ist unser x'', und SOO' gleich x' *).

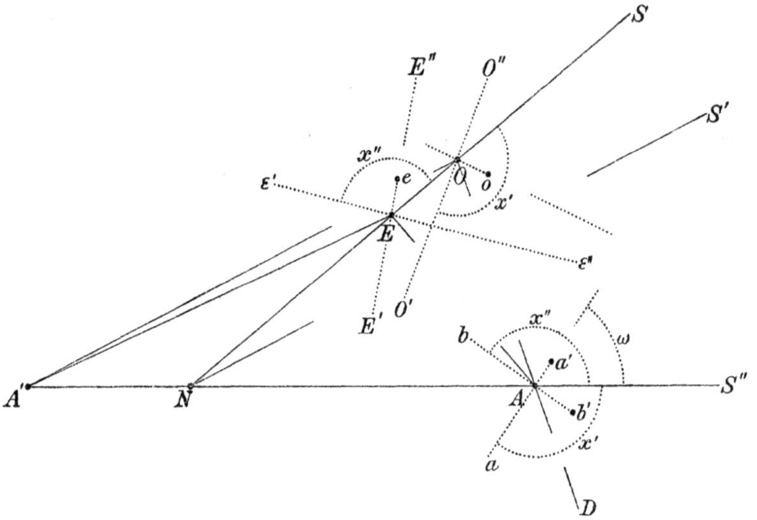

Fig. 13.

Hier sind die Punkte O und E mit den Punkten A, A' durch *grösste Kreisbogen* $u = OA$, $u' = OA'$ und $v = EA$, $v' = EA'$ verbunden zu denken. Doch sind diese grössten Kreisbogen, um die Figur nicht zu überladen, nur mit Unterbrechungen angegeben; AD soll die Verlängerung des Bogens OA sein. — Die Bewegungsrichtungen D' und D'' in der gewöhnlichen Welle $O[o]$ und in der ungewöhnlichen Welle $E[e]$ sind dargestellt durch die Richtungen OO' und $E\varepsilon''$ (ebenso wie in Fig. 10 Seite 481).

In jenem Grenzfall, von welchem weiterhin im Text [bei (α.), (β.), (γ.)] die Rede ist, verwandelt sich die Welle $O[o]$ in $A[b']$, und ihre Bewegungsrichtung D' in die Richtung Aa, oder (was dasselbe ist) in die Richtung $a'A$. Gleichzeitig verwandelt sich in jenem Falle die Welle $E[e]$ in $A[a']$, und ihre Bewegungsrichtuag D'' in die Richtung Ab'.

*) Es sind x', x'' die in der Figur 10 Seite 481 angegebenen Winkel, welche definirt wurden in (6a.) auf Seite 477. — Dass die in den Wellen O und E vorhandenen *Vibrationsbewegungen* hier in Fig. 13 durch die Linien OO' und $E\varepsilon''$ dargestellt sind, ergiebt sich aus dem *Neumann*'schen Satze (𝔈.) Seite 461. Dass ferner die den Wellen O und E zugehörigen *Strahlen* o und e so liegen, wie hier in Fig. 13 angegeben ist, ergiebt sich aus den *Neumann*'schen Sätzen (𝔊.), (𝔥.) Seite 467. — *C. N.*

Denken wir uns nun den einfallenden Strahl allmählich von S nach S' bis S'' rückend, so aber, dass die Normale der gewöhnlichen gebrochenen Wellenebene sich bewegt in dem Kreise OA, während die brechende Ebene B unverändert bleibt, so fallen O und E immer näher an einander, und sie fallen zusammen, wenn O in A, S in S'' angekommen ist*). Verfolgen wir die verschiedenen Lagen der Polarisationsebenen von O und E während der Bewegung von O auf OA nach A, so sehen wir, dass diese, wenn O und E in A zusammenfallen, die Lagen aAa' und bAb' angenommen haben, wo bAb' den Winkel OAA' halbirt und aAa' den Winkel OAS''. Wir haben also in dieser Grenze $S''Aa = x'$, $S''Ab = x''$, ferner

$$(\alpha.)\quad 2j = 2k = NAD = 360^0 - 2x' = 2x'' + 180^0, \quad \text{und also:} \quad x' + x'' = 270^0.$$

Der zur Wellennormale A gehörige *gewöhnliche Strahl* liegt in b', der dazu gehörige *ungewöhnliche Strahl* in a'. Ich werde die Bogen Ab' und Aa' mit q' und q'' bezeichnen [vergl. die Figuren 13 u. 14]. Alsdann ergiebt sich aus Seite 476 (2.), (5.) und Seite 475 (34.), (35.):

$$(\beta.)\qquad \operatorname{tang} q' = \frac{1}{o^2 O} = \frac{\pi^2 - \mu^2}{2v^2} \sin 2n \sin x',$$

$$(\gamma.)\qquad \operatorname{tang} q'' = \frac{1}{e^2 E} = \frac{\pi^2 - \mu^2}{2v^2} \sin 2n \sin x'' = -\frac{\pi^2 - \mu^2}{2v^2} \sin 2n \cos x';$$

es ist nämlich zu beachten, dass im gegenwärtigen Fall $o^2 = e^2 = v^2$ ist, und dass ferner in der allgemeinen Formel Seite 475 (34.): $\frac{1}{O} = \frac{\pi^2 - \mu^2}{2} \sin(u' - u) \sin j$ im gegenwärtigen Fall $u = 0$, $u' = 2n$ und [wie soeben, in (α.), angegeben wurde] $j = 180^0 - x'$ ist; desgleichen ist zu beachten, dass in der allgemeinen Formel Seite 475 (35.): $\frac{1}{E} = \frac{\pi^2 - \mu^2}{2} \sin(v' + v) \cos k$ im gegenwärtigen Fall $v = 0$, $v' = 2n$ und [wie vorhin, in (α.), angegeben wurde] $k = x'' - 90^0 = 180^0 - x'$ ist.

Setzen wir nun $180^0 - x' = \omega$, wo also ω (vergl. die Figuren 13 u. 14) den Winkel $a'AS''$ vorstellt, so ergiebt sich:

$$(1.)\qquad \operatorname{tang} q' = \frac{\pi^2 - \mu^2}{2v^2} \sin 2n \sin \omega \quad \text{und} \quad \operatorname{tang} q'' = \frac{\pi^2 - \mu^2}{2v^2} \sin 2n \cos \omega.$$

---

*) Dieses Zusammenfallen der Punkte O und E ist von solcher Art, dass der Winkel OAE im letzten Augenblick $= 0$ wird, wenigstens in erster Annäherung, nämlich mit Vernachlässigung der kleinen Differenz $(\pi^2 - \mu^2)$. Um näher hierauf einzugehen, denke man sich den Punkt O längs der Linie OA bis zu einem Punkte O_1 fortgerückt, der unendlich nahe an A liegt. Während dieser Bewegung wird alsdann der Punkt E (auf irgend welcher Curve) bis zu einem Punkte E_1 fortgewandert sein, der ebenfalls unendlich nahe an A liegt. Bezeichnet man nun die beiden Winkel NAO_1 und NAE_1 respective mit η' und η'', und ihre Supplemente mit ϑ' und ϑ'', so lässt sich ohne erhebliche Mühe zeigen, dass $\vartheta' - \vartheta'' = \eta'' - \eta'$ sehr klein ist, dass nämlich $\sin(\vartheta' - \vartheta'')$ proportional ist mit $(\pi^2 - \mu^2)$. Näheres hierüber in den Zusätzen am Schluss der Abhandlung. — C. N.

Hierbei muss man bemerken, dass der Bogen $q'' = Aa'$ sich zwar in dem Azimuth ω befindet, nicht aber der Bogen $q' = Ab'$, vielmehr liegt letzterer in dem Azimuth $\omega - 90^0$; nennt man sein Azimuth ω', so ist also: $\omega - 90^0 = \omega'$, d. i.: $\omega = \omega' + 90^0$; dieser Werth für ω in $\tang q'$ gesetzt, giebt:

$$\text{(1a.)} \qquad \operatorname{tang} q' = \frac{\pi^2 - \mu^2}{2\nu^2} \sin 2n \cos \omega',$$

woraus erhellt, dass in demselben Azimuth, d. i. für $\omega = \omega'$, man auch hat $q' = q''$.

Nun kann die Linie AO unter jedem Winkel gegen AA' geneigt sein, d. h. der Winkel $S''AO$ kann wachsen von 0 bis $+\pi$ und von 0 bis $-\pi$, mithin kann ω, welches immer gleich dem halben Winkel $S''AO$ ist, alle Werthe zwischen $+\frac{1}{2}\pi$ und $-\frac{1}{2}\pi$ haben. Folglich stellen die Gleichungen (1.) einen Kegel vor, dessen Kanten alle die Strahlen darstellen, welche zur Wellennormale A gehören. Es ist derselbe *Kegel*, den wir oben Seite 469, § 15 (23.), bereits aus andern Betrachtungen abgeleitet haben. Die jetzige Betrachtung giebt aber eine deutlichere Einsicht in die physikalische Natur desselben. *Man muss sich den einfallenden Strahl S'' entstanden denken aus einem Kegel dadurch, dass die Kanten desselben mit seiner Axe zusammengefallen sind.* Jede Kante, obgleich sie nun alle dieselbe Richtung haben, hat zwei Strahlen a' und b' erzeugt, deren Ort ein durch die Axe A gehender elliptischer Kegel ist, welcher von der Ebene senkrecht auf A in einem Kreise geschnitten wird.

Die beiden Strahlen a' und b' nenne ich *zusammengehörige.* Wenn der Strahl a' gegeben ist, findet man den dazu gehörigen b', indem man durch die Axe A und den Strahl a' eine Ebene legt, und eine zweite Ebene durch A senkrecht auf jene; diese zweite Ebene schneidet den Kegel in dem Strahle b'. Je zwei zusammengehörige Strahlen sind senkrecht auf einander polarisirt und zwar jeder senkrecht auf der Ebene, die durch ihn und die Axe A gelegt ist. Wenn die Amplitude in dem einfallenden Strahl S'' mit J bezeichnet wird, rühren die zwei zusammengehörigen Strahlen a' und b' von dem Theil $\frac{J\beta}{2\pi}$ her, wo 2π die Peripherie eines Kreises vom Halbmesser 1 vorstellt, und β ein Element dieser Peripherie, weil man die Kanten des Kegels, aus welchem S'' durch das Verschwinden des Kegelwinkels entstanden, sich alle mit gleicher Geschwindigkeit oscillirend vorstellen muss.

Ich werde die Geschwindigkeiten in den Strahlen b' und a' mit $\frac{Q'\beta}{2\pi}$ und $\frac{Q''\beta}{2\pi}$ bezeichnen. Um ihre Ausdrücke zu finden, haben wir in (3.) § 17 Seite 487 zu setzen:

$$P = \frac{P\beta}{2\pi}, \qquad S = \frac{S\beta}{2\pi},$$

$$x' = 180^0 - \omega, \quad x'' = 90^0 + \omega, \quad \text{[vgl. Fig. 13 u. 14]},$$

ferner:

$$\varphi' = \varphi'' \quad \text{und} \quad j = k = \omega, \quad \text{[vgl. die Formeln } (\alpha.) \text{ Seite 495]},$$

endlich:

$$D' = \frac{Q'\beta}{2\pi} \quad \text{und} \quad D'' = \frac{Q''\beta}{2\pi}.$$

Man findet hierdurch aus den allgemeinen Gleichungen Seite 487 (2a.), (3.), (4.) und unter Anwendung der Formeln Seite 495 (1.):

$$(2.)\begin{cases} \mathsf{N} = -\sin(\varphi+\varphi')\Big(\sin(\varphi+\varphi')\cos(\varphi-\varphi') - \frac{\pi^2-\mu^2}{2\nu^2}\sin 2n\sin^2\varphi'\Big), \\ \mathsf{N}\,Q' = -2\sin\varphi\cos\varphi\Big\{P\sin(\varphi+\varphi')\sin\omega + S\Big(\sin(\varphi+\varphi')\cos(\varphi-\varphi') - \frac{\pi^2-\mu^2}{2\nu^2}\sin 2n\sin^2\varphi'\Big)\cos\omega\Big\}, \\ \mathsf{N}\,Q'' = -2\sin\varphi\cos\varphi\Big\{P\sin(\varphi+\varphi')\cos\omega - S\Big(\sin(\varphi+\varphi')\cos(\varphi-\varphi') - \frac{\pi^2-\mu^2}{2\nu^2}\sin 2n\sin^2\varphi'\Big)\sin\omega\Big\}, \end{cases}$$

$$U' = \frac{\sin\varphi'\cos\varphi' - \sin^2\omega\sin^2\varphi'\sin 2n\,\frac{\pi^2-\mu^2}{2\nu^2}}{\sin\varphi\cos\varphi},$$

$$U'' = \frac{\sin\varphi'\cos\varphi' - \cos^2\omega\sin^2\varphi'\sin 2n\,\frac{\pi^2-\mu^2}{2\nu^2}}{\sin\varphi\cos\varphi}.$$

Der Werth von Q'' gehört einem Strahle an, dessen Neigung gegen die Axe A ist q'' und der sich im Azimuth ω befindet (Fig. 14). Der Werth von Q' gehört zu dem unter q' geneigten Strahle, welcher sich im Azimuth $\omega - 90^0$ befindet. Führt man in ihm statt ω sein zugehöriges Azimuth ω' ein, d. h. setzt man statt ω den Winkel $\omega' + 90^0$, so sieht man, dass für $\omega' = \omega$ auch $Q' = Q''$. Man kann daher die beiden Gleichungen (2.), ebenso wie wir es bei den beiden Gleichungen (1.) 495 gesehen haben, durch eine ersetzen, in welcher die Geschwindigkeit durch das correspondirende Azimuth des Strahls ausgedrückt ist, also durch den Werth für Q''. Dabei muss man aber bemerken, dass alsdann jede Kante des Kegels (1.) als *doppelt* zu betrachten ist, einmal einen gewöhnlichen Strahl vorstellend und dann auch einen ungewöhnlichen, in beiden Fällen findet aber dieselbe Geschwindigkeit in derselben Richtung statt, die man also addiren kann. Demnach wird man die

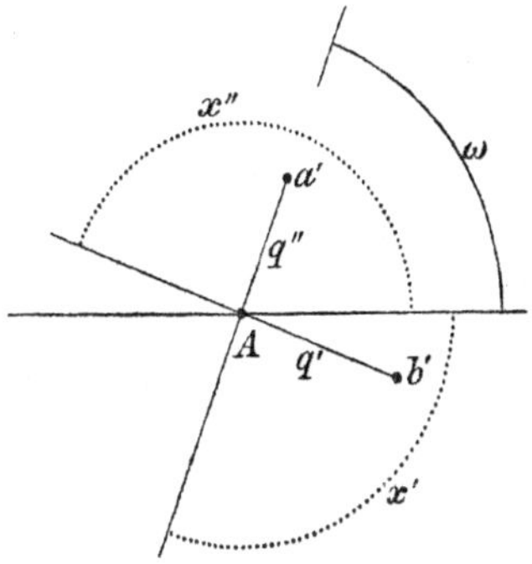

Fig 14.
Hier ist, ebenso wie in der vorigen Fig. 13 Seite 494, die Bewegungsrichtung D' der gewöhnlichen Welle $A[b']$ durch die Richtung $a'A$ (nicht Aa') dargestellt, und andererseits die Bewegungsrichtung D'' der ungewöhnlichen Welle $A[a']$ durch die Richtung Ab' dargestellt. Vgl. das Ende der Note auf Seite 482, 483.

jeder einzelnen Kante des Kegels angehörige Geschwindigkeit erhalten, wenn man Q'' mit 2 multiplicirt. Ich werde die Neigung einer Kante des Kegels gegen die Axe A im Azimuth ω mit q bezeichnen, und die Geschwindigkeit in dem durch diese Kante dargestellten Strahle mit Q. Alsdann ist:

$$(3.)\qquad \operatorname{tang} q = \frac{\pi^2 - \mu^2}{2\nu^2} \sin 2n \cos\omega,$$

$$(4.)\quad Q = 4 \sin\varphi \cos\varphi \left\{ \frac{P \sin(\varphi + \varphi') \cos\omega - S\left(\sin(\varphi+\varphi')\cos(\varphi-\varphi') - \frac{\pi^2-\mu^2}{2\nu^2} \sin 2n \sin^2\varphi'\right)\sin\omega}{\sin(\varphi+\varphi')\left(\sin(\varphi+\varphi')\cos(\varphi-\varphi') - \frac{\pi^2-\mu^2}{2\nu^2}\sin 2n \sin^2\varphi'\right)} \right\}.$$

Dieser Ausdruck enthält das Gesetz, nach welchem ein einfallender Lichtstrahl sich in den Kanten des Refractionskegels verbreitet, wenn er [ursprünglich in dem Azimuth, dessen Tangente $= \frac{P}{S}$, *polarisirt] auf eine brechende Ebene fällt, deren Normale in dem spitzen Winkel der optischen Axen liegt.* Die Intensität des Lichtes in der Kante des Kegels, welche in Beziehung auf die Ebene der optischen Axen in dem Azimuth ω liegt, ist nämlich:

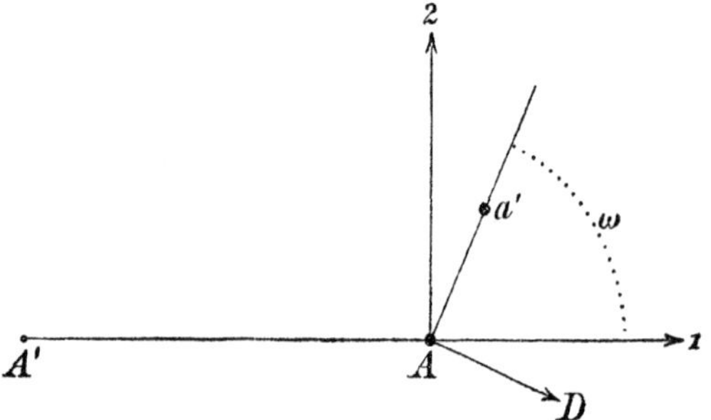

Fig. 15.

Ebenso wie in der vorigen Fig. 14 die Bewegungsrichtung der Welle $A[a']$ dargestellt war durch die Linie Ab', — ebenso ist auch hier in Fig. 15 die Bewegungsrichtung dieser Welle $A[a']$ dargestellt zu denken durch den mit D bezeichneten Pfeil.

$$(5.)\qquad Q^2 U = \frac{Q^2\left(\sin\varphi' \cos\varphi' - \cos^2\omega \sin^2\varphi' \sin 2n \frac{\pi^2-\mu^2}{2\nu^2}\right)}{\sin\varphi \cos\varphi}.$$

Zwischen φ und φ' hat man die Relation: $\nu \sin\varphi = \sin\varphi'$, und φ' ist hier die Neigung der Normale der brechenden Ebene gegen die optische Axe. Setzt man $\varphi' = 0$, d. h. nimmt man an, dass die Ebene, durch welche das Licht in den Krystall eintritt, senkrecht auf der optischen Axe steht, so erhält man:

$$(6.)\qquad (Q) = \frac{4(P\cos\omega - S\sin\omega)}{1+\nu}\,; \text{*)}$$

woraus erhellt, dass in der Kante des Kegels, welche im Azimuth der ursprünglichen Polarisation liegt, das Licht $= 0$ ist, und dass es ein Maximum in der Kante, deren Azimuth senkrecht auf der ursprünglichen Polarisationsebene steht, ist. Ein ähnliches, nur durch die Brechung der Wellenebene

*) wie sich solches aus (4.) leicht ergiebt, falls man nur beachtet, dass φ und φ' durch die Relation $\nu \sin\varphi = \sin\varphi'$ mit einander verbunden sind. Im Original ist diese Formel (6.) mit einem Versehen behaftet; sie lautet daselbst

$$[6.]\qquad (Q) = 4(P\cos\omega - S\sin\omega).$$

Man vergleiche übrigens die Note *) auf Seite 509. — *A. W*

modificirtes Verhältniss findet allgemein statt; denn man kann (4.) immer in die Form $Q = A \sin(B - \omega)$ bringen.

In der Wirklichkeit ist es nun aber nicht ein Strahl, welcher auffällt, sondern ein Strahlencylinder; dieser erzeugt nicht einen einfachen Lichtkegel, sondern das gebrochene Licht verbreitet sich über einen Raum, welcher von der Enveloppe unendlich vieler Refractionskegel eingeschlossen ist. Dadurch wird nun sowohl die Vertheilung des Lichtes als die Lage seiner Polarisationsebene modificirt. Ehe ich mich aber hiermit beschäftige, wird es gut sein zu untersuchen, *was aus den Formeln* (1.) *und* (2.) § 17 *Seite* 487 *für das reflectirte Licht in den Fällen wird, wo die gebrochene Wellenebene senkrecht auf einer der optischen Axen steht.* Die reflectirten Geschwindigkeiten R_p und R_s muss man betrachten als zusammengesetzt aus den reflectirten Geschwindigkeiten, die zu den einzelnen gebrochenen Strahlen im Azimuth x' und x'' gehören; die einzelnen reflectirten Geschwindigkeiten, da sie dieselben Richtungen haben, addiren sich und man hat also [vgl. Seite 487 (1.)]:

$$(7.)\qquad \begin{aligned} R_p &= \int (pP + s'S)\frac{\beta}{2\pi}, \\ R_s &= \int (p'P + sS)\frac{\beta}{2\pi}, \end{aligned}$$

wo $\int$ die Summe in Beziehung auf alle x' und x'' bedeuten soll.

Die Grössen p, p', s, s' sind im Allgemeinen Functionen dieser Grössen. Man findet aber aus (2.) und (2a.) § 17 Seite 487†):

$$(8.)\qquad \begin{aligned} \mathsf{N}p &= -\sin(\varphi+\varphi')\left(\sin(\varphi-\varphi')\cos(\varphi+\varphi') + \sin^2\varphi'\sin 2n\,\frac{\pi^2-\mu^2}{2\nu^2}\right), \\ \mathsf{N}s &= +\sin(\varphi-\varphi')\left(\sin(\varphi+\varphi')\cos(\varphi-\varphi') - \sin^2\varphi'\sin 2n\,\frac{\pi^2-\mu^2}{2\nu^2}\right), \\ \mathsf{N}p' &= 0, \\ \mathsf{N}s' &= 0, \end{aligned}$$

und

$$(8a.)\qquad \mathsf{N} = -\sin(\varphi+\varphi')\left(\sin(\varphi+\varphi')\cos(\varphi-\varphi') - \sin^2\varphi'\sin 2n\,\frac{\pi^2-\mu^2}{2\nu^2}\right);$$

†) So z. B. kann man die erste der Formeln (2.) Seite 487 in dem hier betrachteten Fall, wo $\varphi' = \varphi''$ ist, folgendermaassen schreiben:

$$\mathsf{N}p = \sin(x'+x'')\sin\sigma\sin\delta\cos\sigma + \sin\sigma\sin^2\varphi'(\operatorname{tg} q'\cos x'' + \operatorname{tg} q''\cos x'),$$

wo zur Abkürzung $\varphi + \varphi' = \sigma$ und $\varphi - \varphi' = \delta$ gesetzt ist. Nun ist aber nach Seite 495 (α.), (β.), (γ.):

$$x' + x'' = 270^0, \qquad \text{und} \qquad \operatorname{tg} q' = \frac{\pi^2-\mu^2}{2\nu^2}\sin 2n\sin x', \qquad \operatorname{tg} q'' = \frac{\pi^2-\mu^2}{2\nu^2}\sin 2n\sin x'';$$

mithin

$$\sin(x'+x'') = -1,$$

und $\quad \operatorname{tg} q'\cos x'' + \operatorname{tg} q''\cos x' = \frac{\pi^2-\mu^2}{2\nu^2}\sin 2n\sin(x'+x'') = -\frac{\pi^2-\mu^2}{2\nu^2}\sin 2n.$ Demgemäss

woraus sich ergiebt, dass $\int p\beta = 2\pi p$, $\int s\beta = 2\pi s$, $\int p' = 0$, $\int s' = 0$ ist, und dass man also erhält:

$$(9.)\qquad \begin{aligned} R_p &= \frac{\sin(\varphi-\varphi')\cos(\varphi+\varphi')+\sin^2\varphi'\sin 2n\,\dfrac{\pi^2-\mu^2}{2\nu^2}}{\sin(\varphi+\varphi')\cos(\varphi-\varphi')-\sin^2\varphi'\sin 2n\,\dfrac{\pi^2-\mu^2}{2\nu^2}}\,P, \\ R_s &= -\frac{\sin(\varphi-\varphi')}{\sin(\varphi+\varphi')}\,S. \end{aligned}$$

Dies sind genau die Formeln, welche man aus denen in (7.) und (8.) § 17 Seite 489, 490 erhält, wenn dort $\varphi' = \varphi''$ gesetzt wird. Die konische Refraction übt also auf die Reflexion keinen Einfluss aus.

Die Bewegungen Q in (4.) stehen senkrecht auf dem Azimuth ω. Zerlegt man dieselben nach dem Azimuth 0^0 und 90^0 und nimmt die respectiven Summen dieser Componenten, so müssen deren Werthe zusammenfallen mit D' und D'' in (7.) oder (8.) Seite 489, 490, wenn dort $\varphi' = \varphi''$ gesetzt wird. So findet man es in der That. Die Componenten der Geschwindigkeiten in den Azimuthen 0^0 und 90^0 sind folgende:

$$(10.)\qquad \text{im Azimuth } 0^0\text{:}\ +Q\sin\omega\,\frac{\beta}{2\pi},\qquad \text{und im Azimuth } 90^0\text{:}\ -Q\cos\omega\,\frac{\beta}{2\pi}.$$

Es sollen also die Summen $+\int Q\sin\omega\,\frac{\beta}{2\pi}$ und $-\int Q\cos\omega\,\frac{\beta}{2\pi}$ gleich sein den Werthen von D' und D'' in (7.) und (8.) Seite 489, 490, diese Summen genommen in Beziehung auf alle Seiten des einfallenden Lichtstrahls, den wir uns als einen mit seiner Axe zusammengefallenen Lichtkegel gedacht haben. Wir müssen uns erinnern, dass ω immer der halbe Winkel $S''AO$ Fig. 13 Seite 494 ist; ich bezeichne diesen Winkel $S''AO$ mit α. Giebt man dem α alle Werthe zwischen $+\pi$, $-\pi$, so erhält man die gebrochenen Strahlen, welche allen Seiten des einfallenden Strahls entsprechen, und man kann statt β schreiben $d\alpha$. Dadurch verwandelt sich die erste Summe in:

$$(11.)\qquad +\int Q\sin\omega\,\frac{\beta}{2\pi} = +\int_{-\pi}^{+\pi} Q\sin\tfrac{1}{2}\alpha\,\frac{d\alpha}{2\pi},$$

Demgemäss erhält man also:

$$\mathsf{N}p = -\sin\sigma\sin\delta\cos\sigma - \sin\sigma\sin^2\varphi'\,\frac{\pi^2-\mu^2}{2\nu^2}\sin 2n,$$

d. i.

$$\mathsf{N}p = -\sin(\varphi+\varphi')\left(\sin(\varphi-\varphi')\cos(\varphi+\varphi')+\sin^2\varphi'\sin 2n\,\frac{\pi^2-\mu^2}{2\nu^2}\right),$$

und dies ist die erste der obigen Formeln (8.). U. s. w. — *C. N.*

oder wenn man wieder ω einführt, $\omega = \frac{1}{2}\alpha$:

$$(12.)\qquad +\int Q \sin\omega \frac{\beta}{2\pi} = +\int_{-\frac{1}{2}\pi}^{+\frac{1}{2}\pi} Q \sin\omega \frac{d\omega}{\pi}\,.$$

Ebenso ist andererseits:

$$(13.)\qquad -\int Q \cos\omega \frac{\beta}{2\pi} = -\int_{-\frac{1}{2}\pi}^{+\frac{1}{2}\pi} Q \cos\omega \frac{d\omega}{\pi}\,.$$

Hierin die Werthe für Q aus (4.) gesetzt, erhält man:

$$(14.)\qquad \begin{aligned} D_1 &= +\int Q \sin\omega \frac{\beta}{2\pi} = \frac{-2\sin\varphi\cos\varphi\cdot S}{\sin(\varphi+\varphi')}\,,\\ D_2 &= -\int Q \cos\omega \frac{\beta}{2\pi} = \frac{-2\sin\varphi\cos\varphi\cdot P}{\sin(\varphi+\varphi')\cos(\varphi-\varphi') - \frac{\pi^2-\mu^2}{2\nu^2}\sin 2n\sin^2\varphi'}\,, \end{aligned}$$

welches eben die Werthe für D' und D'' in (7.) und (8.) § 17 Seite 489, 490 sind, wenn dort $\varphi' = \varphi''$ gesetzt wird*).

Bis jetzt habe ich angenommen, dass die brechende Ebene senkrecht auf der Ebene der optischen Axen steht. *Ich werde jetzt den allgemeinen Fall betrachten, wo die brechende Ebene irgend welche Lage habe.* Ihre Normale N sei gegen die optische Axe A unter φ' geneigt, und die Ebene durch diese Normale N und die optische Axe A, d. i. die Einfallsebene bilde mit der Ebene der beiden

---

*) Die Redaction hat sich erlaubt, hier in den Formeln (14.) die Buchstaben D_1 und D_2 zuzufügen. Diese Componenten D_1, D_2 (14.) sind offenbar, ebenso wie die Componenten (10.), gerechnet zu denken in den Azimuthen $\omega = 0^0$ und $\omega = 90^0$, also gerechnet zu denken in denjenigen Richtungen, die in der Fig. 15 Seite 498 mit 1 und 2 bezeichnet sind. [Dabei sei bemerkt, dass im Original die Vorzeichen in den Formeln (10.) nicht ganz richtig sind; was sich auf die folgenden Formeln (11.), (12.), (13.), (14.) übertragen hat.] Hinsichtlich der Componenten D_1, D_2 (14.) wird nun im obigen Text *zweierlei* behauptet.

Erstens nämlich wird gesagt, dass man zu diesen Werthen (14.) der Componenten D_1, D_2 auch gelangen könne auf Grund der früheren Formeln (7.) Seite 489, die dem dortigen Falle (*a.*) entsprechen. Mit andern Worten: Es wird behauptet, dass die Componenten D_1, D_2 (14.) in Uebereinstimmung seien mit den aus jenem Falle (*a.*) in (𝔍.), (𝔎.) Seite 492 abgeleiteten Componenten D', D''. Dass eine solche Uebereinstimmung nun wirklich vorhanden ist, erkennt man sofort, wenn man nur beachtet, dass D_1, D_2 in den Richtungen 1, 2 der Fig. 15, also in Richtungen gerechnet sind, die *entgegengesetzt* sind zu den Richtungen der in (𝔍.), (𝔎.) Seite 492 angegebenen Componenten D', D''.

Zweitens wird behauptet, dass die Werthe (14.) der Componenten D_1, D_2 auch in Uebereinstimmung seien mit den früheren Formeln (8.) Seite 490 des dortigen Falles (*b.*). Dies bedarf offenbar keiner weiteren Erläuterung. Denn schon auf Seite 493 ist nachgewiesen, dass jene Formeln (8.) des Falles (*b.*) zu demselben Resultat führen, wie die Formeln (7.) des Falles (*a.*) Seite 489. — *C. N.*

optischen Axen den Winkel λ, diesen Winkel λ in demselben Sinne gerechnet wie vorher ω*).

Die Polarisationsebenen irgend zweier zusammengehöriger Strahlen des elliptischen Kegels liegen im Azimuth x' und x'', diese Buchstaben in der Bedeutung der Formeln (1.), (2.), (3.) § 17 Seite 487 genommen. Es sei:

$$(15.)\qquad \omega' = 180^0 - x' = x'' - 90^0,$$

wo also ω' das Azimuth des ungewöhnlichen Strahls in Beziehung auf die Einfallsebene ist**). Dann ist der Winkel, den wir vorher mit ω bezeichnet haben, d. h. das Azimuth des ungewöhnlichen Strahls in Beziehung auf die Ebene der optischen Axen $= \omega' + \lambda$. Man hat also aus (1.) dieses Paragraphen, Seite 495:

$$(16.)\qquad \begin{aligned} \operatorname{tang} q' &= \frac{\pi^2 - \mu^2}{2\nu^2} \sin 2n \sin(\omega' + \lambda), \\ \operatorname{tang} q'' &= \frac{\pi^2 - \mu^2}{2\nu^2} \sin 2n \cos(\omega' + \lambda). \end{aligned}$$

Durch Einführung von ω' statt x' und x'' und dieser Werthe von $\operatorname{tang} q'$ und $\operatorname{tang} q''$ in (3.) § 17 Seite 487 und durch Substituirung von $\frac{P\beta}{2\pi}$, $\frac{S\beta}{2\pi}$ statt P und S erhält man, wenn die Geschwindigkeiten in den beiden zusammengehörigen Strahlen wiederum mit $\frac{Q'\beta}{2\pi}$ und $\frac{Q''\beta}{2\pi}$ bezeichnet werden, folgende Formeln:

---

*) Um eine für die folgenden Betrachtungen geeignete Figur zu erhalten, füge man in Fig. 15 Seite 498 eine durch A gehende Linie NAC (grössten Kreisbogen) hinzu, der Art, dass der dortige Winkel ω durch AC in einen untern Theil λ und in einen obern Theil ω' zerlegt wird:

$$\omega = \lambda + \omega'.$$

Sodann betrachte man die Linie NAC als die gegebene *Einfallsebene*, und den auf ihr liegenden Punkt N als die *Normale der brechenden Fläche*. U. s. w.

Alsdann ist λ die Neigung der Einfallsebene gegen die Ebene der optischen Axen. Auch wird alsdann ω zu bezeichnen sein als das Azimuth der von A ausgehenden Linie Aa' mit Bezug auf die Ebene der optischen Axen; und gleichzeitig wird ω' zu bezeichnen sein als das Azimuth von Aa' mit Bezug auf die Einfallsebene. — *C. N.*

**) Ebenso wie früher für den Winkel ω, zufolge der Fig. 14 Seite 497, die Formeln galten:

$$\omega = 180^0 - x' = x'' - 90^0,$$

ebenso werden jetzt für den Winkel ω' die analogen Formeln (15.) gelten. Der einzige Unterschied besteht darin, dass die Einfallsebene, an welche früher die Winkel ω, x', x'' sich anlehnten, und an welche gegenwärtig die Winkel ω', x', x'' sich anlehnen, damals mit der Ebene der optischen Axen zusammenfiel, während gegenwärtig diese beiden Ebenen unter einem gewissen Winkel λ gegen einander geneigt sein sollen. — *C. N.*

$$(17.)\begin{cases} Q' = \dfrac{2\sin\varphi\cos\varphi\Big[P\sin(\varphi+\varphi')\sin\omega' + S\Big(\cos\omega'\sin(\varphi+\varphi')\cos(\varphi-\varphi') - \dfrac{\pi^2-\mu^2}{2\nu^2}\sin 2n\sin^2\varphi'\cos(\omega'+\lambda)\Big)\Big]}{\sin(\varphi+\varphi')\Big(\sin(\varphi+\varphi')\cos(\varphi-\varphi') - \dfrac{\pi^2-\mu^2}{2\nu^2}\sin 2n\sin^2\varphi'\cos\lambda\Big)}, \\[2ex] Q'' = \dfrac{2\sin\varphi\cos\varphi\Big[P\sin(\varphi+\varphi')\cos\omega' - S\Big(\sin\omega'\sin(\varphi+\varphi')\cos(\varphi-\varphi') - \dfrac{\pi^2-\mu^2}{2\nu^2}\sin 2n\sin^2\varphi'\sin(\omega'+\lambda)\Big)\Big]}{\sin(\varphi+\varphi')\Big(\sin(\varphi+\varphi')\cos(\varphi-\varphi') - \dfrac{\pi^2-\mu^2}{2\nu^2}\sin 2n\sin^2\varphi'\cos\lambda\Big)}. \end{cases}$$

Die Werthe für q' und Q' gehören Strahlen an, welche im Azimuth $\omega' - 90^0$ liegen; führt man in ihre Ausdrücke diese ihnen angehörigen Azimuthe ein, d. h. setzt man statt ω' den Winkel $\omega' + 90^0$, so findet man $q' = q''$ und $Q' = Q''$. Man kann also auch hier den Strahl im Azimuth ω' als bestehend aus zweien betrachten, einem gewöhnlichen und einem ungewöhnlichen, in beiden dieselbe Geschwindigkeit und von gleicher Richtung. Man erhält demnach die Geschwindigkeit in einem Strahl in dem Azimuth ω', wenn man Q'' mit 2 multiplicirt. Nennt man also Q die Geschwindigkeit eines Strahls im Azimuth ω' und seine Neigung gegen die optische Axe q, so hat man, wenn statt ω' sein Werth $= \omega - \lambda$ gesetzt wird:

$$(18.)\begin{cases} Q = 2Q'' = \\ = \dfrac{4\sin\varphi\cos\varphi\Big[P\sin(\varphi+\varphi')\cos(\omega-\lambda) - S\Big(\sin(\varphi+\varphi')\cos(\varphi-\varphi')\sin(\omega-\lambda) - \dfrac{\pi^2-\mu^2}{2\nu^2}\sin 2n\sin^2\varphi'\sin\omega\Big)\Big]}{\sin(\varphi+\varphi')\Big(\sin(\varphi+\varphi')\cos(\varphi-\varphi') - \dfrac{\pi^2-\mu^2}{2\nu^2}\sin 2n\sin^2\varphi'\cos\lambda\Big)}. \end{cases}$$

Setzt man $\lambda = 0$, so reproducirt sich der durch (4.) dargestellte Fall, aber $\lambda = 180^0$ stellt den Fall dar, wo die Normale der brechenden Ebene in dem stumpfen Winkel der optischen Axen liegt, und man erhält in diesem Falle:

$$(19.)\quad Q = -\frac{4\sin\varphi\cos\varphi\Big[P\sin(\varphi+\varphi')\cos\omega - S\Big(\sin(\varphi+\varphi')\cos(\varphi-\varphi') + \dfrac{\pi^2-\mu^2}{2\nu^2}\sin 2n\sin^2\varphi'\Big)\sin\omega\Big]}{\sin(\varphi+\varphi')\Big(\sin(\varphi+\varphi')\cos(\varphi-\varphi') + \dfrac{\pi^2-\mu^2}{2\nu^2}\sin 2n\sin^2\varphi'\Big)}.$$

Für die *reflectirten Strahlen* erhält man die Geschwindigkeiten, wenn man die Summen nimmt der einzelnen Geschwindigkeiten, die jeden einzelnen gebrochenen Strahl des elliptischen Kegels entsprechen. Also:

$$(20.)\quad \begin{aligned} R_p &= P\int\frac{p\beta}{2\pi} + S\int\frac{s'\beta}{2\pi}, \\ R_s &= P\int\frac{p'\beta}{2\pi} + S\int\frac{s\beta}{2\pi}. \end{aligned}$$

Man findet:

$$(21.)\quad\begin{cases}\displaystyle\int\frac{\beta}{2\pi}p = \frac{\left(\sin(\varphi-\varphi')\cos(\varphi+\varphi')+\frac{\pi^2-\mu^2}{2\nu^2}\sin^2\varphi'\sin 2n\cos\lambda\right)}{\sin(\varphi+\varphi')\cos(\varphi-\varphi')-\frac{\pi^2-\mu^2}{2\nu^2}\sin^2\varphi'\sin 2n\cos\lambda},\\[2ex] \displaystyle\int\frac{\beta}{2\pi}s = -\frac{\sin(\varphi-\varphi')}{\sin(\varphi+\varphi')},\\[2ex] \displaystyle\int\frac{\beta}{2\pi}p' = 0 \quad (\text{weil } p' \text{ selber} = 0),\\[2ex] \displaystyle\int\frac{\beta}{2\pi}s' = \frac{\frac{\pi^2-\mu^2}{2\nu^2}\sin 2\varphi\sin^2\varphi'\sin 2n\sin\lambda}{\sin(\varphi+\varphi')\left(\sin(\varphi+\varphi')\cos(\varphi-\varphi')-\frac{\pi^2-\mu^2}{2\nu^2}\sin^2\varphi'\sin 2n\cos\lambda\right)}.\end{cases}$$

Dieselben Ausdrücke erhält man auch, wenn man die konische Refraction unberücksichtigt lässt, und die Werthe für p, s, p', s' sucht für irgend eine brechende Ebene, wenn die Einfallsebene durch eine der optischen Axen geht und der Strahl so gebrochen wird, dass die gebrochene Wellenebene senkrecht auf der optischen Axe steht, was darauf hinauskommt, in (2.) § 17 Seite 487 zu setzen:

$$(22.)\quad\begin{cases}x' = 180^0 + \tfrac{1}{2}\lambda, \qquad x'' = 90^0 - \tfrac{1}{2}\lambda,\\ \operatorname{tang} q' = \frac{\pi^2-\mu^2}{2\nu^2}\sin 2n\sin\tfrac{1}{2}\lambda \quad\text{und}\quad \operatorname{tang} q'' = \frac{\pi^2-\mu^2}{2\nu^2}\sin 2n\cos\tfrac{1}{2}\lambda.\end{cases}$$

Die konische Refraction übt also allgemein keinerlei Art von Einfluss aus auf die Phänomene der reflectirten Strahlen.

Wir haben nun noch zu untersuchen, wie sich die Vertheilung des Lichtes in dem elliptischen Kegel verhält, wenn das einfallende Licht *nicht* polarisirt ist. Das *natürliche Licht* muss man als eine so rasche Folge von Oscillationen nach allen Richtungen ansehen, dass man diese innerhalb einer sehr kleinen Zeit als gleich in den einzelnen Richtungen annehmen kann.

Setzt man in den Ausdruck von Q für P und S ihre Werthe $P = J\sin\beta$ und $S = J\cos\beta$, wo J^2 die Intensität des einfallenden Lichtes und β irgend ein Azimuth der Oscillation bezeichnet, nimmt ferner das Quadrat von Q und multiplicirt dies mit $\frac{\partial\beta}{2\pi}$, so erhält man die Intensität des Lichtes J'^2 in jedem Strahl des Kegels für nicht polarisirtes einfallendes Licht, wenn man von $UQ^2\frac{\partial\beta}{2\pi}$ das Integral von 0 bis $+2\pi$ nimmt, [vgl. (5.) Seite 498]. Man hat also:

$$(23.)\qquad J'^2 = \int_0^{2\pi} UQ^2\frac{\partial\beta}{2\pi},$$

oder, wenn man hier für Q seinen soeben besprochenen Werth substituirt:

$$J'^2 = 8J^2 \sin^2\varphi \cos^2\varphi \times \tag{24.}$$

$$\left\{\frac{\cos^2(\omega-\lambda)\sin^2(\varphi+\varphi') + \left(\sin(\omega-\lambda)\sin(\varphi+\varphi')\cos(\varphi-\varphi') - \frac{\pi^2-\mu^2}{2\nu^2}\sin 2n \sin^2\varphi' \sin\omega\right)^2}{\left(\sin(\varphi+\varphi')\cos(\varphi-\varphi') - \frac{\pi^2-\mu^2}{2\nu^2}\sin 2n\sin^2\varphi'\cos\lambda\right)^2 \sin^2(\varphi+\varphi')}\right\} U,$$

wo alsdann U die Bedeutung hat:*)

$$U = \frac{\sin\varphi'\cos\varphi' - \frac{\pi^2-\mu^2}{2\nu^2}\sin 2n\cos^2(\omega-\lambda)\sin^2\varphi'}{\sin\varphi\cos\varphi}. \tag{25.}$$

Vernachlässigt man $\pi^2 - \mu^2$, so erhält man als erste Annäherung:

$$J'^2 = 2J^2 \frac{\sin 2\varphi \sin 2\varphi'}{\sin^2(\varphi+\varphi')}\left\{\frac{\cos^2(\omega-\lambda)}{\cos^2(\varphi-\varphi')} + \sin^2(\omega-\lambda)\right\}, \tag{26.}$$

woraus man sieht, dass nur, wenn die brechende Ebene senkrecht auf der optischen Axe steht, das Licht gleichförmig in dem Kegel verbreitet ist; *im Allgemeinen hat die Lichtintensität ein Maximum in* $\omega = \lambda$ *und ein Minimum in* $\omega = \lambda - 90^0$, *und das Maximum verhält sich zum Minimum wie* 1 *zu* $\cos^2(\varphi - \varphi')$. In den Beobachtungen des Herrn *Lloyd* am Arragonit (Pogg. Ann. Bd. XXVIII) war dieser Unterschied klein genug, da φ' nur etwa 9^0 betrug, dass derselbe unbemerkt bleiben konnte.

In der Wirklichkeit haben wir es nicht mit *einem* Lichtstrahl zu thun, sondern mit einem *Strahlencylinder*. Es sei (Fig. 16) $AA'DD'$ der Durchschnitt der Einfallsebene mit dem einfallenden Strahlencylinder, ABC und $A'B'C'$ die Durchschnitte derselben Ebene mit den Refractionskegelflächen, die zu den beiden einfallenden Strahlen AD und $A'D'$ gehören, AB und $A'B'$ die Richtung der optischen Axe. Die Bewegungen, welche nach irgend einem Punkte F geschickt werden, rühren her von allen denjenigen Punkten des Durchschnitts AA' des einfallenden Strahlencylinders mit der brechenden Ebene, von denen die durch die Wellen-

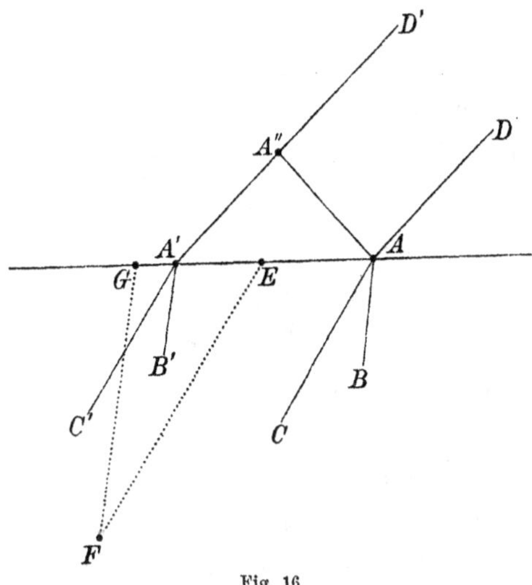

Fig. 16.

*) Man findet den Werth von U angegeben in (5.) Seite 498. Nur ist das dortige ω gegenwärtig ersetzt durch $\omega - \lambda$. [Vgl. die Note *) Seite 502.] — *C. N.*

ebene AA'' erregten Bewegungen zu gleicher Zeit in F anlangen. Wenn man durch F die Linie FG parallel mit der optischen Axe zieht und durch FG den Refractionskegel FGE beschreibt, so wird dieser von der brechenden Ebene im Allgemeinen in einer Ellipse geschnitten. Das Stück dieser Ellipse, welches innerhalb des Durchschnitts AA' des einfallenden Strahlencylinders mit der brechenden Ebene liegt, enthält alle diejenigen Punkte dieses Durchschnitts AA', von denen die Bewegungen zu gleicher Zeit in F anlangen. Diese Bewegungen finden nicht alle in derselben Richtung statt, sie müssen also erst zerlegt und dann addirt werden, um die in F resultirende Bewegung zu erhalten. Dies führt zu schwierigen Rechnungen, und das Resultat hängt auch in den einfacheren Fällen von elliptischen Transcendenten ab.

Ich werde, um das Princip zu erläutern, diese Rechnung nur für einen sehr speciellen und einfachen Fall durchführen, der frei von analytischen Schwierigkeiten ist. *Ich werde annehmen, dass die brechende Ebene senkrecht auf der optischen Axe stehe, und dass die einfallenden Strahlen einen geraden Cylinder bilden.* Es sei (Fig. 17) der Kreis ABC der Durchschnitt dieses Cylinders mit der brechenden Ebene. Sein Mittelpunkt sei N, und sein Durchmesser AB sei $=2\varrho$. Durch irgend einen Punkt D innerhalb des Krystalls, dessen Entfernung von der brechenden Ebene d sei, ziehen wir eine Linie parallel mit der optischen Axe, welche die brechende Ebene in dem Punkte E der Fig. 17 schneidet. Ferner legen wir durch DE die Ebene der beiden optischen Axen, welche den Durchschnitt EF (Fig. 17) mit der brechenden Ebene bildet. Auf EF machen wir $EG = \frac{\pi^2-\mu^2}{4\nu^2}(\sin 2n)d = R$ und beschreiben um G mit GE einen Kreis*). Der durch den Punkt D und

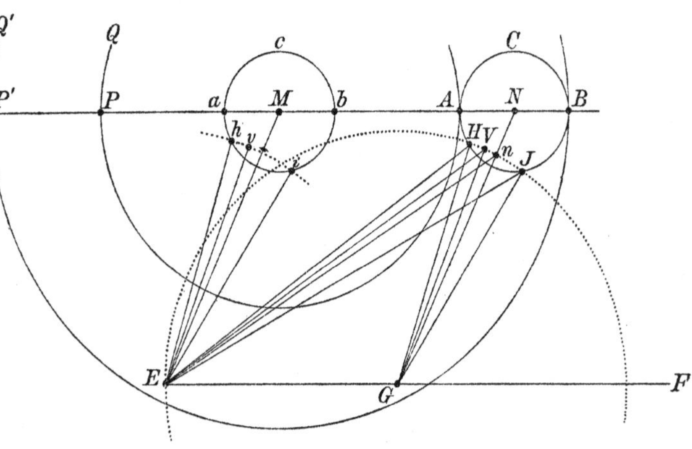

Fig. 17. ($R > \varrho$.)

Es ist hier $AB = 2\varrho$, ferner $EG = Ei = R$, und $EM = R + x$. Ueberdiess ist Winkel $PME = FEM = \Pi$. Auch wird weiterhin gesetzt werden: Winkel $MEh = MEi = z'$ und Winkel $MEv = z$.

*) der in beistehender Figur 17 *punktirt* angegeben ist.

diesen Kreis gelegte Kegel ist der zu D gehörige Refractionskegel. Die Bewegungen, welche von dem einfallenden Strahlencylinder nach D geschickt werden, rühren von den Strahlen her, welche die brechende Ebene in dem Kreisbogen HJ schneiden. Es ist hiernach leicht, auf der durch D parallel mit der brechenden Ebene gelegten Ebene die Punkte zu bestimmen, welche von dem einfallenden Strahlencylinder Licht erhalten. Die Grenzen dieser Punkte werden diejenigen sein, für welche die durch die E-Punkte auf die eben angegebene Weise construirten Kreise den Kreis ABC berühren, für welche also $GN = R \pm \varrho$ ist. Zieht man durch E die Linie EM parallel mit GN und die Linie BA parallel mit EF, so ist $NM = EG = \frac{\pi^2 - \mu^2}{4\nu^2}(\sin 2n)d$.

Der Punkt M ist also seiner Lage nach unabhängig von E, und ME ist immer die Entfernung des Mittelpunktes N von dem Mittelpunkte G des durch E beschriebenen Kreises. Zu den Grenzpunkten D, welche noch Licht von ABC erhalten, gehören also solche E-Punkte, für welche $ME = R \pm \varrho$. Diese liegen also in zwei um M beschriebenen concentrischen Kreisen PQ und $P'Q'$*),

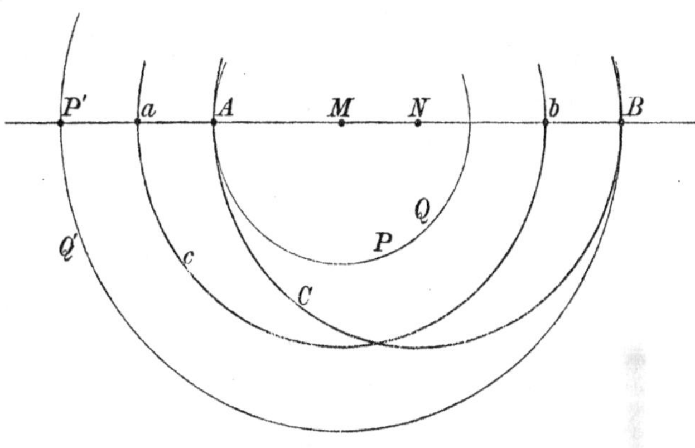

Fig. 18. ($R < \varrho$.)
Hier repräsentirt ACB die Basis, d. i. den senkrechten Querschnitt des einfallenden Strahlencylinders. Absichtlich ist dabei dieser Kreis ACB bedeutend grösser gezeichnet worden als in der vorigen Figur 17.

deren Halbmesser $MP = \frac{\pi^2 - \mu^2}{4\nu^2}(\sin 2n)d - \varrho$ und $MP' = \frac{\pi^2 - \mu^2}{4\nu^2}(\sin 2n)d + \varrho$ sind. Man hat nur durch diese Kreise zwei gerade Cylinder zu legen, die Durchschnitte derselben mit der Ebene, welche parallel mit der brechenden durch D gelegt ist, enthält die Grenzpunkte, nach welchen von dem einfallenden Lichtcylinder, dessen Basis ABC ist, noch Strahlen gelangen. — Wenn $R = \varrho$, so wird der Halbmesser des innern Kreises APQ gleich 0. Wenn $R < \varrho$, so wird der Halbmesser dieses Kreises negativ, und das will sagen, er bekommt eine Lage wie in Fig. 18, wo er die innere Seite des Kreises ABC berührt. Hier aber hat dieser Kreis auch eine andere Bedeutung; innerhalb seiner liegen alle E-Punkte von der Beschaffenheit, dass wenn man um ihre G-Punkte mit R Kreise beschreibt, diese den Kreis ABC

*) Diese Kreise PQ und $P'Q'$ sind in Fig. 17 nur *theilweise* gezeichnet. — *C. N.*

gar nicht schneiden. Nach den diesen E-Punkten angehörenden D-Punkten kommen also alle Radien eines ganzen Refractionskegels. In dem Ringe zwischen APQ und $BQ'P'$ liegen die Punkte, welche nur einen Theil der Radien eines solchen Kegels erhalten.

Die Lage des Punktes D werde bestimmt durch seine Entfernung $R+x$ von der durch M gelegten optischen Axe und durch die Neigung der durch diese Axe und ihn gelegten Ebene gegen die durch dieselbe Axe und N gelegte Ebene, d. i. durch den Winkel $PME = \Pi$. — Beschreibt man um M den Kreis abc mit dem Halbmesser ϱ, und um E einen Kreis mit dem Halbmesser R, welcher jenen in h und i schneidet, so ist der Bogen hi gleich dem Bogen HJ und die Radien Eh, Ei, EM sind gegen PA [d. i. gegen EF] unter doppelt so grossem Winkel geneigt*), als EH, EJ, En, wo n den Durchschnitt von GN mit dem um G beschriebenen Kreise bezeichnet.

Es sei Winkel $MEh = MEi = z'$, so ist:

$$\sin^2 \tfrac{1}{2} z' = \frac{\varrho^2 - x^2}{4R(R+x)}. \tag{27.}$$

Ein Radius Ev bilde mit EM den Winkel z, und der Punkt V innerhalb des Kreises ABC entspreche dem v auf die Weise, dass EV mit En den Winkel $\frac{1}{2}z$ bilde**). Die Geschwindigkeit, welche von V nach E oder vielmehr nach D gelangt, werde mit Q bezeichnet. Diese Geschwindigkeit Q ist eine Function der Neigung von VE gegen AB, d. i. von $\frac{1}{2}(\Pi + z)$***), und sie ist senkrecht gegen VE gerichtet. Zerlegen wir sie nach En und senkrecht darauf, und nennen wir die erste Componente p', die zweite s', so ist:

$$p' = Q \sin \tfrac{1}{2} z, \qquad s' = Q \cos \tfrac{1}{2} z. \tag{28.}$$

Multipliciren wir diese Componenten mit dem Element des Bogens HJ, d. i. mit $R\partial z$, und nehmen die Summe von $-z'$ bis $+z'$, so erhalten wir die Componenten p und s der in E vom Bogen HJ resultirenden Bewegung:

$$p = R \int_{-z'}^{+z'} Q \sin \tfrac{1}{2} z \partial z, \qquad s = R \int_{-z'}^{+z'} Q \cos \tfrac{1}{2} z \partial z. \tag{29.}$$

---

*) Nach der Construction ist z. B. $EGHh$ (Fig. 17) ein *Rhombus*; und hieraus folgt, dass die beiden einander gleichen Winkel hEF und HGF doppelt so gross sind als der Winkel HEF. U. s. w. — *C. N.*

**) so dass also die Winkel MEv und nGV einander *gleich* (beide $= z$) sind. — *C. N.*

***) Nach der Construction ist z. B. $EGVv$ ein Rhombus. Folglich ist der Winkel GEV gleich der Hälfte des Winkels GEv. Dieser letztere ist aber $= \Pi + z$. Folglich ist Winkel $GEV = \frac{1}{2}(\Pi + z)$. — *C. N.*

Setzen wir hierin den Werth für Q aus (4.) Seite 498, so folgt*):

$$(30.)\quad \begin{aligned} p &= \frac{4R}{1+\nu}\int \{P\cos\tfrac{1}{2}(\Pi+z) - S\sin\tfrac{1}{2}(\Pi+z)\}\sin\tfrac{1}{2}z\,\partial z, \\ s &= \frac{4R}{1+\nu}\int \{P\cos\tfrac{1}{2}(\Pi+z) - S\sin\tfrac{1}{2}(\Pi+z)\}\cos\tfrac{1}{2}z\,\partial z, \end{aligned}$$

und hieraus:

$$(31.)\quad \begin{aligned} p &= -\frac{4R}{1+\nu}\{P\sin\tfrac{1}{2}\Pi + S\cos\tfrac{1}{2}\Pi\}(z' - \sin z'), \\ s &= +\frac{4R}{1+\nu}\{P\cos\tfrac{1}{2}\Pi - S\sin\tfrac{1}{2}\Pi\}(z' + \sin z'). \end{aligned}$$

Hier ist:

$$(32.)\quad \sin^2\tfrac{1}{2}z' = \frac{\varrho^2 - x^2}{4R(R+x)}$$

und $\varrho + x$ die Entfernung des Punktes D oder E von der innern Grenze und $\varrho - x$ seine Entfernung von der äussern Grenze des Ringes, innerhalb dessen alle Punkte liegen, wohin Bewegung geschickt wird. Wenn $\varrho^2 - x^2$ negativ wird, so bekommt der durch $R + x$ und Π und d seiner Lage nach bestimmte Punkt D keine Bewegung mehr; wenn aber $\frac{\varrho^2 - x^2}{4R(R+x)} = 1$ oder > 1 wird**), so ist in (10.) statt z' immer π, d. i. der halbe Umfang eines Kreises, dessen Radius $= 1$, zu setzen. In diesem Fall erhält man:

$$(33.)\quad \begin{aligned} p\sin\tfrac{1}{2}\Pi - s\cos\tfrac{1}{2}\Pi &= -\frac{4R\pi P}{1+\nu}, \\ p\cos\tfrac{1}{2}\Pi + s\sin\tfrac{1}{2}\Pi &= -\frac{4R\pi S}{1+\nu}. \end{aligned}$$

Die Grössen links sind aber die Componenten der nach D geschickten Geschwindigkeiten, senkrecht und parallel mit der Ebene der optischen Axen,

---

*) Im gegenwärtigen Fall ist nämlich $\varphi = 0$ und $\varphi' = 0$, wodurch die Relation $\sin\varphi' = \nu\sin\varphi$ sich verwandelt in $\varphi' = \nu\varphi$. Und mit Rücksicht hierauf reducirt sich jene Formel (4.) Seite 498 auf:

$$Q = \frac{4}{1+\nu}(P\cos\omega - S\sin\omega).$$

Hier bezeichnet ω das Azimuth des betrachteten Strahles gegen die Ebene der optischen Axen. Und es ist also im gegenwärtigen Fall $\omega = GEV$, d. i.: $\omega = \frac{1}{2}(\Pi + z)$. — *C. N.*

**) Diese Formel $\frac{\varrho^2 - x^2}{4R(R+x)} \geqq 1$ repräsentirt eine gewisse Bedingung für die Lage des Punktes E. Sie nimmt nämlich, falls man in ihr, an Stelle von x, den Abstand $(EM) = R + x$ des Punktes E vom festen Punkte M einführt, folgende Gestalt an:

$$\varrho^2 - [(EM) - R]^2 \geqq 4R(EM);$$

woraus sich leicht ergiebt:

$$\varrho - R \geqq (EM).$$

Und diese Bedingung für die Lage des Punktes E wird offenbar, falls $\varrho > R$ ist (Figur 18), erfüllt sein, sobald der Punkt E sich befindet innerhalb des Kreises APQ (Figur 18). — *C. N.*

wie auch P und S die entsprechenden Componenten in dem einfallenden Lichte sind. In diesem Falle bleibt also die Polarisationsebene im gebrochenen Licht dieselbe, als sie im einfallenden Lichte war. Dies gilt für alle Punkte, deren E-Punkte innerhalb des Kreises APQ Fig. 18 liegen; von hier an, d. h. für die Punkte, welche ausserhalb dieses Kreises liegen, dreht sich die Polarisationsebene, bis die äussersten beleuchteten Punkte im Kreise $BP'Q'$ senkrecht auf ihrem Azimuth, d. h. senkrecht auf der Linie, die von ihnen nach B gezogen ist, polarisirt sind. Die Ausdrücke in (33.) sind übrigens dieselben, welche wir für D' und D'' in § 17 Seite 489 (7.) und (8.) gefunden haben, wenn dort $\nu \sin\varphi = \sin\varphi' = \sin\varphi''$ und $\varphi = 0$ gesetzt wird*).

*) Die von V nach E, oder vielmehr nach D geschickte Geschwindigkeit Q ist senkrecht zur Linie EV, und besitzt, falls man der früheren Formel (4.) Seite 498 sich bedient, die damals in Fig. 15 Seite 498 mit D bezeichnete Richtung, also diejenige Richtung, die hier in der beistehenden Fig. 18a durch den Pfeil Q bezeichnet ist.

Diese Geschwindigkeit Q ist nun in (28.) in zwei Componenten zerlegt:

$$(\alpha.)\qquad \begin{cases} p' = Q \sin \tfrac{1}{2} z, \\ s' = Q \cos \tfrac{1}{2} z, \end{cases}$$

entsprechend denjenigen Richtungen, die in beistehender Fig. 18a durch die Pfeile p und s bezeichnet sind.

Es handelt sich hier um den Fall, dass der Punkt E innerhalb des Grenzkreises APQ (Fig. 18) liegt, oder mit andern Worten, um den Fall, dass die um G mit dem Radius $GE = R$ beschriebene punktirte Kreisperipherie vollständig innerhalb des Kreises ABC (Fig. 18) sich befindet.

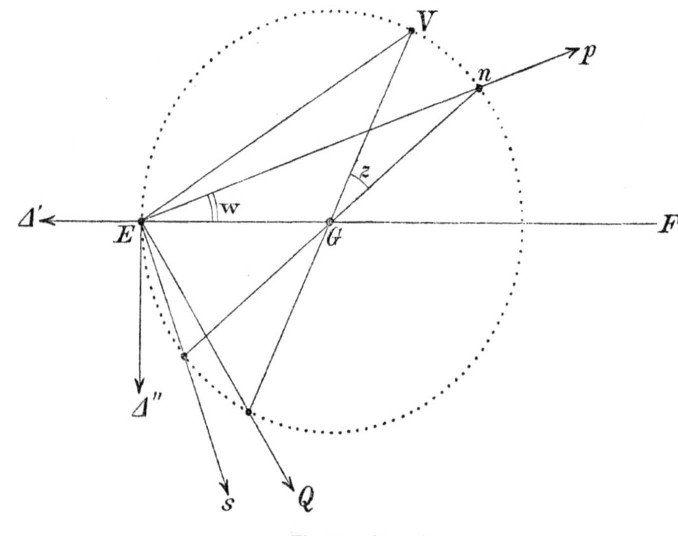

Fig 18a. $(R < \rho.)$
Der Centriwinkel nGV soll $= z$ sein. Folglich ist der Peripheriewinkel $nEV = \frac{1}{2} z$. Zur Abkürzung wird überdiess der Winkel $nEG = \frac{1}{2} \Pi$ kurzweg mit w bezeichnet werden.

Multiplicirt man die Componenten p', s' $(\alpha.)$ mit dem Element $R\partial z$ jener punktirten Peripherie, und nimmt die Summe von $z = -\pi$ bis $z = +\pi$, so erhält man die Componenten p, s, die von jener *ganzen* Peripherie in E oder vielmehr in D hervorgebracht werden:

$$(\beta.)\qquad \begin{cases} p = R \displaystyle\int_{-\pi}^{+\pi} Q \sin \tfrac{1}{2} z \cdot \partial z, \\ s = R \displaystyle\int_{-\pi}^{+\pi} Q \cos \tfrac{1}{2} z \cdot \partial z. \end{cases}$$

Substituirt man hier

Wenn $R > \varrho$ (Fig. 17), so ist die Mitte APQ des hellen Ringes ohne Licht. Sowohl die Lichtstrahlen auf dem äussern als innern Umfang des hellen Ringes sind senkrecht auf ihren Azimuthen polarisirt, d. h. erstere senkrecht auf der Ebene, die durch dieselben und durch die optische Axe in B gelegt wird, letztere senkrecht auf der Ebene, die durch sie und die optische Axe in A gelegt wird.

Wenn das einfallende Licht nicht polarisirt war, so erhalten wir aus (31.):

$$(34.)\qquad \begin{aligned} p^2 &= \frac{8R^2}{(1+\nu)^2} J^2 (z' - \sin z')^2, \\ s^2 &= \frac{8R^2}{(1+\nu)^2} J^2 (z' + \sin z')^2. \end{aligned}$$

Für $z' = 0$, d. h. $x = \pm \varrho$, ist das Licht senkrecht auf dem Azimuth $\frac{1}{2}\Pi$ polarisirt. Für $\sin z' = 0$ und $z' = \pi$ ist das Licht im natürlichen Zustande. Für die übrigen Stellen ist es nur theilweise polarisirt, senkrecht auf dem Azimuth $\frac{1}{2}\Pi$, und der polarisirte Antheil ist:

$$(35.)\qquad \frac{s^2 - p^2}{s^2 + p^2} = \frac{2z' \sin z'}{z'^2 + \sin^2 z'}.$$

Substituirt man hier für Q seinen Werth aus (4.) Seite 498, so erhält man [vgl. (29.), (30.) und namentlich auch die dortige Note über den Werth von Q]:

$$(\gamma.)\qquad \begin{cases} p = -\dfrac{4R}{1+\nu}(P \sin \mathrm{w} + S \cos \mathrm{w})\pi, \\ s = +\dfrac{4R}{1+\nu}(P \cos \mathrm{w} - S \sin \mathrm{w})\pi. \end{cases}$$

Hier repräsentirt alsdann der letzte Faktor π den Bogen eines Halbkreises vom Radius Eins. Zugleich steht w zur Abkürzung für $\frac{1}{2}\Pi = GEn$. Zerlegt man jetzt diese Componenten p, s nach den in der Fig. 18a markirten Richtungen $\varDelta'$ und $\varDelta''$, und bezeichnet man die betreffenden Componenten mit ebendenselben Buchstaben $\varDelta'$, $\varDelta''$, so ergiebt sich:

$$(\gamma.)\qquad \begin{cases} \varDelta' = p \cos(p, \varDelta') + s \cos(s, \varDelta') = p \cos(180^0 - \mathrm{w}) + s \cos(90^0 + \mathrm{w}), \\ \varDelta'' = p \cos(p, \varDelta'') + s \cos(s, \varDelta'') = p \cos(90^0 + \mathrm{w}) + s \cos \mathrm{w}, \end{cases}$$

d. i.

$$(\varepsilon.)\qquad \begin{cases} \varDelta' = -p \cos \mathrm{w} - s \sin \mathrm{w}, \\ \varDelta'' = -p \sin \mathrm{w} + s \cos \mathrm{w}; \end{cases}$$

und hieraus folgt, wenn man für p, s ihre Werthe (γ.) substituirt:

$$(\zeta.)\qquad \begin{cases} \varDelta' = \dfrac{(2R\pi)\cdot 2S}{1+\nu}, \\ \varDelta'' = \dfrac{(2R\pi)\cdot 2P}{1+\nu}, \quad \text{mithin} \quad \dfrac{\varDelta''}{\varDelta'} = \dfrac{P}{S}, \end{cases}$$

wo $2R\pi$ die Peripherie des punktirten Kreises (Fig. 18a) vorstellt.

Diese Werthe (ζ.) *sind nun aber in der That, wie im obigen Text behauptet wird, in Uebereinstimmung mit den Formeln* (7.) *Seite* 489, *nämlich in Uebereinstimmung mit den aus jenen Formeln* (7.) *Seite* 489 *abgeleiteten Gleichungen* (𝔏.) *Seite* 492. Diese Uebereinstimmung erstreckt sich auch auf die Richtungen. Denn die Richtungen $\varDelta'$, $\varDelta''$ (Fig. 18a) sind identisch mit den Richtungen D', D'' in der Fig. (𝔍.) Seite 492. Auch sind diese Richtungen $\varDelta'$, $\varDelta''$ oder D', D'' analog mit den Richtungen S, P des einfallenden Lichtes; wie solches z. B. ersichtlich ist aus der Fig. 11, Seite 482. — *C. N.*

§ 19.

Ueber die vollständige Polarisation durch Reflexion an zweiaxigen Krystallen. — Zwei Theoreme über den Polarisationswinkel.

Ich werde mich in diesem Paragraphen mit der Untersuchung des Polarisationswinkels beschäftigen, und zuerst mit den einfacheren Fällen, wo das Problem eine vollständige Auflösung erlaubt. Es sind dies die drei Fälle, wo die Einfallsebene zusammenfällt mit einer der drei rechtwinkligen Ebenen, durch je zwei Elasticitätsaxen gelegt. Man hat, in den Formeln (5.), (6.), (7.) und (8.) § 17, $R_p = 0$ zu setzen und hieraus φ zu bestimmen. Dieses φ ist der Winkel der vollständigen Polarisation.

Erster Fall. — Es halbire die Einfallsebene den spitzen Winkel der beiden optischen Axen, es ist also nach (5.) § 17 Seite 488:

(1.) $$0 = R_p = \sin(\varphi - \varphi'') \cos(\varphi + \varphi'') \pm \frac{\sin^2 \varphi''}{e^2 E}.$$

Hierin ist:

$$\frac{1}{E} = \frac{\pi^2 - \mu^2}{2} \cos k \sin 2v. \quad \text{[Vgl. Seite 475 und 487 (unten).]}$$

Nennt man ξ die Neigung der Normale der ungewöhnlichen Wellenebene gegen die Elasticitätsaxe π, welche den spitzen Winkel der optischen Axen halbirt, so hat man:

$$\sin 2v \sin k = \sin 2n \cos \xi \qquad \text{und} \qquad \operatorname{cotg} k = \sin \xi \operatorname{cotg} n,$$

und dies in $\frac{1}{E}$ substituirt, giebt [vgl. (22.) Seite 469]:

$$\frac{1}{E} = \frac{\pi^2 - \mu^2}{2} \cos^2 n \sin 2\xi = \frac{\pi^2 - v^2}{2} \sin 2\xi.$$

Diesen Werth in (1.) substituirt und zugleich berücksichtigt, dass $\frac{\sin^2 \varphi''}{e^2} = \sin^2 \varphi$ ist, erhält man:

(2.) $$0 = \sin(\varphi - \varphi'') \cos(\varphi + \varphi'') \pm \frac{\pi^2 - v^2}{2} \sin 2\xi \sin^2 \varphi.$$

Hieraus kann man ξ eliminiren mittelst der Neigung der reflectirenden Ebene gegen die Elasticitätsaxe π, welche den spitzen Winkel der optischen Axen halbirt. Diese Neigung sei $90^0 - J$, alsdann hat man:

(3.) $$\xi - \varphi'' = J \qquad \text{oder} \qquad \xi + \varphi'' = J,$$

je nachdem in (2.) das Zeichen $+$ oder $-$ vor $\frac{\pi^2 - v^2}{2}$ genommen werden muss, weil nach (5.) § 17 das obere oder das untere Vorzeichen zu nehmen ist, je nachdem $J < \xi$ oder $J > \xi$. Setzt man für ξ seine Werthe aus (3.), so kann man beide daraus entstehende Gleichungen in eine zusammenziehen, wenn man dem J positive und negative Werthe giebt, und man erhält:

$$(4.)\qquad 0 = \sin(\varphi - \varphi'')\cos(\varphi + \varphi'') - \frac{\pi^2 - \nu^2}{2}\sin^2\varphi \sin 2(J - \varphi'').^{*)}$$

Zwischen φ und φ'' findet aber die Relation statt [vgl. (5.) Seite 461]:

$$\sin^2\varphi'' = \sin^2\varphi\,[\mu^2 + (\pi^2 - \mu^2)\sin^2 v],$$

welche, durch die Ersetzung von v durch ξ und J, sich verwandelt in:

$$(5.)\qquad \sin^2\varphi'' = \sin^2\varphi\left(\frac{\pi^2 + \nu^2}{2} - \frac{\pi^2 - \nu^2}{2}\cos 2(J - \varphi'')\right).$$

Entwickelt man die Gleichungen (4.) und (5.) nach $\sin 2\varphi''$ und $\cos 2\varphi''$, so leitet man leicht folgende Werthe daraus ab:

$$\sin 2\varphi'' = -\frac{(\pi^2 - \nu^2)[1 - (\pi^2 + \nu^2)\sin^2\varphi]\sin^2\varphi \sin 2J - \sin 2\varphi[1 - (\pi^2 - \nu^2)\sin^2\varphi\cos 2J]}{[(\pi^2 - \nu^2)\sin^2\varphi\sin 2J]^2 + [1 - (\pi^2 - \nu^2)\sin^2\varphi\cos 2J]^2},$$

$$\cos 2\varphi'' = +\frac{[1 - (\pi^2 + \nu^2)\sin^2\varphi][1 - (\pi^2 - \nu^2)\sin^2\varphi\cos 2J] + (\pi^2 - \nu^2)\sin 2\varphi\sin^2\varphi\sin 2J}{[(\pi^2 - \nu^2)\sin^2\varphi\sin 2J]^2 + [1 - (\pi^2 - \nu^2)\sin^2\varphi\cos 2J]^2}.$$

Addirt man die Quadrate dieser beiden Gleichungen zusammen, so findet man nach einigen Reductionen für den gesuchten Polarisationswinkel:

$$(6.)\qquad \sin^2\varphi = \frac{(1 - \nu^2)\cos^2 J + (1 - \pi^2)\sin^2 J}{1 - \pi^2\nu^2}.$$

Zweiter Fall. — Wenn die Einfallsebene den stumpfen Winkel der optischen Axen halbirt und senkrecht auf deren Ebene steht, so hat man die Gleichung (6.) § 17 auf eine ähnliche Art zu behandeln. Das Resultat ist aber leicht vorher zu sehen, man kann dasselbe aus (6.) ableiten, indem man π^2 mit μ^2 vertauscht, und J mit J', wo $90 - J'$ die Neigung der reflectirenden Ebene gegen die Elasticitätsaxe μ ist, welche den stumpfen Winkel der optischen Axen halbirt. Man hat also in diesem Falle:

$$(b.)\qquad \sin^2\varphi = \frac{(1 - \nu^2)\cos^2 J' + (1 - \mu^2)\sin^2 J'}{1 - \nu^2\mu^2}.$$

Dritter Fall. — Wenn die Einfallsebene mit der Ebene der optischen Axen zusammenfällt, so ist in den Ausdrücken (7.) § 17 $R_p = 0$ zu setzen. Dies $R_p = 0$ verwandelt sich durch Einführung von ξ und J auf dieselbe Weise, wie in (2.) dieses Paragraphen, in:

$$(7.)\qquad 0 = \sin(\varphi - \varphi'')\cos(\varphi + \varphi'') - \frac{\pi^2 - \mu^2}{2}\sin 2(J - \varphi'')\sin^2\varphi,$$

*) Hier in (4.) ist alsdann J positiv oder negativ zu rechnen, je nachdem das wirkliche $J < \xi$ oder $> \xi$ ist. — *C. N.*

und für die Relation zwischen φ und φ'' erhält man:

(8.) $$\sin^2\varphi'' = \sin^2\varphi\left(\frac{\pi^2+\mu^2}{2} - \frac{\pi^2-\mu^2}{2}\cos 2(J-\varphi'')\right).$$

Hieraus findet man:

(9.) $$\sin^2\varphi = \frac{(1-\mu^2)\cos^2 J + (1-\pi^2)\sin^2 J}{1-\mu^2\pi^2}.$$

Die Lösung der Gleichung $R_p = 0$ in (8.) § 17 erhält man aus (9.) dieses Paragraphen, wenn man statt μ^2 setzt: π^2 und statt $\pi^2 : \mu^2$ und statt J den Winkel J', wo J' dieselbe Bedeutung wie vorher hat. Da aber hier $J+J'=90^0$, so ersieht man, dass der Ausdruck (9.) des Polarisationswinkels durch diese Substitutionen nicht verändert wird.

Zufolge der Betrachtungen, welche uns in § 8 zur Gleichung (3.) geführt haben und die gültig sind, zu welcher Abtheilung von Krystallen das reflectirende Medium auch gehört, hängt der Winkel der vollständigen Polarisation allgemein auch hier ab von der Gleichung:

(10.) $$ps - p's' = 0.$$

Ich werde diese Gleichung auf eine einfachere Form zurückbringen. Setzt man:

$$\begin{aligned}
\sin x' \sin(\varphi-\varphi')\cos(\varphi+\varphi') + \sin^2\varphi' \operatorname{tang} q' &= A',\\
\sin x'' \sin(\varphi-\varphi'')\cos(\varphi+\varphi'') + \sin^2\varphi'' \operatorname{tang} q'' &= A'',\\
-\sin x' \sin(\varphi+\varphi')\cos(\varphi-\varphi') + \sin^2\varphi' \operatorname{tang} q' &= B',\\
-\sin x'' \sin(\varphi+\varphi'')\cos(\varphi-\varphi'') + \sin^2\varphi'' \operatorname{tang} q'' &= B'',
\end{aligned}$$

so verwandeln sich die Ausdrücke für p, p', s, s' in (2.) § 17 in folgende:

$$\begin{aligned}
\mathsf{N}p &= A'\cos x''\sin(\varphi+\varphi'') + A''\cos x'\sin(\varphi+\varphi'),\\
\mathsf{N}s &= B'\cos x''\sin(\varphi-\varphi'') + B''\cos x'\sin(\varphi-\varphi'),\\
\mathsf{N}s' &= A'B'' - A''B',\\
\mathsf{N}p' &= -\cos x'\cos x''\sin 2\varphi\sin(\varphi'-\varphi'').
\end{aligned}$$

Diese Ausdrücke in (10.) substituirt, giebt:

$$\left.\begin{array}{l}[A'\cos x''\sin(\varphi+\varphi'')+A''\cos x'\sin(\varphi+\varphi')][B'\cos x''\sin(\varphi-\varphi'')+B''\cos x'\sin(\varphi-\varphi')]\\ \qquad +(A'B''-A''B')\cos x'\cos x''\sin 2\varphi\sin(\varphi'-\varphi'')\end{array}\right\}=0.$$

Führt man die Multiplicationen aus, so übersieht man bald, dass sich diese Gleichung unter folgender Form schreiben lässt:

$$[A'\cos x''\sin(\varphi-\varphi'')+A''\cos x'\sin(\varphi-\varphi')][B'\cos x''\sin(\varphi+\varphi'')+B''\cos x'\sin(\varphi+\varphi')]=0.$$

Von den zwei Factoren dieser Gleichung enthält nur der erste der vorliegenden Frage genügende Wurzeln, wie man sich überzeugt, wenn man die

Unterschiede der Elasticitätsaxen $=0$ setzt. Der Winkel der vollständigen Polarisation hängt also allein ab von

$$A' \cos x'' \sin(\varphi - \varphi'') + A'' \cos x' \sin(\varphi - \varphi') = 0,$$

oder nach Wiederherstellung der Werthe für A' und A'', von:

$$(11.) \qquad \sin x' \cos x'' \cos(\varphi + \varphi') + \sin x'' \cos x' \cos(\varphi + \varphi'')$$
$$+ \frac{\sin^2\varphi' \operatorname{tang} q' \cos x''}{\sin(\varphi - \varphi')} + \frac{\sin^2\varphi'' \operatorname{tang} q'' \cos x'}{\sin(\varphi - \varphi'')} = 0.$$

Setzt man statt $\operatorname{tang} q'$ und $\operatorname{tang} q''$ ihre Werthe aus (2.) und (5.) § 16 Seite 476 und statt $\frac{\sin^2\varphi'}{o^2}$ und $\frac{\sin^2\varphi''}{e^2}$ die Grösse $\sin^2\varphi$, so erhält man [vgl. Seite 479 (A.), (B.)]:

$$\sin x' \cos x'' \cos(\varphi + \varphi') + \sin x'' \cos x' \cos(\varphi + \varphi'')$$
$$+ \sin^2\varphi \left(\frac{\sin j \sin(u - u') \cos x''}{\sin(\varphi - \varphi')} + \frac{\cos k \sin(v + v') \cos x'}{\sin(\varphi - \varphi'')}\right) \frac{\pi^2 - \mu^2}{2} = 0.$$

Ich werde hieraus angenäherte Werthe für $\sin\varphi$, in denen nur die ersten Potenzen der Unterschiede der Elasticitätsaxen berücksichtigt sind, ableiten. In dem mit $\pi^2 - \mu^2$ multiplicirten Gliede kann man alsdann setzen: $j = k$, $u = v$ und $u' = v'$, ferner*): $\sin x' = -\cos x''$ und $\cos x' = -\sin x''$ und endlich $\varphi' = \varphi''$. Setzt man ausserdem:

$$\cos(\varphi + \varphi'') = \cos(\varphi + \varphi') + \sin(\varphi + \varphi') \sin(\varphi' - \varphi''), \text{**)}$$

so erhält man:

$$\cos(\varphi + \varphi') + \cos^2 x' \sin(\varphi + \varphi') \sin(\varphi' - \varphi'')$$
$$= \frac{\sin^2\varphi}{\sin(\varphi - \varphi')} [\cos j \sin(u + u') \cos x' - \sin j \sin(u - u') \sin x'] \frac{\pi^2 - \mu^2}{2}.$$

Setzt man hierin:

$$\sin(\varphi' - \varphi'') = -\left(\frac{\pi^2 - \mu^2}{2}\right) \frac{\sin u \sin u' \sin^2\varphi}{\sin\varphi' \cos\varphi'}, \text{***)}$$

---

*) So z. B. sind in den Figuren 10, 13 (Seite 481 und 494) die Winkel x' und x'' von solcher Art, dass ihre Summe $x' + x'' = 270^0$ wird, sobald man die dortigen Punkte O und E mit einander coincidirend sich denkt. Aus $x' + x'' = 270^0$ folgt aber sofort: $\sin x' = -\cos x''$ und $\cos x' = -\sin x''$. — *C. N.*

**) Hier ist gesetzt: $\varphi + \varphi'' = (\varphi + \varphi') - (\varphi' - \varphi'')$, und ferner, mit Vernachlässigung kleiner Grössen zweiter Ordnung, gesetzt: $\cos(\varphi' - \varphi'') = 1$. — *A. W.*

***) *Ableitung dieser Formel.* — Es ist $\frac{\sin^2\varphi'}{o^2} = \frac{\sin^2\varphi''}{e^2} = \sin^2\varphi$, mithin: $\sin^2\varphi' - \sin^2\varphi'' = (o^2 - e^2)\sin^2\varphi$, also nach Seite 461 (5.):

$$\sin^2\varphi' - \sin^2\varphi'' = \left(\frac{\pi^2 - \mu^2}{2}\right)[\cos(v + v') - \cos(u - u')] \sin^2\varphi.$$ Hier aber hat

so hat man:

(12.)
$$\cos(\varphi+\varphi') =$$
$$= \left\{\frac{[\cos j \sin(u+u')\cos x' - \sin j \sin(u-u')\sin x']}{\sin(\varphi-\varphi')} + \frac{\sin(\varphi+\varphi')}{\sin\varphi'\cos\varphi'}\cos^2 x' \sin u \sin u'\right\} \sin^2\varphi \left(\frac{\pi^2-\mu^2}{2}\right).$$

Ich werde die mit $\left(\frac{\pi^2-\mu^2}{2}\right)$ multiplicirte Grösse durch α bezeichnen, so dass also die Formel (12.) lautet:

(12a.)
$$\cos(\varphi+\varphi') = \alpha\left(\frac{\pi^2-\mu^2}{2}\right).$$

Bei Vernachlässigung der höheren Potenzen von $\pi^2-\mu^2$ erhält man hieraus*):
$$\sin^2\varphi + \sin^2\varphi' = 1 - \alpha(\pi^2-\mu^2)\sin\varphi\cos\varphi$$
und da [vgl. (5.) Seite 461]
$$\sin^2\varphi' = \sin\varphi\left(\frac{\pi^2+\mu^2}{2} - \frac{\pi^2-\mu^2}{2}\cos(u-u')\right)$$
ist, so erhält man:
$$\sin^2\varphi = \frac{1}{1+\frac{\pi^2-\mu^2}{2}}\left(1 + [\cos(u-u')\sin^2\varphi - \alpha\sin 2\varphi]\frac{\pi^2-\mu^2}{2}\right);$$
und hierin wieder den Werth für α gesetzt, giebt:
$$\sin^2\varphi = \frac{1}{1+\frac{1}{2}(\pi^2+\mu^2)}\Bigg(1 + \Bigg[\cos(u-u') - \frac{\sin(\varphi+\varphi')\sin 2\varphi}{\sin\varphi'\cos\varphi'}\sin u \sin u' \cos^2 x'$$
$$- \sin 2\varphi \frac{[\cos j\sin(u+u')\cos x' - \sin j \sin(u-u')\sin x']}{\sin(\varphi-\varphi')}\Bigg]\sin^2\varphi\frac{\pi^2-\mu^2}{2}\Bigg).$$

Man kann diesen Ausdruck noch zusammenziehen, wenn man setzt:
$$\cos^2 x' = \tfrac{1}{2} + \tfrac{1}{2}\cos 2x'$$
und wenn man bedenkt, dass die erste Annäherung $\cos(\varphi+\varphi') = 0$ giebt:
$$\frac{\sin(\varphi+\varphi')\sin 2\varphi}{\sin\varphi'\cos\varphi'} = 2 \qquad \text{und} \qquad \sin(\varphi-\varphi') = -\cos 2\varphi.$$

Hier aber hat man, in Anbetracht des kleinen Factors $\pi^2-\mu^2$, ebenso wie oben, $v=u$ und $v'=u'$ zu setzen. So ergiebt sich:
$$\sin^2\varphi' - \sin^2\varphi'' = -(\pi^2-\mu^2)\sin u \sin u' \sin^2\varphi.$$
Die linke Seite dieser Gleichung ist offenbar identisch mit $\sin(\varphi'-\varphi'')\sin(\varphi'+\varphi'')$, wofür man, in Anbetracht des kleinen Factors $\sin(\varphi'-\varphi'')$, auch schreiben darf: $\sin(\varphi'-\varphi'')\sin 2\varphi'$. Somit ergiebt sich also:
$$\sin(\varphi'-\varphi'')\sin 2\varphi' = -(\pi^2-\mu^2)\sin u\sin u'\sin^2\varphi,$$
d. i.
$$\sin(\varphi'-\varphi'') = -\left(\frac{\pi^2-\mu^2}{2}\right)\frac{\sin u\sin u'\sin^2\varphi}{\sin\varphi'\cdot\cos\varphi'}. \text{ — A. W.}$$

*) Aus (12a.): $\cos(\varphi+\varphi') = \alpha\frac{\pi^2-\mu^2}{2}$ folgt nämlich: $\varphi+\varphi' = 90^0 - \alpha\frac{\pi^2-\mu^2}{2}$, mithin: $\sin\varphi' = \cos\left(\varphi + \alpha\frac{\pi^2-\mu^2}{2}\right)$; und hieraus folgt weiter:
$$\sin\varphi' = \cos\varphi - \alpha\frac{\pi^2-\mu^2}{2}\sin\varphi,$$
mithin
$$\sin^2\varphi' + \sin^2\varphi = 1 - \alpha(\pi^2-\mu^2)\sin\varphi\cos\varphi. \text{ — A. W.}$$

Dann erhält man:

$$\sin^2\varphi = \frac{1}{1+\frac{1}{2}(\mu^2+\pi^2)} \times \tag{13.}$$

$$\left(1 + [\cos u \cos u' - \sin u \sin u' \cos 2x' + \operatorname{tang} 2\varphi\,[\cos j \sin(u+u')\cos x' - \sin j \sin(u-u')\sin x']]\sin^2\varphi\,\frac{\pi^2-\mu^2}{2}\right).$$

In diesen Ausdruck von $\sin^2\varphi$ müssen statt u, u', x' ihre Werthe gesetzt werden, ausgedrückt durch den angenäherten Werth von $\sin^2\varphi = \frac{1}{1+\frac{1}{2}(\mu^2+\pi^2)}$ und durch die Grössen, welche die Lage der reflectirenden Ebene und das Azimuth der Reflexionsebene bestimmen.

Die Normale der reflectirenden Ebene bilde mit den beiden optischen Axen die Winkel U und U'. Das Azimuth der Reflexionsebene sei X, und es werde gerechnet von derjenigen Ebene, welche den Winkel halbirt, welchen die beiden durch die Normale der brechenden Ebene und die beiden optischen Axen gelegten Ebenen mit einander bilden. Dieser Winkel selbst werde mit $2J$ bezeichnet. Alsdann hat man*):

$$\begin{aligned}
\cos u &= \cos\varphi' \cos U + \sin\varphi' \sin U \cos(X+J),\\
\cos u' &= \cos\varphi' \cos U' + \sin\varphi' \sin U' \cos(X-J),\\
-\cos(x'+j)\sin u &= \sin\varphi' \cos U - \cos\varphi' \sin U \cos(X+J),\\
-\cos(x'-j)\sin u' &= \sin\varphi' \cos U' - \cos\varphi' \sin U' \cos(X-J),\\
\sin(x'+j)\sin u &= \sin U \sin(X+J),\\
\sin(x'-j)\sin u' &= \sin U' \sin(X-J).
\end{aligned} \tag{14.}$$

*) Zur Erläuterung mag beistehende Figur dienen, die im Wesentlichen identisch ist mit der früheren Figur Seite 481.

Hier ist N das Loth der reflectirenden Fläche, ferner O die Normale der gewöhnlich gebrochenen Wellenebene, während A und A' die optischen Axen vorstellen. Ferner ist $ON = \varphi'$ und überdies:

$OA = u$, $OA' = u'$, $AOA' = 2j$,
$NA = U$, $NA' = U'$, $ANA' = 2J$.

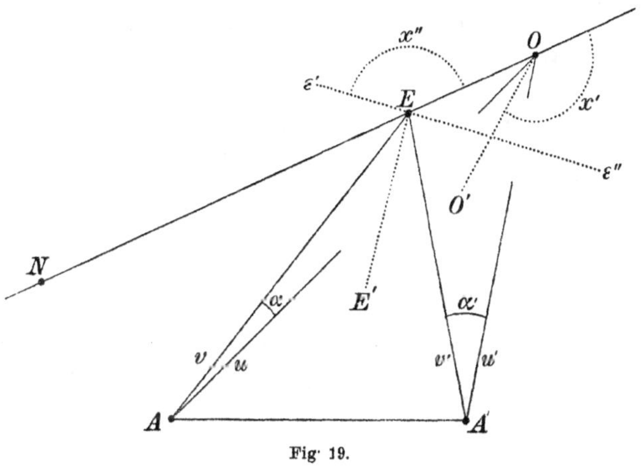

Fig. 19.

Was den im obigen Text, namentlich in den Formeln (14.) enthaltenen Buchstaben X anbelangt, so ist unter X der Winkel ONH zu verstehen; dabei hat man unter NH die Halbirungslinie des (in Fig. 19 *nicht* gezeichneten) Winkels ANA' sich vorzustellen. Oder man kann, mit Hinblick auf die Fig. 19, auch sagen: es sei X derjenige Winkel, in welchen der dortige Winkel x' sich verwandeln würde, wenn man den Punkt O über E nach N hinwandern lassen wollte. — C. N.

Eliminirt man mittelst dieser Ausdrücke u, u', x', j aus (13.) und setzt in den mit $\pi^2-\mu^2$ multiplicirten Teil $\varphi' = 90^0 - \varphi$, so erhält man nach einigen Reductionen:

(15.)
$$\sin^2\varphi = \frac{1}{1+\frac{1}{2}(\mu^2+\pi^2)} \times$$
$$\left(1 - \left[\cos U \cos U' - \sin U \sin U' \left(\begin{array}{c} +\cos(X-J)\cos(X+J) \\ +\sin(X-J)\sin(X+J)\cos 2\varphi \end{array}\right)\right] \frac{\sin^2\varphi}{\cos 2\varphi}\,\frac{\pi^2-\mu^2}{2}\right).$$

Man kann J eliminiren mittelst der Relationen:

$$+\,2\sin U \sin U' \cos^2 J = \cos 2n - \cos(U+U'),$$

$$-\,2\sin U \sin U' \sin^2 J = \cos 2n - \cos(U-U'),$$

und erhält alsdann:

$$\sin^2\varphi = \frac{1}{1+\frac{1}{2}(\mu^2+\pi^2)} \times$$
$$\left(1 - [\cos U \cos U' + (\cos(U-U') - \cos 2n)\cos^2\varphi - \sin U \sin U' (\cos^2 X + \sin^2 X \cos 2\varphi)] \frac{\sin^2\varphi}{\cos 2\varphi}\,\frac{\pi^2-\mu^2}{2}\right)$$

oder für $\sin^2\varphi$ und $\cos^2\varphi$ ihre *angenäherten* Werthe gesetzt:

(16.)
$$\sin^2\varphi = \frac{1}{1+\frac{1}{2}(\mu^2+\pi^2)} \times$$
$$\left\{1 + \left(\frac{\frac{\mu^2+\pi^2}{2}\cos 2n}{\left(\frac{\mu^2+\pi^2}{2}\right)^2 - 1}\right)\frac{\pi^2-\mu^2}{2} - [\cos U \cos U'(1+\mu^2+\pi^2) - \sin U \sin U' \cos 2X]\left(\frac{\frac{\pi^2-\mu^2}{2}}{\left(\frac{\mu^2+\pi^2}{2}\right)^2 - 1}\right)\right\}.$$

Man kann aber, da wir das Quadrat von $\pi^2-\mu^2$ vernachlässigt haben, schreiben:

$$\frac{1}{1+\frac{\mu^2+\pi^2}{2}}\left[1 - \left(\frac{\frac{\mu^2+\pi^2}{2}\cos 2n}{1-\left(\frac{\mu^2+\pi^2}{2}\right)^2}\right)\frac{\pi^2-\mu^2}{2}\right] = \frac{1}{1+\frac{\mu^2+\pi^2}{2} + \left(\frac{\frac{\mu^2+\pi^2}{2}\cos 2n}{1-\left(\frac{\mu^2+\pi^2}{2}\right)}\right)\frac{\pi^2-\mu^2}{2}};$$

und dieser Ausdruck verwandelt sich, wenn für $\cos 2n$ sein Werth $\frac{\pi^2+\mu^2-2\nu^2}{\pi^2-\mu^2}$ [aus (22.) Seite 469] gesetzt wird, in:

$$\frac{1-\frac{\mu^2+\pi^2}{2}}{1-\left(\frac{\mu^2+\pi^2}{2}\right)\nu^2};$$

und demnach hat man endlich:

$$(17.)\quad \sin^2\varphi = \frac{1-\frac{\mu^2+\pi^2}{2}}{1-\left(\frac{\pi^2+\mu^2}{2}\right)\nu^2}\left\{1+\frac{\cos U\cos U'(1+\mu^2+\pi^2)-\sin U\sin U'\cos 2X}{1-\left(\frac{\mu^2+\pi^2}{2}\right)^2}\left(\frac{\pi^2-\mu^2}{2}\right)\right\}.\,*)$$

Die sich unmittelbar darbietenden sehr merkwürdigen Folgerungen aus diesem angenäherten Ausdruck des Winkels der vollständigen Polarisation sind:

1) *Dass es in jeder reflectirenden Ebene zwei auf einander rechtwinklige Azimuthe der Einfallsebenen giebt, in welchen der Winkel der vollstäudigen Polarisation ein* ***Maximum*** *und* ***Minimum*** *ist. In Beziehung auf diese Azimuthe ist das System von Polarisationswinkeln der Ebene symmetrisch vertheilt, d. h. in je zwei Einfallsebenen, welche gleich geneigt sind gegen die Einfallsebene des Maximums oder Minimums des Polarisationswinkels, finden sich gleiche Polarisationswinkel. Die zwei Einfallsebenen des grössten und kleinsten Polarisationswinkels sind parallel dem grössten und kleinsten Radiusvector des Schnittes, den die reflectirende Ebene mit der Elasticitätsfläche bildet, durch deren Mittelpunkt gelegt**).*

---

*) Was den Uebergang von (16.) zu (17.) anbelangt, so sei folgendes bemerkt. Setzt man zur augenblicklichen Abkürzung: $\frac{\pi^2+\mu^2}{2}=\sigma$ und $\frac{\pi^2-\mu^2}{2}=\delta$, mithin $\cos 2n = \frac{\pi^2+\mu^2-2\nu^2}{\pi^2-\mu^2}=\frac{\sigma-\nu^2}{\delta}$, so lauten die Formeln (16.) und (17.) folgendermaassen:

$$[16.]\qquad \sin^2\varphi = \frac{1}{1+\sigma}\left\{1+\frac{\sigma(\sigma-\nu^2)}{\sigma^2-1}-[\cdots]\frac{\delta}{\sigma^2-1}\right\},$$

$$[17.]\qquad \sin^2\varphi = \frac{1-\sigma}{1-\sigma\nu^2}\left\{1-[\cdots]\frac{\delta}{\sigma^2-1}\right\},$$

wo $[\cdots]$ den oben in (16.) in den eckigen Klammern enthaltenen Ausdruck vorstellt. Nun ist $\pi^2=\sigma+\delta$ und $\mu^2=\sigma-\delta$, mithin $\nu^2=\sigma+\vartheta\delta$, wo ϑ einen *echten Bruch* vorstellt. Substituirt man aber in den Formeln [16.], [17.] für ν^2 diesen Werth: $\nu^2=\sigma+\vartheta\delta$, so erkennt man leicht, dass die rechten Seiten der beiden Formeln nur um Glieder von der Ordnung δ^2 von einander verschieden sind. — *Q. e. d.*

Diese einfachen Bemerkungen waren nothwendig, um die betreffenden Formeln, die im Original mit mehreren *Druckfehlern* behaftet sind, einer gewissen Controlle zu unterwerfen. — *C. N.*

**) Man denke sich die Constanten μ. ν, π und die Richtungen der optischen Axen A, A', und ebenso auch die Winkel U, U', unter denen die Normale N der reflectirten Ebene gegen A und A' geneigt ist, in bestimmter Weise gegeben; so dass also nur noch das Azimuth X der Einfallsebene variabel ist. Alsdann bestimmt sich der dieser Einfallsebene entsprechende Polarisationswinkel φ durch die Formel (17.), d. i. durch eine Formel von der Gestalt:

$$\sin^2\varphi = \mathfrak{A}+\mathfrak{B}\cos 2X,$$

in welcher $\mathfrak{A}$ und $\mathfrak{B}$ gegebene Constanten sind. Das Maximum und Minimum von φ bestimmt sich also durch $\sin 2X=0$. Mit andern Worten: Der Polarisationswinkel φ wird seinen grössten und kleinsten Werth erreichen für diejenigen beiden Einfallsebenen, deren Azimuthe $X=0^0$ und $X=90^0$ sind, also für diejenigen beiden Einfallsebenen, welche den Winkel ANA' (Fig. 19, Seite 517) und den zu ihm gehörigen supplementaren Winkel halbiren.

Dass diese beiden Halbirungsebenen durch den grössten und kleinsten Radiusvector desjenigen Diametralschnittes gehen, den die (zu N senkrechte) reflectirende Ebene mit dem Ovaloid (d. i. mit

2) *Dass wenn die reflectirende Ebene senkrecht auf einer der optischen Axen steht, in welchem Falle nämlich $U = 0$ oder $U' = 0$ ist, die Winkel der vollständigen Polarisation in allen Azimuthen gleich sind.*

Diese zwei Theoreme sind ganz analog den ähnlichen bei den einaxigen Krystallen (Seite 403, Zeile 11—21), und ich vermuthe, dass sie auch hier nicht nur annäherungsweise, sondern streng stattfinden.

§ 20.

Ueber die Drehung, welche die Polarisationsebene erleidet bei einer Reflexion unter dem Polarisationswinkel.

Bei dem durch Reflexion vollständig polarisirten Strahl bildet die Polarisationsebene mit der Einfallsebene den Winkel α, und für diesen gelten dieselben Ueberlegungen, wie bei den einaxigen Krystallen in § 8. Man hat [vgl. (4.) Seite 396]:

$$(1.)\qquad \operatorname{tang}\alpha = \frac{s'}{s},$$

wo in s', s die Werthe für φ, φ', φ'' zu setzen sind, welche der vollständigen Polarisation entsprechend durch § 19 bestimmt sind. Wir haben oben § 17 gefunden [vgl. Seite 487 (2.)]:

$$(2.)\quad \mathsf{N}s' = \sin 2\varphi\,[\sin x'\sin x''\sin(\varphi'-\varphi'')\cos(\varphi'+\varphi'') - \sin^2\varphi'\operatorname{tang}q'\sin x'' + \sin^2\varphi''\operatorname{tang}q''\sin x'].$$

Für s aber erhält man aus (2.) Seite 487, wenn man $\operatorname{tang} q'$ und $\operatorname{tang} q''$ mittelst (11.) § 19 Seite 515 eliminirt:

$$\mathsf{N}s = -\sin 2\varphi[\cos x'\sin x''\sin(\varphi-\varphi') + \cos x''\sin x'\sin(\varphi-\varphi'')].$$

Man hat also:

$$(3.)\quad \operatorname{tang}\alpha = -\frac{\sin x'\sin x''\sin(\varphi'-\varphi'')\cos(\varphi'+\varphi'') - \sin^2\varphi'\operatorname{tang}q'\sin x'' + \sin^2\varphi''\operatorname{tang}q''\sin x'}{\cos x'\sin x''\sin(\varphi-\varphi') + \cos x''\sin x'\sin(\varphi-\varphi'')}.$$

Wenn man nach (2.) und (5.) § 16 Seite 476 setzt:

$$(a.)\qquad \operatorname{tang}q' = \frac{1}{o^2 O}, \qquad \operatorname{tang}q'' = \frac{1}{e^2 E}$$

und nach (34.) § 15 Seite 475:

$$(b.)\qquad \frac{1}{O} = \frac{\pi^2-\mu^2}{2}\sin(u-u')\sin j, \qquad \frac{1}{E} = \frac{\pi^2-\mu^2}{2}\sin(v+v')\cos k$$

der Fresnel'schen Elasticitätsfläche) bildet, bedarf kaum noch der Erläuterung. Es ergiebt sich nämlich solches sofort, wenn man für den Augenblick im Innern des Krystalles eine zu N senkrechte Wellenebene sich denkt, und auf diese Wellenebene die Note Seite 460 in Anwendung bringt. — *A. W.*

und endlich:

(c.) $$\frac{\sin^2\varphi'}{o^2} = \frac{\sin^2\varphi''}{e^2} = \sin^2\varphi$$

und

(d.) $$\sin^2\varphi\,\frac{\pi^2-\mu^2}{2} = \frac{\sin^2\varphi' - \sin^2\varphi''}{\cos(v+v') - \cos(u-u')}, \text{*)}$$

so erhält man:

(4.) $$\operatorname{tang}\alpha = -\sin(\varphi'-\varphi'')\times$$

$$\left\{\frac{\sin x'\sin x''\cos(\varphi'+\varphi'') + \left(\frac{\sin(u-u')\sin j\sin x'' - \sin(v+v')\cos k\sin x'}{\cos(u-u')-\cos(v+v')}\right)\sin(\varphi'+\varphi'')}{\cos x'\sin x''\sin(\varphi-\varphi') + \cos x''\sin x'\sin(\varphi-\varphi'')}\right\}.$$

Numerisch kann man hieraus immer die Ablenkung der Polarisationsebene berechnen aus dem Winkel der vollständigen Polarisation, dem Azimuth der Einfallsebene und denjenigen Grössen, wodurch die Lage der reflectirenden Ebene bestimmt ist, und man kann der Gleichung (3.) leicht eine hierfür noch bequemere Form geben. Die vollständige analytische Elimination von x', x'', u, u', v, v' scheint aber zu weitläufigen Rechnungen zu führen, und ich werde mich daher begnügen, in dieser Elimination nur die erste Potenz von $\pi^2-\mu^2$ oder, was dasselbe ist, von $\sin(\varphi'-\varphi'')$ zu berücksichtigen. Bei dieser Annäherung kann man im Ausdruck (4.) setzen: $u=v$, $u'=v'$, $\sin x''=-\cos x'$, $\cos x''=-\sin x'$ **), $k=j$ und in dem mit $\sin(\varphi'-\varphi'')$ multiplicirten Theil $\varphi'=\varphi''$. Dann erhält man:

(5.) $$\operatorname{tang}\alpha = -\frac{\sin(\varphi'-\varphi'')}{\sin(\varphi-\varphi')}\times$$

$$\left\{\frac{\sin u\sin u'\sin 2x'\cos 2\varphi' + [\sin u\cos u'\sin(x'+j) + \sin u'\cos u\sin(x'-j)]\sin 2\varphi'}{2\sin u\sin u'}\right\}.$$

Aus (14.) des vorigen Paragraphen erhält man:

$$\sin u\cos u'\sin(x'+j) + \sin u'\cos u\sin(x'-j) =$$
$$= \left\{\begin{matrix}+\sin U\cos U'\sin(X+J)\\ +\sin U'\cos U\sin(X-J)\end{matrix}\right\}\cos\varphi' + \sin U\sin U'\sin 2X\sin\varphi',$$

$$\sin u\sin u'\sin 2x' = -\left\{\begin{matrix}+\sin U\cos U'\sin(X+J)\\ +\sin U'\cos U\sin(X-J)\end{matrix}\right\}\sin\varphi' + \sin U\sin U'\sin 2X\cos\varphi'.$$

Dies in (5.) substituirt und zugleich $\frac{-\sin(\varphi'-\varphi'')}{2\sin u\sin u'} = \frac{\pi^2-\mu^2}{2}\,\frac{\sin^2\varphi}{\sin 2\varphi'}$ gesetzt, giebt:

(6.) $$\operatorname{tang}\alpha = \frac{\pi^2-\mu^2}{2}\,\frac{\sin^2\varphi}{\sin 2\varphi'\sin(\varphi-\varphi')}\times$$

$$(\sin U\sin U'\sin 2X\cos\varphi' + [\sin(U+U')\sin X\cos J + \sin(U-U')\cos X\sin J]\sin\varphi').$$

*) Es ist nämlich nach (c.): $\sin^2\varphi' - \sin^2\varphi'' = (o^2-e^2)\sin^2\varphi$. Substituirt man aber hier die im gegenwärtigen Fall für o^2 und e^2 aus (5.) Seite 461 sich ergebenden Werthe, so gelangt man sofort zur Formel (d.). — *C. N.*

**) Man vergleiche die Note *) Seite 515. — *C. N.*

Von dem System der Ablenkungen der Polarisationsebene verschafft man sich eine übersichtliche Anschauung, wenn man diejenigen Einfallsebenen aufsucht, wo dieselbe $= 0$ ist. Man erhält aus $\operatorname{tang}\alpha = 0$:

$$(7.)\quad \sin U \sin U' \sin 2X \cos\varphi' + [\sin(U+U')\sin X\cos J + \sin(U-U')\cos X\sin J]\sin\varphi' = 0,$$

woraus X, nachdem für φ' der dem Polarisationswinkel entsprechende Werth gesetzt ist, zu bestimmen ist. Untersuchen wir die einfacheren Fälle, wo die reflectirende Ebene parallel mit einer der Elasticitätsaxen ist:

Erstens: $U - U' = 0$. Dies giebt:

$$\{\sin U\cos\varphi'\cos X + \cos U\cos J\sin\varphi'\}\sin X = 0.$$

Die vollständige Polarisation ohne Ablenkung der Polarisationsebene findet also statt:

$$(a.)\quad \text{bei } \sin X = 0,$$

$$(b.)\quad \text{bei } \cos X = -\operatorname{cotg} U \operatorname{tang}\varphi'\cos J,$$

wodurch im Allgemeinen vier Azimuthe der vollständigen Polarisation ohne Ablenkung bestimmt sind.

Zweitens: $U + U' = 180^0$. Dies giebt:

$$\{\sin U\sin X\cos\varphi' - \cos U\sin J\sin\varphi'\}\cos X = 0,$$

woraus:

$$(c.)\quad \cos X = 0,$$

$$(d.)\quad \sin X = -\operatorname{cotg} U'\sin J\operatorname{tang}\varphi' = \operatorname{cotang} U\sin J\operatorname{tang}\varphi'.$$

Drittens. Wenn die reflectirende Ebene parallel mit der mittleren Elasticitätsaxe ist, so ist entweder $J = 0$ oder $J = 90^0$. Wir haben im ersteren Falle:

$$(e.)\quad \sin X = 0,$$

$$(f.)\quad \cos X = -\frac{\sin(U+U')\operatorname{tang}\varphi'}{2\sin U\sin U'},$$

und im zweiten Falle:

$$(g.)\quad \cos X = 0,$$

$$(h.)\quad \sin X = -\frac{\sin(U-U')\operatorname{tang}\varphi'}{2\sin U\sin U'}.$$

Es giebt also im Allgemeinen in diesen Fällen ausser dem Hauptschnitt immer noch zwei andere Azimuthe, wo die vollständige Polarisation ohne Ablenkung ihrer Ebene stattfindet. Diese wollen wir näher untersuchen. Die Gleichungen (b.) und (d.) können zusammengefasst werden. Es sei $90^0 - \xi$ die Neigung der reflectirenden Ebene gegen die den Winkel $2n$ der optischen Axen halbirende Elasticitätsaxe, so dass:

$$\cos U = \cos\xi \cos n,$$

$$\sin J = \frac{\sin n}{\sin U}.$$

Dies in (b.) gesetzt, giebt:

$$(8.)\qquad \cos X = -\operatorname{tang}\varphi' \frac{\operatorname{tang}\xi \cos^2 n}{\operatorname{tang}^2\xi + \sin^2 n}.$$

Die Gleichung (d.) giebt eine ganz ähnliche Gleichung, nur dass statt n steht $90^0 - n$ und dass ξ nicht wie in (8.) die Neigung gegen die π-Axe bedeutet, sondern gegen die μ-Axe. Die Eigenschaften der reflectirenden Ebenen, welche durch (8.) ausgedrückt sind, werden am leichtesten erkannt, wenn wir diese Gleichung umkehren und schreiben:

$$(9.)\qquad \operatorname{tang}\xi = -\frac{\operatorname{tang}\varphi' \cos^2 n}{2\cos X} \pm \sqrt{\frac{\operatorname{tang}^2\varphi' \cos^4 n}{4\cos^2 X} - \sin^2 n},$$

woraus sich ergiebt, dass jedem Werthe von $\cos X$ zwei positive Werthe von $\operatorname{tang}\xi$ entsprechen*), dass aber $\cos^2 X$ ein Maximum hat, welches nicht überschritten werden kann. Unterscheiden wir zwei Fälle:

1) wo das Maximum von $\cos X$ reell ist. Die Bedingung dafür ist:

$$(10.)\qquad \operatorname{tang}^2\varphi' < \frac{4\operatorname{tang}^2 n}{\cos^2 n}.$$

Das Maximum selbst ist:

$$\cos X = -\frac{\operatorname{tang}\varphi' \cos^2 n}{2\sin n},$$

und es fällt auf die Fläche, für welche

$$(11.)\qquad \operatorname{tang}\xi = \sin n.$$

Die Grenze der Möglichkeit dieses Maximums ist:

$$\operatorname{tang}^2\varphi' = \frac{4\operatorname{tang}^2 n}{\cos^2 n},$$

alsdann ist $\cos X = -1$, für die reflectirende Ebene bleibt $\operatorname{tang}\xi = \sin n$.

2) Wo das Maximum von $\cos X$ nicht reell ist. Dies tritt ein, wenn

$$\operatorname{tang}^2\varphi' > \frac{4\operatorname{tang}^2 n}{\cos^2 n}.$$

*) d. h. jedem Werthe, den $\cos X$ überhaupt anzunehmen fähig ist. Dabei ist zu beachten, dass $\cos X$, zufolge der Formel (8.), nur *negative* Werthe anzunehmen vermag; denn die in jener Formel enthaltenen Grössen $\operatorname{tg}\varphi'$ und $\operatorname{tg}\xi$ sind, ihrer Natur nach, stets *positiv*. — *A. W.*

Der $\cos X$ wird hier -1 bei:

$$(12.)\quad \tang\xi' = \tfrac{1}{2}\tang\varphi'\cos^2 n - \tfrac{1}{2}\sqrt{\tang^2\varphi'\cos^4 n - 4\sin^2 n}$$
und
$$\tang\xi'' = \tfrac{1}{2}\tang\varphi'\cos^2 n + \tfrac{1}{2}\sqrt{\tang^2\varphi'\cos^4 n - 4\sin^2 n}.$$

Auf allen reflectirenden Ebenen zwischen diesen beiden durch ξ' und ξ'' bestimmten ist es nur der Hauptschnitt, in welchem die vollständige Polarisation ohne Ablenkung der Polarisationsebene stattfinden kann. Zwischen $\xi = \xi'$ und $\xi = 0$ und zwischen $\xi = \xi''$ und $\xi = 90^0$ erscheinen zwei neue solcher Azimuthe ausser dem Hauptschnitt und nehmen ab von 180^0 bis 90^0.

Da der Polarisationswinkel bei demselben Krystalle nicht viel variirt, so lassen sich diese Resultate durch ein Beispiel anschaulicher machen. Es sei der Polarisationswinkel 56^0, also φ' ungefähr 34^0. Aus (10.) erhält man:

$$\tang^2 n > \frac{\sin^2\frac{1}{2}\varphi'}{\cos\varphi'},$$

worin $\varphi' = 34^0$ giebt $n > 17\frac{1}{2}{}^0$. Wenn also der Winkel der optischen Axen, d. i. $2n$, zwischen 35^0 und $180^0 - 35^0$ liegt, so sind die Azimuthe ohne Ablenkung der Polarisationsebene ausser dem Hauptschnitt sowohl auf allen Ebenen, welche mit der grössten Elasticitätsaxe, als auf denen, welche mit der kleinsten Elasticitätsaxe parallel sind, möglich. Liegt der Winkel der optischen Axen ausserhalb dieser Grenzen, so hat nur das eine System dieser Ebenen immer solche Azimuthe.

Ich wende mich zu den reflectirenden Ebenen, welche parallel mit der mittleren Elasticitätsaxe sind. Bezeichnet man ihre Neigung gegen die Elasticitätsaxe, welche den Winkel der optischen Axen halbirt, wiederum mit $90^0 - \xi$, so hat man in (f.) Seite 522 zu setzen:

$$U = \xi + n \quad \text{und} \quad U' = \xi - n,$$

und in (h.) Seite 522:

$$U = n + \xi \quad \text{und} \quad U' = n - \xi.$$

Da in (h.) der Winkel X von der auf dem Hauptschnitt senkrechten Ebene an gerechnet wird, werde ich dessen Nullpunkt mit dem X in (f.) übereinstimmend machen, wo dieser Winkel vom Hauptschnitt selbst an gerechnet wird, und in (h.) statt X setzen $X - 90^0$; dadurch verwandeln sich beide Gleichungen (f.) und (h.) in eine, nämlich:

$$(13.)\quad \cos X = -\frac{\sin\xi\cos\xi}{\sin^2\xi - \sin^2 n}\tang\varphi'.$$

Die Azimuthe X ohne Ablenkung bilden also immer einen stumpfen Winkel mit dem Azimuth der nächsten optischen Axe, die Normale der reflectirenden Ebene mag in dem spitzen oder stumpfen Winkel der optischen Axen liegen.*) Kehrt man die Gleichung (13.) um, so kann man dieselbe schreiben:

$$\tag{14.} \operatorname{tang} \xi = -\frac{\operatorname{tang} \varphi'}{2 \cos^2 n \cos X} + \sqrt{\frac{\operatorname{tang}^2 \varphi'}{4 \cos^4 n \cos^2 X} + \operatorname{tang}^2 n},$$

*) Der Formel (f.) Seite 522 entspricht folgende Zeichnung:

(f₁.)

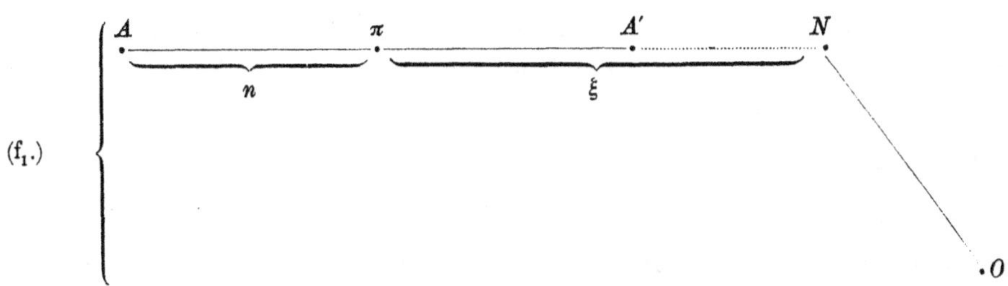

wo NO die Reflexionsebene darstellen soll, d i. diejenige Ebene, in welcher die Normale N der brechenden Fläche und zugleich auch die Normalen der reflectirten und gebrochenen Wellenebenen gelegen sind. Und der in jener Formel (f.) enthaltene Winkel X hat die Bedeutung:

$$\tag{f_2.} X = ANO.$$

Andererseits entspricht der Formel (h.) Seite 522 folgendes Bild:

(h₁.)

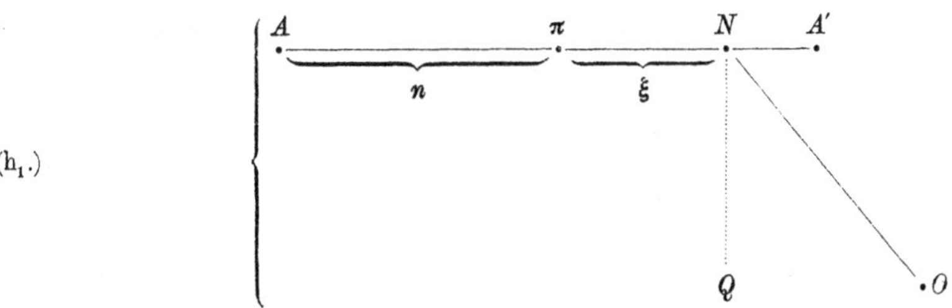

wo wiederum NO die Reflexionsebene repräsentirt. Dabei aber hat der in jener Formel (h.) enthaltene Winkel X die Bedeutung:

$$X = QNO,$$

wo NQ perpendicular zu denken ist gegen NA. Um nun zwischen den Formeln (f.) und (h.) eine bessere Uebereinstimmung hervorzubringen, ist im obigen Text, an Stelle des soeben genannten Winkels X, ein um 90° grösserer Winkel eingeführt, nämlich gesetzt:

$$\tag{h_2.} X = 90^0 + QNO, \quad \text{d. i.} \quad X = ANO.$$

Unter Anwendung dieser in (f_2.) *und* (h_2.) *angegebenen Winkel X, X, gewinnen alsdann jene Formeln* (f.) *und* (h.) *folgende gemeinschaftliche Gestalt* [*vgl.* (13.)]:

$$\tag{p.} \cos X = -\frac{\sin \xi \cos \xi}{\sin^2 \xi - \sin^2 n} \operatorname{tg} \varphi';$$

wofür man also, nach (f_2.) *und* (h_2), *auch schreiben kann:*

$$\tag{q.} \cos (ANO) = -\frac{\sin \xi \cos \xi}{\sin^2 \xi - \sin^2 n} \operatorname{tg} \varphi'.$$ Nun ist im Falle

wo $\cos X$ positiv oder negativ sein kann. Man sieht, dass dieses Azimuth ohne Abweichung wegfällt, oder vielmehr, dass wegen (e.) und (g.) nur, wenn die Einfallsebene mit dem Hauptschnitt zusammenfällt, die Polarisationsebene keine Ablenkung erfährt, von

$$\operatorname{tang} \xi' = -\frac{\operatorname{tang} \varphi'}{2 \cos^2 n} + \sqrt{\frac{\operatorname{tang}^2 \varphi'}{4 \cos^4 n} + \operatorname{tang}^2 n}$$

bis

$$\operatorname{tang} \xi'' = +\frac{\operatorname{tang} \varphi'}{2 \cos^2 n} + \sqrt{\frac{\operatorname{tang}^2 \varphi'}{4 \cos^4 n} + \operatorname{tang}^2 n}.$$

Ausserhalb dieser Grenzen treten neue Azimuthe ohne Ablenkung auf, die bis 90^0 wachsen, welche Grenze sie erreichen, auf den auf den Elasticitätsaxen senkrechten Ebenen. Der Winkel, den die zu ξ' und ξ'' gehörenden Ebenen mit einander bilden, hat einen einfachen Ausdruck, nämlich:

$$\operatorname{tang}(\xi'' - \xi') = \operatorname{tang} \varphi'.$$

Bezeichnet man mit ζ' und ζ'' allgemein zwei Werthe für ξ in (14.), welche zu X und $180^0 - X$ gehören, so hat man:

$$\operatorname{tang}(\zeta'' - \zeta') = \frac{\operatorname{tang} \varphi'}{\cos X}. \tag{15.}$$

Es ist gewiss unerwartet, dass auf den Ebenen, welche senkrecht auf den optischen Axen stehen, obgleich in allen Azimuthen derselbe Polarisationswinkel stattfindet, doch in jedem Azimuth, ausser in $\sin X = 0$, *eine Ablenkung der Polarisationsebene sich findet.* Diese Ablenkung ergiebt sich aus (6.), wenn dort $J = 0$, $U' = 0$ gesetzt wird*). Man findet:

$$\operatorname{tang} \alpha = \left(\frac{\pi^2 - \mu^2}{4}\right) \frac{\sin^2 \varphi \sin 2n \sin X}{\cos \varphi' \sin(\varphi - \varphi')}. \tag{16.}$$

Nun ist im Falle (f₁.): $\xi > n$, hingegen im Falle (h₁.): $\xi < n$. Demgemäss ergiebt sich aus (q.):

$$\text{(r.)} \quad \begin{cases} \cos(ANO) = \text{neg.}, & \text{im Falle } (\mathrm{f}_1.), \\ \cos(ANO) = \text{pos.}, & \text{im Falle } (\mathrm{h}_1.); \end{cases}$$

und diesen beiden Formeln (r.) kann man offenbar, indem man, an Stelle von A, die Axe A' benutzt, folgende Gestalt geben:

$$\text{(s.)} \quad \begin{cases} \cos(A'NO) = \text{neg.}, & \text{im Falle } (\mathrm{f}_1.), \\ \cos(A'NO) = \text{neg.}, & \text{im Falle } (\mathrm{h}_1.). \end{cases}$$

Auf Grund dieser Formeln (s.) aber kann man sagen: Das Azimuth NO ist in *beiden* Fällen [(f_1.) und (h_1.)] gegen das Azimuth NA' der zunächst gelegenen optischen Axe A' unter einem *stumpfen* Winkel geneigt, d. h. unter einem Winkel, dessen Cosinus *negativ* ist. — Und dieser Satz ist im obigen Text kurz angedeutet durch die drei auf (13.) folgenden Zeilen. — Soll also die Fig. (h_1.) der Wirklichkeit entsprechen, d. h. soll dort die Linie NO wirklich ein Azimuth ohne Ablenkung vorstellen, so hat man sich diese Linie NO *links* von NQ zu denken. — *C. N.*

*) Um von (6.) zu (16.) zu gelangen, hat man in (6.) zuerst $J = 0$, und sodann $U' = 0$, mithin $U = 2n$ zu machen. Zu derselben Formel (16.) kann man übrigens auch dadurch gelangen, dass man in (6.) zuerst $J = 90^0$, und sodann wiederum $U' = 0$ und $U = 2n$ werden lässt. Nur hat man dabei zu beachten, dass die Winkel X im einen und im andern Fall um 90^0 von einander verschieden sind. [Vgl. die Figuren (f_1.) und (h_1.) Seite 525, sowie auch die dortigen Formeln.] — *C. N.*

Dass es auf jeder reflectirenden Ebene wenigstens immer zwei Azimuthe giebt, in welchen die Ablenkung der Polarisationsebene $=0$ ist, d. h. dass die Gleichung (7.), welche vom vierten Grade in Beziehung auf X ist, wenigstens immer zwei reelle Wurzeln hat, wird sich aus dem folgenden Paragraphen ergeben. Für das Azimuth der grössten Ablenkung erhält man aus (6.) durch Differentiation nach X, wobei man bei der Annäherung, worauf dieser Ausdruck beruht, φ und φ' als constant ansehen kann:

$$(17.)\quad 2\cos\varphi'\sin U\sin U'\cos 2X+\sin\varphi'[\sin(U+U')\cos J\cos X-\sin(U-U')\sin J\sin X]=0;$$

und dies grösste Azimuth mit m bezeichnet, ergiebt sich:

$$(18.)\quad \operatorname{tang} m=\frac{\pi^2-\mu^2}{2}\,\frac{\sin^2\varphi}{\sin 2\varphi'\sin(\varphi-\varphi')}\left\{\frac{2\sin U\sin U'\cos\varphi'\cos^3 X+\sin(U+U')\cos J\sin\varphi'}{\sin X}\right\}.$$

§ 21.

Ueber die Drehung, welche die Polarisationsebene erleidet bei der Reflexion unter einem ganz beliebigen Winkel.

Im vorigen Paragraphen haben wir die Drehung der Polarisationsebene bei der Reflexion unter dem Polarisationswinkel untersucht. Um die Drehungen der Polarisationsebenen überhaupt durch Reflexion zu untersuchen, machen wir folgende Unterscheidungen.

1) Das Azimuth, welches ein ursprünglich parallel mit der Einfallsebene polarisirter Strahl durch die Reflexion erlangt, bezeichne ich mit δ_s.

2) Das Azimuth, welches ein ursprünglich senkrecht gegen die Einfallsebene polarisirter Strahl durch die Reflexion erlangt, mit $90^0-\delta_p$.

3) Das Azimuth der ursprünglichen Polarisation eines einfallenden Strahles, damit im reflectirten die Polarisationsebene parallel mit der Einfallsebene sei, mit d_s und

4) das Azimuth der ursprünglichen Polarisation, bei welchem der reflectirte Strahl senkrecht gegen die Einfallsebene p polarisirt ist, mit 90^0-d_p.

Man hat also:*)

$$(1.)\quad \begin{aligned}\operatorname{tang}\delta_s&=\frac{s'}{s}, &\quad \operatorname{tang} d_s&=-\frac{s'}{p}\\ \operatorname{tang}\delta_p&=\frac{p'}{p}, &\quad \operatorname{tang} d_p&=-\frac{p'}{s},\end{aligned}$$

*) All' diese Definitionen und Formeln sind, mit Ausnahme der auf d_p sich beziehenden, in Einklang mit den früher in § 9 getroffenen Festsetzungen. Was d_p betrifft, so ist das gegenwärtige d_p gleich dem *Complement* des damaligen d_p. — Bei der gegenwärtigen Bezeichnungsweise zählen, wie man sieht, die Winkel δ_s, d_s von der Einfallsebene an; während die Winkel δ_p, d_p gerechnet werden von einer zur Einfallsebene senkrechten Ebene. — *A. W.*

wo s, s', p, p' die in (2.) § 17 angegebenen Werthe haben, wonach diese Winkel in jedem gegebenen Falle berechnet werden können. Die Relation dieser Winkel unter einander:

$$\tang \delta_s \tang \delta_p = \tang d_s \tang d_p$$

ist allgemein und gilt von jedem reflectirenden Medium.

Ich werde untersuchen, unter welchen Umständen diese Winkel δ_s, δ_p, d_s, d_p verschwinden werden. Wir haben also zu untersuchen die Gleichungen:

$$p' = 0 \quad \text{und} \quad s' = 0$$

oder wenn dafür aus (2.) § 17 Seite 487 ihre Werthe gesetzt werden:

$$(\pi.) \qquad \sin(\varphi' - \varphi'') \cos x' \cos x'' = 0,$$

$$(\sigma.) \quad \sin x' \sin x'' \sin(\varphi' - \varphi'') \cos(\varphi' + \varphi'') + \sin x' \sin^2\varphi'' \tang q'' - \sin x'' \sin^2 \varphi' \tang q' = 0.$$

Ich werde mich nur mit der ersten Annäherung dieser Gleichungen beschäftigen, und das, was von den zweiten und höheren Potenzen von $\sin(\varphi' - \varphi'')$ abhängig, vernachlässigen. Bei dieser Annäherung verwandelt sich (π.) in $\sin 2x' = 0$*), und dies, mittelst (14.) § 19 Seite 517 entwickelt, giebt:

$$(\pi'.) \quad 0 = \sin\varphi'[\sin(U+U')\cos J \sin X + \sin(U-U')\sin J \cos X] - \cos\varphi' \sin U \sin U' \sin 2X.$$

Die zweite Gleichung (σ.) giebt denselben Ausdruck, der in (7.) § 20 gefunden wurde**), nur dass in ihm φ' sich nicht auf den Polarisationswinkel bezieht, sondern jeden Werth haben kann. Man hat also:

$$(\sigma'.) \quad 0 = \sin\varphi'[\sin(U+U')\cos J \sin X + \sin(U-U')\sin J \cos X] + \cos\varphi' \sin U \sin U' \sin 2X.$$

Diese Gleichungen stellen zwei Kegelflächen im Innern des Krystalls dar; denkt man sich die Kanten derselben als Normalen von Wellenebenen und construirt die Richtungen, welche sie bei ihrem Austritt aus dem Krystall annehmen, so erhält man die Systeme von Richtungen, in welchen die Strahlen auf die Krystallebene auffallen müssen, damit ihre ursprünglich senkrechte oder parallele Polarisationsebene durch die Reflexion unverändert bleibt. Die beiden Kegelflächen sind dritter Ordnung; sie sind beide einander gleich und ähnlich, haben die Normale der reflectirenden Ebene gemeinschaftlich, die eine ist aber gegen die anderen um diese Linie um 180^0 gedreht. Ich habe also

*) Die in Rede stehende Annäherung bringt mit sich, dass in (π.) der in $\sin(\varphi' - \varphi'')$ multiplicirte Ausdruck $\cos x' \cos x''$ so zu behandeln ist, als wenn die beiden Wellennormalen O und E mit einander zusammenfielen. Alsdann aber ist [wie ein Blick auf die Fig. 10 Seite 481 erkennen lässt]: $x' + x'' = 270^0$, mithin $\cos x'' = -\sin x'$; so dass also jener Ausdruck sich verwandelt in $-\sin x' \cos x'$, d. i. in $-\frac{1}{2}\sin 2x'$. — *C. N.*

**) Man vergleiche auf Seite 521 den Uebergang von (3.) zu (6.), (7.). — *C. N.*

nur den Kegel (π'.) näher zu untersuchen*). Dieser wird uns auch noch wichtig werden bei der Untersuchung der Refraction.

Da $\operatorname{tang}\varphi' = 0$ ist, sowohl wenn $\sin X = 0$, als wenn $\cos X = 0$, so müssen zwei Zweige des Kegels durch die Normale der brechenden Ebene gehen und sich in ihr rechtwinklig schneiden. Wenn $X = J$, so wird $\operatorname{tang}\varphi' = \operatorname{tang} U'$, und wenn $X = -J$, so wird $\operatorname{tang}\varphi' = \operatorname{tang} U$. Der Kegel geht also immer durch die beiden optischen Axen. Wenn

$$(\alpha.) \qquad \operatorname{tang} X = -\frac{\sin(U-U')}{\sin(U+U')}\operatorname{tang} J,$$

so ist $\varphi' = 90^0$. Das durch diese Gleichung bestimmte Azimuth X ist immer negativ, weil wir U' immer $< U$ nehmen. Nennen wir es $-X'$, so ist:

$$(\beta.) \qquad \operatorname{tang} U \sin(J - X') = \operatorname{tang} U' \sin(J + X').$$

Es werde die reflectirende Ebene (vgl. die folgende Figur) von ihrer Normale und den beiden optischen Axen, diese drei Linien durch denselben Punkt O

---

*) Die Gleichung (π'.) Seite 528 ist von der Gestalt:

$$(\text{f.}) \qquad \mathfrak{A} \sin\varphi' \sin X + \mathfrak{B} \sin\varphi' \cos X + \mathfrak{C} \cos\varphi' \sin 2X = 0.$$

Und zwar sollen, bei der augenblicklichen Betrachtung, die Beschaffenheit des Krystalls und die Lage der reflectirenden Fläche als gegeben angesehen werden; so dass also J, U, U', mithin auch $\mathfrak{A}$, $\mathfrak{B}$, $\mathfrak{C}$ gegebene Constanten sind. Die Gleichung (f.) ist also in der That die Gleichung einer *Kegelfläche*, und φ', X sind die Winkel, durch welche die einzelnen Kanten dieser Kegelfläche sich bestimmen. Bezeichnet man irgend einen Punkt dieser Kegelfläche, was seine rechtwinkligen Coordinaten anbelangt, mit ξ, η, ζ, und seinen Abstand vom Scheitelpunkt des Kegels mit ϱ, so kann man setzen:

$$(\text{g.}) \qquad \xi = \varrho \cos\varphi', \qquad \eta = \varrho \sin\varphi' \cos X, \qquad \zeta = \varrho \sin\varphi' \sin X;$$

wodurch alsdann die Gleichung (f.) übergeht in:

$$(\text{h.}) \qquad (\mathfrak{A}\zeta + \mathfrak{B}\eta)(\eta^2 + \zeta^2) + 2\mathfrak{C}\xi\eta\zeta = 0.$$

Die Kegelfläche ist also von der *dritten Ordnung*, und eine ihrer Kanten ist durch die ξ-Axe dargestellt.

Uebrigens besitzen sämtliche Kanten dieser Kegelfläche die [zwischen (π.) und (π'.) angegebene] Eigenschaft: $\sin 2x' = 0$. Und es wird also hier für jede solche Kante der Winkel x' entweder $= 0$ oder $= 90^0$ sein. Demgemäss kann die Curve, in welcher die Kegelfläche von einer um ihren Scheitelpunkt beschriebenen Kugelfläche geschnitten wird, *rein geometrisch* in folgender Weise characterisirt werden:

Auf der Kugelfläche seien drei feste Punkte U, U' und N markirt. Man lasse nun von N (gewissermaassen als Radii vectores) nach allen Seiten grösste Kreisbogen NR ausgehen, und gebe jedem dieser Bogen NR eine solche Länge, dass NR gegen die Halbirungslinie des Winkels URU' unter einem Winkel geneigt ist, der entweder $= 0$ oder $= 90^0$ ist. (Dabei sind unter den Schenkeln des Winkels URU', und unter seiner Halbirungslinie lauter grösste Kreisbogen zu verstehen.) Die so erhaltenen Punkte R bilden dann in ihrer Gesamtheit die in Rede stehende Curve.

Ist die reflectirende Fläche parallel mit einer der drei Hauptebenen der Elasticitätsfläche, so wird der in Rede stehende Kegel, wie man aus diesem Satze leicht erkennt, dargestellt sein durch *ein System von drei Ebenen*; und diese drei Ebenen sind nichts Anderes als die drei Hauptebenen der Elasticitätsfläche. — C. N.

unterhalb der Ebene gelegt, in den Punkten N, U, U' geschnitten*). Es theile die Linie NP den Winkel UNU', so dass

$$(\gamma.) \qquad \sin UNP : \sin U'NP = \operatorname{tang} U' : \operatorname{tang} U.$$

Alsdann ergiebt sich aus (β.), dass die Linie NP parallel ist mit einer Kante des Kegels.

Es werde ferner durch ON eine Ebene gelegt**), die senkrecht stehe auf der Ebene, die durch die beiden optischen Axen gelegt ist; der Durchschnitt beider Ebenen OS ist eine Kante des Kegels. Diese letztere Eigenschaft des Kegels (π'.) erweist sich am leichtesten, wenn man N, U, U' als die Durchschnitte der Normale und der optischen Axen mit einer Kugelfläche, die um O beschrieben ist, betrachtet, wo man durch N einen grössten Kreis senkrecht auf UU' zu legen hat, und zu beweisen, dass $NS = \varphi'$ und $SNU' = J - X$ und $UNS = J + X$ der Gleichung (π'.) genügen.

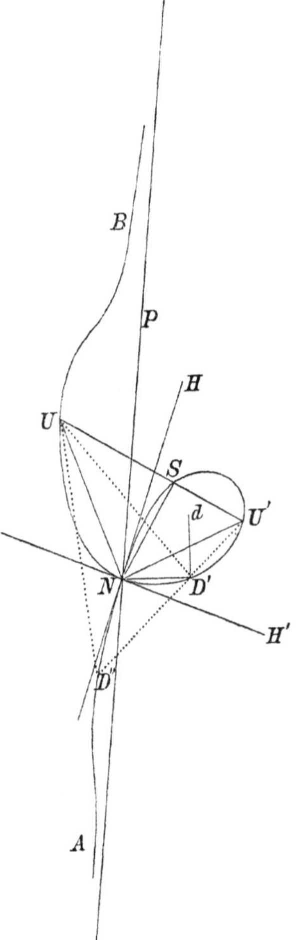

Fig. 20.

Wir haben für den Kegel (π'.) also fünf Kanten bestimmt, und die Lage zweier Tangentialebenen. Er wird die reflectirende Ebene im Allgemeinen in einer Curve schneiden, welche ungefähr die Gestalt $ANSU'NUB$ hat. Die Linien NH und NH' stellen die Richtungen des grössten und kleinsten Radiusvectors des Schnittes vor, den die reflectirende Ebene mit der Elasticitätsfläche machen würde. Eine merkwürdige allgemeine Eigenschaft des Kegels ist, dass er innerhalb der Azimuthalwinkel HNP nur negative Werthe für φ' bestimmt, bei welchen die ursprünglich senkrechte Polarisation des einfallenden Strahles durch die Reflexion unverändert bleibt. Diesen Winkel HNP haben wir X' genannt, und bestimmt durch die Gleichung (β.):

$$\operatorname{tang} U \sin(J - X') = \operatorname{tang} U' \sin(J + X').$$

In dem Theil des Kegels $NU'S$ erlangt φ' ein Maximum. Man erhält dieses aus (π'.) durch $\frac{d\varphi'}{dX} = 0$, und findet dies Maximum in dem Azimuth:

*) Die Ebene der Zeichnung ist anzusehen als die reflectirende Ebene und die Linie ON als die *Normale* dieser Ebene. Dabei soll O unterhalb N gedacht werden. — *C. N.*

**) Vgl. die vorige Note. — *C. N.*

$$\text{(3.)}\qquad \operatorname{tang} X = \sqrt[3]{\operatorname{tang} J \frac{\sin(U-U')}{\sin(U+U')}},$$

und sein Werth ist:

$$\text{(4.)}\quad \operatorname{tang}\varphi' = \frac{2\sin U \sin U' \sqrt{[\sin J \sin(U-U')]^{\frac{4}{3}} + [\cos J \sin(U+U')]^{\frac{4}{3}} - [\sin J \cos J \sin(U-U')\sin(U+U')]^{\frac{2}{3}}}}{\sqrt{\sin^2(U-U')\sin^2 J + \sin^2(U+U')\cos^2 J}\left\{[\sin(U-U')\sin J]^{\frac{2}{3}} + [\sin(U+U')\cos J]^{\frac{2}{3}}\right\}}.$$

Der Werth dieses Maximums ist wichtig für die Frage nach den Azimuthen, in welchen die ursprünglich senkrechte oder parallele Polarisation durch die Reflexion nicht geändert wird, bei einem gegebenen Einfallswinkel φ. So lange das zu diesem φ gehörige φ' kleiner ist, als der in (4.) angegebene Werth, so lange wird der Frage immer durch vier Azimuthe genügt, im entgegengesetzten Fall aber nur durch zwei Azimuthe. Dies findet Anwendung auf die Gleichung (7.) des vorigen Paragraphen, welche dieselbe als (σ'.) dieses Paragraphen ist, die, wie schon bemerkt, von (π'.) sich nur dadurch unterscheidet, dass das zu jedem X gehörige φ' negativ genommen ist. In der Gleichung (7.) ist φ', der Brechungswinkel des Polarisationswinkels, gegeben und X ist zu bestimmen.

Dem Auseinandergesetzten zufolge wird man sich immer eine anschauliche Vorstellung machen von der Lage der Kegelfläche (π'.), wie auch die reflectirende Ebene gelegen ist; wir wollen aber doch noch der Grenzfälle erwähnen, wo nämlich diese Ebene mit einer der Elasticitätsaxen parallel ist. Wenn die reflectirende Ebene parallel mit der grössten oder kleinsten Elasticitätsaxe ist, also entweder $U-U'=0$ oder $U+U'=180^0$, so löst sich die Gleichung (π'.) in zwei Factoren auf, der eine stellt eine Ebene vor, der andere einen Kegel zweiter Ordnung. Die Ebene geht immer durch die Normale der reflectirenden Ebene und steht senkrecht auf derjenigen Elasticitätsaxe, mit welcher jene parallel ist. Der Kegel geht immer durch die beiden optischen Axen und die Normale der reflectirenden Ebene, und schneidet diese in einem Kreise. Wenn die reflectirende Ebene senkrecht auf einer der Elasticitätsaxen steht, so stellt (π'.) zwei sich rechtwinklig schneidende Ebenen vor, parallel mit den beiden anderen Elasticitätsaxen. Wenn die reflectirende Ebene parallel mit der mittleren Elasticitätsaxe ist, so stellt (π'.) gleichfalls eine Ebene und einen Kegel zweiter Ordnung vor. Die Ebene geht hier durch die beiden optischen Axen, der Kegel geht durch die Normale der reflectirenden Ebene und schneidet diese in einem Kreise.

Es seien (vgl. die folgende Figur) N, U', U die Durchschnitte der Normale und der optischen Axen mit der reflectirenden Ebene, jene drei Linien durch denselben Punkt O gelegt; es sei NN' der Kreis, in welchem die Ebene von dem Kegel geschnitten wird, alsdann findet folgende harmonische Proportion statt:

$$\sin UON' : \sin U'ON' = \sin UON : \sin U'ON.$$

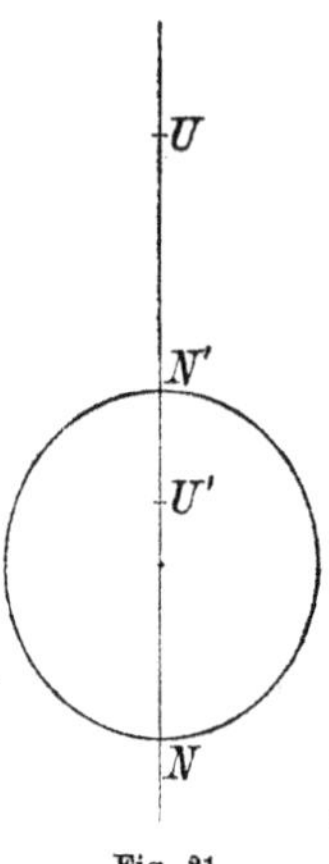

Fig. 21.

Es kann also ON oder ON' die Normale der brechenden Ebene sein, der Kegel ist derselbe; es giebt immer zwei correspondirende reflectirende Ebenen in dem stumpfen und in dem scharfen Winkel der optischen Axen, welche denselben elliptischen Kegel haben. Dieser Kegel verwandelt sich in eine gerade Linie, wenn die reflectirende Ebene senkrecht auf einer der optischen Axen steht.

Das Azimuth δ eines ursprünglich im Azimuth a polarisirten Strahls nach der Reflexion ist*):

(5.) $$\operatorname{tang} \delta = \frac{\frac{p}{s} \operatorname{tang} a + \operatorname{tang} \delta_s}{1 - \operatorname{tang} a \operatorname{tang} d_p}.$$

§ 22.

Ausdrücke für die Intensität des Lichtes in den zweierlei Strahlen, in welche ein polarisirter Strahl beim Eintritt in ein zweiaxiges Medium sich spaltet.

Der im vorigen Paragraphen betrachtete Kegel (π'.) ist wichtig für die Untersuchung der Fälle, in welchen im gebrochenen Licht einer der beiden Strahlen verschwindet, vorausgesetzt, dass das einfallende Licht ursprünglich parallel oder senkrecht zur Einfallsebene polarisirt war. Wenn es *senkrecht* gegen die Einfallsebene polarisirt war, so hat man nach (3.) § 17 Seite 487:

(A.) $$D' : D'' = \sin(\varphi + \varphi'') \cos x'' : \sin(\varphi + \varphi') \cos x',$$

woraus erhellt, dass der gewöhnliche oder der ungewöhnliche Strahl verschwindet, je nachdem $\cos x'' = 0$ oder $\cos x' = 0$. Da aber im Allgemeinen x'' so gerechnet ist, dass wenn $\varphi' = \varphi''$ wird, $\cos x'' = -\sin x'$ ist, so sind beide Fälle Wurzeln von derselben Gleichung, nämlich von $\sin 2x' = 0$, d. i. von der Gleichung (π'.). Denkt man sich also Fig. 20 auf einer Kugelfläche entworfen, die um den Durchschnittspunkt O der Normale ON und der optischen Axen OU und OU' beschrieben, so ist jede Kante OD' des Kegels (π'.), für

*) Man gelangt zu dieser Formel (5.) durch Division der beiden allgemeinen Gleichungen Seite 487 (1.), und mit Rücksicht auf die in (1.) Seite 527 eingeführten Bezeichnungen. — *C. N.*

welche, wenn $D'd$ den Winkel $UD'U'$ halbirt, der Winkel $ND'd = 90^0$ ist, ein nach dem Gesetz eines gewöhnlichen Strahls gebrochener Strahl eines solchen senkrecht polarisirten einfallenden Strahls, der keinen ungewöhnlichen Strahl erzeugt. Jede Kante OD'' aber, für welche ND'' den Winkel $UD''U'$ halbirt, ist der ungewöhnlich gebrochene Strahl eines solchen einfallenden Strahls, der, senkrecht auf der Einfallsebene polarisirt, keinen gewöhnlichen Strahl erzeugt. Es sind hiernach die Richtungen der einfallenden Strahlen leicht zu finden; bezeichnen wir nämlich im ersteren Falle die Neigung von D' gegen N mit φ', im zweiten Fall die Neigung von D'' gegen N mit φ'', und die zu φ' und φ'' gehörigen Einfallswinkel mit ξ' und ξ'', so ist:

$$(B.)\quad \sin\xi' = \frac{\sin\varphi'}{\sqrt{\frac{\pi^2+\mu^2}{2} - \frac{\pi^2-\mu^2}{2}\cos(u-u')}}, \qquad \sin\xi'' = \frac{\sin\varphi''}{\sqrt{\frac{\pi^2+\mu^2}{2} - \frac{\pi^2-\mu^2}{2}\cos(u+u')}}.$$

Es wird in einem gegebenen Falle keine Schwierigkeiten haben zu discutiren, für welchen Theil des Kegels $(\pi'.)$ $\cos x' = 0$ und für welchen $\sin x' = 0$. In Fig. 20 (Seite 530) z. B. ist für den Theil des Kegels $UND'U'$ überall $\cos x' = 0$, für die beiden Theile $U'SND''$ und UB aber immer $\sin x' = 0$. Wenn die brechende Ebene parallel mit der Elasticitätsaxe ist, welche den stumpfen Winkel der optischen Axen halbirt, d. i. $U - U' = 0$ ist, so ist $\cos x' = 0$ für alle Seiten des elliptischen Kegels, für welche $\varphi' < U$, $\sin x'$ ist aber $= 0$ für die Seiten, für welche $\varphi' > U$ ist, und für die im Hauptschnitt liegenden Strahlen. Umgekehrt verhält es sich bei den brechenden Flächen, die parallel mit der Elasticitätsaxe sind, welche den spitzen Winkel der optischen Axen halbirt, d. h. für welche $U + U' = 180^0$. Wenn die brechende Ebene parallel mit der mittleren Elasticitätsaxe ist, so ist für die Strahlen des elliptischen Kegels $\cos x' = 0$, wenn die Normale der brechenden Ebene im stumpfen Winkel der optischen Axen liegt, und $\sin x' = 0$, wenn sie im scharfen Winkel desselben liegt. Für die Strahlen im Hauptschnitt, welche im stumpfen Winkel der optischen Axen liegen, ist $\sin x' = 0$; für die hingegen, welche im scharfen Winkel liegen, ist $\cos x' = 0$.

Wenn die einfallenden Strahlen *parallel* mit der Einfallsebene polarisirt sind, so ist nach (3.) § 17 Seite 487:

$$(C.)\quad \begin{aligned} D' : D'' = &-[\sin x'' \sin(\varphi+\varphi'')\cos(\varphi-\varphi'') - \sin^2\varphi'' \tang q''] \\ &: [\sin x' \sin(\varphi+\varphi')\cos(\varphi-\varphi') - \sin^2\varphi' \tang q']. \end{aligned}$$

Der ungewöhnliche Strahl verschwindet also beinahe, weil $\tang q'$ und $\tang q''$ nur kleine, von $(\varphi' - \varphi'')$ abhängige Grössen sind, wenn $\sin x' = 0$, und der gewöhnliche, wenn $\sin x'' = 0$ ist. Diese beiden Fälle sind wiederum in $\sin 2x' = 0$ enthalten, d. h. in der Gleichung (π'.). Die Kanten des Kegels Fig. 20 (Seite 530), für welche $\sin x' = 0$, sind annäherungsweise die nach dem Gesetz des gewöhnlichen Strahls gebrochenen Richtungen, in welchen ein parallel mit der Einfallsebene polarisirter Strahl auffallen muss, damit der ungewöhnliche Strahl verschwindet, und die Kanten, für welche $\cos x' = 0$, sind die nach dem Gesetz der ungewöhnlichen Strahlen gebrochenen Strahlen, welche, parallel mit der Einfallsebene polarisirt, keinen ungewöhnlichen Strahl erzeugen. Mittelst der durch (π'.), d. i. $\sin 2x' = 0$, gegebenen angenäherten Werthe bestimmt man leicht genauere aus:

$$\text{(D.)}\quad \begin{aligned} \sin 2x' &= (\pi^2 - \mu^2)\frac{\sin^2\varphi \cos x' \sin(u - u')\sin j}{\sin(\varphi + \varphi')\cos(\varphi - \varphi')}, \\ \sin 2x'' &= (\pi^2 - \mu^2)\frac{\sin^2\varphi \cos x'' \sin(v + v')\cos k}{\sin(\varphi + \varphi'')\cos(\varphi - \varphi'')}. {}^{*)} \end{aligned}$$

Die Relation, welche zwischen der Lage der Polarisationsebene des einfallenden Strahls, seinem Einfallswinkel und dem Azimuth der Einfallsebene stattfinden muss, damit der gewöhnliche oder der ungewöhnliche Strahl verschwinde, erhellt allgemein aus (3.) § 17 Seite 487. Wenn Einfallswinkel und Azimuth der Einfallsebene gegeben sind, so hat man unmittelbar für das

---

*) In den Formeln (D.) sind unter $\sin(u - u')$ und $\sin(v + v')$ die *absoluten* Werthe dieser Grössen zu verstehen. Man gelangt nämlich zu den Formeln (D.) in folgender Weise:

Es handelt sich um die Frage, unter welchen Umständen einer der beiden Strahlen D', D'' verschwindet. Soll nun z. B. $D'' = 0$ sein, so muss, nach (C.), folgende Gleichung erfüllt sein:

$$(\alpha.)\quad \sin x' \sin\sigma \cos\delta - \sin^2\varphi' \operatorname{tg} q' = 0,$$

wo zur augenblicklichen Abkürzung $\varphi + \varphi' = \sigma$ und $\varphi - \varphi' = \delta$ gesetzt ist. Hieraus folgt sofort:

$$(\beta.)\quad \sin x' = \frac{\sin^2\varphi' \operatorname{tg} q'}{\sin\sigma\cos\delta}.$$

Nun ist aber [nach (2.) Seite 476 und (34.) Seite 475]:

$$\operatorname{tg} q' = \frac{1}{o^2 O} \qquad \text{und} \qquad \frac{1}{O} = \frac{\pi^2 - \mu^2}{2}[\sin(u - u')]\sin j,$$

wo man unter $[\sin(u - u')]$ *den* ***absoluten*** *Werth dieses Sinus zu verstehen hat.* Ueberdies ist bekanntlich $\sin^2\varphi' = o^2 \sin^2\varphi$. Demgemäss erhält man:

$$\operatorname{tg} q' = \frac{\sin^2\varphi}{\sin^2\varphi'}\left(\frac{\pi^2 - \mu^2}{2}\right)[\sin(u - u')]\sin j.$$

Substituirt man aber dies in der Formel (β.), und multiplicirt man zugleich jene Formel mit $2\cos x'$, so erhält man sofort:

$$(\gamma.)\quad \sin 2x' = \sin^2\varphi(\pi^2 - \mu^2)\frac{[\sin(u - u')]\sin j \cos x'}{\sin\sigma\cos\delta};$$

und dies ist die *erste* der obigen Formeln (D.). — Analoges ist zu bemerken bei der *zweiten* der Formeln (D.); zu dieser gelangt man, wenn verlangt wird, dass $D' = 0$ sei. — *A. W.*

Azimuth a' der ursprünglichen Polarisationsebene, bei welchem nur ein gewöhnlicher Strahl erzeugt wird:

$$\text{tang}\, a' = -\text{tang}\, x' \cos(\varphi - \varphi') + \frac{\sin^2 \varphi' \,\text{tang}\, q'}{\cos x' \sin(\varphi + \varphi')} \tag{1.}$$

und für das Azimuth a'', bei welchem nur ein ungewöhnlicher Strahl erzeugt wird:

$$\text{tang}\, a'' = +\text{tang}\, x'' \cos(\varphi - \varphi'') - \frac{\sin^2 \varphi'' \,\text{tang}\, q''}{\cos x'' \sin(\varphi + \varphi'')}. \tag{2.}$$

Wenn die einfallenden Strahlen in den Azimuthen a' oder a'' polarisirt sind, so bekommen die Ausdrücke für die Geschwindigkeiten in den reflectirten und gebrochenen Strahlen eine bemerkenswerthe Einfachheit. Wenn die ursprüngliche Polarisation statt hatte

1) in dem Azimuth a', so wird:

$$\begin{aligned} D' &= -\frac{2\sin\varphi\cos\varphi}{\cos x' \sin(\varphi + \varphi')} S, \\ R_s &= -\frac{\sin(\varphi - \varphi')}{\sin(\varphi + \varphi')} S, \\ R_p &= -\frac{\sin x' \sin(\varphi - \varphi') \cos(\varphi + \varphi') + \sin^2\varphi' \,\text{tang}\, q'}{\cos x' \sin(\varphi + \varphi')} S, \end{aligned} \tag{3.}$$

und das Azimuth δ' der Polarisationsebene im reflectirten Strahl:

$$\text{tang}\, \delta' = -\frac{\cos(\varphi + \varphi')}{\cos(\varphi - \varphi')} \text{tang}\, a' + \frac{2\sin 2\varphi \sin^2\varphi' \,\text{tang}\, q'}{\sin 2(\varphi - \varphi') \sin(\varphi + \varphi') \cos x'}\,;\text{*)} \tag{4.}$$

2) in dem Azimuth a'', so ist:

$$\begin{aligned} D'' &= +\frac{2\sin\varphi\cos\varphi}{\cos x'' \sin(\varphi + \varphi'')} S, \\ R_s &= -\frac{\sin(\varphi - \varphi'')}{\sin(\varphi + \varphi'')} S, \\ R_p &= +\frac{\sin x'' \sin(\varphi - \varphi'') \cos(\varphi + \varphi'') + \sin^2\varphi'' \,\text{tang}\, q''}{\cos x'' \sin(\varphi + \varphi'')} S, \end{aligned} \tag{5.}$$

und das Azimuth δ'' der Polarisationsebene im reflectirten Strahl:

$$\text{tang}\, \delta'' = -\text{tang}\, a'' \frac{\cos(\varphi + \varphi'')}{\cos(\varphi - \varphi'')} - \frac{2\sin 2\varphi \sin^2\varphi'' \,\text{tang}\, q''}{\cos x'' \sin 2(\varphi - \varphi'') \sin(\varphi + \varphi'')}. \tag{6.}$$

---

*) Die *beiden ersten* der Formeln (3.) ergeben sich leicht. Zur Ableitung (oder auch nur zur Verification) der *letzten* Formel (3.) bedarf es mühsamer Rechnungen. Um so überraschender ist die schliessliche Einfachheit dieser Formel. — Was die Formel (4.) betrifft, so ist $\text{tg}\,\delta' = \frac{R_p}{R_s}$; beachtet man dies, so gelangt man zur Formel (4.) dadurch, dass man die in (3.) angegebenen Werthe von R_s und R_p durch einander dividirt, und dabei Rücksicht nimmt auf den in (1.) angegebenen Werth von $\text{tg}\, a'$. — Analoges ist zu bemerken hinsichtlich der Formeln (5.), (6.). — *C. N.*

§ 23.

Ueber den Austritt des Lichtes aus einem zweiaxigen Medium in ein unkrystallinisches Medium.

Ich werde mich jetzt mit der Untersuchung des Austritts eines Strahls aus einem krystallinischen zweiaxigen Medium beschäftigen. Die Geschwindigkeit in dem *austretenden**) Strahl werde ich, je nachdem er ein gewöhnlicher oder ungewöhnlicher ist, mit D' oder D'' bezeichnen, und die Geschwindigkeiten in den beiden reflectirten Strahlen, je nachdem sie von D' oder D'' herrühren, mit $R'_{\prime}$ und $R''_{\prime}$ oder $R'_{\prime\prime}$ und $R''_{\prime\prime}$. Den *ausgetretenen* Strahl zerlege ich in einen, der parallel mit der Austrittsebene polarisirt ist, und in einen, der senkrecht gegen diese Ebene polarisirt ist, und nenne die respectiven Geschwindigkeiten S' und P', wenn sie von D' herrühren, oder S'' und P'', wenn sie von D'' herrühren. Ich bezeichne ferner die Azimuthe der Richtungen der Geschwindigkeiten D' und D'', in Beziehung auf die Einfallsebene, mit y' und y'' und zwar so gerechnet, dass $y' - 90^0$ und $y'' - 90^0$ die Azimuthe der zu D' und D'' gehörigen Strahlen sind**). Diese Winkel $y' - 90^0$ und $y'' - 90^0$ sollen immer positiv sein, und sie sind gleich 0, wenn die Strahlen in der Einfallsebene liegen und einen grösseren Winkel mit der Normale der brechenden Ebene bilden, als die Normalen der ihnen zugehörenden Wellenebenen; im entgegengesetzten Fall, wenn der Strahl zwischen seiner Wellenebenennormale und der Normale der brechenden Ebene liegt, soll $y' - 90^0$ und $y'' - 90^0$ gleich 180^0 sein. Die Azimuthe in Beziehung auf die Einfallsebene von den Richtungen der Bewegungen in den im Innern des Mediums reflectirten Strahlen $R'_{\prime}$ und $R''_{\prime}$ seien $z'_{\prime}$ und $z''_{\prime}$, und in den Strahlen $R'_{\prime\prime}$ und $R''_{\prime\prime}$ seien sie $z'_{\prime\prime}$ und $z''_{\prime\prime}$. Diese Winkel sind so gerechnet, dass sie respective zusammenfallen mit den Winkeln y' und y'', wenn der ausgetretene Strahl senkrecht auf der brechenden Ebene steht***). Es sollen ferner ψ' und ψ'' die Winkel be-

---

*) Es wird hier unterschieden zwischen dem *austretenden* Strahl und den *ausgetretenen* Strahl. Unter ersterem ist offenbar der Strahl zu verstehen *vor* seinem Austritt aus dem Krystall, unter letzterem hingegen der Strahl *nach* seinem Austritt. — *C. N.*

**) Man blicke zurück auf die Fig. 13 Seite 494 und die daselbst angegebenen Wellennormalen O, E und Strahlen o, e. Ebenso wie nun x', x'' die Azimuthe der dortigen Bewegungsrichtungen D', D'', und $x' - 90^0$, $x'' - 90^0$ die Azimuthe der dortigen Strahlen o, e sind, — in genau derselben Weise sollen bei den *hier* betrachteten Wellen D', D'' die Azimuthe der Bewegungsrichtungen D', D'' mit y', y'' und die Azimuthe der zugehörigen Strahlen mit $y' - 90^0$, $y'' - 90^0$ bezeichnet werden. — *C. N.*

***) Es sollen also jene Winkel so gerechnet werden, dass, wenn D' und D'' senkrecht auffallen, die den gewöhnlichen Wellen entsprechenden Winkel y', $z'_{\prime}$, $z'_{\prime\prime}$ einander gleich werden, und die den ungewöhnlichen Wellen zugehörigen Winkel y'', $z''_{\prime}$, $z''_{\prime\prime}$ ebenfalls unter einander gleich werden.

Anschaulicher werden diese Dinge, wenn man die *Normalen* der einzelnen Wellenebenen mit

deuten, welche die Wellennormalen von D' und D'' mit der Normale der brechenden Ebene bilden, ebenso $\xi'_{,}$, $\xi''_{,}$ und $\xi'_{,,}$, $\xi''_{,,}$ die Neigungen der Wellennormalen $R'_{,}$, $R''_{,}$ und $R'_{,,}$, $R''_{,,}$ gegen die Normale der brechenden Ebene. Mit ι' bezeichne ich die Neigung des ausgetretenen Strahls gegen die Normale der brechenden Ebene, wenn er von D' herrührt, und mit ι'', wenn er von D'' herrührt. Endlich sollen p' und p'' die Neigungen der Strahlen D' und D'' gegen ihre Wellennormalen sein, und $r'_{,}$, $r''_{,}$ und $r'_{,,}$, $r''_{,,}$ die Neigungen der Strahlen $R'_{,}$, $R''_{,,}$ und $R'_{,,}$, $R''_{,,}$ gegen ihre respectiven Wellennormalen. Die Winkel p' und p'' sollen immer positiv sein, die Winkel $r'_{,}$, $r'_{,,}$ und $r''_{,}$, $r''_{,,}$ aber werden negativ, wenn die Strahlen $R'_{,}$, $R'_{,,}$ und $R''_{,}$, $R''_{,,}$ nicht in dem Azimuth in Beziehung auf die Einfallsebene $z'_{,} - 90^0$, $z'_{,,} - 90^0$ und $z'_{,,} - 90^0$, $z''_{,,} - 90^0$ liegen, sondern in den Azimuthen $z'_{,} + 90^0$, $z'_{,,} + 90^0$ und $z''_{,} + 90^0$, $z''_{,,} + 90^0$.

Diese Bezeichnungen vorausgesetzt, findet man, wenn die entsprechenden Volumina, über welche sich die Bewegung der einfallenden Strahlen D' und D'' verbreitet, für D', D'' selber, für die reflectirten Strahlen $R'_{,}$, $R''_{,}$ und $R'_{,,}$, $R''_{,,}$ und für die gebrochenen Strahlen P', S' und P'', S'' bezeichnet werden mit Q', Q''; $Q'_{,}$, $Q''_{,}$; $Q'_{,,}$, $Q''_{,,}$; T', T'' [vgl. Seite 475, 476 und 477]:

D', D'', $R'_{,}$, $R''_{,}$, $R'_{,,}$, $R''_{,,}$ bezeichnet, und all' diese Normalen, wie auch die *Normale N* der reflectirenden Fläche, durch Punkte auf der Kugelfläche sich dargestellt denkt. All' diese Punkte liegen dann auf ein und demselben (die Einfallsebene darstellenden) grössten Kreisbogen, und zwar D', D'' auf der *einen* Seite von N, und $R'_{,}$, $R''_{,}$, $R'_{,,}$, $R''_{,,}$ auf der *andern* Seite von N. Denkt man sich nun z. B. die Punkte D', $R'_{,}$, $R'_{,,}$ auf jenem grössten Kreisbogen in beliebiger Bewegung, so sollen die ihnen zugehörigen Winkel

(A.) $$y', \; z'_{,}, \; z'_{,,}$$

stetig mit einander zusammenhängen, der Art, dass sie alle drei mit einander identisch werden, sobald man jene drei Punkte D', $R'_{,}$, $R'_{,,}$ hinwandern lässt nach N. — Und ebenso sollen andererseits auch die den Punkten D'', $R''_{,}$, $R''_{,,}$ entsprechenden Winkel

(B.) $$y'', \; z''_{,}, \; z''_{,,}$$

stetig mit einander zusammenhängen.

Unstetigkeit und *wesentliche Verschiedenheit* findet aber statt zwischen den Winkeln (A.) einerseits und den Winkeln (B.) andererseits. Lässt man nämlich die Punkte D' und D'' irgendwo mit einander coincidiren, so wird im Augenblick dieser Coincidenz $y' + y'' = 270^0$ werden, [ebenso wie z. B. in Fig. 10a (Seite 490), bei einer Coincidenz der dortigen Punkte O, E, im Augenblick der Coincidenz $x' + x'' = 270^0$ wird]. Bei einer Coincidenz der Punkte D' und D'' wird also $y' = 270^0 - y''$. Und dies überträgt sich von selber auf die übrigen in (A.) und (B.) genannten Winkel; so dass man also sagen kann, *die den Punkten D', $R'_{,}$, $R'_{,,}$ und D'', $R''_{,}$, $R''_{,,}$ entsprechenden Winkel*

(C.) $$y', \; z'_{,}, \; z'_{,,} \quad \textit{und} \quad (270^0 - y''), \; (270^0 - z''_{,}), \; (270^0 - z''_{,,})$$

seien alle sechs mit einander in stetigem Zusammenhang, der Art, dass sie alle sechs unter einander identisch werden würden, sobald man jene sechs Punkte in den Punkt N hineinfallen lassen wollte. — Von diesen Bemerkungen wird später Gebrauch zu machen sein. Vgl. z. B. die Note auf Seite 545. — *C. N*

$$(1.)\quad \begin{aligned}
T' &= \alpha \sin\iota' \;\; \cos\iota',\\
T'' &= \alpha \sin\iota'' \;\; \cos\iota'',\\
Q' &= \alpha(\sin\psi' \;\; \cos\psi' \;\; - \sin^2\psi' \;\; \sin y' \;\; \operatorname{tang} p'),\\
Q'' &= \alpha(\sin\psi'' \;\; \cos\psi'' - \sin^2\psi'' \;\; \sin y'' \;\; \operatorname{tang} p''),\\
Q'_{\prime} &= \alpha(\sin\xi'_{\prime} \;\; \cos\xi'_{\prime} \;\; + \sin^2\xi'_{\prime} \;\; \sin z'_{\prime} \;\; \operatorname{tang} r'_{\prime}),\\
Q''_{\prime} &= \alpha(\sin\xi''_{\prime} \;\; \cos\xi''_{\prime} \;\; + \sin^2\xi''_{\prime} \;\; \sin z''_{\prime} \;\; \operatorname{tang} r''_{\prime}),\\
Q'_{\prime\prime} &= \alpha(\sin\xi'_{\prime\prime} \;\; \cos\xi'_{\prime\prime} \;\; + \sin^2\xi'_{\prime\prime} \;\; \sin z'_{\prime\prime} \;\; \operatorname{tang} r'_{\prime\prime}),\\
Q''_{\prime\prime} &= \alpha(\sin\xi''_{\prime\prime} \;\; \cos\xi''_{\prime\prime} \;\; + \sin^2\xi''_{\prime\prime} \;\; \sin z''_{\prime\prime} \;\; \operatorname{tang} r''_{\prime\prime}).^{*)}
\end{aligned}$$

Die Gleichungen, welche sich aus dem Princip der Erhaltung der lebendigen Kräfte ergeben, sind: 1) Wenn die einfallende Welle eine gewöhnliche ist:

$$D'^2 Q' = R'^2_{\prime} Q'_{\prime} + R''^2_{\prime} Q''_{\prime} + (P'^2 + S'^2) T',$$

und 2) wenn die einfallende Welle eine ungewöhnliche ist:

$$D''^2 Q'' = R'^2_{\prime\prime} Q'_{\prime\prime} + R''^2_{\prime\prime} Q''_{\prime\prime} + (P''^2 + S''^2) T''.$$

Hierin die Werthe für die Volumina aus (1.) gesetzt, erhalten wir im ersten Falle:

$$(2.)\quad \begin{aligned}
&D'^2(\sin\psi' \cos\psi' - \sin^2\psi' \sin y' \operatorname{tang} p') - R'^2_{\prime}(\sin\xi'_{\prime} \cos\xi'_{\prime} + \sin^2\xi'_{\prime} \sin z'_{\prime} \operatorname{tang} r'_{\prime})\\
&\quad - R''^2_{\prime}(\sin\xi''_{\prime} \cos\xi''_{\prime} + \sin^2\xi''_{\prime} \sin z''_{\prime} \operatorname{tang} r''_{\prime}) = (P'^2 + S'^2) \sin\iota' \cos\iota',
\end{aligned}$$

und im zweiten Falle:

$$(3.)\quad \begin{aligned}
&D''^2(\sin\psi'' \cos\psi'' - \sin^2\psi'' \sin y'' \operatorname{tang} p'') - R'^2_{\prime\prime}(\sin\xi'_{\prime\prime} \cos\xi'_{\prime\prime} + \sin^2\xi'_{\prime\prime} \sin z'_{\prime\prime} \operatorname{tang} r'_{\prime\prime})\\
&\quad - R''^2_{\prime\prime}(\sin\xi''_{\prime\prime} \cos\xi''_{\prime\prime} + \sin^2\xi''_{\prime\prime} \sin z''_{\prime\prime} \operatorname{tang} r''_{\prime\prime}) = (P''^2 + S''^2) \sin\iota'' \cos\iota''.
\end{aligned}$$

Was die Winkel ι', ι'', ψ', ψ'', $\xi'_{\prime}$, $\xi''_{\prime}$, $\xi'_{\prime\prime}$, $\xi''_{\prime\prime}$ betrifft, so hat man dafür folgende Relationen [vgl. Seite 461 (5.)]:

$$(4.)\quad \begin{aligned}
&\text{a)}\ \sin^2\psi' = o^2 \sin^2\iota' = \left(\frac{\mu^2+\pi^2}{2} - \frac{\pi^2-\mu^2}{2}\cos(u - u')\right)\sin^2\iota',\\
&\text{b)}\ \sin^2\xi'_{\prime} = o^2_{\prime} \sin^2\iota' = \left(\frac{\mu^2+\pi^2}{2} - \frac{\pi^2-\mu^2}{2}\cos(u_{\prime} - u'_{\prime})\right)\sin^2\iota',\\
&\text{c)}\ \sin^2\xi''_{\prime} = e^2_{\prime} \sin^2\iota' = \left(\frac{\mu^2+\pi^2}{2} - \frac{\pi^2-\mu^2}{2}\cos(v_{\prime} + v'_{\prime})\right)\sin^2\iota',\\
&\alpha)\ \sin^2\psi'' = e^2 \sin^2\iota'' = \left(\frac{\mu^2+\pi^2}{2} - \frac{\pi^2-\mu^2}{2}\cos(v + v')\right)\sin^2\iota'',\\
&\beta)\ \sin^2\xi'_{\prime\prime} = o^2_{\prime\prime} \sin^2\iota'' = \left(\frac{\mu^2+\pi^2}{2} - \frac{\pi^2-\mu^2}{2}\cos(u_{\prime\prime} - u'_{\prime\prime})\right)\sin^2\iota'',\\
&\gamma)\ \sin^2\xi''_{\prime\prime} = e^2_{\prime\prime} \sin^2\iota'' = \left(\frac{\mu^2+\pi^2}{2} - \frac{\pi^2-\mu^2}{2}\cos(v_{\prime\prime} + v'_{\prime\prime})\right)\sin^2\iota'',
\end{aligned}$$

*) Es handelt sich hier nur um die *Verhältnisse* der Volumina zu einander; und es repräsentirt daher das α in den Formeln (1.) einen Factor von *beliebigem* Werthe. — *C. N.*

wo die Bedeutung von o, e, $o_{,}$, $e_{,}$, $o_{,,}$, $e_{,,}$ sich von selbst ergiebt, und wo die Neigungen der Wellennormalen D', D'', $R'_{,}$, $R''_{,}$, $R'_{,,}$, $R''_{,,}$ gegen die optischen Axen bezeichnet sind resp. mit u, u'; v, v'; $u_{,}$, $u'_{,}$; $v_{,}$, $v'_{,}$; $u_{,,}$, $u'_{,,}$; $v_{,,}$, $v'_{,,}$.

Diese Winkel werden durch die folgenden Relationen bestimmt. Es seien U, U' die Neigungen der Normale der brechenden Ebene gegen die optischen Axen, und es liege die Einfallsebene im Azimuth X, dieses Azimuth gerechnet von der Richtung an, in welcher die Bewegung stattfinden würde, wenn die brechende Ebene eine gewöhnliche Wellenebene wäre, und zwar so, dass für $\psi' = 0$, $X = y'$ wird*). Es sei $2J$ der Winkel, den die beiden Ebenen durch die Normale der brechenden Ebene und die beiden optischen Axen mit einander bilden; die entsprechenden Winkel für die Wellennormalen D' und D'' seien $2j$ und $2k$, und für die Normalen $R'_{,}$ und $R''_{,}$ seien diese Winkel $2j_{,}$ und $2k_{,}$, so wie für die Wellennormalen $R'_{,,}$ und $R''_{,,}$: $2j_{,,}$ und $2k_{,,}$. Alsdann finden folgende Relationen statt:

$$
(5.)\quad
\begin{aligned}
\cos u &= \cos U\ \cos\psi' + \sin U\ \sin\psi' \cos(X+J),\\
\cos u' &= \cos U' \cos\psi' + \sin U' \sin\psi' \cos(X-J),\\
-\sin u\ \cos(y'+j) &= \cos U\ \sin\psi' - \sin U\ \cos\psi' \cos(X+J),\\
-\sin u' \cos(y'-j) &= \cos U' \sin\psi' - \sin U' \cos\psi' \cos(X-J),\\
\sin u\ \sin(y'+j) &= \sin U\ \sin(X+J),\\
\sin u' \sin(y'-j) &= \sin U' \sin(X-J),
\end{aligned}
$$

$$
(6.)\quad
\begin{aligned}
\cos v &= \cos U\ \cos\psi'' + \sin U\ \sin\psi'' \cos(X+J),\\
\cos v' &= \cos U' \cos\psi'' + \sin U' \sin\psi'' \cos(X-J),\\
\sin v\ \sin(y''-k) &= \cos U\ \sin\psi'' - \sin U\ \cos\psi'' \cos(X+J),\\
\sin v' \sin(y''+k) &= \cos U' \sin\psi'' - \sin U' \cos\psi'' \cos(X-J),\\
-\sin v\ \cos(y''-k) &= \sin U\ \sin(X+J),\\
-\sin v' \cos(y''+k) &= \sin U' \sin(X-J).
\end{aligned}
$$

Diese sphärisch-trigonometrischen Formeln leitet man leicht ab aus Figur 10 Seite 481, wo die Durchschnitte der Wellennormalen D', D'', der optischen Axen und der Normale der brechenden Ebene mit einer Kugelfläche, jene Linien durch ihren Mittelpunkt gelegt, angegeben sind**).

---

*) Schon in der Note zu Seite 517 wurde bemerkt, dass X denjenigen Winkel bezeichne, in welchen der in der dortigen Fig. 19 angegebene Winkel x' sich verwandeln würde, falls man daselbst den Punkt O über E nach N hinwandern lassen wollte, oder, mit andern Worten, falls man den dortigen Bogen $NO = \varphi'$ zu Null machen wollte. — Genau dieselbe Definition für X enthält der obige Text; nur die Buchstaben sind andere geworden; denn φ' hat sich hier verwandelt in ψ', und x' in y'. — C. N.

**) Diese Formeln (5.), (6.) sind den Figuren Seite 481 und Seite 517 völlig entsprechend, falls man nur in jenen Figuren die Buchstaben O, x' und E, x'' durch D', y' und D'', y'' ersetzt, und überdies die Bogenlängen ND' und ND'' respective mit ψ' und ψ'' bezeichnet. — C. N.

Mittelst der Gleichungen (5.) kann man u, u', y', j ausdrücken durch den Einfallswinkel ψ' und durch die Winkel U, U' und X, welche die Lage der brechenden Ebene und die Lage der Einfallsebene bestimmen, und da diese beiden Ebenen jedesmal gegeben sind, so kann man mittelst (5.) die Winkel u, u', y', j als Functionen von ψ' ausdrücken. Ebenso sind durch (6.) die Winkel v, v', y'', k als Functionen des Winkels ψ'' gegeben. Der Winkel J ist bestimmt durch U und U' und den Winkel der beiden optischen Axen $2n$; man hat nämlich:

$$\cos 2n = \cos U \cos U' + \sin U \sin U' \cos 2J.$$

Man erhält aus (5.) und (6.) zwei ähnliche Systeme, indem man für ψ' und ψ'' setzt $-\xi_,'$ und $-\xi_,''$, statt y' und y'' die Winkel $z_,'$ und $z_,''$, statt j und k die Winkel $j_,$ und $k_,$, ferner statt u und u' die Winkel $u_,$ und $u_,'$ und endlich statt v und v' die Winkel $v_,$ und $v_,'$:

$$(7.)\ (9.)\quad \begin{cases} \cos u_, = \cos U \cos\xi_,' - \sin U \sin\xi_,' \cos(X+J), \\ \cos u_,' = \cos U' \cos\xi_,' - \sin U' \sin\xi_,' \cos(X-J), \\ \sin u_, \cos(z_,' + j_,) = \cos U \sin\xi_,' + \sin U \cos\xi_,' \cos(X+J), \\ \sin u_,' \cos(z_,' - j_,) = \cos U' \sin\xi_,' + \sin U' \cos\xi_,' \cos(X-J), \\ \sin u_, \sin(z_,' + j_,) = \sin U \sin(X+J), \\ \sin u_,' \sin(z_,' - j_,) = \sin U' \sin(X-J), \end{cases}$$

$$(8.)\ (10.)\quad \begin{cases} \cos v_, = \cos U \cos\xi_,'' - \sin U \sin\xi_,'' \cos(X+J), \\ \cos v_,' = \cos U' \cos\xi_,'' - \sin U' \sin\xi_,'' \cos(X-J), \\ -\sin v_, \sin(z_,'' - k_,) = \cos U \sin\xi_,'' + \sin U \cos\xi_,'' \cos(X+J), \\ -\sin v_,' \sin(z_,'' + k_,) = \cos U' \sin\xi_,'' + \sin U' \cos\xi_,'' \cos(X-J), \\ -\sin v_, \cos(z_,'' - k_,) = \sin U \sin(X+J), \\ -\sin v_,' \cos(z_,'' + k_,) = \sin U' \sin(X-J). \end{cases}$$

Endlich erhält man zwei Systeme Relationen für $u_{,,}$, $u_{,,}'$, $v_{,,}$, $v_{,,}'$, ... dadurch, dass man statt des untern Index $_,$ überall den untern Index $_{,,}$ setzt, also z. B. statt $j_,$ und $k_,$ setzt: $j_{,,}$ und $k_{,,}$.*) Ich bezeichne diese Relationen mit (9.) und (10.).

Substituirt man in (4.) a, b, c die Werthe von u, u', $u_,$, $u_,'$, $v_,$, $v_,'$, so erhält man drei Gleichungen, von denen die erste nur ψ', die zweite $\xi_,'$ und die dritte $\xi_,''$ enthält. Man überzeugt sich aber leicht, dass alle drei Gleichungen entwickelt zu derselben biquadratischen Gleichung führen, so dass

*) Durch Angabe der Bogen u, u' ist offenbar der Winkel $2j$ schon *mitbestimmt*. In der That ist dieser Winkel $2j$ als derjenige zu charakterisiren, den die beiden Bogen u, u' mit einander einschliessen; was etwa angedeutet werden kann durch die Formel: $2j = (u, u')$. — In genau derselben Beziehung steht $j_,$ zu $u_,$, $u_,'$, ferner $j_{,,}$ zu $u_{,,}$, $u_{,,}'$, ferner k zu v, v', ferner $k_,$ zu $v_,$, $v_,'$, endlich $k_{,,}$ zu $v_{,,}$, $v_{,,}'$. Lässt man also z. B., an Stelle der Bogen u, u', die Bogen $u_{,,}$, $u_{,,}'$ treten, *so versteht es sich von selber,* dass dabei gleichzeitig der Winkel j durch den Winkel $j_{,,}$ zu ersetzen ist. U. s. w. — *C. N.*

ψ', $\xi'_{,}$ und $\xi''_{,}$ drei ihrer Wurzeln sind; die vierte Wurzel, welche ich mit $\psi''_{,}$ bezeichnen will, ist die Neigung gegen die brechende Ebene der zu ι' gehörigen ungewöhnlichen Wellenebene. Ebenso findet man, dass ψ'', $\xi'_{,,}$, $\xi''_{,,}$ drei Wurzeln einer andern biquadratischen Gleichung sind, deren vierte, welche ich mit $\psi'_{,,}$ bezeichne, der Brechungswinkel der zu ι'' gehörigen gewöhnlichen Wellenebene ist. Wenn $\iota' = \iota''$, so ist $\psi' = \psi'_{,,}$, $\psi'' = \psi''_{,}$ und $\xi'_{,} = \xi'_{,,}$ und $\xi''_{,} = \xi''_{,,}$, und ψ', ψ'', $\xi'_{,} = \xi'_{,,}$, $\xi''_{,,} = \xi''_{,}$ sind die vier Wurzeln derselben biquadratischen Gleichung.

Es sind nur gewisse, leicht vorher zu sehende particuläre Fälle, wo diese biquadratischen Gleichungen sich in zwei quadratische zerfällen lassen. Im Allgemeinen kann man also zu ihrer Auflösung nur Näherungsmethoden anwenden, und dazu dienen die Relationen (5.) bis (10.). Wenn der einfallende Strahl D', d. h. ein gewöhnlicher ist, so ist ψ' gegeben, und man bestimmt aus (4.) a., mittelst (5.), den Winkel ι'. Diesen Werth in (4.) b. und c. gesetzt, erhält man für $\xi'_{,}$ und $\xi''_{,}$ eine erste Annäherung, in welcher die Quadrate von $\pi^2 - \mu^2$ vernachlässigt sind, wenn man in den Werthen für $u_{,}$, $u'_{,}$ und $v_{,}$, $v'_{,}$ in (7.) und (8.) statt $\xi'_{,}$ und $\xi''_{,}$ setzt ψ'. Setzt man hierauf in (7.) und (8.) die soeben gefundenen angenäherten Werthe für $\xi'_{,}$ und $\xi''_{,}$, so erhält man $u_{,}$, $u'_{,}$ und $v_{,}$, $v'_{,}$ richtig bis auf die erste Potenz von $\pi^2 - \mu^2$, und, aus ihnen die Ausdrücke $\cos(u_{,} - u'_{,})$, $\cos(v_{,} + v'_{,})$ gebildet und in (4.) b. c. gesetzt, erhält man $\xi'_{,}$ und $\xi''_{,}$ richtig bis auf die zweite Potenz von $\pi^2 - \mu^2$. Dieser Grad der Annäherung wird in allen Fällen zureichend sein. Ein ganz gleicher Weg führt zu den angenäherten Werthen für $\xi'_{,,}$ und $\xi''_{,,}$, wenn der einfallende Strahl ein ungewöhnlicher ist, mittelst der Gleichungen (4.) α, β, γ und (5.), (6.), (9.), (10.).

Ich werde jetzt die Gleichungen bilden, welche sich aus dem Princip der Gleichheit der Componenten ergeben. Ich zerlege wiederum die Geschwindigkeiten D', D'', $R'_{,}$, $R''_{,}$, $R'_{,,}$, $R''_{,,}$ nach folgenden drei Richtungen: 1) senkrecht auf der Einfallsebene, 2) senkrecht auf der brechenden Ebene, 3) parallel mit der Einfallsebene und mit der brechenden Ebene. Ich werde die Cosinus der Winkel, welche die Richtungen der Geschwindigkeiten D', D'', $R'_{,}$, ... mit diesen drei unter einander rechtwinkligen Richtungen bilden, in folgender Tafel zusammenstellen*):

*) Man erhält die weiter folgenden Formeln (11.), (12.) in derselben Weise, wie früher in der Note Seite 482 die dortigen Formeln (1.), (2.), (3.) gefunden wurden. Auch sind die in (11.), (12.) über D', D'' und P', S', P'', S'' gemachten Angaben vollkommen analog mit den damals in (1.), (2.), (3.) über D', D'' und P, S gemachten Angaben. — *C. N.*

(11.)

	D'	D''	$R_{,}'$	$R_{,}''$	$R_{,,}'$	$R_{,,}''$
1) Gegen die Senkrechte auf d. Einfallsebene	$\sin y'$	$+\sin y''$	$\sin z_{,}'$	$+\sin z_{,}''$	$+\sin z_{,,}'$	$+\sin z_{,,}''$
2) Gegen die Senkrechte auf d. brech Ebene.	$+\sin\psi'\cos y'$	$-\sin\psi''\cos y''$	$-\sin\xi_{,}'\cos z_{,}'$	$+\sin\xi_{,}''\cos z_{,}''$	$-\sin\xi_{,,}'\cos z_{,,}'$	$+\sin\xi_{,,}''\cos z_{,,}''$
3) Gegen die Parallele mit d. Einfallsebene u. d. brech. Ebene	$+\cos\psi'\cos y'$	$-\cos\psi''\cos y''$	$+\cos\xi_{,}'\cos z_{,}'$	$-\cos\xi_{,}''\cos z_{,}''$	$+\cos\xi_{,,}'\cos z_{,,}'$	$-\cos\xi_{,,}''\cos z_{,,}''$

Für die Geschwindigkeiten der ausgetretenen Strahlen, zerlegt nach denselben drei Richtungen, haben wir, je nachdem sie aus D' oder D'' entstanden sind:

$$(12.)\qquad \begin{array}{lll} 1)\ P' & \text{oder} & P'', \\ 2)\ -S'\sin\iota' & \text{„} & -S''\sin\iota'', \\ 3)\ -S'\cos\iota' & \text{„} & -S''\cos\iota''. \end{array}$$

Demnach giebt das Princip der Gleichheit der Componenten folgende Gleichungen:

1) Für einen gewöhnlichen einfallenden Strahl:

$$(13.)\qquad \begin{cases} P' = D'\sin y' + R_{,}'\sin z_{,}' + R_{,}''\sin z_{,}'', \\ -S'\sin\iota' = D'\sin\psi'\cos y' - R_{,}'\sin\xi_{,}'\cos z_{,}' + R_{,}''\sin\xi_{,}''\cos z_{,}'', \\ -S'\cos\iota' = D'\cos\psi'\cos y' + R_{,}'\cos\xi_{,}'\cos z_{,}' - R_{,}''\cos\xi_{,}''\cos z_{,}''. \end{cases}$$

2) Für einen ungewöhnlichen einfallenden Strahl:

$$(14.)\qquad \begin{cases} P'' = D''\sin y'' + R_{,,}'\sin z_{,,}' + R_{,,}''\sin z_{,,}'', \\ -S''\sin\iota'' = -D''\sin\psi''\cos y'' - R_{,,}'\sin\xi_{,,}'\cos z_{,,}' + R_{,,}''\sin\xi_{,,}''\cos z_{,,}'', \\ -S''\cos\iota'' = -D''\cos\psi''\cos y'' + R_{,,}'\cos\xi_{,,}'\cos z_{,,}' - R_{,,}''\cos\xi_{,,}''\cos z_{,,}''. \end{cases}$$

Es soll jetzt gezeigt werden, dass die quadratischen Gleichungen (2.) *und* (3.) *mittelst der Gleichungen* (13.) *und* (14.) *sich in lineäre verwandeln.* Ich werde mich zuerst mit (2.) und (13.) beschäftigen. Das Product der beiden letzten Gleichungen von (13.) giebt:

$$S'^2\sin\iota'\cos\iota' = D'^2\sin\psi'\cos\psi'\cos^2 y' - R_{,}'^2\sin\xi_{,}'\cos\xi_{,}'\cos^2 z_{,}' - R_{,}''^2\sin\xi_{,}''\cos\xi_{,}''\cos^2 z_{,}''^2$$
$$+ D'R_{,}'\sin(\psi'-\xi_{,}')\cos y'\cos z_{,}' - D'R_{,}''\sin(\psi'-\xi_{,}'')\cos y'\cos z_{,}'' + R_{,}'R_{,}''\sin(\xi_{,}'+\xi_{,}'')\cos z_{,}'\cos z_{,}''.$$

Dies von (2.) abgezogen, erhält man:

$$P'^2\sin\iota'\cos\iota' = D'^2[\sin\psi'\cos\psi'\sin^2 y' - \sin^2\psi'\sin y'\operatorname{tang} p']$$
$$- R_{,}'^2[\sin\xi_{,}'\cos\xi_{,}'\sin^2 z_{,}' + \sin^2\xi_{,}'\sin z_{,}'\operatorname{tang} r_{,}'] - R_{,}''^2[\sin\xi_{,}''\cos\xi_{,}''\sin^2 z_{,}'' + \sin^2\xi_{,}''\sin z_{,}''\operatorname{tang} r_{,}'']$$
$$- D'R_{,}'\sin(\psi'-\xi_{,}')\cos y'\cos z_{,}' + D'R_{,}''\sin(\psi'-\xi_{,}'')\cos y'\cos z_{,}'' - R_{,}'R_{,}''\sin(\xi_{,}'+\xi_{,}'')\cos z_{,}'\cos z_{,}''.$$

Diese Gleichung durch die erste der Gleichungen (13.) dividirt, giebt:

$$(15.)\quad \begin{cases} P'\sin\iota'\cos\iota' = D'[\sin\psi'\cos\psi'\sin y' - \sin^2\psi'\tang p'] \\ -R'_{,}[\sin\xi'_{,}\cos\xi'_{,}\sin z'_{,} + \sin^2\xi'_{,}\tang r'_{,}] - R''_{,}[\sin\xi''_{,}\cos\xi''_{,}\sin z''_{,} + \sin^2\xi''_{,}\tang r''_{,}], \end{cases}$$

vorausgesetzt, dass folgende Relationen stattfinden:

$$(\sin\xi'_{,}\cos\xi'_{,} - \sin\psi'\cos\psi')\sin y'\sin z'_{,} + \sin^2\xi'_{,}\operatorname{tg} r'_{,}\sin y' + \sin^2\psi'\operatorname{tg} p'\sin z'_{,} = \sin(\psi'-\xi'_{,})\cos y'\cos z'_{,},$$

$$(\sin\psi'\cos\psi' - \sin\xi''_{,}\cos\xi''_{,})\sin y'\sin z''_{,} - \sin^2\psi'\operatorname{tg} p'\sin z''_{,} - \sin^2\xi''_{,}\operatorname{tg} r''_{,}\sin y' = \sin(\psi'-\xi''_{,})\cos y'\cos z''_{,},$$

$$(\sin\xi'_{,}\cos\xi'_{,} + \sin\xi''_{,}\cos\xi''_{,})\sin z'_{,}\sin z''_{,} + \sin^2\xi'_{,}\operatorname{tg} r'_{,}\sin z''_{,} + \sin^2\xi''_{,}\operatorname{tg} r''_{,}\sin z'_{,} = \sin(\xi'_{,}+\xi''_{,})\cos z'_{,}\cos z''_{,},$$

oder, etwas anders geschrieben:

$$(16.)\quad \begin{cases} \sin(\psi'-\xi'_{,})[\sin y'\sin z'_{,}\cos(\psi'+\xi'_{,}) + \cos y'\cos z'_{,}] = \sin^2\xi'_{,}\operatorname{tg} r'_{,}\sin y' + \sin^2\psi'\operatorname{tg} p'\sin z'_{,}, \\ \sin(\psi'-\xi''_{,})[\sin y'\sin z''_{,}\cos(\psi'+\xi''_{,}) - \cos y'\cos z''_{,}] = \sin^2\xi''_{,}\operatorname{tg} r''_{,}\sin y' + \sin^2\psi'\operatorname{tg} p'\sin z''_{,}, \\ -\sin(\xi'_{,}+\xi''_{,})[\sin z'_{,}\sin z''_{,}\cos(\xi'_{,}-\xi''_{,}) - \cos z'_{,}\cos z''_{,}] = \sin^2\xi'_{,}\operatorname{tg} r'_{,}\sin z''_{,} + \sin^2\xi''_{,}\operatorname{tg} r''_{,}\sin z'_{,}. \end{cases}$$

Die Richtigkeit dieser Relationen werde ich nachweisen. Setzt man:

$$(17\text{a.})\qquad \tang r'_{,} = \frac{1}{o_{,}^2 O_{,}}, \qquad \tang r''_{,} = \frac{1}{e_{,}^2 E_{,}}, \qquad \tang p' = \frac{1}{o^2 O},$$

wo [vgl. (34.), (35.) Seite 475]:

$$(17\text{b.})\qquad \begin{aligned} \frac{1}{O_{,}} &= \frac{\pi^2-\mu^2}{2}\sin j_{,}\sin(u_{,}-u'_{,}), \\ \frac{1}{E_{,}} &= \frac{\pi^2-\mu^2}{2}\cos k_{,}\sin(v_{,}+v'_{,}), \\ \frac{1}{O} &= \frac{\pi^2-\mu^2}{2}\sin j\,\sin(u-u'), \end{aligned}$$

und setzt man ferner:

$$(17\text{c.})\qquad \frac{\sin^2\xi''_{,}}{e_{,}^2} = \frac{\sin^2\xi'_{,}}{o_{,}^2} = \frac{\sin^2\psi'}{o^2} = \sin^2\iota',$$

so erhält man [mit Rücksicht auf Seite 461 (5.)]:

$$(17\text{d.})\quad \begin{cases} \dfrac{\sin^2\iota'}{\sin(\psi'-\xi'_{,})} = \dfrac{\sin(\psi'+\xi'_{,})}{o^2-o_{,}^2} = -\dfrac{\sin(\psi'+\xi'_{,})}{\dfrac{\pi^2-\mu^2}{2}[\cos(u-u')-\cos(u_{,}-u'_{,})]}, \\ \dfrac{\sin^2\iota'}{\sin(\psi'-\xi''_{,})} = \dfrac{\sin(\psi'+\xi''_{,})}{o^2-e_{,}^2} = -\dfrac{\sin(\psi'+\xi''_{,})}{\dfrac{\pi^2-\mu^2}{2}[\cos(u-u')-\cos(v_{,}+v'_{,})]}, \\ \dfrac{\sin^2\iota'}{\sin(\xi'_{,}+\xi''_{,})} = \dfrac{\sin(\xi'_{,}-\xi''_{,})}{o_{,}^2-e_{,}^2} = -\dfrac{\sin(\xi'_{,}-\xi''_{,})}{\dfrac{\pi^2-\mu^2}{2}[\cos(u_{,}-u'_{,})-\cos(v_{,}+v'_{,})]}. \end{cases}$$

Durch diese Substitutionen (17a, b, c, d.) gehen die Gleichungen (16.) über in:

$$(18.)\begin{cases} 1.\ \sin y'\sin z'_{,}\cos(\psi'+\xi'_{,})+\cos y'\cos z'_{,}=-\left(\dfrac{\sin j_{,}\sin y'\sin(u_{,}-u'_{,})+\sin j\sin z'_{,}\sin(u-u')}{\cos(u-u')-\cos(u_{,}-u'_{,})}\right)\sin(\psi'+\xi'_{,}) \\ 2.\ \sin y'\sin z''_{,}\cos(\psi'+\xi''_{,})-\cos y'\cos z''_{,}=-\left(\dfrac{\cos k_{,}\sin y'\sin(v_{,}+v'_{,})+\sin j\sin z''_{,}\sin(u-u')}{\cos(u-u')-\cos(v_{,}+v'_{,})}\right)\sin(\psi'+\xi''_{,}) \\ 3.\ \sin z'_{,}\sin z''_{,}\cos(\xi'_{,}-\xi''_{,})-\cos z'_{,}\cos z''_{,}=+\left(\dfrac{\sin j_{,}\sin z''_{,}\sin(u_{,}-u'_{,})+\cos k_{,}\sin z'_{,}\sin(v_{,}+v'_{,})}{\cos(u_{,}-u'_{,})-\cos(v_{,}+v'_{,})}\right)\sin(\xi'_{,}-\xi''_{,}) \end{cases}$$

Die Richtigkeit dieser drei Relationen erhellt aus denen in (f.), (h.), Seite 484, 485. Von der *dritten* gilt dies unmittelbar, sie ist für die beiden reflectirten Strahlen $R'_{,}$ und $R''_{,}$ dasselbe, was die Relation [f.] § 16 Seite 484 für die beiden gebrochenen Strahlen D' und D'' ist*), nur haben in diesen beiden Fällen die Bogen, hier $\xi'_{,}$, $\xi''_{,}$ und dort ψ', ψ'', entgegengesetzte Lagen; daher hier $-\xi'_{,}, -\xi''_{,}$ statt ψ', ψ'' zu setzen sind. Die *zweite* Relation (18.) ist mit derjenigen in [f.] § 16 gleichfalls übereinstimmend. Hiervon überzeugt man sich am leichtesten, wenn man diese Formel auf eine ähnliche Art auf einer Kugeloberfläche construirt, wie dies in § 16 geschehen ist. Man sieht dann, dass die Formel (18.) 2. sich auf die Strahlen D' und $R''_{,}$ ebenso bezieht, wie die Formel [f.] § 16 auf die Strahlen D' und D'', und dass daher in ihr, statt v, v', k, y'' und ψ'', stehen müssen: $v_{,}$, $v'_{,}$, $k_{,}$, $z''_{,}$ und $-\xi''_{,}$. Die *erste* Relation in (18.) ist übereinstimmend mit derjenigen in [h.] § 16 Seite 485. Die Relation in 1. (18.) bezieht sich nämlich auf die Normalen D' und $R'_{,}$, und die Relation

*) Denkt man sich in den früher (Seite 484, 485, 486) bewiesenen Relationen (f.), (h.), (i.) das darin enthaltene Δ durch seinen eigentlichen Werth $\varphi' - \varphi''$ [vgl. Seite 483 (oben)] ersetzt, so sind in jenen Relationen im Ganzen nur noch zehn Argumente: φ', x', j, u, u' und φ'', x'', k, v, v' enthalten. Und dies hängt damit zusammen, dass jene Relationen sich beziehen auf die damals (Fig. 10, Seite 481) betrachteten beiden Wellen:

$$O(\varphi', x'; j, u, u') \quad \text{und} \quad E(\varphi'', x''; k, v, v').$$

Mit Leichtigkeit kann man nun jene Relationen (f.), (h.), (i.) in Anwendung bringen auf die *hier* betrachteten Wellen

$$D'(\psi', y'; j, u, u') \quad \text{und} \quad D''(\psi'', y''; k, v, v').$$

In der That wird man zu diesem Zweck nur die Buchstaben φ', x' und φ'', x'' umzuwandeln haben in ψ', y' und ψ'', y''. Und *nach* dieser Umwandlung mögen jene Relationen (f.), (h.), (i.) bezeichnet werden mit [f.], [h.], [i.].

Solches festgesetzt, ist nun zu bemerken, dass, wenn hier und weiterhin, bis zu Ende dieses Paragraphen, von jenen Relationen die Rede ist, darunter nicht die Relationen (f.), (h.), (i.), sondern vielmehr die Relationen [f.], [h.], [i.] zu verstehen sind; wie solches auch äusserlich durch Anwendung der Klammern [ ] merklich gemacht werden wird. — Die Formeln [f.], [h.], [i.] gelten offenbar ganz allgemein. Von Hause aus sind die Bogenlängen $\psi' = (ND')$ und $\psi'' = (ND'')$ beide *positiv*; d. h. die Punkte D' und D'' liegen beide auf *derselben* Seite von N. Aber es werden jene Formeln auch dann noch in Kraft bleiben, wenn man der Bogenlänge $\psi' = (ND')$ einen *negativen* Werth zuertheilt, d. h. wenn man den Punkt D' auf die *andere* Seite von N rücken lässt. U. s. w. — *C. N.*

in [h.] § 16 bezieht sich auf die Normalen D' und D''; in jener müssen sich also, statt v, v', k, die Winkel $u_{,}$, $u'_{,}$, $j'_{,}$ finden, und statt ψ'' der Winkel $-\xi'_{,}$. Was endlich den Winkel y'' in [h.] § 16 betrifft, so muss man bedenken, dass, wenn man den ihm entsprechenden bei der Normale $R'_{,}$ mit ϑ bezeichnet*), man hat $\vartheta + z'_{,} = 270^0$, und dass also y'' ersetzt werden muss durch $\vartheta = 270^0 - z'_{,}$. Diese Substitutionen in [h.] § 16 ausgeführt, erhält man die erste der Relationen in (18.) dieses Paragraphen.

Die quadratische Gleichung (2.) kann also ersetzt werden durch die lineäre Gleichung (15.). Diese Gleichung (15.) und die Gleichungen (13.) enthalten also die vollständige Lösung des Problems der Reflexion und Refraction im Innern eines krystallinischen Mediums, wenn der einfallende Strahl D' ein gewöhnlicher ist.

Ich werde jetzt zeigen, wie die Gleichung (3.) mittelst (14.) gleichfalls durch eine lineäre Gleichung ersetzt werden kann. Das Product der beiden letzten Gleichungen in (14.) giebt:

$$S''^2 \sin\iota'' \cos\iota'' = D''^2 \sin\psi'' \cos\psi'' \cos^2 y'' - R'^2_{,,} \sin\xi'_{,} \cos\xi'_{,} \cos^2 z'_{,,} - R''^2_{,,} \sin\xi''_{,,} \cos\xi''_{,,} \cos^2 z''_{,,}$$
$$- D'' R'_{,,} \sin(\psi'' - \xi'_{,,}) \cos y'' \cos z'_{,,} + D'' R''_{,,} \sin(\psi'' - \xi''_{,,}) \cos y'' \cos z''_{,,} + R'_{,,} R''_{,,} \sin(\xi'_{,,} + \xi''_{,,}) \cos z'_{,,} \cos z''_{,,}.$$

Dies von (3.) abgezogen, erhält man:

$$P''^2 \sin\iota'' \cos\iota'' = D''^2 [\sin\psi'' \cos\psi'' \sin^2 y'' - \sin^2\psi'' \sin y'' \operatorname{tg} p'']$$
$$- R'^2_{,,} [\sin\xi'_{,,} \cos\xi'_{,,} \sin^2 z'_{,,} + \sin^2\xi'_{,,} \sin z'_{,,} \operatorname{tg} r'_{,,}] - R''^2_{,,} [\sin\xi''_{,,} \cos\xi''_{,,} \sin^2 z''_{,,} + \sin^2\xi''_{,,} \sin z''_{,,} \operatorname{tg} r''_{,,}]$$
$$+ D'' R'_{,,} \sin(\psi'' - \xi'_{,,}) \cos y'' \cos z'_{,,} - D'' R''_{,,} \sin(\psi'' - \xi''_{,,}) \cos y'' \cos z''_{,,} - R'_{,,} R''_{,,} \sin(\xi'_{,,} + \xi''_{,,}) \cos z'_{,,} \cos z''_{,,}.$$

Diese Gleichung endlich durch die erste in (14.) dividirt, giebt:

$$(19.) \begin{cases} P'' \sin\iota'' \cos\iota'' = D'' [\sin\psi'' \cos\psi'' \sin y'' - \sin^2\psi'' \operatorname{tg} p''] \\ - R'_{,,} [\sin\xi'_{,,} \cos\xi'_{,,} \sin z'_{,,} + \sin^2\xi'_{,,} \operatorname{tg} r'_{,,}] - R''_{,,} [\sin\xi''_{,,} \cos\xi''_{,,} \sin z''_{,,} + \sin^2\xi''_{,,} \operatorname{tg} r''_{,,}], \end{cases}$$

weil

$$\cos y'' \cos z'_{,,} - \sin y'' \sin z'_{,,} \cos(\psi'' + \xi'_{,,}) = - \frac{\sin^2\psi'' \operatorname{tg} p'' \sin z'_{,,} + \sin^2\xi'_{,,} \operatorname{tg} r'_{,,} \sin y''}{\sin(\psi'' - \xi'_{,,})},$$
$$\cos y'' \cos z''_{,,} + \sin y'' \sin z''_{,,} \cos(\psi'' + \xi''_{,,}) = + \frac{\sin^2\psi'' \operatorname{tg} p'' \sin z''_{,,} + \sin^2\xi''_{,,} \operatorname{tg} r''_{,,} \sin y''}{\sin(\psi'' - \xi''_{,,})},$$
$$\cos z'_{,,} \cos z''_{,,} - \sin z'_{,,} \sin z''_{,,} \cos(\xi'_{,,} - \xi''_{,,}) = + \frac{\sin^2\xi'_{,,} \operatorname{tg} r'_{,,} \sin z''_{,,} + \sin^2\xi''_{,,} \operatorname{tg} r''_{,,} \sin z'_{,,}}{\sin(\xi'_{,,} + \xi''_{,,})}.$$

*) Vgl. Seite 537, nämlich, was in dortiger Note bei (C.) bemerkt worden ist. Uebrigens ist der Hülfswinkel ϑ im Original mit $z''_{,}$ bezeichnet; was zu Irrthümern Veranlassung geben könnte, weil darunter *keineswegs* das der Welle $R''_{,}$ entsprechende $z''_{,}$ zu verstehen ist. — *C. N.*

Diese Relationen verwandeln sich nämlich durch die Substitutionen (17.) und durch ähnliche in:

$$(20.)\begin{cases} 1.\ \cos y''\cos z'_{,,}-\sin y''\sin z'_{,,}\cos(\psi''+\xi'_{,,}) = +\dfrac{\cos k\sin z'_{,,}\sin(v+v')+\sin j_{,,}\sin y''\sin(u_{,,}-u'_{,,})}{\cos(v+v')-\cos(u_{,,}-u'_{,,})}\sin(\psi''+\xi'_{,,}), \\ 2.\ \cos y''\cos z''_{,,}+\sin y''\sin z''_{,,}\cos(\psi''+\xi''_{,,}) = -\dfrac{\cos k\sin z''_{,,}\sin(v+v')+\cos k_{,,}\sin y''\sin(v_{,,}+v'_{,,})}{\cos(v+v')-\cos(v_{,,}+v'_{,,})}\sin(\psi''+\xi''_{,,}), \\ 3.\ \cos z'_{,,}\cos z''_{,,}-\sin z'_{,,}\sin z''_{,,}\cos(\xi'_{,,}-\xi''_{,,}) = -\dfrac{\sin j_{,,}\sin z''_{,,}\sin(u_{,,}-u'_{,,})+\cos k_{,,}\sin z'_{,,}\sin(v_{,,}+v'_{,,})}{\cos(u_{,,}-u'_{,,})-\cos(v_{,,}+v'_{,,})}\sin(\xi'_{,,}-\xi''_{,,}), \end{cases}$$

und von diesen Relationen ergiebt sich die Richtigkeit der ersten und dritten aus [f.] § 16 und der zweiten aus [i.] § 16. Setzt man nämlich in [f.] statt u, u', y', ψ', die Winkel $u_{,,}$, $u'_{,,}$, $z'_{,,}$, $-\xi'_{,,}$, so erhält man*) die *erste* Relation in (20.). Setzt man ferner in [f.], an Stelle von $u, u', y', \psi', v, v', y'', \psi''$, die Winkel $u_{,,}$, $u'_{,,}$, $z'_{,,}$, $-\xi'_{,,}$, $v_{,,}$, $v'_{,,}$, $z''_{,,}$, $-\xi''_{,,}$, so erhält man die *dritte* Relation (20.). Die *zweite* Relation in (20.) entsteht aus [i.] § 16, wenn, statt u, u', ψ' gesetzt wird: $v_{,,}$, $v'_{,,}$, $-\xi''_{,,}$, und statt y' der Winkel $270^0 - z''_{,,}$.**)

Statt der Gleichung der Erhaltung der lebendigen Kräfte in (3.) kann also die Gleichung (19.) gesetzt werden.

§ 24.

Ausdrücke für die Geschwindigkeiten in den im Innern reflectirten Strahlen und in den ausgetretenen Strahlen.

Die vollständigen Gleichungen der Refraction und Reflexion im Innern eines krystallinischen Mediums sind also folgende [§ 23, (15.) und (13.)]:

$$(1.)\begin{cases} P'\sin\iota'\cos\iota' = D'[\sin\psi'\cos\psi'\sin y' - \sin^2\psi'\operatorname{tg}p'] - R'_{,}[\sin\xi'_{,}\cos\xi'_{,}\sin z'_{,}+\sin^2\xi'_{,}\operatorname{tg}r'_{,}] \\ \qquad\qquad - R''_{,}[\sin\xi''_{,}\cos\xi''_{,}\sin z''_{,}+\sin^2\xi''_{,}\operatorname{tg}r''_{,}], \\ P' = D'\sin y' + R'_{,}\sin z'_{,} + R''_{,}\sin z''_{,}, \\ S'\sin\iota' = -D'\cos y'\sin\psi' + R'_{,}\cos z'_{,}\sin\xi'_{,} - R''_{,}\cos z''_{,}\sin\xi''_{,}, \\ S'\cos\iota' = -D'\cos y'\cos\psi' - R'_{,}\cos z'_{,}\cos\xi'_{,} + R''_{,}\cos z''_{,}\cos\xi''_{,}, \end{cases}$$

und [§ 23, (19.) und (14.)]:

$$(2.)\begin{cases} P''\sin\iota''\cos\iota'' = D''[\sin\psi''\cos\psi''\sin y'' - \sin^2\psi''\operatorname{tg}p''] - R'_{,,}[\sin\xi'_{,,}\cos\xi'_{,,}\sin z'_{,,}+\sin^2\xi'_{,,}\operatorname{tg}r'_{,,}] \\ \qquad\qquad - R''_{,,}[\sin\xi''_{,,}\cos\xi''_{,,}\sin z''_{,,}+\sin^2\xi''_{,,}\operatorname{tg}r''_{,,}], \\ P'' = D''\sin y'' + R'_{,,}\sin z'_{,,} + R''_{,,}\sin z''_{,,}, \\ S''\sin\iota'' = D''\cos y''\sin\psi'' + R'_{,,}\cos z'_{,,}\sin\xi'_{,,} - R''_{,,}\cos z''_{,,}\sin\xi''_{,,}, \\ S''\cos\iota'' = D''\cos y''\cos\psi'' - R'_{,,}\cos z'_{,,}\cos\xi'_{,,} + R''_{,,}\cos z''_{,,}\cos\xi''_{,,}. \end{cases}$$

---

*) Man beachte die beiden Noten auf Seite 544 und Seite 540. — Besonders wichtig ist, dass man die Formeln [f.], [i.], wie sie in der Note Seite 544 charakterisirt sind, deutlich vor Augen hat. — *C. N.*

**) Vgl. Seite 537, nämlich, was in dortiger Note bei (C.) bemerkt worden ist. — *C. N.*

Hieraus erhält man [durch Elimination von P', S' und P'', S'']:

$$(3.)\begin{cases} R'_{,} = -D' \left\{ \dfrac{\begin{array}{c}\sin(\iota'-\psi')\sin(\iota'+\xi''_{,})[\cos(\iota'+\psi')\sin y'\cos z''_{,}+\cos(\iota'-\xi''_{,})\cos y'\sin z''_{,}] \\ +\sin^2\psi'\sin(\iota'+\xi''_{,})\operatorname{tg}p'\cos z''_{,}+\sin^2\xi''_{,}\sin(\iota'-\psi')\operatorname{tg}r''_{,}\cos y'\end{array}}{\begin{array}{c}\sin(\iota'+\xi''_{,})\sin(\iota'+\xi'_{,})[\cos(\iota'-\xi'_{,})\sin z'_{,}\cos z''_{,}+\cos(\iota'-\xi''_{,})\sin z''_{,}\cos z'_{,}] \\ +\sin^2\xi'_{,}\sin(\iota'+\xi''_{,})\operatorname{tg}r'_{,}\cos z''_{,}+\sin^2\xi''_{,}\sin(\iota'+\xi'_{,})\operatorname{tg}r''_{,}\cos z'_{,}\end{array}} \right\}, \\[2ex] R''_{,} = -D' \left\{ \dfrac{\begin{array}{c}\sin(\iota'-\psi')\sin(\iota'+\xi'_{,})[\cos(\iota'+\psi')\sin y'\cos z'_{,}-\cos(\iota'-\xi'_{,})\sin z'_{,}\cos y'] \\ +\sin^2\psi'\sin(\iota'+\xi'_{,})\operatorname{tg}p'\cos z'_{,}-\sin^2\xi'_{,}\sin(\iota'-\psi')\operatorname{tg}r'_{,}\cos y'\end{array}}{\begin{array}{c}\sin(\iota'+\xi''_{,})\sin(\iota'+\xi'_{,})[\cos(\iota'-\xi'_{,})\sin z'_{,}\cos z''_{,}+\cos(\iota'-\xi''_{,})\sin z''_{,}\cos z'_{,}] \\ +\sin^2\xi'_{,}\sin(\iota'+\xi''_{,})\operatorname{tg}r'_{,}\cos z''_{,}+\sin^2\xi''_{,}\sin(\iota'+\xi'_{,})\operatorname{tg}r''_{,}\cos z'_{,}\end{array}} \right\}, \end{cases}$$

$$(4.)\begin{cases} R'_{,,} = -D'' \left\{ \dfrac{\begin{array}{c}\sin(\iota''-\psi'')\sin(\iota''+\xi''_{,,})[\cos(\iota''+\psi'')\sin y''\cos z''_{,,}-\cos(\iota''-\xi''_{,,})\sin z''_{,,}\cos y''] \\ +\sin^2\psi''\sin(\iota''+\xi''_{,,})\operatorname{tg}p''\cos z''_{,,}-\sin^2\xi''_{,,}\sin(\iota''-\psi'')\operatorname{tg}r''_{,,}\cos y''\end{array}}{\begin{array}{c}\sin(\iota''+\xi'_{,,})\sin(\iota''+\xi''_{,,})[\cos(\iota''-\xi'_{,,})\sin z'_{,,}\cos z''_{,,}+\cos(\iota''-\xi''_{,,})\sin z''_{,,}\cos z'_{,,}] \\ +\sin^2\xi'_{,,}\sin(\iota''+\xi''_{,,})\operatorname{tg}r'_{,,}\cos z''_{,,}+\sin^2\xi''_{,,}\sin(\iota''+\xi'_{,,})\cos z'_{,,}\operatorname{tg}r''_{,,}\end{array}} \right\}, \\[2ex] R''_{,,} = -D'' \left\{ \dfrac{\begin{array}{c}\sin(\iota''-\psi'')\sin(\iota''+\xi'_{,,})[\cos(\iota''+\psi'')\sin y''\cos z'_{,,}+\cos(\iota''-\xi'_{,,})\sin z'_{,,}\cos y''] \\ +\sin^2\psi''\sin(\iota''+\xi'_{,,})\operatorname{tg}p''\cos z'_{,,}+\sin^2\xi'_{,,}\sin(\iota''-\psi'')\operatorname{tg}r'_{,,}\cos y''\end{array}}{\begin{array}{c}\sin(\iota''+\xi'_{,,})\sin(\iota''+\xi''_{,,})[\cos(\iota''-\xi'_{,,})\sin z'_{,,}\cos z''_{,,}+\cos(\iota''-\xi''_{,,})\sin z''_{,,}\cos z'_{,,}] \\ +\sin^2\xi'_{,,}\sin(\iota''+\xi''_{,,})\operatorname{tg}r'_{,,}\cos z''_{,,}+\sin^2\xi''_{,,}\sin(\iota''+\xi'_{,,})\cos z'_{,,}\operatorname{tg}r''_{,,}\end{array}} \right\}. \end{cases}$$

Die ersten angenäherten Werthe erhält man, wenn man die Unterschiede der Elasticitätsaxen gänzlich vernachlässigt, und also setzt:

(a.) $\xi'_{,} = \xi''_{,}$ und $\cos z''_{,} = -\sin z'_{,}$, $\sin z''_{,} = -\cos z'_{,}$,

ferner:

(b.) $\xi'_{,,} = \xi''_{,,}$ und $\cos z''_{,,} = -\sin z'_{,,}$ und $\sin z''_{,,} = -\cos z'_{,,}$.*)

Man erhält dann:

$$(5.)\begin{cases} R'_{,} = -D'\,\dfrac{\sin(\iota'-\psi')}{\sin(\iota'+\xi'_{,})}\left(\dfrac{\cos(\iota'+\psi')}{\cos(\iota'-\xi'_{,})}\sin y'\sin z'_{,}+\cos y'\cos z'_{,}\right), \\[2ex] R''_{,} = +D'\,\dfrac{\sin(\iota'-\psi')}{\sin(\iota'+\xi'_{,})}\left(\dfrac{\cos(\iota'+\psi')}{\cos(\iota'-\xi'_{,})}\sin y'\cos z'_{,}-\cos y'\sin z'_{,}\right), \end{cases}$$

$$(6.)\begin{cases} R'_{,,} = +D''\,\dfrac{\sin(\iota''-\psi'')}{\sin(\iota''+\xi''_{,,})}\left(\dfrac{\cos(\iota''+\psi'')}{\cos(\iota''-\xi''_{,,})}\sin y''\cos z''_{,,}-\cos y''\sin z''_{,,}\right), \\[2ex] R''_{,,} = -D''\,\dfrac{\sin(\iota''-\psi'')}{\sin(\iota''+\xi''_{,,})}\left(\dfrac{\cos(\iota''+\psi'')}{\cos(\iota''-\xi''_{,,})}\sin y''\sin z''_{,,}+\cos y''\cos z''_{,,}\right). \end{cases}$$

---

*) Vernachlässigt man Alles, was vom Unterschiede der Elasticitätsaxen herrührt, so werden z. B. in Fig. 10a Seite 490 die Punkte O und E zusammenfallen, und daher die dortigen Winkel x' und x'' Werthe erhalten, deren Summe $= 270^0$ ist. Dieser Relation $x' + x'' = 270^0$ entsprechend, wird *hier*, im vorliegenden Fall, $z'_{,} + z''_{,} = 270^0$ und $z'_{,,} + z''_{,,} = 270^0$ werden, woraus die obigen Formeln $\cos z''_{,} = -\sin z'_{,}$, etc. entspringen. — Auch werden, wenn man alles vom Unterschiede der Elasticitätsaxen Herrührende vernachlässigt, jene miteinander coincidirenden Wellennormalen O, E zusammenfallen mit den zugehörigen Strahlen, die man etwa [ebenso wie in Fig. 13 Seite 494] mit o, e bezeichnen kann. Es werden also die Winkel $q' = (Oo)$ und $q'' = (Ee)$ zu *Null* werden. Demgemäss sind im obigen Text, beim Uebergange von (3.), (4.) zu (5.), (6.) die Winkel p', p'', $r'_{,}$, $r''_{,}$, $r'_{,,}$, $r''_{,,}$ alle $= 0$ gesetzt worden.

Beiläufig sei noch bemerkt, dass die zu Anfang dieses Paragraphen befindlichen Formelsysteme (1.) und (2.), ganz äusserlich betrachtet, einander sehr ähnlich sind. Es geht nämlich (1.) in (2.) über, wenn man y' durch $180^0 - y''$ ersetzt, bei R, r, z und ξ die Indices und bei den übrigen Buchstaben die Accente ändert. Nach dieser einfachen Regel kann man nun leicht auch von (3.) übergehen zu (4.),

Multiplicirt man die erste der Gleichungen (1.) mit $\sin y'$ und die zweite mit $\sin\psi'\cos\psi'\sin y' - \sin^2\psi'\,\mathrm{tang}\,p'$, und addirt beide, so erhält man, mit Berücksichtigung der Relationen (16.) § 23, P' in einer Form, welche für angenäherte Berechnungen seiner Werthe bequem ist. Auf eine ähnliche Weise erhält man auch S' und P'' und S''.

$$(7.)\begin{cases} P' = \left\{\dfrac{2D'[\sin\psi'\cos\psi'\sin y' - \sin^2\psi'\,\mathrm{tg}\,p']\sin y' - [R'_{,}\cos z'_{,}\sin(\psi'-\xi'_{,}) - R''_{,}\cos z''_{,}\sin(\psi'-\xi''_{,})]\cos y'}{\sin(\iota'+\psi')\cos(\iota'-\psi')\sin y' - \sin^2\psi'\,\mathrm{tg}\,p'}\right\}, \\ S' = -\left\{\dfrac{2D'\sin\psi'\cos\psi'\cos y' + R'_{,}\cos z'_{,}\sin(\psi'-\xi'_{,}) - R''_{,}\cos z''_{,}\sin(\psi'-\xi''_{,})}{\sin(\iota'+\psi')}\right\}, \end{cases}$$

$$(8.)\begin{cases} P'' = \left\{\dfrac{2D''[\sin\psi''\cos\psi''\sin y'' - \sin^2\psi''\,\mathrm{tg}\,p'']\sin y'' + [R'_{,,}\cos z'_{,,}\sin(\psi''-\xi'_{,,}) - R''_{,,}\cos z''_{,,}\sin(\psi''-\xi''_{,,})]\cos y''}{\sin(\iota''+\psi'')\cos(\iota''-\psi'')\sin y'' - \sin^2\psi''\,\mathrm{tg}\,p''}\right\} \\ S'' = \left\{\dfrac{2D''\sin\psi''\cos\psi''\cos y'' - R'_{,,}\cos z'_{,,}\sin(\psi''-\xi'_{,,}) + R''_{,,}\cos z''_{,,}\sin(\psi''-\xi''_{,,})}{\sin(\iota''+\psi'')}\right\}. \end{cases}$$

Will man in diesen Werthen für P', S', P'', S'' nur die erste Potenz des Unterschiedes der Elasticitätsaxen berücksichtigen, so sind für $R'_{,}$, $R''_{,}$, $R'_{,,}$, $R''_{,,}$ ihre angenäherten Werthe aus (5.) und (6.) zu setzen.

Die Formeln (3.) bis (8.) werden imaginär, wenn die Einfallswinkel innerhalb der Grenze der totalen Reflexion liegen. Man kann in diesem Falle die reflectirten Intensitäten hier auf dieselbe Weise ableiten, wie bei den einaxigen Krystallen. [Vgl. § 13a.]

Ich werde die Formeln (7.) *und* (8.) *noch anwenden auf den Fall des Durchgangs des Lichtes durch ein von parallelen Ebenen eingeschlossenes Medium, weil diese Formeln für die Theorie der Farben, welche krystallinische Blättchen im polarisirten Licht zeigen, von Wichtigkeit sind.* Alsdann sind D' und D'' zwei zusammengehörige Strahlen, welche aus demselben einfallenden Strahl entstanden sind, und ihre Werthe sind durch die Formeln (3.) § 17 Seite 487 gegeben. Ferner ist alsdann*): $\iota' = \iota'' = \varphi$, $\psi' = \varphi'$, $\psi'' = \varphi''$, $y' = x'$,

ebenso von (7.) zu (8.), und ähnlich von (5.) zu (6.); bei letzterem Uebergange sind alsdann ausserdem noch $z'_{,,}$ und $\xi'_{,,}$ nachträglich [mittelst der Gleichungen (b.) Seite 547] durch $z''_{,,}$ und $\xi''_{,,}$ auszudrücken. — *A. W.*

*) Die Vorstellung ist die: Auf die gegebene Krystallplatte fällt von Aussen her eine ebene Lichtwelle auf unter einem gegebenen Winkel

(𝔄.) $\qquad \varphi.$

Diese erzeugt im Innern des Krystalls zwei gebrochene Lichtwellen ψ', y', p' und ψ'', y'', p'', die gegenwärtig aber bezeichnet werden sollen mit

(𝔅.) $\qquad \varphi'$, x', q' und φ'', x'', q''.

Und diese beiden Wellen (𝔅.) treten, nachdem sie die Platte durchlaufen haben, aus derselben wieder aus in Gestalt zweier Wellen

(ℭ.) $\qquad \iota'$ und ι''.

Leicht erkennt man aber, dass die in (𝔄.) und (ℭ.) genannten Winkel gleich gross sind. Also

(𝔇.) $\qquad \iota' = \iota'' = \varphi.$ [Vgl. Seite 448 (f.).] Ausserdem

$y'' = x''$, $p' = q'$, $p'' = q''$, $\xi'_{,} = \xi'_{,,}$, $\xi''_{,} = \xi''_{,,}$, $z'_{,} = z'_{,,}$, $z''_{,} = z''_{,,}$; ich werde die Winkel $\xi'_{,}$, $\xi''_{,}$, $z'_{,}$, $z''_{,}$ kurzweg mit ξ', ξ'', z', z'' bezeichnen. Diese Substitutionen gemacht, erhält man aus (7.), (8.):

$$(9.)\begin{cases} P' = \dfrac{2D'[\sin\varphi'\cos\varphi'\sin x' - \sin^2\varphi'\,\mathrm{tg}\,q']\sin x' - [R'_{,}\cos z'\sin(\varphi'-\xi') - R''_{,}\cos z''\sin(\varphi'-\xi'')]\cos x'}{\sin(\varphi+\varphi')\cos(\varphi-\varphi')\sin x' - \sin^2\varphi'\,\mathrm{tg}\,q'}, \\ S' = -\left\{\dfrac{2D'\sin\varphi'\cos\varphi'\cos x' + R'_{,}\cos z'\sin(\varphi'-\xi') - R''_{,}\cos z''\sin(\varphi'-\xi'')}{\sin(\varphi+\varphi')}\right\}, \end{cases}$$

$$(10.)\begin{cases} P'' = \left\{\dfrac{2D''[\sin\varphi''\cos\varphi''\sin x'' - \sin^2\varphi''\,\mathrm{tg}\,q'']\sin x'' + [R'_{,,}\cos z'\sin(\varphi''-\xi') - R''_{,,}\cos z''\sin(\varphi''-\xi'')]\cos x''}{\sin(\varphi+\varphi'')\cos(\varphi-\varphi'')\sin x'' - \sin^2\varphi''\,\mathrm{tg}\,q''}\right\}, \\ S'' = \left\{\dfrac{2D''\sin\varphi''\cos\varphi''\cos x'' - R'_{,,}\cos z'\sin(\varphi''-\xi') + R''_{,,}\cos z''\sin(\varphi''-\xi'')}{\sin(\varphi+\varphi'')}\right\}, \end{cases}$$

worin für D' und D'' die Werthe aus (3.) Seite 487 § 17 zu setzen sind.

Will man nur die erste Potenz von $\pi^2 - \mu^2$ in (9.) und (10.) berücksichtigen, so ist zu setzen [vgl. (5.), (6.)]:

$$(11.)\begin{cases} R'_{,} = -D'\dfrac{\sin(\varphi-\varphi')}{\sin(\varphi+\xi')}\left(\dfrac{\cos(\varphi+\varphi')}{\cos(\varphi-\xi')}\sin x'\sin z' + \cos x'\cos z'\right), \\ R''_{,} = +D'\dfrac{\sin(\varphi-\varphi')}{\sin(\varphi+\xi')}\left(\dfrac{\cos(\varphi+\varphi')}{\cos(\varphi-\xi')}\sin x'\cos z' - \cos x'\sin z'\right), \end{cases}$$

$$(12.)\begin{cases} R'_{,,} = +D''\dfrac{\sin(\varphi-\varphi'')}{\sin(\varphi+\xi'')}\left(\dfrac{\cos(\varphi+\varphi'')}{\cos(\varphi-\xi'')}\sin x''\cos z'' - \cos x''\sin z''\right), \\ R''_{,,} = -D''\dfrac{\sin(\varphi-\varphi'')}{\sin(\varphi+\xi'')}\left(\dfrac{\cos(\varphi+\varphi'')}{\cos(\varphi-\xi'')}\sin x''\sin z'' + \cos x''\cos z''\right). \end{cases}$$

Vernachlässigt man aber in (9.) und (10.) Alles, was von dem Unterschied der Elasticitätsaxen abhängt, so bekommt man nur das Glied, welches von der Lage derselben abhängt, und erhält, wenn für D' und D'' ihre Werthe Seite 487 (3.) gesetzt werden*):

Ausserdem kommen im obigen Text noch mit in Betracht die (im Innern des Krystalls) von den Wellen (𝔚.) durch Reflexion erzeugten Wellen

(ℜ.) $\quad R'_{,}(\xi'_{,}, z'_{,}),\quad R''_{,}(\xi''_{,}, z''_{,})\quad$ und $\quad R'_{,,}(\xi'_{,,}, z'_{,,}),\quad R''_{,,}(\xi''_{,,}, z''_{,,})$.

Diese fallen paarweise zusammen, nämlich $R'_{,}$ mit $R'_{,,}$, und ebenso $R''_{,}$ mit $R''_{,,}$. Im Ganzen sind also nur *zwei* solche reflectirte Wellen vorhanden, die man kurzweg bezeichnen kann mit:

(𝔖.) $\quad R'(\xi', z'),\quad R''(\xi'', z'')$. — *C. N.*

*) Vernachlässigt man Alles, was vom Unterschiede der Elasticitätsaxen herrührt, so wird nicht nur $\varphi' = \varphi''$, sondern auch $\xi' = \varphi'$ und $\xi'' = \varphi''$. Auch wird alsdann (vgl. die Note Seite 547): $q' = 0$ und $q'' = 0$; so dass also die Formeln (9.), (10.) alsdann übergehen in:

$$(\mathfrak{T}.)\begin{cases} P' = D'\dfrac{\sin 2\varphi'\sin x'}{\sin(\varphi+\varphi')\cos(\varphi-\varphi')}, \\ S' = -D'\dfrac{\sin 2\varphi'\cos x'}{\sin(\varphi+\varphi')}, \end{cases}\qquad \begin{cases} P'' = D''\dfrac{\sin 2\varphi'\sin x''}{\sin(\varphi+\varphi')\cos(\varphi-\varphi')}, \\ S'' = D''\dfrac{\sin 2\varphi'\cos x''}{\sin(\varphi+\varphi')}. \end{cases}$$ Was die hier

$$(13.)\quad \begin{cases} P' = + \dfrac{\sin 2\varphi \sin 2\varphi'}{\sin^2(\varphi+\varphi')\cos(\varphi-\varphi')}\left\{\dfrac{P\sin x'}{\cos(\varphi-\varphi')} - S\cos x'\right\}\sin x', \\ S' = \quad - \dfrac{\sin 2\varphi \sin 2\varphi'}{\sin^2(\varphi+\varphi')}\left\{\dfrac{P\sin x'}{\cos(\varphi-\varphi')} - S\cos x'\right\}\cos x', \end{cases}$$

$$(14.)\quad \begin{cases} P'' = + \dfrac{\sin 2\varphi \sin 2\varphi'}{\sin^2(\varphi+\varphi')\cos(\varphi-\varphi')}\left\{\dfrac{P\cos x'}{\cos(\varphi-\varphi')} + S\sin x'\right\}\cos x', \\ S'' = \quad + \dfrac{\sin 2\varphi \sin 2\varphi'}{\sin^2(\varphi+\varphi')}\left\{\dfrac{P\cos x'}{\cos(\varphi-\varphi')} + S\sin x'\right\}\sin x'. \end{cases}$$

Dies sind dieselben angenäherten Formeln, welche ich in einer Abhandlung über die Farben zweiaxiger Krystalle im polarisirten Lichte (Pogg. Ann. d. Phys. Bd. XXXIII p. 271) direct entwickelt habe*).

Was die hier auftretenden Factoren D', D'' anbelangt, so erhält man aus (3.) Seite 487:

$$(\mathfrak{U}.)\quad \begin{cases} D' = - \dfrac{\sin 2\varphi}{\cos(\varphi+\varphi')}\left(\dfrac{P\cos x''}{\cos(\varphi-\varphi')} - S\sin x''\right), \\ D'' = - \dfrac{\sin 2\varphi}{\sin(\varphi+\varphi')}\left(\dfrac{P\cos x'}{\cos(\varphi-\varphi')} + S\sin x'\right). \end{cases}$$

Nun ist aber, weil Alles, was vom Unterschiede der Elasticitätsaxen herrührt, vernachlässigt werden soll:

$$(\mathfrak{B}.)\qquad x' + x'' = 270^0, \quad \text{mithin} \quad \sin x'' = -\cos x' \quad \text{und} \quad \cos x'' = -\sin x',$$

[vgl. die Note Seite 547]. Beachtet man aber dies, und substituirt man nun die Werthe ($\mathfrak{U}$.) in ($\mathfrak{T}_1$), so gelangt man sofort zu den im obigen Text angegebenen Formeln (13.), (14.). — *C. N.*

*) In diesem Bande Seite 331 (10.), (11.). — Zum leichteren Vergleich wollen wir die dort und hier gefundenen Formeln zusammenstellen.

Jene *früheren* Formeln Seite 331 (10.), (11.) lauten, falls man zur Abkürzung $\varphi + \psi = \sigma$, $\varphi - \psi = \delta$, $J\sin\alpha = P$, $J\cos\alpha = S$ setzt, folgendermaassen:

$$\begin{cases} P_1 = \dfrac{\sin 2\varphi \sin 2\psi}{\sin^2\sigma\cos\delta}\left(\dfrac{P\sin x_1}{\cos\delta} + S\cos x_1\right)\sin x_1, \\ S_1 = \dfrac{\sin 2\varphi \sin 2\psi}{\sin^2\sigma}\left(\dfrac{P\sin x_1}{\cos\delta} + S\cos x_1\right)\cos x_1, \end{cases}$$

$$\begin{cases} P_2 = \dfrac{\sin 2\varphi \sin 2\psi}{\sin^2\sigma\cos\delta}\left(\dfrac{P\cos x_1}{\cos\delta} - S\sin x_1\right)\cos x_1, \\ S_2 = \dfrac{\sin 2\varphi \sin 2\psi}{\sin^2\sigma}\left(-\dfrac{P\cos x_1}{\cos\delta} + S\sin x_1\right)\sin x_1; \end{cases}$$

Und die *gegenwärtigen* Formeln (13.), (14.) lauten, wenn man die Buchstaben φ, φ' und P', S', P'', S'' durch die damaligen Bezeichnungen φ, ψ, und P_1, S_1, P_2, S_2 ersetzt, und wiederum $\varphi + \psi = \sigma$ und $\varphi - \psi = \delta$ setzt, folgendermaassen:

$$\begin{cases} P_1 = \dfrac{\sin 2\varphi \sin 2\psi}{\sin^2\sigma\cos\delta}\left(\dfrac{P\sin x'}{\cos\delta} - S\cos x'\right)\sin x', \\ S_1 = \dfrac{\sin 2\varphi \sin 2\psi}{\sin^2\sigma}\left(-\dfrac{P\sin x'}{\cos\delta} + S\cos x'\right)\cos x'. \end{cases}$$

$$\begin{cases} P_2 = \dfrac{\sin 2\varphi \sin 2\psi}{\sin^2\sigma\cos\delta}\left(\dfrac{P\cos x'}{\cos\delta} + S\sin x'\right)\cos x', \\ S_2 = \dfrac{\sin 2\varphi \sin 2\psi}{\sin^2\sigma}\left(\dfrac{P\cos x'}{\cos\delta} + S\sin x'\right)\sin x'. \end{cases}$$

Man sieht aus dieser Zusammenstellung, dass die beiderlei Formelsysteme unter einander identisch werden, sobald man

$$\sin x_1 = \sin x' \qquad \text{und} \qquad \cos x_1 = -\cos x'$$

setzt, d. h. sobald man unter x' und x_1 zwei zu einander *supplementare* Winkel versteht:

$$x' + x_1 = 180^0.$$

Dass aber diese Beziehung zwischen den Winkeln x' und x_1 *in der That stattfindet*, — davon übezeugt man sich sofort, wenn man die Fig. 5 Seite 329 und die Fig. 11 Seite 482 mit einander vergleicht. — *C. N.*

Anhang.

Ueber die Prioritätsfrage zwischen Neumann und Mac Cullagh.

In den Proceedings of the Royal Irish Academy (1838, No. 14, Seite 229—234) findet man einen Brief *Neumann's* und zugleich auch die Erwiederung *Mac Cullagh's*. Diese Documente dürften von Wichtigkeit sein. Sie sind daher im Folgenden wörtlich abgedruckt.

1838, November 30. (Stated Meeting.)

Sir Wm. R. Hamilton, A. M., President, in the Chair.

The President read the following letter which had been addressed to him by *M. Neumann of Königsberg*, on some points connected with the history of the Laws of Crystalline Reflexion.

Monsieur,

Le haut prix que j'attache à votre suffrage et à celui de l'illustre Académie, à laquelle vous présidez, et l'honorable mention, que vous avez voulu faire de mon mémoire sur la théorie de la lumière dans la séance de cette Académie du 25 Juin, m'engagent à vous adresser la lettre suivante. Vous avez donné dans cette séance un jugement dans la question de priorité, qui pouvait s'élever entre Mr. Mac Cullagh et moi par rapport à la découverte des lois suivant lesquelles la lumière est réfléchie et réfractée par des milieux crystallins; — j'ai l'honneur de vous communiquer dans ce qui suit quelques faits et quelques réflexions fondées sur ces faits, et qui auraient été peut-être de quelque influence sur ce jugement.

Au commencement de l'année 1833 j'ai communiqué à Mr. Seebeck de Berlin non seulement l'ensemble des principes de ma théorie tels qu'ils se trouvent imprimés dans le § 2*) de mon mémoire, mais j'avais illustré encore ces principes par leur application aux milieux non crystallins. En même temps j'ai annoncé à Mr. Seebeck, que les résultats tirés de ces principes par rapport aux milieux crystallins étaient parfaitement d'accord avec ses observations sur l'angle de polarisation du kalkspath, et je lui fis part de la formule même, qui exprime l'inclinaison du plan de polarisation du rayon polarisé par réflexion vers le plan de réflexion. Sous la date du 11 Mai, 1833, Mr. Seebeck m'écrivit,

*) Seite 367—371 dieses Bandes.

que cette formule aussi s'accordait parfaitement avec ses observations, qu'il n'avait pas encore publiées et qu'il avait la complaisance de me communiquer en manuscrit. Dans le printemps de 1834 le manuscrit de mon mémoire tel qu'il a paru depuis allait être achevé; mais un voyage que je fis dans ce temps et qui m'éloigna assez long-temps de Königsberg, m'empêcha de la publier incessamment. Cependant j'avais pris soin d'en faire un abrégé dans lequel je dévéloppai complétement les principes de ma théorie et les résultats auxquels elle m'avait conduit par rapport aux crystaux à un axe.

J'envoyai cet extrait en Mai ou Juin, 1834, par la librairie de Mr. Schropp de Berlin à Mr. Arago, en le priant de le faire imprimer dans les Annales de Chimie et de Physique, ce savant ayant dans une note publiée dans ce temps marqué un grand intérêt pour l'investigation des lois des intensités du rayon ordinaire et extraordinaire, lois qui se trouvaient parmi les résultats mentionnés. Il n'y a pas de doute, que cet extrait ne soit parvenu dans les mains de Mr. Arago, entre lesquelles il doit se trouver encore à présent. Du reste, Mr. Jacobi en avait pris une connaissance detaillée, et à Berlin il a été entre les mains de MM. Weiss et Poggendorff.

En passant par Vienne dans l'été de 1834, j'avais le plaisir d'entretenir de mes résultats et de ma méthode Mr. Ettinghausen, savant très distingué et très versé dans les parties les plus épineuses de l'optique. Antérieurement j'avais enseigné mes doctrines à Mr. Senff maintenant professeur à l'Université de Dorpat, pendant le séjour que fit à Königsberg ce jeune et habile physicien, qui vient de publier un excellent travail sur les propriétés optiques et crystallographiques du fer sulfaté.

Il suit de tout ce qui précède, que déjà en 1834, mes résultats trouvés par rapport aux lois de réflexion et de réfraction des crystaux n'étaient guères inconnus aux physiciens de l'Allemagne, qui s'occupent de l'optique et si dès-lors ils n'ont pas reçu une plus grande publicité, vous voyez, Monsieur, cela tenait aux Annales de Chimie. La publication de mon mémoire a été rétardée par l'espoir que j'avais conçue de pouvoir lui ajouter une partie expérimentelle. Mais l'exécution des appareils me faisant attendre trop longtemps, j'ai présenté vers la fin de 1835 à l'Académie de Berlin mon ouvrage tel qu'il a été imprimé depuis parmi les mémoires de cette Académie. La partie expérimentelle a été publiée en 1837 dans le volume 42 des Annales de Mr. Poggendorff.*)

Je vois du discours que vous avez tenu, Monsieur, dans la Séance de votre Académie du 25 Juin passé, et qui vient de m'être communiqué, que c'est déjà en Août 1835 que Mr. Mac Cullagh a fait à l'Association Britannique une communication sur les lois de réflexion et réfraction par les crystaux, et qui a été imprimée dans le Lond. et Edinb. Phil. Mag., Février 1836. Je crois très volontiers, que Mr. Mac Cullagh est parvenu aux résultats qui se trouvent dans cette publication, par ses propres efforts et sans avoir eu connaissance de

*) Vergl. die sechzehnte Abhandlung dieses Bandes. — *C. N.*

mes travaux sur ce même sujet. Toutefois ce ne sont pas ces résultats qui pourraient être l'objet d'une question de priorité. En effet dans une note publiée dans les Annales de Mr. Poggendorff (vol. XXXVIII 1836), Mr. Seebeck a montré que les formules auxquelles est parvenu Mr. Mac Cullagh *ne sont pas justes*, et qu'elles ne représentent pas les lois de réflexion et de réfraction par les crystaux. Dans la même note Mr. Seebeck a exposé, comment les lois de réflexion et de réfraction des milieux non crystallins conformes à cette définition du plan de polarisation, à laquelle on est conduit dans la théorie de la double réfraction, peuvent être déduites des suppositions faites par Fresnel, avec la seule modification de l'homogénéité de l'éther dans tous les milieux. Mais les suppositions de Fresnel ainsi modifiées forment la base principale de ma méthode, dont j'avais déjà fait part à Mr. Seebeck depuis plusieurs années. Il est vrai, que dans les deux milieux Fresnel ne suppose que l'égalité de deux composantes parallèles au plan de séparation, mais l'égalité de la troisième n'est qu'une simple conséquence de celle des deux autres et des autres suppositions. Ce sont les suppositions de Fresnel modifiées de la dite manière, qu'a adoptées Mr. Mac Cullagh, après s'être convaincu par la note de Mr. Seebeck de la *fausseté* des résultats qu'il avait jusque-là obtenus, conviction qui l'engaga à rejeter tout ce qui n'était pas conforme à ces suppositions, et des-lors seulement en 1837, dans le Lond. et Edinb. Phil. Mag., Mr. Mac Cullagh est parvenu aux mêmes lois de réflexion et de réfraction que j'avais eu l'honneur de présenter à l'Académie des Sciences de Berlin en 1835.

Vous voyez par tout ceci, Monsieur, que dès 1833 j'ai été en pleine possession de la méthode, et que dès le commencement de 1834 j'ai été en pleine possession des résultats qu'elle fournit, que dans ce même temps j'ai envoyé un abrégé contenant ces résultats et lu en manuscrit par plusieurs savants bien connus à Mr. le rédacteur des Annales de Physique et Chimie pour le publier dans ce recueil, et qu'à la fin de 1835, j'ai présenté l'ouvrage complet à present imprimé à l'Académie de Berlin; — vous voyez en même temps, que Mr. Mac Cullagh ayant communiqué à l'Association Britannique en 1835 des lois de réflexion et de réfraction crystallin, ces lois ont été demontrées être *fautives* par Mr. Seebeck en 1836, *et que Mr. Mac Cullagh n'est parvenu en* 1837 *aux vraies lois qu'après avoir pris connaissance du fondement de ma méthode, et s'en être servi.*

De toute cela résulte, Monsieur, que la priorité de la découverte des lois de réflexion et réfraction par des crystaux n'est pas douteuse, *et qu'il n'y a pas de simultaneïté entre mes travaux et ceux de Mr. Mac Cullagh*, dont du reste personne ne peut estimer plus que moi le talent distingué.

Daignez, Monsieur, agréer les assurances de la plus haute considération avec laquelle je suis, &c.

Königsberg, 5. Octobre, 1838. *F. E. Neumann.*

When this letter was read, Professor *Mac Cullagh* requested permission to make a few remarks. After expressing much regret, that his researches in the theory of light should have clashed with those of any other person, (though in the present state of science such collisions were perhaps inevitable), he proceeded to say, that he did not think it necessary to detain the Academy with a formal reply to the communication which had just been read; it would be sufficient for him to observe, in general, that the facts brought forward by the writer, whith reference to the history of his own investigations, were all, without exception, of a private nature, not one of them being taken from any published document; that the *first* document of the kind, which professed to give any account of M. Neumann's "method", or any statement of the principles employed in it, appeared in the Annals of Poggendorff, (vol. XL p. 497,) some months after Mr. Mac Cullagh had published his *last* paper on the subject in the Philosophical Magazine, (vol. X p. 43,) and even after that paper had been noticed in the aforesaid Annals, (vol. XL p. 462)*); that M. Neumann's Memoir in the Berlin Transactions was not published until a later period; that, therefore, there could be no question about priority of publication; and that, consequently, if it were to be imagined, for a moment, that either author had borrowed from the other, the presumption must necessarily be against M. Neumann. With respect to M. Seebeck's note, it would be enough to state, that M. Neumann is not mentioned there at all; that the principles there given by M. Seebeck are not adequate to the general solution of the problem; and that such of them as differ from those of Fresnel, had been previously published by M. Mac Cullagh. It was clear, therefore, that M. Mac Cullagh owed nothing on the score of theory to any one but Fresnel. He had, indeed, made one alteration in his theory as it originally stood; for he had at first rejected Fresnel's law of the *vis viva*, and had been obliged to restore it afterwards, in order to account for certain experiments of M. Seebeck, which M. Seebeck himself, from want of sufficient principles, had not attempted to account for; but the real service which M. Seebeck had rendered him, and for which he had frequently acknowledged his obligations, was the communication of these experiments, and not any suggestion of the law of *vis viva*, which he knew well enough before. In all this, however, it was plain that M. Neumann had no concern, unless he chose to say, that he had appropriated to himself Fresnel's law of the *vis viva*, that he had determined to regard it as the foundation of his method, (*le fondement de sa méthode*,) and that thenceforward no one else (however ignorant of such appropriation) could have any right to use it.

Having thus endeavoured to prove his claim to priority of publication, and to establish the independence of his own researches, which was all that was necessary for self defence, Mr. Mac Cullagh concluded by saying, that he would there drop the argument, without discussing his claim to priority in the abstract, as he had an objection to disputes of such a kind, and did not wish to pursue them any farther than he was compelled to do. But if any one thought it worth while to examine the merits of this second question, he would find the circumstances relating to it very fully and clearly stated in the last number of the Proceedings of the Academy, (page 217 of the present volume), and would thence be enabled to form a judgment for himself.

*) Die in diesen drei Zeilen citirten drei Aufsätze rühren her aus dem Jahre 1837. — *C. N.*

Neumann hat wohl die Absicht gehabt, auf diese Aeusserungen *Mac Cullagh*'s zu antworten. Wenigstens findet sich in seinen nachgelassenen Papieren folgendes Concept zu einem Briefe:

Ew. . . . .

ersuche ich ergebenst, aus den Proceedings of the R. Irish Academy (1838 No. 14) einen von mir an Herrn *Hamilton* gerichteten Brief (sich beziehend auf die Gesetze, nach welchen das Licht an den krystallinischen Oberflächen reflectirt wird) in Ihr vielgelesenes Journal abdrucken zu lassen, nebst den Bemerkungen, welche Herr *Mac Cullagh* dazu zu machen für passend gefunden hat.

Ich bemerke dazu:

1) dass eine Mittheilung an eine öffentliche Academie und eine Vorlesung in der Berliner Academie der Wissenschaften nicht den Character einer Privathandlung haben;

2) dass die Vorlesung meiner Abhandlung in der Berliner Academie im December 1835 stattgefunden hat;

3) dass Herr *Mac Cullagh* erst 1837 die Gesetze hat kennen gelehrt, in Beziehung, auf welche ich die Priorität geltend machte;

4) dass es mir leid thut, dass Herr *Mac Cullagh* den Inhalt meines Schreibens so wenig . . . .

Hier bricht das Concept plötzlich ab. Auch fehlt jede Angabe über Namen und Titel des Adressaten. Und es muss also dahingestellt bleiben, an welches Journal *Neumann* seinen Brief zu senden beabsichtigte.

Zusätze der Redaction zu § 14. (*A. W.*)

Obwohl die dortigen Formeln (7a, b.) Seite 453 nur ganz beiläufiger Natur sind, so dürfte es dennoch zweckmäßig sein, die Richtigkeit derselben hier wirklich nachzuweisen.

Setzt man in (15.) Seite 446: $P = S \operatorname{cotg} x' \cos(\varphi - \varphi')$, und zugleich für G seinen eigentlichen Werth (14a.) Seite 446, so erhält man:

$$(\mathfrak{A}.)\qquad D' = \frac{S \sin 2\varphi}{\sin(\varphi + \varphi')} \times$$

$$\left\{\frac{[\operatorname{cotg} x' \sin x'' \cos(\varphi - \varphi') - \cos x'' \cos(\varphi - \varphi'')] \sin(\varphi + \varphi'') - \left(\frac{\gamma''}{\sqrt{1-\gamma''^2}}\right) \sin(\varphi' + \varphi'') \sin(\varphi' - \varphi'')}{[\sin x' \sin x'' \cos(\varphi - \varphi') + \cos x' \cos x'' \cos(\varphi - \varphi'')] \sin(\varphi + \varphi'') + \left(\frac{\gamma''}{\sqrt{1-\gamma''^2}}\right) \cos x' \sin(\varphi' + \varphi'') \sin(\varphi' - \varphi'')}\right\}.$$

Es handelt sich nun darum, diesen Ausdruck ($\mathfrak{A}$.) *weiter zu entwickeln unter Vernachlässigung der höheren Potenzen von* $\varphi' - \varphi''$, *mithin auch der höheren Potenzen von* $x' - x''$.

Für $\varphi' = \varphi''$, mithin $x' = x''$ wird offenbar der Zähler des Ausdruckes ($\mathfrak{A}$.) zu Null. Man kann daher, weil nur die erste Potenz von $\varphi' - \varphi''$ oder (was dasselbe ist) von $x' - x''$ berücksichtigt werden soll, im Zähler $\sin(\varphi + \varphi'')$ durch $\sin(\varphi + \varphi')$, und

$\left(\frac{\gamma''}{\sqrt{1-\gamma''^2}}\right)\sin(\varphi'+\varphi'')$ durch $\left(\frac{\gamma'}{\sqrt{1-\gamma'^2}}\right)\sin 2\varphi'$ ersetzen, und zugleich im Nenner $\varphi'=\varphi''$ und $x'=x''$ machen. So ergiebt sich:

$$(\mathfrak{B}.)\qquad D'=\frac{S\sin 2\varphi}{\sin(\varphi+\varphi')}\times$$

$$\left\{\frac{[\operatorname{cotg}x'\sin x''\cos(\varphi-\varphi')-\cos x''\cos(\varphi-\varphi'')]\sin(\varphi+\varphi')-\left(\frac{\gamma'}{\sqrt{1-\gamma'^2}}\right)\sin 2\varphi'\sin(\varphi'-\varphi'')}{\cos(\varphi-\varphi')\sin(\varphi+\varphi')}\right\}.$$

Der hier im Zähler in den eckigen Klammern enthaltene Ausdruck [...] reducirt sich aber, weil die höheren Potenzen von $\varphi'-\varphi''$ und $x'-x''$ zu vernachlässigen sind, auf

$$(\mathfrak{C}.)\qquad [\ldots]=(\varphi'-\varphi'')\sin(\varphi-\varphi')\cos x'-\left(\frac{x'-x''}{\sin x'}\right)\cos(\varphi-\varphi');$$

denn bei Vernachlässigung jener höheren Potenzen kann man setzen:

$$\cos(\varphi-\varphi'')=\cos[(\varphi-\varphi')+(\varphi'-\varphi'')]=\cos(\varphi-\varphi')-(\varphi'-\varphi'')\sin(\varphi-\varphi'),$$

$$\sin x''=\sin x'-(x'-x'')\cos x'\qquad\text{und}\qquad\cos x''=\cos x'+(x'-x'')\sin x'.$$

Auch wird man dem Werthe ($\mathfrak{C}$.) folgende Gestalt geben dürfen:

$$(\mathfrak{D}.)\qquad [\ldots]=\sin(\varphi'-\varphi'')\sin(\varphi-\varphi')\cos x'-\left(\frac{\sin(x'-x'')}{\sin x'}\right)\cos(\varphi-\varphi').$$

Nun erhält man aus (14.) Seite 446, wiederum unter Vernachlässigung der höheren Potenzen von $\varphi'-\varphi''$:

$$\sin(x'-x'')=\sin x'\cos x''-\sin x''\cos x'=\frac{A\sin\omega[C\cos\varphi'+A\cos\omega\sin\varphi'](\varphi''-\varphi')}{(\sqrt{1-\gamma'^2})^2},$$

oder mit Rücksicht auf (g.) Seite 377:

$$\sin(x'-x'')=\left(\frac{A\sin\omega}{\sqrt{1-\gamma'^2}}\right)\frac{\gamma'(\varphi''-\varphi')}{\sqrt{1-\gamma'^2}},$$

oder mit Hinblick auf (14.) Seite 446:

$$\sin(x'-x'')=\frac{\sin x'\cdot\gamma'(\varphi''-\varphi')}{\sqrt{1-\gamma'^2}},$$

wofür man offenbar auch schreiben kann:

$$\frac{\sin(x'-x'')}{\sin x'}=-\left(\frac{\gamma'}{\sqrt{1-\gamma'^2}}\right)\sin(\varphi'-\varphi'').$$

Dies in ($\mathfrak{D}$.) substituirt, erhält man sofort:

$$(\mathfrak{E}.)\qquad [\ldots]=\left[\cos x'\sin(\varphi-\varphi')+\left(\frac{\gamma'}{\sqrt{1-\gamma'^2}}\right)\cos(\varphi-\varphi')\right]\sin(\varphi'-\varphi'').$$

Substituirt man aber dies in der eigentlichen Hauptformel ($\mathfrak{B}$.), so erhält man ohne besondere Mühe:

$$(\mathfrak{F}.)\ D'=\frac{S\sin 2\varphi}{\sin(\varphi+\varphi')}\left(\frac{\sin(\varphi'-\varphi'')\operatorname{tg}(\varphi-\varphi')}{\sin(\varphi+\varphi')}\right)\left\{\cos x'\sin(\varphi+\varphi')+\left(\frac{\gamma'}{\sqrt{1-\gamma'^2}}\right)\cos(\varphi+\varphi')\right\};$$

und dies ist jene in (7a.) Seite 453 gegebene Formel.

Diese Formel ($\mathfrak{F}$.) lässt sich noch weiter vereinfachen. Substituirt man nämlich in ($\mathfrak{F}$.) für $\cos x'$ und für γ' ihre Werthe aus (14.) Seite 446 und aus (g.) Seite 377, so reducirt sich der in den geschweiften Klammern enthaltene Ausdruck auf folgenden Bruch:

$$\frac{C \cos\varphi - A \cos\omega \sin\varphi}{\sqrt{1-\gamma'^2}},$$

dessen Zähler [nach (f.) Seite 377] $= \gamma$ ist. Demgemäss reducirt sich die Formel ($\mathfrak{F}$.) auf:

$$(\mathfrak{G}.) \qquad D' = \frac{S \sin 2\varphi}{\sin(\varphi + \varphi')} \left(\frac{\sin(\varphi - \varphi'') \operatorname{tg}(\varphi - \varphi')}{\sin(\varphi + \varphi')} \right) \left(\frac{\gamma}{\sqrt{1-\gamma'^2}} \right);$$

und dies ist die auf Seite 453 angegebene Formel (7b.).

Zusätze der Redaction zu § 18. (*C. N.*)

Der Winkel OAE in Fig. 13 Seite 494 wird, falls man die dortige Linie NS (durch Drehung um den Punkt N) äusserst nahe an die feste Linie NAS'' heranbringt, und in solcher Weise die Punkte O, E äusserst nahe an den festen Punkt A herandrückt, *sehr klein* werden, und zwar *von der Ordnung* $(\pi^2 - \mu^2)$; [vgl. die Note auf Seite 495]. Die im Original enthaltene Voraussetzung, dass jener Winkel bei jener Bewegung schliesslich $= 0$ werde, ist nämlich nur *näherungsweise* zutreffend. Demgemäss bedürfen die von *Neumann* auf Grund dieser Voraussetzung erhaltenen Resultate — obwohl im Allgemeinen richtig — hin und wieder gewisser kleiner Abänderungen. Es mag der Redaction gestattet sein, auf diese Dinge hier näher einzugehen.

Ueber ebene Lichtwellen im Innern des Krystalls, insbesondere über solche, deren Normalen nur unendlich wenig abweichen von der Richtung der einen optischen Axe. — Wir halten fest an den Vorstellungen der Fig. 13 Seite 494, und denken uns also die Normale N der brechenden Fläche zwischen A' und A, d. i. im spitzen Winkel der optischen Axen. Der größte Kreisbogen $A'NA$ sei über A hinaus, etwa bis 1, verlängert:

(1.) $\overset{*}{A'}$ .... $\overset{\cdot}{N}$ .... $\overset{*}{A}$ .... $\overset{\cdot}{\Sigma}$ 1

und auf dieser Verlängerung $A1$ sei ein Punkt Σ markirt von solcher Lage, dass die Bogen $(N\Sigma)$ und (NA) der Relation entsprechen:

$$(2.) \qquad \frac{\sin(N\Sigma)}{1} = \frac{\sin(NA)}{\nu},$$

wo ν die mittlere der gegebenen Constanten μ, ν, π sein soll. Alsdann wird offenbar der Punkt Σ einen einfallenden Strahl repräsentiren, der (durch seine Brechung) im Innern des Krystalls zwei mit einander zusammenfallende Wellen erzeugt, deren gemeinschaftliche Normale durch die optische Axe A dargestellt ist.*) Uebrigens wollen wir setzen:

$$(3.) \qquad (N\Sigma) = \varphi \qquad \text{und} \qquad (NA) = \varphi';$$

sodass also die Relation (2.) übergeht in:

$$(4.) \qquad \frac{\sin\varphi}{1} = \frac{\sin\varphi'}{\nu}.$$

---

*) Der Punkt Σ ist, wie man sieht, derselbe, der in Fig. 13 Seite 494 mit S'' bezeichnet ist.

In *unmittelbarer Nähe* des festen Punktes Σ markiren wir jetzt auf der Kugelfläche irgend einen Nachbarpunkt S; und zwar wollen wir uns, um die Vorstellung zu fixiren, diesen Punkt S in der Fig. (1.) *oberhalb* der Linie $A'NA\Sigma$ denken. Der durch diesen Punkt S repräsentirte einfallende Strahl S wird alsdann (durch seine Brechung) im Innern des Krystalls zwei Wellen erzeugen, deren Normalen O, E durch zwei Punkte O, E dargestellt sind, die dem festen Punkt A äusserst nahe liegen. Die sphärischen Polarcoordinaten dieser Punkte O und E, in Bezug auf den festen Punkt A und die feste Linie $A1$, [vgl. (1.)], mögen ϱ', ϑ' und ϱ'', ϑ'' heißen; der Art, dass $\varrho' = (AO)$ und $\varrho'' = (AE)$ ist, während $\vartheta' = (1AO)$ und $\vartheta'' = (1AE)$ sein sollen. Desgleichen mögen die sphärischen Polarcoordinaten des Punktes S, in Bezug auf den festen Punkt Σ und die feste Linie $\Sigma 1$, [vgl. (1.)], mit ϱ, ϑ bezeichnet werden; sodass also $\varrho = (\Sigma S)$ ist, während $\vartheta = (1\Sigma S)$ sein soll.

Die Punkte N, O, E, S liegen offenbar alle auf ein und demselben grössten Kreisbogen, der die Einfallsebene des Strahles S repräsentirt. Der Winkel τ, unter welchem dieser Bogen $NOES$ im Punkte N gegen den festen Bogen $NA\Sigma$ geneigt ist, mag *unendlich klein* sein; sodaß also die Bogen $\varrho' = (AO)$, $\varrho'' = (AE)$ und $\varrho = (\Sigma S)$ ebenfalls *unendlich klein* sein werden. Es fragt sich nun, ob alsdann die beiden Bogen $\varrho' = (AO)$ und $\varrho'' = (AE)$ mit einander zusammenfallen werden, oder nicht. Mit andern Worten: *Es fragt sich, ob der Winkel OAE gleich Null ist, oder nicht.*

Auskunft hierüber werden wir zu gewinnen suchen auf Grund der bekannten Formeln:

$$(5.)\qquad \frac{\sin(NS)}{1} = \frac{\sin(NO)}{o} \quad\text{und}\quad \frac{\sin(NS)}{1} = \frac{\sin(NE)}{e},$$

wo o und e die Fortpflanzungsgeschwindigkeiten der beiden Wellen O und E sind. Was die *Werthe* von o und e betrifft, so seien zuvörderst [vgl. (3.)] die Relationen notirt:

$$(6.)\qquad \begin{cases} (N\Sigma) = \varphi, & (NS) = \varphi + \varrho\cos\vartheta, & \tau\sin(NS) = \varrho\sin\vartheta, \\ (NA) = \varphi', & (NO) = \varphi' + \varrho'\cos\vartheta', & \tau\sin(NO) = \varrho'\sin\vartheta', \\ & (NE) = \varphi' + \varrho''\cos\vartheta'', & \tau\sin(NE) = \varrho''\sin\vartheta'', \end{cases}$$

sowie auch folgende Relationen:

$$(6a.)\qquad \begin{cases} (OA) = \varrho', & (EA) = \varrho'', \\ (OA') = 2n + \varrho'\cos\vartheta', & (EA') = 2n + \varrho''\cos\vartheta'', \end{cases}$$

wo $2n$ den Bogen $(A'A)$, d. i. den spitzen Winkel der optischen Axen repräsentirt. — All' diese Relationen (6.), (6a.) ergeben sich unmittelbar aus der geometrischen Anschauung, falls man nur beachtet, dass τ, ϱ', ϱ'' und ϱ *unendlich klein* sein sollen.

Was nun die Werthe von o und e anbelangt, so ist bekanntlich [vgl. Seite 461 (5.)]:

$$(7.)\qquad \begin{aligned} o^2 &= \frac{\pi^2+\mu^2}{2} - \frac{\pi^2-\mu^2}{2}\cos[(OA') - (OA)], \\ e^2 &= \frac{\pi^2+\mu^2}{2} - \frac{\pi^2-\mu^2}{2}\cos[(EA') + (EA)], \end{aligned}$$

also mit Rücksicht auf (6a.):

$$(8.)\qquad \begin{aligned} o^2 &= \frac{\pi^2+\mu^2}{2} - \frac{\pi^2-\mu^2}{2}\cos(2n + \varrho'\cos\vartheta' - \varrho'), \\ e^2 &= \frac{\pi^2+\mu^2}{2} - \frac{\pi^2-\mu^2}{2}\cos(2n + \varrho''\cos\vartheta'' + \varrho''). \end{aligned}$$

Die *erste* dieser Formeln (8.) ist, weil man die zweite Potenz der unendlich kleinen Grösse ϱ' fortzulassen hat, auch so darstellbar:

$$o^2 = \frac{\pi^2 + \mu^2}{2} - \frac{\pi^2 - \mu^2}{2}[\cos 2n - (\varrho' \cos\vartheta' - \varrho')\sin 2n].$$

Substituirt man hier für $\cos 2n$ seinen [aus Seite 469 (22.)] entspringenden Werth:

$$\cos 2n = \cos^2 n - \sin^2 n = \frac{\pi^2 + \mu^2 - 2\nu^2}{\pi^2 - \mu^2},$$

so erhält man:

$$o^2 = \frac{\pi^2 + \mu^2}{2} - \frac{\pi^2 + \mu^2 - 2\nu^2}{2} + \frac{\pi^2 - \mu^2}{2}\sin 2n(\varrho' \cos\vartheta' - \varrho'),$$

oder was dasselbe ist:

$$o^2 = \nu^2\left[1 + \frac{(\pi^2 - \mu^2)\sin 2n}{2\nu^2}(\varrho' \cos\vartheta' - \varrho')\right].$$

In analoger Weise lässt sich die *zweite* der Formeln (8.) behandeln. Zieht man noch die Quadratwurzeln, so erhält man schliesslich, unter Fortlassung unendlich kleiner Grössen zweiter Ordnung:

$$(9.)\qquad \begin{aligned} o &= \nu[1 + \varkappa(\varrho' \cos\vartheta' - \varrho')], \\ e &= \nu[1 + \varkappa(\varrho'' \cos\vartheta'' + \varrho'')], \qquad \text{wo} \qquad \varkappa = \frac{(\pi^2 - \mu^2)\sin 2n}{4\nu^2}. \end{aligned}$$

Ferner ergiebt sich aus der zweiten Colonne der Formeln (6.), [wiederum unter Fortlassung unendlich kleiner Grössen zweiter Ordnung]:

$$(10.)\qquad \begin{aligned} \sin(NS) &= \sin(\varphi + \varrho\cos\vartheta) = \sin\varphi + \varrho\cos\vartheta\cos\varphi, \\ \sin(NO) &= \sin(\varphi' + \varrho'\cos\vartheta') = \sin\varphi' + \varrho'\cos\vartheta'\cos\varphi', \\ \sin(NE) &= \sin(\varphi' + \varrho''\cos\vartheta'') = \sin\varphi' + \varrho''\cos\vartheta''\cos\varphi'. \end{aligned}$$

Dies vorausgeschickt, kehren wir jetzt zurück zu den eigentlich zu behandelnden Formeln (5.). Jene Formeln (5.) führen, in Verbindung mit der letzten Colonne der Relationen (6.), zu folgenden Gleichungen:

$$(11.)\qquad \frac{\sin(NS)}{1} = \frac{\sin(NO)}{o} = \frac{\sin(NE)}{e},$$

$$(12.)\qquad \tau = \frac{\varrho\sin\vartheta}{\sin(NS)} = \frac{\varrho'\sin\vartheta'}{\sin(NO)} = \frac{\varrho''\sin\vartheta''}{\sin(NE)};$$

hieraus folgt durch Substitution der Werthe (9.), (10.) sofort:

$$(13.)\qquad \frac{\sin\varphi + \varrho\cos\vartheta\cos\varphi}{1} = \frac{\sin\varphi' + \varrho'\cos\vartheta'\cos\varphi'}{\nu[1 + \varkappa(\varrho'\cos\vartheta' - \varrho')]} = \frac{\sin\varphi' + \varrho''\cos\vartheta''\cos\varphi'}{\nu[1 + \varkappa(\varrho''\cos\vartheta'' + \varrho'')]},$$

$$(14.)\qquad \frac{\varrho\sin\vartheta}{\sin\varphi + \varrho\cos\vartheta\cos\varphi} = \frac{\varrho'\sin\vartheta'}{\sin\varphi' + \varrho'\cos\vartheta'\cos\varphi'} = \frac{\varrho''\sin\vartheta''}{\sin\varphi' + \varrho''\cos\vartheta''\cos\varphi'}.$$

Nun ist aber nach (4.):

$$\frac{\sin\varphi}{1} = \frac{\sin\varphi'}{\nu} = \frac{\sin\varphi'}{\nu}.$$

Subtrahiert man dies von der Formel (13.), so gewinnen die Formeln (13.), (14.), [unter Fortlassung unendlich kleiner Glieder zweiter Ordnung], folgende Gestalt:

$$(15.)\quad \varrho\left(\frac{\cos\vartheta\cos\varphi}{1}\right) = \varrho'\left(\frac{\cos\vartheta'\cos\varphi' - \varkappa(\cos\vartheta' - 1)\sin\varphi'}{\nu}\right) = \varrho''\left(\frac{\cos\vartheta''\cos\varphi' - \varkappa(\cos\vartheta'' + 1)\sin\varphi'}{\nu}\right).$$

$$(16.)\quad \varrho\left(\frac{\sin\vartheta}{\sin\varphi}\right) = \varrho'\left(\frac{\sin\vartheta'}{\sin\varphi'}\right) = \varrho''\left(\frac{\sin\vartheta''}{\sin\varphi'}\right).$$

Diese Formeln (15.), (16.) *repräsentiren im Ganzen* v i e r *Gleichungen, mittelst deren man die vier Grössen* ϱ', ϑ', ϱ'', ϑ'' *als Functionen von* ϱ, ϑ *auszudrücken vermag. Ertheilt man also dem Punkte* $S(\varrho, \vartheta)$ *auf der Kugelfläche eine beliebige Bewegung, bei welcher er dem festen Punkte* Σ *fortdauernd unendlich nahe bleibt, so wird man, auf Grund dieser Formeln* (15.), (16.), *die gleichzeitigen Bewegungen der Punkte* $O(\varrho', \vartheta')$ *und* $E(\varrho'', \vartheta'')$ *zu bestimmen im Stande sein. Lässt man z. B. den Punkt* S *um den festen Punkt* Σ *einen unendlich kleinen* K r e i s *beschreiben, so werden gleichzeitig* O *und* E *um den festen Punkt* A *in gewissen* C u r v e n *herumlaufen; und diese Curven sind näher bestimmbar mittelst der Formeln* (15.), (16.).

Wir wollen nun aber hier die Formeln (15.), (16.) nur insoweit behandeln, als solches für unsere eigentlichen Zwecke erforderlich ist. Demgemäss bemerken wir, dass aus jenen Formeln durch Division folgt:

$$\frac{\cos\vartheta'\cos\varphi' - \varkappa(\cos\vartheta' - 1)\sin\varphi'}{\sin\vartheta'} = \frac{\cos\vartheta''\cos\varphi' - \varkappa(\cos\vartheta'' + 1)\sin\varphi'}{\sin\vartheta''};$$

hieraus folgt durch Fortschaffung der Nenner:

$$\sin(\vartheta'' - \vartheta')\cos\varphi' - \varkappa[\sin(\vartheta'' - \vartheta') - (\sin\vartheta'' + \sin\vartheta')]\sin\varphi' = 0,$$

oder was dasselbe ist:

$$(17.)\quad \sin(\vartheta'' - \vartheta')[\cos\varphi' - \varkappa\sin\varphi'] + \varkappa(\sin\vartheta'' + \sin\vartheta')\sin\varphi' = 0.$$

Setzt man also zur Abkürzung:

$$(18.)\quad \mathfrak{A} = \cos\varphi' - \varkappa\sin\varphi' \qquad \text{und} \qquad \mathfrak{B} = \varkappa\sin\varphi',$$

so erhält man aus (17.): $\mathfrak{A}\sin(\vartheta'' - \vartheta') + \mathfrak{B}(\sin\vartheta'' + \sin\vartheta') = 0$, oder, was dasselbe:

$$(19.)\quad \mathfrak{A}\sin(\vartheta' - \vartheta'') = \mathfrak{B}(\sin\vartheta' + \sin\vartheta'').$$

Diese Relation zwischen ϑ' und ϑ'' kann man offenbar auch so schreiben:

$$2\mathfrak{A}\sin\frac{\vartheta' - \vartheta''}{2}\cos\frac{\vartheta' - \vartheta''}{2} = 2\mathfrak{B}\sin\frac{\vartheta' + \vartheta''}{2}\cos\frac{\vartheta' - \vartheta''}{2}.$$

Hieraus folgt:

$$(20.)\quad \mathfrak{A}\sin\frac{\vartheta' - \vartheta''}{2} = \mathfrak{B}\sin\frac{\vartheta' + \vartheta''}{2},$$

oder was dasselbe ist:

$$(\mathfrak{A} - \mathfrak{B})\sin\frac{\vartheta'}{2}\cos\frac{\vartheta''}{2} = (\mathfrak{A} + \mathfrak{B})\cos\frac{\vartheta'}{2}\sin\frac{\vartheta''}{2},$$

oder, falls man die Cosinus durch Division fortschafft:

$$(21.)\quad (\mathfrak{A} - \mathfrak{B})\operatorname{tg}\frac{\vartheta'}{2} = (\mathfrak{A} + \mathfrak{B})\operatorname{tg}\frac{\vartheta''}{2}.$$

Hierfür endlich kann man schreiben:

(22.) $$(\mathfrak{A} - \mathfrak{B}) \operatorname{tg} \omega' = (\mathfrak{A} + \mathfrak{B}) \operatorname{tg} \omega'',$$

wo alsdann ω', ω'' die Hälfte der Winkel ϑ', ϑ'' repräsentiren:

(23.) $$\omega' = \frac{\vartheta'}{2} \quad \text{und} \quad \omega'' = \frac{\vartheta''}{2}.$$

Die zwischen ϑ' und ϑ'' stattfindende Relation haben wir also hier in *vier* verschiedenen Gestalten vor uns, in (19.), (20.), (21.) und (22.).

Die Constante $\mathfrak{B}$ (18.) ist proportional mit $\varkappa$, also nach (9.) proportional mit der kleinen Grösse $(\pi^2 - \mu^2)$; und die Formeln (19.), (20.) zeigen also, dass die Differenz $(\vartheta' - \vartheta'')$ ebenfalls von der Ordnung $(\pi^2 - \mu^2)$ ist. Diese Differenz $(\vartheta' - \vartheta'')$ repräsentirt aber den Winkel OAE; *und wir sehen somit, dass dieser Winkel OAE von der Ordnung $(\pi^2 - \mu^2)$ ist.*

Ueber die den betrachteten Wellen zugehörigen Strahlen. — Wir wollen in der Fig. 13 Seite 494 unsern Blick richten auf den Punkt O und den Winkel $A'OA$. Die Halbirungslinie dieses Winkels ist dort mit OO', und die Halbirungslinie des supplementaren Winkels mit Oo bezeichnet. Die *erstere*, OO', repräsentirt bekanntlich die in der Welle O vorhandene Bewegungsrichtung D'; und was die *letztere*, nämlich die Linie Oo, betrifft, so repräsentirt bekanntlich der Punkt o den der Welle O zugehörigen Strahl; es ist mithin Oo der von *Neumann* mit q' bezeichnete Bogen oder Winkel.

Nun ist bei unsern gegenwärtigen Betrachtungen der Punkt O *unendlich nahe* dem festen Punkte A. Folglich ist die Linie OA' als *parallel* anzusehen mit der festen Linie AS'' oder $A\Sigma$*). Oder besser ausgedrückt: Das dem Punkte O sich anlehnende *Element* der einen Linie ist als parallel anzusehen mit dem bei A befindlichem *Element* der andern Linie. Man kann daher, weil der Abstand AO unendlich klein sein soll, den Punkt O als identisch mit A, und die Halbirungslinie OO' des Winkels $A'OA$ als identisch mit derjenigen Linie ansehen, durch welche der Winkel $\vartheta' = \Sigma AO$ halbirt wird. Und man kann also sagen, die in der Welle O vorhandene Bewegungsrichtung D' sei dargestellt durch die Halbirungslinie dieses Winkels $\vartheta' = \Sigma AO$.

Hieraus erkennt man leicht, dass die Richtung D', oder vielmehr die zu D' entgegengesetzte Richtung unter dem Winkel $\frac{\vartheta'}{2}$ gegen die feste Linie $A\Sigma$ geneigt ist. Dem entspricht die folgende Fig. 22, in welcher der in Rede stehende Neigungswinkel $\frac{\vartheta'}{2}$, ebenso wie in (23.) festgesetzt wurde, kurzweg mit ω' bezeichnet ist. Gleichzeitig wird offenbar die Halbirungslinie Oo des zu $A'OA$ supplementaren Winkels in der Fig. 22 dargestellt sein durch einen grössten Kreisbogen Ao, der im Punkte A senkrecht steht gegen D'.

In analoger Weise übertragen sich nun auch die in Fig. 13 Seite 494 der *ungewöhnlichen* Welle E zugehörigen Linien mit Leichtigkeit auf die den gegenwärtigen Betrachtungen entsprechende Fig. 22. Man gelangt dabei zu dem Resultat, dass die in

*) Es ist [vgl. die Note auf Seite 557] daran zu erinnern, dass der in Fig. 13 Seite 494 markirte Punkt S'' bei unsern gegenwärtigen Betrachtungen stets mit Σ bezeichnet wird.

jener Fig. 13 vorhandene Linie Ee im gegenwärtigen Fall, also in der Fig. 22 dargestellt ist durch eine Linie Ae, die gegen die feste Linie $A\Sigma$ unter dem Winkel $\omega'' = \frac{\vartheta''}{2}$ geneigt ist, und dass ferner die in der Welle E vorhandene Bewegungsrichtung D'' in Fig. 22 dargestellt ist durch die daselbst gegen Ae senkrechte Linie D''.

Die Punkte O, E liegen dem festen Punkte A unendlich nahe, und können also, wie solches in Fig. 22 geschehen ist, als mit A zusammenfallend angesehen werden. Gilt Gleiches vielleicht auch von den Punkten o, e? Um auf diese Frage näher einzugehen, sind die Werthe der beiden Winkel:

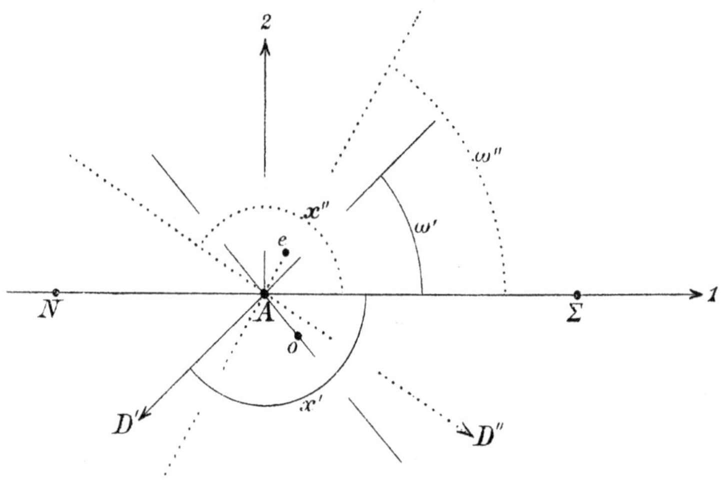

Fig. 22.
Diese Fig. 22 lehnt sich der früheren Fig. 13 Seite 494 an. Der dortige Punkt S'' ist hier in Fig. 22 mit Σ bezeichnet. Und zwar soll hier der Punkt Σ (ebenso wie damals der Punkt S'') einen einfallenden Strahl repräsentiren, der (durch seine Brechung) im Innern des Krystalls zwei miteinander zusammenfallende Wellen erzeugt, deren gemeinschaftliche Normale durch die optische Axe A dargestellt ist. Was diese beiden Wellen anbelangt, so sind in der vorstehenden Fig. 22 die der *gewöhnlichen* Welle zugehörigen Linien *ausgezogen*, hingegen die der *ungewöhnlichen* Welle zugehörigen Linien nur *punktirt* angegeben.

$$(24.)\qquad q' = (Ao), \qquad q'' = (Ae)$$

zu untersuchen. Und zwar werden die Werthe dieser Winkel zu bestimmen sein mittelst der Formeln (2.), (5) Seite 476, und mittelst der Formeln (34.), (35.) Seite 475. Denkt man sich die Punkte O, E einstweilen noch *nicht* in A hineingefallen, wohl aber dem Punkte A bereits *unendlich nahe*, so ergiebt sich aus jenen Formeln:

$$(25.)\qquad \begin{aligned} \operatorname{tg} q' &= \frac{1}{o^2 O} = \left(\frac{\pi^2-\mu^2}{2o^2}\right) \sin[(OA') - (OA)] \sin\frac{A'OA}{2}, \\ \operatorname{tg} q'' &= \frac{1}{e^2 E} = \left(\frac{\pi^2-\mu^2}{2e^2}\right) \sin[(EA') + (EA)] \cos\frac{A'EA}{2}. \end{aligned}$$

Die hier in den Nennern auftretenden Grössen o, e sind die den Normalen O, E entsprechenden Fortpflanzungsgeschwindigkeiten, und besitzen also die vorhin, in (9.), angegebenen Werthe. Es sind also diese o, e, wie man aus (9.) ersieht, nur unendlich wenig von ν verschieden*). Demgemäss darf man in den Formeln (25.) die Grössen o, e geradezu durch ν ersetzen; wodurch sich ergiebt:

$$(26.)\qquad \begin{aligned} \operatorname{tg} q' &= \left(\frac{\pi^2-\mu^2}{2\nu^2}\right) \sin[(OA') - (OA)] \sin\frac{A'OA}{2}, \\ \operatorname{tg} q'' &= \left(\frac{\pi^2-\mu^2}{2\nu^2}\right) \sin[(EA') + (EA)] \cos\frac{A'EA}{2}. \end{aligned}$$

*) Denn die in (9.) enthaltenen ϱ', ϱ'' sind unendlich klein zu denken.

Nun liegt O unendlich nahe an A, und es sind daher (wie schon vorhin, Seite 561, bemerkt wurde) die ersten Elemente der Linien OA' und $A\Sigma$ als einander parallel anzusehen. Folglich sind die Winkel $A'OA$ und $OA\Sigma = \vartheta'$ einander *gleich*. Und ebenso werden offenbar auch die Winkel $A'EA$ und $EA\Sigma = \vartheta''$ einander *gleich* sein. Beachtet man dies, und beachtet man ausserdem die Formeln (6a.), so gehen die Gleichungen (26.), [bei Fortlassung unendlich kleiner Grössen] über in:

$$\text{(27.)}\qquad \begin{aligned} \operatorname{tg} q' &= \left(\frac{\pi^2 - \mu^2}{2\nu^2}\right) \sin 2n \sin\frac{\vartheta'}{2}\,, \\ \operatorname{tg} q'' &= \left(\frac{\pi^2 - \mu^2}{2\nu^2}\right) \sin 2n \cos\frac{\vartheta''}{2}\,; \end{aligned}$$

wofür man, mit Hinblick auf (23.) und unter Benutzung der bei (9.) eingeführten Grösse $\varkappa$, auch schreiben kann:

$$\text{(28.)}\qquad \operatorname{tg} q' = 2\varkappa \sin\omega' \qquad \text{und} \qquad \operatorname{tg} q'' = 2\varkappa \cos\omega''.$$

Hieraus aber ersieht man, dass die Winkel q' und q'' ganz bestimmte *endliche* Werthe haben. *Die in Fig.* 22 *Seite* 562 *markirten Punkte o und e werden daher dem festen Punkte A nicht unendlich nahe liegen, sondern von diesem durch bestimmte endliche Entfernungen getrennt sein.*

In Fig. 22 Seite 562 ist die Linie $A\Sigma$, ihrer Richtung nach, mit $A1$, und eine auf ihr senkrechte Linie mit $A2$ bezeichnet. Und die dortigen Azimuthe ω', ω'' sind gerechnet im Sinne einer von $A1$ nach $A2$ gehenden Drehung. In *demselben* Sinne gerechnet, mögen nun die Azimuthe der dortigen kleinen Linien $q' = (Ao)$ und $q'' = (Ae)$ respective mit w' und w'' bezeichnet werden. Alsdann ist offenbar:

$$\text{(29.)}\qquad \mathrm{w}' = \omega' - 90^0 \qquad \text{und} \qquad \mathrm{w}'' = \omega'';$$

wodurch die Formeln (28.) übergehen in:

$$\text{(30.)}\qquad \operatorname{tg} q' = 2\varkappa \cos\mathrm{w}' \qquad \text{und} \qquad \operatorname{tg} q'' = 2\varkappa \cos\mathrm{w}'';$$

diese beiden Formeln (30.) aber können zusammengefasst werden in folgende *eine* Formel:

$$\text{(31.)}\qquad \operatorname{tg} q = 2\varkappa \cos\mathrm{w};$$

sodass man also zu folgendem Satz gelangt:

Die Normale N der brechenden Fläche liege, ebenso wie in Fig. 13 *Seite* 494, *zwischen A' und A, d. i. im spitzen Winkel der optischen Axen. Ferner mag in der Ebene der optischen Axen ein einfallender Strahl Σ gedacht werden von solcher Lage, dass (durch seine Brechung) im Innern des Krystalls zwei miteinander zusammenfallende Wellen erzeugt werden, deren gemeinschaftliche Normale durch die optische Axe A repräsentirt ist*). Der Einfalls- und Brechungswinkel seien bezeichnet mit φ und φ':*

$$\text{(32.)}\qquad (N\Sigma) = \varphi, \qquad (NA) = \varphi'.$$

Auch mag unter ϰ [vgl. (9.)] folgende Constante verstanden sein:

$$\text{(33.)}\qquad \varkappa = \frac{(\pi^2 - \mu^2)\sin 2n}{4\nu^2}\,,$$

wo 2n den Bogen (AA'), d. i. den spitzen Winkel der optischen Axen repräsentiren soll.

*) Vgl. die Note Seite 557.

Man denke sich nun unendlich viele einfallende Strahlen S, die aber alle von jenem festen Strahl Σ nur unendlich wenig abweichen sollen, und bezeichne die von all' diesen Strahlen S im Innern des Krystalls hervorgebrachten, theils gewöhnlichen, theils ungewöhnlichen Wellen promiscue mit $n[r]$, der Art, dass n die Normale einer solchen Welle, und r der ihr zugehörige Strahl sein soll. Alsdann werden diese Normalen n sammt und sonders nur unendlich wenig von der Richtung der optischen Axe A abweichen; sodass man also, falls es beliebt, die Normalen n und die Wellen $n[r]$ respective mit A und $A[r]$ bezeichnen darf.

Bei jeder solchen Welle $A[r]$ ist nun ein gewisser Winkel q vorhanden zwischen A und r. Und für diesen Winkel q gilt die Formel (31.):

(34.) $$\operatorname{tg} q = \operatorname{tg}(Ar) = 2\varkappa \cos \mathrm{w},$$

wo w *das Azimuth der Ebene des Winkels q gegen die Einfallsebene $A'A\Sigma$ vorstellt, während $\varkappa$ die Constante* (33.) *bezeichnet. Dabei ist das Azimuth* w *gerechnet in demselben Sinne, in welchem in Fig. 22 Seite 562 die Azimuthe ω' und ω'' gerechnet sind.*

Im Vorübergehen sei noch bemerkt, dass die in Fig. 13 Seite 494 von *Neumann* mit x' und x'' bezeichneten Winkel in dem hier von uns betrachteten speciellen Falle in diejenigen Winkel sich verwandeln, welche in Fig. 22 Seite 562 mit ebendenselben Buchstaben x', x'' bezeichnet sind. Diese Fig. 22 zeigt zugleich, dass zwischen den Winkeln x', x'' und ω', ω'' folgende Beziehungen stattfinden:

(35.) $$x' = 180^0 - \omega' \qquad \text{und} \qquad x'' = 90^0 + \omega''.$$

Es ist also $x' + x'' = 270^0 + (\omega'' - \omega')$. Im Original steht hierfür [vgl. Seite 495 (α.)] die Formel $x' + x'' = 270^0$; dort wird nämlich $\vartheta' = \vartheta''$, mithin auch $\omega' = \omega''$ gesetzt; was nur *näherungsweise* richtig ist.

Ueber die in den betrachteten Wellen vorhandenen Bewegungen. — Wir halten fest an den bisherigen Vorstellungen, und bemerken zuvörderst, dass jeder der von uns mit S bezeichneten Strahlen nicht nur zwei *gebrochene* Wellen O und E, sondern gleichzeitig auch eine gewisse reflectirte Welle erzeugt. Auf diese Processe der Brechung und Reflexion wollen wir die allgemeinen Formeln Seite 487 in Anwendung bringen.

Setzt man, was jenen Strahl S betrifft,

(α.) $$(NS) = \varphi, \qquad \text{ferner} \qquad (NO) = \varphi' \qquad \text{und} \qquad (NE) = \varphi'',$$

so wird, weil die drei Punkte A, O, E unendlich nahe an einander liegen, die Differenz $\varphi' - \varphi''$ *unendlich klein* sein; sodass man also setzen darf:

(β.) $$\varphi' = \varphi''.$$

Auch werden diese Winkel (α.), (β.), bis auf unendlich kleine Grössen, gleich gross sein mit jenen Winkeln

(γ.) $$(N\Sigma) = \varphi \qquad \text{und} \qquad (NA) = \varphi',$$

von denen in (32.) die Rede war. Auch wird, wie schon früher [zwischen (25.) und (26.)] bemerkt wurde, zu setzen sein:

(δ.) $$o = e = \nu.$$

Und endlich ist nach (28.) und (35.):

(ε.) $$\begin{cases} \operatorname{tg} q' = 2\varkappa \sin \omega' & \text{und} \qquad \operatorname{tg} q'' = 2\varkappa \cos \omega'', \\ x' = 180^0 - \omega' & \text{und} \qquad x'' = 90^0 + \omega''. \end{cases}$$

Jene allgemeinen Formeln Seite 487 (1.), (2.) etc. führen nun, mit Rücksicht auf diese Bemerkungen (α.), (β.), (γ.), (δ.), (ε.), zu folgenden Gleichungen:

$$(36.)\qquad \begin{cases} R_p = pP + s'S, \\ R_s = p'P + sS, \end{cases}$$

$$(37.)\qquad \begin{cases} \mathsf{N}p = -\sin\sigma\cos(\omega' - \omega'')\cdot(\sin\delta\cos\sigma + 2\varkappa\sin^2\varphi'), \\ \mathsf{N}s = +\sin\delta\cos(\omega' - \omega'')\cdot(\sin\sigma\cos\delta - 2\varkappa\sin^2\varphi'), \end{cases}\qquad \begin{cases} \mathsf{N}p' = 0, \\ \mathsf{N}s' = 0, \end{cases}$$

wo

$$(38.)\qquad \mathsf{N} = -\sin\sigma\cos(\omega' - \omega'')\cdot(\sin\sigma\cos\delta - 2\varkappa\sin^2\varphi'),$$

und ferner auch zu folgenden Gleichungen:

$$(39.)\qquad \begin{cases} \mathsf{N}D' = -\sin 2\varphi[P\sin\sigma\sin\omega'' + S(\sin\sigma\cos\delta - 2\varkappa\sin^2\varphi')\cos\omega''], \\ \mathsf{N}D'' = -\sin 2\varphi[P\sin\sigma\cos\omega' - S(\sin\sigma\cos\delta - 2\varkappa\sin^2\varphi')\sin\omega']. \end{cases}$$

Hier soll überall $\sigma = \varphi + \varphi'$ und $\delta = \varphi - \varphi'$ sein.

In diesen Gleichungen (36.), (37.), (38.), (39.) sind unter P, S die Componenten des einfallenden Strahls S zu verstehen; und dieselben Bedeutungen haben R_p, R_s für den reflectirten Strahl, d. i. für die reflectirte Welle. Endlich sind unter D' und D'' die Geschwindigkeiten zu verstehen in den beiden gebrochenen Wellen O und E.

Was diese Wellen O und E anbelangt, so ergiebt sich aus (38.), (39.) durch Division:

$$(40.)\qquad D' = \frac{G\sin\omega'' + H\cos\omega''}{\cos(\omega' - \omega'')} \quad\text{und}\quad D'' = \frac{G\cos\omega' - H\sin\omega'}{\cos(\omega' - \omega'')},$$

wo alsdann G, H die Bedeutungen haben:

$$(41.)\qquad G = \frac{P\sin 2\varphi}{\sin\sigma\cos\delta - 2\varkappa\sin^2\varphi'} \quad\text{und}\quad H = \frac{S\sin 2\varphi}{\sin\sigma}.$$

Die Formeln (40.) sind in folgende Gestalt versetzbar:

$$(42.)\qquad D' = \frac{G\sin\omega'' + H\cos\omega''}{\sin\omega'\sin\omega'' + \cos\omega'\cos\omega''},\qquad D'' = \frac{G\cos\omega' - H\sin\omega'}{\cos\omega''\cos\omega' + \sin\omega''\sin\omega'}.$$

Sie können daher, mit Hinblick auf die aus (22.) entspringenden Proportionen:

$$\sin\omega'' : \cos\omega'' = (\mathfrak{A} - \mathfrak{B})\sin\omega' : (\mathfrak{A} + \mathfrak{B})\cos\omega'$$

und

$$\cos\omega' : \sin\omega' = (\mathfrak{A} - \mathfrak{B})\cos\omega'' : (\mathfrak{A} + \mathfrak{B})\sin\omega'',$$

auch so geschrieben werden:

$$(43.)\quad D' = \frac{G(\mathfrak{A} - \mathfrak{B})\sin\omega' + H(\mathfrak{A} + \mathfrak{B})\cos\omega'}{(\mathfrak{A} - \mathfrak{B})\sin^2\omega' + (\mathfrak{A} + \mathfrak{B})\cos^2\omega'},\qquad D'' = \frac{G(\mathfrak{A} - \mathfrak{B})\cos\omega'' - H(\mathfrak{A} + \mathfrak{B})\sin\omega''}{(\mathfrak{A} - \mathfrak{B})\cos^2\omega'' + (\mathfrak{A} + \mathfrak{B})\sin^2\omega''}.$$

Führt man jetzt, statt ω', ω'', die in (29.) angegebenen Azimuthe w', w'' ein:

$$(44.)\qquad \mathrm{w}' = \omega' - 90^0 \quad\text{und}\quad \mathrm{w}'' = \omega'',$$

so gehen die Formeln (43.) über in:

$$(45.)\quad D' = \frac{G(\mathfrak{A} - \mathfrak{B})\cos\mathrm{w}' - H(\mathfrak{A} + \mathfrak{B})\sin\mathrm{w}'}{(\mathfrak{A} - \mathfrak{B})\cos^2\mathrm{w}' + (\mathfrak{A} + \mathfrak{B})\sin^2\mathrm{w}'},\qquad D'' = \frac{G(\mathfrak{A} - \mathfrak{B})\cos\mathrm{w}'' - H(\mathfrak{A} + \mathfrak{B})\sin\mathrm{w}''}{(\mathfrak{A} - \mathfrak{B})\cos^2\mathrm{w}'' + (\mathfrak{A} + \mathfrak{B})\sin^2\mathrm{w}''};$$

und diese beiden Formeln (45.) sind ersetzbar durch die *eine* Formel:

$$D = \frac{G(\mathfrak{A} - \mathfrak{B}) \cos \mathrm{w} - H(\mathfrak{A} + \mathfrak{B}) \sin \mathrm{w}}{(\mathfrak{A} - \mathfrak{B}) \cos^2 \mathrm{w} + (\mathfrak{A} + \mathfrak{B}) \sin^2 \mathrm{w}}\,; \tag{46.}$$

sodass also der Satz Seite 563 (32.), (33.), (34.) folgendermaassen zu vervollständigen ist:

Es sei ebenso wie bisher [*vgl.* (32.)]:

$$(N\Sigma) = \varphi \qquad \text{und} \qquad (NA) = \varphi'\,: \tag{47.}$$

auch mag, ebenso wie bisher, unter S irgend ein einfallender Strahl verstanden werden, der, seiner Richtung nach, nur unendlich wenig von Σ abweicht. Die Componenten dieses einfallenden Strahles S seien bezeichnet mit P und S.

Dieser einfallende Strahl S wird nun (durch seine Brechung) im Innern des Krystalls zwei Wellen A[o] und A[e] erzeugen, von denen eine — gleichgültig welche — mit A[r] bezeichnet werden mag. Alsdann werden für den Winkel $q = (Ar)$ *und für die in der Welle A[r] vorhandene Geschwindigkeit D folgende Formeln gelten:*

$$\operatorname{tg} q = \operatorname{tg}(Ar) = 2\varkappa \cos \mathrm{w}\,, \qquad [vgl.\ (34.)], \tag{48.}$$

und

$$D = \frac{G(\mathfrak{A} - \mathfrak{B}) \cos \mathrm{w} - H(\mathfrak{A} + \mathfrak{B}) \sin \mathrm{w}}{(\mathfrak{A} - \mathfrak{B}) \cos^2 \mathrm{w} + (\mathfrak{A} + \mathfrak{B}) \sin^2 \mathrm{w}}\,, \qquad [vgl.\ (46.)]; \tag{49.}$$

hier ist w *das Azimuth der Ebene des Winkels q gegen die Einfallsebene* $A\Sigma$; *während* $\varkappa$, $\mathfrak{A}$, $\mathfrak{B}$ *und G, H die in* (33.), (18.) *und in* (41.) *angegebenen Bedeutungen haben. Es ist also*:

$$\varkappa = \frac{(\pi^2 - \mu^2) \sin 2n}{4\nu^2}\,, \qquad \begin{cases} \mathfrak{A} = \cos \varphi' - \varkappa \sin \varphi'\,, \\ \mathfrak{B} = \varkappa \sin \varphi'\,, \end{cases} \qquad \begin{cases} G = \dfrac{P \sin 2\varphi}{\sin \sigma \cos \delta - 2\varkappa \sin^2 \varphi'}\,, \\ H = \dfrac{S \sin 2\varphi}{\sin \sigma}\,, \end{cases} \tag{50.}$$

wo $\sigma = \varphi + \varphi'$ *und* $\delta = \varphi - \varphi'$ *sein soll.*

Zu bemerken ist noch, dass die Geschwindigkeit D s e n k r e c h t *steht gegen die Ebene des Winkels* $q = (Ar)$; *wie man solches sofort erkennt, wenn man nur beachtet, dass in der Fig.* 22 *Seite* 562 *die Richtung D′ senkrecht gegen Ao, und ebenso die Richtung D″ senkrecht gegen Ae liegt.*

Vergleicht man die Formel (48.) mit der entsprechenden Formel des Originals, nämlich mit (3.) Seite 498, so findet man volle Uebereinstimmung; nur ist das Azimuth w dort mit ω bezeichnet. Hingegen ist die hier erhaltene Formel (49.) verschieden von der *Neumann*'schen Formel (4.) Seite 498; diese Verschiedenheit aber wird, wie man leicht erkennt, aufhören, wenn man $\pi^2 - \mu^2$ vernachlässigt, d. h., wenn man $(\pi^2 - \mu^2)$, mithin auch $\varkappa$ und $\mathfrak{B}$ als Null betrachtet; das dortige Q ist $= 2D$.

Der einfallende Strahl wird ersetzt durch einen einfallenden unendlich dünnen Strahlenkegel. — Wir denken uns auf der Kugelfläche um den Punkt Σ eine unendlich kleine Fläche f beschrieben, z. B. eine unendlich kleine Kreisfläche oder Ellipsenfläche oder auch eine unendlich kleine von zwei concentrischen Kreisen begrenzte ringförmige Fläche. Dabei mag dahingestellt bleiben, ob der Punkt Σ im Mittelpunkt der Fläche f sich befindet oder nicht; ja es mag sogar dahingestellt bleiben, ob die Fläche f überhaupt einen Mittelpunkt besitzt. — Die unendlich kleine Fläche f zerlegen wir in unendlich kleine Elemente zweiter Ordnung, die wir mit df bezeichnen.

Es mögen nun unendlich viele Strahlen einfallen, die gleichmässig über die Fläche f

vertheilt sind; sodass also in Wirklichkeit ein unendlich dünner *Strahlenkegel* auf die brechende Fläche fällt. Die Componenten dieses *ganzen* Strahlenkegels seien P und S; sodass also die Componenten des dem Flächen*elemente* df entsprechenden Elementarkegels sein werden:

(51.) $$P\frac{df}{f} \quad \text{und} \quad S\frac{df}{f}.$$

Wir betrachten zuvörderst diesen Elementarkegel (51.) für sich allein, indem wir die durch ihn (d. i. durch seine Brechung) im Innern des Krystalls erzeugten Wellen mit $A[o]$ und $A[e]$ bezeichnen. Sind D' und D'' die in diesen beiden Wellen vorhandenen Geschwindigkeiten, und führt man, mit Bezug auf diese Geschwindigkeiten D', D'', die Winkel ω', ω'' in demselben Sinne ein, wie in Fig. 22 Seite 562, so wird man alsdann die früheren Formeln (38.), (39.) ohne Weiteres anwenden können, falls man nur die in ihnen enthaltenen P und S durch die in (51.) angegebenen Producte ersetzt. In solcher Weise ergeben sich aus jenen Formeln (38.), (39.), und zwar durch Division derselben, zwei Gleichungen von folgender Gestalt:

(52.) $$D' = \frac{G\sin\omega'' + H\cos\omega''}{\cos(\omega' - \omega'')}\frac{df}{f} \quad \text{und} \quad D'' = \frac{G\cos\omega' - H\sin\omega'}{\cos(\omega' - \omega'')}\frac{df}{f},$$

in denen G und H [genau ebenso wie in (41.)] die Bedeutungen haben:

(53.) $$G = \frac{P\sin 2\varphi}{\sin\delta\cos\sigma - 2\varkappa\sin^2\varphi'}, \qquad H = \frac{S\sin 2\varphi}{\sin\sigma}.$$

Wir zerlegen nun D' und D'' in rechtwinklige Componenten nach den in Fig. 22 Seite 562 angegebenen Richtungen 1 und 2, und bezeichnen diese Componenten mit D_1', D_2' und D_1'', D_2''. Alsdann ist, wie man aus jener Figur 22 leicht erkennen wird:

$$\begin{cases} D_1' = -D'\cos\omega', \\ D_2' = -D'\sin\omega', \end{cases} \qquad \begin{cases} D_1'' = +D''\sin\omega'', \\ D_2'' = -D''\cos\omega''. \end{cases}$$

Für die den Richtungen 1, 2 entsprechenden Gesamtcomponenten D_1, D_2 erhält man also:

$$\begin{cases} D_1 = D_1' + D_1'' = -D'\cos\omega' + D''\sin\omega'', \\ D_2 = D_2' + D_2'' = -D'\sin\omega' - D''\cos\omega''. \end{cases}$$

Substituirt man aber hier für D' und D'' ihre in (52.) angegebenen Werthe, so erhält man sofort:

(54.) $$\begin{cases} D_1 = -H\frac{df}{f}, \\ D_2 = -G\frac{df}{f}. \end{cases}$$

Summirt man jetzt diese Formeln (54.) über alle Elemente df der gegebenen Fläche f, so erhält man die von dem *ganzen* gegebenen Strahlenkegel herrührenden Componenten; und diese von dem *ganzen* Kegel herrührenden Componenten mögen bezeichnet werden mit $\mathfrak{D}_1$ und $\mathfrak{D}_2$. Für die einzelnen df, d. i. für die einzelnen Elementarkegel, haben aber nur ω', ω'' *verschiedene* Werthe, während φ, φ', σ, δ, $\varkappa$ und f, mithin auch G, H, beim Uebergang von einem Element df zu einem andern solchen Element df *constant* bleiben*). Somit ergiebt sich aus (54.) z. B.:

*) Denn die Fläche f ist *unendlich klein;* und es können daher die Winkel φ, φ', σ, δ bezogen gedacht werden auf den Strahl Σ.

$$\mathfrak{D}_1 = \int D_1 = -\frac{H}{f}\int df = -\frac{H}{f}f,$$

also

$$(55.)\qquad \begin{cases} \mathfrak{D}_1 = -H, & \text{und ebenso:} \\ \mathfrak{D}_2 = -G, \end{cases}$$

Substituirt man endlich hier für G und H ihre eigentlichen Bedeutungen (53.), so gelangt man zu folgendem Resultat:

Man halte fest an den Vorstellungen und Bezeichnungen der Sätze Seite 563 *und* 566, *lasse aber jetzt auf die brechende Fläche, an Stelle eines einzelnen Strahles, einen* ***unendlich dünnen Strahlenkegel*** *fallen. Die Richtung dieses Kegels mag mit Σ übereinstimmen, oder von Σ nur unendlich wenig abweichen. Durch die Brechung dieses Strahlenkegels werden im Innern des Krystalls Wellen erzeugt werden, deren Normalen alle nur unendlich wenig von der Richtung A abweichen.*

Werden nun die in all' diesen Wellen vorhandenen Geschwindigkeiten zu zwei den Richtungen 1 *und* 2 [*Fig.* 22 *Seite* 562] *entsprechenden Componenten $\mathfrak{D}_1$ und $\mathfrak{D}_2$ vereinigt, der Art, dass $\mathfrak{D}_1$ in der Einfallsebene liegt, während $\mathfrak{D}_2$ gegen diese Ebene senkrecht steht, so werden diese Componenten folgende Werthe besitzen:*

$$(56.)\qquad \begin{cases} \mathfrak{D}_1 = -\dfrac{S\sin 2\varphi}{\sin\sigma}, \\[2ex] \mathfrak{D}_2 = -\dfrac{P\sin 2\varphi}{\sin\sigma\cos\delta - 2\varkappa\sin^2\varphi'}, \end{cases}$$

wo $\sigma = \varphi + \varphi'$ und $\delta = \varphi - \varphi'$ sein soll.

Hier sind P, S die Componenten des einfallenden Strahlenkegels, während $\varkappa$ die in (50.) *angegebene Bedeutung besitzt.*

Die Formeln (56.) *sind in vollem Einklang mit den Neumann'schen Formeln Seite* 501 (14.); *nur sind die dortigen Buchstaben D_1, D_2 hier durch $\mathfrak{D}_1$, $\mathfrak{D}_2$ ersetzt.*

Für die Fläche f kann man z. B. eine kleine *Kreisfläche* nehmen, deren Centrum genau in Σ liegt. Sodann kann man, ohne die Componenten P, S des dieser Fläche f entsprechenden Strahlenkegels zu ändern, den Radius der Fläche f kleiner und kleiner machen, bis er schliesslich zu Null wird. Alsdann werden offenbar die Formeln (56.) fortdauernd in Kraft bleiben, und im letzten Augenblick auf einen *einzelnen Strahl* von der Richtung Σ sich beziehen. Sie werden also in diesem letzten Augenblick die Componenten derjenigen gebrochenen Welle vorstellen, die durch diesen einzelnen Strahl Σ erzeugt wird.

Ueber das reflectirte Licht, welches durch den betrachteten unendlich dünnen Strahlenkegel erzeugt wird. — Nach wie vor mag der gegebene Strahlenkegel in der Richtung Σ auffallen, die unendlich kleine Oeffnung f haben, und die Componenten P, S besitzen. Auch denken wir uns diesen Kegel, ebenso wie vorhin, in unendlich viele Elementarkegel zerlegt, die den einzelnen Elementen df der Fläche f entsprechen; sodass also die Componenten eines solchen Elementarkegels lauten:

$$(57.)\qquad P\frac{df}{f} \quad \text{und} \quad S\frac{df}{f}.$$

Dieser Elementarkegel (57.) wird, für sich allein betrachtet, eine gewisse reflectirte Welle erzeugen; und die beiden in dieser reflectirten Welle vorhandenen Geschwindigkeitscomponenten R_p, R_s werden sich aus den Formeln (36.), (37.), (38.) sofort ergeben, falls man nur in ihnen die Buchstaben P, S ersetzt durch $P\frac{df}{f}$ und $S\frac{df}{f}$. Demgemäss erhält man:

$$(58.)\quad \begin{cases} R_p = (pP + s'S)\frac{df}{f}, \\ R_s = (p'P + sS)\frac{df}{f}, \end{cases}$$

wo p, s, p', s' nach (37.), (38.) folgende Werthe besitzen:

$$(59.)\quad \begin{cases} p = \frac{\sin\delta\cos\sigma + 2\varkappa\sin^2\varphi'}{\sin\sigma\cos\delta - 2\varkappa\sin^2\varphi'}, \\ s = -\frac{\sin\delta}{\sin\sigma}, \end{cases} \qquad \begin{cases} p' = 0, \\ s' = 0. \end{cases}$$

Will man nun die durch den *ganzen* einfallenden Kegel erzeugte reflectirte Welle und die in derselben vorhandenen Geschwindigkeitscomponenten $\mathfrak{R}_p$, $\mathfrak{R}_s$ heben, so hat man die Formeln (58.) zu integriren über alle Elemente df der gegebenen kleinen Fläche f. So ergiebt sich:

$$(60.)\quad \begin{cases} \mathfrak{R}_p = \int R_p = \int (pP + s'S)\frac{df}{f}, \\ \mathfrak{R}_s = \int R_s = \int (p'P + sS)\frac{df}{f}. \end{cases}$$

Es beziehen sich aber φ, φ', σ, δ auf den Strahl Σ, und es haben daher p, s, p', s', ebenso wie $\varkappa$, P, S, f, für alle Elemente df der gegebenen Fläche f ein und dieselben Werthe.*) Auch ist offenbar $\int df = f$. Somit folgt aus (60.):

$$(61.)\quad \begin{cases} \mathfrak{R}_p = pP + s'S, \\ \mathfrak{R}_s = p'P + sS, \end{cases}$$

oder, falls man die Werthe (59.) substituirt:

$$(62.)\quad \begin{cases} \mathfrak{R}_p = P\frac{\sin\delta\cos\sigma + 2\varkappa\sin^2\varphi'}{\sin\sigma\cos\delta - 2\varkappa\sin^2\varphi'}, \quad \text{wo} \quad \varkappa = \frac{(\pi^2 - \mu^2)\sin 2n}{4v^2} \quad \text{[vgl. (33.) Seite 563]}, \\ \mathfrak{R}_s = -S\frac{\sin\delta}{\sin\sigma}. \end{cases}$$

Dies aber sind genau dieselben Ausdrücke, wie im Original in (9.) *Seite* 500; *denn es ist* $\sigma = \varphi + \varphi'$ *und* $\delta = \varphi - \varphi'$. *Ueberdies ist zu beachten, dass die Componenten* $\mathfrak{R}_p$, $\mathfrak{R}_s$ *dort im Original mit* R_p, R_s *benannt sind.*

Verallgemeinerung. — Bisher wurde angenommen, dass die Einfallsebene mit der Ebene der optischen Axen zusammenfällt. Es fragt sich nun, zu welchen Resultaten man gelangen wird, wenn die Einfallsebene durch die optische Axe A hindurchgeht, dabei aber gegen die Ebene AA' der optischen Axen unter irgend einem Winkel λ geneigt ist.

Wir wollen die Fig. 22 Seite 562 beibehalten, in derselben aber einen grössten Kreisbogen**):

$$(63.)\qquad A'Aa$$

*) Vgl. die Note auf Seite 567.

**) Wollte man diesen grössten Kreisbogen $A'Aa$ (63.) in jene Figur mit aufnehmen, so würde dadurch eine Ueberladung der Figur entstehen. Besser ist es, diesen Bogen $A'Aa$ nur dem Gedächtniss einzuprägen.

hinzufügen, der durch den Punkt A schräge hindurchgehen soll, etwa (um die Vorstellung zu fixiren) von links oben nach rechts unten. Dabei soll A' die andere optische Axe, uud $(A'A) < 90^0$ sein; andererseits soll a ein unbestimmter Punkt sein auf der Verlängerung des Bogens $A'A$ über A hinaus.

Ebenso wie bisher, mag nun, in Fig. 22 Seite 562, der Punkt N die Normale der brechenden Fläche repräsentiren, und der Punkt Σ so gelegen sein, dass

(64.) $$\frac{\sin(N\Sigma)}{1} = \frac{\sin(NA)}{v}$$

ist, [vgl. (2.) Seite 557]. Auch mag, ebenso wie bisher [vgl. (3.) Seite 557]

(65.) $$(N\Sigma) = \varphi \qquad \text{und} \qquad (NA) = \varphi'$$

gesetzt werden. Ueberdies mag der Winkel, unter welchem die *Einfallsebene* $A\Sigma$ gegen die *Ebene* $A'Aa$ *der optischen Axen* geneigt ist, mit λ bezeichnet werden; also

(66.) $$(aA\Sigma) = \lambda\,.$$

Nach wie vor seien $\vartheta', \vartheta'', \omega', \omega''$ die durch O, E, D', D'' sich bestimmenden Azimuthe, gerechnet von der *Einfallsebene* $A\Sigma$ aus. Alsdann werden diese Azimuthe, gerechnet von der *Ebene* $A'Aa$ *der optischen Axen* aus, folgende Werthe haben:

(67.) $$\lambda + \vartheta', \qquad \lambda + \vartheta'', \qquad \lambda + \omega', \qquad \lambda + \omega''.$$

Demgemäss werden, wie man leicht übersieht, an Stelle der früheren Relationen (23.): $\omega' = \frac{\vartheta'}{2}$ und $\omega'' = \frac{\vartheta''}{2}$, gegenwärtig folgende Relationen treten: $\lambda + \omega' = \frac{\lambda + \vartheta'}{2}$ und $\lambda + \omega'' = \frac{\lambda + \vartheta''}{2}$; wofür man offenbar auch schreiben kann:

(68.) $$\omega' = \frac{\vartheta' - \lambda}{2} \qquad \text{und} \qquad \omega'' = \frac{\vartheta'' - \lambda}{2}\,.$$

Solches festgesetzt, denke man sich jetzt einen einfallenden Strahl S, der seiner Richtung nach nur unendlich wenig von Σ *abweicht, und bezeichne die beiden Componenten dieses Strahles S mit P, S.*

Dieser Strahl S erzeugt (durch seine Brechung) im Innern des Krystalls zwei Wellen $A[o]$ *und* $A[e]$, *von denen eine — gleichgültig welche — mit* $A[r]$ *bezeichnet werden mag. Alsdann gelten für den Winkel* $q = (Ar)$ *und für die in der Welle* $A[r]$ *vorhandene Geschwindigkeit D folgende Formeln:*

(69.) $$\operatorname{tg} q = \operatorname{tg}(Ar) = 2\varkappa \cos(\mathrm{w} + \lambda),$$

und:

(70.) $$D = \frac{G(\mathfrak{A} - \mathfrak{B}) \cos\left(\mathrm{w} + \frac{\lambda}{2}\right) - H(\mathfrak{A} + \mathfrak{B}) \sin\left(\mathrm{w} + \frac{\lambda}{2}\right)}{(\mathfrak{A} - \mathfrak{B}) \cos^2\left(\mathrm{w} + \frac{\lambda}{2}\right) + (\mathfrak{A} + \mathfrak{B}) \sin^2\left(\mathrm{w} + \frac{\lambda}{2}\right)}\,.$$

Hier ist w *das Azimuth der Ebene des Winkels q, dieses gerechnet gedacht von der Einfallsebene* $A\Sigma$ *aus, und zwar in demselben Sinne, in welchem in Fig.* 22 *Seite* 562 *die Azimuthe* ω', ω'' *gerechnet sind. Ferner haben in* (69.), (70.) *die Grössen* $\varkappa$, $\mathfrak{A}$, $\mathfrak{B}$ *und G, H folgende Bedeutungen:*

(71.) $$\varkappa = \frac{(\pi^2 - \mu^2)\sin 2n}{4v^2}, \qquad \begin{cases} \mathfrak{A} = \cos\varphi' - \varkappa\cos\lambda\sin\varphi', \\ \mathfrak{B} = \varkappa\sin\varphi', \end{cases}$$

$$(72.)\quad \begin{cases} G = \left(\frac{\sin 2\varphi}{\sin \sigma}\right) \frac{P \cos \frac{\lambda}{2} \sin \sigma + S \sin \frac{\lambda}{2} [\sin \sigma \cos \delta + 2\varkappa \sin^2 \varphi']}{\sin \sigma \cos \delta - 2\varkappa \sin^2 \varphi' \cos \lambda}, \\ H = \left(\frac{\sin 2\varphi}{\sin \sigma}\right) \frac{- P \sin \frac{\lambda}{2} \sin \sigma + S \cos \frac{\lambda}{2} [\sin \sigma \cos \delta - 2\varkappa \sin^2 \varphi']}{\sin \sigma \cos \delta - 2\varkappa \sin^2 \varphi' \cos \lambda}, \end{cases}$$

wo $\sigma = \varphi + \varphi'$ *und* $\delta = \varphi - \varphi'$ *sein soll. Dabei ist hinzuzufügen, dass die Geschwindigkeit* D (70.) *senkrecht steht gegen die Ebene des Winkels* $q = (Ar)$.

Ohne auf den Beweis dieses Satzes (69.), (70.), (71.), (72.) hier näher eingehen zu wollen, sei nur bemerkt, dass man zu diesem Satze in genau derselben Weise gelangen kann, wie früher zu dem specielleren Satze Seite 566. Auch verwandelt sich der gegenwärtige Satz geradezu in jenen specielleren Satz Seite 566, sobald man $\lambda = 0$ macht.

Will man die Resultate (69.), (70.), (71.), (72.) mit den *Neumann*'schen Formeln auf Seite 502, 503 vergleichen, so hat man vor allen Dingen zu beachten, dass die dortigen *Neumann*'schen Buchstaben ω, ω' zu dem *hier* gebrauchten Buchstaben w in folgender Beziehung stehen:

$$(73.)\qquad \omega' = \omega - \lambda = \mathrm{w};$$

wie sich solches leicht ergiebt aus den Zeilen Seite 502 zwischen (15.) und (16.). Demgemäss ist die Formel (69.) in vollem Einklang mit den *Neumann*'schen Formeln (16.) Seite 502; denn man kann diese letzteren, indem man das *Neumann*'sche ω' für den gewöhnlichen und ungewöhnlichen Strahl respective mit ω_o' und ω_e' bezeichnet, auch so schreiben: $\mathrm{tg}\, q' = 2\varkappa \cos(\omega_o' + \lambda)$ und $\mathrm{tg}\, q'' = 2\varkappa \cos(\omega_e' + \lambda)$.

Hingegen ist die Formel (70.) mit der *Neumann*'schen Formel (18.) Seite 503 nur dann in Einklang, wenn man sich auf dasjenige Annäherungsgebiet beschränkt, für welches die dortigen *Neumann*'schen Untersuchungen Gültigkeit besitzen. Thut man dies, vernachlässigt man also die kleine Grösse $(\pi^2 - \mu^2)$, so hat man nach (71.) die kleinen Grössen $\varkappa$ und $\mathfrak{B}$ ebenfalls zu vernachlässigen. Alsdann aber gehen die Formeln (72.) über in:

$$(74.)\quad \begin{cases} G = \frac{\sin 2\varphi}{\sin \sigma \cos \delta} \left(P \cos \frac{\lambda}{2} + S \cos \delta \sin \frac{\lambda}{2}\right), \\ H = \frac{\sin 2\varphi}{\sin \sigma \cos \delta} \left(- P \sin \frac{\lambda}{2} + S \cos \delta \cos \frac{\lambda}{2}\right); \end{cases}$$

während gleichzeitig die Formel (70.) sich verwandelt in:

$$(75.)\qquad D = G \cos\left(\mathrm{w} + \frac{\lambda}{2}\right) - H \sin\left(\mathrm{w} + \frac{\lambda}{2}\right).$$

Substituirt man hier in (75.) die Werthe (74.), so erhält man sofort:

$$(76.)\quad D = \frac{\sin 2\varphi}{\sin \sigma \cos \delta} (P \cos \mathrm{w} - S \cos \delta \sin \mathrm{w}), \qquad \text{wo} \quad \sigma = \varphi + \varphi' \quad \text{und} \quad \delta = \varphi - \varphi'.$$

Diese Formel (76.) ist aber mit der betreffenden *Neumann*'schen Formel (18.) Seite 503 [falls man in letzterer $(\pi^2 - \mu^2)$ als *Null* betrachtet] in der That in Einklang. Denn das w in (76.) ist identisch mit dem *Neumann*'schen $(\omega - \lambda)$, [vgl. (73.)]; und das D in (76.) entspricht dem *Neumann*'schen $\frac{1}{2} Q$.

Inhaltsübersicht*).

*) Diese Inhaltsübersicht ist, was die §§ 1—24 anbelangt, eine fast wörtliche Wiederholung der schon im Original von *Neumann* selber gegebenen Uebersicht. — *C. N.*

wie der gewöhnliche des Krystalls, so ist der reflectirte Strahl unter allen Incidenzen vollständig polarisirt. Einfaches Theorem über die Lage seiner Polarisationsebene. Azimuthe der Polarisationsebene des einfallenden Lichts, bei welchen es gar nicht reflectirt wird, und bei welchen es im Maximum reflectirt wird. Wenn der Brechungscoefficient des umgebenden Mediums wenig von denen des Krystalls verschieden ist, so findet unter allen Reflexionswinkeln immer eine *nahe* vollständige Polarisation statt. Ausdrnck für die Lage der Ebene, nach welcher das Licht nahe vollständig polarisirt ist.

§ 11. (Seite 428—430.) Die Gesetze, nach welchen ein polarisirter Strahl bei seinem Eintritt in einen optisch einaxigen Krystall sich zwischen dem gewöhnlichen und ungewöhnlichen Strahl theilt. Die Azimuthe der Polarisation des eintretenden Strahls, bei welchen der gewöhnliche oder ungewöhnliche Strahl verschwindet. Die Intensität der beiden Strahlen, wenn das eintretende Licht unpolarisirt war.

§ 12. (Seite 431—439.) Austritt des Lichtes aus einem einaxigen Krystall in ein unkrystallinisches Medium. Die Grundgleichungen.

§ 13a. (Seite 440—445.) Allgemeine Ausdrücke für die Geschwindigkeiten in den im Innern reflectirten Strahlen und in den ausgetretenen Strahlen. Ihre Interpretation für den Fall der totalen Reflexion.

§ 13b. (Seite 445—449.) Die Lage der Polarisationsebene des ausgetretenen Strahles. Ausdrücke für die Intensitäten des aus einem einaxigen Medium ausgetretenen gewöhnlichen und ungewöhnlichen Strahls. Anwendung auf Prismen, deren brechende Kante parallel mit der Axe ist oder senkrecht darauf steht. Nach welchen Gesetzen durch solche Prismen das Licht eines einfallenden polarisirten Strahls zwischen dem gewöhnlichen und ungewöhnlichen Strahle vertheilt wird.

Anwendung auf den Fall des Durchgangs von polarisirtem Licht durch ein von zwei parallelen Ebenen begrenztes einaxiges Medium.

§ 14. (Seite 450—458.) Anwendung der gefundenen Ausdrücke auf den Fall, dass das krystallinische Blättchen so dünn ist, dass sich der gewöhnliche und ungewöhnliche Strahl nicht trennen. Relation zwischen Einfallswinkel, Azimuth der Einfallsebene und Azimuth der ursprünglichen Polarisation, bei welcher das durchgegangene Licht so vollständig als möglich polarisirt ist. Anwendung auf den Fall, wo die ursprüngliche Polarisationsebene parallel mit der Einfallsebene ist oder senkrecht zu ihr.

Zweiter Theil.

Optisch zweiaxige Medien.

§ 15. (Seite 458—475.) *Anwendung der in* § 2 *aufgestellten Grundsätze* auf optisch zweiaxige Medien. Vorbereitende Untersuchung. Zu einer gegebenen Wellenebene den zugehörigen Strahl zu finden, und umgekehrt, zu einem Strahle seine Wellenebene zu finden. In einem gegebenen Strahle die Richtung seiner Bewegung zu finden. Die Strahlen stehen immer senkrecht auf den Richtungen ihrer Undulationen. Ueber die *konische Refraction beim Eintritt* und über die *konische Refraction beim Austritt.*

§ 16. (Seite 475—486.) Entwicklung der Grundgleichungen über die Geschwindigkeiten in den reflectirten und gebrochenen Strahlen. Zurückführung auf Gleichungen vom ersten Grade.

Anhang.

Ueber die Prioritätsfrage zwischen Neumann und Mac Cullagh.

Zusätze der Redaction.

PHOTOMETRISCHES VERFAHREN, DIE INTENSITÄT DER ORDENTLICHEN UND AUSSERORDENTLICHEN STRAHLEN, SOWIE DIE DES REFLECTIRTEN LICHTES ZU BESTIMMEN;

BEMERKUNGEN ZU HERRN CAUCHY'S VERVIELFÄLTIGUNG DES LICHTES IN DER TOTALEN REFLEXION;

REPRODUCTION DER FRESNEL'SCHEN FORMELN ÜBER TOTALE REFLEXION; U. S. W.

Aus Poggendorff's Annalen.

PHOTOMETRISCHES VERFAHREN, DIE INTENSITÄT DER ORDENTLICHEN UND AUSSERORDENTLICHEN STRAHLEN, SOWIE DIE DES REFLECTIRTEN LICHTES ZU BESTIMMEN. (BEMERKUNGEN ZU HERRN CAUCHY'S VERVIELFÄLTIGUNG DES LICHTES IN DER TOTALEN REFLEXION.) REPRODUCTION DER FRESNEL'SCHEN FORMELN ÜBER TOTALE REFLEXION, U. S. W. 1837*).

Aus einem Schreiben *Neumann*'s an *Poggendorff*.

— — — Herrn *Arago*'s photometrisches Verfahren besteht, seinem Principe nach, darin, dass man von jedem der beiden Strahlen, deren relative Intensität man beobachten will, durch Interferenz ein Fransensystem bildet, diese beiden Fransensysteme so auf einander fallen lässt, dass die Maxima des einen die Minima des andern decken, und nun das eine System so lange auf eine *gekannte* Weise schwächt, bis sich die beiden Fransensysteme vollkommen aufheben (s. Pogg. Annal. Bd. XXXV S. 444). Dies Verfahren ist einer fast allgemeinen Anwendung fähig, wenn man die genaue Kenntniss der Gesetze als bekannt vorausgesetzt, nach welchen sich das Licht, indem es auf ein vollkommen durchsichtiges Medium trifft, vertheilt zwischen dem reflectirten Licht und dem gebrochenen, und, wenn das brechende Medium ein Krystall ist, wie das gebrochene Licht zwischen dem ordentlichen und ausserordentlichen Strahl vertheilt wird. Die Kenntniss dieser Gesetze bildet die praktische Grundlage des allgemeinen photometrischen Verfahrens von Herrn *Arago*, so viel wenigstens aus den unvollständig bekannt gewordenen Notizen darüber sich entnehmen lässt. Es wird daher nicht ohne Interesse sein, wenn ich ein Verfahren angebe, welches erlaubt, die Intensität des reflectirten, des gebrochenen, des ordentlichen und ausserordentlichen Strahles mit grosser Genauigkeit durch Beobachtungen zu bestimmen. *Das diesem Verfahren zum Grunde liegende Princip ist bis dahin nicht zu photometrischen Zwecken*

*) Aus Poggendorff's Annalen Bd. 40, Seite 497—514; 1837. Die im Titel angeführten: „(*Bemerkungen* . . .)" finden sich vor als eine gelegentliche Einschaltung auf Seite 579—581. — *C. N.*

angewandt, leistet aber da, wo die Umstände seine Anwendung gestatten, mehr als irgend ein gekanntes. Es besteht darin, dass man die beiden Lichtstrahlen, deren Intensität man vergleichen will, auf einander einwirken lässt. Solcher gegenseitigen Einwirkungen von Lichtstrahlen kennen wir zweierlei. Zwei in verschiedenen Azimuthen polarisirte Strahlen gleichen Ursprungs, wenn sie in derselben Richtung sich fortbewegen, bringen eine resultirende Lage der Polarisationsebene hervor, deren Azimuth von der relativen Intensität der beiden Strahlen abhängt. Eine Winkelmessung, die des Azimuths der resultirenden Polarisationsebene, bestimmt also hier die relative Intensität der beiden Strahlen. Eine zweite Art gegenseitiger Einwirkung zweier Lichtstrahlen besteht in ihrer Interferenz, die zu photometrischen Zwecken auf die Weise benutzt wird, dass man den einen Strahl um eine halbe Undulationslänge zurückverlegt in Beziehung auf den andern, und ihn nun auf eine gekannte Weise so lange schwächt, bis er den andern vollkommen zerstört, wodurch die Gleichheit der beiden Strahlen sehr genau erkannt, und daraus, da man das Verhältniss kennt, in welchem der eine Strahl gegen den andern geschwächt ist, ihr ursprüngliches Intensitätsverhältniss abgeleitet werden kann.

Auf die Oberfläche eines vollkommen durchsichtigen Mediums falle ein polarisirter Lichtstrahl, den ich zerlege in zwei andere, den einen parallel mit der Einfallsebene polarisirt, den anderen senkrecht darauf, deren Amplituden S und P sein sollen. Das reflectirte und gebrochene Licht ist in diesem Falle gleichfalls polarisirt, und das erstere habe in den beiden componirenden Strahlen, welche parallel und senkrecht zur Einfallsebene polarisirt sind, zu Amplituden R_s und R_p. In dem gebrochenen Lichte aber seien die Intensitäten der beiden componirenden Strahlen D_s^2 und D_p^2. Die Voraussetzung der vollkommenen Durchsichtigkeit des Mediums giebt unter den Größen S, P, R_s, ... folgende Relation:

$$S^2 + P^2 = R_s^2 + R_p^2 + D_s^2 + D_p^2.$$

Die Erfahrung hat aber gezeigt, daß mit S zugleich R_s und D_s verschwinden, und dass es sich eben so in Beziehung auf P und R_p, D_p verhält, daher löst sich diese Relation auf in die zwei:

$$P^2 = R_p^2 + D_p^2,$$
$$S^2 = R_s^2 + D_s^2.$$

Diese zwei Gleichungen würden hinreichend sein, die vier Unbekannten R_s, R_p, D_s, D_p zu bestimmen, wenn das Verhältniss je zweier, z. B. $R_s : R_p$ und $D_s : D_p$ bekannt wäre. Diese Verhältnisse erhält man aber durch die

Beobachtung der Winkel, die die Polarisationsebene des reflectirten und des gebrochenen Lichtes mit der Einfallsebene bilden. Ueber diese Winkel hat *Brewster* so zahlreiche Beobachtungen angestellt, dass er daraus folgende zwei Gesetze ableiten konnte:

$$\frac{R_p}{R_s} = \frac{\cos(\varphi + \varphi')P}{\cos(\varphi - \varphi')S}; \qquad \frac{D_p}{D_s} = \frac{1}{\cos(\varphi - \varphi')}\frac{P}{S},$$

wo φ den Einfallswinkel und φ' den Brechungswinkel bezeichnet. Dies in beide vorhergehende Gleichungen gesetzt, giebt:

$$P^2 = R_p^2 + D_p^2,$$

$$P^2 = \left(\frac{\cos(\varphi - \varphi')}{\cos(\varphi + \varphi')}\right)^2 R_p^2 + \cos^2(\varphi - \varphi') D_p^2.$$

Diese Gleichungen aufgelöst, erhält man die bekannten *Fresnel*'schen Formeln:

$$\text{(f.)} \quad \begin{cases} R_p^2 = P^2 \left(\dfrac{\operatorname{tg}(\varphi - \varphi')}{\operatorname{tg}(\varphi + \varphi')}\right)^2, & D_p^2 = \dfrac{\sin 2\varphi \sin 2\varphi'}{\cos^2(\varphi - \varphi')\sin^2(\varphi + \varphi')} P^2, \\ R_s^2 = S^2 \left(\dfrac{\sin(\varphi - \varphi')}{\sin(\varphi + \varphi')}\right)^2, & D_s^2 = \dfrac{\sin 2\varphi \sin 2\varphi'}{\sin^2(\varphi + \varphi')} S^2. \end{cases}$$

Diese *Fresnel*'schen Formeln*) sind somit vollständig und allein aus den Beobachtungen erwiesen. Für die Hinterfläche eines durchsichtigen Mediums gelten dieselben Betrachtungen; ausserdem hat *Brewster* aus seinen Beobachtungen (Pogg. Ann. Bd. XIX S. 518) für $\frac{R_p}{R_s}$ und $\frac{D_p}{D_s}$ dieselben Ausdrücke wie für die Vorderfläche abgeleitet, woraus hervorgeht, dass auch R_s^2, R_p^2, D_s^2, D_p^2 dieselben Ausdrücke wie an der Vorderfläche haben.

Herr *Cauchy* hat aus seinen neuen Principien in Beziehung auf die Grenze zweier Medien (*Mémoire sur la dispersion etc.* p. 203) Formeln für die Intensität des gebrochenen und reflectirten Lichtes abgeleitet. In dem zweiten an Herrn *Libri* gerichteten Brief (Pogg. Ann. Bd. XXXIX S. 51) giebt er für das gebrochene Licht, wenn ich mich der soeben gebrauchten Bezeichnung bediene, folgende Ausdrücke:

$$\text{(a.)} \quad D_p^2 = \frac{4\sin^2\varphi' \cos^2\varphi}{\sin^2(\varphi + \varphi')\cos^2(\varphi - \varphi')} P^2, \qquad D_s^2 = \frac{4\sin^2\varphi' \cos^2\varphi}{\sin^2(\varphi + \varphi')} S^2.$$

Aus diesen Formeln zieht Herr *Cauchy* einen Schluss, der grosses Aufsehen unter den Physikern erregen musste, nämlich, dass in dem Augenblicke, wo die totale Reflexion eintritt, wo also das reflectirte Licht mit dem einfallenden gleiche Intensität besitzt, der austretende Strahl, statt zu verschwinden, eine *ausserordentliche Vervielfältigung* erfährt. Diese Folgerung ergiebt sich in der

*) Man findet diese Formeln (f.) auch auf Seite 366 in (A.). Nur sind die Intensitäten D_p^2, D_s^2 dort bezeichnet mit T_p^2, T_s^2. — *C. N.*

That sogleich. Ist nämlich $\sin\varphi' = 1$ und also $\sin\varphi = \frac{1}{m}$, wo m den Brechungscoefficienten bezeichnen soll, so erhält man aus (a.):

$$D_p^2 = 4m^2P^2, \qquad D_s^2 = 4S^2,$$

wonach der austretende Strahl $4m^2$mal oder 4 mal so stark als der einfallende wäre*), je nachdem er senkrecht oder parallel mit der Einfallsebene polarisirt ist; beim natürlichen Licht wäre die Vervielfältigung $2(m^2+1)$, d. i. für Glas etwa 6,5 mal. Herr *Cauchy* beruft sich bei diesem auffallenden Resultat auf Beobachtungen, die er mit Herrn Professor *Hessler* aus Graz**) angestellt hat, die aber nur gezeigt haben, „dass der ausfahrende Strahl allmählich erlischt, wenn man den einfallenden Strahl nach und nach einen immer kleineren Winkel mit der Eintrittsfläche machen lässt“. Ich selbst habe mich vergeblich bemüht, irgend eine Verstärkung des ausfahrenden Lichtes im Moment der totalen Reflexion wahrzunehmen.

Die Nichtübereinstimmung von Herrn *Cauchy*'s Formeln (a.) mit *Fresnel*'s Formeln, deren empirischen Beweis ich soeben gegeben habe, ist allein hinreichend, sie als mit der Erfahrung in Widerspruch stehend zu bezeichnen. Herr *Cauchy* hat als Verhältniss der Intensität des gebrochenen Strahles und des einfallenden Lichtes das Verhältniss der Quadrate ihrer Amplituden genommen, statt des Verhältnisses ihrer lebendigen Kräfte. Wenn also D_p^2 und D_s^2 in Herrn *Cauchy*'s Formeln die Intensität des gebrochenen Lichtes ausdrücken sollen, so müssen ihre Werthe noch mit einem Factor multiplicirt werden, der das Verhältniss der Massen ausdrückt, welche von derselben Undulation im einfallenden und gebrochenen Lichte in Bewegung gesetzt wird. *Die Einführung dieses Factors giebt die Berichtigung der Formeln* (a.). Ich finde denselben, indem ich *Fresnel*'s Formeln (f.) durch die *Cauchy*'schen Formeln (a.) dividire:

$$\frac{\cos\varphi'}{\sin\varphi'} \cdot \frac{\sin\varphi}{\cos\varphi}.$$

Hieraus geht hervor, dass den neuen Principien, aus welchen Herr *Cauchy* seine Formeln hergeleitet hat, wesentlich die Voraussetzung zum Grunde liegt, dass der Lichtäther in den verschiedenen Medien dieselbe Elasticität besitze, und die Brechung des Lichtes allein von der verschiedenen Dichtigkeit desselben hervorgebracht werde. Es ist dies die *Fresnel*'sche Hypothese. Die Unzulänglichkeit dieser Hypothese, oder vielmehr ihre Unzulässigkeit bei

---

*) Am angeführten Orte (nämlich in Pogg. Ann. Bd. XXXIX Seite 55) ist statt h immer zu lesen: 4. — *Anm. des Originals.*

**) Im Original steht: *Grätz.*

krystallinischen Substanzen war es, die mich veranlasst hat, dieselbe aufzugeben, und die Lichtbrechung als allein von der Verschiedenheit der Elasticität hervorgebracht anzusehen, wie Sie dies näher aus meiner, in den Schriften der Berliner Academie jetzt gedruckten Abhandlung: „*Ueber den Einfluss von Krystallflächen auf das reflectirte Licht und die Intensität des ordentlichen und ausserordentlichen Strahles*,“ ersehen werden.*)

Ich kehre zu dem Hauptgegenstand dieses Schreibens zurück, nämlich die Methode auseinanderzusetzen, deren ich mich bediene, um die Vertheilung des Lichtes, wenn es auf die Oberfläche eines durchsichtigen krystallinischen Mediums fällt, zwischen dem reflectirten Strahle, dem ordentlichen und dem ausserordentlichen Strahl durch Beobachtung zu finden.

Es sei das einfallende Licht von der Intensität P^2 senkrecht auf der Einfallsebene polarisirt. Das reflectirte Licht ist gleichfalls polarisirt, aber es ist kein Grund anzunehmen, dass es auch senkrecht auf der Einfallsebene polarisirt sei, im Gegentheil widerspricht dem die Erfahrung; ich zerlege dasselbe also in solches, welches senkrecht auf der Einfallsebene polarisirt ist, und in solches, welches parallel mit ihr polarisirt ist, bezeichne die Intensität des ersten mit $p^2 P^2$, des zweiten mit $p'^2 P^2$. Die Intensität des gebrochenen ordentlichen Strahls sei $\omega'^2 P^2$, die des ausserordentlichen $\omega''^2 P^2$. — Wenn das einfallende Licht parallel mit der Einfallsebene polarisirt ist, nenne ich seine Intensität S^2. Die Intensität der Componente im reflectirten Licht, welche parallel mit der Einfallsebene polarisirt ist, sei $s^2 S^2$, diejenige, welche senkrecht darauf polarisirt ist, sei $s'^2 S^2$, und die Intensitäten des ordentlichen und ausserordentlichen Strahles seien $\sigma'^2 S^2$ und $\sigma''^2 S^2$. — Wir sind jetzt im Stande die reflectirten Intensitäten und die gebrochenen auszudrücken, wenn der einfallende Strahl in irgend einem Azimuth polarisirt ist. Es seien P^2 und S^2 die Intensitäten der componirenden Strahlen des einfallenden Lichtes, R_p^2, R_s^2 seien dasselbe für den reflectirten Strahl, und D'^2 und D''^2 seien die Intensitäten des ordentlichen und ausserordentlichen Strahles. Der Strahl R_p^2 ist zusammengesetzt aus $p^2 P^2$ und $s'^2 S^2$; dies sind zwei Strahlen von demselben Ursprung und nach derselben Richtung polarisirt, sie bilden einen zusammengesetzten Strahl von der Intensität $(pP + s'S)^2$. Ebenso ist der Strahl R_s^2 zusammengesetzt aus den Strahlen $p'^2 P^2$ und $s^2 S^2$, seine Intensität ist also $(p'P + sS)^2$. Aehnliches gilt für D' und D''. Man hat also:

*) Vgl. Seite 367, 368. — Auf jene grosse *Neumann*'sche Abhandlung von 1835 (Seite 359—574) wird weiterhin mehrfach Bezug genommen werden. — *C. N.*

(I.)*) $$\begin{cases} R_p = pP + s'S, \\ R_s = p'P + sS, \end{cases} \qquad \begin{cases} D' = \omega'P + \sigma'S, \\ D'' = \omega''P + \sigma''S. \end{cases}$$

Zufolge der vorausgesetzten vollkommenen Durchsichtigkeit des Mediums hat man:

(II.) $$P^2 + S^2 = R_p^2 + R_s^2 + D'^2 + D''^2.$$

Diese Gleichung muss stattfinden, welches auch die von einander unabhängigen Werthe von P und S sein mögen. Setzt man für R_p, R_s, D', D'' ihre Werthe (I.) ein, so löst sich die Gleichung in folgende drei Gleichungen auf:

(III.) $$\begin{cases} 1 = p^2 + p'^2 + \omega'^2 + \omega''^2, \\ 1 = s'^2 + s^2 + \sigma'^2 + \sigma''^2, \\ 0 = ps' + p's + \omega'\sigma' + \omega''\sigma''. \end{cases}$$

Von den beiden Strahlen $\omega'P$ und $\sigma'S$, welche den ordentlichen Strahl D' zusammensetzen, kann man den einen in Beziehung auf den andern um eine halbe Undulationslänge zurücksetzen durch schickliche Wahl des Verhältnisses $P:S$, d. h. durch schickliche Wahl des Polarisationsazimuths des einfallenden Strahls; alsdann werden die beiden Strahlen einander schwächen und bei einem bestimmten Werth von $-\frac{P}{S}$ sich vollkommen zerstören; dieser Werth von $-\frac{P}{S}$ ist gleich dem Werthe von $\frac{\sigma'}{\omega'}$. Man findet also das Verhältniss $\frac{\sigma'}{\omega'}$ und ebenso das Verhältniss $\frac{\sigma''}{\omega''}$, wenn man dasjenige Polarisationsazimuth des einfallenden Strahles beobachtet, bei welchem der ordentliche, respective der ausserordentliche Strahl verschwindet. Beobachtet man das ursprüngliche Polarisationsazimuth, bei welchem alles reflectirte Licht nach der Einfallsebene polarisirt ist, wo also $R_p = pP + s'S = 0$ ist, so findet man hieraus $\frac{s'}{p}$; beobachtet man das Polarisationsazimuth des reflectirten Strahles, wenn der einfallende parallel mit der Einfallsebene polarisirt war, wo also $R_p = s'S$ und $R_s = sS$, so hat man in der Tangente dieses Azimuths den Werth von $\frac{s'}{s}$; etc. etc. Allgemein erhält man, wenn a das Polarisationsazimuth des einfallenden Strahles ist, d. i. $\operatorname{tg} a = \frac{P}{S}$, und α dasjenige des reflectirten Strahls, mit Hilfe der obigen Formeln (I.) folgende Gleichung:

(IV.) $$\operatorname{tg} \alpha = \frac{p \operatorname{tg} a + s'}{p' \operatorname{tg} a + s}.$$

Giebt man dem a nach und nach verschiedene Werthe, und beobachtet die dazu gehörigen α, so erhält man dann ebenso viel Gleichungen, woraus man

*) Vgl. auf Seite 391 die Formeln (5.) und (4.). — *C. N.*

das Verhältniss der Grössen p, p', s, s' mit grosser Genauigkeit bestimmen kann. — Von den acht unbekannten Grössen p, p', s, ... bleiben also nur drei noch unbestimmt, und diese erhält man aus den drei Gleichungen (III.), welche die Voraussetzung der Durchsichtigkeit gegeben hat.

Ich werde dies durch ein Beispiel erläutern, welches sich auf Beobachtungen bezieht, welche ich an der natürlichen Bruchfläche des Kalkspaths angestellt habe. Das Licht fiel unter 45^0 ein und die Einfallsebene stand senkrecht auf dem Hauptschnitt. Doch es wird nöthig sein mich zuvörderst zu erklären, was ich unter positivem und negativem Azimuth der Polarisationsebene verstehe. Ich denke mich in der einfallenden Wellenebene liegend, und mit ihr mich vorwärts bewegend, die Füsse dem Krystall zugekehrt, und nenne, wenn die Polarisationsebene mir jetzt *linker* Hand liegt, ihr Azimuth *positiv*, negativ, wenn die Polarisationsebene rechter Hand liegt.*) Dieselbe Bestimmung gilt für die reflectirte Wellenebene, wo ich mich wiederum in dieser Wellenebene liegend denke, und mit ihr mich vorwärts bewegend, die Füsse der reflectirenden Ebene zugekehrt. — Das Azimuth der Einfallsebene, vom Hauptschnitt ab gerechnet, nenne ich *positiv*, wenn, indem ich mich stehend auf der Krystallfläche denke, das Gesicht nach dem Durchschnittspunkt derselben mit der Axe gerichtet, die Einfallsebene *rechter* Hand liegt. Dies Uebereinkommen vorausgesetzt, sind meine Beobachtungen folgende, wenn a das Polarisationsazimuth des einfallenden Strahls bezeichnet und α dasjenige des reflectirten.

Incidenz: 45^0, Azimuth der Einfallsebene: $+90^0$.

1) der ausserordentliche Strahl verschwand bei $a = -65^0\,25'$,
2) der ordentliche Strahl verschwand bei $a = +22^0\,28'$,
3) wenn $a = 0$, war $\alpha = -2^0\,24'$,
4) wenn $a = 90^0$, war $\alpha = +84^0\,3'$,
5) wenn $\alpha = 0$, war $a = -6^0\,19'$,
6) wenn $\alpha = 90^0$, war $a = 87^0\,23'$,
7) wenn $\alpha = +83^0\,55'$, war $a = +89^0\,57',5$,
8) wenn $\alpha = +20^0\,29'$, war $a = -46^0\,30'$,
9) wenn $\alpha = -32^0\,39'$, war $a = +53^0\,33'$,
10) wenn $\alpha = -45^0$, war $a = +64^0\,19'$,
11) wenn $\alpha = +45^0$, war $a = -70^0\,23'$.

*) Diese Definition der positiven und negativen Azimuthe *stimmt überein* mit der früher (auf Seite 412) gegebenen Definition. Sie unterscheidet sich von jener nur durch eine andere Einkleidung. — Man vergleiche übrigens die Note auf Seite 599. — *C. N.*

Hieraus erhält man folgende Gleichungen:

$$\begin{aligned}
&1) && -\omega'' \operatorname{tg} 65^0\,25' + \sigma'' = 0,\\
&2) && \omega' \operatorname{tg} 22^0\,28' + \sigma' = 0,\\
&3) && -\operatorname{tg}\ 2^0\,24' = \frac{s'}{s},\\
&4) && \operatorname{tg} 84^0\ 3' = \frac{p}{p'},\\
&5) && -p \operatorname{tg}\ 6^0\,19' + s' = 0,\\
&6) && p' \operatorname{tg} 87^0\,23' + s = 0,\\
&7) && \operatorname{tg} 83^0\,55' = \frac{p \operatorname{tg} 89^0\,57',5 + s'}{p' \operatorname{tg} 89^0\,57',5 + s},\\
&8) && \operatorname{tg} 20^0\,29' = \frac{-p \operatorname{tg} 46^0\,30' + s'}{-p' \operatorname{tg} 46^0\,30' + s},\\
&9) && -\operatorname{tg} 32^0\,39' = \frac{p \operatorname{tg} 53^0\,33' + s'}{p' \operatorname{tg} 53^0\,33' + s},\\
&10) && -\operatorname{tg} 45^0 = \frac{p \operatorname{tg} 64^0\,19' + s'}{p' \operatorname{tg} 64^0\,19' + s},\\
&11) && \operatorname{tg} 45^0 = \frac{-p \operatorname{tg} 70^0\,23' + s'}{-p' \operatorname{tg} 70^0\,23' + s}.
\end{aligned}$$

Ich finde aus diesen 11 Gleichungen:

$$\begin{aligned}
\omega' &= -\sigma' \operatorname{cotg} 22^0\,28', &&\text{und}\quad & p &= -s \operatorname{tg} 22^0\,30',\\
\omega'' &= +\sigma'' \operatorname{cotg} 65^0\,25', && & p' &= -s \operatorname{tg}\ 2^0\,32',\\
& && & s' &= -s \operatorname{tg}\ 2^0\,31'.
\end{aligned}$$

Die Gleichungen, wegen der vollkommenen Durchsichtigkeit, werden also:

$$\begin{aligned}
1 &= [\operatorname{tg}^2 22^0\,30' + \operatorname{tg}^2 2^0\,32']s^2 + \sigma'^2 \operatorname{tg}^2 67^0\,32' + \sigma''^2 \operatorname{tg}^2 24^0\,35',\\
1 &= [1 + \operatorname{tg}^2 2^0\,31']s^2 + \sigma'^2 + \sigma''^2,\\
0 &= [\operatorname{tg} 22^0\,30' \cdot \operatorname{tg} 2^0\,31' - \operatorname{tg} 2^0\,32']s^2 - \sigma'^2 \operatorname{tg} 67^0\,32' + \sigma''^2 \operatorname{tg} 24^0\,35'.
\end{aligned}$$

Hieraus ergiebt sich:

$$\begin{aligned}
s^2 &= 0{,}1078, & \sigma'^2 &= 0{,}1409, & \sigma''^2 &= 0{,}7510,\\
p^2 &= 0{,}01850, & \omega'^2 &= 0{,}8241, & \omega''^2 &= 0{,}1572,\\
s'^2 &= 0{,}000207,\\
p'^2 &= 0{,}000212.
\end{aligned}$$

Mittelst dieser Werthe findet man nun die Intensität des reflectirten Strahls und die der beiden gebrochenen, in welchem Azimuth der einfallende Strahl auch polarisirt ist, indem man jene Werthe nur in den Ausdrücken für R_p, R_s, D', D'' zu substituiren braucht. Ist das einfallende Licht natürliches und seine Intensität $=1$, dann ist die Intensität des reflectirten: $\frac{s^2 + p^2 + s'^2 + p'^2}{2} = 0{,}0633$, des ordentlichen: 0,4825, des ausserordentlichen: 0,4541.

Ich habe nach der in der erwähnten Abhandlung*) von mir aufgestellten Theorie diese drei Intensitäten berechnet, und finde sie für das reflectirte Licht: 0,0632, für den ordentlichen Strahl: 0,4825, und für den ausserordentlichen Strahl: 0,4542, sodass bis zur vierten Decimalstelle die Uebereinstimmung fast vollständig ist. Auch würde eine genauere Discussion der möglichen Fehler des Endresultats zeigen, dass man bei dieser Art der Intensitätsbestimmung die reflectirten und gebrochenen Lichtmengen bis auf $\frac{1}{1000}$ der einfallenden genau erhält.

In dem dritten, an *Ampère* gerichteten Brief (Pogg. Annal. Bd. XXXIX S. 39) hat Herr *Cauchy* aus seinen neuen Principien die *Fresnel*'schen Formeln für die *totale Reflexion* reproducirt. Die Principien meiner Theorie auf diesen Fall angewandt, geben dieselben Ausdrücke. Ich bin auf diese Anwendung erst geführt durch die in Herrn *Cauchy*'s Brief gemachte Bemerkung über die Einführung von Exponentialgrössen statt der imaginären Sinus und Cosinus, sie befindet sich also nicht in meiner Abhandlung**), daher erlaube ich mir, dieselbe Ihnen hier mitzutheilen. Die Differentialgleichungen, von welchen die Bewegungen des Aethers in einem unkrystallinischen durchsichtigen Medium abhängen, wenn die Wellenebene parallel mit der Coordinatenaxe z ist, und u, v, w die Verrückungen der Theilchen parallel den Axen x, y, z bezeichnen, sind***):

$$(1.)\qquad \begin{cases} \frac{1}{a}\frac{\partial^2 u}{\partial t^2} = 3\frac{\partial^2 u}{\partial x^2} + \frac{\partial^2 u}{\partial y^2} + 2\frac{\partial^2 v}{\partial x\,\partial y}, \\ \frac{1}{a}\frac{\partial^2 v}{\partial t^2} = \frac{\partial^2 v}{\partial x^2} + 3\frac{\partial^2 v}{\partial y^2} + 2\frac{\partial^2 u}{\partial x\partial y}, \\ \frac{1}{a}\frac{\partial^2 w}{\partial t^2} = \frac{\partial^2 w}{\partial x^2} + \frac{\partial^2 w}{\partial y^2}. \end{cases}$$

Aus den beiden ersten Gleichungen kann man die dritte, senkrecht auf ihrer Ebene schwingende Wellenebene fortschaffen, indem man die Bedingung:

$$(2.)\qquad \frac{\partial u}{\partial x} + \frac{\partial v}{\partial y} = 0$$

einführt, wodurch sie sich verwandeln in:

$$(3.)\qquad \begin{cases} \frac{1}{a}\frac{\partial^2 u}{\partial t^2} = \frac{\partial^2 u}{\partial x^2} + \frac{\partial^2 u}{\partial y^2}, \\ \frac{1}{u}\frac{\partial^2 v}{\partial l^2} = \frac{\partial^2 v}{\partial x^2} + \frac{\partial^2 v}{\partial y^2}. \end{cases}$$

---

*) **) Vgl. die Note auf Seite 581.

***) Die yz-Ebene ist die *reflectirende Ebene*, und zwar soll dabei die y-Axe diejenige Linie sein, in welcher diese Ebene von der *Reflexionsebene* geschnitten wird. Noch ist zu bemerken, dass die Richtung der x-Axe diejenige sein soll, welche der einfallende Strahl haben würde für $\varphi = 0$, d. i. im Falle *senkrechter* Incidenz. — Man vergleiche übrigens Seite 165, (I.) und Seite 166, 1). — *C. N.*

Ein particuläres Integral der Gleichungen (3.), welches der Bedingung (2.) genügt, ist, wenn die Wellenebene mit der Axe y den Winkel φ bildet:

$$(4.)\qquad \begin{cases} u = -A\sin\varphi\sin\left(\dfrac{x\cos\varphi+y\sin\varphi}{\lambda}-\dfrac{t}{T}\right)2\pi, \\ v = +A\cos\varphi\sin\left(\dfrac{x\cos\varphi+y\sin\varphi}{\lambda}-\dfrac{t}{T}\right)2\pi, \end{cases}$$

wo $aT^2=\lambda^2$ und λ die Undulationslänge, T die Undulationsdauer bezeichnet. Aus der dritten Gleichung in (1.) erhält man:

$$(5.)\qquad w = C\sin\left(\frac{x\cos\varphi+y\sin\varphi}{\lambda}-\frac{t}{T}\right)2\pi.$$

Diese particulären Integrale sind hinreichend, um die Gesetze der Reflexion und Refraction herzuleiten. Denken wir uns nämlich das Medium an ein zweites in der Ebene der y und z angrenzend, so entsteht an dieser Grenze eine reflectirte Welle und eine gebrochene. Die reflectirte Welle muss denselben Differentialgleichungen genügen wie die einfallende, sie ist gleichfalls parallel mit der Axe z, bildet aber mit y den Winkel $180^0-\varphi$; daher, wenn ihre Verrückungen mit u', v', w' bezeichnet werden:

$$(6.)\qquad \begin{cases} u' = A'\sin\varphi\sin\left(\dfrac{-x\cos\varphi+y\sin\varphi}{\lambda}-\dfrac{t}{T}\right)2\pi, \\ v' = A'\cos\varphi\sin\left(\dfrac{-x\cos\varphi+y\sin\varphi}{\lambda}-\dfrac{t}{T}\right)2\pi, \\ w' = \qquad C'\sin\left(\dfrac{-x\cos\varphi+y\sin\varphi}{\lambda}-\dfrac{t}{T}\right)2\pi, \end{cases}$$

wo A', C' neue Constanten bedeuten. Die gebrochene Welle muss den Differentialgleichungen des zweiten Mediums genügen, die sich von denen in (1.) nur unterscheiden durch einen andern Werth von a, den ich mit a' bezeichnen will; sie ist parallel mit z und bildet mit y den Winkel φ'. Bezeichnet man mit u'', v'', w'' ihre Verrückungen, und nennt $\lambda'^2=a'T^2$ ihre Undulationslänge, so ist:

$$(7.)\qquad \begin{cases} u'' = -A''\sin\varphi'\sin\left(\dfrac{x\cos\varphi'+y\sin\varphi'}{\lambda'}-\dfrac{t}{T}\right)2\pi, \\ v'' = +A''\cos\varphi'\sin\left(\dfrac{x\cos\varphi'+y\sin\varphi'}{\lambda'}-\dfrac{t}{T}\right)2\pi, \\ w'' = + \qquad C''\sin\left(\dfrac{x\cos\varphi'+y\sin\varphi'}{\lambda'}-\dfrac{t}{T}\right)2\pi. \end{cases}$$

Es handelt sich darum A', C' und A'', C'', d. i. die Amplituden der reflectirten und gebrochenen Welle durch die Amplituden der einfallenden A und C zu bestimmen. *Meine Principien sind nun,* 1) *dass die Bewegungen, welche die Theilchen an der Grenze beider Medien, d. i. für $x=0$, erfahren, von* *den beiden Wellen des ersten Mediums gleich sind in Richtung und in Grösse den Bewegungen, welche sie von der Welle des zweiten Mediums erhalten.* 2) *Dass die lebendige Kraft in der einfallenden Welle gleich der Summe der lebendigen Kräfte in der reflectirten und gebrochenen Welle ist.* 3) *Dass der Aether in beiden Medien dieselbe Dichtigkeit besitzt.* Nun kann man die quadratische Gleichung zwischen den Grössen A, A', A'', C, C', C'', welche das Princip der Erhaltung der lebendigen Kräfte giebt, immer ersetzen durch eine lineare, wie die Rechnung zeigt, und diese ist bei unkrystallinischen Medien diejenige, welche ausdrückt, dass der Druck auf die brechende Ebene, welcher durch die Verschiebung der Theile im ersten Medium entsteht, dieselbe Componente senkrecht auf der Einfallsebene hat, wie der Druck, welcher durch die Verschiebung im zweiten Medium entsteht, d. h. die Gleichung der lebendigen Kraft kann hier ersetzt werden durch:

(8.) $$a\frac{\partial w}{\partial x} + a\frac{\partial w'}{\partial x} = a'\frac{\partial w''}{\partial x},$$

oder weil $\frac{a'}{a} = \frac{\sin^2\varphi'}{\sin^2\varphi}$ ist, durch:

(8a.) $$\frac{\partial w}{\partial x}\sin^2\varphi + \frac{\partial w'}{\partial x}\sin^2\varphi = \frac{\partial w''}{\partial x}\sin^2\varphi'.$$

Man erhält alsdann sogleich wegen der Gleichheit der Componenten der Bewegung:

(9.) $$\begin{cases}(A - A')\sin\varphi = A''\sin\varphi', \\ (A + A')\cos\varphi = A''\cos\varphi', \\ \qquad C + C' = C'',\end{cases}$$

und wegen der Gleichheit der auf der Einfallsebene senkrecht stehenden Componenten des Drucks auf die brechende Ebene:

$$(C - C')\frac{\sin^2\varphi\cos\varphi}{\lambda} = \frac{C''\sin^2\varphi'\cos\varphi'}{\lambda'},$$

oder da $\frac{\sin\varphi}{\lambda} = \frac{\sin\varphi'}{\lambda'}$ ist:

(10.) $$(C - C')\sin\varphi\cos\varphi = C''\sin\varphi'\cos\varphi'.$$

Die Auflösung der Gleichungen (9.) und (10.) reproducirt die *Fresnel*'schen Ausdrücke für die reflectirten und gebrochenen Amplituden, vorausgesetzt, dass man die Polarisationsebene durch den Strahl und die Richtung seiner Schwingungen gehen lässt.

Wenn aber der Strahl aus einem stärker brechenden Medium in ein weniger brechendes tritt, und die Grenze der *totalen Reflexion* überschritten hat, d. h. wenn $\sin\varphi' > 1$, so wird $\cos\varphi'$ imaginär. Nach Herrn *Cauchy*'s

Bemerkung nun muss man in diesem Falle Exponentialgrössen einführen. Oder genauer ausgedrückt: Man genügt den Differentialgleichungen (3.) und der dritten in (1.) durch:

$$(11.)\begin{cases} u'' = \sin\varphi' \cdot e^{-\frac{2\pi\cdot i\cos\varphi'\cdot x}{\lambda'}}\left[A''\sin\left(\frac{y\sin\varphi'}{\lambda'}-\frac{t}{T}\right)2\pi + B''\cos\left(\frac{y\sin\varphi'}{\lambda'}-\frac{t}{T}\right)2\pi\right], \\ v'' = i\cos\varphi' \cdot e^{-\frac{2\pi\cdot i\cos\varphi'\cdot x}{\lambda'}}\left[B''\sin\left(\frac{y\sin\varphi'}{\lambda'}-\frac{t}{T}\right)2\pi - A''\cos\left(\frac{y\sin\varphi'}{\lambda'}-\frac{t}{T}\right)2\pi\right], \\ w'' = e^{-\frac{2\pi\cdot i\cos\varphi'\cdot x}{\lambda'}}\left[C''\sin\left(\frac{y\sin\varphi'}{\lambda'}-\frac{t}{T}\right)2\pi + D''\cos\left(\frac{y\sin\varphi'}{\lambda'}-\frac{t}{T}\right)2\pi\right]; \end{cases}$$

hier ist $i=\sqrt{-1}$; zugleich ist unter $i\cos\varphi'$ der *positive* Werth der Wurzel $\sqrt{\sin^2\varphi'-1}$ zu verstehen:

$$(11a.)\qquad i\cos\varphi' = \sqrt{\sin^2\varphi'-1}.$$

Man weiss nun überdiess, dass im reflectirten Licht die componirenden Strahlen eine gewisse Verzögerung erleiden; und wir werden also den Gleichungen (6.) noch ein Glied mit $\cos\left(\frac{-x\cos\varphi+y\sin\varphi}{\lambda}-\frac{t}{T}\right)2\pi$ hinzufügen, nämlich setzen:

$$(12.)\begin{cases} u' = +A'\sin\varphi\sin\left(\frac{-x\cos\varphi+y\sin\varphi}{\lambda}-\frac{t}{T}\right)2\pi + B'\sin\varphi\cos\left(\frac{-x\cos\varphi+y\sin\varphi}{\lambda}-\frac{t}{T}\right)2\pi \\ v' = +A'\cos\varphi\sin\left(\frac{-x\cos\varphi+y\sin\varphi}{\lambda}-\frac{t}{T}\right)2\pi + B'\cos\varphi\cos\left(\frac{-x\cos\varphi+y\sin\varphi}{\lambda}-\frac{t}{T}\right)2\pi \\ w' = +C'\sin\left(\frac{-x\cos\varphi+y\sin\varphi}{\lambda}-\frac{t}{T}\right)2\pi + D'\cos\left(\frac{-x\cos\varphi+y\sin\varphi}{\lambda}-\frac{t}{T}\right)2\pi. \end{cases}$$

Die Gleichungen für das einfallende Licht bleiben unverändert, nämlich:

$$(13.)\begin{cases} u = -A\sin\varphi\sin\left(\frac{x\cos\varphi+y\sin\varphi}{\lambda}-\frac{t}{T}\right)2\pi, \\ v = +A\cos\varphi\sin\left(\frac{x\cos\varphi+y\sin\varphi}{\lambda}-\frac{t}{T}\right)2\pi, \\ w = +C\sin\left(\frac{x\cos\varphi+y\sin\varphi}{\lambda}-\frac{t}{T}\right)2\pi. \end{cases}$$

Die Gleichheit der Componenten der Bewegung in diesen drei Wellensystemen (11.), (12.), (13.) für $x=0$ giebt:

$$(a.)\begin{cases} A\sin\varphi - A'\sin\varphi = -A''\sin\varphi', \\ \qquad B'\sin\varphi = +B''\sin\varphi', \\ A\cos\varphi + A'\cos\varphi = +B''\cdot i\cos\varphi', \\ \qquad B'\cos\varphi = -A''\cdot i\cos\varphi', \end{cases}$$

und ferner:

(b.)
$$\begin{cases} C + C' = C'', \\ \quad D' = D''. \end{cases}$$

Und die Gleichung (8a.), auf (11.), (12.), (13.) angewendet, liefert:

(c.)
$$\begin{cases} (C - C') \sin\varphi \cos\varphi = - D'' \sin\varphi' \cdot i \cos\varphi', \\ \quad D' \sin\varphi \cos\varphi = - C'' \sin\varphi' \cdot i \cos\varphi'. \end{cases}$$

Der Quotient $\frac{A''}{B''}$ kann erhalten werden durch Division der beiden ersten Gleichungen (a.), andererseits aber auch durch Division der beiden letzten Gleichungen (a.). Setzt man diese beiden Werthe jenes Quotienten einander gleich, so erhält man:

(d.)
$$A^2 = A'^2 + B'^2.$$

Ebenso kann man den Quotienten $\frac{C''}{D''}$ in doppelter Weise erhalten, nämlich einerseits durch Division der beiden Gleichungen (b.), andererseits durch Division der Gleichungen (c.). Setzt man diese beiden Werthe jenes Quotienten einander gleich, so ergiebt sich:

(e.)
$$C^2 = C'^2 + D'^2.$$

Diese Formeln (d.), (e.) zeigen, dass alles Licht reflectirt wird.

Man erhält nun ferner aus (a.):

(f.)
$$\begin{cases} A' = \dfrac{\sin^2\varphi(\sin^2\varphi' - 1) - \cos^2\varphi \sin^2\varphi'}{\sin^2\varphi(\sin^2\varphi' - 1) + \cos^2\varphi \sin^2\varphi'} A, \\ B' = \dfrac{2 \sin\varphi \cos\varphi \sin\varphi' \sqrt{\sin^2\varphi' - 1}}{\sin^2\varphi(\sin^2\varphi' - 1) + \cos^2\varphi \sin^2\varphi'} A; \end{cases}$$

und andererseits aus (b.) und (c.):

(g.)
$$\begin{cases} C' = \dfrac{\sin^2\varphi \cos^2\varphi - \sin^2\varphi'(\sin^2\varphi' - 1)}{\sin^2\varphi \cos^2\varphi + \sin^2\varphi'(\sin^2\varphi' - 1)} C, \\ D' = (-1) \dfrac{2 \sin\varphi \cos\varphi \sin\varphi' \sqrt{\sin^2\varphi' - 1}}{\sin^2\varphi \cos^2\varphi + \sin^2\varphi'(\sin^2\varphi' - 1)} C, \end{cases}$$

welches genau die Formeln von *Fresnel* sind, aus denen er den Unterschied der Verzögerung der beiden auf einander rechtwinklig polarisirten componirenden Strahlen bei der totalen Reflexion, und somit die Gesetze der hierbei eintretenden elliptischen Polarisation abgeleitet hat, (s. Pogg. Ann. Bd. XXII, S. 107 und 111).

Erlauben Sie, dass ich hieran die Berichtigung eines Irrthums knüpfe, in welchen ich in meiner Abhandlung über die elliptische Polarisation bei der *Reflexion der Metallflächen* gefallen bin. Den Ausdruck für die Verzögerung δ bei der *totalen Reflexion* gab ich — — — —*).

Königsberg, 9. April 1837.

---

*) Was *Neumann* über seine Abhandlung über Metall-Reflexion hier an *Poggendorff* schreibt, ist von der Redaktion beim Wiederabdruck jener Abhandlung bereits eingeschaltet worden, nämlich identisch mit dem § 4, Seite 228, 229. — *C. N.*

Inhalts-Uebersicht.

Die vorliegende Abhandlung besteht aus zwei wesentlich verschiedenen Theilen.

Der erste Theil (Seite 577—585) enthält ein neues *photometrisches Verfahren;* und in diesem Theil sind (auf Seite 579—581) eingeschaltet einige Bemerkungen über gewisse *Cauchy*'sche Untersuchungen.

Der zweite Theil (Seite 585—589) enthält eine Reproduktion der von *Fresnel* für die *totale Reflexion* gegebenen Formeln, oder genauer ausgedrückt: eine *neue Ableitung dieser Formeln,* bei welcher Gebrauch gemacht wird von einer gewissen *Cauchy*'schen Bemerkung über die Einführung von Exponentialgrössen statt der imaginären Sinus und Cosinus.

BEOBACHTUNGEN ÜBER DEN EINFLUSS DER KRYSTALLFLÄCHEN AUF DAS REFLECTIRTE LICHT, UND ÜBER DIE INTENSITÄT DES ORDENTLICHEN UND AUSSERORDENTLICHEN STRAHLS.

Aus Poggendorff's Annalen.

BEOBACHTUNGEN ÜBER DEN EINFLUSS DER KRYSTALLFLÄCHEN AUF DAS REFLECTIRTE LICHT, UND ÜBER DIE INTENSITÄT DES ORDENTLICHEN UND AUSSERORDENTLICHEN STRAHLS. 1837*).

Die bisherigen Untersuchungen über die Einwirkung der Krystallflächen auf das reflectirte Licht beschränken sich auf den Einfluss, den dieselben bei der vollständigen Polarisation des Lichtes durch Reflexion ausüben. Schon *Malus* richtete hierauf seine Aufmerksamkeit, aber *Brewster* erst entdeckte denselben. Er fand, dass der Winkel der vollständigen Polarisation beim Kalkspath abhängig sei von der Lage der reflectirenden Ebene in Beziehung auf die Axe, und von der Lage ihres Hauptschnittes in Beziehung auf die Reflexionsebene; er fand ferner, dass, wenn die reflectirende Oberfläche mit einer Flüssigkeit bedeckt ist, die Polarisationsebene des vollständig polarisirten Strahls nicht mit der Reflexionsebene zusammenfalle, sondern gegen diese unter einem kleineren oder grösseren Winkel geneigt sei, der, bei einer Bedeckung der natürlichen Bruchfläche des Kalkspathes mit Cassiaöl, bis 90^0 steigen kann (Philos. Transact. 1819). Weiter geführt ist die Kenntniss dieser Phänomene erst in der neueren Zeit. Herr Dr. *Seebeck* hat den Einfluss der optisch einaxigen Krystalle auf die vollständige Polarisation durch sehr genaue Beobachtungen so weit verfolgt, dass der Einfallswinkel, unter welchem derselbe stattfindet, hier ebenso sicher im Voraus bestimmt werden kann, wie bei unkrystallinischen Körpern dies durch das *Brewster*'sche Gesetz geschieht (Pogg. Ann. Bd. 21, Seite 290 und Bd. 22, Seite 126). Zugleich entdeckte *Seebeck*, dass die von *Brewster* aufgefundene Abweichung der Polarisationsebene von der Reflexionsebene auch dann schon stattfindet, wenn der Lichtstrahl un-

*) Aus Poggendorff's Annalen, Bd. 42, Seite 1—30; 1837.

mittelbar aus der Luft auf die Krystallfläche fällt (Pogg. Ann. Bd. 21, Seite 290 und Bd. 28, Seite 276).

Durch *Fresnel's* Untersuchungen über die Modificationen, welche das Licht durch Zurückwerfung und Brechung in *unkrystallinischen* Körpern erfährt, wurde zugleich ein allgemeinerer Gesichtspunkt für die Erscheinungen der vollständigen Polarisation durch Reflexion an *krystallinischen* Körpern eröffnet, nämlich diese als einen besonderen Fall abzuleiten aus der Lösung folgenden Problemes: *Wenn ein polarisirter Lichtstrahl auf die Oberfläche eines Krystalls fällt, die Intensität des reflectirten Strahls, die Lage seiner Polarisationsebene und die Intensitäten der beiden gebrochenen Strahlen zu bestimmen.* In Pogg. Ann. Bd. 40, S. 497*) habe ich ein Verfahren angegeben, diese Forderung in jedem einzelnen Fall durch *Beobachtung zu lösen*, und dieses Verfahren durch eine kleine Reihe von Beobachtungen erläutert. Eine *theoretische Lösung* des Problems in seiner ganzen Ausdehnung habe ich in einer der Berliner Akademie vorgelegten Abhandlung**) gegeben, (betitelt: Ueber den Einfluss der Krystallflächen u. s. w., besonders abgedruckt aus den Abh. der Akad. zu Berlin; in Commission bei Dümmler).

Die Principien, von denen ich dabei ausgegangen bin, unterscheiden sich von denjenigen, welche *Fresnel* in seiner soeben erwähnten Abhandlung zum Grunde gelegt hat, vorzüglich darin: 1) dass ich annehme, die Richtung der Oscillation liege in der Polarisationsebene, 2) dass ich in allen brechenden Medien eine gleiche Dichtigkeit des Aethers voraussetze, die Brechung also allein durch die Verschiedenheit der Elasticität hervorgebracht ansehe.

Die numerischen Resultate, welche ich aus meinen Formeln abgeleitet habe, stimmten so vollkommen mit den Beobachtungen von *Seebeck* über die vollständige Polarisation, dass ich an der Zulässigkeit der zu Grunde gelegten Principien nicht zweifelte. Da indess der Fall der vollständigen Polarisation ein zu besonderer der Reflexion ist, und aus ihm sich auch Nichts in Beziehung auf die Intensitäten der gebrochenen Strahlen schliessen liess, glaubte ich die Richtigkeit der Resultate, zu welchen ich gekommen war, durch die Uebereinstimmung derselben mit Beobachtungen, die sich über andere Fälle, als die der vollständigen Polarisation, erstreckten, noch beweisen zu müssen. *Dies ist die Absicht derjenigen Beobachtungen, welche ich hier mittheilen will.*

---

*) d. i. in der fünfzehnten Abhandlung des vorliegenden Bandes. — *C. N.*

**) Es ist dies die vierzehnte Abhandlung des vorliegenden Bandes. — *C. N.*

§ 1.

Beschreibung des Instrumentes.

Zuerst werde ich das Instrument beschreiben, mit dem die Beobachtungen angestellt sind.

HH ist ein *horizontaler Kreis*, der sich um eine verticale Axe *AA* dreht. Auf diesem Kreise ist ein *verticaler Kreis VV* befestigt; er besteht aus zwei concentrischen Scheiben, deren innere sich in der äusseren dreht; die innere trägt eine kleine Vorrichtung mit zwei rechtwinklig drehbaren Bewegungen, die bestimmt ist, den *Krystall K* zu tragen und eine seiner Ebenen parallel mit der Ebene des verticalen Kreises *VV* zu stellen. Auf den Krystall *K* fällt ein dünnes Lichtbündel, welches durch die beiden kleinen *centralen Oeffnungen o, o′* des horizontal liegenden *Rohres RR* gegangen ist, und herrührt von der dahinter stehenden *Lampe L.* Dieses Lichtbündel wird durch eine vor der Oeffnung *o′* befestigte *Turmalinplatte t* polarisirt. Das Rohr *RR* kann in seiner Hülse *ll* gedreht werden, und die Drehung wird gemessen durch den am Rohr befestigten *Kreis TT.*

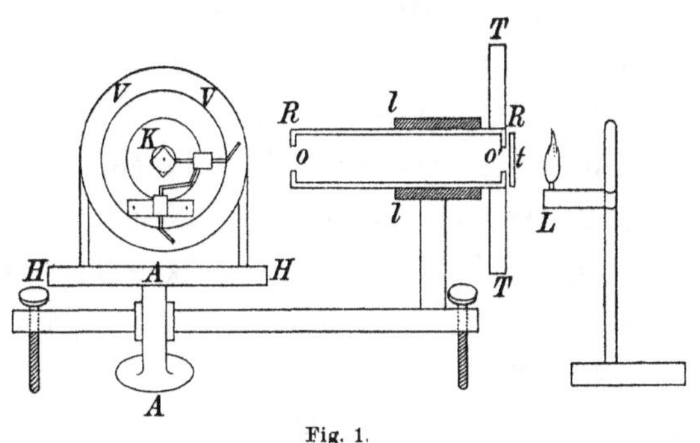

Fig. 1.

Der Zweck dieses Instrumentes ist leicht ersichtlich. Es sei eine Ebene *E* des Krystalls *K* parallel mit der Ebene des verticalen Kreises *VV* gestellt, es sei ferner durch Drehung seines inneren Ringes der Hauptschnitt der Ebene *E* in eine horizontale Lage gebracht, ferner der horizontale Kreis *HH* so gedreht, dass die Ebene des Kreises *VV* rechtwinklig stehe gegen die Axe *oo* des*) Rohres *RR*, und endlich sei das Rohr *RR* in seiner Hülse so gedreht, dass die *Turmalinaxe vertical stehe.* Dies ist die *normale* Stellung des Instrumentes; das Lichtbündel *oo* ist jetzt horizontal polarisirt, und fällt senkrecht auf die Krystallebene *E.*

Wird nun der horizontale Kreis *HH* um den Winkel φ gedreht, der innere Ring des verticalen Kreises *VV* um den Winkel ω, endlich die Turmalinplatte um den Winkel α, so fällt jetzt ein im Azimuth α polarisirter Lichtstrahl *oo* unter dem Einfallswinkel φ auf die Krystallebene, und das Azimuth der Einfallsebene ist ω. Dies zu erreichen ist der *Zweck des Instrumentes.*

*) Hier und im Folgenden ist, ebenso wie im Original, statt *oo′*, kurzweg *oo* gesetzt. – *C. N.*

Jene normale Stellung des Instrumentes erfordert also: 1) dass der Kreis VV parallel mit der Axe AA ist; dies wurde in hinlänglicher Schärfe erreicht durch Spiegelung an einem kleinen Parallelspiegel, der statt des Krystalls K an dem Halter befestigt worden; 2) dass die Krystallebene E parallel mit der Ebene des Kreises VV sei, wovon man sich überzeugt, indem gegen die Krystallebene ein kleines Fernrohr gerichtet wird, und man ein von ihr reflectirtes Bild sich nicht verrücken sieht, wenn der innere Kreis um 180^0 gedreht wird. 3) Um den Hauptschnitt der Ebene E in eine Lage, die senkrecht auf der Axe AA ist, zu bringen, stelle ich zuerst eine natürliche Kante des Krystalls parallel mit der Axe AA, was, wie an einem Goniometer, mittelst des soeben erwähnten kleinen Fernrohrs geschieht, und drehe dann den innern Kreis von VV um den Winkel, den diese Kante mit dem Hauptschnitt bildet. 4) Um die Ebene des Kreises VV senkrecht gegen das Rohr zu stellen, bringe ich an den Kreis TT, nachdem die Linie oo als Drehungsaxe des Rohrs berichtigt ist, einen Arm ab (vgl. die beistehende Figur), der in seinem Ende eine kleine Oeffnung b trägt; die Kreise HH und TT drehe ich so lange, bis ich durch die Oeffnung b den vom einfallenden Lichtbündel oo herrührenden, durch die Ebene E des Krystalls reflectirten Strahl bc sehe*); alsdann drehe ich den Kreis TT etwa um 180^0, so dass b in b' fällt, drehe den Kreis HH so weit, bis ich in b' wiederum den reflectirten Strahl $b'c$ sehe. Die mittlere zwischen diesen beiden Stellungen des Kreises HH ist diejenige, bei welcher eine durch die Axe des Rohres oo gehende und *zu AA parallele* Ebene senkrecht steht auf der Ebene des Kreises VV. Wenn bei diesen beiden Stellungen des Kreises HH der Kreis TT sich gerade um 180^0 gedreht erweist, *so steht oo senkrecht auf der Axe AA*, und also senkrecht auf der Ebene des Kreises VV in seiner mittleren Stellung. Die Richtung des Rohrs muss also so lange verändert werden, bis die erforderliche Drehung desselben aus ab in $a'b'$ 180^0 beträgt. Wenn $2h$ die Drehung des Kreises HH und $2D$ die Drehung des Kreises TT bezeichnet, und man α die Abweichung der Neigung des Rohrs oo gegen die Axe AA von der rechtwinkligen nennt, so findet zwischen diesen Grössen die Relation

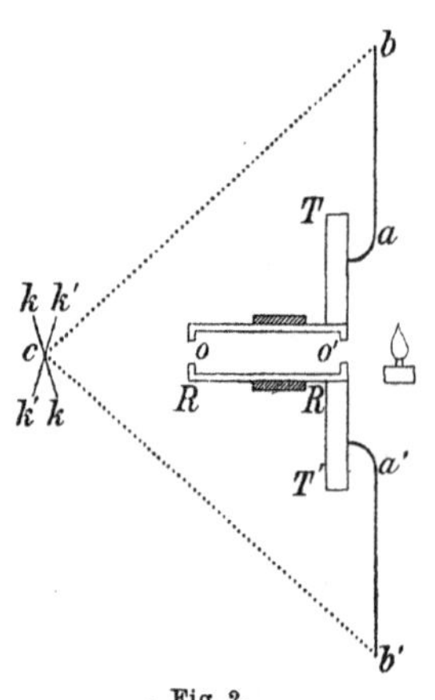

Fig. 2.

*) Statt der Buchstaben A, B, C des Originals, sind hier die entsprechenden kleinen Buchstaben a, b, c angewendet. — Auch ist die Fig. 2 etwas anders gezeichnet als im Original, nämlich so, dass sie dieselbe Orientirung besitzt wie die Fig. 1. — *C. N.*

statt: $\operatorname{tg}\alpha = -\operatorname{tg}h\cos D$. — 5) Was endlich die Einstellung des Turmalins betrifft, so wird diese dadurch erreicht, dass man diejenige Stellung beobachtet, bei welcher der ungewöhnliche Strahl verschwindet in dem in K befestigten Krystalle, wenn dessen Hauptschnitt in der Einfallsebene liegt.

§ 2.

Näheres über die Art und Weise der Beobachtungen.

Das auf die Krystallebene fallende Licht erleidet gewisse Modificationen, welche Functionen sind von seinem Polarisationsazimuth, seinem Einfallswinkel und vom Azimuth der Einfallsebene. Für diese Functionen, z. B. Intensität der gebrochenen Strahlen, oder Polarisationsazimuth des reflectirten Strahls etc., sollen gewisse Werthe beobachtet werden. Ich werde die zu beobachtende Function mit $F(\varphi, \omega, \alpha)$ bezeichnen, wo φ den Einfallswinkel, ω das Azimuth der Einfallsebene, α das Azimuth der Polarisationsebene bedeuten. Es sei für diese Function bei den am Instrument abgelesenen Grössen φ, ω, α der Werth B beobachtet; diese abgelesenen Werthe für φ, ω, α sind aber noch mit den nach der Berichtigung des Instrumentes übrig gebliebenen Fehlern behaftet; und es seien ihre wahren Werthe: $\varphi + \Delta\varphi$, $\omega + \Delta\omega$, $\alpha + \Delta\alpha$; alsdann hat man:

$$B = F + \frac{\partial F}{\partial \varphi}\Delta\varphi + \frac{\partial F}{\partial \omega}\Delta\omega + \frac{\partial F}{\partial \alpha}\Delta\alpha .$$

Es handelt sich nun darum, durch eine schickliche Combination der Beobachtungen die Glieder, welche $\Delta\varphi$, $\Delta\omega$, $\Delta\alpha$ enthalten, zu eliminiren.

Bei *einaxigen* Krystallen, auf welche sich die folgenden Beobachtungen bis jetzt allein beziehen, verändert F seinen Werth nicht, wenn man ω und α verwandelt in $-\omega$ und $-\alpha$. Nimmt man nun an, dass die Ebene des Krystalls wirklich mit der Ebene des Kreises VV parallel gestellt sei, und dass das Lichtbündel oo durch Drehung des Rohres RR seine Richtung nicht ändert, so verwandeln sich $\Delta\omega$ und $\Delta\alpha$ in $-\Delta\omega$ und $-\Delta\alpha$ für eine Beobachtung B', welche durch Drehung der Kreise VV und TT in entgegengesetzter Richtung bei $-\omega$ und $-\alpha$ angestellt wird; die vorhergehende Gleichung wird also in diesem Falle $(\varphi, -\omega, -\alpha)$ lauten:

$$B' = F + \frac{\partial F}{\partial \varphi}\Delta\varphi - \frac{\partial F}{\partial \omega}\Delta\omega - \frac{\partial F}{\partial \alpha}\Delta\alpha .$$

Nun kann man eine dritte und vierte Beobachtung anstellen, für welche F

unverändert bleibt, nämlich bei $\omega + 180^0$ und $-\varphi$, und bei $180^0 - \omega$ und $-\varphi$. Diese beiden Beobachtungen, die ich mit B'' und B''' bezeichnen will, geben:

$$B'' = F - \frac{\partial F}{\partial \varphi}\Delta\varphi + \frac{\partial F}{\partial \omega}\Delta\omega + \frac{\partial F}{\partial \alpha}\Delta\alpha,$$

$$B''' = F - \frac{\partial F}{\partial \varphi}\Delta\varphi - \frac{\partial F}{\partial \omega}\Delta\omega - \frac{\partial F}{\partial \alpha}\Delta\alpha;$$

woraus erhellt, dass der wahre Werth von F ist:

$$(1.) \qquad F = \tfrac{1}{4}(B + B' + B'' + B''').$$

Hierbei ist angenommen, dass oo parallel sei mit der Axe, um welche sich das Rohr RR dreht, und dass die Krystallebene parallel sei mit dem Kreise VV. Die erste Annahme ist aber überflüssig; denn der daraus entstehende Fehler hat in den beiden letzten Beobachtungen das entgegengesetzte Zeichen, wie in den beiden ersten. Der Fehler aber, welcher aus der zweiten Annahme entspringt, ist durch keine Art von Combination herauszuschaffen; glücklicherweise aber trifft es sich, dass die Einstellung der Krystallebene parallel mit dem Kreise VV mit aller erforderlichen Schärfe geschehen kann.

Die folgenden Beobachtungen sind sämmtlich an der *natürlichen Bruchfläche des Kalkspaths* angestellt. Wegen der Veränderung, welche bei künstlich geschliffenen Flächen Herr Dr. *Seebeck* beobachtet hat, habe ich angestanden, solche anzuwenden.

§ 3.

Die mit den Beobachtungen zu vergleichenden theoretischen Resultate.

Da es die Absicht ist, die folgenden Beobachtungen mit den Formeln zu vergleichen, zu welchen mich theoretische Betrachtungen geführt haben, so muss ich deren Resultate, soweit sie hier zur Anwendung kommen, im Allgemeinen angeben. — Eine Lichtwelle falle unter dem Winkel φ auf eine Ebene eines *einaxigen Krystalls*, deren Neigung gegen die Axe den Cosinus A und den Sinus C habe; der Winkel φ ist von der brechenden Ebene an gerechnet. Ferner seien φ' und φ'' die Winkel, welche die gebrochenen Wellenebenen, die ordentliche und die ausserordentliche, mit der brechenden Ebene bilden. Das Azimuth der Einfallsebene, vom Hauptschnitt an gerechnet, sei ω. Die einfallende Wellenebene ist polarisirt, und man denke sich dieselbe zerlegt in zwei andere, von denen die erste parallel mit der Einfallsebene polarisirt ist, und die zweite senkrecht darauf. Die Amplitude in der ersten sei S, in der zweiten P. Die reflectirte Wellenebene, auf eine gleiche Weise zerlegt, habe die Amplituden R_s und R_p. Endlich seien die Amplituden in der gebrochenen ordentlichen Wellenebene D' und in der ausserordentlichen D''. Die Relationen zwischen den Grössen P, S, R_p, R_s, D', D'', zu welchen ich a. a. O. gekommen bin, sind folgende [vgl. Seite 390 (11.)]:

$$(2.)\begin{cases} P + R_p = D'\dfrac{A\sin\omega}{\sqrt{1-\gamma'^2}} + D''\dfrac{C\sin\varphi'' - A\cos\varphi''\cos\omega}{\sqrt{1-\gamma''^2}}, \\ (P - R_p)\sin\varphi\cos\varphi = D'\dfrac{\sin\varphi'\cos\varphi'\cdot A\sin\omega}{\sqrt{1-\gamma'^2}} + D''\dfrac{C\cos\varphi''\sin^2\varphi' - A\sin\varphi''\cos^2\varphi'\cos\omega}{\sqrt{1-\gamma''^2}}, \\ (S + R_s)\sin\varphi = -D'\dfrac{\sin\varphi'(C\sin\varphi' - A\cos\varphi'\cos\omega)}{\sqrt{1-\gamma'^2}} + D''\dfrac{A\sin\varphi''\sin\omega}{\sqrt{1-\gamma''^2}}, \\ (S - R_s)\cos\varphi = -D'\dfrac{\cos\varphi'(C\sin\varphi' - A\cos\varphi'\cos\omega)}{\sqrt{1-\gamma'^2}} + D''\dfrac{A\cos\varphi''\sin\omega}{\sqrt{1-\gamma''^2}}, \end{cases}$$

wo γ' und γ'' die Sinus der Winkel bezeichnen, welche die ordentliche und ausserordentliche Wellenebene mit der Axe bilden. Was die Vorzeichen der Azimuthe betrifft, so liegt diesen Formeln folgende Bestimmung darüber zu Grunde.

Die Einfallsazimuthe ω sind vom Hauptschnitt an gerechnet, und zwar so, dass, wenn man auf der reflectirenden Fläche sich stehend denkt, das Gesicht nach dem Durchschnittspunkt derselben mit der Axe gekehrt, auf der *rechten* Seite des Hauptschnitts die *positiven* ω liegen, auf der linken die negativen, und jener Durchschnittspunkt oder die Axe im Azimuth 0 liegt. Um die Vorzeichen der Polarisationsazimuthe α der einfallenden Wellenebenen richtig zu verstehen, denke man sich in der einfallenden Wellenebene liegend, mit ihr sich vorwärts bewegend, die Füsse dem Krystall zugekehrt; liegt jetzt die Polarisationsebene auf der *linken* Seite, so ist sie durch *Plus*, liegt sie auf der rechten, so ist sie durch Minus bezeichnet. Gleiches gilt für das reflectirte Licht: man denke sich in seiner Wellenebene liegend, mit ihr sich vorwärts bewegend, die Füsse dem Krystall zugekehrt; die jetzt auf der *linken* Seite liegende Polarisationsebene ist durch *Plus*, die auf der rechten Seite liegende durch Minus bezeichnet.*)

§ 4.

Erste Reihe Beobachtungen. Bestimmung desjenigen Polarisationsazimuthes α' des einfallenden Strahles, bei welchem der ausserordentliche Strahl verschwindet.

Es wurde an einem kleinen natürlichen Kalkspathbruchstück eine Ebene geschliffen, die etwa 20^0 mit demjenigen Blätterdurchgange bildete, durch welchen der Lichtstrahl eintreten sollte; sodass ein kleines Prisma

*) Diese Definitionen sind identisch mit denen auf Seite 583. — *C. N.*

entstand, welches möglichst achromatisirt wurde durch ein kleines Glasprisma. Dieses Doppelprisma wurde an dem verticalen Kreis VV befestigt, die natürliche Bruchfläche dem Rohre RR zugekehrt. Die Kreise HH und VV wurden auf ein bestimmtes φ und ω gestellt, und der Kreis TT nun so lange gedreht, bis für das hinter dem Doppelprisma befindliche Auge der ausserordentliche Strahl, herrührend von dem einfallenden Lichtbündel oo, verschwand. Da dieses einfallende Lichtbündel sehr dünn ist, muss die Bruchfläche, an welcher beobachtet werden soll, keine Unebenheiten, Streifungen und dergleichen zeigen; was nicht leicht zu erhalten ist. Auch muss bei der Anfertigung und Befestigung des Prismas mit grosser Vorsicht zu Werke gegangen werden, dass die Bruchfläche vollkommen rein erhalten wird.

Jedes beobachtete Azimuth ist das Mittel aus den vier beobachteten Werthen B, B', B'', B''' [vgl. (1.) Seite 598]; und jedes solches B ist das Mittel aus zehn Beobachtungen; sodass also jedem beobachteten Azimuth vierzig Beobachtungen zu Grunde liegen; in je zwei auf einander folgenden Einstellungen des Turmalinkreises geschah die letzte Drehung, mit welcher der Kreis eingestellt wurde, in entgegengesetzter Richtung.

Die Endresultate sind in folgender Tafel zusammengestellt, wobei zugleich mitangegeben sind die aus (2.) berechneten Werthe. Man sieht nämlich aus (2.), wenn $D'' = 0$ gesetzt wird, dass dann eine Relation zwischen P und S stattfinden muss; dieselbe ergiebt sich durch Elimination von R_p, R_s, D'; sie lautet:

$$\frac{P}{S} = -\cos(\varphi - \varphi') \cdot \frac{A \sin\omega}{C \sin\varphi' - A \cos\omega \cos\varphi'} = \operatorname{tg} \alpha',$$

wo alsdann α' das gesuchte Polarisationsazimuth des einfallenden Strahles bezeichnet, bei welchem die Intensität des ausserordentlichen Strahles $= 0$ ist.

Dieses Azimuth hat eine sehr einfache Beziehung zu der Drehung, welche die Polarisationsebene durch Brechung bei einem *unkrystallinischen* Medium erfährt. Es sei bei einem solchen Medium das Polarisationsazimuth des einfallenden Strahles a, und dasjenige des gebrochenen b, so hat man bekanntlich: $\operatorname{tg} b = \frac{\operatorname{tg} a}{\cos(\varphi - \varphi')}$ oder $\operatorname{tg} b \cdot \cos(\varphi - \varphi') = \operatorname{tg} a$. Nun ist, wenn die Brechung durch ein *krystallinisches* Medium geschieht, das Polarisationsazimuth des gebrochenen Strahles ein durch die Lage des gebrochenen Strahls in Beziehung auf die Axe bestimmtes; und zwar ist bei einaxigen Medien für den ordentlichen Strahl: $\operatorname{tg} b = \frac{-A \sin\omega}{C \sin\varphi' - A \cos\omega \cos\varphi'}$; woraus also folgt, dass der ungewöhnliche Strahl verschwindet in allen den Fällen, in welchen zwischen den Polarisationsazimuthen des einfallenden und des ordentlichen gebrochenen Strahles dieselbe Relation stattfindet, wie bei unkrystallinischen Medien.

Bei Einfallsazimuthen, die zwischen 0^0 und $\pm 90^0$ liegen, ändert das erforderliche Polarisationsazimuth α' sein Vorzeichen, nämlich wenn

(4.) $$C \sin \varphi' - A \cos \omega \cos \varphi' = 0,$$

d. h. wenn in dem gebrochenen ordentlichen Strahl die Polarisationsebene senkrecht auf der Brechungsebene steht. In diesem Fall muss auch der einfallende Strahl senkrecht auf der Einfallsebene polarisirt sein; diesseits, nämlich zwischen dem zu (4.) gehörigen Einfallswinkel und $\varphi' = 0$, ist das erforderliche Azimuth α' immer positiv, jenseits negativ. Dieser Wechsel des Vorzeichens im Polarisationsazimuth α' findet nur bei ω's statt, die zwischen 0^0 und $\pm 90^0$ liegen; ausserhalb dieser Einfallsazimuthe ist α' immer negativ. Eine sehr einfache Construction des *Kegels* (4.) habe ich in meiner Abhandlung angegeben [vgl. Seite 415].

ω	φ	Beobachtete α'	Berechnete α'	δ
45^0	45^0	$+ 72^0\ 38'$	$+ 72^0\ 36'$	$- 2'$
60	50	$- 88\ \ 20,5$	$- 88\ \ 16,0$	$- 4,5$
90	45	$- 65\ \ 25$	$- 65\ \ 20,5$	$- 4,5$
90	53	$- 61\ \ 55$	$- 61\ \ 51$	$- 4$
135	45	$- 31\ \ 53$	$- 31\ \ 52$	$- 1$
135	45	$- 31\ \ 48$	$- 31\ \ 52$	$+ 4$
140 57′	40	$- 26\ \ 50$	$- 26\ \ 42$	$- 8$
141	50	$- 28\ \ 30$	$- 28\ \ 27,5$	$- 2,5$

die δ's sind die Abweichungen der Beobachtung von den aus (3.) berechneten Azimuthen.

§ 5.

Zweite Reihe Beobachtungen. Bestimmung desjenigen Polarisations-Azimuthes α'' des einfallenden Strahles, bei welchem der ordentliche Strahl verschwindet.

Setzt man in den Formeln (2.) das $D' = 0$, so findet man*):

(5.) $$\frac{P}{S} = \cos(\varphi - \varphi'') \frac{C \sin \varphi'' - A \cos \omega \cos \varphi''}{A \sin \omega} + \frac{\gamma'' \sin(\varphi' + \varphi'') \sin(\varphi' - \varphi'')}{A \sin \omega \sin(\varphi + \varphi'')} = \operatorname{tg} \alpha'',$$

*) Jene Formeln (2.) sind identisch mit den vier Formeln (11.) a, b, c, d Seite 390. Will man aber zur obigen Gleichung (5.) gelangen, so muss man dabei die *zweite* der Formeln (2.) d. i. die Formel (11.) b. Seits 390 ersetzen durch die Formel (10.) Seite 390. — *C. N.*

wo α'' das Azimuth der Polarisationsebene des einfallenden Strahls bezeichnet, bei welchem der gewöhnliche Strahl verschwindet. Dieses Azimuth α'' steht ungefähr senkrecht gegen das Azimuth α', welches durch (3.) bestimmt wurde.

In folgender Tafel sind die beobachteten und die nach (5.) berechneten Werthe von α'' zusammengestellt:

ω	φ	Beobachtete α''	Berechnete α''	δ
45°	45°	— 15° 27',8	— 15° 26'	— 1',8
60	50	+ 1 39	+ 1 39	— 9
90	45	+ 22 28	+ 22 33	+ 5
90	53	+ 24 27,5	+ 24 29	+ 1,5
135	45	+ 55 27,5	+ 55 31	+ 3,5
135	45	+ 55 28,5	+ 55 31	+ 2,5
141	50	+ 59 44	+ 59 39	+ 5

§ 6.

Dritte Reihe. Bestimmung des Azimuthes *b*, nach welchem der reflectirte Strahl polarisirt ist, wenn der einfallende Strahl senkrecht auf der Einfallsebene polarisirt ist.

Die Tangente des Polarisationsazimuthes im reflectirten Licht ist allgemein $=\frac{R_p}{R_s}$. Aus (2.) sieht man nun, dass sowohl R_p als auch R_s eine lineare Function von P und S ist. Ich setze also*):

$$\text{(5a.)}\qquad \begin{cases} R_p = pP + s'S, \\ R_s = p'P + sS, \end{cases}$$

Die Auflösung der Gleichungen (2.) giebt für p, p', s, s' Werthe, die ich, um sie bequemer berechnen zu können, unter folgende Form bringe. Ich setze:

$$\text{(a.)}\qquad \frac{A\cos\omega}{C} = \operatorname{tg}\xi;$$

wodurch der für γ'' geltende Ausdruck [Seite 377 (h.)] die Gestalt erhält:

$$\text{(b.)}\qquad \gamma'' = \frac{C}{\cos\xi}\cos(\varphi''-\xi).$$

*) Es lässt sich beweisen, unabhängig von einer Theorie, dass dies die allgemeine Form für R_s und R_p ist. Daraus folgen, wenn man eine Reihe Beobachtungen bei demselben φ und ω über die zusammengehörigen Werthe von $\frac{P}{S}$ und $\frac{R_p}{R_s}$ angestellt hat, Relationen, die zwischen diesen Grössen stattfinden müssen, welche unabhängig von der Theorie sind, und durch welche man diese Beobachtungen durch sich selbst prüfen und verbessern kann; diese Relationen erhält man durch Elimination der drei Unbekannten $\frac{s'}{p'}$, $\frac{p'}{p}$, $\frac{s}{p}$. — *Anm. des Originals.*

Nun muss sein [vgl. Seite 389 (8a.)]:

(c.) $$\sin(\varphi''-\varphi') = \frac{(\pi^2-\mu^2)\sin^2\varphi(1-\gamma''^2)}{\sin(\varphi'+\varphi'')},$$

wo μ und π die Geschwindigkeiten des ordentlichen und ausserordentlichen Strahls bezeichnen, wenn sie sich senkrecht auf der Axe im Krystall fortpflanzen, die Geschwindigkeit des Lichtes im umgebenden Medium als Einheit genommen. Aus den Gleichungen (b.) und (c.) berechne ich γ'' und φ'' *durch Annäherung*, indem ich zuerst setze:

$$\gamma'' = \frac{C}{\cos\xi}\cos(\varphi'-\xi),$$

diesen Werth in (c.) substituire, und dann zugleich statt $\varphi'+\varphi''$ schreibe $2\varphi'$. Zu dem auf diese Weise gefundenen Werthe von $\varphi''-\varphi'$ den Werth von φ' addirt, erhalte ich einen angenäherten Werth von φ''. Dieser nun in (b.) gesetzt, giebt für γ'' einen so genäherten Werth, dass, wenn man denselben in (c.) eingeführt hat, und in $\sin(\varphi'+\varphi'')$ den vorher gefundenen Werth für φ'' setzt, man $\sin(\varphi''-\varphi')$ mit einer beinahe für alle Fälle ausreichenden Genauigkeit erhält, und also auch φ''. — Ich setze nun ferner:

(d.) $$\operatorname{tg}\xi\operatorname{cotg}^2\varphi' = \operatorname{tg}\psi,$$

(e.) $$\frac{\mu^2\cos\xi}{\cos\psi}\frac{\cos(\varphi''+\psi)}{\sin(\varphi''-\xi)} = \operatorname{tg}\zeta,$$

(f.) $$\frac{C^2\sin\varphi\sin(\varphi'-\xi)\sin(\varphi''-\xi)}{\cos^2\xi\cos\zeta} = L,$$

(g.) $$\left(\frac{A^2\sin^2\omega}{L}\right)\frac{\sin(\varphi-\varphi')\sin(\varphi+\varphi'')}{\cos(\varphi+\zeta)} = \operatorname{tg}k,$$

(h.) $$\left(\frac{A^2\sin^2\omega}{L}\right)\frac{\sin(\varphi+\varphi')\sin(\varphi-\varphi'')}{\cos(\varphi-\zeta)} = \operatorname{tg}k'.$$

Alsdann ist*):

(6.) $$\begin{cases} p = +\left(\frac{L}{\mathsf{N}}\right)\frac{\cos(\varphi+\zeta)\sin(\varphi+\varphi'+k)}{\cos k}, \\ s = -\left(\frac{L}{\mathsf{N}}\right)\frac{\cos(\varphi-\zeta)\sin(\varphi-\varphi'+k')}{\cos k'}, \\ p' = +\left(\frac{1}{\mathsf{N}}\right)AC\sin\omega\frac{\sin 2\varphi\sin(\varphi'-\xi)\sin(\varphi''-\varphi')}{\cos\xi}, \\ s' = +\left(\frac{1}{\mathsf{N}}\right)AC\sin\omega\frac{\sin 2\varphi\sin(\varphi'+\xi)\sin(\varphi''-\varphi')}{\cos\xi}, \end{cases}$$

wo N die Bedeutung hat:

(6a.) $$\mathsf{N} = C^2\sin\varphi\sin(\varphi+\varphi')\frac{\sin(\varphi'-\xi)\sin(\varphi''-\xi)\cos(\varphi-\zeta)}{\cos^2\xi\cos\zeta} + A^2\sin^2\omega\sin(\varphi+\varphi')\cos(\varphi-\varphi')\sin(\varphi+\varphi'').$$

*) Will man sich von der Richtigkeit der Formeln (6.), (6a.) überzeugen, so hat man aus denselben L, $L\operatorname{tg}k$, $L\operatorname{tg}k'$ [mittelst (f.), (g.), (h.)], und sodann ζ, ψ, ξ [mittelst (e.), (d.), (a.)] zu eliminiren. Alsdann nämlich verwandeln sich die Formeln (6.), (6a.) in die schon bekannten Formeln Seite 392 (6.) und Seite 391 (3.). — *C. N.*

Da nun der einfallende Strahl senkrecht auf der Einfallsebene polarisirt war, so ist $S=0$, und in diesem Falle also $\frac{R_p}{R_s}=\frac{p}{p'}=\operatorname{tg} b$, wo b das Polarisationsazimuth des reflectirten Strahles bezeichnet. Für p und p' ihre Werthe eingesetzt, hat man also:

$$(7.)\qquad \operatorname{tg} b=\frac{p}{p'}=\frac{L\cos(\varphi+\zeta)\sin(\varphi+\varphi'+k)\cos\xi}{AC\sin\omega\sin 2\varphi\sin(\varphi'-\xi)\sin(\varphi''-\varphi')\cos k}.$$

Für Einfallsazimuthe ω, welche zwischen 0^0 und 90^0 liegen, ändert das Azimuth b im Allgemeinen zweimal sein Vorzeichen. Für $\varphi=0$ ist hier dieses Azimuth immer negativ, d. i. die Polarisationsebene der reflectirten Welle entfernt sich von dem Hauptschnitt der reflectirenden Ebene. Dies findet für jeden Werth von ω bei $\varphi=0$ statt*). In den Azimuthen ω aber, zwischen 0^0 und 90^0, nimmt der negative Werth von b zu, bis er bei einem gewissen Einfallswinkel zu einem Rechten wird; dieser Einfallswinkel gehört zu dem ordentlichen Brechungswinkel φ', der bestimmt wird durch:

$$C\sin\varphi'-A\cos\omega\cos\varphi'=0.$$

Es ist dies [vgl. (4.)] dieselbe Relation zwischen ω und φ', wodurch die Lage der einfallenden Strahlen bestimmt wurde, welche, wenn sie senkrecht auf der Einfallsebene polarisirt sind, keinen ungewöhnlichen Strahl erzeugen; unter denselben Umständen bleibt auch, wie bei einem unkrystallinischen Medium, die Lage der Polarisationsebene im reflectirten Strahl unverändert. — Dass der Nenner von $\operatorname{tg} b$ wirklich den Factor $C\sin\varphi'-A\cos\omega\cos\varphi'$ habe, davon überzeugt man sich, wenn man in der Formel (7.) in $\sin(\varphi'-\xi)$ statt ξ seinen Werth aus (a.) setzt.

Von *dem* Einfallswinkel an, wo das Azimuth $b=90^0$ ist, wird dieses Azimuth b positiv, nimmt ab, wird $=0^0$, und geht nun wieder auf die negative Seite, auf der es nun bleibt; und mit $\varphi=90^0$ wird b zugleich zum zweiten Mal $=90^0$. — Das Azimuth b wird $=0^0$, wenn $p=0$ ist [vgl. (7.)]. Diese Gleichung $p=0$ führt auf eine Gleichung für φ vom vierten Grade, die immer nur *einen* brauchbaren Werth von φ giebt; dieser Werth von φ fällt nahe zusammen mit dem Winkel der vollständigen Polarisation.

Der doppelte Wechsel des Vorzeichens von b findet auf die soeben beschriebene Art statt, *in der Voraussetzung*, dass der durch $p=0$ bestimmte Einfallswinkel *grösser* sei als der durch $C\sin\varphi'-A\cos\omega\cos\varphi'=0$ be-

*) Wenn es scheinen möchte, dass bei $\varphi=0$ das Einfallsazimuth ω unbestimmt bleibt, — muss man berücksichtigen, dass im gegenwärtigen Falle das ω durch die Richtung der Polarisationsebene der einfallenden Strahlen bestimmt ist, da die Einfallsebene immer senkrecht auf der Polarisationsebene stehen soll. — *Anm. des Originals.*

stimmte. Er kann aber auch *kleiner* sein; alsdann geht b, wenn φ von 0^0 an wächst, von der negativen Seite durch 0^0 auf die positive, und von dieser dnrch 90^0 wiederum auf die negative.

Ob diese Uebergänge, wenn der Strahl aus der Luft auf den Krystall fällt, jedesmal möglich sind, hängt ab von der Lage der brechenden Fläche in Beziehung auf die Axe. Anf einer zur Axe parallelen Fläche fällt der Uebergang des Vorzeichens durch $C \sin \varphi' - A \cos \omega \cos \varphi' = 0$ gänzlich fort. Auf der natürlichen Bruchfläche des Kalkspaths, wenn der Strahl aus der Luft auf dieselbe fällt, muss ω grösser als 40^0 sein, wenn $C \sin \varphi' - A \cos \omega \cos \varphi' = 0$ einem möglichen φ entsprechen soll. Hier findet also von $\omega = 0^0$ bis $\omega = 40^0$ nur *ein* Vorzeichenwechsel für b statt, nämlich durch $p = 0$; von $\omega = 40^0$ bis $\omega = 52^0{,}3$ ist der durch $p = 0$ bestimmte Einfallswinkel *kleiner* als der durch $C \sin \varphi' - A \cos \omega \cos \varphi' = 0$ bestimmte; von $\omega = 52^0\,3$ bis $\omega = 90^0$ verhält es sich umgekehrt, da ist nämlich der durch $p = 0$ bestimmte Einfallswinkel der *grössere*.

Positiv ist also b nur zwischen denjenigen φ, welche durch $p = 0$ und $C \sin \varphi' - A \cos \omega \cos \varphi' = 0$ bestimmt werden; wird durch beide Gleichungen dasselbe φ bestimmt, so fällt der Vorzeichenwechsel, b bleibt alsdann immer negativ. Der Einfallswinkel, welcher diesen beiden Gleichungen gemeinschaftlich genügt, ist zugleich der der vollständigen Polarisation durch Reflexion, wo also gar kein Licht reflectirt wird. — Ueberhaupt ist der Uebergang aus dem Negativen ins Positive durch $p = 0$ schwer oder gar nicht durch die Beobachtung zu verfolgen, weil die Intensität des reflectirten Lichtes in der Nähe des dazu gehörigen Einfallswinkels äusserst gering ist; unter dem durch $p = 0$ bestimmten Einfallswinkel ist diese Intensität $= p'^2 P^2$, d. i. proportional mit dem Quadrat von $\sin(\varphi'' - \varphi')$.

Für Einfallsazimuthe ω, die zwischen 90^0 und 180^0 liegen, ist b von $\varphi = 0$ an bis zu der Wurzel φ der Gleichung $p = 0$ positiv; und bei dieser Wurzel geht das Azimuth b durch 0 ins Negative, wo es bleibt, bis es, mit φ zugleich, 90^0 wird; sodass bei diesen Einfallsazimuthen also nur ein einmaliger Wechsel des Vorzeichens von b stattfindet. — Wenn $\omega = 90^0$ ist, so ist $b = 90^0$ für $\varphi = 0^0$; das Azimuth b ist hier positiv von $\varphi = 0$ bis zu dem durch $p = 0$ bestimmten φ, und von diesem ab ist b negativ.

Die Beobachtung des Azimuths b, in welchem der reflectirte Strahl polarisirt ist, geschah mittelst eines Kalkspathprismas, dessen eine Seite eine natürliche Bruchfläche, die andere aber so geschliffen war, dass dieses Prisma, verbunden mit einem Glasprisma, dem austretenden ordentlichen Strahl die

Richtung des eintretenden Strahls gab. Dieses Prisma war an einem getheilten Ringe so befestigt, dass die natürliche Fläche senkrecht stand auf der Axe, um welche der Ring sich drehte. Auf die natürliche Fläche fiel der zu untersuchende Strahl nahe senkrecht, welche Stellung des Ringes dadurch erhalten wurde, dass ein hinter dem reflectirenden Krystall K (Fig. 1 Seite 595) befindliches Auge den vom Beobachtungsprisma zum zweiten Mal reflectirten Strahl erhielt. Nachdem das Beobachtungsprisma auf diese Weise gestellt war, beobachtete man durch dasselbe den vom Krystall K reflectirten Strahl, und drehte dasselbe in seinem Ringe so lange, bis der ordentliche Strahl verschwand. Da diese Beobachtung sowohl bei dem im Azimuth ω, als auch bei dem im Azimuth $-\omega$ reflectirten Strahl angestellt wurde, war die Kenntniss der Lage des Hauptschnitts des Beobachtungsprismas nicht weiter erforderlich; aber sie ergab sich für die folgenden Beobachtungsreihen, als die mittlere Lage zwischen zweien solchen Beobachtungen.

Die beobachteten Werthe und die aus (7.) berechneten finden sich angegeben in folgender Tafel*):

ω	φ	Beobachtete b	Berechnete b	δ
45°	45°	— 87° 37′	— 87° 42′	— 5′
45	33 52′	— 87 44,4	— 87 43,5	+ 0,9
61 28′	45	— 89 57	0 0	+ 3
67 30	45	+ 88 47	+ 88 42	+ 5
90	45	+ 83 59	+ 83 55	+ 4
90	45	+ 84 3	+ 83 55	+ 8
90	33 52	+ 86 55	+ 86 51,4	+ 3,6
135	45	+ 78 37	+ 78 19	+ 18
	33 52	+ 82 55,3	+ 82 60,5	— 5,2
157 30	45	+ 81 58	+ 81 51	+ 7

§ 7.

Vierte Reihe Beobachtungen. Bestimmung des Azimuthes b', nach welchem der reflectirte Strahl polarisirt ist, wenn der einfallende Strahl parallel mit der Einfallsebene polarisirt ist.

Hier ist $P = 0$; man hat also $\frac{R_p}{R_s} = \frac{s'}{s} = \operatorname{tg} b'$, d. i.

$$\text{(8.)}\qquad \operatorname{tg} b' = \frac{-AC \sin\omega \sin 2\varphi \sin(\varphi' + \xi) \sin(\varphi'' - \varphi') \cos k'}{L \cos(\varphi - \zeta) \sin(\varphi - \varphi' + k') \cos\xi},$$

*) Die folgenden Beobachtungen sind, mit einzelnen Ausnahmen, nur das Mittel aus zwanzig Einstellungen, die bei demselben φ und ω und $-\omega$ gemacht wurden. — *Anm. des Originals.*

wo b' das Polarisationsazimuth des reflectirten Strahles vorstellt für den Fall, dass der einfallende Strahl parallel mit der Einfallsebene polarisirt ist.

Dieses Azimuth b' ist für alle ω's, die kleiner als 90^0, negativ, für ω's aber zwischen 90^0 und 180^0 ist dasselbe bei Einfallswinkeln, die zwischen 0 und einem durch

$$C \sin \varphi' + A \cos \omega \cos \varphi' = 0$$

bestimmten Einfallswinkel liegen, positiv; bei diesem Einfallswinkel selbst ist $b' = 0$, und für grössere Einfallswinkel ist b' negativ. Beim senkrechten Einfall entfernt sich immer die Polarisationsebene des reflectirten Strahles von dem Hauptschnitt.

ω	φ	Beobachtete b'	Berechnete b'	ϑ
$22^0 \frac{1}{2}$	$57^0\ 47'$	$-2^0\ 18'$	$-2^0\ 12'$	$-6'$
45	33 52	-4 8,3	-4 16,6	$+8,3$
45	57 47	-3 45,7	-3 41,5	$-4,2$
$67 \frac{1}{2}$	57 47	-3 44,5	-3 46,5	$+2,0$
90	57 47	-2 31	-2 32,5	$+1,5$
90	33 52	-2 14,6	-2 11	$-3,6$
135	57 47	$+0$ 16,6	$+0$ 13,7	$-2,9$
$157 \frac{1}{2}$	57 47	$+0$ 28,3	$+0$ 28,5	$+0,2$

§ 8.

Fünfte Reihe Beobachtungen. Bestimmung des Azimuthes b'', in welchem der einfallende Strahl polarisirt sein muss, damit der reflectirte Strahl senkrecht auf der Einfallsebene polarisirt sei.

Da hier $R_s = 0$ ist, so muss $p'P + sS = 0$ sein; woraus man $\frac{P}{S} = -\frac{s}{p'} = \operatorname{tg} b''$ erhält, wo alsdann b'' das erforderliche Polarisationsazimuth des einfallenden Strahles bezeichnet. Man hat also:

$$\operatorname{tg} b'' = \frac{L \cos(\varphi - \zeta) \sin(\varphi - \varphi' + k') \cos \xi}{AC \sin \omega \sin 2\varphi \sin(\varphi' - \xi) \sin(\varphi'' - \varphi') \cos k'} \,. \tag{8a.}$$

Dies Azimuth b'' ist, wenn ω zwischen 0^0 und 90^0 liegt, negativ in den Fällen, wo der zu dem einfallenden Strahl gehörige ordentliche gebrochene Strahl *innerhalb* des Kegels (4.) liegt; *auf* diesem Kegel selbst ist $b'' = 0$, und *ausserhalb* positiv. Für ω's zwischen 90^0 und 180^0 ist b'' immer positiv.

Die folgende Tafel enthält die beobachteten und die berechneten b''.

ω	φ	Beobachtete b''	Berechnete b''	δ
45^0	45^0	$-89^0\ 10',5$	$-89^0\ 11',5$	$-1'$
45	33 52′	$-88\ 38,4$	$-88\ 37,1$	$+1,4$
90	45	$+87\ 23$	$+87\ 28$	-5
$112\ \frac{1}{2}$	45	$+85\ 47,5$	$+85\ 52$	$-4,5$
135	45	$+85\ 47,5$	$+85\ 50$	$-2,5$
$157\ \frac{1}{2}$	45	$+87\ 27$	$+87\ 26$	$+1$

§ 9.

Sechste Reihe Beobachtungen. Bestimmung des Azimuthes b''', nach welchem der einfallende Strahl polarisirt sein muss, damit der reflectirte Strahl parallel mit der Einfallsebene polarisirt sei.

Aus $R_p = pP + s'S = 0$ ergiebt sich: $\frac{P}{S} = -\frac{s'}{p} = \operatorname{tg} b'''$, wo b''' das erforderliche Polarisationsazimuth des einfallenden Strahles bezeichnet. Es ist also:

$$\text{(9.)} \qquad \operatorname{tg} b''' = -\frac{AC \sin\omega \sin 2\varphi \sin(\varphi' + \xi) \sin(\varphi'' - \varphi') \cos k}{L \cos(\varphi + \zeta) \sin(\varphi + \varphi' + k) \cos\xi}.$$

Dies Azimuth b''' ist negativ für alle ω zwischen 0^0 und 90^0 von $\varphi = 0$ bis in die Nähe des Polarisationswinkels, nämlich bis zu dem durch $p = 0$ bestimmten Einfallswinkel; hier ist $b''' = 90^0$; und jenseits dieses Winkels ist b''' positiv. Wenn aber das Einfallsazimuth ω zwischen 90^0 und 180^0 liegt, so hat der Winkel b''' im Allgemeinen einen doppelten Wechsel des Vorzeichens; er ist nämlich alsdann für alle Einfallswinkel, die zwischen den beiden durch

$$C \sin\varphi' + A \cos\omega \cos\varphi' = 0$$

und $p = 0$ bestimmten φ's liegen, negativ; und ausserhalb dieser Grenzen ist er positiv; in dem Azimuth ω, wo die beiden Grenzen zusammenfallen, was bei dem Winkel der vollständigen Polarisation geschieht, findet gar kein Wechsel des Vorzeichens von b''' statt; in den Azimuthen, wo der Gleichung $C \sin\varphi' + A \cos\omega \cos\varphi' = 0$ durch kein φ genügt werden kann, findet nur ein einmaliger Wechsel des Vorzeichens von b''' statt, bestimmt durch $p = 0$, welcher Gleichung immer genügt werden kann.

ω	φ	Beobachtete b'''	Berechnete b'''	δ
45°	45°	— 11° 5',5	— 11° 40'	+ 34',5
61 28'	45	— 11 4	— 11 16	+ 12
90	45	— 6 19	— 6 5	— 14
135	45	+ 2 17	+ 2 17,5	+ 0,5

§ 10.

Siebente Reihe. Beobachtung des Azimuthes a, in welchem der einfallende Strahl polarisirt sein muss, wenn der reflectirte Strahl in einem gegebenen Azimuth b polarisirt sein soll.

Es sei a das Polarisationsazimuth des einfallenden Strahls, b dasjenige des reflectirten Strahls; sodass also $\frac{P}{S} = \operatorname{tg} a$ und $\frac{R_p}{R_s} = \operatorname{tg} b$ ist. Dann findet zwischen a und b die Relation statt:

$$\operatorname{tg} b = \frac{p \operatorname{tg} a + s'}{p' \operatorname{tg} a + s};$$

woraus folgt:

$$\operatorname{tg} a = \frac{s \operatorname{tg} b - s'}{p - p' \operatorname{tg} b},$$

worin statt p, p', s, s' ihre Werthe aus (6.) zu setzen sind. Man kann diese letzte Formel unter folgende Form bringen. Es sei $\frac{p'}{p} = \operatorname{tg} \pi$ und $\frac{s'}{s} = \operatorname{tg} \sigma$; alsdann ist:

(10.) $$\operatorname{tg} a = \frac{s \cos \pi \sin (b - \sigma)}{p \cos \sigma \cos (b + \pi)}.$$

Die folgende Tafel enthält die beobachteten Werthe von a, und die nach dieser Formel (10.) berechneten Werthe von a.

ω	φ	b	Beobachtete a	Berechnete a	δ
45°	45°	+ 45°	— 71° 0'	— 71° 5'	+ 5'
45	45	— 45	+ 69 40	+ 69 52	+ 12
90	45	+ 20 29'	— 46 30	— 46 8	+ 22
90	45	— 32 39	+ 53 33	+ 53 27	— 6
90	45	+ 45	— 64 19	— 64 24	+ 5
90	45	— 45	+ 70 23	+ 70 29	+ 6
90	45	6 5	0 2,7	0 0	— 2,7
135	45	+ 45	— 74 15	— 74 10	+ 5
135	45	— 45	+ 67 11	+ 67 15	— 4
135	45	78 16	89 53,5	89 59	+ 5,5
157 $\frac{1}{2}$	45	+ 45	— 74 39,5	— 74 46	+ 6,5
157 $\frac{1}{2}$	45	— 45	+ 70 25	+ 70 33	+ 8

§ 11.

Anwendung der Theorie auf das Phänomen der vollständigen Polarisation des natürlichen Lichtes durch Reflexion an einer Krystallfläche. Vergleichung der Resultate mit den Beobachtungen von Seebeck.

Die soeben mitgetheilten mit grosser Sorgfalt angestellten Beobachtungsreihen haben mir hinlänglich geschienen, um die Richtigkeit der aus (2.) Seite 599 sich ergebenden Relationen nachzuweisen. Eine anderweitige Bestätigung erhalten dieselben durch Beobachtungen, welche Herr Dr. *Seebeck* schon vor längerer Zeit über den Einfluss von Krystallflächen auf die vollständige Polarisation des Lichtes durch Reflexion angestellt hat (Pogg. Ann. Bd. XXI S. 290, Bd. XXII S. 126 und Bd. XXXVIII S. 276), bei denen er den Grad von Schärfe, der bei dieser Art von Beobachtungen zu erlangen ist, zuerst kennen lehrte. Aus diesen *Seebeck*'schen Beobachtungen ergiebt sich nun eine um so schätzenswerthere Bestätigung der Gleichungen (2.), da sie sich nicht auf die natürliche Bruchfläche des Kalkspaths allein beschränken. Ich werde daher ihre Vergleichung mit den aus (2.) berechneten Werthen hier folgen lassen, zuvörderst aber die Grundsätze angeben, worauf letztere beruht.

Jene *Seebeck*'schen Beobachtungen bestimmen 1) den Winkel, unter welchem *natürliches Licht* auf eine Krystallfläche fallen muss, damit das reflectirte Licht vollständig polarisirt ist; und 2) bestimmen sie das Azimuth, nach welchem dies unter dem Polarisationswinkel reflectirte Licht polarisirt ist. — Das natürliche Licht ist eine so rasche Folge von Schwingungen in verschiedenen Richtungen, dass man annehmen kann, dass während der Zeit, welche zur Wahrnehmung desselben nöthig, in allen Richtungen gleichviel Schwingungen stattfinden, d. h. dass seine Polarisationsebene alle Azimuthe durchläuft. Wenn es nun unter gewissen Einfallswinkeln für den reflectirten Strahl ein Polarisationsazimuth giebt, das unabhängig ist vom Polarisationsazimuth des einfallenden Strahls, der Art, dass, in welchem Azimuth der einfallende Strahl auch polarisirt sein mag, das Polarisationsazimuth des reflectirten Strahls immer unverändert bleibt, — so muss auch das *natürliche* Licht nach diesem Azimuth vollständig polarisirt sein.

Wenn nun polarisirtes Licht auf die Oberfläche eines *unkrystallinischen* Mediums unter einem gewissen Winkel (dem Polarisationswinkel) fällt, so ist das reflectirte Licht immer nach der Reflexionsebene polarisirt; folglich wird hier, wenn *natürliches* Licht einfällt, dasselbe durch die Reflexion vollständig nach der Einfallsebene polarisirt sein.

Dass es sich nicht auf dieselbe Weise bei *krystallinischen* Oberflächen im Allgemeinen verhalten kann, erhellet daraus, dass R_p nicht unabhängig vom Polarisationsazimuth des einfallenden Strahles (d. i. unabhängig von P und S) verschwinden kann; es sei denn, dass zu gleicher Zeit den Gleichungen $p=0$ und $s'=0$ Genüge geschehe, welches nur in besonderen Fällen der Fall sein kann. Aber, wie bereits bemerkt, ist, damit natürliches Licht vollständig polarisirt werde, nur erforderlich, dass der Quotient $\frac{R_p}{R_s}$ constant, d. h. unabhängig von P und S sei. Ich werde diesen Quotienten mit $\operatorname{tg}\alpha$ bezeichnen. Damit aber

$$\frac{R_p}{R_s}=\frac{pP+s'S}{p'P+sS}=\operatorname{tg}\alpha$$

unabhängig von P und S sei, muss offenbar

(11.) $$\begin{cases} p=p'\operatorname{tg}\alpha, \\ s'=s\operatorname{tg}\alpha \end{cases}$$

sein; woraus durch Elimination von $\operatorname{tg}\alpha$ sich ergiebt:

(12.) $$ps-p's'=0.$$

Unter dem dieser Gleichung (12.) Genüge leistenden Einfallswinkel φ wird das natürliche einfallende Licht vollständig polarisirt, und zwar nach demjenigen Azimuth α, welches durch eine der beiden Gleichungen (11.) sich bestimmt, in derselben das aus (12.) sich ergebende φ substituirt gedacht. *Durch* (12.) *wird also der Winkel der vollständigen Polarisation, und durch* (11.) *die Abweichung α der Polarisationsebene, d. h. der Winkel α bestimmt, den sie mit der Reflexionsebene bildet.*

Wenn die *Reflexionsebene parallel mit dem Hauptschnitt* ist, d. i. wenn $\omega=0^0$, dann ist $p'=0$, $s'=0$; woraus folgt, dass hier der reflectirte Strahl parallel mit der Einfallsebene polarisirt ist; die Gleichung (12.) reducirt sich in diesem Falle auf: $ps=0$; oder, da s nicht $=0$ werden kann durch ein bestimmtes φ, so reducirt sie sich auf $p=0$.

Setzt man für das durch (5a.) in die Betrachtung hineingetretene p seinen aus (2.) zu entnehmenden Werth, und eliminirt man sodann φ' und φ'' mittelst der beiden [aus Seite 378 (11a.), (13.) entspringenden] Gleichungen:

(g.) $$\sin^2\varphi'=\mu^2\sin^2\varphi, \quad \text{und}$$

(h.) $$\operatorname{tg}^2\varphi''=\sin^2\varphi[\mu^2(C+A\operatorname{tg}\varphi'')^2+\pi^2(A-C\operatorname{tg}\varphi'')^2],$$

so findet man*), nach einigen Reductionen, für den Winkel φ der vollständigen Polarisation folgende Formel:

$$\text{(13.)}\qquad \sin^2\varphi = \frac{(1-\varkappa^2)A^2 + (1-\mu^2)C^2}{1-\varkappa^2\mu^2}. \qquad \text{[Vgl. Seite 397 (7.)].}$$

Dies ist dieselbe Formel, zu welcher bereits Herr *Seebeck* durch theoretische Betrachtungen gekommen ist, und von der er die genügende Uebereinstimmung mit seinen Beobachtungen nachgewiesen hat. (Pogg. Ann. Bd. XXII Seite 126.)

In meiner Abhandlung „*Ueber den Einfluss etc.*" habe ich nachgewiesen, dass die Gleichung (12.) *im Allgemeinen* auf eine Gleichung vom vierten Grade führt [vgl. Seite 406 (19.), (21.) etc., so wie auch auf Seite 408 die letzte Formel des § 8]; und sie kann daher nur durch Annäherungen berechnet werden. *Für den Specialfall:* $\omega = 90^0$ ist eine für diese Berechnung bequeme Gestalt der Gleichung folgende [vgl. Seite 400 (12.)]:

$$\text{(14.)}\qquad \cos(\varphi+\varphi') = \frac{[(A^2\cos^2\varphi - \sin^2\varphi')^2 + A^2\cos^2(\varphi+\varphi')\sin^2(\varphi-\varphi')]\left(\frac{\varkappa^2-\mu^2}{1-\mu^2}\right)}{A^2\cos(\varphi+\varphi') - C^2\sin^2\varphi'\cos(\varphi-\varphi')}.$$

Die nach dieser Gleichung (14.) berechneten Winkel der vollständigen Polarisation sind in folgender Tafel mit den von *Seebeck* beobachteten zusammengestellt, in welcher die erste, mit λ überschriebene Spalte die Neigung der reflectirenden Fläche gegen die Axe enthält:

λ	Beobachteter Pol.-Winkel	Berechneter Pol.-Winkel	Unterschied
0^0 12′	58^0 56′	58^0 54′,9	+ 1′,1
0 23	58 56,1	58 54,9	+ 1,2
27 2	59 3,9	59 19,1	— 15,2
45 23,2	59 50,9	59 53,4	— 2,5
45 29	59 47,7	59 53,5	— 5,8
45 43,5	59 46,7	59 54,1	— 7,4
64 1,5	60 14,8	60 26,3	— 11,7
89 47,5	60 33,4	60 47	— 13,6

Im allgemeinen Fall (d. i. für ein beliebig gegebenes ω) reducirt sich die Gleichung (12.), durch Elimination von φ'', nach ziemlich complicirten Reductionen endlich auf folgende Form [vgl. Seite 406 (21.)]:

$$\text{(14a.)}\qquad \cos(\varphi+\varphi') = \frac{\varkappa^2-\mu^2}{1-\mu^2}\times$$

$$\times\left\{\frac{[A^2\sin^2\omega\cos(\varphi+\varphi')\cos(\varphi-\varphi') + \mathfrak{P}]^2 + A^2\sin^2\omega\cos^2(\varphi+\varphi')\sin^2(\varphi-\varphi')}{A^2\sin^2\omega\cos(\varphi+\varphi') + \mathfrak{P}\cos(\varphi-\varphi')}\right\},$$

*) Es ist im Auge zu behalten, dass $\omega = 0^0$ oder $= 180^0$ sein soll. Uebrigens gilt die Formel (h.) Seite 611 nur für $\omega = 0^0$; sie würde für $\omega = 180^0$ einer kleinen Abänderung bedürfen. — *A. W.*

wo $\mathfrak{P}$ die Bedeutung hat:

$$\mathfrak{P} = A^2 \cos^2\omega \cos^2\varphi' - C^2 \sin^2\varphi'; \tag{14b.}$$

woraus sich zugleich der von *Seebeck* entdeckte sehr merkwürdige Umstand ergiebt, dass der Polarisationswinkel in den Azimuthen ω und $180^0 - \omega$ *derselbe* ist.

Die auf der natürlichen Bruchfläche des Kalkspaths in den verschiedenen Azimuthen von Herrn *Seebeck* beobachteten Polarisationswinkel sind mit den aus (14a.) berechneten in folgender Tafel zusammengestellt:

ω	Beobachteter Pol.-Winkel	Berechneter Pol.-Winkel	Unterschied
0^0 $0'$	57^0 19',7	57^0 20',1	+ 0',4
22 30	57 45,9	57 42,9	− 3,0
45 0	58 33,9	58 34,9	+ 1,0
67 30	59 29,1	59 30,1	+ 1,0
90 0	59 50,9	59 53,4	+ 2,5

Was nun die *Abweichung α der Polarisationsebene* betrifft, so hat man aus (11.): $\operatorname{tg}\alpha = \frac{s'}{s}$. Man findet aber aus (2.) [vgl. Seite 392 (6.)]:

$$s' = \frac{A \sin\omega \sin 2\varphi}{\mathsf{N}} (C \sin\varphi' + A \cos\omega \cos\varphi') \sin(\varphi'' - \varphi'),$$

wo N dieselbe Bedeutung wie in (6a.) hat. Hierin ist für φ der aus (14a.) sich ergebende Werth zu setzen. Der Werth von s reducirt sich für diesen Fall der vollständigen Polarisation auf [vgl. die vorletzte Formel auf Seite 408]:

$$s = \frac{\sin 2\varphi}{\mathsf{N}} \left(\frac{C^2 \sin^2\varphi' - A^2 \cos^2\omega \cos^2\varphi'}{\cos(\varphi + \varphi')}\right) \sin(\varphi'' - \varphi').$$

Man findet also [vgl. Seite 408 (1.)]:

$$\operatorname{tg}\alpha = \frac{A \sin\omega \cos(\varphi + \varphi')}{C \sin\varphi' - A \cos\omega \cos\varphi'}. \tag{15.}$$

D. h. *die Tangente der Abweichung α der Polarisationsebene ist gleich der Tangente des Winkels, welchen die Polarisationsebene der ordentlichen Wellenebene, die im Innern des Krystalls bei der vollständigen Polarisation erzeugt ist, mit der Einfallsebene bildet, multiplicirt mit dem Cosinus der Summe des Polarisationswinkels und des ihm entsprechenden ordentlichen Brechungswinkels.* [*Vgl. Seite* 409.]

Herr *Seebeck* hat (in Pogg. Ann. Bd. XXXVIII Seite 281) zwei Beobachtungsreihen über den Winkel α mitgetheilt; die eine ist angestellt auf der natürlichen Bruchfläche des Kalkspaths, die andere auf einer zur Axe parallelen Fläche. Die folgenden Tafeln enthalten für diese beiden Beobachtungsreihen die von *Seebeck* beobachteten α's, und die nach der Formel (15.) berechneten α's.

I. Auf der natürlichen Bruchfläche des Kalkspaths.

ω	Beobachtete α	Berechnete α	Unterschiede
0^0	0^0	0^0 0′	0′
22 ½	− 2 9′	− 2 16	+ 7
45	− 3 38	− 3 38,3	+ 0,3
67 ½	− 3 34	− 3 42,3	+ 8,3
90	− 2 30	− 2 26,3	− 3,7
112	− 0 48	− 0 52	+ 4
135	+ 0 23	+ 0 16,3	− 6,7
157 ½	+ 0 18	+ 0 28,7	+ 10,7
180	0 0	0 0	0,0

II. Auf einer zur Axe parallelen Fläche.

ω	Beobachtete α	Berechnete α	Unterschiede
0^0	0^0	0^0 0′	0′
22 ½	− 2 43′	− 2 45,5	− 2,5
45	− 3 57	− 4 7,5	− 10,5
67 ½	− 2 46	− 3 2,5	− 16,5
90	0 0	0 0	0,0

§ 12.

In wie weit ist die Richtigkeit der aus der Theorie abgeleiteten Formeln (2.) Seite 599 als wirklich durch die Beobachtungen erwiesen anzusehen?

Ich habe oben in (5a.) Seite 602 die Amplituden R_p und R_s im reflectirten Licht ausgedrückt durch:

(15a.) $$\begin{cases} R_p = pP + s'S, \\ R_s = p'P + sS; \end{cases}$$

in ähnlicher Weise mögen jetzt die Amplituden D' und D'' in den beiden gebrochenen Wellen bezeichnet werden durch:

(15b.) $$\begin{cases} D' = \pi'P + \sigma'S, \\ D'' = \pi''P + \sigma''S. \end{cases}$$

Ebenso, wie die eigentlichen Werthe von p, p', s, s' aus den Formeln (2.) Seite 599 zu entnehmen sind, ebenso gilt Gleiches auch von π', π'', σ', σ''.

Die vorhergehenden Beobachtungen können, ihrer Natur nach, nicht die absoluten Werthe von p, p', s, s' und π', π'', σ', σ'' kennen lehren. Vielmehr können durch Beobachtungen dieser Art nur bestimmt werden

(16.)
1) die Verhältnisse $p:p':s:s'$,
2) das Verhältniss $\pi':\sigma'$,
3) das Verhältniss $\pi'':\sigma''$.

Somit kann die Richtigkeit der Formeln (2.) Seite 599 in ihrer ganzen Ausdehnung nicht aus den mitgetheilten Beobachtungen gefolgert werden. Nur ihre Angaben in Hinsicht auf das Verhältniss von je zwei von den Strahlen, aus denen man das reflectirte Licht zusammensetzen kann (deren Amplituden pP, $p'P$, sS, $s'S$ sind), und in Hinsicht auf das Verhältniss von den zwei Strahlen ($\pi'P$ und $\sigma'S$), aus denen der ordentliche Strahl, und in Hinsicht auf das Verhältniss der zwei Strahlen ($\pi''P$ und $\sigma''S$), aus denen der ausserordentliche Strahl zusammengesetzt ist; — nur allein diese Angaben der Formeln (2.) können durch die mitgetheilten Beobachtungen als erwiesen angesehen werden.

Ich habe aber an einem andern Orte [vgl. Seite 582 ff.] bereits gezeigt, dass die Kenntniss der Verhältnisse jener Strahlen — sei es, dass eine solche Kenntniss durch direkte Beobachtungen, sei es, dass sie durch theoretische Betrachtungen erhalten ist — hinreicht in dem Falle, dass das brechende Medium ein vollkommen durchsichtiges ist, um die Intensitäten zu bestimmen, mit welchen das Licht reflectirt wird, und sich unter den beiden gebrochenen Strahlen vertheilt. Unter einem vollkommen durchsichtigen Medium ist dabei aber ein solches zu verstehen, bei welchem, unmittelbar nach der Brechung, die Summe des reflectirten und gebrochenen Lichtes gleich ist dem einfallenden Licht, so dass die Absorption des Lichtes, welche im Innern eines Mediums von merklicher Dicke etwa eintritt, hier ohne Einfluss ist.

Die Intensität des einfallenden Lichtes ist P^2+S^2, und ebenso ist die des reflectirten Lichtes $R_p^2+R_s^2$; ferner sind die Intensitäten des ordentlichen und ausserordentlichen Strahls proportional mit den Quadraten ihrer Amplituden; ich bezeichne sie mit $\alpha' D'^2$ und $\alpha'' D''^2$. Substituiren wir nun die aus (15a.), (15b.) entspringenden Ausdrücke:

$$
(17.)\quad \begin{cases} R_p^2 = p^2\left(P+\frac{s'}{p}S\right)^2, & \alpha' D'^2 = \alpha'\pi'^2\left(P+\frac{\sigma'}{\pi'}S\right)^2, \\ R_s^2 = p^2\left(\frac{p'}{p}P+\frac{s}{p}S\right)^2, & \alpha'' D''^2 = \alpha''\pi''^2\left(P+\frac{\sigma''}{\pi''}S\right)^2, \end{cases}
$$

in derjenigen Gleichung, welche die vollkommene Durchsichtigkeit ausdrückt, d. i. in der Gleichung

(17a.) $$P^2 + S^2 = R_p^2 + R_s^2 + \alpha' D'^2 + \alpha'' D''^2,$$

so gelangen wir, weil diese Gleichung für beliebige Werthe von P und S stattfinden muss, zu folgenden drei Relationen:

(18.) $$\begin{cases} 1 = p^2\left[1 + \left(\frac{p'}{p}\right)^2\right] + \alpha'\pi'^2 + \alpha''\pi''^2, \\ 1 = p^2\left[\left(\frac{s'}{p}\right)^2 + \left(\frac{s}{p}\right)^2\right] + \alpha'\pi'^2\left[\left(\frac{\sigma'}{\pi'}\right)^2\right] + \alpha''\pi''^2\left[\left(\frac{\sigma''}{\pi''}\right)^2\right], \\ 0 = p^2\left[\frac{s'}{p} + \frac{s}{p}\frac{p'}{p}\right] + \alpha'\pi'^2\left[\frac{\sigma'}{\pi'}\right] + \alpha''\pi''^2\left[\frac{\sigma''}{\pi''}\right]. \end{cases}$$

In diesen drei Gleichungen sind p^2, $\alpha'\pi'^2$ und $\alpha''\pi''^2$ die *drei Unbekannten*; während die (in den eckigen Klammern enthaltenen) Quotienten $\frac{s}{p}$, $\frac{s'}{p}$, $\frac{p'}{p}$ und $\frac{\sigma'}{\pi'}$, $\frac{\sigma''}{\pi''}$ *bekannt* sind [vgl. (16.)], nämlich die durch die Beobachtungen bestätigten Werthe dieser Quotienten sind, welche sich aus den Formeln (2.) Seite 599 ergeben. Substituirt man diese Werthe der genannten Quotienten in den Gleichungen (18.), und löst man sodann diese Gleichungen auf nach den drei Unbekannten: p^2, $\alpha'\pi'^2$ und $\alpha''\pi''^2$, so findet man

1) dass p denselben Werth hat, wie der aus jenen Formeln (2.) sich ergebende;
2) dass man auch π' und π'' die aus (2.) sich ergebenden Werthe setzen kann, falls man nur annimmt, dass α' und α'' die Werthe haben:

(19.) $$\begin{cases} \alpha' = \frac{\sin\varphi' \cos\varphi'}{\sin\varphi \cos\varphi}, \\ \alpha'' = \frac{\sin\varphi'' \cos\varphi''}{\sin\varphi \cos\varphi}\left\{1 - \frac{(\pi^2 - \mu^2)\gamma''(C - \gamma'' \cos\varphi'')}{[\pi^2 - (\pi^2 - \mu^2)\gamma''^2]\cos\varphi''}\right\}. \end{cases}$$

Die Bedeutung dieser Annahme ergiebt sich aus folgender Betrachtung. Jene Gleichung (17a.) der vollkommenen Durchsichtigkeit ist keine andere, als die der Erhaltung der lebendigen Kräfte; hieraus erhellet die Bedeutung von α' und α''. Wenn nämlich a die Masse bedeutet, welche von einem einzelnen Impuls der einfallenden Welle bewegt wird, und b' die Masse, welche in der ordentlich gebrochenen Welle von demselben Impuls in Bewegung gesetzt wird, so ist $\alpha' = \frac{b'}{a}$; und wenn b'' dasselbe für die ausserordentliche gebrochene Welle bedeutet, so ist $\alpha'' = \frac{b''}{a}$. Statt dieser Massen a, b', b'' kann man nun auch diejenigen setzen, welche von einer ganzen

Undulation in der einfallenden und in den beiden gebrochenen Wellen in Bewegung gesetzt werden. Diese Massen verhalten sich aber zu einander wie die in Bewegung gesetzten Volumina, multiplicirt mit den Dichtigkeiten; nennt man die Dichtigkeit im brechenden Medium δ, und die im umgebenden Medium d, so findet man, wie ich in meiner Abhandlung „über den Einfluss etc.“ gezeigt habe [vgl. Seite 387 (7.), (8.)]:

$$(20.)\quad \begin{cases} \dfrac{b'}{a} = \dfrac{\delta \sin\varphi' \cos\varphi'}{d \sin\varphi \cos\varphi}, \\[2ex] \dfrac{b''}{a} = \dfrac{\delta \sin\varphi'' \cos\varphi''}{d \sin\varphi \cos\varphi}\left\{1 - \dfrac{(\pi^2-\mu^2)\gamma''(C-\gamma''\cos\varphi'')}{[\pi^2-(\pi^2-\mu^2)\gamma''^2]\cos\varphi''}\right\}. \end{cases}$$

Die Vergleichung dieser Werthe mit denjenigen, die in (19.) für α' und α'' angenommen worden sind, lehrt, *dass die Formeln* (2.) *Seite* 599 *nur in der Voraussetzung als wirklich erwiesen angesehen werden können, dass* $d = \delta$, *d. h. dass in allen Medien der Aether dieselbe Dichtigkeit habe.*

Es ist kein Phänomen des Lichtes bekannt, welches hiermit in Widerspruch steht. Sollte indessen es sich wirklich anders verhalten, so wäre die einzige Abänderung, welche jene Formeln (2.) Seite 599 träfe, die, dass in ihnen, statt D' und D'', gesetzt werden müssten $D'\sqrt{\frac{d}{\delta}}$ und $D''\sqrt{\frac{d}{\delta}}$. Ich glaube aber, es giebt kein beobachtbares Phänomen, wodurch entschieden werden kann, ob dieser Factor $\sqrt{\frac{d}{\delta}}$ einen von 1 verschiedenen Werth habe oder nicht. Auf jeden Fall ist dieser Factor ohne Einfluss auf die Modificationen, welche das zurückgeworfene Licht durch die Reflexion erhält, und ohne Einfluss auf die Intensität der beiden gebrochenen Lichtstrahlen; beides, jene Modificationen und diese Intensitäten, werden innerhalb der Beobachtungsgrenzen durch jene Formeln (2.) richtig dargestellt.

Inhalts-Uebersicht der sechzehnten Abhandlung.

VERBESSERUNGEN UND ERGÄNZUNGEN.

1. Zu Seite 120 Zeile 3 v. u. — Dort ist 86 statt 85 zu setzen.
2. Zu Seite 135. — Die dortige letzte Note †) bezieht sich auf die Tabelle Seite 136.
3. *Zur dreizehnten Abhandlung.* — Den beiden in dieser Abhandlung abgedruckten Briefen ist noch der folgende *dritte Brief Neumann's an Poggendorff* hinzuzufügen, der sich in einem Aufsatze Poggendorff's „Ueber die optischen Eigenschaften hemi- und tetarto-prismatischer Krystalle“ [Poggendorff's Annalen, Band 35, S. 380—383] findet. Poggendorff's Aufsatz beginnt mit einer Notiz von *Dove*, wonach die von *Nörrenberg* am Gyps und Borax entdeckte Unsymmetrie der Farbenerscheinungen in den Ringsystemen der beiden Axen, die nach *Neumann* auch am Adular vorhanden ist, sich am Diopsid nicht zeigt. Diese Dove'sche Notiz war Neumann von Poggendorff mitgetheilt, und darauf antwortet Neumann Folgendes:

„Dass es sich mit dem Diopsid nahe so verhält, wie Sie mir schreiben, war mir bereits bekannt, ich sage *nahe*, weil ich bis jetzt noch keine Platte geschliffen habe, gegen welche beide Axen *gleich* geneigt gewesen wären, was, wenn die Axen so wie beim Diopsid liegen, nämlich in der die Gestalt symmetrisch theilenden Ebene, nothwendig ist, wenn *kleine Unterschiede* sichtbar werden sollen.“

„Beim Zucker, der auch zum hemiprismatischen (zwei- und eingliedrigen) System gehört, verhält es sich ebenso.“

„Uebrigens sind dies *Gränzfälle*, wo die Unsymmetrie verschwindet*); wahrscheinlich sind es die minder häufigen. Im Allgemeinen ist wirklich Alles, was im hemiprismatischen Systeme möglich ist, durch die drei Fälle, welche der Gyps, der Borax (und Adular) und der Arragonit (in Bezug auf den Topas) darbieten, erschöpft.“

„Ganz anders aber verhält es sich bei den tetarto-prismatischen (ein- und eingliedrigen) Systemen.“

„Ich habe drei derselben untersucht: 1) die *Weinsteinsäure* (dass sie nicht hemiprismatisch ist, wie *Brooke* sie beschrieb, ergab sich aus der Lage der optischen Axen); 2) *Traubensäure* und 3) *bernsteinsaures Ammoniak.*“

*) Hierzu macht *Poggendorff* die Bemerkung, dass, abweichend von der allgemeinen Regel bei hemiprismatischen Krystallen, beim Diopsid die vordere und hintere schiefe Endfläche einen gleichen Winkel mit der Axe der Säule bilden.

„Bei den beiden letzten sind die Farbenaxen des einen Ringsystems (z. B. A) genau oder sehr nahe symmetrisch vertheilt auf der Ebene durch beide Ringsysteme. Bei dem andern Ringsystem (B) liegen die Farbenaxen aber ganz unsymmetrisch, so dass die Ringe auf der Seite b fast ganz verschwunden sind. Das eine Ringsystem sieht aus wie eins beim Arragonit, das andere wie eins bei der Weinsteinsäure."

„Bei der Weinsteinsäure sind nämlich beide Ringsysteme einander gleich, aber die Farbenaxen geneigt gegen ihre Ebene, also wie beim Borax und Adular, aber auf eine weit ausgezeichnetere Weise, so dass man bei beiden Ringsystemen A und B fast nur auf der einen Seite a und b Ringe erblickt. Die Weinsteinsäure bildet also wieder einen Gränzfall wie der Augit (Diopsid) und Zucker bei den hemiprismatischen Systemen." —

A
a ⊙
b ⊙
B

4. Zu Seite 375 Zeile 5 v. u. — Dort ist (𝔈.) statt (𝔉.) zu setzen.
5. Zu Seite 412 Fig. 7. — Man denke sich in dieser Figur die reflectirende Kalkspathfläche GHH' *horizontal*. In dieser selben Ebene befindet sich die Linie eJr; während die Strahlen EJ und JR gelegen zu denken sind in einer durch die Linie eJr gehenden *Verticalebene*.
6. Zu Seite 466 Zeile 5 v. o. — Dort ist 462 statt 426 zu setzen.
7. Zu Seite 476 Zeile 2 v. o. — In dortiger Formel ist zwischen den auf der rechten Seite stehenden Factoren ein Gleichheitszeichen (=) einzuschalten. Jene Grössen sind also *keineswegs* Factoren.
8. Zu Seite 481 Fig. 10. — Von den in jener Figur vorhandenen Buchstaben A, A soll der *rechts* stehende einen *Accent* haben. (Dieser Accent ist dort kaum wahrnehmbar.) Ebenso steht auch in der Figur Seite 517 links A und rechts A'. *Umgekehrt* aber steht in den Figuren Seite 490, 494 und 498 links A' und rechts A. — Es ist das eine kleine (vielleicht absichtliche) Discontinuität des Originals, welche die Redaction beizubehalten für gut gefunden hat.